谨以此书献给：
顶严寒、冒酷暑、栉风沐雨，
为探索地球、寻找矿产而默默奋斗的
地质工作者！

拍摄者 郝沛

国土资源部公益性行业科研专项项目(201211043)
新疆维吾尔自治区科学技术厅科技创新平台建设项目资助
新疆岩石矿物分析及工艺矿物学研究重点实验室

新疆典型矿床岩石矿物鉴定图册

XINJIANG DIANXING KUANGCHUANG YANSHI KUANGWU JIANDING TUCE

岳蕴辉　王玉山　杨　念　等编著

图书在版编目(CIP)数据

新疆典型矿床岩石矿物鉴定图册/岳蕴辉等编著. —武汉:中国地质大学出版社,2024.12. —ISBN 978-7-5625-6021-0

Ⅰ. P575-64

中国国家版本馆 CIP 数据核字第 2024C26D24 号

新疆典型矿床岩石矿物鉴定图册	岳蕴辉　王玉山　杨　念　等编著
责任编辑:杨　念　　　　　　　　　选题策划:杨　念	责任校对:徐蕾蕾　何澍语　张咏梅

出版发行:中国地质大学出版社(武汉市洪山区鲁磨路388号)	邮编:430074
电　　话:(027)67883511　　　　　传　　真:(027)67883580	E-mail:cbb@cug.edu.cn
经　　销:全国新华书店	https://cugp.cug.edu.cn

开本:880mm×1230mm　1/16	字数:1316千字　　印张:44.5
版次:2024年12月第1版	印次:2024年12月第1次印刷
印刷:湖北金港彩印有限公司	
ISBN 978-7-5625-6021-0	定价:658.00元

如有印装质量问题请与印刷厂联系调换

《新疆典型矿床岩石矿物鉴定图册》

编委会

主　编：岳蕴辉

副主编：王玉山　杨　念

编　者：姚　瑶　李　健　孟庆鹏　刘晓亮
　　　　彭玉旋　况守英　邓松良

编委会：董连慧　李恒海　王庆明　夏　芳
　　　　冯　京　李凤明　陈　刚　樊卫东
　　　　邓　刚　闫存兴　高永峰　范廷宾
　　　　冯昌荣　申　萍　王　磊　韩红卫
　　　　蔡雪玫　张　莉　蒋　莉　余　蕾
　　　　殷长江　路魏魏　张毅华　张建国

序 FOREWORD

岩矿鉴定是地质行业中一个传统而古老的专业，服务地质研究、勘查和矿产开发利用全过程，是地质工作的基础。然而由于种种原因，当前基层地质队伍岩矿鉴定技术力量十分薄弱，多数地质单位的岩矿鉴定专业都处于萎缩或消亡的状态。一些地质勘查单位把地质工作简单理解为找矿工作，忽略了基础地质研究工作，实验室中岩矿鉴定工作量亦大为消减，直接影响了我国地质工作质量。

地质科学的特征是研究对象时空广泛、学科交叉、知识融合、技术集成。这些特征决定了每个地质技术人员都要提高自身的综合素质，既要拓展知识面又要不断提升思维能力，成为"一专多能"的复合型人才。岩矿鉴定技术人员的培养是当代地质技术人才培养的难点，岩矿鉴定专业涉及知识面广，学科难度大，于光薄片样品方寸之间见微知著，"窥一斑而知全豹"，需要培养地球科学的感性认识和推理演绎能力，而感性认识和实践经验积累是一个漫长的过程。

岩矿鉴定与工艺矿物学研究相互依存，关系密切。实践证明，若能在矿产地质调查初期或地质勘探开始阶段就开展矿石的工艺矿物学研究，将会使我们获得对矿床和矿石性质的更全面的认识，因而能对矿床的价值和开发前景作出正确的评价；若能在建矿前期对矿石进行全面的工艺矿物学研究，则将为选冶方案的选择、优化工艺流程提供重要指导，使选冶试验工作获得事半功倍的效果。

《新疆典型矿床岩石矿物鉴定图册》依托于"新疆典型矿床岩石矿物鉴定图册"项目，该项目是新疆矿产实验研究所岩矿鉴定专业室承担的国土资源部公益性行业科研专项项目(201211043)。从2012年开始，项目组历时4年实地调研了新疆主要的金属矿山及和田玉矿，遴选了1985—2015年间该区发现的重点、特色、典型矿床，汇集区域内具有典型意义的十大类21个矿床的岩矿鉴定成果，采集完成了大量的鉴定和测试样品。

《新疆典型矿床岩石矿物鉴定图册》从新疆矿产资源实际特点出发，结合新疆矿产实验研究所多年来的矿床物质组分研究资料，突出展示岩石矿物显微镜鉴定、物质组分研究和工艺矿物学研究的实践经验与成果，是新疆典型矿床岩石矿物鉴定基础研究的成果汇总，是将野外地质勘查、室内鉴定测试与工艺矿物学研究密切衔接的一种探索。该图册与地质找矿工作紧密结合，全面介绍新疆岩石矿物鉴定、物质组分研究在微观领域的丰富内涵，素材丰富、内容翔实、研究手段齐全、制作精美，是岩矿鉴定、物质组分研究的基础资料，可作为地质科学研究、地质教育及野外地质工作的参考资料，对于培养新一代地质工作者，提高岩矿鉴定技术人员的综合素质和研究水平，普及地质学基础知识，推广地质文化具有重要意义。

2024 年 6 月 30 日

前 言 PREFACE

新疆矿产资源丰富、矿种齐全。截至2023年，已发现矿种152种，占全国已发现矿种（182种）的83.52%；查明资源储量的矿产99种，位居全国各省区前三。全国首位矿种有天然气、煤炭、镍、铍等9种，前五位矿种有石油、铀、铜、锂等45种，前十位矿种有铁、金、稀土等70种。新疆矿产资源具有成矿条件好，资源分布广泛，矿产资源种类多、资源配套好，预测资源量大，矿石质量好的特点。经过几代地质工作者的艰苦创业，新疆已经成为我国重要的矿产资源产地和矿产资源战略接替区。

《新疆典型矿床岩石矿物鉴定图册》的出版源于新疆矿产实验研究所鉴定专业室承担的国土资源部公益性行业科研专项"新疆典型矿床岩石矿物鉴定图册"项目的科研成果。该项目从2012年起，历时4年实地调研了新疆主要金属矿山及和田玉矿，采集了大量的鉴定和测试样品，汇集从1985—2015年间新疆发现的重点、特色矿床的岩矿鉴定和地质研究成果。典型矿床的遴选立足新疆矿产资源实际，遵循如下原则：①新疆大型、特大型重要金属矿床，具有代表性典型成矿地质特点的矿床；②研究程度高，基础资料翔实可靠、重复性工作少的特色矿床；③新疆找矿热点地区、重要找矿靶区的代表性矿床；④突出新疆矿产资源特色，覆盖新疆主要金属矿产类型。

《新疆典型矿床岩石矿物鉴定图册》将岩石、矿物显微镜鉴定和物质组分研究与典型矿床地质研究成果相结合，包含岩石矿相、物质组分及工艺矿物学研究的综合研究方法和大量鉴定实例，重点突出岩石矿物显微鉴定的研究成果，对典型矿床岩石矿物显微鉴定特征、代表性矿物组合和嵌布关系进行重点解剖，是将野外地质工作、室内鉴定及工艺矿物学综合研究密切衔接的一种探索。每个典型矿床均包含矿床综述和岩石矿物鉴定图册（包括图片说明）两部分，前者对目标典型矿床的地质勘查资料及研究成果进行综合整理，着重对与矿床成因相关的岩石矿物组合、矿石特征等进行研究论述，包含大量翔实的测试数据和图表；后者在矿床和岩石矿物研究的基础上，选取与矿床地质特征、矿床成因密切相关的光薄片，采集系列显微照片编撰成册。图册包含新疆区域内具有典型意义的十大类21个矿床的各类照片（显微照片、手标本照片、矿区照片等）一千三百多张。

图册采用高清彩色数码显微摄影技术，将岩石矿物鉴定研究成果、现代化测试技术与野外地质工作成果相结合，典型矿床研究定位准确、研究手段齐全，具有实物资料素材丰富、内容翔实、图文并茂、制作精美的特点。图册内容深入浅出，注重经验传承，适当增加趣味性内容，是将野外地质工作经验和室内地质研究手段进行衔接的一种探索。此外作为基础性、普及性岩石矿物图册，本次编撰专门将光薄片显微照片的矿物英文缩写改为中文标注，方便了普通读者阅读理解。

图册是岩矿鉴定、物质组分研究及工艺矿物学研究的基础资料，可作为岩矿鉴定和工艺矿物学研究、矿床地质研究、地质教育及野外地质工作的参考资料。图册也是广大地学爱好者的学习资料，对于普及地质学基础知识，推广地质文化，总结和传承新疆岩矿鉴定工作成果和经验，加强基础性矿物和岩石学的系统研究具有重要意义。

图册选取的典型矿床为：①金矿（6个），伊宁县阿希金矿床（浅成低温热液型）、鄯善县石英滩金矿床（低温陆相火山岩型）、鄯善县康古尔金矿床（中—低温韧性剪切带型）、乌恰县萨瓦亚尔顿金矿（变质碳质碎屑岩-热液型）、托里县哈图金矿床（海相火山岩型）、新源县卡特巴阿苏金矿床（中酸性岩浆热液-构造蚀变型）。②银矿（1个），鄯善县维权银矿床（矽卡岩型）。③铅锌矿（3个），鄯善县彩霞山铅锌矿床（碳酸盐岩-碎屑岩型)、乌恰县乌拉根铅锌矿床(热卤水喷流沉积型)、和田县火烧云铅锌矿(非硫化物铅锌碳酸盐型)。④铜矿(3个),哈巴河县阿舍勒铜矿床(海底火山喷发-沉积型)、哈密市土屋铜矿床(斑岩型)、托里县包古图铜矿床(斑岩型)。⑤铜镍矿(2个),富蕴县喀拉通克铜镍矿床(基性—超基性岩浆熔离型)、哈密市黄山铜镍矿床(基性—超基性岩浆熔离型)。⑥铬铁矿(1个),托里县萨尔托海铬铁矿床(晚期岩浆熔离型)。⑦铁矿(2个),和静县备战铁矿床(矽卡岩型)、塔什库尔干县赞坎铁矿床(沉积变质型)。⑧钼矿(1个),哈密市白山钼矿床(斑岩型)。⑨钨矿(1个),托克逊县忠宝钨矿床(矽卡岩型)。⑩玉石矿(1个),于田县阿拉玛斯和田玉矿床(矽卡岩—白云岩交代型)。

本书的出版得到了新疆维吾尔自治区科学技术厅科技创新平台建设项目的资助,新疆维吾尔自治区地质矿产勘查开发局(简称新疆地矿局)兄弟单位和相关矿业公司为野外调研和资料收集工作提供了帮助。本书的顺利出版,得益于相关单位和协作人员的慷慨与热忱,在此对以下单位表示诚挚的感谢:新疆地矿局地科处、新疆维吾尔自治区地质调查院、新疆地矿局第一区域地质调查大队、新疆地矿局第一地质大队、新疆地矿局第二地质大队、新疆地矿局第四地质大队、新疆地矿局第六地质大队、新疆地矿局第七地质大队、新疆地矿局第八地质大队、新疆地矿局第十一地质大队、新疆地矿局地球物理化学探矿大队、新疆有色金属工业(集团)有限责任公司、新疆阿舍勒铜业股份有限公司、新疆紫金锌业有限公司、新疆中亚华金矿业(集团)有限公司、和田东山矿业有限公司。

岳蕴辉
2024 年 9 月 25 日

目 录 CONTENTS

伊宁县阿希金矿 …………………………………………………………………………… (1)
鄯善县石英滩金矿 ………………………………………………………………………… (37)
鄯善县康古尔金矿 ………………………………………………………………………… (67)
乌恰县萨瓦亚尔顿金矿 …………………………………………………………………… (99)
托里县哈图金矿 …………………………………………………………………………… (133)
新源县卡特巴阿苏金矿 …………………………………………………………………… (167)
鄯善县维权银矿 …………………………………………………………………………… (195)
鄯善县彩霞山铅锌矿 ……………………………………………………………………… (233)
乌恰县乌拉根铅锌矿 ……………………………………………………………………… (265)
和田县火烧云铅锌矿 ……………………………………………………………………… (293)
哈巴河县阿舍勒铜矿 ……………………………………………………………………… (325)
哈密市土屋铜矿 …………………………………………………………………………… (361)
托里县包古图铜矿 ………………………………………………………………………… (395)
富蕴县喀拉通克铜镍矿 …………………………………………………………………… (429)
哈密市黄山铜镍矿 ………………………………………………………………………… (473)
托里县萨尔托海铬铁矿 …………………………………………………………………… (515)
和静县备战铁矿 …………………………………………………………………………… (545)
塔什库尔干县赞坎铁矿 …………………………………………………………………… (575)
哈密市白山钼矿 …………………………………………………………………………… (609)
托克逊县忠宝钨矿 ………………………………………………………………………… (637)
于田县阿拉玛斯和田玉矿 ………………………………………………………………… (661)

伊宁县阿希金矿

拍摄者岳蕴辉

整体介绍

阿希金矿床在新疆伊宁县境内,位于伊宁县城北偏东 15°方向 30 km 处,公路里程 64 km。矿区中心地理坐标:东经 81°36′,北纬 44°14′。交通较为便利。

20 世纪 30 年代,地质工作者在精河、赛里木湖及伊犁地区开展了不同比例尺的区域地质及区域水文地质调查工作。1985 年新疆地矿局第一区域地质调查大队在西天山科古尔琴山开展 1∶20 万区域地质调查工作时,通过水系沉积物测量圈定与金矿相关的化探异常;1988 年在该区域开展 1∶5 万区域地质调查工作,查证金化探异常并实地检查时,发现并快速圈定厚大金矿体(阿希金矿);1989 年冬新疆地矿局指定新疆地矿局第一地质大队承担并加速完成阿希金矿勘查任务。1990 年阿希金矿被国务院列为国家实行"探建结合"加速勘探的重点矿区,新疆地矿局与原国家黄金管理局签订《黄金勘探储量承包合同》,利用黄金勘探储量承包经费加速勘探,勘查工作由普查阶段提前转入勘探阶段,先后于 1990—1992 年、1994—1995 年分别对阿希金矿床北段和南段,采用钻探和硐探相结合的方法开展勘探,提交了《新疆伊宁县阿希金矿床北段勘探地质报告》和《新疆维吾尔自治区伊宁县阿希金矿床南段勘探报告》;该矿探获金金属量 61 346 kg、伴生银金属量 84.74 t,属大型矿床规模(附录 1 图 1)。

1991 年 12 月,《新疆阿希金矿初步设计书(275—91)工程》完成,1993 年筹建矿山,矿山于 1995 年 7 月建成投产,年产黄金超过 1000 kg,经过近 30 年的开采,目前地表南、北两个露天采场闭坑,矿山转入地下开采。

阿希金矿是 20 世纪 90 年代新疆找矿的重大突破,是在新疆西天山地区古生代陆相火山岩中发现的首例大型金矿,该金矿床是一个与古生代火山作用有关的大型浅成低温热液冰长石-绢云母型(低硫型)金矿床。

第一节 矿区地质特征

阿希金矿区处于天山褶皱系博罗科努加里东地槽褶皱带，博罗科努复背斜西段的吐拉苏石炭纪海相断陷盆地西南缘。从区域构造背景来看，矿床所在地区的新构造运动较强烈，地震较频繁，属次不稳定区。盆地南侧及其以南断裂主要向北呈叠瓦状倾斜，倾角50°～70°，北部断裂多向南缓倾，倾角50°左右，使该盆地呈近东西向不对称的楔形体。

一、容矿地层

构成盆地的基底地层为上奥陶统呼独克达坂组（O_3h）浅海相碳酸盐岩夹硅质岩、碎屑岩建造和下志留统尼勒克河组（S_1n）中性、中酸性火山岩及粉砂-泥质复理石建造。两侧分别为蓟县系、青白口系和震旦系等老基底地层。内部由下石炭统大哈拉军山组（C_1d）和阿恰勒河组（C_1a）构成，二者呈角度不整合接触，前者为中性、中酸性火山岩及其碎屑岩建造，后者为滨海-浅海相正常沉积岩系。

出露地层主要为下石炭统大哈拉军山组第五岩性段（C_1d^5）和下石炭统阿恰勒河组第一岩性段（C_1a^1）。前者为火山碎屑岩及火山熔岩，火山碎屑岩有凝灰岩（附录1图2～图3）、凝灰质粉砂岩（附录1图4）、安山质凝灰岩至具崩落堆积特征的火山弹凝灰岩、集块角砾岩和集块岩（紧靠管道近旁），从早到晚，火山爆发强度由强变弱。火山熔岩有辉石安山岩、角闪安山岩、安山岩、斑状安山质英安岩、英安岩，反映出喷溢岩性序列由早至晚、从中性向酸性变化的趋势。后者为正常沉积碎屑岩，包括底部砾岩、砂岩及泥质粉砂岩的正常沉积碎屑岩等（图1-1）。

二、控矿构造

矿区构造以火山断裂为主，从形态上可分为3组。

1. 放射状断裂

放射状断裂分布于火山管道相的外侧（西南侧），显张性特征，规模较小，属早期火山喷发阶段形成。

2. 不规则状断裂

不规则状断裂仅见于管道相中，显张裂特征，延伸小，是英安质角砾岩沿火山口充填冷凝所致。

3. 弧型断裂

弧型断裂在火山塌陷阶段形成，分布于破火山口西南侧，因其所处位置不同，迹象也不同。分布于管道内侧的F_2断裂为重要的控矿断裂，总体为向西南凸出的弧形展布，总长大于1300 m，勘探范围只包括其北段，控制长度480 m，走向北东10°，向东倾，倾角55°～85°，具上陡下缓的特点。据其表现形式和结构面性质变化等可知，该断裂至少经历了3期构造活动：早期张裂性质——表现为灰白色含金石英脉的充填；中期张压共兼性质——表现为早期石英脉的破碎胶结，再破碎再胶结（烟灰色石英脉和灰色石英细网脉在此阶段充填）；晚期受区域应力作用影响形成的主矿体下盘不含金破碎带，沿其中间及顶、底板见有石英碳酸盐脉充填，多分布在主矿体尖灭、贫化地段。此外，在区域应力作用下形成的北西向和近南北向断裂，尤其是北西向断裂使地层遭到破坏和位移，但对矿体无影响。

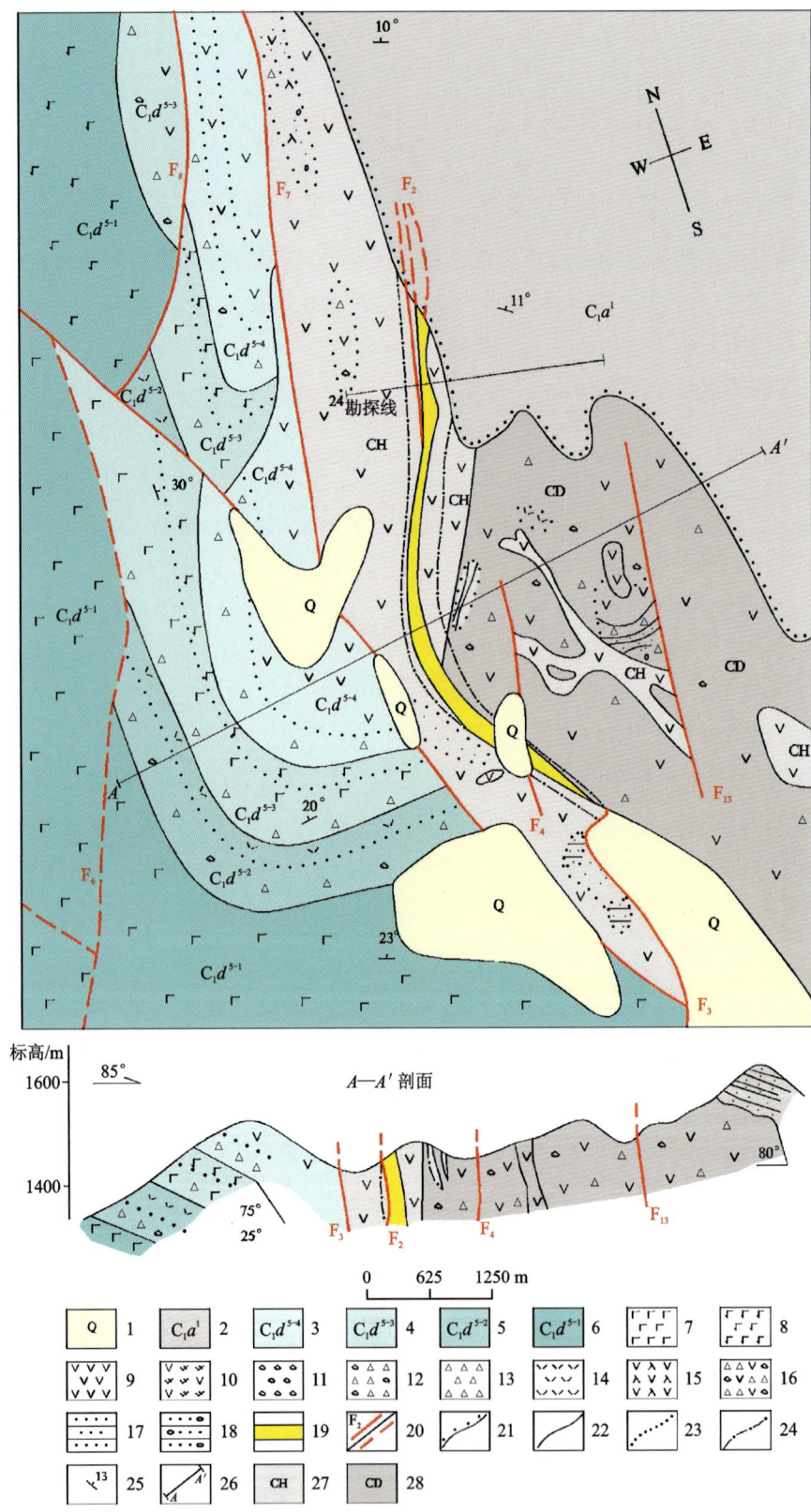

1.第四系;2.下石炭统阿恰勒河组第一岩性段;3.下石炭统大哈拉军山组第五岩性段第四层;4.下石炭统大哈拉军山组第五岩性段第三层;5.下石炭统大哈拉军山组第五岩性段第二层;6.下石炭统大哈拉军山组第五岩性段第一层;7.玄武岩;8.玄武安山岩;9.安山岩;10.安山英安岩;11.火山集块岩;12.火山集块角砾熔岩;13.火山角砾岩;14.凝灰岩;15.安山玢岩;16.安山质含集块角砾熔岩;17.含砾砂岩及砂岩;18.火山岩质砾岩;19.金矿体;20.断层、推测断层及编号;21.不整合界线;22.地质界线;23.岩相界线;24.近矿蚀变岩界线;25.地层及流面产状;26.实测地质剖面及编号;27.次火山岩相;28.火山管道相。

图1-1 伊宁县阿希金矿床地质简图(据新疆地矿局第一地质大队资料简化,1992)

三、岩浆活动

本区前海西期岩浆活动较频繁,但规模小,强度低,可分为两个岩浆活动期。

1. 元古宙岩浆活动期

元古宙有极微弱的岩浆活动,蓟县系库松木切克群上部灰色厚层状灰岩内见有灰白色流纹质角砾晶屑凝灰岩夹层。新元古代早期有较弱的基性岩浆侵入活动,由以细粒辉长岩为主的脉岩群构成规模不大的基性杂岩体。

2. 加里东期岩浆活动期

加里东期岩浆活动见于博罗科努加里东褶皱带内,中、上奥陶统及下志留统中均有分布,尤以早志留世岩浆活动强烈,岩浆岩分布广泛。

第二节　矿床地质特征

一、矿体特征简述

阿希金矿产于下石炭统大哈拉军山组第五岩性段火山管道相英安质角砾熔岩中(附录1图5~图6),其产出形态、产状及空间分布形式严格受F_2断裂早期张裂带控制。含金矿化蚀变带产于古火山机构西南部近南北向环形断裂中,呈近南北向弧形展布,向西南弧凸,向东倾,倾角57°~86°;地表出露长1300 m,宽10~50 m,圈出9个金矿体,呈似板状、脉状、透镜状分布于断裂上盘。规模最大的Ⅰ号矿体长940 m,平均厚19.55 m,最厚达41.3 m,控制斜深550 m以上(图1-2),深部有分枝现象,厚度比较稳定,产状上陡下缓,向东倾角60°~85°,金品位4.38~5.81 g/t,矿床金平均品位5.57 g/t,伴生银平均品位5.10~10.43 g/t。其他8个矿体分布于Ⅰ号矿体的南、北两端,呈脉状或透镜状,一般长80~520 m,控制斜深80~370 m,厚1.21~7.38 m,金平均品位2.05~4.44 g/t。目前探明的主要是矿区北部的3个大矿体,探明储量已超过大型规模,其中Ⅰ号矿体储量占总储量的90%。

矿石类型主要为石英脉型,次为蚀变岩型,其中石英脉型矿石主要分布于主断裂顶、底板,围岩主要为黄铁绢英岩化英安质角砾熔岩,顶板局部为绿泥石化英安岩,矿体与围岩呈渐变过渡关系。矿石自然类型有原生矿石、混合矿石和氧化矿石3类。原生矿石可分为石英脉型(附录1图7~图8)、蚀变岩型(附录1图9~图10)和角砾岩型3类。北段矿体浅部的矿石工业类型主要为贫硫石英脉型矿石,南段及北段深部则主要为黄铁绢英岩化蚀变岩型矿石(附录1图11),角砾岩型矿石主要位于古火山机构西南侧的次火山岩(管道相)中。

二、矿床规模及空间分布

I_1号矿体品位变化以$(2\sim16)\times10^{-6}$为主,平均品位5.75×10^{-6},品位变化系数207%。石英脉型矿石的品位相对较高,分布亦连续;蚀变岩型矿石品位略低,而且变化较大。

I_2号矿体南段平均品位5.54×10^{-6},北段平均品位4.39×10^{-6}。

I_3号矿体南段平均品位6.08×10^{-6},北段平均品位5.83×10^{-6}。

I_4号矿体和I_6号矿体呈脉状、透镜状,除I_3号和I_5号矿体局部地段相对富集有工业矿体外,I_4号和I_6号矿体均为低品位矿。

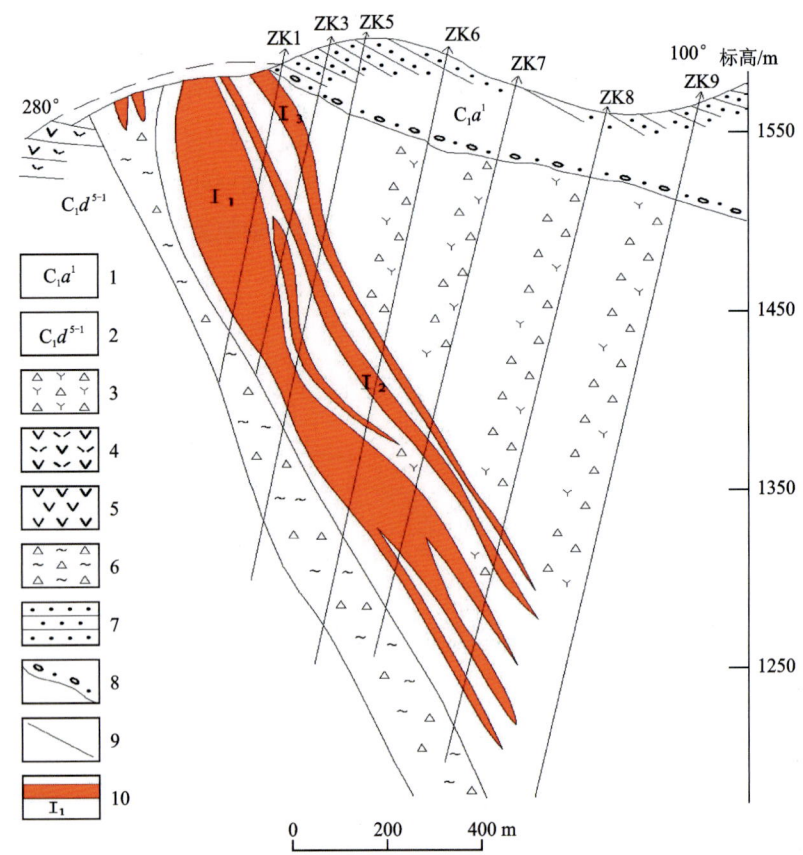

1.下石炭统阿恰勒河组第一岩性段;2.下石炭统大哈拉军山组第五岩性段第一层;3.角砾熔岩;4.英安岩;5.安山岩;6.构造破碎带;7.砂岩;8.底砾岩;9.断层;10.矿体及编号。

图 1-2　伊宁县阿希金矿床 24 勘探线地质剖面略图(据新疆地矿局第一地质大队资料简化,1992)

第三节　矿区主要岩石类型及围岩蚀变

一、矿区主要岩石类型及特征

矿体赋存于英安岩和英安质角砾熔岩中,以前者为主。受热液蚀变交代作用,英安岩等火山岩蚀变,形成绢英岩及交代石英岩等热液变质岩石,同时热液充填形成石英脉。这些岩石具独特的结构、矿物组合及化学特征,现分述如下。

英安岩: 本区分布最广的岩石,是金矿的赋矿岩石。岩石具斑状结构,斑晶在岩石中占 25%～40%,个别岩石中可达 50%。斑晶主要为斜长石,次为镁铁暗色矿物——辉石、角闪石占 3%～7%。石英斑晶在岩石中分布不均匀,局部较多,含量可达 5% 以上,一般在 2%～3% 之间。岩石基质以交织结构为主,其次为间隐交织结构,少量呈显微嵌晶结构,局部见有玻晶交织结构。基质中的石英结晶较斜长石晚,分布于斜长石晶粒间。有时原生石英与次生石英不易区分(附录1图12～图18)。

副矿物有磷灰石及金红石等,磷灰石呈自形短柱状(附录1图19),电子探针成分分析结果(%):CaO 55.98、P_2O_5 43.14。金红石极少,呈针状或粒状分布(附录1图20),电子探针成分分析结果(%):TiO_2

97.89、SiO_2 0.44、CaO 0.39、Al_2O_3 0.20、Cr_2O_3 0.13、FeO 0.10、Na_2O 0.05、MgO 0.04。

英安质角砾熔岩：沿火山口充填构成火山管道相，内含形态多样、成分较复杂的角砾和集块，多处可见早期冷凝阶段塌落的岩块，其间近直立的流动构造极发育，与其外侧（西南侧）的爆发相、喷溢相地层呈切割形式产出。本区该类岩石采集的样品少，且多已蚀变，其火山碎屑的主要成分是安山岩岩屑及同成分的英安岩岩屑，偶见偏基性岩屑（玄武安山岩岩屑等），火山碎屑由英安质熔岩胶结。

交代石英岩和石英脉：二者一起产出，主要分布于断裂带中，断裂带的上盘也有少量分布。两种岩石中普遍含金，构成石英脉型矿石。

交代石英岩是热水溶液对破碎带中的英安岩和英安质角砾熔岩强烈交代而形成的。原岩中矿物多已被次生石英及绢云母、硫化物、碳酸盐矿物等取代，形成的隐晶质石英团块呈阴影状分布，仅在少数岩石中可见残留斜长石或石英斑晶。岩石的矿物组成特点是石英含量一般在 80% 以上，粒径细小，一般在 0.01～0.1 mm 之间（附录 1 图 21～图 22）。

石英脉与交代石英岩一起分布，其特点是主要由石英组成，含量一般在 90% 以上，水白云母和碳酸盐矿物等含量少，金属矿物以黄铁矿、白铁矿和毒砂为主，普遍含金，一般均可构成金矿石。岩石结构简单，以他形微—细粒结构为主，常见变胶状结构，少见交代残余结构。石英脉主要分布于断裂带中，充填于围岩裂隙中（附录 1 图 23～图 26）。

两种岩石中副矿物有磷灰石及金红石等，磷灰石呈自形细针状；金红石极少见，呈针状或粒状分布。

二、围岩蚀变及特点

本矿床围岩蚀变较发育，断裂带上、下盘围岩的蚀变类型对称分布，但上盘围岩的蚀变范围较下盘宽。矿化蚀变有绿泥石化、黄铁绢英岩化、硅化、碳酸盐化、冰长石化，以前 3 者为主。绿泥石化分布广泛，但不强烈，与金矿化关系不大。黄铁绢英岩化是矿区最主要的蚀变类型，在矿体的上、下盘形成强烈交代蚀变带。硅化是矿区最重要的蚀变类型，是继黄铁绢英岩化后与成矿关系最密切的热液蚀变。该蚀变在形成石英脉的同时，对破碎带围岩及围岩角砾交代形成交代石英岩，构成矿体的主体。黄铁绢英岩化、硅化与金矿化关系密切，多呈带状分布，受控矿断裂 F_2 控制，硅化主要分布在主断裂近旁的次级断裂或裂隙中。碳酸盐化为晚期产物，与矿化蚀变的关系不大。冰长石化少见。

绿泥石化：英安岩的初期蚀变。绿泥石交代岩石中的镁铁暗色矿物斑晶（辉石和角闪石）及基质中的玻璃质（附录 1 图 27～图 28）。

黄铁绢英岩化：蚀变带上、下盘的围岩均已黄铁绢英岩化（附录 1 图 11、图 29～图 30），绢云母普遍强烈地交代斜长石，一般未破坏斜长石晶形。暗色矿物则白云母化和碳酸盐化。绢云母化过程中析出的 SiO_2 呈细微粒状石英交代岩石基质（呈均匀粒状或细网脉状分布），在绢英岩化过程中有黄铁矿生成，局部黄铁矿含量在 5% 以上（附录 1 图 31）。

硅化：本矿床最重要的蚀变类型，黄铁绢英岩化后，富含 SiO_2 的含矿热液，沿构造破碎带广泛地充填贯入和交代，形成厚大的石英脉体，同时破碎带及其周围的黄铁绢英岩化英安岩等被交代形成交代石英岩。在石英脉体中，特别是灰白色石英脉体中，这种交代现象普遍，并可见部分蚀变英安岩残留。在硅化作用过程中，热液中的金不断沉淀，在石英脉、交代石英岩和蚀变英安岩中形成金矿化，金属硫化物往往发生重结晶（附录 1 图 32～图 33）。

碳酸盐化：普遍可见，但蚀变强度较弱。黄铁绢英岩化阶段，蚀变初期方解石常与绿泥石一起交代斜长石或辉石斑晶。随蚀变程度加深，出现菱铁矿化和白云石化。硅化阶段，白云石和菱铁矿普遍可见，与石英一起呈集合体分布，或呈细脉状分布于石英中。硅化阶段之后，碳酸盐矿物较多，为白云石和方解石，与石英一起呈脉状产出（附录 1 图 34～图 38）。

冰长石化：仅见于 ZK3206 和 ZK2406 孔的数个样品中，黄铁绢英岩化晚期阶段，冰长石交代英安岩形成冰长石化。英安岩中斜长石斑晶被冰长石代替，交代于基质中的冰长石呈粒状或柱粒状与石英分布在一起（附录 1 图 39～图 40）。

第四节 矿石物质组分及特征

一、矿石物质成分

(一)矿石矿物

经显微镜镜下研究并结合电子探针成分分析等分析测试,本矿床发现的金矿物和其他金属矿物共有24种(表1-1),脉石矿物18种。

主要金属矿物为银金矿、黄铁矿、白铁矿、毒砂和褐铁矿,次为含银自然金、方铅矿、闪锌矿、赤铁矿,少见矿物为硒银矿、硒铅矿、硒方铅矿、磁黄铁矿和含铜金属矿物等。总体以铜、银和含硒矿物占多数为特征,其组合显低温成因特征。金银系列矿物仅有银金矿和含银自然金两种,以前者为主。主要脉石矿物有石英、绢云母,次要及少见脉石矿物为绿泥石、重晶石、磷灰石、白钛石、锆石、玉髓和碳酸盐矿物等。

表1-1 阿希金矿矿石矿物成分表

类型		主要矿物	次要矿物	少见矿物
矿石矿物	原生矿石	银金矿、黄铁矿、白铁矿、毒砂	自然金、方铅矿、闪锌矿、黄铜矿、斑铜矿	磁黄铁矿、深红银矿、硫锑铜银矿、银锑黝铜矿、硒铅矿、蓝辉铜矿、铜蓝、锌铜矿、砷黝铜矿、锑黝铜矿、硒方铅矿、硒银矿
	氧化矿石	褐铁矿	赤铁矿	磁铁矿
脉石矿物		石英、绢云母、冰长石	白云石、方解石、绿泥石、菱铁矿、磷灰石、白钛石	高岭石、金红石、锆石、榍石、玉髓、重晶石、石榴石、白云母、尖晶石

石英脉型与蚀变岩型矿石总的矿物种类和含量基本接近,但氧化矿石与原生矿石间差异甚大。氧化矿石的金属矿物以褐铁矿和银金矿为主,次为赤铁矿,金属硫化物种类少,含量低,毒砂基本消失;原生矿石中金属硫化物的含量明显高于氧化矿石。

1. 部分金属矿物

1)银金矿

金矿物以银金矿为主,少量为含银自然金。各种类型的矿石中,金矿物的形态基本相同,绝大部分为他形晶,半自形晶和自形晶极少见,自形晶多呈八面体晶形。

金矿物呈金黄色,具极强的金属光泽,部分矿物表面见褐铁矿薄膜和绿色锈色。显微镜下亦呈金黄色。银金矿颜色稍淡,抗磨硬度小,易磨光,常有擦痕,显微硬度随银含量的增高而降低,具极强的可塑性和延展性,无解理,无磁性。

金矿物形态以粒状为主,片状较少见,树枝状少,形态较为简单,其形态主要与产状有关,其中树枝金在氧化矿石中占明显优势,圆粒状金多分布于原生矿石中,长条状金在各类矿石中的出现概率均很低。

金矿物粒径普遍非常细小,集中于0.002~0.16 mm之间,最大为1.48 mm×1.20 mm。金矿物主要为微粒显微金和细粒显微金,粗粒显微金少,还有很少量的次显微金。金矿物多分布于石英集合体晶粒间,碳酸盐集合体和黄铁矿晶粒间及晶粒中较少,以粒间(晶隙)金形式出现(附录1图41~图43),包裹金很少（附录1图41、图44），裂隙金偶见。次显微金的存在对金的回收稍有影响。金矿物粒径细小是本矿床最显著的特点之一，这主要反映了金矿物是在较浅部位和较低温度条件下形成的。

根据金-银系列矿物分类标准，矿石中的金矿物为银金矿和含银自然金，二者的数量比为3∶1，其中银金矿成色为637～797，自然金成色为804～843，总平均成色为761。矿石光片中，金矿物在石英脉型矿石和蚀变岩型矿石中出现的概率分别为38.7%、8.5%。各矿化阶段金成色的变化规律：随金矿物形成温度的降低而降低，随矿石中硫化物的含量减少而降低，不同形成深度金矿物成色变化不明显。表1-2为不同矿石类型中金矿物的化学成分对比，从表中可明显看出，石英脉型矿石和蚀变岩型矿石中的银金矿、含银自然金，Au、Ag和微量元素含量基本无变化，部分金矿物中见少量的Fe（最高为2.121%）。

表1-2 阿希金矿金矿物电子探针成分分析结果　　　　　　　　　　　单位：%

序号	Au	Pb	Ag	As	Zn	Fe	Co	Ni	Cu	Te	Sb	Bi	总量
1	69.904	—	28.419	—	—	0.218	—	0.057	—	—	—	0.472	99.070
2	64.750	—	31.735	—	—	2.121	—	0.024	—	0.115	—	0.583	99.328
3	82.111	—	18.662	0.047	—	0.098	—	—	—	0.052	—	0.515	101.485
4	70.617	—	28.493	—	—	0.362	0.024	—	—	0.099	—	0.611	100.206

注：①1、2为石英脉型金矿石，1为3个烟灰色石英脉型矿石平均值，2为4个烟灰色石英脉型矿石平均值；3、4为蚀变岩型金矿石，3为3个蚀变岩型矿石平均值，4为2个蚀变岩型矿石平均值。

②—为元素含量未达检出下限，未检出。

分析单位：新疆矿产实验研究所鉴定专业室。

2）黄铁矿

根据标型特征和分布特征，将黄铁矿分为3个世代，即黄铁绢英岩化过程生成的第Ⅰ世代黄铁矿（Py_I），硅化过程生成的第Ⅱ世代黄铁矿（Py_{II}）和硅化期后碳酸盐-石英阶段生成的第Ⅲ世代黄铁矿（Py_{III}）。第Ⅱ世代的黄铁矿含量较高，与金的关系密切，第Ⅰ世代和第Ⅲ世代的黄铁矿含量较低，分别形成于金矿化前和金矿化后。

第Ⅰ世代黄铁矿晶形多为立方体，五角十二面体次之，八面体、八面体与五角十二面体的聚形和立方体与五角十二面体的聚形少见。粒径细小，为微粒状，细粒少见，共生金属矿物有白铁矿和毒砂，以前者较常见。晶粒中见有石英和榍石等矿物包裹体，但未发现金矿物的包裹体。晶粒中环带结构常见（附录1图45），主要原因为黄铁矿中含不等量的砷。第Ⅰ世代黄铁矿在硅化过程中常发生重结晶。

第Ⅱ世代黄铁矿的晶形主要为五角十二面体，立方体、八面体、不同晶型的聚形很少。黄铁矿产出形态较复杂，常与白铁矿和毒砂等一起呈聚粒状、片状、叶片状、草束状、令箭状和纤状等集合体产出，有时黄铁矿呈放射球粒状（附录1图46）和空心放射球粒状等胶状结构。粒径很细小，为微粒状。黄铁矿分布不均匀，常呈星点浸染状和稀疏浸染状分布于石英脉型矿石及蚀变岩型矿石中，部分呈细脉浸染状、脉状和不规则状致密集合体，与白铁矿、毒砂、闪锌矿、黄铜矿、黝铜矿、方铅矿、磁黄铁矿、银金矿等共生。黄铁矿晶粒中环带结构普遍。第Ⅱ世代黄铁矿与金的关系密切，尤其是五角十二面体黄铁矿，金矿物常分布于五角十二面体黄铁矿晶粒间和包裹于其晶粒中。由于受构造应力作用，部分黄铁矿有破碎现象。

第Ⅲ世代黄铁矿晶形以五角十二面体为主，立方体次之，多为单粒状，部分为聚粒状和集合体（附录1图46），呈细脉浸染状和细脉状分布于石英脉型矿石和蚀变岩型矿石中，粒径细小，粒径分布均匀，共生金属矿物少，为白铁矿和毒砂，黄铜矿和闪锌矿等少见。

从黄铁矿电子探针成分分析结果（表1-3）可以看出，黄铁矿中的S、Fe含量与标准黄铁矿（S 53.45%，Fe 46.55%）相比较低，为贫S和贫Fe的黄铁矿，S、Fe含量在3个世代黄铁矿中依次增高。贫S是As类质同象取代S进入黄铁矿晶格中。As在不同的黄铁矿颗粒中含量是不同的，同一黄铁矿颗粒中含量分布也是不均匀的。As 在黄铁矿中的富集现象,除与它易在热液晚期富集这一地球化学性质有关外,还可能与黄铁矿形成深度较浅及地下水影响有关。贫 Fe 的原因主要是 Co、Ni、Cu、Zn 等类质同象取代 Fe 的位置,这也是中低温热液形成的黄铁矿中普遍存在的现象。

表 1-3　阿希金矿黄铁矿电子探针成分分析结果　　　　　　　　　　　　单位:%

序号	Fe	Co	Ni	Cu	Zn	As	Au	S	Pb	Bi	Ag	Sb	总量
1	43.803	0.045	—	0.627	0.035	5.215	0.227	50.570	—		0.203	0.095	100.820
2	45.457	—		0.024	4.377	0.020	50.087			0.036	0.003	100.004
3	46.300	0.05		0.029	3.743	0.016	51.250			0.036	0.021	101.445
4	46.380	0.038		0.012	0.005	0.169		54.200				0.009	100.813
5	46.080	0.051	0.002		0.058	0.873	0.006	53.800			0.025		100.895
6	45.820	0.048	0.002	0.032	0.030	1.626		53.180				0.02	100.758
7	44.140	0.025	0.023	0.045	0.067	7.291	0.049	48.860			0.01	0.11	100.620

注:① 1 为 3 个 Py_I 平均值;2 为 2 个 Py_{II} 平均值;3 为 2 个 Py_{III} 平均值;4~7 为黄铁矿环带由外向内电子探针成分分析结果。

② —为元素含量未达检出下限,未检出。

分析单位:新疆矿产实验研究所鉴定专业室。

黄铁矿晶粒中环带结构普遍,主要原因是含不等量的砷。

第 I 世代和第 II 世代黄铁矿有被黄铜矿、闪锌矿、黝铜矿和方铅矿穿切的现象,溶蚀交代不明显。表生条件下,黄铁矿常变为褐铁矿,少数变为白铁矿。

3) 白铁矿

根据产出特征,白铁矿分为黄铁绢英岩化阶段生成的第 I 世代白铁矿、硅化阶段生成的第 II 世代白铁矿、碳酸盐-石英阶段生成的第 III 世代白铁矿和表生作用生成的白铁矿,其中主要为第 II 世代白铁矿,其他世代的白铁矿含量低或很低。

第 II 世代白铁矿常与第 II 世代的黄铁矿和毒砂分布在一起,较少单独出现。主要为他形晶,常与黄铁矿和毒砂一起呈片状、叶片状、草束状、令箭状、纤状和冰花状等集合体产出(附录 1 图 47~图 49)。自形和半自形晶少(附录 1 图 50),呈柱状、柱粒状和矛状等晶形。粒径细小,多在 0.008~0.1 mm 之间,与黄铁矿等金属矿物一起呈星散浸染状分布于石英脉型和蚀变岩型矿石中。与金矿物的关系较密切,少量金矿物分布于白铁矿边部或集合体中,但无包裹金矿物的现象。

第 I 世代的白铁矿含量低,呈半自形、自形和他形粒状,粒径较第 II 世代白铁矿稍大,多在 0.02~0.2 mm 之间。

第 III 世代的白铁矿很少,呈他形、半自形粒状或集合体,粒径细小,多在 0.03 mm 以下,呈细脉浸染状或细脉状分布于石英脉型和蚀变岩型矿石中。

白铁矿电子探针成分分析结果(%):S 52.730、Fe 46.600、Sb 0.109、Co 0.067、Ni 0.041、Au 0.010、Cu 0.013、Zn 0.028、As 0.608、Pb 0.002(3 个均值)。

白铁矿常有破碎现象和被较晚生成的黄铜矿和闪锌矿等穿切现象,但无明显的交代现象。表生条件下有交代黄铁矿(附录 1 图 51~图 52)和被褐铁矿交代的现象。

3) 毒砂

毒砂在黄铁绢英岩化阶段、硅化阶段和碳酸盐-石英阶段都有生成,但主要为硅化阶段生成的第 II 世代毒砂,其他均少见。显微镜下呈白色,微带乳色和淡粉红色,双反射明显,非均质性明显,性极脆,无磁性。

第Ⅱ世代毒砂多为自形和半自形晶,他形晶少,呈柱状、柱粒状、板状和粒状等,部分与黄铁矿和白铁矿一起呈片状、叶片状和令箭状集合体(附录1图49、图53~图54),晶出常较晚,分布于石英集合体中,粒径细小,多在0.008~0.05 mm之间,第Ⅰ世代的毒砂很少见,与第Ⅱ世代毒砂无明显差别,仅粒径稍大,常呈柱状、柱粒状和板状等,多与第Ⅰ世代毒砂分布在一起,单独出现的少。

第Ⅱ世代毒砂电子探针成分分析结果(%):S 21.820、As 40.820、Fe 36.290、Sb 1.040、Co 0.046、Ni 0.014、Zn 0.002、Pb 0.054(3个均值)。常含少量的Sb,为富硫型的低温毒砂。

第Ⅲ世代的毒砂含量低,呈自形和半自形粒状,粒径明显细小,呈细脉浸染状分布。

4)深红银矿

深红银矿为微量矿物,显微镜下呈灰色、微带蓝色,双反射明显,非均质性强,内反射强烈,呈洋红色,具特征性。矿石中很少见,呈他形粒状和粒状集合体,粒径细小,一般在0.05 mm以下,在石英脉型和蚀变岩型矿石中均有分布,单独或与其他金属矿物一起分布于石英晶粒间或黄铁矿边部。共生矿物有黄铜矿、黝铜矿、银金矿等,为低温热液矿物。

深红银矿电子探针成分分析结果(%):S 16.93、Ag 60.62、Sb 20.71、Au 0.36、Cu 0.25、Cd 0.25、Bi 0.22、Mo 0.19、As 0.14、Fe 0.13、Zn 0.06、Co 0.02、Ni 0.02,普遍含微量的Au、Cu、Cd、Bi。

5)硫锑铜银矿

硫锑铜银矿为微量矿物,偶见于石英脉型矿石中,呈他形微粒状、板状和集合体,粒径0.015 mm以下,集合体0.05 mm,呈铁黑色,晶面有三角形条纹,单独或与银金矿一起分布于石英晶粒间或黄铁矿晶粒间,为低温热液矿物。

硫锑铜银矿电子探针成分分析结果(%):S 12.62、Sb 8.50、Ag 71.13、Cu 5.56、Fe 0.75、As 0.57、Cd 0.17、Te 0.13、Ni 0.08、Zn 0.08、Co 0.05、Mo 0.06、Bi 0.02、Au 0.30(2个均值)。

6)闪锌矿

闪锌矿为微量矿物,在石英脉型和蚀变岩型矿石中均常见,有时在石英脉型矿石中局部富集,含量可达2%。闪锌矿褐色、金刚光泽,显微镜下呈灰色,反射率随含Fe量的增高而增高,低铁闪锌矿的反射率高于闪锌矿,内反射鲜明,呈白色微带褐黄色,低铁闪锌矿呈浅褐黄色,呈他形微粒状(附录1图55)或集合体,粒径一般在0.04 mm以下,最大可达0.07 mm。闪锌矿常分布于石英晶粒间,部分分布于黄铁矿晶粒间或黄铁矿与石英裂隙中,多数生成晚于黄铁矿,共生金属矿物有黄铜矿、黝铜矿、方铅矿和银金矿等,为低温热液矿物。部分闪锌矿与黄铁矿、白铁矿和毒砂等同时生成,为中低温热液矿物。少数闪锌矿晶粒中有固溶体分解的黄铜矿乳滴,极个别见有黄铜矿的同心环带。还可见闪锌矿沿黄铜矿边部交代黄铜矿(附录1图56)。

闪锌矿电子探针成分分析结果(%):Zn 67.100、S 31.350、Fe 0.123、Ni 0.029、As 0.156、Bi 0.016(2个均值)。

7)黄铜矿

黄铜矿为微量矿物,少见,各类型矿石中均有分布。呈他形微粒状(附录1图57)或集合体,粒径多在0.01 mm以下,集合体最大0.25 mm,分布于石英集合体晶粒间和黄铁矿晶粒间,少数分布于黄铁矿裂隙中。共生矿物有黄铁矿、闪锌矿、黝铜矿、深红银矿和银金矿等,多由低温热液生成,晶出一般晚于黄铁矿。黄铜矿见锑黝铜矿环边,被锑黝铜矿交代(附录1图58)。部分与黄铁矿同时生成,为中低温热液矿物。表生条件下,黄铜矿有被铜蓝、蓝辉铜矿、斑铜矿交代的现象(附录1图59)。

黄铜矿电子探针成分分析结果(%):Fe 29.760、Co 0.029、Ni 0.017、Cu 33.480、Zn 0.042、Au 0.039、S 34.690、Ag 0.585、Sb 0.021(5个均值)。多数黄铜矿中含微量的Ag、Bi和Au,Ag和Au含量最高,分别为1.96%和0.39%。

8) 斑铜矿

斑铜矿为微量矿物，少见，石英脉型和蚀变岩型矿石中均有分布。呈他形粒状或集合体，粒径多在 0.025 mm 以下，集合体可达 0.35 mm。斑铜矿常分布于石英晶粒间和黄铁矿晶粒间，少数充填交代于黄铁矿裂隙孔隙中。共生矿物有黄铜矿、闪锌矿和方铅矿等，为中低温热液矿物。表生条件下，斑铜矿有被蓝辉铜矿、铜蓝和褐铁矿交代的现象。

斑铜矿电子探针成分分析结果(%)：S 26.03、Cu 65.41、Fe 7.38、Co 0.02、Ni 0.01、Zn 0.08、As 0.56、Mo 0.27、Cd 0.09、Sb 0.16、Te 0.10、Ag 0.01、Au 0.09。

9) 方铅矿

方铅矿为微量矿物，少见，石英脉型和蚀变岩型矿石中均有分布。呈他形微粒状和显微脉状，粒径在 0.005 mm 以下，最大 0.008 mm，显微脉状者脉宽 0.005 mm 以下，常单独分布于黄铁矿和白铁矿裂隙中及石英晶粒间，部分与黄铜矿和闪锌矿一起分布于石英晶粒间，为低温热液矿物。

方铅矿电子探针成分分析结果(%)：S 12.82、Pb 84.89、Fe 1.22、Cu 0.35、Au 0.20、Sb 0.16、Zn 0.11、Ag 0.11、Te 0.09、Cd 0.09、Co 0.08、Ni 0.05、Bi 0.03(3 个均值)。方铅矿中普遍含少量的 Fe 和微量的 Au。

10) 磁黄铁矿

磁黄铁矿量极微且很少见，石英脉型矿石中较多见，蚀变岩型矿石中少见。呈他形微粒状，粒径 0.08 mm 以下，分布于黄铁矿和白铁矿晶粒间及毒砂-白铁矿-黄铁矿集合体中，为中低温热液矿物。

磁黄铁矿电子探针成分分析结果(%)：S 37.53、Fe 61.75、As 0.32、Ag 0.10、Te 0.10、Co 0.07、Ni 0.05、Bi 0.04、Sb 0.07、Cu 0.03、Au 0.02、Cd 0.01(2 个均值)。

2. 表生氧化矿物

1) 褐铁矿

褐铁矿为少量矿物，石英脉型和蚀变岩型矿石中常见，他形粒状结构(附录1图60)，主要分布于氧化矿石中(附录1图61)，是氧化矿石中最主要的金属矿物，由针铁矿、水针铁矿和胶状水针铁矿等组成，呈针状、鳞片状等变胶体和胶状体，由表生作用生成，分布于矿石的裂隙中，少数具假象(附录1图62)，为交代黄铁矿等矿物生成。

褐铁矿电子探针成分分析结果(%)：Fe 55.75、As 0.21、Au 0.12、Sb 0.11、Cu 0.07、Co 0.06、Zn 0.05、Cd 0.04、Bi 0.10、Mo 0.03、Ni 0.02、Te 0.02、S 0.04、Ag 0.01(4 个均值)。褐铁矿中 Fe 含量变化大，由 51% 到 63%，因含水量的不同而不同。褐铁矿中常有微量的 Au，最高可达 0.26%，这种 Au 大部分是原矿物中呈分散状态的 Au，部分是次生带入的 Au。

2) 赤铁矿

赤铁矿为微量矿物，局部富集含量可达 3%，石英脉型和蚀变岩型矿石中少见，主要分布于氧化矿石中，呈片状、针状、粒状和显微脉状等，以前两者较多，晶片长一般在 0.02 mm 以下，最大可达 0.3 mm，常分布于矿石的裂隙、孔隙中。表生条件下由褐铁矿(针铁矿)经脱水作用生成，少量赤铁矿是由原岩暗色矿物经蚀变形成的，分布于石英等脉石矿物晶粒间。

赤铁矿电子探针成分分析结果(%)：Fe 64.08、As 0.16、Sb 0.13、Co 0.11、Ag 0.11、Ni 0.05、Zn 0.05、S 0.05、Cu 0.04、Te 0.03、Cd 0.02、Mo 0.10(2 个均值)，成分中不含 Au。

3) 磁铁矿

磁铁矿为微量矿物，蚀变岩型矿石中少见，石英脉型矿石中很少见。呈他形和半自形粒状，粒径 0.03 mm 以下，最大 0.06 mm，分布于脉石矿物集合体中，个别分布于黄铁矿集合体中或包裹于黄铁矿中，为英安岩残留的副矿物，多已变为磁赤铁矿，表生条件下进而变为假象赤铁矿和褐铁矿。可见钛铁矿沿磁铁矿边缘及解理交代磁铁矿的现象(附录1图63)和钛铁矿在磁铁矿中呈叶片状、格状出溶体(附录1图64)，同时可见赤铁矿与磁铁矿共生(附录1图65)。

磁铁矿电子探针成分分析结果(%):FeO 98.36、TiO$_2$ 0.89、SiO$_2$ 0.16、Al$_2$O$_3$ 0.10、MnO 0.12、Cr$_2$O$_3$ 0.14、CaO 0.04、Na$_2$O 0.03。

3. 主要脉石矿物

1)石英

石英是矿石中最主要的脉石矿物。火山期后热液蚀变期的石英可分为3个世代,第Ⅰ世代石英(Qz$_Ⅰ$)生成于黄铁绢英岩化阶段,第Ⅱ世代石英(Qz$_Ⅱ$)生成于硅化阶段,第Ⅲ世代石英生成于碳酸盐-石英阶段。第Ⅰ世代和第Ⅲ世代石英分别生成于金矿成矿期前和成矿期后,与金的形成无直接关系。

硅化阶段生成的第Ⅱ世代石英,由3个期次的石英组成。

第一期灰白色石英(Qz$_{Ⅱ-1}$):呈他形细—微粒状,粒径在0.01~0.05 mm之间,经常见有玉髓状或玛瑙纹状的变胶状结构,并常见蚀变英安岩的不规则残块。受构造应力作用,常形成角砾状或产生较多的裂隙,被第二期石英和碳酸盐脉充填胶结。与其共生的金属矿物主要有黄铁矿、白铁矿、毒砂和金矿物等,金属矿物含量在1%以下。

第二期烟灰色石英(Qz$_{Ⅱ-2}$):呈他形细—微粒状,粒径在0.01~0.05 mm之间,可见变胶状结构,有蚀变英安岩残块,常呈破碎状,由碳酸盐或自身溶液充填胶结。共生金属矿物与第一期石英相同,金属矿物粒径细小,分布不均匀,含量0.5%~2.5%,该期石英为含金石英脉的主体,量多,分布普遍,金品位较高。

金与上述两期石英关系密切,大部分金矿物分布于这两期石英的集合体晶粒间。

第三期灰色石英(Qz$_{Ⅱ-3}$):量少,但分布广。晶粒较前两期石英稍粗,粒径多在0.05~0.5 mm之间,晶粒自形程度也略高,部分呈半自形晶,呈脉状充填交代于前两期石英中和蚀变英安岩中,对金矿化具有加富作用。这一期石英中普遍可见石英的再生长现象。共生金属矿物同样为黄铁矿、白铁矿、毒砂和金矿物等,前三者常形成片状、叶片状和令箭状等特殊构造。金属矿物含量较高,可达6%~25%。

2)绢云母

绢云母为热液蚀变产物,并常伴随硅化、黄铁矿化产出,多交代斜长石并保留斜长石外形,同时析出微细粒石英交代岩石中斑晶或基质。黄铁绢英岩化岩石中绢云母含量28.4%~45.0%,石英脉中绢云母含量一般0.6%~3.1%。

3)绿泥石

绿泥石为绿泥石化产物,矿物特征见"围岩蚀变及特点"。

4)碳酸盐矿物

碳酸盐矿物普遍可见,为碳酸盐化产物,矿物特征见"围岩蚀变及特点"。

5)冰长石

冰长石显微镜下(单偏光)无色透明,2V较小,负光性。它是低温条件下形成的具特征形态的钾长石,K$_2$O含量高。电子探针成分分析结果(%):SiO$_2$ 61.66、Al$_2$O$_3$ 18.87、K$_2$O 19.20、Na$_2$O 0.14、FeO 0.09、Cr$_2$O$_3$ 0.04、TiO$_2$ 0.02。

二、矿石化学成分

1. 常量元素特征

矿石中的常量元素以Si、Fe、S、O含量高为特征,明显高于同类岩石,表明在成矿过程中这些元素有明显的带入作用,这与矿石中普遍存在的硅化、绢云母化及金属硫化物矿化现象是一致的。

在氧化矿石中,Fe^{2+}含量低于原生矿石,说明其中一部分已转变成Fe^{3+},其他元素如Mg、Ca、S等含量比原生矿石中也低得多,这是氧化淋滤作用使一些易溶元素被溶解淋失的结果。

2. 微量元素特征

阿希金矿的容矿火山岩中 Au、Ag、As、Sb、Bi 等元素含量明显高于地壳克拉克值，浓集系数分别为 59.43、22.40、11.58 和 18.33。另外，Pb、Sn、Be 等元素亦显示出一定程度的富集，表明上述元素在成岩过程中发生了明显的富集作用，说明容矿火山岩具有高的 Au、Ag、As、Sb、Bi 等元素背景场，是含金热液中的主要成矿元素。

3. 稀土元素特征

通过对石英脉型矿石、蚀变岩型矿石及蚀变英安岩的稀土元素分布模式进行分析，将稀土元素的分布模式基本分为以下两类。

(1) 蚀变英安岩和蚀变岩型矿石中的轻稀土明显富集，属富集型，形成较为平滑向右倾斜的稀土元素配分模式，稀土总量较高，Eu 呈弱的正异常，个别样品具明显的 Eu 负异常，这可能与岩石的钠长石化有关；$(La/Yb)_N=8.7\sim10.1$，表现了安山岩的稀土特征，这与岩石化学分析结果是一致的。蚀变岩型矿石的稀土总量略低于蚀变英安岩，这可能与轻稀土在岩浆作用的晚期阶段趋于明显富集有关，这与田昌烈等(1995)的研究结果一致。

(2) 石英脉型矿石第Ⅰ世代 3 个期次的石英，稀土元素配分模式基本相同，为弱富集型的配分模式，呈一略向右倾斜的较平滑曲线。与蚀变英安岩相比，石英脉型矿石稀土总量低，特别是轻稀土含量更低，但 δEu 和 Eu/Sm 值是接近的，且配分曲线的起伏变化与蚀变英安岩基本一致，反映出二者稀土元素具有同源的特点。

石英脉型矿石稀土总量低，主要是由石英自身的地球化学性质决定的，此外成矿热液中的大气降水可能也有一定的影响。

4. 同位素和包裹体研究成果

对 22 个样品进行矿物气液包裹体均一法测温，其中石英包裹体 20 个，方解石和白云石包裹体各 1 个，温度变化范围为 135.6~230.0 ℃。

石英包裹体的均一温度基本可代表矿床成矿过程中的下限温度。测试结果表明，灰白色石英和烟灰色石英包裹体的均一温度为 128.9~202.4 ℃，灰色石英包裹体的均一温度为 196.6~269.0 ℃，本矿床形成下限温度相当于中—低温热液矿床的成矿温度。

方解石和白云石为成矿期后生成的碳酸盐矿物，方解石、白云石包裹体均一温度分别为 158.5 ℃ 和 186.2 ℃，由低温热液生成。

3 个期次的石英包裹体成分以 CO_2 为主，H_2O 次之，成矿溶液中 CO_2 的增加，有利于金的沉淀。方解石、白云石包裹体液相 CO_2 含量低于 H_2O，该碳酸盐脉中基本不含金。

3 期石英包裹体的盐度均较低，第一期和第二期石英包裹体的平均盐度分别为 1.95%、2.70%，均低于海水平均盐度(3.5%)。

对矿床中灰白色的氢、氧同位素和 3 个世代黄铁矿的硫同位素进行测定，结果显示成矿介质由多种成因的混合水组成，以大气降水为主。

3 个世代的黄铁矿中 $δ^{34}S$ 为 4.3‰~0.95‰，$δ^{34}S$ 值较为集中，变化范围小，说明硫均来自地壳深处，形成环境相似且较稳定，具岩浆硫的特点。第Ⅰ世代、第Ⅱ世代黄铁矿与第Ⅲ世代黄铁矿相比，$δ^{34}S$ 值较高，这可能是因为热液在运移过程中加入了部分壳源硫。

三、矿石结构构造及矿石类型

本矿床金矿物在矿石中的结构和构造比较简单，结构主要为他形显微细粒结构和他形显微微粒结构,构造为星点浸染状构造。但由于金矿物粒径非常细小,分布分散且不均匀,肉眼难以识别,所以矿石的结构和构造是根据与金关系密切的黄铁矿等主要金属矿物确定的。

(一)矿石结构

1. 粒状结构

他形微粒结构:黄铁矿等主要金属矿物颗粒绝大部分晶面无一定形状,且粒径小于0.5 mm的结晶结构(附录1图41~图42)。

半自形微粒结构:黄铁矿等主要金属矿物颗粒只有部分自形晶面,其余晶面无一定形状,粒径小于0.5 mm(附录1图50)。

半自形—他形微粒结构:黄铁矿等主要金属矿物大部分颗粒晶面无一定形状,部分颗粒的部分晶面呈自形,粒径小于0.5 mm。

自形—半自形微粒结构:黄铁矿等主要金属矿物大部分颗粒的部分晶面呈自形,部分颗粒结晶为完整的自形晶,粒径小于0.5 mm(附录1图53)。

2. 交代结构

交代残余结构:黄铁矿等金属矿物被褐铁矿、白铁矿交代呈残余状(附录1图52)。

交代假象结构:褐铁矿交代早期形成的黄铁矿、白铁矿,仍保留原来矿物的假象(附录1图62)。

交代环边结构:偶见白铁矿边缘有黄铁矿环边,白铁矿被黄铁矿沿边缘交代(附录1图51),锑黝铜矿沿黄铜矿边部交代黄铜矿(附录1图58)。

3. 胶状、变胶状结构

褐铁矿不具明显形态特征的结构,或褐铁矿胶体经脱水形成的结构。

(二)矿石构造

1. 浸染状构造

星点浸染状构造:黄铁矿等金属矿物呈星点状分布于脉石矿物粒间,含量在5%以下,一般在1%~3%之间,为矿石常见的构造(附录1图66)。

稀疏浸染状构造:金属矿物呈稀疏浸染状分布于脉石矿物粒间,含量5%~20%,一般在5%~10%之间,为矿石较少见的构造(附录1图67)。

片状浸染状构造:黄铁矿和白铁矿集合体呈片状、叶片状,浸染于脉石矿物粒间,"叶片"中毒砂很少。

草束状—片状浸染状构造:黄铁矿和白铁矿集合体呈片状、草束状浸染于脉石中,所形成的集合体中毒砂少见。

令箭状—片状浸染状构造:黄铁矿、白铁矿和毒砂集合体形成片状和令箭状浸染于脉石中,毒砂常分布于集合体边缘,呈锯齿状。

2. 脉状构造

细脉浸染状构造:金属矿物呈细脉状和浸染状分布,含量变化较大(2%~20%),一般在8%以下(附录1图68)。

细脉状构造:氧化矿石中褐铁矿或赤铁矿呈细脉状分布,褐铁矿或赤铁矿含量变化很大,小于8%。原生矿石中少见,较晚生成的黄铁矿呈细脉状分布。

3. 角砾状构造

角砾状构造:构造角砾被后期热液交代,微细粒黄铁矿呈胶状充填角砾间(附录1图69)。

上述构造类型中,常见有相互过渡的现象。

(三)矿石类型

矿床内矿石的类型可分为氧化矿石、混合矿石和原生矿石3种,根据矿石的物质成分、结构构造等划分为石英脉型和蚀变岩型两种,硫含量少,均属贫硫型矿石。

(1)氧化矿石:分布于1 530.00 m标高以上,氧化深度40.91~62.98 m,氧化率14%~89%,平均39.31%,呈水平分带状分布,但向北随地形增高氧化界面略有抬升趋势。因遭受风化淋滤,氧化石英脉型矿石呈灰褐色—红褐色,具多孔状、蜂窝状构造;氧化蚀变岩型矿石呈黄褐色,具斑点状构造,松散易碎。二者均具交代残余状结构。金属矿物以褐铁矿为主,含量5%~7%,黄铁矿、白铁矿微量,毒砂基本消失,脉石矿物主要为石英和绢云母。该类矿石中见次生金产出。

(2)混合矿石:分布于氧化带以下、1 516.00 m标高以上,厚度10.08~14.65 m,分布局限,矿量少,未单独圈带。其中石英脉型矿石呈褐灰色,蚀变岩型矿石呈浅灰色,普遍保留了原生矿石的结构构造特征。矿物成分包括了氧化、原生矿石的全部矿物种类。氧化强度因矿石破碎程度不同而异,矿石破碎、节理发育处氧化较强,反之较弱,在矿石碎块的表层多形成氧化薄膜,向内仍为原生矿石。

(3)原生矿石:分布于1 516.00 m标高以下(埋深一般在70 m以下)。该类矿石除金属矿物的种类和含量与氧化矿石有明显差异外,最直观的差别是颜色不同,它保留了原岩本色,即石英脉型矿石呈灰白色—烟灰色,蚀变岩型矿石呈浅灰绿色—灰白色。

(4)石英脉型矿石:按矿物共生组合、品位变化又可细分为金-石英脉型矿石、金-黄铁矿-石英脉型矿石和金-硫化物-石英脉型矿石。上述3种石英脉型矿石脉石矿物主要为石英,前两种以大脉形式出现,后一种以细网脉形式出现,起叠加富集作用。它们均分布于同一空间,是构成矿床工业矿体的主要矿石类型。

(5)蚀变岩型矿石:即黄铁绢英岩化蚀变岩型矿石,呈浅灰绿色—灰白色,半自形—他形微粒结构,星点—细脉浸染状构造。主要金属矿物与石英脉型矿石相似,但脉石矿物除石英外,还有大量的绢云母。金矿物以银金矿为主。该类型矿石主要出现在石英脉型矿石矿体的上、下盘或主矿体尾部。主体矿上部的诸多小矿体大多由此类型矿石组成。

四、主要矿物生成顺序

阿希金矿Ⅰ号矿床的矿物生成顺序见表1-4。根据矿石的组构、成因、交生关系和产出特征等,矿物的生成顺序先后分为火山岩期、火山期后热液蚀变期和表生期。

火山岩期,由火山喷溢形成的英安岩和英安质角砾熔岩虽经蚀变,但在矿石中仍有部分原生矿物保留,如石英、斜长石和磁铁矿等。

火山期后热液蚀变期,由于火山喷发后伴随的残余热液活动和构造活动,原岩首先发生黄铁绢英岩化,新生矿物有石英、绢云母、黄铁矿、碳酸盐矿物、绿泥石、金红石、白铁矿和毒砂等。根据矿物组合分析,它是一次中低温的热液蚀变。

表 1-4　阿希金矿矿物生成顺序简表

矿物	火山岩期	火山期后热液蚀变期					表生期
		黄铁矿-绢云母-石英阶段	金-硫化物-石英阶段			碳酸盐-石英阶段	
			灰白色石英亚阶段	烟灰色石英亚阶段	灰色石英亚阶段		
黄铁矿		●	●	●	●		
白铁矿			●	●	●		
毒砂			●	●			
磁黄铁矿			●				
含银自然金			●	●	—		
银金矿			●	●	—		
闪锌矿							
黄铜矿			│	│	│		
黝铜矿			│	│	┆		
方铅矿			│	│	│		
浓红银矿					┆		
硫锑铜银矿					┆		
硒铅矿							
硒银矿							
磁铁矿	●						
赤铁矿							●
褐铁矿							●
斑铜矿							
蓝辉铜矿							
铜蓝							
自然金							
角银矿							
石英	●	●	●	●	●	●	
斜长石	●	●					
绢云母		●	●				
水白云母		●					
绿泥石		│					
白云母		│					
菱铁矿		●	●	●	●		
白云石		●	●	●	●	●	
方解石		●				●	
冰长石							
尖晶石	●						
金红石	│						
磷灰石	│						
榍石	│						
玉髓							
特征元素		S、Fe、As	S、Fe、As、Au、Ag、Zn、Cu、Pb、Sb、Se			S、Fe、As、Zn、Cu、Pb	
均一温度/℃			121～206	137～200	197～269		
矿化状况		金较原岩略有富集	主要金矿化亚阶段		主要金矿化亚阶段		有金矿化现象

研究单位：新疆矿产实验研究所鉴定专业室。

第五节 矿石工艺矿物学特点

经化学分析,矿石中有 Au、Ag、Fe、S、As、Cu、Pb、Zn、Sb、W、Bi、Ni、Co、Hg 等 20 多种元素,Au 为有用元素,Ag 为有用伴生元素,其他元素均未达到综合利用工业指标。金矿勘探规范中对有害元素未作规定,矿石中 S、As 和 Sb 的含量虽低,但对金的选矿氰化率仍有一定影响,故作有害元素看待。

一、有益、有害元素赋存状态

1. Au

金矿床中主要工业元素,在矿石中品位偏低,含量 $(1\sim5)\times10^{-6}$,平均品位 3×10^{-6},矿化相对较均匀。经分析,Au 主要赋存于自然金、含银自然金及少量银金矿中,在其他硫化物中含量很低(表 1-5),对富集单矿物黄铁矿、毒砂中的金进行化学成分分析,结果表明,Au 含量很高,是因为其中有包裹金存在,这与电子探针成分分析黄铁矿和毒砂已知晶面的结果并不矛盾。但金矿物在矿石中产出数量很少,金矿物嵌布粒径细,为 0.001~0.06 mm±,少量大于 0.1 mm,属于微细粒级。

表 1-5 阿希金矿 Au 在矿物中的分布

黄铁矿 (Py_I)	黄铁矿 (Py_{II})	黄铁矿 (Py_{III})	白铁矿	毒砂	黄铜矿	黝铜矿	闪锌矿	方铅矿	黄铁矿*	五角十二面体黄铁矿
\multicolumn{9}{c}{$w/10^{-2}$}	\multicolumn{2}{c}{$w/10^{-6}$}
0.09	0.10	0.16	0.14	0.18	0.10	0.13	0.15	0.40	15.9	79.9

注:* 为化学成分分析结果,其他均为电子探针成分分析结果。

分析单位:新疆矿产实验研究所鉴定专业室。

2. Ag

Ag 是矿石中仅次于 Au 的有用伴生元素,绝大部分也以独立矿物形式出现,与 Au 关系密切。Ag 的独立矿物除银金矿和含银自然金外,还有银锑黝铜矿、深红银矿、硫锑铜银矿、硒银矿和角银矿等。Ag 的载体矿物有锌锑黝铜矿、黄铜矿和方铅矿等,它们的 Ag 含量见表 1-6。

表 1-6 阿希金矿 Ag 在矿物中的分布

矿物	Ag 含量/%	矿物	Ag 含量/%
银金矿	26.12	锌黝铜矿	0.49
含银自然金	16.43	铁锑黝铜矿	0.43
银锑黝铜矿	16.93	锌砷黝铜矿	0.12
深红银矿	60.62	铁砷黝铜矿	0.11
硫锑铜银矿	71.13	黄铜矿	0.36
硒银矿	62.28	方铅矿	0.11
角银矿	74.94	硒铅矿	0.13
锌锑黝铜矿	2.19	硒方铅矿	0.12

分析单位:新疆矿产实验研究所鉴定专业室。

主要金属矿物黄铁矿、白铁矿和毒砂 Ag 含量均很低,分别为 0.04%、0.04% 和 0.06%(电子探针成分分析)。

3. S

S 主要以独立矿物形式存在,与 Fe、Cu、Ag 等组成硫化物和硫砷化物,主要有黄铁矿、白铁矿、毒砂和黝铜矿等。

4. As

As 主要以独立矿物形式存在,呈分散状态的较少。独立矿物主要为毒砂,黝铜矿少,分散状态的 As 多分布于黄铁矿中,分布较不均匀,常显示环带状,分布于白铁矿中的较少。

5. Sb

在金矿选冶中,尤其是对氧化矿石采用堆浸工艺时,Sb 是有害元素之一,Sb 的存在将大量消耗贵液中的氯化钠,降低金的浸取率。但在本矿床中,Sb 主要以黝铜矿、深红银矿和硫锑铜银矿等独立矿物形式存在,在毒砂中,黄铁矿和白铁矿部分晶粒中有 Sb 的分布。

二、金矿物粒度及嵌布方式

(一)矿石矿物粒度

金矿物的粒径普遍非常细小,集中于 0.002~0.16 mm 这一粒级范围内,所见最大晶片为 1.48 mm×1.20 mm。金矿物主要为微粒金,细粒金较少,中粒金少,粗粒金很少,巨粒金极少,多分布于石英集合体晶粒间、碳酸盐集合体晶粒间和黄铁矿晶粒间,分布于晶粒中的较少。

为了能充分反映出本矿床金矿物的微细特点,笔者将粒级作了新的划分,本矿床的金矿物主要为微粒显微金(0.005~0.000 5 mm)和细粒显微金(0.05~0.005 mm),粗粒显微金(0.2~0.05 mm)很少,细粒金(1.0~0.2 mm)少,此外,还有很少量的次显微金(<0.000 5 mm)。

次显微金是在电子显微镜下发现的,石英脉型和蚀变岩型矿石中均可见到,多分布于石英集合体晶粒间,碳酸盐集合体晶粒间和黄铁矿晶粒间,分布于晶粒中的较少。次显微金的存在对金的回收稍有影响。

金矿物粒径细小是本矿床最显著的特点之一,这主要反映出它是在较浅部位和较低温度条件下形成的。浅成低温条件下,热容量较小,热量容易散失,金晶质点得不到充分的时间结晶,故不能形成较大的晶粒,这一现象在国内外不少热液金矿中均存在。

(二)矿石矿物晶粒形态及嵌布方式

金矿物的形状有不规则粒状、片状、长条状、圆粒状和树枝状 5 种,偶见自形粒状和自形八面体金。其中以不规则粒状和片状金为主,其次为树枝状金且在氧化矿石中占明显优势,圆粒状金多分布于原生矿石中,长条状金在各类矿石中的出现概率均很低。

金矿物在石英脉型和蚀变岩型矿石中分布极不均匀,主要分布于脉石矿物晶粒间,部分分布于脉石矿物与金属矿物晶粒间和金属矿物晶粒间,产出状态以粒间金(晶隙金)为主,包裹金很少,裂隙金个别可见。因此,在选冶中金的单体解离程度是决定其回收率的最主要因素之一。

1. 粒间金

粒间金是金矿物的最主要产出状态,95% 左右的金矿物为粒间金,分布形式有以下几种。

(1)分布于石英集合体晶粒间(附录1 图43),是本矿床主要的分布形式。

(2)分布于黄铁矿集合体晶粒间、白铁矿-黄铁矿集合体晶粒间和毒砂-白铁矿-黄铁矿集合体晶粒间,以及这些金属矿物集合体与石英集合体之间的晶粒间,是本矿床较常见的分布形式(附录1图41~42)。

(3)分布于褐铁矿集合体中和褐铁矿与石英集合体的晶粒间,是本矿床较常见的分布形式。

(4)分布于碳酸盐矿物(菱铁矿和白云石)集合体晶粒间和石英集合体晶粒间,矿石中少见。

(5)分布于水白云母集合体鳞片间和水白云母与石英集合体晶粒间,矿石中很少见。

(6)与黄铁矿、黄铜矿和闪锌矿等一起分布于石英集合体晶粒间,矿石中很少见。

(7)与黄铜矿、闪锌矿和黝铜矿等一起分布于石英集合体晶粒间和黄铁矿与石英集合体晶粒间,矿石中很少见。

(8)与黄铁矿、黄铜矿、深红银矿、硫锑铜银矿和硒铅矿等一起分布于石英集合体晶粒间,矿石中很少见。

2. 包裹金

矿石中含量低,约占5%,但较常见,尤其是在蚀变岩型矿石中。包裹矿物仅见黄铁矿,其中部分黄铁矿已褐铁矿化,其他矿物中未发现有金矿物的包裹体(附录1图41、图44)。

3. 裂隙金

矿石中极少见到,其分布形式有以下3种。

(1)黄铁绢英岩化阶段生成的黄铁矿(Py_I),其裂隙或碎屑被硅化阶段生成的金矿物充填交代或胶结。

(2)硅化阶段生成的毒砂,其裂隙被同阶段较晚生成的金矿物充填。

(3)氧化矿石中的次生金矿物充填于褐铁矿的裂隙、孔隙中。

(三)矿石构造及相对可选性

矿石构造主要为浸染状构造、脉状构造及角砾状构造,上述构造类型中,常见有相互过渡的现象,本矿床构造类型是有利于矿石矿物的单体解离和选别的。

(四)矿石中矿物连生体的连生特性研究

矿石中矿石矿物连生体种类主要分两种类型:①有用矿物与有用矿物连生,矿石中可见金矿物银金矿与银金矿连生包裹于黄铁矿晶粒间;②有用矿物与脉石矿物连生,包括有用矿物被包裹在脉石矿物中,量少,约占5%,但较常见,尤其是在蚀变岩型矿石中,如黄铁矿中包裹金;有用矿物分布在脉石矿物粒间,在矿石中多见,如石英集合体粒间、黄铁矿集合体晶粒间、白铁矿-黄铁矿集合体晶粒间和毒砂-白铁矿-黄铁矿集合体晶粒间,以及这些金属矿物集合体与石英集合体之间的晶粒间、褐铁矿晶粒间和褐铁矿与石英集合体之间的晶粒间等;有用矿物沿脉石矿物微裂隙分布极少,其裂隙或碎屑被硅化阶段生成的金矿物充填交代或胶结。

(五)矿石中连生体结构特点

据不同矿物之间嵌布关系分为包裹连生、穿插连生和毗邻连生。①包裹连生:银金矿被包裹在黄铁矿中,比较常见;②穿插连生:一种矿物颗粒由连生体边缘穿插到另一种矿物颗粒的内部,黄铜矿沿黄铁矿裂隙穿插连生,较常见;③毗邻连生:这类结构在矿石中占多数,一般容易单体解离。

三、矿石工艺矿物学特点及选矿方法

阿希金矿矿石为中硫化物含金石英脉型矿石,矿物组成比较简单,主要金属矿物为黄铁矿、白铁矿、菱铁矿、毒砂;非金属矿物主要为石英,次为绢云母、绿泥石、高岭石等。矿石中除Au有工业回收价值、

Ag 为综合回收元素外,其他金属元素现阶段无工业回收价值。矿石中的金主要以银金矿形式存在,其次为自然金,与硫化物有关的金占 59.10%,与脉石矿物有关的金占 40.90%。金的嵌布粒径以细粒金和微粒金为主,在实际生产过程中粒径小于 0.074 mm 的占 92%,磨矿细度的原矿样品中硫化物包裹金占 26.80%,采用单一氰化法很难达到理想效果,属难浸矿石。目前矿山生产采用浮选精矿细菌氧化-氰化提金工艺,原矿品位为 Au 4.61×10^{-6},选矿回收率指标为 Au 89.73%,贫化率 5.2%,损失率 5.07%。

第六节 矿床成因和成矿模式探讨

一、物质来源

阿希金矿床产于下石炭统大哈拉军山组火山岩中,英安岩和英安质角砾熔岩为赋矿岩石,也是矿体的直接围岩。围岩蚀变较强,其中硅化与金矿化关系最为密切。金矿物主要分布于灰白色和烟灰色石英脉中,石英脉型和蚀变岩型矿石稀土元素显示出同源的特点,由于火山管道相和喷溢相熔岩中金的丰度值高于克拉克值及区域背景值,成矿物质主要来自岩浆热液,硫同位素显示硫源来自均一稳定地壳深处幔源硫,表明阿希金矿成矿作用具有壳幔混熔源特点,成矿物质来自上地幔衍生的下石炭统大哈拉军山组陆相火山喷发-火山碎屑沉积岩,成矿期的成矿溶液以大气降水为主,次为岩浆水,成矿期后溶液已全是大气降水。

二、地球动力学条件

阿希金矿的地质构造环境为板块边界,在岛弧带基础上进一步发展的大陆边缘拉张带。矿体分布严格受断裂和破碎带控制,处于较浅的开放环境中,并始终处于构造应力作用中。成矿时代为早石炭世,这一点与世界上一些地区的冰长石-绢云母型金矿床形成于中—新生代有差异,阿希金矿超出了部分学者认为的冰长石-绢云母型金矿床所限定的成矿时代的范围。

火山作用初期,在火山作用以前就已存在的南北区域断裂构造被覆盖并被熔岩封闭,但在火山作用后期这个断裂重新活动,断裂活动早期为压扭性,形成了绢云母化破碎带,中期以张性裂开,同时火山塌陷形成了弧形裂隙,恰好与这个区域断裂连结,来自火山岩的矿质和大气降水混合的含矿热液大量贯入、充填于裂隙及断裂的空间内,形成了本矿区规模最大的含金石英脉,随后有几次小规模含矿热液的继续充填。含矿热液运移至地表浅部时,温度和压力迅速降低,有些金属矿物黄铁矿、毒砂、白铁矿等来不及结晶生长,形成烟灰状石英脉,金属矿物非常细,分散分布。含金石英脉形成后,断裂仍有两次略弱的活动,依次为压扭性和张性,使含金石英脉有一定的破碎。并且在断裂最后张性活动时又有一次规模略小的含金碳酸盐石英脉充填,并将一些破碎石英重新胶结。

三、成矿环境

阿希金矿为贫硫化物型矿石,金矿物结晶粒径细小,有的显示玛瑙纹状变胶结构和球颗状结构,为在较低温度浅成条件下快速结晶形成的,在成矿过程中形成了大量的绢云母,同时与高岭石、蒙脱石、伊利石、石英共生,并有一定的冰长石生成,化学元素组合判定阿希金矿矿物共生组合基本为金属硫化物型的中—低温热液矿物组合,可推断矿床形成于火山活动后期以浅成低温为主的中—低温火山热液活动中。

阿希金矿成矿热液为中性到弱碱性环境条件(成矿热液 pH=5.7~8.8,fO_2=-37~-39),该成矿环境与世界上一些地区的冰长石-绢云母型金矿床物理化学环境（pH＝5.8～9，fO_2＝－34～39.5）基本一致，但阿希金矿在构造环境和成矿时代上具有其独特性（田昌烈等，1995）。

四、成矿机理和成矿模式

阿希金矿是一个以低温为主的中—低温火山热液金矿床，即火山中—低温热液金矿建造。阿希金矿是在成因上与火山作用及其中—低温热液活动有关，时间上在火山作用之后，空间上分布于中性偏酸的火山岩中，受断裂破碎带控制的石英脉型金矿床。

矿床成因为（低硫型）浅成低温热液型，受基底断裂及陆相火山机构所控制。早石炭世早期拉张期间，在北西西向和北北西向区域基底断裂交会处，形成了环状喷发中心——古火山机构（破火山口）及其喷发物。

火山活动末期来自较深部的次火山岩浆沿火山颈相（安山质角砾熔岩）边界贯入，切割前期形成的火山岩地层，并围绕火山口形成一系列环状及放射状分布的火山断裂，为金矿的形成提供了有力的控矿构造条件。火山活动过程及期后，不断下渗的天水在深部侵入体热源的作用下向上运动，形成流体循环对流，并不断萃取围岩（火山岩和基底岩石）中的金等成矿物质，形成的含矿流体在适宜的构造部位和物理化学条件下，充填构造空间或交代围岩而成矿。阿希金矿床的成矿模式见图1-3。

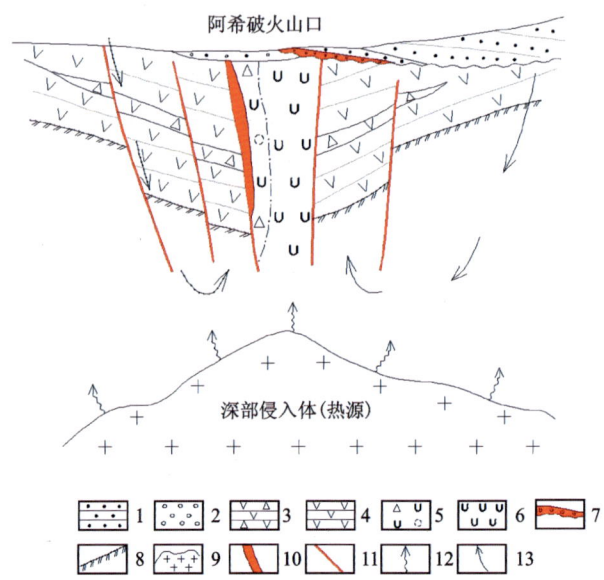

1.陆源碎屑岩；2.底砾岩；3.安山质角砾岩；4.中基性火山熔岩；5.构造蚀变带；6.火山管道熔岩；7.沉积砾岩型金矿体；8.基底岩系；9.钙碱性岩浆房 10.矿体；11.断裂；12.成矿热液运移方向；13.雨水。

图1-3 伊宁县阿希金矿床成矿模式图

主要参考文献

安芳,朱永峰,2009.新疆阿希金矿矿床地质和地球化学研究[J].矿床地质,28(2):143-156.

鲍景新,2002.西天山阿希金矿浊沸石化与古地热成矿流体系统的初步研究[J].北京大学学报(自然科学版),38(2):252-259.

董连慧,2001.阿希金矿主要蚀变类型及金矿化关系[J].地质与资源,10(3):129-132.

冯绢萍,王居里,欧阳征健,2007.西天山阿希、京西-伊尔曼得金矿床矿化类型探讨——来自流体包裹体的证据[J].西北大学学报(自然科学版),37(1):99-102.

洪林,董连慧,1992.阿希金矿地质特征及成因初探[J].新疆地质,10(2):110-119.

贾斌,金成洙,2005.西天山吐拉苏火山盆地金矿成矿系列围岩蚀变地球化学[J].地质与资源,14(1):18-22.

贾斌,毋瑞身,田昌烈,等,2004.西天山吐拉苏火山盆地金成矿系列成矿模式[J].新疆地质,22(2):170-177.

马润则,王润民,1993.新疆阿希金矿近矿蚀变岩的研究[J].矿物岩石,13(4):57-67.

马润则,王润民,2000.新疆阿希金矿区古火山机体及其控矿作用[J].新疆地质,18(3):229-235.

沙德铭,董连慧,毋瑞身,等,2003.西天山地区浅成低温热液型金矿地质特征及成矿模式[J].西北地质,36(2):50-59.

沙德铭,金成洙,董连慧,等,2005.西天山阿希金矿成矿地球化学特征研究[J].地质与资源,14(2):118-145.

杨富全,毛景文,夏浩东,等,2005.新疆北部古生代浅成低温热液型金矿特征及其地球动力学背景[J].矿床地质,24(3):242-263.

翟伟,孙晓明,高俊,等,2006.新疆阿希金矿床赋矿围岩——大哈拉军山组火山岩SHRIMP锆石年龄及其地质意义[J].岩石学报,22(5):1399-1404.

翟伟,孙晓明,贺小平,等,2006.新疆阿希低硫型金矿稀有气体同位素地球化学及其成矿意义[J].岩石学报,22(10):2590-2596.

张作衡,毛景文,王志良,等,2007.新疆西天山阿希金矿床流体包裹体地球化学特征[J].岩石学报,23(10):2403-2414.

内部资料

董连慧,等,1992.新疆伊宁县阿希金矿床北段勘探地质报告[R].吐鲁番:新疆地矿局第一地质大队.

贾斌,毋瑞身,杨森,1998.新疆阿希金矿区外围金矿成矿规律及找矿评价研究[R].乌鲁木齐:国家三〇五项目办公室.

李本海,薛秀娣,等,1993.新疆伊宁县阿希金矿床矿石物质组分及元素赋存状态研究报告[R].乌鲁木齐:新疆矿产实验研究所.

田昌烈,等,1995.新疆伊宁县阿希金矿控矿规律与外围靶区评价研究[R].沈阳:沈阳地质矿产研究所.

附录1　图片及说明

图1　阿希金矿区全貌(阿希破火山机构)

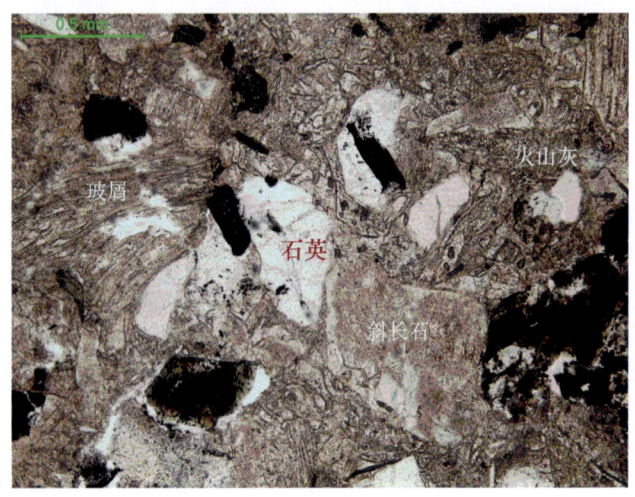

图2　玻屑晶屑凝灰岩　50×　单偏光
凝灰结构,主要由晶屑、火山灰及少量玻屑组成,晶屑有石英、斜长石及角闪石,角闪石多已暗化。

图3　玻屑凝灰岩　100×　单偏光
玻屑凝灰结构,岩石主要由玻屑和火山灰组成,玻屑呈鸡骨状不均匀分布,局部有少量铁质不均匀分布。

图4　凝灰质粉砂岩　100×　正交偏光
粉砂质结构,碎屑主要有晶屑石英、斜长石,碎屑被火山灰胶结。

图5　英安质角砾熔岩1
火山管道相中具流动构造的英安质角砾熔岩。

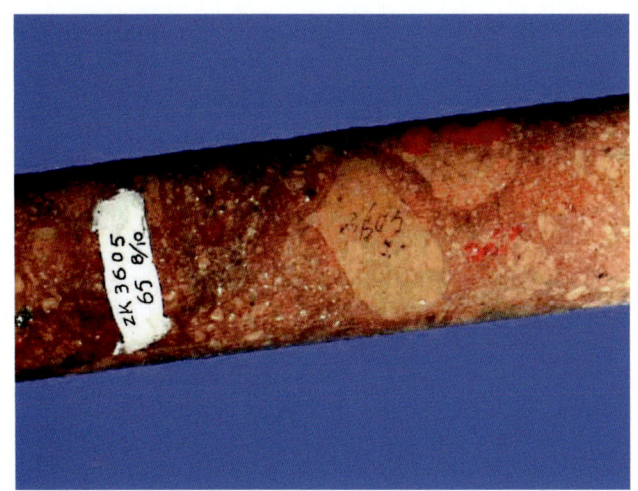

图 6 英安质角砾熔岩 2
角砾斑状结构，英安质熔岩胶结同成分英安质角砾。

图 7 石英脉型矿石 1
青灰色石英脉型矿石，含有浸染状黄铁矿条带。

图 8 石英脉型矿石 2
石英脉型金矿石已经完全氧化成褐红色，在地表形成"铁帽"。

图 9 蚀变岩型矿石 1
矿石金属矿物主要为黄铁矿，矿石中穿插含金石英细脉。

图 10 蚀变岩型矿石 2
石英脉型矿体下盘（深部）局部出现的石英-碳酸盐脉胶结蚀变英安岩角砾。

图 11 硅化黄铁绢英岩化蚀变岩型矿石
网脉状烟灰色石英脉胶结黄铁绢英岩化、硅化的火山岩碎屑。

图 12　英安岩1　50×　正交偏光
斑状结构，基质具玻晶交织结构，斑晶为自形板状斜长石，表面有轻微泥化，基质由细板条状斜长石和隐晶长英质矿物组成。

图 13　英安岩2　100×　正交偏光
岩石具斑状结构，基质具间粒间隐结构，斑晶为板状斜长石，基质细板条状斜长石粒间有他形粒状矿物，现已蚀变为方解石团块。

图 14　英安岩3　50×　正交偏光
岩石基质为包含微晶结构，基质不规则团块状细粒石英主晶中包含细板条状斜长石微晶。

图 15　蚀变英安岩　50×　正交偏光
岩石具斑状结构，基质具间隐交织结构，岩石中的斜长石表面均蚀变，现为绢云母和方解石的混合物。

图 16　英安岩4　正50×　交偏光
斑状结构，石英斑晶被熔蚀成港湾状，斜长石斑晶表面泥化，角闪石斑晶已蚀变为铁质。

图 17　英安岩5　50×　正交偏光
聚斑结构，斑晶为斜长石、角闪石、石英及少量辉石，见角闪石、普通辉石斑晶呈聚斑状分布。

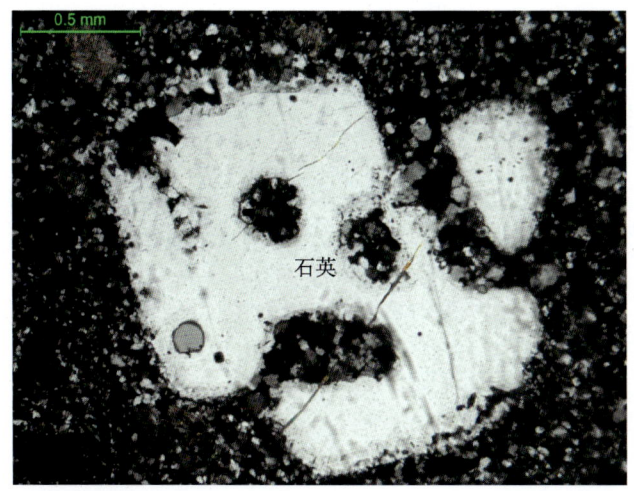

图18 英安岩6 50× 正交偏光
斑状结构,斑晶石英被熔蚀成港湾状,基质石英受后期热液交代,边缘有重结晶。

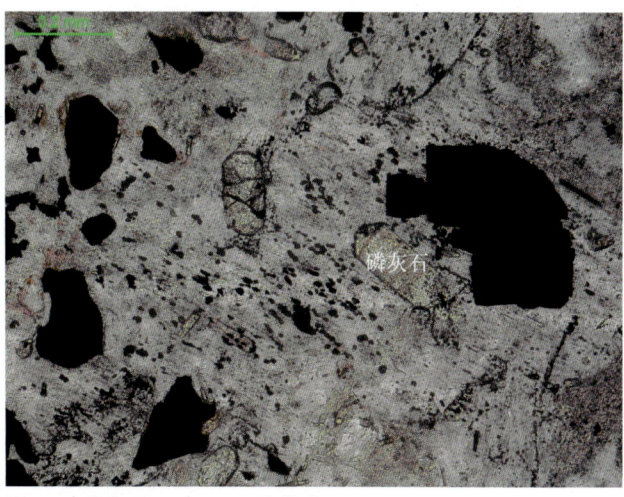

图19 磷灰石 100× 单偏光
岩石中副矿物磷灰石呈自形短柱状不均匀分布。

图20 金红石 200× 单偏光
自形—半自形短柱状金红石分布于脉石矿物粒间。

图21 交代石英岩1 50× 正交偏光
他形细粒结构,岩石主要由细粒石英组成,受构造挤压,白云石和铁质沿裂隙呈脉状充填。

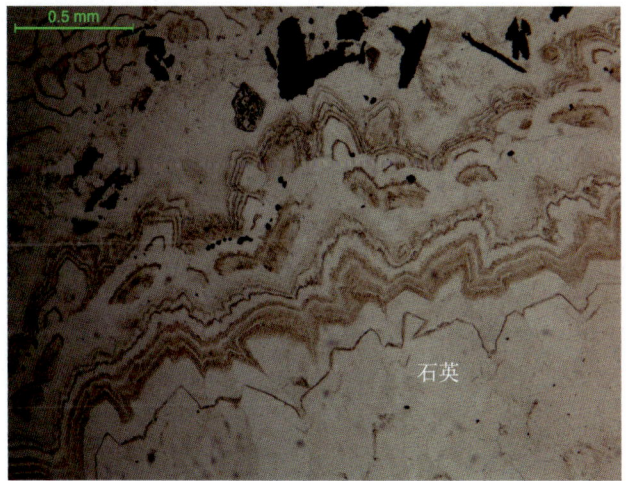

图22 交代石英岩2 50× 单偏光
变胶状结构,胶体二氧化硅已全部重结晶成粒状石英。

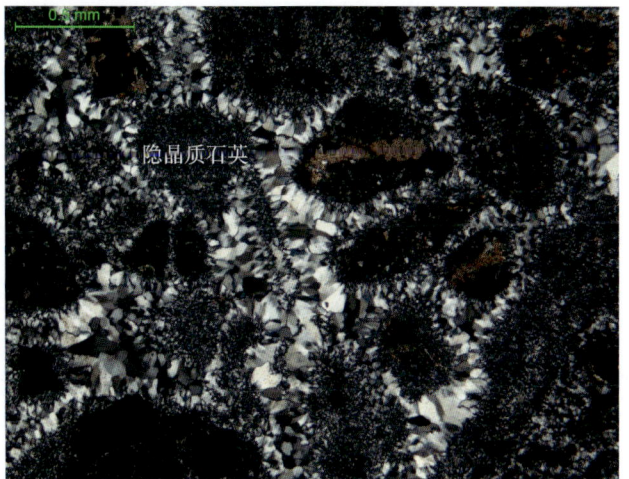

图23 石英脉1 50× 正交偏光
他形微—细粒结构,岩石由隐晶质石英组成,受构造挤压碎裂成角砾状,细粒石英形成典型犬齿状构造。

图 24 石英脉 2　50×　正交偏光

他形微—细粒结构,主要由隐晶质石英和细粒石英脉构成,隐晶质石英结晶很细,局部有弱的重结晶现象。沿裂隙充填后期石英脉。

图 25 石英脉 3　50×　正交偏光

他形微—细粒结构,主要由石英构成,局部隐晶质石英呈阴影状,在岩石孔洞中充填不规则状铁白云石、方解石团块。

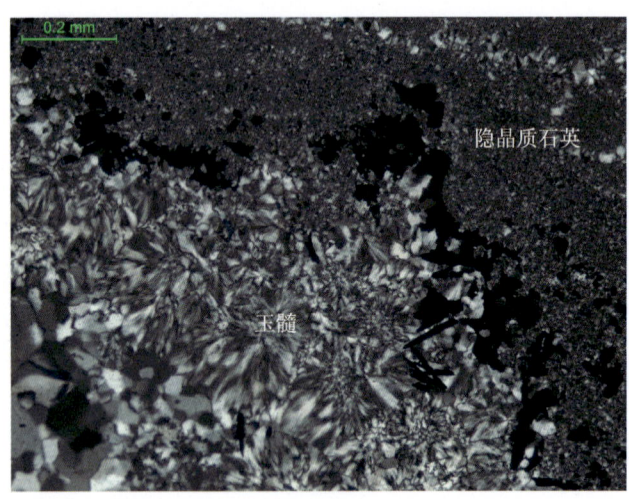

图 26 石英脉 4　100×　正交偏光

岩石主要由隐晶质石英组成,纤状玉髓呈球粒状与粒状硫化物沿裂隙充填。

图 27 绿泥石化 1　50×　正交偏光

变余斑状结构,岩石蚀变强烈,斑晶斜长石已蚀变为绿泥石集合体和团状方解石。

图 28 绿泥石化 2　100×　正交偏光

变余凝灰结构,岩石受热液蚀变,填隙物多方解石化、绿泥石化,分布于碎屑颗粒间。

图 29 黄铁绢英岩 1　50×　正交偏光

变余斑状结构。原岩斑晶斜长石被绢云母交代,但仍保留其外形,基质中斜长石也蚀变为绢云母和细粒石英,沿裂隙充填后期石英脉。

图30 黄铁绢英岩2 50× 正交偏光
岩石已被次生蚀变矿物黄铁矿、绢云母及石英集合体取代,原岩组构难辨。

图31 矿化-绢云母化 50× 正交偏光
变余斑状结构,半自形板状斜长石斑晶受构造挤压碎裂,岩石矿化明显,黄铁矿含量约5%。

图32 硅化1 50× 正交偏光
斑晶斜长石绢云母化,保留斜长石外形,基质受热液交代强烈硅化,片状硫化物分布于岩石中。

图33 硅化2 50× 正交偏光
他形微粒结构,岩石硅化强烈,已被细粒石英交代,微粒状菱铁矿沿裂隙呈脉状分布。

图34 碳酸盐化 50× 正交偏光
岩石中石英碎裂成角砾状,被后期热液交代已蚀变为微细粒菱铁矿集合体及白云石团块。

图35 菱铁矿化 50× 单偏光
变余斑状结构,岩石残留原岩斜长石、角闪石斑晶,保留其外形,菱铁矿呈脉状穿切岩石。

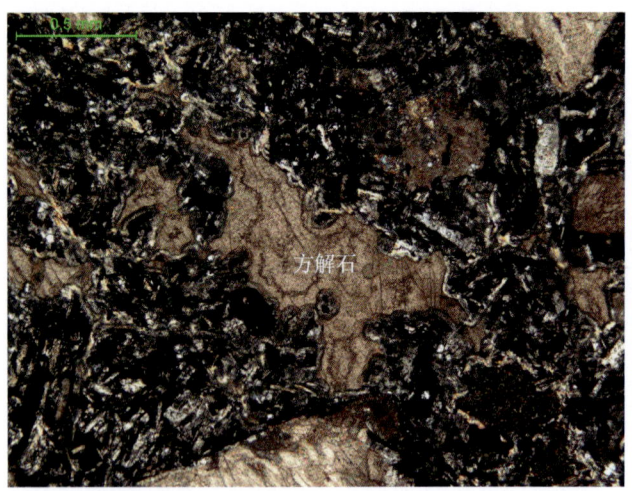

图36　方解石化1　50×　正交偏光
方解石及环边状硅质呈不规则团块分布于岩石中。

图37　方解石化2　50×　正交偏光
粒状变晶结构,硅化阶段后,方解石化强烈,与菱铁矿、石英一起呈脉状产出。

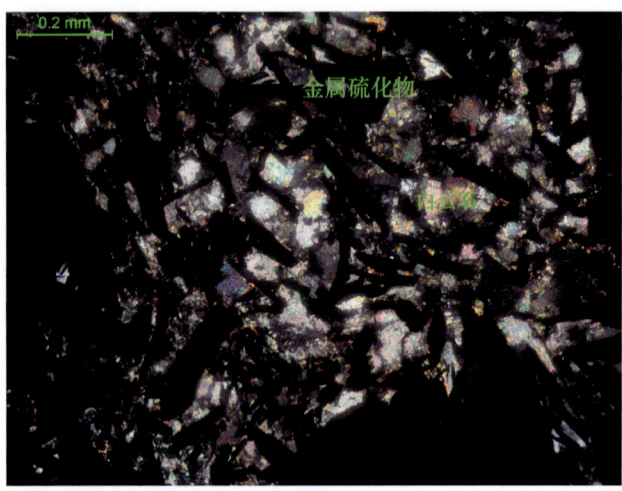

图38　矿化-碳酸盐化　100×　正交偏光
片粒状结构,岩石白云石化,粒状白云石晶粒间不均匀分布片状—板条状硫化物。

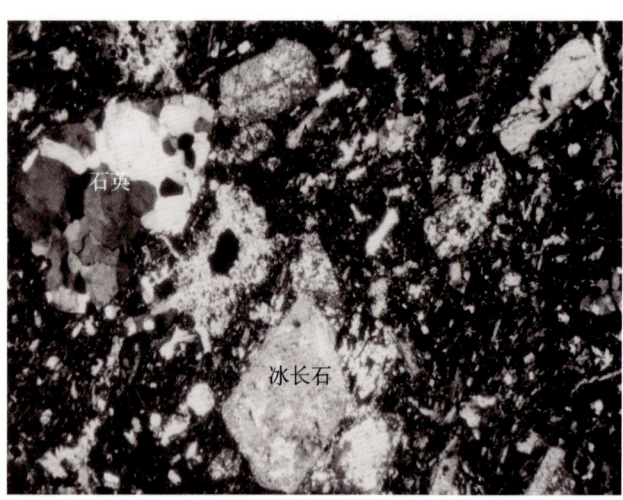

图39　冰长石化绢英岩化英安岩1　28×　正交偏光
冰长石呈斜长石假象分布,石英斑晶已重结晶,保留了原斑晶的外形。

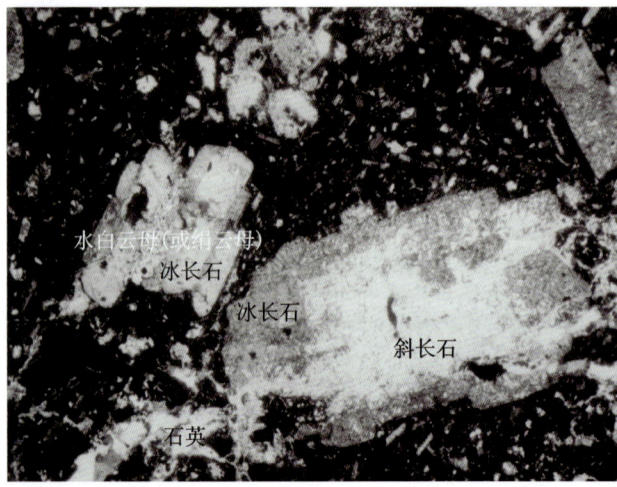

图40　冰长石化绢英岩化英安岩2　28×　正交偏光
冰长石沿斜长石边缘交代,中心仍残留已被水白云母(或绢云母)交代的斜长石,保留其假象。

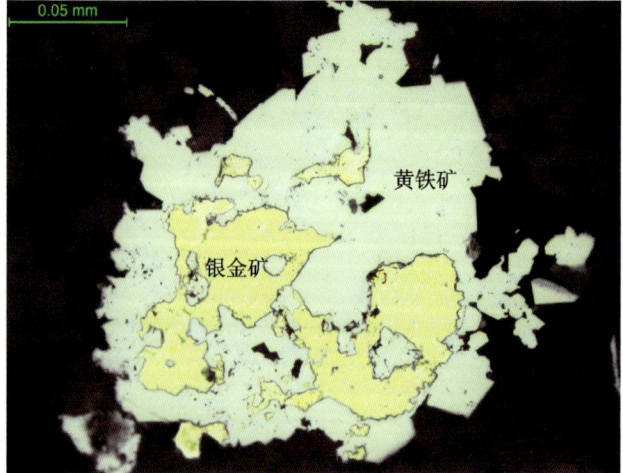

图41　粒间金、包裹金　500×　单偏光
他形微粒结构,蚀变岩型矿石中不规则中—细粒银金矿分布于黄铁矿粒间,并交代黄铁矿,个别金颗粒包裹于黄铁矿中。

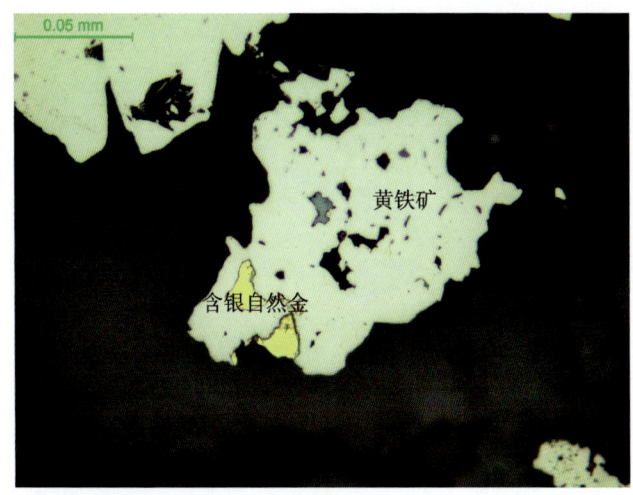

图42 粒间金1 500× 单偏光
他形微粒结构,石英脉型矿石中他形中粒含银自然金分布于黄铁矿及黄铁矿和脉石矿物石英粒间,交代黄铁矿。

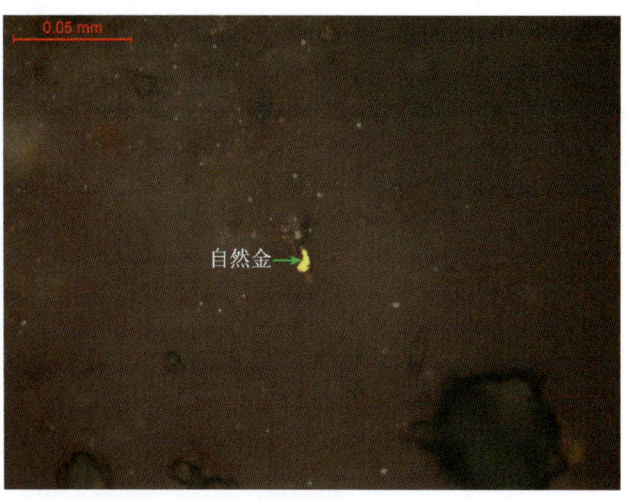

图43 粒间金2 500× 单偏光
氧化石英脉型矿石中细粒自然金星点状分布于脉石石英晶粒间。

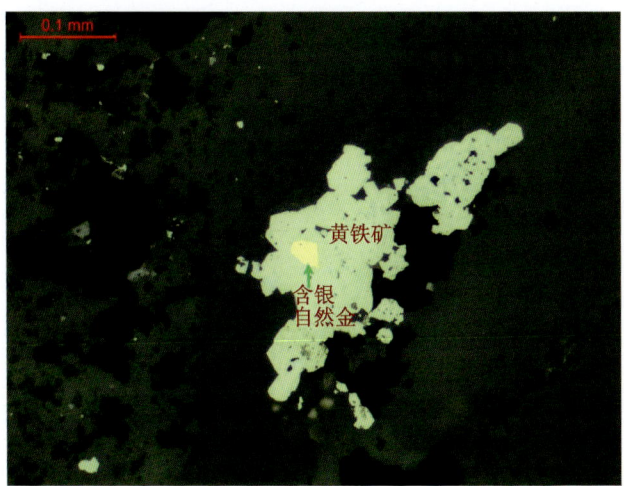

图44 包裹金 200× 单偏光
蚀变岩型矿石中含银自然金包裹于黄铁矿中。

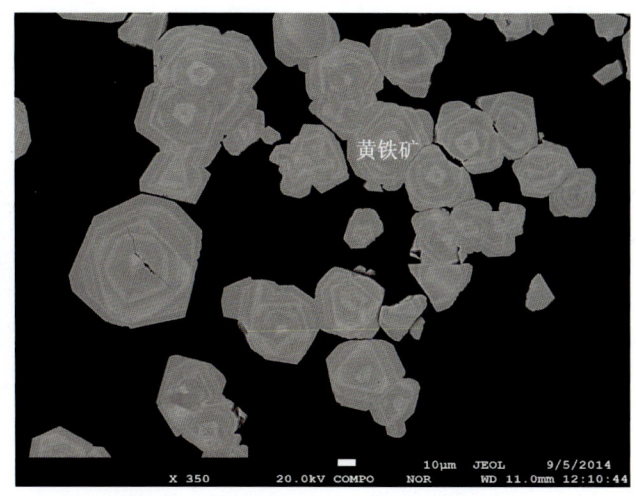

图45 黄铁矿环带结构 350× 二次电子像
自形黄铁矿晶体多具环带结构。

图46 放射球粒状结构 200× 单偏光
黄铁矿呈放射球粒状不均匀分布于脉石石英粒间。

图47 叶片状集合体1 50× 单偏光
石英脉型矿石中第Ⅱ世代黄铁矿与白铁矿呈叶片状集合体交织分布于脉石矿物粒间。

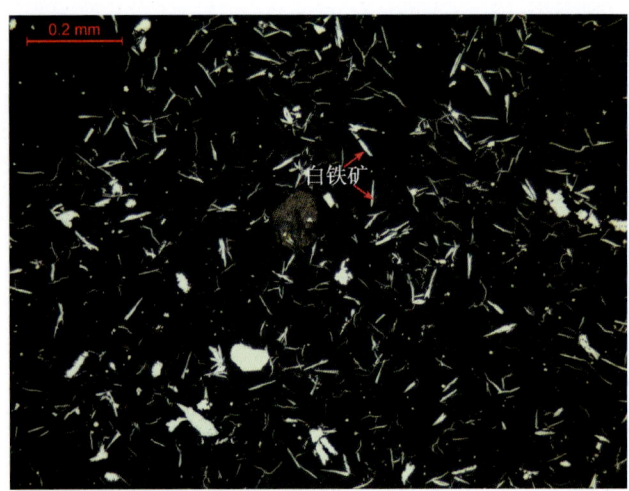

图48 叶片状集合体结构 100× 单偏光
白铁矿呈叶片状不均匀分布于脉石石英粒间。

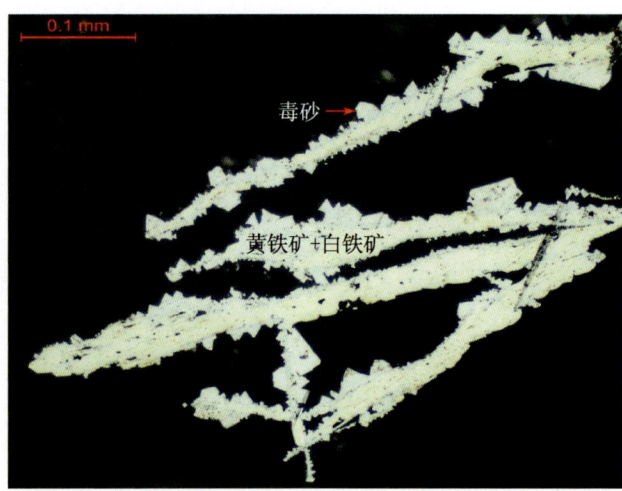

图49 令箭状集合体 200× 单偏光
令箭轴部由他形粒状黄铁矿-白铁矿集合体构成,两侧由自形—半自形粒状毒砂组成。

图50 半自形微粒结构 100× 正交偏光
构造角砾岩中半自形粒状黄铁矿、白铁矿聚粒呈团块状分布于脉石矿物粒间。

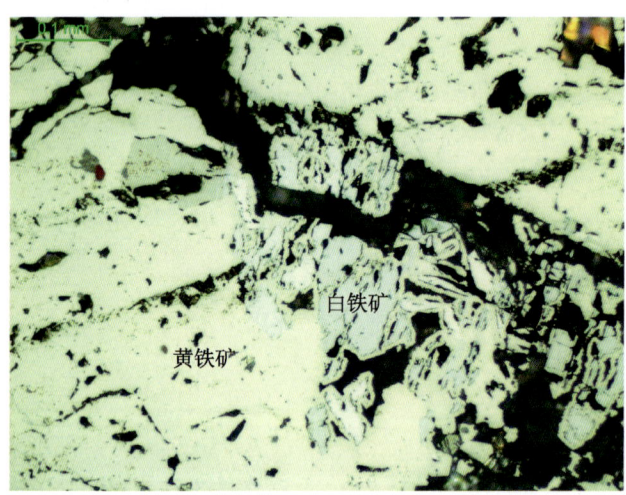

图51 交代环边结构 200× 单偏光
黄铁矿呈团块状集合体,局部见粒状白铁矿边部有黄铁矿环边,为白铁矿交代黄铁矿。

图52 交代残余结构 100× 单偏光
他形—半自形聚粒黄铁矿集合体被白铁矿沿粒间交代,呈残余状。

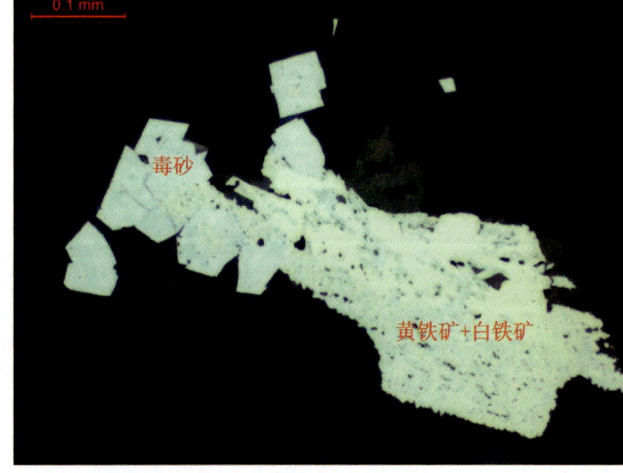

图53 毒砂1 200× 单偏光
自形—半自形微粒结构,粒状黄铁矿-白铁矿呈集合体分布,边部与自形粒状毒砂共生。

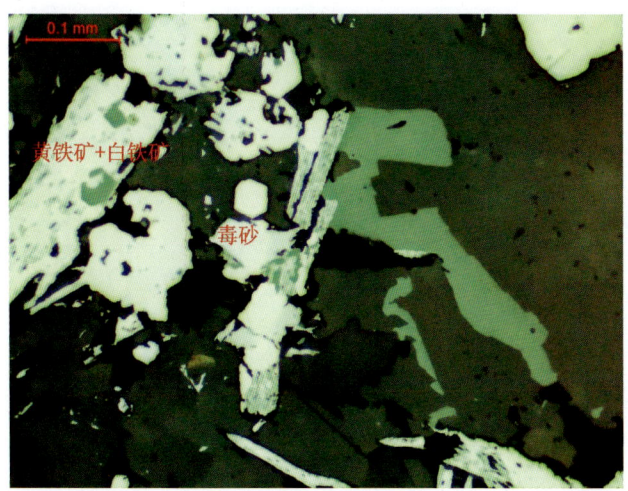

图 54　毒砂 2　200×　单偏光
黄铁矿-白铁矿集合体呈不规则团块分布于脉石矿物中,部分与毒砂共生。

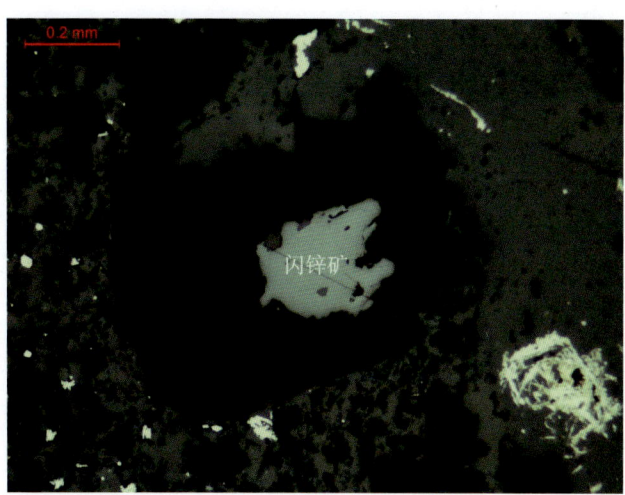

图 55　闪锌矿　100×　单偏光
他形微粒状闪锌矿分布于脉石矿物颗粒间并交代脉石矿物,内部有脉石残晶。

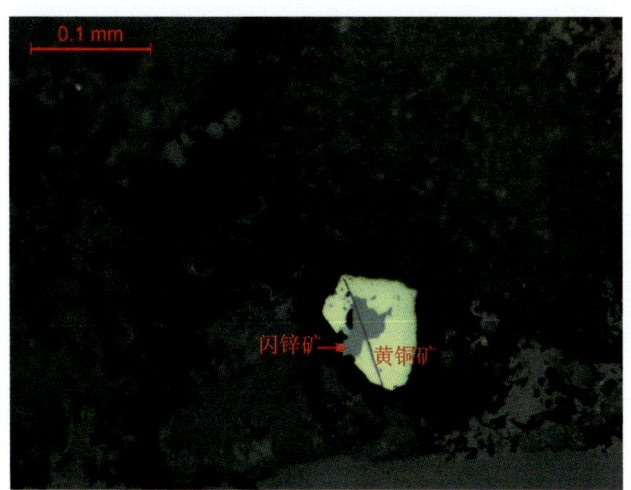

图 56　闪锌矿交代黄铜矿　200×　单偏光
他形粒状黄铜矿分布于脉石矿物粒间,他形粒状闪锌矿沿黄铜矿边部交代黄铜矿。

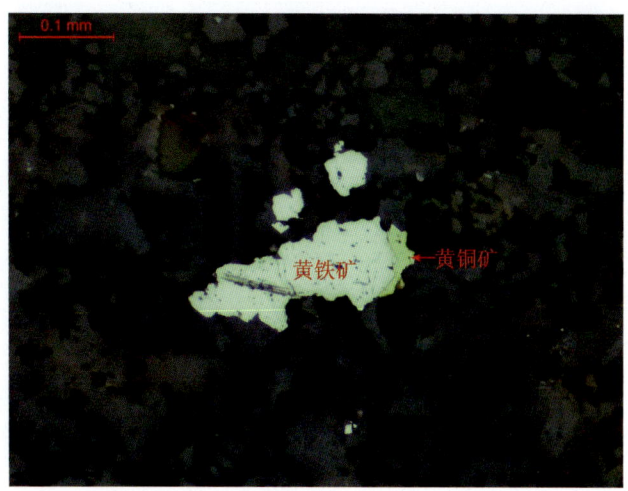

图 57　黄铜矿　200×　单偏光
半自形粒状黄铁矿与他形微粒状黄铜矿连生分布。

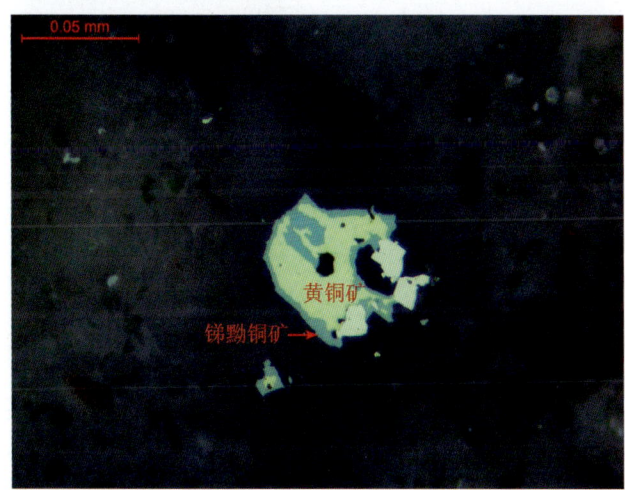

图 58　黄铜矿被锑黝铜矿交代　500×　单偏光
交代环边结构,他形粒状黄铜矿边部见锑黝铜矿环边,为黄铜矿被锑黝铜矿交代。

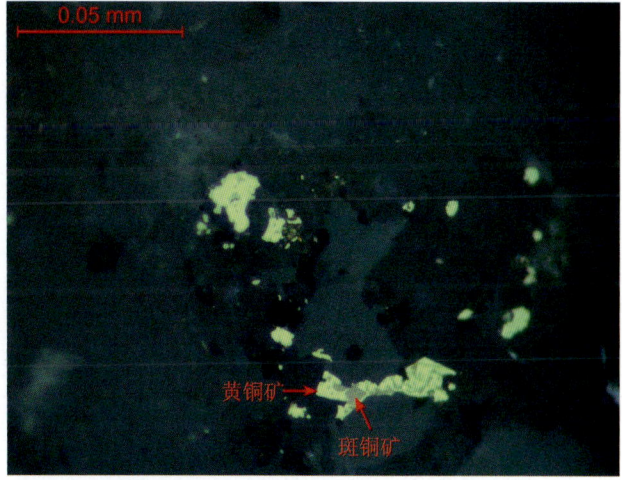

图 59　斑铜矿沿边部交代黄铜矿　500×　单偏光
他形粒状黄铜矿呈团块状集合体不均匀分布于脉石矿物粒间,斑铜矿沿边部交代黄铜矿。

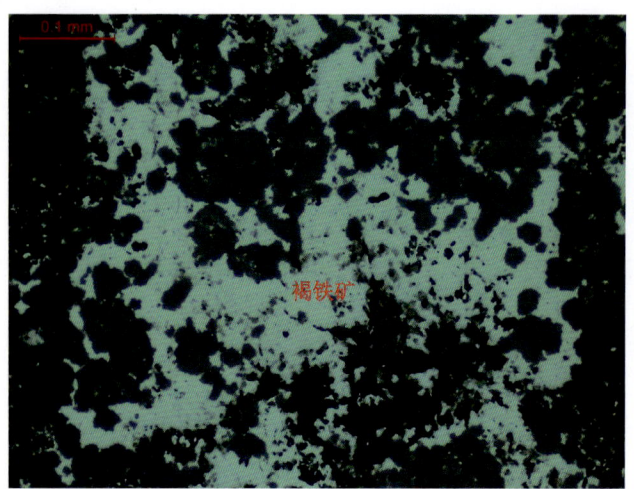

图 60　他形粒状褐铁矿　200×　单偏光

他形粒状褐铁矿呈浸染状沿脉石矿物边缘分布。

图 61　褐铁矿　500×　单偏光

鳞片粒状结构，氧化矿石中铁矿物氧化为针状—纤状交生褐铁矿集合体。

图 62　交代假象结构　200×　单偏光

氧化蚀变岩型矿石中黄铁矿、白铁矿蚀变为针状褐铁矿，并保留其假象。

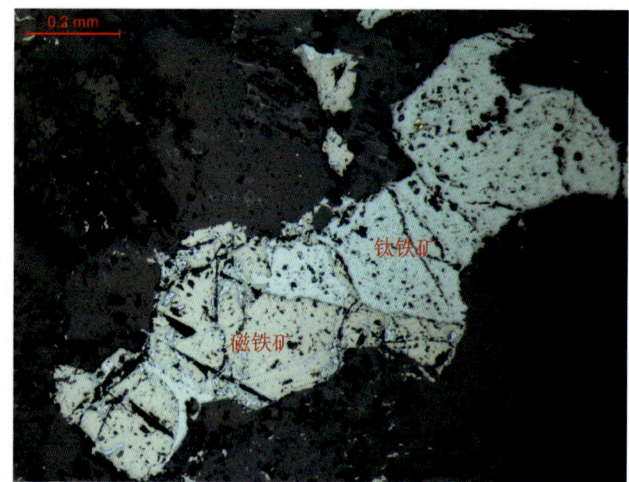

图 63　钛铁矿交代磁铁矿　100×　单偏光

他形粒状磁铁矿与钛铁矿共生，钛铁矿沿磁铁矿边缘及解理交代磁铁矿。

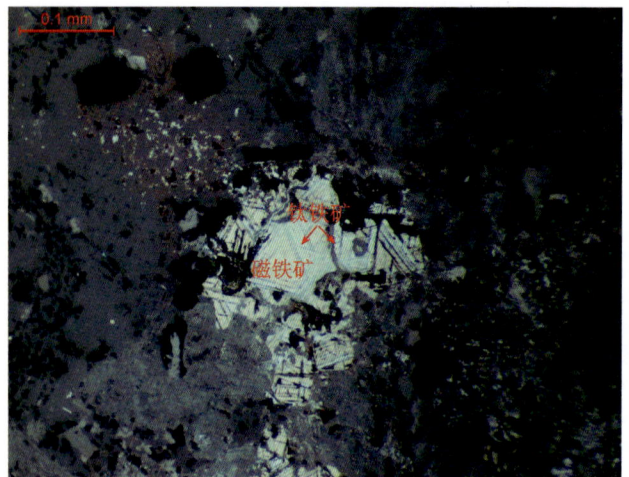

图 64　钛铁矿在磁铁矿中呈叶片状、格状出溶体　200×　单偏光

半自形粒状磁铁矿与钛铁矿呈固溶体生长，钛铁矿在磁铁矿中呈叶片状、格状出溶体。

图 65　赤铁矿与磁铁矿共生　200×　单偏光

他形粒状磁铁矿呈团块状分布于脉石矿物粒间，细粒赤铁矿沿边部与磁铁矿共生。

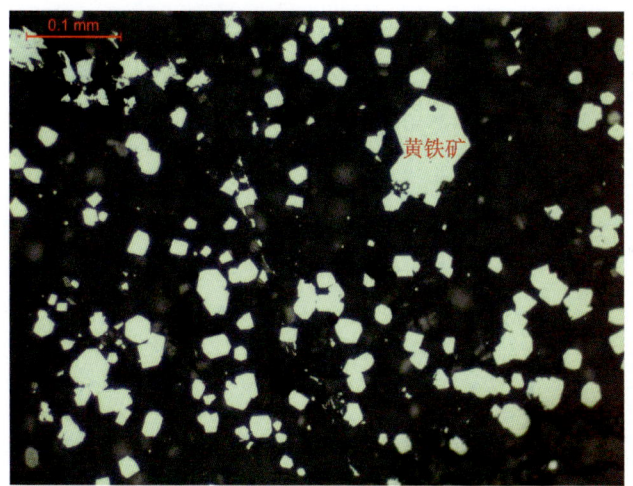

图 66　星点浸染状构造　200×　单偏光

蚀变岩型矿石中自形粒状黄铁矿呈星点浸染状不均匀分布于脉石矿物中。

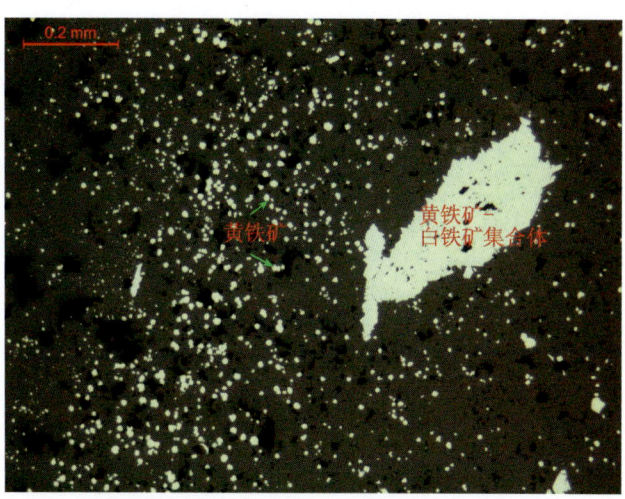

图 67　稀疏浸染状构造　100×　单偏光

第Ⅰ世代自形—半自形微粒状黄铁矿呈浸染状分布于脉石矿物粒间。不规则状黄铁矿-白铁矿集合体分布于脉石矿物中。

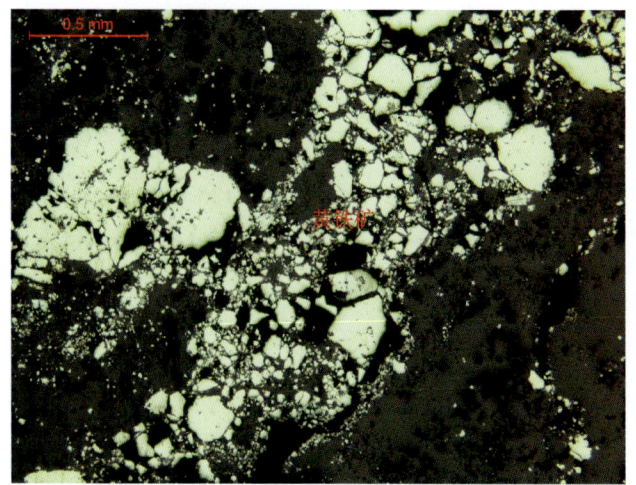

图 68　细脉浸染状构造　50×　单偏光

第Ⅲ世代他形粒状黄铁矿聚粒状集合体呈细脉状、浸染状分布于蚀变岩型矿石中。

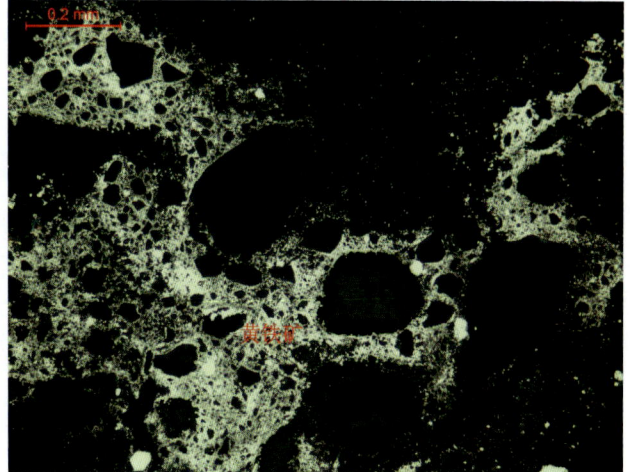

图 69　角砾状构造　单偏光　100×

蚀变岩型矿石碎裂成角砾状，微细粒黄铁矿多呈胶状充填于岩石裂隙中。

鄯善县石英滩金矿

拍摄者岳蕴辉

整体介绍

石英滩金矿床位于新疆鄯善县城正南 180°方向，直距 87 km 处，中心地理坐标：东经 90°12′，北纬 42°05′，矿区面积 2.16 km²。矿区行政区划属鄯善县管辖，出县城向南循简易公路经底坎尔村，行程 140 km。矿区位于地形较平坦的戈壁滩上，平地与丘陵并存，内外交通方便。矿区气候干燥，多风少雨，降雨量极少，没有淡水及植被。

鄯善县石英滩金矿为承担国家 305 项目的西安地质学院于 1990 年在检查由河北省地矿局地球物理探矿大队 1∶20 万"秋格明塔什幅地球化学测量成果"圈定的化探金异常时发现。1991—1994 年，新疆地矿局第一地质大队四分队（周荣南、张洪剑负责）对其开展普查和详查工作，1994 年 11 月提交《新疆维吾尔自治区鄯善县石英滩金矿普查报告》（周荣南等，1994），基本查明了矿体的数量、分布、规模、形态等特征，探求了控制的内蕴经济资源量。同年 12 月经新疆地矿局审查，批准求得 D＋E 级金储量 6295 kg，其中 D 级 6007 kg。新疆地矿局第一地质大队因此项目获地质矿产部 1995 年找矿成果三等奖。该矿于 1992 年取得采矿权证，当年进行矿山建设并露采，2006 年由于矿源停采至今。

第一节　矿区地质特征

矿区位于哈萨克斯坦板块与塔里木板块碰撞带的南侧,康古尔塔格深大断裂与雅满苏断裂的交会处,北距康古尔塔格深大断裂 7 km(图 2-1)。区内分布有古生界石炭系、二叠系,为一套厚度较大的火山喷发-沉积建造。区内岩浆岩较发育,以酸性岩为主,中基性岩及脉岩次之。

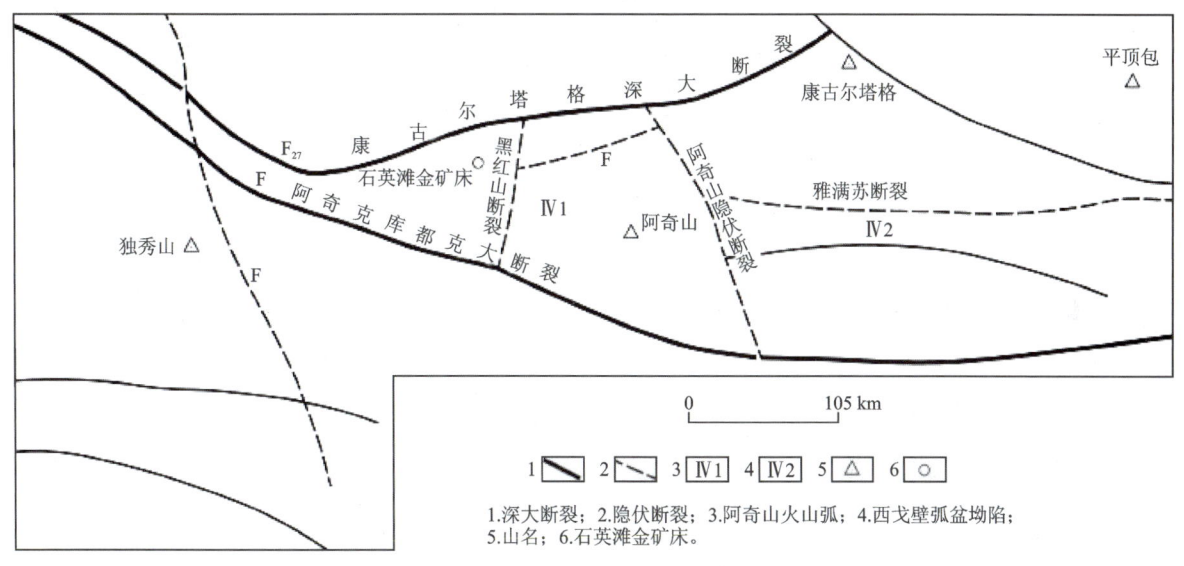

1.深大断裂；2.隐伏断裂；3.阿奇山火山弧；4.西戈壁弧盆坳陷；
5.山名；6.石英滩金矿床。

图 2-1　矿区区域地质构造图

一、地层

石英滩金矿床分布在二叠纪拉伸火山盆地的中部,位于复杂的石英滩古火山机构北缘,矿床周边大面积的第四系松散物覆盖及岩浆岩、火山岩侵位造成出露不多的地层"面目全非",构造格架简单。矿床中安山岩、熔结凝灰岩的同位素地质年龄为 2.7~2.3 亿年,矿床分布区的地层划分为下二叠统阿其克布拉克组第三岩位段,为一套陆相的火山岩组合。按岩性特点分为 9 个岩性层,累计总厚约 1028 m,自下而上概述如下。

第一岩性层:紫色—紫红色安山岩层(P_1a^{3-1}):出露于矿区南部 F_1 断裂附近,南界与灰绿色—灰色碎斑流纹斑岩侵入接触。

第二岩性层:浅灰绿色辉石安山岩或英安岩层(P_1a^{3-2})。

第三岩性层:灰绿色含杏仁安山岩夹灰绿色火山角砾岩(P_1a^{3-3})。

第四岩性层:灰绿色—灰紫色火山角砾岩夹含集块角砾熔岩层(P_1a^{3-4}),出露于矿区中部。含集块角砾熔岩为透镜状分布,与火山角砾岩为渐变接触关系。L_3 号矿体产于火山角砾岩层中,本层是矿床的一个重要容矿层位。

第五岩性层:灰绿色辉石安山岩或英安岩层(P_1a^{3-5}),出露于矿区西南一带,在探槽中见有多条白色的低品位含金碳酸盐石英脉,长度不足 40m。

第六岩性层:灰紫色安山岩夹火山角砾岩层(P_1a^{3-6}),出露于矿区中部,灰紫色火山角砾岩、含集块角砾熔岩呈透镜状、扁豆体状顺层分布。

第七岩性层：灰绿色—灰紫色火山角砾岩、含集块角砾熔岩层（P_1a^{3-7}），出露于矿区中部 ZK8002 到 TC42 一带。L_2 号金矿体主要赋存于该层白色碳酸盐石英脉中。

第八岩性层：灰绿色杏仁状安山岩、辉石安山岩层（P_1a^{3-8}），出露于矿区中部。两种岩层为互层状出现，单层厚度一般 0.5～2.50 m。L_1、L_2 号金矿体直接产于岩层中下部的白色、烟灰色碳酸盐石英脉中。本层是矿区主要赋矿层位。

第九岩性层：灰紫色含杏仁安山岩层（P_1a^{3-9}），出露于矿区北部，地表岩层破碎，并有多条灰绿色石英闪长玢岩脉顺层穿插。

第四系（Q^{pl}）：矿区内第四系也有分布，主要在矿床西北和东部，在正地形处以砂砾层堆积为主，负地形处以盐渍土为主。

二、构造

矿区构造较为简单，大面积的火山熔岩覆盖，反映为一向北倾的单斜构造。

（一）褶皱

由出露的火山碎屑岩及熔岩产状看，石英滩金矿床为一单斜构造，地层向北倾斜，倾向一般 325°～350°，倾角 32°～65°。

（二）断裂

区内断裂按展布方向及相互关系，分为北东向、北西向及北东东向 3 组。其中北东东向断裂是区内形成较早的一组构造，其走向北东 75°～80°，倾向北西，倾角 65°～85°。该组断裂多期活动，是矿区的主要控矿、容矿断裂。北东向断裂由 F_2、F_3、F_4 3 条断裂组成，切穿区内大部分地层，错断北东东向断裂。该组断裂总体走向北东 35°～50°，倾向北西，地表切穿或错断矿化带（矿体），控制了 L_3 号金矿体的西部延伸，为成矿期后断裂；北西向断裂由 F_5、F_6、F_7 3 条断裂组成，切穿区内所有岩层及矿化带，是区内形成最晚的一组断裂，整体走向北西 290°～330°。其中 F_7 断裂分布于矿床中心部位，为压扭性逆断层，将 L_2 号矿体破碎蚀变带明显错断，对矿体起破坏作用。

三、岩浆岩

矿区内岩浆侵入活动较发育，主要为海西期中晚期的中酸性岩体。中性岩体主要分布于矿床北部（P_1a^{3-9}）岩层内，为灰绿色石英闪长岩；酸性岩体主要分布于矿床东侧一带；中性岩体也有零星出露，为灰色—灰绿色流纹岩、灰绿色—肉红色花斑岩。

矿区内脉岩较发育，主要为灰绿色闪长岩脉，石英闪长玢岩脉，以及白色、烟灰色、褐红色石英脉，碳酸盐石英脉，基性岩脉偶有出露。脉体多呈近东西向、北北东向，其次为北西向。

第二节　矿床地质特征

一、矿体特征简述

石英滩金矿床经山地工程及钻孔控制，目前已有资料表明共圈出金矿体 18 条。其中有地表露头的矿体 15 条，盲矿体 3 条。形成有工业价值的矿体 2 条（编号 L_1、L_3）（附录 2 图 1）。矿体主要分布于 L_7 断裂以东的阿其克布拉克组第三岩性段的第四、八岩性层中。1993 年，矿区边探边采，揭露的石英脉矿体与围岩界线十分清晰(附录1图2~图4)。

二、矿床规模及空间分布

L_1号矿体：分布于矿床中间北部的第八岩性层中。其西段走向73°~253°，东段走向108°~288°，分支部分走向70°~250°，倾向北，倾角32°~56°，平均倾角44°。L_1号矿体地表控制长度340 m，宽10.00~10.40 m，平均宽5.23 m，真厚度0.81~8.29 m，平均真厚度4.28 m。该矿体厚度变化系数75%，为较稳定的矿体。单工程含金平均品位$(2.15~28.05)\times10^{-6}$，最高含金品位$78.83\times10^{-6}$，矿体平均品位$7.2\times10^{-6}$。

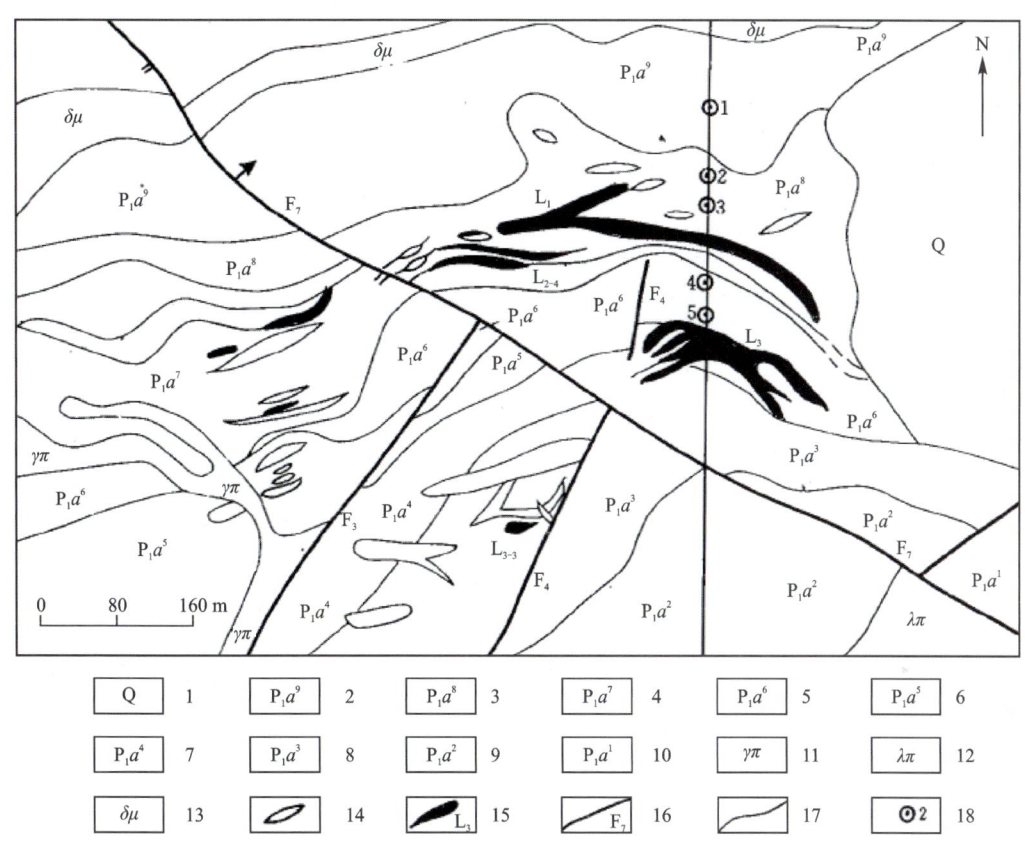

1.第四系下二叠统阿其克布拉克组第三岩性段；2.下二叠统阿其克布拉克组第三岩性段第九岩性层安山岩；3.下二叠统阿其克布拉克组第三岩性段第八岩性层含砾英安质安山岩；4.下二叠统阿其克布拉克组第三岩性段第七岩性层含杏仁安山岩夹火山角砾岩；5.下二叠统阿其克布拉克组第三岩性段第六岩性层火山角砾集块熔岩；6.下二叠统阿其克布拉克组第三岩性段第五岩性层角闪安山质英安岩；7.下二叠统阿其克布拉克组第三岩性段第四岩性层安山岩夹火山角砾集块岩；8.下二叠统阿其克布拉克组第三岩性段火山角砾集块熔岩；9.下二叠统阿其克布拉克组第三岩性段第二岩性层杏仁状安山岩夹角闪安山岩；10.下二叠统阿其克布拉克组第三岩性段第一岩性层含杏仁安山岩；11.花岗斑岩；12.流纹斑岩；13.石英闪长玢岩；14.石英脉；15.金矿体；16.断层；17.地质界线；18.钻孔及编号钻孔。

图2-2 新疆鄯善县石英滩金矿床地质图(蔡仲举，1997)

L_3号矿体：本矿床的主要矿体，产出层位低于L_1号矿体，为第四岩性层。矿体总体走向112°~292°，倾向北，倾角40°~68°，平均55°。矿体中部倾角68°，产状较陡。矿体沿走向延长220 m，且向东部有侧伏趋势。矿体宽1.0~25.45 m，中部宽17.70~27.34 m。真厚度0.90~25.45 m，中部真厚度12.23~25.45 m。全矿体平均厚11.34 m。该矿体向深部延伸不大，为40~60 m，在主干勘探线上，矿体延伸40 m即迅速尖灭，变化很快，具明显的低温热液矿床特征。该矿体厚度变化系数大于180%，达到623%，属极不稳定的矿体。矿体平均品位15.68×10^{-6}，单工程含金平均品位$(3.73~25.60)\times10^{-6}$，最高含金品位$110.82\times10^{-6}$。

除L_1及L_3号矿体之外，尚有16条不具工业价值的小矿体，分别编为L_{2-1}、L_{1-2}、L_{2-2}等系列号。其中有的分布于地表,有的埋藏于地下深处。其规模小,厚度薄,品位也较低。其赋存层位除阿其克布拉克组第三岩性段的第四、第八岩性层外尚有 P_1a^{3-3}、P_1a^{3-7} 两个岩性层。这些矿体走向一般 70°～110°,倾向北,倾角 60°～70°。

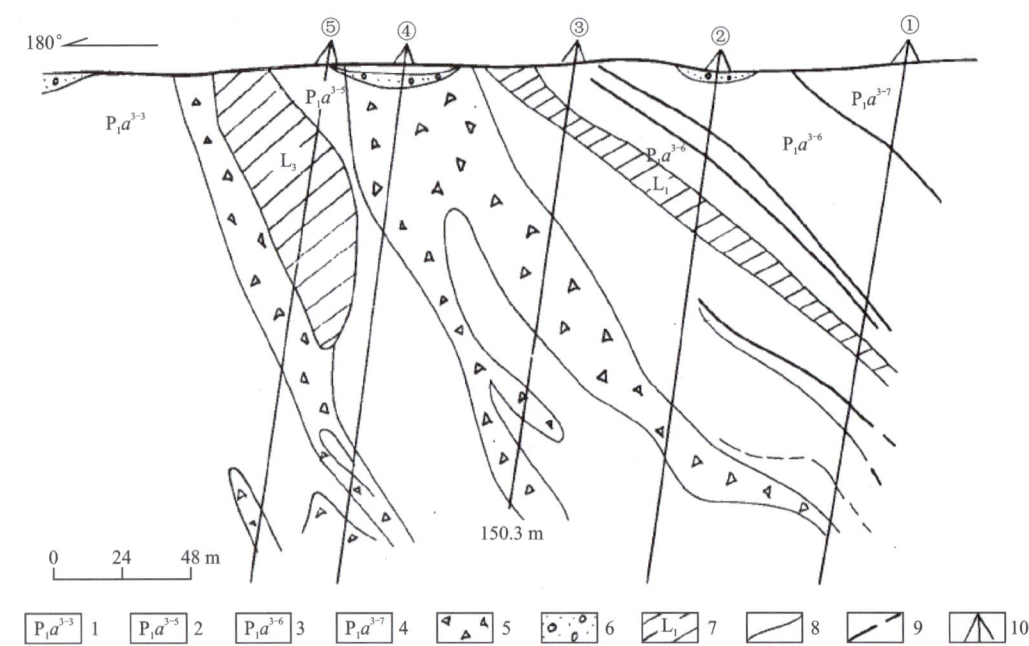

1.下二叠统阿其克布拉克组第三岩性段第三岩性层灰绿色含杏仁安山岩;2.下二叠统阿其克布拉克组第三岩性段第五岩性层紫红色杏仁状安山岩;3.下二叠统阿其克布拉克组第三岩性段第六岩性层灰绿杏仁状安山岩;4.下二叠统阿其克布拉克组第三岩性段第七岩性层层灰紫色安山岩;5.角砾岩;6.第四系砂砾岩;7 金矿体;8.地质界线;9.断层;10.钻机及钻孔钻号。

图 2-3　石英滩金矿床 48 勘探线剖面图(蔡仲举,1997)

矿区内石英脉发育,大小不等,按其穿插关系、产状、结构构造和矿物组分等,石英脉大致可分为四期。

第一期石英脉:区内较发育,呈细脉状产出。白色致密块状,微晶—隐晶质结构(附录 2 图 5),主要由石英、玉髓和少量的绢云母、白钛石、黄铁矿等组成,对周围岩石的交代现象不明显。该期石英脉形成于成矿之前,与矿化没有直接关系。

第二期石英脉:成矿期石英脉,是本矿床的主要赋矿岩石。脉长一般 10～160 m,呈灰白色至烟灰色(附录 2 图 6),地表氧化后常呈黄褐色、褐色和褐黑色等,具贝壳状或锯齿状断口,裂隙断面上见有氧化锰黑色斑点,凡有这种氧化锰黑色斑点的地段,含金性较好(附录 2 图 7)。石英脉具显微微晶—显微隐晶质结构,块状构造,矿物组成以石英为主,其次有水白云母(绢云母少)、玉髓、方解石(部分由文石转变而成)和冰长石,见少量银金矿、自然金和黄铁矿等硫化物。石英脉与围岩界线清楚且较规则,对上、下盘岩石有不同程度的交代蚀变,上盘较下盘蚀变宽,蚀变强度向外逐渐减弱。

第三期石英脉:矿化期石英脉,含金性较好(附录 2 图 8),是本矿床赋矿岩脉之一(附录 2 图 9)。石英脉规模大小不等,长一般 5～30 m,宽 0.3～5.5 m。灰白色至褐红色,地表常被氧化铁染成红色,具他形微—细粒结构,块状构造,矿物组成及其他与第二期石英脉相同。

第四期石英脉:成矿期后形成的石英脉,规模一般不大,长 1～20 mm,宽 0.3～6.0 m,有的细脉穿插于第二、第三期石英脉中。呈白色至灰白色,块状构造,结晶稍粗,具他形细粒结构。矿物成分简单,以石英为主,方解石次之(少部分由文石转变而成),见少量绢云母、绿泥石、褐铁矿和黄铁矿等(附录 2 图 10)。部分地段碳酸盐矿物含量多于石英,以石英-碳酸盐脉产出(附录 2 图 11)。本期石英脉有一定的矿化现象,含金性差,未能成矿。脉体与围岩界线清晰,对周围岩石有轻微的硅化和碳酸盐化蚀变现象。

第三节 矿区主要岩石类型及其蚀变特征

一、主要岩石类型及特征

区内火山活动发育,岩石以中酸性至中基性火山岩为主(附录2图12~图15),酸性火山岩、基性火山岩、浅成岩、脉岩和动力变质岩少量。区内分布的岩石有安山质熔岩类、火山碎屑岩类、粗面玄武岩、流纹岩、花斑岩、构造角砾岩、安山质碎裂岩,以前两种岩石为主。岩石的结构构造和矿物组合特征等分述如下。

安山质熔岩类:以中性的安山岩(附录2图16~图17)和杏仁状安山岩(附录2图18)为主,其次有向基性岩过渡的辉石安山岩和杏仁状辉石安山岩,向偏碱性基性岩过渡的粗安岩和杏仁状粗安岩,向酸性岩过渡的英安岩(附录2图19)等,其中大部分为向基性岩过渡的岩石。

岩石常呈紫红色、浅灰绿色、灰绿色、灰紫色等。斑状结构,块状和杏仁状构造,杏仁呈椭圆形和不规则云朵状。斑晶可见蚀变的斜长石、辉石、角闪石或石英,以前两者为主,在岩石中占4%~10%,最高可达20%。粒径0.10~1.30 mm,呈不均匀星散状和聚斑状分布。基质为蚀变的小板条状斜长石,呈定向、半定向平行排列或格架状分布,斜长石板条间或格架空隙间被蚀变的玻璃质或高岭石化钾长石等充填。

由于受热液蚀变作用,岩石中原矿物均被蚀变新生矿物代替,原矿物的晶体形态及位置基本保留,呈各种不同的变余结构,常见的有变余少斑结构、变余斑状结构、变余聚斑结构,基质具变余玻基交织结构、变余间隐结构和变余粗安结构。岩石具块状构造、杏仁状构造和网脉状构造。

火山碎屑岩类:区内广泛分布的岩石,根据碎屑粒径和胶结物性质等,可分为两类12种岩石:凝灰熔岩类(附录2图20),细分为安山质角砾凝灰熔岩、安山质岩屑凝灰熔岩、安山质含砾凝灰熔岩等;凝灰岩类(附录2图21~图23),细分为含集块火山角砾岩、凝灰岩、火山灰凝灰岩、流纹质熔结凝灰岩。

岩石常见的颜色有浅灰绿色、绿色、褐红色、浅粉红色及浅灰色等。角砾凝灰结构,角砾状和块状构造。岩石蚀变强,原生矿物绝大部分被蚀变新生矿物代替,其原生矿物形态和位置基本保留,呈各种变余结构,少数呈变晶结构,常见的结构有变余角砾熔岩结构、胶结物变余玻基交织结构、变余凝灰熔岩结构、变余岩屑晶屑结构、胶结物变余流纹构造、火山角砾结构、变余晶屑岩屑凝灰结构、变余晶屑岩屑火山灰结构。

粗面玄武岩:区内少见岩石,呈浅灰绿色,斑晶少见,块状构造。岩石蚀变强烈,原生矿物成分已发生改变,但结构构造仍能恢复,呈变余斑状结构,基质呈变余间粒(间隐)结构。

蚀变斜长石为岩石主要成分,约占68%,其中约2%为斑晶。呈半自形板条状,斑晶斜长石粒径0.1~0.4 mm,基质斜长石粒径0.05~0.15 mm,先钠化,后绢云母化及方解石化。

流纹岩(附录2图24):区内少见岩石,呈浅灰色、灰绿色和浅粉红色。块状构造,斑状结构,基质具显微微晶结构和包含微晶结构。

斑晶由石英、钾长石(微斜长石和条纹长石)、更长石及少量黑云母组成,含量25%~30%,粒径0.17~2.50 mm。石英斑晶呈自形—半自形粒状,具熔蚀现象,呈港湾状,有裂纹。长石呈自形—半自形板状。钾长石高岭石化、硅化、帘石化;斜长石绢云母化、绿泥石化、碳酸盐化及硅化。黑云母绿泥石化和硅化。

基质由石英、钾长石、斜长石及黑云母等组成,呈显微微晶结构,钾长石高岭石化、硅化,斜长石绢云母化、硅化、绿泥石化、碳酸盐化,黑云母绿泥石化。

花斑岩：岩石呈肉红色，斑状结构，部分聚斑结构，斑晶较多，基质花斑结构，局部环斑结构，具块状构造。

斑晶为钾长石、更长石和石英，占 25%～30%，粒径 0.6～2.3 mm。钾长石和更长石呈半自形—自形板状，局部呈聚斑状出现，个别斑晶有显微文象钾长石和石英环绕。部分钾长石中间有他形板状的斜长石包裹晶（嵌晶）。钾长石绝大部分已高岭石化，更长石绢云母化，石英有熔蚀现象，呈港湾状，具裂纹，个别中间有钾长石小晶体。

基质由钾长石和石英交生在一起组成显微文象花斑状，其间分布绢云母化他形细粒状斜长石、绿泥石化黑云母、小柱粒状角闪石等。钾长石高岭石化。自形立方体黄铁矿已褐铁矿化，粒径 0.005～0.04 mm，呈星散状分布。

构造角砾岩：岩石呈浅灰色和黄绿色，角砾结构，块状构造，由岩石碎块和胶结物碎基组成。

岩石角砾呈棱角状，大小不一，粒径 0.05～15 mm，最大 20 mm，一般多在 2～5 mm 之间，含量约 80%，成分为交代石英岩，具微晶—隐晶质结构。石英粒径 0.004～0.02 mm，少量大于 0.2 mm。岩石角砾内部结构主要为变余凝灰结构和变余交织结构，原岩为凝灰岩和安山岩。

胶结物碎基部分含量约 20%，均被显微鳞片状绢云母交代，矿物稍具定向性，其间不均匀分布少量石英和尘状白钛石及金属硫化物。金属硫化物主要为黄铁矿，多呈自形—半自形立方体及五角十二面体，粒径 0.002～0.07 mm，部分已褐铁矿化；他形微粒状的黄铜矿少，有被蓝辉铜矿和铜蓝交代的现象。

安山质碎裂岩（附录 2 图 25）：岩石呈浅灰色至浅灰绿色，具碎裂结构，显微鳞片变晶结构和变余少斑玻基交织结构，块状构造。基质中板条状斜长石呈定向排列或格架状分布，其空隙间被绢云母化、硅化、碳酸盐化和绿泥石化的玻璃质充填。新生矿物微粒状石英约 33%，绢云母约 20%，绿泥石约 20%，方解石约 15%，榍石约 2%，黄铁矿少量，岩石强烈蚀变后，受动力作用发生破碎，裂隙被石英和方解石充填，岩石进一步硅化和碳酸盐化。

二、围岩蚀变及特点

本矿床岩石蚀变作用较强，蚀变范围较广，主要有黄铁绢英岩化和硅化，与之伴随的有绢云母（水白云母）化、碳酸盐化、绿泥石化、冰长石化、钠长石化和高岭石化等。

黄铁绢英岩化（附录 2 图 26）：主要的蚀变类型之一，形成于成矿前火山期后热液蚀变期的早期阶段，分布在硅化蚀变带上、下两侧，分布面积较广，蚀变强度不一，靠近硅化蚀变带蚀变作用较强，远离硅化蚀变带蚀变作用逐渐减弱，原岩矿物成分和结构发生改变。蚀变新生矿物有石英、绢云母和黄铁矿等，具显微鳞片变晶结构。原岩一般可以根据残余结构恢复。

硅化（附录 2 图 27）：本矿床岩石和近矿围岩的主要蚀变作用，与矿化有直接关系，形成于火山期后热液活动的中晚期。富含二氧化碳的含矿热水溶液沿构造破碎带充填贯入和交代，形成较大的石英脉体并使部分蚀变围岩发生硅化。蚀变仅限于矿体附近和矿化体内，范围不大，强弱不一。硅化生成的矿物主要是石英，并有少量的玉髓、绢云母、方解石、文石和冰长石等。含金石英脉具显微微晶结构、显微隐晶结构和显微鳞片微粒结构等。在硅化作用过程中，有少量的金矿物和金属硫化物生成，形成金矿化。

绢云母（水白云母）化（附录 2 图 28）：本矿床常见的蚀变现象，主要由热液蚀变作用形成，少数由风化作用形成。与黄铁绢英岩化和硅化密切伴生，主要由交代斜长石和玻璃质生成，呈显微鳞片状集合体分布。由于水化作用，部分绢云母进一步变为水白云母，水代替了部分 K^+ 和 OH^-。

碳酸盐化（附录 2 图 29）：本矿床常见的蚀变现象，常与硅化和绿泥石化相伴生。热液蚀变期早期阶段的碳酸盐化，主要与绿泥石和绢云母等在一起交代斜长石、铁镁暗色矿物及玻璃质等；中晚期（成矿期）与石英等一起呈他形集合体产出；晚期（成矿期后）常呈细脉状产出（附录 2 图 30）。

绿泥石化（附录 2 图 31～图 32）：本矿床少见的蚀变现象，在热液蚀变早期阶段由动力作用和自变质作用形成，离矿体较远，与成矿没有直接关系。常与碳酸盐化和绢云母化相伴生，交代暗色铁镁矿物和斜长石,在构造岩中主要交代碎基部分。

冰长石化:本矿床少见的蚀变现象,与硅化密切伴生,仅见于含金石英脉体中,冰长石呈自形、半自形和他形微粒状或微粒集合体,分布于微晶—隐晶状石英集合体中,与金矿化关系密切。

钠长石化和高岭石化:本矿床少见的蚀变现象,主要是矿物自身的蚀变,与矿化无直接关系,属于远矿围岩蚀变,表现为斜长石和钾长石被钠长石交代及高岭石化。

第四节 矿石物质组分及特征

一、矿石物质成分

根据岩矿鉴定结果并结合电子探针成分分析,石英脉型金矿石中已查明和确定的矿物种类较繁杂,但其中大部分矿物含量低。矿石中金属矿物含量很低,平均不足1‰,主要为银金矿、自然金、黄铁矿和褐铁矿,而黄铜矿、闪锌矿、方铅矿、锑黝铜矿、白铁矿、辉铜矿和毒砂等量微且少见。脉石矿物以石英为主,水白云母、绢云母次之,玉髓、方解石、文石和冰长石较少,高岭石等黏土矿物很少量(表2-1)。

表2-1 石英滩金矿石英脉型金矿石矿物成分表

类型	主要矿物	次要及少见矿物
矿石矿物	银金矿、自然金、黄铁矿、褐铁矿	黄铜矿、闪锌矿、方铅矿、锑黝铜矿、白铁矿、辉铜矿、毒砂等
脉石矿物	石英	水白云母、绢云母、玉髓、方解石、文石、冰长石、高岭石等

矿区分布少量蚀变岩型金矿石,与石英脉型金矿石相比,黄铁矿和水白云母较多,碳酸盐矿物和冰长石少,金矿物也略有减少(表2-2)。

表2-2 石英滩金矿蚀变岩型金矿石矿物成分表

类型	主要矿物	次要及少见矿物
矿石矿物	银金矿、黄铁矿、褐铁矿	自然金、黄铜矿、闪锌矿、方铅矿、锑黝铜矿、斑铜矿、铜蓝
脉石矿物	石英、水白云母、绢云母、玉髓、方解石	文石、冰长石、锆石、白钛石

(一)金属矿物

1. 金矿物特征

本矿床的金矿物主要为银金矿,表生自然金少量,自然金很少量,表生的含铜自然金和β-汞金矿仅见到个别。

1)银金矿

银金矿呈较淡的金黄色,具极强的金属光泽,氧化矿石中少量金粒表面有褐色薄膜。具极大的可塑性和延展性,无解理,无磁性。

银金矿是本矿床中最主要的金矿物,在原生矿石中占金矿物量的99.5%,在氧化矿石中占97.8%,与石英和黄铁矿等矿物密切共生,于硅化阶段生成。绝大部分银金矿以粒间金形式产出,主要分布于石英晶粒间,其次分布于石英与水白云母间,少量分布于水白云母集合体中和褐铁矿中。呈不均匀星点浸染状分布(附录2图33),偶尔聚集呈"窝状"出现(附录2图34);包裹金极少,仅见于黄铁矿中。

银金矿均呈他形晶,晶形主要为粒状(附录2图35~图38),枝杈状和片状少,据显微镜下统计,粒状91.9%,枝杈状4.4%,片状3.7%,凡粒径细小者大部分为粒状晶形。大部分为微粒金,细粒金较少,中粒以上者极少见。银金矿矿物粒径极其细小,最大晶粒仅有0.78 mm,极微量的粒径小于0.000 5 mm。粒径细小,反映出银金矿是在低温浅成条件下快速结晶形成的。

银金矿电子探针成分分析结果见表2-3,其Au平均值66.07%,Ag平均值32.78%,微量元素有Mo、Fe、Cu、Pb和Cd等(表2-3)。Au、Ag含量变化范围分别为59.03%~72.81%和24.74%~39.57%,Au:Ag≈2.0,成色667.21‰。成色低是本矿物的显著特点之一,这主要与矿床形成温度、形成深度和热液中碱总量的钠离子浓度有关,一般矿床形成温度低、深度浅、钠离子浓度低,金的成色亦低。

表2-3 石英滩金矿石英脉型金矿石中银金矿电子探针成分分析结果   单位:%

编号	Au	Ag	Fe	Co	Ni	Cu	Zn	S	As	Mo	Cd	Sb	Te	Bi	Pb
1	72.81	24.74	0.27	—	0.09	1.39	0.08	0.03	0.11	0.10	0.13	—	0.23	—	—
2	67.89	32.42	0.03	0.06	0.09	0.07	0.06	—	—	0.42	0.16	—	—	—	—
3	65.87	34.31	0.04	—	0.04	—	0.03	—	0.26	0.63	—	—	0.15	0.01	—
4	65.79	33.33	0.10	0.01	—	0.03	0.01	0.04	—	0.26	0.10	0.13	0.07	—	0.13
5	59.03	39.57	0.12	0.01	0.04	0.13	0.09	0.06	—	0.23	0.03	—	—	—	0.69
6	67.03	32.96	0.05	0.01	0.03	—	0.01	0.03	—	—	0.15	0.04	0.11	0.03	—
7	65.43	33.21	0.01	—	—	0.07	0.12	—	—	—	0.29	—	0.13	—	—
8	71.29	26.37	1.33	—	0.12	—	0.10	0.25	—	0.23	—	0.26	0.06	—	—
9	61.30	36.50	0.08	0.07	—	0.09	0.10	0.06	—	0.60	—	0.14	0.02	0.16	—
10	64.28	34.35	0.18	—	0.05	0.04	—	—	—	0.08	0.11	—	0.01	0.19	—
平均值	66.07	32.78	0.18	0.02	0.05	0.18	0.06	0.05	0.05	0.26	0.09	0.06	0.10	0.02	0.08

注:—为元素含量未达检出下限,未检出。

分析单位:新疆矿产实验研究所鉴定专业室。

2)自然金

自然金肉眼未见,显微镜下呈金黄色,反射率略低于银金矿,均质性。抗磨硬度小,易磨光,常有擦痕。

自然金在本矿床中量很少,原生矿石中仅占金矿物总量的0.5%,氧化矿石中仅占0.2%,矿石中很少见。根据产出状态和与其他矿物的相互关系可知,自然金晶出于硅化晚期阶段,是在银金矿大规模结晶后晶出的。

自然金的产出状态以粒间金为主(附录2图39~图43),约占61.9%。包裹金次之,约占38.1%。粒间金多分布于石英晶粒间、石英与水白云母间和方解石晶粒间。包裹金大部分包裹于方解石晶粒中,包裹于黄铁矿晶粒中的很少(附录2图40)。

自然金主要呈粒状、柱状、枝杈状和片状者少,据统计:粒状86.6%、柱状6.2%、枝杈状4.1%、片状3.1%。粒径细小,主要为微粒金,细粒金少,分别占83.5%和16.5%。

自然金电子探针成分分析结果(%):Au 97.74,Ag 0.28,微量元素有Mo、Sb、Cu、Fe、Zn和Pb等,成色997.14‰。

表生自然金的物理性质与自然金相同,显微镜下呈金黄色,含铜较高时微带红色色调。抗磨硬度小,略低于银金矿,易磨光,常有擦痕。

表生自然金是本矿床次要的金矿物,分布于氧化带矿石中,具有一定的次生加富作用,氧化带矿石中金的成色也相应略有提高。表生自然金均以裂隙金产出,分布于矿石的孔隙中和裂隙中,与褐铁矿的关系较为密切,常赋存于褐铁矿集合体中或其周边,其次在水白云母等泥质矿物被风化淋失的孔隙中也常有表生自然金出现。形态主要呈粒状和片状,枝杈状较少,此外有很少量的自然金呈薄膜状,吸附于银金矿表面。表生自然金主要为微粒金和细粒金,中粒金很少。表生自然金较原生的自然金和银金矿粒径明显增大,与一般表生自然金的粒径特征一致。

表生自然金电子探针成分分析结果(%):Au 98.31,含很少量的 Mo、Fe 和 Ag 等,Fe 和 Ag 的最高含量分别是 1.36% 和 1.21%,成色 977.33‰。

表生自然金中尚有很少量金晶粒含铜较高,为含铜自然金,电子探针成分分析结果(%):Au 90.92,Ag 2.41,Cu 5.50,微量元素有 Fe、Mo、Sb 和 Zn 等,成色 909.02‰。

3)β-汞金矿

β-汞金矿发现于物质组分样中,很少见,呈薄膜状覆于银金矿表面,薄膜厚度 0.001~0.03 mm,是一个表生的天然金-银-汞金属互化物。它是在表生作用下,地表水溶液介质中金络离子解离出的金,与游离的汞相结合形成的,吸附于银金矿的表面。

β-汞金矿电子探针成分分析结果(%):Au 44.07、Ag 20.99、Hg 33.01、Mo 0.15、S 0.14、Ni 0.10、As 0.10、Sb 0.10、Bi 0.09、Zn 0.09、Cu 0.03、Co 0.02。

2. 其他金属矿物特征

1)黄铁矿

黄铁矿呈浅黄铜色,表面常有褐色的氧化薄膜,强金属光泽。性极脆,环带结构极少见。

黄铁矿在矿石中含量低,一般不超过 2%,最高含量在 4% 左右,大部分呈星点浸染状分布(附录2图44),局部呈稀疏浸染状分布(附录2图45),少数呈不规则集合体状(附录2图46)和细脉状产出。与银金矿、黄铁矿、闪锌矿等密切共生。极少数黄铁矿中包裹有银金矿和自然金,其晶形多为五角十二面体、立方体和他形晶粒,切面形态呈正方形、长方形、八面体等(附录2图39~图40)。黄铁矿与金有密切的地球化学成因内在联系,有金矿物必有黄铁矿,但金矿物与黄铁矿含量不具正消长关系,而往往呈反消长关系,黄铁矿较多的部位金矿物往往很少,甚至见不到金矿物。表生条件下,黄铁矿常氧化为褐铁矿,交代沿边部自外向内进行(附录2图47),使之呈残余状和粒状假象,往往保留其外形(附录2图48)。黄铁矿粒径在 0.004~0.09 mm 之间,最大也仅 0.8 mm,绝大多数为微粒状,细粒很少见。黄铁矿的结晶特点是粒径细小,自形程度较高,具一定的标型意义。

黄铁矿电子探针成分分析结果(%):Fe 45.34、S 53.29、As 1.31(表2-4,7个数据平均),微量元素多种,其中 Au 0.10、Ag 0.04、Co 0.08、Ni 0.05、Bi 0.12。

表 2-4　石英滩金矿黄铁矿电子探针成分分析结果　　　　　　　　　　　　　　　　单位:%

编号	S	Fe	As	Au	Ag	Co	Ni	Cu	Zn	Mo	Cd	Sb	Te	Bi
1	50.61	45.69	4.31	0.09	—	0.06	0.05	0.12	—	0.04	0.10	0.23	0.07	0.10
2	53.72	45.71	—	0.08	0.02	0.08	0.06	0.06	0.07	—	0.05	0.07	0.10	0.18
3	54.00	46.16	0.38	0.20		0.05		0.06	0.06			0.09	0.07	
4	54.48	45.26	0.08	0.20	0.08	0.06	0.01	0.01	—	—			0.02	0.25
5	53.79	44.99	0.40	0.15	0.09	0.17	0.12	0.03	0.04	0.08		0.10	0.05	—
6	53.24	43.88	2.33	—	0.08	0.07	—	0.14	0.03	0.02		0.04	0.01	0.08
7	53.18	45.68	1.68		0.05	0.03	—	0.04	0.12			0.19	0.05	0.20
平均值	53.29	45.34	1.31	0.10	0.04	0.08	0.05	0.06	0.03	0.04	0.02	0.10	0.05	0.12

注:—为元素含量未达检出下限,未检出。
分析单位:新疆矿产实验研究所鉴定专业室。

黄铁矿的 S 和 Fe 与理论值(S 53.45%,Fe 46.55%)相比均亏损,这种贫铁现象除部分是由 Co、Ni、Cu、Zn 等以类质同象取代 Fe 的位置外,主要是受成矿中—低温热液的地球化学性质决定的。贫硫现象是 As 以类质同象取代晶格中的 S 造成的。黄铁矿的含砷量变化较大,最高可达 4.31%,不同颗粒的含砷量是不同的,同一颗粒砷的分布也是不均匀的。含砷量与晶形有一定的关系,以五角十二面体含砷最高,立方体次之,他形晶最低。

黄铁矿的含金性与晶形也有明显的关系,以五角十二面体最高,立方体最低,Au:Ag=2.5,与中—低温热液金矿床黄铁矿的含金性一致。

2)黄铜矿

矿石中量微且较少见,呈星点浸染状分布于脉石中。呈他形晶(附录2图49),极个别为半自形晶,粒径小于 0.08 mm,集合体最大 0.4 mm,常与黄铜矿、闪锌矿、锑黝铜矿和方铅矿等分布在一起,表生条件下有被斑铜矿和铜蓝交代的现象。

黄铜矿电子探针成分分析结果(%):Cu 33.81、Fe 30.03、S 34.92,含微量的 As 和 Ag 等。不同颗粒的金含量 0~0.30%,平均 0.13%。

3)闪锌矿

闪锌矿呈他形晶,粒径小于 0.06 mm,最大 0.1 mm,呈星点状分布于矿石中,量微且少见。共生矿物有黄铁矿等,表生条件下有被铜蓝交代的现象。化学成分:S 34.04%,Zn 64.58%,含很少量的 Fe 和 Cu,含量分别为 0.50% 和 0.40%,部分闪锌矿中有固溶体分解的黄铜矿乳滴,故 Cu、Fe 分析值较高。含金 0~0.24%,平均 0.10%。

闪锌矿中的 FeS 含量与它的形成温度有一定的关系,可作为地质温度计。本次分析研究的闪锌矿是一个 FeS 含量不足 0.015% 的低铁褐色纯闪锌矿,是低温热液的产物。

4)方铅矿

矿石中量微且少见,呈他形微粒状或他形微粒集合体,粒径最大可达 0.2 mm,常与黄铜矿和闪锌矿一起呈星点状分布于矿石脉石中。表生条件下有被白铅矿交代的现象。

方铅矿电子探针成分分析结果(%):S 13.80、Pb 82.86、Cu 1.40、Fe 0.34、Sb 0.72、Au 0.14、Ag 0.35、Co 0.07、Ni 0.05、Zn 0.16、Mo 0.05、Cd 0.05、Te 0.07、Bi 0.19。

4)锑黝铜矿

矿石中少见,量微,呈他形微粒状,粒径小于 0.035 mm,集合体最大 0.08 mm,呈星点状分布于矿石脉石中,共生矿物为黄铜矿等。表生条件下有被铜蓝交代的现象。化学成分:主要元素 Cu 36.17%、Sb 27.22%、S 25.18%、少量元素 As 1.71%、Ag 1.32%、Zn 6.51%、微量元素 Fe 0.92%、Bi 0.34%、Au 0.15%。

黝铜矿的化学组成中,类质同象替代现象广泛存在,有限代替 Cu 的有 Zn、Ag 和 Fe 等,代替 Sb、As 的有 Bi,Sb-As 间则形成完全类质同象。根据主要替代元素,本矿物为锑黝铜矿变种——锌锑黝铜矿。锑黝铜矿的出现,对找金也有一定的指示意义。

5)白铁矿

白铁矿量微且少见,呈他形和半自形晶,粒径小于 0.03 mm,部分呈集合体或与毒砂一起呈令箭状结构,大小约 0.1 mm。白铁矿常与黄铜矿和毒砂分布在一起,因粒径细小,与毒砂难以区分。内生白铁矿是低温热液的产物,具有标型意义。

白铁矿电子探针成分分析结果(%):S 53.66、Fe 45.78、As 0.50、Bi 0.21、Au 0.07、Sb 0.07。

6)毒砂

毒砂呈半自形、自形和他形晶,晶形为柱粒状、柱状、粒状和菱形切面,有时与白铁矿一起呈令箭状结构,呈锯齿状分布于白铁矿边部,粒径细小,均小于 0.01 mm,与黄铁矿和白铁矿等密切共生,星点状分布于脉石中。矿石中量微且很少见。表生条件下常被淋失。

毒砂电子探针成分分析结果(%):Fe 34.79、As 41.59、S 22.75,微量元素 Sb 0.75、Bi 0.24、Mo 0.16、Au 0.14 等,为富硫型的低温毒砂,具有标型意义。

7)辉铜矿

辉铜矿呈他形晶,粒径小于 0.5 mm,与黄铜矿、闪锌矿、锑黝铜矿和方铅矿等共生,星点浸染状分布于脉石中,矿物量微且少见,多见于 L_3 号矿体中。

辉铜矿电子探针成分分析结果(%):S 21.47、Cu 77.36、Fe 0.79、Ag 0.33、Bi 0.15、Pb 0.14、Se 0.12、Cd 0.10、Mo 0.08、Te 0.08、Zn 0.04、As 0.03、Co 0.02、Ni 0.01、Au 0.01,总量 100.73(3 个均值)。分析值中 Cu 偏低,可能与 Fe、Ag、Bi 等元素的混入有关。

8)蓝铜矿和孔雀石

蓝铜矿和孔雀石均为表生铜矿物,矿石中量微且少见。孔雀石和蓝铜矿表生充填于矿石的裂隙及孔隙中。

9)氯铜矿

氯铜矿偶见于矿石中,量微。呈致密集合体和皮壳状。浓绿色,透明状,表生充填于矿石裂隙和孔隙中。

氯铜矿电子探针成分分析结果(%):Cu 51.72、Te 0.07、As 0.06、S 0.04、Ag 0.03、Cd 0.02、Ni 0.02、Fe 0.02,总量 51.98。

(二)脉石矿物

1)石英

石英是构成含金石英脉的主体矿物,也是最主要的脉石矿物,矿石中的平均含量 60%,与水白云母、玉髓、方解石、文石、冰长石、黄铁矿、银金矿和自然金等密切共生,是金的母体矿物(附录 2 图 50~图 51)。

石英大部分是硅化阶段晶出的热液石英,由富含二氧化硅的含矿热液经充填贯入形成,部分则是硅化阶段由热液交代围岩形成的交代石英和成岩后由玉髓蜕变形成的石英。热液石英呈显微隐晶结构和显微晶质结构,微粒结构少,细粒结构和格架状结构很少。交代石英由于是在低温条件下缓慢交代形成的,所以往往保留被交代原岩的角砾形态和原岩结构,如变余凝灰结构和变余交织结构等。玉髓蜕变形成的石英具变胶状结构。此外,在矿石中见个别生成较早的凝灰岩中残留的石英晶屑,常保存原晶屑形态,粒径一般小于 0.3 mm。

石英电子探针成分分析结果(%):SiO_2 平均值 99.51,微量元素有 Al、Fe、K、Na、Cr、Ca 等,其中 Al_2O_3 平均值 0.20,FeO 平均值 0.10(表 2-5)。Au、Ag 含量根据 20 次测定平均:Au 0.02%~0.04%、Ag 0.008%~0.10%,纯净石英含 Au、Ag 均很少。电子探针成分分析结果表明,本矿床石英大部分为含杂质元素较高的"复杂石英",有利于提高石英脉体的含金性。

表 2-5 石英滩金矿石英和玉髓电子探针成分分析结果 单位:%

名称	编号	SiO_2	TiO_2	Al_2O_3	Cr_2O_3	FeO	MnO	MgO	CaO	K_2O	Na_2O
石英	1	99.92	—	0.01	0.04	0.02	—	—	0.01	—	—
	2	99.85	0.04	0.04	0.05	—	—	—	—	0.01	—
	3	99.50	—	0.12	0.09	0.24	0.03	—	0.02	—	0.01
	4	98.76	0.09	0.63	0.09	0.13	0.13	—	0.06	0.06	0.04
	平均值	99.51	0.03	0.20	0.07	0.10	0.04	—	0.02	0.02	0.01
玉髓	1	98.59	0.06	0.90	0.12	—	—	0.04	0.02	0.19	0.10
	2	98.59	—	0.97	0.09	0.06	—	0.03	—	0.18	0.04
	3	98.74	0.03	0.67	—	0.15	—	0.04	—	0.16	0.12
	平均值	98.64	0.03	0.85	0.07	0.07	—	0.04	0.03	0.18	0.09

注:—为元素含量未达检出下限,未检出。

分析单位:新疆矿产实验研究所鉴定专业室。

石英呈浅灰色和灰白色,少数微带肉红色。显微镜下无色,部分呈浅褐色,且较浑浊,主要由杂质的混入引起。他形粒状,部分为玉髓状(变胶体),呈致密集合体产出,粒径极细小,0.002~0.05 mm者占90%以上,大于0.05 mm的不足10%,主要呈显微隐晶状和显微晶质状,微粒状少,细粒状很少。结晶粒径细小,是本矿床石英最显著的特点,常与玉髓逐渐过渡,充分显示出它是在低温浅成环境下快速结晶的,在结晶的晚期阶段,粒径略有增大的趋势。

此外,在矿石中常见有少量生成较晚的石英,为硅化期后生成的石英,常与方解石,有时与绢云母(或水白云母)一起,呈细脉状或网脉状充填交代于矿石裂隙中,具他形微粒结构,细粒结构者极少。

2)玉髓

玉髓是重要的脉石矿物,在矿石中常见,晶出后部分重结晶为石英。玉髓呈显微隐晶状集合体,部分呈平行带状、放射状和皮壳状等,与石英等一起产出,常与石英相过渡。薄片中常呈浅褐色,系杂质混入所致,折光率较石英低。

玉髓电子探针成分分析结果表明,与石英相比,SiO_2含量明显降低,除Fe外,Al和碱金属杂质含量明显增加。

3)冰长石

冰长石(附录2图52~图53)是本矿床较常见的脉石矿物,在各矿体中均有分布,主要分布于石英脉金矿石中,蚀变岩金矿石和细脉状石英脉金矿石中很少,分布极不均匀,含量变化由0至40%以上。冰长石常分布于石英集合体中(交代形成的石英集合体中一般未见冰长石),与石英、玉髓、水白云母、方解石和文石等密切共生。冰长石是钾长石的低温有序变种,它以形态和成因区别于其他的钾长石。矿石中主要呈自形和半自形,他形晶少。粒径细小均匀,一般多在0.008~0.03 mm之间,最大也仅0.1 mm。冰长石常不同程度地蚀变为水白云母,而保留其菱形切面假象。冰长石电子探针成分分析结果见表2-6。

表2-6 石英滩金矿冰长石电子探针成分分析结果   单位:%

编号	SiO_2	TiO_2	Al_2O_3	Cr_2O_3	FeO	MnO	MgO	CaO	K_2O	Na_2O
1	65.41	0.02	17.66	0.04	0.06	0.03	0.05	—	15.88	0.04
2	65.81	0.02	17.74	0.04	0.06	0.03	0.05	—	15.59	0.04
3	64.88	0.07	17.17	0.19	—	0.05	—	0.04	16.47	0.19
4	65.64	—	17.91	0.05	—	—	—	0.03	15.51	0.06
5	64.85	—	19.35	0.09	—	—	—	—	15.62	0.09
6	65.79	—	19.63	0.09	—	—	—	—	15.85	0.09
平均值	65.40	0.02	18.24	0.08	0.02	0.02	0.02	0.01	15.82	0.09

注:—为元素含量未达检出下限,未检出。

分析单位:新疆矿产实验研究所鉴定专业室。

冰长石是典型的低温热液矿物,它的出现为矿床成因提供了确切的证据,根据光片、薄片观察统计,冰长石多出现于较大的石英脉体中,而细小的石英脉体中少见。凡石英脉体中有冰长石的出现,往往即有金矿化,而且冰长石的含量变化与金矿化也有一定的关系,金矿化往往随冰长石含量的增加而增强,所以冰长石不仅是一个矿床成因的标型矿物,而且还是一个找矿的标志矿物,它出现得越多,预示金矿化程度越高。

4)文石

文石是矿石中常见的矿物,平均含量4%,分布不均匀,含量变化范围0~38%,分布于石英脉金矿石中。矿物学研究表明,内生条件下文石是一种典型的低温热液矿物,具有成因标型意义。

文石在自然界中是极不稳定的矿物,易转变为方解石,经X射线衍射分析证实,它已转变为方解石的晶体结构。常呈叶片状(竹叶状),部分呈薄板状、长柱状和针状等(附录2图11、图54),大小一般在0.2 mm×2 mm以下,最大可达0.6 mm×9 mm以上,差别大;与石英和方解石等分布在一起,与方解石的他形不等粒形态完全不同，二者界线截然清晰。

文石变成方解石后，其晶片或柱体仍保持为一个单晶体形态，而不是集合体假象，光性方位一致，无一例外。化学成分 CaO 55.50%，含微量 Si、Mn、Cr 等。

5）绢云母

由于水化作用和风化作用，矿石中的绢云母大部分已变为水白云母，绢云母很少量。水白云母和绢云母是本矿床矿石的次要脉石矿物，平均含量 19%，分布普遍，但很不均匀，含量变化范围微量～40%。呈显微鳞片状，少数呈碎片状，粒径细小，多在 0.002～0.01 mm 之间，少数可达 0.02 mm，呈不规则集合体或分散状分布于石英等脉石中。

绢云母电子探针成分分析结果（%）：SiO_2 50.22、TiO_2 0.03、Al_2O_3 31.29、Cr_2O_3 0.35、FeO 0.47、MnO 0.05、MgO 0.62、CaO 0.16、K_2O 8.01、Na_2O 0.08、BaO 0.05，总量 91.33（4 个均值）。分析结果与正常的水白云母相比，SiO_2 含量偏高，Al_2O_3 含量偏低，这可能是水白云母集合体中混有微细的石英所致。

6）方解石

方解石是矿石中常见的脉石矿物，平均含量 5%，分布不均匀，含量变化范围 0～30%，常呈变钙质集合体出现，部分呈分散状，多数晶出于硅化后期阶段。

呈他形晶，半自形晶很少，粒径不等，最大可达 4 mm，一般小于 1.5 mm。电子探针成分分析结果（%）：CaO 55.63，含微量的 Mn 和 Mg。

二、岩、矿石化学成分

矿石的化学分析和简项化学分析结果（采样方法均为捡块法）：SiO_2 84.84%、Al_2O_3 5.32%、CaO 2.97%、K_2O 1.93%。$\omega(K_2O)/\omega(K_2O+Na_2O) = 0.91$，Au、Ag 含量变化大，Au $(0.08\sim398.35)\times10^{-6}$，Ag $(0.07\sim188.6)\times10^{-6}$，Au：Ag 0.05～3.17，平均 1.80，Au：Ag 随品位的降低而降低。矿石的平均品位：L_3 号矿体 15.68×10^{-6}，L_1 号矿体 7.2×10^{-6}。矿石的微量元素有 Ba、Sr、Sb、V、Mo、W、Sn、Ni 和 Co 等。

三、矿石结构构造及矿石类型

（一）矿石的结构构造

矿石的结构构造极其简单，矿石结构为他形细—微粒结构和他形微粒结构，以前者较多；矿石构造为不均匀的星点浸染状构造。金矿物呈他形细—微粒状和他形微粒状，不均匀星点浸染于石英等脉石矿物中，偶尔金矿物局部聚集成"窝状"出现。

（二）矿石类型

根据矿石矿物成分、结构构造和产出特征，本矿床的矿石类型分为石英脉型金矿石、蚀变岩型金矿石和细脉状石英脉型金矿石，其中主要为前者，后两者少。

（1）石英脉型金矿石：最主要的矿石类型，约占矿石总量的 85%，L_1、L_2 和 L_3 号矿体主要由该类型矿石组成。

该类型矿石中较常见被交代的围岩角砾残余，含量不等，最高可达 30%。围岩残余角砾已完全蚀变，被石英或石英和水白云母所替代，但角砾形态和原岩结构仍完好保留，岩性以蚀变凝灰岩为多，蚀变安山岩较少，此外尚有很少量的蚀变粗安岩和流纹岩。

（2）蚀变岩型金矿石：本类型矿石量少，占矿石总量的 8%～12%，主要分布于 L_3 号矿体中，L_1 和 L_2 号矿体中也可见到，多分布于矿体边部，与石英脉型金矿石在一起，二者肉眼难以区分，不具任何的界线，也不能形成独立的矿体。矿石的矿物成分与石英脉型金矿石基本相同,所不同的是矿石中有较多的被交代的围岩角砾残余,含量30%～50%,最多可达80%。残余围岩角砾已完全被石英或石英和水白云母交代,但角砾形态和原岩结构则完好保留,原岩岩性以蚀变凝灰岩为多,蚀变安山岩较少。此外,本类型矿石与石英脉型金矿石相比,矿石中的黄铁矿和水白云母较多,碳酸盐矿物和冰长石少,金矿物也略有减少。

(3)细脉状石英脉型金矿石:本类型矿石很少,约占矿石总量的2%,局部见于主矿体边部的破碎岩石中,不能构成独立矿体。含金石英脉体呈细脉状,有时呈网脉状,脉宽一般数毫米至数厘米不等,充填于围岩裂隙中,对围岩的交代现象较弱,与围岩界线清晰。围岩主要是蚀变安山岩和蚀变凝灰岩。含金石英细脉的矿物成分与石英脉金矿石基本相同。金属矿物量很少,主要为银金矿、自然金、黄铁矿和褐铁矿等,脉石矿物同样以石英为主,水白云母、方解石和玉髓较少量,文石等少量。明显不同的是金矿物含量明显降低,矿石品位很低,其次是矿物种类相对较少。

根据显微镜下对矿石金属硫化物的氧化状况、褐铁矿和表生自然金的分布等观察,本矿床氧化带距地表深约50 m,其下部为原生带,基本不存在过渡带。

氧化矿石和原生矿石的矿物成分有较大不同,主要表现在金矿物、黄铁矿、褐铁矿和高岭石等矿物含量方面。

氧化矿石的金矿物含量普遍偏高,据47个光片统计,平均含金矿物416.3粒,金矿物中银金矿占97.8%,自然金0.2%,表生自然金2.0%。矿石品位较高,金的成色674.46‰。表生作用使氧化带中较富的矿石进一步加富,成色相应也略有提高。黄铁矿大部已呈褐铁矿化,平均仅有0.1%的保留,且常呈残余状。褐铁矿平均含量0.3%,部分呈黄铁矿假象,部分淋滤充填于矿石的裂隙、孔隙中。高岭石平均含量0.8%,多由冰长石风化蚀变形成。此外,矿石中一些表生矿物的出现,如孔雀石、自然铜和氯铜矿等,使氧化矿石成分略显复杂。

原生矿石的金矿物含量较低,品位明显变贫,据9个光片统计,平均含金矿物9.2粒,其中99.5%为银金矿,自然金仅占0.5%,表生自然金已看不到,金的平均成色668.86‰。黄铁矿平均含量0.9%,无氧化现象。褐铁矿和高岭石含量极低,仅局部可见。

四、主要矿物生成顺序

本矿床矿石中,金属矿物有银金矿、自然金、黄铁矿、黄铜矿、闪锌矿、方铅矿、锑黝铜矿、白铁矿、毒砂、磁黄铁矿和碲银矿等;脉石矿物有石英、水白云母、玉髓、方解石、文石(方解石)和冰长石等。该矿物组合是一个典型的少硫化物低温热液矿物组合。

矿石的元素有Au、Ag、S、As、Fe、Cu、Pb、Zn和Sb等,是一个硫型的多元素组合。

根据矿石的组构、成因、相互关系和产出特征等,石英滩金矿床矿石的矿物生成顺序,先后可分为火山期、火山期后热液蚀变期和表生期,见表2-7。

表2-7 石英滩金矿床矿石的矿物生成顺序简表

矿物	火山期	火山期后热液蚀变期			表生期
		黄铁矿-绢云母-石英阶段	金-硫化物-石英阶段		
			第一亚阶段	第二亚阶段	
银金矿			——————		
自然金			------	------	
β-汞金矿					——
黄铁矿			——————		

续表 2-7

矿物	火山期	火山期后热液蚀变期			表生期
		黄铁矿-绢云母-石英阶段	金-硫化物-石英阶段		
			第一亚阶段	第二亚阶段	
白铁矿			—		
毒砂			—		
磁黄铁矿			—		
闪锌矿			—		
黄铜矿			—		
锑黝铜矿			—		
辉铜矿			—		
方铅矿			—		
锌铜矿			—		
碲银矿			—	-------	
磁铁矿	—				
褐铁矿					—
硬锰矿					—
斑铜矿					—
铜蓝					—
自然铜					—
孔雀石					—
石英		—			
玉髓			—	—	
绢云母		—			
水白云母		—			
方解石			—	—	
文石			—	—	
冰长石			—	—	
斜长石	—				
黑云母		—			
绿泥石		—			
水榴石		—			
浊沸石			—	—	
重晶石			—	—	
萤石			—	—	
磷灰石		—			
金红石		—			
榍石		—			
锆石		—			
白钛石			-------	-------	
高岭土					—
元素特征		S、As、Fe、Cu、Pb、Zn	S、As、Fe、Cu、Pb、Zn、Sb、Au、Ag		Fe、Cu、Au
均一温度/℃		108.4~190.5			常温
矿化状况		主要金矿化阶段			次要金矿化阶段

第五节　矿石工艺矿物学特点

一、金矿物的赋存状态

（一）金矿物的产出状态

原生金矿石,粒间金占99.6%,包裹金占0.4%;氧化矿石,粒间金占97.6%,包裹金占0.4%,裂隙金占2.0%。粒间金和包裹金均为原生的银金矿和自然金,裂隙金均为表生的自然金。

（二）金矿物的嵌布粒度

金矿物的嵌布粒度是决定磨矿细度和选冶方法的重要证据,矿石光片统计结果表明（表2-8）,金矿物的粒径极其细小,主要为微粒金,细粒金少,中粒以上的金极少,粒径绝大部分在200目以下。

表2-8　石英滩金矿床金矿物粒度统计

粒级	粒级范围/mm	颗粒数/个	含量/%
微粒	<0.01	5446	86.65
细粒	0.01~0.037	789	12.55
中粒	0.037~0.074	45	0.72
粗粒	0.074~0.295	3	0.05
巨粒	≥0.295	2	0.03

注:统计58个光片。

（三）金矿物的形状

通过矿石光片和人工重砂对金矿物形态进行统计。两种统计方法得到的结果是一致的（表2-9～表2-10）,金矿物主要呈粒状,尤其是粒径细小者,呈片状和枝杈状的少。

表2-9　石英滩金矿床矿石光片金矿物形态统计

形状	颗粒数/个	含量/%
粒状	8435	93.15
片状	311	3.43
枝杈状	295	3.26
柱粒状	8	0.09
薄膜状	6	0.07

注:统计58个光片。

表2-10　石英滩金矿床人工重砂金矿物形态统计

形状	颗粒数/个	含量/%
粒状	795	69.43
长粒状	176	15.37
片状	56	4.89
枝杈状	87	7.60
棒状	31	2.71

注:统计5个人工重砂样,金粒粒径在0.02mm以上。

二、有益、有害元素赋存状态

(一)金元素的赋存状态

金在矿石中绝大部分是以独立矿物形式存在的,其中主要是银金矿,在原生矿石中和氧化矿石中分别占金矿物总量的 99.5%、97.8%,自然金很少量,分别占 0.5%和 2.2%。此外尚有极微量的含铜自然金和 β-汞金矿。呈分散状态赋存于载体矿物中的金极少量。载体矿物的含金量普遍都很低,由于载体矿物本身在矿石中的含量很低,所以这部分呈分散状态的金基本不影响矿石金的回收,载体矿物黄铁矿和褐铁矿虽有一定含量,但工业意义不大。

(二)矿石中的有益有害元素

经化学分析,矿石中除 Au 外,尚含有 Ag、S、As、Fe、Co、Ni、Cu、Pb、Zn、Sb、Bi、Be、Sr、V、Mo、W、Sn、Hg 等多种元素,其中只有 Ag 为有益伴生元素,有益伴生元素 Ag 绝大部分也是以独立矿物形式出现的,其中最重要的是银金矿,而自然金和表生自然金量少且 Ag 含量低。碲银矿和 β-汞金矿 Ag 含量虽高,但矿物量极微,仅有矿物学意义。呈分散状态的 Ag 很少量,分布于金属硫化物等矿物中,其中锑黝铜矿含 Ag 较高,其次为方铅矿和辉铜矿,其他矿物中 Ag 含量极低,由于载体矿物本身含量极低,所以不具工业意义。其他元素含量甚微,远未达到综合利用工业指标;有害元素为 S,但含量很低,平均 0.26×10^{-2}(24 个均值),为低硫矿石,对矿石的选冶影响不大。

第六节　矿床成因和成矿模式探讨

石英滩金矿是低温陆相火山岩型金矿的一个特殊类型,成矿阶段可分为火山期、火山期后热液蚀变期和表生期。

火山期:由火山作用形成的安山质熔岩、安山质角砾熔岩和安山质火山碎屑岩等围岩岩石,虽经强烈蚀变,但在矿石中仍有少量原生矿物保留,如石英、斜长石、磁铁矿等副矿物。

火山期后热液蚀变期:由于火山喷发后伴随的热液活动和构造活动,围岩发生蚀变,蚀变作用首先主要为黄铁绢英岩化,同时伴随绿泥石化和碳酸盐化等;蚀变形成的新生矿物有石英、绢云母、酸性斜长石、绿泥石、方解石和极少量的金属硫化物,如黄铁矿、黄铜矿、闪锌矿、锑黝铜矿、辉铜矿、白铁矿和毒砂等。近矿围岩经蚀变后,Ag、Au 背景值提高,但未见 Ag 的独立矿物形成。

火山期后金-硫化物-石英阶段,构造断裂活动使深部含矿硅质热液沿断裂和破碎带进行充填交代,形成含金石英脉体。此成矿热液活动基本有两期,即生成第二期含金石英脉体和第三期含金石英脉体,两期含金石英脉体是同一成矿阶段两次成矿作用的产物,由于它们是同源含矿热液,其物理化学性质是基本相同的,所以形成的两期含金石英脉的矿石矿物组合也是基本相同的。在这一成矿阶段的两个亚阶段中,银金矿、自然金、黄铁矿、黄铜矿、石英、玉髓、水白云母、冰长石、方解石和文石等多种矿物先后生成,构成本矿床最主要的矿化阶段。

表生期:由于表生作用,自然金、褐铁矿和高岭石生成,成为本矿床的次要矿化阶段。表生期是自然金形成的主要阶段。

早二叠世的火山作用形成安山质熔岩、安山质角砾熔岩和安山质火山碎屑岩,这套火山岩系含金背景值较高,并成为金矿围岩。火山喷发后期伴随的热液活动使围岩发生蚀变,生成新矿物,并可能使围岩中的含金背景值进一步增高,但尚未见独立金矿物生成。之后,由于构造断裂活动和海西晚期岩浆活动,深部含矿硅质热液在地表水的参与下在运移过程中活化、汲取围岩中的Au,并沿火山口边缘的环状和放射状断裂(裂隙)及破碎带进行充填交代,银金矿、自然金、黄铁矿、黄铜矿、闪锌矿、石英、玉髓、水白云母、冰长石、方解石、文石等矿物先后生成,这是本金矿床最主要的成矿时期。最后是表生期,有自然金、褐铁矿和高岭石生成,为本矿床次要矿化时期。石英滩金矿床成矿模式见图2-4。

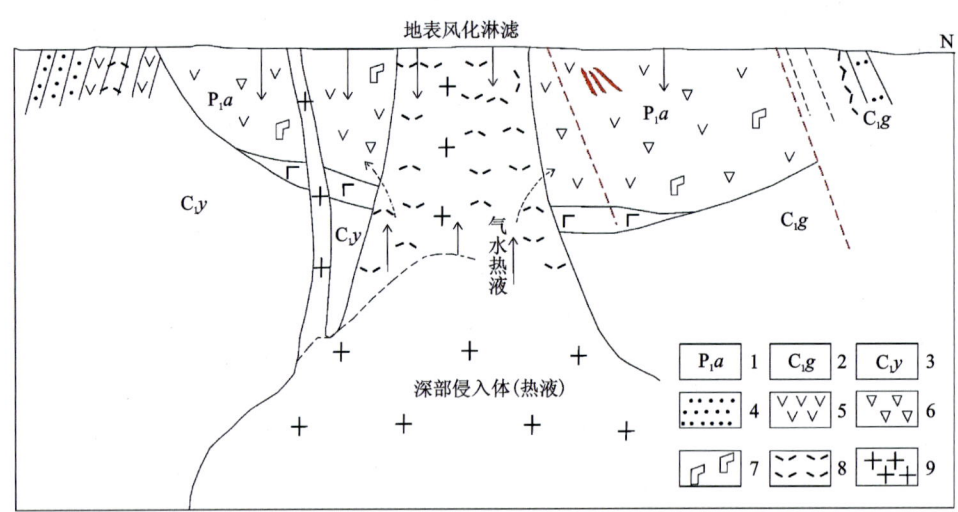

1.下二叠统阿其克布拉克组;2.下石炭统干墩组;3.下石炭统雅满苏组;4.陆源碎屑岩;5.安山岩;6.角砾岩;7.集块角砾熔岩;8.安山质熔岩;9.基底岩系。

图2-4 石英滩金矿床成矿模式图

主要参考文献

蔡仲举,1997.新疆鄯善县石英滩金矿床地质特征及控矿因素[J].新疆地质,15(4):305-320.

常海亮,汪雄武,李桃叶,2003.质疑新疆阿希、石英滩浅成低温热液金矿床"高钾"流体[J].矿床地质,22(2):129-133.

李强,2009.危机矿山接替资源寻找问题的探讨——以新疆石英金矿为例[J].地质与勘探,45(4):409-416.

王志良,毛景文,吴淦国,等,2003.新疆东天山石英滩金矿流体包裹体地球化学[J].地质与勘探,39(2):6-10.

薛春纪,姬金生,张连昌,等,1999.新疆西滩金矿床同位素年代学研究[J].西安工程学院学报,21(4):6-10.

内部资料

李本海,闵耀明,岳蕴辉,1994.新疆鄯善县石英滩金矿床矿石物质组分研究报告[R].乌鲁木齐:新疆矿产实验研究所.

周荣南,张洪剑,等,1994.新疆维吾尔自治区鄯善县石英滩金矿普查报告[R].吐鲁番:新疆地矿局第一地质大队.

附录2 图片及说明

图1 石英滩金矿 L_3 号矿体主采坑南壁
地表有厚度近 2 m 的砂砾盐碱壳覆盖层。

图2 矿体顶板与围岩的界线(从 L_3 号矿体上部观察)

图3 L_1 号矿体与顶板蚀变围岩的清晰界线(L_1 号矿体西部采坑中)

图4 L_1 号矿体西部采坑中矿体与顶板界线

图5 隐晶质石英脉 100× 正交偏光
主要由微粒状和隐晶质的石英集合体构成,粒径小于 0.01 mm,其中含少量水白云母。

图6 石英脉金矿石1
灰白色石英脉,金品位高,硫化物极少。

图7 含金石英脉1 50× 正交偏光
主要由隐晶质石英、水白云母、细粒石英及绢云母构成,其中水白云母和隐晶质石英混杂分布在一起,细粒石英及绢云母为硅化产物。见自然金。

图8 石英脉金矿石2
文石-方解石石英脉分化形成叶片状、框架状空洞,是石英滩金矿石的特征之一。

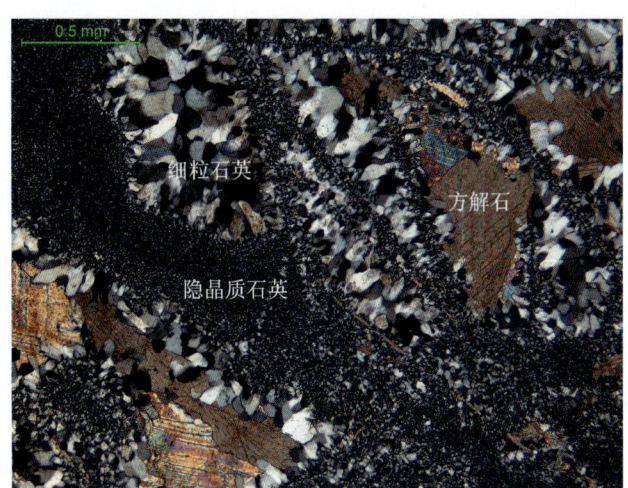

图9 含金石英脉2 50× 正交偏光
由隐晶质石英、细粒石英及方解石构成。隐晶质石英形成早于细粒石英,方解石和部分石英为后期充填产物。见自然金。

图10 石英脉 50× 正交偏光
矿物成分简单,以石英为主,方解石次之,见文石。石英颗粒较前三期石英脉中粗大,为第四期石英脉。

图11 文石-方解石石英脉 100× 正交偏光
第四期石英脉,由石英、方解石和文石组成。

图12 强硅化英安岩

图 13 英安质安山岩

图 14 碎裂安山岩

图 15 蚀变安山岩 1
岩石蚀变明显,强硅化,被石英脉穿插。

图 16 蚀变安山岩 2　100×　正交偏光
岩石具斑状结构,斑晶为斜长石,被次生绢云母取代,仍保留其外形。基质由隐晶质集合体组成。

图 17 蚀变安山岩 3　100×　正交偏光
岩石具斑状结构,斑晶主要为斜长石,次为角闪石,角闪石具暗化边,长石被绢云母取代,仍保留其外形。基质由隐晶质集合体组成。

图 18 蚀变杏仁状安山岩　50×　正交偏光
岩石中斑晶少见,基质由细板条状斜长石组成,被次生绢云母交代,其间充填细粒磁铁矿,并有铁染现象。其中含有气孔,被黏土矿物充填。

图 19 蚀变英安岩 100× 正交偏光
岩石具斑状结构,斑晶为斜长石,已被次生绢云母集合体取代,仍保留长石外形。基质由隐晶质长石、石英集合体组成。见方解石细脉。

图 20 安山质凝灰熔岩 50× 正交偏光
岩石中斜长石为细板条状,具交织结构。

图 21 凝灰岩 50× 正交偏光
岩石具凝灰结构,主要由岩屑、晶屑斜长石、石英及胶结物组成,岩屑成分为安山质,胶结物由火山灰尘物质组成。

图 22 晶屑凝灰岩 50× 正交偏光
岩石中晶屑多为石英,长石少见,岩屑主要为安山质岩屑。

图 23 蚀变安山质岩屑凝灰岩 50× 正交偏光
岩石以岩屑为主,为安山质岩屑,晶屑少见。

图 24 流纹岩 50× 正交偏光
岩石具斑状结构,斑晶为斜长石、石英,基质为石英等矿物集合体。岩石绢云母化。

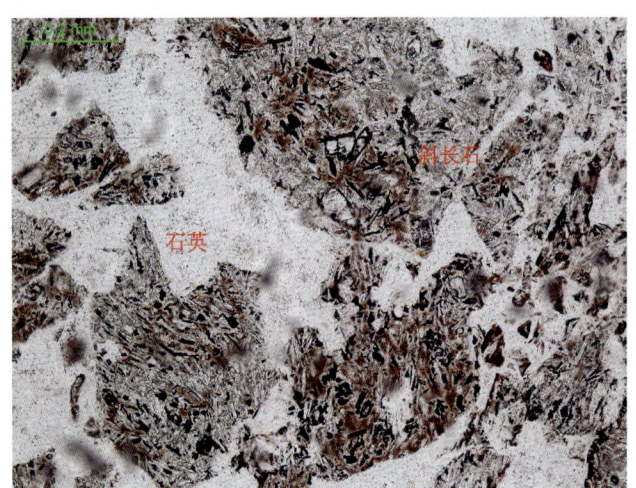

图 25 安山质碎裂岩 50× 单偏光
岩石具碎裂结构,基质中斜长石细板条状,呈定向排列,其空隙被硅化的石英颗粒充填。

图 26 黄铁绢英岩化 100× 正交偏光
岩石片理化,原岩已难恢复,绢云母鳞片状集合体,呈条带状分布;黄铁矿半自形—自形粒状,呈聚粒状分布;石英他形粒状集合体。

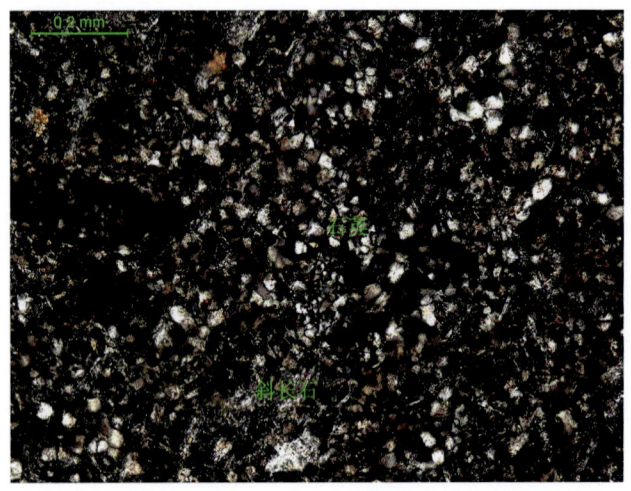

图 27 硅化、绿泥石化 100× 正交偏光
岩石强硅化,斜长石细板条状,绢云母化;暗色矿物绿泥石化,已由绿泥石集合体取代,难以分辨原岩矿物。岩石中分布石英-碳酸盐脉。

图 28 绢云母化 100× 正交偏光
岩石中杂乱分布碳酸盐脉,绢云母鳞片状,分布均匀,为次生矿物。

图 29 碳酸盐化 100× 正交偏光
岩石强碳酸盐化,原矿物仅见石英。

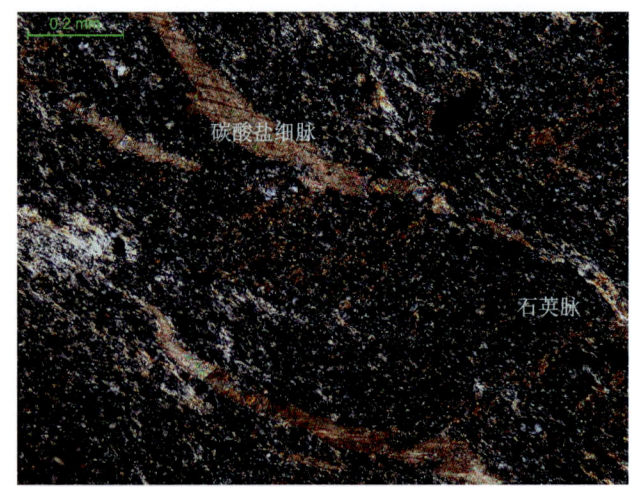

图 30 碳酸盐细脉 100× 正交偏光
近平行排列碳酸盐细脉穿插分布于微晶石英脉中。

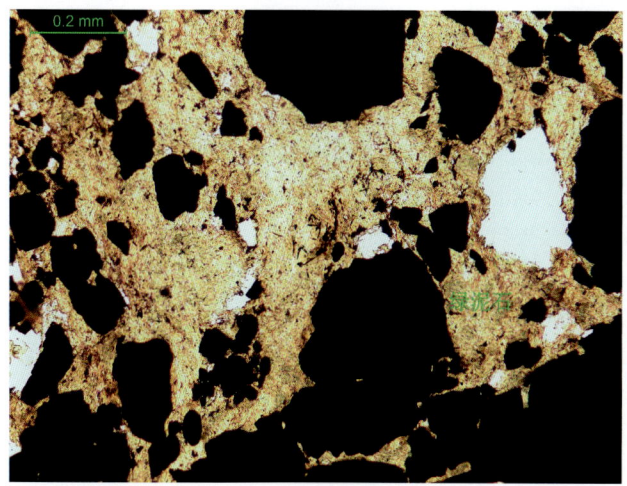

图 31　绿泥石化1　100×　单偏光
绿泥石充填于碎裂的暗色矿物间。

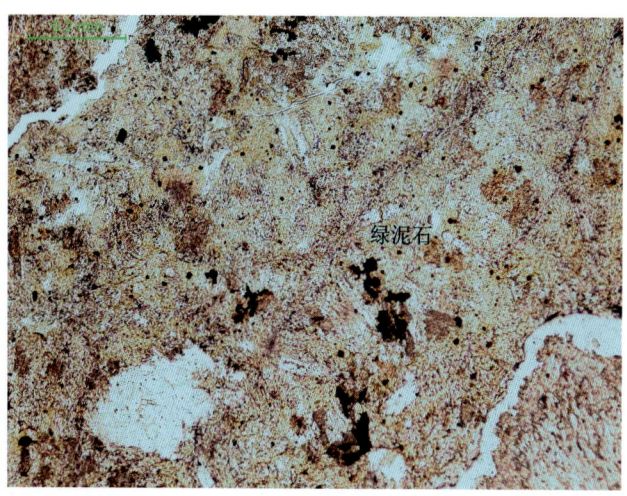

图 32　绿泥石化2　100×　单偏光
绿泥石化与硅化叠加，原岩结构已难分辨，部分杏仁体由绿泥石、石英集合体充填。

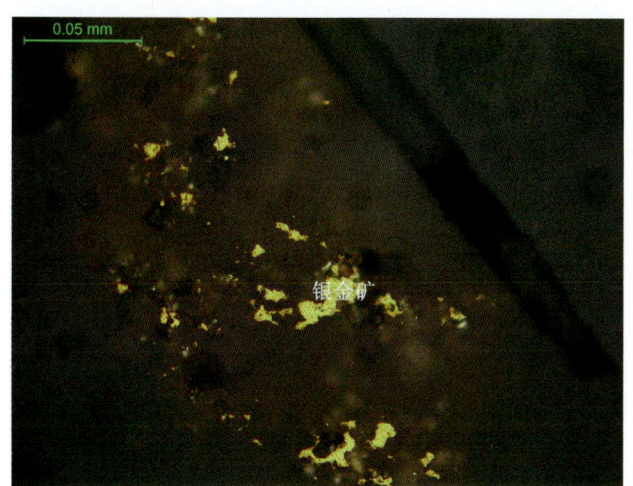

图 33　银金矿1　500×　单偏光
银金矿他形粒状，呈星点浸染状分布。

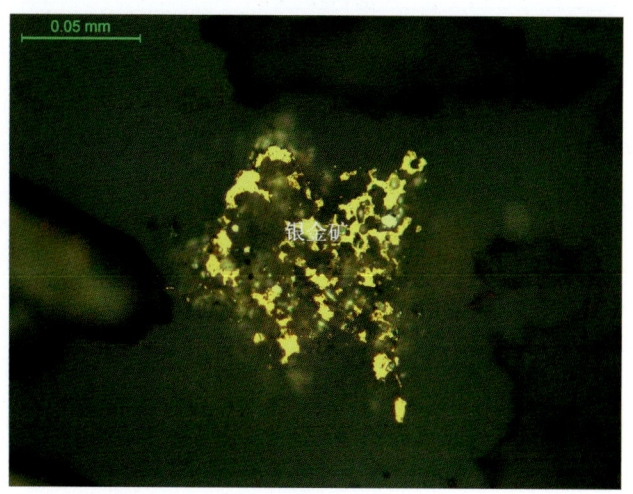

图 34　银金矿2　500×　单偏光
他形粒状银金矿聚集呈"窝状"密集分布。

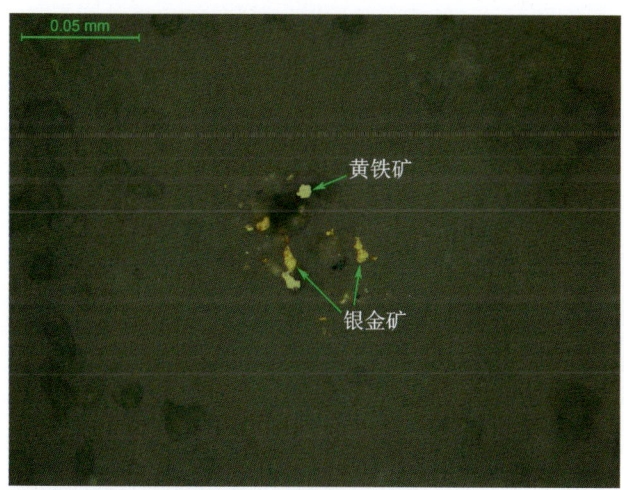

图 35　银金矿3　500×　单偏光
粒状银金矿与黄铁矿共生。

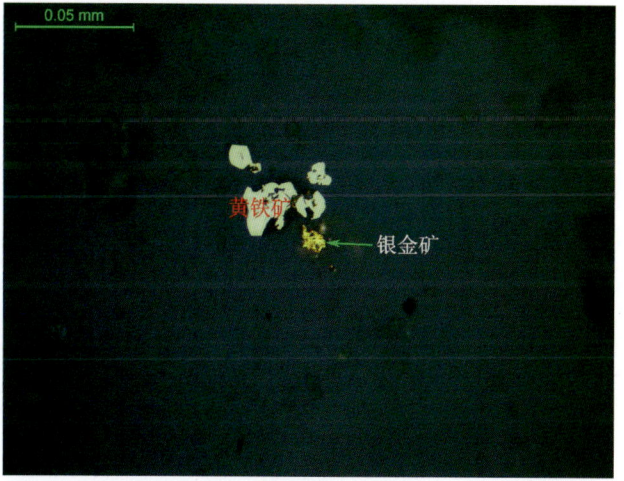

图 36　银金矿4　500×　单偏光
单粒粒状银金矿分布于黄铁矿周边。

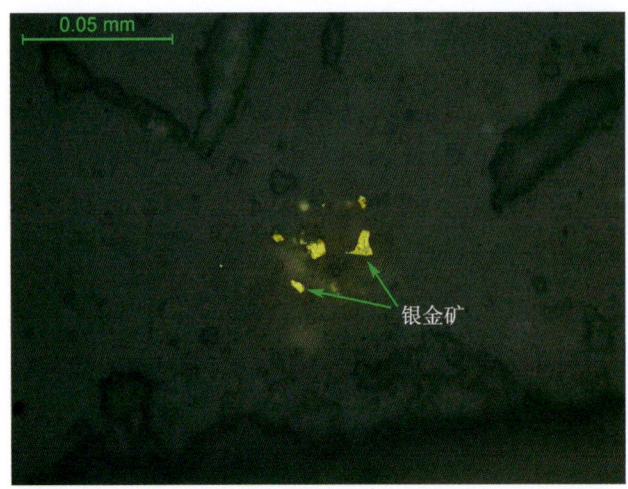

图 37　银金矿 5　500×　单偏光
粒状银金矿。

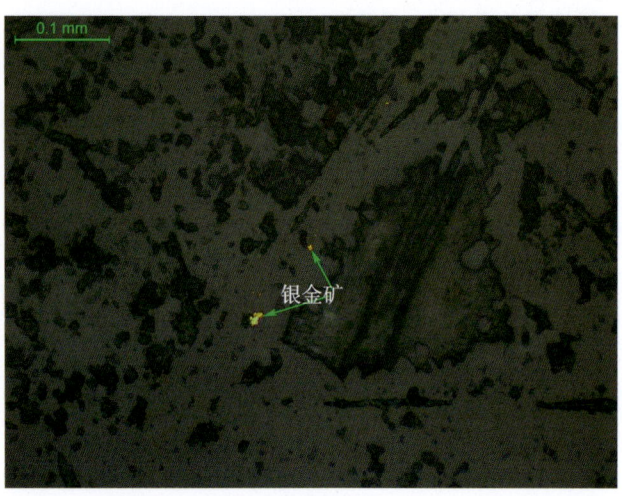

图 38　银金矿 6　200×　单偏光
粒状银金矿呈星点状分布。

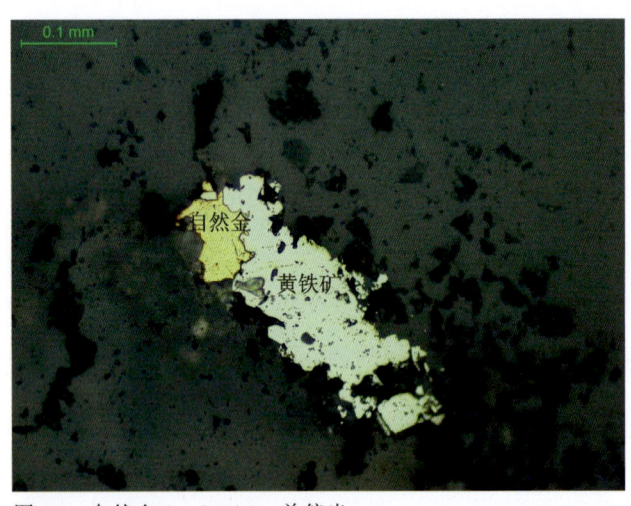

图 39　自然金 1　200×　单偏光
自然金分布于黄铁矿与石英晶粒间,为粒间金。

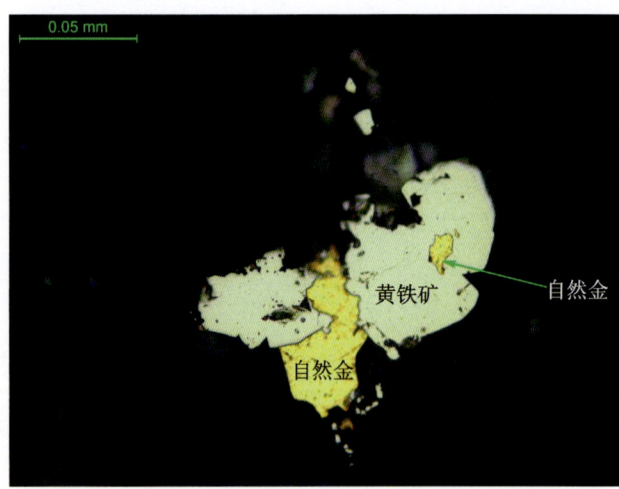

图 40　自然金 2　500×　单偏光
自然金分布于黄铁矿晶粒间和包裹于黄铁矿晶粒中,为粒间金和包裹金。

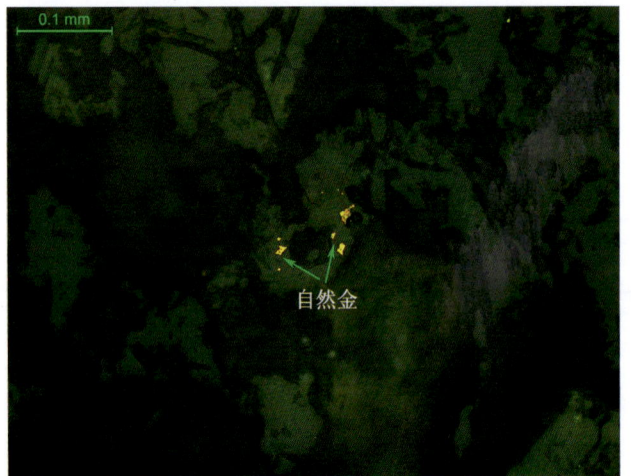

图 41　自然金 3　200×　单偏光
粒状自然金分布于石英晶粒间,为粒间金。

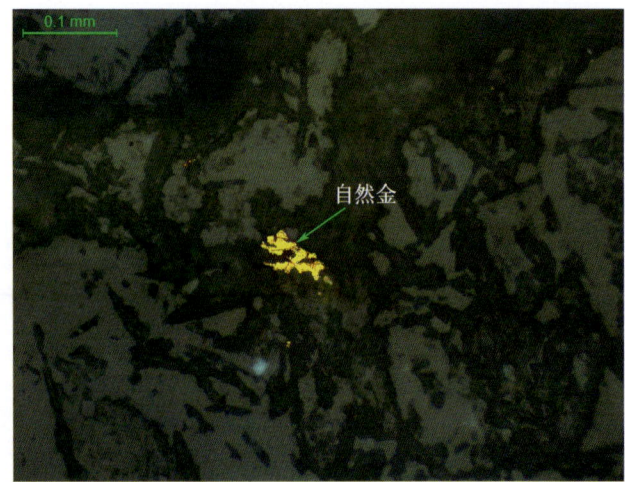

图 42　自然金 4　200×　单偏光
自然金分布于石英与方解石粒间,为粒间金。

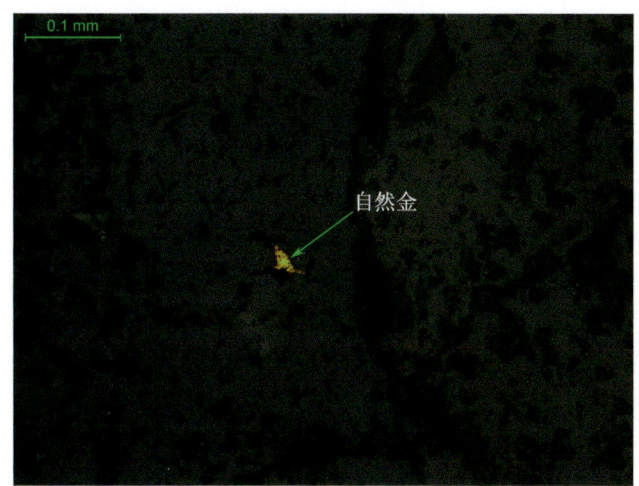

图 43　自然金 5　200×　单偏光
自然金呈片状,分布于石英粒间,为粒间金。

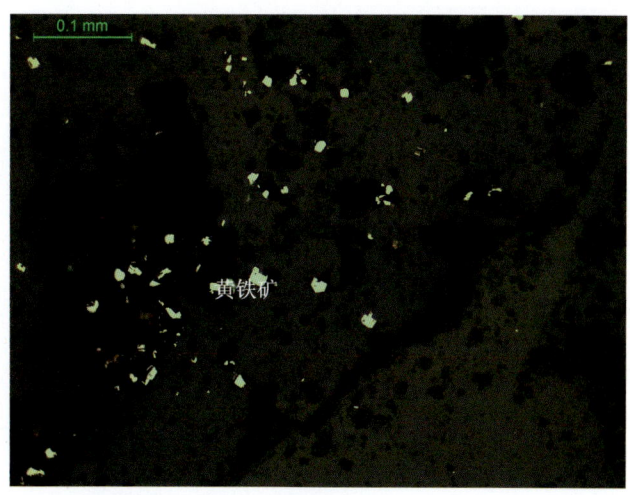

图 44　黄铁矿 1　200×　单偏光
矿石中黄铁矿含量少,呈星点浸染状分布。

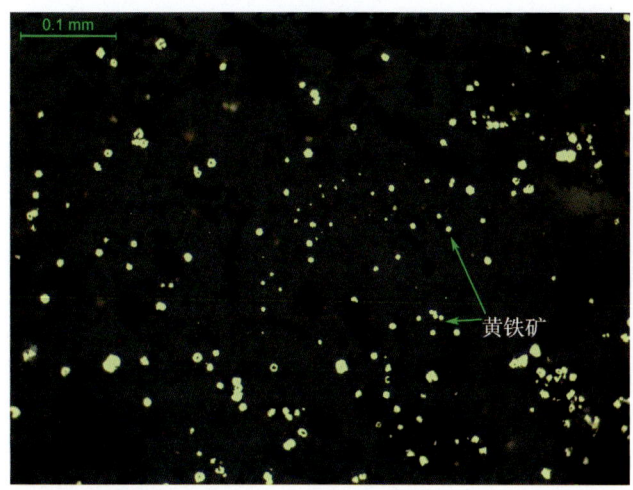

图 45　黄铁矿 2　200×　单偏光
黄铁矿呈稀散浸染状分布。

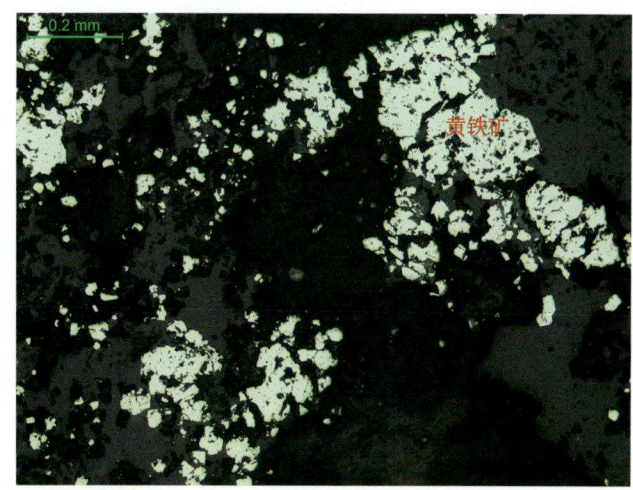

图 46　黄铁矿 3　100×　单偏光
黄铁矿局部呈集合体状产出。

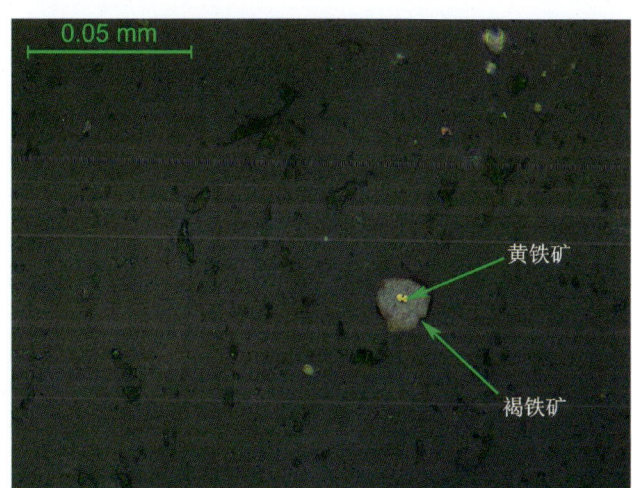

图 47　黄铁矿褐铁矿化　500×　单偏光
黄铁矿氧化为褐铁矿,褐铁矿沿其边部自外向内交代黄铁矿。

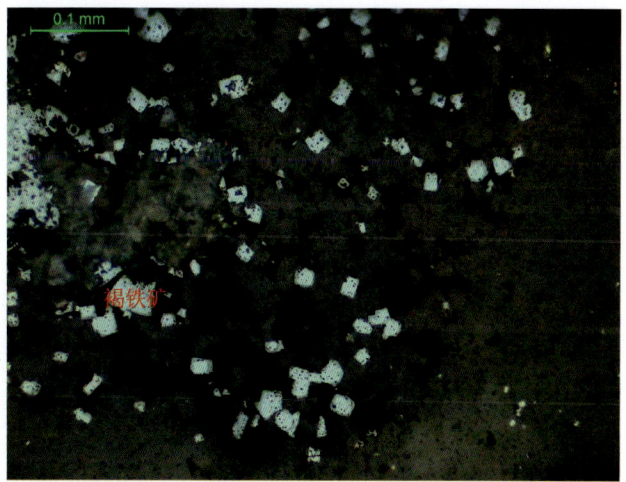

图 48　褐铁矿　500×　单偏光
黄铁矿氧化为褐铁矿,并保留其外形。

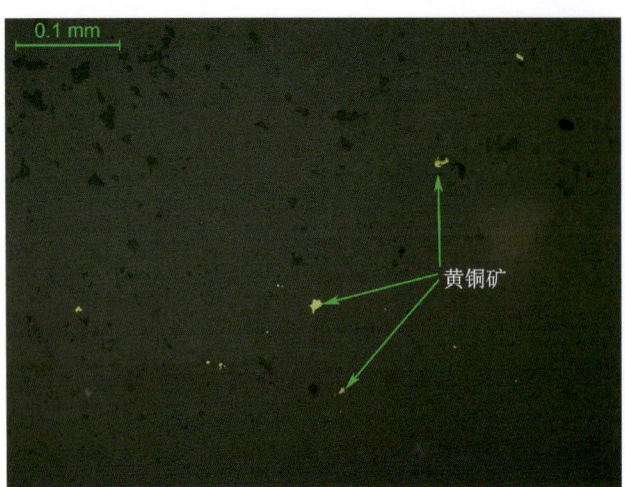

图 49　黄铜矿　200×　单偏光
他形粒状黄铜矿分布于石英脉中。

图 50　含金石英脉 3　正交偏光　放大倍数 100×
含金石英脉由隐晶质石英、细粒石英及方解石构成，隐晶质石英形成早于细粒石英，细粒石英为后期充填。见自然金。

图 51　含金石英脉 4　正交偏光　放大倍数 100×
含金石英脉由隐晶质石英、细粒石英、文石构成，隐晶质石英形成早于细粒石英；文石形成交错的框架，后期石英充填其中。见自然金。

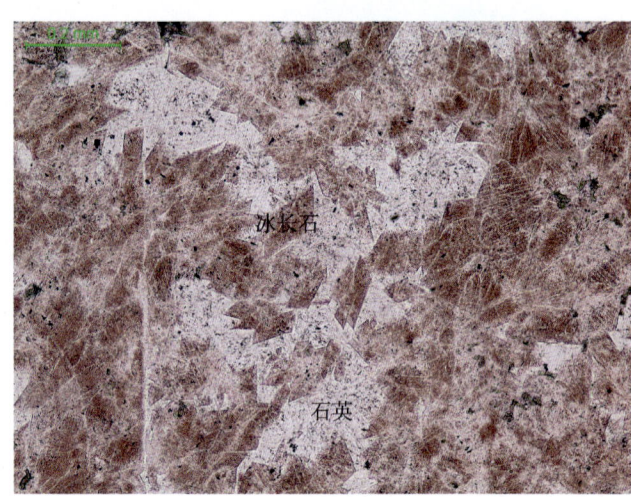

图 52　冰长石 1　100×　单偏光
自形—半自形菱形冰长石与石英紧密共生。

图 53　冰长石 2　100×　正交偏光
自形—半自形菱形冰长石与石英紧密共生。

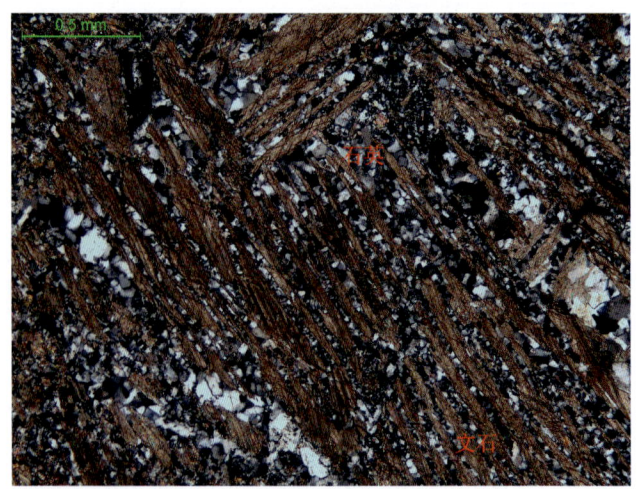

图 54　文石　50×　正交偏光
文石呈长柱状、针状近平行相互交错分布于石英脉中。

鄯善县康古尔金矿

拍摄者岳蕴辉

整体介绍

康古尔金矿床位于新疆鄯善县城南东142°方向119 km，地理坐标：东经90°05′，北纬42°01′。交通较方便，矿区处于地形高低不平的戈壁滩，平地与丘陵并存。矿区气候干燥，多风少雨，降水量极少，没有淡水及植被。

1980年前，康古尔地区进行过1∶20万区域地质调查、1∶5万及1∶10万航空磁力测量。1986—1987年，新疆地矿局第六地质大队与南京大学地质系在《东天山构造演化及成矿规律研究报告》中将本区划为黄山铜镍金矿带的西延部分。

1986—1987年河北地矿局物探大队承担的国家305项目开展了1∶20万区域化探扫面工作，圈定大量Au异常；随后新疆地矿局第一地质大队进行了1∶5万区域地质及矿产调查工作，发现该金矿并开展了普查和详查工作，查明了康古尔金矿的矿床规模、地质特征、矿石建造、主要矿物组成及生成顺序，证实康古尔金矿为剪切带破碎蚀变岩型金矿床。新疆地矿局第一地质大队于1999年提交勘查报告，探获金金属量16 400 kg，铜金属量6万t、锌金属量4万t、铅金属量2.29万t，伴生银金属量86.1 t，查明康古尔金矿为一处中型金多金属矿床。2001年至今，新疆地矿局第一地质大队断续对L_2号矿体中深部进行资源核实，为矿山提供备采资源储量；L_2号矿体累计查明资源储量(122b+333)金属量：金9322 kg、铜4.94万t、铅1.24万t、锌2.89万t，伴生银41.3 t。20世纪90年代新疆地矿局第一地质大队开采该矿，采用竖井开拓，浅孔留矿法地下开采，生产规模为中型[(6～8)万t/a]。

第一节　矿区地质特征

矿区大地构造环境为觉罗塔格裂陷槽(裂谷)的康古尔夭折裂谷,康古尔深大断裂及秋格明塔什-黄山韧性剪切带穿过矿区。出露地层主要为下石炭统雅满苏组,下部为一套火山碎屑岩夹薄层碳酸盐岩建造,上部为中基性火山岩+火山碎屑岩建造,其中火山岩金含量普遍较高,应为金的矿源层。受变形变质作用影响,矿区褶皱为一系列非等厚度、对称或不对称的紧密褶皱,东西向、北西向和北东向3组脆性断裂十分发育,拉伸线理、生长线理、糜棱岩化面理及不对称韧剪组构和多样式的褶皱非常发育,岩石普遍糜棱岩化,局部地段形成糜棱岩或千糜岩。康古尔韧性剪切带中的大型韧性剪切带边部和大型剪切带内部次级剪切带之间的过渡部位,以及低应变—中等应变部位是主要赋矿空间(图3-1)。北部秋格明塔什正长花岗岩体K-Ar等时线年龄为248.8 Ma。成矿时代为二叠纪。

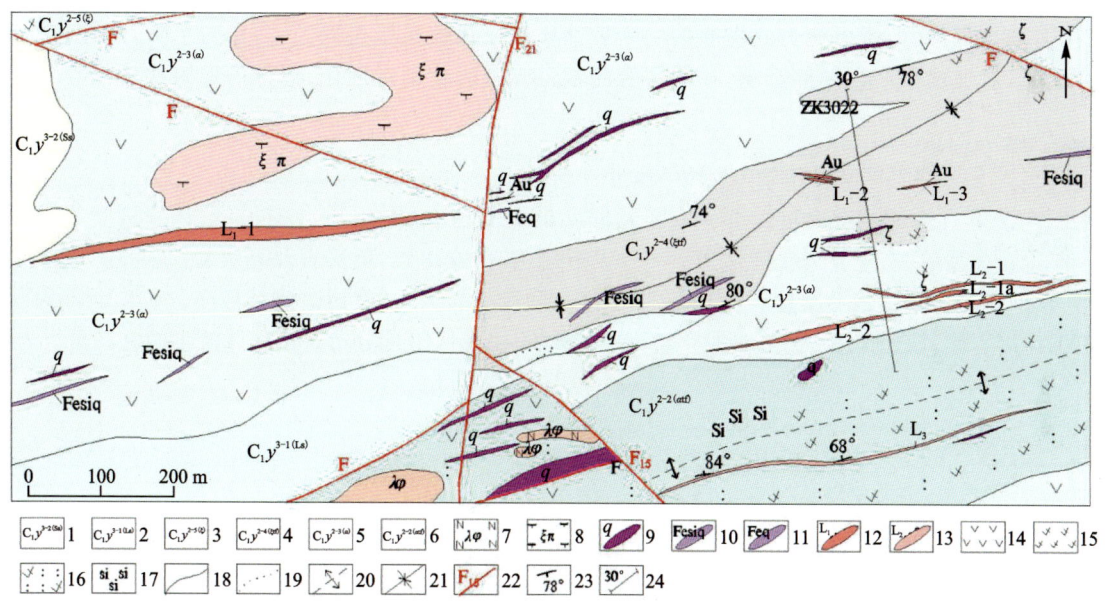

1.下石炭统雅满苏组第三岩性段砂岩层;2.下石炭统雅满苏组第三岩性段灰岩层;3.下石炭统雅满苏组第二岩性段英安岩层;4.下石炭统雅满苏组第二岩性段英安质凝灰岩层;5.下石炭统雅满苏组第二岩性段安山岩层;6.下石炭统雅满苏组第二岩性段安山凝灰岩层;7.石英钠长斑岩;8.正长斑岩;9.石英脉;10.铁硅化石英脉;11.铁化石英脉;12.金多金属矿体及编号;13.矿化体及编号;14.安山岩;15.英安岩;16.英安质凝灰岩;17.硅质岩;18.地质界线;19.岩相界线;20.推测背斜轴;21.向斜轴;22.断层及编号;23.岩层产状;24.勘查线剖面及编号。

图3-1　鄯善县康古尔金多属矿床地质略图

一、地层

矿床的赋矿地层为下石炭统阿奇山组,其岩性:下部为灰色中—薄层生物屑泥晶灰岩、安山质晶屑凝灰岩、安山质玻屑凝灰岩、安山质晶屑玻屑熔结凝灰岩;上部为紫红色、灰紫色玄武安山岩、玄武岩、安山岩、安山质凝灰熔岩夹晶屑岩屑凝灰岩、英安岩、火山角砾岩、集块岩等,并产有珊瑚、蜓类化石,属浅海-滨海沉积环境。

二、构造

1. 褶皱

矿区褶皱非常发育。矿区东部褶皱平面分布形态以平行褶皱群为主，西部则呈现帚状褶皱群特征，向西收敛，向东撒开，表明矿区东部受水平挤压，西部则变成压扭性的应力场；矿区北部褶皱紧密，以对称或不对称的直立褶皱为主，两翼产状陡倾，甚至出现同斜，南部（特别是东南部）褶皱则比较开阔，两翼产状平缓，局部地段出现轴面向北倾斜的倒转褶皱；矿区褶皱总的特点是以一系列非等厚度、对称或不对称的紧密褶皱为主体，褶皱枢纽走向多数近东西向，轴面陡倾，褶皱枢纽与拉伸线理（面理）平行或近似平行，多数属韧性剪切条件下形成的 a 型褶皱。

2. 断裂

矿区脆性断裂十分发育，按其走向大致可分为东西向、北西向和北东向 3 组。东西向断裂形成较早，规模较大，活动比较强烈，对地层产生的破坏性较大，并且有些断裂作用叠加于脉岩或韧性剪切带之上，显示出多期次活动的特征。该组断裂多数沿走向呈舒缓波状分布，以高角度倾斜的压性断裂为主，常伴随强烈的片理化和热液蚀变。北西向和北东向这两组断裂形成较晚，常切割东西向断裂，二者相交（相遇）往往无明显位移，推测可能为共轭断裂。断裂性质以张扭性或压扭性为主，走向平直，规模较小，活动性相对较弱，对地层仅产生局部影响，在断裂旁侧常见碎裂岩化和片理化，局部可见褐铁矿化等。

三、侵入岩

金矿产于下石炭统阿奇山组上部火山喷发的安山质凝灰岩、安山岩层中，岩石普遍遭受绢云母化蚀变。容矿岩石类型单一，主要为受剪切变形的绿泥石化、硅化安山岩，英安岩及凝灰岩。根据其变形强度划分，可分为千糜岩—糜棱岩—糜棱岩化岩石，以千糜岩和糜棱岩为主，糜棱岩类型较多。矿区北部为秋格明塔什正长花岗岩体，该岩体 K-Ar 等时线年龄为 248.8 Ma。矿区附近分布有该岩体派生的花岗斑岩岩株。

第二节　矿床地质特征

矿床共圈定 10 个矿体。矿体分布在大致平行的 3 条含金矿（化）带中，总体呈 255°~260°方向展布，倾向北西，倾角 70°~85°，各带间距 160~200 m，其产出特征明显受康古尔-马头滩韧性剪切带控制。矿体和矿化体主要呈脉状、似层状、透镜状，长 20~800 m，厚 0.23~8.04 m。康古尔金矿床是以 Au 为主，共生 Cu、Pb、Zn，伴生 Ag、S 组分的综合型多金属矿床，Au 与 Cu、Pb、Zn 同体共生。

由于矿体中主要有用组分及含量在走向和倾向上变化明显，由此产生硫化物组合的差异，从而在不同地段、不同部位分别组成不同类型的工业矿体。矿体、矿化体的空间分布独具特色，它们都产于康古尔韧性剪切带中的大型韧性剪切带边部和大型剪切带内部次级剪切带之间的过渡部位，以及低应变—中等应变部位。

金矿体赋存于雅满苏组第二岩性段海相中—酸性火山岩及火山碎屑岩中，产于糜棱岩和糜棱岩化岩石中，其展布方向与剪切带糜棱面理平行或近于平行，明显受康古尔-马头滩韧-脆性剪切带控制。矿床分布有大致平行的 L_1、L_2、L_3 3 条含金矿化带，长 1000 m 以上，其中 L_1 含金矿化带圈出 3 个金矿体，L_2 含金矿化带圈出 6 个金矿体，L_3 含金矿化带圈出 1 个金矿体，均呈脉状、似层状、透镜状，近平行排列产出，沿走向有胀缩现象，局部断续相连，其产状与糜棱面理产状基本一致，倾向 5°~345°，倾角 68°~82°，长 20~800 m，厚 0.23~8.04 m；矿体顶、底板岩石均为绿泥石化硅化安山岩和英安岩，局部（22~26 勘查线)略有差异,顶、底板岩石变为黄铁绢云岩化英安质凝灰岩。L_2 含金矿化带中 L_2-2 是主要矿体,规模最大,呈似层状,长 540 m,厚 1.12~5 m,平均厚 2.62 m,最大控制斜深 600 m 以上,Au 品位 5.54~9.2 g/t,Ag 品位 11.16 g/t;矿脉向北倾,倾角较陡,72°~76°。L_2 含金矿化带有上 Au 下多金属的垂直变化趋势,垂深 200 m 以上以 Au 为主,至垂深 250 m 以下则 Cu、Pb、Zn 等含量增加,Cu 品位 0.09%~0.98%,Pb 品位 0.02%~1.42%,Zn 品位 0.13%~4.98%。该矿是以 Au 为主,共生 Cu、Pb、Zn,伴生 Ag 的多金属矿床。

康古尔金矿 30 勘查线剖面图见图 3-2。

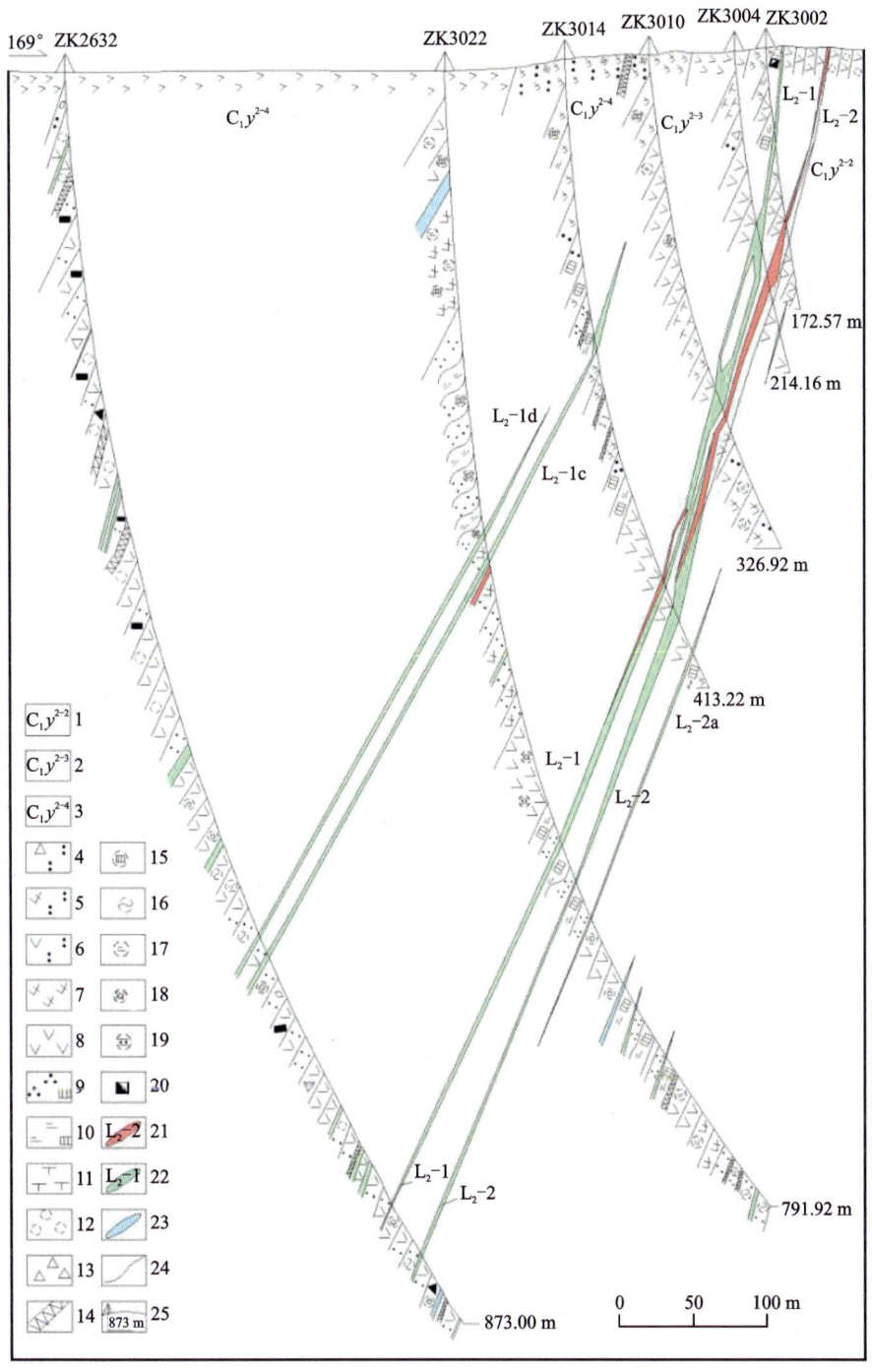

1.下石炭统雅满苏组第二岩性段第二层;2.下石炭统雅满苏组第二岩性段第三层;3.下石炭统雅满苏组第二岩性段第四层;4.角砾状凝灰岩;5.英安质凝灰岩;6.安山质凝灰岩;7.英安岩;8.安山岩;9.黄铁绢英岩;10.黄铁绢云岩;11.正长斑岩;12.蚀变岩;13.构造角砾岩;14.石英脉;15.黄铁矿化;16.绿泥石化;17.绢云母化;18.硅化;19.黄铁绢英岩化;20.褐铁矿化;21.金矿体及编号;22.铜矿体及编号;23.铅锌矿体;24.地质界线;25.钻孔编号及孔深。

图 3-2 鄯善县康古尔金矿 30 勘查线剖面图

第三节 矿区主要岩石类型及围岩蚀变

笔者在前人工作的基础上,采集了大量岩矿样品(附录3图1～图6),经过光片、薄片详细鉴定,结合野外地质情况,对赋矿围岩及其蚀变特征取得了新的认识。

一、矿区主要岩石类型及特征

矿区出露岩石为一套以中性为主,伴有酸性和少量基性火山熔岩的火山岩类岩石,多为安山岩,次为英安岩及玄武岩。火山碎屑岩以安山质凝灰岩为主,兼有少量火山角砾岩。金矿体赋存于韧性剪切带中,矿体直接围岩均为强糜棱岩化的中性及酸性火山熔岩、火山碎屑岩。由于受动力变质和热液交代作用影响,这些岩石中的矿物及结构构造已基本消失,少量原生矿物仅呈残余状态。以下对主要岩石类型做详细说明。

玄武岩:分布于下石炭统阿奇山组上部岩性段,呈深灰绿色及黑绿色,少斑间隐结构,块状构造、杏仁状构造,斑晶为普通辉石和斜长石,含量低,一般3％～5％。辉石自形粒状、短柱状分布,粒径细,多数被绿泥石取代。斜长石半自形板状、粒状分布,多数被次生方解石、绢云母及石英等交代。基质由板条状微晶斜长石、褐色玻璃质、绿泥石及磁铁矿等构成,斜长石杂乱分布,玻璃质、绿泥石及磁铁矿充填在斜长石粒间(附录3图7)。部分岩石中含有杏仁体,呈不规则拉长状,被后期绿泥石及石英等充填(附录3图8)。

安山岩(附录3图9～图10):分布于下石炭统阿奇山组上部岩性段,岩石一般呈灰绿色及灰褐色,多为块状构造,具斑状结构,斑晶量较少,斑晶为脱钙钠化的半自形板状斜长石及全绿泥石-碳酸盐化的半自形—自形短柱状辉石和少量角闪石。基质具变余交织结构、微晶结构,部分具球粒包含—微晶结构,构成安山质英安岩(附录3图11)。岩石具绿岩化特点。

英安岩(附录3图12):分布于下石炭统阿奇山组上部岩性段,呈灰色—灰绿色,块状,偶具流纹构造。斑状结构,斑晶为酸性斜长石及少量暗色矿物(辉石),偶见石英斑晶,基质具微晶—球粒包含结构。岩石中常见绢云母化及绿泥石化。

霏细岩(附录3图13):分布于下石炭统阿奇山组上部岩性段,岩石呈浅灰色、浅肉色,块状构造、流纹构造。斑状结构,斑晶少,为更长石—钠长石、石英,时见少量钾钠长石及暗色矿物。基质具霏细状球粒包含结构。常见绢云母化。

凝灰岩(附录3图14～图15):分布于下石炭统阿奇山组下部岩性段,主要为晶屑凝灰岩,灰褐色,变余凝灰结构,由长石和石英晶屑及胶结物火山灰尘构成,火山灰尘已完全脱玻蚀变为黏土矿物、绿泥石及长英质集合体。部分岩石受韧性剪切作用影响,被挤压破碎,形成糜棱岩化岩石,原矿物破碎变形或呈眼球状分布,在其粒间分布重结晶形成的绢云母集合体。

糜棱岩(附录3图16):分布较广,主要出现在剪切带较边部及剪切应力相对较弱的地段,常与糜棱化岩相伴。岩石及矿物受较强的压扭应力作用使矿物更加破碎、磨碎及圆化,碎基较多并超过眼球、碎斑和透镜体,矿物的塑性流动条带及岩石的线理发育,动态重结晶强,原岩的结构几乎无保存,可见少部分含水矿物,其原岩有安山岩、流纹岩、英安岩及少量粗面岩。

千糜岩(附录3图17):这类岩石是该千糜岩带中的主体岩石,金矿体就产在千糜岩中。它是安山岩、英安岩、流纹岩及少量粗面岩、火山角砾岩等受强烈压扭作用的影响使岩石及矿物全被磨碎重结晶并生成大量含水片状矿物,具极发育的生长线理而粒状矿物形成薄层透镜及细条带的重结晶机械流,使这些岩石具有极发育的千糜片状构造及较强的丝绢光泽,为具有类似千枚岩构造的一种动力变质岩。根据受力强度及岩石现状分为千糜化岩、千糜岩及超糜棱片岩。其中以绢云母千糜岩及绢云母超糜棱片岩为主,有少量绿泥石绢云母千糜岩的存在。绢云母的大量存在主要是与应力作用下长石的转化有关。岩石具有千糜状结构(显微粒状鳞片变晶结构、显微鳞片变晶结构)及千糜(片)状构造。这些岩石的形成主要与力的作用方式及力的作用深度有关。

蚀变岩:金矿体的直接围岩是各种变质程度的千糜岩,这些岩石大多受到不同程度的围岩蚀变作用,如黄铁绢英岩化、绿泥石化及硅化,从而形成蚀变千糜岩或全蚀变岩。矿化强弱则与蚀变程度有关,蚀变初期的岩石常见千糜岩等。当原岩完全蚀变后变成具块状、斑杂状构造的岩石,蚀变岩以绿泥石及石英组成的蚀变岩为主(附录3图18~图19),具粒状鳞片变晶结构、鳞片粒状变晶结构、粒状变晶结构及交代柱粒状变晶结构。这些蚀变岩为金矿和多金属矿的主要载矿岩石,这些岩石、矿石中除金、多金属矿物及石英、绿泥石外,还有较多黄铁矿及少量赤铁矿、磁铁矿、菱铁矿及其他碳酸盐矿物、石膏、白云母等存在。

石英脉:矿区主要的赋矿岩脉之一,产在韧性剪切带内张性及张扭性裂隙中,与围岩界线清晰。对围岩产生交代作用时,二者界线模糊不清,此类石英脉金矿化作用较好。一般来说,石英脉中矿物组合越单一,其含金性就越差;矿物组合越复杂,尤其是黄铁矿、绢云母含量越高,金矿就越富。脉体一般呈白色—灰白色,粒状结构,脉状构造,主要矿物为石英,含量达80%以上,次有绿泥石、方解石、绢云母及黄铁矿,部分脉体中见自然金(附录3图20)。受后期构造挤压,部分石英脉产生破碎(附录3图21),造成其中部分石英碎裂变形及波状消光。

二、围岩蚀变及特点

矿区围岩蚀变相当发育,蚀变种类繁多,共生有序,局部分带明显。蚀变类型有青磐岩化、黄铁绢英岩化、绿泥石化、硅化,以及绢云母化、黄铁矿化和碳酸盐化等。这些蚀变是在地层经受区域动力变质作用基础上进一步发展形成的,构造为蚀变作用提供了良好条件,同时又制约了蚀变的空间分布。

青磐岩化(附录3图22):主要分布于矿区东北部、中部和西南部,英安岩、安山岩及英安质-安山质火山碎屑岩发育地段青磐岩化最为明显,主要形成绿泥石-(绢云母)-(黄铁矿)-碳酸盐蚀变矿物组合。绿泥石主要交代火山岩的基质,含量一般10%~20%;黄铁矿一般交代岩石中暗色矿物,含量3%~5%,在沉积岩中黄铁矿极不发育;绢云母主要交代斜长石斑晶,含量10%~20%;碳酸盐类矿物交代岩石斑晶和基质,主要以单晶形式出现,含量不均匀。

黄铁绢英岩化(附录3图23~图24):发育于近矿围岩的两侧或强韧剪切带中,是青磐岩被进一步交代的结果。显微镜下可见绢云母、石英交代绿泥石,使青磐岩化时形成的绿泥石被交代殆尽;硅化石英则呈他形粒状与黄铁矿、绢云母紧密共生。根据蚀变矿物的含量特点,黄铁绢英岩化又可分为黄铁矿-绢云母-石英组合(黄铁绢英岩)、黄铁矿-石英组合(黄英岩)和黄铁矿-绢云母组合(黄绢岩)。黄铁绢英岩中绢云母含量一般40%~60%,石英5%~10%,黄铁矿5%~15%;黄英岩和黄绢岩都在黄铁绢英岩化带中,由于石英或绢云母含量局部集中而单独划分出的蚀变岩,它们主要分布于深部矿体的上、下盘。

绿泥石化(附录3图25):发育于矿体、矿化带内或围岩中,是青磐岩化的主要矿物组成,也是含矿热液对黄铁绢英岩进一步交代的产物,形成绿泥石-(黄铁矿)磁铁矿组合或绿泥石-石英组合。绿泥石化强的地段硅化也强,绢云母化相对减弱,磁铁矿含量增加,绿泥石含量一般20%~45%,鳞片状,大部分顺片理方向定向分布。

硅化(附录3图26):主要与围岩破碎及石英脉发育程度有关,是形成石英脉的热液进一步向外扩散交代的产物,与金矿化关系密切。与绿泥石化同时或稍后发生,与绿泥石化一起发育于矿体或矿化体内,在绿泥石蚀变岩中呈团斑或细脉状出现,矿物组合主要为黄铁矿-绿泥石-石英。

绢云母化(附录3 图27):广泛分布于围岩及矿化岩石中,与黄铁矿化同作为重要的找矿标志,是含矿热液活动的产物。绢云母呈鳞片状交代岩石中斜长石或沿裂隙分布。

黄铁矿化(附录3 图28):在矿区围岩及矿化岩石中普遍存在,常与绢云母化、硅化及碳酸盐化共生,在地表蚀变为褐铁矿化(附录3 图29),分布在矿体周围,为显著的找矿标志。

碳酸盐化(附录3 图30):与硅化一起发育于矿体及矿化体内,以细脉状产出为主,组成方解石-石英组合,成矿中、晚期组成菱铁矿(铁白云石或白云石)-黄铁矿-石英组合。

蚀变分带:康古尔金矿床热液蚀变作用较强,蚀变类型发育齐全,蚀变分带极其明显。其蚀变分带表现为以矿体为中心,从内向外,依次为绿泥石-硅化带、黄铁绢英岩化带、青磐岩化带。绿泥石-硅化带基本与矿带分布相一致,黄铁绢英岩化带与强韧性剪切变形带相对应,青磐岩化带属最外层的蚀变带。

第四节 矿石物质组分及特征

一、矿石物质成分

矿石物质成分包括矿石矿物成分和化学成分两部分,通过矿石中矿物成分研究,确定有用矿物和脉石矿物种类、含量、形态大小、相关关系及嵌布形式,为矿石选别提供依据。对矿石化学成分进行分析研究,了解矿石中常量元素、微量元素及稀土元素的含量和空间分布规律,研究有益及有害元素的种类和分布,对提高矿石的综合利用程度具有重要意义。

经显微镜下光薄片鉴定、人工重砂鉴定,结合 X 射线衍射分析和电子探针成分分析,已基本确定矿石中存在矿物共 3 类 54 种,其中矿石矿物 28 种,脉石矿物 19 种(表 3-1)。本区已发现的金矿物种类较多,有自然金、含银自然金、银金矿及银铜金矿。

表 3-1 康古尔金矿矿石矿物成分表

类型	主要矿物	次要矿物	少见矿物
矿石矿物	黄铁矿、闪锌矿、黄铜矿、方铅矿、磁铁矿	含银自然金、自然金、针硫铋铅矿、块硫砷铜矿、块硫锑铜矿、斑铜矿、蓝辉铜矿、赤铁矿	银金矿、银铜金矿、碲银矿、辉铜银矿、硫锑铜银矿、锌砷黝铜矿、银锌锑黝铜矿、白铁矿、硫铋铜矿、硫铋铜铅矿、磁赤铁矿、自然铜、自然铁、毒砂、重硫铋铅矿
脉石矿物	石英、铁绿泥石	绢云母、白云母、方解石、白云石、铁白云石、菱铁矿、斜长石	钾钠长石、重晶石、石膏、绿帘石、黝帘石、黑云母、高岭石、白钛石、金红石、磷灰石
表生矿物	铜蓝、褐铁矿	氯铜矿、铅矾、钠铁矾	黄钾铁矾、孔雀石

1.部分矿石矿物

以下对部分矿石矿物进行简要描述。

1)金矿物

矿石中金矿物分布很不均匀,在不同类型矿石中金矿物的产出状态也有差异,蚀变岩型金矿石中,自然金和含银自然金与石英、绿泥石一起,大部分分布于粒间,少量包裹于石英中,包裹于磁铁矿中或分布于磁铁矿粒间的含银自然金较少见,黄铁矿中极少见到金矿物。在多金属石英脉型金矿石中,含银自然金主要分布于黄铁矿粒间及包裹于黄铁矿粒中,金矿物与黄铜矿一起结晶,在石英等脉石间较少见到金矿物。其他两类矿石中见到少量金矿物,主要与闪锌矿及黄铜矿分布在一起。

按分布状态金矿物可分为粒间金(附录 3 图 31～图 37)、包裹金(附录 3 图 38～图 39)、裂隙金(附录 3 图 39)。粒间金是金矿物最主要的产出状态,主要分布在石英粒间。包裹金是金矿物的次要产出状态,主要包裹于多金属石英脉型金矿石的黄铁矿中,其次为石英中和方铅矿中,黄铜矿、磁铁矿及绿泥石中包裹金较少见。黄铁矿中包裹金有两种成因:一种为呈固溶体在黄铁矿结晶时包裹于晶体内,呈自形晶粒或呈较圆滑的乳滴状;另一种为交代生成,黄铁矿结晶后,沿晶体微裂隙交代进入黄铁矿晶体内,形态不规则。裂隙金是氧化矿石中次生金的主要产出状态,多分布于氧化矿石的裂隙中或分布于已褐铁矿化、钠铁矾化的黄铁矿假象中,充填于褐铁矿胶体收缩形成的同心裂隙中。

在不同类型矿石中,金矿物的形态均以他形晶粒为主,半自形晶少,自形晶多见于蚀变岩型金矿石中,呈八面体和八面体聚形。金矿物形态以粒状为主,其次为片状和树枝状,棒状晶形较少。电子探针成分分析结果见表 3-2。

表 3-2　康古尔金矿金矿物电子探针成分分析结果　　　　　　　　　　　　单位%

矿石类型	Au	Ag	Cu	Fe	S	Mo	Bi	Te	Cd	Co	Ni	Zn	Sb	As
蚀变岩型金矿石	96.06	2.56	0.20	0.15	—	0.64	—	—	—	0.10	0.06	0.13	—	0.19
	93.68	5.61	0.19	—	0.12	0.53	—	0.05	0.20	—	0.03	0.09	0.19	—
	93.03	5.60	0.02	0.53	0.04	0.53	—	0.03	0.09	0.02	—	0.05	0.06	—
多金属石英脉型金矿石	92.2	6.73	0.14	0.09	0.03	0.32	—	0.15	0.07	—	0.09	0.07	—	—
	83.66	13.98	0.15	0.18	—	0.65	—	0.12	0.30	—	—	0.07	0.13	—
	85.06	14.23	0.09	0.24	0.03	0.21	—	0.05	—	—	—	0.07	0.05	—
石英脉型金矿石	79.04	20.02	0.08	0.03	0.02	—	—	0.08	0.16	0.04	0.02	0.11	0.12	—
石英脉型金铜矿石	69.58	25.17	2.11	1.39	0.09	0.38	—	0.04	0.19	0.03	0.09	0.11	—	—
氧化矿石	93.86	5.82	0.12	0.15	—	0.2	—	—	0.15	—	0.08	0.13	—	0.23

注:—为元素含量未达检出下限,未检出。

分析单位:新疆矿产实验研究所鉴定专业室。

根据电子探针成分分析结果,按金银系列矿物分类标准,本矿床的金矿物有自然金、含银自然金和银金矿。自然金量较少,仅见于蚀变岩型金矿石和氧化矿石中,后者为次生金。含银自然金为蚀变岩型金矿石、多金属石英脉型金矿石、石英脉型金矿石及氧化矿石中的主要金矿物。银金矿仅出现于石英脉型金铜矿石中。银铜金矿仅在人工重砂中见到一粒。

矿石中金的总平均成色929‰,不同类型矿石中金的成色相差较大,其中蚀变岩型金矿石中金平均成色最高。

2)黄铁矿

黄铁矿是矿石中最主要的载金矿物之一,分布广泛,热液期的 4 个成矿阶段均有生成,为各类型金矿石中的主要金属矿物。

Ⅰ成矿阶段的黄铁矿(Py_1)生成于金矿化的初始阶段。以立方体晶形为主,五角十二面体少见,以半自形、自形晶为主,他形晶少见。矿物粒径普遍细小,呈微粒状。Py_1 为黄铁绢英岩化中的主要金属矿物,在绿泥石化和硅化相对较弱的蚀变岩型矿石中也可见到(附录 3 图 40)。在矿石中分布不均匀,共生金属矿物极少,局部有少量磁铁矿一起分布。

Ⅱ—Ⅲ成矿阶段生成的黄铁矿($Py_{Ⅱ-Ⅲ}$)在矿石中常沿片理呈线纹状、微脉状、透镜状分布(附录3图41),也有呈星点状分布于蚀变岩型矿石中。共生金属矿物有磁铁矿、闪锌矿、黄铜矿、方铅矿等。$Py_{Ⅲ}$生成于Ⅲ成矿阶段,常叠加于$Py_{Ⅱ}$之上,两者常分布在一起,在矿石中难以区分。有时可见数颗粒径较细小的黄铁矿聚合形成自形的大晶体,共生金属矿物有黄铜矿、闪锌矿、方铅矿、金矿物、银矿物、针硫铋铅矿、黝铜矿等。

$Py_{Ⅱ-Ⅲ}$与金矿物关系密切,特别是在多金属石英脉型金矿石中,金矿物主要包裹于黄铁矿粒中(附录3图39)和分布于黄铁矿粒间,偶见黄铁矿裂隙中有薄膜状金矿物分布。该阶段形成的黄铁矿颗粒或集合体边部可见压力影。在拉张区石英和绿泥石垂直于黄铁矿边部生长。黄铁矿的破碎现象可见,在个别光片中见到呈放射球粒状的黄铁矿,具胶状结构的特点,也反映了该阶段成矿温度较低的特点。

Ⅳ成矿阶段生成的黄铁矿($Py_{Ⅳ}$)以立方体为主,五角十二面体较少见。他形—半自形晶,粒径大小不等,单独或与黄铜矿等聚集成团块状分布。碎裂现象普遍,裂隙中有黄铜矿分布。

通过电子探针成分分析,黄铁矿的化学成分见表3-3。4个成矿阶段生成的黄铁矿中的Fe含量均低于标准黄铁矿(Fe 46.55%),S含量略高于标准黄铁矿(S 53.45%)。造成Fe低的原因是Co、Ni、Cu、Zn置换Fe。

表3-3 康古尔金矿黄铁矿电子探针成分分析结果 单位:%

黄铁矿类型	Fe	S	Co	Ni	As	Au	Ag	Mo	Cd	Cu	Zn	Sb	Bi	Te
$Py_Ⅰ$	45.48	53.88	0.04	—	—	0.26	0.04	—	0.07	0.08	0.10	0.02	0.22	0.11
	46.28	53.26	0.07	—	—	0.06	0.08	0.01	0.02	0.05	0.07	—	—	0.07
	45.39	53.78	0.10	0.04	—	0.35	0.03	—	0.10	0.02	—	0.05	0.11	0.07
$Py_{Ⅱ-Ⅲ}$	45.52	53.62	0.05	0.05	0.10	—	0.12	—	0.08	—	0.04	0.02	0.39	0.02
	44.44	54.37	0.12	0.09	0.11	0.01	0.04	—	0.06	0.04	0.04	—	0.17	0.01
	45.92	53.5	0.04	—	0.20	0.11	—	—	0.03	0.04	—	0.02	—	0.01
$Py_Ⅳ$	45.80	52.97	0.08	0.03	—	—	—	—	—	0.03	0.01	—	0.26	—
	45.20	53.70	0.06	—	—	0.12	0.01	—	0.04	—	0.05	0.03	—	—

注:—为元素含量未达检出下限,未检出。

分析单位:新疆矿产实验研究所鉴定专业室。

金在黄铁矿中的产出状态较为复杂。在蚀变岩型金矿石中金矿物很少与黄铁矿分布在一起,一般呈粒间金产出,个别交代于黄铁矿晶粒中。在多金属石英脉型金矿石中,金矿物被包裹于黄铁矿中和分布于黄铁矿粒间,偶见充填于黄铁矿的微裂隙中。从电子探针成分分析结果及黄铁矿中Au元素面分布相来看,Au质点分布均匀,说明有少量Au以类质同象替换形式进入黄铁矿晶格中,立方体和五角十二面体两种晶形的黄铁矿中,晶格金的含量后者较高,但差别不大。

黄铁矿的次生变化为褐铁矿化和被钠铁矾交代,在原生矿石中一般未见蚀变现象,$Py_Ⅰ$有被磁铁矿交代的现象,黄铁矿亦有交代磁铁矿的现象。在多金属石英脉型金矿石中,黄铁矿可被闪锌矿、黄铜矿、方铅矿等交代。

3)磁铁矿

磁铁矿为本矿床中主要载金矿物之一。磁铁矿生成于Ⅱ成矿阶段,主要分布于蚀变岩型金矿石中,其次为多金属石英脉型金矿石中。

磁铁矿呈自形—半自形晶(附录3图42~图43),他形晶少见,呈八面体单粒或聚粒分布。磁铁矿以微粒为主,其次为细粒。磁铁矿电子探针成分分析结果见表3-4。单矿物化学分析结果:Fe_2O_3 62.05%、

FeO 27.79%、Au 24.32×10^{-6}（磁铁矿单矿物纯度较低，Fe 的分析值偏低）。磁铁矿呈黑色，金属光泽，条痕黑色。矿相显微镜下呈灰色略带棕色，均质性，无内反射。

表 3-4　康古尔金矿磁铁矿电子探针成分分析结果　　　　　　　　　　　　　　　　　单位：%

序号	Fe	Au	Ag	Co	Ni	Mo	Cu	Zn	As	Sb	Cd	S	Bi	Te	Pb
1	71.99	0.07	0.03	0.08	0.02	0.11	0.06	0.06	0.11	0.04	0.01	0.04	0.04	0.07	—
2	69.95	0.28	0.07	0.04	0.05	—	0.07	0.07	—	—	—	0.02	—	—	0.33
3	70.27	0.32	0.02	0.06	0.02	0.23	0.08	0.07	—	—	0.02	—	—	0.01	—

注：—为元素含量未达检出下限，未检出。
分析单位：新疆矿产实验研究所鉴定专业室。

磁铁矿中的金主要呈粒间金分布，包裹金少，且分布于大颗粒磁铁矿中。据电子探针成分分析及磁铁矿中 Au 元素面分布相显示，有少量 Au 以类质同象形式进入磁铁矿的晶格中。

磁铁矿多与绿泥石分布在一起，生成于绿泥石化过程中，呈星散状或浸染状分布于蚀变岩型矿石中。也有的与石英一起呈细脉状沿片理分布。初期结晶的磁铁矿粒径较细小，随蚀变作用加剧，特别是硅化作用开始后结晶的磁铁矿粒径明显增大，往往可见到数颗较细小的磁铁矿颗粒聚合结晶成较大颗粒，并时可见到原细粒磁铁矿的形态。可见磁铁矿交代黄铁绢英岩化阶段生成的黄铁矿的现象，亦见磁铁矿被晚生成的黄铁矿交代的现象。在多金属石英脉型矿石中，磁铁矿被Ⅳ成矿阶段形成的闪锌矿、方铅矿、黄铜矿交代现象较普遍。在氧化条件下，磁铁矿假象赤铁矿化现象普遍（附录 3 图 44），呈针状、片状的赤铁矿沿磁铁矿的八面体解理交代，构成格状结构或呈磁铁矿假象分布。在氧化矿石中有时可见假象赤铁矿被褐铁矿交代的现象。

4）黄铜矿

黄铜矿是矿石中的主要金属矿物，也是重要的载金矿物之一。Ⅱ、Ⅲ、Ⅳ 3 个成矿阶段均有生成。其中以Ⅲ阶段的黄铜矿（Cpy$_Ⅲ$）和Ⅳ阶段的黄铜矿（Cpy$_Ⅳ$）与金关系密切。Ⅱ成矿阶段形成的黄铜矿少，被包裹于磁铁矿中或分布于黄铁矿粒间，少量与方铅矿一起分布于石英微脉中。

黄铜矿呈他形粒状，半自形晶少，自形晶偶见，粒径变化较大，为 0.04~3.5 mm，一般在 0.08~1.5 mm 之间。

黄铜矿电子探针成分分析结果见表 3-5。Cpy$_Ⅲ$ 和 Cpy$_Ⅳ$ 的主要元素 Cu、Fe、S 的含量基本相同。Cpy$_Ⅳ$ 中进入晶格的 Au 含量较 Cpy$_Ⅲ$ 高些，而 Cpy$_Ⅳ$ 中则 Bi 含量较高。将 Cpy$_Ⅳ$ 的单矿物进行化学分析，分析结果：Cu 33.44%、TFe 31.05%、S 33.22%、Au 2.24×10^{-6}。

金在黄铜矿中的分布形式主要为粒间金，少量呈包裹金分布于黄铜矿中。在多金属石英脉型金矿石中，黄铜矿与金矿物一起分布于黄铁矿粒间。电子探针成分分析结果（表 3-5）和黄铜矿的 Au 元素面分布相显示，黄铜矿中含少量晶格金。

表 3-5　康古尔金矿黄铜矿电子探针成分分析结果　　　　　　　　　　　　　　　　　单位：%

黄铜矿类型	Cu	Fe	S	Pb	Zn	Au	Ag	Co	Ni	Mo	Cd	As	Sb	Bi	Te
Cpy$_Ⅲ$	33.45	29.64	36.13	—	0.03	0.04	0.04	0.01	0.06	—	0.06	0.14	0.03	0.21	0.09
	33.93	28.87	36.35	0.32	0.06	—	0.13	0.04	—	—	—	—	—	0.30	—
	35.08	29.23	35.30	—	0.08	0.22	—	—	—	—	0.05	—	0.04	—	—
Cpy$_Ⅳ$	33.90	29.70	35.26	—	0.12	0.16	0.04	—	0.01	—	0.05	0.03	—	—	0.01
	34.53	28.94	35.12	—	0.06	0.27	0.01	0.03	0.03	—	0.03	0.03	—	—	—

注：—为元素含量未达检出下限，未检出。
分析单位：新疆矿产实验研究所鉴定专业室。

黄铜矿呈黄铜色,金属光泽,条痕黑色,矿相显微镜下呈铜黄色,双反射不明显,弱非均质性,无内反射。

黄铜矿在多金属石英脉型矿石中多与闪锌矿、方铅矿一起呈脉状或细脉浸染状分布,结晶略晚于闪锌矿。可见黄铜矿呈微粒包裹于闪锌矿中,大部分则分布于闪锌矿粒间或呈微粒状分布于闪锌矿集合体间,交代闪锌矿的现象较常见,固溶体分解的乳滴状黄铜矿极少见到。在黄铜矿集合体中的磁铁矿、黄铁矿有时被交代呈不规则状。黄铜矿被斑铜矿、蓝辉铜矿及铜蓝交代(附录3图45),表生条件下黄铜矿最终被褐铁矿或氯铜矿替代。

5)方铅矿

方铅矿是矿石中主要的载金矿物之一,主要生成于Ⅲ成矿阶段,Ⅱ、Ⅳ成矿阶段生成的方铅矿较少。

方铅矿主要呈他形晶,半自形晶和自形晶少,粒径大小不等,为 0.02~0.25 mm,一般在 0.1~0.3 mm 之间。

方铅矿电子探针成分分析结果见表3-6,有少量 Bi 替代 Pb,方铅矿的化学分析结果:Pb 77.48%、S 14.03%、Au 15.75×10^{-6}(单矿物纯度小于90%,含金量较高)。

表3-6　康古尔金矿方铅矿电子探针成分分析结果　　　　　　　　　　　　　单位:%

序号	Pb	S	Fe	Cu	Zn	Au	Ag	Co	Ni	Mo	Cd	Sb	Bi	Te
1	83.17	13.66	0.08	0.04	0.29	0.30	0.80	—	—	—	—	0.21	1.46	0.09
2	85.66	12.24	0.02	0.08	0.10	0.13	0.32	—	0.05	—	0.14	—	0.89	0.06
3	86.26	13.05	0.06	0.14	0.02	0.21	0.08	0.05	0.06	—	—	0.04	—	0.04
4	83.42	13.09	—	0.08	0.07	0.11	0.79	0.08	0.06	—	—	0.03	1.99	0.28

注:—为元素含量未达检出下限,未检出。

分析单位:新疆矿产实验研究所鉴定专业室。

金矿物在方铅矿中主要呈粒间金分布,少数呈显微金包裹于方铅矿中,电子探针成分分析结果和方铅矿的 Au 元素面分布相显示,进入方铅矿晶格中的 Au 含量较其他载金矿物高。

方铅矿呈铅灰色,条痕黑色,金属光泽。矿相显微镜下呈白色,立方体解理,均质性,无内反射。

方铅矿主要产于多金属石英脉型金矿石中,呈脉状或细脉浸染状分布于石英脉中。结晶与黄铜矿同时而略晚于闪锌矿,分布于闪锌矿粒间,可见充填于闪锌矿的微裂隙中,对闪锌矿具不均匀的溶蚀交代现象。Ⅲ成矿阶段晚期方铅矿含量有所增加,并有银矿物与其分布在一起,在Ⅱ成矿阶段晚期含多金属石英细—微脉中的方铅矿含量低,以自形晶—半自形粒状产出,与金矿物关系较为密切。

在原生矿石中,方铅矿被铜蓝交代的现象常见,铜蓝沿颗粒边缘或裂隙交代方铅矿,并可以完全替代方铅矿。在方铅矿被铜蓝交代的过程中,有较少量 Pb_4As 的次生矿物形成。该矿物在反射光下呈灰色,均质性,内反射浅棕色。电子探针成分分析结果(%):Pb 90.87、As 7.95、Cu 0.42、Zn 0.07、Fe 0.07、S 0.08、Ag 0.10、Ni 0.06、Co 0.07、Te 0.13。在表生条件下,方铅矿普遍被铅矾替代。

6)闪锌矿

闪锌矿是矿石中主要的金属矿物之一。Ⅱ、Ⅲ、Ⅳ成矿阶段均有生成,Ⅲ成矿阶段生成的闪锌矿量最大。

闪锌矿主要呈他形晶,半自形晶少见。一般呈聚粒或集合体分布。粒径多在 0.05~0.5 mm 之间,最大可达 2.5 mm。

闪锌矿($Sph_Ⅲ$)电子探针成分分析结果(%):Zn 66.09、S 33.02、Fe 0.75、Cd 0.33、Cu 0.07、Au 0.03、Ag 0.03、Co 0.02、Ni 0.04、Mo 0.10、Sb 0.04、As 0.05、Bi 0.16、Te 0.06(10 个均值)。闪锌矿中 $\omega(FeS)=3.3\%$,$\omega(ZnS):\omega(FeS)=29:1$,闪锌矿中 Fe 含量低,平均 0.75%,最高仅达 1.33%,普遍含 Cd,本矿床中 Fe 含量较高,而闪锌矿中 Fe 含量低,是成矿温度低造成的。

闪锌矿化学分析结果：Zn 58.12%、S 28.49%、TFe 1.70%、Cd 0.37%、Au $1.35×10^{-6}$（单矿物纯度约90%）。

两种分析结果中，闪锌矿中金含量均很低。矿石中，金矿物与闪锌矿关系不密切。多金属石英脉型金矿石中极少见到金矿物与闪锌矿分布在一起。在Ⅱ成矿阶段晚期的含多金属石英细—微脉中可见金矿物分布于闪锌矿与石英粒间。电子探针成分分析结果和闪锌矿中 Au 元素面分布相显示，闪锌矿中的晶格金极少。

闪锌矿呈浅黄色、浅棕色和无色，金刚光泽，断口呈阶梯状。透射光下呈浅黄色，解理完全。矿相显微镜下呈灰色，均质性，内反射呈白色，偶见浅黄色。

闪锌矿在矿石中多数呈脉状和细脉，浸染状分布，经常与黄铜矿、方铅矿等分布在一起（附录3图46～图47），闪锌矿局部可被黄铜矿和方铅矿交代呈乳浊状，与黄铜矿构成的固溶体分解结构极少见。闪锌矿对黄铁矿和磁铁矿有交代现象，可见闪锌矿被铜蓝交代的现象。表生条件下闪锌矿被分解，锌流失，因此氧化矿石中未见锌的次生矿物。

7）碲银矿

碲银矿在 L_2 和 L_1 号金矿脉中均有分布。在 L_2 号金矿脉中碲银矿与银锌碲黝铜矿一起分布于方铅矿中，粒径细小，一般在 0.008 mm 以下。L_1 号金矿脉中的碲银矿与含银自然金一起分布于闪锌矿中或分布于石英粒间及空隙中，经常有方铅矿相伴生，碲银矿粒径相对较粗，为 0.01～0.05 mm。

碲银矿电子探针成分分析结果（%）：Ag 62.37、Fe 34.07、Bi 0.29、Au 0.35、Cu 0.07、Zn 0.07、Pb 0.34、Cd 0.06、Fe 0.15、Ni 0.06、Co 0.01、Mo 0.08、S 0.20、Sb 0.24、As 0.68（平均成分）。

8）辉铜银矿

辉铜银矿仅见于 L_1 号金矿脉中，呈他形粒状分布于块硫砷铜矿的裂隙中或颗粒间，粒径细小，为 0.008～0.01 mm，量极少。

辉铜银矿电子探针成分分析结果（%）：Ag 67.73、Cu 12.07、S 13.56、Sb 1.42、As 3.47、Au 0.28、Te 0.05、Bi 0.28、Zn 0.51、Cd 0.14、Fe 0.05、Ni 0.04、Co 0.02、Mo 0.02（平均成分），含少量 Sb 和 As。

9）硫锑铜银矿

硫锑铜银矿仅见于 L_1 号金矿脉中，与块硫砷铜矿和块硫锑铜矿一起分布于石英粒间。粒径细小，约 0.008 mm，量极少。

硫锑铜银矿电子探针成分分析结果（%）：Ag 64.73、Cu 10.76、S 15.45、Sb 7.05、As 1.35、Au 0.32、Te 0.06、Zn 0.13、Fe 0.02、Co 0.08、Mo 0.02（平均成分）。化学式：$(Ag,Cu)_{17.6}(Sb,As)_2S_{11}$，Cu：Ag=1：6（重量百分比）。与标准硫锑铜银矿相比，Ag、Cu 含量稍高，微量元素除 Au 含量稍高外（0.32%），其他均很低。

10）黝铜矿

黝铜矿为微量矿物，形成于金-多金属-石英阶段（Ⅲ），与黄铜矿、方铅矿分布在一起。他形粒状，粒径 0.02～0.12 mm。共生矿物有黄铜矿、方铅矿、闪锌矿、黄铁矿、碲银矿等。

黝铜矿电子探针成分分析结果（%）：银锌锑黝铜矿，Cu 32.33、S 24.11、As 1.21、Sb 27.47、Ag 7.15、Zn 6.77、Fe 0.26、Au 0.10、Bi 0.10、Co 0.02、Ni 0.03、Mo 0.07、Cd 0.26；锌砷黝铜矿，Cu 40.62、S 28.27、As 15.60、Sb 6.46、Zn 6.93、Fe 1.87、Au 0.13、Bi 0.34、Co 0.02。As 与 Sb 为完全类质同象，以原子数的二等法分为砷黝铜矿和锑黝铜矿两个亚类，又根据矿物中 Ag、Zn 含量（重量百分数 Ag>5、Zn>5）进一步划分为银锌锑黝铜矿和锌砷黝铜矿两种。银锌砷黝铜矿形成于金-多金属-石英阶段的晚期，分布于方铅矿中。锌砷黝铜矿多出现在蚀变岩型金矿石中的多金属-石英细脉中，与黄铜矿分布在一起，为第Ⅲ成矿阶段早期形成。

黝铜矿仅见于多金属石英脉金矿石中，分布于黄铜矿及方铅矿粒间，形态完全受粒间空隙形态控制。

11）针硫铋铅矿

针硫铋铅矿为极微量矿物，见于 L_2 号金矿脉中，与方铅矿、黄铜矿一起生成于金-多金属-石英阶段。

粒径 0.005～0.42 mm,呈他形粒状,细小晶体呈半自形—自形针状。

针硫铋铅矿电子探针成分分析结果(%):Bi 38.89、Pb 32.93、Cu 9.23、S 17.04、Zn 0.63、Au 0.18、Ag 0.12、Te 0.10、Mo 0.02、Cd 0.08、Co 0.03、Ni 0.03、Sb 0.12(平均成分)。含少量的 Au,最高达 0.46%。

12)硫铋铜矿

硫铋铜矿为极微量矿物,分布于 L_2 号金矿脉中,与针硫铋铅矿、黄铜矿及方铅矿分布在一起,为热液生成,颗粒边缘已被铜蓝交代。

硫铋铜矿电子探针成分分析结果(%):Cu 34.22、Bi 38.31、S 19.36、Fe 0.96、Pb 6.47、Zn 0.05、Au 0.26、Ag 0.16、Te 0.04、Cd 0.03、Co 0.08、Ni 0.05、Mo 0.32、Sb 0.16(平均成分),混进了一定量的 Pb。

13)块硫砷铜矿-块硫锑铜矿

块硫砷铜矿-块硫锑铜矿为微量矿物,见于 L_1 号金矿脉中,呈他形晶聚粒分布于石英粒间或空隙中。有时与方铅矿、闪锌矿分布在一起,并与硫锑铜银矿及辉铜银矿等一起分布,粒径 0.1～0.35 mm,为低温热液矿物。本矿床中以块硫砷铜矿为主,块硫锑铜矿少。

在其化学组成中,Sb-As 为完全类质同象,以二等分法分为两个亚种,即块硫砷铜矿和块硫锑铜矿。块硫砷铜矿平均化学成分(%):Cu 43.09、S 28.94、As 13.02、Sb 7.15、Fe 2.19、Zn 4.31、Au 0.22、Ag 0.77、Co 0.02、Ni 0.02、Cd 0.03、Bi 0.09、Ti 0.02,含有一定量的 Zn 和 Fe,Au、Ag 含量相对较高。

块硫锑铜矿化学成分(%):Cu 41.58、S 27.25、Sb 14.90、As 6.14、Fe 2.57、Zn 5.30、Au 0.16、Ag 0.74、Co 0.03、Cd 0.10、Bi 0.13、Te 0.02,亦含有一定量的 Fe、Zn、Au、Ag。

14)赤铁矿

赤铁矿为微量矿物,蚀变岩型和多金属石英脉型金矿石中均有分布。赤铁矿有两种成因,热液生成的赤铁矿呈针状、鳞片状,分布于石英粒中或粒间,一般聚集分布。粒径细小,为 0.004～0.01 mm。另一种为交代生成,交代磁铁矿形成假象赤铁矿,赤铁矿沿磁铁矿(111)解理纹交代,形成交代格状结构。氧化矿石中磁铁矿绝大部分已被假象赤铁矿替代。

赤铁矿电子探针成分分析结果(%):Fe 65.42、Au 0.05、Ag 0.01、Cu 0.08、Zn 0.04、Co 0.05、Ni 0.02、Mo 0.10、S 0.02、Cd 0.03、As 0.01、Sb 0.01、Bi 0.04、Te 0.07(平均成分)。赤铁矿中 Au、Ag 含量均很低。

2. 部分脉石矿物

矿石中脉石矿物种类较多,主要为石英、铁绿泥石,次为绢云母、白云母、方解石、白云石、铁白云石、菱铁矿、斜长石,少见矿物有钾钠长石、重晶石、石膏、绿帘石、黝帘石、黑云母、高岭石、白钛石、金红石、磷灰石。

1)石英

石英为矿石中最主要的载金脉石矿物。热液期的 4 个成矿阶段均有石英生成。Ⅰ成矿阶段的石英(Q_I)生成于金矿形成的早期,量很少。Ⅱ成矿阶段生成的石英(Q_{II})和Ⅲ成矿阶段生成的石英(Q_{III})与金关系密切,尤其是 Q_{II} 与金关系最为密切,大部分粒间金分布于 Q_{II} 颗粒间。Q_{IV} 生成于Ⅳ成矿阶段,未见金矿物与其分布在一起。

Ⅰ成矿阶段生成的石英(Q_I)量很少,粒径细小,在 0.008～0.04 mm 之间,呈细—微脉状沿岩石片理分布,或呈小透镜体状分布。石英富集地段形成黄铁绢英岩。共生矿物有绢云母、黄铁矿。

Q_{II} 生成于金矿物的主要结晶阶段,粒径 0.002～0.35 mm,呈细粒状。硅化初始呈团块状、细脉状沿岩石片理交代绿泥石化的绢云母千糜岩或绿泥绢云千糜岩及全绿泥石化岩石,随富二氧化硅含金热液量的增加,硅化强烈,在脉体上部形成面型交代,并伴有粗片状的绿泥石、粗粒状的磁铁矿生成,金矿物相伴沉淀,在该阶段晚期有含少量多金属的石英细脉形成,脉中往往能见到与方铅矿等一起分布的金矿物。共生矿物有黄铁矿、磁铁矿、绿泥石、金矿物及少量黄铜矿、闪锌矿、方铅矿等。

Q_{III} 呈他形粒状,粒径 0.05～0.5 mm,呈脉状分布于蚀变岩型金矿石中或金矿化的绿泥石化硅化岩石中,脉宽数毫米至数百毫米,细脉大致平行于岩石片理分布。石英颗粒内可见波状消光等应力作用造成的现象。共生矿物有黄铁矿、黄铜矿、闪锌矿、方铅矿、绿泥石、金矿物、黝铜矿、针硫铋铅矿、银矿物、块硫砷铜矿等。

Ⅳ成矿阶段的石英（$Q_Ⅳ$）呈他形粒状，粒径较前两个阶段的石英稍粗。呈脉状分布，细脉基本顺片理分布，部分亦见斜切片理。有的细脉中石英呈梳状结构。共生矿物主要为黄铜矿、黄铁矿、方铅矿、闪锌矿、铁白云石等。

金矿物主要分布于石英（$Q_Ⅱ$）粒间，极少见包裹金。据电子探针成分分析，石英中晶格金极少。

2) 铁绿泥石

铁绿泥石为主要的载金脉石矿物之一。Ⅱ、Ⅲ、Ⅳ成矿阶段均有生成，Ⅱ成矿阶段生成的铁绿泥石量最多，与金的关系最为密切。Ⅱ成矿阶段生成的绿泥石（$Dip_Ⅱ$）主要分布于蚀变岩型矿石中，Ⅱ成矿阶段早期，交代黄铁绢英岩生成的绿泥石呈细鳞片状（片长一般0.02~0.5 mm），定向排列，保留了原岩的片状构造，同时有细粒磁铁矿形成。此种绿泥石中尚未见有金矿物分布。随着硅化作用开始，含金的富二氧化硅溶液对已生成的绿泥石进行交代，同时又有较粗的片状绿泥石和较粗大磁铁矿生成。这种绿泥石片间可见金矿物分布。

Ⅲ成矿阶段生成的绿泥石（$Dip_Ⅲ$）分布于多金属石英脉型矿石中，呈片状，片长一般0.15~0.35 mm，分布于闪锌矿脉中，或呈细脉状分布于石英中，在矿石中分布不均匀。

铁绿泥石电子探针成分分析结果见表3-7。从表中可以看出，$Dip_Ⅱ$和$Dip_Ⅲ$的化学成分是不完全相同的，从Ⅱ成矿阶段至Ⅲ成矿阶段，绿泥石的成分由Fe＞Mg，演化为Mg＞Fe。金矿物与含Fe高的绿泥石关系密切。进入绿泥石晶格中的金极少。

表3-7 铁绿泥石电子探针成分分析结果　　　　　　　　　　　　　　　　　　　　单位：%

成矿阶段	SiO_2	Al_2O_3	FeO	MgO	MnO	Au	CaO	Na_2O	K_2O	TiO_2	Cr_2O_3
$Dip_Ⅱ$	24.16	18.59	31.39	16.75	0.16	—	—	—	—	0.03	0.05
	30.48	19.22	24.16	15.87	1.21	0.07	0.02	—	—	0.07	0.08
	26.20	20.31	26.29	15.22	0.48	—	0.04	—	—	0.04	0.81
$Dip_Ⅲ$	30.25	22.41	11.22	25.48	0.18	0.05	—	—	—	—	0.04
	32.10	18.90	15.84	22.03	0.96	—	0.05	—	—	—	0.08
	35.47	17.37	15.39	21.15	0.78	—	0.02	—	—	—	0.06

注：—为元素含量未达检出下限，未检出。
分析单位：新疆矿产实验研究所鉴定专业室。

铁绿泥石的颜色由墨绿色至灰绿色，随Fe含量的降低而颜色变浅，多色性亦是明显—清楚。（＋）2V小，具异常干涉色，正延性。

铁绿泥石主要出现于原生矿石中，氧化矿石中大部分铁绿泥石已被分解，仅有极少残留。

3. 部分表生氧化矿物

表生氧化矿物主要是指某些矿物在风化淋滤作用的影响下，转变成在表生条件下稳定的次生矿物，如铜蓝、褐铁矿、氯铜矿、赤铁矿、钼铅矾、黄钾铁矾等。

1) 铜蓝

铜蓝为微量矿物，呈叶片状集合体交代黄铜矿、闪锌矿、方铅矿（附录3 图45），是主要的次生硫化铜矿物，为表生矿物。

铜蓝电子探针成分分析结果（%）：Cu 64.75、S 33.48、Fe 1.38、Zn 0.08、Pb 0.02、Au 0.04、Ag 0.18、Bi 0.51、Te 0.05、Cd 0.10、Ni 0.01、Co 0.03、Sb 0.05（平均成分）。

2) 褐铁矿

褐铁矿为微量矿物，主要分布于氧化矿石中，为氧化矿石中较主要的金属矿物，由针铁矿、水针铁矿和胶状针铁矿组成。呈针状和鳞片状及变胶体。为表生条件下生成,分布于矿石裂隙、空隙中或交代黄铁矿呈假象存在,或与氯铜矿一起交代黄铜矿。

褐铁矿电子探针成分分析结果(%):Fe 55.31、S 0.27、Au 0.08、Ag 0.02、Cu 0.26、Pb 0.05、Zn 0.12、Co 0.01、Ni 0.06、Cd 0.01、Bi 0.29、Te 0.01、Sb 0.03(平均成分)。Fe 含量变化较大,49.91%~59.94%,含微量 Au,最高达 0.14%(在呈黄铁矿假象产出的褐铁矿中测定的),而充填裂隙呈脉状产出的褐铁矿中测定的 Au 仅为 0.01%。

3)氯铜矿

氯铜矿为微量矿物,见于氧化矿石中,为表生矿物。氯铜矿呈柱状、粒状半自形—他形晶,粒径大小不等,为 0.008~0.18 mm。充填矿石裂隙呈细脉状分布,或与褐铁矿一起交代黄铜矿。以呈细脉状分布者较多。

氯铜矿电子探针成分分析结果(%):Cu 54.58、Bi 0.29、Te 0.04、Fe 0.51、Sb 0.02、Cd 0.08、Zn 0.11(Cl 未分析)。

4)铅矾

铅矾为微量矿物,产于氧化矿石中,为表生矿物。呈细脉状充填于裂隙中,或直接替代方铅矿,集合体中有时可见未交代完全的残余方铅矿。呈他形粒状,粒径 0.005~0.02 mm。

铅矾电子探针成分分析结果(%):Pb 65.47、S 10.39、Au 0.20、Ag 0.03、Fe 0.06、Cu 0.04、Zn 0.04、Co 0.01、Ni 0.05、Cd 0.15、Sb 0.04、Bi 0.32、Te 0.07,含有微量的 Au。

二、岩、矿石化学成分

1. 常量元素特征

矿区所采岩石化学样为近矿围岩,受动力变质作用及围岩蚀变作用影响,岩石及矿物发生很大变化,与相应的中国岩浆岩及康古尔金矿区远矿围岩的化学成分对比后,发现元素的变化具有一定的规律性,可分为活动的带出、带入组分及较稳定的组分两大类。

岩石中,Ca、Na 及 Si 都有明显的带出;带入组分为 K、S、Fe 及水分等,其中 K 的带入量极大,常成倍或近十倍的增加,它的带入主要与岩石在千糜岩化过程中长石的绢云母化和岩石的黄铁绢云母化有关;而 S 的带入亦使 Fe 有明显的增加;岩石中的 Mg 在中性岩中则有带出,而在中酸性火山岩中则有明显的带入。岩石中,Ti、Mn、Al、P 的变化极微,表现了化学性质的稳定特征。

金矿石和金-多金属矿石的化学分析资料与矿区围岩相比,常量元素也有很大的变化。K、Na、Al、Ti 等元素都有较多的带出,其中 K 和 Na 几乎全被带出;Fe、S 及贵金属 Au、Ag 和 Pb、Zn、Cu 等多金属元素都有大量的带入,形成了含大量黄铁矿的金-多金属矿化现象;矿石中的 Mn、Mg、Ca 等则基本保持不变,Mg 和 Ca 稍有带出。

与围岩相比较,矿石中的主要元素 Si、Al、Na、K、P 含量相对降低,Fe、Mg、Mn 含量则增高。与矿化蚀变围岩相比较,Si、Fe、Mg 含量增高,而 Al 含量降低。这表明在矿化过程中,矿化溶液对围岩发生交代,矿体基本上是在交代再交代基础上形成的。因此矿石的化学成分上虽有其继承围岩一些特点的一面,但更具有独立性。

2. 微量元素特征

本矿床各类矿石中微量元素的含量变化比较小,As、Sb、Bi、Te、Hg、W 等元素含量较低,Hg 在多金属石英脉型和石英脉型矿石中含量较其他类型矿石中相对较高,其他元素无明显变化,从微量元素较为稳定的特点分析,不同成矿阶段的含矿热液应为同源。

矿石物质组分中最显著的特点是贫 As,矿物组分中缺失毒砂等砷矿物。这是与其他金矿床明显不同的。

3. 稀土元素特征

矿区内岩石及含金多金属石英脉中的轻稀土明显富集,属富集型;Eu 为弱异常,与相应的岩石相比具有一定的继承性,由于强烈的动力地质条件改变,矿石稀土总量较低,分馏明显。

三、矿石结构构造及矿石类型

(一) 矿石结构

1. 自形粒状结构

金属矿物呈完好的自形晶,晶面平直。主要为磁铁矿和黄铁矿,少量为方铅矿和黄铜矿,以单晶为主,聚晶较少见。粒径一般为微粒级。多见于蚀变岩型矿石中。

2. 自形—半自形粒状结构

蚀变岩型矿石中的磁铁矿和黄铁矿部分为自形晶(以单粒为主),部分为半自形晶(以聚粒为主)。

3. 他形粒状结构

他形粒状结构多见于多金属石英脉型和石英脉型金矿石中,黄铁矿晶形较好,闪锌矿、方铅矿、黄铜矿则多呈他形粒状。

4. 交代反应边结构

铜蓝沿黄铜矿、闪锌矿、方铅矿颗粒或集合体边缘交代形成的结构(附录 3 图 48)。

5. 交代残余结构

一种矿物交代另一种矿物,而成其假象存在,或被交代矿物呈不规则岛屿状残存于交代矿物中。方铅矿、黄铜矿残留于铜蓝中;全赤铁矿化的磁铁矿假象等。

6. 乳滴状结构

闪锌矿晶粒中较均匀分布黄铜矿半自形微粒,或黄铜矿微粒较均匀交代磁铁矿而形成的交代包含结构(附录 3 图 49)。

7. 格状构造

赤铁矿沿磁铁矿(111)解理纹交代形成的结构。

8. 胶状结构

氧化矿石中表生作用下形成的结构,主要为褐铁矿。

(二) 矿石构造

1. 星点浸染状构造

星点浸染状构造为蚀变岩型金矿石中较常见的矿石构造类型。磁铁矿、黄铁矿等金属矿物呈星点状较均匀地分布于脉石中,金属矿物含量在 5% 以下。

2. 稀疏浸染状构造

稀疏浸染状构造为蚀变岩型金矿石中的主要构造类型。黄铁矿、磁铁矿等金属矿物呈单粒或聚粒较均匀地分布于脉石中,金属矿物含量 5%~20%(附录 3 图 50)。

3. 中等浸染状构造

磁铁矿、黄铁矿等金属矿物在矿石中较均匀分布。金属矿物含量 20%~50%。

4. 细脉状构造和细脉浸染状构造

细脉状构造和细脉浸染状构造主要为多金属石英脉型金矿石、石英脉型金矿石及氧化矿石中的构造类型。闪锌矿、黄铜矿、方铅矿或褐铁矿、氯铜矿等呈脉状分布,黄铁矿及磁铁矿等则经常呈浸染状分布。细脉可以是单矿脉,也可以是复矿脉(附录3图51),有时可见数条细脉平行分布(附录3图52)或呈浸染条带、树枝状(附录3图53)、网脉状及网格状分布(附录3图54),具该类型构造的矿石中,金属矿物含量变化较大,为5%~55%。

5.团块状构造

矿石中金属矿物呈致密状聚集成团块分布于石英脉中,团块由一种或两种以上矿物组成,团块直径数毫米至数十毫米。

(三)矿石类型

根据矿石成因,矿石类型可分为原生金矿石和氧化金矿石两大类。根据矿石构造、矿物组合及产出特征,原生金矿石又可分为蚀变岩型金矿石、多金属石英脉型金矿石、石英脉型金矿石和石英脉型金铜矿石4种类型。

1.原生金矿石

以下对蚀变岩型金矿石、多金属石英脉型金矿石和石英脉型金矿石进行简要介绍。

(1)蚀变岩型金矿石:矿床中主要金矿石类型,分布于L_2号矿脉的上部及中上部。由黄铁绢英岩和黄铁绢英岩化千糜岩经绿泥石交代及硅化作用生成,矿石中原片理构造保留较好,部分千糜构造亦见残留。

矿石中金属矿物分布不均匀,平均含量12%~16%。

矿石以自形粒状和自形—半自形粒状结构为主,矿石构造以稀疏浸染状构造为主,星点浸染状构造次之,中等浸染状和细脉浸染状构造较少见。

该类型矿石中,金矿物分布较均匀,金矿物含金量高,出现自然金和含银自然金。金矿物多与硅化石英分布在一起,其次为绿泥石。在硅化较强烈、绿泥石晶片较大的部位或含微量多金属石英细脉出现的部位,金较为富集。

(2)多金属石英脉型金矿石:重要的矿石类型,分布于L_2号矿脉的中上部,呈脉状分布于蚀变岩型金矿石中,在黄铁绢英岩化千糜岩中也可以见到。细脉基本平行于片理分布。

矿石主要矿物组合为黄铁矿、黄铜矿、闪锌矿、方铅矿、含银自然金和石英,次要和少量矿物有磁铁矿、黝铜矿、针硫铋铅矿、碲银矿、铁绿泥石、铁白云石、菱铁矿、白云石等。矿石中金属矿物含量变化较大,为15%~28%。

矿石结构以他形粒状和半自形—他形粒状结构为主,矿石构造主要为细脉浸染状和细脉状构造。

该类矿石中交代结构较为常见,黄铜矿、方铅矿、闪锌矿等对黄铁矿、磁铁矿的交代现象较为普遍,含银自然金交代黄铁矿或穿孔交代于黄铁矿晶粒中。

(3)石英脉型金矿石:次要矿石类型,主要见于L_1号金矿脉中,呈脉状分布,与围岩界线清晰。

矿石矿物组合为黄铁矿、方铅矿、闪锌矿、块硫砷铜矿-块硫锑铜矿、含银自然金、银矿物、黄铜矿、石英、绿泥石、白云石等。金属矿物以黄铁矿为主。矿石中金属矿物含量10%~15%。

矿石以半自形—他形粒状结构和细脉浸染状构造为主。

2.氧化金矿石

氧化金矿石为次要矿石类型,为地表和近地表矿石,主要由褐铁矿、赤铁矿、铅钒、氯铜矿、钠铁矾、黄铁矿、方铅矿、金矿物、石英等组成。

矿石结构为残余结构和胶状结构,构造为细脉状及细脉浸染状、浸染状构造。

该类型矿石中以次生金属矿物为主,原生的黄铁矿、方铅矿及磁铁矿等呈不规则状残留于次生矿物中。金矿物有原生金和次生金,次生金成色较高,为自然金。

四、主要矿物生成顺序

根据矿石组构、成因、矿物共生关系和产出特征的研究结果,将本矿床划分为 3 个成矿期,即动力变质作用期、变质热液期和表生期,变质热液期又可划分成 4 个成矿阶段(表 3-8)。

表 3-8　康古尔金矿中矿物生成顺序简表

期次	动力变质作用期	变质热液期				表生期
		I	II	III	IV	
矿物		黄铁矿-石英-绢云母阶段	金-磁铁矿-绿泥石-黄铁矿-石英阶段	金-黄铁矿-多金属-石英阶段	黄铜矿-铁白云石-石英阶段	
黄铁矿						
磁铁矿						
黄铜矿						
方铅矿						
闪锌矿						
自然金						
含银自然金						
银金矿						
银铜金矿						
锌砷黝铜矿						
银锌锑黝铜矿						
针硫铋铅矿						
硫铋矿						
碲银矿						
辉铜银矿						
硫锑铜银矿						
块硫砷铜矿						
块硫锑铜矿						
赤铁矿						
铜蓝						
斑铜矿						
蓝辉铜矿						
褐铁矿						
白铁矿						
自然铜						
氯铜矿						
铅矾						
石英						
铁绿泥石						
绢云母						
斜长石						
白云母						
黑云母						
方解石						
白云石						
铁白云石						
石膏						
重晶石						
特征元素		Fe、S	Au、Ag、Fe、S	Au、Ag、Fe、S Cu、Pb、Zn	Cu、Pb、Zn、S Fe、Au	Fe、Cu、Pb Au
矿化情况		有金矿化现象	金的主要矿化阶段	金的重要矿化阶段	金的次要矿化阶段	有金矿化情况

第五节 矿石工艺矿物学特点

一、有益、有害元素赋存状态特点

矿石的有益伴生元素有 Ag、Cu、Pb、Zn、S 等，有害元素有 As、Sb 等。

1. Ag 的赋存状态

Ag 在矿石中主要以独立的银矿物和金银互化物存在。呈分散状态分布于其他矿物中的 Ag 含量低。银矿物及银的载体矿物见表 3-9。

表 3-9　康古尔金矿银矿物、Ag 的载体矿物及 Ag 含量

矿物名称	Ag 含量/%	矿物名称	Ag 含量/%
碲银矿	62.37	银金矿	25.17
辉铜银矿	67.73	方铅矿	0.24
硫锑铜银矿	64.73	银锌锑黝铜矿	7.15
$(Ag,Cu)_{6.3}(As,Sb)S_6$	29.88	硫铋铜矿	0.16
自然金	2.49	针硫铋铅矿	0.12
含银自然金	9.72	块硫砷铜矿—块硫锑铜矿	0.77

银锌锑黝铜矿及针硫铋铅矿、硫铋铜矿、块硫砷铜矿-块硫锑铜矿中的 Ag 置换 Cu 而进入矿物晶格中，银锌锑黝铜矿 Ag 含量达 7.15%。矿石的主要金属矿物中除方铅矿外，黄铁矿、黄铜矿、闪锌矿中银含量均很低。对 Ag 的回收不会造成明显影响。

2. Cu、Pb、Zn 的赋存状态

由 Cu、Pb、Zn 组成的金属硫化物为矿石中的主要金属矿物，在多金属石英脉型金矿石中 Cu、Pb、Zn 可以达到工业品位。但作为金矿石 Cu、Pb、Zn 则按有益伴生元素对待。

Cu、Pb、Zn 在原生矿石中，主要以硫化物的形式存在，Cu 以黄铜矿为主，铜蓝次之，其他铜矿物含量低。氧化矿石中 Cu 的硫化物较原生矿石减少，而出现氯铜矿和少量自然铜。Pb 在原生矿石中主要为方铅矿，氧化矿石中方铅矿被分解形成铅钒，Zn 以闪锌矿产出，其他含锌矿物少见。氧化矿石中闪锌矿被分解，Zn 流失，故氧化矿石中 Zn 含量很低。

3. S 的赋存状态

矿石中硫铁矿含量高，硫铁矿中的 S 含量远远超过 2%，因此将 S 作为有益伴生元素对待。

S 在矿石中主要组成黄铁矿，其次为黄铜矿、方铅矿、闪锌矿、铜蓝等硫化物。在氧化矿石中 S 与 Fe、Pb 等组成硫酸盐类矿物，如钠铁矾、铅矾等。

在金矿的选冶过程中，一般将 S、As、Sb 作为有害元素对待，矿石中 S 含量已超过综合利用品位，因此有害元素仅为 As、Sb。根据矿石化学成分分析结果，As 平均含量 $82.77×10^{-6}$，Sb 平均含量 $7.4×10^{-6}$，含量甚微，对金矿石的选冶不会产生明显影响。As、Sb 在矿石中与 S 一起组成一些铜矿物。

Au、Ag、Cu、Pb、Zn、S 具有一定相关性，在蚀变岩型金矿石中，Au 与 Ag、S 呈正消长关系，与 Cu、Pb、Zn 呈负消长关系。在多金属石英脉型和石英脉型金矿石中，Au 与 Cu、Pb、Zn、S、Ag 均呈反消长关系。

二、金矿物粒度及嵌布方式

1. 金矿物粒度

金矿物的粒度统计是分别在人工重砂中和矿石光片中进行的(表3-10)。根据已取得的数据(原矿品位,泥及尾砂品位,重矿物部分金的质量以及淘洗过程中漂失的金的质量等),计算出大于0.01 mm的金粒占矿石中总金量的30%。将两种统计结果按此比例结合在一起,发现矿石中金矿物粒径细小且多呈他形晶,反映出金矿物结晶时热液温度较低的特点,由于温度低,同时结晶质点较多,无充分时间结晶,造成了金矿物粒径细小、晶形不完整的特点,特别是蚀变岩型金矿石中金矿物和石英粒径细小的特点尤为明显。

表3-10 康古尔金矿金矿物粒度统计结果

粒级/mm	微粒(<0.01)	细粒 (0.01~<0.037)	中粒 (0.037~<0.074)	粗粒 (0.074~<0.295)	巨粒≥0.295
含量/%	49.1	23.4	13.4	13.4	0.7

备注:人工重砂中统计颗粒数2993粒;矿石光片中统计颗粒数677粒。

2. 金矿物晶粒形态及嵌布方式

不同类型金矿石中,金矿物的形态均以他形晶为主,半自形晶少,自形晶偶见于蚀变岩型金矿石中,呈八面体和八面体聚形。金矿物形态以粒状为主,其次为片状和树枝状,棒状者少。

金矿物粒径细小,0.074 mm以下的金粒占85.9%。金矿物主要呈粒间金分布于石英等矿物粒间,包裹金和裂隙金较少,包裹金主要包裹于黄铁矿等硫化物中。金矿物的嵌布特征相对较为简单,但由于矿物粒径细小,必须增大磨矿细度,研磨到200目以下才能提高金矿物的单体解离度或增加暴露连生体。

三、矿石工艺矿物学特点及选矿方法

康古尔金矿床中矿石矿物组分的特点是金属硫化物含量高。主要金属硫化物有黄铁矿、黄铜矿、方铅矿、闪锌矿。根据矿石化学分析,Ag、Cu、Pb、Zn、S均已达到综合利用的工业品位,提高了矿床的工业价值,但同时对金矿的选矿增加了难度。

由于矿石中金属硫化物量较大,故选金不适宜运用全泥氰化法,而要采取更复杂的工艺流程;在多金属石英脉型金矿石中,金矿物多与黄铁矿等硫化物在一起,因此采用浮选、焙烧、氰化联合工艺可能较为合适。而蚀变岩型金矿石选冶工艺流程的选择应考虑硫化物多和金矿物粒径细小,且大部分分布于石英等脉石间的特点,另外,上述两种矿石在采矿时不一定能完全分开,因此应考虑两类矿石混合的特点选择工艺流程。矿石中绿泥石量较多,绿泥石为较易泥化的矿物,也会增加选矿难度。

氧化金矿石中金的分布状态较原生金矿石复杂,裂隙金较多,大部分次生金呈树枝状等复杂形态,增加了单矿物解离的难度,氧化矿石中金属硫化物虽已大量减少,但硫酸盐类的矿物量较多,如铅矾、钠铁矾等含硫高的矿物存在。在选择选矿工艺流程时应充分考虑这种矿石的特点。

综上所述,康古尔金矿床的矿石是难选矿石,在选金的同时,还必须考虑Ag、Cu、Pb、Zn、S的回收。

第六节 矿床成因和成矿模式探讨

一、成因矿物学特征

康古尔金矿床黄铁矿中的Co、Ni、As等微量元素及Fe、S等主要元素的含量,显示出其由变质热液形成。金矿物粒径普遍细小，0.074 mm以下的占85.9%；闪锌矿中Fe含量低，显示出成矿温度偏低的特征。矿物组合上，Ⅱ成矿阶段矿物组合为磁铁矿、黄铁矿、自然金、含银自然金、铁绿泥石及石英，显示了偏中温的特点；Ⅲ成矿阶段的矿物组合为黄铜矿、闪锌矿、方铅矿、含银自然金、针硫铋铅矿、硫锑铜银矿、辉铜银矿、碲银矿等偏低温的矿物组合。

二、成矿模式

康古尔金矿是以下石炭统海相中酸性火山熔岩为矿源层，后经南北向板块的碰撞拼贴，火山岩系产生强烈变形和碎裂，与此同时海西期中期的中—酸性重熔岩浆岩广泛侵位，带来大量热源和热液，促使矿源层产生去Si、去Fe变化，分散的Au随着热液活动活化、迁移而形成的。多期热液活动，一方面使围岩产生多种蚀变，另一方面使Au不断运移、富集，当Au进入韧性剪切带内破碎的糜棱岩等有利构造部位时，便冷凝结晶而形成中—低温韧性剪切带金矿（图3-3）。

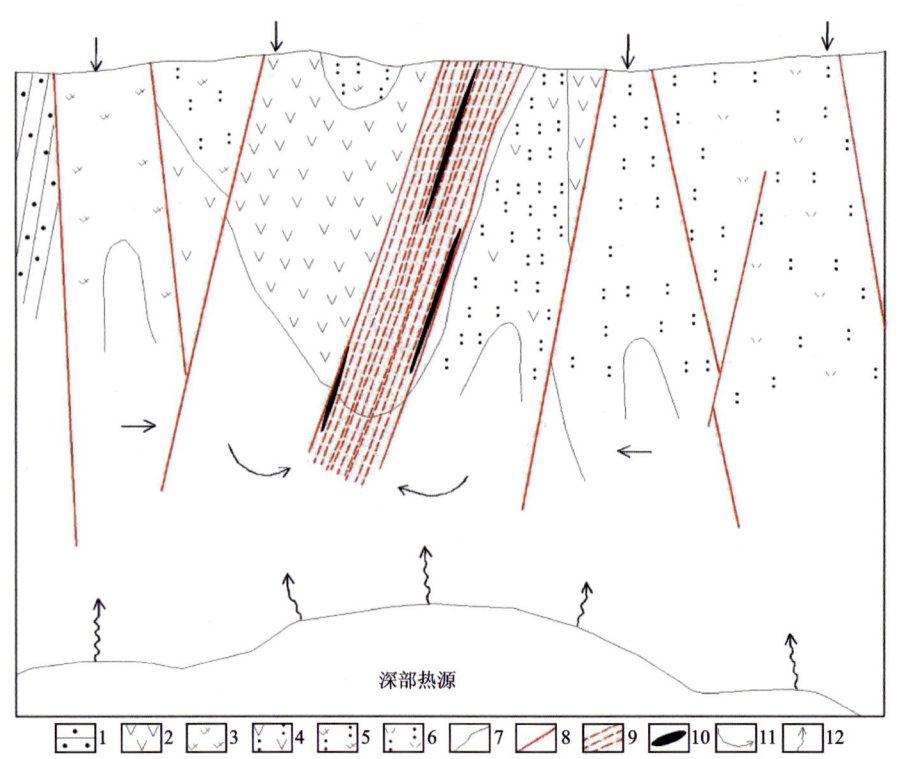

1.砂岩；2.安山岩；3.英安岩；4.安山质凝灰岩；5.英安质凝灰岩；6.流纹质凝灰岩；7.地质界线；8.断层；9.韧性剪切带；10.矿（化）体；11.矿液运移方向；12.热液运移方向。

图3-3　鄯善县康古尔金矿床成矿模式图

主要参考文献

姬金生,薛春纪,曾章仁,等,1997.新疆东天山康古尔塔格金矿带研究[J].地质论评,43(1):69-77.

李文铅,马华东,王冉,等,2008.东天山康古尔塔格蛇绿岩 SHRIMP 年龄、Nd-Sr 同位素特征及构造意义[J].岩石学报,24(4):773-780.

李文铅,夏斌,吴国干,等,2005.新疆鄯善县康古尔塔格蛇绿岩及其大地构造意义[J].岩石学报,21(6):1617-1632.

王义天,毛景文,陈文,等,2006.新疆东天山康古尔塔格金矿带成矿作用的构造制约[J].岩石学报,22(1):236-244.

王志良,毛景文,吴淦国,等,2004.东天山康古尔金矿成矿晚阶段地幔流体参与成矿作用的碳氢氧同位素证据[J].地质学报,78(2):195-202.

曾章仁,张连昌,韩兆信,1994.新疆康古尔糜棱岩带蚀变岩型金矿床地质特征及成因[J].矿床地质,13(2):97-105.

张达玉,周涛发,袁峰,等,2012.新疆东天山康古尔剪切带西段金矿床的成矿流体特征及其地质意义[J].矿床地质,31(3):555-568.

张连昌,姬金生,李华芹,等,2000.东天山康古尔塔格金矿带两类成矿流体地球化学特征及流体来源[J].岩石学报,16(4):535-541.

赵玉社,张红英,2010.新疆鄯善县康古尔金矿带小尖山金矿地质特征及找矿标志[J].西北地质,43(4):267-274.

内部资料

新疆地矿局第一地质大队,2013.新疆鄯善县康古尔矿区金(多金属)矿资源储量核实报告[R].吐鲁番:新疆地矿局第一地质大队.

新疆地质调查院,2003.新疆鄯善县康古尔破碎蚀变岩型金矿床[R].乌鲁木齐:新疆地质调查院.

薛秀娣,李本海,等,1994.新疆鄯善县康古尔金矿床矿石物质组份研究报告[R].乌鲁木齐:新疆矿产实验研究所.

附录3 图片及说明

图1 含金石英脉
受应力作用石英脉发生褶曲变形。手标本中深色部分为围岩,其间分布黄铁矿等金属矿物。

图2 蚀变岩型金矿石11
金矿石由绿泥石、黄铁矿及石英集合体构成,含自然金。

图3 蚀变岩型金矿石2
金矿石由石英、绿泥石及黄铁矿集合体构成,含自然金。

图4 斑杂状构造金矿石
黄铁矿、黄铜矿呈不规则团块状分布,脉石矿物为石英。

图5 脉状金矿石
黄铁矿、黄铜矿集合体呈条带状产出,伴有绿泥石-石英脉。手标本中深色部分为蚀变围岩。

图6 块状金矿石
金矿石由黄铜矿、黄铁矿组成,其中黄铜矿呈网脉状分布在黄铁矿集合体中。

图7 蚀变玄武岩 50× 正交偏光

岩石具少斑间隐结构,斑晶为普通辉石,已被绿泥石取代。基质中斜长石杂乱分布,绿泥石、玻璃质、磁铁矿充填在斜长石粒间。

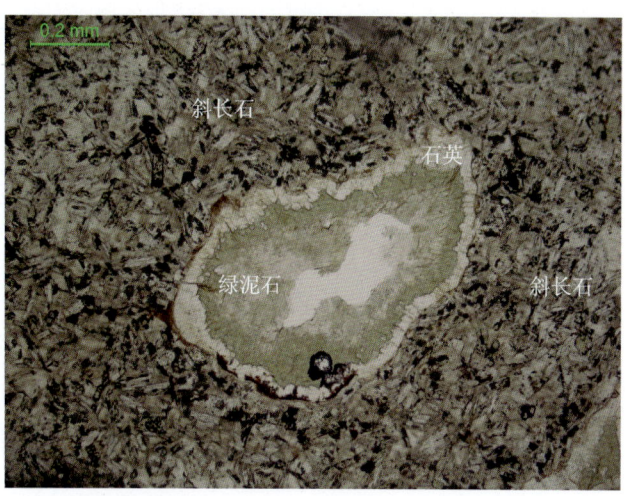

图8 杏仁状玄武岩 100× 单偏光

岩石具间隐结构,斜长石杂乱分布,其间充填绿泥石、玻璃质及磁铁矿。杏仁体由绿泥石及石英构成。

图9 辉石安山岩 100× 正交偏光

斑晶为普通辉石和斜长石,辉石被绿泥石取代。斜长石被方解石取代。基质由交织状分布斜长石及蚀变绿泥石、石英组成,沿裂隙充填方解石脉。

图10 安山岩 100× 正交偏光

少斑交织结构,斑晶为普通辉石和斜长石。基质由交织状排列微晶斜长石及次生方解石、绿泥石及磁铁矿等组成。

图11 安山质英安岩 100× 正交偏光

岩石由长英质球粒、板条状微晶斜长石及次生方解石、绿泥石等组成,斜长石板条定向分布。

图12 英安岩 100× 正交偏光

斑晶为普通辉石,已被绿泥石取代,基质由板条状微晶斜长石及长英质球粒组成。

图 13　霏细岩　50×　正交偏光

岩石具球粒包含结构,由球粒状石英、长石集合体组成,叠加有碳酸盐化。

图 14　蚀变凝灰岩　100×　正交偏光

岩石具凝灰结构,主要由斜长石、石英晶屑及火山灰尘胶结物组成,已脱玻蚀变为绿泥石及长英质矿物集合体。

图 15　千枚岩化蚀变凝灰岩　50×　正交偏光

岩石受构造挤压强烈破碎,叠加绢云母化、碳酸盐化。晶屑斜长石、石英被压碎变形呈残余状存在。

图 16　糜棱岩　50×　正交偏光

糜棱结构,残余斜长石呈眼球状分布,内部存在变形及碎裂现象。基质由重结晶作用形成的绢云母及石英集合体组成,定向分布。

图 17　千糜岩　50×　正交偏光

鳞片粒状变晶结构,主要矿物为石英、绢云母及绿泥石,细粒石英及石英条带沿延长方向定向分布。自形黄铁矿两端分布压力影构造。

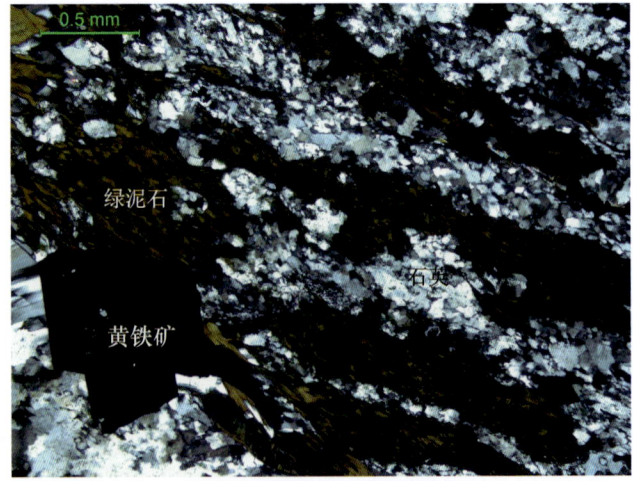

图 18　绿泥石英蚀变岩1　50×　正交偏光

岩石主要由石英、绿泥石及黄铁矿组成,可见自然金。石英他形粒状,定向分布,绿泥石呈不规则条带状分布。

鄯善县康古尔金矿

图19 绿泥石英蚀变岩2 50× 正交偏光

岩石由微粒状石英、绿泥石及白云母组成,可见自然金。石英定向分布,并具波状消光,黄铁矿具压力影构造。

图20 含金石英脉 50× 正交偏光

岩石主要由石英、黄铁矿及少量石膏组成,可见自然金。石英呈他形粒状集合体,黄铁矿半自形—他形粒状,分布在石英粒间。

图21 碎裂含金石英脉 50× 正交偏光

碎裂含金石英脉中矿物主要为石英,并有少量绿泥石、白云母、碳酸盐矿物,可见自然金。石英碎裂化,并变形具波状消光。

图22 青磐岩化 100× 正交偏光

火山岩中叠加的青磐岩化,以绿泥石化、碳酸盐化为特征。

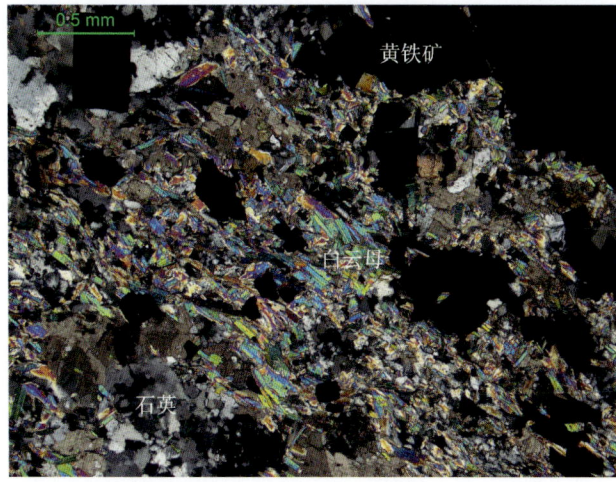

图23 黄铁绢英岩化1 50× 正交偏光

原岩中的矿物完全被次生蚀变矿物石英、白云母、黄铁矿、碳酸盐矿物及绿泥石取代,见自然金。

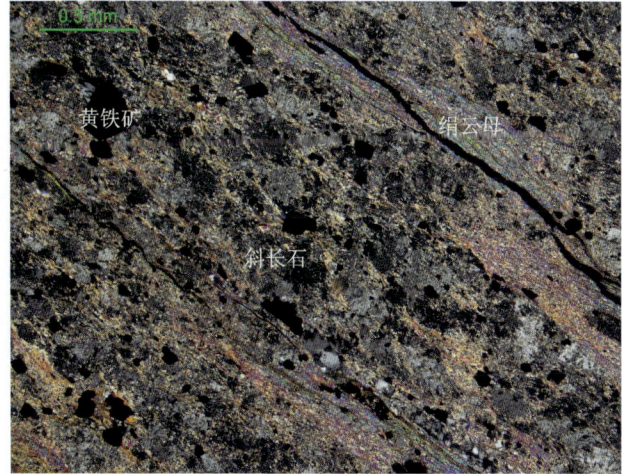

图24 黄铁绢云母化2 50× 正交偏光

岩石主要由斜长石、绢云母和黄铁矿组成,斜长石多蚀变,外形模糊;绢云母集合体平行定向分布斜长石间,原岩可能为闪长岩,后蚀变并片理化。

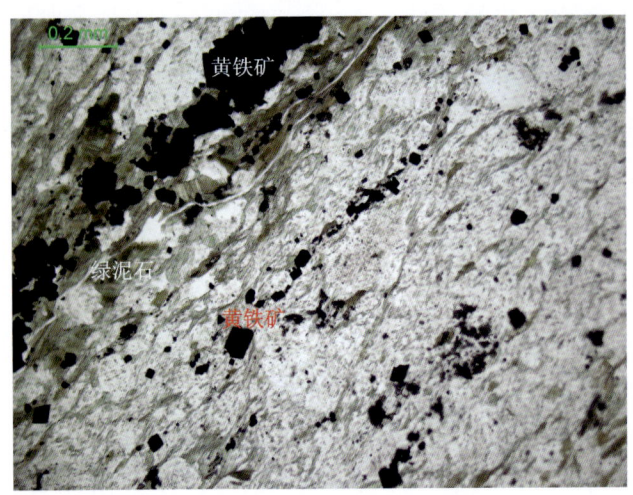

图 25　绿泥石化　100×　正交偏光

次生蚀变矿物绿泥石交代辉石等原生矿物,并沿裂隙分布。

图 26　硅化　100×　正交偏光

次生石英、方解石沿裂隙充填交代,产生硅化及方解石化。

图 27　绢云母化　100×　正交偏光

鳞片状绢云母叠加在斜长石之上,交代长石形成绢云母化。

图 28　黄铁矿化　50×　正交偏光

黄铁矿常与绢云母叠加在碎裂蚀变的岩石中,与石英形成压力影构造。

图 29　碳酸盐化　100×　正交偏光

次生碳酸盐矿物方解石不仅交代长石斑晶,也叠加分布在基质中。

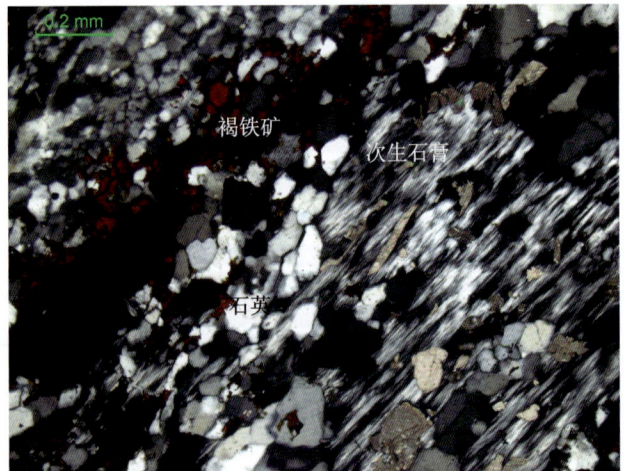

图 30　褐铁矿化　100×　正交偏光

褐铁矿呈不规则粒状、细脉状分布在石英脉中,伴有次生石膏。

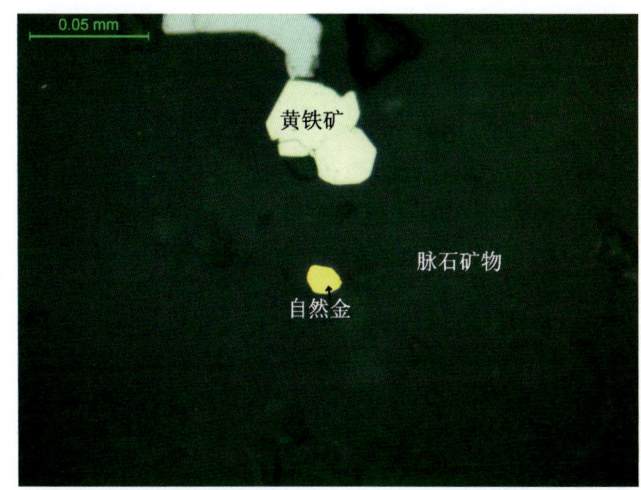

图 31　自然金(粒间金)1　500×　单偏光
自然金自形粒状,粒径 0.02 mm±,分布在脉石矿物粒间,并伴生黄铁矿。

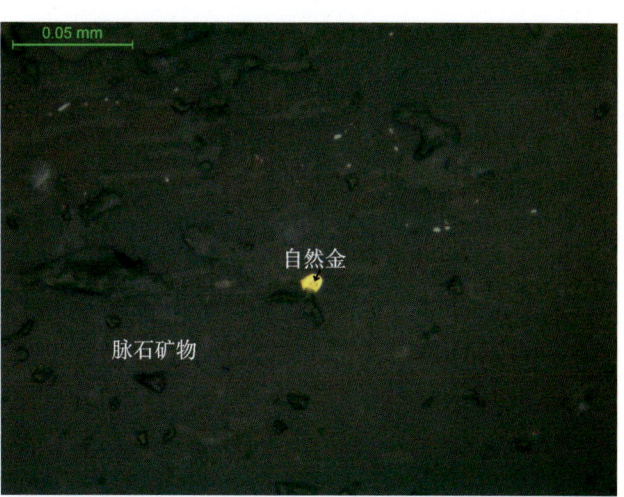

图 32　自然金(粒间金)2　500×　单偏光
自然金半自形粒状,粒径 0.015 mm±,分布在脉石矿物粒间。

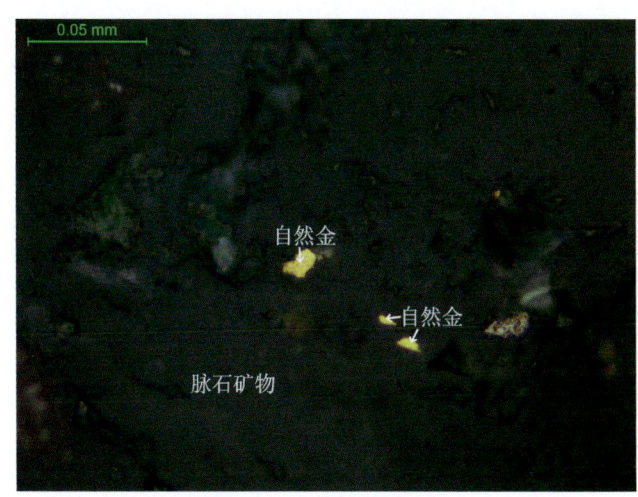

图 33　自然金(粒间金)3　500×　单偏光
自然金半自形—他形粒状,粒径 0.005～0.02 mm±,分布在脉石矿物粒间。

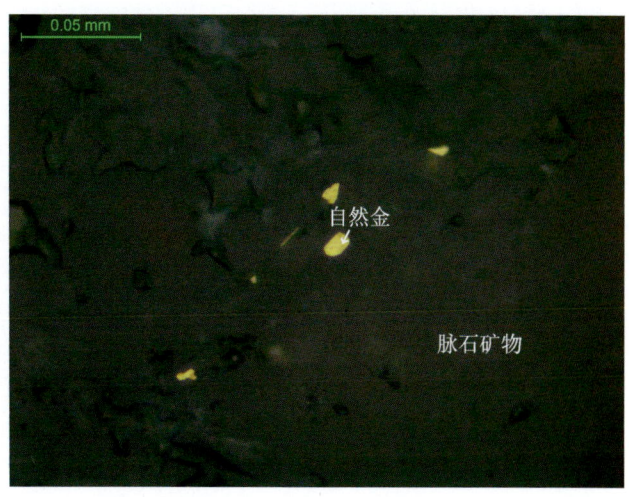

图 34　自然金(粒间金)4　500×　单偏光
自然金半自形—他形粒状,粒径 0.005～0.01 mm±,分布在脉石矿物粒间。

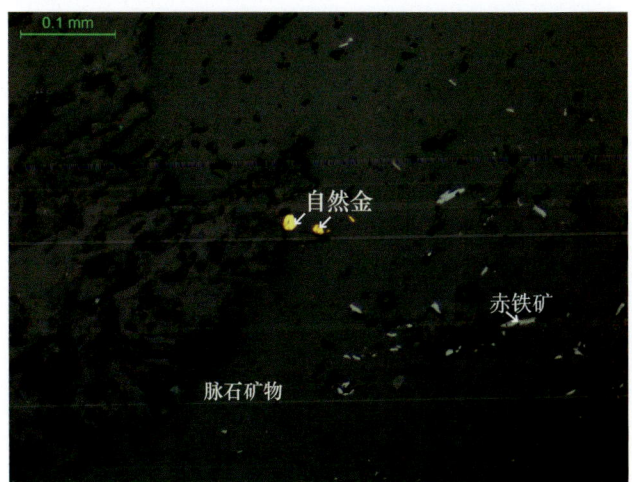

图 35　自然金(粒间金)5　200×　单偏光
自然金半自形—他形粒状,粒径 0.005～0.01 mm±,分布在脉石矿物粒间,并伴生赤铁矿。

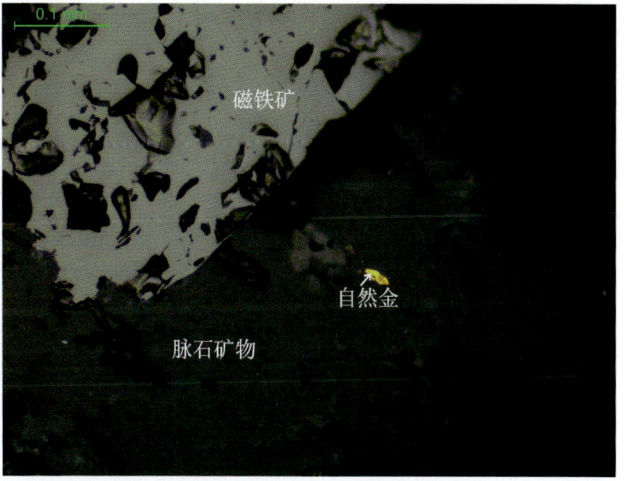

图 36　自然金(粒间金)6　200×　单偏光
自然金他形粒状,粒径 0.015 mm±,分布在脉石矿物粒间,并伴生磁铁矿。

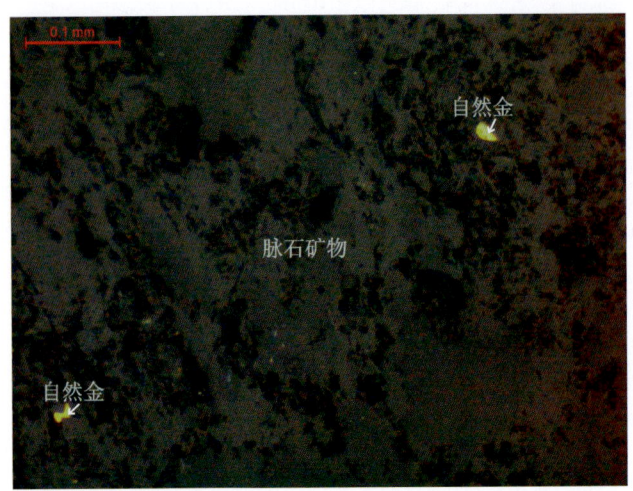

图 37　自然金（粒间金）7　200×　单偏光

自然金他形粒状，粒径 0.01～0.02 mm±，分布在脉石矿物粒间。

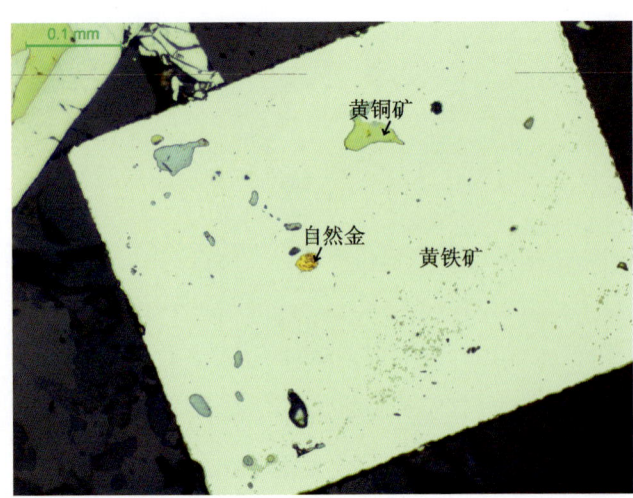

图 38　自然金（包裹金）　200×　单偏光

金属矿物黄铁矿中包裹有自然金和黄铜矿。

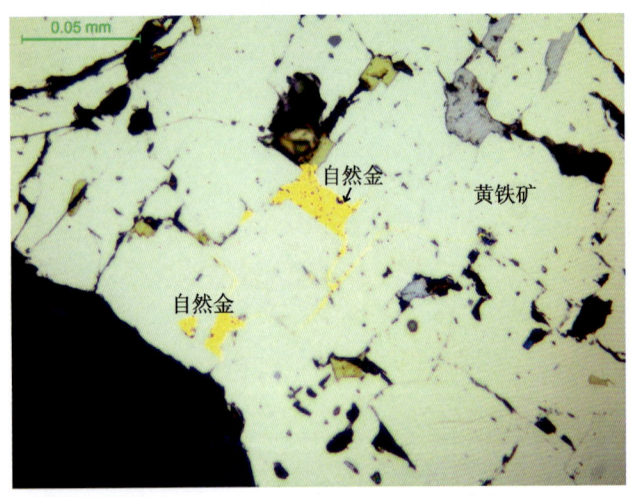

图 39　自然金（包裹金、裂隙金）　500×　单偏光

自然金他形粒状，粒径 0.005～0.04 mm±，分布在黄铁矿中或在其裂隙中。

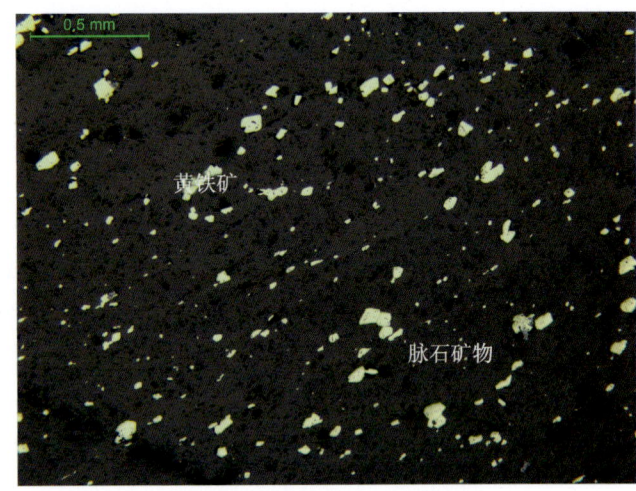

图 40　蚀变围岩中黄铁矿化　50×　单偏光

黄铁矿自形—他形粒状，呈浸染状分布于蚀变岩型矿石中的脉石矿物粒间。

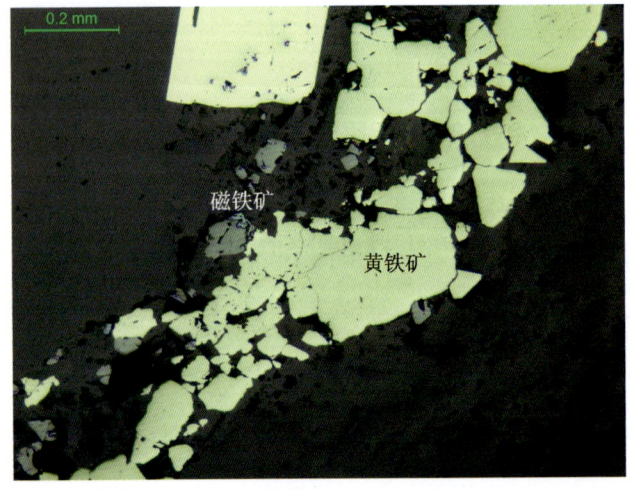

图 41　黄铁矿　100×　单偏光

黄铁矿自形—他形粒状，呈微脉状产出，并伴有磁铁矿。

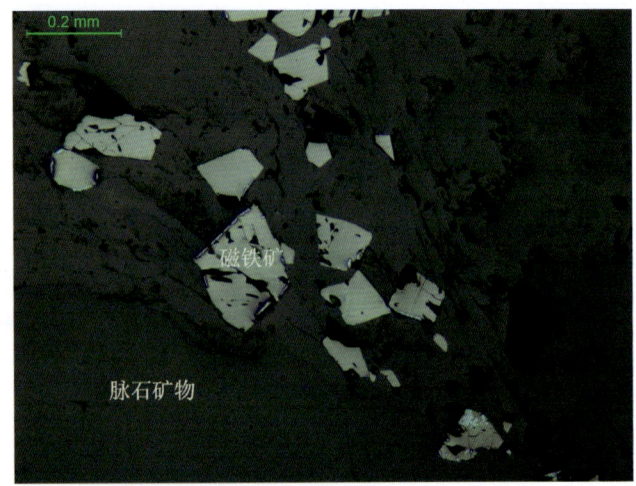

图 42　磁铁矿（星散浸染状构造）　100×　单偏光

金属矿物为磁铁矿，半自形粒状，星散浸染状分布于脉石矿物粒间。

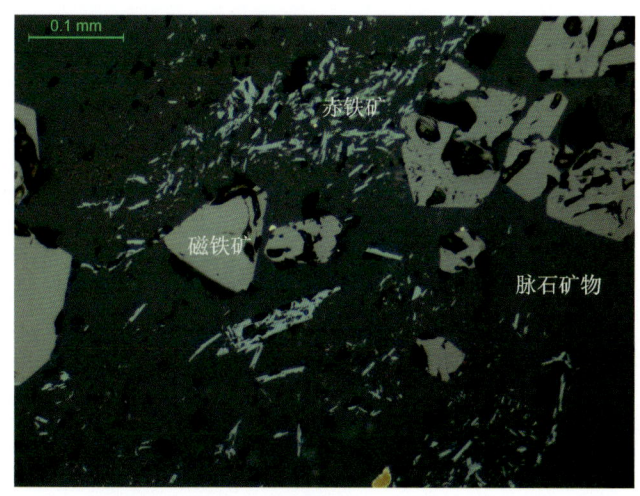

图 43　磁铁矿　200×　单偏光

金属矿物为磁铁矿和赤铁矿,磁铁矿呈半自形粒状产出,赤铁矿呈板条状分布,由热液作用形成。

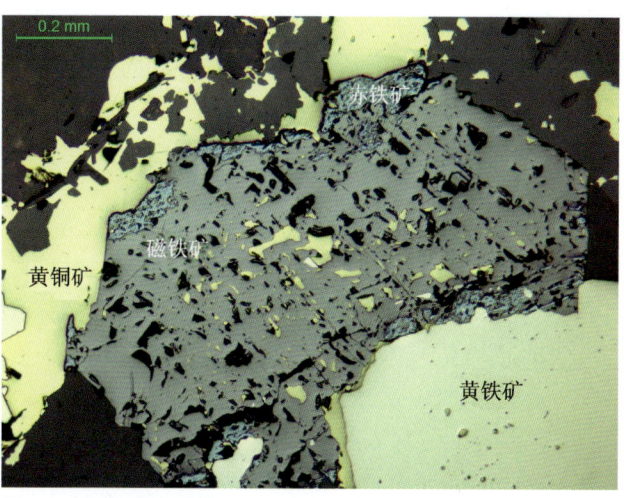

图 44　赤铁矿化磁铁矿　100×　单偏光

金属矿物为磁铁矿、黄铁矿、黄铜矿及赤铁矿,分布在脉石矿物粒间,赤铁矿交代磁铁矿,磁铁矿被黄铜矿穿孔交代。

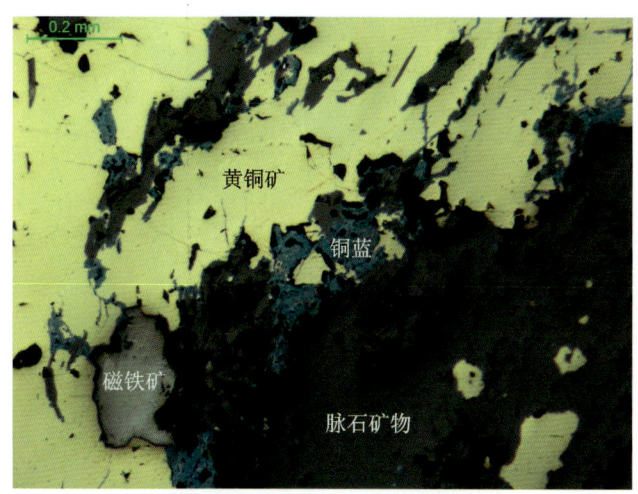

图 45　铜蓝交代黄铜矿　100×　单偏光

黄铜矿呈粒状集合体分布,并被铜蓝沿边缘或裂隙交代,磁铁矿少见,在空隙中分布脉石矿物。

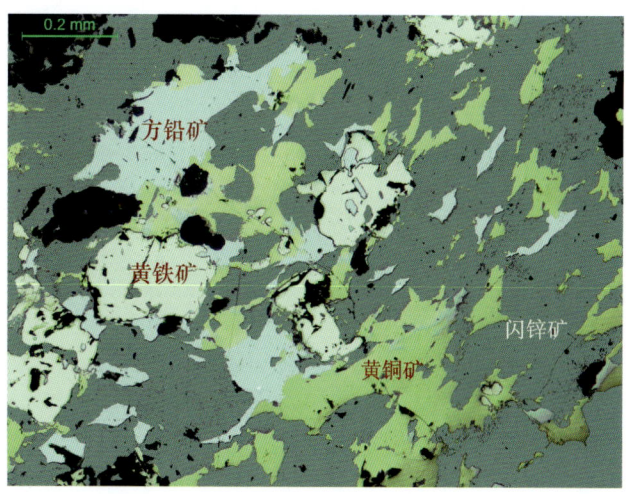

图 46　铜铅锌多金属矿石1　100×　单偏光

金属硫化物为黄铜矿、闪锌矿、方铅矿及黄铁矿,它们彼此连生在一起。

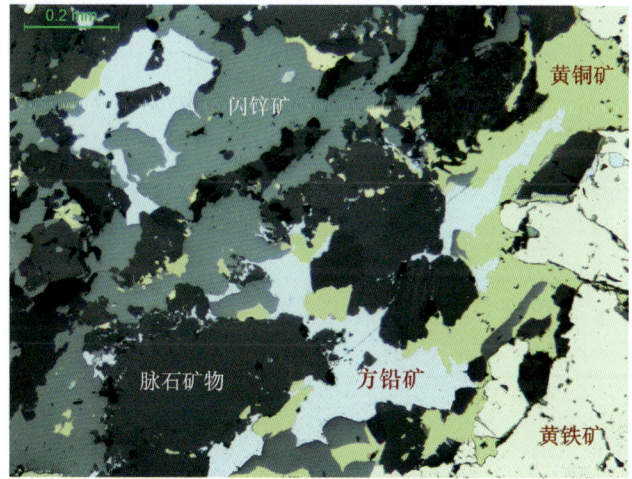

图 47　铜铅锌多金属矿石2　100×　单偏光

金属硫化物为黄铜矿、闪锌矿、方铅矿及黄铁矿,它们彼此连生在一起。

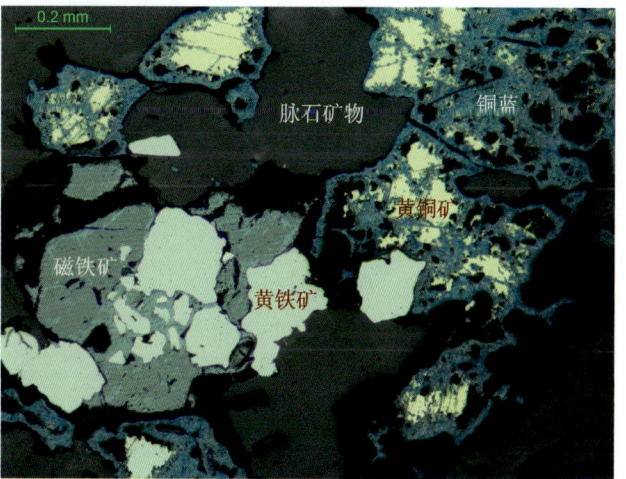

图 48　交代结构　100×　单偏光

黄铜矿被铜蓝沿边缘交代呈交代反应边和交代残余结构,磁铁矿被赤铁矿沿解理或边缘交代,黄铁矿被磁铁矿交代呈交代残余结构。

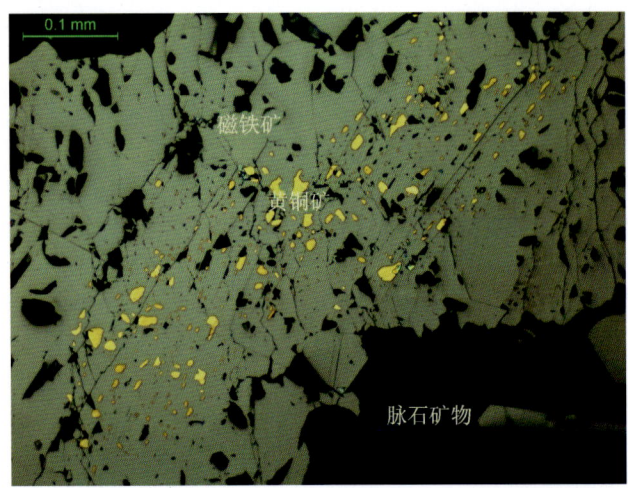

图49 交代包含结构 200× 单偏光
金属矿物为磁铁矿、黄铜矿,分布于脉石矿物粒间,磁铁矿被黄铜矿穿孔交代。

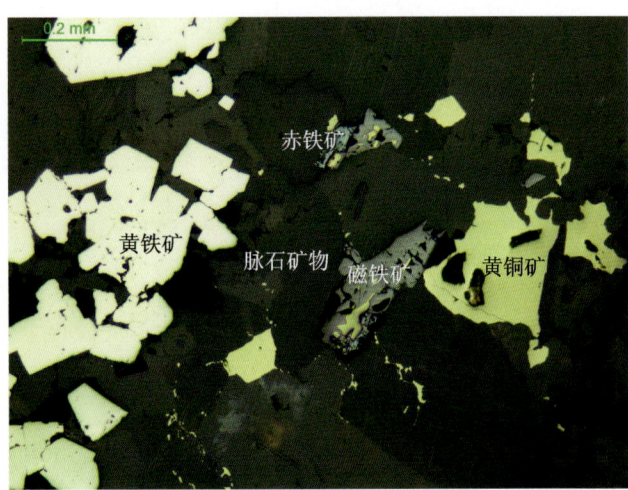

图50 稀疏浸染状构造 100× 单偏光
黄铁矿半自形—自形粒状,黄铜矿他形粒状分布在脉石矿物粒间并交代磁铁矿,磁铁矿也被赤铁矿交代。

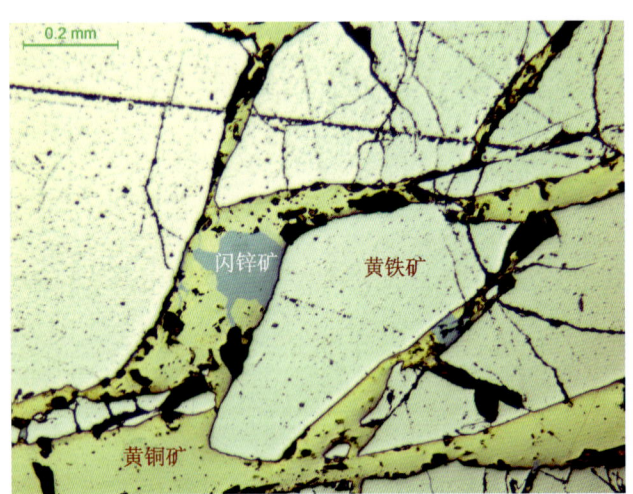

图51 脉状构造 100× 单偏光
金属硫化物黄铜矿、闪锌矿沿黄铁矿裂隙充填,呈脉状产出。

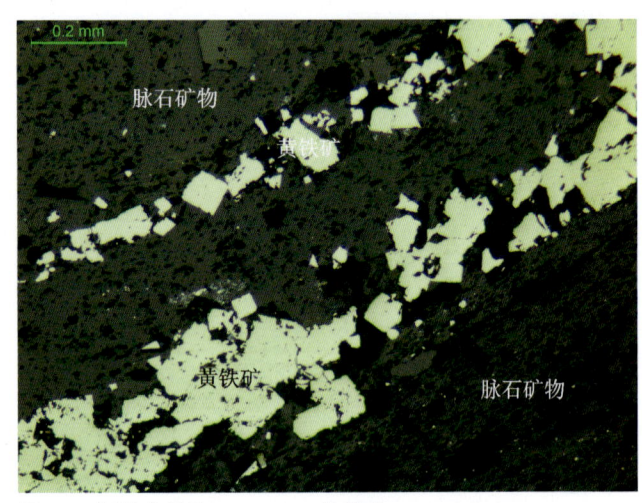

图52 细脉状构造 100× 单偏光
黄铁矿自形—他形粒状,呈浸染条带状产出,分布在脉石矿物间。

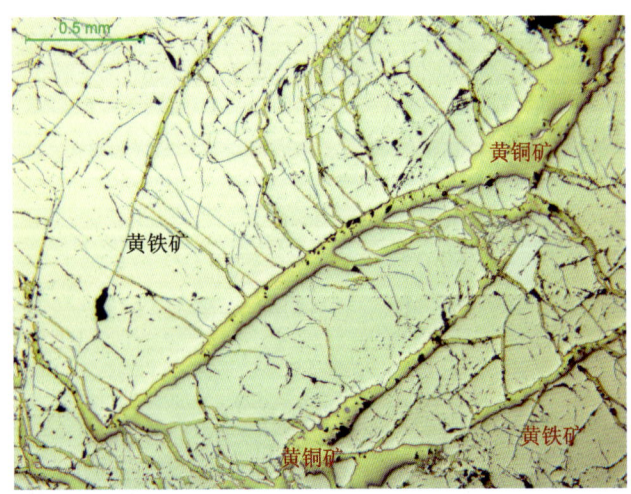

图53 树枝状构造 50× 单偏光
黄铜矿沿黄铁矿裂隙充填,呈树枝状产出。

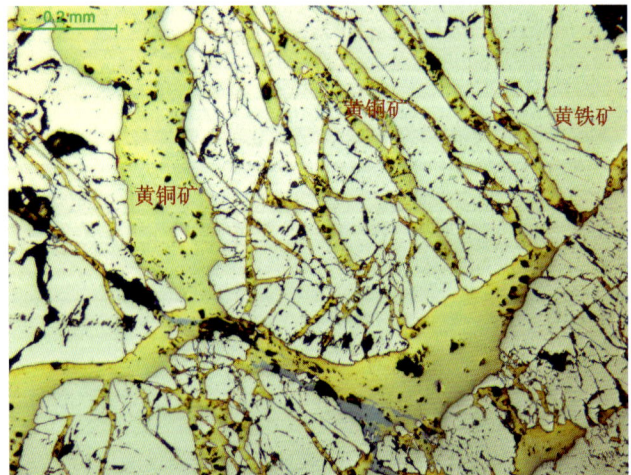

图54 网脉状构造 100× 单偏光
黄铜矿沿黄铁矿裂隙充填,呈网脉状产出。

乌恰县萨瓦亚尔顿金矿

拍摄者金国锋

整体介绍

萨瓦亚尔顿金矿床位于新疆乌恰县城297°方向93 km处，中心坐标：东经74°17′30″，北纬40°05′00″，西北方向濒临国界线与吉尔吉斯共和国相邻。有简易公路直通矿区，矿区内交通条件较差。

1993年新疆地矿局第二地质大队检查1∶5万化探异常时，在萨瓦亚尔顿地区发现了Ⅰ号矿化带，该区找金工作由此取得突破性进展。1994—1999年连续开展了金矿普查工作，初步查明了Ⅰ、Ⅳ号矿化蚀变带的地质条件、控矿因素及矿体分布特征，其中1995年被列为地质矿产部（简称地矿部）重点普查项目，1997年提交普查报告，探求金金属资源量40.8 t。2010年新疆同源矿业有限公司出资，委托新疆地矿局第二地质大队开展详查，重点对Ⅳ号矿化蚀变带深部进行勘查，控制最大斜深达1000 m，在深部发现了厚度大、品位高的矿段，取得较大找矿突破。2012—2015年施工钻探48 558 m、槽探6 077.54 m³，2014年5月提交《新疆乌恰县萨瓦亚尔顿矿区金矿详查报告》，经新疆维吾尔自治区矿产资源储量评审中心评审通过：查明矿石量7 914.63万t，金金属量126 099 kg，金品位1.59 g/t；其中（332）矿石量2 156.1万t，金41 213 kg，（333）矿石量5 758.48万t，金84 886 kg；伴生银185.87 t、砷438 348 t、硫1 637 499 t、锑19 887 t。

萨瓦亚尔顿金矿床是新疆目前唯一的超大型金矿床，1999年曾在该矿对氧化矿进行堆浸试验，因浸出率过低停采；2004年再次露天开采，采用氧化矿堆浸、混合强碱氯化钝碳氰化提金工艺；截至2006年底，矿区共动用矿石量52.35万t、金金属量824 kg。由于矿区氧化矿的高砷、高硫、高泥化、综合回收率偏低等问题未能解决，矿山屡次停产。2022年7月紫金矿业集团股份有限公司以4.99亿元收购该矿山70%的股权，矿山开发步入新阶段。

第一节 矿区地质特征

萨瓦亚尔顿金矿床地处南天山冒地槽褶皱带、东阿赖复向斜东翼,其所处大地构造位置属中国西南天山造山带西端,位于东阿赖金、锑成矿区。出露地层为上古生界志留系、泥盆系和石炭系,主要是一套碳酸盐岩—细碎屑岩建造、碳酸盐岩—硅质岩建造和碎屑岩—碳质细碎屑岩的类复理石建造(图4-1)。

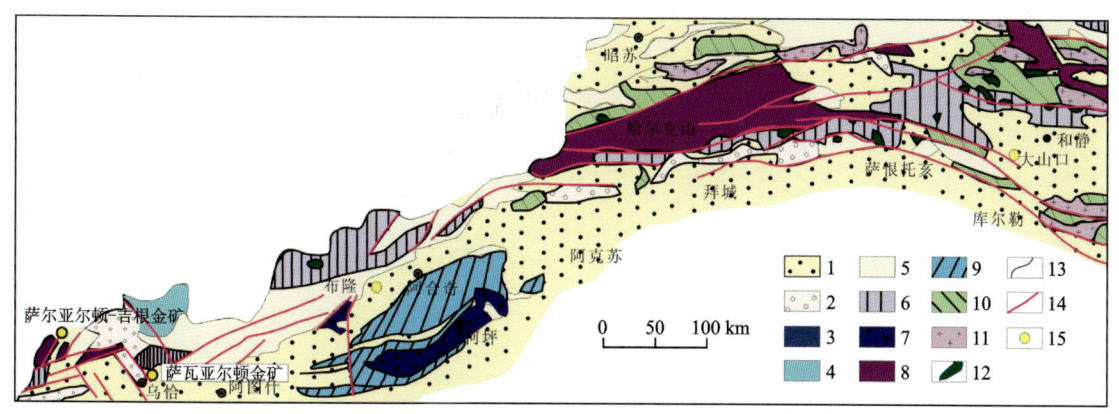

1.第四系洪积物;2.中生界碎屑岩夹煤层;3.石炭系—二叠系砂岩、安山岩;5.石炭系砂岩、灰岩;6.泥盆系碳酸盐岩、碎屑岩;7.志留系—泥盆系碎屑岩;8.志留系碎屑岩;9.寒武系—奥陶系灰岩;10.元古宇片麻岩、片岩、碎屑岩;11.侵入岩;12.超镁铁质岩;13.地质界线;14.断层;15.金矿床。

图4-1 萨瓦亚尔顿金矿床区域地质构造略图

一、控矿地层

矿区出露地层为上志留统罗德洛阶(S_3^{1d}),主要为一套黑色含碳质碎屑岩、细碎屑岩、泥质岩的类复理石建造,属深海浊积岩相沉积,与下伏的温洛克阶(S_2^{4w})之间为断层接触。上志留统罗德洛阶(S_3^{1d})按其出露岩性的自然组合特征,大致可划分出4个岩性段。

S_3^{1d-a}:灰色薄层状变质细砂岩夹碳质千枚岩及灰岩条带,与上覆b段为整合接触。

S_3^{1d-b}:灰色中层状变质细砂岩夹少量千枚岩,与上覆c段为断层接触。

S_3^{1d-c}:互层灰色薄层状变质粉砂岩、细砂岩及碳质千枚岩夹硅质岩、灰岩条带。

S_3^{1d-d}:薄层状变质细砂岩、变质粉砂岩及碳质千枚岩。

上志留统罗德洛阶(S_3^{1d})是矿区主要的赋矿岩层,已发现的金矿(化)体均产于该岩层内。矿区地层总体走向北北东-南南西,倾向北西,倾角58°~69°。

二、控矿构造

受区域深大断裂影响,区内金矿化带均产于东部阿热克托如大断裂和西部依尔克什坦大断裂之间,次级断裂及韧-脆性剪切带控矿,此带延出国界与北部的吉尔吉斯共和国的成矿带相连。这些断裂在空间上近于平行分布,呈北东-南西向,断裂性质属于压扭性,与韧-脆性剪切作用有关。破碎带由构造角砾和断层泥构成,在破碎带中部应力集中,岩石破碎变形强烈,石英脉及片理化发育,向两侧则逐渐减弱,以碎裂岩化为特征。

三、岩浆岩

矿区内未发现侵入岩和喷发岩,仅在矿区西侧硝尔布拉克见有基性辉绿岩脉和二长花岗岩脉产出,在矿区深部经钻探发现有辉长辉绿岩脉产出,但规模很小。

四、变质作用

区内岩层变质程度较低,属于区域变质的绿片岩相,主要为一套浅变质的细碎屑岩建造,以变质粉砂岩、变质细砂岩、含碳千枚岩为主,次为粉砂泥岩等。多保留原岩结构、构造。岩石中普遍含碳并有原生黄铁矿存在。动力变质以脆-韧性剪切作用为主,岩石受构造挤压强烈变形、破碎,并叠加热液交代蚀变及伴生金矿化作用。

第二节　矿床地质特征

一、成矿地质环境

该矿区大地构造位于塔里木板块北缘东阿赖哈尔克古生代复合沟弧带。矿区出露中志留统温洛克组厚层碳酸盐岩夹碎屑岩层、上志留统塔尔特库里组黑色浅变质细碎屑岩建造、下泥盆统萨瓦亚尔顿组复理石建造和下石炭统巴什索贡组第三岩性段细碎屑岩加碳酸盐岩建造。赋矿层位萨瓦亚尔顿组为一套半深海-深海相的浅变质复理石建造,有两个岩性段:第一岩性段为浅变质细砂岩、粉砂岩、含碳绢云千枚岩;第二岩性段为浅变质细砂岩夹碳质绢云千枚岩。岩石变质程度低,属绿片岩相。该地层中有关元素平均含量:Au 0.6×10^{-9}、Ag 74×10^{-9}、Cu 17.4×10^{-6}、Pb 13.3×10^{-6}、Hg 10×10^{-6},分析认定该地层为金的矿源层。矿区处于萨瓦亚尔顿-吉根剪切带中,岩层褶皱、断裂发育,以北东向和北北东向为主(图4-2)。控矿构造为矿区东侧的阿热克托如克逆掩断层和西侧的依尔克斯坦逆断裂,总体走向呈北东-南西向,两断裂间发育层间断裂和韧性剪切带,控制了Au、Sb矿化带的分布,且多期次活动特征明显;其中F_3断裂控制着Ⅳ号矿化蚀变带及Ⅳ号矿体的展布,F_4断裂控制着Ⅱ号矿化蚀变带及Ⅱ号矿体的展布,F_1断裂控制着Ⅰ号矿化蚀变带及Ⅰ号矿体的展布,F_7、F_8断裂控制着Ⅺ号矿化蚀变带及Ⅺ号矿体的展布。矿化蚀变带-绢云母化蚀变岩$^{40}Ar-^{39}Ar$高温阶段的加权平均年龄为(300.0 ± 3.0) Ma,中—低温阶段的加权平均年龄为(253.1 ± 2.7) Ma,说明萨瓦亚尔顿-吉根剪切带形成于早二叠世,而金矿成矿时代为晚三叠世(杨富全等,2006)。区内岩浆活动微弱,只有少量辉长岩脉和辉绿岩脉出现。

二、矿体地质特征

矿区已发现22条矿化蚀变带,以Ⅳ、Ⅰ、Ⅱ、Ⅺ为主,平行分布于含碳千枚岩、变质细砂岩和破碎蚀变岩中。矿化蚀变带及矿体呈北东向,为似层状和脉状,均受断裂破碎带控制。锑矿仅在Ⅳ号矿化蚀变带局部地段零星可见。Ⅳ号矿化蚀变带规模最大,长4000 m以上,宽15～200 m,圈出9个金矿体,长860～1390 m,厚0.90～48.56 m,倾向延深70～505 m,Au品位1.44～5.92 g/t,产状298°～330°∠58°～70°,顶板为浅变质细砂岩和含碳千枚岩,底板为变质砂岩夹含碳千枚岩,矿体与顶、底板岩石呈渐变过渡关系;Ⅰ号矿化蚀变带产出于含碳细砂岩和千枚岩中,长3800 m,宽100～150 m,圈出3个金矿体,Au品位1～3 g/t;Ⅱ号矿化蚀变带产出于含碳千枚岩和浅变质砂岩,长4000 m,宽2058 m,控制6个金矿体,

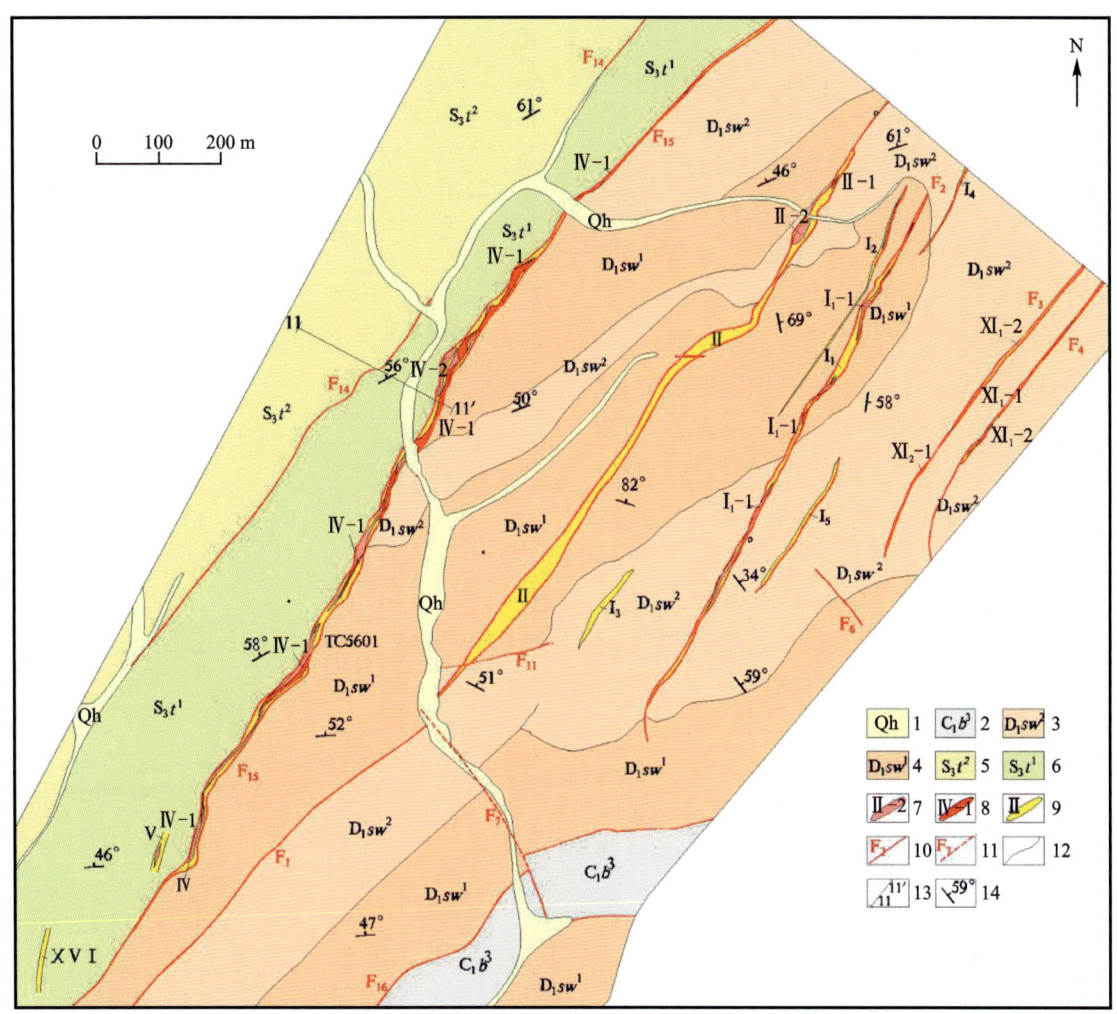

1.全新统残坡积物;2.下石炭统巴什索贡组第三岩性段粉砂岩、砂岩夹灰岩;3.下泥盆统萨瓦亚尔顿组第二岩性段中厚层变质细砂岩夹含碳绢云千枚岩;4.下泥盆统萨瓦亚尔顿组第一岩性段含碳绢云千枚岩夹薄层变细砂岩;5.上志留统塔尔特库里组碳质绢云千枚岩、变粉砂岩;6.中志留统塔尔特库里组碳质绢云母千枚岩夹变粉砂岩;7.低品位金矿体及编号;8.工业矿体;9.金矿化蚀变带及编号;10.断层及编号;11.推测断层及编号;12.地质界线;13.勘查线剖面位置及编号;14.地层产状。

图 4-2 乌恰县萨瓦亚尔顿金矿区地质略图

Au 品位 1~1.7 g/t;Ⅺ号矿化蚀变带产出于变质砂岩夹含碳千枚岩,长 1800 m,宽 1~10 m,圈出两个金矿体,Au 品位 1.02~1.31 g/t。矿体特征见图 4-3。

第三节 矿区主要岩石类型及围岩蚀变

一、矿区主要岩石类型及特征

矿区岩石主要为含碳千枚岩(附录 4 图 1~图 2)、变质粉砂岩(附录 4 图 3~图 6)、变质砂岩,次为变质粉砂泥岩、变质细砂岩(附录 4 图 7~图 10),少量碳质板岩(附录 4 图 11)。普遍发育波痕、沟模、水平层理和韵律层理构造。在空间分布上呈互层状产出,构成类复理石建造。主要岩石特征分述如下。

含碳千枚岩：矿区内分布较普遍，是矿床主要赋矿围岩，也是含金蚀变破碎带的容矿岩石之一。在矿体中常见，岩石呈灰黑色，鳞片变晶结构，千枚状构造，主要矿物为绢云母，次要矿物为石英、碳质，偶见少量粉砂屑，含量不超过5%，绢云母鳞片集合体定向排列，其间含有灰黑色粉尘状碳质。次生交代蚀变主要有硅化、绢云母化、碳酸盐化、黄铁矿化、毒砂化，次为电气石化及褐铁矿化。

变质粉砂岩：主要的赋矿围岩类型，受成矿构造作用及热液活动影响，形成含金蚀变破碎带，分布较普遍，在矿体中常见。岩石呈深灰色，变余粉砂状结构，块状构造，主要由长石、石英粉砂屑及绿泥石、绢云母等胶结物组成，岩石中多夹碳质或泥质细条带。次生交代蚀变主要为硅化、绢云母化、碳酸盐化、黄铁矿化、毒砂化，次为电气石化、绿泥石化及磁黄铁矿化等。受构造应力作用影响，矿物沿拉长方向定向排列，在破碎带多见石英脉、方解石脉交错分布。

变质细砂岩：矿区主要的赋矿围岩类型，受成矿构造作用及热液活动影响，形成含金蚀变破碎带，在矿体中均常见。岩石呈深灰色，变余细砂状结构，块状构造，主要由长石、石英砂屑及石英、绢云母胶结物组成，并混有粉砂屑、白钛石，受应力作用影响具定向性。次生蚀变主要为硅化、绢云母化、碳酸盐化、黄铁矿化、毒砂化，次为电气石化、磁黄铁矿化。岩石内部多夹碳质细条带，常见沿岩石破碎带、石英方解石脉交错分布。

灰岩（附录4图12）：矿区变质细砂岩中夹有灰岩条带，呈整合接触。灰岩呈灰色，细晶结构，块状构造，主要由细晶方解石组成，局部沿裂隙充填中晶方解石。

辉长岩脉：仅在矿区西侧硝尔布拉克见有基性辉绿岩脉，在矿区深部钻探见小规模辉长辉绿岩脉产出（附录4图13）。辉长岩呈灰黑色，辉长结构，块状构造，主要矿物为基性斜长石、普通辉石，次要矿物为斜方辉石、角闪石、黑云母及少量石英等，次生蚀变为碳酸盐化。

石英脉（附录4图14～图16）：根据野外产状、含金性及矿物组合分析，矿区分布的石英脉可分为早、晚两期，早期成矿前石英脉分布在矿区围岩中（附录4图17），脉宽几毫米至几百毫米，脉长几厘米至几十米，呈白色，瓷状光泽，金含量很低，主要由石英构成，可见少量的白云石和硫化物，有的被后期方解石脉穿过。成矿期石英脉分布在矿体中，是在

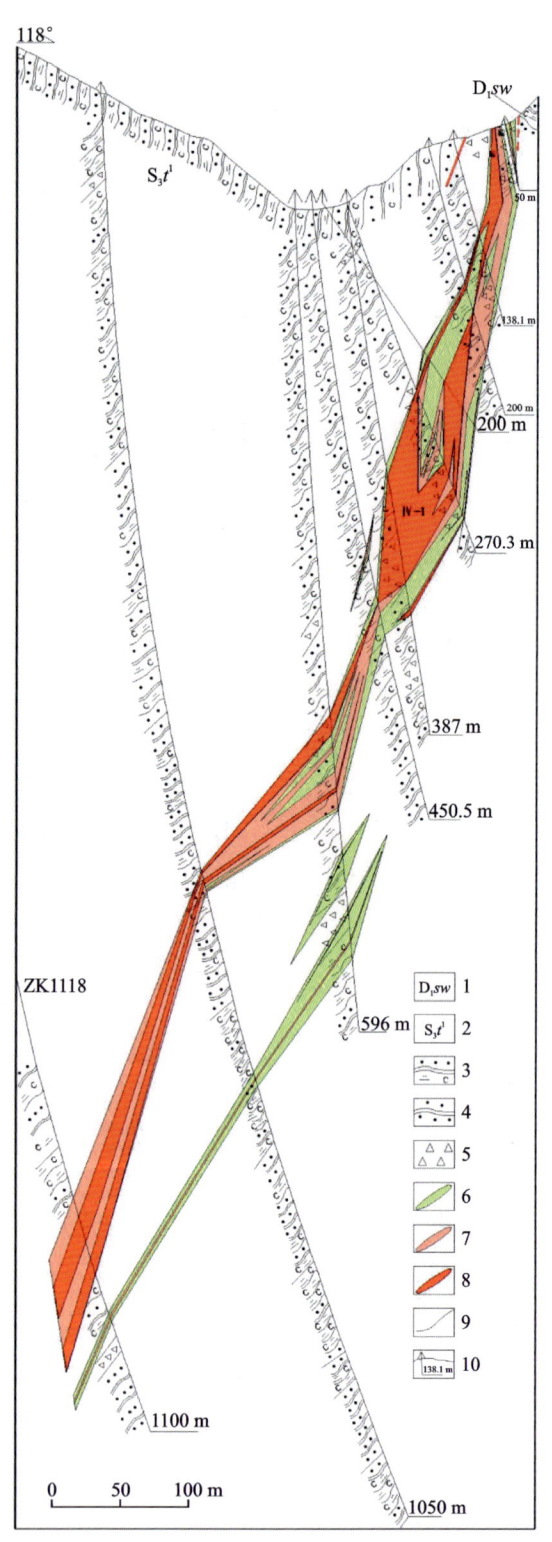

1.下泥盆统萨瓦亚尔顿组；2.上志留统塔尔特库里组第一岩性段；3.变砂岩夹含碳绢云千枚岩；4.变砂岩；5.碎裂岩带；6.矿化蚀变带；7.低品位金矿体；8.金工业矿体；9.地质界线；10.钻孔及孔深。

图4-3 乌恰县萨瓦亚尔顿金矿Ⅳ号矿带11号勘查线剖面图

构造破碎带的基础上,由含矿热液的充填交代作用形成的,其形态主要受挤压破碎带的性质、压碎程度、规模及角砾中的裂隙特点影响。从野外及显微镜下观察确认,矿石中石英脉形态复杂、规模变化大,含有较多的金属硫化物,金矿化作用明显。

二、围岩蚀变及特点

矿区围岩以含碳千枚岩、变质粉砂岩、变质砂岩为主,次为变质粉砂泥岩,少量碳质板岩。矿化蚀变现象常见,在空间分布上呈脉状、浸染状产出。主要矿化蚀变分述如下。

硅化(附录4图16、图18):矿石中重要的矿化蚀变,也是热液成矿的最主要作用之一,在矿石中尤其在高品位矿石中广泛发育,与矿化关系密切。硅化及石英脉发育地段矿化明显,金品位高,反之亦然。矿石中的硅化是在构造挤压破碎带中含矿热液向围岩裂隙扩散充填交代的结果,且呈不规则条带状、团块状或脉状分布。

绢云母化(附录4图18~图19):围岩中最常见的一种交代蚀变,尤其在变质粉砂岩和变质砂岩中普遍存在,与矿化关系密切,是热液成矿的主要蚀变作用之一。在绢云母化强的部位,叠加硅化、黄铁矿化、毒砂化。绢云母呈鳞片状集合体不均匀定向分布,部分沿裂隙呈团块状或脉状产出,常与绿帘石化、硅化、金属硫化物及石英脉共生。与石英、黄铁矿共生在一起时,则形成黄铁绢英岩。

碳酸盐化(附录4图20~图21):矿石和矿化围岩及围岩中常见的次生蚀变之一,分布十分广泛。与硅化、绢云母化及金属硫化物叠加共生。碳酸盐矿物主要为铁白云石和少量菱铁矿及方解石。铁白云石形成于热液期,呈粒状集合体与其他蚀变矿物共生,分布不均匀,有时交代原生矿物石英等,与矿化作用有关;方解石多呈脉状沿构造裂隙穿过早期石英脉;菱铁矿多呈自形粒状不均匀分布于围岩(变质砂岩)中。

绿泥石化(附录4图22):交代蚀变现象之一,在围岩中广泛分布。围岩中的绿泥石呈细鳞片—细叶片状,呈团粒状或脉状沿裂隙产出,往往与其他热液蚀变矿物共生在一起。

褐铁矿化:矿床氧化带中常见的次生蚀变现象,在氧化矿石中常见,交代原生硫化物呈薄膜状、脉状等,如交代黄铁矿(附录4图23)。

综上所述,矿石中与成矿有关的交代蚀变主要为硅化、绢云母化、碳酸盐化、绿泥石化及褐铁矿化。除以上常见蚀变,还有电气石化、磁黄铁矿化等,裂隙间见金红石集合体(附录4图24)。矿石中除与成矿有关的交代蚀变现象外,还分布由不同矿物组合构成的脉体,常见的有方解石-石英脉,也可见单一硫化物脉,如黄铁矿脉。这些脉体的延伸方向往往与原岩中矿物分布方向平行或近于垂直,表明岩石在成矿期中经历了成矿前、成矿期构造作用。成矿方式为充填交代,在空间分布上则以不均匀浸染状或细脉浸染状产出为特点。

第四节 矿石物质组分及特征

一、矿石物质成分

经显微镜下鉴定及电子探针成分分析,矿床中发现矿物45种,其中矿石矿物22种,脉石矿物15种,表生氧化矿物7种,其中单质矿物3种(表4-1)。

表 4-1　萨瓦亚尔顿金矿矿石矿物成分表

类型	主要矿物	次要矿物	少见矿物
矿石矿物	黄铁矿、毒砂	磁黄铁矿、辉锑铁矿、辉锑矿、脆硫锑铅矿、黄铜矿	自然金、自然锑、含银自然金、银金矿、方铅矿、闪锌矿、锑黝铜矿、锑硫镍矿、方钴矿、辉铋矿、磁铁矿、硫铋铅矿、锡石、马基诺矿、方锑金矿
脉石矿物	石英、绢云母、铁白云石	菱铁矿、方解石、绿泥石	电气石、石墨、符山石、白云母、磷灰石、锆石、独居石、金红石、磷钇矿
表生矿物	褐铁矿	白铁矿、锑华、黄钾铁矾	铜蓝、孔雀石、臭葱石

1. 部分金属矿物

1) 金矿物

经显微镜下鉴定和电子探针成分分析,矿石中金矿物分为自然金、含银自然金和银金矿 3 种。其中自然金见于氧化带及过渡带,占金矿物总数的 60%±;含银自然金和银金矿则以原生矿中居多,占 40%±,其中以含银自然金为主,银金矿少见,表明次生金占多数。矿石中金矿物非常稀少,一般难以见到,呈不均匀星点浸染状产出,少数聚集成"窝状"。

金矿物呈亮金黄色,含银高者颜色略浅,为浅金黄色,枝杈状和片状自然金颜色稍深,多见于氧化矿石中,与金矿物生成条件有关。金矿物表面较新鲜,质软、延展性好。

对矿石中金矿物形态的显微镜下观察研究表明(表 4-2～表 4-3),其形态主要为他形粒状(附录 4 图 25),少量呈自形—半自形粒状(附录 4 图 26～图 27),进一步细分为等粒状、长角粒状、麦粒状,占 60% 以上;片状、枝杈状及薄膜状较少,在原生矿中不足 20%,在氧化矿中增多。金矿物形态与其形成条件有关。

表 4-2　萨瓦亚尔顿金矿金矿物形态统计(光片)

形态	自然金		含银自然金	
	粒数/个	含量/%	粒数/个	含量/%
粒状	41	62.12	26	59.09
长粒状	21	31.82	13	29.54
片状、薄膜状	2	3.03	2	4.55
枝杈状、针状	2	3.03	3	6.82
合计	66	100	44	100

注:18 个光片统计结果。

分析单位:新疆矿产实验研究所鉴定专业室。

表 4-3　萨瓦亚尔顿金矿金矿物形态统计(人工重砂)

形态	原生矿		氧化矿	
	粒数/个	含量/%	粒数/个	含量/%
等粒状、角粒状	257	67.81	292	42.69
麦粒状、长角粒状	55	14.51	160	23.16
片状、薄膜状	37	9.76	74	10.71
枝杈状、针状	30	7.92	162	23.44
合计	379	100	688	100

分析单位:新疆矿产实验研究所鉴定专业室。

经对光片和重砂样品中金矿物粒度统计(表4-4～表4-5),矿石中金矿物粒径较细,中粒和粗粒级少,肉眼未见明金。重砂样品中见到自然金最大粒径为0.25 mm,一般0.01～0.1 mm,占可见金的95%以上。在上百个光片中仅见到110粒自然金,经统计,其嵌布粒径在0.001～0.06 mm之间,属微细粒级。由于矿石中金矿物稀少,粒径细,在重砂淘洗过程中微细金容易流失,保留下来的仅是一部分中、粗粒金的颗粒,因此重砂样品和光片统计的金矿物粒径有一定差别。

表4-4 萨瓦亚尔顿金矿金矿物粒度统计(光片)

粒级	粒级范围/mm	自然金		含银自然金	
		粒数/个	含量/%	粒数/个	含量/%
微粒	<0.01	64	96.97	37	84.09
细粒	0.01～<0.037	2	3.03	7	15.91
中粒	0.037～<0.074	0	0	0	0
粗粒	0.074～<0.295	0	0	0	0
巨粒	≥0.295	0	0	0	0
合计		66	100	44	100

分析单位:新疆矿产实验研究所鉴定专业室。

表4-5 萨瓦亚尔顿金矿金矿物粒度统计(人工重砂)

粒级/mm	原生矿		氧化矿		总计	
	粒数/个	含量/%	粒数/个	含量/%	粒数/个	含量/%
<0.01	67	18.61	46	2.83	113	5.70
0.01～<0.037	153	42.50	985	60.73	1138	57.42
0.037～<0.074	106	29.45	392	24.17	498	25.12
0.074～<0.295	34	9.44	199	12.27	233	11.76
≥0.295	0	0	0	0	0	0
合计	360	100	1622	100	1982	100

分析单位:新疆矿产实验研究所鉴定专业室。

根据金矿物电子探针成分分析结果(表4-6),自然金中Au含量平均97.24%、Ag含量平均0.58%、Sb含量平均0.20%,此外,尚含有Cu、Pb、Zn、Bi、Ni、Co等微量元素。自然金成色为994.0‰。含银自然金中Au含量平均88.95%、Ag含量平均10.24%、Sb含量平均0.02%,经计算其成色为896.76‰。银金矿Au含量平均75.18%、Ag含量平均24.07%,并混有Cu、Zn、Te、Cd、Ni等微量元素,其成色为757.48‰。

表4-6 萨瓦亚尔顿金矿金矿物电子探针成分分析结果 单位:%

编号	元素名称	Au	Ag	Cu	Zn	As	Sb	Bi	Te	Ni	Co	Fe
1	自然金	97.19	1.37	—	0.26	0.03	0.69			0.02		2.49
2	自然金	96.31	0.10	0.01	0.01	0.02	0.57	—		0.07	0.34	0.27
3	自然金	98.21	0.28	0.14	0.14		0.03		0.07	0.01	0.07	0.07
	平均值	97.24	0.58	0.05	0.14	0.02	0.20	0.23	0.05	0.12	0.02	0.94
1	含银自然金	94.38	4.75	—	0.01	0.05	0.69					1.33

续表 4-6

编号	元素名称	Au	Ag	Cu	Zn	As	Sb	Bi	Te	Ni	Co	Fe
2	含银自然金	92.45	5.68	—	0.03	—	0.07	0.74	—	—	0.02	1.89
3	含银自然金	91.81	5.91	—	0.01	—	0.01	0.97	—	—	0.01	2.37
4	含银自然金	83.28	17.25	—	0.01	—	0.02	0.70	—	—	—	0.22
5	含银自然金	82.85	17.60	—	—	—	—	0.75	—	—	0.03	0.21
	平均值	88.95	10.24	—	0.01	0.01	0.02	0.77	—	—	0.01	1.20
1#	银金矿	79.36	21.60	—	0.09	0.01	—	0.68	—	—	—	0.18
2#	银金矿	72.74	26.36	0.20	—	—	—	—	—	—	—	—
	平均值	75.18	24.07	0.16	—	—	—	—	—	—	—	—

注：①1#、2#由成都理工大学提供。②—为元素含量未达检出下限，未检出。

2）黄铁矿

黄铁矿是矿石中分布最广、数量最多的金属硫化物，分布不均匀，主要见于蚀变破碎带内角砾中，其次在矿化蚀变围岩中，在石英脉中很少出现，常与毒砂、磁黄铁矿、黄铜矿、含银自然金共生在一起，是最重要的载金矿物之一。

黄铁矿呈浅黄色，金属光泽，部分表面覆盖有氧化薄膜。性脆，均质性，晶纹发育，条痕呈灰黑色。其形态多呈半自形—自形粒状（附录4图28），次为他形粒状（附录4图29）、球粒状、草莓状。晶形主要为立方体及立方体和八面体聚形，约占72%。次为八面体和四角三八面体，约占26%（表4-7）。粒径普遍较细，在0.01~1.28 mm之间，主要在0.01~0.5 mm之间，占95%以上（表4-8）。部分晶形完整的黄铁矿内部具环带结构，沿环带分布辉锑铁矿和石英。在地表氧化带中，黄铁矿常蚀变为褐铁矿、黄钾铁矾，多呈交代假象或残余存在（附录4图23）。

表 4-7　萨瓦亚尔顿金矿黄铁矿形态统计

晶形	立方体	八面体	四角三八面体	立方体与八面体聚形	其他
粒数/个	2307	962	1139	3508	84
含量/%	28.84	12.02	14.24	43.85	1.05

分析单位：新疆矿产实验研究所鉴定专业室。

表 4-8　萨瓦亚尔顿金矿黄铁矿粒度统计结果

粒径范围/mm	矿石中的黄铁矿/%[①]		蚀变围岩中的黄铁矿/%[②]	
	测点数	含量/%	测点数	含量/%
<0.02	609	28.42	668	30.12
0.02~<0.04	970	45.26	631	28.45
0.04~<0.08	332	15.49	403	18.17
0.08~<0.16	166	7.74	349	15.73
0.16~<0.32	52	2.43	142	6.40
0.32~<0.64	13	0.61	23	1.04
0.64~<1.28	1	0.05	2	0.09
总计	2143	100	2218	100

注：① 9个光片统计；② 7个光片统计。

分析单位：新疆矿产实验研究所鉴定专业室。

黄铁矿在空间分布上具极不均匀特点。产于矿体中的黄铁矿粒径细、晶形复杂多样，呈不均匀浸染状产在含金蚀变破碎带内的构造角砾中，含量5%～15%，局部大于15%，与金矿化关系密切。在蚀变围岩中黄铁矿晶形比较简单，以立方体为主，粒径较粗，在0.2～2 mm之间，含量较低，小于3%，呈星点状分布。

根据显微镜下观察，黄铁矿在矿石中产出分布具以下特点。

(1)多呈独立单体产出，约占80%，但分布很不均匀，常倾向于层状、条带状、团块状产出，多与毒砂等硫化物共生在一起。

(2)呈连生体产出，占比较小，约占10%，常见黄铁矿+黄铁矿、黄铁矿+毒砂、黄铁矿+毒砂+磁黄铁矿等连生在一起。

(3)包裹关系：占5%左右，黄铁矿中包裹毒砂或含银自然金、辉锑铁矿等。

(4)交代关系：占1%左右，黄铁矿被白铁矿、褐铁矿交代。

(5)呈独立细脉状产出，占1%左右。

根据显微镜下大量光、薄片观察，结合已知品位相应样品的对比研究，矿石中黄铁矿的晶形、粒径大小、数量多少、破碎程度及共生组合与金矿化有一定关系，表明黄铁矿不仅是重要的载金矿物，也是金的富集矿物，具以下规律。

(1)黄铁矿粒径越细，金含量越高。如矿石中的黄铁矿明显比蚀变岩中的细小，含金性好。

(2)黄铁矿晶形多样化、组合越复杂，含金越好。矿石中包裹自然金的黄铁矿主要是细粒聚晶，而蚀变围岩中黄铁矿以粗粒立方体居多。

(3)矿石中黄铁矿含量越高，含金性越好。矿石中黄铁矿平均含量5%，而蚀变围岩中仅1%～2%。

(4)黄铁矿破碎程度越高，含金性越好。黄铁矿单矿物中主要微量元素化学分析结果表明(表4-9)，Au、Ag、Sb含量较高，其中Au 5.5×10^{-6}，Ag 9.3×10^{-6}，Ag含量高于Au，Sb含量 2370×10^{-6}，其他微量元素含量较低，说明黄铁矿是该矿床中重要的载金矿物之一。

表4-9 萨瓦亚尔顿金矿黄铁矿单矿物化学分析结果

编号	Au	Ag	Cu	Pb	Zn	Co	Ni	Sb	Bi
	$w/10^{-6}$		$w/10^{-2}$						
962WZ-03	2.340	10.100	0.000	0.060	0.000	0.003	0.010	0.050	0.000
962WZ-04-1	6.720	6.390	0.010	0.010	0.010	0.003	0.010	0.240	0.000
962RZ-06-1	7.400	11.410	0.000	0.030	0.040	0.003	0.010	0.420	0.000
平均值	5.487	9.300	0.003	0.033	0.017	0.003	0.010	0.237	0.000

分析单位：新疆矿产实验研究所测试专业室。

黄铁矿电子探针成分分析结果显示(表4-10)，不同成因类型的黄铁矿主要化学成分变化不大。微量元素Cu、Pb、Zn、Ag、Sb、Bi、Co、Ni、Te含量也很低，变化小。但Au、As含量从矿石到蚀变围岩及晚期石英脉有从高向低的变化趋势，反映出成矿时矿液中金浓度较高的特点。

表4-10 萨瓦亚尔顿金矿不同类型黄铁矿电子探针分析平均值 单位：%

元素名称	S	Fe	As	Au	Ag	Cu	Zn	Sb	Bi	Mo	Co	Ni	Te	Cd
矿石(5个均值)	52.69	45.74	0.50	0.21	0.03	0.05	0.03	0.21	0.10	0.07	0.04	0.05	0.04	0.01
矿化围岩(5个均值)	53.39	45.68	0.13	0.19	0.05	0.03	0.02	0.01	0.13	—	0.07	0.04	0.03	0.06
蚀变围岩(4个均值)	53.40	45.58	0.06	0.07	0.03	0.05	0.01	0.05	0.17	0.02	0.23	0.03	0.01	0.02
晚期石英脉(3个均值)	53.06	46.64	0.22	0.09	0.04	—	0.06	0.06	0.11		0.10	0.02	0.03	0.06

注：—为元素含量未达检出下限，未检出。

分析单位：新疆矿产实验研究所鉴定专业室。

3) 毒砂

毒砂在矿床中广泛分布,呈稀疏浸染状产出,在空间上与黄铁矿一起呈条带状、团块状及斑杂状产出,主要分布在金矿化围岩角砾中及近矿蚀变围岩中,在石英脉中少见。与黄铁矿、自然金、含银自然金关系密切,二者多共生在一起,是重要的载金矿物和金矿化的标型矿物之一。毒砂粒度统计结果和单矿物化学分析结果见表4-11~表4-12。

表4-11 萨瓦亚尔顿金矿毒砂粒度统计结果

粒径范围/mm	矿石中的毒砂/%[①]		蚀变围岩中的毒砂/%[②]	
	测点数	含量/%	测点数	含量/%
<0.02	640	42.89	52	7.84
0.02~<0.04	566	37.94	161	24.28
0.04~<0.08	208	13.94	204	30.77
0.08~<0.16	68	4.56	150	22.63
0.16~<0.32	8	0.54	69	10.41
0.32~<0.64	2	0.13	24	3.62
0.64~<1.28	—	—	3	0.45
总计	1492	100	663	100

注:①9个光片统计;②9个光片统计。

分析单位:新疆矿产实验研究所鉴定专业室。

表4-12 萨瓦亚尔顿金矿毒砂单矿物化学成分分析结果

样品编号	Au	Ag	Cu	Pb	Zn	Co	Ni	Sb	Bi
	$w/10^{-6}$		$w/10^{-2}$						
962RZ-06-2	95.200	6.010	0.010	0.030	0.010	0.003	0.010	0.450	0.000
962WZ-04-2	278.000	11.530	0.010	0.030	0.020	0.014	0.060	0.200	0.000
962RZ-01-1	43.200	4.290	0.000	0.010	0.010	0.010	0.080	0.050	0.000
962RZ-01-2	17.860	3.140	0.010	0.010	0.080	0.009	0.070	0.070	0.000
平均值	108.565	6.243	0.0075	0.020	0.030	0.009	0.055	0.1925	0.000

分析单位:新疆矿产实验研究所测试专业室。

毒砂颜色为锡白色,金属光泽,不透明,条痕呈灰黑色,性脆,具较强的非均性。显微镜下多呈半自形—自形粒状,晶形为斜方柱状或菱面体状(附录4图30),粒径0.01~1.6 mm±,多集中在0.02~0.16 mm之间。大部分呈单体分布,少数被黄铁矿包裹或与黄铁矿连生(附录3图28),偶尔呈粒状集合体或脉状产出,含量在0.1%~2%之间。有时在毒砂中见到含银自然金,在毒砂裂隙中也可见金矿物分布。在表生条件下,毒砂常蚀变为臭葱石和褐铁矿,并保留其菱面体外形。

4) 辉锑矿

辉锑矿是矿床中主要的锑矿物之一,多产在矿体内的石英脉或团块中,在构造角砾中少见。辉锑矿呈板状、他形粒状(附录4图31),偶尔呈脉状或团块状分布。粒径在0.10~0.80 mm之间。多见于石英粒间或裂隙中,形成较石英晚,也晚于黄铁矿和毒砂等金属硫化物。与辉锑铁矿、脆硫锑铅矿等共生。由于辉锑矿只产于矿体中,所以,它是金矿化的指示矿物之一。

辉锑矿呈暗铅灰色,金属光泽、条痕灰黑色,硬度低,性脆。在地表氧化带,多蚀变为锑华及褐铁矿。

辉锑矿电子探针成分分析结果见表4-13,其中主元素 S 26.82%、Sb 71.97%。辉锑矿单矿物分析含 Au 1.86×10^{-6}、Ag 48.8×10^{-6},表明辉锑矿也是矿石中的载金矿物之一。

5)脆硫锑铅矿

脆硫锑铅矿是矿床中常见的锑硫盐矿物之一,主要见于矿体中的石英脉及其团块中,在矿化蚀变围岩角砾中少见。与石英、辉锑矿、辉锑铁矿一起共生,局部与闪锌矿一起包裹于辉锑铁矿中(附录4图32),多分布于石英间隙中,呈星散状分布,形成晚于石英。

脆硫锑铅矿颜色为铅灰色—锡白色,金属光泽,柱面有纵条纹,硬度低,具弱电磁性。显微镜下呈他形粒状或片状,少量呈脉状和团块产出,粒径在 0.1~0.8 cm 之间。脆硫锑铅矿电子探针成分分析结果见表4-13,其主元素 S 19.66%、Fe 2.99%、Sb 35.02%、Pb 40.72%。其他微量元素 Au、Ag、Cu、Zn、As、Bi 含量较低,差异较小。

6)辉锑铁矿

辉锑铁矿是矿床中常见的锑硫盐矿物之一,主要见于矿体中的石英脉及其团块中,在围岩构造角砾中少见。与辉锑矿、脆硫锑铅矿共生,有时沿环带或裂隙交代早期形成的黄铁矿,多分布于石英间隙中(附录4图33~图34)。

辉锑铁矿呈暗钢灰色,表面常有锖色,金属光泽,条痕呈黑色,硬度低,性脆,具解理。形态呈他形不规则粒状,嵌布粒径 0.02~0.6 mm,含量较低。辉锑铁矿电子探针成分分析结果见表4-13,其主元素 S 29.46%、Fe 12.73%、Sb 55.58%。微量元素有 Au、Ag、Cu、Pb、Zn、As、Bi 等。对辉锑铁矿单矿物分析,其中 Au、Ag 含量较高,Au 4.99×10^{-6},Ag 74.2×10^{-6},表明其也是载金矿物之一。

7)黄铜矿

黄铜矿是常见的微量矿物之一,多见于近矿蚀变围岩中,在矿体中偶尔可见,含量极微。

黄铜矿呈铜黄色,金属光泽,条痕呈绿黑色,性脆。多呈他形粒状分布于脉石矿物粒间(附录4图35),偶尔呈细脉状产于黄铁矿裂隙中。粒径很细,一般在 0.02~0.1 mm 之间,少数大于 0.1 mm。与磁黄铁矿总是分布在一起(附录4图36)。偶尔可见黄铜矿与黄铁矿、毒砂、辉锑矿等共生。个别呈乳滴状分布于闪锌矿中。也可见到黄铜矿与金矿物一起包裹于毒砂颗粒中。在地表氧化带,黄铜矿常被孔雀石和铜蓝交代。黄铜矿电子探针成分分析结果见表4-13,其主元素 S 34.32%、Cu 33.67%、Fe 30.68%,微量元素中 Au、Zn、Bi 含量略高,其余元素含量均低。

表 4-13 萨瓦亚尔顿金矿金属硫化物电子探针成分分析结果　　　　　单位:%

矿物	元素													
	S	As	Fe	Au	Ag	Sb	Bi	Ni	Co	Cu	Zn	Te	Cd	Pb
毒砂	21.82	40.73	35.29	0.17	0.04	0.09	0.09	0.05	0.06	0.04	0.03	0.06	0.05	—
黄铜矿	34.32	0.03	30.68	0.10	0.09	0.03	0.25	0.02	0.06	33.67	0.10	0.06	0.02	—
磁黄铁矿	39.93	0.06	59.41	0.13	0.06	0.02	0.16	0.14	0.10	0.06	0.04	0.02	0.03	
辉锑矿	26.82	0.00	0.05	0.06	0.1	71.97	0.04	0.01	0.05	0.04	0.04	0.0	0.01	—
闪锌矿	32.96	0.01	4.91	0.04	0.03	0.05	0.27	0.03	0.04	0.18	61.37	0.05	0.06	
脆硫锑铅矿	19.66	—	2.99	0.07	0.07	35.02	0.31	0.05	0.07	0.06	0.09		0.04	40.72
辉锑铁矿	29.46	0.12	12.73	0.19	0.03	55.58	0.22	0.06	0.07	0.03		0.04		
方铅矿	13.12	—		0.09	0.64		2.82							81.62
锑黝铜矿	35.86	0.02	5.87	0.24	0.15	26.91	0.13	0.03	0.05	35.86	2.58	0.00	0.03	—

注:—为元素含量未达检出下限,未检出。
分析单位:新疆矿产实验研究所鉴定专业室。

8)磁黄铁矿

磁黄铁矿是金矿床中常见金属硫化物之一,主要产于蚀变围岩中,在矿化围岩角砾中也普遍可见,但含量低。磁黄铁矿多不均匀分布于脉石矿物粒间(附录4图37),也可见与黄铁矿、黄铜矿、闪锌矿共生,呈星点状分布。在地表常被白铁矿、褐铁矿交代。

呈他形粒状,偶尔呈脉状产出,粒径在0.02～1.6 mm之间,产在蚀变围岩中的粒径略粗,一般大于0.5 mm。磁黄铁矿电子探针成分分析结果见表4-13,其主元素S 39.93%、Fe 59.41%。

9)闪锌矿

闪锌矿是矿床中分布稀少的微量矿物之一,见于矿体中,常与黄铁矿、黄铜矿共生,并与黄铜矿呈固溶体连生。

闪锌矿呈浅黄色—棕褐色—黑褐色,油脂至亚金刚光泽,性脆,解理完全。呈他形粒状,粒径细小,在0.02～0.5 mm之间,呈星点状分布,局部见粒状集合体分布于脉石矿物粒间(附录4图38)。闪锌矿电子探针成分分析结果见表4-13,主元素平均值S 32.96%、Zn 61.37%。闪锌矿中Fe含量变化较大,在不同闪锌矿中,含量在2.91%～8.42%之间,平均值4.90%,反映出成矿温度为中低温。

10)方铅矿

方铅矿是矿床中少见的微量矿物之一,主要产于矿体中,与闪锌矿、黄铁矿等共生,呈星点状分布。呈他形粒状,粒径很细,在0.02～0.08 mm之间,含量低,小于0.1%。方铅矿电子探针成分分析结果见表4-13,其主元素S 13.12%、Pb 81.62%,微量元素Bi、Ag含量较高,Bi 2.82%、Ag 0.64%。

11)锑黝铜矿

锑黝铜矿是矿床中少见的微量矿物之一,呈星点状分布。与磁黄铁矿、黄铁矿、黄铜矿等连生(附录4图39)。锑黝铜矿呈他形粒状,粒径细,在0.01～0.1 mm之间。锑黝铜矿电子探针成分分析结果见表4-13,其主元素S 35.86%、Fe 5.87%、Sb 26.91%、Cu 35.86%。

12)斑铜矿

斑铜矿是矿床中少见的微量矿物之一,呈星点状分布。斑铜矿呈他形粒状,粒径细,在0.01～0.003 mm之间,沿黄铜矿边缘交代黄铜矿(附录4图40)。

13)锑硫镍矿

锑硫镍矿是矿床中常见的微量矿物之一,与黄铜矿共生。锑硫镍矿他形粒状,粒径在0.01～0.1 mm之间,分布黄铜矿边缘交代黄铜矿(附录4图41)。

14)白铁矿

白铁矿是矿床中常见的微量矿物之一,主要产在矿化蚀变围岩中,以交代黄铁矿形式出现(附录4图42)。白铁矿呈他形粒状,粒径在0.1～1.0 mm之间,含量小于0.2%。

15)自然锑

自然锑是矿床中少见的微量矿物之一,分布在矿化蚀变围岩中,以交代辉锑矿形式出现(附录4图43)。自然锑呈他形粒状,粒径在0.02～0.1 mm之间。

综上所述,金属矿物在矿石中的形态、空间分布规律及与金矿化之间的关系,主要具有以下特点。

(1)金矿体由石英脉及蚀变破碎带构成,矿区未见由单一石英脉构成的矿体,穿插在围岩中的石英脉含金性很差。金矿化以硅化、黄铁矿化、毒砂化及绢云母化为标志。

(2)金属矿物主要为黄铁矿、毒砂,次有磁黄铁矿、辉锑铁矿、脆硫锑铅矿、辉锑矿及黄铜矿。微量金属矿物可见自然金、含银自然金、银金矿、方铅矿、闪锌矿、锑黝铜矿、方钴矿、辉铋矿、磁铁矿、硫铋铅矿、锡石、马基诺矿、方锑金矿。

(3)黄铁矿和毒砂形态以自形—半自形粒状、柱状为特点,黄铜矿、磁黄铁矿、辉锑铁矿、脆硫锑铅矿多呈他形粒状分布,部分颗粒形态不规则。其他矿物如自然金、银金矿、方铅矿、闪锌矿、锑黝铜矿、方钴矿、辉铋矿也多以他形粒状分布为特点。

(4)金属矿物尤其是黄铁矿、毒砂、磁黄铁矿及黄铜矿在空间分布上以极不均匀为特点,多倾向于产在含金石英脉蚀变破碎带中的角砾碎块中。在石英脉中黄铁矿和毒砂数量很少,但多见辉锑矿、辉锑铁矿、脆硫锑铅矿,这类矿物形成时间常晚于黄铁矿、毒砂及磁黄铁矿。

(5)硫化物在矿石中的相互关系比较简单,多数呈独立单体分布在脉石矿物粒间,有黄铁矿、毒砂、黄铜矿、磁黄铁矿、辉锑铁矿、脆硫锑铅矿等,在矿石中普遍存在。硫化物以简单方式彼此连生在一起,常见有4种形式:①同种矿物以直线连生,如黄铁矿与黄铁矿连生、辉锑矿与辉锑矿连生、毒砂与毒砂连生,在矿石中常见;②不同硫化物之间相互以直线连生,如毒砂与黄铁矿连生,在矿石中常见;③包裹连生,在矿石中少见,早期形成的黄铁矿被辉锑矿包裹并交代;④交代连生,辉锑铁矿、脆硫锑铅矿交代黄铁矿,界线不平直。

(6)自然金在矿石中数量极少,显微镜下少见,仅在少数样品中见到,与矿石中含金品位低有关。自然金多呈他形粒状分布,少数呈自形—半自形粒状。金矿物粒径很细,为0.004~0.03 mm±。嵌布方式主要为包裹金和粒间金两种,裂隙金占比例少,包裹金见于黄铁矿、毒砂和石英中。

2. 部分脉石矿物

1)石英

石英是矿石中最重要的脉石矿物之一,分布广泛。与金矿化关系密切,在硅化及石英脉发育的部位,金矿化强,反之,金矿化弱。因此,石英是反映金矿化程度的主要标型矿物之一。

石英在矿床中主要以石英脉和硅化两种形式产出:①在脉体中石英呈脉状、团块状、条带状充填在构造角砾之间,与围岩界线清晰,粒径较粗,一般0.1~0.8 mm,透明,常见碎裂及波状消光,石英粒间分布有辉锑铁矿、脆硫锑铅矿及少量黄铁矿、毒砂等;②呈细粒状集合体,交代围岩角砾,粒径小于0.1 mm,透明度差,浑浊不清,与石英脉呈渐变关系,由硅化作用形成,是含矿热液沿裂隙向外扩散交代的产物。常伴有较多的黄铁矿、毒砂。对石英单矿物进行含金性分析:其中 Au $(0.16\sim0.2)\times10^{-6}$,均值 0.18×10^{-6},Ag 0.2×10^{-6},Au、Ag 含量均较低。

2)绢云母

绢云母在矿床中广泛分布,见于蚀变破碎带和蚀变围岩中,也是赋矿围岩含碳千枚岩的主要矿物,与次生细粒石英、黄铁矿、毒砂及碳质共生,是主要脉石矿物之一。

绢云母呈鳞片—细片状集合体,粒径小于0.03 mm,呈定向分布。绢云母化普遍见于矿体和赋矿围岩中,多与硅化、黄铁矿化、毒砂化叠加在一起,与金矿化有直接关系,绢云母含量高的地段,金矿化强。部分金矿物产在绢云母和石英集合体间,故绢云母是找金的指示矿物之一。在空间分布上,绢云母化主要产在矿体和近矿围岩中,远离矿体则绢云母化变弱。

3)白云石

白云石在矿床中分布广泛,主要见于矿体和矿化蚀变围岩中,属铁白云石。

铁白云石呈土黄色或灰白色,他形—半自形粒状,粒径0.04~1.2 mm±,部分遇稀盐酸不起泡,解理发育,主要呈星散状分布在矿石及蚀变围岩中,方解石则多沿裂隙呈脉状和不规则团块状产出。白云石形成一般晚于硅化、黄铁矿化及绢云母化,与金矿化关系不明显,属热液活动最晚阶段的产物。

4)电气石

电气石多见于蚀变围岩中,在矿石中也有分布,呈星点状产出。常与硅化、绢云母化、黄铁矿化、毒砂化及磁黄铁矿化叠加在一起,反映出成矿温度较高的特点,是金矿化蚀变矿物之一。电气石呈半自形柱状、针状,粒径介于0.04~0.1 mm之间,含量低。

5)方解石

方解石多沿裂隙呈脉状和不规则团块状产出,有时也交代围岩中的矿物,形成一般晚于硅化、黄铁矿化及绢云母化,与金矿化关系不明显,属热液活动最晚阶段的产物。

6）独居石

独居石晶体呈细小的长柱状或长板状，棕褐色—灰黑色，油脂光泽，是提炼铈、镧的主要矿物，本矿床中独居石钕、铈含量较高，与花岗岩中独居石有明显不同，有待进一步研究。

7）磷钇矿

磷钇矿呈四方柱状、双锥状，浅黄色—浅褐黄色，透明—半透明，强玻璃光泽—油脂光泽，性脆，摩氏硬度中等，具电磁性，粒径 0.3～0.5 mm。

3. 部分表生氧化矿物

1）褐铁矿

褐铁矿为黄褐色—红褐色，不透明—半透明，常呈蜂窝状、土状、胶状、脉状，主要由黄铁矿、毒砂等矿物蚀变而成，常保留有这些矿物的晶形并呈假象存在，主要分布于氧化矿石中，有时包裹自然金。褐铁矿化是地表氧化带找金的重要标志，金的次生富集与褐铁矿化关系密切，褐铁矿化发育的部位，金的矿化作用就比较明显，金品位也较高。在野外金矿普查工作中，对褐铁矿化强的部位加密取样，是快速发现金矿的有效手段之一。

2）孔雀石

孔雀石呈他形细粒状，翠绿色隐晶质集合体，硬底低，性脆，由黄铜矿蚀变而成。

3）锑华

锑华呈土状和皮壳状，黄褐色，条痕白色，金刚光泽，硬度低，非均质性明显。见于矿床氧化带，由辉锑矿等锑硫盐矿物风化而成。锑华电子探针成分分析结果：Sb 平均值 77.32%，Pb 含量较高，为 1.73%，微量元素为 Au、Ag、Cu、Zn、Mo、Ni 等。

4）铅矾

铅矾呈短柱状或锥状，无色—白色，条痕呈白色，金刚光泽。铅矾产于氧化带中，由方铅矿、硫锑铅矿氧化而成，产于它们的裂隙及边缘，铅矾与碳酸溶液发生作用易变成白铅矿，因此常与白铅矿伴生。铅矾电子探针成分分析结果：PbO 73.6%、SO_3 26.1%，总计 99.02%。

二、岩、矿石化学成分

（一）常量元素特征

（1）容矿岩石中化学常量元素含量仅仅反映了元素一般的含量特点，与国内同类型岩石中元素相比，其主要元素之间含量变化不大，基本代表了岩石自身的化学成分特征。

（2）从矿石中的化学成分数值看，常量元素是以 Si、Fe、S、O 含量高为特征的，明显高于同类岩石中的相同元素，表明在成矿过程中这些元素有明显的代入作用，这与矿石中普遍存在的硅化、绢云母化及金属硫化物矿化现象是一致的。

（3）在氧化矿石中，Fe^{2+} 含量低于原生矿石，说明其中一部分已转变成 Fe^{3+}，其他元素如 Mg、Ca、S 等含量比原生矿石中也低得多，这是氧化淋滤作用使一些易溶元素被溶解淋失的结果。

（二）微量元素特征

（1）岩、矿石中含 Cu、Pb、Zn、As、Sb、Bi、Hg、Co、Ni、Mo、Te、Cd、Ag 等微量元素。其中 Hg、Ba、Mo、Sr、Se、Te、V、Cr 含量没有明显变化或有微弱的差异。Au、Ag、Cu、Pb、Zn、As、Sb、Bi 等矿石中含量明显高于岩石中（达数倍至数十倍），表明它们与成矿作用有关，是含金热液中的主要成矿元素。

（2）对矿区无矿石英脉和其围岩中微量元素进行分析，发现围岩内 Cr、Ni、Co、V 含量明显高于热液石英脉中的含量，而 Au、Ag、As 等则低于石英脉，表明成矿元素的富集与热液活动有关。

(3)从微量元素水平分布特征看，Au、Ag、As、Sb、Bi、Cu、Pb、Zn 均有明显的异常反应，与金矿体位置完全对应，是金的成矿作用所致。其中 Au、Ag、As、Sb、Bi、Cu 异常峰值大，强度高，Pb、Zn 异常峰值低，异常反应不明显。Cr、Ni、Co、V、Mo 与金矿化关系不明显，是成矿的伴生元素。

（三）稀土元素特征

陈华勇等（2013）选择了与矿化关系密切的石英做测试，认为早期无矿石英的稀土元素含量低于矿化石英，矿化石英包裹体中流体的稀土元素配分模式显示较一致的轻稀土富集和 Eu 正异常，指示流体中较高的 Ca^{2+} 含量或相对还原环境，早期石英包裹体中流体的稀土元素含量较低，指示早期阶段可能未发生流体混合。

（四）同位素和包裹体研究成果

杨富全等（2006）对绢云母化蚀变岩进行了 $^{40}Ar/^{39}Ar$ 法年龄测定，结果显示金主成矿时代为三叠纪。杨富全等（2006）根据黄铁矿流体包裹体 He、Ar 同位素、石英流体包裹体的 C、O 同位素组成，讨论了萨瓦亚尔顿金矿成矿流体的来源。结果表明，石英流体包裹体中 $\delta^{18}O_{SMOW}$ 变化于 14.51‰～24.2‰，CO_2 的 $\delta^{13}C_{PDB}$ 变化范围较大，为 －8.69‰～＋4.98‰，暗示成矿流体中碳来源于地幔和海相碳酸盐岩。黄铁矿流体包裹体的 $^3He/^4He$ 变化较大，为 0.04～1.11R/Ra，$^{40}Ar/^{39}Ar$ 变化较小，介于 301～348 之间。综合分析认为萨瓦亚尔顿金矿的成矿流体为地幔流体和地壳流体混合的产物，以地壳流体为主。

三、矿石结构构造及矿石类型

（一）矿石结构

矿石结构比较简单，按自然金形态划分为他形粒状结构、半自形粒状结构及包含结构，其中主要为他形粒状结构及包含结构，自然金呈半自形粒状结构的很少。若按硫化物结晶形态划分，矿石结构则较复杂，有他形粒状结构、半自形粒状结构、自形粒状结构、交代环边结构、乳滴状结构、碎裂结构、草莓状结构、交代假象结构、胶状结构等。

1. 粒状结构

他形粒状结构：在矿石中常见，自然金、含银自然金（附录 4 图 44～图 45）、银金矿、黄铜矿、磁黄铁矿、脆硫锑铅矿、辉锑铁矿、闪锌矿及部分黄铁矿均可呈他形粒状结构，粒径变化大，在 0.001～0.3 mm 之间，呈星点状或星散状分布。

半自形—自形粒状结构：金属矿物呈半自形—自形粒状，粒径在 0.01～1 mm 之间，在各类矿石中均可见到，以黄铁矿（附录 4 图 46）、毒砂为主，次为辉锑矿、辉锑铁矿、方钴矿，甚至个别含银自然金也呈半自形晶形。

草莓状结构：黄铁矿呈草莓状产出，粒径较细，在 0.01～0.15 mm 之间（附录 4 图 47）。

2. 固溶体分离结构

乳滴状结构：黄铜矿呈乳滴状分布在闪锌矿中，呈固溶体分离结构。

3. 交代结构

交代环边结构：主要见于黄铁矿、磁黄铁矿、辉锑矿及毒砂中，被褐铁矿、锑华、铅矾沿边缘交代，形成交代环边结构。

交代假象结构：一般见于褐铁矿交代黄铁矿、毒砂中，仍保留了原矿物的晶形。

胶状结构：由原生硫化物受氧化蚀变形成的次生结构，褐铁矿呈胶状，多见于氧化矿石中。

包含结构:主要有毒砂或辉锑铁矿被黄铁矿包裹,闪锌矿包裹黄铜矿,自然金、含银自然金被褐铁矿、黄铁矿包裹。

4. 碎裂结构

原生硫化物受应力作用影响被压碎变形,形成碎裂结构,多见于黄铁矿中。

(二)矿石构造

矿石构造较简单,金属硫化物黄铁矿和毒砂等多见于蚀变围岩角砾中,而在石英脉(团块)中数量少。辉锑矿、脆硫锑铅矿则多见于石英脉(团块)中。常见黄铁矿及毒砂沿角砾与石英脉接触处的围岩一侧集中分布,这是热液中的 S 与围岩中的 Fe 相结合形成黄铁矿等硫化物的结果。按金属矿物空间分布分为浸染状构造、浸染条带状构造及浸染团块状构造。

1. 浸染状构造

按矿物含量又可分出星点浸染状构造、星散浸染状构造和稀疏浸染状构造。稀疏浸染状构造中,金属硫化物呈浸染状产出,彼此互不相连,多呈独立单体分布。主要产于金-多金属硫化物型矿石中,常由黄铁矿和毒砂构成。有时硫化物聚集在一处呈团块状分布,形成浸染团块状构造。

2. 脉状构造

脉状构造:硫化物黄铁矿、黄铜矿及辉锑矿呈独立脉状产出。

3. 蜂窝状构造

蜂窝状构造:产于矿床氧化带内,硫化物遭风化淋失呈蜂窝状分布,主要由褐铁矿、黄钾铁矾、石英、绢云母及碳酸盐矿物构成。

(三)矿石类型

按矿石氧化程度划分为氧化金矿石、原生金矿石及过渡类型金矿石。

(1)氧化金矿石:产于地表氧化带,由原生矿石经风化淋滤作用形成,氧化程度越高,硫化物越少,大部分蚀变为褐铁矿、黄钾铁矾、臭葱石及锑华等,褐铁矿中包裹有自然金,在残余硫化物中也可见到含银自然金。

(2)原生金矿石:依其成因属于石英脉蚀变破碎带型金矿石(附录4图48),矿体由石英脉和沿断裂带分布的构造角砾构成,根据其中矿物组合及产出特点可以分为石英脉型金矿石、黄铁矿-毒砂-石英型金矿石及辉锑矿-石英脉型金矿石。石英脉型金矿石和黄铁矿-毒砂-石英型金矿石占多数,其最大特点是二者在空间上混杂交织在一起,同处于一个构造破碎带中(包括部分围岩)。在金矿化较富集的部位,石英脉和硅化相互叠加,界线逐渐消失,交代作用非常发育,原岩呈条带状、角砾状、团块状及层状产出,原岩中矿物及结构构造已基本消失,被绢云母、硫化物、碳质和石英集合体取代,呈阴影状分布。辉锑矿-石英脉型矿石较少见,仅在局部产出,除辉锑矿外,尚有脆硫锑铅矿及辉锑铁矿等。

(3)过渡类型金矿石:矿床内部完全氧化的矿石并不多,都混有一定数量的硫化物,矿体越接近地表,在矿石结构、构造及矿物成分上与原生矿越明显不同,向下延伸,与原生矿呈渐变过渡关系。

四、主要矿物生成顺序

根据矿石中的结构构造、矿物成分及矿物之间的关系,主要划分为热液期和表生氧化期,热液期又分无矿石英脉阶段、黄铁矿-毒砂-石英阶段、金-多硫化物石英阶段、辉锑矿-石英阶段、碳酸盐-石英阶段5个阶段(表4-14)。这5个阶段仅仅反映了同一成矿期热液随着温度、压力等条件的变化,在构造的不同空间、不同时间依次晶出的特定矿物组合,并不代表多期次构造热液的叠加,这也是导致矿床形成规模大、金品位低的原因之一。

表4-14 萨瓦亚尔顿金矿床矿物生成顺序简表

矿物	热液期					表生氧化期
	无矿石英脉阶段	黄铁矿-毒砂-石英阶段	金-多硫化物石英阶段	辉锑矿-石英阶段	碳酸盐-石英阶段	金-褐铁矿阶段
石英	—	—	—	—	—	
绢云母	—	—	—	—		
铁白云石	—	—	—	—	—	—
菱铁矿	—	—	—	—	—	—
方解石	—	—	—	—	—	—
绿泥石		—	—	—		
电气石		—	—			
黄铁矿	—	—	—			
毒砂	—	—				
磁黄铁矿		—	—			
黄铜矿		—	—			
辉锑矿			—	—	—	
脆硫锑铅矿			—	—		
辉锑铁矿			—	—		
含银自然金		—	—	—	—	
银金矿		—	—	—		
自然金			—	—	—	—
闪锌矿		—	—	—		
方铅矿		—	—			
锑硫镍矿		—	—	—		
锑黝铜矿		—	—	—		
硫铋铅矿			—	—		
辉铋矿			—	—		
碳质	—	—				
白铁矿					—	—
褐铁矿						—
黄钾铁矾						—
锑华						—
铜蓝						—
孔雀石						—
成矿元素	Si、Ca	S、F、B、As Si、K、Ca、Fe	S、K、Ca、Zn Pb、Au、Ag、As Sb、S、Cu	Si、Ca、S、Sb、Pb、Fe	Si、Ca、S、Fe、K	Au、Ag、Fe^{3+}
成矿温度/℃	110～220		110～220		90～160	常温
成矿特点	无金矿化	金矿化弱	金主要形成阶段	金矿化弱	金矿化弱	金有次生富集

以下对热液期的5个阶段进行简要描述。

无矿石英脉阶段:指矿区主要沿岩石片理贯入的石英脉,形成于成矿的早期阶段。根据化学成分分析结果,金含量一般小于$0.1×10^{-6}$,有时含有少量黄铁矿和碳酸盐矿物。

黄铁矿-毒砂-石英阶段:属于成矿物第二阶段的产物,广泛发育在近矿围岩中,有明显的金矿化,金品位一般在$(0.1～1)×10^{-6}$之间。主要矿物为黄铁矿、毒砂、石英、绢云母,其次有少量黄铜矿、磁黄铁矿、铁白云石、菱铁矿、电气石等。

金-多硫化物石英阶段:该阶段是金沉淀的主要阶段,规模大,矿化时间长,见于主矿体中。以含多种金属硫化物和夹石英细网脉为特征,并有独立金矿物产出。常见金属矿物为黄铁矿、毒砂、磁黄铁矿、脆硫锌铅矿、辉锑铁矿、辉锑矿,其次为黄铜矿、闪锌矿、方铅矿、含银自然金等。脉石矿物有石英、绢云母、碳酸盐。金含量一般在$(2～5)×10^{-6}$之间,最高达$12.4×10^{-6}$,这是含金热液进入破碎带后,在充填形成石英细网脉的同时,并交代构造角砾,形成了金-多金属硫化物型金矿石。

辉锑矿-石英阶段:在矿体中常见到辉锑矿或脆硫锌铅矿呈脉状产出,脉宽为零点几毫米至几厘米,脉体中锑矿物与石英含量比例变化较大,部分脉体以锑矿物为主,石英含量低,并含黄铜矿等。此阶段矿物形成较晚,常切穿早阶段形成的矿物或充填在这些矿物间,此阶段含金性较金-多硫化物石英阶段差。

碳酸盐-石英阶段:碳酸盐-石英脉见于矿体中,呈脉状产出,脉宽在几厘米至十几厘米,与含金石英脉呈斜交穿插关系,是热液成矿期最晚阶段的产物,由成矿残余溶液充填而成。规模较小,脉体中主要矿物为石英、铁白云石,含少量菱铁矿、方解石、黄铁矿、磁黄铁矿、毒砂、白铁矿、闪锌矿等。

第五节 矿石工艺矿物学特点

一、有益、有害元素赋存状态特点

对金矿石进行化学成分分析,发现矿石中有用元素为Au、Ag、Cu、Pb、Zn、Sb,有害元素为S、As、C。其中Au为主要有用元素,Ag、Sb为伴生有用元素,含量已达工业品位。而Cu、Pb、Zn等元素含量低,尚不具备工业利用价值。

1. Au

Au是矿床中主要工业元素,在矿石中品位偏低,含量$(1～5)×10^{-6}$,平均含量小于$2×10^{-6}$,矿化相对较均匀。Au主要赋存于自然金、含银自然金及少量银金矿中,在其他硫化物中含量很低(表4-15),对富集单矿物黄铁矿、毒砂进行Au化学成分分析,结果表明其中Au含量很高,是因为其中有包裹金存在。金矿物在矿石中产出数量很少,嵌布粒径细,为$0.001～0.037$ mm±,少量小于0.037 mm,属于微细粒级。

表4-15 萨瓦亚尔顿金矿Au在矿物中的分布

矿物	$w/10^{-6}$			$w/10^{-2}$					
	自然金	含银自然金	银金矿	辉锑铁矿	辉锑矿	黄铁矿	毒砂	碳酸盐	石英
含量	97.38	87.33	75.18	0.19	0.06	0.21	0.17	0.09	0.18

分析单位:新疆矿产试验研究所鉴定专业室。

2. Ag

Ag是矿石中仅次于金的有用伴生元素,与金关系密切。主要分布在银金矿和含银自然金中,在辉锑铁矿、辉锑矿、黄铁矿、毒砂中含 Ag 也较高,但在石英等透明矿物中含量低,仅 0.24×10^{-6} 左右(表 4-16)。矿石中未见独立银矿物,表明 Ag 在矿物中主要作为伴生组分存在。在金矿选冶中,采用的任何一种选金工艺都可以把 Ag 作为伴生的有用元素回收,差别仅为不同工艺回收率存在高低之分。

表 4-16 萨瓦亚尔顿金矿 Ag 在矿物中的分布　　　　　　　　　　　　　　单位:%

矿物	自然金	含银自然金	银金矿	辉锑铁矿	辉锑矿	黄铁矿	毒砂	碳酸盐	石英
含量	0.1	8.72	25.6	74.2	48.8	9.3	6.24	4.27	0.24

注:前 3 位为电子探针成分分析结果;后 6 位为单矿物化学成分分析结果。
分析单位:新疆矿产试验研究所鉴定专业室。

3. Sb

Sb 在金矿选冶中,尤其是对氧化矿石采用堆浸工艺时,是有害元素之一。Sb 的存在将大量消耗贵液中的药剂,降低 Au 的浸取率。在本矿床中,Sb 主要以辉锑矿、辉锑铁矿及脆硫锑铅矿等独立矿物形式存在,在矿体内的石英脉中,这些锑硫盐矿物倾向于共生或连生,分布在石英粒间,很少与其他金属矿物连生,易于单体解离、回收。

Sb 在矿石中含量变化较大,一般在 0.1%～3.26% 之间。Sb 主要集中在辉锑矿、辉锑铁矿、脆硫锑铅矿中,在黄铁矿、毒砂、闪锌矿、磁黄铁矿中含量很低(表 4-17)。根据 Sb 的产出方式,可通过浮选工艺把大部分 Sb 回收,以提高矿床综合利用价值。

表 4-17 萨瓦亚尔顿 Sb 元素在矿物中的分布　　　　　　　　　　　　　　单位:%

矿物	辉锑矿	辉锑铁矿	脆硫锑铅矿	锑硫镍矿	锑黝铜矿	黄铁矿	毒砂	碳酸盐	石英
含量	71.97	55.58	35.02	53.09	26.91	0.43	0.23	0.02	0.01

注:前 6 位为电子探针成分分析结果;后 4 位为单矿物化学成分分析结果。
分析单位:新疆矿产试验研究所鉴定专业室。

4. S

S 是金矿石中影响 Au、Ag 浸出的有害元素之一。它主要赋存在黄铁矿、磁黄铁矿、黄铜矿及辉锑矿等金属硫化物中,在其他矿物中含量很低,一般在 0.01%～0.04% 之间。在原生矿石中 S 平均含量在 3.20% 左右,含量较高,氧化矿石中在 0.29% 左右,这与 S 淋失作用有关。

5. As

As 也是影响 Au 浸出的主要有害元素之一,与 Sb 一样,主要是消耗贵液中的氯化钠。As 多集中在毒砂中,其他矿物中含量较低,在 0.01%～0.12% 之间。在原生矿石中含 Sb 0.73%±,这与毒砂含量及分布有关。

6. C

C 在矿石中普遍存在,含量在 0.52%～1% 之间,主要呈有机碳形式产出,固定碳较少。经分析,原生矿石中含 C 1.13%,氧化矿石中 0.39%。对岩石及矿石洗选出的碳质的含金性分析表明,其 Au 含量比较高,在 $(0.98\sim64.5)\times10^{-6}$ 之间,平均 20.58×10^{-6}。由于 C 具有吸附活性,在成矿和金矿选冶过程中,均对 Au 有吸附作用,这也是影响选矿过程中 Au 浸出率的原因,因此要注意碳质的检测和回收。

二、矿石矿物粒径及嵌布方式

1. 矿石矿物粒径

金矿物粒径微细,绝大多数在 0.001～0.037 mm 之间,极少数大于 0.037 mm,最大粒径 0.256 mm,

部分呈超显微状态存在。金矿物赋存形式有 3 种:粒间金、裂隙金、包裹金。经对光片和重砂样品中金矿物粒度统计(表 4-4～表 4-5),矿石中金矿物粒径较细,中粒和粗粒级少,肉眼未见明金。矿石中金属硫化物种类较多,其中黄铁矿、毒砂为主要载金矿物,磁黄铁矿、黄铜矿、闪锌矿等为次要载金矿物,硫化物集合体的粒径对金的回收意义较大。测定矿石中硫化物集合体的粒径和辉锑矿、脆硫锑铅矿等铅锑硫化矿物集合体的粒径,可以作为选矿工艺中黄铁矿、毒砂等硫化物与铅锑硫化物的破碎解离参考数据。

显微镜测定的矿物集合体的嵌布粒径,统计结果见表 4-18。结果表明,矿石中硫化矿物集合体的嵌布粒径以细粒为主,其中 34.18% 分布于 0.074 mm 以上,62.42% 分布于 0.010～0.074 mm 之间,3.40% 分布于 0.010 mm 以下。辉锑矿、辉锑铁矿、脆硫锑铅矿、方铅矿等铅锑硫化矿物集合体的嵌布粒径也以细粒为主,其中 25.79% 分布于 0.074 mm 以上,68.08% 分布于 0.010～0.074 mm 之间,6.13% 分布于 0.010 mm 以下。

表 4-18 萨瓦亚尔顿金矿矿石中重要矿物的嵌布粒度统计结果

粒径/mm	硫化矿物集合体		辉锑矿、辉锑铁矿、脆硫锑铅矿、方铅矿等铅锑硫化矿物集合体	
	含量/%	累计/%	含量/%	累计/%
>0.417	1.52	1.52	2.83	2.83
0.417～<0.295	3.78	5.30	4.00	6.83
0.295～<0.208	4.95	10.25	4.24	11.07
0.208～<0.147	5.11	15.36	3.99	15.06
0.147～<0.104	9.51	24.87	4.23	19.29
0.104～<0.074	9.31	34.18	6.50	25.79
0.074～<0.043	26.24	60.42	17.75	43.54
0.043～<0.020	28.91	83.33	27.79	71.33
0.020～<0.015	6.38	89.71	12.85	84.18
0.015～<0.010	6.89	96.60	9.69	93.87
≤0.010	3.40	100.00	6.13	100.00

分析单位:新疆矿产试验研究所鉴定专业室。

2. 矿石矿物颗粒形态及嵌布方式

矿石中金品位低,分布较均匀,类型有自然金、含银自然金及少量银金矿,粒径微细。根据粒径大小分为可见金和不可见金,可见金按金矿物与载体矿物关系分为粒间金、包裹金、裂隙金。粒间金是本矿区金矿物的主要产出形式,在氧化和原生矿石中均可见,占可见金矿物总数的 70% 左右,分布绢云母、石英粒间。包裹金也是金矿物重要的产出形式,在各类型金矿石中均可见,在原生矿石中包裹金约占金矿物总量的 45.5%,以含银自然金为主,银金矿少见;氧化矿包裹金见于褐铁矿中,由原生硫化物蚀变所致。裂隙金在矿石中少见,主要分布在氧化矿石中。自然金产于褐铁矿、毒砂等矿物裂隙中。

金矿物按其结晶完整程度分为自形晶、半自形晶及他形晶。其形态主要为他形粒状,少量呈自形—半自形粒状,进一步细分为等粒状、长角粒状、麦粒状,占 60% 以上;片状、枝杈状及薄膜状较少,在原生矿中不足 20%,而在氧化矿中增多,与金矿物形成条件有关。这有利于金矿物破碎、单体解离及选别。原生矿以含银自然金居多,次为银金矿,部分包裹在黄铁矿等硫化物中。在氧化矿石中,以自然金居多,部分包裹于褐铁矿中。不可见金呈超显微状赋存在硫化物中,粒径细小且包裹于其他矿物中,对金的回收具一定影响。

3.矿石构造及相对可选性

矿石构造较简单,根据矿石矿物分布及相互关系,分为浸染状构造、脉状构造、条带浸染状构造及浸染团块状构造。浸染状构造按矿物含量可分为星点浸染状构造、星散浸染状构造、稀疏浸染状构造。矿石物质组分及选矿试验表明,该金矿地表氧化矿石性质复杂,金品位低,金矿物粒径细,属微细粒级,部分呈超显微状及晶格金形式存在,而且相当数量金呈包裹体产于硫化物中;并含有 As、C、S 有害元素,其工业类型属于微细难选冶金矿石。

4.矿石中矿物连生体的特性研究

矿石中矿石矿物连生体种类主要分 2 种类型。

(1)有用矿物和有用矿物连生,主要分 4 种类型:①黄铜矿与黄铜矿连生,在矿石中常见;②毒砂与黄铁矿连生,在矿石中常见;③黄铜矿与斑铜矿连生,在矿石中少见;④黄铜矿与辉钼矿或闪锌矿连生,在矿石中少见。

(2)有用矿物与脉石矿物连生,主要分 3 种类型:①有用矿物被包裹在脉石矿物中,在矿石中少见;②有用矿物分布在脉石矿物粒间,在矿石中多见;③有用矿物沿脉石矿物微裂隙分布,在矿石中多见。

三、矿石工艺矿物学特点及选矿方法

矿石中 Au 是主要的回收对象,Ag 可综合回收,Sb、Pb、Cu、Zn 的品位很低,暂无回收价值,有害杂质主要为 As、S 及无定形碳。矿石中金主要为自然金、银金矿,其次为金锑矿,银矿物主要为含银黝铜矿,其次为金银矿,金的载体矿物主要为黄铁矿及毒砂,其次为磁黄铁矿、黄铜矿及闪锌矿等,还有一部分金矿物嵌布于脉石矿物中。硫化矿物集合体以细粒为主,其中 34.18% 分布于 0.074 mm 以上,62.42% 分布于 0.010～0.074 mm 之间,3.40% 分布于 0.010 mm 以下,当磨矿细度为 −0.074 mm 占 75% 时,硫化矿物集合体的单体解离比较充分,单体解离度为 84.68%。

2011 年北京矿冶研究总院对萨瓦亚尔顿金矿原生矿石金的选冶试验对比研究表明,矿石中金矿物嵌布粒径细,以黄铁矿、毒砂为主要载体矿物,黄铁矿、毒砂中包裹次显微金。经过综合比较,选择浮选中矿再磨工艺流程,所获的浮选精矿再经脱锑预处理—氧化焙烧—碱处理—氰化浸出和尾矿 2 次氰化浸出等工艺过程,最终获得金和银的总回收率分别可达到 82.08%、32.55%,该矿石属于易选难浸金矿石。该工艺药剂费用及其他费用较低,技术、经济效益更为明显。

第六节　矿床成因和成矿模式探讨

萨瓦亚尔顿金矿地处南天山冒地槽褶皱带,东阿赖复向斜东翼,产于西南天山东阿赖金锑成矿区内。在成矿的地质环境、矿床特征上可与邻国穆龙套金矿、库木托尔金矿进行对比。矿体分布明显受区域性阿热克托如和依尔克什坦大断裂之间次级韧、脆性断裂破碎带控制,区内岩浆活动微弱,仅有少量中基性脉岩产出。金矿赋矿岩系为一套浅变质黑色细碎屑岩类岩石,形成与深海相浊流沉积作用有关,属于复理石—类复理石建造,可能为金成矿的初始母岩。

本矿床为黑色岩系中金矿床,其成矿特点:①区域内地球化学和矿区 S、Pb 同位素表明,金的物质来源与深源有关,元古宙和早古生代岩层是金的重要来源;②区内碳质层对金有富集作用,为重要矿源层。矿化带分布具有层控的特点;③区内岩浆活动为成矿提供了热源和物源;④H、O 同位素结果表明,成矿流体主要是古大气降水;⑤成矿经过了相当漫长的多阶段"脉动"过程,成矿至少有两期;⑥成矿温度较穆龙套金矿低,主要是银金矿和金锑组合,这与穆龙套金矿以自然金为主的金钨组合不同;⑦断裂活动和演化是重要成矿机制,特别是剪切带是成矿的空间。

该矿床形成经历复杂的成矿过程,与容矿岩系、区域变质、剪切带的形成与演化和岩浆活动有密切关系,特别是剪切带控矿作用更为明显。赋矿岩石为含碳绢云千枚岩、碳质绢云千枚岩、绢云千枚岩等,为早泥盆世深海-半深海环境形成的一套细碎屑岩建造,富含Au、As、Ag、Pb、Zn等元素,构成初始矿源层。

晚石炭世,塔里木板块与伊犁-伊塞克湖板块发生陆-陆碰撞,发生区域变质作用,使Au及其他元素得到初步活化、富集,起到预富集的作用。

早二叠世,在造山运动中期形成萨瓦亚尔顿-吉根剪切带,为幔源岩浆及流体上升和区域流体流动提供了通道,使得Au及其他元素再次活化、富集(第一次成矿),这与中亚地区南天山的穆龙套金矿、库姆托尔金矿等金矿化普遍受控于穿透地壳的深大剪切带作用相似。

三叠纪时,造山运动晚期,在萨瓦亚尔顿-吉根剪切带经抬升剥蚀后,原来处于韧性剪切域中的剪切系统转为张切系统,在韧性剪切带内依次产生脆—韧性剪切带和脆性断层。来自幔源岩浆的流体和部分成矿物质沿剪切带上升,与下渗大气水形成混合流体—中低温热流体,并与围岩之间发生水—岩相互作用而萃取金等成矿物质,温度和压力突然降低,流体的不混溶作用导致金等成矿物质在脆-韧性剪切带的扩容空间(构造破碎带)中卸载沉淀,形成细脉状、网脉浸染状和破碎蚀变岩的金、锑矿化(第二次成矿)。构造多期次活动,构成多期次矿化(图4-4)。

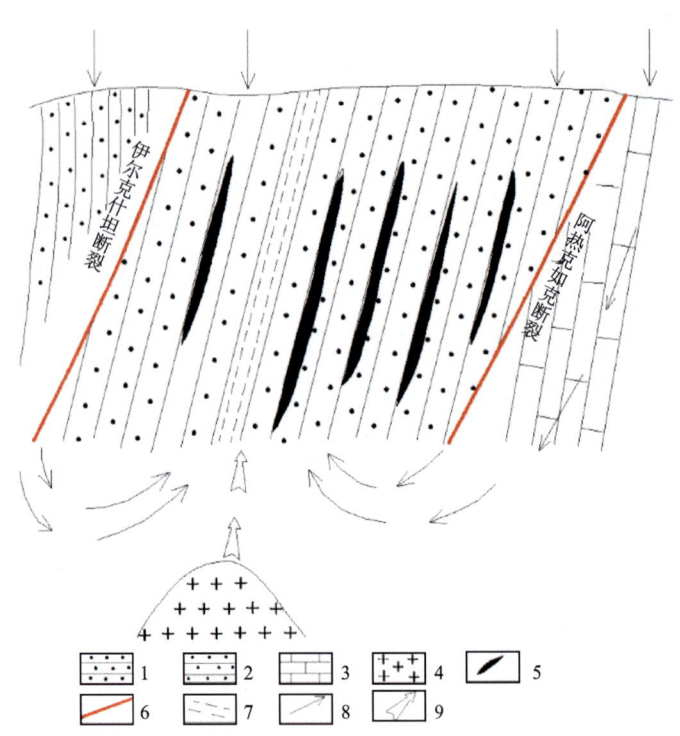

1.上志留统碳质细碎屑岩层;2.泥盆系碎屑岩层;3.石炭系碳酸盐岩层;4.可能的花岗岩类侵入体;5.矿体;6.大断裂;7.韧性剪切带;8.大气降水运动方向;9.可能的岩浆热液运动方向。

图4-4 乌恰县萨瓦亚尔顿式金矿床成矿模式图

主要参考文献

陈华勇,张莉,李登峰,等,2013.南天山萨瓦亚尔顿金矿床稀土微量元素特征及其成因意义[J].岩石学报,29(1):159-165.

李丽,计文化,董福晨,等,2012.穆龙套-萨瓦亚尔顿-库姆托尔金矿带典型矿床的对比研究[J].西北地质,45(3):64-71.

刘德权,唐延龄,周汝洪,1996.中国新疆矿床成矿系列[M].北京:地质出版社.

刘家军,郑明华,龙训荣,等,2002.新疆萨瓦亚尔顿金矿床成矿特征及其与穆龙套型金矿床的异同性[J].矿物学报,22(1):54-60.

栾世伟,1987.金矿床地质及找矿方法[M].成都:四川科学技术出版社.

马巧暇,张明朴,姬民锋,1992.黄金回收600问[M].北京:科学技术文献出版社.

王玉山,王士元,邓松良,2008.新疆萨瓦亚尔顿金矿床标型矿物特征及金的分布规律研究[J].矿产与地质,22(5):391-395.

杨富全,毛景文,王义天,2006.新疆萨瓦亚尔顿金矿床年代学、氦氩碳氧同位素特征及其地质意义[J].地质论评,52(3):341-351.

杨富全,毛景文,王义天,等,2005.新疆西南天山萨瓦亚尔顿金矿床地质特征及成矿作用[J].矿产地质,24(3):206-227.

郑明华,刘家军,张寿庭,等,2002.萨瓦亚尔顿金矿床成矿地质特征及同位素组成[J].地质与资源,11(3):140-146.

内部资料

王玉山,张莉,岳蕴辉,等,1997.新疆乌恰县萨瓦亚尔顿金矿矿石物质组分及选矿试验研究[R].乌鲁木齐:新疆矿产实验研究所.

郑明华,等,1996.新疆南天山穆龙套型金矿成矿地质条件及找矿靶区研究[R].成都:成都理工学院.

附录 4　图片及说明

图 1　含碳千枚岩 1
岩石具千枚状构造，其中夹揉皱弯曲碳质条带，石英脉受挤压呈弯曲条带状分布。

图 2　含碳千枚岩 2　50×　正交偏光
受构造应力作用影响，线状、条纹状碳质和鳞片状绢云母集合体定向分布，后期白云石和绢云母脉斜交片理。

图 3　变质粉砂岩 1
岩石具变余粉砂状结构，其中夹碳质条带，石英脉垂直穿过层理。

图 4　变质粉砂岩 2　50×　正交偏光
主要由长石、石英粉砂屑和绢云母胶结物组成，叠加有黄铁矿化。

图 5　变质粉砂岩 3　50×　正交偏光
粉砂屑有长石、石英，岩石叠加黄铁矿化，沿裂隙充填石英脉。

图 6　夹泥岩条带变质粉砂岩　50×　正交偏光
粉砂岩中夹泥岩条带，泥岩条带中含有碳质和绢云母。

图 7　变质细砂岩 1
岩石具变余砂状结构，其中夹碳质条带，见石英穿过层理。

图 8　碎裂变质细砂岩
岩石受挤压破碎，沿碎裂带见石英方解石脉交错分布。

图 9　变质细砂岩 2　50×　正交偏光
受应力作用影响，砂屑、斜长石、石英、白云母及胶结物绢云母和硅质呈定向分布。

图 10　变质细砂岩 3　50×　正交偏光
由砂屑、斜长石、石英及胶结物绢云母等组成，叠加毒砂化、黄铁矿及绢云母化。

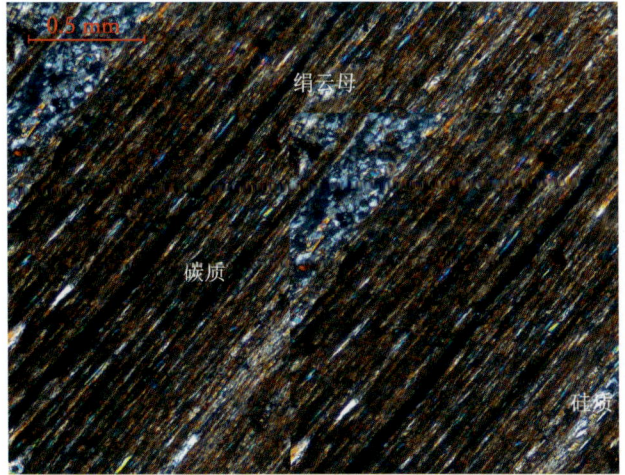

图 11　碳质板岩　50×　正交偏光
受构造应力作用影响，碳质呈线状和条纹状分布，绢云母鳞片集合体定向排列，岩石中夹硅质条带。

图 12　细晶灰岩　50×　正交偏光
细晶结构，岩石主要由细晶方解石组成，局部充填中晶方解石团块。

图 13　辉长辉绿岩　50×　正交偏光

辉绿辉长结构,在板状基性斜长石格架中充填他形粒状普通辉石,现已碳酸盐化。

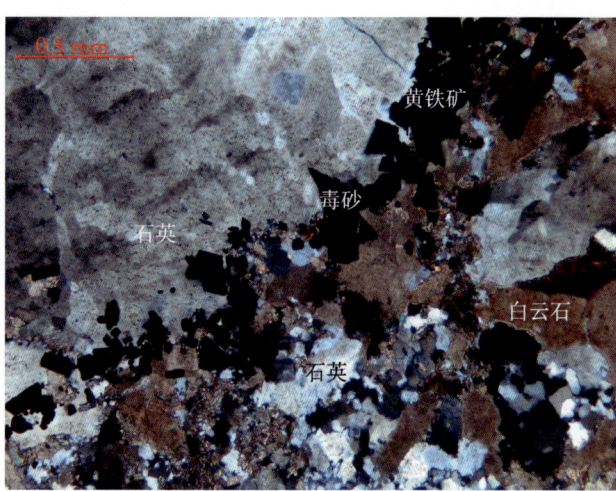

图 14　含金石英脉　50×　正交偏光

主要由石英和少量白云石组成,并叠加有黄铁矿和毒砂。

图 15　早期石英脉　50×　正交偏光

在早期的石英脉中分布后期贯入的方解石脉。

图 16　石英脉及硅化　100×　正交偏光

石英脉中有沿裂隙充填的石英脉及向围岩扩散交代硅化,并伴有黄铁矿化及绢云母化。

图 17　石英脉＋蚀变破碎岩金矿石

石英脉沿裂隙交错分布于挤压破碎带的蚀变岩中。

图 18　绢云母化-硅化　50×　正交偏光

原岩已无法恢复,岩石叠加与矿化有关的次生蚀变,有硅化、绢云母化、黄铁矿化及毒砂化。

乌恰县萨瓦亚尔顿金矿

图 19　绢云母化　50×　正交偏光

粉砂岩绢云母化，并叠加硅化、黄铁矿化及毒砂化，绢云母定向分布。

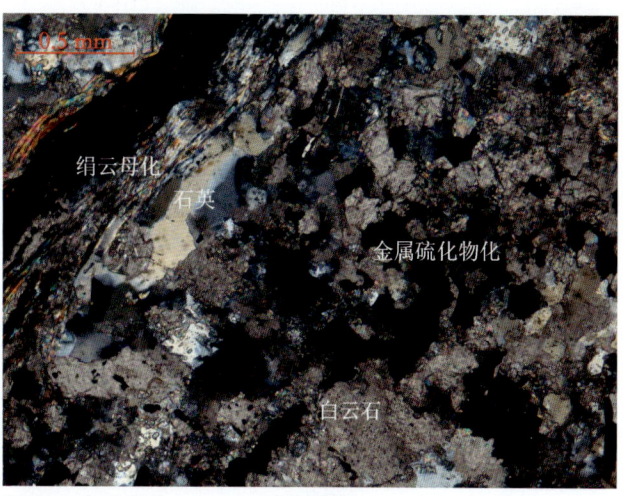

图 20　白云石化　50×　正交偏光

原岩无法恢复，叠加强烈白云石化、绢云母化、硅化及金属硫化物化。

图 21　菱铁矿化　100×　正交偏光

自形粒状菱铁矿不均匀分布于变质砂岩中。

图 22　绿泥石化　正交偏光　100×

围岩中绿泥石呈细鳞片—细叶片状，与热液期石英晶粒共生。

图 23　黄铁矿褐铁矿化　100×　单偏光

黄铁矿具碎裂结构，被次生褐铁矿沿边缘或裂隙交代，保留其外形。

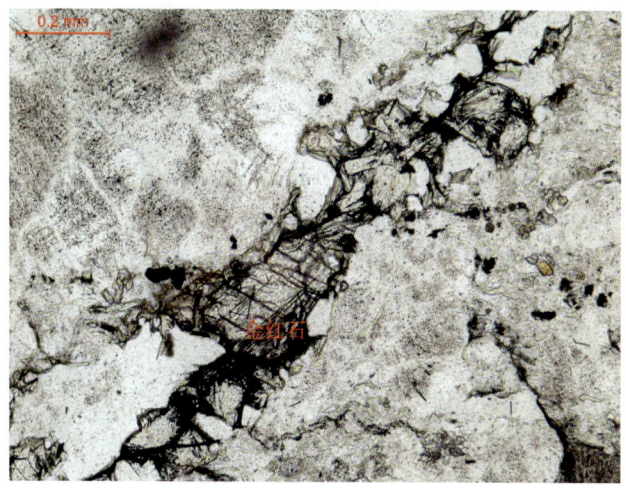

图 24　金红石　100×　正交偏光

脉石矿物裂隙间见针柱状金红石分布。

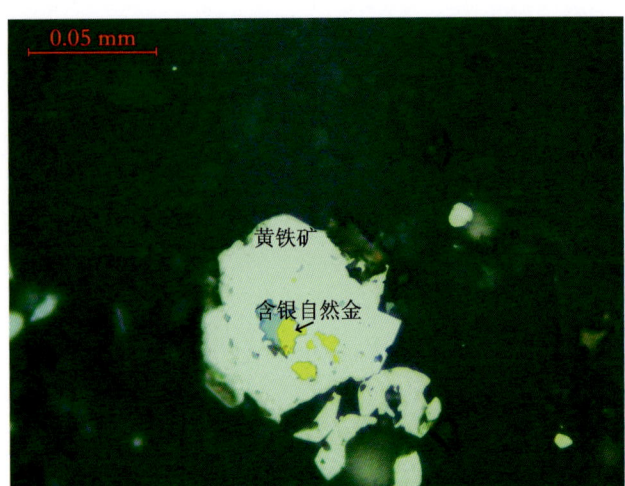

图 25　包裹金　500×　单偏光
他形粒状含银自然金包裹于黄铁矿中。

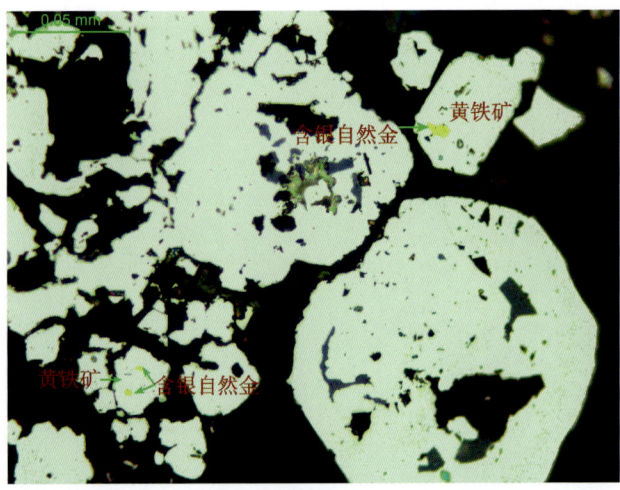

图 26　包裹金　500×　单偏光
黄铁矿中包裹半自形粒状及乳滴状含银自然金。

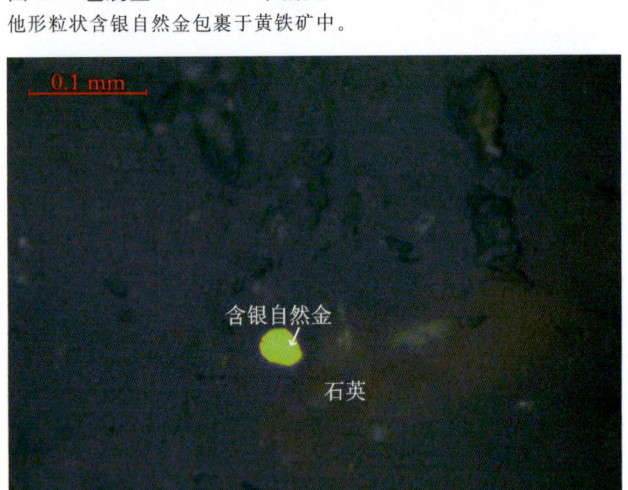

图 27　包裹金　200×　单偏光
自形粒状含银自然金包裹于脉石矿物石英晶粒中。

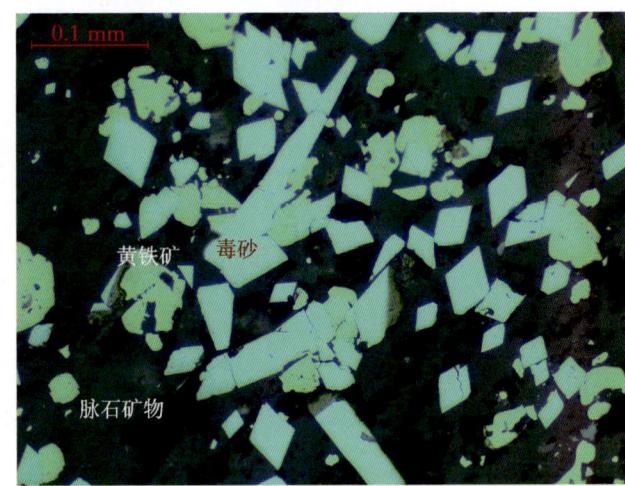

图 28　黄铁矿-毒砂　200×　单偏光
半自形—自形粒状黄铁矿和柱状毒砂呈独立单体或以简单方式相互连生在一起。

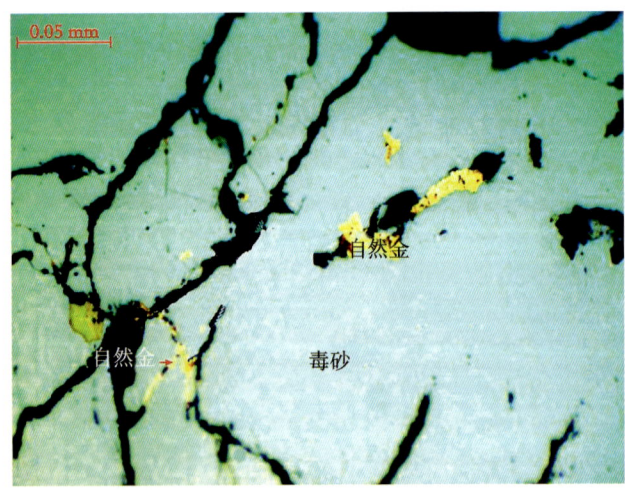

图 29　粒间金及裂隙金　500×　单偏光
他形粒状自然金单独包裹于毒砂中；见微细粒自然金产于毒砂裂隙中。

图 30　毒砂　100×　单偏光
稀疏浸染状构造，自形晶菱面体状毒砂与黄铁矿连生浸染状分布于围岩的脉石矿物粒间。

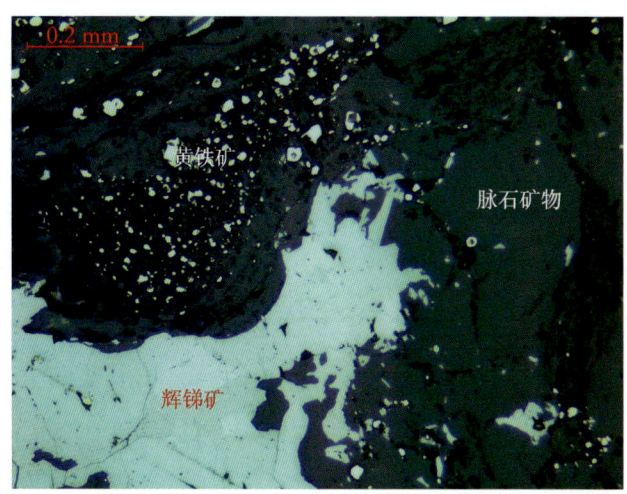

图 31 辉锑矿 100× 单偏光
他形粒状结构,辉锑矿呈聚粒状产出,细粒黄铁矿分布于蚀变围岩中的脉石矿物粒间。

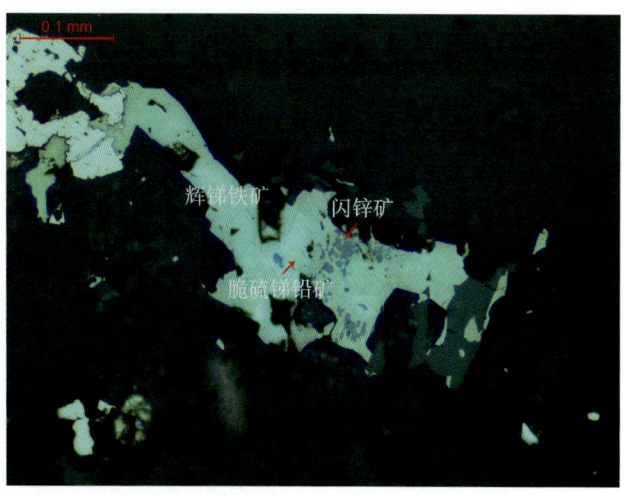

图 32 闪锌矿-脆硫锑铅矿 200× 单偏光
辉锑铁矿中包裹细小闪锌矿和脆硫锑铅矿。

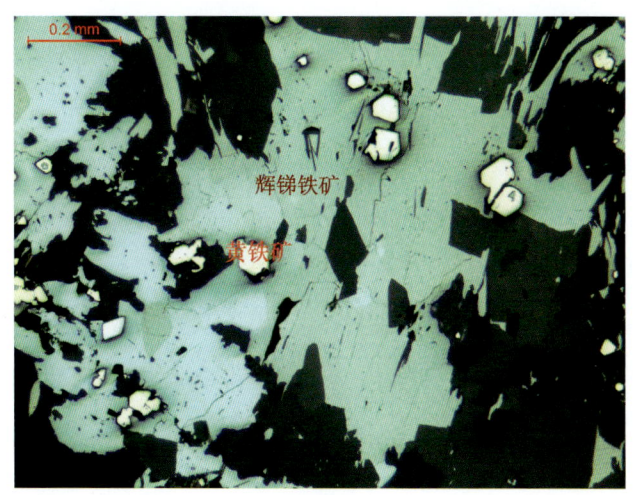

图 33 辉锑铁矿1 100× 单偏光
他形粒状辉锑铁矿与粒状黄铁矿连生,分布于石英脉中。

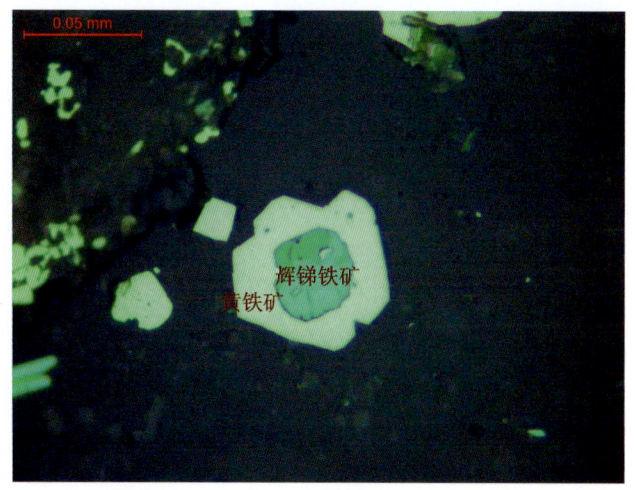

图 34 辉锑铁矿2 500× 单偏光
包含结构,辉锑铁矿包裹于黄铁矿内。

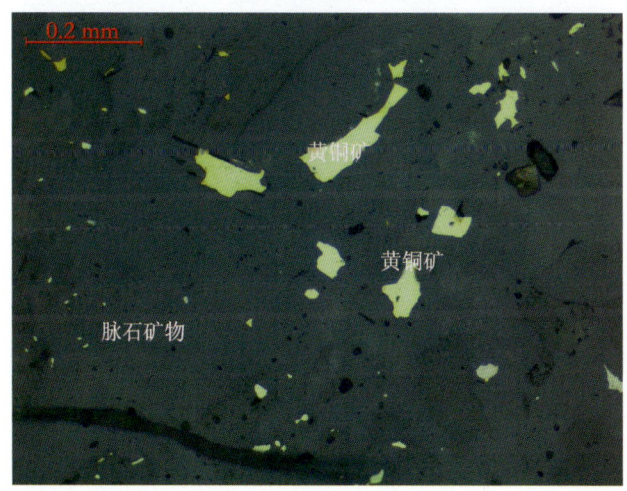

图 35 黄铜矿1 100× 单偏光
他形粒状黄铜矿分布于脉石矿物粒间。

图 36 黄铜矿2 单偏光 50×
黄铜矿沿裂隙及边缘交代磁黄铁矿,毒砂包裹于磁黄铁矿中。

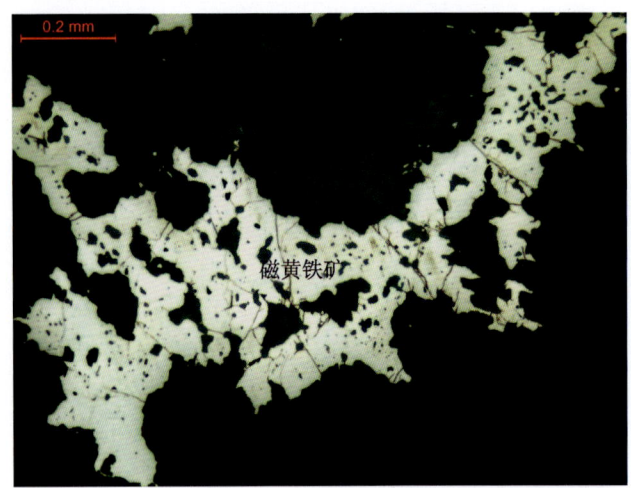

图 37 磁黄铁矿 100× 单偏光
他形粒状磁黄铁矿分布于脉石矿物粒间。

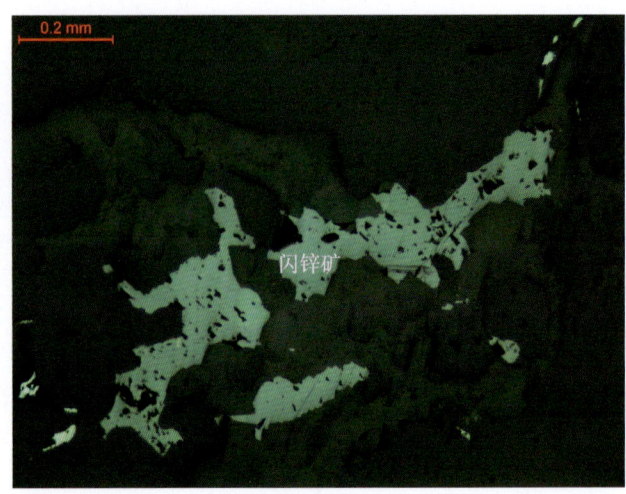

图 38 闪锌矿 100× 单偏光
他形粒状闪锌矿集合体分布在脉石矿物粒间。

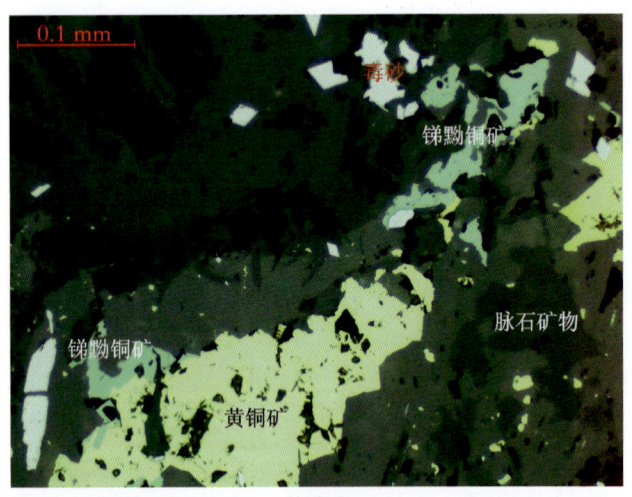

图 39 锑黝铜矿 200× 单偏光
他形粒状锑黝铜矿与黄铜矿及毒砂连生分布于脉石矿物粒间。

图 40 斑铜矿 500× 单偏光
他形粒状斑铜矿沿黄铜矿边缘交代黄铜矿。

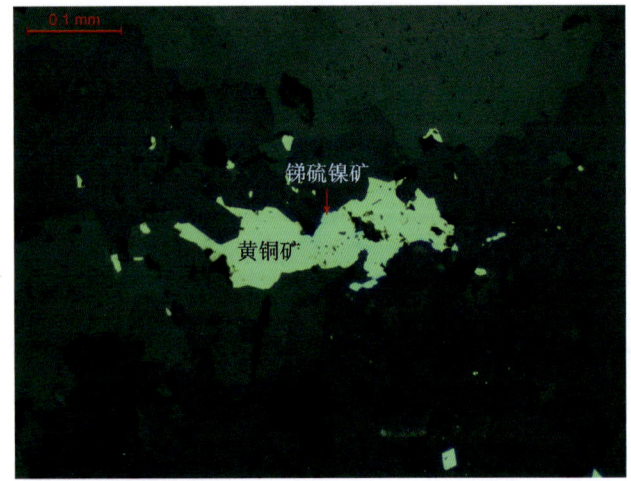

图 41 锑硫镍矿 200× 单偏光
他形粒状锑硫镍矿沿黄铜矿边缘交代黄铜矿。

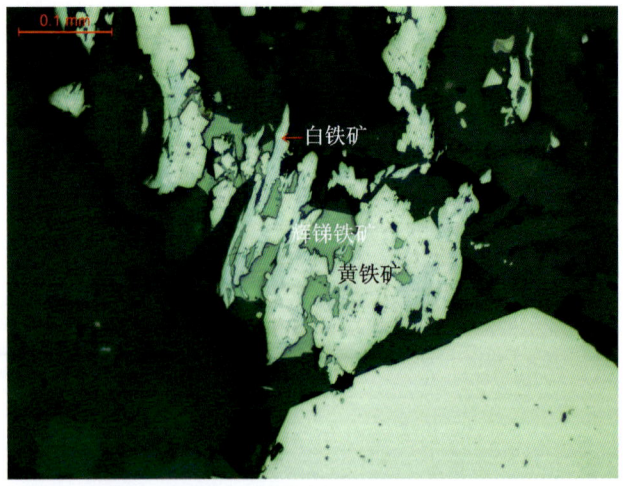

图 42 白铁矿 200× 单偏光
白铁矿沿黄铁矿边缘与辉锑铁矿一起交代黄铁矿。

乌恰县萨瓦亚尔顿金矿

图 43　自然锑　100×　单偏光
自然锑沿辉锑矿边缘分布，交代辉锑矿。

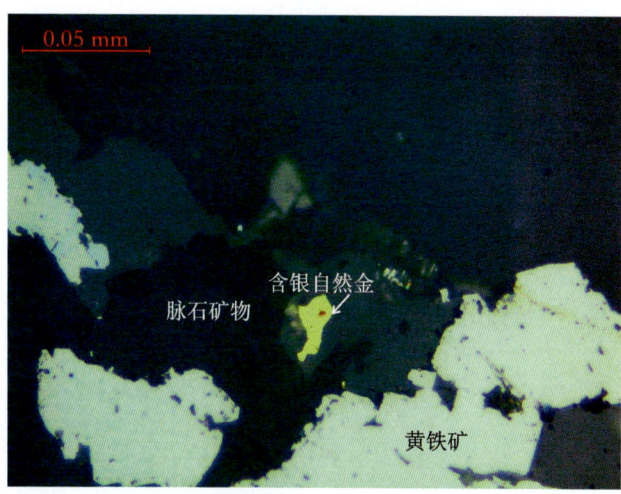

图 44　他形粒状含银自然金 1　500×　单偏光
他形粒状含银自然金分布在脉石矿物粒间，与黄铁矿伴生。

图 45　他形粒状含银自然金 2　500×　单偏光
他形粒状含银自然金分布在脉石矿物粒间，与黄铁矿、毒砂伴生。

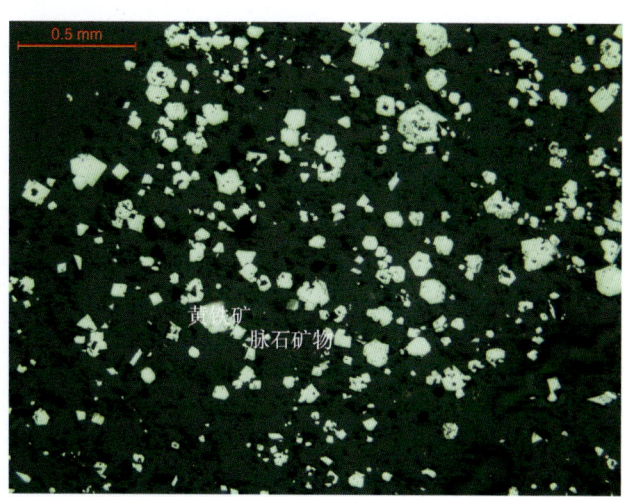

图 46　黄铁矿 1　50×　单偏光
半自形—自形粒状黄铁矿呈独立单体分布于脉石矿物粒间。

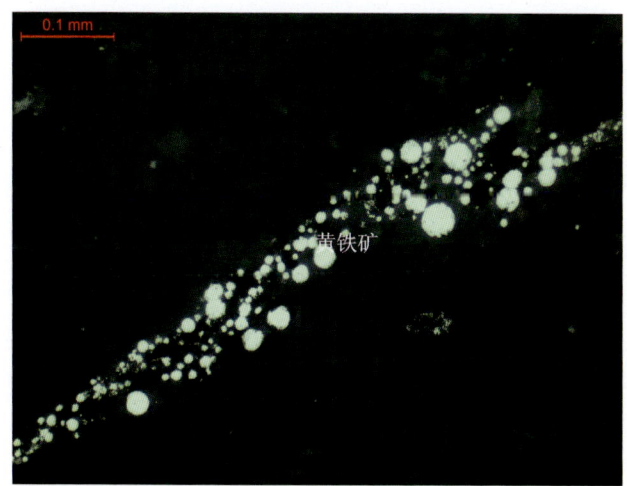

图 47　黄铁矿 2　200×　单偏光
黄铁矿呈草莓状结构，反映其形成温度较低。

图 48　石英脉蚀变破碎带型金矿石
金矿石由石英脉和蚀变破碎岩构成，其中夹黄铁矿-毒砂条带。

托里县哈图金矿

拍摄者岳蕴辉

整体介绍

哈图金矿床(齐求Ⅰ号)位于新疆托里县城东偏南95°方向,直线距离56 km。矿区交通便利,与克拉玛依市和托里县有公路相通,矿区距最近的克拉玛依至铁厂沟公路仅有30 km,最近的车站为克拉玛依市客运站,直线距离65 km。矿区与奎屯、塔城、阿勒泰、乌鲁木齐等城市都有省道、国道相连。

托里县哈图金矿一带早在清朝道光年间就已被开采,最盛时期采金人员达数万人之多,用手工开采岩金矿石,采用将矿石碾磨后淘金方法,年回收黄金达上万两,区内采洞随处可见,有些洞深达数十米。20世纪70年代以来,新疆地矿局第七地质大队对该矿床进行勘查,1979年提交L8号脉初勘报告,1983年提交L7号脉初勘报告和L5、L10号脉详查报告,1990年提交L27号脉详查报告和L26号脉普查报告,共提交金资源/储量20 t,是新疆探明的第一个大型岩金矿床。2002—2010年,矿山自筹资金进行深部勘查,以钻探为主,对L27号脉深部进行勘查,提交金资源量28.5 t;2010—2012年,新疆维吾尔自治区安排有色勘查局706队开展深部找矿勘查,使用物探CSAMT测深和钻探验证相结合的方法,主要对L27—14号脉进行普查,新增金资源量4.4 t,累计探明金资源量52.9 t。40多年来,矿区及外围的勘查工作一直持续,矿山也经过数次技改和扩建,选金技术经济指标不断提高。近年矿山深部地质找矿工作取得重大突破,使黄金储量进一步增加,成为新疆产量最高的黄金万两选厂。

第一节 矿区地质特征

哈图金矿位于准噶尔盆地西北缘,安齐北东向区域性深大断裂带上盘(北西盘)。大地构造单元属哈萨克斯坦-准噶尔古板块西准噶尔岛弧带达尔布特泥盆纪—石炭纪岛弧。三级构造单元为扎依尔-达拉布特复向斜。矿区位于安齐断裂北侧,产于石炭系太勒古拉组玄武岩中(图5-1)。

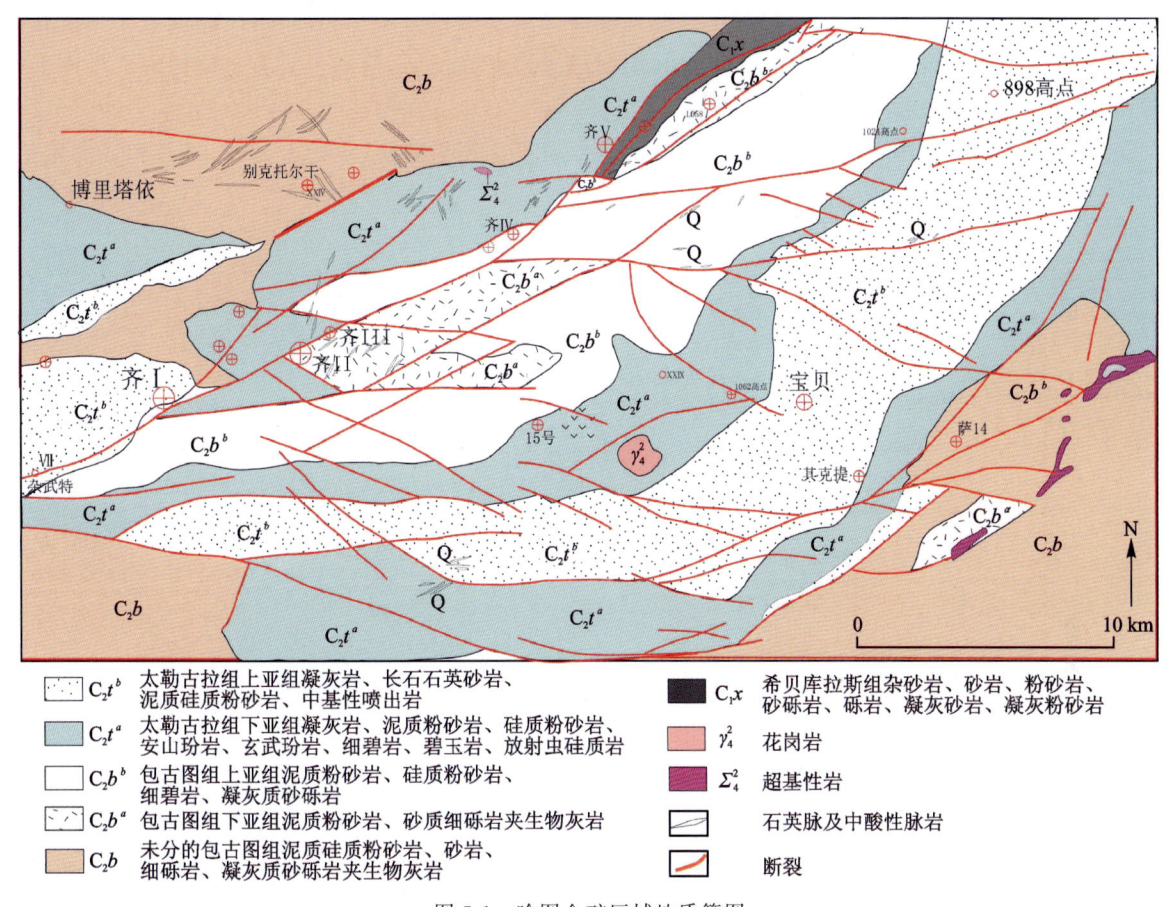

图5-1 哈图金矿区域地质简图

一、地层

矿区出露地层以安齐大断裂为界,南东侧为石炭系包古图组下亚组,北西侧为石炭系太勒古拉组上亚组。此外,尚有少量第四系洪积、冲积物沿沟谷分布。

二、构造

矿区位于安齐压扭性断裂的上盘,处于北东向努克依向斜构造内,主要含金石英脉分布在向斜核部,向斜北翼为凝灰岩与玄武岩互层,南翼被安齐断裂破坏,形态、产状尚不清楚,控矿断裂主要为北西向、近东西向,其次为北东向及南北向等。

安齐大断裂:从矿区东南部通过,形成现在矿区东南部的边界,断裂呈北东50°~60°方向延展,倾向北西,倾角 70°左右,断裂带宽 20～80 m,由片理化带、压碎岩、断层泥和构造透镜体组成,下盘为包古图组下亚组,上盘为太勒古拉组上亚组及玄武岩,含金石英脉主要产于上盘玄武岩中、断裂带探槽中,偶见北东向的扭性断裂叠置其上,断面平直,宽 0.2～0.3 m,切过片理化带,其时代晚于大断裂,扭性断裂中赋存有含金硫化物矿化,风化后形成砖红色断层泥,经淘砂发现明金颗粒,化学分析结果含金 1.74 g/t。断裂性质早期为压扭性左行扭动,晚期为扭性,左行为扭动。

北西向含矿断裂:北西向断裂控制着本区的主要工业矿体。长 300～1000 m,宽 0.3～5 m,走向 315°,倾向南西,倾角 50°～80°,断裂向南东延伸接近安齐断裂时,断裂强度减弱,逐渐尖灭与安齐断裂相交会。安齐断裂东南侧未见它的踪迹,表明它未曾穿切大断裂,也未被大断裂所错断,仅局部发育在大断裂一侧。破碎带宽 1～3 m,最宽可达 8 m,带内具断层泥、糜棱岩化等现象,围岩具褐铁矿化、碳酸盐化、赭石化及片理化,伴有大量斜列上冲擦痕,其间常赋存大量豆荚状石英小脉体,与主断面呈小角度斜交,显示其压扭性特征。破碎带一般具上、下层面,层面呈平直磨光镜面,镜面上具有多组擦痕。平面上,断裂呈舒缓波状,亦有分枝复合现象。

近东西向含矿断裂:该区含矿断裂,以及矿区北部大量存在的断裂,走向近东西,具有明显的压扭性特征。在平面上断续可连成一条,长可达 2000 m 左右。

三、岩浆岩

矿区内岩浆岩以基性玄武岩为主,兼有少量辉绿岩、辉长岩分布。除此之外在深部尚见有斜长花岗斑岩穿插其中。由于斜长花岗斑岩仅在钻孔中见到,故产状不清。

第二节 矿床地质特征

一、矿体特征简述

目前已发现并编号的含金矿脉共有 28 条,成群分布在安齐断裂上盘约 2 km² 范围内。以单脉为主,有些矿脉上、下盘往往发育有数条副脉和支脉。矿脉分布与断裂构造密切相关,或与断裂带共为一体。根据已初勘、详查的金矿脉统计,共圈定大、小工业及非工业矿体 90 个。其中最大的矿体长 332 m,最小的仅长 20 m。

二、矿床规模及空间分布

L7 号矿脉及矿体特征:该矿脉位于矿区中部,在北西向脉组的北东方向,与 L8 号矿脉近平行延伸,相距约 120 m。L7 号矿脉共由 L7、L7+1、L7-1、L7-2 等主副几条矿脉组成,副脉及支脉多为隐伏矿脉,地表很少出露。主副矿脉在深部明显组成宽 50～100 m 的脉带。地表断续长 500 多米,宽 0.5～11.0 m,控制斜深 370 m,走向 310°,倾向南西,倾角 51°～80°,向北西方向侧伏。矿脉由含金石英脉、含金蚀变玄武岩组成(附录 5 图 1),围岩为玄武岩。矿脉呈透镜状、豆荚状、脉状断续分布,以单脉为主,少量复脉。石英脉常含明金(附录 5 图 2),含金蚀变玄武岩分布于其两侧,与围岩呈渐变过渡关系。其中圈定 16 条金矿体,Ⅰ号矿体规模最大,其他矿体一般长 30～40 m,厚 0.1～2.83 m。Ⅰ号矿体长 332 m,厚 0.13～4.92 m,平均厚 1.95 m,金品位 2.41～917.7 g/t,平均品位 17.41 g/t。

L7 号矿脉主脉地表长 348 m,蚀变带地表宽 2～4 m,最宽处可达 11 m,最窄处不足 0.5 m,蚀变带延深目前经钻探控制已达 500 m 以下。矿脉具有分枝复合特征。主脉产状：走向 310°，倾向南西，倾角 51°～80°。矿脉倾角东陡西缓，向西侧伏。脉体走向上、倾向上均有膨大、缩小、波状弯曲的特征。矿脉严格受断裂带控制，脉带主要由石英脉及蚀变玄武岩（破碎带）组成，围岩为玄武岩。

含金石英脉呈透镜状、豆荚状及脉状、细脉状在蚀变破碎带中断续分布，常呈单脉或复脉沿倾向及走向尖灭再现、尖灭侧现、分枝复合。石英脉一般厚 0.10～0.40 m，最厚达 0.89 m。产状与破碎带产状基本一致。石英脉中常见明金。

含矿蚀变围岩，主要分布于石英脉旁侧，以破碎及后期蚀变为特征，呈碎块状、片状、角砾状、粉末状等。蚀变类型复杂，以黄铁矿化、毒砂化、碳酸盐化最为明显。以石英脉为中心向两侧对称或不对称由内而外，蚀变由复杂到简单、由强到弱至过渡到未蚀变岩石。在颜色上越向内褪色越明显。

L8 号矿脉及矿体特征：该脉位于矿区中部，由主脉和几条副脉（支脉）组成。主副脉共同构成宽约 130 m 的脉带。L8 号主脉地表长 540 m，地表蚀变带宽 0.1～1 m，坑道内可见厚 0.38～0.99 m，钻孔中最大可见厚度 3.3 m。钻孔控制斜深 200 余米。矿脉严格受北西向断裂控制。走向 300°，倾向南西，倾角 50°～75°，平均 57°。也具东陡西缓向西侧伏的特征。矿脉形态呈舒缓波状，个别地段有明显增厚现象。石英脉呈乳白色，少量为烟灰色，在其间断续分布。呈扁豆状，亦具分枝复合、尖灭再现特征。可见最厚达 1.2 m。石英脉呈块状构造，裂隙不发育，裂隙面由于硫化物氧化淋滤呈现赤红色或褐红色。主副脉共圈定出矿体 12 个。脉组平均品位 13.66 g/t。其中主脉圈定出矿体 5 个，最高品位 647.22 g/t，平均品位 12.98 g/t。矿脉地表含矿系数 48%。矿段真厚度 0.5～1.98 m。全脉品位变化系数 230%，厚度变化系数小到中等。

L10 号矿脉及矿体特征：L10 号矿脉位于 L8 号矿脉主脉南西约 130 m，大致与 L8 号矿脉平行。主脉地表断续长 450 m，蚀变带宽 0.5～8 m，控制斜深已达 400 m 以下。带内主要由矿化蚀变的玄武岩（或凝灰岩）和充填在其间的石英脉组成。该矿脉中石英脉与 L7、L8 号矿脉相比明显减少，并以强烈的蚀变破碎为特征。地表蚀变主要有褐铁矿化、碳酸盐化，次为绿泥石化、硅化、赭石化，以及残留的少量毒砂、黄铁矿。破碎形式以劈理及片理化为主，糜棱岩和断层泥也可见到。L10 号矿脉走向 305°，倾向南西，倾角 75°～84°，为陡倾斜矿脉。

L10 号矿脉主脉带共圈出矿体 13 个，其中较大的矿体依次为Ⅲ、Ⅰ、Ⅵ、Ⅸ号矿体，其他均为单孔见矿。其中，Ⅲ号矿体沿走向长 213 m，延深至标高 1150 m 之下。矿体厚度最大 6.37 m，最小 0.46 m，平均 2.99 m。厚度变化系数 87%。Au 品位最高 14.75 g/t，最低 2.92 g/t，平均 6.42 g/t，品位变化系数 75%。整个脉组平均 Au 品位 7.08 g/t。L10 号矿脉与 L7、L8 号矿脉相比，矿脉陡、蚀变带宽、石英脉少、矿石贫。

L27 号矿脉及矿体特征：为一隐伏矿脉，地表未出露。该脉位于矿区中西部，埋深在 80～500 m 之间。矿脉走向近东西，倾向北，倾角 64°～72°，属陡倾斜矿脉，沿走向已控制蚀变带长 520 m，矿脉长 480 m，已控制矿带斜深（地表向下）500m 以下。矿带在走向或倾向上均具膨大、缩小、波状弯曲特征。矿脉呈复脉带状产出。复脉带视厚 20～50 m 不等，最厚可达 60～100 m。单脉视厚一般 2.2～7 m，最厚达 10 m 以上。矿脉 Au 品位 2～5 g/t 者居多，但局部富集地段 Au 品位最高达 34.10 g/t，矿体平均品位 6 g/t 以上。但总的来看，该矿脉品位较低。

该矿脉受东西向隐伏断裂构造控制。矿脉围岩主要为玄武岩及部分凝灰岩。围岩蚀变以黄铁矿化、硅化、碳酸盐化为主，次为绿泥石化、毒砂化等，硫化物在其间呈浸染状、细脉状产出。带内石英脉少见，矿石类型多为蚀变岩型。总之，该脉与矿区其他矿脉相比，矿石类型单一、Au 品位低、矿体规模较大、埋藏深（图 5-2）。

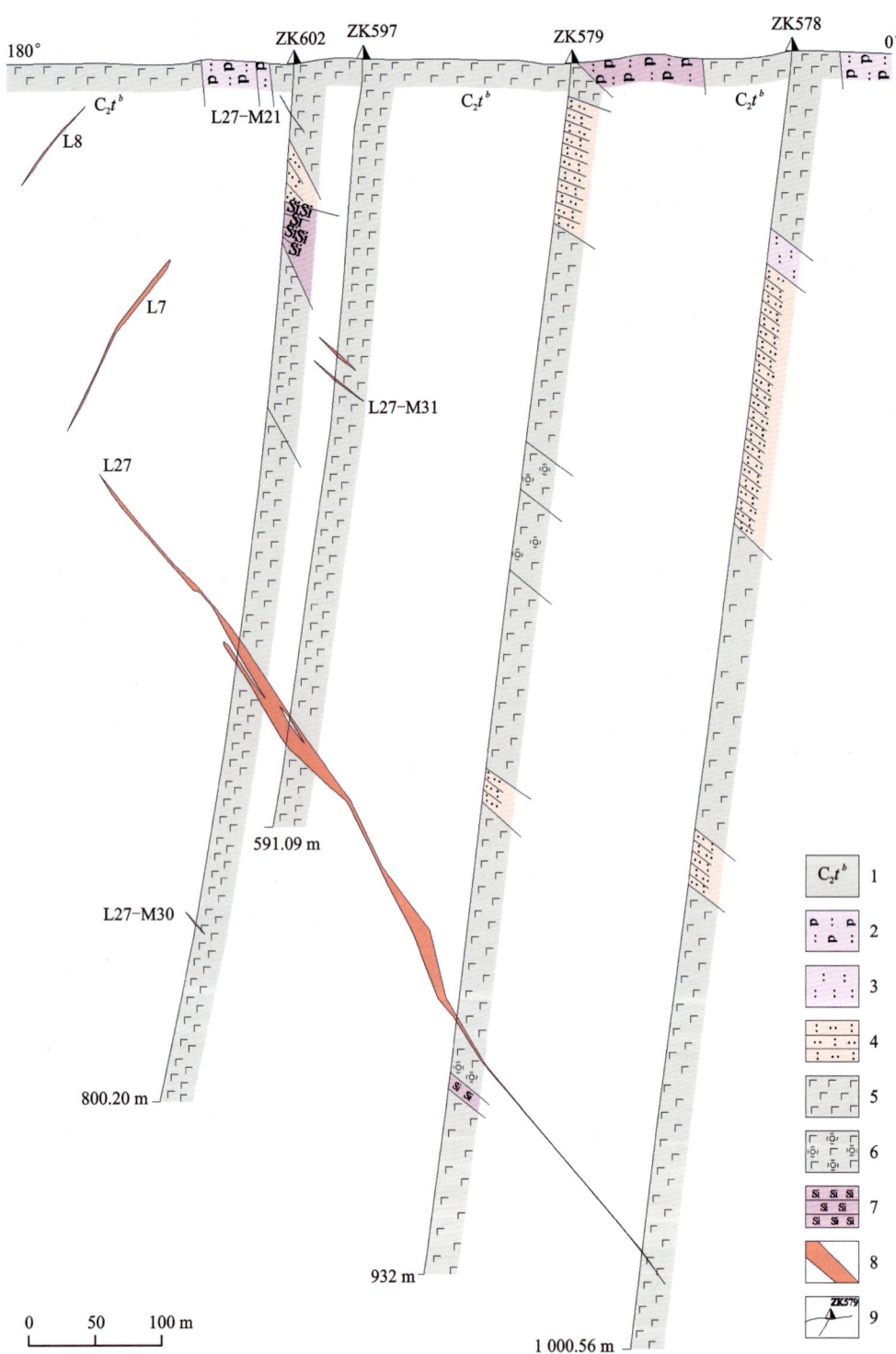

1.太勒古拉组;2.沉凝灰岩(btf);3.凝灰岩(tf);4.凝灰质粉砂岩(tst);5.玄武岩(β);6.硅化玄武岩($Si\beta$)岩;7.硅质岩;8.金矿体;9.钻孔及编号。

图 5-2　哈图金矿 E11 号勘探线剖面图

第三节　矿区主要岩石类型及围岩蚀变

一、矿区主要岩石类型及特征

矿区分布的岩石类型较复杂，主要为火山碎屑岩、砂岩及中基性岩等，以下对主要岩石类型做详细说明。

凝灰质砂岩（附录5图3）：产出于包古图组，呈灰绿色及深灰色，砂状碎屑结构，层状构造。由长石碎屑、玄武岩屑、火山岩屑、沉积岩屑及泥质组成。尚有少量绿泥石、方解石、绢云母、黑云母及个别的白钛石、磷灰石等。该岩石局部层理清晰，偶尔可见交错层理。

凝灰质硅质粉砂岩：与凝灰质砂岩相同，产出于包古图组，灰色，致密坚硬，块状构造，层理不清，局部可定名为沉积玻屑火山灰凝灰岩。火山灰（脱玻为霏细状长英质）占50%～60%，玻屑20%～30%，长英岩屑8%～10%，方解石、绢云母共10%，磷灰石个别。凝灰质长石砂岩夹于沉凝灰岩中，呈团块状分布。岩石呈浅绿灰色，细—中粒结构，块状构造，无层理。碎屑分选性好，有一定磨圆度。中基性斜长石碎屑占55%，石英占25%，泥岩岩屑及硅质岩屑占20%，胶结物占5%，由泥质与火山灰胶结而成，碎屑粒径0.1～0.44 mm。

凝灰质砂砾岩：同属包古图组，灰色—灰绿色，砂状结构，层状构造。呈厚1.5～3 m的薄层状夹于凝灰砂岩中。其成分主要有泥岩砾、玄武岩屑、安山岩屑、长英砂屑、硅质岩屑、泥质、方解石、白云石等，此外尚有绿泥石、褐铁矿、白钛石等。

沉凝灰岩（附录5图4）：产出于太勒古拉组上亚组，主要分布于矿区西部及部分矿区东部，呈带状延伸。同时在玄武岩中亦有呈不规则的捕虏体存在。呈深灰色—灰黑色，主要由火山灰、晶屑、岩屑及陆源碎屑物等组成，局部含碳质。该岩层中普遍含少量疙瘩状角砾，局部地段含量较高，角砾呈扁豆状、串珠状及硬夹层状产出。

凝灰岩：位于矿区中部靠北，呈北东向延伸，宽50～100 m。呈灰色—浅灰色，少数呈深灰色。晶屑、岩屑占70%，晶屑以长石为主，岩屑多为火山岩（附录5图5）。胶结物主要为火山灰，硅质、泥质占少部分。变余凝灰结构，并有碳酸盐、石英、绢云母、绿泥石及少量硫化矿物等次生矿物形成。由于火山碎屑组分分布不均，在相应地段构成晶屑凝灰岩、晶屑岩屑凝灰岩及火山灰凝灰岩等。在矿区西部及部分矿区东部，火山灰凝灰岩呈带状延伸，同时在玄武岩中亦有呈不规则的捕虏体存在。呈深灰色—灰黑色，主要由火山灰、晶屑、岩屑及陆源碎屑物等组成，局部含碳质，见葡萄石化（附录5图6）。该岩层中普遍含少量疙瘩状角砾，局部地段含量较高，角砾呈扁豆状、串珠状及夹层状产出。

硅质岩（附录5图7）：广泛分布于矿区各种岩石中，主要是火山碎屑岩中。呈各种不同形状的透镜体和团块状，大小不一，长几米到数十米。一般为蛋清色、浅灰色及白色，少数为灰色，掺杂有绿色或白色。隐晶质结构，块状构造，由隐晶质致密石英集合体（玉髓）组成。局部有重结晶作用，常有鳞片状绿泥石、榍石散布，间有后期石英脉和绿帘石脉穿入，个别具有微细层理。在矿脉两侧硅质岩可因矿液作用发生较强的重结晶，颗粒加大，颜色变浅，并发生矿化。硅质岩与火山碎屑岩接触边界绝大部分模糊不清，由内向外逐渐过渡为火山碎屑岩，但个别亦较清晰。

斜长花岗（斑）岩（附录5图8）：斜长花岗（斑）岩仅在ZK88号钻孔中见到，在ZK278钻孔中也有发现，但地表均未出露。产状不详。部分多已蚀变成金矿体。根据蚀变特征，认为该岩石生成于成矿作用之前。由于该岩石与金矿化在空间上重合，推测岩石与成矿作用可能有成因方面的联系。

岩石呈浅灰色—灰白色,斑状结构、变余半自形粒状结构、显微文象结构,块状构造。金属矿物局部呈浸染状、条带状。主要由斜长石、石英构成。次生蚀变矿物为绢云母、黄铁矿、毒砂,另有少量绿泥石、透闪石、磷灰石等。

斜长花岗岩矿区中较常见,半自形粒状结构,局部显微文象结构(附录5图9),块状构造。主要由斜长石、石英组成,次生蚀变矿物为绢云母、黄铁矿等。

辉长(绿)岩(附录5图10、图11):辉长岩在矿区玄武岩内见有分布,与周围玄武岩、辉绿岩均呈渐变过渡关系。岩石呈灰绿色,中粗粒辉长结构,主要矿物为斜长石、辉石,其间有黑云母、磁铁矿。辉绿岩在本区基性岩体内少量分布,与玄武岩呈渐变过渡状。岩石呈灰绿色,颗粒较粗,粒径一般1~5 mm,呈辉绿结构,嵌晶含长结构。

玄武岩:在矿区大面积出露,是本区最有远景矿脉的主要围岩,与本区矿体生成密切相关。宏观上呈浅灰绿色、灰绿色,部分呈红褐色、紫褐色,岩体组成复杂,粒径极不均一,从隐晶质、微粒、细粒、中粒皆有。岩石类型可见玄武岩(附录5图12~图13)、粗玄岩(附录5图14)、球颗玄武岩(附录5图15)、玻基玄武岩。上述各岩石,均呈渐变过渡关系。岩石大部均有不同程度蚀变,主要为白云石化,次为绿泥石化、硅化、葡萄石化、黝帘石化、绢云母化、阳起石化等。

矿区基性岩以玄武岩为主,其间有少量辉绿岩、辉长岩。上述3种岩石,均呈相变过渡状,无明显界线,为同源基性岩浆同一地质作用下不同位置结晶分异的产物。玄武岩在矿区大部分地段均有出露,东部出露广泛,西部分布零星。岩体南侧以安齐断裂为界,东侧隐伏于第四系之下,西部、北部均延伸至矿区外。岩体地表产状不清,根据重力资料岩体沿安齐大断裂呈一长椭圆状,向西侧伏。在矿区地表及地下均可见凝灰岩、沉凝灰岩、凝灰质砂岩等围岩呈顶盖、层状、悬垂体残留于基性玄武岩中,岩体与围岩呈侵入接触关系。岩石形成经历了强烈喷发→弱喷发→宁静溢出这样一个活动过程,即相应地堆积了粗碎屑火山碎屑岩→细碎屑火山碎屑岩→玄武岩这样一套岩石。

二、围岩蚀变及特点

矿床围岩主要有玄武岩、凝灰岩、沉凝灰岩等,在成矿作用过程中普遍受到热液蚀变作用,并具有一定范围的蚀变分带现象。其中齐Ⅰ矿区的直接赋矿围岩是太勒古拉组凝灰岩-长石石英砂岩-泥质硅质粉砂岩-玄武岩,齐Ⅱ矿区的赋矿围岩是包古图组下亚组泥质粉砂岩-含砾砂岩夹生物灰岩(局部)。这些地层中发育不同程度的黄铁矿化、毒砂化、碳酸盐化、绢云母化、硅化和绿泥石化等。蚀变较弱时,碳酸盐矿物沿着长石裂隙交代长石,蚀变较强时,围岩几乎全部被碳酸盐矿物交代。

黄铁矿化(附录5图16):在矿石或围岩中广泛发育,与金矿化关系极为密切。在石英脉两侧可形成蚀变岩型金矿石,或直接形成黄铁矿化金矿石(如L27号矿脉)。黄铁矿呈淡黄色,形态各异,形成时间至少两期次,他形细粒状黄铁矿呈蠕虫状细脉分布于裂隙中;自形立方体、五角十二面体黄铁矿呈浸染状分布,其内包裹有自然金。黄铁矿含量一般1%~5%,局部高达15%。

毒砂化(附录5图17):与金矿化关系非常密切,多与黄铁矿化伴生,毒砂一般为菱面体的聚形,常形成菱形长柱状,少量成十字双晶,粒径一般0.1~0.5 mm,含量1%~5%。在近地表氧化带,毒砂可氧化成臭葱石。

硅化(附录5图18):主要发生在石英脉两侧或单脉形成硅质体,二氧化硅对围岩发生不同程度的交代,亦可形成微细网脉、细脉,二氧化硅含量明显增高,岩石致密坚硬,一般呈灰白色—深灰色。蚀变带宽度较小,一般仅几厘米至几十厘米。

白云石化(附录5图12、图19):矿区中最广泛的蚀变类型之一,在蚀变围岩及矿石中广泛发育,尤其在蚀变玄武岩中分布普遍。其中透明矿物大部分或全部被细粒—微晶状的白云石集合体取代,原生斜长石仅呈残余存在,保留晶体外形。白云石含量一般20%~50%,最高可达80%以上。白云石是基性熔浆与海水发生海解作用,产生化学反应形成白云石化的产物,形成时间要早于含矿热液活动。由于碳酸盐矿物的大量出现,可使岩石发生退色现象,成为明显的找矿标志。

绢云母化(附录5图20):绢云母呈细小鳞片状或与细粒石英共同组成细脉,出现于石英脉内部的裂隙中,以及石英脉与围岩的接触处,或者热液作用使围岩中的矿物发生绢云母化。绢云母化一般蚀变较弱,规模较小。

绿泥石化(附录5图21~图22):与区域变质作用形成的绿泥石明显不同,这些绿泥石呈较大的片状,仅出现于石英脉两侧由成矿断裂活动形成的局部片理化带或见于石英脉与围岩的接触处,呈薄膜状并与薄膜状的自然金共生,是良好的找矿标志。

钠长石化(附录5图23):含矿热液交代围岩而形成干净明亮、结晶良好的钠长石,聚片双晶发育,多与硅化伴生,仅见于部分破碎蚀变岩及矿石中。

方解石化(附录5图24):形成于含矿热液作用期间或之后,其规模及强度都比较小,在矿石及蚀变围岩中常见,但含量较低。主要呈团粒状、团块状及脉状产出,方解石脉常被切割。

围岩蚀变现象沿含金石英脉向两侧发育,形成内强外弱的蚀变带,但其蚀变类型分带并不明显。一般来说,蚀变带发育程度与石英脉厚度和断裂破碎带强度成正比,通常为数十厘米至数米,碳酸盐化带宽度可以较大。蚀变作用一般是矿体上盘较下盘发育,蚀变分带大多不具对称性,蚀变类型通常亦不呈对称性出现。矿体上盘蚀变较强,由石英脉向外,可依次出现硅化-黄铁矿化带、毒砂化-碳酸盐化带,向外逐渐变成轻微蚀变-正常围岩。蚀变矿物组合或蚀变类型不仅与热液活动的强度、破碎程度有关,也与原岩类型有密切关系。就矿区而言,早期玄武岩蚀变以白云石化为特点,次有葡萄石化(附录5图25)及绿泥石化。火山碎屑岩中多见绿泥石化、方解石化、高岭石化及帘石化等。在成矿阶段由含矿热液活动产生的蚀变则以硅化、绢云母化、黄铁矿化及毒砂化为特征,并有规律地分布在石英脉、蚀变破碎带及近矿蚀变围岩中。

第四节 矿石物质组分及特征

一、矿石物质成分

经显微镜下鉴定,结合电子探针和X射线衍射分析,共鉴定、发现矿物23种(表5-1),其中,金属矿物14种,脉石矿物9种,矿石中金属矿物主要为黄铁矿、毒砂,次有少量黄铜矿、砷黝铜矿、磁黄铁矿、辉锑矿、白钛石及闪锌矿、褐铁矿等。脉石矿物主要为石英、绢云母、白云石、斜长石,次有钠长石、方解石、绿泥石、葡萄石等。其中,斜长石主要指蚀变玄武岩中的原生斜长石,为蚀变岩型金矿石中的常见矿物,钠长石的形成则与含矿热液活动有关。

表5-1 哈图金矿床矿石矿物成分表

类型		主要矿物	次要矿物	少见矿物
金属矿物	原生矿石	黄铁矿、毒砂	白钛石、黄铜矿	自然金、磁黄铁矿、铜蓝、闪锌矿、砷黝铜矿、银金矿、辉锑矿
	氧化矿石	褐铁矿	赭石	孔雀石
脉石矿物		石英、白云石、绢云母、斜长石	钠长石、方解石、绿泥石	葡萄石、高岭石

1. 自然金及部分金属矿物

1）自然金

本区金矿物主要为自然金，呈黄、金黄、橙黄等色，强金属光泽，经测试密度为 18.3～19.1 g/cm³。

自然金形态主要呈粒状、片状、块状、长条状、丝状、树枝状、薄膜状、皮壳状、钟乳状等，粒径小于 0.1 mm。显微镜下观察，其形态复杂，主要呈他形粒状和他形不规则粒状（附录 5 图 26），次为脉状、半自形粒状，常呈长粒状分布，部分沿裂隙分布（附录 5 图 27）。

自然金嵌布粒径变化大，在 0.003～1.0 mm±，多数在 0.01～0.05 mm 之间，大者可见 0.4 mm×2.2 mm，光片中最大可见粒径为 4.0 mm 的自然金。

自然金嵌布形式主要有 3 种，粒间金（附录 5 图 27～图 28）、包裹金（附录 5 图 29～图 30）及裂隙金（附录 5 图 31），粒间金主要见于脉石矿物粒间，少量在硫化物与脉石矿物之间。包裹金多数在黄铁矿中，少量在毒砂或脉石矿物中。裂隙金多数在脉石矿物裂隙中，少数在硫化物裂隙中。

自然金常呈浸染状存在于石英脉中，或赋存于石英脉裂隙或洞穴中，形态多样（附录 5 图 32～图 33）。石英脉内自然金多沿黑色条带及石英脉脉壁分布，而在蚀变围岩矿石中自然金则多沿石英细脉分布。自然金与硫化物黄铁矿、毒砂、黄铜矿、砷黝铜矿等关系密切，有呈连晶共生（附录 5 图 34～图 35），亦有呈小集合体穿插于其他矿物之中者。在石英脉裂隙或脉壁矿化形成的绿泥石、绢云母密集处亦是自然金富集的场所。

经电子探针成分分析，自然金中除少量 Ag 与 Au 呈固溶体存在外（见 1 粒含银自然金），尚含微量 Cu、Fe、Zn 等杂质。据电子探针成分分析结果，自然金的成色均在 945 以上，最高可达 980，平均 975，属高成色金。自然金中 Ag 最高可达 5.28%（含银自然金），最低 1.85%，平均 2.41%，其含量多在 2.00%～2.64% 之间，自然金中 Bi 含量偏高，最高可达 1.02%，平均 0.86%（表 5-2），同时，自然金的赋存状态对自然金的成色并未有明显影响。

表 5-2 哈图金矿自然金电子探针成分分析结果　　　　单位：%

序号	分析结果											赋存状态	成色
	Au	Ag	Cu	Pb	Zn	Te	Sb	Bi	Co	Ni	Fe	总量		
1	92.48	5.28	0.72	—	0.03	—	0.04	0.91	—	—	—	99.46	包裹金	946
2	94.70	1.85	0.01	—	—	—	—	0.82	0.02	—	2.58	99.98	包裹金	981
3	95.50	2.43	0.03	—	0.08	—	—	0.78	0.02	—	0.04	98.88	裂隙金	975
4	96.39	2.43	—	—	0.02	0.01	—	0.72	—	0.01	0.05	99.62	裂隙金	975
5	97.00	2.37	—	—	—	—	—	0.90	—	—	0.04	100.31	裂隙金	976
6	97.92	2.34	—	—	—	—	0.01	0.80	—	0.04	0.08	101.20	裂隙金	977
7	96.30	2.57	0.02	—	0.01	0.06	0.01	0.94	—	—	—	99.89	裂隙金	974
8	94.50	2.57	—	—	0.06	—	0.03	0.94	0.01	—	—	98.11	粒间金	974
9	95.81	2.50	—	—	0.03	—	0.01	0.88	—	—	—	99.23	粒间金	975
10	94.76	2.36	0.07	—	0.01	—	—	0.88	—	—	0.01	98.10	粒间金	976
11	94.80	2.46	—	—	0.06	0.01	0.03	0.80	—	0.01	—	98.18	粒间金	975
12	95.29	2.51	0.02	—	—	—	0.02	0.85	—	—	0.02	98.70	粒间金	974
13	96.83	2.58	0.11	—	0.07	0.01	—	0.78	0.02	—	—	100.46	粒间金	974
14	94.78	2.46	—	—	—	0.04	—	0.76	—	—	—	98.03	粒间金	975
15	97.08	2.21	0.01	—	—	—	—	0.89	0.04	—	0.03	100.24	粒间金	978
16	95.08	2.43	—	—	0.02	—	0.02	0.91	—	0.02	—	98.49	粒间金	975

续表 5-2

序号	分析结果												赋存状态	成色
	Au	Ag	Cu	Pb	Zn	Te	Sb	Bi	Co	Ni	Fe	总量		
17	95.58	2.18	0.02	—	—	0.03	0.02	0.81	0.01	—	0.03	98.68	粒间金	978
18	97.18	2.60	—	—	—	0.05	0.01	0.77	0.02	0.02	—	100.65	粒间金	974
19	96.05	2.28	0.05	—	0.01	—	—	1.03	—	—	0.08	99.49	粒间金	977
20	94.86	2.38	0.01	—	—	0.05	0.03	0.85	—	0.04	0.08	98.30	粒间金	976
21	95.07	2.31	0.04	—	0.02	—	—	0.91	0.02	—	0.04	98.39	粒间金	976
22	95.94	2.18	—	—	—	—	—	0.68	—	0.01	0.03	98.84	粒间金	978
23	95.66	2.17	0.01	—	—	—	—	0.90	0.03	0.01	0.04	98.82	粒间金	978
24	95.70	2.28	—	—	—	0.02	—	0.98	—	—	—	99.02	粒间金	977
25	96.61	2.26	—	—	—	—	—	0.81	—	0.02	—	99.71	粒间金	977
26	95.67	2.23	—	—	—	—	—	0.94	0.01	—	—	98.85	粒间金	977
27	96.22	2.03	0.02	—	0.01	0.03	—	0.84	—	—	—	99.16	粒间金	979
28	94.83	2.17	—	—	—	0.04	—	1.02	—	0.01	0.01	98.08	粒间金	978
29	96.26	2.35	—	—	—	0.01	—	0.73	—	—	0.06	99.42	粒间金	976
30	96.03	2.64	—	—	—	—	0.01	0.90	0.02	0.01	0.05	99.66	粒间金	973
31	94.98	2.21	0.05	—	—	—	0.06	0.92	—	0.05	0.01	98.29	粒间金	977
32	96.98	2.24	—	—	0.05	0.02	—	0.96	0.05	0.01	0.12	100.42	粒间金	977
33	95.57	2.00	—	—	0.04	—	0.03	0.93	—	—	0.13	98.70	粒间金	980
34	94.52	2.44	0.02	—	—	—	—	0.90	0.01	0.01	0.22	98.13	粒间金	975
35	96.15	2.29	—	—	—	—	—	0.92	0.03	0.02	0.79	100.20	粒间金	977
36	96.15	2.32	—	—	0.03	0.06	—	0.71	0.02	0.03	—	99.34	粒间金	976
37	94.98	2.16	0.01	—	0.05	0.01	—	0.92	—	—	0.09	98.22	粒间金	978
38	96.28	2.39	—	—	—	—	—	0.83	—	—	0.10	99.59	粒间金	976
平均值	95.70	2.41	0.03	—	0.02	0.01	0.01	0.86	0.01	0.01	0.18	99.18	—	975

注:—为元素含量未达检出下限,未检出。
分析单位:新疆矿产实验研究所鉴定专业室。

2)黄铁矿

黄铁矿是矿区分布最广、含量最高的金属硫化物之一,也是金的主要载体矿物之一,其中包含自然金,在矿石或蚀变围岩中广泛存在,含量变化大,一般 1%~8%,最高可达 20%。

黄铁矿呈淡黄色,金属光泽,常见晶形为五角十二面体及立方体(附录 5 图 36),以单晶者居多,并有呈双晶及复晶者。在立方体晶面上常见晶面条纹。自形程度较好(附录 5 图 37),亦有呈半自形(附录 5 图 38)及他形者。显微镜下见其被褐铁矿交代现象(附录 5 图 39)。常呈浸染状及细脉状分布于石英脉及蚀变围岩中。一般在早期石英脉中黄铁矿颗粒较粗大,中晚期石英脉中黄铁矿颗粒较细小。粒径最大 1 mm,最小 0.001 mm,一般 0.005~0.5 mm,以细粒状为主,常与毒砂伴生。

黄铁矿与金关系密切,且本身亦为主要载金矿物之一(附录 5 图 29、图 31)。就其与成矿关系来看,黄铁矿可分为两期:早期形成的黄铁矿颗粒较大,淡黄色,粒径多大于 0.2 mm,以自形晶为主,呈稀疏浸染状分布,其中可见细粒自然金。后期形成的黄铁矿,呈半自形、他形,浅铜黄色,粒径小于 0.2 mm,多呈细脉状或网脉状产出,与金矿化关系密切,含金量高,一般可达数十克每吨。因此在矿石中黄铁矿颗粒越细,且呈细网脉状产出者,对金富集越有利。

从黄铁矿的电子探针成分分析结果(表 5-3)可知,Fe 平均值 47.34%,S 平均值 51.16%。黄铁矿中均含有较高的 As,其平均值可达 1.31%,说明矿液中含 As 较高,毒砂的出现和分布也与此有关。

表 5-3 哈图金矿黄铁矿电子探针成分分析结果 单位:%

编号	分析结果												
	Fe	S	Au	Ag	Cu	Pb	Zn	As	Sb	Bi	Co	Ni	总量
1	44.34	53.17	0.01	—	0.13	—	—	1.46	—	—	0.06	0.11	99.28
2	44.02	53.81	—	0.01	0.18	—	0.06	1.86	0.02	—	0.05	1.27	101.27
3	57.24	39.78	—	—	—	0.02	0.04	2.00	—	—	0.06	0.01	99.13
4	45.54	53.56	—	—	0.05	0.06	—	1.99	0.03	—	0.26	0.17	101.66
5	56.67	39.87	—	—	0.14	0.07	0.01	1.38	—	—	0.06	—	98.19
6	57.37	40.11	0.05	—	0.07	—	—	1.90	—	—	0.07	0.02	99.59
7	57.19	39.78	—	—	0.10	—	0.05	1.93	0.04	—	0.04	0.01	99.13
8	45.68	52.12	0.04	—	—	—	—	0.32	—	—	0.03	—	98.19
9	46.88	53.19	0.04	—	—	0.01	—	0.12	—	—	0.02	0.03	100.29
10	46.45	52.87	0.04	0.01	—	—	—	1.56	—	—	0.02	—	100.96
11	46.15	52.86	0.03	—	0.03	—	—	1.31	—	—	0.05	—	100.43
12	46.82	53.08	—	0.01	0.02	—	0.06	1.56	—	—	0.03	—	101.58
13	46.43	52.74	0.08	—	0.04	—	—	1.32	—	—	0.05	—	100.65
14	47.00	52.99	—	0.03	—	—	—	1.23	—	—	0.03	—	101.28
15	46.94	52.86	—	—	0.07	—	—	1.15	—	0.06	0.02	0.01	101.10
16	46.18	53.17	—	0.02	—	—	0.03	0.08	—	—	0.07	0.04	99.58
17	47.22	53.75	—	—	—	0.05	0.03	—	—	—	0.05	0.02	101.13
18	46.43	52.81	—	—	0.05	—	0.01	0.86	—	—	0.01	0.05	100.22
19	45.45	52.86	0.01	0.01	0.03	0.02	—	1.61	0.04	—	0.02	0.04	100.07
20	45.55	52.84	—	—	—	—	—	1.79	—	—	0.02	0.03	100.26
21	45.84	53.01	—	—	—	0.03	0.01	0.30	—	—	0.06	0.03	99.28
22	45.87	51.72	—	—	0.05	0.01	0.07	2.16	—	—	0.11	0.08	100.07
23	46.32	53.36	—	—	—	0.04	0.01	0.61	0.03	—	0.09	—	100.46
24	46.26	52.88	0.04	—	—	0.02	—	0.55	0.04	—	0.08	—	99.88
25	46.43	52.81	—	—	0.05	—	0.01	0.86	—	—	0.01	0.05	100.22
26	45.45	52.86	0.01	0.01	0.03	0.02	—	1.61	0.04	—	0.02	0.04	100.07
27	45.55	52.84	—	—	—	—	0.03	1.79	—	—	0.02	0.03	100.26
28	45.84	53.01	—	—	—	0.03	0.01	0.30	—	—	0.06	0.03	99.28
29	45.87	51.72	—	—	0.05	0.01	0.07	2.16	—	—	0.11	0.08	100.07
30	46.32	53.36	—	—	—	0.04	0.01	0.61	0.03	—	0.09	—	100.46
31	46.26	52.88	0.04	—	—	—	0.02	0.55	0.04	—	0.08	—	99.88
32	45.88	50.37	—	—	0.05	—	—	2.68	0.01	—	0.04	0.02	99.05
33	45.83	50.28	—	—	—	0.03	—	2.50	—	—	0.08	0.08	98.79
34	46.34	50.27	—	—	0.02	—	—	2.34	0.04	—	0.09	0.02	99.12
平均值	47.34	51.16	0.01	—	0.03	0.01	0.02	1.31	0.01	—	0.06	0.07	

注:—为元素含量未达检出下限,未检出。

分析单位:新疆矿产实验研究所鉴定专业室。

3)毒砂

毒砂也是矿区分布最广、含量最高的金属硫化物之一,是金的重要载体矿物之一,在矿石或蚀变围岩中广泛存在,多与黄铁矿共生(附录5图40)。含量变化大,一般0.5%~5%,最高可达12%。在毒砂中包裹有自然金。

毒砂颜色呈银白色或灰白色,自形(附录5图41)、半自形菱形柱状或板条状及不规则微粒星点状,具嵌晶、穿插双晶和三连晶等。晶面具特殊条纹,断口不平坦,性脆,金属光泽。粒径最大1.5 mm,最小0.005 mm,一般0.015~0.35 mm。以细粒状为主,常与黄铁矿共生,有时见与砷黝铜矿、磁黄铁矿等伴生(附录5图42),或被褐铁矿交代呈残留或假象存在(附录5图43)。毒砂与自然金共生,关系密切(尤其长柱状毒砂),常见有蜂窝状自然金与自形、半自形毒砂沿矿石裂隙膨大处共生。自然金呈脉状小集合体穿插于毒砂矿物中,并见有毒砂与自然金互呈包裹体。在矿石中毒砂与自然金呈正相关增长。早期形成的毒砂,颗粒较大,有压碎现象(附录5图44);后期形成的毒砂颗粒细小,与自然金关系尤为密切(附录5图35)。毒砂单矿物化学分析结果显示含Au 166~230 g/t,毒砂电子探针成分分析详见表5-4,Fe平均值35.77%,As平均值40.18%,S平均值22.64%。值得一提的是,本矿床毒砂中S含量普遍高于标准值。

表5-4 哈图金矿床毒砂电子探针成分分析结果 单位:%

序号	分析结果												
	Fe	As	S	Au	Ag	Cu	Pb	Zn	Sb	Bi	Co	Ni	总量
1	36.10	37.83	23.76	0.11	—	0.04	—	—	0.49	—	0.05	—	98.36
2	35.72	38.65	23.66	0.04	—	0.02	0.05	—	0.39	—	—	—	98.53
3	35.82	38.16	23.47	0.05	0.01	0.04	—	0.04	0.40	—	0.03	0.05	98.06
4	35.77	40.44	22.56	—	0.01	0.01	—	0.01	0.05	—	0.04	—	98.89
5	36.24	39.51	23.09	—	—	—	0.04	—	0.10	—	0.06	0.26	99.29
6	35.75	38.49	23.45	0.01	0.04	0.01	0.05	—	0.25	—	0.02	0.02	98.09
7	34.07	43.85	21.64	0.01	0.01	—	—	0.01	0.18	—	0.03	—	99.79
8	34.84	43.30	22.22	—	—	—	—	—	0.31	—	—	—	100.69
9	35.40	43.26	22.18	0.03	—	—	—	—	—	—	0.06	—	100.93
10	36.11	40.47	22.34	—	0.03	—	—	—	0.16	—	0.05	—	99.15
11	36.24	40.54	22.70	—	—	0.02	0.02	—	0.04	—	—	—	99.57
12	35.77	41.05	22.30	—	0.02	0.03	—	0.03	0.06	—	0.09	0.05	99.41
13	36.16	40.12	22.73	0.07	0.02	—	—	—	0.07	—	0.02	—	99.19
14	35.80	40.15	22.69	—	0.02	—	0.05	0.03	0.27	—	0.07	—	99.08
15	36.18	39.52	22.19	—	—	0.02	0.02	—	0.48	—	0.02	—	98.52
16	36.16	39.76	22.34	—	0.02	—	—	—	0.44	—	0.08	0.04	98.82
17	35.36	39.63	22.65	0.04	—	0.03	0.06	—	0.31	—	0.10	0.21	98.39
18	36.18	39.46	22.30	0.02	0.01	0.01	—	—	0.44	—	0.02	0.05	98.49
19	35.47	39.38	22.78	—	—	—	0.01	—	0.40	—	0.02	0.10	98.16
20	36.03	40.07	22.37	—	—	—	0.02	—	0.04	—	—	0.06	98.61
21	36.03	40.02	21.95	0.04	0.03	—	—	0.03	0.06	—	0.10	0.09	98.35
平均值	35.77	40.18	22.64	0.02	0.01	0.01	0.01	0.01	0.23	—	0.04	0.05	

注:—为元素含量未达检出下限,未检出。
分析单位:新疆矿产实验研究所鉴定专业室。

4）黄铜矿

黄铜矿在矿石中含量很低，显微镜下少见，呈浸染状分布于透明矿物粒间。颜色呈铜黄色，为他形不规则粒状（附录5图45），在矿石中有微量分布或呈小集合体状产出（附录5图46），粒径0.004～0.025 mm。常与黄铁矿、毒砂、闪锌矿、砷黝铜矿等共生，并穿孔交代黄铁矿（附录5图47）。该矿物常被斑铜矿、铜蓝交代形成交代残余结构，为成矿期产物。电子探针成分分析结果（%）：Cu 26.10、Fe 33.08、S 38.33，同时含较高的As，达2.58%。

5）辉锑矿

辉锑矿矿石中分布不均匀，仅在个别光片中可见，与石英共生，构成辉锑矿-石英脉（附录5图48），其粒径跨度较大，为0.004～0.5 mm，共生金属硫化物为黄铁矿和毒砂，其边部多氧化蚀变为锑华（附录5图49）。

6）砷黝铜矿

在矿石中含量很低，显微镜下少见，多呈浸染状分布于透明矿物粒间，少数分布在硫化物之间（附录5图50～图51）。浅灰色、灰白色，他形不规则粒状，含量甚微，粒径0.004～0.045 mm。常与黄铜矿共生，并穿孔交代黄铁矿、毒砂。

7）闪锌矿

矿石中含量低，显微镜下少见，粒径细小，分布于透明矿物粒间、硫化物粒间或与黄铜矿共生，部分其内见黄铜矿的固溶体出溶体（附录5图52）。

2. 部分脉石矿物

1）石英

石英为主要脉石矿物之一。在石英脉型金矿石中，含量50%～95%，常呈自形、半自形、他形粒状结构，压碎结构，似角砾状结构，块状及脉状构造。石英脉为多期形成，早期形成的石英脉为白色，粗粒，呈自形—半自形镶嵌结构（附录5图53），沿微细裂隙有红褐色血丝状裂纹。由于后期构造作用，早期石英压碎呈现波状消光，无或极少含硫化物。后期形成的石英颗粒较细，为灰白色、烟灰色，呈脉状沿早期石英脉及蚀变围岩裂隙充填，其间含少量硫化物，金的成矿作用与此期石英脉关系密切（附录5图54）。

2）绢云母

绢云母主要为次生蚀变产物，多与黄铁矿、毒砂及白云石等共生呈集合体分布，交代含矿围岩玄武岩，部分呈条带状、团块状分布于次生矿物石英粒间（附录5图55）。

3）白云石

白云石主要是交代围岩，为次生矿物（附录5图56）。在蚀变围岩型金矿石中，尤其在蚀变玄武岩型金矿石中含量45%～50%，最高达75%。与成矿有一定的关系。

4）方解石

方解石为主要脉石矿物之一。主要呈两种形式产出：一种呈脉状产出，与石英组成方解石-石英脉、石英-方解石脉，或单独呈方解石脉（附录5图57）；另一种是交代围岩，为次生矿物。在蚀变围岩型金矿石中，尤其在蚀变玄武岩型金矿石中含量45%～50%，最高达75%。

二、岩、矿石化学成分

对矿区内各种岩、矿石进行了化学分析和多种测试，通过此项工作，力求寻找出矿区各类岩、矿石地球化学的分布特征及规律。

1. 含金石英脉的元素组成

哈图金矿是西准噶尔金矿带内迄今发现并正在开采的规模最大的石英脉型金矿床。石英脉中硫化物含量1%~2%，主要为黄铁矿和毒砂。其矿化类型属于典型的少硫化物石英脉类型。其中，SiO_2 71.06%~92.16%，平均79.64%，方差较小，说明其均匀性较好。另一特点是，铁族元素含量很低，在0.17%~1.57%之间，说明该区石英脉以充填为主，交代反应很少。石英脉中比较明显的是碳酸盐化作用，CaO的含量最高可达7.76%，平均5.28%。

以含金石英脉微量元素含量平均值与地壳克拉克值相比，矿区含金石英脉最大浓集的元素是Au（$K=22\,509$），其次是As（$K=616.8$），显著浓集的元素是Ag、Sb、Bi（$K=23.33$~75），相对浓集的元素有W、Hg（$K=2.04$~2.29），接近克拉克值的元素是Mo（$K=0.86$），低于克拉克值亏损的元素有Ba、Cr、Mn、Ni、P、Sr、Ti、Co、V、Y、Zn等。由此看来，在所测试的元素中，只有Au、As、Ag、Sb、Bi、W、Hg属于该矿区的成矿有关组分。其中Au、As为成矿主要组分，Sb、Bi、Ag为重要伴生组分，W、Hg为次生伴生组分。

2. 微量元素特征

(1) 成矿元素Au，除了在石英脉中含量最高外，在玄武岩中次之，平均0.036×10^{-6}，浓集克拉克值$K=8.37$，其余均接近或低于地壳克拉克值。由此看来，矿区的Au很可能来自玄武岩。

(2) 矿化剂元素Ag、As、Sb、Hg在石英脉中含量最高，玄武岩次之，说明矿化热液除以石英脉形式充填外，对玄武岩也影响较大。

(3) 玄武岩中含量明显高于其他岩石的元素有Cu、Co、Cr、Ni，而Ba、Mn、Sr的含量在硅质岩中最高。一般来说，凝灰岩、沉凝灰岩、杂砂岩的微量元素含金量均要低于玄武岩或硅质岩。

3. 稀土元素特征

(1) 蚀变玄武岩：蚀变玄武岩分为两类：一类为富集型，$LREE=82.4\times10^{-6}$，$(La/Sm)_N=1.55$，$(Ce/Yb)_N=1.67$，$Eu=0.98$，无Eu异常显示；另一类为平坦型，$LREE=(16$~21.9$)\times10^{-6}$，$(La/Sm)_N=0.92$~2.10、$(Ce/Sm)_N=1.25$~1.66、$(Ce/Yb)_N=1.31$~1.39、$Eu=0.76$，略显示Eu的负异常，同正常玄武岩的稀土模式相比，相差无几，说明热液蚀变对玄武岩中稀土元素的分配型式影响不大。

(2) 石英脉：石英脉的主要特征极为相似，REE含量不高，仅为$(3.5$~5.07$)\times10^{-6}$，稀土模式为平坦型，Eu显示亏损到略亏损，但$(La/Sm)_N$分别为3.44和1.01，$(Ce/Sm)_N$分别为0.09和0.51，$(Ce/Yb)_N$分别为1.60和4.23，差异较大，暗示了它们的同源性、多期性。

本区金矿石的化学成分随矿石类型不同而不同，矿石的有用组分为Au，除此之外尚有Ag、Ga、Cu等。其中除Ag达边界品位可考虑回收外，其他元素含量都很低，无回收价值。As为选矿有害元素。该区金矿石中与自然金伴生微量元素有20余种，其分布特征及与金含量的关系有如下特点：在石英脉矿石内微量元素含量大部分均较低。在蚀变围岩型矿石中微量元素Ag、As、Sc、Ti与Au呈正相关关系，Cu、Ni、V、Ga、Mn、Cr与Au呈负相关关系。

4. 包裹体特征

根据野外观察，本区热液矿化可大概分为3个阶段：①早期石英脉阶段；②中期石英-多金属硫化物阶段；③晚期石英-碳酸盐阶段。选择不同矿脉的石英作为研究对象。本区各脉中只见到气液及单一液相包裹体。气液包裹体根据其大小、分布特征可分为两类：一类为不规则状分布的较大包裹体，形成温度要高一些；另一类包裹体较小，形成温度也较低，后者居多，显示了两者是不同阶段捕获的产物，前者捕获的时间比后者要早些，单一液相包裹体也多为不规则状，可能是后期的次生包裹体。成矿溶液化学组分分析结果表明，溶液中除含有阴离子F^-、Cl^-、SO_4^{2-}外，还存在K^+、Na^+及Ca^{2+}、Mg^{2+}，该含金石英脉石英中的包裹体，属$K^+-Na^+/Cl^--SO_4^{2-}$型及$Ca^{2+}-Mg^{2+}/HCO_3^--SO_4^{2-}$型，反映成矿热液具有下列特点。

(1) 成矿早期阶段热液中K^+、Na^+含量较高，随着成矿温度降低，到了主成矿早期，K^+、Na^+及K^++Na^+明显呈下降趋势，反映了溶液中K^+、Na^+向围岩迁移，产生蚀变交代现象，如绢云母化、钠化等，到主成矿期，$K^+ + Na^+$ 缓慢上升，反映了热液从早期碱性条件向弱碱性条件的转变。

(2) 热液中的 SO_4^{2-} 在早期阶段含量较高，在向主期成矿阶段演化过程中，由于硫化物的大量沉淀，溶液中的 SO_4^{2-} 明显减少，与此相反，Cl^- 的含量则保持一定缓慢增长的趋势，Cl^-/SO_4^{2-} 曲线图为缓慢增长，说明成矿作用实质是 Au 主要与 S 形成络合物迁移、沉淀。

(3) 包裹体成分中 Ca^{2+}、Mg^{2+} 含量极不均匀，主要是由原始热液性质及围岩等因素所决定的，暗示着原始热液为岩浆热液，富含 K^+、Na^+ 等金属离子，而在热液贯入玄武岩裂隙中时，部分围岩经蚀变交代，萃取了围岩中部分 Ca^{2+}、Mg^{2+}。

(4) 包裹体中 H_2O 含量较高，而且变化不大。

三、矿石结构构造及矿石类型

1. 矿石结构

(1) 按自然金形态及分布特点主要划分为他形粒状结构，次有半自形粒状结构、包含结构、脉状充填结构。

他形粒状结构：自然金呈他形粒状分布，外形较规则，粒径细，是矿石中主要结构类型。

包含结构：自然金被硫化物黄铁矿等包裹。

脉状充填结构：主要指自然金沿硫化物或石英等微裂隙呈枝状、脉状充填，脉体窄而短，外形多不规则（附录5图58）。

(2) 按金属硫化物形态划分有粒状结构、碎裂结构、交代结构、固溶体分离结构及包含结构。

粒状结构：矿石中主要结构类型，由黄铁矿、毒砂、黄铜矿及黝铜矿等构成。其中，黄铁矿、毒砂以自形—半自形粒状结构为主，他形晶少。黄铜矿、黝铜矿及闪锌矿等主要呈他形粒状产出，自形、半自形晶少。

碎裂结构：早期形成的较大的黄铁矿、毒砂晶体遭受后期构造挤压碎裂，但仍保持原有矿物形态。

交代结构：后期形成的矿物，沿早期矿物的边缘或裂隙等部位溶蚀交代，致使早期矿物晶体残缺不全，或仅保留部分残骸，或完全被蚀变矿物取代，矿石中常见有交代环边结构（附录5图59）、交代残余结构、交代假象结构及交代穿孔结构（附录5图60）。

固溶体分离结构：黄铜矿呈乳滴状分布在闪锌矿中。

包含结构：一种硫化物包裹于另一种硫化物中（附录5图61）。

2. 矿石构造

浸染状构造及细脉浸染状构造：黄铁矿、毒砂等金属硫化物呈浸染状，均匀或不均匀地分布于矿石中。根据金属矿物含量进一步划分为星点浸染状构造（<5%）（附录5图62～图63）、星散浸染状构造（5%～15%）（附录5图64）、稀疏浸染状构造（15%～30%）（附录5图65）及中等浸染状构造（30%～50%）（附录5图66）。若部分金属矿物呈细脉状或细网脉状穿插于矿石中，则形成细脉浸染状构造（附录5图67）。

条带状构造：在石英脉中夹杂围岩条带、团块或条纹，被次生绢云母、绿泥石、黄铁矿及毒砂等取代，有时构成黑白相间条带或条纹。此种构造矿石多为富含金的标志。

脉状网脉状构造：不同期次、不同规模的含金石英脉，穿插于围岩或构造破碎带中，即构成脉状构造。若脉体相互交错成网，则形成网脉状构造。

角砾状构造：早期形成的含金石英脉及围岩，因构造破碎被后期形成的物质胶结，即构成角砾状构造，或斑杂状构造。

似蜂窝状构造：地表氧化矿石所具有的构造，为地表矿石中金属硫化物受氧化淋失而成。

3. 矿石类型

本区金矿石中硫化物含量平均约5%，就其工业类型来看，属低硫化物金矿石。根据其地质特征、矿物成分，主要可分为两种自然类型，即石英脉型金矿石及蚀变围岩型金矿石，二者共同构成石英脉蚀变破碎带型金矿。

（1）石英脉型金矿石（附录5 图68～图69）：主要由石英脉、含金方解石-石英脉组成，呈单脉或复脉分布于矿带中。其主要矿物成分：石英达85%以上，方解石6%～8%，绢云母5%～7%，含金数克/t至数百克/t，最高2 548.47 g/t，毒砂少量。并含有微量的黄铜矿、闪锌矿、磁黄铁矿、砷黝铜矿等。

（2）蚀变围岩型金矿石（附录5 图70～图72）：此类矿石主要分布于含金石英脉两侧或一侧，以及石英脉间断、尖灭再现的构造破碎蚀变带部位，或单独出现于构造破碎带内。此类矿石因其围岩不同，成分亦有差异。主要有毒砂化、黄铁矿化玄武岩型金矿石，硅化、碳酸盐化玄武岩型金矿石，毒砂化、黄铁矿化斜长花岗斑岩型金矿石，以及硅化、毒砂化、黄铁矿化凝灰岩型金矿石等。

四、主要矿物生成顺序

矿化期分内生作用的热液矿化期和外生作用的表生期。热液矿化期又可分为黄铁矿-绢云母、黄铁矿-绢云母-石英和自然金-石英3个矿化阶段（表5-5）。

表5-5 哈图金矿中矿物生成顺序简表

矿化期	热液期			表生期
矿物	黄铁矿-绢云母矿化阶段	黄铁矿-绢云母-石英矿化阶段	自然金-石英矿化阶段	
石英	——	——	—	
白云石		——		
毒砂	——	——	—	
黄铁矿	——	——		
自然金	——	——		
绢云母		——		
辉锑矿			—	
绿泥石			—	
方解石			—	
葡萄石			—	
碳质			—	
黏土矿物				—
褐铁矿				—
黄钾铁矾				—
赭石				—
成矿温度/℃	220～300	150～220		
矿石类型	石英脉	蚀变岩型	蚀变围岩	氧化矿石

黄铁矿-绢云母矿化阶段：矿化作用发生在蚀变围岩中的黄铁矿-绢云母组合内。金属矿物除黄铁矿外还有毒砂，含量仅次于黄铁矿，金在硫化物中呈次显微包裹体产出。

黄铁矿-绢云母-石英矿化阶段：矿化作用发生在挤压破碎带中，交代蚀变作用较强，次生蚀变矿物多次叠加。矿物形成的顺序为角砾中首先出现绢云母化、方解石化，然后是黄铁矿、毒砂沿角砾边部分布，也有一部分产于角砾中。如果热液作用进一步加强，则碎块被石英取代，角砾呈阴影状产出。共生蚀变矿物组合为方解石、绢云母+黄铁矿、毒砂+石英。在这个阶段中，金不但以明金形式出现，而且也呈次显微状分布在金属硫化物中。黄铁矿常被石英交代。岩石强烈破碎和交代蚀变多次叠加是金矿化的有利条件。

自然金-石英矿化阶段：矿化作用产生在受断裂控制的石英脉中。典型共生矿物组合为自然金+石英，其次有黄铁矿、毒砂、辉锑矿、绢云母、方解石等。石英有两个世代，早期石英他形—自形粒状，大小均匀，彼此镶嵌状生长。晚期石英细粒他形粒状，交代粗粒石英。自然金呈滴状、不规则粒状或脉状嵌布于细粒石英中或粗细石英接触处，显然，金与第二世代石英有关。辉锑矿沿石英微裂隙分布，属于热液作用最晚期阶段的产物。本阶段中矿物生成顺序为石英（Ⅰ）→石英（Ⅱ）→自然金，石英（Ⅰ）含量65%~70%，石英含量（Ⅱ）15%~20%，黄铁矿含量2%~5%，绢云母含量5%~8%，方解石含量8%~10%。

表生期：表生风化氧化矿物有褐铁矿、黄钾铁矾和赭石等，数量少，没有特殊意义。

第五节　矿石工艺矿物学特点

一、伴生元素赋存状态特点

矿石中伴生元素为Ag、As、S、Cu、Pb、Zn、Sb、Bi、Co、Ni，其中Ag、As、S达到伴生组分的工业要求。Ag平均品位2.39×10^{-6}，经估算，矿区开采标高范围内求得(333)伴生银金属量12 087 kg，此外，矿区开采标高390 m以下(333)伴生银金属量613 kg，可作为伴生矿种进行回收。矿石中S含量0.97%~2.86%，As含量0.07%~2.03%。其他微量元素Cu、Pb、Zn等含量很低，不做讨论。

二、矿石矿物粒度及嵌布方式

1. 金矿物的种类与成分

通过显微镜下分析和扫描电子显微镜分析，发现两种金矿物，即自然金和含锑自然金，以自然金为主。扫描电子显微镜分析自然金平均含Au 95.47%、Ag 4.17%、Fe 0.36%，自然金含量较高，最高达97.74%，含银较低，均小于10%，部分含少量Fe。该矿石中金的成色很高，均在900以上。扫描电子显微镜分析结果表明，含锑自然金矿物含Au 85.91%、Sb 12.69%、Fe 1.40%。

2. 金矿物的嵌布特征

自然金大多单独或偶尔与黄铜矿、方铅矿连生，呈细粒状或细脉状嵌布在毒砂、黄铁矿的裂隙与粒间间隙中，或者毒砂、黄铁矿与脉石的界面处；少部分浸染于脉石矿物(主要是石英、方解石、白云石)中；还有相当一部分呈粒状或不规则状包裹于毒砂、黄铁矿中。在淘洗重砂样中自然金大多以单体形式产出，粒径相对较粗，为0.010~0.180 mm，其次与毒砂及少部分黄铁矿连生或以毒砂、黄铁矿中包裹体形式产出，还见到1颗含锑自然金与自然金连生产出。

矿石中金矿物以裂隙金及粒间金为主，占有率62.77%；其次以硫化物中包裹金形式产出，占有率26.91%，还有10.32%以脉石中包裹金形式产出。金矿物粒径以细粒嵌布为主，中、细、微粒不均匀嵌布,0.074 mm 粒级以上分布率 19.39%,金矿物粒径最粗 0.31 mm,0.010～0.074 mm 粒径分布率 55.44%,金矿物主要分布于此范围内,0.010 mm 粒径以下分布率 25.17%(表 5-6)。

表 5-6 金的产出特征统计结果

粒级/mm	裂隙金及粒间金	包裹金		粒级分布率/%
		硫化物包裹金	脉石包裹金	
+0.104	6.76	0.00	0.00	6.76
−0.104～+0.074	9.25	1.12	2.26	12.63
−0.074～+0.038	15.10	3.41	2.00	20.51
−0.038～+0.010	19.28	12.35	3.30	34.93
−0.010～+0.005	10.07	8.35	1.97	20.39
−0.005	2.31	1.68	0.79	4.78
总计	62.77	26.91	10.32	100.00

3. 金矿物的可选性

矿石中金主要以显微镜下可见自然金形式产出,占有率 64.27%,其次以微细包裹体或次显微金形式分布于毒砂中,占有率 20.02%,再次以微细包裹体或次显微金的形式分布于黄铁矿中,占有率 11.76%,还有 3.95% 分布于脉石矿物中。通过浮选回收矿石中的金,在较细磨矿细度下,自然金与分布于毒砂、黄铁矿中的金均可回收,其理论回收率可达 96.05%,但是金精矿中金的浸出率低,在常规磨矿细度及浸出条件下金的浸出率低于 70%,因为分布于毒砂、黄铁矿中,金在此条件下很难浸出。

矿石中金矿物以裂隙金及粒间金为主,占有率 62.77%,这部分金矿物易于解离回收,并易于浸出;其次以硫化物中包裹金形式产出,占有率 26.91%,这部分金矿物浮选易于回收,但粒径较细者不易裸露表面,也不易浸出;还有 10.32% 以脉石中包裹金形式产出,这部分金矿物粒径较粗者磨矿时比较容易裸露表面,浮选可以回收,也可以浸出。

金载体矿物主要为毒砂和黄铁矿,毒砂粒径比黄铁矿稍粗,两者都属于以中、细粒为主,粗、中、细、微粒不均匀嵌布。0.833 mm 粒级以上毒砂分布率 15.40%,黄铁矿 9.26%;0.074～0.833 mm 粒级毒砂分布率 64.62%,黄铁矿 58.08%;0.010～0.074 mm 粒级毒砂分布率 19.58%,黄铁矿 30.96%;0.010 mm 粒级以下毒砂分布率 0.40%,黄铁矿 1.70%。

从前述嵌布特征及粒径分布来看,毒砂、黄铁矿易解离,矿石易选,尤其是自然金与较粗粒毒砂、黄铁矿共生关系更为密切,有利于金的选矿回收。

三、选矿方法

本矿床选矿方法采取先重选再浮选的原则流程,其中重选采用跳汰—尼尔森—摇床的重选工艺,浮选采用一次粗选二次精选三次扫选工艺流程。目前矿山生产采用浮选精矿提金工艺,入选矿石品位:Au $4.10×10^{-6}$,尾矿品位 Au $0.45×10^{-6}$,金精矿品位 $45.99×10^{-6}$,选矿回收率 85.96%,精矿产率 7.66%。由于金矿石中 Ag 的含量较低,回收较为困难,且经济上不合理,因此,哈图金矿对伴生银暂未回收。

第六节　矿床成因和成矿模式探讨

一、成矿物质来源

(1) 矿区 S 同位素值均为正值，偏离陨石值则更小，最小值仅 +0.4，最大值 +1.97，平均值 +1.13。由于陨石硫代表来自地壳下层或上地幔原始硫的成分，故可认为金矿成矿物质可能来自地壳深部或上地幔。

(2) 金矿氢同位素测定 D 值变化区间 128.8‰～−84.4‰，平均值 100.0‰。根据 H 同位素在自然界分布的一般特征，对比之下，本区 H 同位素具有雨水与岩石水（火山岩、变质岩）混合型特征，即典型的深源硫特征。

(3) 本区金矿 ^{13}C 值 −12.92‰～−17.92‰，平均 −15.42‰。说明深部来源物质中的 C 与地下循环热水相混合，促使有机碳的加入，造成偏向负值，进而亦可说明成矿热液的多来源性。

从上述诸方面看本区成矿热液是多来源的、以深源岩浆热液为主的混合型热液。

二、成矿温度

石英脉型金矿石中石英均一法测温结果，最低温度 160 ℃，最高温度 320 ℃，一般 200～260 ℃；爆裂法测温结果，最低温度 255 ℃，最高温度 390 ℃，一般 270～330 ℃。本区石英脉的主要形成温度在 200～330 ℃ 之间，均一法测温的最低温度 160 ℃，爆裂法测温的最高温度 390 ℃，反映出在主要成矿温度之外、在较高温度及较低温度之下也还有成矿物质生成，显示出热液成矿的多阶段性。蚀变围岩型金矿石黄铁矿、毒砂的爆裂温度 150～220 ℃，明显低于石英、方解石的爆裂温度。根据上述测温结果可见，本区矿床形成温度主要为中温阶段。以上矿物共生组合、围岩蚀变类型及包裹体测温结果，均可证实本区金矿床形成温度主要是中温。

三、成矿物质的迁移形式

从包裹体成分可以看出，矿区成矿热液主要由 SO_4^{2-}、HCO_3^-、Cl^-、F^- 等离子组成，Au 可以呈氯或硫络合物形式迁移，在温度大于 400 ℃ 的弱酸性介质中，Au 主要与 Cl^- 结合成络合物，以 $[AuCl_2]^-$、$[AuCl_4]^-$ 的形式出现，其中部分 S^{2-} 或 $[S_2]^{2-}$ 与 Fe^{2+}、Cu^{2+} 等分别结合成磁黄铁矿、毒砂、黄铁矿、黄铜矿、砷黝铜矿，由于某些矿物的析出，流体与围岩组分的交换，以及 S^{2-} 的还原作用，系统内部的物理化学条件发生变化，转变为弱碱性，含金络合物发生解离，析出金矿物，形成金-硫化物-石英组合。

综上所述：

(1) 成矿元素 Au 主要来自玄武岩和花岗岩，成矿温度以中温为主，成矿热液以岩浆热液为主，兼有变质热液和大气降水的混入。

(2) Au 主要以硫、氯络合物形式迁移，在整个运动过程中，早期为金氯络合物，成矿主期为金硫络合物。

(3) Au 沉淀最佳温度 250～300 ℃；理想的还原条件为 $E_h = -2.0$；成矿压力 $p ≤ 2000$ bar（1 bar = 100 kPa），推测该区为中深成矿床。根据一般负荷增压计算，矿脉成矿深度 3～5 km。

(4) 成矿热液由深源的封闭体系向浅部的半开放、开放体系演化，随着热液在低压能带的运动，从周围的介质中摄取部分组分，热液性质不断变化，即由弱酸性→弱碱性演化，金的析出也由弱到强。

四、成矿机制及成矿模式

本区处于安齐断裂北侧、太勒古拉组内。区内断裂构造发育，岩浆活动强。有基性岩浆的侵入、溢出,并有酸性岩浆活动。基性玄武岩体为金矿生成提供了主要物质基础;广泛的(包括区域的)花岗岩活动为金矿生成提供了巨大的热动力和部分成矿物质;断裂构造为矿体生成造就了矿液通道和赋存空间。

本区断裂构造的脉动性及石英脉的多期性反映了当时成矿环境的不稳定特征。与花岗岩有关的岩浆期后热液为先期岩石中分散 Au 的发动者,它在深部封闭条件下活化,熔解了基性岩中大量的自然金,在运移过程中与其他溶液(变质热液、地下水热液)一起形成了新的矿溶液混合热液,在浅部开放、半开放环境下 Au 元素得到沉淀与富集。在漫长的地质年代内(尤其海西中晚期),由于地壳多次运动,岩浆多次活动,断裂构造多次启开闭合,从而使深部含矿热液一次又一次地沿断裂上升、沉淀、矿化。构成多期次、多阶段的石英脉型金矿床。石英脉的两壁光滑与围岩界线截然,反映成矿作用为充填方式;蚀变岩型金矿石硫化物为浸染状、细脉状,矿石与围岩界线呈过渡状,反映了成矿热液对围岩的交代作用。

总之,该矿床由海相基性火山喷发岩和后期侵入的花岗岩为成矿提供矿源与含金热液,含金热液沿区域性大断裂向上运移,充填于次级断裂中。热液中 Au 元素以络合物形式迁移,运移过程中,慢慢释放热量和组分,使围岩产生蚀变,随着温度不断下降,在断裂裂隙中沉淀成矿,成矿模式见图 5-3。

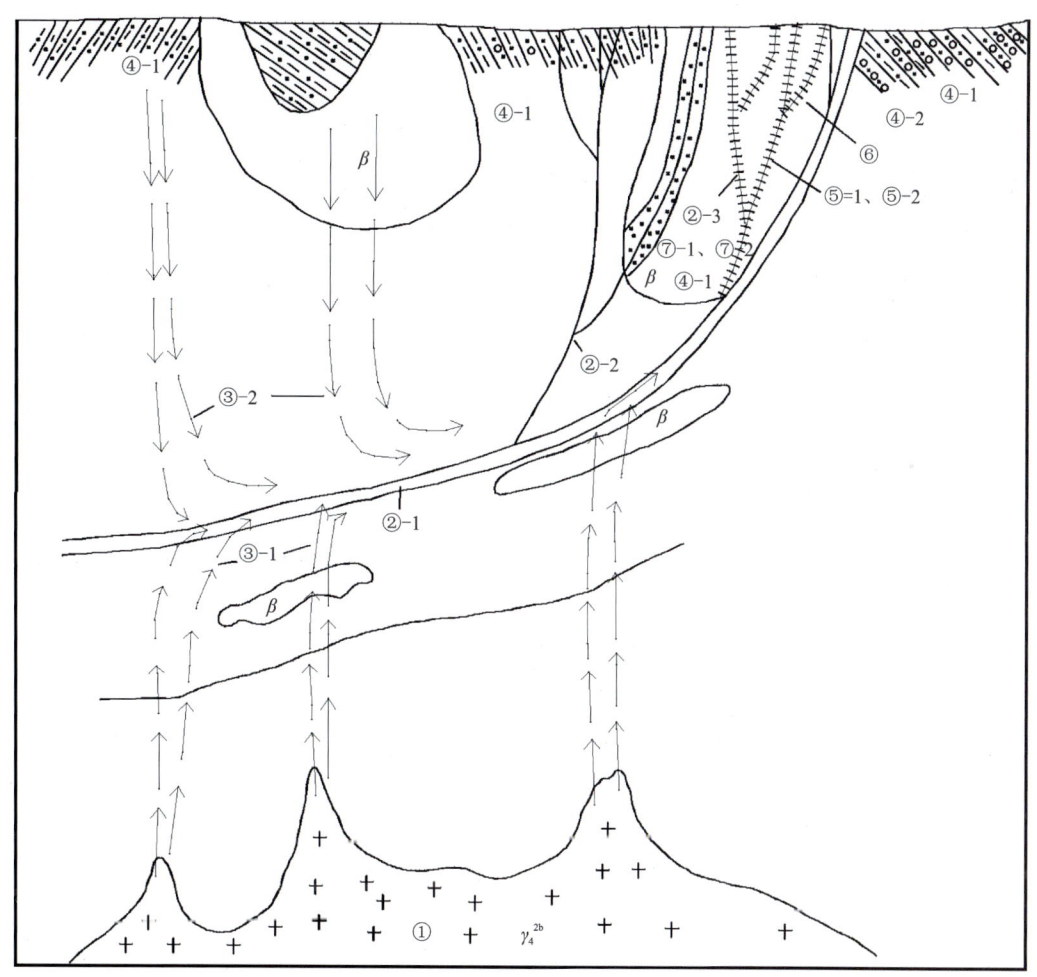

①海西中期花岗岩侵入体;②断裂构造;②-1.Ⅰ级断裂-导致构造;②-2.Ⅱ-Ⅲ级断裂-配矿构造;②-3.Ⅳ-Ⅴ级断裂-容矿构造;③含矿热水溶液;③-1.岩浆后期含矿热水溶液;③-2.潜水下渗热作用含矿热水溶液;④海西中期花岗岩侵入体;④-1.石炭系太勒古拉组玄武岩(β)、火山碎屑岩;④-2.石炭系包古图组火山碎屑岩、沉积碎屑岩;⑤矿床分布及矿石类型;⑤-1.贫硫化物-石英脉,矿物:石英、方解石、少量的自然金;⑤-2.贫—中硫化物,蚀变围岩型,矿物:铁白云石、绢云母、绿泥石、黄铁矿、毒砂、黄铜矿;⑥围岩蚀变带,自内向外:石英脉-黄铁矿化、毒砂化、绢云母化、硅化-碳酸盐化、绿泥石化;⑦地球化学元素特征;⑦-1.水平分带(由内向外):Au、Ag、As、Sb、Bi、W-W、Mo、Hg;⑦-2.垂直分带(由上向下):Au、Ag、Hg-As、Sb-W、Mo。

图 5-3 哈图金矿床成矿模式图

主要参考文献

安芳,朱永峰,2007.新疆哈图金矿蚀变岩型矿体地质和地球化学研究[J].矿床地质,26(6):621-633.

范宏瑞,金成伟,沈远超,1998.新疆哈图金矿成矿流体地球化学[J].矿床地质,17(2):135-149.

邱添,肖飞,张凤军,等,2011.哈图金矿蚀变岩型矿体特征及金赋存状态研究[J].新疆地质,29(2):155-161.

王莉娟,王玉往,2005.新疆准噶尔盆地哈图金矿成矿流体的某些物理化学特征及与成矿关系[J].地质与勘探,41(6):21-26.

王莉娟,朱和平,2006.新疆准噶尔盆地西缘哈图金矿成矿流体[J].中国地质,33(3):666-671.

张晋国,陆学良,李清波,1997.新疆哈图金矿床成因探讨[J].矿产与地质,11(59):166-168.

内部资料

程彧,张凤军,李天龙,等,2012.新疆托里县哈图金矿齐Ⅰ矿区金矿资源储量核实报告[R].克拉玛依:西部黄金克拉玛依哈图金矿有限责任公司.

新疆地矿局第七地质大队,1987.新疆维吾尔自治区托里县齐Ⅰ号金矿区综合研究报告[R].乌苏:新疆地矿局第七地质大队.

附录5 图片及说明

图1 含金石英脉
含金石英脉与围岩蚀变玄武岩。

图2 自然金1
含金石英脉手标本上肉眼可见明金。

图3 凝灰质砂岩 50× 正交偏光
岩石由岩屑、晶屑及火山灰胶结物组成,晶屑多为长石和石英,棱角状—次棱角状分布,胶结物已蚀变为绿泥石及隐晶质集合体。

图4 沉凝灰岩 50× 正交偏光
岩石主要由岩屑、陆源碎屑、晶屑及火山灰胶结物组成,陆源碎屑多为长石和石英,次棱角状分布,胶结物已脱玻化为长英质矿物集合体。

图5 蚀变凝灰岩 50× 正交偏光
岩石由岩屑、晶屑及火山灰胶结物组成,晶屑多为长石和石英,棱角状—次棱角状分布,胶结物已蚀变为绿泥石及隐晶质集合体。

图6 葡萄石化火山灰凝灰岩 100× 正交偏光
岩石葡萄石化,蚀变矿物葡萄石多呈条带状分布。主要由晶屑和火山灰组成,晶屑主要为石英,见少量斜长石,火山灰已脱玻蚀变为长英质矿物集合体。

图7　硅质岩　100×　正交偏光

岩石由隐晶质石英构成，局部有重结晶现象。

图8　斜长花岗岩　50×　正交偏光

他形—半自形粒状结构，主要矿物为斜长石和石英，含少量黄铁矿。

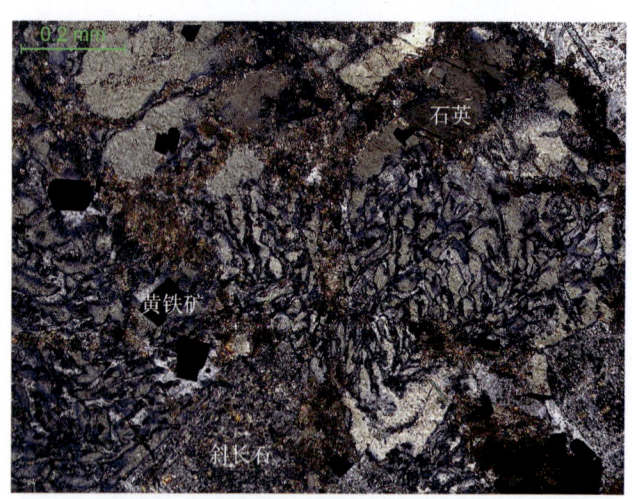

图9　显微文象结构　100×　正交偏光

斜长花岗岩中钾长石与石英构成显微文象结构。岩石主要由斜长石、石英及钾长石组成，含有少量黄铁矿，其中斜长石为更长石，表面泥化。

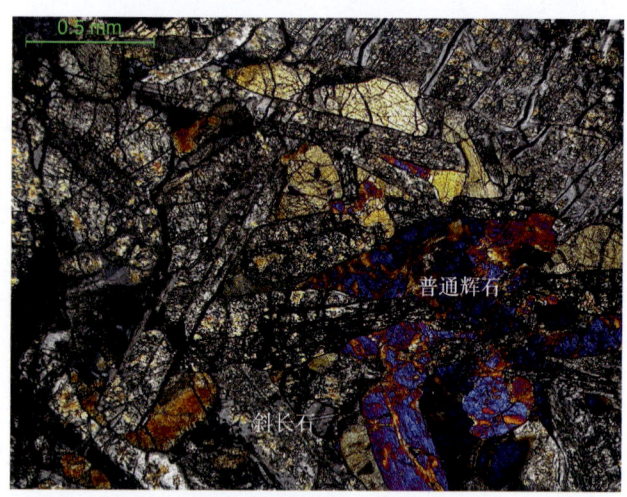

图10　辉长岩　50×　正交偏光

岩石具辉长结构，由普通辉石和斜长石组成，呈半自形粒状、板状分布，其间分布辉石，斜长石被绢云母交代。

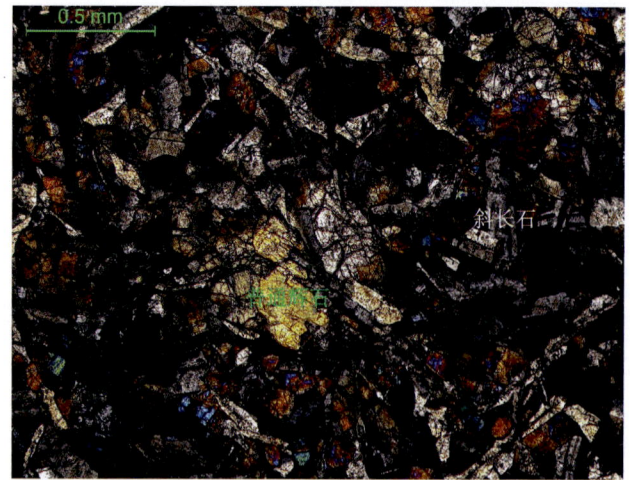

图11　辉绿岩　50×　正交偏光

岩石由普通辉石和斜长石组成，斜长石呈半自形粒状、板条型杂乱分布，其间充填普通辉石。

图12　白云石化玄武岩　100×　正交偏光

岩石中细板条状斜长石已被次生蚀变矿物白云石集合体及绢云母取代，仅保留了长石外形，杂乱分布。

托里县哈图金矿

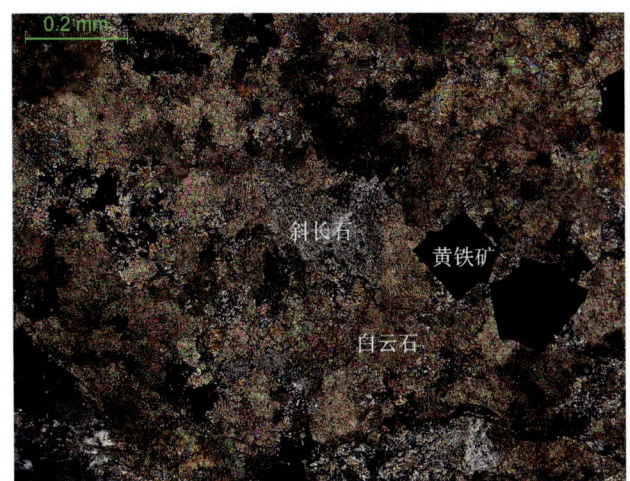

图13 含金蚀变玄武岩　100×　正交偏光

岩石中含金,强蚀变,仅隐约可见少量斜长石残晶,其余部分已经完全被次生蚀变矿物白云石、绢云母及黄铁矿集合体取代。

图14 粗玄岩　100×　正交偏光

岩石由普通辉石和斜长石组成,斜长石呈半自形粒状、板条状杂乱分布,其间充填普通辉石。

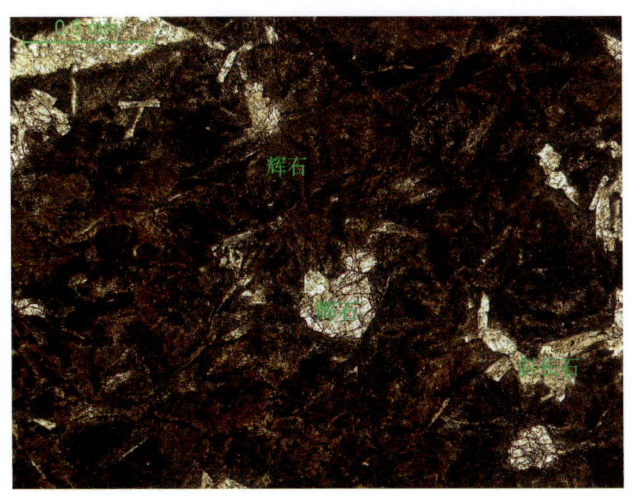

图15 球颗玄武岩　50×　单偏光

岩石具斑状—球颗结构,斑晶为辉石和斜长石,分布在球颗之间。球颗由长石和尘点状辉石构成。

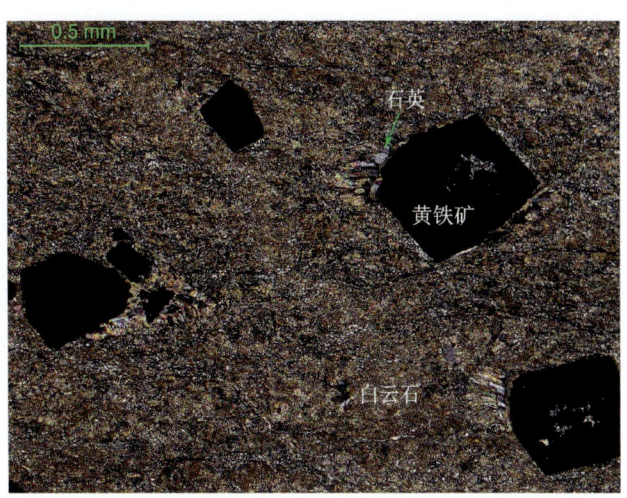

图16 黄铁矿化蚀变玄武岩　50×　正交偏光

原岩为玄武岩,由于叠加强烈矿化蚀变作用,原岩中的矿物及结构构造已基本消失。叠加的蚀变主要为绢云母化、白云石化及黄铁矿化。

图17 毒砂化蚀变玄武岩　50×　正交偏光

原岩为玄武岩,叠加毒砂化、方解石化和硅化。

图18 硅化　100×　正交偏光

原岩为玄武岩,充填白云石、石英,石英呈他形粒状集合体分布。

图 19　白云石化　100×　正交偏光

岩石白云石化,白云石呈细粒集合体,粒径细,均匀分布,其颗粒及集合体沿延长方向定向排列。

图 20　绢云母化　100×　正交偏光

绢云母鳞片状集合体,定向分布,白云石他形—半自形粒状,分布在绢云母集合体中,与绢云母同时形成。

图 21　绿泥石化 1　100×　正交偏光

蚀变交代矿物绿泥石呈叶片状集合体分布。

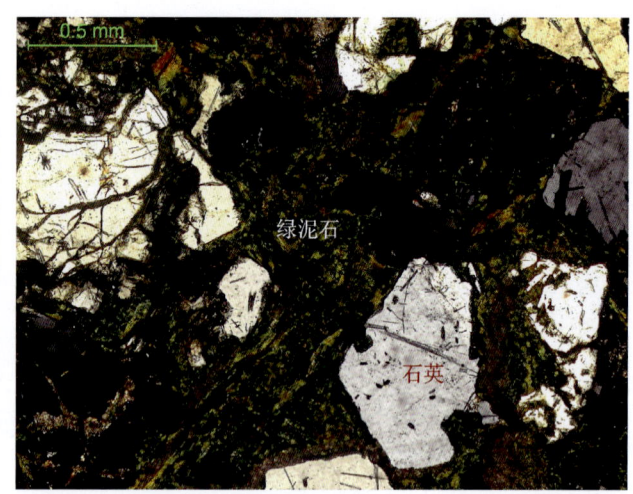

图 22　绿泥石化 2　50×　正交偏光

绿泥石呈片状集合体分布于矿物粒间。

图 23　钠长石化　100×　正交偏光

岩石为玄武岩,沿裂隙充填钠长石脉及团块,钠长石对围岩有扩散交代作用。

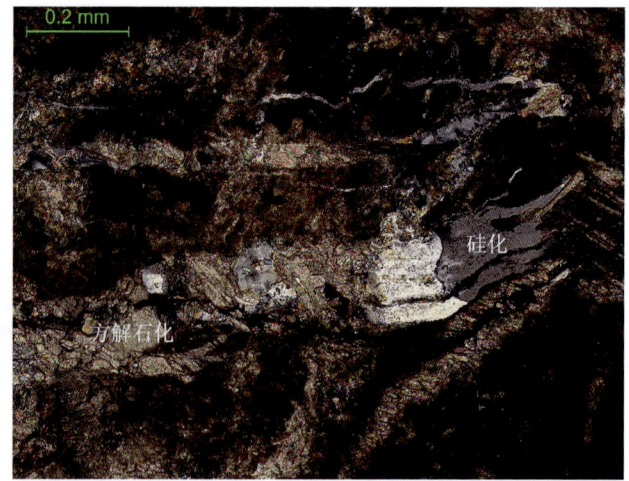

图 24　方解石化　100×　正交偏光

原岩为球颗玄武岩,受构造应力影响产生破碎,叠加方解石化、硅化。

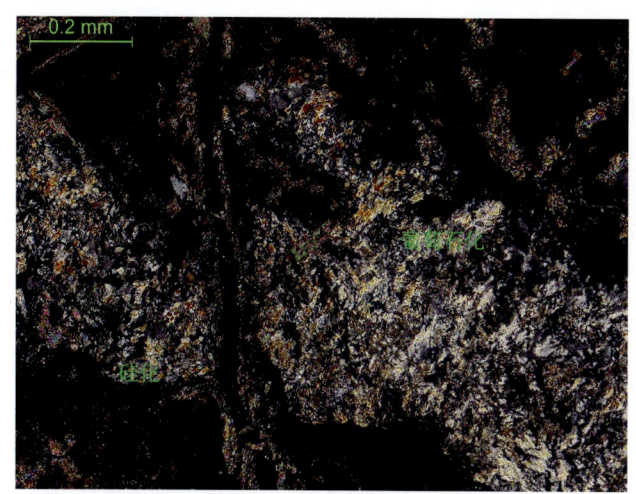

图 25 葡萄石化 100× 正交偏光
玄武岩后期叠加硅化、葡萄石化。

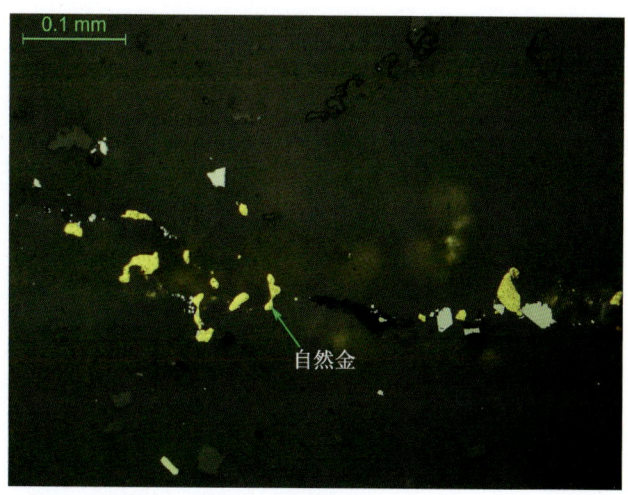

图 26 自然金 2 200× 单偏光
自然金他形粒状、他形不规则粒状分布。

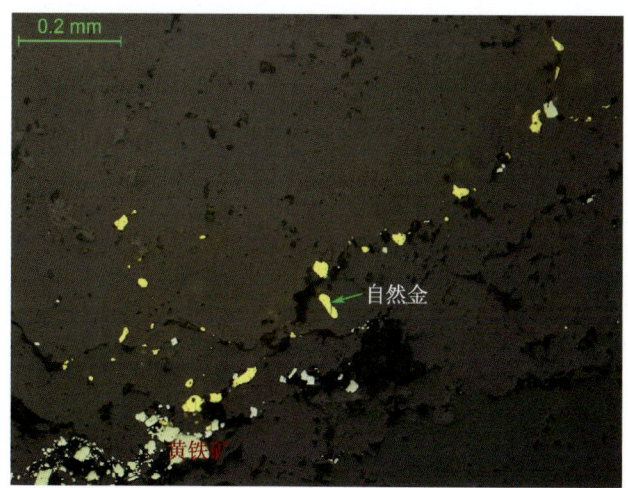

图 27 粒间金 1 100× 单偏光
自然金半自形粒状、他形粒状分布于脉石矿物粒间,沿裂隙分布。

图 28 粒间金 2 500× 单偏光
他形粒状自然金分布于黄铁矿与脉石矿物粒间。

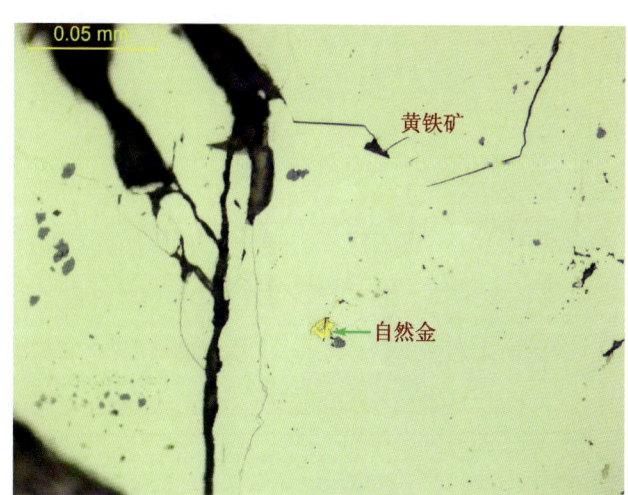

图 29 包裹金 1 500× 单偏光
黄铁矿中包裹他形粒状自然金。

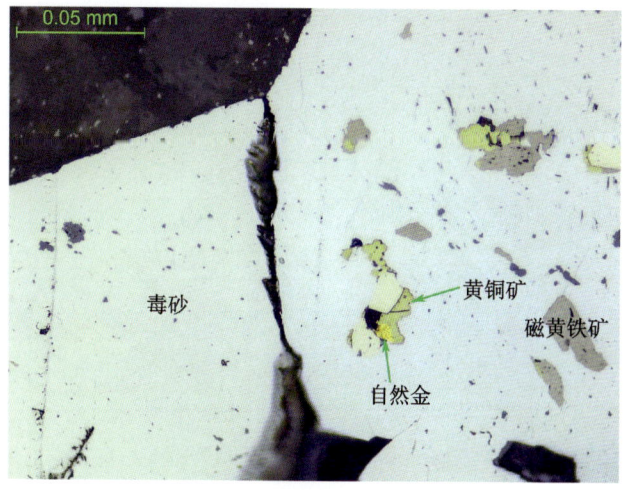

图 30 包裹金 2 500× 单偏光
毒砂中包裹自然金,与黄铜矿共生。

新疆典型矿床岩石矿物鉴定图册

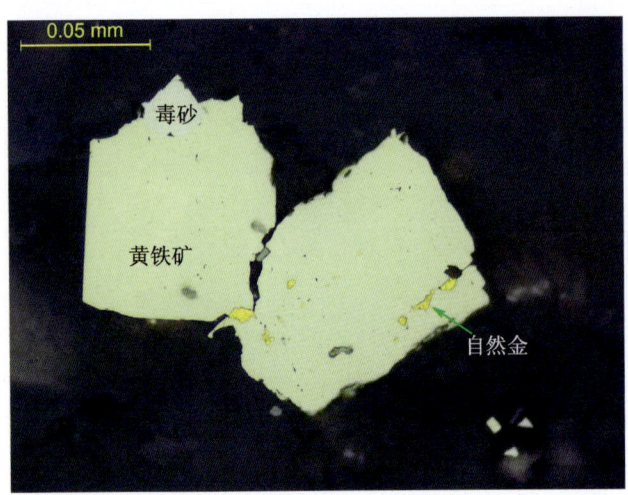

图31 裂隙金 500× 单偏光
他形粒状自然金沿黄铁矿微裂隙分布。

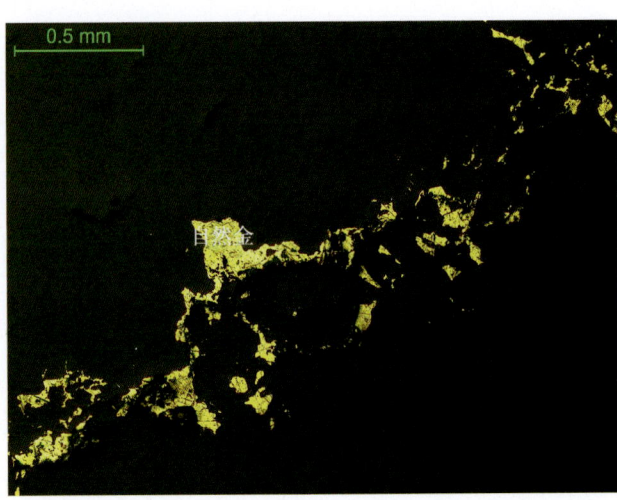

图32 自然金3 50× 单偏光
自然金呈浸染状分布于石英脉中。

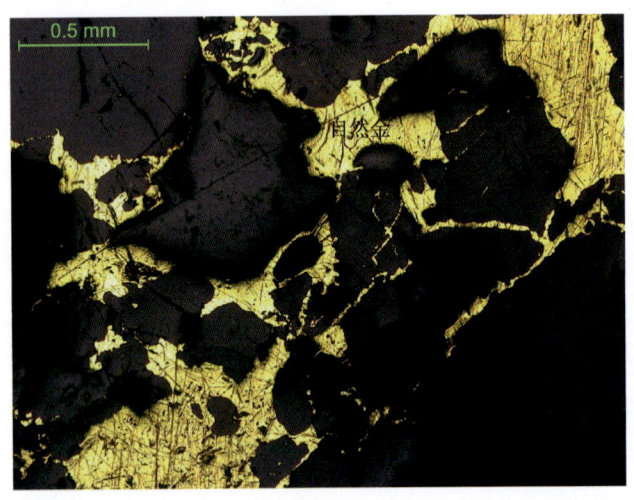

图33 自然金4 50× 单偏光
自然金呈浸染状分布于石英脉中。

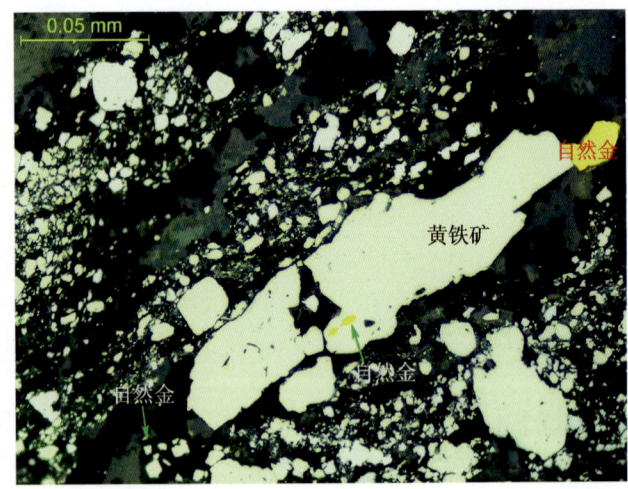

图34 自然金5 500× 单偏光
自然金与黄铁矿连生。

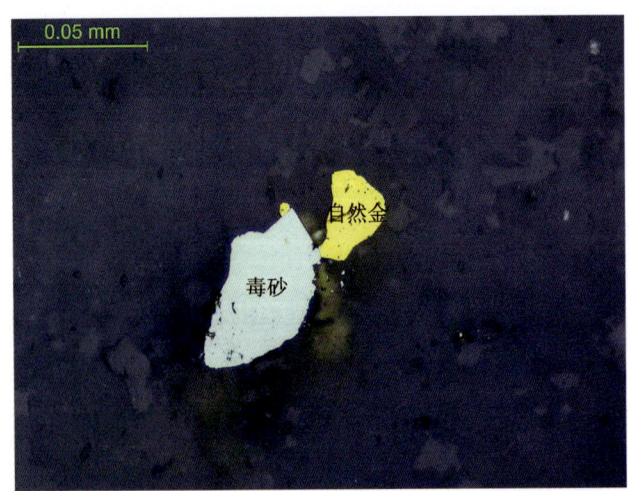

图35 自然金6 500× 单偏光
自然金与毒砂呈简单连生。

图36 黄铁矿 200× 单偏光
自形黄铁矿（立方体晶形）呈集合体状分布。

图 37　自形黄铁矿　100×　单偏光
自形粒状黄铁矿呈星散浸染状分布。

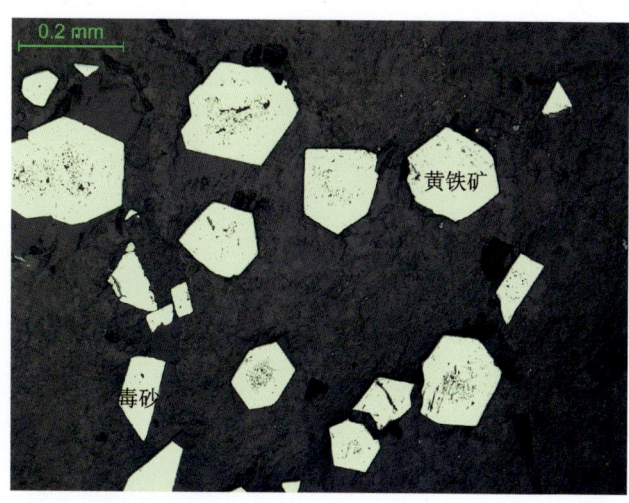

图 38　半自形黄铁矿　100×　单偏光
自形—半自形粒状黄铁矿呈星散浸染状分布。

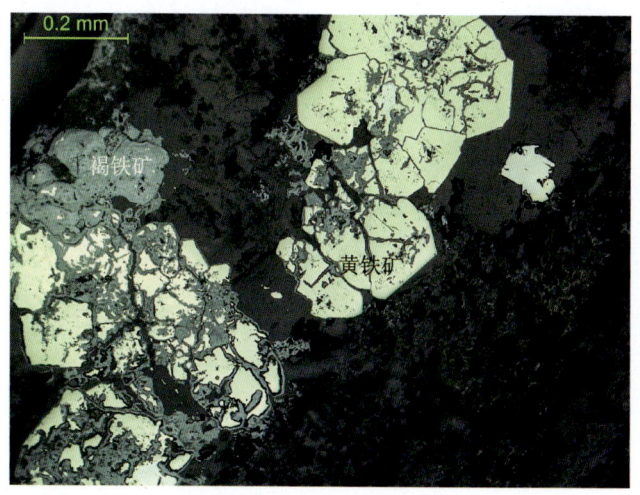

图 39　褐铁矿交代黄铁矿　100×　单偏光
褐铁矿沿边部及裂隙交代黄铁矿。

图 40　毒砂、黄铁矿　100×　单偏光
毒砂与黄铁矿共生，呈脉状分布。

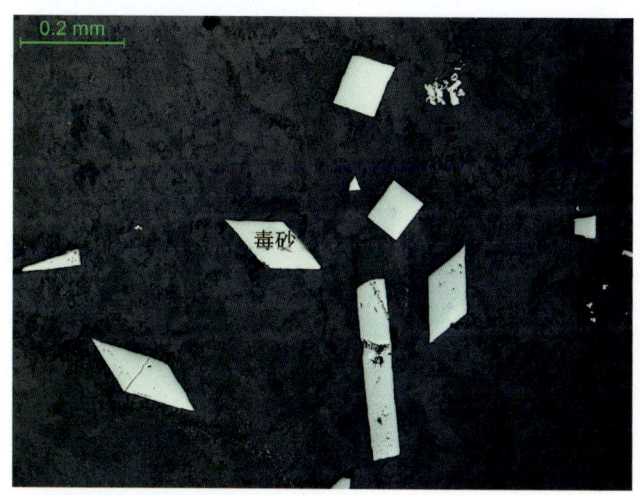

图 41　自形毒砂　100×　单偏光
自形毒砂呈星点浸染状分布。

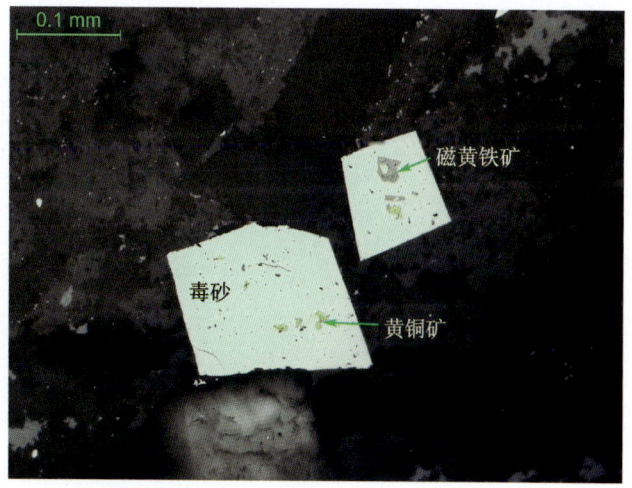

图 42　黄铜矿、磁黄铁矿、毒砂　200×　单偏光
自形毒砂中包裹他形粒状黄铜矿与磁黄铁矿。

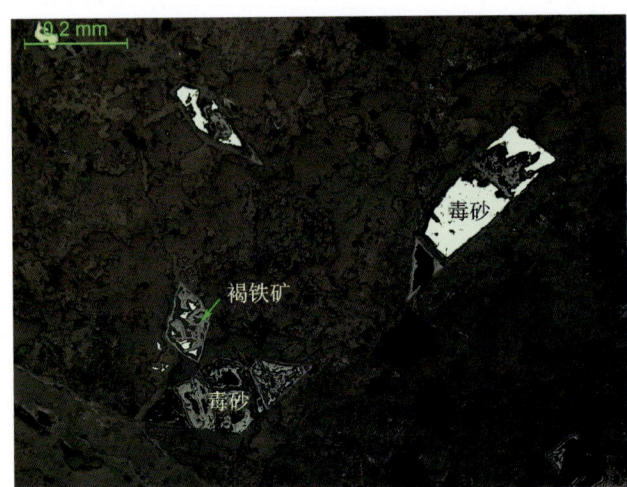

图 43 褐铁矿交代毒砂　100× 单偏光
毒砂被次生褐铁矿交代,呈残留或假象存在。

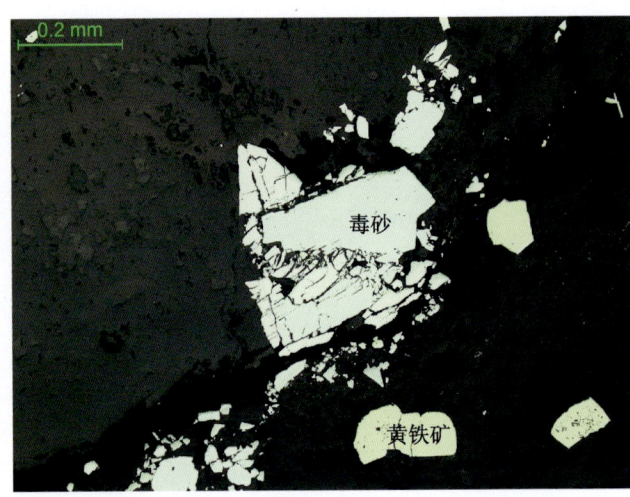

图 44 毒砂　100× 单偏光
毒砂被压碎。

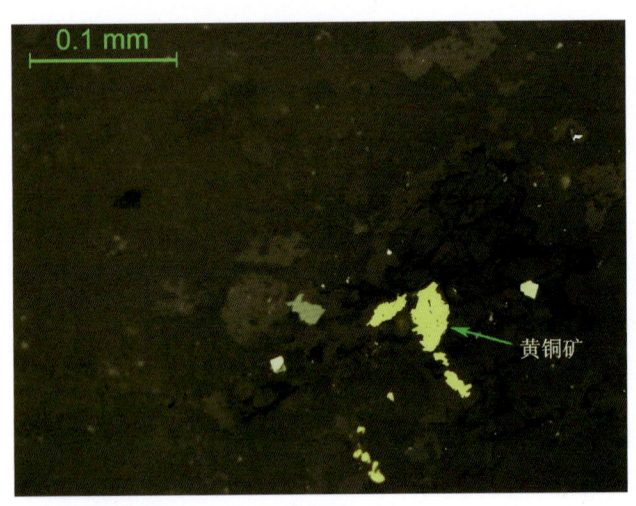

图 45 黄铜矿1　200× 单偏光
他形不规则粒状黄铜矿分布于矿石中。

图 46 黄铜矿2　100× 单偏光
黄铜矿呈小集合体状产出。

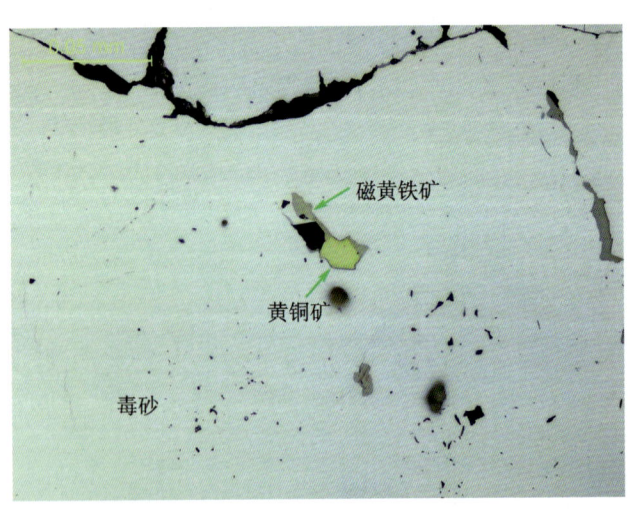

图 47 黄铜矿、黄铁矿、毒砂　500× 单偏光
黄铜矿与磁黄铁矿包裹于毒砂中。

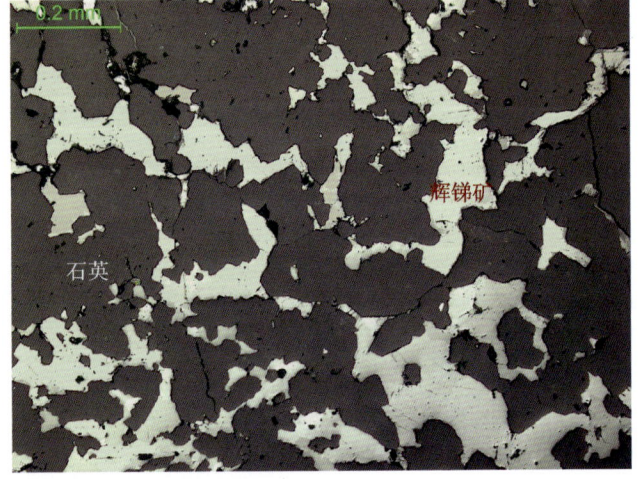

图 48 辉锑矿-石英脉　100× 单偏光
辉锑矿与石英构成辉锑矿-石英脉。

图 49　辉锑矿、锑华　100×　单偏光
辉锑矿边部氧化蚀变为锑华。

图 50　砷黝铜矿　100×　单偏光
他形不规则状砷黝铜矿分布于透明矿物粒间。

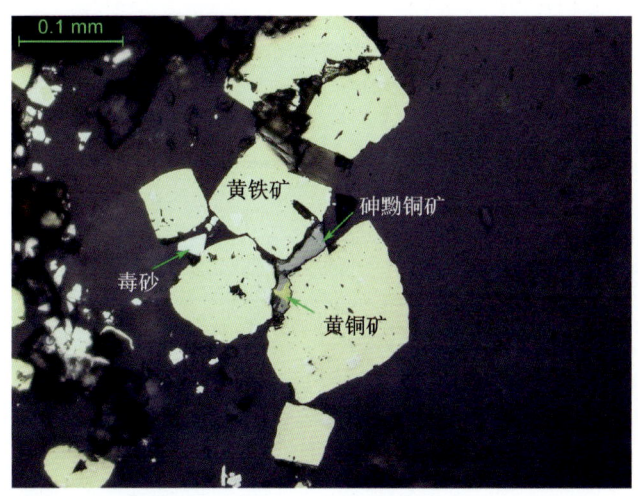

图 51　砷黝铜矿、黄铁矿　200×　单偏光
他形不规则粒状砷黝铜矿分布于黄铁矿粒间，与黄铜矿共生。

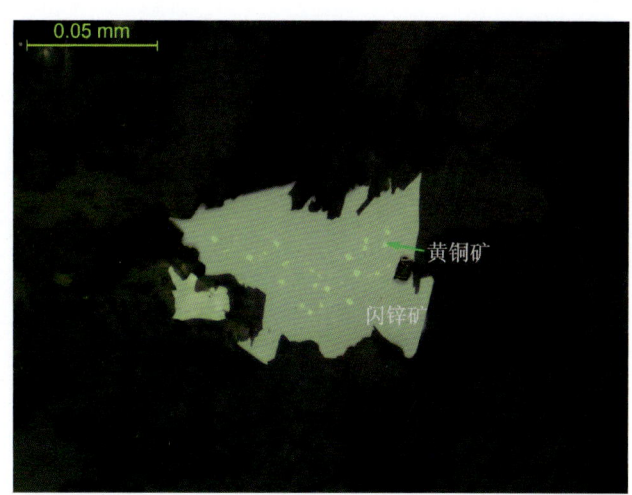

图 52　闪锌矿　500×　单偏光
闪锌矿内见黄铜矿固溶体出溶体。

图 53　石英脉　12.5×　正交偏光
早期石英脉，石英呈半自形粒状，镶嵌状分布。

图 54　含金石英脉　50×　正交偏光
晚期石英脉呈脉状沿围岩裂隙充填，其内可见自然金。

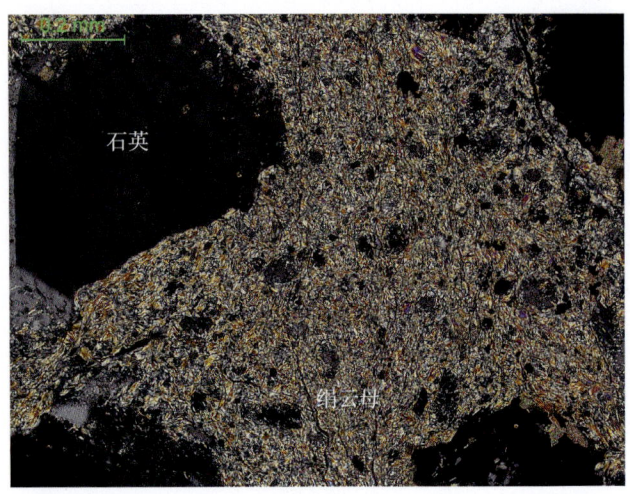

图 55 绢云母 100× 正交偏光

绢云母鳞片状，呈团块状分布于石英粒间。

图 56 白云石 100× 正交偏光

原岩为玄武岩，遭受强蚀变，显微镜下可见板条状斜长石残留，次生矿物白云石呈集合体均匀分布。

图 57 方解石脉 100× 正交偏光

后期形成的方解石呈脉状产出。

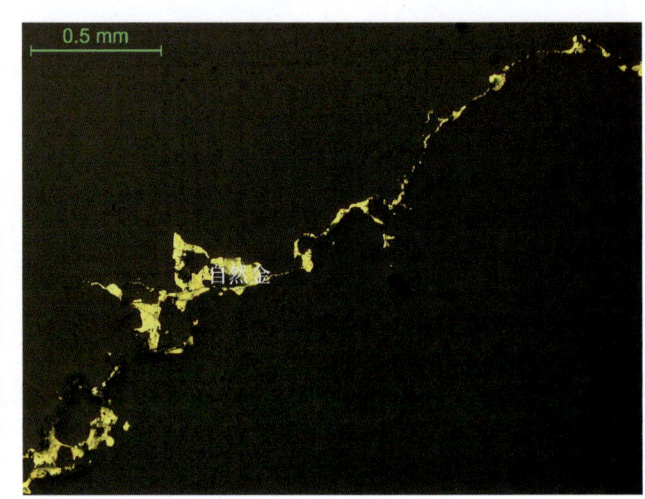

图 58 脉状充填结构 50× 单偏光

自然金沿石英裂隙充填。

图 59 交代环边结构 200× 单偏光

褐铁矿沿边部交代毒砂，构成交代环边或交代残留结构。

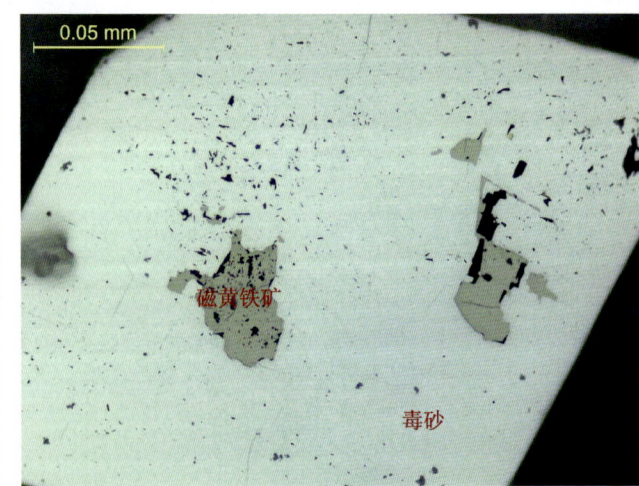

图 60 交代穿孔结构 500× 单偏光

磁黄铁矿交代毒砂构成交代穿孔结构。

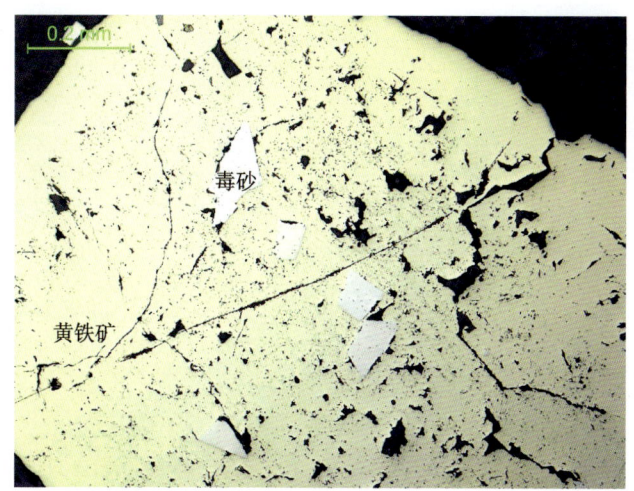
图 61 包含结构 50× 单偏光
黄铁矿中包裹半自形粒状毒砂。

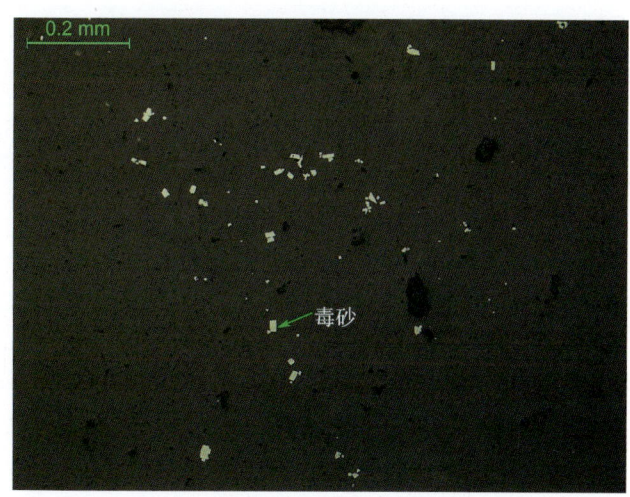
图 62 星点浸染状构造1 100× 单偏光
细粒、他形粒状毒砂呈星点浸染状分布。

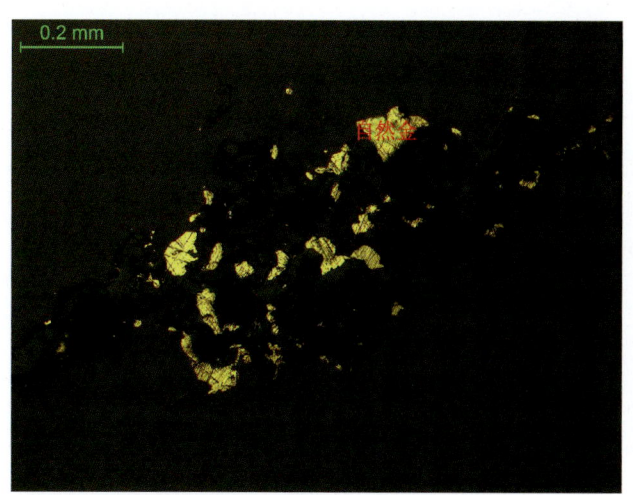
图 63 星点浸染状构造2 100× 单偏光
他形粒状自然金呈星点浸染状分布。

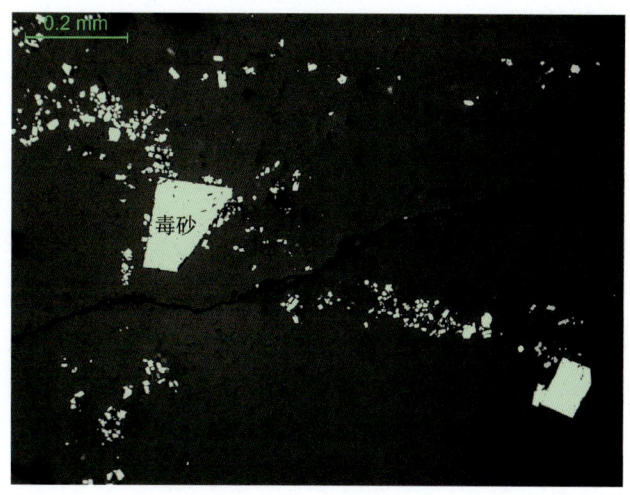
图 64 星散浸染状构造 100× 单偏光
半自形—他形粒状毒砂呈星散浸染状分布,粒径相差较大。

图 65 稀疏浸染状构造 100× 单偏光
半自形粒状黄铁矿、半自形—他形粒状毒砂呈稀疏浸染状分布,黄铁矿形成早于毒砂。

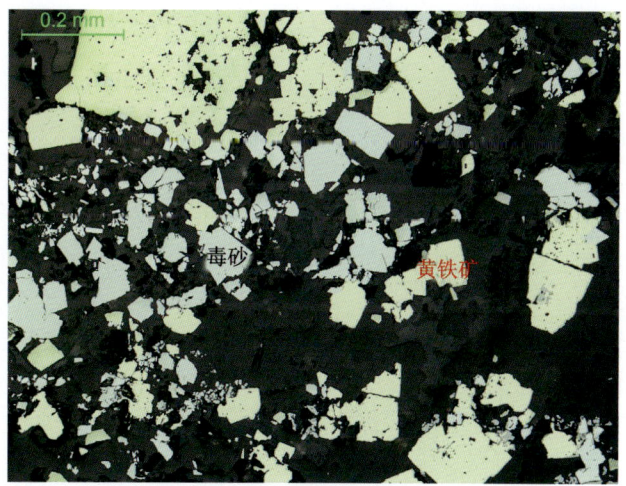
图 66 中等浸染状构造 100× 单偏光
半自形—他形粒状毒砂、黄铁矿构成中等浸染状构造。

新疆典型矿床岩石矿物鉴定图册

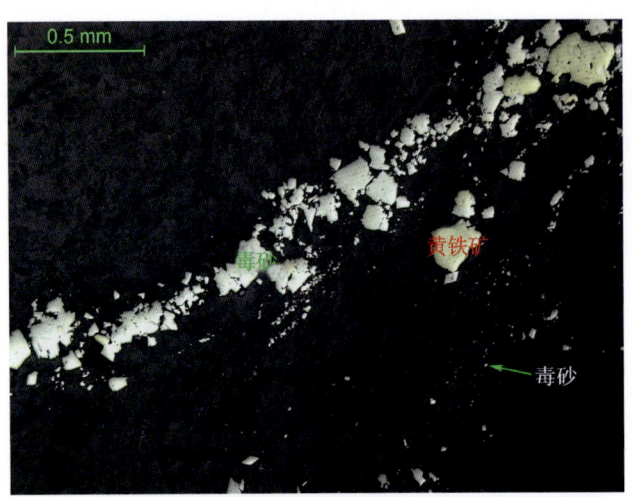

图 67　细脉浸染状构造　50×　单偏光
黄铁矿、毒砂呈细脉状分布,在细脉周边半自形粒状黄铁矿、他形粒状毒砂呈浸染状分布。

图 68　石英脉型金矿石 1
富含硫化物的含金石英脉型金矿石,石英脉穿插于蚀变岩中。

图 69　石英脉型金矿石 2
岩石主要由石英及少量白云石、黄铁矿构成,手标本上见夹围岩蚀变玄武岩。

图 70　强蚀变凝灰质细砂岩(蚀变围岩型金矿石)
岩石具砂状结构,砂屑为石英和长石,蚀变矿物主要为石英,见绢云母、白云石等。

图 71　白云石绢云母蚀变岩(蚀变围岩型金矿石)
岩石主要由蚀变矿物绢云母及白云石、石英及白钛石组成。

图 72　碎裂蚀变玄武岩(蚀变围岩型金矿石)
岩石由呈球颗状、束状及杂乱分布的斜长石、斜长石斑晶及白钛石等组成,叠加明显白云石化、绿泥石化及绢云母化。

· 166 ·

新源县卡特巴阿苏金矿

拍摄者岳蕴辉

整体介绍

卡特巴阿苏金矿区位于新疆西天山那拉提山西段,新源县城东南164°方向,直距约32 km,矿床中心坐标:东经83°23′,北纬43°09′。矿区位于新疆新源县那孜-确鹿特草甸自然保护区内,行政区划隶属新源县管辖,矿区内植被丰富,群山起伏,交通条件较差。

2004—2005年,新疆地矿局第一区域地质调查大队在新源林场地区开展了1∶10万化探普查,在卡特巴阿苏一带圈出Hs-14(乙)金铜综合异常,其中金异常强度高、规模大、浓度分带清晰、浓集中心显著;2007年8月,新疆美盛矿业有限公司与新疆地矿局合作,签订风险勘查协议。同年10月,经新疆地矿局批准,新疆地矿局第一区域地质调查大队将该探矿权转让给新疆美盛矿业有限公司,2008年2月通过新疆国土资源厅审批,新疆美盛矿业有限公司取得该探矿权,2013年新疆美盛矿业有限公司申请延续变更该区探矿权许可证,勘查项目名称变更为"新疆新源县卡特巴阿苏金铜多金属矿勘探"。

2009—2014年期间,新疆地矿局第一区域地质调查大队利用新疆美盛矿业公司资金在矿区开展异常查证、普查、详查、勘探工作,建立起较系统勘探线网,累计完成1∶1万地质草测19.57 km^2、1∶2000地形地质测量4.73 km^2、钻探91 625.26 m、槽探59 053 m^3、硐探4 375.7 m,探获金金属量86 714 kg、铜金属量49 079 t,属大型金矿床。

第一节 矿区地质特征

卡特巴阿苏金铜矿床位于中天山北部边缘,即塔里木板块与准噶尔板块碰撞对接缝合带内,中天山微板块内主要岩石建造包括前寒武纪基底古老变质岩系和不整合其上的早古生代浅变质碎屑岩夹碳酸盐岩及侵入其中的中酸性岩体,是至今还在不断抬升的隆起带,构成了今天的西天山主峰。

矿区大地构造位于南天山-红柳河缝合带之中天山多期复合陆缘岩浆弧,属于那拉提 Cu-Ni-Au-Fe-Pt 族-白云母-玉石-硫铁矿矿带(Ⅳ-11-①),那拉提北缘断裂南侧。出露地层为上志留统巴音布鲁克组,岩性为大理岩化灰岩,呈残留体散布于花岗岩基中。广泛分布的晚泥盆世花岗岩,属壳源型,岩性主要有浅肉红色中粒二长花岗岩、浅灰绿色中细粒花岗闪长岩和肉红色中细粒碱长花岗岩(图6-1);总体呈近东西向不规则状延伸,岩株状、岩瘤状、岩基状产出。浅肉红色中粒二长花岗岩中锆石 U-Pb 法同位素年龄(359±4)Ma,其形成时代可能为晚泥盆世。那拉提北缘断裂从矿区北部呈北东东向穿过,南侧发育有一系列近东西向次级断裂,受多期次构造活动的影响,带内花岗岩发生带状碎裂岩化,主要表现为破劈理化、碎裂岩化、少量碎粉岩化,并发育褐铁矿化、黄铁矿化、黄钾铁矾化及硅化,形成含金破碎蚀变带。

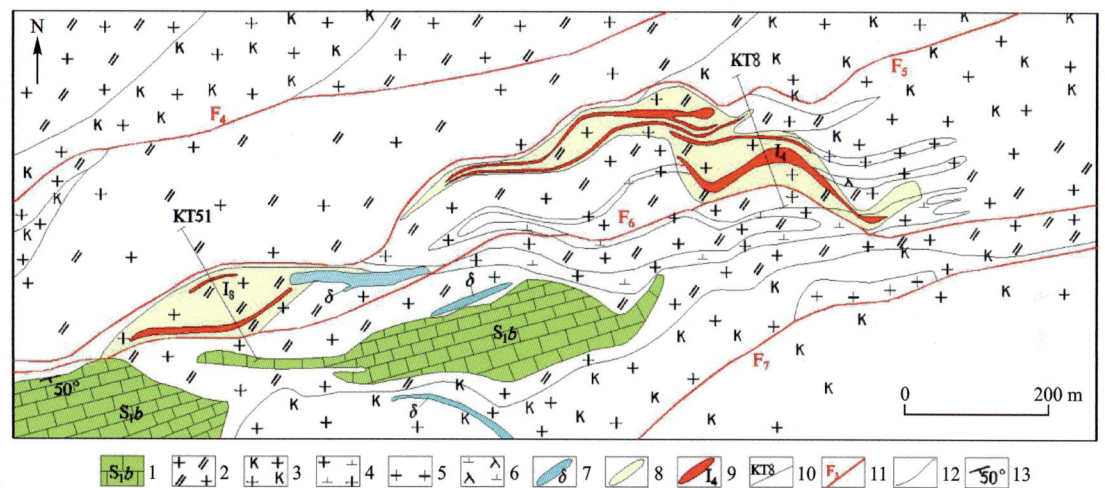

1.上志留统巴音布鲁克组灰岩;2.二长花岗岩;3.碱长花岗岩;4.花岗闪长岩;5.似斑状花岗岩;6.闪长玢岩;7.闪长玢岩脉;8.矿化蚀变带;9.金矿体及编号;10.勘查线及编号;11.断层及编号;12.地质界线;13.产状。

图6-11 新源县卡特巴阿苏金矿区地质略图

一、地层

以那拉提北缘断裂为界,矿区北部出露地层为下石炭统大哈拉军山组第二岩性段,南部出露地层为上志留统巴音布鲁克组及第四系。

上志留统巴音布鲁克组:主要分布于矿区那拉提北缘断裂以南,北与下石炭统大哈拉军山组第二岩性段第三岩层呈断层接触,南部被晚泥盆世侵入岩侵蚀,岩性为灰白色、灰色大理岩化灰岩、凝灰岩,少量出露糜棱岩和蚀变岩,呈北东东向和残留体状产出。

下石炭统大哈拉军山组第二岩性段:分布于那拉提北缘断裂以北,矿区的北、中部卡特巴阿苏环形山两侧,南部与上志留统巴音布鲁克组呈断层接触。根据岩石组合特征将其划为角砾—集块岩层和3个岩组。

角砾岩—集块岩层:岩性组合为灰色—浅灰紫色集块岩、浅灰色—灰绿色火山角砾岩,二者混杂产出。

第一岩层岩性为深灰色、灰紫色、灰褐红色流纹质熔结凝灰岩,火山尘凝灰岩,含岩屑、角砾熔结凝灰岩,含角砾凝灰岩,流纹岩夹火山角砾岩,局部见集块岩和圆状—次圆状火山泥球。

第二岩层岩性为灰色—紫红色、灰色流纹质熔结凝灰岩,含角砾熔结凝灰岩夹流纹岩。

第三岩层岩性为灰色、灰褐色流纹岩、英安岩、含角砾凝灰岩夹火山尘凝灰岩。

第四系:更新统冰积物,主要分布于矿区环形山周围的冰斗中,多为冰川堆积物;全新统冲洪积物,主要分布于矿区西南角开阔河沟中。

二、构造

矿区构造主要为断裂构造,分为两类:受区域构造控制的断裂系统和受火山机构控制的放射状张性断裂系统。

1. 受区域构造控制的断裂系统

矿区主要出露北东向、北东东向断裂。其中那拉提北缘断裂(F_2)从矿区中南部通过,为下石炭统大哈拉军山组与上志留统巴音布鲁克组的分界线,在矿区内出露长约 6 km,断层面南倾,倾角 55°～70°,为一条逆断层,受其影响发育 F_3、F_4、F_5、F_6、F_7 等北东向、北东东向次级断裂,次级断裂规模不大,矿区内出露长 1.5～5 km。其中,F_5、F_6 断裂所夹持地段为含金破碎蚀变带。

2. 受火山机构控制的放射状张性断裂系统

受火山机构控制的放射状张性断裂系统分布于环形山一带,走向北东向、北西向、南东向、南西向和近南北向,呈放射状,绝大多数近直立,走向延伸长 200～700 m 不等,切穿地层;其中充填的辉绿岩脉与铜矿化关系密切,次生石英岩脉与铁矿化关系密切。

第二节 矿床地质特征

一、矿体特征简述

地表按 100 m 线距完成槽探控制,200 m 线距钻探控制,地表以 0.2% 为边界品位圈定铜矿(化)体,长 1400 m,最大宽度 125 m,铜平均品位 0.43%,以 0.5% 为边界圈定矿体连续长 900 m,平均宽 25.6 m。目前,ZK710 孔、ZK1507 孔已控制矿体斜深达 800 m。其中,ZK507 孔在矿化斜长花岗斑岩中,但岩体未被打穿。

矿体地表形态呈肥厚透镜状,近东西向展布,沿倾向形态呈南缓北陡的倒楔形,产状南倾,倾角 60°～80°,向东有侧伏趋势(图 6-2)。

二、矿床规模及空间分布

矿床位于那拉提北缘断裂南侧的晚泥盆世二长花岗岩、花岗闪长岩体中,受北东东向次级断裂控制的破劈理化、碎裂岩化带内。矿化蚀变带地表出露长约 3.8 km,宽 40～300 m,走向 70°～110°,南倾,倾角 25°～65°。该带内共圈定 96 个矿体,其中地表出露金矿体 48 个、隐伏金矿体 18 个、隐伏铜矿体 30 个,有工业金矿体 39 个,铜矿体 14 个。

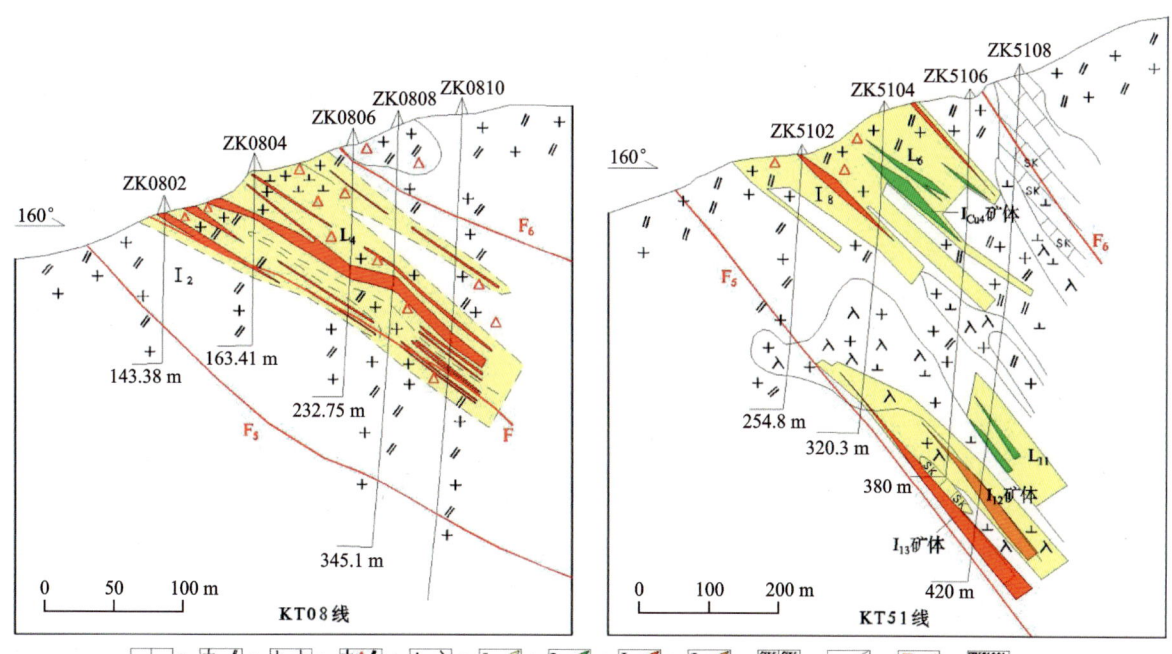

1.灰岩；2.二长花岗岩；3.花岗闪长岩；4.破碎(碎裂)二长花岗岩；5.闪长玢岩；6.矿化蚀变带；7.铜矿体；8.金矿体；9.金铜矿体；10.矽卡岩；11.地质界线；12.断裂；13.钻孔编号及孔深。

图 6-2　新源县卡特巴阿苏金矿区 KT08、KT51 勘查线剖面图

矿体形态多呈脉状、透镜状、豆荚状、似层状，总体与矿带近平行产出，具有"上金下铜"、向西侧伏的规律；金矿体多产出于浅部破碎蚀变的花岗岩内，铜矿体多产出于深部花岗岩与灰岩接触带的矽卡岩内及近旁。矿体顶、底板岩石主要为浅肉红色中—粗粒二长花岗岩，局部为浅红色中细粒碱长花岗岩、浅灰绿色中细粒花岗闪长岩，与围岩呈过渡关系，边界以化学样分析结果圈定。其中规模较大的工业金(铜)矿体有 5 条，依次为 Ⅰ4-①、Ⅰ3-①、Ⅰ2-①、Ⅰ1-①、Ⅰ5-①/2 号矿体，合计 Au 资源量达 67 751.69 kg，占工业矿体总资源量的 80.96%。各矿体特征简述如下。

Ⅰ4-①号矿体：呈厚度不均匀板状，沿走向控制长 2000 m，控制最大垂深 720 m。厚度 0.48~38.48 m，平均厚度 5.84 m。Au 品位 0.08~199.04 g/t，平均品位 3.15 g/t；Cu 平均品位 0.6%。提交 Au 金属量占工业矿体总资源量的 47.57%，Cu 金属量占工业矿体总资源量的 6.41%。

Ⅰ3-①号矿体：呈似层状，工程控制长 1800 m，控制最大垂深 738 m；厚度 0.37~19.84 m，平均厚度 4.69 m；Au 品位 0.35~15.47 g/t，平均品位 3.3 g/t；Cu 平均品位 1.1%。提交 Au 金属量占工业矿体总资源量的 20.08%，Cu 金属量占工业矿体总资源量的 33.66%。

Ⅰ2-①号矿体：呈似层状，控制走向约 1120 m，控制斜深 68~224 m；厚度 0.47~15.55 m，平均厚度 3.27 m；Au 品位 0.08~101.4 g/t，平均品位 2.46 g/t；Cu 平均品位 0.79%。提交 Au 金属量占工业矿体总资源量的 4.51%，Cu 金属量占工业矿体总资源量的 16.7%。

Ⅰ1-①号矿体：呈似层状，控制长 560 m，控制最大垂深 282 m；厚度多在 0.62~2.37 m 之间，最大厚度 12.34 m，平均厚度 2.55 m；Au 品位 0.08~35.85 g/t，平均品位 3.58 g/t；Cu 平均品位 0.6%。提交 Au 金属量占工业矿体总资源量的 4.21%，Cu 金属量占工业矿体总资源量的 10.56%。

Ⅰ5-①/2 号矿体：呈似层状，走向长 1360 m，控制最大垂深 580 m；厚度变化相对较小，多数在 0.8~3 m 之间，平均厚度 3.41 m；Au 品位 0.08~51.42 g/t，平均品位 2.11 g/t；Cu 平均品位 0.63%。提交 Au 金属量占工业矿体总资源量的 4.59%，Cu 金属量占工业矿体总资源量的 11.08%。

第三节　矿区主要岩石类型及围岩蚀变

一、矿区主要岩石类型及特征

在前人工作的基础上,笔者采集了矿区8号平硐、51号平硐和钻孔内的大量样品,经过鉴定测试,结合野外地质情况,对容矿岩石及成矿母岩进行了深入研究,取得了一些认识。矿区分布的岩石类型较简单,主要以酸性或中酸性侵入岩为主,侵入岩主要分布于矿区的东南部,岩性主要为花岗岩、二长花岗岩、花岗闪长岩等。花岗闪长岩侵入下石炭统大哈拉军山组第一岩性段和上志留统巴音布鲁克组中。根据区域资料,结合相互间穿插关系,认为它们均为石炭纪花岗岩,侵入顺序:二长花岗岩最早,以岩株状侵入上志留统巴音布鲁克组中,并包裹二长花岗岩;以脉状侵入下石炭统大哈拉军山组第一岩性段和二长花岗岩中,以脉状侵入中粗粒二长花岗岩和花岗岩中。发现褐铁矿化、黄铁矿化、黄钾铁矾化及硅化含金破碎蚀变带,岩性以花岗岩和二长花岗岩为主(附录6图1~图3),花岗闪长岩次之(附录6图4)。

浅肉红色二长花岗岩(附录6图5~图6):二长花岗岩在矿区出露面积最大,约占岩体总面积的3/5,是热液蚀变及金铜矿体和矿化体的主要容矿地质体,主要分布在矿区东南部岩体中部,呈岩床或岩株状,被钾长花岗岩包裹。侵入二长花岗岩呈肉红色,细—中—粗粒粒状结构,块状构造。主要由斜长石(约30%)、钾长石(约35%)和石英(约20%)及少量黑云母(约8%)组成,副矿物见磁铁矿、磷灰石、榍石和锆石等。斜长石呈半自形板状结构,粒径0.3~2.2 mm,聚片双晶发育,普遍具有中度绢云母化、泥化,受应力作用双晶纹变曲变形;钾长石呈他形粒状,粒径0.3~3 mm,显条纹结构,为条纹长石,轻度泥化;石英呈他形粒状,粒径0.6~4.0 mm,强波状消光显著,表明较干净;黑云母半自形片状晶形,一组完全解理,大小0.4 mm×1.6 mm(冯博等,2014;姜红等,2014)。岩石受应力作用碎裂岩化,沿破碎带分布被碾碎的岩粉和少量绢云母集合体。

浅肉红色碎裂斑状花岗岩(附录6图7):呈岩脉分布于矿区东南部,出露较少,岩石由斑晶和基质组成,具似斑状结构,基质具细粒花岗结构。钾长石呈他形粒状,粒径0.4~2.0 mm,发育简单双晶及条纹结构,为条纹长石,轻破碎,约占10%;石英呈他形粒状,粒径0.2~0.6 mm,发育亚颗粒(姜红等,2014),具波状消光,约占5%;基质约占85%,具细粒花岗结构,由钾长石、斜长石和石英组成。

碱长花岗岩(附录6图8~图9):出露面积稍小,呈岩株或岩枝状,与二长花岗岩呈相变接触关系,到目前其中未发现金铜矿体或矿化体(冯博等,2014)。

灰色—灰绿色细中粒花岗闪长岩(附录6图10):呈北东东向以岩枝状分布于矿区南部,约占岩体总面积的2/5,北与上志留统巴音布鲁克组断层接触,南部侵入钾长花岗岩。岩石呈中细粒花岗结构,由斜长石、钾长石、石英、黑云母组成。斜长石呈半自形粒状、板状,粒径在1.2 mm×0.5 mm~9.6 mm×4.5 mm之间,聚片双晶发育,普遍具有中度绢云母化、泥化、钠化,约占65%;钾长石呈他形粒状,粒径为0.5~3.0 mm,具条纹结构,为条纹长石,轻度泥化,约占10%;石英呈他形粒状,粒径0.6~5.0 mm,强波状消光,约占20%;黑云母呈半自形片状,片径0.4~2.0 mm,黄色—褐色,多数绿泥石化,约占5%;磁铁矿呈粒状,粒径0.1~0.7 mm,含量较低(姜红等,2014)。

灰色—灰绿色斜长花岗岩(附录6图11):出露在矿区东南部,呈细脉状侵入花岗岩和花岗闪长岩中,约占岩体总面积的1/10,与高品位金关系密切。岩石由斜长石、石英、钾长石和黄铁矿组成,呈半自形粒状结构,块状构造。斜长石呈半自形粒状,粒径0.7~2.0 mm,聚片双晶发育,含量约77%;石英呈他形粒状,粒径0.65~0.88 mm,具波状消光,含量约20%,裂纹发育;黄铁矿约1%,粒径0.25~0.7 mm,沿裂隙分布;钾长石呈半自形粒状,粒径0.5~1.4 mm,含量约2%,分布于斜长石间。

大理岩(附录6图12):在矿区常见,在平硐08和平硐51中均有发现,与矽卡岩伴生,由地层中的灰岩经接触变质作用形成。岩石呈灰白色,粒状变晶结构,块状构造,主要由方解石构成,含少量石英等矿物。

暗化安山玢岩(附录6图13):在矿区较少见,岩石灰绿色,斑状结构,块状构造。斑晶为斜长石和少量自形的角闪石,其中角闪石暗化强烈,呈半定向排列。斜长石普遍发生绢-白云母化。

矽卡岩化闪长岩(附录6图14):该类岩石在矿区较少见,岩石呈灰绿色,粒状变晶结构,块状构造。主要由斜长石、石英、透辉石和绿帘石组成。斜长石呈自形板状,聚片双晶可见;石英呈他形粒状;透辉石含量较高,呈他形粒状。

蚀变岩(附录6图15):岩石呈灰绿色,粒状变晶结构,块状构造,表面被方解石脉交代。主要由石英、绢白云母、方解石和绿泥石组成。在矿区分布较少,蚀变较强烈,已看不出原岩成分。

二、围岩蚀变及特点

矿区围岩蚀变发育,岩性为蚀变二长花岗岩(附录6图16)、蚀变花岗岩和蚀变花岗闪长岩,呈带状分布,金矿体分布其中。矿化蚀变带呈不规则透镜状,沿走向70°~110°连续延伸,长约3.5 km,宽160~300m,南倾,倾角45°~72°。金铜矿化蚀变带主要形成于矿区二长花岗岩、花岗闪长岩、闪长玢岩等岩体中,蚀变带由内向外可分为两个带:内带为强蚀变带,主要为黄铁矿化、硅化、钾化、绢云母化,黄钾铁矾化、绿泥石化、高岭石化次之,岩石呈黄褐色—浅红色,风化色呈深黄褐色,黄铁矿含量一般在1%~25%之间,呈星点状、团斑状、条带状、网脉状、细脉状和浸染状分布,该带中赋存金铜矿体;外带以星点状的褐铁矿化、绿泥石化、绢云母化为主,该带有弱金矿化(姜红等,2014)。少部分金铜矿化蚀变带也形成于巴音布鲁克组大理岩化灰岩、凝灰岩残留地层中。从目前勘探情况分析,金铜矿化蚀变带与二长花岗岩体在空间上关系密切(杨维忠等,2013)。

黄铁矿化:多呈浸染状或星点状、细脉状产出。主要有两种类型:一类是花岗岩体中自身含有的呈星点状分布的较自形—自形正方体、五角十二面体黄铁矿,该类型黄铁矿广泛发育于二长花岗岩、花岗闪长岩、碱长花岗岩中,粒径0.2~1 mm;另一类是呈细脉状、稀疏浸染状分布于岩石裂隙、微裂隙中,且多集中于F_5、F_6断裂所夹持的强破碎地段中,为他形(五角十二面体)或隐晶质集合体,与金矿化关系密切。

硅化(附录6图17):广泛发育于二长花岗岩、花岗闪长岩中,大体可分为两种,一种表现为石英颗粒结晶较好,粒径较大,具有重结晶和次生加大边、波状消光;另一种表现为硅质交代各矿物,常伴生有较多的浸染状隐晶质黄铁矿。

钾化:广泛发育于花岗岩中,主要表现为钾长石重结晶增大,常与轻度泥化相伴。

绢-白云母化(附录6图18):绢云母呈显微鳞片状集合体定向分布,片径0.03 mm,不规则状,干涉色Ⅱ级,鲜明,平行消光,常与石英、黄铁矿共生,多发育于斜长石解理中。

黄铜矿化:粒状,粒径0.2~1.8 mm,分布于黄铁矿粒间及裂隙中,晚于黄铁矿出现。

褐铁矿化:黄铁矿氧化后的产物,主要发育在地表和矿体浅部。褐铁矿化是区内找矿的重要标志之一。

黄钾铁矾化:黄铁矿氧化后的产物,主要发育在地表和矿体浅部,常伴随有高岭石化和破碎。黄钾铁矾化是区内找矿的重要标志之一。

高岭石化(附录6图19~图20):高岭石化是围岩和矿化岩石中常见的一种次生蚀变,位于浅地表及断裂附近,常与黄钾铁矾化、褐铁矿化密切伴生,多为长石风化产生,呈鳞片状集合体交代碱性长石和斜长石,在矿区分布广泛。

绿泥石化(附录6图19、图21～图22)：矿石中重要的常见蚀变之一，在矿区各类岩石中广泛分布，多呈他形粒状集合体、粒状、团块状产出，多沿透明矿物间的裂隙分布，并对围岩产生交代蚀变且多与高岭石化伴生。

绿帘石化：绿帘石粒状、柱状，粒径0.03～0.2 mm，黄绿色，杂乱分布。绿帘石化发育于二长花岗岩、花岗闪长岩、碱长花岗岩和闪长玢岩的裂隙中，呈薄膜状产出，多发育于深部断裂周边。

碳酸盐化(附录6图20)：矿石和矿化围岩及围岩中常见的次生蚀变之一，分布十分广泛。其活动期可能经历了成矿期、成矿后，碳酸盐矿物主要在成矿后大量生成，沿石英脉裂隙呈细脉状分布，与铜矿化关系不明显。碳酸盐矿物主要为方解石。

第四节　矿石物质组分及特征

一、矿石物质成分

经显微镜下光、薄片鉴定、人工重砂鉴定，结合X射线衍射分析和电子探针成分分析，矿床中已基本确定存在矿物共3类29种(表6-1)，其中矿石矿物12种，脉石矿物13种，表生矿物4种。主要矿石矿物类型简单，主要为黄铁矿；次要矿物为黄铜矿、斑铜矿、磁铁矿、铜蓝等；稀少矿物为含银自然金、银金矿、辉铜矿、闪锌矿、磁黄铁矿、方铅矿、碲银矿。表生矿物为褐铁矿、赤铁矿、黄钾铁矾、孔雀石等。脉石矿物数量多，类型复杂，分布十分广泛，主要矿物有石英、斜长石、钾长石、绢-白云母等；次要矿物有绿泥石、绿帘石、黑云母、高岭石、方解石、锆石等；少见矿物有角闪石、透辉石、磷灰石。

1. 矿石矿物

矿石中金属矿物种类虽然相对较多，但与金矿物密切相关的仅有黄铁矿。

表6-1　卡特巴阿苏矿物成分表

类型	主要矿物	次要矿物	少见矿物
矿石矿物	黄铁矿	黄铜矿、斑铜矿、磁铁矿、铜蓝	含银自然金、银金矿、辉铜矿、闪锌矿、磁黄铁矿、方铅矿、碲银矿
脉石矿物	石英、斜长石、钾长石、绢-白云母	绿泥石、绿帘石、黑云母、高岭石、方解石、锆石	角闪石、透辉石、磷灰石
表生矿物	褐铁矿、赤铁矿	黄钾铁矾	孔雀石

1) 金矿物

金矿物是矿石中唯一可利用的工业矿物，在矿石中很稀少，分布极不均匀，呈星点浸染状或"窝状"产出。在42个光片中发现含银自然金、银金矿共计89粒。氧化矿石中并未观察到金矿物。

金矿物以含银自然金(附录6图23～图29)和银金矿(附录6图30)为主，含银自然金颜色为金黄色，少量呈铜红色。光片中见到的金的形态多呈他形粒状，以角粒状、等粒状和长粒状为主，少数呈棒状、叶片状和树枝状分布。大部分晶粒外形多呈不规则状，少量外形较平直。在89粒金矿物中，其中粒状金78粒，约占87.7%；柱状金10粒，约占11.2%；形态复杂金1粒，占1.1%(表6-2)。

表 6-2 卡特巴阿苏金矿金矿物形态统计

形态	类型	粒数/个	含量/%
粒状金	等粒金	21	23.6
	长粒金	20	22.5
	角粒金	37	41.6
柱状金	棒状	5	5.6
	丝状	5	5.6
片状金	叶片状	0	0.0
形态复杂金	树枝状	1	1.1
统计	海绵状	0	0.0

分析单位：新疆矿产实验研究所鉴定专业室。

自然金嵌布粒径很细,在 0.001~0.04 mm 之间,多数在 0.004~0.037 mm 之间。光片中统计的 89 粒金矿物中,粗粒金矿物 1 粒,占 1.1%;中粒金矿物 3 粒,占 3.4%;细粒金矿物 25 粒,占 28.1%;微粒金矿物 52 粒,占 58.4%;极微粒金矿物 8 粒,占 9%(表 6-3)。由此可见,矿石中金矿物以细—微粒金占绝大多数,达 86.5%。

表 6-3 卡特巴阿苏金矿金矿物粒径统计

粒级范围/mm	粒数/个	含量/%
极微粒<0.003	8	9.0
微粒 0.003~<0.01	52	58.4
细粒 0.01~<0.037	25	28.1
中粒 0.037~<0.074	3	3.4
粗粒 0.074~<0.295	1	1.1
巨粒≥0.295	0	0.0
总计	89	100.0

由表 6-4 可知,自然金嵌布形式主要为包裹金和裂隙金,暂未发现粒间金。其中在 89 粒金矿物中,包裹金 78 粒,约占 87.6%,数量最多,全部为硫化物包裹金,包裹在黄铁矿中。裂隙金 11 粒,约占 12.4%,全部分布在硫化物裂隙中,呈串珠状、丝状、棒状等分布。其他硫化物如毒砂、磁黄铁矿中并未观察到金,但并不表明这些矿物中不含金。

表 6-4 卡特巴阿苏金矿金矿物嵌布形式统计

嵌布形式	分布状态	个数/个	含量/%
包裹金	包裹在黄铁矿中	78	87.6
裂隙金	硫化物粒间	11	12.4

金矿物电子探针成分分析结果显示,其主元素 Au 平均值 84.00%(表 6-5)。按自然金成色计算公式:$Au/(Au+Ag+Zn+As+Co+Ni+Te+Sb+Bi)\times 1000/‰$,求得金成色平均值 841,成色较低,介于 798~911 之间。根据成矿深度与金成色之间的关系可知,卡特巴阿苏金矿床应属于中—深成矿床,根据热力学条件与金成色关系推测,该矿床可能为热液矿床。

表 6-5　卡特巴阿苏金矿金矿物电子探针成分分析结果　　　　　　　　　　　　　　　　单位:%

编号	矿物名称	赋存形式	Au	Ag	Zn	As	Co	Ni	Te	Sb	Bi	金成色
1	含银自然金	裂隙金	84.08	15.36	—	—	—	—	—	—	0.55	841
2	含银自然金	裂隙金	84.08	14.47	—	—	—	0.03	—	—	0.70	847
3	含银自然金	裂隙金	83.92	15.34	0.03	0.08	0.01	—	0.02	—	0.60	839
4	含银自然金	包裹金	83.97	15.27	—	0.08	—	0.03	—	—	0.66	840
5	含银自然金	包裹金	84.92	14.38	0.01	0.02	0.01	—	0.01	0.01	0.65	849
6	含银自然金	裂隙金	80.97	18.43	0.04	—	0.01	—	—	—	0.56	810
7	含银自然金	裂隙金	83.91	15.44	—	—	—	—	—	—	0.65	839
8	含银自然金	包裹金	81.18	17.37	0.04	0.07	—	—	—	0.04	0.57	818
9	含银自然金	包裹金	90.62	8.66	—	0.13	—	—	—	—	0.59	906
10	含银自然金	包裹金	85.12	14.18	—	0.06	0.01	—	—	0.01	0.64	851
11	含银自然金	包裹金	84.30	15.08	—	0.06	—	—	—	—	0.56	843
12	含银自然金	包裹金	84.64	14.78	—	—	0.01	—	—	—	0.56	846
13	含银自然金	包裹金	85.01	14.19	—	—	—	0.03	—	—	0.76	850
14	含银自然金	包裹金	91.08	8.37	0.01	—	—	—	—	—	0.54	911
15	含银自然金	裂隙金	82.16	17.26	0.02	—	—	—	—	—	0.57	822
16	含银自然金	裂隙金	82.72	16.64	0.01	0.05	—	—	—	—	0.59	827
17	含银自然金	裂隙金	83.16	16.23	—	0.03	—	—	—	—	0.58	832
18	含银自然金	裂隙金	81.93	17.45	0.05	0.01	—	—	0.03	—	0.54	819
19	含银自然金	包裹金	82.33	16.98	—	0.05	0.03	—	—	—	0.58	823
19	银金矿	包裹金	79.83	19.43	0.03	—	—	—	0.11	—	0.60	798
平均值			84.00	15.26	0.01	0.03	—	—	0.01	—	0.60	841

注:—为元素含量未达检出下限,未检出。
分析单位:新疆矿产实验研究所鉴定专业室。

银金矿分布较少,多呈他形粒状与黄铁矿相伴生,反射色呈亮黄色。

银金矿电子探针成分分析结果见表 6-6,主元素平均值 Au 65.44%、Ag 27.09%,其余元素除 Fe 3.63%外,微量元素含量较低,无明显富集。

表 6-6　卡特巴阿苏银金矿电子探针成分分析结果　　　　　　　　　　　　　　　　单位:%

样品编号	Au	Ag	Fe	Zn	Bi	Te	Pb
KTBA0-zk5112-05	65.63	25.92	3.93	—	0.59	0.02	—
KTBA0-zk5112-05	65.26	28.25	3.33	0.03	0.35	0.01	0.19
平均值	65.44	27.09	3.63	0.01	0.47	0.02	0.09

注:—为元素含量未达检出下限,未检出。
分析单位:新疆矿产实验研究所鉴定专业室。

2)黄铁矿

黄铁矿是矿石中重要的含金硫化物,呈浸染状或脉状产出,在矿化体中广泛分布,金矿物多数赋存在黄铁矿中。矿区分布的黄铁矿大致分为:早期形成的黄铁矿,一般较自形(附录6图31),且多被后期生成的硫化物交代,这类黄铁矿中往往不含金矿物,且多形成块状矿石;中期呈脉状灌入二长花岗岩中的黄铁矿,脉中的黄铁矿晶型较大且较自形,这类黄铁矿主要是含金黄铁矿,迄今在矿区发现的一半以上的金来自黄铁矿脉;晚期的黄铁矿多呈网脉状、细脉状、星点状分布,这类黄铁矿中多包裹早期形成的磁黄铁矿或闪锌矿(附录6图32),这类黄铁矿也是金的载体,但含金量较低。

黄铁矿电子探针成分分析结果见表6-7,从表中可知,主元素S平均值53.05%、Fe平均值46.78%,微量元素含量较低,无明显富集,与矿化关系不明显。

表6-7 卡特巴阿苏黄铁矿电子探针成分分析结果 单位:%

样品编号	S	Fe	Au	Co	Ni	Se	As	Te	Sb	Ag	Pb	Cu	Zn
KTBA0-PD08-22	53.29	46.54	0.06	0.05	0.01	—	—	0.01	—	0.02	—	—	0.02
KTBA0-PD08-22	53.07	46.66	0.01	0.07	0.03	0.02	0.11	—	—	0.02	0.02	—	—
KTBA0-PD08-22	52.84	46.95	0.05	0.06	0.06	—	—	0.02	0.02	—	—	—	—
KTBA0-PD08-22	52.72	47.12	—	0.06	0.03	0.03	0.02	—	0.03	—	—	—	—
KTBA0-PD08-22	52.9	47.02	—	0.04	0.02	0.01	—	—	—	—	—	—	0.02
KTBA0-PD08-22	52.84	47.08	0.02	0.03	—	0.02	—	—	—	—	—	—	0.01
KTBA0-PD08-33	53.71	46.1	—	0.05	0.02	—	—	0.02	—	0.03	0.04	0.05	—
KTBA0-PD08-36	52.79	47.00	—	0.05	0.04	—	—	0.05	—	0.03	—	—	0.02
KTBA0-PD08-36	53.31	46.54	0.03	0.07	—	—	—	0.01	0.01	—	—	0.01	0.03
平均值	53.05	46.78	0.02	0.05	0.02	0.01	0.01	0.01	0.01	0.01	0.01	0.01	0.01

注:—为元素含量未达检出下限,未检出。
分析单位:新疆矿产实验研究所鉴定专业室。

3)黄铜矿

黄铜矿是矿石中重要的工业矿物之一,呈浸染状或脉状产出,常与黄铁矿、斑铜矿、辉铜矿等硫化物共生。黄铜矿多呈他形粒状,少量呈半自形粒状(附录6图33),粒径0.01~0.5 mm±,多呈他形粒状集合体或网脉状分布于黄铁矿或透明矿物裂隙间,交代早期形成的黄铁矿(附录6图34)。

黄铜矿电子探针成分分析结果见表6-8,主元素平均值Fe 30.52%、Cu 34.24%、S 35.11%,微量元素含量较低,无明显富集,与矿化关系不明显。

表6-8 卡特巴阿苏黄铜矿电子探针成分分析结果 单位:%

样品编号	S	Cu	Fe	Zn	Ag	As	Sb	Co	Bi	Ni	Au
KTBA0-zk5112-05	35.26	33.36	31.24	0.03	—	—	0.02	0.02	—	—	0.06
KTBA0-zk5112-05	35.06	31.44	33.35	0.02	0.02	0.02	—	0.01	—	—	0.07
KTBA0-PD08-29	35.82	35.68	28.35	0.10	0.02	0.01	—	0.02	—	—	0.01
KTBA0-PD08-33	35.06	35.54	29.37	0.02	—	—	—	—	0.01	0.01	—
KTBA0-PD08-36	34.36	35.16	30.31	0.04	0.01	—	0.01	—	—	—	0.11
平均值	35.11	34.24	30.52	0.04	0.01	0.01	0.01	0.01	—	—	0.05

注:—为元素含量未达检出下限,未检出。
分析单位:新疆矿产实验研究所鉴定专业室。

4)铜蓝

铜蓝在矿床中分布普遍,但含量低,一般为微量至1%,主要呈细片状集合体与斑铜矿共生,沿黄铜矿的边缘发生交代,形成交代环边结构(附录6图35)。

5)斑铜矿

斑铜矿在矿床中常见,常与铜蓝相伴生,但含量相对较低,分布不均匀,仅在黄铜矿周边可以见到。斑铜矿多呈片状集合体,常与铜蓝一起交代黄铜矿,呈交代环边结构(附录6图35)。

斑铜矿电子探针成分分析结果见表6-9,主元素平均值 Cu 62.15%、S 26.14%、Fe 11.32%,微量元素含量较低,无明显富集。

表 6-9　卡特巴阿苏黄铜矿电子探针成分分析结果　　　　　　　　　　　　　　　单位:%

样品编号	Cu	S	Fe	Zn	Ag	As	Ni	Co	Bi	Pb	Au	Sb
KTBA0-PD08-18	65.84	25.61	6.93	0.61	0.85	0.01	—	—	0.12	0.03	—	—
KTBA0-PD08-18	63.53	25.83	10.19	0.04	0.20	0.08	—	—	0.10	0.04	—	—
KTBA0-PD08-18	60.54	26.24	13.06	0.03	0.05	—	—	—	—	0.02	0.06	—
KTBA0-PD08-29	63.17	25.57	11.17	0.01	—	—	0.05	0.03	—	—	0.01	—
KTBA0-PD08-29	60.82	26.16	12.89	0.04	—	0.08	—	0.02	—	—	—	—
KTBA0-PD08-29	58.82	27.13	13.95	—	0.02	—	0.04	0.02	—	—	0.02	—
KTBA0-PD08-33	62.31	26.44	11.04	0.03	0.06	—	0.01	0.06	—	0.03	—	0.02
平均值	62.15	26.14	11.32	0.11	0.17	0.02	0.01	0.02	0.03	0.02	0.01	0.00

注:—为元素含量未达检出下限,未检出。

分析单位:新疆矿产实验研究所鉴定专业室。

6) 闪锌矿

闪锌矿是矿床中少见的金属硫化物之一,见于火山—次火山岩型矿石中的硅化及含铜石英脉中,呈浸染状产出,与黄铜矿、黄铁矿等共生(附录6图36)。

闪锌矿电子探针成分分析结果见表6-10,主元素 Zn 66.19%、S 32.93%,微量元素含量较低,无明显富集。

表 6-10　卡特巴阿苏闪锌矿电子探针成分分析结果　　　　　　　　　　　　　　单位:%

样品编号	Zn	S	Cd	Cu	Fe	Mn
KTBA0-zk5112-05	66.19	32.93	0.46	0.23	0.14	0.05

分析单位:新疆矿产实验研究所鉴定专业室。

7) 磁铁矿

磁铁矿在矿区较为少见,常呈自形—半自形粒状,粒径0.02~0.5 mm±,多数介于0.1~0.2 mm之间,与早期黄铁矿共生,粒间充填有晚期的黄铜矿(附录6图37)。磁铁矿电子探针成分分析结果见表6-11。

表 6-11　卡特巴阿苏磁铁矿电子探针成分分析结果　　　　　　　　　　　　　　单位:%

样品编号	FeO	CoO	CaO	NiO	MgO	Al_2O_3	MnO	Cr_2O_3	V_2O_5	TiO_2	SO_3
KTBA0-zk5112-14	99.51	0.11	0.17	0.05	—	0.04	0.04	0.05	—	—	0.05
KTBA0-zk5112-14	99.69	0.01	0.04	0.05	—	0.07	0.04	0.01	0.04	0.05	—
KTBA0-zk5112-14	99.31	0.02	—	0.05	0.01	0.14	0.02	0.05	0.03	0.08	—
平均值	99.5	0.05	0.07	0.05	0.00	0.08	0.03	0.04	0.02	0.04	0.02

注:—为元素含量未达检出下限,未检出。

分析单位:新疆矿产实验研究所鉴定专业室。

8) 方铅矿

方铅矿出露较少,呈他形粒状,多赋存于黄铁矿中(附录6图39~图40)。方铅矿电子探针成分分析结果见表6-12,主元素平均值 Pb 82.36%、Cu 1.02%、Fe 1.69%,微量元素整体含量较低,无明显富集。

表 6-12　卡特巴阿苏方铅矿电子探针成分分析结果　　　　　　　　　　单位:%

样品编号	Pb	Cu	Fe	Cd	Se	S	Ag	Sb	Zn
KTBA0-zk5112-05	82.43	1.82	2.43	0.21	0.03	13.03	0.06	—	—
KTBA0-PD08-33	79.48	2.74	1.66	0.21	1.18	12.95	1.73	0.04	—
KTBA0-PD08-33	84.06	0.04	1.6	0.26	0.03	13.37	0.65	—	—
KTBA0-PD08-29	83.82	0.45	0.57	0.17	—	13.63	1.37	—	—
KTBA0-PD08-29	82.02	0.05	2.19	0.23	—	13.87	1.51	—	0.13
平均值	82.36	1.02	1.69	0.22	0.25	13.37	1.06	0.01	0.03

注:—为元素含量未达检出下限,未检出。

分析单位:新疆矿产实验研究所鉴定专业室。

9)碲银矿

碲银矿分布较少,呈短柱状,铅灰色,多赋存于黄铜矿中(附录6图40)。碲银矿电子探针成分分析结果见表6-13,主元素 Ag 61.25%、Te 36.72%,微量元素除 Cu 1.13%外,其余微量元素含量较低,无明显富集。

表 6-13　卡特巴阿苏碲银矿电子探针成分分析结果　　　　　　　　　　单位:%

样品编号	Ag	Te	Cu	Fe	S	Pb
KTBA0-PD08-33	61.25	36.72	1.13	0.82	0.07	0.01

分析单位:新疆矿产实验研究所鉴定专业室。

2. 部分脉石矿物

矿区以中酸性岩为主,矿石中脉石矿物种类较多,主要为斜长石、钾长石、石英、绢-白云母等;次为绿泥石、方解石、锆石、黑云母、绿帘石等;另外还有一些矿物是原岩中的副矿物,如钛铁矿。

1)斜长石

斜长石在矿石中广泛分布,含量很高。主要分布在酸性岩体中,从其成因分析,斜长石可分为原生斜长石和后期次生斜长石。原生斜长石在成岩时期形成,是组成岩石的主要矿物之一,在岩石中,原生斜长石常发生绢-白云母化、黝帘石化等;次生斜长石主要为后期矿化作用形成的钠长石,呈他形—半自形粒状集合体分布,粒径细。从矿化作用看,斜长石虽然在矿化阶段形成,但是与矿的富集无直接关系(附录6图41)。

2)石英

石英是矿石中最主要的脉石矿物之一,早期形成的石英是组成中酸性岩体的主要矿物,晚期石英则多以石英脉及硅化的形式贯穿岩体中。早期形成的石英属于原生矿物,多呈浑圆状(附录6图42),波状消光明显,晶形较大,粒径多在0.2~2 mm之间,表面多被绢云母或碳酸盐脉穿插;次生石英往往与硫化物共生,呈脉状或球粒结构分布于花岗岩中(附录6图43)。

3)钾长石

钾长石是矿石中常见的脉石矿物之一,多呈他形粒状分布,粒径在0.02~2 mm之间。岩石中的钾长石主要分为两类:一类与石英、斜长石等共生,主要为条纹长石(附录6图44),构成矿区的中酸性岩体;另一类则呈脉状产出(附录6图45)。

3)绢-白云母(附录6图46~图47)

绢-白云母是矿石中常见的脉石矿物之一,鳞片—片状集合体,呈浸染状、团块状分布,在矿(化)体中普遍存在,多由斜长石发生蚀变所形成。岩石中的绢-白云母分为两类:一类由斜长石蚀变形成;另一类则呈脉状分布。

4）绿泥石

绿泥石在矿石或矿化岩石中也比较常见,是矿石中的主要脉石矿物之一,绿泥石多呈片状集合体分布,粒径细,为 0.03～1.5 mm,岩石中的绿泥石呈两种形态分布:一种由斜长石蚀变而来,保留斜长石的外形;另一种沿着裂隙分布,或者沿着斜长石的边缘分布。

3. 表生氧化矿物

表生氧化矿物主要指某些矿物在风化淋滤作用的影响下,转变为表生条件下稳定的次生矿物,如孔雀石、褐铁矿、赤铁矿、黄钾铁矾。

1）孔雀石

孔雀石在地表局部可见,含量较低。

2）褐铁矿

褐铁矿在矿床氧化带中广泛分布,属氧化矿石中的特征矿物之一,常呈不规则粒状、土状、脉状,以交代硫化物为特征,粒径 0.01～0.2 mm±(附录6 图48)。

3）赤铁矿

赤铁矿主要分布在氧化矿石中,原生矿中少见。赤铁矿呈他形不规则粒状,鳞片状,铁黑色,条痕樱桃红色,金属光泽,断口不平坦,粒径 0.01～0.1 mm±(附录6 图49)。

4）黄钾铁矾

黄钾铁矾是矿区重要的找金标志,主要发育在矿区地表和矿体浅部,分布广泛,为黄铁矿氧化后的产物。黄钾铁矾呈不规则粒状、土状,部分呈自形—半自形粒状。赭黄色,暗褐色,条痕呈黄色,玻璃光泽,不透明至微透明,性软,断口不平坦。

二、岩、矿石化学成分

矿区岩、矿石化学成分研究主要是通过对原始数据进行处理,运用作图对比分析等方法,了解各类地质体的元素含量分布特点、空间富集变化规律及相关关系,为地质找矿及矿床成因研究提供依据。

1. 常量元素特征

据矿石化学全分析结果及矿石组合样分析,矿石的主要化学成分为 SiO_2、Al_2O_3、Fe_2O_3,次要化学成分为 CaO、MgO、K_2O、Na_2O 和 S,微量元素有 Au、Cu、Ag、Co、Zn 等。蚀变岩型金矿石中 SiO_2 含量较高,为 47.40%～61.49%,平均含量 54.45%,SiO_2 含量与硅化强度有关,而蚀变较弱的硫化物脉状矿石中 SiO_2 含量普遍较低。

2. 微量元素特征

由矿区矿石化学全分析结果及矿石的组合样分析结果得出以下结论。

(1)矿石中有益组分主要为 Au 和 Cu。各类矿石金品位变化较大,为 $(0.14～108)\times10^{-6}$。其中蚀变岩型金矿石品位 $(2.56～108)\times10^{-6}$,高于脉状硫化物型金铜矿石的 $(1.17～22.39)\times10^{-6}$,脉状硫化物型铜矿石金品位最低,为 $(0.14～1.02)\times10^{-6}$。

(2)矿石中 Cu 品位相对 Au 品位较为稳定,为 0.01%～1.31%。其中蚀变岩型金矿石 Cu 品位很低,脉状硫化物型金铜矿石 Cu 品位最高,为 0.58%～1.31%,高于脉状硫化物型铜矿石的 0.58%～1.31%。

(3)其他有益组分:除 Au、Cu 以外,矿石中其他达到伴生品位的有益组分还有 S 和 Ag,矿石中 Ag 含量 $(0.2～10.1)\times10^{-6}$,除两个样品外,其余均超过金矿 Ag 伴生指标。矿石中 S 含量 1.75%～32.87%,除两个样品外,其余均超过金矿 S 伴生指标。As 和 C 含量很低,有利于金的选冶。

3. 同位素特征

根据 24 粒锆石样品 U-Pb 法测年结果,$^{206}Pb/^{238}U$ 表面年龄与其对应的 $^{207}Pb/^{235}U$ 表面年龄具有很好的谐和性,加权平均年龄(345.5±2.6)Ma,反映了卡特巴阿苏二长花岗岩早于石炭纪侵位(徐学义等,2010)。

三、矿石结构构造及矿石类型

矿石发育多种结构构造。主要的矿石结构有自形—半自形粒状结构、他形结构、包含结构、压碎结构及交代残余结构等;矿石构造主要有脉状构造、浸染状构造、块状构造及疏松粉末状构造等。

1. 矿石结构

自形—半自形粒状结构:自形粒状结构多见于黄铁矿或磁铁矿中。粒径变化大,为0.01~2 mm±,少部分小于0.02 mm,主要呈单体或粒状集合体产出(附录6图50)。

他形粒状结构:金矿物主要以他形粒状为主,部分形态不规则,黄铜矿、斑铜矿、辉铜矿、黝铜矿、闪锌矿等硫化物均呈他形晶产出(附录6图51)。

包含结构:脉石中包裹的金矿物、黄铁矿、黄铜矿,黄铁矿中包裹的金矿物,黄铁矿中包裹的磁黄铁矿等呈此结构分布。

交代环边结构:斑铜矿或铜蓝沿黄铜矿边缘交代,形成交代环边结构。

2. 矿石构造

矿石中金属矿物分布以不均匀为主要特点,与成矿时产生的微裂隙发育程度及性质有关。从显微镜下观察可知,沿张裂隙或压扭性裂隙充填的多以脉状为主,沿绺裂分布的矿物则呈团块状、网脉状或条带状产出。

浸染状构造:在矿石中最为常见,分布很广,常见的金矿物和黄铁矿均呈浸染状分布。星散和稀疏浸染状构造在工业矿体中常见。

块状构造:在矿石中较少见,局部可见黄铁矿富集呈块状构造(附录6图52),黄铁矿较自形,粒径一般介于0.2~1 mm之间。

脉状构造:在矿石中较为常见,黄铁矿等金属矿物呈脉状产出于岩体中,同时也是金矿物主要赋存的位置。这种脉状构造区别于后期热液叠加的细脉状构造,脉厚0.2~20 mm±,脉长十几毫米到几百毫米,规模较大,脉体时而连续,时而又断续沿裂隙分布,一般来讲,硫化物矿脉发育的地段,同时也是金比较富集的地段。

细脉浸染状构造:由脉状分布的硫化物和呈浸染状分布的硫化物共同构成细脉浸染状构造(附录6图53),此类黄铁矿细脉属晚期热液阶段的产物,穿插交代早期形成的黄铁矿和黄铜矿,并且这类黄铁矿细脉中并不含金矿物,区别于早期形成的黄铁矿脉。

3. 矿石类型

金矿石的自然类型分为氧化矿石、混合矿石及原生矿石。在矿区铜既能与金伴生也可局部富集形成独立的铜矿体。

矿床内金矿石中金属硫化物主要为黄铁矿,次为黄铜矿,通过对矿石化学分析,矿石中可利用有价元素主要为Au,含少量Ag和Cu。其中Ag主要为Au的伴生元素,形成银金矿。因此,根据矿石中可利用元素组合划分为金矿石、金铜矿石和铜矿石3种类型。

四、主要矿物生成顺序

经野外观察和室内研究,结合矿石结构、构造及矿物共生组合特征,划分为岩浆期、热液期(主成矿期)和表生期3个成矿期,热液期为矿床的主要成矿期。热液期可划分为3个不同的成矿阶段,成矿阶段形成的特征矿物见表6-14。

表 6-14 卡特巴阿苏各成矿阶段矿物生成顺序简表

期次	岩浆期	热液期			表生期
		早期	中期	晚期	
矿物	成岩阶段	硫化物-石英阶段	钾化阶段	碳酸盐化阶段	黄钾铁矾阶段
斜长石	—				
角闪石	—				
石英	—				
绿泥石		—			
绢-白云母		—	—		
方解石		-----	-----	-----	
黑云母		-----	-----		
绿帘石		—	—	-----	
阳起石			-----		
含银自然金		—			
银金矿		—		-----	
碲银矿		—			
黄铁矿		—	—	—	
黄铜矿			—		
斑铜矿			-----		
闪锌矿			-----		
磁铁矿			-----		
磁黄铁矿		-------		-------	
方铅矿			----		
铜蓝					-----
孔雀石					—
褐铁矿					—
黄钾铁矾					--
矿化强度	弱	弱	强	弱	弱

第五节 矿石工艺矿物学特点

一、有益、有害元素赋存状态特点

矿石中主要有益元素为 Au,存在形式为含银自然金和自然金,Ag 主要以合金形式赋存于金粒中。金矿物多呈扁平的薄片状、树枝状连晶、粒状,其嵌布粒径小于 0.04 mm,其中小于 0.005 mm 粒级的数量最多,达 35.52%。金矿物与黄铁矿关系复杂,在细磨条件下,金矿物与黄铁矿也难以解离。

二、矿石矿物粒径及嵌布方式

1. 金属矿物粒径

从磨制的光片中测定金粒的嵌布粒径,从金粒的横切面测得其嵌布粒径均小于 0.037 mm,其中小于 0.01 mm 粒级的数量最多,达 58.66%。金粒嵌布粒径(切片粒径)测定结果见表 6-15。

表 6-15 卡特巴阿苏金粒嵌布粒径测定结果表

粒级	粒径范围/mm	金粒粒径分布/%
细粒金	0.037～>0.01	41.34
微粒金	≤0.01	58.66
合计		100.00

2. 矿石矿物晶粒形态及嵌布方式

矿石中 Au 以自然金和含银自然金形式存在，金粒多呈扁平的树枝状连晶、薄片状、粒状(图 6-3)。

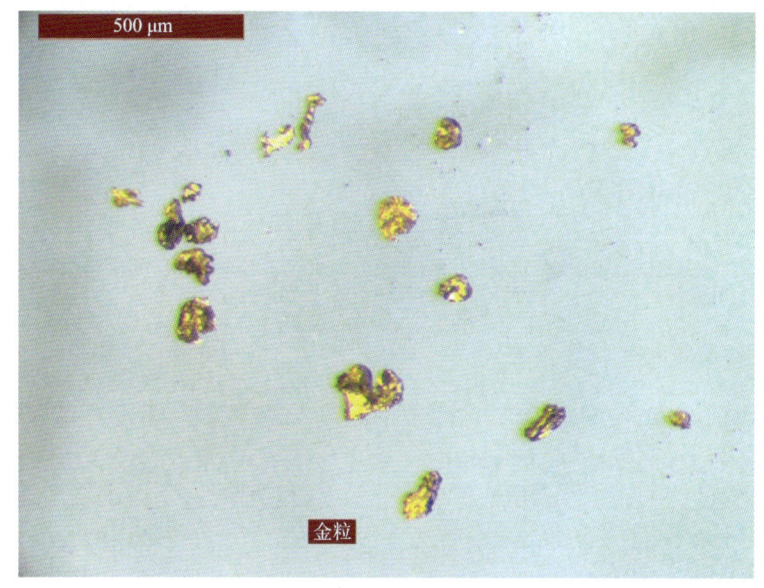

图 6-3 特巴阿苏金矿体视显微镜下金粒形态

通过显微镜和扫描电子显微镜鉴定，矿石中金粒大多数嵌布于黄铁矿中，其次与石英、绢云母、白云石、黄铜矿等矿物连生，主要有裂缝金和包裹金两种嵌布形式。矿石中大多数金粒充填于黄铁矿微裂缝中，多呈粒状和柱状分布。

3. 矿石构造及相对可选性

主要的矿石结构有自形—半自形粒状结构、他形结构、包含结构、压碎结构及交代残余结构等；矿石构造主要有脉状构造、浸染状构造、块状构造及疏松粉末状构造等。

分离富集各类矿物后分别测定金含量，在矿石磨至 0.045 mm 以下，可解离的游离金占 59% 左右，仍包裹于黄铁矿和黄铜矿中的金占 39% 左右，脉石矿物中包裹的金占 2%。

三、矿石工艺矿物学特点及选矿方法

金矿石工艺性研究：主要有用矿物为含银自然金和银金矿，金粒多呈扁平的树枝状连晶、薄片状、微细粒状，金粒大多数嵌布于黄铁矿中，其次与石英、绢云母、白云石、黄铜矿等矿物连生，主要有裂缝金和包裹金 2 种嵌布形式，嵌布粒径主要分布在 0.004～0.037 mm 之间；原生矿石金的成色介于 798～911 之间，平均 841，含 As、C 较低，为易选矿石。

氧化金矿石可选性试验表明，矿石中全泥氰化金的浸出率可达 96.17%，尾渣中金品位 0.19×10^{-6}；混合及原生金矿石可选性试验表明，浮选采用一粗两精两扫选，获得精矿产率 9.71%，含金 51.70 g/t，金回收率 93.45%。

第六节 矿床成因和成矿模式探讨

一、矿化阶段

卡特巴阿苏金矿床的成矿过程可大致划分为岩浆-构造热液期和表生期。岩浆-构造热液期可大致分为4个成矿阶段：①矽卡岩化-黄铁矿阶段，二长花岗岩、花岗闪长岩与灰岩接触，在岩浆热液的作用下形成接触带间物质相互交代，形成矽卡岩矿物及黄铁矿、磁铁矿等，以及富集Cu、Au的热液；②金＋黄铜矿＋黄铁矿阶段，在矽卡岩形成的中后期，促使接触交代作用的物理化学条件发生变化，黄铁矿、黄铜矿，以及少量方铅矿、闪锌矿大量沉淀，形成块状黄铁矿、黄铜矿体，局部含低品位的金矿化；③金＋黄铁矿＋石英阶段，在黄铁矿、黄铜矿体形成的中后期，金在含矿热液中不断富集，进入相对开放空间，随温压条件降低，金随着石英、黄铁矿晶出而沉淀下来形成金富集体，伴有少量铜矿化；④黄铁矿＋石英＋碳酸盐阶段，热液活动末期，含少量矿化成分的中低温热液，随成矿期后构造活动充填岩石裂隙，伴有少量黄铁矿分布。

表生期主要是金属硫化物氧化和淋滤。

二、成矿机理和成矿模式

该矿床是由接触交代作用叠加构造蚀变作用的热液复合形成的。海西期中晚期，区域中酸性岩浆侵入活动广泛发育，中酸性岩浆侵入中天山构造带早期形成的巴音布鲁克组碳酸盐岩层中。中酸性侵入体与碳酸盐岩层间发生接触交代作用，在岩体外接触带形成矽卡岩带，富集大量S及Cu、Au等成矿元素。在合适的物理化学条件下，主要在矽卡岩带内或旁侧形成黄铁矿体和黄铁矿、黄铜矿体。同时，伴随岩体侵位后那拉提北缘断裂的长期活动，由于断裂带产状上陡下缓，造成局部挤压应力增强，沿早期形成的岩体接触界线附近，特别是岩体内部发育一组北东东向脆性构造带，形成破劈理化和碎裂岩化带，并有多期次脉岩侵入。深部晶出大量黄铁矿、黄铜矿，热液温度降低，金物质进一步富集。由于矿区南侧总体南倾的且较完整的中厚层状灰岩残留体阻止了含矿热液向旁侧运移，因此，在脉岩结晶释放热量的共同驱动下，含金热液由西向东，沿岩体接触带内侧破碎带由深向浅，迁移至上部构造破碎强烈带内形成金的工业矿体。成矿模式见图6-4。

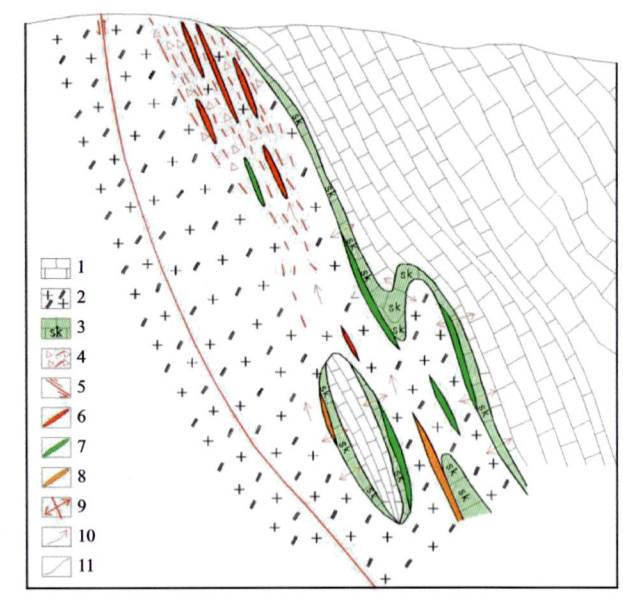

1.灰岩；2.二长花岗岩；3.矽卡岩；4.破劈理、碎裂岩带；5.逆断裂；6.金矿体；7.铜矿体；8.金铜矿体；9.接触带物质交代；10.含矿热液运移方向；11.地质界线。

图6-4 新源县卡特巴阿苏金矿区成矿模式图

主要参考文献

冯博,薛春纪,赵晓波,等,2014.西天山卡特巴阿苏大型金铜矿赋矿二长花岗岩岩石学、元素组成和时代[J].地学前缘,21(5):187-195.

姜红,冷晓雷,罗强,2014.新疆伊犁卡特巴阿苏金铜矿侵入岩特征分析[J].新疆有色金属,37(3):34-36.

徐学义,王洪亮,马国林,等,2010.西天山那拉提地区古生代花岗岩的年代学和锆石Hf同位素研究[J].岩石矿物学杂志,29(6):691-706.

杨维忠,薛春纪,赵晓波,等,2013.新疆西天山新发现新源县卡特巴阿苏大型金铜矿床[J].地质通报,32(10):1613-1620.

赵树铭,杨维忠,王敦科,等,2012.卡特巴阿苏金矿床地质特征及成因探讨[J].矿床地质,21(增刊):825-826.

附录6　图片及说明

图1　含金黄铁矿脉贯穿二长花岗岩
显微镜下观察自然金全部分布在黄铁矿脉中,透明矿物中未见金。

图2　绿泥石化、绿帘石化二长花岗岩1
岩石中斜长石和碱性长石多发生绿泥石化与绿帘石化,石英颗粒较大,呈烟灰色。

图3　绿泥石化、绿帘石化的二长花岗岩2
岩石中的斜长石和碱性长石多发生泥化、绿泥石化及绿帘石化,石英颗粒较大,晶型较完整,呈烟灰色。

图4　花岗闪长岩1
岩石呈中粗粒花岗结构,块状构造。由斜长石(65%)、钾长石(10%)、石英(20%)及少量黑云母组成。

图5　二长花岗岩1　50×　正交偏光
中—粗粒粒状结构,主要由斜长石、钾长石和石英组成,受应力作用双晶纹变曲变形;钾长石呈他形粒状,表面泥化。

图6　二长花岗岩2　50×　正交偏光
细—中—粗粒粒状结构,主要由斜长石、钾长石和石英组成,斜长石呈半自板状,聚片双晶发育,受应力作用双晶纹变曲变形。

图7 碎裂斑状花岗岩 50× 正交偏光
岩石由斑晶和基质组成,具似斑状结构,基质具细粒花岗结构,钾长石呈他形粒状,斜长石聚片双晶发育,呈他形粒状。

图8 碱长花岗岩1
深肉红色,主要由钾长石(>45%)、石英(40%)及斜长石(20%)组成。其中黄铁矿呈星点状分布于岩石中。

图9 碱长花岗岩2 50× 正交偏光
岩石主要由碱性长石和石英组成,以碱性长石为主,呈他形粒状分布,表面蚀变主要以泥化为主。岩石发生绢-白云母化。

图10 花岗闪长岩2 50× 正交偏光
岩石呈中细粒花岗结构,斜长石呈半自形粒状、板状,普遍具绢云母化;钾长石呈他形粒状,具条纹结构。

图11 斜长花岗岩 50× 正交偏光
岩石由斜长石、石英和少量的蚀变矿物绢-白云母组成,呈半自形粒状结构。斜长石呈半自形粒状,石英呈他形粒状,具波状消光。

图12 大理岩 50× 正交偏光
岩石呈灰白色,粒状变晶结构,主要由方解石构成,含少量石英等矿物。

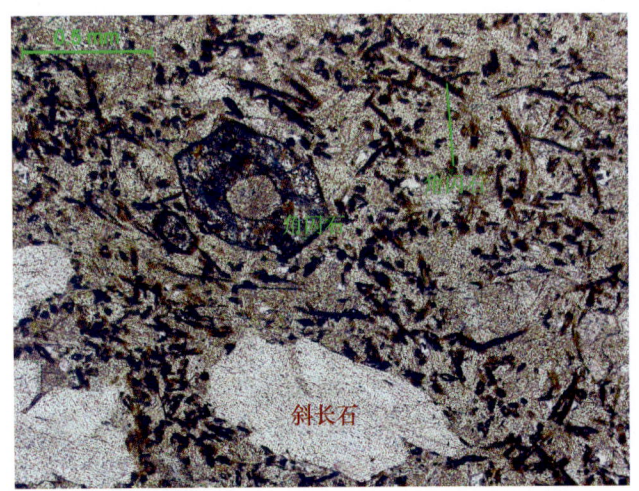

图13 暗化安山玢岩 50× 单偏光
岩石呈斑状结构,斑晶主要由斜长石和角闪石组成。其中角闪石呈半定向排列,暗化强烈。斜长石表面多发生绢-白云母化。

图14 矽卡岩化闪长岩 50× 正交偏光
岩石呈粒状变晶结构,主要由透辉石、绿帘石、斜长石、石英组成。斜长石和石英为早期形成的矿物,透辉石呈他形粒状,分布广泛。

图15 蚀变岩 50× 正交偏光
岩石呈柱粒状变晶结构,由石英、方解石、绢-白云母和绿泥石组成,岩石蚀变强烈,原岩已无法辨认。

图16 蚀变二长花岗岩 50× 正交偏光
斜长石聚片双晶呈细密条纹。

图17 硅化 50× 正交偏光
矿石硅化较普遍,石英多呈他形粒状和脉状产出,硅化强烈部位,热液蚀变也较强烈,相应金属硫化物就较为富集。

图18 绢-白云母化 50× 正交偏光
岩石呈中—粗粒结构,块状构造,主要由钾长石、斜长石和石英组成,斜长石发生强烈的绢-白云母化,钾长石多发生泥化。

图19 高岭石化、绿泥石化 50× 单偏光
岩石呈中—粗粒结构，主要由钾长石、石英和少量绿泥石组成，钾长石多发生高岭石化，表面较脏。

图20 高岭石化、碳酸盐化 50× 正交偏光
岩石呈中—粗粒结构，主要由钾长石、石英组成，钾长石高岭石化，方解石脉穿插交代钾长石。

图21 绿泥石化1 50× 单偏光
岩石主要由斜长石、钾长石（视域外）、石英和绿泥石组成，绿泥石沿着斜长石周围进行交代。

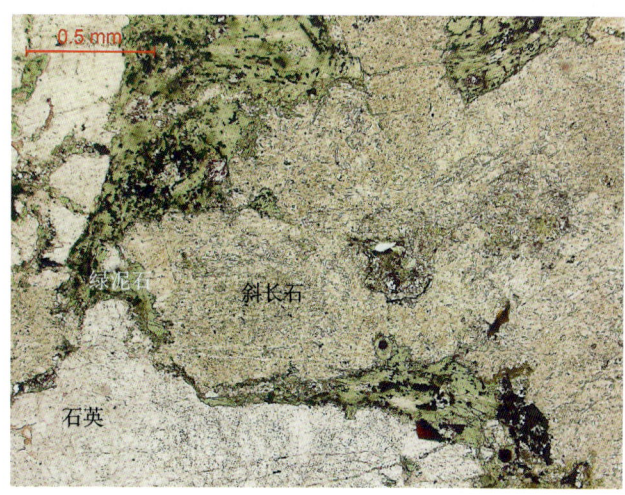

图22 绿泥石化2 50× 单偏光
绿泥石沿斜长石解理缝、裂隙及边缘交代斜长石。

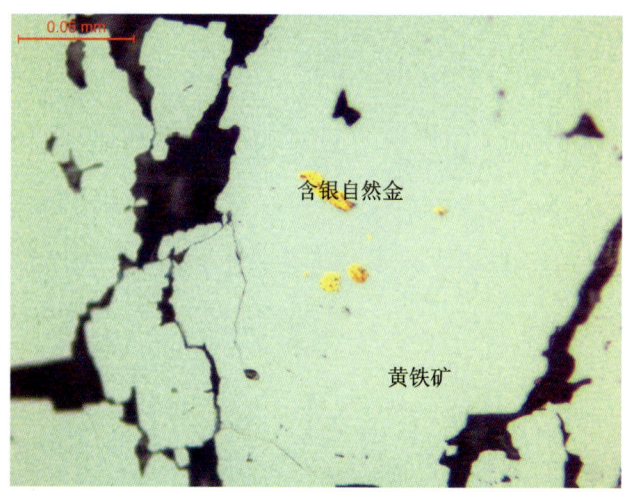

图23 含银自然金1 500× 单偏光
含银自然金，呈棒状、等粒状及角粒状包裹于黄铁矿中。粒径呈细粒—极微粒，全部为包裹金。

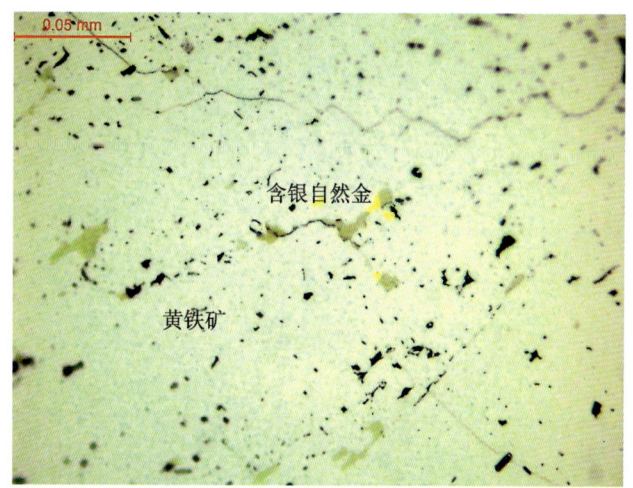

图24 含银自然金2 500× 单偏光
含银自然金，为包裹金，呈棒状、角粒状。粒径属细粒—极微粒。

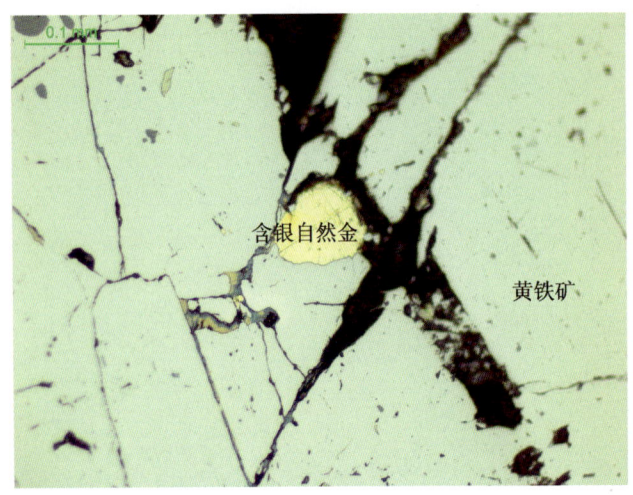

图25 含银自然金3 200× 单偏光
金矿物为含银自然金，包裹于黄铁矿中，淡金黄色，呈圆粒状。周边裂隙中见微粒的含银自然金5粒，呈角粒状。

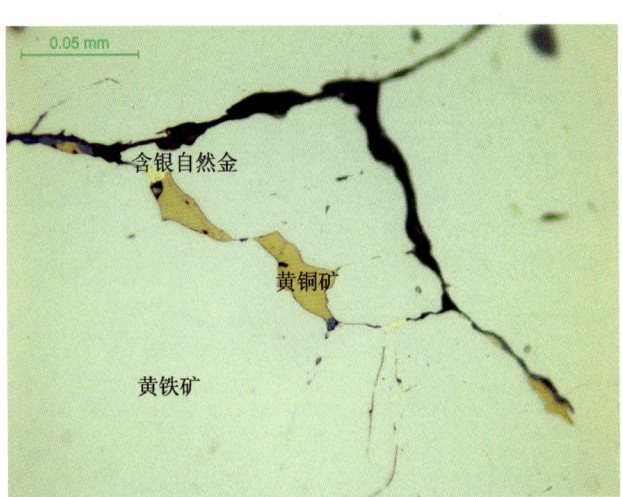

图26 含银自然金4 500× 单偏光
3粒含银自然金均为裂隙金，淡金黄色，呈长粒状、丝状产出，与黄铜矿连生。

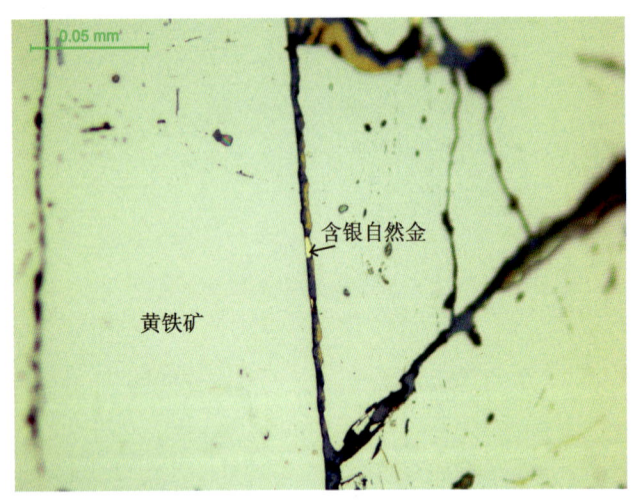

图27 含银自然金5 500× 单偏光
金矿物为含银自然金，裂隙金，反射色呈淡金黄色，呈长粒状产出。周边被铜蓝交代。

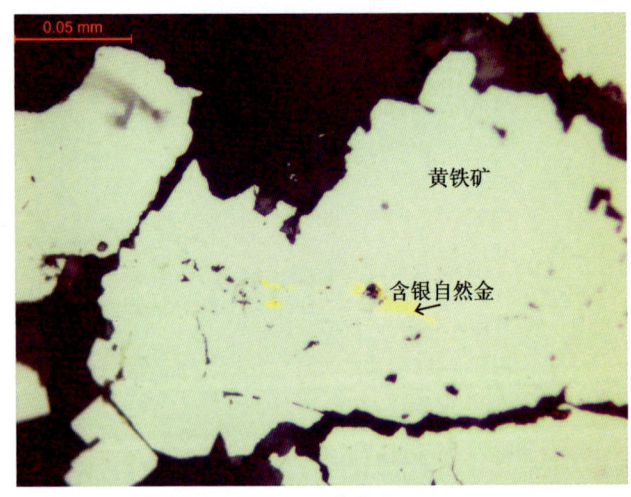

图28 含银自然金6 500× 单偏光
金矿物为含银自然金，全部为包裹金，含银自然金呈长粒状和角粒状分布。

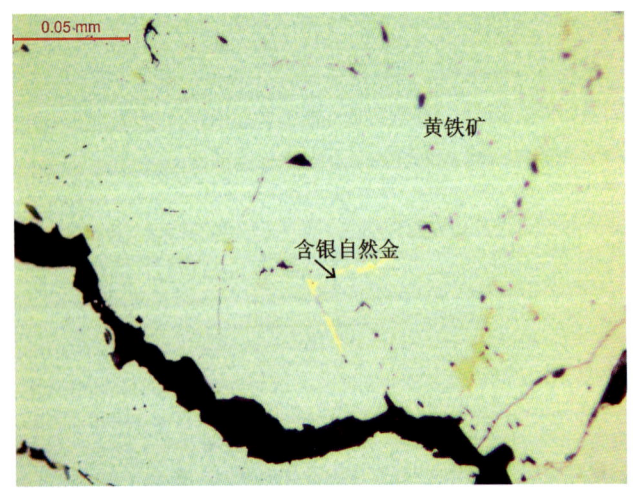

图29 含银自然金7 500× 单偏光
含银自然金，裂隙金，呈丝状沿黄铁矿间裂隙分布。

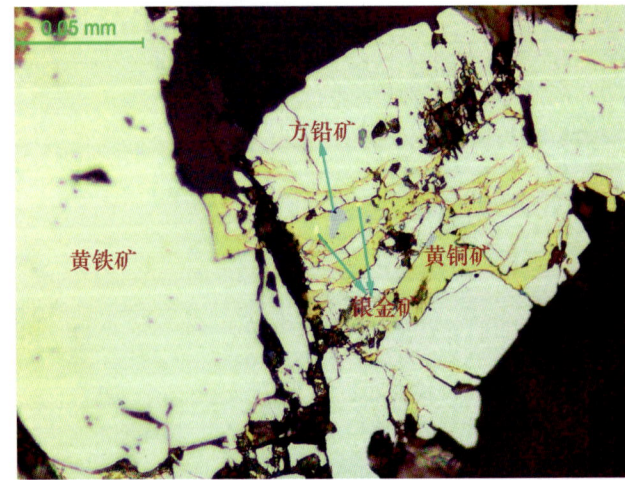

图30 银金矿 500× 单偏光
银金矿呈他形粒状分布于黄铜矿中，呈亮黄色。

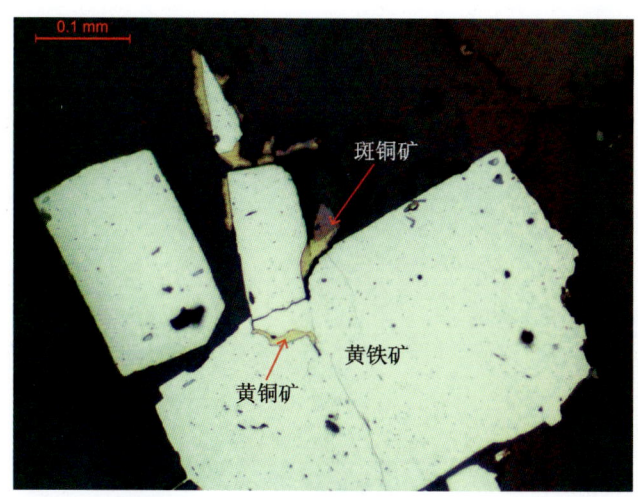

图31 自形黄铁矿 200× 单偏光
黄铁矿较为自形,黄铜矿和斑铜矿沿黄铁矿裂隙充填交代。

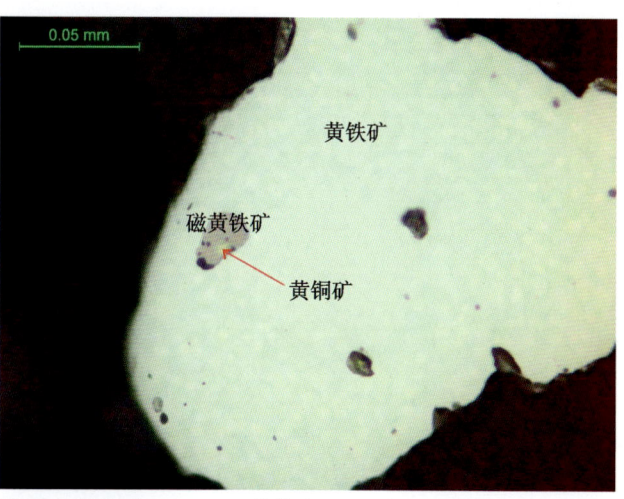

图32 黄铁矿 500× 单偏光
黄铁矿较为自形,黄铁矿中包裹有磁黄铁矿及黄铜矿。

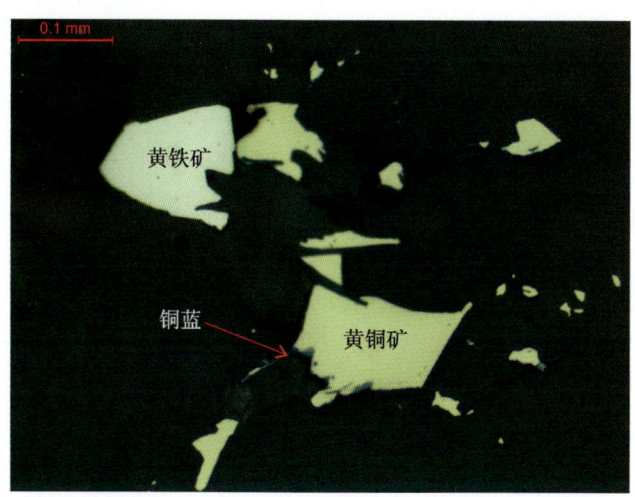

图33 黄铜矿 200× 单偏光
黄铜矿呈半自形—他形粒状分布,边缘被铜蓝交代。

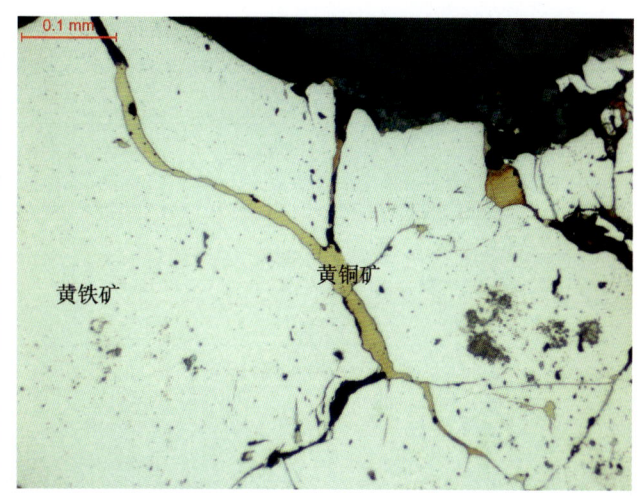

图34 黄铜矿、黄铁矿 200× 单偏光
黄铜矿呈脉状交代黄铁矿。

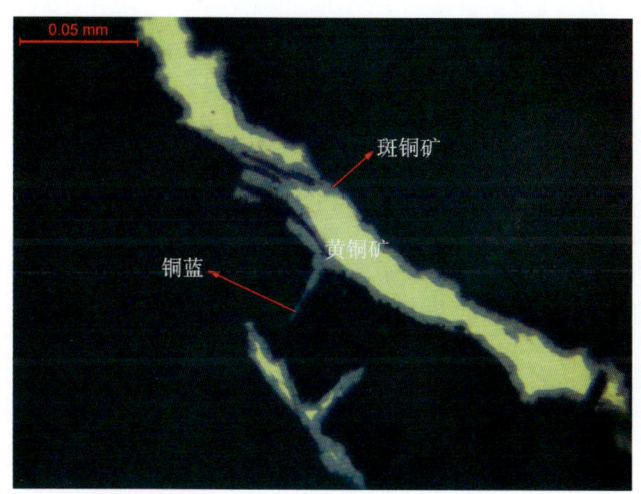

图35 铜蓝、斑铜矿 500× 单偏光
铜蓝及斑铜矿沿黄铜矿边缘发生交代,形成交代环边结构。

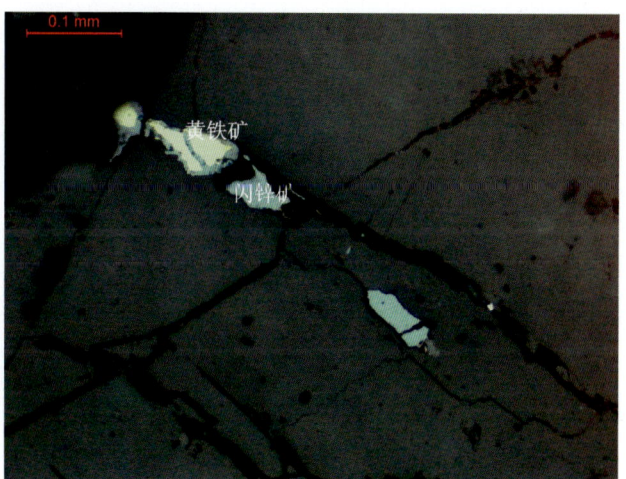

图36 闪锌矿 200× 单偏光
闪锌矿呈他形粒状交代黄铁矿。

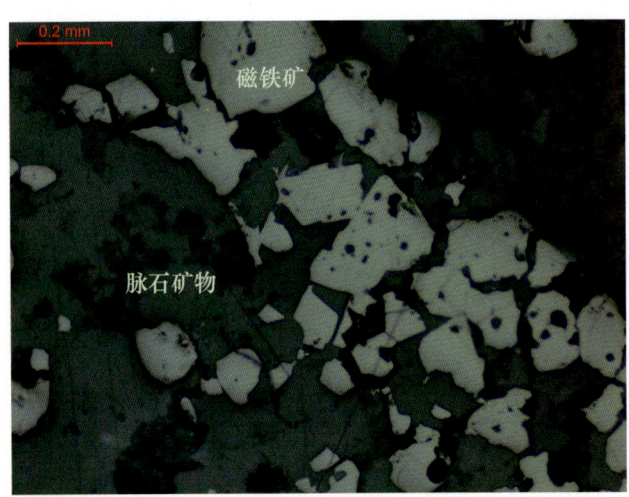

图 37　自形磁铁矿　100×　单偏光
磁铁矿晶型较好,手标本磁性较强,呈自形粒状分布于脉石矿物间。

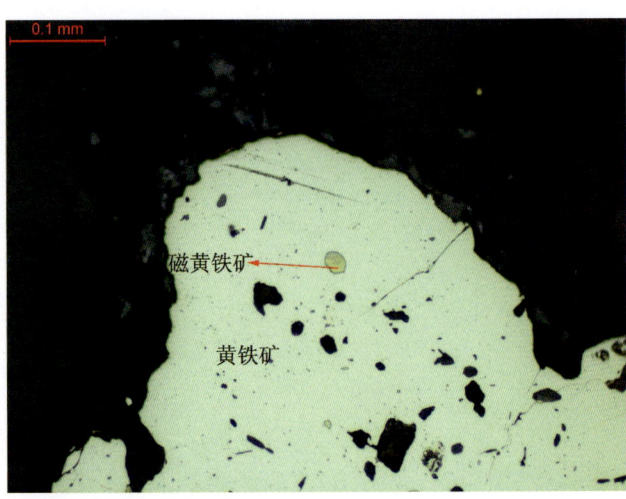

图 38　磁黄铁矿、黄铁矿　200×　单偏光
磁黄铁矿呈乳滴状包裹于黄铁矿中。

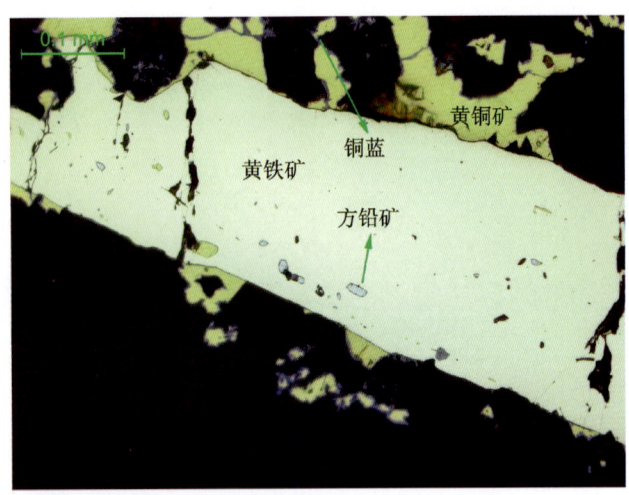

图 39　方铅矿　200×　单偏光
方铅矿呈他形粒状分布于黄铁矿中,铜蓝沿黄铜矿边缘交代。

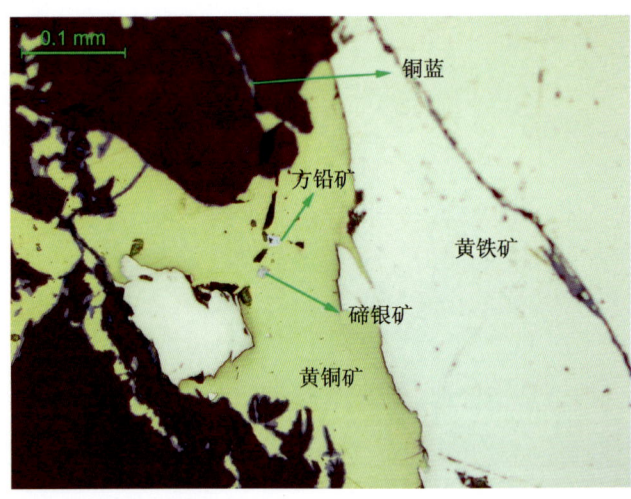

图 40　方铅矿、碲银矿　200×　单偏光
方铅矿、碲银矿呈他形粒状分布于黄铁矿中,铜蓝沿黄铜矿边缘交代。

图 41　斜长石　50×　正交偏光
斜长石呈板状、叶片状、条带状分布。

图 42　石英　50×　正交偏光
原生石英呈浑圆状,内部不干净,微裂隙中有包裹体。

图 43　隐晶质结构　50×　正交偏光

次生石英呈隐晶质结构,微小亚颗粒化石英呈眼球状团块分布于花岗岩中。

图 44　钾长石　50×　正交偏光

钾长石条纹状结构。

图 45　钾长石呈脉状分布　50×　正交偏光

钾长石碎裂,呈脉状分布。

图 46　斜长石绢云母化　50×　正交偏光

斜长石绢云母化,保留斜长石的外形。

图 47　白云母集合体　100×　正交偏光

白云母呈放射状集合体分布于石英及金属矿物粒间。

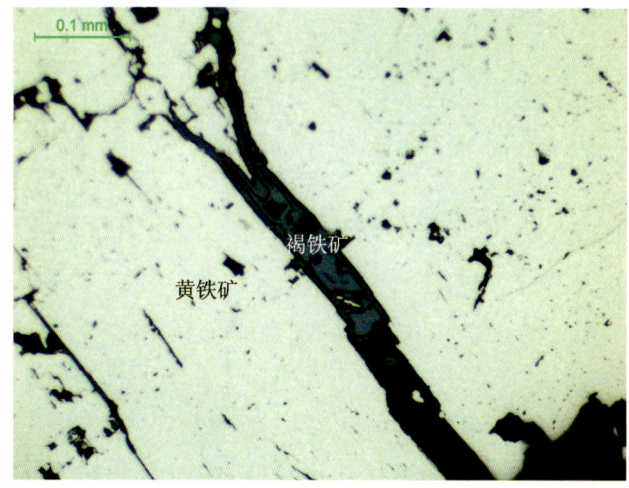

图 48　褐铁矿　200×　单偏光

褐铁矿充填于黄铁矿裂隙中。

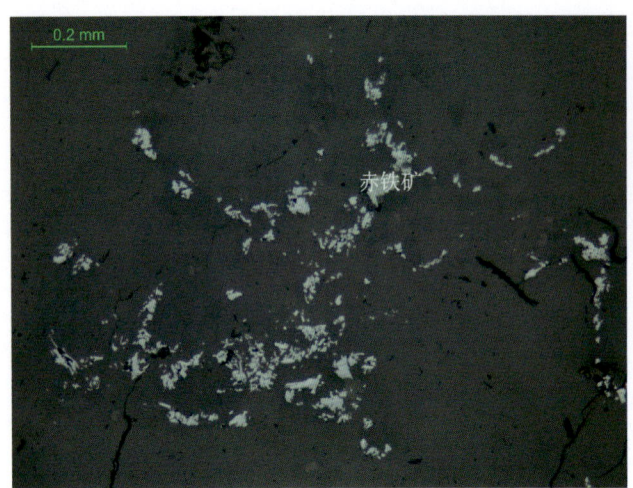

图 49　赤铁矿　100×　单偏光
赤铁矿呈粒状、放射状杂乱分布于脉石矿物中。

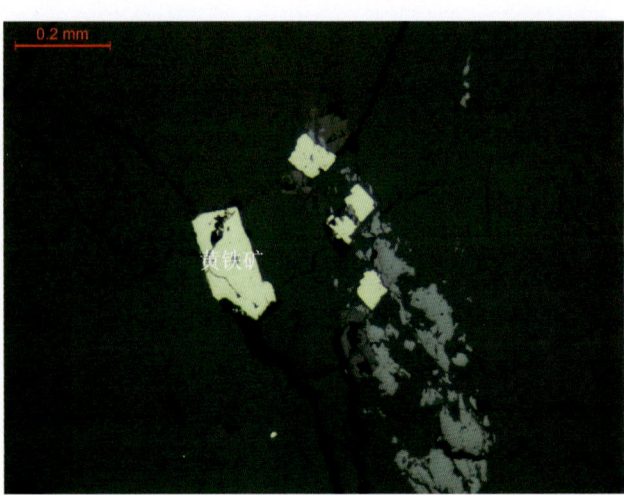

图 50　自形粒状结构　100×　单偏光
黄铁矿呈自形粒状分布。

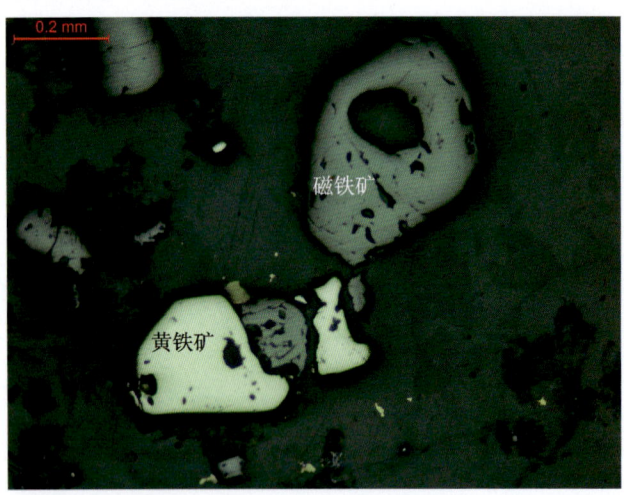

图 51　半自形粒状结构　100×　单偏光
黄铁矿、磁铁矿呈半自形粒状分布在一起。

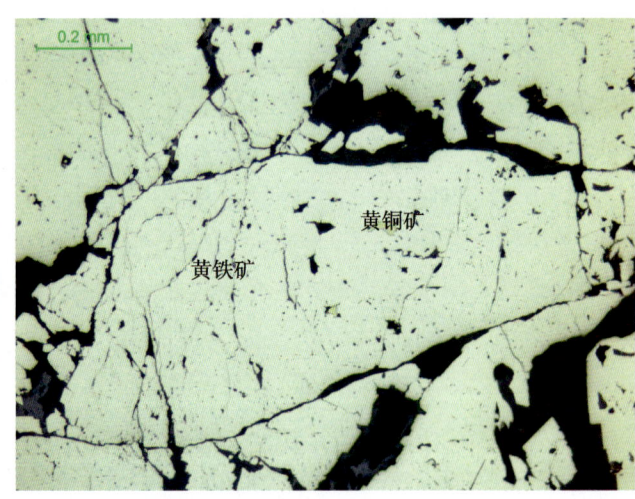

图 52　块状构造　100×　单偏光
黄铁矿呈致密块状，黄铜矿呈微小固溶体分布其间。

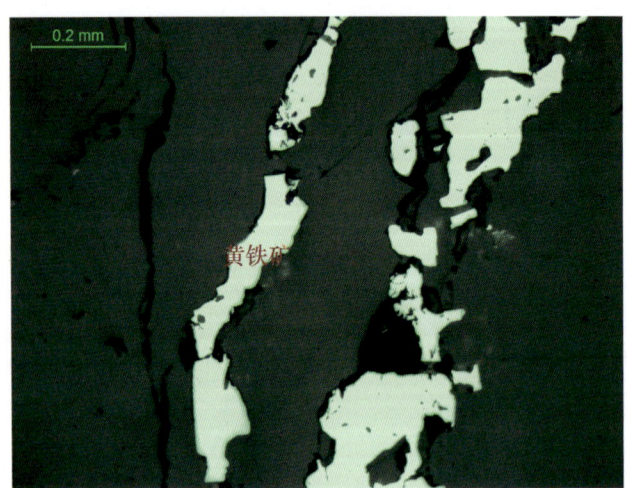

图 53　细脉浸染状构造　100×　单偏光
黄铁矿呈细脉状沿裂隙分布。

图 54　金矿石
以黄铁矿为主的硫化物充填于破碎石英脉中。

鄯善县维权银矿

拍摄者岳蕴辉

整体介绍

新疆维权银矿位于新疆鄯善县南东132°方向166 km处,土屋铜矿西南80 km处,行政区划属吐鲁番市鄯善县管辖。

维权银矿于2000年由新疆地矿局第一地质大队发现并进行普查。新疆维吾尔自治区国土资源厅矿产资源补偿费项目投入200余万元对鄯善县维权地区进行地质勘查。经过近两年地质、物探与钻探工作,评价了此座银矿。现已探明的矿体主要有3个,其中Ⅰ号为银铜矿体,平均长190 m,延伸270 m,银平均品位353 g/t,铜平均品位0.54%。Ⅱ、Ⅲ号属于银矿体。目前该矿床探获银金属量351.3 t,伴生铜金属量1778 t、铅金属量18 159 t、锌金属量75 248 t、镓金属量4.08 t,矿床规模已达中型,该矿山远景预测很好,有望到大型。2001年开始矿山建设,采矿方式为浅表露采,深部井采,选矿采用浮选工艺,建成中型矿山,经济效益良好。

白银在中国属于较为紧缺的矿种,过去发现的银矿大多为伴生矿,独立银矿较为少见,新疆此前也从未发现独立银矿,维权银矿的发现及开发,对当地和矿业经济发展及典型矿床研究都具有特殊意义。

第一节 矿区地质特征

该矿处于塔里木板块北缘活动带觉罗塔格晚古生代裂谷带(图7-1)。北以康古尔塔格深大断裂为界,邻接准噶尔微板块哈尔力克-大南湖晚古生代岛弧带;南以阿其克库都克深大断裂为界,毗连卡瓦布拉克-星星峡中间地块。属阿齐山-雅满苏-沙泉子Fe-Mn-Au-Cu成矿带(Ⅳ-8-③)。

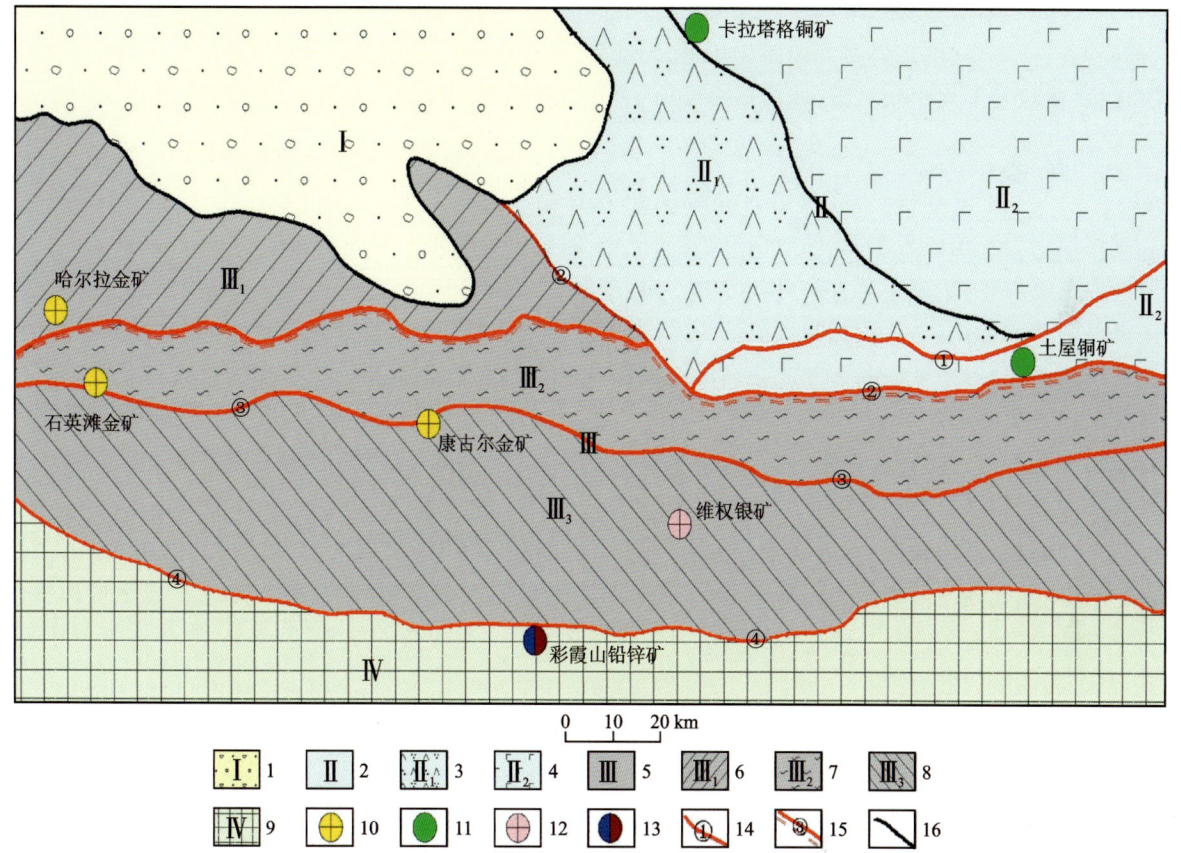

1.吐哈地块沙尔湖中—新生代凹陷;2.大南湖古生代复合岛弧;3.大草滩奥陶纪—志留纪岛弧;4.大南湖泥盆纪—石炭纪岛弧;5.觉罗塔格石炭纪裂陷槽;6.小热泉子裂隙槽北缘火山盆地;7.秋格明塔什裂陷槽中央深水盆地;8.阿齐山-雅满苏裂陷槽南缘火山盆地;9.卡瓦布拉克-星星峡地块;10.金矿;11.铜矿;12.银矿;13.铅锌矿;14.断裂及编号:①大草滩断裂;②康古尔断裂;③雅满苏断裂;④阿克库都克断裂;15.秋格明塔什韧性剪切带;16.构造单元线。

图7-1 鄯善县维权银矿区域地质构造略图

矿床分布于南、北两侧的阿其克库都克、雅满苏两大断裂间,其中次级构造断裂十分发育。随构造活动,有多期次的中酸性岩体侵入,成群出现。东南部石炭纪花岗岩对成矿作用影响较大,出露地层为石炭系雅满苏组,为一套浅海相细碎屑岩夹碳酸盐、火山碎屑岩建造,岩性主要为钙质砂岩、沉凝灰岩,局部夹薄层灰岩。围绕侵入岩体的含钙质岩石普遍形成了顺层展布的碎裂状矽卡岩或矽卡岩化,伴有金属硫化物。次级断裂破碎带为矿质聚集提供了空间。

一、地层

矿区出露地层为石炭系吐古吐布拉克组及小面积的侏罗系、大面积的第四系。通过综合分析,依据岩性组合特征,将吐古吐布拉克组划分为两个岩性段:第一岩性段基本为正常沉积物,属一套浅海相以岩屑为主的碎屑岩夹碳酸盐建造;第二岩性段以火山活动产物为主,为一套中—中酸性火山岩碎屑岩建造。侏罗系煤窑沟组主要出露在本区南东部,岩性为一套粗细不等的岩屑砂岩、砂砾岩、砾岩等。第四系主要为冲洪积物及少量残坡积物。

(1)吐古吐布拉克组第二岩性段:分布于矿区南西部及中部,其南部及西部与百灵山岩体接触,向南东延出区外。主要岩性为灰绿色、绿褐色、黄绿色强蚀变、局部矽卡岩化中—中酸性火山碎屑岩夹岩屑砂岩,如凝灰岩、凝灰角砾岩夹凝灰质砂岩,岩层总厚度 881 m。

(2)吐古吐布拉克组第一岩性段:基本为正常沉积物,属一套浅海相以岩屑为主的碎屑岩夹碳酸盐岩建造。分布于矿区北部及东部,仅出露部分地层,与第二岩性段之间被第四系冲洪积砾石、砂土所覆盖,推测两者之间为断层接触。东部和西北部延出区外。主要岩性为凝灰质岩屑砂岩、沉凝灰岩、凝灰质长石岩屑砂岩、砂砾岩、细砾岩夹大理岩化灰岩、大理岩、矽卡岩薄层及透镜体,大致呈东西向带状分布,呈似层状、透镜状及不规则状夹层,地层总厚度约 1830 m。

二、构造

矿区地层为一走向近东西,倾向南、南西的单斜构造,岩层倾角一般 30°~50°,属中等倾斜。

区内断裂发育,按其走向大致可分为北西向、东西向、北东向 3 组。矿体明显受断裂构造控制(包括矿区南部的骆驼峰铁矿)。按其与成矿的关系,又可分为成矿前断裂和成矿后断裂,以成矿前断裂最为发育。其中北西向、近东西向断裂和北东向的绝大部分断裂属成矿前断裂。从矿体的形态特征看,矿区未见有对矿体产生破坏的断裂。

东西向和北西(北西西)向断裂:此两组断裂极发育,属矿区的主要控矿断裂。其中Ⅰ、Ⅱ号银(铜)矿体就受其控制。

北东向断裂:形成较晚,局部切割东西向及北西向断裂,本组断裂较为发育,分布广,多为成矿前断裂,属东西向和北西向两组断裂的次级羽状断裂,其南西端多与前两组断裂相交,形成"入"字形构造,其交角一般在 25°~45°之间。断裂附近碎裂岩化、片理化发育。破碎带一般宽 2~6 m,边部次级羽状裂隙发育,且多为碳酸岩脉充填。

三、岩浆岩

1. 侵入岩

矿区侵入岩极为发育,出露面积约 5.0 km²,占矿区面积的 23.8%。主要分布在南部及西南部,为百灵山岩体的一部分。主要岩石类型有闪长岩、石英闪长岩、黑云母二长花岗岩、花岗岩等,岩体侵入时代为石炭纪。成因类型为Ⅰ型。

2. 火山岩

矿区火山岩不甚发育,仅在南部及西南部少量分布,分布面积约 3.5 km²。火山岩岩石类型主要有凝灰岩、凝灰角砾岩、熔结凝灰岩等,尚有火山碎屑岩与碎屑岩的过渡类岩石——凝灰质砂岩、沉凝灰岩等。

四、变质岩

本区变质作用类型可划分为接触变质作用和动力变质作用两种。其中接触变质作用又分为接触交代变质作用和热接触变质作用,动力变质作用主要是碎裂化作用。以下对接触交代变质作用和动力变质作用进行简要介绍。

1. 接触交代变质作用

接触交代变质作用主要形成矽卡岩及矽卡岩化砂岩。矽卡岩在本区一般成片出现,偶尔呈星点状、孤岛状分布。多受断裂构造(包括层间小断裂)控制,与矽卡岩化砂岩、岩屑砂岩等相间排列。矽卡岩由石榴石、阳起石、绿帘石、绿泥石、钙铁辉石、石英、方解石、长石等组成。矽卡岩化岩屑砂岩及砂砾岩主要由石榴石、绿帘石、阳起石、绿泥石,以及残余岩屑、石英等组成,残余岩屑多为中基性熔岩。矽卡岩化岩屑砂岩与矽卡岩呈渐变过渡关系。

2. 动力变质作用

动力变质作用仅指产生狭窄带状展布的断层作用所形成的动力变质岩,包括脆性变形形成的碎裂岩系岩石(构造角砾岩、碎斑岩、碎裂岩、碎粒岩和断层泥等)和韧性变形形成的糜棱岩系岩石(糜棱岩等)。

第二节 矿床地质特征

维权银矿床产于石炭系吐古吐布拉克组第一岩性段第三层中,矿体倾向与地层倾向相反,受构造控制。共有32个矿体,参与资源量估算的有7个矿体,其中银矿体3个,编号分别为Ⅰ号、Ⅱ号、Ⅲ号;铅锌矿体4个,未出露地表,编号分别为Ⅰ-①、Ⅰ-⑧、Ⅱ-①、Ⅱ-②,其余为规模不大的小矿体。Ⅰ号、Ⅱ号银矿体均产在第一岩性段第三层中。第三层主要岩性为深灰绿色—暗绿黑色蚀变凝灰质岩屑砂岩、砂砾岩、细砾岩夹矽卡岩透镜体,残余岩屑多为中基性熔岩,厚度162 m(图7-2)。

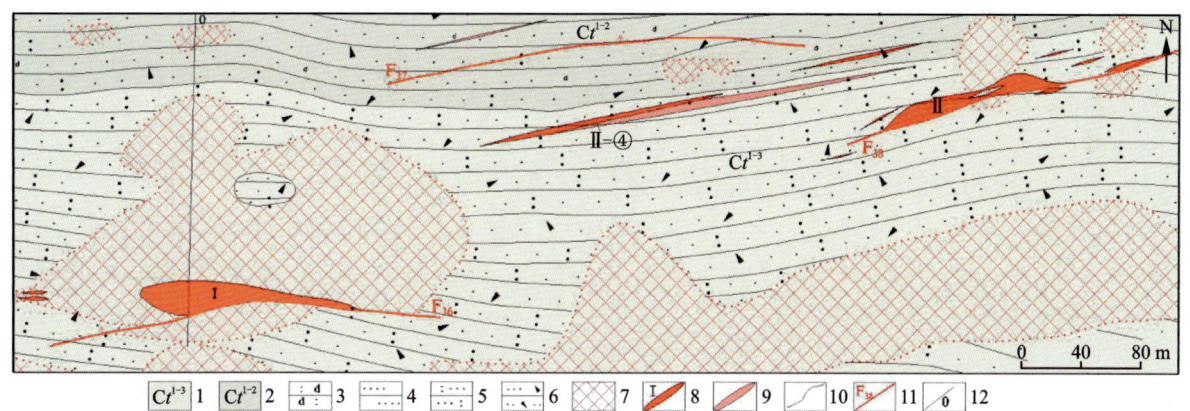

1.石炭系雅满苏组第一岩性段第三层;2.石炭系雅满苏组第一岩性段第二层;3.沉凝灰岩;4.砂岩;5.凝灰质砂岩;6.岩屑砂岩;7.矽卡岩;8.银铜矿体及编号;9.低品位银铜矿体;10.地质界线;11.断层及编号;12.勘查线剖面位置及编号。

图7-2 鄯善县维权银矿地质简图

1. Ⅰ号银矿体

Ⅰ号银矿体为本次详查的主要矿体,矿体中心位于0勘探线(图7-3),是以Ag为主共(伴)生Cu的矿体,且伴生Pb、Zn、Co、Ga等多种有益元素。该矿体是矿床主矿体,规模最大,呈半隐伏状,仅在0勘探线出露地表,东、西两侧均被覆盖。矿体主要分布在3~4勘探线之间。控制矿体平均长度190 m,其中1049 m标高控制矿体长度最大,为270 m;0勘探线延深最大,为300 m,平均延深208 m,西部延深较浅,3勘探线仅175 m。矿体在剖面上呈单一的脉状,矿体内部无夹石及分枝现象。矿体走向86°~266°,倾向北,倾角在42°~67°之间,平均50°,其中3勘探线下部最缓,倾角42°,1勘探线上部最陡,倾角67°。总体在走向上由东向西倾角变陡,在剖面上由上到下倾角变缓。矿床主成矿元素以Ag为主,共生有Cu、Zn及Pb。Ag平均品位353.17×10^{-6},共生Cu平均品位0.54×10^{-2}。

2. Ⅱ号银矿体

矿体位于Ⅰ号矿体东偏北 560 m，矿体中心在 22 勘探线，矿体主要分布在ⅡTC5～ⅡTC7 之间。矿体规模较小，地表控制长度 200 m。矿体由 22、26 两条勘探线控制深部，延深较浅，均为 30 m。矿体形态较简单，平面上呈脉状，剖面上呈楔形。矿体走向 78°～258°，倾向 348°，倾角在 60°～64°之间，平均 62°。

3. Ⅲ号银矿体

Ⅲ号银矿体位于Ⅰ、Ⅱ号矿体之间偏北部，未出露地表，为盲矿体。分布在 8 勘探线垂深 51.7～81.0 m处，规模未查清，仅由 ZK802 孔控制，推测矿体北倾，倾角约 57°。矿体单工程厚度 17.22 m。

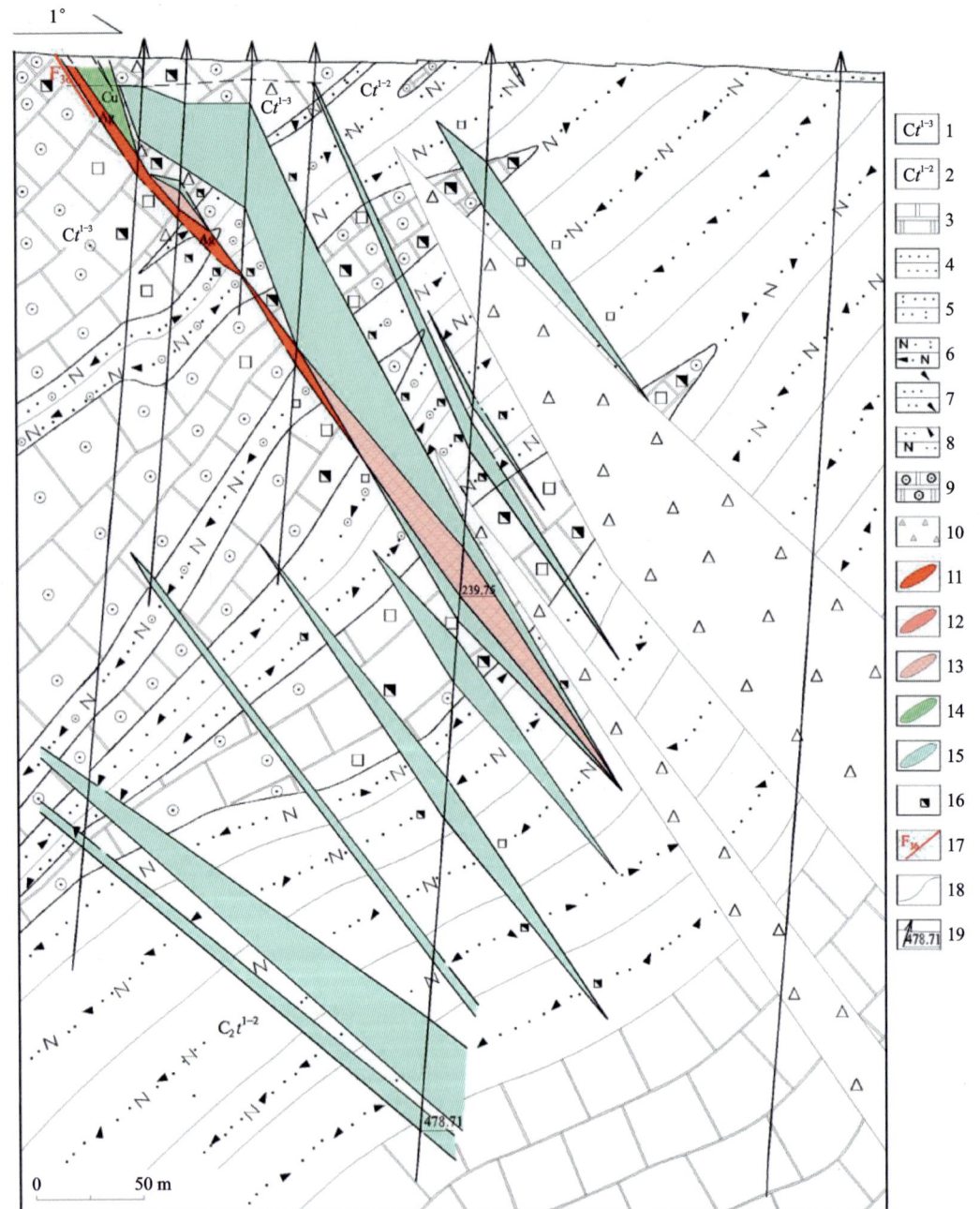

1.石炭系雅满苏组第一岩性段第三层；2.石炭系雅满苏组第一岩性段第二层；3.大理岩；4.砂岩；5.凝灰质砂岩；6.长石岩屑砂岩；7.岩屑砂岩；8.长石岩屑砂岩；9.石榴石大理岩；10.构造角砾岩；11.银铜矿体；12.低品位银铜矿体；13.银＋铅锌矿体；14.铜矿体；15.铅锌矿体；16.褐铁矿化/黄铁矿化；17.实测性质不明断层；18.地质界线；19.钻孔及见矿底界。

图 7-3　鄯善县维权银矿 0 勘查线剖面图

第三节 矿区主要岩石类型及围岩蚀变

一、矿区主要岩石类型及特征

矿区岩石类型按成因主要分三大类,包括吐古吐布拉克组地层岩石、岩浆岩和变质岩,矿化产生在第一岩性段第三层中,成矿与岩浆侵入、接触变质及含矿热液活动有关。

岩屑长石砂岩(附录7图1):主要分布在吐古吐布拉克组第一岩性段中,碎裂—残余不等粒砂状结构,微定向构造。碎屑物长石(25%)、石英(2%)、岩屑(53%),蚀变矿物绿帘石、绿泥石(20%)。岩石受动力作用影响,碎裂较明显,其裂隙多由岩屑和少量蚀变矿物绿帘石、绿泥石等充填。岩屑成分大多为中—基性熔岩,长石碎屑均为斜长石,呈次棱角状,碎裂较普遍。岩石中叠加次生蚀变现象较普遍,主要为硅化、碳酸盐化、绿泥石化、阳起石化、绿帘石化及矽卡岩化等。

凝灰质砂岩(附录7图2):主要分布在吐古吐布拉克组第二岩性段中,凝灰砂状结构,块状构造,部分岩石受后期构造应力作用影响,具定向构造。由岩屑、长石石英碎屑及胶结物构成,胶结物主要为长英质、方解石集合体,由火山物质脱玻化蚀变而成。岩石中叠加次生蚀变现象较普遍,多为硅化、绿泥石化、阳起石化、矽卡岩化、绿帘石化及碳酸盐化。

凝灰岩(附录7图3~图6):主要分布在吐古吐布拉克组第二岩性段中,根据其成分可进一步划分为晶屑凝灰岩、玻屑凝灰岩、凝灰角砾岩等。岩石具晶屑凝灰结构、玻屑凝灰结构、角砾凝灰结构和沉凝灰结构,块状构造,主要由岩屑、长石、石英晶屑及火山灰构成。火山灰尘物质已脱玻蚀变为长英质矿物集合体。岩石中叠加次生蚀变,多为硅化、矽卡岩化、绿帘石化、碳酸盐化及绿泥石化等。

中基性火山熔岩(附录7图7~图8):在矿区下部围岩中分布有中基性火山熔岩,主要有玄武玢岩和辉石安山岩。岩石具斑状结构,基质具间粒结构及交织结构,安山岩中辉石斑晶已被次生绿泥石和方解石取代,仅保留了辉石外形。

火山角砾岩:在矿区地表和钻孔均有出露,常见的有压碎蚀变火山角砾岩、蚀变砂质沉火山角砾岩和被石英-方解石脉穿插的含矿火山角砾岩。压碎蚀变火山角砾岩的角砾成分主要为中性熔岩,次有凝灰岩,被方解石、绿泥石及绿帘石交代。胶结物呈镜下为方解石、石英、绿泥石、绿帘石及长英质矿物集合体;蚀变砂质沉火山角砾岩由火山角砾、岩屑、砂屑及胶结物组成,角砾及部分岩屑主要来自火山碎屑,砂屑由陆源搬运形成,胶结物已蚀变为阳起石、黝帘石及长英质矿物集合体,分布在碎屑之间。火山角砾成分为安山岩,仅内部结构有明显不同,形态呈不规则状,粒径较细,为2.0~4.2 mm±,手标本上可达10 mm±。粒径小于2.0 mm者为岩屑,成分同角砾。碎屑多为长石,次有少量的角闪石及磁铁矿,多呈次棱角状、次圆状分布,集中分布在角砾和岩屑之间。粒径变化大,一般0.1~0.65 mm±,少量长石粒径可大于2.0 mm。胶结物已全部蚀变为阳起石和长英质矿物集合体。含矿的火山角砾岩,角砾成分为石榴石矽卡岩,其中石英和方解石呈他形粒状、团块状产出。

闪长岩:属于百灵山中—酸性岩体中的岩石类型之一,在矿区中常见,与花岗岩、花岗闪长岩等酸性岩体共生,是由同一原始岩浆在不同时间、不同部位演化分异的产物。根据其中矿物组合及结构可划分出闪长玢岩、石英闪长岩(附录7图9)、石英闪长玢岩等类型。主要矿物为角闪石和斜长石,石英含量变化大,最高可达15%。斑状结构、半自形粒状结构、块状构造,受成矿作用影响,岩石中次生蚀变现象较普遍,有绿泥石化、绢云母化、方解石化。

花岗闪长岩(附录7图10~图11):属于百灵山中—酸性岩体中的岩石之一,在矿区常见。与花岗岩、石英闪长岩等中酸性岩体共生在一起。主要矿物为角闪石和斜长石,石英含量增高,最高可达20%。

他形—半自形粒状结构，块状构造，岩石中次生蚀变现象较普遍，但蚀变程度较低，有绿泥石化、绢云母化、方解石化。

花岗岩（附录7图12~图13）：属于百灵山中—酸性岩体中的岩石之一，在矿区常见。与花岗闪长岩、闪长岩、石英闪长岩等中—酸性岩体共生。主要矿物为角闪石和斜长石，石英含量增高，最高可达20%。他形—半自形粒状结构，块状构造，岩石中次生蚀变现象较普遍，但蚀变程度较低，有绿泥石化、绢云母化、方解石化。

矽卡岩（附录7图14~图19）：在矿区广泛分布，是最重要的赋矿围岩之一。主要由钙质石榴石组成，包括钙铁榴石、钙铝榴石和钙铬榴石，具有粒状变晶结构，块状构造。显微镜下观察可知，矽卡岩中矿物组成变化较大，部分矽卡岩中石榴石含量很高，可达80%以上，属于早期矽卡岩，其中可见少量硫化物。而叠加热液蚀变和矿化作用的矽卡岩往往石榴石含量减少，与热液活动有关的矿物数量明显增多，并有铜锌矿化产生，形成交代复杂矽卡岩，在其粒间或微裂隙中常分布有数量不等的绿帘石、绿泥石、石英、方解石及硫化物等矿物。此外，矽卡岩的另一特点是受构造应力作用影响较大，挤压破碎现象发育，石榴石常被压碎呈碎粒状分布，沿裂隙充填硫化物。与矽卡岩有关的成矿活动主要有两期，早期矿化发生在矽卡岩化阶段，与石榴石近于同时形成，常见有黄铁矿、闪锌矿等，含量低，分布在石榴石粒间，其形态多受石榴石粒间孔隙特点支配。晚期产生的矿化主要与含矿热液活动有关，是在矽卡岩产生碎裂的基础上，含矿热液沿破碎带充填交代的产物。矿区主要矿化作用产生在晚期含矿热液活动期间。

大理岩（附录7图20~图21）：在矿区常见，与矽卡岩伴生，由灰岩经接触变质作用形成。岩石呈灰白色，粒状变晶结构，块状构造，主要由方解石构成，含少量石英等矿物。其中未见明显的金属矿化现象。

角闪片岩（附录7图22）：在矿区不常见，与矽卡岩伴生，未见明显的金属矿化现象，由基性火山岩经接触变质作用形成。岩石呈灰绿色，纤柱状变晶结构，片状构造，主要矿物为角闪石，呈半自形柱状定向分布，粒径细，为0.12~0.65 mm，此外，可见少量的绿泥石、绿帘石及斜长石等。

石英方解石岩（附录7图23）：主要分布于矿体的边缘，常与矽卡岩伴生，由含矿热液活动形成，并伴有不同程度的金属矿化产生。岩石中矿物组成、含量及结构差异较大，常具粒状结构，微定向构造，主要由石英和方解石集合体构成，但石英含量较低，半自形—他形粒状，粒径细，为0.01~0.15 mm，分布在方解石粒间。方解石粒径分布不均匀，变化大，为0.01~5.0 mm，一些方解石单晶粒径可达10.0 mm。部分方解石属于动态重结晶的产物，呈半自形—他形等粒状集合体分布。

碎裂岩（附录7图24）：常见于各类受构造挤压的岩石中，分布普遍，显微镜下仍可见原岩的结构、构造及矿物成分，原岩性仍清晰可辨。常叠加热液蚀变及矿化作用。

二、围岩蚀变及特点

矿区围岩及矿石中普遍存在热液活动及交代蚀变现象，其蚀变矿物组合及强度在矿体不同的部位、不同的围岩中变化很大，与银铜矿化关系密切。矿体直接的赋矿围岩中次生蚀变作用比远矿围岩中强烈。

岩石中的脉石矿物是含矿热液活动直接沉淀或交代蚀变的产物，岩石及矿石中的交代蚀变作用主要有两种形式：一种发生在赋矿围岩中，形成绿泥石化、方解石化、阳起石化、绿帘石化，但蚀变强度低，金属矿化弱，主要有黄铁矿及少量黄铜矿等；另一种发生在构造破碎带或碎裂矽卡岩中，通过充填交代产生硅化、绿泥石化、绢云母化、方解石化、阳起石化、绿帘石化，并伴随有金属矿物的生成。矿石中主要金属矿物共生组合表现为两种类型：一种是自然银+辉银矿+斜方砷铁矿组合，形成于缺硫的热液活动晚期；另一种是黄铜矿+闪锌矿+方铅矿组合，多形成于矽卡岩化及富硫热液活动早—中期。

矿石中交代蚀变及矿化作用无论是宏观还是微观上都受控于两个基本条件：一是与成矿有关的断裂破碎带，为成矿活动提供了有利通道和空间；二是中酸性岩浆侵入形成的矽卡岩化及含矿热液活动为交代蚀变提供了物质基础。矽卡岩化阶段矿化较简单，矿化强度不高，受矽卡岩控制，主要形成弱的铜铅锌矿化，金属矿物分布在其粒间。热液交代阶段矿化作用比较复杂，主要受构造控制，产生银矿化和部分铜铅锌矿化。矿区内主要蚀变如下。

绿泥石化：矿石和围岩中最常见的交代蚀变现象，在围岩和矿石中广泛分布。围岩中的绿泥石通常呈片状、片状集合体或不规则团块状,粒径变化较大,粒径变化区间 0.02～0.25 mm,主要集中在 0.03～0.12 mm 之间;分布在石榴石等其他脉石矿物粒间,与石英、绿帘石和硫化物共生,是同时形成的产物,部分与闪锌矿交生在一起(附录 7 图 25),少部分与长石、阳起石连生,属热液交代的产物。

阳起石化(附录 7 图 26):矿石和蚀变围岩中普遍存在的蚀变类型,分布范围广,主要形成于矽卡岩期的晚期阶段。阳起石多呈细柱状、纤柱状,粒径细,介于 0.06～0.25 mm 之间,多由原生角闪石蚀变形成,与绿泥石连生在一起叠加在石榴石之上或是含细粒磁铁矿分布在长石粒间。

硅化:矿石中重要的矿化蚀变之一,也是热液成矿最主要的作用之一,与铜矿化关系最为密切。主要发生在含铜硅化矽卡岩中或者是含铜铅石英-方解石脉中,多呈不规则团块状、脉状与绿泥石、黄铜矿一起沿石榴石粒间或裂理分布。

绢云母化(附录 7 图 27):矿石和矿化围岩中常见的一种交代蚀变,主要分布在富含石英、长石和方解石的岩石中,如蚀变绢英岩、蚀变凝灰岩和蚀变英安岩中。通常呈鳞片状集合体或者呈团块状分布在石英粒间或者交代斜长石,多与石英、黝帘石、方解石和硫化物连生,形成较石榴石晚。

白云母化:矿石中常见的一种交代蚀变,它多与石英和方解石共生,多分布在斜方砷铁矿之间(附录 7 图 28),呈片状集合体,粒径较细,介于 0.04～0.08 mm 之间。

帘石化:指发生在围岩及矿石中的绿帘石化、黝帘石化(附录 7 图 29)及斜黝帘石化现象,是矿区常见的一种次生蚀变作用,在矿石或矿化岩石中广泛分布。呈他形粒状集合体,常与绿泥石一起交代斜长石。在矿石中少见,常与黄铜矿和闪锌矿一起沿裂隙分布。

黑云母化:矿石和蚀变围岩中普遍存在的次生蚀变现象。黑云母多呈片状集合体分布在被交代的岩石中,分布不均匀,部分具有一定规则的外形,粒径介于 0.35～0.9 mm 之间,常与绿泥石化等蚀变共生。

钠长石化(附录 7 图 30～图 31):产于围岩中的次生蚀变之一,常与透辉石化、黝帘石化及绿泥石化共生并交代石榴石,呈他形粒状集合体或团块状分布,在钠长石集合体中常分布有较多的阳起石,少量的石英、黝帘石、榍石及黏土矿物。有时分布在长石斑晶周围,多沿裂隙呈条带状或脉状分布。

碳酸盐化(附录 7 图 32):矿石和矿化围岩中较常见的次生蚀变之一,分布十分广泛,主要在成矿后大量出现,呈不规则团块状、团粒状分布在石榴石或阳起石粒间,或沿裂隙呈脉状充填交代石榴石或阳起石,经常与绿泥石化、硅化及黄铁矿化相互叠加分布。碳酸盐矿物主要为方解石,方解石分布形态有 3 种,多数呈粗粒状,粒径大于 1.0 mm;其次呈细粒集合体,呈团块状产出;少量呈大小不一的细粒集合体,具有被压碎的特点,分布在粗粒和团块状方解石之间,类似于胶结物。

综上所述,矿床中与成矿有关的交代蚀变,最主要的为硅化、绿泥石化、绿帘石化及阳起石化,其次为绢-白云母化、斜黝帘石化、黑云母化、钠长石化和碳酸盐化等,是含矿热液从破碎带及裂隙向外扩散交代作用的产物。此外,矿石中除与成矿有关的交代蚀变现象外,还分布由不同矿物组合构成的脉体,常见的有含铜铅石英-方解石脉、含黄铜矿-黝铜矿-石英-方解石脉及单一的黄铜矿脉,由含矿溶液沿裂隙充填形成。

第四节 矿石物质组分及特征

一、矿石物质成分

经光薄片、人工重砂鉴定结合电子探针成分分析,矿石中矿物组成比较复杂,尤其是矿石矿物种类多。由表 7-1 可知,矿石矿物主要有自然银、黄铜矿、黄铁矿、斜方砷铁矿等,次为辉银矿、黝铜矿及方铅矿。主要脉石矿物为石榴石、绿泥石、方解石,次有少量绿帘石、阳起石等。表生矿物有孔雀石、褐铁矿及赤铁矿等。

表 7-1 维权银矿矿石矿物成分表

类型	主要矿物	次要矿物	少见矿物
矿石矿物	自然银、黄铜矿、黄铁矿、闪锌矿、斜方砷铁矿、磁铁矿	辉银矿、黝铜矿、方铅矿	辉铜矿、斑铜矿、毒砂、深红银矿、磁黄铁矿、方黄铜矿、蓝辉铜矿
脉石矿物	石榴石、绿泥石、方解石	绿帘石、阳起石、石英、钠长石	黑云母、正长石、磷灰石、石膏
表生矿物	孔雀石、氯铜矿、褐铁矿	白钛石	赤铁矿、铜蓝

1. 部分矿石矿物

1) 自然银

自然银是矿石中最重要的金属矿物之一,也是选别的主要目的矿物(附录 7 图 33～图 35)。在矿石中分布很不均匀,多与辉银矿、斜方砷铁矿密切共生,含量一般较低,局部有特别富集现象,含银最高可达数千克每吨。

自然银颜色为银白色,易氧化,氧化后表面具灰黑色被膜,金属光泽,不透明,摩氏硬度 2.5～3,具延展性,反射率高。显微镜下形态复杂,呈粒状、片状、树枝状及脉状产出。自然银粒径变化范围较大,从微粒到粗粒均有分布,以中细粒为主,粒径在 0.02～2.2 mm 之间的颗粒占 80%,其余均小于该粒径,巨粒的银矿物较少见,但在采矿现场曾见到粒径 20 cm 左右的不规则片状自然银。自然银嵌布方式主要有 4 种:①呈独立单体分布在脉石矿物粒间(附录 7 图 36)或呈脉状充填在脉石矿物微裂隙中;②呈单体、脉状、树枝状沿斜方砷铁矿粒间和裂隙呈细脉状分布,并交代斜方砷铁矿使其呈残余体分布在自然银中(附录 7 图 37);③与辉银矿、斜方砷铁矿等金属矿物共生或简单连生分布(附录 7 图 38);④分布在磁铁矿粒间或沿其裂隙分布(附录 7 图 39)。由此可见,自然银嵌布方式比较复杂,在低品位矿石中,自然银嵌布形式较简单,多分布在脉石矿物粒间或与辉银矿连生。在局部富矿中,自然银含量高,其嵌布形式以①②③为主。从显微镜下观察,银矿化与斜方砷铁矿关系密切,二者常共生,但形成时间上自然银要晚于斜方砷铁矿。斜方砷铁矿呈团块状产出,自然银分布其粒间或裂隙中或将团块中部分斜方砷铁矿晶粒包裹胶结。

自然银电子探针成分分析结果见表 7-2,从表中可知,自然银中 Ag 含量极高,皆在 96.75%～99.47%之间,波动不大,平均 99.72%。除此之外,自然银中还含有微量的 S、Co、Sb 等。

表 7-2 自然银电子探针成分分析结果 单位:%

样品号	Ag	Cu	Co	Hg	Pt	As	Sb	Bi	S	Au
03I-20-1	98.38	0.01	0.02	1.05	—	—	—	0.08	0.45	0.01
03I-20-2	99.47	—	0.02	0.35	—	0.12	—	—	0.04	—
02I-14-2	96.75	1.77	0.07	0.13	—	0.91	—	0.01	0.36	—
02I-16-1	96.93	0.02	0.05	2.08	0.08	0.42	0.19	0.10	0.13	—
02I-16-2	96.87	—	—	1.94	0.09	0.63	0.31	0.07	0.09	—
02I-16-3	97.40	—	0.02	1.25	0.04	0.75	0.32	0.10	0.09	0.04
03I-22-1	97.20	0.03	—	1.97	—	0.46	0.24	0.04	0.06	—
03I-22-2	98.72	0.07	—	1.09	—	0.07	—	—	0.03	0.02
平均值	97.72	0.24	0.02	1.23	0.03	0.42	0.13	0.05	0.16	0.01

注:—为元素含量未达检出下限,未检出。

分析单位:新疆矿产实验研究所鉴定专业室。

2）辉银矿

辉银矿是矿石中重要的银矿物之一，含量不高，但比较常见，在空间分布上多不均匀，总是与自然银、斜方砷铁矿共生，是选别的主要目的矿物之一。

辉银矿颜色呈银灰色至铁黑色，金属光泽，摩氏硬度 2～2.5，具延展性，其形态以他形晶为主，多呈粒状，少数呈脉状分布，部分形态呈不规则状。辉银矿嵌布粒径较细，在 0.01～0.55 mm 之间，多数在 0.04～0.25 mm 之间，以细粒为主，约占 85%。辉银矿嵌布方式主要有 4 种：①呈单体分布在脉石矿物粒间或裂隙中（附录 7 图 40）；②与自然银共生或共结连生在一起或交代自然银（附录 7 图 41）；③与黄铜矿、磁铁矿或方铅矿共生，分布在脉石矿物粒间（附录 7 图 42～图 43）；④分布在斜方砷铁矿粒间或微裂隙中，交代斜方砷铁矿（附录 7 图 44）。根据辉银矿与斜方砷铁矿之间分布关系，其形成时间晚于斜方砷铁矿，与自然银同一阶段生成。

辉银矿电子探针成分分析结果见表 7-3，从表中可知，辉银矿中 Ag 含量极高，皆在 81.99%～85.61% 之间，波动不大，平均 84.32%。除此之外，辉银矿中还含有微量的 S、As 等。

表 7-3 辉银矿电子探针成分分析结果　　　　　　　　　　　　　　　　　　　　单位：%

样品号	Ag	S	Cu	Ni	Co	Fe	As	Bi	Pb	Au
03Ⅰ-20-3	85.07	14.79	—	0.05	—	0.05	0.02	—	—	0.02
02Ⅰ-17-3	81.99	15.89	2.04	—	—	0.01	0.02	—	—	0.05
03Ⅰ-21-1	85.61	13.76	0.38	—	—	0.12	0.07	0.02	0.01	0.05
03Ⅰ-21-2	85.07	13.90	0.89	—	0.03	0.03	0.08	—	—	—
03Ⅰ-22-1	84.03	15.16	0.47	0.02	—	0.04	0.18	—	—	0.10
03Ⅰ-22-2	84.12	15.27	0.43	—	—	0.06	0.06	—	—	0.08
平均值	84.32	14.80	0.70	0.01	0.01	0.05	0.07	0.00	0.00	0.05

注：—为元素含量未达检出下限，未检出。

分析单位：新疆矿产实验研究所鉴定专业室。

3）黄铜矿

在矿石中广泛分布，含量较高，在空间上分布不均匀，变化较大，多与自然银、闪锌矿、黄铁矿及斜方砷铁矿等共生，是选别的主要目的矿物之一。

黄铜矿颜色为黄铜黄色，少数表面有斑杂状锈色，条痕绿黑色，金属光泽，不透明，性脆，断口不平坦至贝壳状。形态以他形粒状为主，晶形完整者少，部分呈不规则粒状分布，集合体呈团粒状、团块状及脉状产出，嵌布粒径变化范围较大，粒径在 0.002～0.65 mm 之间，多数在 0.02～0.35 mm 之间，占 90% 以上。黄铜矿嵌布方式较复杂，主要有以下 4 种形式：①呈单晶粒或连生体分布在透明矿物或金属矿物粒间或被这些矿物包裹（附录 7 图 45），约占 25%。集合体呈粒状、团粒状、不规则团块状、斑杂状分布（附录 7 图 46）。②多与闪锌矿、方铅矿、黄铁矿或黝铜矿等连生（附录 7 图 47），占 69% 左右，常沿边缘交代黄铁矿。③多呈细脉—网脉状沿脉石矿物（多为石榴石）或金属矿物裂隙分布，占 5%（附录 7 图 48）。④在闪锌矿、磁铁矿及方铅矿中呈乳滴状、细粒包裹体，占约 1%（附录 7 图 49）。

黄铜矿电子探针成分分析结果见表 7-4，主元素 Cu 含量在 33.99%～35.04% 之间，Fe 含量在 29.12%～30.71% 之间，S 含量在 34.14%～34.86% 之间。Cu 平均 34.42%，Fe 平均 30.20%，S 平均 34.49%。另外含微量的 Pb、Zn、Au 等。

表 7-4 黄铜矿电子探针成分分析结果　　　　　　　　　　　　　　　单位:%

样品号	Cu	S	Fe	Ag	Pb	Zn	Co	Sb	Mo	Au	Ni	Cr
1#-2-1	34.97	34.42	30.71	—	—	0.09	0.01	0.06	0.03	0.12	—	0.06
1#-2-2	35.04	34.20	30.29	—	—	—	0.11	—	—	—	—	0.04
2#-1-1	34.92	34.27	30.43	0.10	—	0.12	—	0.03	0.15	0.03	0.02	0.03
2#-1-2	34.25	34.37	30.35	0.07	—	0.02	0.06	—	—	0.14	0.07	0.06
4#-2-1	34.32	34.35	29.95	0.06	—	1.15	0.03	0.01	—	0.18	0.02	0.03
4#-2-2	34.01	34.73	29.12	0.02	—	1.52	0.05	0.07	—	0.04	—	0.01
5#-2-1	34.32	34.70	30.23	0.05	—	0.07	0.05	—	—	0.24	0.01	0.05
6#-2-1	34.18	34.86	30.05	0.17	0.17	0.06	0.06	0.02	—	0.24	0.04	0.03
7#-1-1	34.30	34.72	29.81	0.07	—	0.04	0.03	0.07	—	0.08	0.03	0.03
8#-1-1	34.33	34.14	30.56	0.15	—	0.06	0.04	—	—	—	—	0.03
9#-1-1	33.99	34.63	30.71	—	—	0.05	—	0.07	0.03	0.21	0.02	0.05
平均值	34.42	34.49	30.20	0.06	0.17	0.29	0.04	0.03	0.02	0.12	0.02	0.04

注:—为元素含量未达检出下限,未检出。
分析单位:新疆矿产实验研究所鉴定专业室。

4)闪锌矿

在矿石中广泛分布,含量较低,空间分布上不均匀,局部有富集现象,多与黄铜矿、磁铁矿、黄铁矿等共生,是选别的目的矿物之一。

闪锌矿呈浅灰色至浅棕褐色,白色条痕,透明至半透明,树脂光泽至半金属光泽,摩氏硬度3～4,解理较发育。显微镜下以他形粒状为主,部分呈不规则状(附录7图50),常呈团粒状、块状或脉状分布。闪锌矿嵌布粒径变化范围较大,粒径在0.03～1.5 mm之间的颗粒占大多数,少量粒径大者超过2 mm。闪锌矿常与方铅矿、黄铜矿、黄铁矿及磁铁矿共生或交生(附录7图51),并交代黄铁矿(附录7图52)和磁铁矿。多分布在脉石矿物粒间,也呈细脉状及线状沿石榴石、黄铁矿裂隙分布,内含黄铜矿乳滴或与之形成共结边。

闪锌矿电子探针成分分析结果见表7-5,S含量在32.06%～32.19%之间,平均32.18%,Zn含量平均67.10%。另外含少量Fe及微量的Cu、Co等。

表 7-5 闪锌矿电子探针成分分析结果　　　　　　　　　　　　　　　单位:%

样品号	Zn	S	Fe	Cu	Ag	Mo	Sb	Ni	Cr	Au	Co
25#-2-1	67.10	32.10	0.64	—	—	—	0.07	0.46	0.04	—	—
25#-2-2	67.10	32.06	1.10	1.17	0.03	—	0.04	—	0.03	—	0.41
25#-2-3	67.10	32.19	0.46	—	0.07	0.10	0.14	—	0.06	—	—
25#-2-4	67.10	32.12	0.67	—	—	0.27	0.06	—	0.05	—	—
平均值	67.10	32.18	0.72	0.29	0.02	0.09	0.08	0.11	0.04	—	0.10

注:—为元素含量未达检出下限,未检出。
分析单位:新疆矿产实验研究所鉴定专业室。

5)方铅矿

在矿石中广泛分布,含量较低,在空间上分布不均匀,变化较大,多与黄铜矿、闪锌矿、黄铁矿等共生,也是选别的目的矿物之一。

方铅矿呈铅灰色,灰黑色条痕。金属光泽,解理发育,低硬度,等轴晶系。主要呈他形粒状分布(附录7图53),部分形态不规则,呈单晶粒或聚粒状分布在透明矿物粒间或微裂隙中,常与黄铜矿、闪锌矿、黄铁矿连生,或充填在碎裂黄铁矿之间并交代黄铁矿(附录7图54)。粒径变化范围较大,粒径在0.01～1.0 mm之间的颗粒占大多数,少量粒径大者超过1 mm。

方铅矿电子探针成分分析结果见表7-6,S含量在13.82%～12.84%之间,平均13.33%,Pb含量为85.96%。在方铅矿的晶格中赋存有少量的Fe和微量的Au。

表7-6　方铅矿电子探针成分分析结果　　　　　　　　　　　　　　　　　单位:%

样品号	Pb	S	Fe	Cu	Ag	Zn	Co	Au	Sb	Cr	Ni
5#-3-1	86.08	13.82	0.84	0.05	0.09	0.03	0.02	0.13	0.08	0.05	0.05
5#-3-2	85.84	12.84	0.33	0.11	0.07	0.06	0.08	0.32	0.02	0.07	0.08
平均值	85.96	13.33	0.59	0.08	0.08	0.05	0.05	0.23	0.05	0.06	0.07

分析单位:新疆矿产实验研究所鉴定专业室。

6)斜方砷铁矿

在矿石中分布不均匀,变化较大,局部有富集现象,呈块状产出。多与自然银、辉银矿等共生,是矿区主要金属矿物之一。

斜方砷铁矿单晶粒呈自形—半自形柱状、矛状,他形粒状少,粒径0.03～0.25 mm,但集合体多呈团粒状、团块状分布(附录7图55),部分受应力作用影响,被挤压成碎粒状产出,自然银沿其裂隙及破碎处分布(附录7图56),并交代斜方砷铁矿,使其呈残余体分布在自然银中,还有小部分斜方砷铁矿与辉银矿相伴生(附录7图57)。

在矿石中斜方砷铁矿仅在局部富集,呈团块状、块状产出,除了银矿物与其共生外,其他金属硫化物一般不与其生长在一起,其生成主要与贫硫环境有关。而在富硫条件下则沉淀出毒砂。

斜方砷铁矿电子探针成分分析结果见表7-7,经分析,斜方砷铁矿中,主要元素为As、Fe、Co及S,其中As含量在69.37%～72.56%之间,平均71.48%;Fe含量在14.66%～27.31%之间,平均22.67%;Co和S含量略低。

表7-7　斜方砷铁矿电子探针成分分析结果　　　　　　　　　　　　　　　单位:%

样品号	As	Fe	Co	S	Sb	Ni	Ag	Pb	Au
03I-20-2	70.61	26.93	0.05	0.29	1.99	0.05	—	—	0.10
02I-16-1	72.56	20.63	6.51	0.22	—	—	—	0.05	0.03
02I-16-2	72.01	17.88	9.40	0.43	—	0.19	0.01	0.04	0.04
02I-16-2	69.37	19.97	8.57	1.86	—	0.06	0.18	—	—
02I-16-3	70.86	14.66	10.81	1.03	—	2.61	—	0.01	0.02
02I-17-1	72.58	27.07	0.03	0.14	0.03	—	—	0.08	0.07
02I-17-2	71.65	26.92	0.09	0.59	0.70	—	0.01	0.03	—
02I-17-3	72.22	27.31	0.07	0.23	0.02	—	0.01	0.10	0.04
平均值	71.48	22.67	4.44	0.60	0.34	0.36	0.03	0.04	0.04

注:—为元素含量未达检出下限,未检出。
分析单位:新疆矿产实验研究所鉴定专业室。

7)黄铁矿

在矿石中广泛分布,围岩中也多有分布,含量较高,空间上分布不均匀,变化较大,局部有富集现象,多与黄铜矿、方铅矿、闪锌矿等共生,形成略早于黄铜矿、方铅矿及闪锌矿,是矿区主要金属硫化物之一。

黄铁矿颜色呈浅黄铜色,条痕绿黑色,强金属光泽,不透明,性脆,断口不平坦,贝壳状。结晶形态较好,主要呈自形—半自形结构,少量呈他形粒状结构及碎粒状结构,粒径一般在 0.01~0.50 mm 之间,该粒径间的黄铁矿含量约占 80%,局部粒径可达 2.8 mm。黄铁矿有 3 种赋存状态:①呈单体或聚粒状浸染状分布于透明矿物粒间(附录 7 图 58);②呈单体分布在黄铜矿集合体中,并被黄铜矿交代呈残留体分布,形成略早于黄铜矿(附录 7 图 59);③以细脉状充填于岩石裂隙中,并被后期金属矿物切穿。

黄铁矿电子探针成分分析结果见表 7-8,S 含量在 52.98%~54.59% 之间,平均 53.46%;Fe 含量在 45.16%~46.90% 之间,平均 46.26%,与标准黄铁矿相比,Fe 亏损。在黄铁矿晶格中含有微量的 Zn、Co、Cu。

表 7-8 黄铁矿电子探针成分分析结果 单位:%

样品号	Fe	S	Zn	Cu	Ag	Co	Ni	Sb	Au	Cr
1#-1-1	46.14	53.14	0.03	0.41	0.04	0.05	0.01	—	0.14	0.05
1#-1-2	46.90	53.45	0.02	0.14	—	0.06	0.02	0.04	0.26	0.07
4#-1-1	46.60	53.40	—	0.03	—	0.17	0.09	0.02	0.08	0.03
4#-1-2	46.75	53.13	0.07	0.01	—	0.36	0.02	—	—	0.03
5#-1-1	46.64	52.98	0.71	—	0.07	0.08	0.16	0.06	0.08	0.09
6#-1-1	45.16	54.59	0.06	0.09	0.04	0.12	0.04	0.01	0.01	0.05
9#-2-1	45.65	53.56	0.07	0.12	0.04	0.07	—	—	—	0.03
平均值	46.26	53.46	0.14	0.11	0.03	0.13	0.05	0.02	0.08	0.05

注:—为元素含量未达检出下限,未检出。

分析单位:新疆矿产实验研究所鉴定专业室。

8)黝铜矿

黝铜矿在矿石中含量低,但显微镜下常见,多与黄铜矿共生,常被铜蓝沿边缘交代。

黝铜矿呈半自形—他形粒状,粒径细,为 0.02~0.65 mm,多数在 0.05~0.35 mm 之间。其嵌布方式主要有 3 种:①呈单体分布在脉石矿物粒间(附录 7 图 60);②与黄铜矿等金属矿物共结连生,分布在脉石矿物粒间(附录 7 图 61);③与黄铜矿连生,呈脉状分布(附录 7 图 62)。

黝铜矿电子探针成分分析结果见表 7-9,主要元素为 Cu、S、As 等,其中 Cu 含量在 42.25%~43.57% 之间,平均 43.06%;S 含量在 28.51%~30.26% 之间,平均 29.21%;As 含量在 18.97%~19.52% 之间。除此之外,黝铜矿中还含有少量的 Zn、Fe 等元素。

表 7-9 黝铜矿电子探针成分分析结果 单位:%

样品号	Cu	S	As	Zn	Fe	Te	Sb	Ag	Bi	Pb
WQ0-16-2	42.85	30.01	18.97	6.76	1.30	0.01	0.06	0.04	0.01	—
WQ0-16-2	42.25	30.26	19.20	6.92	1.26	—	0.04	0.05	0.03	—
WQ0-10-1	43.57	28.72	19.41	5.84	2.21	—	0.20	0.02	0.02	0.03
WQ0-10-2	43.39	28.51	19.25	6.08	2.33	—	0.19	0.18	0.07	—
WQ0-10-3	43.26	28.57	19.52	6.96	1.49	—	0.20	0.01	—	—
平均值	43.06	29.21	19.27	6.51	1.72	0.00	0.14	0.06	0.03	0.01

注:—为元素含量未达检出下限,未检出。

分析单位:新疆矿产实验研究所鉴定专业室。

9)磁铁矿

在矿石中含量低,但显微镜下常见,一般在少量至 2% 左右,主要分布在矿化矽卡岩中。在一些蚀变围岩中,含量较高,达5%～10%,属于岩石中的次要矿物。

磁铁矿多呈自形—半自形粒状分布,粒径变化大,在0.01～0.5 mm之间,呈单体或聚粒状浸染分布于透明矿物粒间,分布在硫化物闪锌矿中或被黄铜矿包裹交代(附录7图63),或被黄铜矿或方铅矿等穿孔交代(附录7图64),或与黄铜矿呈细脉浸染状分布(附录7图65)形成较黄铜矿、方铅矿早,与黄铁矿、毒砂同时。磁铁矿电子探针成分分析结果见表7-10。

表7-10 磁铁矿电子探针成分分析结果　　　　　　　　　　　　单位:%

样品号	Fe	S	Ag	Mo	Sb	Cr
7#-2-1	72.36	0.07	0.04	—	0.02	0.03
7#-2-2	72.36	—	0.04	—	0.02	0.02
8#-2-1	72.36	0.03	0.01	—	0.23	0.02
8#-2-2	72.36	0.10	—	0.11	—	0.05
平均值	72.36	0.05	0.02	0.03	0.07	0.03

注:—为元素含量未达检出下限,未检出。
分析单位:新疆矿产实验研究所鉴定专业室。

10) 斑铜矿

斑铜矿在矿石中含量很低,显微镜下不常见,仅在局部有富集,多与黄铜矿共生,产于铜矿化强的矿石中。斑铜矿呈他形粒状,粒径在0.04～1.6 mm之间,被黄铜矿沿边缘交代,部分与黄铜矿呈格子状、片状连生,属固溶体分离产物(附录7图66)。斑铜矿电子探针成分分析结果见表7-11。

表7-11 斑铜矿电子探针成分分析结果　　　　　　　　　　　　单位:%

样品号	Cu	S	Fe	Ag	Zn	As	Bi	Pb	Co	Au	Sb
012-69-1	63.14	25.09	11.40	0.34	—	—	—	—	0.03	—	0.01
012-69-2	62.60	25.30	11.48	0.48	0.09	0.01	—	—	—	0.04	—
012-69-3	62.90	25.02	11.32	0.63	0.03	—	0.06	—	0.02	—	—
012-69-4	62.88	24.88	11.34	0.63	—	0.08	—	0.07	—	0.01	0.01
012-69-5	62.84	25.18	11.38	0.48	—	0.08	—	—	0.03	—	—
平均值	62.87	25.09	11.39	0.51	0.04	0.02	0.01	0.01	0.01	0.01	0.01

注:—为元素含量未达检出下限,未检出。
分析单位:新疆矿产实验研究所鉴定专业室。

11) 辉铜矿

辉铜矿在矿石中含量较低,多与黄铜矿共生(附录7图67),少量与斑铜矿等矿物伴生(附录7图68)。辉铜矿呈他形粒状,粒径0.04～1.0 mm,多沿黄铜矿边缘或者裂隙充填交代,应与黄铜矿同期形成。辉铜矿电子探针成分分析结果见表7-12。

表7-12 辉铜矿电子探针成分分析结果　　　　　　　　　　　　单位:%

样品号	Cu	S	Fe	Zn	Ag	As	Co	Ni
18-1-Chi	77.71	22.29	0.12	0.05	0.01	—	—	0.01
18-1-Chi1	75.91	21.34	1.27	0.05	0.05	0.04	0.01	—
18-1-Chi2	79.33	22.42	0.06	0.03	0.01	0.02	—	—
平均值	77.65	22.02	0.48	0.04	0.02	0.02	0.00	0.00

注:—为元素含量未达检出下限,未检出。
分析单位:新疆矿产实验研究所鉴定专业室。

12)毒砂

毒砂在矿石中含量低,显微镜下不常见,仅在少数样品中存在,多与黄铜矿、黝铜矿共生。形态呈自形—半自形粒状、菱面体状,粒径在0.04～0.3 mm之间,常聚集在一起呈粒状、浸染线状分布,形成一般早于黄铜矿及黝铜矿等矿物,与黄铁矿形成时间相同(附录7图69)。

毒砂与斜方砷铁矿在显微镜下易混淆,其光性特点完全相同,但两者的电子探针成分分析结果完全不同。斜方砷铁矿多呈致密块状产出,毒砂则多呈菱面体、柱状产出,两者生成环境明显不同,多数毒砂形成于富硫环境。而斜方砷铁矿则相反,形成于贫硫环境。毒砂电子探针成分分析结果见表7-13。

表7-13 毒砂电子探针成分分析结果　　　　　　　　　　　　　　　单位:%

样品号	As	Fe	S	Co	Pb	Cu	Ag	Au	Zn	Ni
WQ0-01-1	44.40	34.87	20.60	0.09	0.01	0.02	0.02	—	0.01	—
WQ0-01-2	44.80	34.86	20.20	0.03	0.08	0.02	—	—	—	0.03
WQ0-01-3	45.21	34.80	19.87	0.04	—	0.04	—	—	0.05	—
WQ0-23-1	47.91	32.96	19.08	0.02	—	0.03	—	—	—	—
WQ0-23-2	47.53	32.86	19.48	—	—	0.02	0.02	0.07	—	0.02
平均值	45.97	34.07	19.85	0.03	0.02	0.02	0.01	0.01	0.01	0.01

注:—为元素含量未达检出下限,未检出。

分析单位:新疆矿产实验研究所鉴定专业室。

2. 部分脉石矿物

矿石中脉石矿物种类较多,部分脉石矿物的具体特征如下。

1)钙铁榴石

钙铁榴石属于矽卡岩中主要矿物成分,也是矿石中的主要脉石矿物之一。具粒状变晶结构,形态较完整,呈自形—半自形粒状,镶嵌状规则生长在一起,其间可见少量的金属矿物,属于早期矽卡岩化阶段产物。内部具环带构造,粒径一般在0.15～1.0 mm之间。矽卡岩受构造挤压产生破碎,为大小不一的碎粒状分布,被石英、绿泥石、方解石及阳起石等充填交代,并伴有金属矿化,为后期含矿热液活动的结果。

从显微镜下观察,石榴石主要有两种分布类型:一种是钙铁榴石,深棕色,显微镜下为浅褐色,均质体,在矿区占少数,其中含And分子介于53.51%～63.83%之间,平均59.75%,Gro分子介于35.12%～45.41%之间,平均39.18%,Sp分子介于0.95%～1.19%之间,平均1.07%,是钙铁榴石端元矿物;另一种石榴石外观呈浅棕色,显微镜下无色,内部具环带及明显光性异常现象,常包含钙铁榴石。从成分看,属于钙铁榴石—钙铝榴石系列中类质同象矿物。含铬较高者为钙铬石榴石。

2)方解石

方解石是矿石中主要脉石矿物之一,也是围岩中碳酸盐化的主要蚀变产物之一,含量较高,广泛分布,但分布常不均匀。

方解石呈半自形—他形粒状集合体,粒径变化大,在0.02～1.0 mm之间,分布在金属矿物粒间或金属矿物裂隙中,常与石英、绿泥石等共生,也可以分布在金属矿物之间。有时也呈脉状沿裂隙分布,切割早期形成的方解石,属于后期热液活动的产物。

3)石英

在矿石或矿化岩石中广泛分布,是主要的脉石矿物和硅化蚀变产物之一,分布不均匀,含量变化较大,局部有富集现象。在矿石中石英多呈他形粒状集合体分布,但部分与方解石共生的石英常具有较完整的外形,呈自形—半自形粒状。硅化石英多呈他形粒状集合体,粒径细,叠加在原岩中交代原生矿物呈不规则团粒状、团块状及条带状产出,其形成与矿化及含矿热液活动有关。

4)阳起石

阳起石及阳起石化在矿石或矿化岩石中比较常见,是矿石及围岩中的主要蚀变矿物之一,但含量并不高,分布不均匀,仅在部分矿石或蚀变围岩中可见,其形成与含矿热液活动有关。

阳起石多呈纤柱状分布,粒径细,交代其他矿物或沿裂隙分布,常与绿泥石等共生。在矿石中分布于金属矿物粒间或其裂隙中。

5)绿泥石

绿泥石在矿石或矿化岩石中也比较常见,是矿石中的主要脉石矿物之一,但含量并不高,分布不均匀,含量一般小于3%,最高不超过5%,其形成与含矿热液活动有关。

绿泥石多呈片状集合体分布,粒径细,在0.03~0.16 mm之间,常与阳起石、石英及方解石等矿物共生。在矿石中分布在金属矿物粒间或其裂隙中。

3. 部分表生氧化矿物

表生氧化矿物主要指某些矿物在风化淋滤作用影响下,转变为表生条件下稳定的次生矿物,如孔雀石、褐铁矿等。

1)孔雀石

孔雀石为表生氧化物,局部可见,含量较低。以细粒集合体为主,少量呈隐晶质与细粒孔雀石交生在一起,主要呈条带状、团块状、团粒状、粒状及枝脉状分布在裂隙中(附录7图70)。

2)褐铁矿

在矿床氧化带中少量分布,属氧化矿石的特征矿物之一,常呈皮壳状或脉状产出。多与地表氧化矿物相伴生,或是沿透明矿物裂隙充填,半金属光泽,摩氏硬度低,粒径在0.02~0.3 mm之间。

二、岩、矿石化学成分

矿区岩、矿石化学成分研究主要是通过对原始数据进行处理,运用图像对比分析等方法,了解各类地质体的元素含量分布特点、空间富集变化规律及相关关系,为找矿及矿床研究提供依据。

1. 常量元素特征

矿区岩、矿石化学成分具有明显的规律性变化,即从矿体(矿化矽卡岩)→围岩 SiO_2、Al_2O_3、Fe_2O_3 和 MnO 含量逐渐降低,Na_2O、K_2O、MgO 逐渐增高,CO_2 在矿化矽卡岩中含量最高,P_2O_5、TiO_2 在矽卡岩中含量也较低,CaO 从矿体至围岩中逐渐降低,反映出围岩组分的加入,即从围岩向矿体方向迁移,而 Si、Al、Fe 主要由岩浆热液所提供,通过物质双向输送而形成交代分带特征(冯京等,2008)。

2. 微量元素特征

岩、矿石微量元素的变化规律:自矿体(矿化矽卡岩)→围岩 Pb、Co、Mo、Ta、U、Ag 含量逐渐降低,Rb、Ba、Cs、Cr 则呈相反变化的趋势,向围岩方向增高,其他元素的含量变化相对较小,其中 Ni 和 Cr 变化趋势相似,Cu、Zn 变化相似,但与 Pb 元素不同,反映出交代流体中硫逸度不起控制作用。

3. 稀土元素特征

岩、矿石矿化矽卡岩稀土元素总量 ΣREE 变化范围大,分别为 36.02 和 216.39,$(La/Yb)_N$ 为 20.71 和 1.92,$(Ce/Yb)_N$ 为 10.79 和 1.13,δEu 在 0.82~1.17 之间,显示轻稀土富集特征;而围岩 ΣREE 分别为 18.60 和 121.39,$(La/Yb)_N$ 为 2.27 和 14.13,$(Ce/Yb)_N$ 为 1.76 和 11.38,δEu 在 0.96~1.10 之间,显示轻稀土略微亏损。含矿矽卡岩和围岩稀土元素含量与 SiO_2 含量正相关,表明稀土元素主要来自岩浆流体。稀土元素作为热液活动的指示剂,有助于判别热液的运移方向。

4. 同位素的研究成果

毛景文等(2002)对矿区3件硫化物样品的硫同位素进行了测定,$\delta^{34}S$ 介于 -2.7‰~-0.6‰ 之间,平均-1.73‰,S同位素所反映的特点具有壳幔混合来源的特征。王龙生等(2005)选取了靠近矿区东南部约3 km的百灵山花岗岩体中的锆石进行了年龄测定,由12个测试数据点获得花岗岩的侵位年龄为(297±3) Ma,即成矿时代发生在石炭纪末。

三、矿石结构构造及矿石类型

矿床中银、银铜、铜铅锌矿石的结构和构造比较简单,矿石结构主要为他形粒状结构、片状结构,次为半自形粒状结构,其他结构类型占比少。矿石中除单一结构类型(他形粒状结构)外,常有两种或两种以上组合的结构形式,多由不同金属矿物伴生联合构成。矿石中金属矿物空间分布以不均匀为特点,呈聚粒状、团粒状、团块状分布,或呈单体或聚集在一处或紧密连生在一起,构成脉状、不均匀浸染状及块状构造。

1. 矿石结构

他形粒状结构:主要见于自然银、辉银矿、黄铜矿、闪锌矿及方铅矿等金属矿物中,是矿石中最重要的结构类型,他形晶主要呈规则状与不规则状两种,呈单晶粒或聚粒状产出,约占60%。

半自形粒状结构:主要分布在黄铁矿、磁铁矿和斜方砷铁矿中,黄铜矿中少见,在矿石中数量仅次于他形结构类型,占比较少,约占36%。

自形粒状结构:多见于磁铁矿、黄铁矿、毒砂及斜方砷铁矿中,在这些矿物中一般以半自形粒状结构为主,自形晶少,约占3%。

片状结构:主要见于自然银中,自然银片状、叶片状沿微裂隙分布,部分在裂隙面上呈薄膜状产出,少量自然银片径可达数毫米以上。

固溶体分离结构:黄铜矿呈乳滴状分布于闪锌矿中,由含铜闪锌矿经固溶体分离作用形成,显微镜下少见。

包含结构:显微镜下常见,但占比很低。主要有磁铁矿包含黄铜矿、闪锌矿包含黄铜矿、自然银包含斜方砷铁矿,这些现象成因较复杂,可以由早期形成的矿物被晚期形成的矿物包裹,也可以是早形成的矿物被晚形成的矿物交代呈残余体存在或由交代穿孔作用形成。

压碎结构:该结构类型在矿石中也比较常见,但占比低,有斜方砷铁矿、黄铁矿及磁铁矿等,矿物受构造挤压碎裂,被其他金属矿物充填,并产生交代现象。

2. 矿石构造

矿石中构造类型复杂,从金属矿物含量及空间分布特点看,金属矿物分布以不均匀为特点。以浸染状构造为主,次有条带状构造、块状构造、脉状构造、斑杂状构造。

浸染状构造:在矿石中占多数,是矿石的主要构造类型,主要由金属氧化物构成。金属矿物数量在整体上变化范围大,含量在5%~80%之间。浸染状构造按金属矿物含量又分为:星点浸染状构造,金属矿物含量小于5%;星散浸染状构造,金属矿物含量在5%~15%之间;稀疏浸染状构造,金属矿物含量在15%~30%之间;中等浸染状构造,金属矿物含量在30%~50%;稠密浸染状构造,金属矿物含量在50%~80%之间。脉石矿物含量高,种类多,比较复杂。

块状构造:金属矿物含量高,80%以上,常为两种或两种以上金属矿物彼此紧密连生,在其间隙中充填少量脉石矿物,主要有石英、绿泥石、方解石、阳起石及云母等。此外,在矿区可见块状斜方砷铁矿,其中伴生有银矿物。

脉状构造:金属矿物呈脉状分布,以单脉、枝脉或网脉形式产出,其中最特征的是自然银,在矿石中以多种形式的脉体分布。

条带状构造:在矿石或矿化岩石中,金属矿物磁铁矿、黄铁矿与脉石矿物之间没有固定的生成关系。在矿化岩石中可以与不同透明矿物如石英、透辉石、黑云母或角闪石等分别连生,构成浸染条带状构造。

在石英和透辉石互成条带的岩石中，磁铁矿主要分布在石英粒间。条带构造在宏观上比较明显，条带宽度一般在 10～50 mm 之间。

斑杂状构造：金属矿物在矿石中分布很不均匀，呈粒状、团块状杂乱分布在一起，常为多种金属矿物的集合体。

3. 矿石类型

矿石按自然类型分为氧化矿石和硫化矿石两大类，以硫化矿石为主（附录 7 图 71～图 76）。其工业类型依据矿床成因类型划定为脉状银铜矿。

（1）氧化矿石：地表和近地表矿石，属次要矿石类型。矿石中以次生金属矿物为主。主要由孔雀石、辉铜矿、褐铁矿组成，有少量的铜蓝和赤铁矿。黄铁矿、磁铁矿则以残留矿物形式存在，未见到铅锌的氧化矿物。

（2）硫化矿石：依金属矿物的种类和含量变化可分为自然银-辉银矿矿石，浸染状辉银矿-黄铜矿矿石，黄铜矿-闪锌矿-方铅矿矿石。

四、主要矿物生成顺序

本区含矿热液活动是重要的成矿作用之一，依照矿床热液蚀变的成因类型、相互关系、空间分布特征，矿化分为矽卡岩期、热液期和表生期。

1. 矽卡岩期

矽卡岩期形成于热液活动的早期阶段（高温热液阶段），伴生了石榴石矽卡岩（附录 7 图 77～图 78）、复杂矽卡岩及矽卡岩化砂岩等。该阶段基本未成矿，但使地层中的成矿物质获得活化富集，并为后期成矿提供了赋矿场所。可细分为两个矿化阶段：①石榴石-阳起石阶段，在高温高压条件下，形成一套高温矿物组合，典型矿物有钙铁榴石、阳起石及少量石英、斜长石。金属矿物呈星点浸染状赋存于矽卡岩的石榴石晶粒间或晶洞中，黄铜矿在局部富集；②绿帘石-绿泥石-黄铁矿阶段，绿帘石、绿泥石、黄铁矿等矿物分布于石榴石晶粒间或沿其裂隙充填或沿其边部交代，还有方解石和少量黑云母。该阶段伴有少量金属硫化物沿矿物颗粒间分布，局部富集。

2. 热液期

热液期属中低温热液阶段，是主要成矿期。细分为两个矿化阶段。①硫化物-氧化物-碳酸盐阶段，典型矿物为黄铜矿、毒砂、磁黄铁矿、磁铁矿、方解石等。上述矿物或矿物组合呈脉状、网脉状穿插于矽卡岩期矿物裂隙中。该阶段形成于中低温热液活动的前期，有黄铜矿、黄铁矿等富集，伴有钴、镓。②硫化物-自然银-碳酸盐阶段，是银矿物形成的重要成矿时段，包括两个亚阶段。方铅矿-闪锌矿亚阶段：方铅矿、闪锌矿大量发育，沿裂隙充填于早期矿物中，形成了普遍的低品位铅锌矿化，伴有钴、镓。自然银-辉银矿-方解石亚阶段：主要的成矿阶段，含矿热液对早期矿物进行穿插、充填，典型矿物有自然银、辉银矿及少量深红银矿。

3. 表生期

在地表及浅表处，由于氧化淋滤作用，使部分早期矿物发生分解形成次生矿物。典型矿物有孔雀石、辉铜矿、斑铜矿、铜蓝、褐铁矿及少量赤铁矿，同时有石膏细脉充填。

根据矿物形成的先后，矿物共生组合有以下 3 种形式。①金属氧化物组合：磁铁矿、赤铁矿、石英等中温矿物组合。②金属硫化物-自然银组合：辉银矿、自然银、黄铜矿、方铅矿、闪锌矿、黄铁矿、磁黄铁矿、毒砂等中低温矿物组合。③次生矿物组合：孔雀石、辉铜矿、斑铜矿、铜蓝、褐铁矿等组合。

根据矿床中不同矿物之间的穿插、充填、交代关系，以及矿物自形程度、各矿物的空间位置等特征确定各主要矿物的生成顺序，见表 7-14。

表 7-14 维权银铜矿矿物生成顺序简表

矿化期	矽卡岩期		热液期			表生期
				硫化物-自然银-碳酸盐阶段		
矿物	石榴石-阳起石阶段	绿帘石-绿泥石-黄铁矿阶段	硫化物-氧化物-碳酸盐阶段	方铅矿-闪锌矿亚阶段	自然银-辉银矿-方解石亚阶段	
石榴石	───					
阳起石	───					
石英		───	───			
斜长石		───				
绿帘石	───	───	───			
绿泥石	───	───	───			
黄铁矿		───	───	───		───
黑云母	───	───				
方解石			───		───	
黄铜矿	───	───	───			
毒砂			───	───		
磁黄铁矿		───	───			
磁铁矿		───	───			
方铅矿				───		
闪锌矿				───		
自然银					───	
辉银矿					───	
浓红银矿					───	
孔雀石						───
褐铁矿						───
辉铜矿						───
斑铜矿						───
赤铁矿						───
铜蓝						───

第五节 矿石工艺矿物学特点

一、有益、有害元素赋存状态特点

由维权银矿矿石组合样分析结果可知,其主微量元素含量变化较大,反映矿石矿化不均一的特点。矿石中主元素 Si、Ca、Fe、O 含量较高,与矿石中普遍存在硅化、碳酸盐化及金属矿物有关。有益元素主要为银、铜、锌、铅,按工业意义划分,银、铜为主要工业利用组分,铅、锌为共生矿产。已达到工业开采品位,形成工业矿石。有害元素为砷,从分析结果看,含量低,但在矿床中局部有富集现象,呈块状产出。

1. Ag

银是矿石中最重要的有用组分之一,也是选别的目的元素。通过电子探针成分分析可知,矿石中的银主要赋存在自然银、辉银矿中,占 Ag 总量的 99% 以上,在其他金属矿物中很少,小于 1%。多数情况下,自然银呈独立状态存在,部分与辉银矿相伴,成共结边结构,或自然银呈包裹体分布在辉银矿中。二者一般紧密共生,呈脉状沿方解石、石榴石和斜方砷铁矿裂隙分布,少量银矿物与黄铜矿成共结边。沿石榴石裂隙分布的占 30%,沿斜方砷铁矿边部及裂隙分布的占 20%。

2. Cu

Cu 为本矿床最重要的工业利用矿产,其储量达大型规模。本矿床矿体主体隐伏于地下深度较大。铜硫化矿物是工业利用矿物,Cu 主要以硫化物形式存在,其他形式铜矿物含量微。

Cu 在矿床中平均品位 2.43%,主要分布于Ⅰ矿体铜锌硫矿石及铜硫矿石中,少量产于Ⅱ矿体中。其 Cu 平均品位 1.16%,矿体铜储量占总储量的 97.43%。由电子探针成分分析结果可知,Cu 主要赋存在黄铜矿、黝铜矿、辉铜矿、斑铜矿及铜蓝中。其中,黄铜矿和黝铜矿,约占总铜的 86% 以上,其次为辉铜矿,占总铜含量的 11%~13%,其他少量及微量铜矿物有斑铜矿、蓝辉铜矿、铜蓝、硫铜银矿、辉铜银矿等,这与显微镜下的观察结果基本吻合。

3. Pb

Pb 仅在Ⅰ矿体的铜锌硫矿石中可达伴生组分含量,其他类型矿石中铅含量微。在Ⅰ矿体倒转翼铜锌硫矿石上部 Pb 含量稍高,局部可达共生 Pb 含量。因其规模较小,未单独划分多金属矿石,而并入铜锌硫矿石中。

矿石中的含铅矿物种类单一,仅为方铅矿。Pb 在铜锌硫矿石中含量 0.1%~8.0%,平均品位 0.31%。

4. Zn

Zn 是矿床重要的共生组分,其储量达中型规模。矿石中主要含锌矿物为闪锌矿,其含 Zn 约占总锌的 95%,少量 Zn 含于黝铜矿中,占总锌的 3%~4%,其他矿物中 Zn 含量微。锌物相分析结果见表 7-15。

表 7-15 维权银矿锌物相分析结果　　　　　　　　单位:%

赋存状态	混合样		铜锌硫矿样	
	含量	分布率	含量	分布率
氧化锌	0.052	4.36	0.087	4.29
硫化锌	1.140	95.64	1.940	95.71
全锌	1.192	100.00	2.027	100.00

矿床中 Zn 绝大多数分布于Ⅰ矿体铜锌硫矿石中,Zn 在其中含量较高,平均品位 2.78%,达共生矿产要求。Zn 含量与 Cu 含量具正相关关系。在铜硫矿石中 Zn 含量低,部分块段达到伴生矿产要求。

5. S

S 是矿石中的有价组分。本矿床为硫化物矿床,除自然银和斜方砷铁矿外,主要和次要有用矿物都是硫化矿物。主要含硫矿物为黄铁矿,次为黄铜矿、闪锌矿、辉银矿、方铅矿等。其他矿物 S 含量微。S 是有价元素,但硫化物含量低,变化大,仅在个别地段有富集现象,是否回收,应综合评价考虑。

依据详查,勘探工作对矿石有害组分的分析,确定对选冶工艺有危害的组分主要为 As。As 含量是铜精矿标准规定的 2 倍,超标较多,影响了产品质量,冶炼时将会给环境带来危害。在矿石中砷矿物含量变化大,分布极不均匀,常呈块状产出。绝大多数为斜方砷铁矿,次有少量毒砂及砷黝铜矿,其中 85% 为连生体,或与自然银、辉银矿连生或呈集合体产出。因此,只能在冶炼过程中除 As。

二、矿石矿物粒度及嵌布方式

1. 矿石矿物形态、嵌布粒度特点

从上述分析可知,矿石中可用于选别目的矿物较多,以银为主,伴生有铜铅锌。银矿物主要为自然银和辉银矿,偶见深红银矿。铜矿物多为黄铜矿,次有少量黝铜矿、斑铜矿及辉铜矿。方铅矿及闪锌矿含量低,局部有富集现象,可作为伴生有用矿物回收。

自然银:在手标本上沿微裂隙呈薄膜状、片状及脉状分布。显微镜下呈他形粒状、长粒状、脉状产出。形态多不规则,自形晶占比少。自然银内部纯净,不含或少含其他杂质矿物,也无次生蚀变现象。自然银嵌布粒径变化较大,一般在 0.02~2.8 mm± 之间,多在 0.04~1.5 mm 之间。从形态及嵌布方式看,大部分自然银是易于单体解离和选别的。

辉银矿:显微镜下多呈他形粒状,少量呈半自形粒状分布,部分形态不规则,嵌布粒径细,在 0.003~0.5 mm± 之间,多数在 0.03~0.3 mm 之间,分布在脉石矿物粒间或与自然银等硫化物简单连生,对单体解离有利,易于选别。

黄铜矿:多为他形粒状,自形—半自形晶少量。嵌布粒径细,变化较大,为 0.005~0.3 mm±,多在 0.02 mm 以上。嵌布方式较复杂:①大部分相互连生在一起,呈致密条带状、脉状及团粒状分布;②呈单体分布在脉石矿物粒间;③少量包裹在黄铁矿和闪锌矿中。

闪锌矿:在矿石中含量低,仅在局部有富集现象,多分布在脉石矿物之间,常与黄铜矿、方铅矿等共生。

方铅矿:呈他形不规则粒状、枝脉状,嵌布粒径细,变化大,为 0.005~0.2 mm±,多在 0.02~0.2 mm 之间。其嵌布方式较复杂,主要有 3 种:①分布在脉石矿物或金属矿物粒间;②呈不规则粒状、枝脉状充填在微裂隙中;③与磁铁矿、闪锌矿及黄铜矿等简单连生。

2. 有用矿物嵌布特性

有用矿物在矿石中的嵌布连生方式主要有以下几种。

单晶嵌布:有用矿物呈独立单体嵌布在脉石矿物或其他金属矿物粒间,常见矿物有自然银、辉银矿、黄铜矿、闪锌矿及方铅矿,其晶形具规则粒状和不规则粒状、长粒状,易于单体解离,在矿石中约占 15%。

简单连生:同种类或不同种类金属矿物以直线或简单的曲线方式连生在一起,呈粒状或团粒状、脉状及团块状分布,嵌布关系简单,易于单体解离,在矿石中约占 46%。具此种嵌布方式的金属矿物有自然银与辉银矿,自然银与辉银矿、斜方砷铁矿,黄铜矿与闪锌矿,黄铜矿与方铅矿,黄铜矿与黄铁矿等。

致密块状连生:同种或不同种类金属矿物彼此紧密连生在一起,呈块状产出。显微镜下多数能够分清颗粒形态及颗粒之间的界线,少部分难以分辨颗粒之间的界线,脉石矿物少,易于单体解离,在矿石中约占 36%。常见情况有银矿物与斜方砷铁矿,黄铜矿与黄铁矿、方铅矿、闪锌矿紧密连生。

复杂交生:金属矿物与金属矿物之间,金属矿物与脉石矿物之间关系复杂,彼此相互交生或包裹连生在一起。难以单体解离,在矿石中约占 3%。

交代连生:在矿石中存在自然银沿边缘或裂隙交代斜方砷铁矿,辉银矿交代自然银等,黄铜矿交代黄铁矿,在矿石中约占 1%。

包裹连生:黄铁矿包裹黄铜矿,闪锌矿包裹黄铜矿,斜方砷铁矿呈细粒交代残留包裹在自然银中,在选别过程中不易将两者有效分离,对银精粉质量有影响。

综上所述,从矿石中有益、有害元素赋存状态、金属矿物形态、嵌布粒度、嵌布形式等特点分析,本矿床矿石类型、矿物组合、结构构造相对比较简单,易于矿物间单体解离选别,属于易选型矿石。

第六节 矿床成因和成矿模式探讨

维权银矿床产于石炭系吐古吐布拉克组的一套含钙质岩石中,矿体严格受破碎带及其次级裂隙控制,呈脉状产出,矿体较连续,与围岩界线极为清晰,表现出含矿热液沿裂隙充填的特征。石炭纪晚期,伴随区域性断裂构造活动,早期岩浆高温热液沿构造裂隙交代(接触交代作用)含钙岩石(矿源层),形成矽卡岩化岩石(石榴石、阳起石、绿帘石等),并使地层中成矿物质初步活化,局部形成星散状的黄铁矿、黄铜矿、磁铁矿等富集。后期中低温热液再次交代岩石(中低温热液作用),形成绿帘石化、绿泥石化、阳起石化、方解石化等蚀变,含矿物质随热液沿岩石裂隙活化、富集、运移,因物化条件发生改变,在断裂破碎带中沉淀(硅钙面),形成细脉状、网脉状、浸染状及丝状、螺旋状构造的金属硫化物组合集合体。银矿物主要形成于该阶段热液活动后期,典型矿物为自然银、辉银矿、淡红银矿等。其矿床的成矿模式如图7-4所示。

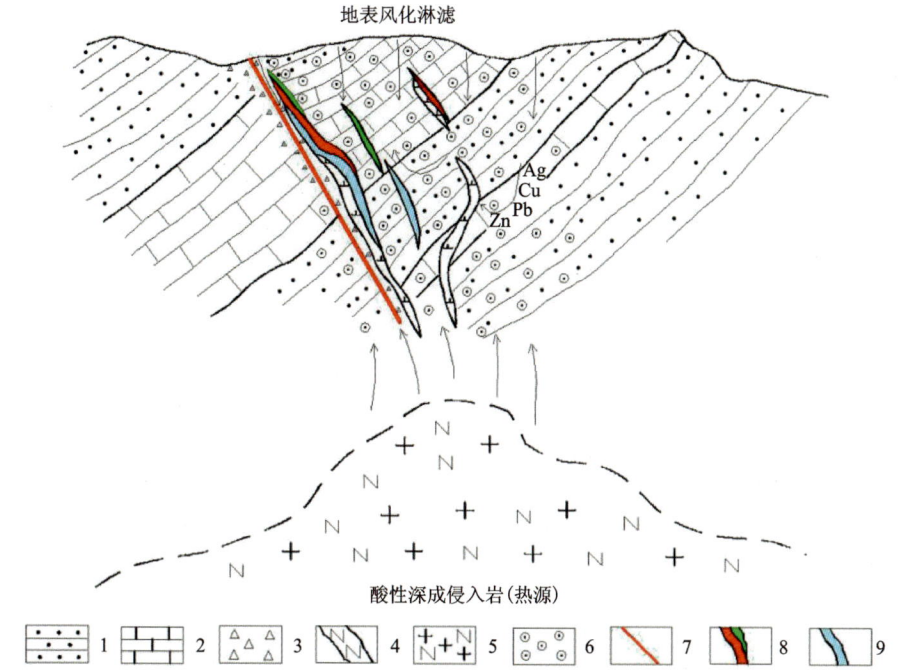

1.陆源碎屑岩;2.碳酸盐岩;3.构造破碎带;4.侵入岩脉;5.基底岩系;6.矽卡岩化;7.断裂;8.银铜矿体;9.铅锌矿体。

图7-4 鄯善县维权银矿成矿模式图

根据流体包裹体均一温度的测试成果,方解石包裹体均一温度129～264 ℃,平均178 ℃;石英包裹体均一温度151～297 ℃,平均195.5 ℃,成矿温度属中低温。

综合分析其围岩特点、矿床产出环境、成矿特征、控矿因素等,认为该矿床应属接触交代叠加中低温热液充填式银多金属矿床。

主要参考文献

冯京,高永宝,王磊,等,2008.新疆维权银多金属矿床地质特征及找矿方向[J].矿床地质,27(5):559-569.

高永宝,李文渊,张照伟,等,2007.新疆维权银多金属矿床成矿模式研究[J].矿物学报(增刊):255-256.

李强,2010.新疆鄯善县维权银铜矿床地质特征及成因[J].科技创新导报,36:59.

毛景文,杨建民,韩春明,等,2002.东天山铜金多金属矿床成矿系统和成矿地球动力学模型[J].地球科学——中国地质大学学报,27(4):413-424.

王龙生,李华芹,刘德权,等,2005.新疆哈密维权银(铜)矿床地质特征和成矿时代[J].矿床地质,24(3):280-284.

内部资料

王玉山,2014.新疆鄯善县维权银铜矿物质组分研究报告[R].乌鲁木齐:新疆矿产实验研究所.

附录7 图片及说明

图1 岩屑长石砂岩 50× 正交偏光

碎裂—残余不等粒砂状结构,微定向构造。岩屑成分多为中—基性熔岩,长石碎屑均为斜长石,呈次棱角状。岩石中叠加绿帘石化。

图2 凝灰质砂岩 100× 正交偏光

凝灰砂状结构,块状构造。由岩屑、长石石英碎屑及胶结物组成,胶结物主要为长英质,方解石集合体,由火山灰尘脱玻化蚀变而成。

图3 凝灰岩 100× 正交偏光

晶屑凝灰结构,块状构造。晶屑主要为斜长石和石英,火山灰尘已脱玻蚀变为长英质集合体。

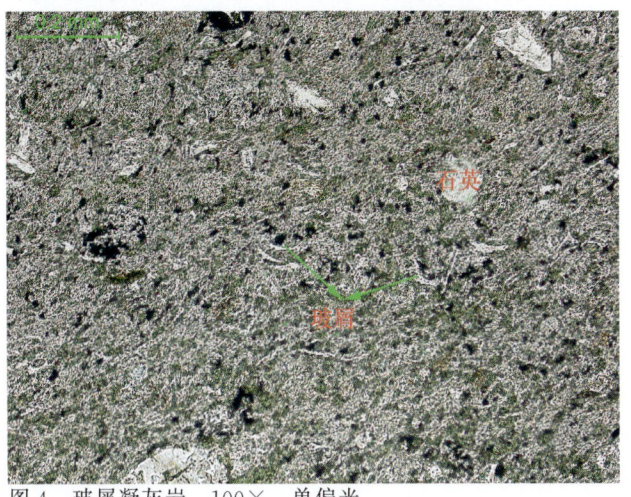

图4 玻屑凝灰岩 100× 单偏光

玻屑凝灰结构,块状构造。除玻屑外常含少量石英晶屑,被火山灰胶结。玻屑常见脱玻化现象。

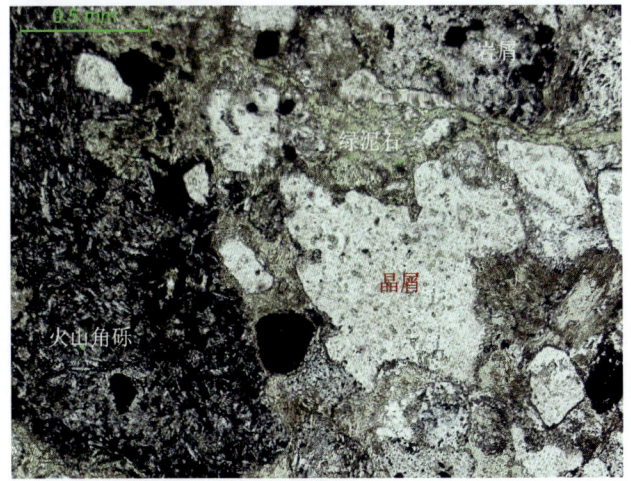

图5 角砾凝灰岩 50× 单偏光

角砾凝灰结构,块状构造。火山角砾形态不规则,成分多数为安山岩;岩屑成分与角砾相同,晶屑为斜长石,分布在角砾间。胶结物已蚀变为绿泥石等。

图6 沉凝灰岩 50× 正交偏光

沉凝灰结构,块状构造。晶屑为斜长石,次棱角状及板状分布,被绿泥石及阳起石交代变得模糊不清。胶结物已全部蚀变为绿泥石、阳起石及帘石集合体。

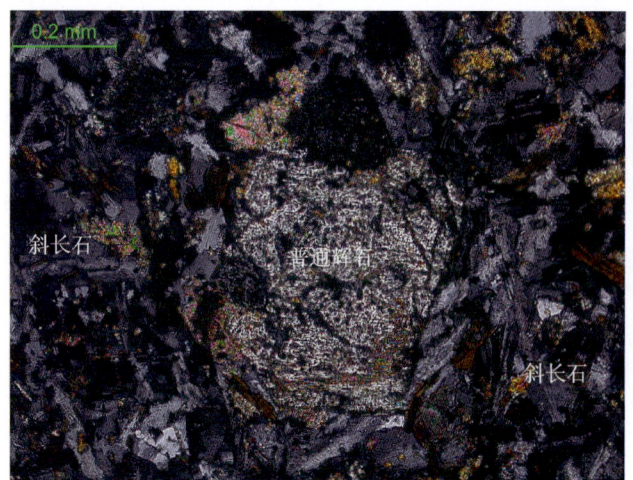

图7 蚀变玄武玢岩 50× 正交偏光

斑状结构,斑晶有普通辉石,含量较低,基质由斜长石、辉石组成,次生蚀变明显。

图8 蚀变辉石安山岩 50× 正交偏光

斑晶结构,块状构造。斑晶为辉石,未见斜长石,辉石半自形—自形粒状,已完全被次生蚀变矿物绿泥石、方解石及帘石取代。基质由板条状微晶斜长石组成。

图9 石英闪长岩 50× 正交偏光

半自形粒状结构,块状构造。主要矿物为斜长石、角闪石和石英,石英呈他形粒状分布于斜长石粒间。岩石中次生蚀变较普遍,主要有绿泥石化、绢云母化等。

图10 花岗闪长岩1 50× 正交偏光

他形—半自形粒状结构,块状构造。主要矿物成分为石英、斜长石和角闪石。石英呈他形粒状充填于长石粒间,岩石中次生蚀变较普遍。

图11 花岗闪长岩2 50× 正交偏光

半自形—他形粒状结构,块状构造。主要矿物成分为斜长石、石英和角闪石。石英多为他形粒状,充填于长石粒间。

图12 花岗岩1 100× 正交偏光

他形—半自形粒状结构,块状构造。主要矿物成分为石英、斜长石、钾长石和角闪石。石英呈他形粒状充填于长石粒间,岩石中次生蚀变弱。

图13 花岗岩2 50× 正交偏光

花岗结构,块状构造。主要矿物成分为石英、斜长石和少量钾长石,暗色矿物主要为少量角闪石。

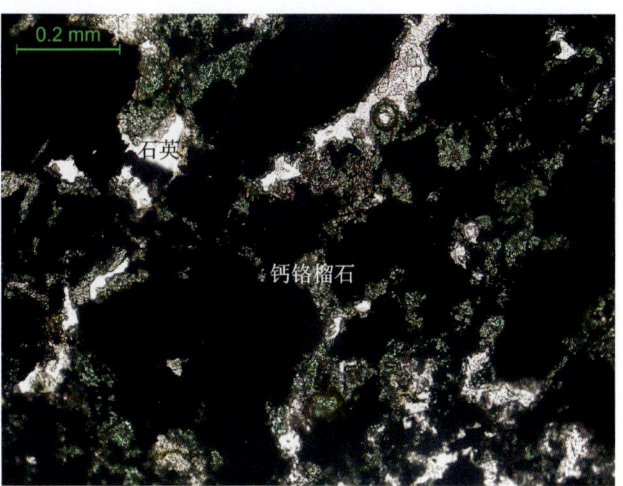

图14 石榴石矽卡岩1 100× 正交偏光

他形粒状结构,块状构造。主要矿物成分为钙铬榴石和石英。石英充填于钙铬榴石粒间,钙铬榴石呈他形粒状。

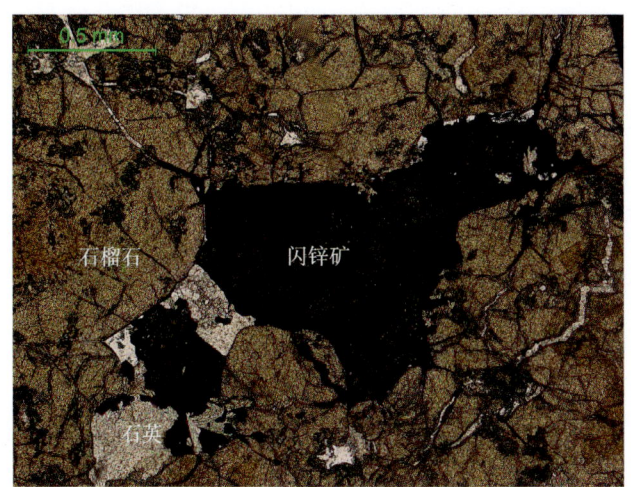

图15 石榴石矽卡岩2 50× 单偏光

半自形—他形粒状结构,块状构造。以石榴石为主,其次还含有少量后期热液形成的闪锌矿和石英,充填于石榴石裂隙间。

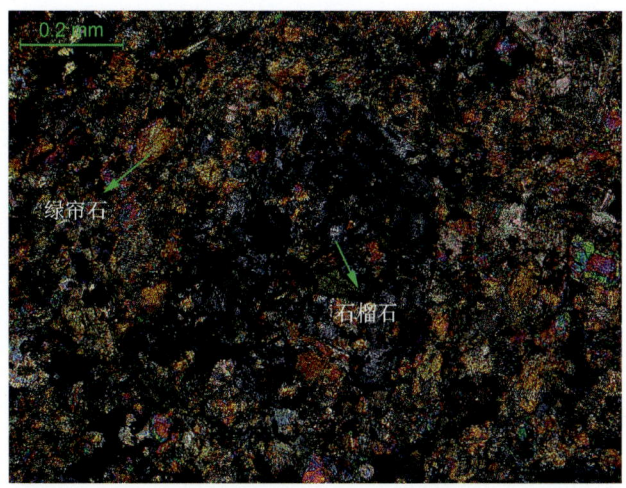

图16 绿帘石石榴石矽卡岩 100× 正交偏光

自形—半自形粒状结构,块状构造。石榴石局部被压碎呈碎粒状产出,内部具环带结构及非均质性。绿帘石分布不均匀,呈团块状与石榴石共生。

图17 硅化绿泥石化石榴石矽卡岩 50× 单偏光

半自形—他形粒状结构,块状构造。主要矿物为石榴石及石英,次有少量的绿泥石,叠加黄铜矿化。

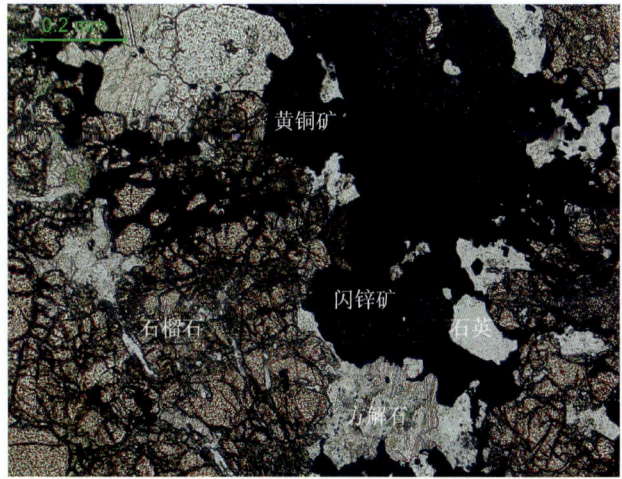

图18 含铜锌石榴石矽卡岩1 100× 单偏光

半自形—他形粒状结构,块状构造。岩石主要由石榴石、石英、方解石集合体组成。石英、方解石及硫化物充填在石榴石粒间。

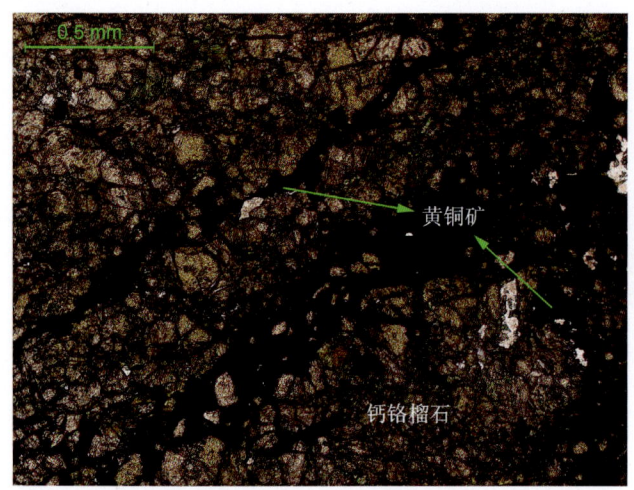

图 19　铜矿化石榴石矽卡岩　50×　单偏光

半自形—他形粒状结构,块状构造。钙铬榴石呈粒状、碎粒状集合体,内部具光性异常及环带构造。部分晶粒受挤压已呈碎粒状分布。黄铜矿呈脉状产出。

图 20　大理岩　100×　正交偏光

粒状变晶结构,块状构造。岩石主要由方解石组成。

图 21　白云质大理岩　100×　正交偏光

粒状变晶结构,块状构造。岩石主要由白云石组成。

图 22　角闪片岩　100×　正交偏光

纤柱状变晶结构,片状构造。岩石中主要矿物为角闪石,呈半自形柱状定向分布,可见少量绿泥石、绿帘石及斜长石等。

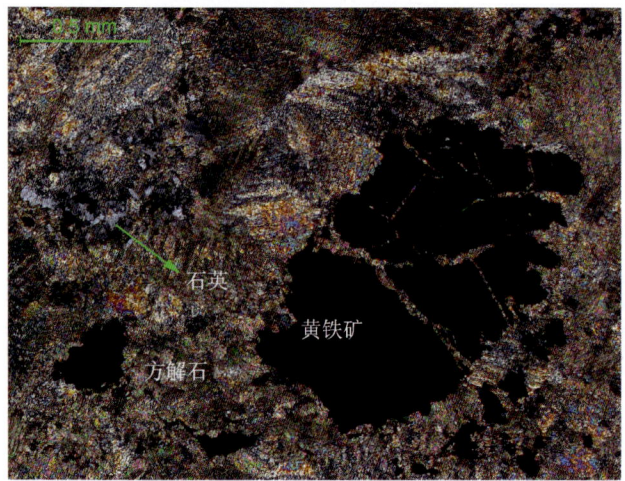

图 23　石英方解石岩　100×　正交偏光

粒状结构,微定向构造。主要由石英和方解石集合体组成,石英呈半自形—他形粒状,分布在方解石粒间。黄铁矿粒径不均匀,呈他形粒状集合体。

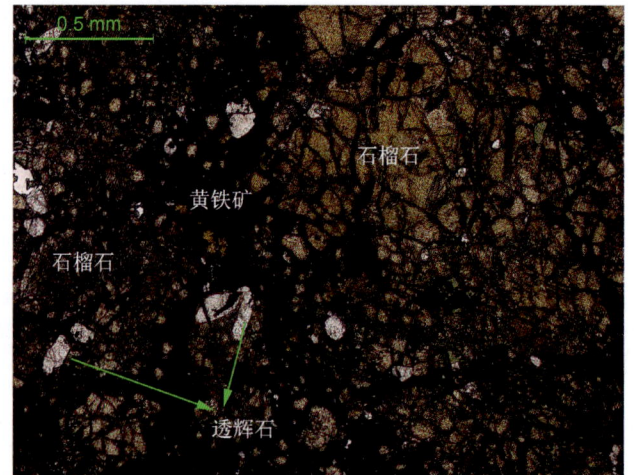

图 24　碎裂岩　50×　单偏光

原岩为蚀变石榴石矽卡岩,他形—半自形粒状结构,块状构造。石榴石局部受构造挤压,产生破碎,部分石榴石呈碎裂化分布。内部可见环带构造。

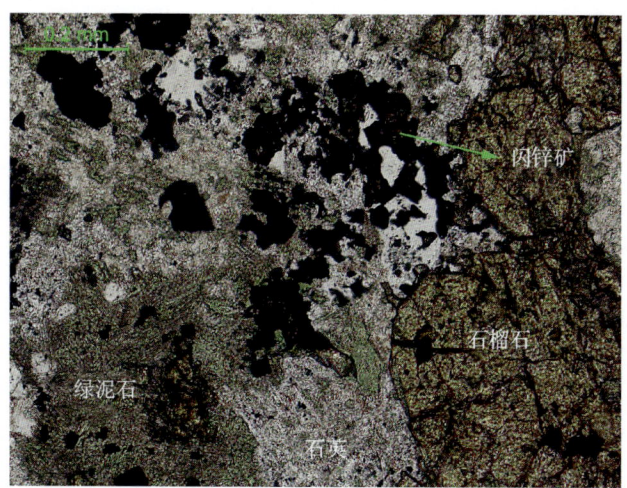

图 25　绿泥石石榴石矽卡岩　100×　单偏光

半自形—他形粒状结构,块状构造。主要由石榴石、绿泥石、石英及少量的闪锌矿组成。绿泥石呈不规则片状充填于石榴石裂隙间。

图 26　强蚀变沉凝灰岩　100×　正交偏光

沉凝灰结构,微层理构造。主要由晶屑(45%)、少量砂屑(13%)和胶结物组成。晶屑成分以斜长石为主,被绿泥石、阳起石交代。

图 27　蚀变绢英岩　100×　正交偏光

半自形—他形粒状结构,块状构造。主要由石英及绢云母组成。石英呈半自形—他形粒状集合体,绢云母呈鳞片状集合体分布在石英粒间。

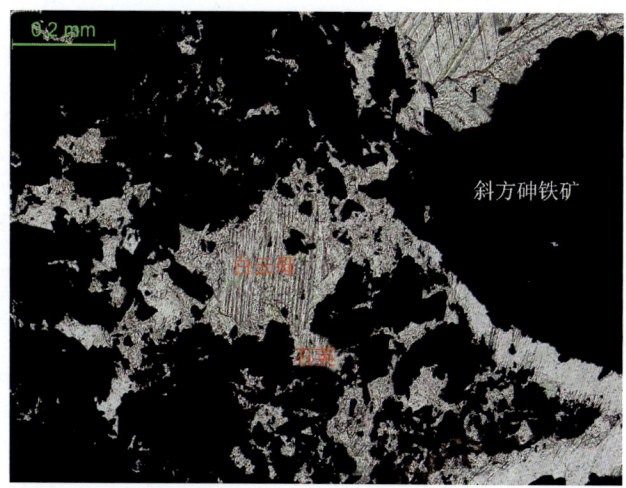

图 28　块状斜方砷铁矿1　100×　单偏光

自形—他形粒状结构,块状构造。矿物主要为斜方砷铁矿(83%),脉石矿物主要为白云母和石英,白云母为片状集合体分布在斜方砷铁矿间。

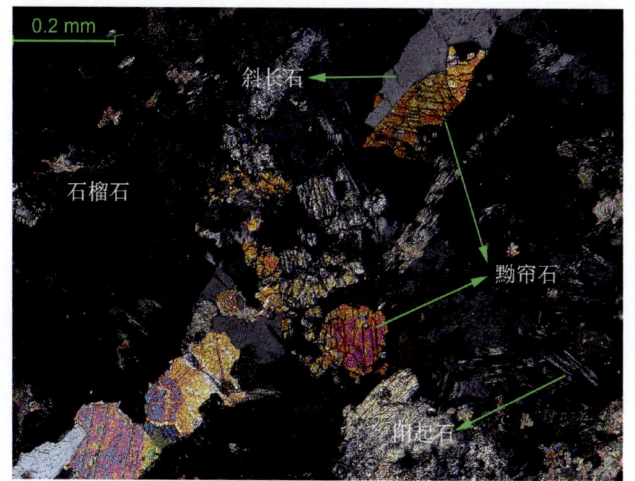

图 29　蚀变石榴石矽卡岩　100×　正交偏光

粒状变晶结构,块状构造。原岩中的矿物及结构构造已完全消失,全部由次生蚀变矿物石榴石、斜长石、阳起石及黝帘石组成。

图 30　强蚀变玄武岩　50×　单偏光

粒状结构,块状构造。岩石由次生蚀变矿物正长石、钠长石、绿泥石及黑云母构成。黑云母集合体呈变斑晶分布,具一定规则外形。

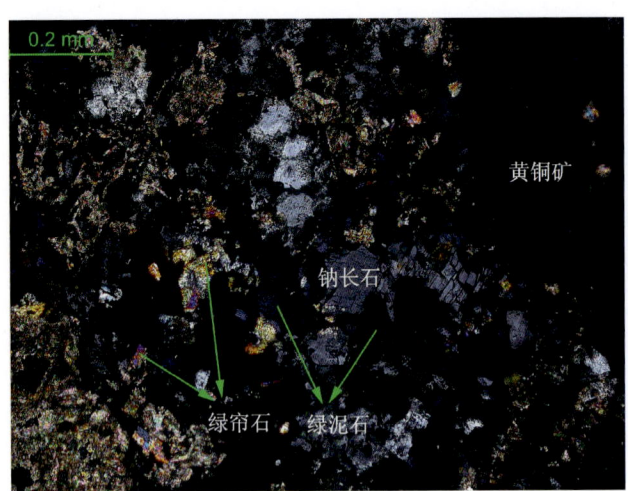

图31 矽卡岩化蚀变凝灰岩 100× 正交偏光
粒状变晶结构,块状构造。钠长石呈他形粒状集合体,常与绿泥石共生。绿泥石片状,分布不均匀,常与硫化物和绿帘石共生。

图32 碳酸盐化石榴石矽卡岩 100× 正交偏光
粒状变晶结构,碎裂状构造。主要矿物为石榴石,次有方解石及少量石英。岩石受挤压破碎明显,石榴石碎裂间被方解石胶结。

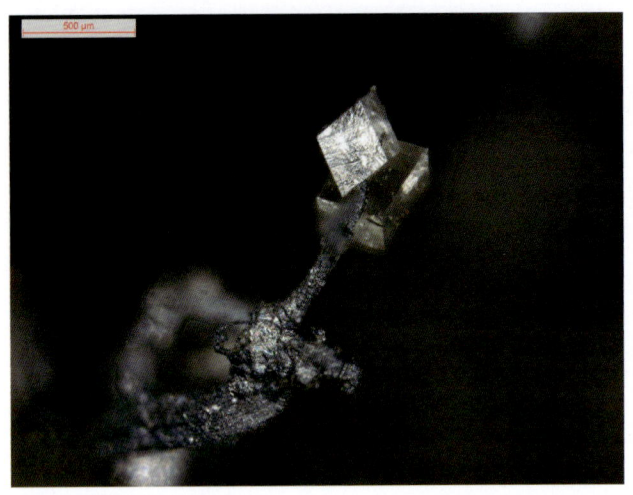

图33 晶洞及自然银
维权银矿矿石晶洞和裂隙中的自然银丝,银丝上连生菱面体方解石晶体。

图34 自然银矿石标本
矿石中自然银呈薄片状,黄白色,金属光泽。

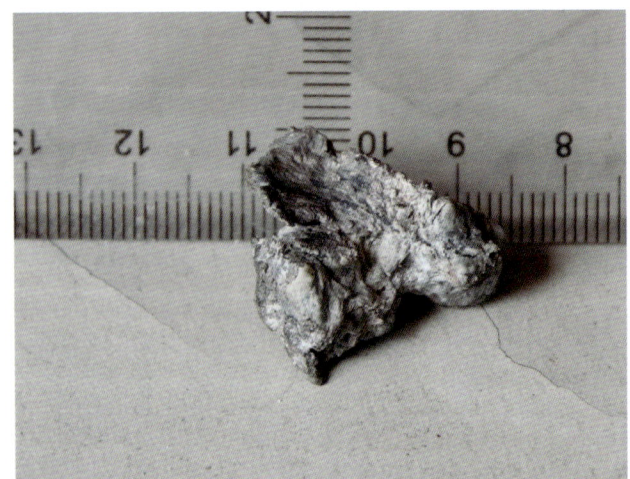

图35 自然银标本
自然银块呈扭曲的厚板状。

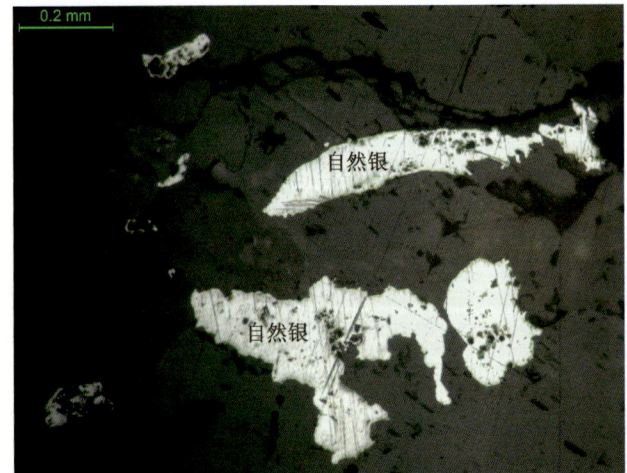

图36 含银斜方砷铁矿矿石 100× 单偏光
半自形—他形粒状结构,浸染状构造。矿石中存在的主要金属硫化物为斜方砷铁矿,次有少量的自然银。自然银含量低,他形粒状,呈不规则的粒状、拉长状。

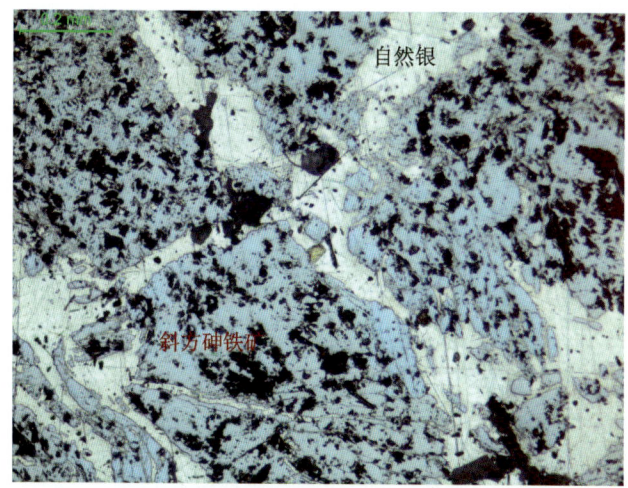

图 37　辉银矿、自然银矿石 1　100×　单偏光
半自形—他形粒状结构，浸染状构造。自然银含量高，沿斜方砷铁矿团块裂隙分布并交代斜方砷铁矿。

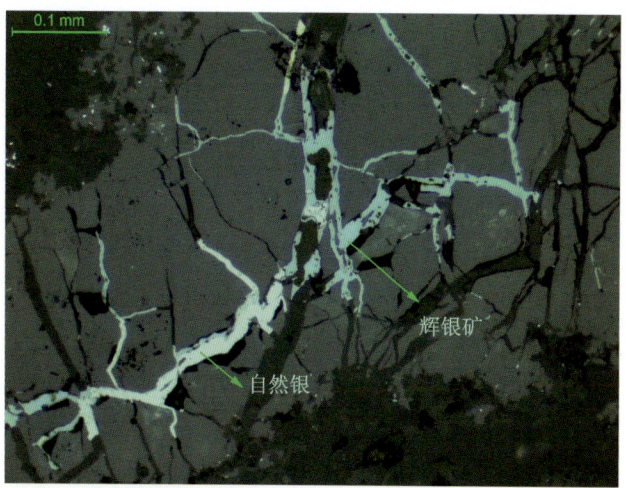

图 38　自然银、辉银矿矿石 1　200×　单偏光
半自形—他形粒状结构，浸染状构造。自然银含量较低，呈脉状分布在脉石矿物粒间或裂隙中，辉银矿他形粒状，与自然银一起呈脉状分布在脉石矿物粒间。

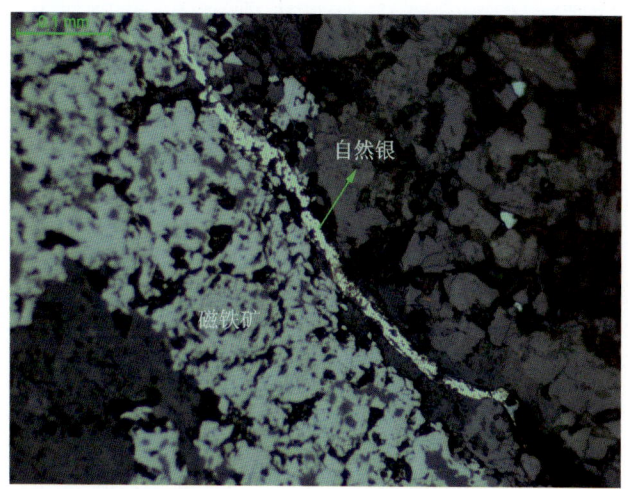

图 39　自然银、辉银矿矿石 2　200　单偏光×
半自形—他形粒状结构，浸染状构造。自然银呈脉状，沿磁铁矿裂隙充填。形成时间晚于磁铁矿。

图 40　自然银、辉银矿矿石 3　200×　单偏光
半自形—他形粒状结构，浸染状构造。辉银矿呈他形粒状，多以单体形式分布在脉石矿物（石榴石）粒间或裂隙中。

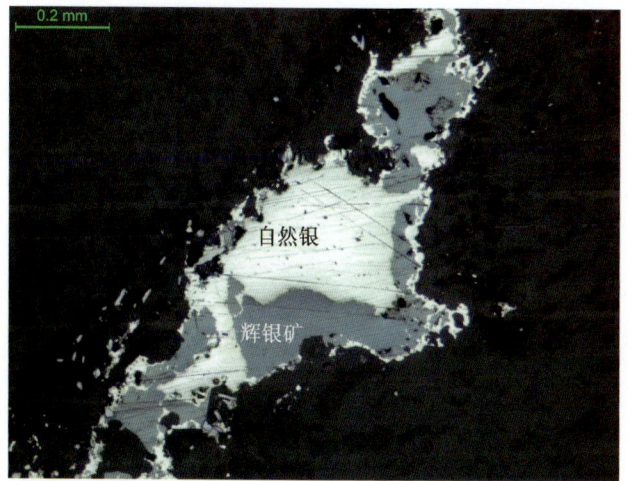

图 41　辉银矿、自然银矿石 2　100×　单偏光
半自形—他形粒状结构，浸染状构造。自然银呈他形粒状、片状，外形多不规则，粒径在 0.02～5.0mm 之间。辉银矿半自形—他形粒状，交代自然银。

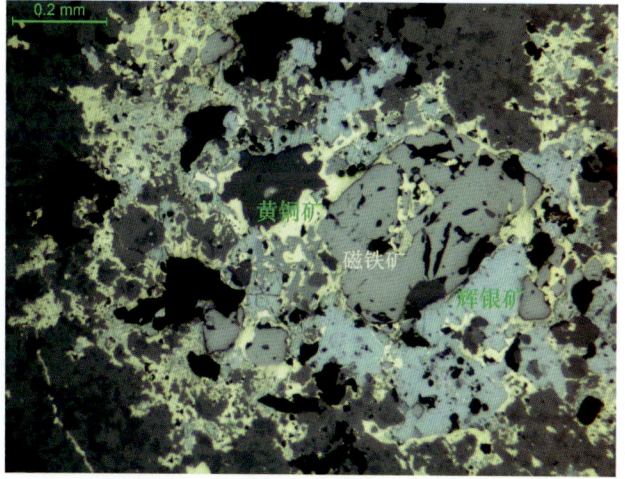

图 42　铜锌银矿石 1　100×　单偏光
半自形—他形粒状结构，块状构造。辉银矿呈他形粒状，分布于黄铜矿团粒中，磁铁矿自形—半自形粒状，被辉银矿或黄铜矿交代。

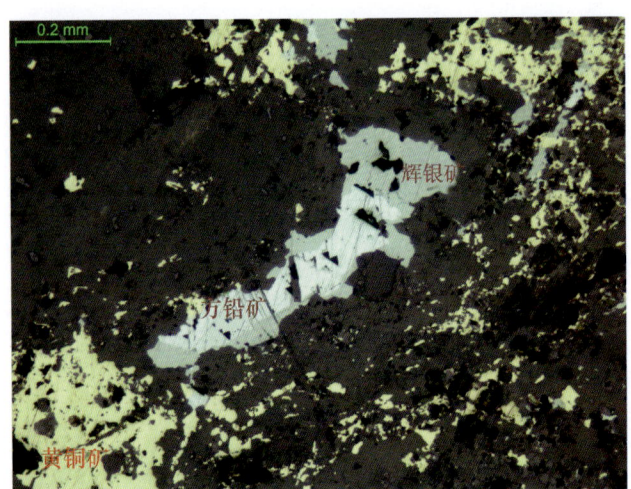
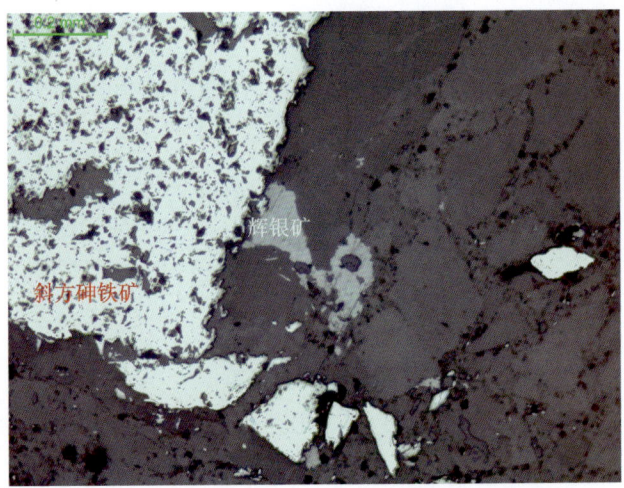

图43 含辉银矿的块状黄铜矿　100×　单偏光
自形—他形粒状结构，块状构造。矿物以黄铜矿为主，辉银矿呈他形粒状与方铅矿共生，充填在黄铜矿裂隙中。

图44 辉银矿、自然银矿石3　100×　单偏光
半自形—他形粒状结构，浸染状构造。辉银矿呈他形粒状，分布在脉石矿物粒间，交代斜方砷铁矿，斜方砷铁矿多呈团块状、团粒状产出。

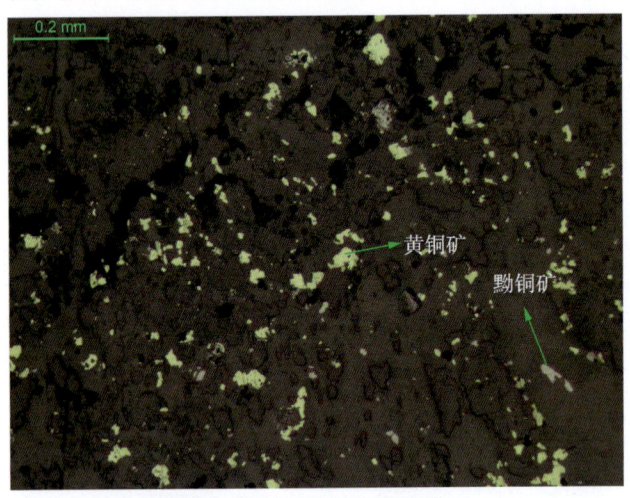
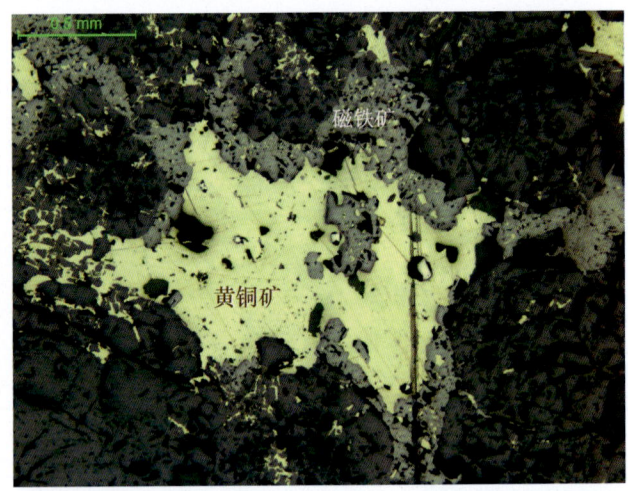

图45 星点状黄铜矿矿石　100×　单偏光
半自形—他形粒状结构，星点状浸染构造。黄铜矿呈单晶粒或连生体浸染分布在透明矿物粒间或被这些矿物包裹。

图46 含铜硅化石榴石矽卡岩　50×　单偏光
半自形—他形粒状结构，星点浸染状构造。钠长石呈他形粒状集合体，常与绿泥石共生。绿泥石片状，分布不均匀，常与硫化物和绿帘石共生。

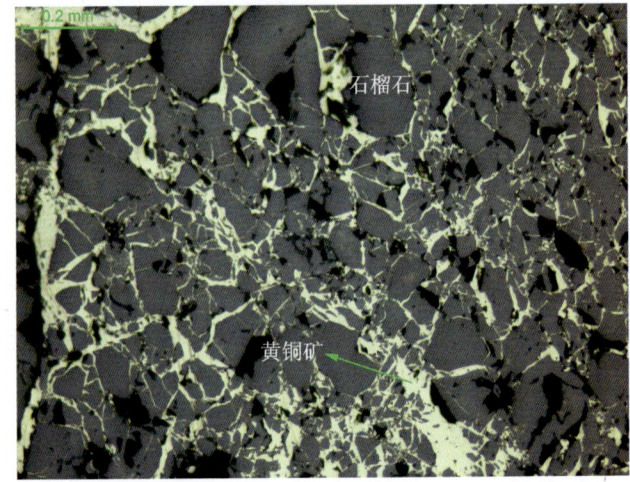

图47 闪锌矿、黄铜矿矿石　100×　单偏光
他形粒状结构，块状构造。黄铜矿呈他形粒状集合体分布，与闪锌矿、磁铁矿及方铅矿相互交生在一起。磁铁矿呈他形粒状，包裹在黄铜矿中。

图48 黄铜矿矿石1　100×　单偏光
他形粒状结构，交错网格状构造。黄铜矿他形粒状、树枝状或网格状沿碎裂的石榴石微裂隙分布，部分黄铜矿粒径极细。

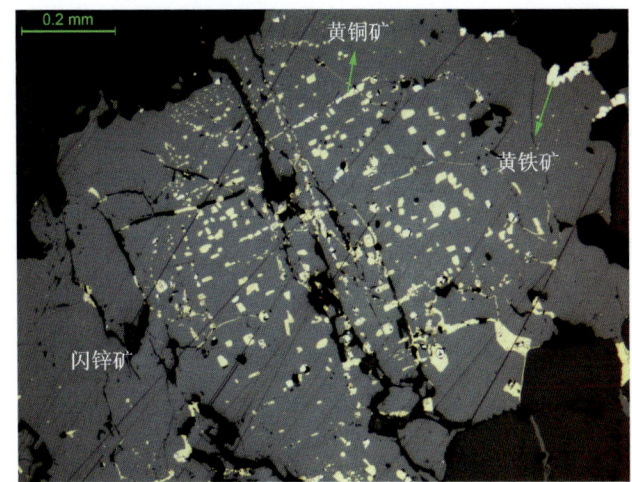

图49 含铜锌石榴石矽卡岩1 100× 单偏光
固溶体分离结构,星点浸染状构造。黄铜矿呈自形—他形粒状,闪锌矿他形粒状,内部包含有固溶体分离形成的细粒黄铜矿,有规律地分布在闪锌矿中。

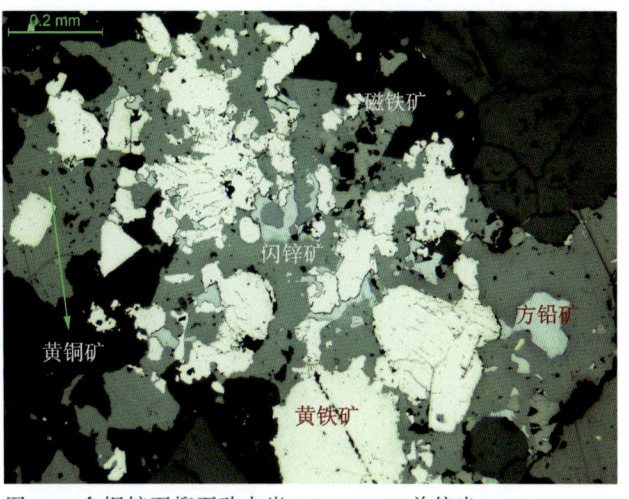

图50 含铜锌石榴石矽卡岩2 100× 单偏光
半自形—他形粒状结构,星散浸染状构造。闪锌矿他形粒状,其中包含有细粒的方铅矿和磁铁矿,以及通过固溶体分离形成的黄铜矿,交代黄铁矿。

图51 磁铁矿 100× 单偏光
自形—他形粒状结构,细脉浸染状构造。闪锌矿半自形—他形粒状,多与黄铜矿连生,包含半自形—自形的磁铁矿和黄铁矿。

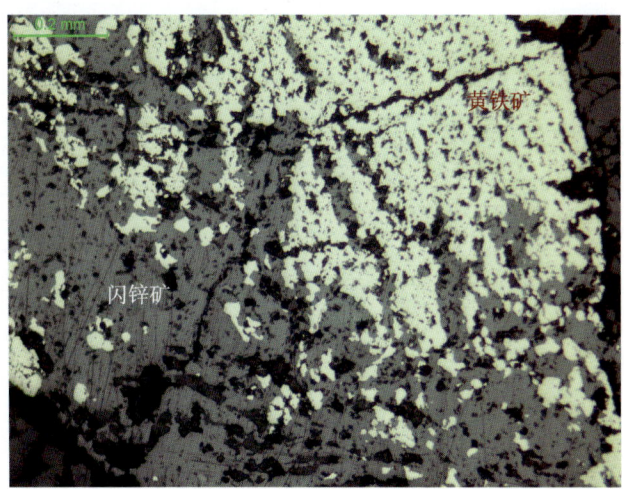

图52 闪锌矿、黄铁矿矿石 100× 单偏光
半自形—他形粒状结构,星点浸染状构造。闪锌矿他形粒状,粒径0.05~1.2 mm,交代黄铁矿。

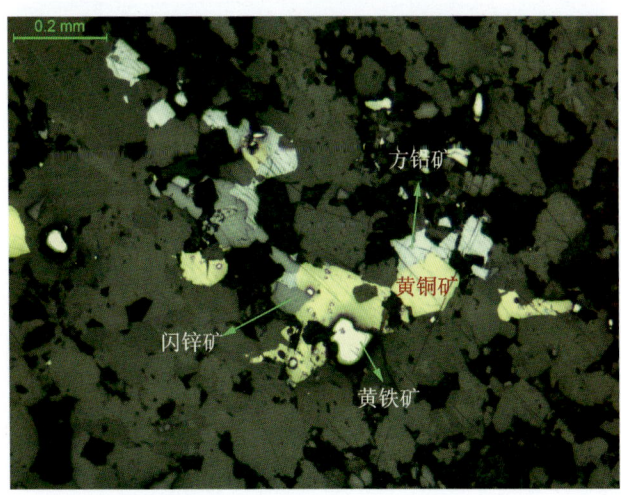

图53 含铜锌石榴石矽卡岩3 100× 单偏光
半自形—他形粒状结构,星点浸染状构造。方铅矿他形粒状,粒径细,分布在脉石矿物间,与黄铜矿、黄铁矿和闪锌矿共生。

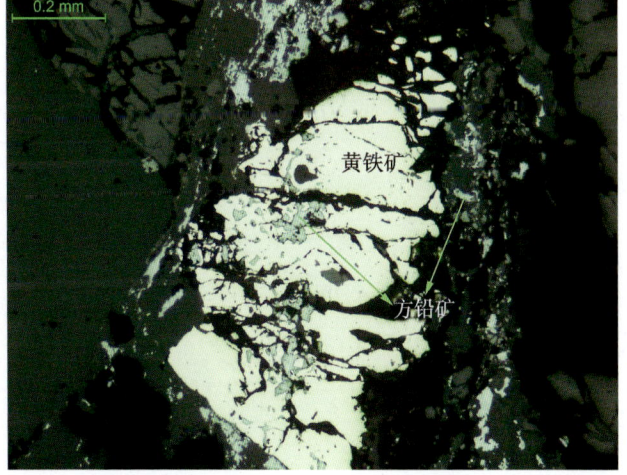

图54 含铜铅石英-方解石脉 100× 单偏光
自形—他形粒状结构,浸染状构造。方铅矿,半自形—他形粒状,交代黄铁矿。

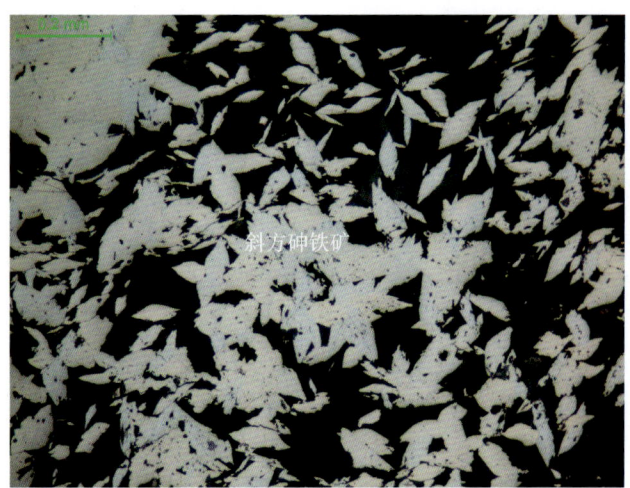

图 55　块状斜方砷铁矿 2　100×　单偏光

自形—他形粒状结构，块状构造。金属矿物主要为斜方砷铁矿，呈放射状集合体，次为棱面状。

图 56　斜方砷铁矿、自然银矿石　100×　单偏光

半自形—他形粒状结构，自然银呈脉状条带，含量高，斜方砷铁矿包裹于自然银中。

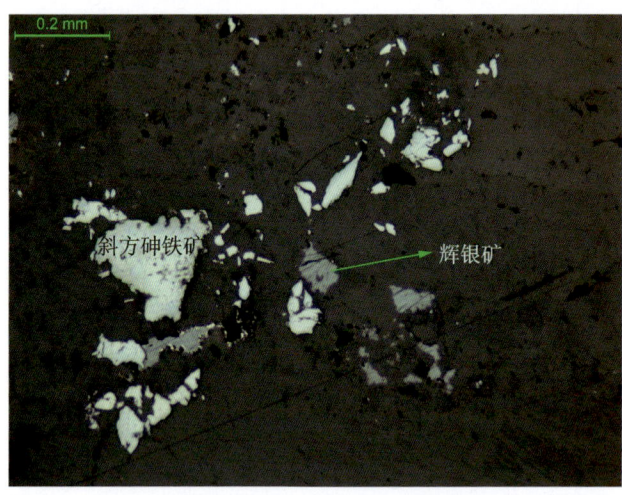

图 57　含银斜方砷铁矿矿石　100×　单偏光

自形—他形粒状结构，块状构造。辉银矿呈他形粒状，分布在斜方砷铁矿裂隙中，与斜方砷铁矿连生。

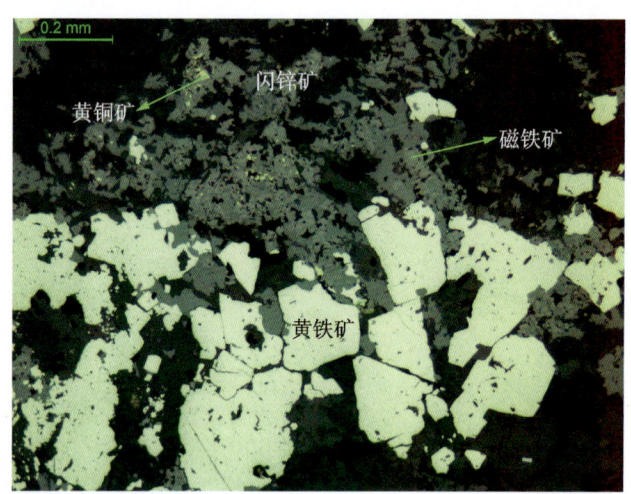

图 58　磁铁矿、黄铁矿矿石　100×　单偏光

自形—他形粒状结构，星点浸染状构造。黄铁矿自形—半自形粒状，多连生在一起呈团块状、团粒状产出，并与磁铁矿、闪锌矿、黄铜矿共生。

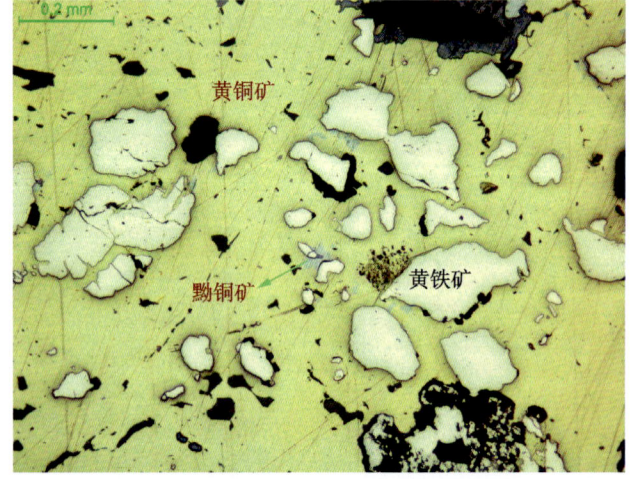

图 59　黄铜矿、黄铁矿矿石　100×　单偏光

自形—他形粒状结构、包含结构，块状构造。黄铁矿自形—他形粒状，多被包裹在黄铜矿集合体中，并被黄铜矿交代。

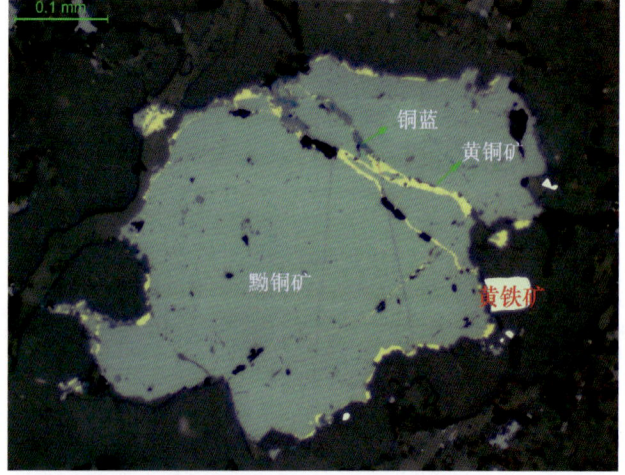

图 60　黝铜矿、黄铜矿矿石 1　200×　单偏光

自形—他形粒状结构，细脉浸染状构造。黝铜矿半自形—他形粒状，粒径细，在 0.01~0.2 mm 之间，多呈单体分布在脉石矿物间，被铜蓝和晚期黄铜矿交代。

鄯善县维权银矿

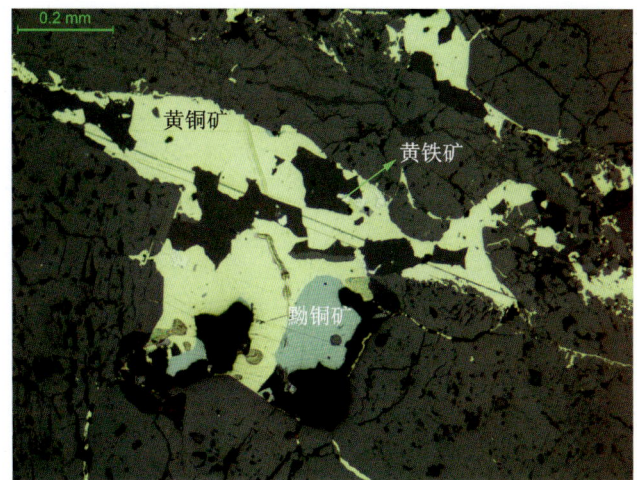

图 61 含铜锌石榴石矽卡岩 2　100×　单偏光

他形粒状结构，交错网格状构造。黝铜矿他形粒状，与黄铜矿规则连生。黄铁矿粒径很细，分布在黄铜矿中。

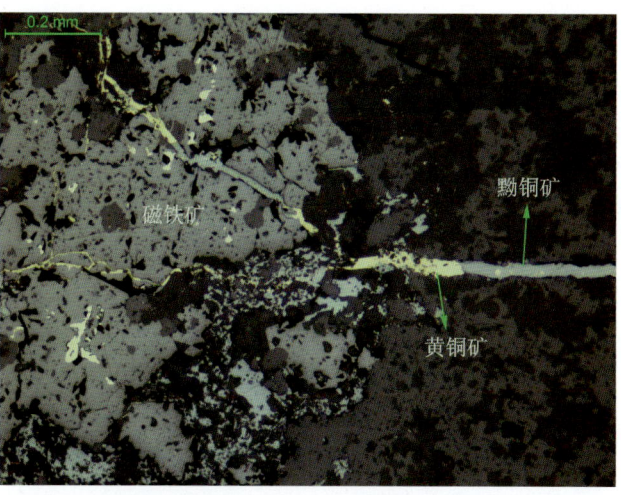

图 62 含铜强蚀变凝灰岩　100×　单偏光

半自形—他形粒状结构，细脉浸染状构造。磁铁矿他形—半自形粒状，多连生在一起呈团粒状或团块状分布，被黄铜矿、黝铜矿呈脉状穿孔交代。

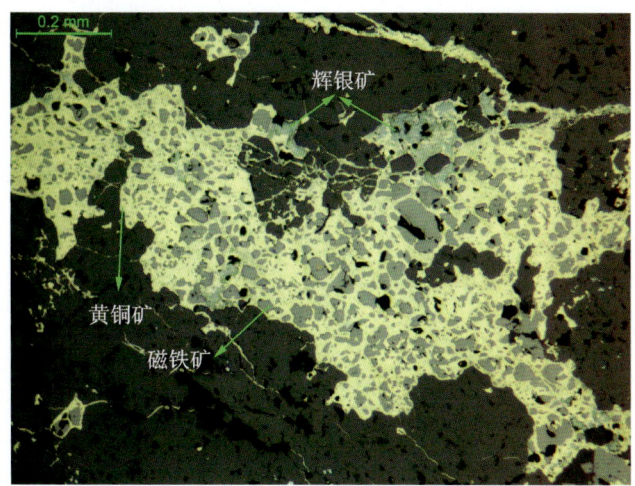

图 63 铜锌银矿石 2　100×　单偏光

他形粒状结构，细脉浸染状构造。磁铁矿呈自形—他形粒状，呈孤岛状包含在黄铜矿团粒中，形成时间较早，辉银矿呈他形粒状，分布在黄铜矿团粒中。

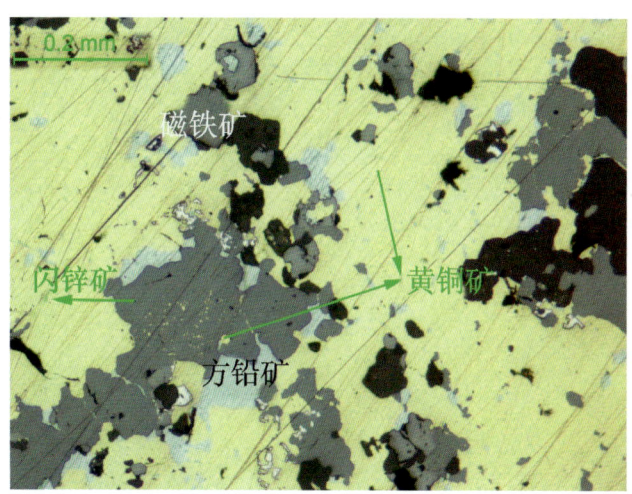

图 64 黄铜矿矿石 2　100×　单偏光

半自形—他形粒状结构，稀疏浸染状构造。磁铁矿半自形—他形粒状，包含在黄铜矿中，被黄铜矿交代。

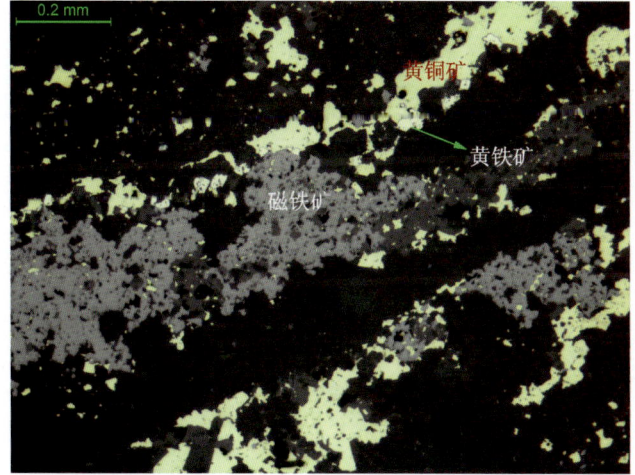

图 65 黄铜矿矿石 3　100×　单偏光

半自形—他形粒状结构、包含结构，细脉浸染状构造。磁铁矿多与黄铜矿共生，呈脉状分布，黄铁矿自形粒状，与黄铜矿连生。

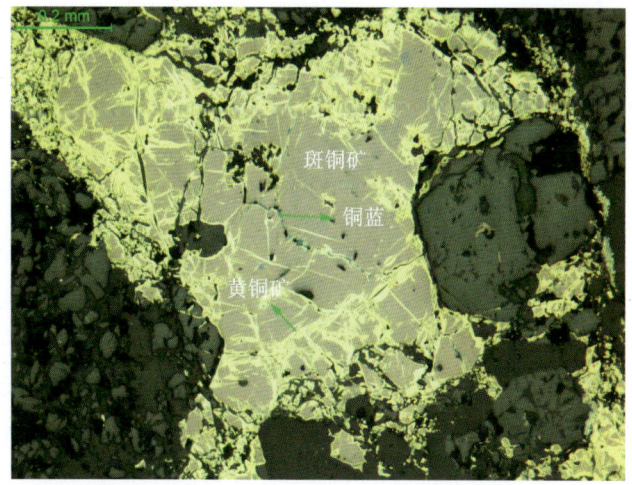

图 66 黝铜矿、斑铜矿矿石　100×　单偏光

固溶体分离结构，脉状构造。斑铜矿他形粒状，与黄铜矿呈固溶体连生结构，被铜蓝沿边缘交代。

图 67　辉铜矿、黄铜矿矿石　100×　单偏光

半自形—他形粒状结构，稀疏浸染状构造。黄铜矿他形粒状结构，与辉铜矿呈稀疏浸染状分布在脉石矿物间。

图 68　斑铜矿、辉铜矿矿石　100×　单偏光

固溶体分离结构，脉状构造。辉铜矿呈脉状穿插黄铜矿和斑铜矿。铜蓝沿黄铜矿边缘交代。

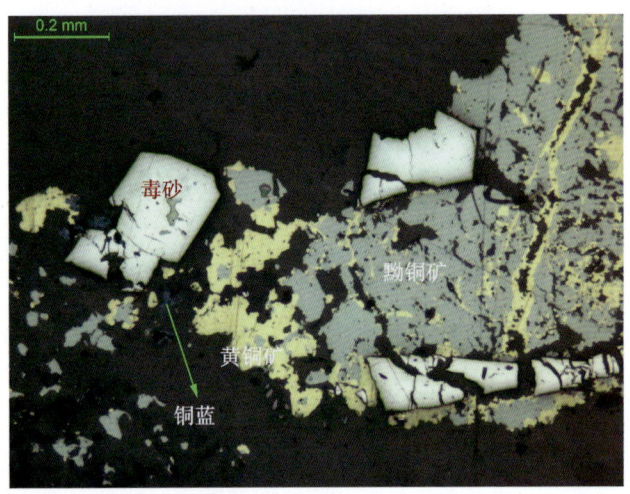

图 69　黝铜矿、黄铜矿矿石2　100×　单偏光

自形—他形粒状结构，细脉构造。毒砂自形—半自形粒状，多呈单体分布在脉石矿物间，或被黝铜矿交代，黄铜矿交代黝铜矿，或沿黝铜矿裂隙分布。

图 70　氯铜矿、孔雀石矿石

图 71　含银的石榴石矽卡岩（银矿石）

粒状结构，块状构造。自然银呈黄白色皮壳状，辉银矿呈星点浸染状分布在石榴石矽卡岩中。

图 72　破碎石榴石矽卡岩（银矿石）

岩石具粒状变晶结构，块状构造。自然银-辉银矿呈星点浸染状分布在石榴石矽卡岩中。

鄯善县维权银矿

图 73 稠密浸染状铜矿石
岩石具他形粒状结构,块状构造,为高品位银铜矿石。

图 74 蚀变石榴石矽卡岩银-黄铜矿矿石
岩石具粒状变晶结构,碎裂块状构造,为稀疏浸染状黄铜矿矿石。

图 75 含铜锌碎裂石榴石矽卡岩
岩石具粒状变晶结构,碎裂块状构造。

图 76 碎裂蚀变石榴石矽卡岩
岩石具粒状变晶结构,碎裂块状构造。辉银矿呈网脉状分布,为高品位银铜矿石。

图 77 含磁铁矿石榴石矽卡岩
岩石具粒状变晶结构,块状构造,磁铁矿化。

图 78 石榴石矽卡岩 3
岩石具粒状变晶结构,块状构造。钙铁榴石呈黑褐色,斑点状分布,钙铝榴石呈红褐色。

鄯善县彩霞山铅锌矿

拍摄者岳蕴辉

整体介绍

彩霞山铅锌矿床位于新疆鄯善县城东南 145°方向 160 km，地理坐标为东经91°21′30″，北纬41°41′40″。向东距哈罗公路（S235）直线距离 45 km，地形为平坦的戈壁间丘陵，交通方便。

2002 年新疆地矿局第一地质大队在开展大调查项目"新疆东天山彩霞山—金滩一带靶区优选及资源潜力评价"过程中发现了铅锌矿体。2003—2007 年，先后有新疆维吾尔自治区地质勘查中央专项资金项目管理办公室、新疆地矿局、新疆维吾尔自治区国土资源厅、新疆宝地矿业股份有限公司、新疆盛宝矿业有限责任公司等投入资金委托新疆地矿局第一地质大队开展勘查工作。2004 年，新疆地矿局第一地质大队提交了《新疆鄯善县彩霞山铅锌矿普查报告》并通过评审（新国土资储评审〔2004〕038 号）。2006 年新疆地矿局第一地质大队提交了《新疆鄯善县彩霞山铅锌矿资源储量核实报告》并通过评审（新国土资储评审〔2007〕002 号），累计查明（122b＋333）矿石量 405.04 万 t，铅金属量 5.07 万 t，锌金属量 12.58 万 t。另外，还估算了低品位矿石量 285.97 万 t，铅金属量 1.07 万 t，锌金属量 2.61 万 t；氧化矿矿石量 46.76 万 t，铅金属量 1.67 万 t，锌金属量 2.39 万 t；伴生银金属量 7.08 t。2007 年新疆地矿局第一地质大队提交了《新疆鄯善县彩霞山一带铅锌、铁矿普-详查报告》。2008 年新疆盛宝矿业有限责任公司委托新疆地矿局第一地质大队开展"新疆鄯善县彩霞山铅锌矿普-详查及深边部探矿"工作并提交了工作总结报告，新增加的资源量没有进行评审。2009—2011 年新疆地矿局第一地质大队利用自治区地质勘查基金对彩霞山铅锌矿深部及外围进行了勘查，并于 2012 年提交了《新疆鄯善县彩霞山铅锌矿床深部找矿勘查报告》，探获资源储量锌金属量 401.86 万 t、铅金属量 116.13 万 t；伴生锗金属量 369 t、银金属量 1429 t、硫金属量 1339 万 t，该报告未经新疆维吾尔自治区矿产资源储量评审中心评审备案。

该矿于 2004 年矿山筹建，2005 年 6 月建成投产，采用浮选工艺生产铅、锌精矿，设计处理能力 2004 年 10 万 t/a、2005—2006 年 20 万 t/a、2007 年 78 万 t/a，采用地下开采方式。该矿自 2012 年停产。

第一节　成矿地质特征

该矿床位于东疆卡瓦布拉克-星星峡中间地块北缘。矿区出露长城系星星峡群（有研究认为该地层时代属蓟县系卡瓦布拉克群）的白云质大理岩和碎屑岩，主要受北东-南西向断裂控制，走向为近东西向（图 8-1）。长城系星星峡群是一套低级区域变质并遭受糜棱岩化和蚀变矿化的沉积变质地层，可分为两个岩性段，矿区只出露第一岩性段。第一岩性段可进一步划分为两层，其中第二层分布于矿区南部，岩性为石英砂岩和透镜状大理岩；第一层是重要的含矿层，主要岩性为粉砂岩、泥岩、硅质岩互层，夹灰岩、大理岩透镜体。岩石普遍糜棱岩化，局部与侵入岩体接触发生热接触变质。断裂构造为以阿其克库都克大断裂及其次级断裂组合形成的断裂系。矿区地层总体呈单斜构造，向南倾斜，倾角一般 50°～75°，但存在次级同斜褶皱，规模较小，两翼和轴面皆向南倾斜，北翼倒转，地表较难识别。断裂主要为北东东向、北西西向和北北东向 3 组。北东东向断裂主要有两条，大致平行分布，走向 80°，断裂面向南倾斜，倾角 70°～80°，断裂性质为压扭性脆-韧性断裂。北北东向断裂主要有一条，走向 10°，断裂面近直立，为韧-脆性左行平移断裂。北西西向断裂规模不大，位于各矿化蚀变带之间。宏观构造形迹主要有糜棱面理、拉伸线理。糜棱面理向南倾斜，倾角 60°～80°，拉伸线理向南或南西倾斜。根据拉伸线理指向，推断剪切带发生了两期变形，早期为向北仰冲，晚期为左行平移。侵入岩主要为花岗岩、闪长岩，侵入时代为石炭纪，成因属 I 型；火山岩零星分布，时代为奥陶纪；变质作用以区域变质和动力变质为主，变质程度为绿片岩相、角闪岩相；根据矿区发育的闪长岩脉锆石 U-Pb 年龄 353～324 Ma、矿体中黄铁矿 Rb-Sr 等时年龄（324±24）Ma、闪锌矿 Rb-Sr 等时年龄 266～249 Ma（梁婷等，2005，2008），结合矿区内宏观特征，得出矿床形成后，至少经历了两次后期事件的改造（一次是早石炭世岩浆侵入热事件，另一次是晚二叠世造山运动过程中的区域性变质、变形事件）的结论。

一、容矿地层

矿区出露的地层为长城系星星峡群、青白口系卡瓦布拉克组第一岩性段和第四系，以青白口系卡瓦布拉克组第一岩性段为主体，岩性为一套浅海相正常沉积浅变质的碎屑岩夹碳酸盐岩，普遍糜棱岩化，局部与侵入岩体接触发生热接触变质。卡瓦布拉克组第一岩性段第一层为彩霞山铅锌矿赋矿层位。岩性组合为灰黑色互层状粉砂岩、硅质岩、泥岩夹透镜状白云石大理岩，北部与石炭纪岩浆岩接触带角岩化、硅化、矽卡岩化发育，故进一步细分为 3 个岩性层，各岩性层之间为相变接触。由于受断裂构造作用，该层呈大小不一的菱形块状体。本层与上覆地层卡瓦布拉克组第一岩性段第二层断裂接触。

二、控矿构造

矿区内褶皱、断裂构造较为发育，且与成矿作用关系最为密切。

1. 褶皱

矿区内规模较大且对成矿具有控制作用的褶皱构造为彩霞山倒转背斜。彩霞山倒转背斜分布于矿区中北部，由青白口系卡瓦布拉克组第一岩性段第一层的互层状粉砂岩、硅质岩、泥岩和白云石大理岩组成。褶皱枢纽走向 75°～255°，轴面倾向南南东，倾角 70°左右。背斜核部岩性为灰黑色互层状粉砂岩、硅质岩、泥岩，两翼岩性为青灰色—褐红色硅化白云石大理岩。两翼地层均为南倾，其中南翼地层层序正常，倾角 65°～73°；北翼地层倒转，倾角 82°～89°，近于直立。

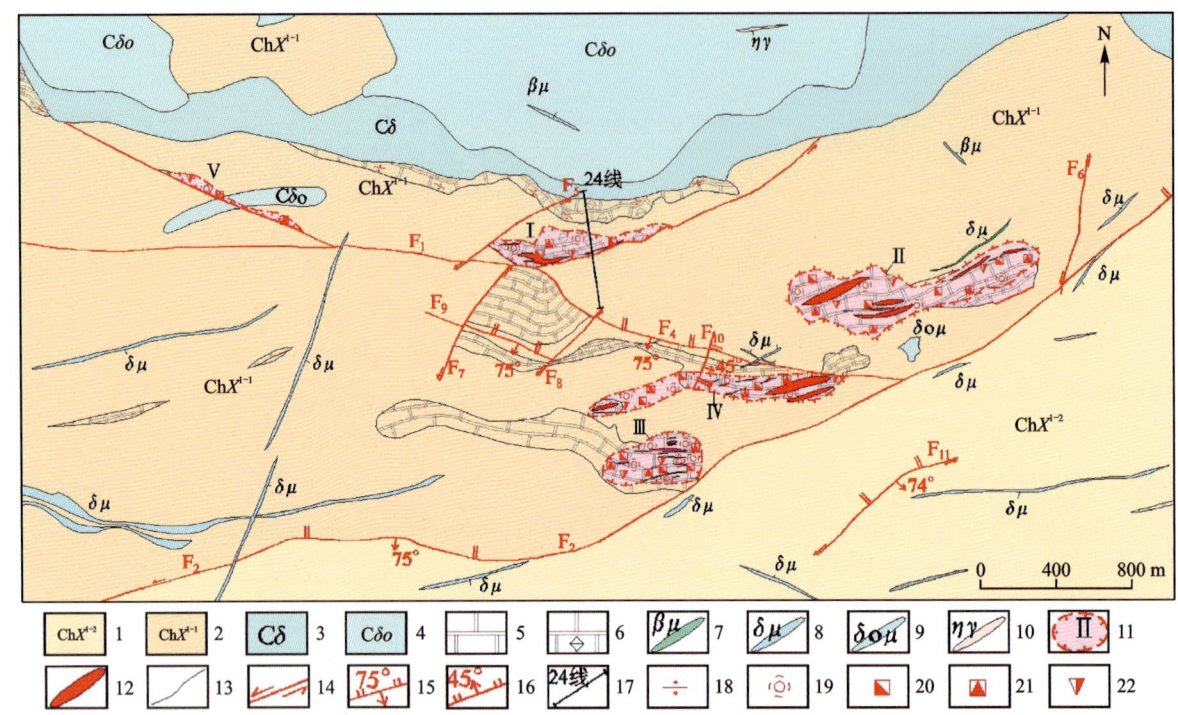

1.长城系星星峡群第一岩性段第二岩性层石英砂岩夹白云石大理岩;2.长城系星星峡群第一岩性段第一岩性层互层状粉砂岩、泥岩、硅质岩夹大理岩;3.石炭纪闪长岩;4.石炭纪石英闪长岩;5.大理岩;6.白云质大理岩;7.辉绿岩脉;8.闪长玢岩脉;9.石英闪长玢岩脉;10.二长花岗岩脉;11.蚀变带及编号;12.矿体;13.地质界线;14.平移断层;15.逆断层;16.正断层;17.剖面位置及编号;18.透闪石化;19.硅化;20.褐铁矿化;21.方铅矿化;22.闪锌矿化。

图 8-1　鄯善县彩霞山铅锌矿床地质简图

2. 断裂

矿区内断裂构造主要与分布于矿区北部约 3 km 的区域性大断裂——阿其克库都克大断裂关系密切,多数为其次级断裂或派生断裂。区内断裂构造与成矿关系密切,既对成矿有直接作用,又是矿体储存的空间。

矿区内共分布 13 条断裂,按其分布方向大致可分为 3 组:北东东向断裂 4 条、北北东—北东向断裂 7 条、北西向断裂 2 条。矿区内成矿前断裂都被活跃的岩浆活动改造。近南北向断裂都为成矿后断裂,多次活动对矿体产生破坏作用。成矿断裂显示出多期活动的特征。

F_1(彩霞山断裂)为北东东向断裂,位于矿区中偏北部,发育于卡瓦布拉克组中。沿断裂走向发育糜棱岩化带,糜棱面理极发育。断裂两侧互层状粉砂岩、泥岩、硅质岩、白云石大理岩中硅化、褐铁矿化发育,为Ⅰ号矿脉赋存层位。

F_2 为北东东向断裂,位于矿区中部,近东西向展布,是卡瓦布拉克组第一岩性段含碳质互层状粉砂岩、硅质岩、泥岩与其上覆石英砂岩的分界线,西端被第四系化学沉积物覆盖,东端插入石炭纪花岗岩中。沿断裂走向发育宽 50～100 mm 的糜棱岩化带,糜棱面理极发育。该断裂是铅锌矿产成矿层位的南界。

3. 糜棱岩带

矿区内糜棱岩化普遍发育,具有一定规模者主要分布在 F_2 断裂东段的北侧,糜棱岩带与该断裂平行展布,出露宽度 20～100 m。带内糜棱面理极为发育,局部发育拉伸线理,带内铅锌矿化不发育。该带糜棱岩化对其北部的Ⅱ₃号矿体矿石结构构造辐射影响较大,致使部分矿石具有定向构造特征,说明矿区内压扭性断裂构造在成矿期后仍有活动,在其活动的同时有较多闪长玢岩脉侵入而破坏矿体的形态和完整性。

三、岩浆活动

矿区内岩浆活动较为强烈,侵入岩和中—基性岩脉发育。

1. 侵入岩

矿区内侵入岩体出露面积约 7.30 km²,占矿区面积的 14.60%。主要分布在矿区的北部和东南部,多呈规模不大的岩株状产出。岩体之间互相穿插,侵入时代为石炭纪,期次复杂。主要岩石类型有花岗岩、花岗闪长岩、石英闪长岩、闪长岩(附录 8 图 1)、闪长玢岩,侵入先后顺序为闪长岩→石英闪长岩→闪长玢岩→花岗岩。成因类型为 I 型。

2. 岩脉

矿区内岩脉普遍发育,数量多,延伸远,岩脉走向以近东西向为主。岩脉岩石类型有闪长玢岩、闪长岩、石英闪长玢岩、辉绿玢岩、石英脉、二长花岗岩。通过对矿区内脉岩的岩石学、岩石化学进行研究,认为岩脉属于大陆活动边缘钙碱性岩脉,由与岛弧活动有关的岩浆活动形成。

第二节 矿床地质特征

一、矿床规模及空间分布

彩霞山铅锌矿床产于青白口系卡瓦布拉克组第一岩性段碎屑岩+碳酸盐岩组合中,矿体明显受碳酸盐岩和构造破碎带控制。矿区内已发现 4 个铅锌矿化蚀变带,依次为 I 号脉、II 号脉、III 号脉、IV 号脉。均可通过地表工程揭露和深部钻孔控制圈定锌(铅)矿体,I、III、IV 号脉主要矿体以锌为主伴生铅产出,Pb/Zn 约 1:4,均达到普查工作程度,局部中间加密控制。II 号脉矿体呈铅锌共生产出,Pb/Zn 约 1:2,其中 II$_1$、II$_3$ 号矿体达到详查工作程度,II$_2$ 号矿体达到普查工作程度。

在 4 个矿脉中累计圈定锌(铅)矿体 182 个,其中 I 号脉圈定矿体 12 个;II 号脉圈定矿体 61 个(分布在 II$_1$、II$_2$、II$_3$ 矿体群中);III 号脉圈定矿体 57 个;IV 号脉圈定矿体 52 个。

I 号脉矿体主要有用组分为 Zn,伴生有用组分为 Pb、Ge、S(Au、Ag、In)等。I$_1$~I$_3$ 号矿体出露地表,I$_6$~I$_{12}$ 为隐伏矿体。I 号脉中,以 I$_6$ 号矿体为主要矿体,I$_6$ 号矿体为半隐伏状。I$_6$ 号矿体地表仅呈透镜状小规模出露,主要矿体呈隐伏状产出。矿体总体呈近东西向走向,向南陡倾,局部近于直立。矿体形态总体呈近于直立的似层状、板状,矿体中部较为完整。矿体走向 84°~264°,总体倾向南,倾角 80°~89°,平均倾角 86°。氧化矿体呈透镜状产出,控制长度 100 m,为低品位氧化矿。硫化矿矿体长度 600 m,倾向上控制最大斜长 650 m,控制平均斜深约 500 m。主矿体呈半隐伏状产出。低品位硫化矿体主要分布在矿体的顶底板两侧,呈透镜状产出。矿体平均厚度 7.36 m。工业硫化矿体平均厚度 35.60 m,变化系数 81.57%,属厚度较稳定矿体(图 8-2)。

II 号脉共圈定 3 个铅锌矿体群,编号分别为 II$_1$、II$_2$、II$_3$。其中,II$_1$、II$_3$ 号矿体群已进行详查。3 个主要矿体群累计圈定子矿体数达 61 个。II$_1$ 号矿体群共圈定 15 个子矿体,II$_2$ 号矿体群位于 II 号脉中段,共圈定 24 个子矿体,II$_3$ 号矿体群位于 II 号脉东段,共圈定 22 个子矿体。II$_{1-4}$ 矿体为 II$_1$ 号矿体群中勘查程度最高的矿体。II$_{1-4}$ 矿体,垂深 17 m。氧化矿体呈透镜状产出,平均厚度 8.81 m,主要为工业矿,低品位矿呈透镜状穿插于工业矿中。工业矿体分锌矿体和铅矿体,二者呈透镜状相间产出。硫化矿体总体倾

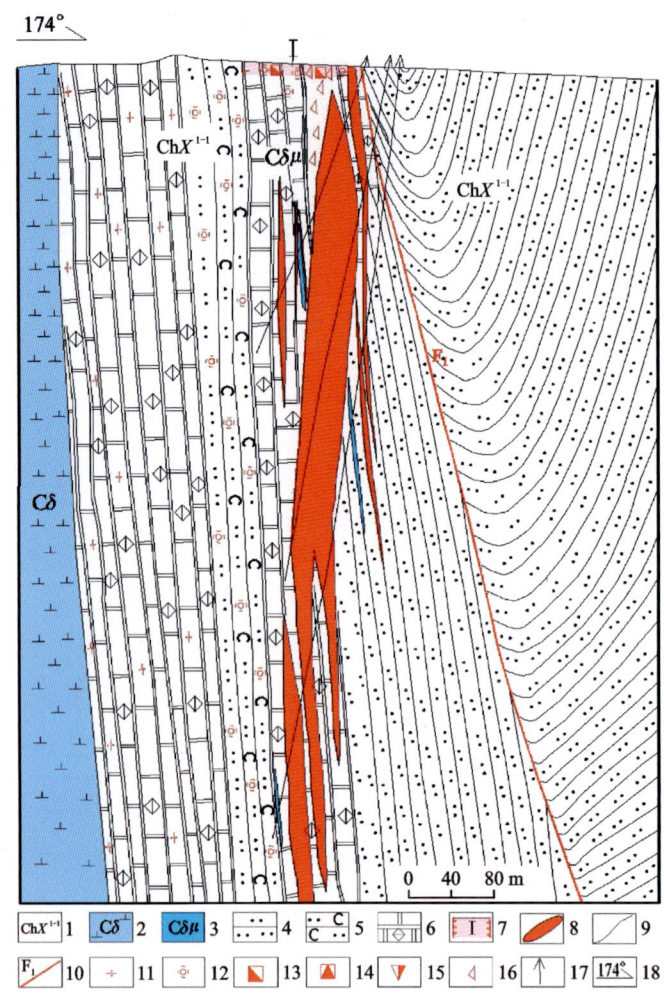

1.长城系星星峡群第一岩性段第一岩性层；2.石炭纪闪长岩；3.石炭纪闪长玢岩；4.粉砂岩；5.碳质粉砂岩；6.白云质大理岩；7.蚀变带及编号；8.矿体；9.地质界线；10.断裂及编号；11.透闪石化；12.硅化；13.褐铁矿化；14.方铅矿化；15.闪锌矿化；16.角砾岩化；17.钻孔位置；18.剖面方向。

图 8-2　鄯善县彩霞山铅锌矿床 I 号矿带矿体剖面示意图

角东段陡于西段、浅部陡于深部。形态总体呈向南倾斜的透镜状，总体走向 70°～250°，倾角 68°～75°，平均倾角 71°。

Ⅲ号脉共圈定 57 个矿体，其中出露地表的矿体 22 个，隐伏矿体 35 个，矿体总体走向近东西向，倾向南，倾角 64°～72°，主矿体为Ⅲ₃号，氧化矿体呈尖灭再现的透镜状产出。控制矿体长度 250 m，总体走向 90°～270°，倾南，倾角 70°，平均厚度 5.26 m。硫化矿体形态总体为一上宽下窄、向南倾斜的楔状，走向上呈略向北拱起的脉状。总体走向 85°～265°，倾角 62°～70°，矿体西段陡于东段、浅部陡于深部。矿体单工程平均厚度 10.39 m。矿体厚度变化系数 89.56%，属厚度较稳定矿体。

Ⅳ号脉共圈定 52 个铅锌矿体，出露地表的矿体 18 个、隐伏矿体 34 个。矿体总体走向 70°～250°，倾向南，倾角 66°～78°。所圈定矿体中，以Ⅳ₁、Ⅳ₃₀、Ⅳ₃₁号矿体规模较大。Ⅳ₁号矿体为半隐伏矿体。地表氧化矿体呈东宽西窄的透镜状。矿体出露长度约 150 m，矿体走向 75°～255°，倾向南，倾角 65°，低品位氧化矿出露长度 100 m。硫化矿体呈脉状，延伸稳定；倾向上矿体呈似层状，并具有上缓下陡、西缓东陡的特征，矿体总体走向 85°～265°，倾向南，倾角 65°～75°，平均倾角 72°，矿体具有向西侧伏的趋势。

二、矿体特征及矿石品位

Ⅰ号脉各矿体出露地表的多为低品位矿体,工业矿体主要在氧化界线以下。

Ⅱ$_{1\sim4}$号矿体氧化矿体平均品位4.29%,伴(共)生Pb平均品位0.74%。氧化矿体中还圈定有低品位的锌矿体和铅矿体。铅氧化矿体平均厚度5.87 m,锌矿体平均品位0.71%;Pb平均品位2.83%。硫化矿体单工程平均厚度11.08 m,矿体厚度变化系数82.14%,属厚度较稳定矿体。硫化矿体单工程Zn平均品位3.30%,Zn品位变化系数100.06%,伴(共)生Zn单工程平均品位0.74%,品位变化系数168.73%,有用组分分布较均匀。Pb具有与Zn共生的特点,且呈正相关关系,相关系数为0.735。

Ⅲ号脉氧化矿体单工程锌矿体平均品位5.54%;伴(共)生Pb单工程平均品位1.54%。硫化矿体单工程Zn平均品位3.05%,Zn品位变化系数134%,伴(共)生单工程Pb品位0.04%~2.05%,平均品位0.62%,属有用组分分布较均匀矿体。

Ⅳ号脉氧化矿体单工程Zn平均品位4.06%。伴生Pb平均品位1.62%。硫化矿体单工程见矿平均厚度8.49 m。矿体厚度变化系数98.96%,属厚度较稳定矿体。单工程Zn平均品位3.03%,Zn品位变化系数106.09%,伴(共)生单工程Pb平均品位0.94%,属有用组分分布较均匀矿体。

第三节 矿区主要岩石类型及围岩蚀变

一、矿区主要岩石类型及特征

灰色—灰黄色硅化、褐铁矿化互层状粉砂、硅质岩、泥岩:属于第一岩性段第一岩性层,厚度21.93 m,局部出露厚度较大。硅化、褐铁矿化、黄钾铁矾化较强使得岩石呈灰黄色—灰褐色。主要分布在矿区北部岩体外接触带上,由于动力变质作用,岩石破碎呈角砾状构造,为矿区主要的赋矿岩性(Ⅰ号脉主体)。通过显微镜下薄片鉴定可以发现,该岩层具有明显多期活化特征,为成矿作用的主要依据。

粉砂岩(附录8图2):变余微细粒粉砂状结构,微定向构造,岩石主要由岩屑、石英碎屑及填隙物组成,填隙物多变成定向排序的显微鳞片状绢云母集合体,内含大量隐晶长英质集合体。

泥岩、粉砂质泥岩(附录8图3~图8):粉砂状—隐晶质结构,粉砂屑次圆状,多为石英碎屑,少量绢云母和绿泥石呈显微鳞片状集合体较均匀分布在隐晶质中,有的含显微粒状方解石和绿帘石集合体,由于矿物含量不同而显示层状构造,有的见交错层理,层理的连续性较好,厚度一般在0.50~0.2 mm之间。

硅质岩(附录8图9~图11):碎裂—霏细状结构,角砾化结构,岩石主要由霏细状硅质组成,局部结晶为微粒状石英颗粒,内含较多杂质。岩石多破碎呈角砾状,角砾间多由岩粉和蚀变矿物绿帘石、阳起石、隐晶质褐铁矿及石英脉充填。

灰黑色互层状粉砂岩、硅质岩、泥岩:属于第一岩性段第二岩性层,矿区出露厚度924.49 m。岩石为隐晶质—砂状结构,层状构造。岩石粒径较细,由石英粉砂岩、硅质岩、泥岩相间而成,层理清晰,层厚1~15 mm,为薄层—中厚纹层,由于各岩性抗风化能力不同,风化面层理更清晰。

青灰色—褐红色白云石大理岩透镜体:属于第一岩性段第三岩性层,累计出露厚度371.74 m。白云石大理岩透镜体一般宽度10~170 m,延伸1000~2000 m,规模较大,为矿区内赋矿岩性(Ⅱ、Ⅲ、Ⅳ号脉主体)。

白云石大理岩(附录8图12~图14):粒状变晶结构,块状构造。主要成分为白云石,粒径1~2 mm,有些稍细,局部硅化、褐铁矿化、透闪石化。岩石中局部可见数厘米至数十厘米宽方铅矿脉。大理岩透镜体边界多数不平整,有时与泥岩、粉砂岩互层(附录8图15),在走向上和倾向上均呈波浪曲线,倾向上在 II$_3$号矿体竖井(1号井)中和IV号脉3勘探线表现尤为明显。白云石大理岩局部呈多期活化特征,滑石化强烈,局部形成滑石化大理岩(附录8图16)。受动力变质作用影响,岩层局部糜棱岩化,对成矿具有积极意义。

糜棱岩化石英砂岩夹白云石大理岩透镜体:属于第一岩性段第二岩性层,矿区内出露厚度1 494.29 m,未见顶。

糜棱岩化石英砂岩(附录8图17):残余砂状—糜棱结构,流状构造,岩石受动力变质作用而糜棱岩化强,仅残余少量石英碎屑,可见其外形被压扁拉长,其余碎屑已重结晶、亚颗粒化,定向排列形成层状构造(附录8图18~图19)。石英砂岩原岩呈细粒砂状结构、砂状结构,层状构造,局部遭受变质作用而呈石英岩。白云石大理岩透镜体宽度1~100 m,延伸数百米,规模小,数量少。

二、围岩蚀变及特征

矿床属受构造破碎带控制的中低温热液铅锌矿床,I号脉矿体的顶板围岩为灰黑色含碳质粉砂岩,底板围岩为白云石大理岩,矿体产在二者接触带上,矿体主体在硅化含碳质粉砂岩一侧。II、III、IV号脉产状与其围岩产状相同,矿体的底板围岩为灰黑色含碳质粉砂岩,顶板围岩为白云石大理岩。矿体产在二者接触带上并偏向白云石大理岩一侧。由矿体向围岩,岩石完整性渐强,底板的粉砂岩、顶板的白云石大理岩总体较完整。金属硫化物在围岩中不甚发育。主要蚀变矿化有碳酸盐化(附录8图20)、黝帘石化(附录8图21)、绿泥石化(附录8图22~图23)、黄铁矿化、磁黄铁矿化、透闪石化(附录8图24)及绢云母化(附录8图25)等。由细脉、网脉状碳酸盐脉(附录8图26)、石英脉(附录8图27)充填于构造裂隙中。各种矿化蚀变与矿体混合赋存,不存在分带性。

碳酸盐化:底板围岩白云石大理岩及围岩中的石英、硫化物脉受构造破碎带挤压碎裂,沿裂隙贯入的后期碳酸盐热液呈脉状充填于构造裂隙中。

透闪石化:底板围岩白云石大理岩受构造热液影响透闪石化,见白云石粒间分布纤柱状透闪石。

硅化:在构造破碎带中富含SiO_2的含矿热水溶液,沿构造破碎带强烈充填贯入和交代,有早期硅质岩压碎后被后来的石英脉充填。

绢云母化:蚀变带的围岩受后期热液蚀变,多已绢云母化,绢云母普遍强烈地交代早期矿物,绢云母化过程中析出的SiO_2呈细微粒状石英交代岩石基质,蚀变带上、下盘的围岩多伴随黄铁矿化、磁黄铁矿化,见细粒硫化物呈团块状分布于围岩中。

绿泥石化:围岩粉砂岩及熔岩沿构造破碎带被热液交代,绿泥石呈显微鳞片状集合体分布于原岩基质中。

第四节 矿石物质组成及特征

一、矿石物质成分

1. 矿石矿物

经岩矿鉴定、X射线衍射分析及电子探针成分分析,将矿石中的矿物成分分为硫化矿石矿物、氧化矿石矿物和脉石矿物3种,并按其含量(体积比)分为主要矿物(大于5%)、次要矿物(1%~5%)和少量矿物(小于1%),如表8-1所示。经分析得出:硫化矿石矿物主要为闪锌矿、方铅矿、黄铁矿和磁黄铁矿,它们占硫化矿石矿物含量的95%以上。金属矿物有23种,脉石矿物有8种。其中主要金属矿物有9种,次要金属矿物有5种,微量金属矿物有9种。矿物的组合总体显示中—低温热液特征。

表8-1 彩霞山铅锌矿矿石矿物成分表

类型	硫化矿石矿物	氧化矿石矿物	脉石矿物
主要矿物	闪锌矿、方铅矿、黄铁矿、磁黄铁矿	铅矾、褐铁矿(纤铁矿)、黄钾铁矾(铁硫酸盐)、白铁矿、菱铁矿	白云石、方解石、透闪石
次要矿物	毒砂、黄铜矿	白铅矿、胆矾、水绿矾	滑石、石英、石墨
少量矿物	块辉锑铅矿、硫铜锑铅矿、银黝铜矿、车轮矿、深红银矿、硫铁锑矿	铜蓝、斑铜矿、蓝辉铜矿	叶绿泥石、重晶石

1)闪锌矿

闪锌矿是矿石中含量最高的矿石矿物,在矿体中分布普遍(附录8图28~图29)。

形态和粒径:闪锌矿呈他形粒状集合体产出,聚片双晶发育,结晶粒径多在0.05~0.5 mm之间。受动力作用影响,矿物遭受剪切变形后重结晶粒径变化显著,多在0.01~0.03 mm之间。

赋存状态:闪锌矿可以呈单矿物和粒状集合体产出,也可以呈细脉状、网脉状切穿交代黄铁矿和磁黄铁矿,之后被方铅矿脉切穿。地表探槽中的闪锌矿大多遭受氧化淋滤,残留物呈铁的氧化物产出,主要以菱锌矿的形式活化迁移。

化学成分:闪锌矿电子探针成分分析结果见表8-2。闪锌矿具有棕黑色、棕褐色、黄褐色、红棕色和浅棕褐色等多种不同的颜色(附录8图30~图31),不同颜色闪锌矿的化学成分也表现出有规律的变化。颜色深者Fe含量增加,Zn含量减少,环带状闪锌矿由其中心向边缘颜色逐渐加深,Fe含量也依次增加、Zn含量依次递减,甚至形成铁闪锌矿(附录8图32)。

表8-2 彩霞山铅锌矿闪锌矿电子探针成分分析结果 单位:%

样品号	颜色	Zn	S	Fe	Mn	Ag	Ga	Ge	Cd	In	Se	备注
ⅡZK4601-b3	棕黑色	54.46	34.86	7.01	0.11	0.05	0.10	0.70	0.16	—	—	环带状
	棕褐色	55.99	34.81	6.67	0.15	0.05	0.34	0.90	0.11	0.02	0.15	
	黄褐色	58.66	36.27	4.62	0.09	—	—	0.84	0.10			
ⅡZK380-b13	棕红色	57.96	33.73	5.90	0.07	0.03	0.02	1.60	0.22	0.02		
ⅡZK3801-b14	浅棕褐	57.51	34.14	7.11	0.07		0.14	1.25	0.04	0.02		
闪锌矿理论值		67.10	32.90									

注:—为元素含量未达检出下限,未检出。

分析单位:新疆矿产实验研究所鉴定专业室。

分析结果显示,矿床中闪锌矿的主化学成分与理论值相比,Zn含量明显亏损,S含量略有增加,表现出强烈的类质同象置换。闪锌矿中Ga/In比值在1~7之间变化,表现出低温闪锌矿的特征。闪锌矿中Ge含量0.70%~1.60%,平均含量高达1.32%,证实Ge主要赋存在闪锌矿中。

2)方铅矿

方铅矿在矿石中含量次于闪锌矿。

形态和粒径:方铅矿多呈他形不等粒粒状产出,结晶粒径多在0.2~0.5 mm之间,遭受剪切变形后重结晶粒径多在0.1 mm左右。部分方铅矿表现出显著的塑性变形压扁拉长。

化学成分:方铅矿电子探针成分分析结果显示(表8-3),其主化学成分与理论值相近,表明方铅矿内含杂质较少。Ag 在方铅矿中含量变化较大,在 0.03%～0.12%之间,与闪锌矿比含量较高。Sb 含量变化在 0.07%～0.13%之间,几乎不含 Bi,表现出低温方铅矿的特征。

表 8-3　彩霞山铅锌矿方铅矿电子探针成分分析结果　　　　　　　　　　　　　　　　　　　单位:%

样品号	Pb	S	Ag	Sb	Bi	Se	In
ⅡZK2601-b3a	86.06	13.47	0.03	0.07	—	—	0.06
ⅡZK3801-b13	85.51	13.73	0.04	0.13	—	—	0.08
ⅡTC50-RZ1BG1	86.66	13.50	0.12	0.09	—	—	—
方铅矿理论值	86.60	13.40					

注:—为元素含量未达检出下限,未检出。
分析单位:新疆矿产实验研究所鉴定专业室。

赋存状态:方铅矿常与闪锌矿伴生(附录 8 图 33～图 34),可以切穿或交代黄铁矿、磁黄铁矿和闪锌矿(附录 8 图 35),并常含黄铁矿、磁黄铁矿和闪锌矿包裹体(附录 8 图 36)。方铅矿的富集明显晚于闪锌矿,在标高位置上反映锌富集垂向位置略高于铅富集垂向位置。在氧化带块状方铅矿被铅矾、白铅矿交代、包裹。

3)黄铁矿

早期黄铁矿遭受强烈剪切变形作用形成拔丝状(附录 8 图 37)、针状、碎片状他形黄铁矿(附录 8 图 38)。晚期黄铁矿多呈粒状集合体产出,部分具立方体或五角十二面体晶形(附录 8 图 39)。粒径变化较大,遭受强烈剪切变形的黄铁矿粒径在 0.01～0.03 mm 之间,一般在 1～2 mm 和 0.1～0.2 mm 之间。

化学成分:黄铁矿电子探针成分分析结果见表 8-4,其主化学成分与理论值相比变化较大,很可能与黄铁矿多阶段生成有关。黄铁矿的 Se/Te 比值可以反映其成矿温度变化,随成矿温度降低,Se/Te 比值逐渐减小。本次测量的两个黄铁矿样品的 Se/Te 比值为(1～10):1,大致在高-中温范围;S/Se 比值变化在 0.009 7～0.18 之间,显示热液黄铁矿特征;Co/Ni 比值大于 1,也显示了黄铁矿与岩浆物质来源有关的热液成因特点。

表 8-4　彩霞山铅锌矿黄铁矿电子探针成分分析结果　　　　　　　　　　　　　　　　　　　单位:%

样品号	Fe	S	Cu	Ag	Co	Ni	As	Sb	Se	Te	Au
ⅡZK2601-b3a	44.73	53.98	0.02	0.10	0.08	0.04	0.94	0.12	0.03	0.03	0.17
ⅡZK3402-b2	47.58	52.28	0.05	—	0.07	—	0.07	0.07	0.54	0.05	0.01
黄铁矿理论值	46.55	53.45									

注:—为元素含量未达检出下限,未检出。
分析单位:新疆矿产实验研究所鉴定专业室。

赋存状态:①呈粒状、细脉状集合体分布于矿体顶板;②在闪锌矿和方铅矿中呈包裹体分布。

4)磁黄铁矿

磁黄铁矿多呈他形粒状集合体产出(附录 8 图 40～图 41),粒径变化在 0.05～0.1 mm 之间,遭受剪切变形后粒径变细、拉长(附录 8 图 42),在强变形区域内多为 0.01～0.02 mm,局部充填在角砾状石英脉粒间。在方铅矿和闪锌矿中残留磁黄铁矿包裹体,包裹体多呈浑圆状,粒径小于 0.1 mm。部分大理岩中含少量板条状磁黄铁矿自形晶,长 0.2～0.3 mm,宽 0.02～0.05 mm,无定向性,推测属热变质成因。磁黄铁矿化学成分与理论值相近,Fe 弱亏损、S 富集,是由矿物结构中 S^{2-} 被 S_2^{2-} 代替所致。

5)毒砂

毒砂(附录 8 图 43～图 45)呈自形晶产出,粒径 0.05～0.1 mm,具菱形或板条状切面,与磁黄铁矿共生,常呈包裹体形式残留于方铅矿和闪锌矿中。毒砂主化学成分与理论值较为接近,含 As 较高,为非低温毒砂。

6）黄铜矿

黄铜矿在矿石中呈分散颗粒、集合体或细脉产出,与磁黄铁矿、闪锌矿和方铅矿连生,有的交代黄铁矿(附录8图46),粒径较细,多在0.05～0.01 mm之间,集合体直径5 mm左右。黄铜矿主化学成分中Cu亏损,Zn含量较高,可能与类质同象替换有关,通常稍高温度下黄铜矿的成分要比理想成分亏损S,只有在极低温度下才与理想成分相近,所测黄铜矿与车轮矿共生,属低温组合。

7）硫锑铅矿

硫锑铅矿是矿体中含量最多的硫盐矿物,本次硫锑铅矿通过电子探针成分分析定名。硫锑铅矿在碳酸盐和石英脉中呈集合体产出,个别呈放射状晶簇(单晶长2 mm,宽0.6 mm)产出,也可以呈包裹体产于方铅矿中,可与车轮矿连生,粒径0.1 mm左右。

8）硫铜锑铅矿、硫铁锑矿

硫铜锑铅矿、硫铁锑矿在矿体中含量很低,偶然见到。硫铜锑铅矿主要呈微细粒包裹于硫锑铅矿中。硫铁锑矿呈微细粒包裹体产于方铅矿或硫铜锑铅矿中,粒径0.01mm左右。

9）硫锑铜矿

硫锑铜矿他形粒状,多呈包裹体产于方铅矿中,粒径在0.1～0.3 mm之间,多产在铅矿石中(附录8图47)。

10）异硫锑铅矿

异硫锑铅矿他形粒状,与硫锑铜矿一起呈包裹体产于方铅矿中,粒径在0.1～0.5 mm之间(附录8图48～图49)。

11）银黝铜矿

银黝铜矿根据光性特征和成分定名,呈包裹体产于方铅矿中或包裹于车轮矿中。在方铅矿中呈棱角状包裹体,粒径0.06 mm左右;在车轮矿中受到溶蚀。该矿物在38、26线钻孔中有较多分布。

12）深红银矿

深红银矿由光学性质和成分定名,主要呈微细粒包裹体($d≈0.02$ mm)产于方铅矿中,常与脉石矿物连生,也呈细线状产于被方铅矿包裹的叶片状脉石矿物间。

13）车轮矿

车轮矿多呈他形粒状集合体产于方铅矿中,可与硫锑铅矿连生,粒径0.05 mm左右。常在方铅矿和黝铜矿间形成反应边。

2. 氧化矿物

氧化矿石主要由硫酸盐类(铅矾、黄钾铁矾、石膏、胆矾、水绿矾等)、氧化物(褐铁矿、纤铁矿)、碳酸盐类(菱锌矿、白铅矿)和次生硫化物(白铁矿、铜蓝、蓝辉铜矿、斑铜矿)等组成。其中硫酸盐类矿物在氧化带近地表特别发育。

1）铅矾

铅矾多呈微细粒集合体沿方铅矿边缘、裂隙和颗粒边界渗透交代,方铅矿由内向外呈可见残留方铅矿—铅矾—白铅矿—褐铁矿的分带特征,或在近地表方铅矿氧化初期形成铅矾、黄钾铁矾、石膏等微细粒土状混合物。

2）黄钾铁矾

黄钾铁矾多呈黄褐色、黄绿色,呈土状集合体产出,可伴有少量棕红色褐铁矿,主要为黄铁矿、磁黄铁矿氧化的产物,少量与含铁闪锌矿氧化有关。

3）胆矾、水绿矾

胆矾呈蓝色、蓝绿色,水绿矾呈蓝绿色、黄绿色。二者与黄褐色高铁硫酸盐、褐红色氧化铁和无明显颜色的胆矾等呈微细粒土状集合体混杂产出,常包含残留方铅矿。水绿矾在空气中不稳定,易氧化成高铁硫酸盐。

4) 褐铁矿

褐铁矿（附录8图50）主要在氧化带广泛分布但含量较低，多呈微细粒结晶集合体，在地表—近地表范围呈棕红色土状粉末取代高铁硫酸盐或含铁硫化物；向深部则以假象取代磁黄铁矿、白铁矿、黄铁矿及闪锌矿等含铁硫化物，最深在ZK3005孔90.80 m仍可见。

5) 菱锌矿

菱锌矿为闪锌矿的氧化物，在地表多因为淋滤作用而分布较少，在探矿斜井中常见。主要呈脉状充填裂隙或沿闪锌矿颗粒边缘和微裂隙假象取代闪锌矿，由地表至氧化带边界均可见。

6) 白铅矿

白铅矿为方铅矿氧化物之一，是铅矾进一步碳酸盐化的产物，由地表至氧化带边界均可见。近地表取代铅矾成为方铅矿氧化外壳，在探矿斜井样品中可见其沿方铅矿颗粒边缘交代置换，或呈皮壳状沿裂隙分布。

7) 白铁矿

白铁矿是矿体内分布最广的次生硫化物，占次生硫化物的95%以上。多呈显微脉状沿黄铁矿、闪锌矿颗粒边界及微裂隙交代置换或假象取代磁黄铁矿，钻孔中白铁矿分布范围较广，随着深度的变化，交代作用出现显著的选择性，在岩芯中白铁矿总是优先交代磁黄铁矿和黄铁矿，闪锌矿基本未被交代，少量闪锌矿颗粒边界或微裂隙有被弱交代的现象。

白铁矿交代磁黄铁矿后有被褐铁矿取代的现象，表明次生硫化物形成后矿区经历了又一次抬升剥蚀或潜水面下降过程，导致氧化作用叠加在次生硫化物之上。白铁矿化学成分较为简单（表8-5），其中Co/Ni<1，反映了表生作用的地球化学特征。

表8-5 彩霞山铅锌矿白铁矿电子探针成分分析结果　　　　　　　　　　单位：%

样品号	S	Fe	Sb	Ag	As	Co	Ni	Cu	Au	Te	Se
ZK4604-b2	54.10	46.20	0.03	—	0.34	0.02	0.06	0.02	—	0.02	0.05
FCXⅡXJ38-b1	52.29	47.19	0.06	0.05	0.23	0.06	0.07	0.03	0.01	0.03	—
白铁矿理论值	53.45	46.55									

注：—为元素含量未达检出下限，未检出。

分析单位：新疆矿产实验研究所鉴定专业室。

8) 铜次生硫化物

铜次生硫化物在矿体中含量较低，氧化矿石中可见铜蓝（附录8图51）、辉铜矿，常与铅矾共生，呈细脉状交代方铅矿，主要分布在地表附近的残留方铅矿矿石中。斑铜矿少见，主要被铜蓝和蓝辉铜矿取代。

3. 主要脉石矿物

脉石矿物白云石、滑石、绿泥石常见。

1) 白云石

白云石为多期活化的白云石大理岩和注入式含白云石（方解石）矿化蚀变脉体的组成矿物，也呈粒状—显微粒状分布于铅锌矿化体中，粒径0.05~0.15 mm，受动力作用影响，边部呈碎粒状，粒间接触界线不平直。矿区内白云石化与矿化关系密切，以矿化蚀变脉体形式产出为主，包括矿化+透闪石+白云石脉、矿化+绿泥石+白云石脉、矿化+滑石+白云石脉和矿化+白云石脉4种类型。

2) 滑石

滑石主要出现在千糜状矿化的白云石大理岩中，与矿石矿物紧密相伴，多共同形成千糜状条纹，或呈脉纹状产出，与矿化共生者最多，也见有无定向晚生滑石穿插矿石现象。

3) 绿泥石

绿泥石与滑石一样，可呈星散状分布于白云石大理岩中，也可和矿化+白云石一起呈脉状产出。强烈的绿泥石化，多出现在微晶闪长岩的千糜岩化边缘相附近。

二、矿石化学成分

1. 常量元素特征

依据基岩光谱分析统计结果，矿区地层主要微量元素含量平均值与地壳克拉克值对比，其白云石大理岩的 Pb、Zn、Ag、As 含量高，远高于地壳平均值，这是原岩本身含量高造成的，可为矿体形成提供成矿物质。硅化褐铁矿化白云石大理岩的 Pb、Zn、Ag、As 含量极高，远远高于地壳平均值，为多次热液交代作用叠加造成，有利于成矿。另外围岩互层状粉砂岩、硅质岩、泥岩和糜棱岩化石英砂岩的微量元素含量平均值与地壳克拉克值比相差不大，都处于一个数量级。可见白云石大理岩为成矿提供了物质基础。

Ⅰ号脉主矿体（I_6）硫化矿石主要有用组分为 Zn，伴生有用组分为 Pb，矿体 Zn 平均品位 2.32%，伴生 Pb 平均品位 0.61%。通过组合样分析，发现矿体中 Ge、S 等达到伴生有用组分评价标准。选矿试验成果显示矿石中 Ga、In、Au 也达到伴生组分要求，具有综合回收价值。Ⅱ、Ⅲ、Ⅳ号脉矿石经矿石全分析、化学基本分析，矿区内矿石总体特征为矿石中 CaO、Fe_2O_3 含量明显高于围岩和岩浆岩，而 Al_2O_3 含量低于围岩及岩浆岩，反映了容矿岩性的主要特点，物质组分在成矿过程中，围岩、岩浆岩与矿体之间交换程度较低。硅化作用的不均衡导致 SiO_2 在矿石中的含量变化很大。

2. 微量元素特征

微量元素的变化总体具有一致性，形成 Th、Ce、Sm、Y 正异常和铷、Ba、Ta、Zn、Hf 负异常，与无矿化的白云石大理岩围岩特征基本相同，反映出矿床的成矿基础为白云石大理岩。对比矿石的矿化元素含量与中国东部标准白云石大理岩数据可知，矿石中明显富集 Pb、Zn、Cu，初步富集 Ga、Co，而 W、Mo、V、U 亏损。

3. 稀土元素特征

矿石的稀土总量 ΣREE 均较小且变化范围不大，在 11.80～58.18 之间，显示出成矿物质来源与岩浆岩关系不甚密切。δEu 介于 0.00～0.39 之间，显示轻稀土亏损的特征。稀土元素配分模式图显示了统一的正 Eu 异常，与矿区内无矿化的白云石大理岩特征一致，说明整个矿化过程基本在白云石大理岩中进行，并且主要成矿元素来自白云石大理岩，即白云石大理岩既是容矿岩性，也是成矿母岩。

三、矿石结构构造及矿石类型

矿床的矿石结构、构造较为复杂，并且硫化矿石的结构构造和氧化矿石的结构构造之间差异明显。由于含矿岩性及矿区内成矿构造位置的不同，Ⅰ号脉矿体和其他矿脉在矿石结构、构造方面存在一定的差异，这里就其共同之处做简要叙述。

1. 矿石结构

根据成矿作用的不同分为两种成因的结构类型，包括氧化作用及热液充填交代作用形成的他形粒状结构、细粒结构、微细粒结构、粒状变晶结构、他形粒状结构、半自形粒状结构、交代残留结构、反应边结构等；固态剪切变形形成的流变结构、筛状变晶结构。

细粒—微细粒结构：金属硫化物颗粒呈细粒、微细粒状。

粒状变晶结构：矿石中白云石、方解石等脉石矿物呈残留粒状或重结晶粒状产出，金属矿物在脉石矿物间呈粒状分布。

他形粒状结构：闪锌矿、方铅矿、磁黄铁矿等矿石矿物呈他形粒状（附录8图52）。

半自形—自形粒状结构：黄铁矿等硫化物呈半自形，毒砂和少量黄铁矿呈自形晶产出（附录8图53）。

交代残留结构：闪锌矿中常见磁黄铁矿、黄铁矿等交代残留物（附录8图54）；方铅矿中常见闪锌矿、磁黄铁矿、硫盐矿物交代残留物。

反应边结构：仅见于银黝铜矿与方铅矿之间生成车轮矿的情况。

包含结构：指早期形成的金属矿物被晚期的金属矿物包裹，如早期形成的他形粒状磁黄铁矿包裹于闪锌矿中（附录8图55）。

碎裂结构：金属矿物由于动力作用呈碎裂状，如黄铁矿受构造应力作用有碎裂现象（附录8图56）。

流变结构：遭受剪切变形的矿石中，强变形域内矿石矿物细粒化并动态重结晶，呈"S"形流线状产出。①铅锌硫化物呈"S"形流线状围绕脉石矿物残斑分布，并在细粒方铅矿集合体中可以见到压扁拉长的闪锌矿残斑；显微镜下，粒径0.01～0.03 mm的方铅矿、闪锌矿与粒径0.05 mm的脉石矿物共同构成基质，围绕粒径0.5 mm的黄铁矿残斑和粒径0.1 mm的毒砂残斑分布。②强变形的粒径0.02～0.04 mm的闪锌矿与叶片状脉石矿物(0.1～0.2 mm×0.01～0.02 mm)共同构成基质，围绕弱变形的闪锌矿集合体呈流线状分布。

筛状变晶结构：强变形域内多种细粒化矿物共同构成筛状基质。

2. 矿石构造

氧化矿石构造十分接近，见土状构造、脉状构造、网脉状构造等。硫化矿石构造根据成矿作用的不同分为两种成因的构造类型，包括热液充填交代作用形成的脉状构造、网脉状构造、角砾状构造、块状构造、交代残留构造等，其他不多见的构造有似纹层状构造、稀疏浸染状构造、星点状构造、晶簇状构造，以及胶状构造等；固态剪切变形形成的碎裂状构造。

土状构造：氧化矿石的主要构造，主要为不稳定易溶于水的铁、铅、锌、铜矿物及碱金属矿物、碱土金属矿物呈疏松多孔的土状堆积。如由土状褐铁矿、高铁硫酸盐和菱锌矿组成的褐铁矿矿石，由疏松多孔的铅矾、白铅矿、水绿矾、胆矾及高铁硫酸盐、褐铁矿等组成的土状混合物，其中含有方铅矿残留体。

脉状、网脉状构造：铁、铅、锌等氧化物沿矿物边界或裂隙交代形成脉状、网脉状。

脉状构造：金属硫化物沿围岩或前期硫化物裂隙充填交代生成的构造。如闪锌矿脉充填块状黄铁矿裂隙，从裂隙壁向中心闪锌矿颜色由棕色渐变为黄褐色，具有对称分布的特点，表明闪锌矿是由裂隙壁向裂隙中心生长的，以充填作用为主。大多数情况下，闪锌矿脉(0.5～0.2 mm)切穿磁黄铁矿和黄铁矿矿石时，磁黄铁矿更容易遭受交代溶蚀而使闪锌矿脉局部膨大。另外，有菱锌矿沿裂隙充填交代闪锌矿脉，菱锌矿呈脉状同心环带被晚期褐铁矿交代形成胶状构造。

角砾状构造：金属硫化物充填交代围岩或前期硫化物矿石的网格状裂隙生成。如以方铅矿为主的闪锌矿、方铅矿脉呈不规则网脉状分布，方铅矿中可见闪锌矿及围岩交代残留物。方铅矿、闪锌矿细脉(0.01～0.05 mm)沿围岩显微网格状裂隙充填交代，局部富集呈不规则状集合体，可过渡为脉状—浸染状构造（附录8图57）或角砾状构造（附录8图58）。

稀疏浸染状构造（附录8图59）：黄铁矿、磁黄铁矿、闪锌矿、方铅矿等金属硫化物呈星点状、团块状分布。

块状构造：由相对稳定的单一硫化物集合体均匀分布构成，矿体中方铅矿矿石、闪锌矿矿石、黄铁矿矿石和磁黄铁矿矿石等均可以呈块状构造产出，后期多遭受强烈剪切变形。

碎裂状构造：在强变形域内金属硫化物破碎形成的构造。如黄铁矿矿石遭受强烈剪切变形，以脆性碎裂为主，细粒化的黄铁矿围绕黄铁矿残斑分布。

3. 矿石类型

矿石按氧化程度分为氧化矿石、混合矿石和硫化矿石3类，混合矿石含量很低，以硫化矿石为主。划分标准：锌氧化率大于30%者为氧化矿，锌氧化率10%～30%者为混合矿，锌氧化率小于10%者为硫化矿。矿石工业类型依据含矿岩性类型划定为硅化粉砂岩矿石、白云石大理岩矿石。按矿石构造特征主要分为网脉状矿石、细脉状矿石、纹层状矿石。

(1) 氧化矿石：分布于氧化界线以上氧化带中的矿石。氧化矿石依据金属矿物含量的多少又大致分为铅氧化矿石、锌氧化矿石、铁氧化矿石。氧化矿石中主要以铁氧化矿石为主，锌氧化矿石次之，少量为铅氧化矿石。

铁氧化矿石矿物成分以铁的氧化物为主，Ⅰ号脉矿石主要为褐铁矿、黄钾铁矾，次为菱锌矿、闪锌矿，少量方铅矿、白铅矿。Ⅱ、Ⅲ、Ⅳ号脉矿石以铁的硫酸盐矿物为主，主要为纤铁矿，褐铁矿分布范围较广但含量不高。铁硫酸盐表现为黄褐色（以黄钾铁矾为主）松散土状集合体、棕红色、砖红色（以纤铁矿为主，非锌氧化物）粉末状集合体。氧化矿石主要为土状黄钾铁矾化硅化粉砂岩、碎裂状褐铁矿化大理岩。

锌氧化矿石分布在地表和近地表，以细脉状菱锌矿为主，伴生有纤铁矿、黄铁矿、褐铁矿、黄钾铁矾、磁黄铁矿、白铁矿化等。

铅氧化矿石主要分布在地表，矿石中以铅氧化矿物、次生矿物和残留方铅矿为主，主要矿物为铅矾、白铅矿、方铅矿，少量的闪锌矿、菱锌矿、黄铁矿、磁黄铁矿、纤铁矿、铜蓝、蓝辉铜矿等。

(2) 混合矿石：分布在氧化界线以下，与硫化矿石呈渐变过渡关系，主要表现为褐铁矿化较发育，闪锌矿局部具有氧化特征。氧化矿物主要为菱锌矿及少量的白铅矿，伴有较多的褐铁矿。方铅矿氧化率小于10%。混合带中显示不同色调的棕红色、浅红褐色、黄褐色等颜色，与硫化矿石特有的青灰色相比，显示出褪色、变褐的特点。

(3) 硫化矿石：分布在混合矿石之下，局部在混合矿石中，主要为深灰色—灰褐色，含矿岩性主要为硅化粉砂岩、硅质岩。依据金属矿物组合及其矿物含量的多少可分为闪锌矿矿石、方铅矿矿石、黄铁矿矿石和磁黄铁矿矿石。

闪锌矿矿石（附录8图60～图61）：最主要的矿石类型，金属硫化物以闪锌矿为主，含量10%～30%，其他硫化物含量变化很大。一般方铅矿含量微量至20%左右，磁黄铁矿含量微量至5%左右，黄铁矿、毒砂、黄铜矿等含量小于5%。容矿岩石主要为硅化白云石大理岩，次为角砾状硅化粉砂岩。蚀变矿物为透闪石、白云石、石英、方解石、滑石和绿泥石。

方铅矿矿石（附录8图62）：矿体中含量仅次于闪锌矿矿石，钻探工程中标高位置略高于闪锌矿矿石。金属硫化物以方铅矿为主，含量10%～30%。闪锌矿和磁黄铁矿呈次要或主要矿物出现，黄铁矿呈次要矿物出现，微量矿物为含银硫盐、铅锑硫盐、毒砂和黄铜矿。容矿岩石主要为硅化白云石大理岩，蚀变矿物以白云石为主，少量滑石、方解石、石英，与闪锌矿矿石相比透闪石和绿泥石含量略低。

黄铁矿矿石（附录8图63～图64）：次要矿石类型，总体分布在铅锌矿石的顶板附近，常与铅锌矿石混合出现。金属硫化物以黄铁矿为主，含量10%～80%。其他硫化物含量变化较大，闪锌矿、方铅矿有时缺失，有时为主要矿物，磁黄铁矿为次要矿物。容矿岩石为硅化白云石大理岩，蚀变矿物为透闪石、方解石、滑石、石英、绿泥石、石墨。

磁黄铁矿矿石（附录8图65）：该类型矿石较少，总体分布在铅锌矿石的底板附近，常与方铅矿矿石、闪锌矿矿石混合分布。该类型矿石磁黄铁矿含量5%～70%，其他硫化物含量变化较大。闪锌矿可呈主要或次要矿物，方铅矿、黄铜矿可呈次要至微量矿物，还含有微量的黄铁矿、毒砂、白铁矿、铅锑硫盐等。

四、主要矿物生成顺序

1. 成矿期及成矿阶段

矿床形成经历了热液成矿期、动力变质变形期和表生成矿期3个期次。

热液成矿期：与侵入岩浆活动和断裂活动相伴的热液活动形成多阶段的热液成矿作用。共分为5个矿化阶段。

(1) 透闪石-石墨阶段：与海西期构造热事件相关，形成矿化前有关的蚀变矿物。如透闪石、活化白云石、活化石英、重结晶石墨（附录8图66）等。

(2) 黄铁矿阶段：指与早期剪切变形形成的拔丝黄铁矿相关的块状黄铁矿矿石，主要为沉积成岩的黄铁矿或经历热液改造后形成的黄铁矿集合体。

(3) 毒砂-磁黄铁矿阶段：脉状磁黄铁矿和毒砂切穿交代早期黄铁矿。

(4)黄铁矿-闪锌矿阶段：铅锌矿体有益组分的主要富集阶段之一，闪锌矿在该阶段大量富集成矿，形成锌矿体。其中含有少量的黄铜矿、方铅矿和锗矿物等。

(5)硫盐-方铅矿阶段：此阶段方铅矿大量富集，同时切穿前阶段形成的各类矿石矿物并同前一阶段形成的锌矿体混合形成铅锌矿体，同时硫锑铅矿、硫铜锑铅矿、硫铁锑矿、深红银矿、银黝铜矿和车轮矿等硫盐矿物析出，并生成少量的黄铜矿、黄铁矿等。

动力变质变形期：热液成矿作用结束后，由于进一步动力变质变形作用，固态矿石遭受强烈的剪切变形，形成一系列与剪切变形有关的矿石矿物组合和组构。

表生成矿期：热液成矿期和动力变质变形期结束后，矿床又经历了抬升剥蚀暴露在地表，遭受表生氧化作用形成氧化矿石及其相关的氧化矿物、次生硫化物和对应的矿石结构、构造。

2.矿物共生组合

根据矿物形成的先后顺序，矿物共生组合有以下3种形式。包括氧化物-硫酸盐-碳酸盐类金属矿物组合：褐铁矿、铅矾-黄钾铁矾-胆矾、菱锌矿-白铅矿；金属硫化物组合：闪锌矿、方铅矿、黄铁矿、磁黄铁矿、黄铜矿、毒砂、铅锑硫盐矿物、银黝铜矿、深红银矿、车轮矿等中低温矿物；次生金属矿物组合：白铁矿、铅矾、铜蓝、斑铜矿、蓝辉铜矿等矿物。

3.矿物生成顺序

根据矿床中不同矿物之间的穿插、充填、交代关系，以及矿物自形程度、各矿物的空间位置等特征确定各主要矿物的生成顺序，详见表8-6。

表8-6 彩霞山铅锌矿矿物生成顺序简表

矿物名称	热液成矿期					动力变质变形期	表生成矿期
	透闪石-石墨阶段	黄铁矿阶段	毒砂-磁黄铁矿阶段	黄铁矿-闪锌矿阶段	硫盐-方铅矿阶段		
透闪石	━━	—				—	
石墨	—						
石英	—	—					
白云石	━━	—					
方解石	—						
黄铁矿		━━━━━		—	—		
磁黄铁矿		—	━━━				
毒砂			—				
闪锌矿				━━━	—	—	
黄铜矿				—	—		
铅锑硫盐					—		
银黝铜矿					—		
车轮矿					—		
深红银矿					—		
方铅矿					━━━		
滑石						—	
叶绿泥石			—				
铅矾							—
黄钾铁矾							—
白铅矿							—
菱锌矿							—
纤铁矿							━━
铜蓝							—
斑铜矿							—
蓝辉铜矿							—
白铁矿							—

研究单位：新疆矿产实验研究所鉴定专业室。

第五节　矿石工艺矿物学特点

一、有益、有害元素赋存状态特点

1. Ⅰ号脉矿石化学成分

Ⅰ号脉主矿体（Ⅰ$_6$）硫化矿石主要有用组分为 Zn，伴生有用组分为 Pb，矿体 Zn 平均品位 2.32%，伴生 Pb 平均品位 0.61%。通过组合样分析，发现矿体中 Ge、S 等达到伴生有用组分评价标准。选矿试验成果显示矿石中 Ga、In、Au 也达到伴生组分要求，具有综合回收价值。

通过对Ⅰ号脉各矿体的组合样分析，矿体伴生 Ge 含量达到有用组分伴生要求。单矿体最高 22.95×10^{-6}，最低 3.7×10^{-6}，全矿脉平均品位 10.78×10^{-6}。从电子探针成分分析和选矿试验分析结果来看，Ge 主要赋存在闪锌矿中。从 ZK2401 孔工业锌矿体单样分析结果来看，当 Zn 品位为 1%~2% 时，伴生 Ge 品位在 (4.10~19.10)×10^{-6} 之间，以大于 10×10^{-6} 为主；当 Zn 品位大于 2% 时，伴生 Ge 品位以大于 20×10^{-6} 为主。说明 Zn、Ge 含量具有一定的正相关关系。

组合样分析结果显示，硫化矿体中伴生 S 达到伴生有用组分评价标准，其单矿体最高 10.49%，最低 4.6%，全矿脉平均品位 8.54%。

伴生 Au 品位 0.22×10^{-6}，伴生 Ag 品位 2.30×10^{-6}，从选矿试验结果来看，Ag 主要与方铅矿关系密切。但是在勘查工程组合分析样中，伴生 Au 品位一般在 (0.08~0.1)×10^{-6} 之间，没有达到伴生有用组分评价标准。

通过对试验矿样多元素分析，伴生 Ga 品位 340×10^{-6}，伴生 In 品位 26.63×10^{-6}，从选矿试验成果来看，In 伴生在方铅矿和闪锌矿中。在勘查工程组合分析样中，Ga 元素伴生品位为 6×10^{-6}，与选矿试验样成果值差异很大，可能是富集分布不均匀所致。

2. Ⅱ、Ⅲ、Ⅳ号脉矿石化学成分

经过对各矿脉矿石化学成分比较发现，各矿脉主矿体硫化矿石主要有用组分为 Zn、Pb，以 Zn 为主，Pb/Zn 为 1∶2~1∶5。各矿脉主矿体 Zn 平均品位 2.32%~6.14%，Pb 平均品位 0.56%~1.67%。另外还伴生有 Ag、S 等。

通过矿石全分析和组合分析，Ⅱ号脉各矿体中伴生有用组分达到评价标准的有 Ag、S。单矿体 Ag 伴生品位 (1.20~29.90)×10^{-6}，全矿脉 Ag 平均品位 13.48×10^{-6}，单组合样成果中 Ag 品位可达 87.50×10^{-6}。单矿体 S 伴生品位 2.13%~27.29%，矿脉 S 平均品位 12.20%。矿脉中 Ga、Ge、Cd 含量分别为 4.90×10^{-6}、6.33×10^{-6} 和 57.53×10^{-6}。

Ⅲ号脉通过矿石全分析和组合分析，伴生有用组分达到评价标准有 Ag、S。单矿体 Ag 伴生 (1.40~27.40)×10^{-6}，全矿脉 Ag 平均品位 13.90×10^{-6}，单组合样成果中 Ag 品位可达 65.50×10^{-6}。单矿体 S 伴生品位 3.48%~16.29%，矿体 S 平均品位 6.41%。矿脉中 Ga、Ge、Cd 含量分别为 3.97×10^{-6}、4.96×10^{-6} 和 58.60×10^{-6}。

Ⅳ号脉通过矿石全分析和组合分析，伴生有用组分达到评价标准的有 Ag、S。单矿体 Ag 伴生品位 (0.90~36.60)×10^{-6}，全矿脉 Ag 平均品位 10.40×10^{-6}，单组合样成果中 Ag 品位可达 50.80×10^{-6}。单矿体伴生 S 品位 2.52%~11.73%，矿体 S 平均品位 6.69%。矿脉中 Ga、Ge、Cd 的含量分别为 2.82×10^{-6}、7.13×10^{-6} 和 47.85×10^{-6}。

矿床的主要有害元素是As，据组合样品和岩石全分析样的微量元素成果显示，彩霞山矿区各矿脉的平均As含量分别是：Ⅰ号脉0.02%、Ⅱ号脉0.17%、Ⅲ号脉0.02%、Ⅳ号脉0.07%。最大值0.17%，一般在0.02%～0.07%之间，未超过有害杂质的允许含量，对矿床的开发及选冶生产不会产生负面影响。脉石矿物中的石墨、滑石和分散的无机碳均具有极强的疏水性，在浮选工艺中是有害组分，极易进入精矿中，影响精矿品位，在浮选工艺中应尽量降低它们的影响。

二、矿石矿物粒径及嵌布方式

1. 矿石矿物粒径

闪锌矿呈他形粒状集合体产出，聚片双晶发育，结晶粒径多在0.05～0.5 mm之间。受动力作用影响，矿物遭受剪切变形后重结晶粒径变化显著，多在0.01～0.03 mm之间。方铅矿多呈他形不等粒粒状产出，结晶粒径多在0.2～0.5 mm之间，遭受剪切变形后重结晶粒径多在0.1 mm左右。部分方铅矿表现出显著的塑性变形压扁拉长。

由表8-7可知，闪锌矿嵌布粒径主要为0.02～0.2 mm±，属于细粒级，约占总数的48%。次为微粒级和中粒级，分别为28%和19%，以细—微粒最少。方铅矿细粒级占多数，约70%，次为中粒级和微粒级，为28%，少量次显微级。因此，矿石为细粒占优势不等粒矿石。

表8-7 矿石矿物嵌布粒径分布表

序号	嵌布方式	嵌布粒径	闪锌矿		方铅矿	
			个数/个	比例/%	个数/个	比例/%
1	粗粒嵌布	>2mm	0	0	0	0
2	中粒嵌布	2～0.2mm	98	19	65	16
3	细粒嵌布	0.2～0.02mm	252	48	286	70
4	微粒嵌布	20～2μm	145	28	63	12
5	次显微嵌布	2～0.2μm	26	5	8	2
6	胶体分散	<0.2μm	0	0	0	0
	合计		521	100	409	100

分析单位：新疆矿产实验研究所鉴定专业室。

2. 矿石矿物晶粒形态及嵌布方式

闪锌矿以自形—半自形粒状单体和集合体为主，多呈细脉状、网脉状，部分颗粒外形不规则，边缘呈直线、简单曲线和不规则曲线与方铅矿、黄铁矿、磁黄铁矿接触。晶粒与晶粒之间接触面多比较平坦光滑，有利于金属矿物破碎、单体解离及选别。此外，在矿石中可见少量包含结构，闪锌矿呈包裹体分布于方铅矿、磁黄铁矿中，对矿石选别的影响不大。方铅矿多呈他形不等粒粒状集合体产出，边缘亦呈直线、简单曲线和不规则曲线与方铅矿、黄铁矿、磁黄铁矿接触。其他地表探槽中的闪锌矿大多遭受氧化淋滤，残留物呈锌的氧化物产出，主要以菱锌矿的形式活化迁移。

方铅矿的富集明显晚于闪锌矿，在标高位置上反映锌富集垂向位置略高于铅富集垂向位置。在氧化带，块状方铅矿被铅矾、白铅矿交代、包裹。

3. 矿石构造及相对可选性

矿石构造相对比较简单，主要为细脉状构造、网脉状构造及碎裂状构造，对铜矿石来说，这些构造类型是有利于矿石矿物的单体解离和选别的。

4. 矿石中矿物连生体的连生特性研究

矿石中不同矿物之间的嵌布关系可分为以下3种。

毗邻连生：矿石中不同矿物颗粒毗邻接触，矿物颗粒形态多呈粒状，接触界线光滑平直或呈简单曲线状，这类结构在矿石中占多数，一般容易单体解离。同种矿物相互连生在一起，如闪锌矿呈聚粒状产出。不同矿物间毗邻连生，如闪锌矿、方铅矿及黄铁矿相互连生在一起。

穿插连生：一种矿物颗粒由连生体边缘穿插到另一种矿物颗粒的内部，磁黄铁矿沿闪锌矿裂隙穿插连生较常见。

包裹连生：一种矿物被包裹在另一种矿物中，矿石中常见脉石矿物包裹硫化物；磁黄铁矿被包裹在闪锌矿中也比较常见。

三、矿石工艺矿物学特点及选矿方法

西北矿冶研究院于2006年对 I_6 号矿体矿石进行了可选性试验。针对矿石性质特点，最终确定采用顺序优先浮选的工艺流程，即将原矿磨至75%小于200目，铅回路采用1次粗选、4次精选产出铅精矿；锌回路经1次粗选，锌粗精矿再磨至90%小于325目后，经3次精选产出锌精矿的工艺流程。铅精矿品位50.58%，铅回收率60.36%；锌精矿品位47.29%，锌回收率75.83%。

锌粗精矿推荐采用锌粗精矿再磨方案作为选厂设计的技术依据。

伴生稀散元素中原矿 Ge、Ga、In 品位分别为 0.001 9%、0.034%、26.63×10^{-6}；锌精矿中 Ge、Ga、In 品位分别为 0.009 2%、0.076%、84.00×10^{-6}，回收率分别为 27.11%、12.71%、18.14%。伴生有用组分回收率较低，在实际生产中应注重改进工艺、提高有用组分回收率。

第六节 矿床成因和成矿模式探讨

该矿床成因有沉积变质-中低温热液改造型(彭明兴等，2006)、与中酸性侵入岩浆活动有关的中低温热液脉状矿床(高晓理等，2006)和MVT型(彭明兴等，2007)等不同的认识。根据矿床类型划分方案，将其归为碳酸盐岩-碎屑岩型矿床。矿床的形成与石炭纪构造岩浆活动有关，其相对成矿时代大致在俯冲碰撞阶段，区域走滑断裂强烈活动时期。石炭纪构造岩浆活动为成矿作用提供了充分的能源和部分物源，驱动地层中不同来源的流体(以建造水为主，辅以岩浆水)沿剪切断裂带循环，萃取地层(和基底?)中古老的多期活化成矿物质，在容矿地层的有利部位成矿。矿石 Pb 同位素表明成矿物质具壳幔混源的特点，石炭纪中酸性侵入岩浆活动为成矿作出了重大贡献，矿床有用物质来源主要为青白口系白云石大理岩。矿床成矿模式见图8-3。

成矿过程主要分4期，分述如下。

1. 成矿物质准备期

在古老变质岩系基底基础上，长城系星星峡群浅海相碎屑岩-碳酸盐岩建造以盖层形式沉积。该沉积层的碳酸盐岩中富含 Pb、Zn 成矿有用物质，为成矿物质来源做好了准备。

2. 成矿物质开始活化期

自早古生代开始，矿区所处的大地构造单元进入活跃期，南北向挤压应力作用强烈，以矿区北部的阿其克库都克大断裂为主要构造线，其次级断裂在矿区内发育。星星峡群地层发生褶皱变形。沿断裂带岩石发生强烈的韧-脆性变形，在此构造作用过程中，成矿母岩(白云石大理岩)中有用组分开始活化。

3. 主成矿期

至早石炭世末期，南北向挤压应力进一步作用，沿阿其克库都克大断裂一带包括矿区在内，I型钙碱性岩浆强烈活动,并沿断裂低压带以底蚀形式侵入。随着岩浆活动、构造活动,以及相伴的变质作用等,由岩浆水和建造水(为主)组成的热卤水溶液强烈循环,萃取地层中有用组分活化迁移,于断裂构造形成的破碎带和张性裂隙以充填形式沉淀成矿。在成矿末期,热液继续活动使部分矿石发生塑性形变。

4. 矿体剥蚀—表生期

随着俯冲造山作用的持续,地壳继续抬升,矿体遭受剥蚀出露地表。地壳抬升过程中,岩浆活动减弱,主要为钙碱性中—基性脉岩沿低压带穿插于地层和矿体中,在穿插过程中,热液混染作用致使脉岩局部出现弱的铅锌矿化现象。局部断裂构造持续活动和脉岩的穿插,破坏了已经形成的矿体形态。在近地表附近,矿体遭受表生作用形成氧化矿石。

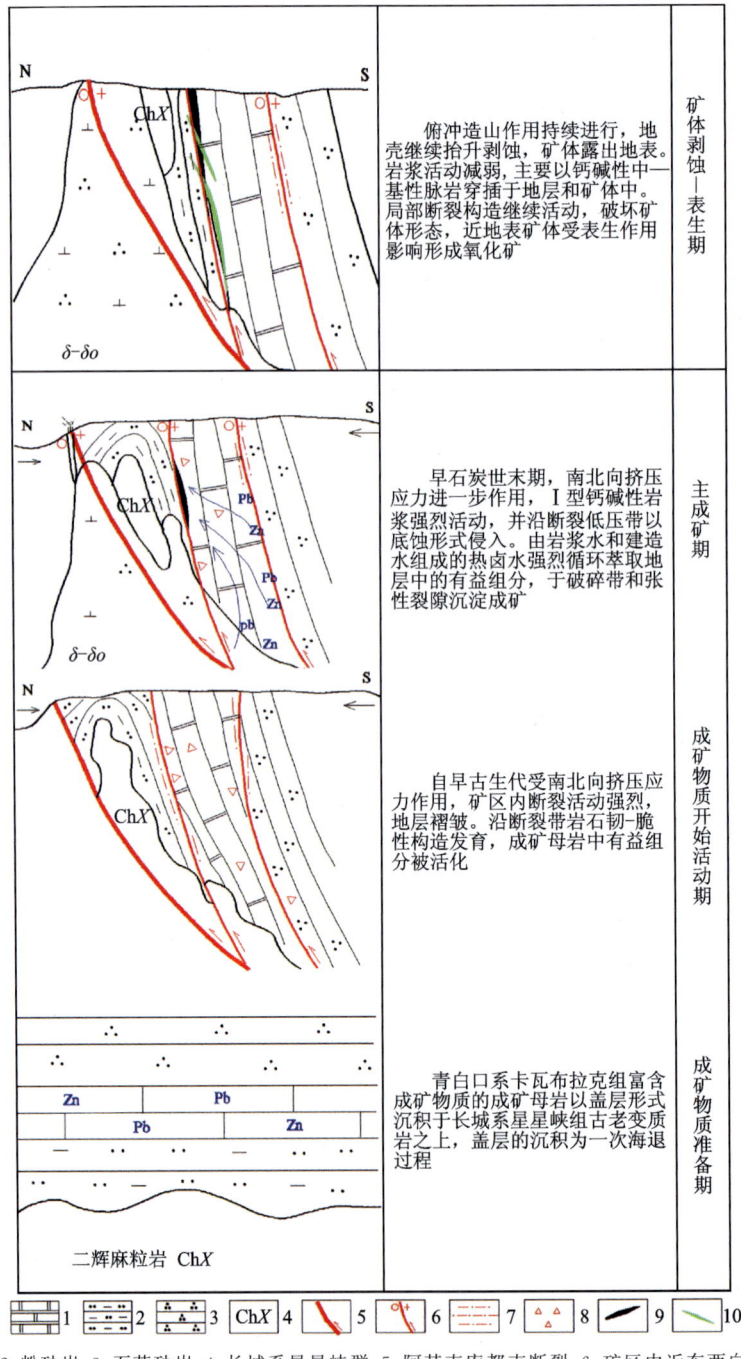

1.碳酸盐岩;2.粉砂岩;3.石英砂岩;4.长城系星星峡群;5.阿其克库都克断裂;6.矿区内近东西向断裂;7.糜棱岩化;8.碎裂岩化;9.铅锌矿体;10.中—基性脉岩。

图 8-3　彩霞山铅锌矿中—低温热液充填式成矿模式

主要参考文献

高景刚,梁婷,彭明兴,等,2007.新疆彩霞山铅锌矿床硫碳氢氧同位素地球化学[J].地质与勘探,43(5):57-60.

高晓理,彭明兴,胡长安,2006.新疆彩霞山铅锌矿床流体包裹体研究[J].地球科学与环境学报,28(2):25-29.

梁婷,王红,胡长安,等,2008.新疆彩霞山铅锌矿微量和稀土元素地球化学特征初步研究[J].地质与勘探,44(5):1-9.

梁婷,王磊,彭明兴,等,2005.新疆彩霞山铅锌矿床的铅同位素地球化学研究[J].西安科技大学学报,25(3):337-340.

彭明兴,王君良,虞文英,等,2006.新疆鄯善彩霞山铅锌矿床地质特征及找矿模型建立[J].新疆地质,24(4):405-411.

彭明兴,桑少杰,朱才,等,2007.新疆彩霞山铅锌矿床成因分析及MVT型矿床成因对比[J].新疆地质,25(4):373-378.

孙莉,邓刚,肖克炎,等,2010.新疆鄯善地区彩霞山铅锌矿大比例尺成矿预测[J].地质通报,29(10):1512-1516.

王虹,桑少杰,彭明兴,等,2009.新疆彩霞山铅锌矿床稀土元素地球化学研究[J].地球科学与环境学报,31(2):142-147.

王新昆,邓军,吴华,等,2008.东天山维权—彩霞山一带内生金属矿床主要类型和地质特征[J].新疆地质,26(1):17-21.

内部资料

新疆地矿局第一地质大队,2007.新疆鄯善县彩霞山一带铅锌铁矿普-详查报告[R].吐鲁番:新疆地矿局第一地质大队.

新疆地矿局,2014.典型矿床模式说明:新疆彩霞山碳酸盐岩-细碎屑岩型铅锌矿床[R].乌鲁木齐:新疆地矿局.

附录8　图片及说明

图1　蚀变闪长岩
半自形粒状结构,块状构造,受构造作用影响被后期石英脉充填。

图2　粉砂岩　100×　正交偏光
粉砂状结构,岩石主要由粉砂屑和填隙物组成。

图3　含沥青粉砂质泥岩
岩石黑色,微定向构造,主要由粉砂屑和泥质组成,含少量沥青质。

图4　碳质泥岩
层状构造,泥质已重结晶,含碳质。

图5　粉砂质泥岩1　50×　正交偏光
粉砂—泥质结构,岩石主要由隐晶质、石英粉砂屑和少量绢云母、绿泥石组成,显层状构造。

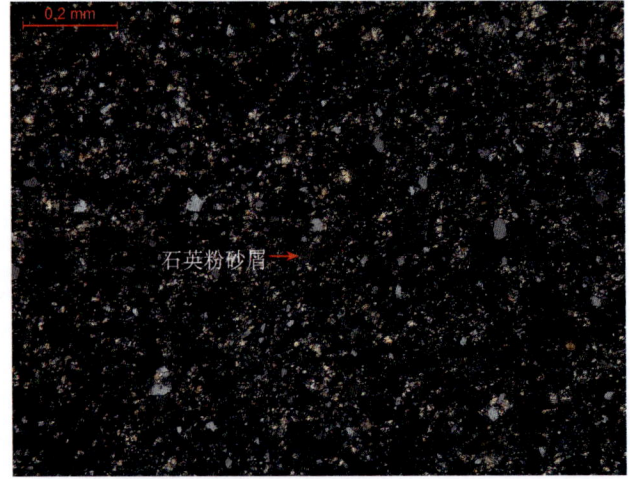

图6　粉砂质泥岩2　50×　正交偏光
粉砂—泥质结构,岩石主要由隐晶质、石英粉砂屑和少量绢云母、绿泥石组成,微显层状构造。

图 7　泥岩 1　50×　正交偏光

泥质结构,岩石主要由泥质组成,泥质略有重结晶,具绢云母化。

图 8　泥岩 2　50×　正交偏光

泥质结构,岩石主要由泥质和少量石英粉砂屑条带组成,泥质多已重结晶为绢云母,具交错层理。

图 9　碎裂硅化硅质岩

岩石由霏细状硅质组成,受动力变质作用岩石破碎,沿破碎带充填纵横交错的石英-方解石脉。

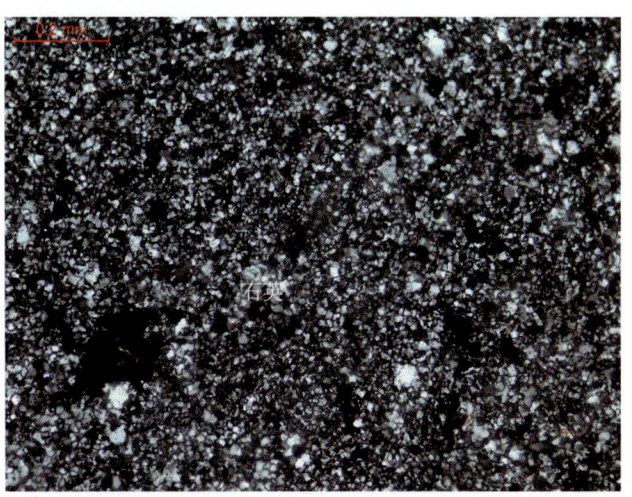

图 10　硅质岩　200×　正交偏光

霏细状结构,岩石主要由霏细状硅质组成,现部分结晶为微粒状石英颗粒,偶见细粒石英团块。

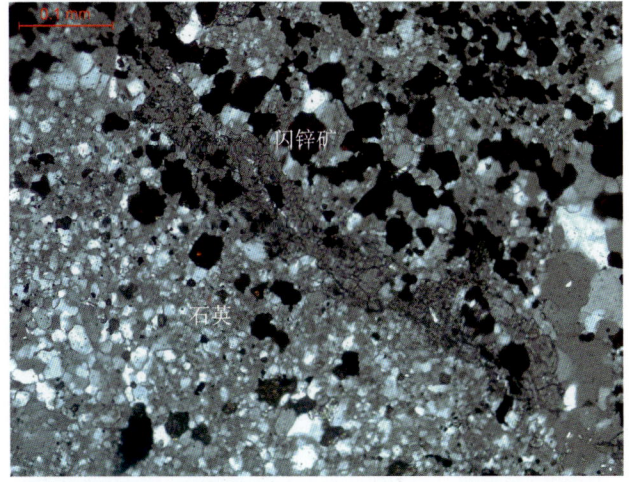

图 11　闪锌矿化硅质岩　200×　正交偏光

霏细状结构,岩石主要由霏细状硅质组成,现结晶为微粒状石英颗粒,在石英粒间浸染状分布粒状闪锌矿。

图 12　白云石大理岩 1

岩石青灰色,具块状构造,主要由微细粒白云石变晶组成,局部有滑石化。

图 13　白云石大理岩 2　50×　正交偏光

粒状变晶结构,岩石主要由粒状白云石组成。

图 14　透闪石化白云石大理岩　50×　正交偏光

粒状斑晶结构,岩石主要由粒状白云石组成,见纤柱状透闪石分布于白云石粒间。

图 15　白云石大理岩、泥岩互层　50×　正交偏光

岩石由细粒白云石组成。白云石大理岩与霏细状泥质组成的泥岩呈层状分布,泥岩中含少量石英团块。

图 16　滑石化大理岩　50×　正交偏光

白云岩大理岩受中低温热液作用蚀变形成纤状滑石不均匀分布于白云石晶粒中。

图 17　石英砂岩

岩石呈砂状结构,块状构造,局部受构造作用影响被后期石英脉充填。

图 18　彩霞山铅锌矿岩芯(层状构造)1

矿体围岩中片理化、糜棱岩化的岩层。

图19　彩霞山铅锌矿岩芯(层状构造)2
矿体下盘大理岩地层挤压变形和揉皱。

图20　底板围岩碳酸盐化　50×　正交偏光
底板围岩白云石大理岩受构造挤压碎裂,网脉状方解石脉充填构造裂隙间。

图21　黝帘石化　50×　正交偏光
岩石中斜长石斑晶受热液蚀变形成粒状黝帘石。

图22　绿泥石化1　50×　正交偏光
石英斑晶破碎,沿裂隙及石英边缘充填方解石、绿泥石团块。

图23　绿泥石化2　100×　正交偏光
粉砂岩基质中显微鳞片状绿泥石集合体不均匀分布。

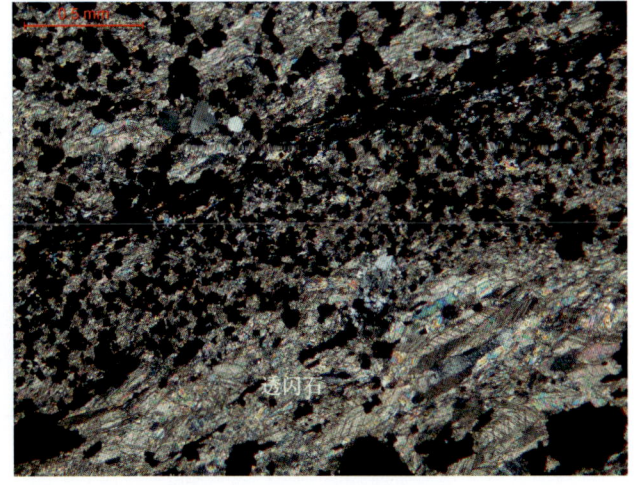

图24　矿化＋透闪石化　50×　正交偏光
白云石大理岩局部蚀变为纤柱状透闪石,硫化物呈脉状—浸染状分布。

图25　绢云母化　100×　正交偏光

岩石受后期热液蚀变,绢云母化,硫化物团块呈浸染状分布于岩石中。

图26　围岩中晚期方解石脉　50×　正交偏光

顶板围岩中石英、硫化物脉被晚期方解石脉交错切穿。

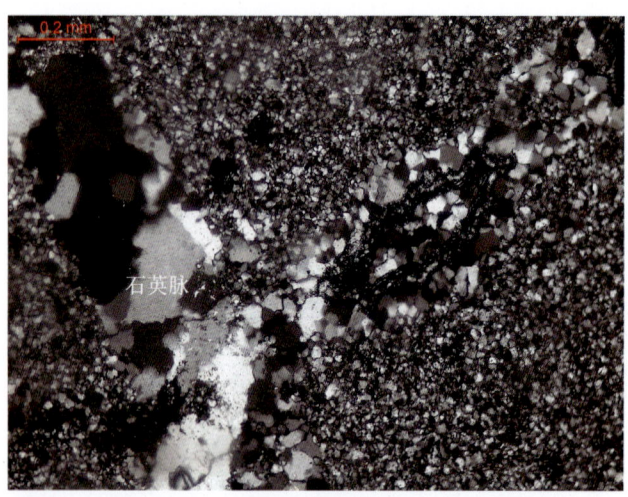

图27　石英脉　100×　正交偏光

硅质岩受构造作用影响岩石碎裂,沿裂隙充填细脉状石英脉。

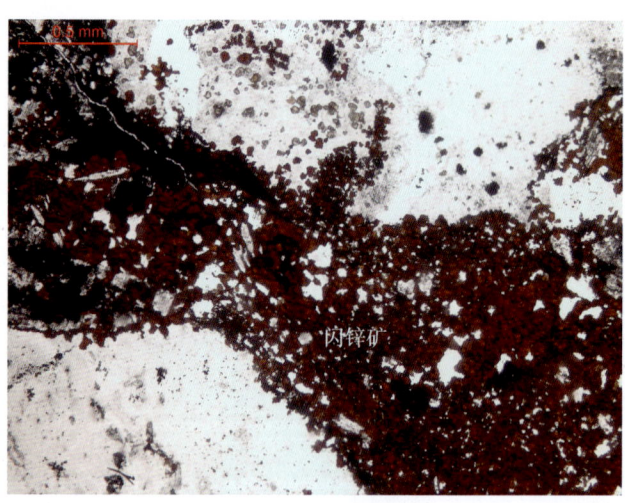

图28　硅质岩中闪锌矿　50×　单偏光

硅质岩中他形粒状闪锌矿呈脉状分布于岩石中。

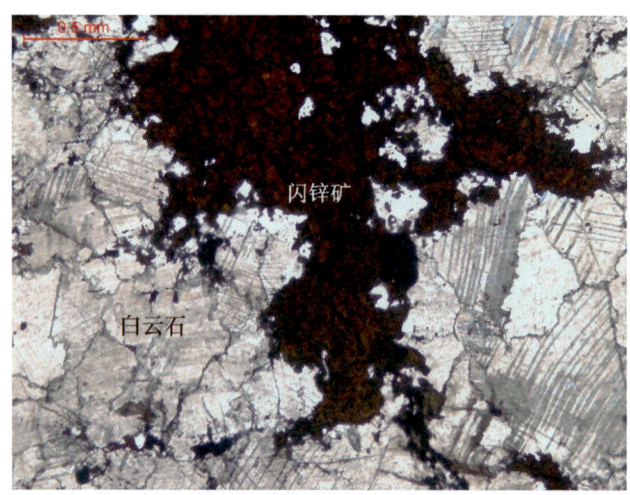

图29　白云石大理岩中闪锌矿　50×　单偏光

白云石大理岩中粒状闪锌矿呈脉状浸染状分布。

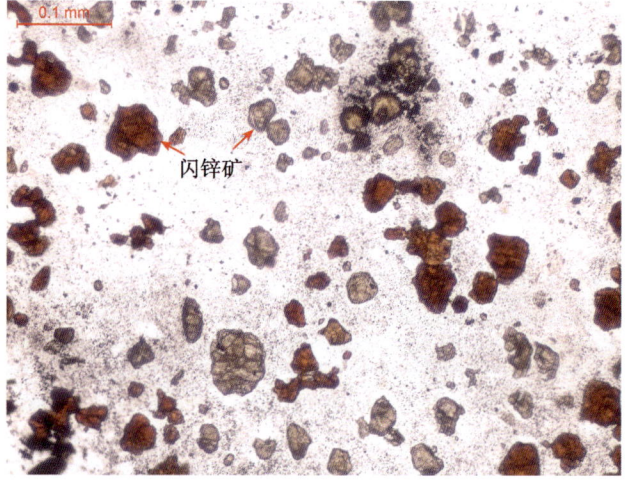

图30　红棕色—黄棕色闪锌矿　200×　单偏光

岩石中红棕色、黄褐色他形粒状闪锌矿不均匀分布。

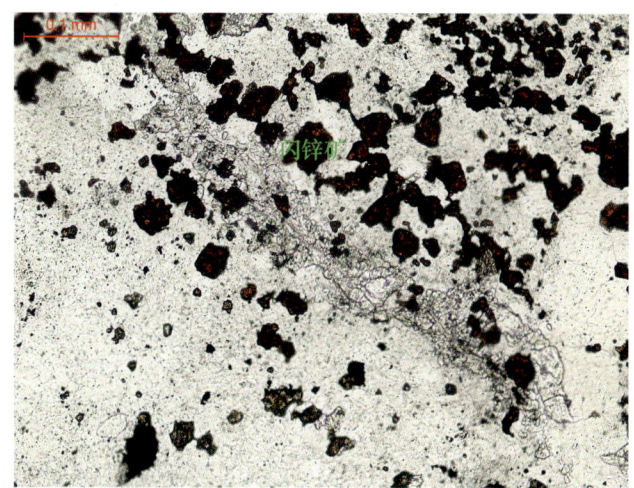

图 31 红棕色闪锌矿 200× 单偏光

岩石中棕褐色、棕黑色他形粒状闪锌矿不均匀分布。

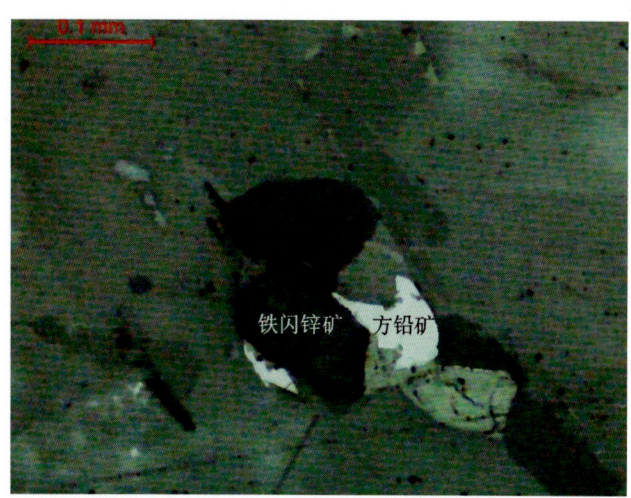

图 32 铁闪锌矿 200× 单偏光

岩石中他形粒状铁闪锌矿、方铅矿分布于脉石矿物颗粒间。

图 33 方铅矿、闪锌矿1 100× 单偏光

矿石中他形粒状闪锌矿集合体与他形粒状方铅矿伴生，被方铅矿交代。

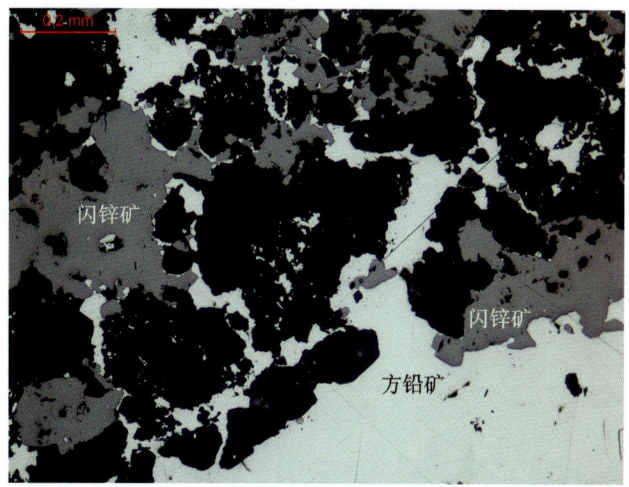

图 34 方铅矿、闪锌矿2 100× 单偏光

矿石受构造破碎呈角砾状，他形粒状方铅矿集合体沿裂隙充填，闪锌矿呈团状与之伴生。

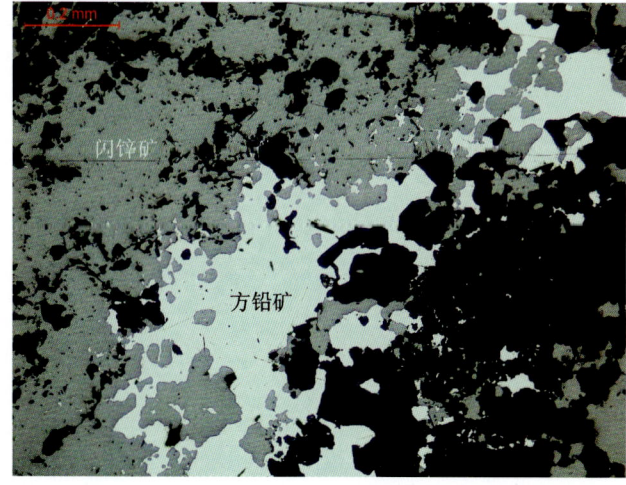

图 35 方铅矿、闪锌矿3 100× 单偏光

闪锌矿呈稠密浸染状分布，方铅矿呈脉状分布于闪锌矿和石英粒间，交代闪锌矿。

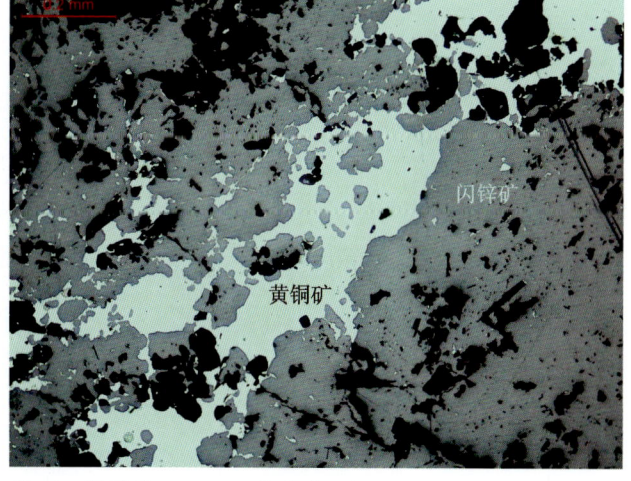

图 36 闪锌矿 100× 单偏光

他形粒状黄铜矿呈脉状分布在闪锌矿粒间，交代闪锌矿，内部见闪锌矿包裹体。

图 37　黄铁矿1　100×　单偏光

早期黄铁矿遭受强烈剪切变形作用形成拔丝状黄铁矿。

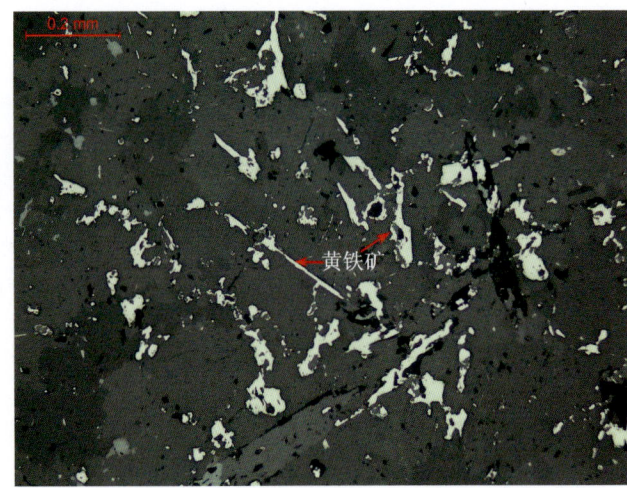

图 38　早期黄铁矿　100×　单偏光

早期他形及针状、碎片状黄铁矿浸染状分布于脉石矿物颗粒间。

图 39　黄铁矿2　100×　单偏光

晚期呈立方体或五角十二面体的黄铁矿粒径大小不等,沿构造挤压裂隙分布于脉石矿物粒间,微具定向性。

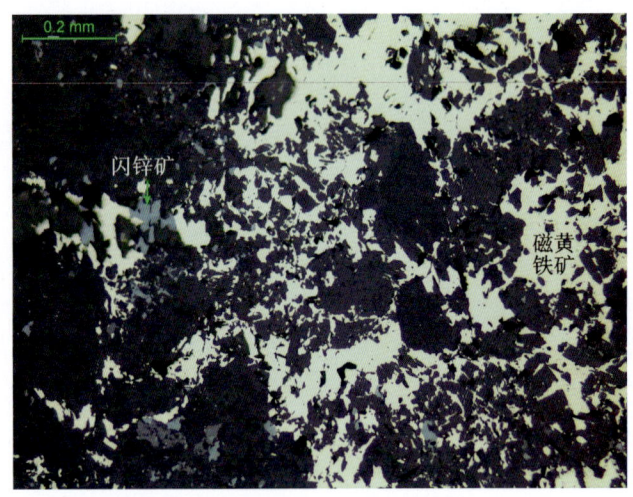

图 40　磁黄铁矿石1　100×　单偏光

他形粒状磁黄铁矿集合体、少量闪锌矿充填于角砾状脉石团块间。

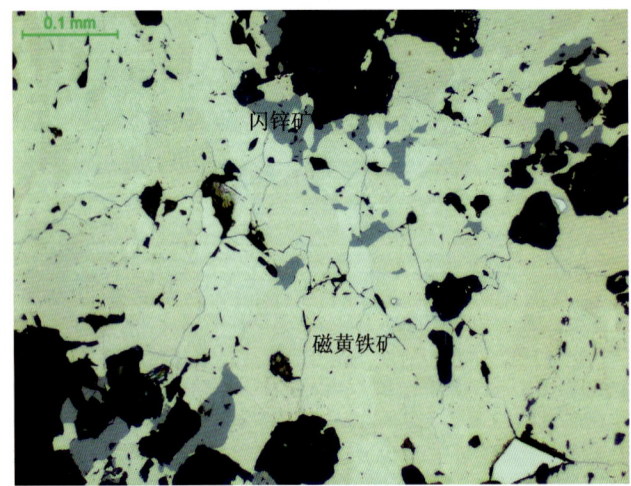

图 41　磁黄铁矿石2　200×　单偏光

他形粒状磁黄铁矿集合体呈致密块状分布,闪锌矿沿其粒间交代。

图 42　磁黄铁矿石3　100×　单偏光

他形粒状磁黄铁矿集合体遭受剪切变形后变细拉长,充填于早期形成的透闪石粒间。

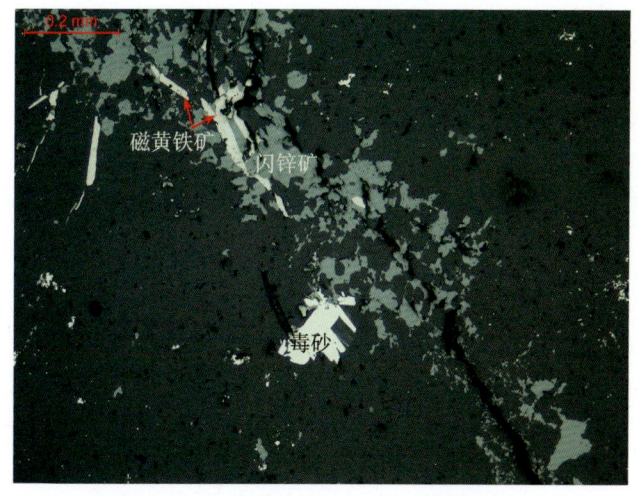

图43 毒砂、闪锌矿、磁黄铁矿 100× 单偏光
闪锌矿呈脉状分布，磁黄铁矿呈条带状分布于闪锌矿及脉石矿物粒间，毒砂粒状集合体分布于闪锌矿边缘。

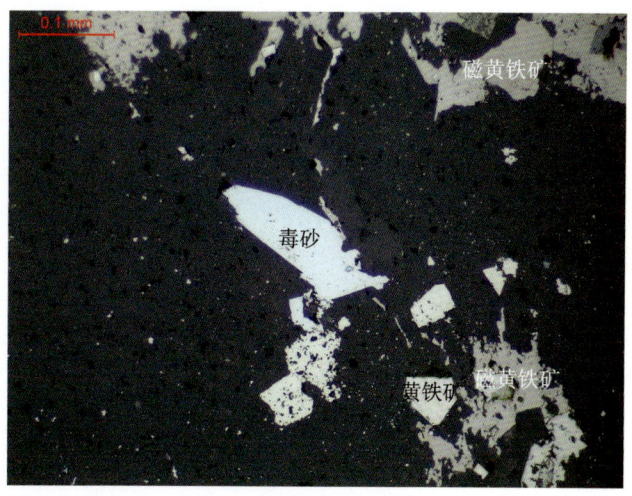

图44 毒砂1 200× 单偏光
自形板条状毒砂与黄铁矿、磁黄铁矿共生。

图45 毒砂2 200× 正交偏光
毒砂在正交偏光下显示强非均质性(蓝绿色/淡玫瑰色)。

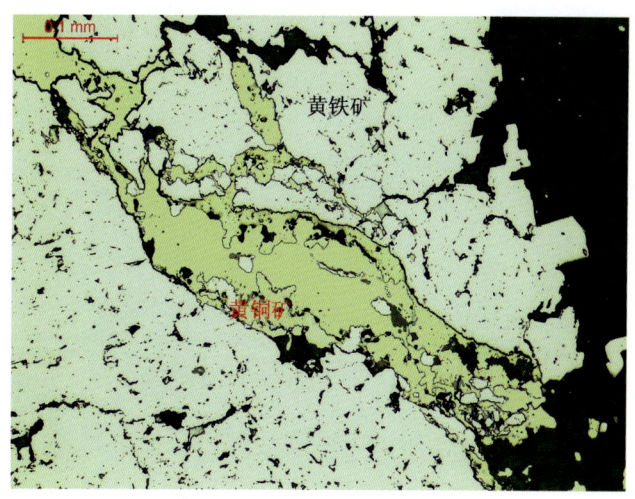

图46 黄铁矿、黄铜矿 200× 单偏光
黄铜矿呈细脉状分布于黄铁矿和脉石矿物粒间，并交代黄铁矿。

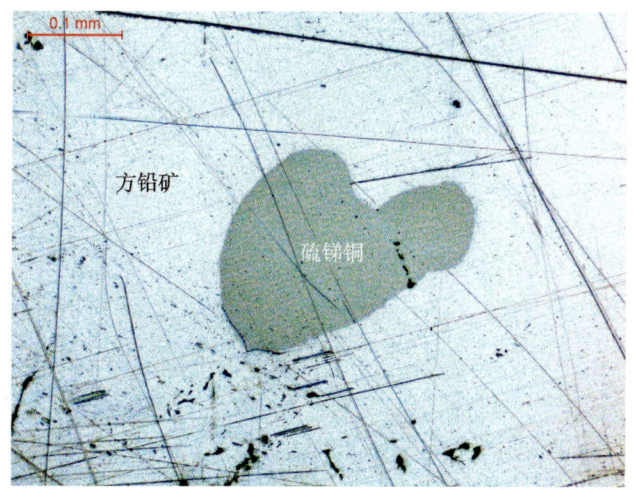

图47 硫锑铜矿 200× 单偏光
他形粒状硫锑铜矿呈包裹体分布于方铅矿中。

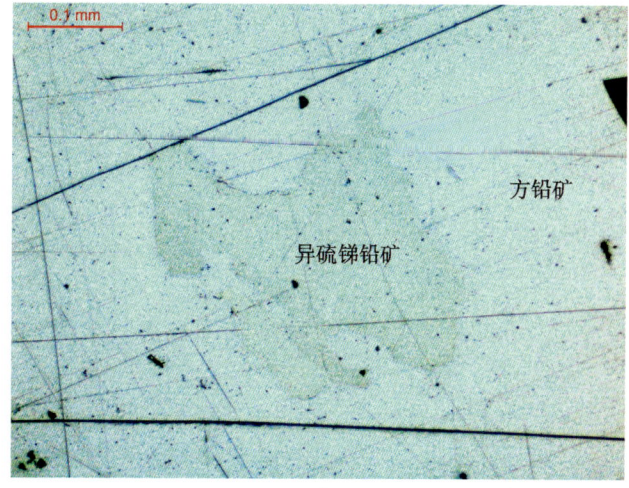

图48 异硫锑铅矿1 200× 单偏光
他形异硫锑铅矿呈包裹体分布于方铅矿中。

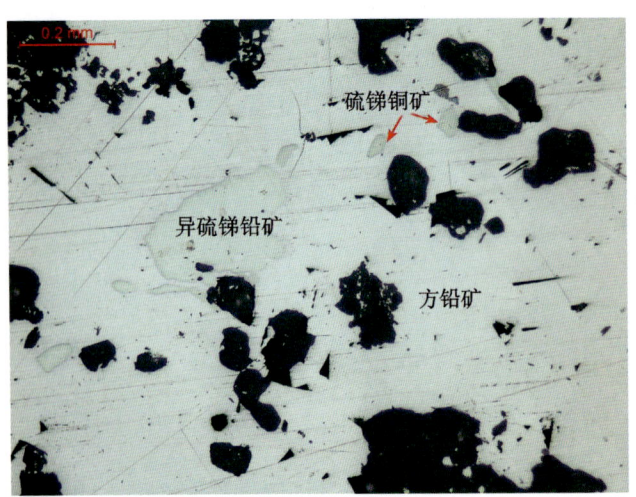

图49 异硫锑铅矿 2　200×　单偏光
他形异硫锑铅矿与硫锑铜矿一起呈包裹体分布于方铅矿中。

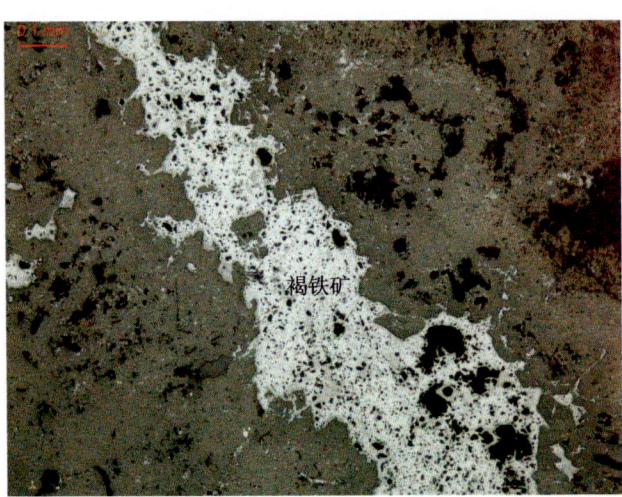

图50 褐铁矿　200×　单偏光
褐铁矿呈微细粒结晶集合体，呈脉状分布。

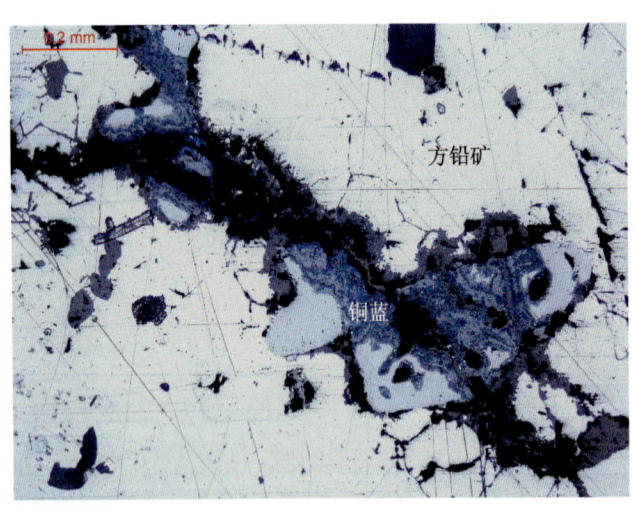

图51 铜蓝　100×　单偏光
铜蓝沿方铅矿集合体的构造裂隙呈脉状分布，交代方铅矿。

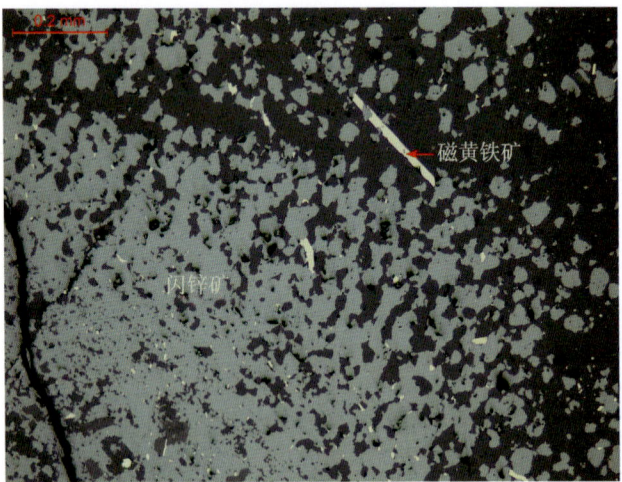

图52 他形粒状结构　100×　单偏光
闪锌矿矿石中他形粒状闪锌矿呈稠密浸染状分布于脉石矿物粒间，局部见自形板状磁黄铁矿。

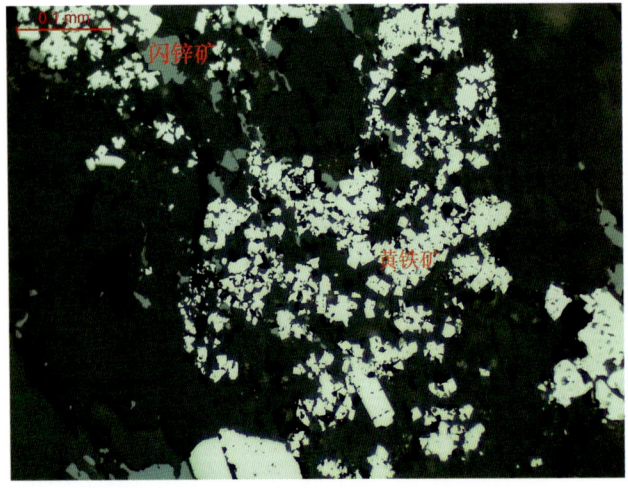

图53 半自形—自形粒状结构　200×　单偏光
遭受剪切应力变形的半自形—自形粒状黄铁矿与少量闪锌矿连生，呈浸染状分布于脉石矿物粒间。

图54 交代残留结构　100×　单偏光
磁黄铁矿交代半自形粒状黄铁矿，他形粒状闪锌矿交代磁黄铁矿，闪锌矿中见交代残留磁黄铁矿。

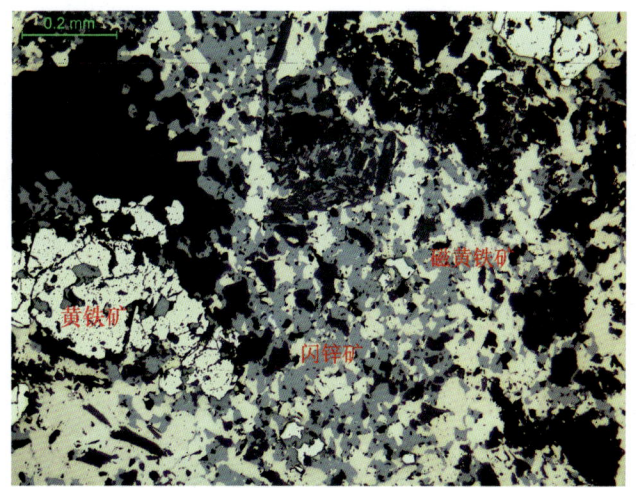

图 55　闪锌矿、磁黄铁矿矿石　100×　单偏光

他形粒状闪锌矿交代磁黄铁矿，局部沿脉石矿物解理交代。

图 56　碎裂结构　100×　单偏光

黄铁矿矿石中他形—半自形粒状黄铁矿呈粒状集合体分布，局部遭受剪切应力变形，有压裂现象。

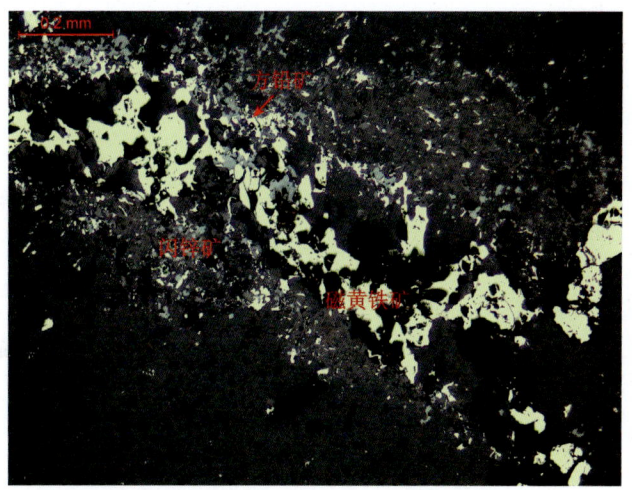

图 57　脉状—浸染状构造　100×　单偏光

他形粒状磁黄铁矿、微细粒闪锌矿、他形粒状方铅矿沿岩石裂隙及微裂隙呈脉状充填交代。

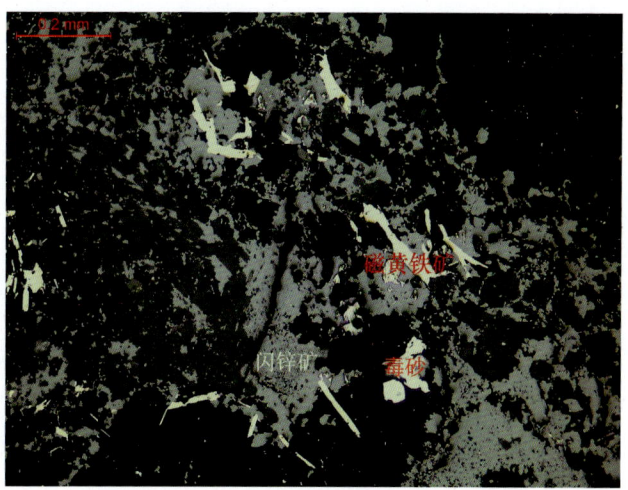

图 58　角砾状构造　100×　单偏光

闪锌矿矿石中他形粒状闪锌矿胶结角砾状围岩分布，见自形板状磁黄铁矿交代闪锌矿，方铅矿团块状分布，毒砂自形—半自形粒状分布于脉石矿物粒间。

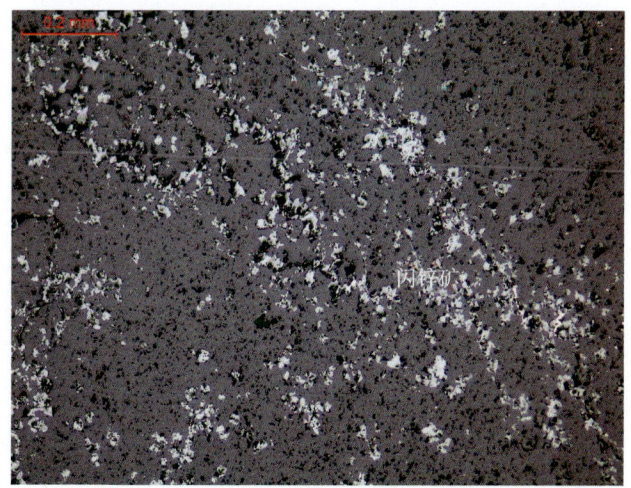

图 59　稀疏浸染状构造　100×　单偏光

他形粒状闪锌矿呈星点状、团块状分布于脉石矿物颗粒间。

图 60　闪锌矿矿石 1

硫化物闪锌矿及磁黄铁矿呈浸染状分布于矿石中。

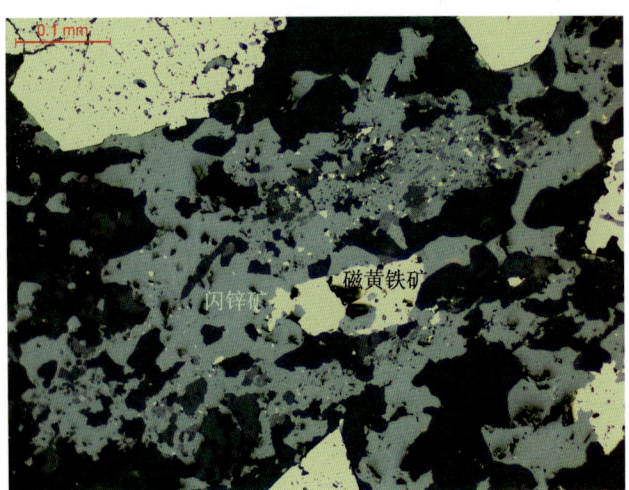

图 61　闪锌矿矿石 2　200×　单偏光

包含结构，磁黄铁矿被闪锌矿交代呈残留状，局部磁黄铁矿在闪锌矿中呈包裹体分布。

图 62　块状方铅矿矿石

矿石主要由方铅矿组成，含微量脆硫锑铅矿和硫锑铜矿。

图 63　浸染状黄铁矿矿石

分布于铅锌矿顶板附近，受动力挤压作用，碎裂粒状黄铁矿呈浸染状分布于矿石中。

图 64　黄铁矿矿石　50×　单偏光

半自形粒状黄铁矿呈团块状集合体分布于脉石矿物粒间。

图 65　浸染状磁黄铁矿矿石

分布于铅锌矿底板附近，硫化物有磁黄铁矿及少量闪锌矿、黄铜矿，呈浸染状分布于矿石中。

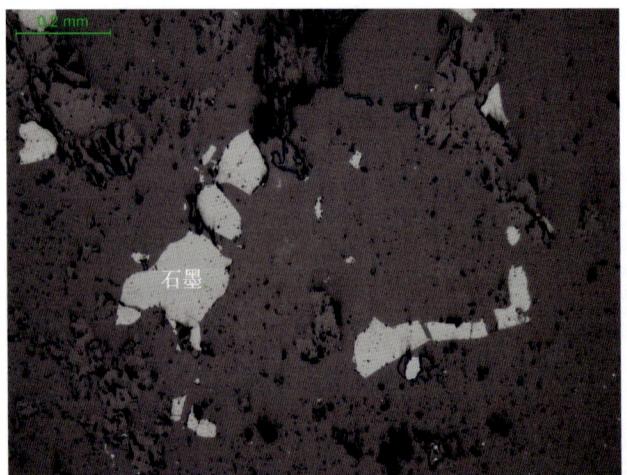

图 66　石墨重结晶　100×　单偏光

细鳞片状石墨集合体受构造热液作用，重结晶后呈碎片状分布于透明矿物中。

乌恰县乌拉根铅锌矿

拍摄者金国锋

整体介绍

乌拉根铅锌矿床位于新疆乌恰县 265°方向直线距离 20 km 处，北距康苏镇 5 km。中心地理坐标：东经 75°04′，北纬 39°40′，行政区划属克孜勒苏柯尔克孜自治州乌恰县黑孜苇乡管辖。矿区与喀什市通往吉尔吉斯斯坦的 309 省道相连，交通便利。

该矿于 1943 年由 в·и 西尼村等发现，1952—1957 年由中苏有色及稀有金属股份公司喀什矿管处勘探队和新疆有色金属工业（集团）有限责任公司 702 队相继进行过勘探。2000 年新疆鑫汇地质矿业有限责任公司在乌拉根矿区及其外围开展预查工作，2003—2006 年在乌拉根矿区南北矿带进行了普查工作，估算（333）铅锌资源量 1 896.54 万 t。2007 年由乌恰县金旺矿业发展有限责任公司投资对乌拉根铅锌矿区南矿带西段（23～47 线）进行了详查工作，获得铅锌（332+333）资源量 59.8 万 t。2009 年乌恰县华锌矿业有限责任公司委托新疆地矿局第二区域地质调查大队对新疆乌恰县乌拉根南翼锌矿进行了地质勘查工作，求得限采标高 2270 m 以上（332+333）矿石量 1 421.98 万 t，锌金属量 34.62 万 t，铅金属量 5.81 万 t；2011—2012 年乌恰县金旺矿业发展有限责任公司（新疆紫金锌业有限公司）实施了"新疆乌恰县乌鲁干塔什铅锌矿勘探"项目，于 2013 年 6 月提交了《新疆乌恰县乌鲁干塔什铅锌矿勘探报告》并通过评审，查明（111b+331+332+333）矿石量 22 230.61 万 t，锌金属量 505.83 万 t、铅金属量 88.01 万 t，平均品位铅 0.57%、锌 2.84%。其中，保有资源储量（111b+331+332+333）矿石量 21 293.44 万 t，锌金属量 474.24 万 t，平均品位 2.23%；铅金属量 82.83 万 t，平均品位 0.39%。规模达到超大型，已经开发利用。

第一节 矿区地质特征

乌拉根铅锌矿区大地构造位置属塔里木地台塔里木台坳西南坳陷的喀什凹陷。其北部为天山褶皱系天山南脉地槽褶皱带,其中托云山间坳陷位于矿区北侧,东阿赖复向斜位于矿区北西侧,巴什苏洪复背斜位于矿区北东侧。其南侧为西昆仑褶皱系恰尔隆-库尔浪优地槽褶皱带的阿克萨依巴什复向斜(图9-1)。

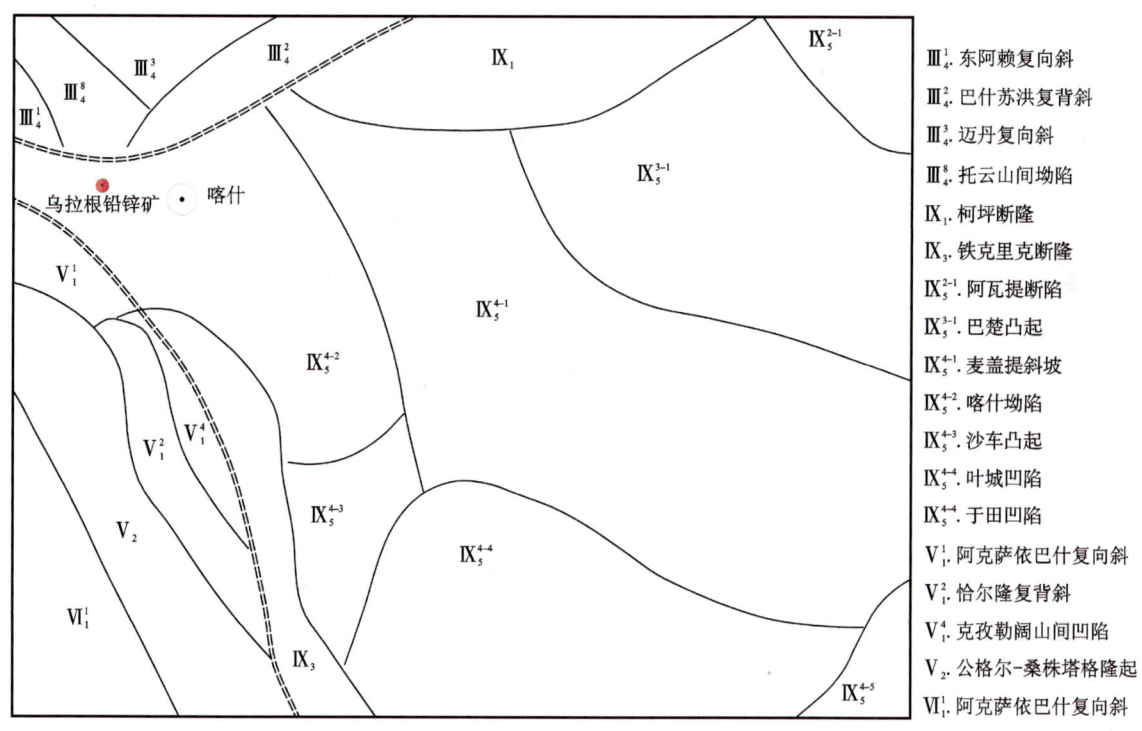

图9-1 乌拉根铅锌矿区域大地单元划分图

一、地层

矿区位于乌拉根盆地东部,出露地层主要为中生界白垩系,新生界古近系、新近系。上白垩统为依克孜苏组,分布于乌拉根向斜两翼,为砂岩夹泥岩和泥岩;古新统乌拉根组是矿区内的赋矿岩层,出露于乌拉根向斜两翼,为一套砾、砂、泥及碳酸盐岩建造,按岩性组合可分为5个岩性段。第一岩性段主要为细—粗粒的碎屑岩,以砂砾岩、砂岩为主,夹少量泥岩,铅锌矿主要产于该岩性段中。第二至第五岩性段,主要为白云质(角砾)灰岩、砂砾岩、砂岩、泥岩和石膏。始新统分布于乌拉根向斜两翼,岩性为红褐色、灰褐色砂岩夹泥岩,向上泥岩增多,与下伏地层整合接触。渐新统分布于乌拉根向斜两翼,岩性为含铜砂岩夹泥岩,泥岩向上增多。中新统分布于乌拉根向斜核部,为钙质粉砂岩,底部发育较多石膏脉,与下伏地层整合接触。上新统分布于乌拉根向斜核部,为含砾钙质粉砂岩和砾岩夹砂岩,与下伏地层整合接触。第四系主要为残坡积层、阶地、洪积扇及河床洪积层的砾岩、砾石、砂和黏土等堆积。

二、构造

矿区构造主要为褶皱构造,其形态控制着含矿岩层及铅锌矿体的空间展布,同时矿区在个别地段偶尔可见层间滑动构造。

1. 褶皱

矿区属乌拉根向斜的东部,该向斜整体呈东端闭合(转折端)、向西开放的宽缓褶皱,西端宽度约3000 m。向斜轴向268°,轴面倾向北,倾角78°,向西倾伏,倾伏角在南翼32线附近以东为10°左右,以西为4°左右。向斜核部为新近系更新统、上新统。南、北翼基本对称分布,均由乌拉根组及其上部地层组成。北翼地层倾角65°~80°,局部倒转;南翼地层总体走向62°,倾向北,倾角48°~68°。

2. 层间滑动断裂

矿区断裂较为发育,主要有近东西向、北东向、北西向3组,其中以近东西向、北东向最为发育。矿区地层具软硬相间的特征,其中泥岩软,可塑性强,砂砾岩、砂岩较硬,但较松散,天青石化白云岩厚度较大。在褶皱形成过程中,易形成层间滑脱并使岩石沿滑脱面形成层间破碎带。层间滑动断裂沿各岩层接触面产出,未穿切含矿岩层,未对矿区铅锌矿体形成破坏。

三、岩浆岩

矿区内未见侵入岩及脉岩分布。

第二节 矿床地质特征

一、矿体特征简述

区内的铅锌矿体东西长2600 m,南北宽约2700 m,在1260~2469 m(地表)标高范围内,平面投影面积大于5.6 km^2,在勘探区范围内为4.27 km^2。

矿体具有明显的地层控矿特征,呈层状、似层状产于古近系古新统乌拉根组第一岩性段,与地层同步褶皱分布于向斜南北翼及核部,膨缩、尖灭再现及分枝复合特征明显(图9-2)。其中向斜南翼矿体呈北东-南西向带状展布,倾向北西,倾角中等;向斜北翼矿体呈北西-南东向展布,倾向南西,倾角较陡。向斜核部矿体与南北翼矿体相连,整体自东向西逐渐倾伏,东部倾伏角10°±,向西逐渐变缓4°±。

二、矿床规模及空间分布

附录9图1~图5为乌拉根铅锌矿地形地貌及采矿勘察现场。

共圈定4个矿体,按照矿体的产出部位由上至下依次编号为Ⅰ、Ⅱ、Ⅲ、Ⅳ,具有如下共同特征——矿体规模巨大:区内产出的铅锌矿体长度700~2870 m,厚度5.31~15.06 m,沿倾向延伸560~2480 m;矿体形态较简单:矿体呈层状、似层状,沿走向及倾向基本稳定,但膨缩、尖灭再现与分枝复合特征明显,厚度变化为较稳定型(图9-3);铅锌品位低,矿化均匀:矿体锌平均品位1.80%~2.47%,铅平均品位0.21%~0.46%,品位变化属均匀型。硫化工业矿锌平均品位2.23%~2.83%,铅平均品位0.22%~0.60%。矿床锌平均品位2.74%,铅平均品位0.45%。矿石类型简单:除Ⅰ号矿体在局部地段出现白云质(角砾)灰岩型铅锌矿石外,其赋矿岩石均为砂砾岩→砂岩,其内的金属硫化物主要为闪锌矿、方铅矿及微量的黄铁矿,以星点浸染状为主,矿石氧化后出现较复杂的铁、铅、锌氧化物,矿石有用组分为Zn,伴生Pb。

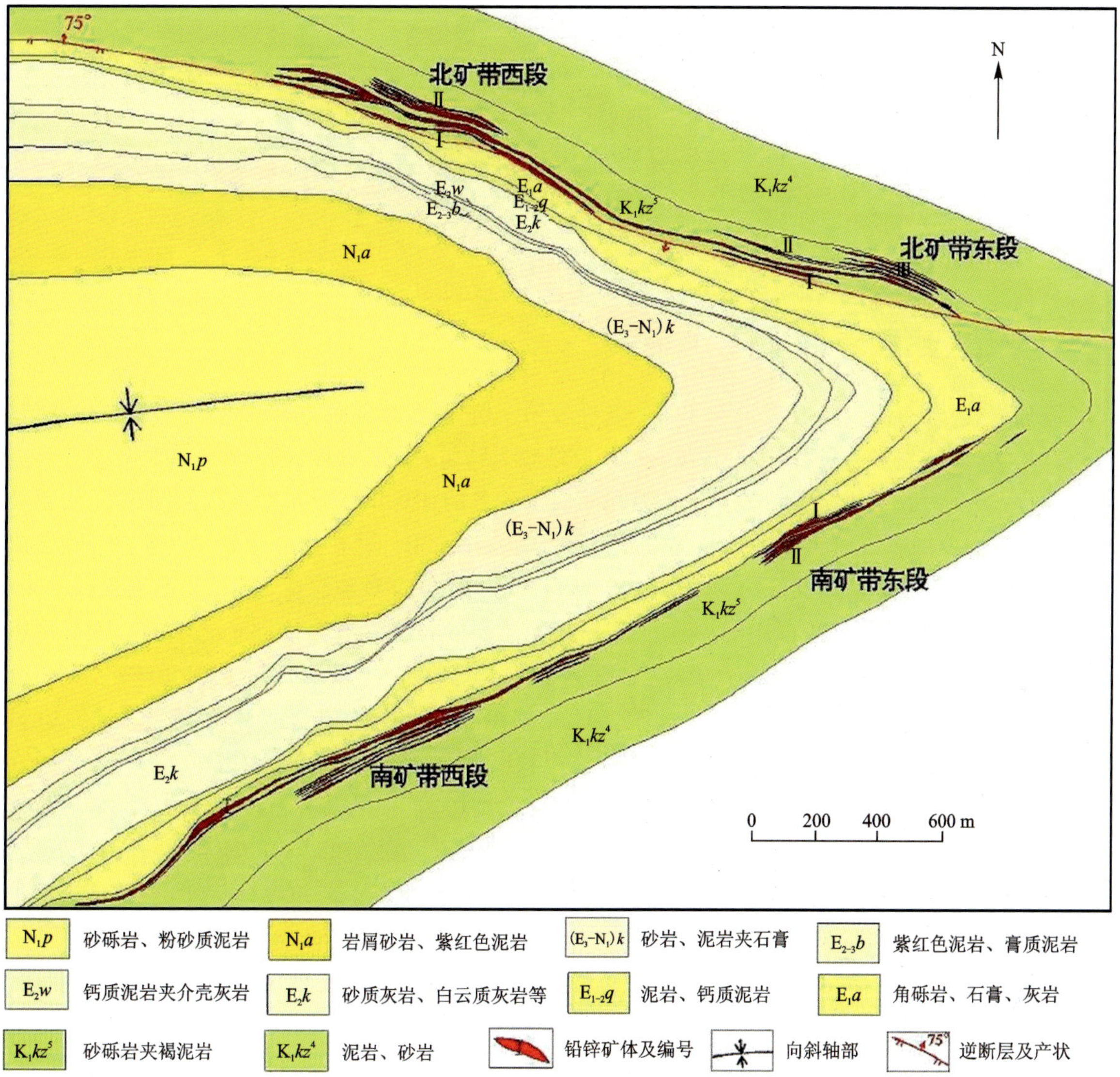

乌恰县乌拉根铅锌矿

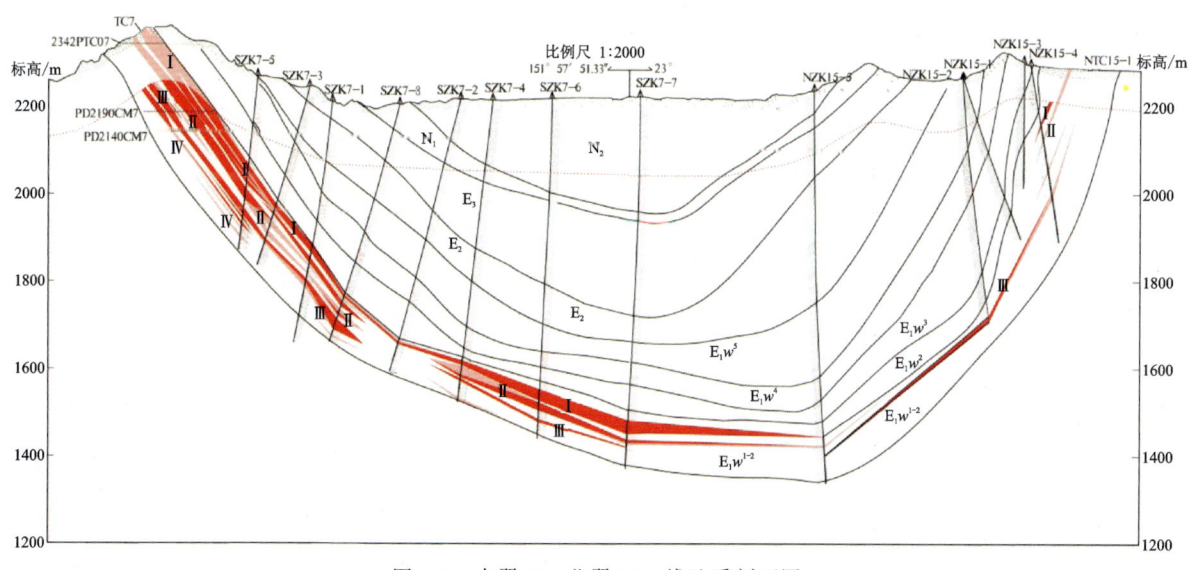

图 9-2 乌拉根铅锌矿矿床地质图

图 9-3 南翼 S7-北翼 N15 线地质剖面图

该矿床品位低且硫化物少见,肉眼难以区分围岩与矿石。附录9图6~图14为乌拉根铅锌矿围岩及矿石标本。

第三节 矿区主要岩石类型及围岩蚀变

一、矿区主要岩石类型及特征

长石砂岩(附录9图15):主要分布于第一岩性段第一层,呈浅紫红色—紫红色,中—粗粒砂状结构,中厚层状构造,成分主要为长石,次为石英、云母,胶结物为钙质、铁质,孔隙式胶结,具流失孔。

砂岩(附录9图6~图7、图16):第一岩性段第二层的各韵律层均有分布。灰白色,细粒—中粗粒砂状结构,中—厚层构造,成分主要为石英、长石,少量岩屑及充填物。颗粒物分选好—中等,次圆状,成熟度较低,充填物为针状石膏及碳酸盐岩,孔隙式胶结,具流失孔,局部颗粒悬空支撑或松散堆积。

含砾砂岩(附录9图8、图17、图18):第一岩性段第二层的各韵律层均有分布。灰白色,含砾中粗粒砂状结构,薄—中层构造,成分为长石、石英、岩屑及充填物。砾石粒径2~8 mm,含量10%~20%,分选好,次圆状,由石英、绿泥石化砂岩或片岩岩屑组成,充填物为针状石膏,孔隙式胶结,具流失孔。在砂岩中呈条带状、似层状分布,从下向上呈现由细到粗多个粒序变化,与铅锌矿化关系密切。

砂砾岩(附录9图9、图19):灰色—灰白色,颗粒支撑结构,中—厚层构造,成分为石英、岩屑及充填物。砾石粒径2~15 mm,分选中等—差,次棱角状—次圆状,充填物为针状石膏和砂质,孔隙式胶结,具流失孔。呈层产出,局部发育斜层理,可见从下而上呈现由细到粗多个韵律变化特征,与铅锌矿化关系密切。

砾岩(附录9图10、图20):近地表多呈黄褐色,深部多呈灰色或灰黑色,颗粒支撑结构,层状构造。砾石成分复杂,以长英质或安山质为主,部分为灰岩(白云岩),次棱角状—次圆状,粒径最大可超过60 mm,充填物多为砂质,一般铅锌矿化较好。

白云质角砾岩:分布于第二岩性段,其下伏地层为铅锌矿化砂砾岩。岩石呈灰色或灰白色,角砾支撑结构,薄—中厚层状构造,角砾棱角状,大小0.2~80 cm,局部可拼接,主要为白云质,充填物为泥质和石膏等,局部发育层理。可见白云质角砾岩中有方铅矿呈脉状、团块状产出,且有较多的黄铁矿伴生,为成矿前形成的角砾岩。

灰岩(附录9图21):分布于第二岩性段,薄—中层状,由陆源碎屑物、碳酸盐组成。陆源碎屑物主要为岩石碎屑、矿物碎屑,分布于碳酸盐中。岩石碎屑呈砂、砾状不均匀分布,粒径0.5~6 mm±,磨圆均很好,呈卵圆形,主要为石英岩,不纯的硅质岩,部分岩屑中含少量碳质、铁质等;矿物碎屑主要为石英碎屑,少量长石碎屑,粒径均在0.05~4 mm±;碳酸盐成分主要为中—细晶白云石,方解石少见。

天青石化白云岩:分布于第二岩性段,粗晶结构,呈脉状、晶簇状产出。

第三至第五岩性段各主要岩石特征如下。

泥灰岩(附录9图22):灰绿色、瓦灰色,泥晶结构,薄—中厚层状,成分为泥晶方解石,局部重结晶而成为亮晶,颗粒较大。主要分布于第三、第五岩性段。

泥岩:灰绿色、紫红色,泥质结构,薄—中厚层构造,成分为黏土类矿物。泥岩含石膏或夹有(硬)石膏薄层,发育泥裂,致使泥岩、(硬)石膏呈纺锤状。分布于第三、第五岩性段。

介壳灰岩(附录9图12、图23):灰色,生物碎屑结构,中—中厚层构造,矿物成分为方解石、生物介壳,大小10～50 mm,主要为腕足类,局部有腹足类、双壳类等,多为方解石交代,已重结晶,含少量泥岩、灰岩类碎屑,方解石胶结。分布于第四岩性段。

二、围岩蚀变及特点

围岩蚀变较弱,且类型简单,主要有石膏化(附录9图24)、方解石化(附录9图25)、白云石化、天青石化,属低温蚀变,前三者蚀变范围大;天青石化范围相对较小,与矿化基本一致,明显有两期,早期为层状与碎屑岩共同产出,结晶较细,具层纹状构造;晚期为网脉状、细脉状、块状,结晶较粗,呈晶簇状,切割地层及早期天青石岩。

蚀变近地表主要为绢云母化、高岭石化、碳酸盐化,个别岩性中可见极少量的绿泥石化、天青石化、石膏化;矿化主要有黄铁矿、褐铁矿化、黄钾铁矾化,局部可见方铅矿、闪锌矿及其氧化物。铅锌矿体及其附近在地表形成相对醒目的褐黄色,是明显的找矿标志。

第四节 矿石物质组分及特征

一、矿石物质成分

根据组成矿石的矿物特征及矿石性质、分布,将本区矿石划分为氧化矿石和硫化矿石。原生带在空间上位于氧化带的下部,是氧化带岩层自然顺延下来的部分。氧化带和原生带的矿石在矿床成矿期处于相同的比较稳定的沉积环境,其矿石矿物和脉石矿物基本没有差异,只是在本区褶皱造山运动之后,造成同一层位的矿石上部遭受表生氧化淋滤次生富集作用形成氧化矿石,下部矿石处于还原环境并可能经受后期的热卤水改造作用,为硫化矿石。由于次生淋滤作用和地下水或热液活动,硫化矿石成分与氧化带矿石成分会有不同。

1. 矿石矿物

氧化矿石中金属矿物以菱锌矿、水锌矿、闪锌矿为主,次有褐铁矿、黄钾铁矾、褐铁矾类、黄铁矿、毒砂、方铅矿,少量或微量的白铅矿、铅矾、异极矿、白钛矿、金红石,偶见赤铁矿、磁铁矿、黄铜矿等。硫化矿石中金属矿物主要为闪锌矿、方铅矿,次有黄铁矿、毒砂,少量磁铁矿、黄铜矿等(表9-1)。

表9-1 乌拉根铅锌矿床矿石矿物成分表

类型	主要矿物	次要矿物	少见矿物
矿石矿物	闪锌矿、方铅矿	黄铁矿、毒砂	磁铁矿、黄铜矿、赤铁矿、白钛矿、金红石
脉石矿物	石英、长石、碳酸盐矿物	石膏、绢-白云母、黑云母、绿泥石、水云母、高岭石	锆石(附录9图26) 磷灰石(附录9图27) 电气石(附录9图28)
表生矿物	菱锌矿、水锌矿	褐铁矿、黄钾铁矾、褐铁矾类	白铅矿、铅矾、异极矿

1)闪锌矿

硫化矿石中闪锌矿的结晶粒径在0.03～0.5 mm之间,多为0.1～0.3 mm,他形粒状,可包含细小的黄铁矿。嵌布特征主要有:①星散—稀疏浸染状分布在砂砾之间的孔隙中与石英、长石质砂砾连生呈简单毗连镶嵌(附录 9 图 29)。②与其他碳酸盐矿物方解石、白云石等混杂分布(附录 9 图 30),呈规则—不规则毗连镶嵌;或呈微脉穿插其中。③被方铅矿溶蚀交代呈曲线状,二者呈规则—不规则毗连镶嵌(附录 9 图 31)。

氧化矿石中闪锌矿主要呈他形粒状、不规则粒状嵌布在脉石矿物裂隙或矿物颗粒间隙中,具有这种嵌布特征的闪锌矿嵌布粒径一般较粗。矿石中粗粒闪锌矿也常包裹脉石矿物、黄铁矿,此时黄铁矿多呈自形—半自形细粒状产出,而脉石矿物多呈不规则状产出。

闪锌矿与部分菱锌矿的嵌布关系较为紧密,在闪锌矿颗粒边缘或裂隙可见菱锌矿的交代现象,部分闪锌矿被氧化交代呈交代残余结构嵌布于菱锌矿中。

闪锌矿的嵌布粒径范围一般为 0.005~0.45 mm,其电子探针成分分析结果见表 9-2。

表 9-2　乌拉根铅锌矿床闪锌矿电子探针成分分析结果　　　　　　　　单位:%

编号	Zn	S	Fe	Mn	Pb	Hg	Cd	Ga	Ge	In
1	65.88	33.57	0.12	0.05	—	—	0.08	—	—	0.02
2	65.90	33.40	0.08	—	—	—	—	—	—	0.01
3	65.68	33.59	0.10	—	—	0.03	0.09	—	—	0.01
4	66.11	32.41	0.02	0.01	0.11	—	0.58	—	—	—
5	66.41	32.86	0.01	0.03	0.01	—	0.07	0.04	0.03	—
6	65.93	31.84	—	—	—	—	0.68	—	0.03	—
7	65.54	32.25	0.03	—	—	—	0.74	—	—	—
平均值	65.92	32.85	0.05	0.01	0.02	—	0.32	0.01	0.01	0.01

注:—为元素含量未达检出下限,未检出。

分析单位:新疆矿产实验研究所鉴定专业室。

2)方铅矿

硫化矿石中方铅矿多呈他形粒状,个别为半自形粒状。多散布于胶结物中,个别分布于石英裂隙中。粒径多在 0.02~0.40 mm 之间,少量集合体粒径可达 0.88~1.26 mm,以 $-0.3 \sim +0.043$ mm 细粒级为主,约占颗粒总数的 67.3%;$-2.0 \sim +0.3$ mm 中粒级约占 27.0%;$-0.043 \sim 0.01$ mm 微细粒级约占 5.7%。其中嵌布类型主要有:①星散浸染状分布在砂砾岩孔隙间的填隙物中(附录 9 图 32),即脉石矿物集合体中;或浸染分布在砾石中,与脉石矿物连生,呈规则—不规则毗连镶嵌。②溶蚀交代黄铁矿、毒砂呈不规则毗连镶嵌(附录 9 图 33)。③与闪锌矿连生呈简单毗连镶嵌(附录 9 图 31)。④星散浸染状分布在碳酸盐岩-灰岩中。局部沿灰岩裂隙充填交代,在裂隙中相对富集。与方解石连生呈简单毗连镶嵌。⑤少见被菱锌矿溶蚀交代,二者呈不规则毗连镶嵌(附录 9 图 34)。以①②多见,后③④⑤较少。

氧化矿石中方铅矿主要呈他形粒状沿脉石的裂隙或颗粒间隙充填,有时呈不规则状嵌布于脉石中,其次是以交代残余结构嵌布于铅矾中,这种方铅矿的嵌布粒径相差较大,粗的可达 0.3 mm,细的只有 0.001~0.005 mm。

矿石中方铅矿与铅矾的嵌布关系较为紧密,另外在较粗粒的方铅矿中还可见细粒黄铁矿、毒砂、闪锌矿包裹体。方铅矿的嵌布粒径范围一般为 0.001~0.3 mm。

在方铅矿裂隙及边缘常见被氧化淋滤后产生的空洞现象,氧化后铅的流失迁移比较明显,空洞常被黏土质脉石矿物而不是铅的氧化矿物充填,但此时方铅矿表面会有薄膜状铅矾存在,呈包含镶嵌型。方铅矿电子探针成分分析结果见表 9-3。

表 9-3　乌拉根铅锌矿床方铅矿电子探针成分分析结果　　　　　　　　单位:%

编号	Pb	S	Cu	Zn	Fe	Cd	Se
1	86.79	13.62	—	—	0.04	0.22	—
2	85.28	13.68	—	—	0.10	0.14	—
3	85.89	13.73	—	—	0.04	0.08	—
4	87.02	12.76	0.01	0.01	0.03	—	—
5	87.17	13.38	—	—	0.04	0.04	—
6	87.09	13.33	—	—	0.03	0.14	0.04
7	87.30	13.28	0.02	0.08	—	0.16	0.03
8	86.61	13.22	—	—	0.12	0.12	—
9	86.19	13.45	—	0.03	0.12	0.17	0.01
10	85.26	12.94	0.03	0.01	—	0.20	—
11	87.64	13.26	—	—	—	0.19	—
12	84.94	13.16	0.02	—	—	0.05	0.04
13	86.43	13.23	0.01	—	0.03	0.12	—
14	85.38	13.07	—	—	0.06	0.23	0.02
15	86.44	13.34	—	—	0.05	0.12	0.15
16	86.06	13.18	—	—	0.11	0.07	—
17	87.92	13.52	—	—	0.01	0.10	0.02
18	87.88	13.30	—	0.03	0.04	—	—
19	86.68	13.29	—	—	0.03	0.13	0.04
20	87.31	13.25	0.03	—	0.01	0.10	—
21	87.45	13.17	—	—	0.05	0.10	—
22	86.79	12.76	—	0.05	0.04	0.03	—
23	86.75	13.12	0.02	—	0.01	0.17	0.06
24	86.83	13.09	—	—	—	0.13	0.02
平均值	86.63	13.26	0.01	0.01	0.04	0.12	0.02

注:—为元素含量未达检出下限,未检出。

分析单位:新疆矿产实验研究所鉴定专业室。

3) 黄铁矿、毒砂

黄铁矿多分布于硫化矿石中,以他形粒状为主,少量呈半自形粒状,极个别可见自形粒状,粒径一般为 0.001～0.008 mm。毒砂多呈半自形细柱状、柱粒状,极个别呈自形柱状,长径 0.22 mm。二者粒径相近,常紧密共生,以连生体、集合体的形式出现。

黄铁矿、毒砂嵌布特征主要为:①星散—疏密不均匀浸染状分布于砂砾岩的复成分填隙物中(附录 9 图 35),呈毗连镶嵌;或浸染状分布于石英砂砾中,呈包裹镶嵌。②被方铅矿包含并溶蚀交代呈交代包含结构、交代残余结构(附录 9 图 36),属包含镶嵌型。③被闪锌矿包含(附录 9 图 37),呈包含镶嵌。④浸染分布于碳酸盐岩即方解石集合体中,呈毗连镶嵌。

4) 硫镉矿

硫化矿石中有微量的硫镉矿以不规则状嵌布,与方铅矿、黄铁矿的嵌布关系紧密,在粗粒硫镉矿中可见微粒方铅矿包裹体。硫镉矿的嵌布粒径一般为 0.005～0.05 mm。

2. 脉石矿物

氧化矿石中脉石矿物以石英为主,次为长石、碳酸盐矿物(方解石),少量的白云石、岩屑、石膏、绢云母、黑云母、绿泥石、水云母、白云母、高岭石，微量的锆石、磷灰石、电气石。硫化矿石中脉石矿物主要为石英、长石、碳酸盐矿物，次为石膏、云母等。

1) 石英

石英主要以砂岩、含砾砂岩、砂砾岩中砂砾的形式存在，呈次圆状，大小为砾级（2～＞10 mm）、中粗砂级（0.25～2.0 mm），少部分为细砂级（0.25～0.063 mm），很少为粉砂级（＜0.063 mm）。细砂粉砂级石英与其他脉石矿物混杂在一起组成了砂砾岩的填隙物。包括单晶石英屑、石英岩屑、硅质岩屑（附录9图38）、硅藻硅质岩屑、玉髓石英硅质岩屑、云母石英片岩屑等。

2) 长石

长石包括以钾长石为主的正长石、微斜长石，斜长石为更长石，具不同程度的蚀变——水云母化、绢云母化等。另有少量的文象花岗岩岩屑（附录9图39）、花岗斑岩岩屑、中酸性熔岩岩屑（附录9图40），也属长石碎屑范畴。

3) 碳酸盐矿物：方解石、白云石

碳酸盐矿物主要是方解石，白云石则主要存在于白云质（角砾）灰岩中。碳酸盐矿物产出形式有3种：①以砂砾岩中的填隙物形式存在（附录9图25）。②以碳酸盐岩的主要矿物组分形式存在（附录9图21～图22）。③以脉状形式充填于砂岩、砂砾岩裂隙中（附录9图41）。

4) 石膏

石膏呈纤维状集合体，分布相当普遍。产出形式有：①与多种脉石矿物、金属矿物混杂在一起，共同组成砂砾岩的填隙物。②呈脉状充填在各种类型矿石的裂隙中（附录9图42），为流体活动过程中产生离子交换并发生重结晶作用的表现。

5) 云母矿物类

云母矿物类包括黑云母（绿泥石化）、白云母、绢云母、水云母等。

此类矿物均为钾、铝、镁、铁的含水硅酸盐、铝硅酸盐。多与其他脉石矿物混杂以砂岩、砂砾岩中填隙物的形式存在（附录9图43～图44）。其中（绿泥石化）黑云母、白云母主要以粉砂级、细—中砂级碎屑形式存在。

3. 表生氧化矿物

表生氧化矿物主要指某些矿物在风化淋滤作用影响下，转变为表生条件下稳定的次生矿物，如菱锌矿、水锌矿、白铅矿、异极矿等。

1) 菱锌矿

菱锌矿是氧化矿石中最主要的锌的氧化矿物，是闪锌矿经氧化淋滤并迁移后重新沉淀、结晶而形成的，在矿石中分布不均匀，局部较富集。主要呈不规则粒状、脉状、皮壳状等嵌布于脉石矿物粒间或裂隙中（附录9图45～图47），与褐铁矿、闪锌矿、铅矾、脉石矿物关系密切，常与这些矿物共生或伴生（附录9图48），在粗粒菱锌矿中时常可见微细粒褐铁矿、闪锌矿、脉石矿物等的交代残余体或包裹体。

菱锌矿的嵌布粒径一般为0.005～1.2 mm。

2) 水锌矿

结晶粒径以0.01～0.2 mm的微—细粒状为主，少量呈显微隐晶状集合体。常见其包含闪锌矿，局部见菱锌矿、水锌矿呈显微隐晶状集合体以闪锌矿小颗粒为中心环状分布，形成葡萄状（附录9图49～图51）。少量集合体中包含黄铁矿、毒砂、方铅矿等。

3) 白铅矿、铅矾

白铅矿是矿石中较重要的铅的氧化矿物，常呈不等粒状、脉状嵌布于脉石矿物粒间或裂隙中；另外有少量白铅矿胶结细粒脉石矿物，两者嵌布关系特别紧密；矿石中还有微量的白铅矿呈皮壳状包裹方铅矿（附录9图52）和脉石矿物。白铅矿是方铅矿被氧化淋滤并迁移后重新沉淀结晶而形成的，在矿石中分布不均匀，局部较富集。铅矾多溶蚀交代方铅矿（附录9图53）。

白铅矿在矿石中与脉石矿物的嵌布关系最为紧密，只有少量的白铅矿与闪锌矿、菱锌矿、方铅矿共生在一起。白铅矿的嵌布粒径范围为0.005～0.4 mm。

4) 异极矿

异极矿属含水的硅酸盐矿物，含量极低。呈他形粒状或聚合呈细脉状分布于微裂隙中。其嵌布特征：①主要沿石英砂砾的微裂隙充填呈短微脉状、交错微脉状，呈包含微脉镶嵌型(附录9图54)。异极矿微脉的长短：0.14 mm×0.02 mm～0.44 mm×0.08 mm。②很少见与闪锌矿、菱锌矿、水锌矿连生，可被方解石脉切割。

5) 褐铁矿、褐铁矾类、黄钾铁矾

褐铁矿呈褐黄色、暗褐色，近不透明；褐铁矾类呈褐红色；黄钾铁矾呈褐黄色、金黄色。呈显微隐晶状、集合体胶状，与黏土矿物混杂呈土状，充填在砂砾岩局部孔隙或岩石破碎裂隙中，可包含、交代黄铁矿、毒砂或分布在碳酸盐矿物边缘、粒间，在碳酸盐岩裂隙中，还可见有褐铁矿充填，呈微脉镶嵌。

二、岩、矿石化学成分

1. 常量元素特征

氧化矿石的化学成分以 SiO_2 为主，次有 Al_2O_3、CaO、K_2O、SO_2、Fe_2O_3。金属元素组合简单，有 Pb、Zn 等；含菱锌矿脉的碳酸盐型矿石化学成分以 CaO 为主，MgO 含量低。硫化矿石的化学成分以 SiO_2 为主，次有 Al_2O_3、CaO、K_2O、SO_2、Fe_2O_3 等。

2. 微量元素特征

根据矿石全光谱分析、微量元素分析、组合分析成果，矿石中有用组分为 Zn 及 Pb。Cd 元素平均含量 $95.54×10^{-6}$、Ga 元素平均含量 $9.19×10^{-6}$，均低于综合回收指标；其他元素中 Cu 含量最高0.01%，Au 含量最高 0.06 g/t，S 含量最高 1.8%，Ag 含量最高 1 g/t，含量均较低。矿石无其他伴生有益有害组分，矿石的化学组分比较单一。

3. 稀土元素特征

康亚龙等(2009)对该区不同类型的铅锌矿石稀土含量及配分模式进行研究，认为除以方铅矿为主的块状矿石(产于向斜北翼)外，砂岩型浸染状铅锌矿、铜矿及角砾状铅锌矿的 REE 型式和部分参数与世界砂岩型铅锌矿十分相似，均以不十分明显的负 Eu 和负 Ce 异常、低$(Gd/Lu)_N$值和高$(La/Yb)_N$值为特征，说明它们具有相似或相同的物质来源及形成条件。矿床中的块状方铅矿以具有明显的负 Ce 异常、相对高的 Yb 和 Tm 值为特征。这是由于砂岩型及角砾状矿石为同生沉积形成，而块状铅锌矿石则以后期改造成矿为主。

4. 同位素特征

蔡宏渊等(2002)对矿区矿石硫化物 S 同位素进行分析，认为该区 S 同位素组成具有以下特征：①硫化物 $\delta^{34}S$ 值变化范围较大(−17.7‰～14.6‰)，极差为32.3‰；②以轻硫为主，5件样品中有4件为负值，显示出轻硫富集；③块状矿石中硫化物的 $\delta^{34}S$‰ 为大负值(大于−10‰)，表现出轻硫富集，说明该矿床的 S 以海水中硫酸盐经生物细菌还原作用而提供大量还原硫为主。而浸染状矿石中硫化物 $\delta^{34}S$‰ 为大正值或接近零值，可能来源于深部上升热卤水。

三、矿石结构构造及矿石类型

矿石组构包括矿石结构和构造两种，不同矿石类型结构有区别，具体如下。

1. 矿石结构

根据金属矿物的自形程度可分为他形粒状结构、半自形粒状结构、自形粒状结构。

根据矿物的产出形态及包裹关系可分为填隙结构、包含结构等。

根据矿物间的交代或镶嵌关系可分为镶边结构、溶蚀结构、交代残余结构、交代假象结构等。

氧化矿石以他形粒状结构、包含结构、镶边结构为主,次为半自形粒状结构、填隙结构。

硫化矿石以半自形粒状结构、填隙结构为主,可见他形粒状结构、自形结构、包含结构。

他形粒状结构:矿区矿石矿物的主要结构之一。矿石中的菱锌矿、水锌矿、铅矾、白铅矿、方铅矿、闪锌矿、黄铁矿、毒砂呈他形粒状产出。其中氧化矿石中以他形粒状结构为主,可见半自形粒状结构;硫化矿石中以半自形粒状结构为主,次为他形粒状结构。

半自形粒状结构:矿石金属矿物的主要结构之一。方铅矿、闪锌矿、黄铁矿、毒砂大部分呈半自形粒状产出。其中黄铁矿呈不完整的四边形、三角形、多边形等切面,毒砂呈柱状切面。

自形粒状结构:极少量的黄铁矿、磁铁矿呈自形粒状产出。

填隙结构:矿区金属矿物主要结构之一。硫化矿石中闪锌矿、方铅矿等金属矿物的集合体沿砂砾的孔隙、裂隙充填,呈不规则状。氧化矿石中的大部分金属矿物呈集合体状、脉状充填在砂砾石颗粒间或砾石裂隙中。

包含结构:氧化矿石的主要结构之一,其内的绝大部分菱锌矿、水锌矿环绕或包含交代闪锌矿,褐铁矿包含黄铁矿,白铅矿包含方铅矿;硫化矿石中可见极少量的方铅矿或闪锌矿包含黄铁矿、毒砂(附录9图55)。

镶边结构:或称交代环边结构,指较晚生成的矿物沿早生成的矿物周边交代,形成皮壳状薄边,是氧化矿石矿物的主要结构之一。常见未被完全氧化的闪锌矿被菱锌矿、水锌矿交代,铅矾或白铅矿沿方铅矿周边交代,褐铁矿沿黄铁矿、毒砂边缘交代等。

溶蚀结构、交代残余结构:氧化矿石的主要结构类型。方铅矿常被白铅矿或铅矾等穿插交代、切割交代呈溶蚀状、岛屿状;方铅矿溶蚀交代黄铁矿、毒砂形成交代残余结构(附录9图36);黄铁矿被褐铁矿交代形成残余结构。

交代假象结构:黄铁矿被褐铁矿完全取代,仅保留黄铁矿的假象。

2. 矿石构造

根据矿石矿物集合体的形态、分布特征主要划分为浸染状构造、脉状构造、角砾状构造、皮壳状构造、土状构造、胶结状构造、胶状变胶状构造等。

氧化矿石构造以皮壳状构造、土状构造、胶结状构造为主,次为浸染状构造。

硫化矿石构造以浸染状构造为主,次为脉状构造、角砾状构造。

浸染状构造:矿区矿石中最常见的一种构造类型,矿石中菱锌矿、水锌矿、铅矾,以及未被完全氧化的方铅矿、闪锌矿呈稀疏浸染状分散于脉石矿物中。根据其金属矿物含量可分为星点浸染状构造(附录9图56)、星散浸染状构造(附录9图57)、稀疏浸染状构造、稠密浸染状构造,矿区内矿石以稀疏浸染状构造为主,星散浸染状次之,稠密浸染状少见。

脉状构造:闪锌矿、方铅矿、石膏、方解石、白云石等沿砂砾之间或岩石的裂隙充填呈脉状构造(附录9图58)。按脉的宽度分为微脉状构造:脉宽小于1 mm;细脉状构造:脉宽1~10 mm。当矿物沿岩石不同方向的裂隙杂乱交叉分布时则呈交错脉(或交错微脉)状构造。矿石中部分品位较高的地段常见此类构造。

角砾状构造:在含矿层的顶部可见(经热液改造过的)闪锌矿、方铅矿晶体充填于黄色、黄白色的氧化白云质(角砾)灰岩中,形成角砾状构造的铅锌矿石。该类型矿石仅见于白云质(角砾)灰岩氧化带内。

皮壳状构造:菱锌矿、水锌矿常环绕闪锌矿或石英砂砾周边分布,石膏环绕砂砾周边分布呈皮膜状、薄壳状把中心矿物包裹起来,形成皮壳状构造;铅矾及白铅矿呈皮壳状包裹方铅矿等。

土状构造:锌、铅的矾类、碳酸盐等与褐铁矿、氧化铁质及黏土混合物呈非晶质—显微隐晶质混杂在一起,呈土状构造,多见于地表及白云质(角砾)灰岩下盘岩石中。

胶结状构造:矿石中的菱锌矿、水锌矿呈他形粒状集合体环砂砾产出,构成胶结状构造。

胶状变胶状构造:水锌矿、菱锌矿呈葡萄状产出,构成胶状变胶状构造。

3. 矿石类型

按矿石氧化程度可划分为氧化矿石和硫化矿石。

（1）氧化矿石：处于氧化带界线之上的矿石经氧化淋滤逐步形成菱锌矿、水锌矿、白铅矿、铅矾、褐铁矿等。

（2）硫化矿石：处于原生带的矿石，未经表生氧化的改造，其中金属矿物组成基本上全是闪锌矿、方铅矿、黄铁矿等原生硫化物。该类矿石为区内主要可利用的矿石类型。另外混合带规模小，产于其内的矿石不利于分采，合并至厚大的硫化矿体有利于以后的工业开采。

按矿石结构、构造可划分为浸染状矿石、角砾状矿石和土状矿石。

（1）浸染状矿石：由于本区矿石金属硫化物总量较低，多为稀疏浸染状矿石，是本区最重要的矿石类型。

（2）角砾状矿石：白云质（角砾）灰岩被后期含矿热液胶结，构成角砾状矿石。仅见白云质（角砾）灰岩带。

（3）土状矿石：仅零星见于地表。由表生风化作用形成的菱锌矿、水锌矿、白铅矿、铅矾、褐铁矿、黄钾铁矾，以及黏土矿物等构成土块状、粉末状的矿石类型。

按矿体中脉石矿物组成可划分为砂砾岩型矿石和角砾状矿石。

（1）砂砾岩型矿石：此处为广义上的砂砾岩型矿石，包括砂岩、含砾砂岩甚至部分砾岩型矿石，为本区氧化带和原生带中最重要的矿石类型。其脉石矿物以石英、长石等为主，次为方解石、石膏等。

（2）角砾状矿石：在氧化带中分布于2140—2190中段23～31线，穿脉中零星可见，厚度多为2～4 m；在原生带中仅见于SZK27-1孔125.3～142.4 m处。其脉石矿物主要为方解石、白云石，可含少量石英、长石及岩屑。

四、主要矿物生成顺序

根据含矿岩石的金属矿物组合、脉石矿物类型和自形程度，以及金属矿物之间、金属矿物和脉石矿物之间的穿插、嵌布和包裹等关系及其地质特征，将该矿床矿石矿物的形成大致分为3期（表9-4）。

表9-4　乌拉根铅锌矿床中矿物生成顺序简表

矿物	成岩期		叠加改造期	表生期
	堆积期	充填胶结期		
岩屑	────			
长石	────			
石英	────			
（硬）石膏		────		
毒砂		────----		
黄铁矿		────------		
闪锌矿		────----		
方铅矿		────----		
黑云母		────		
碳酸盐	────	----────		
（绢）白云母			────	
菱锌矿				────
水锌矿				────
铅矾				────
白铅矿				────
褐铁矿				────
黄钾铁矾				────

研究单位：新疆矿产实验研究所鉴定专业室。

第五节 矿石工艺矿物学特点

一、矿石类型与矿石成分

矿石的自然类型有氧化矿石和硫化矿石，工业类型按含矿岩性划分均为砂砾岩型矿石。

1. 矿石矿物成分

氧化矿石的矿石矿物主要为菱锌矿、闪锌矿，次为方铅矿、铅矾、褐铁矿、黄铁矿、钛铁矿，含少量白铅矿、黄铜矿等；脉石矿物主要为石英，次为长石及少量的石膏、方解石、云母和黏土矿物等（表9-5）。

表9-5 乌拉根铅锌矿床氧化矿石矿物简表

矿物名称	含量/%	矿物名称	含量/%
方铅矿	0.24	石英	62.56
闪锌矿	1.91	长石	17.05
黄铁矿	0.29	石膏	3.44
黄铜矿	0.03	方解石	2.59
铅矾	0.29	云母	2.86
白铅矿	0.05	黏土矿物	4.79
菱锌矿	2.80	金红石	0.10
褐铁矿	0.50	其他矿物	0.22
钛铁矿	0.28	合计	100.00

硫化矿石经显微镜下观察，人工重砂分析及X射线衍射分析，矿石中有硫化物、碳酸盐、氧化物、硅酸盐、硫酸盐等20余种矿物存在，矿石中金属矿物以闪锌矿、方铅矿为主，次有黄铁矿、毒砂，少量磁铁矿、黄铜矿等。总的来说，金属硫化矿物与氧化矿物相比，除了次生的锌、铅、铁的氧化矿物（菱锌矿、水锌矿、白铅矿、铅矾、褐铁矿、黄钾铁矾等）含量明显降低之外，其他矿物的种类和含量差别均不大。氧化物占矿石的71%±，碳酸盐占矿石的12%±，硫化物占矿石的7%±，其中有用矿物方铅矿占矿石的0.6%，闪锌矿占矿石的4.1%（表9-6）。

表9-6 乌拉根铅锌矿床硫化矿石矿物简表

类型	矿物	分子式	粒径/mm	含量/%
硫化物	方铅矿	PbS	0.003~0.5	0.6
	闪锌矿	ZnS	0.006~0.8 最大2.4	4.1
	黄铜矿	$CuFeS_2$	0.002~0.1	少
	黄铁矿	FeS_2	0.006~0.2	1±
	毒砂	FeAsS	0.3	偶见

续表 9-6

类型	矿物	分子式	粒径/mm	含量/%
硅酸盐	微斜长石	$KAlSi_3O_8$	0.1~0.2	4
	白云母	$K\{Al_2[AlSi_3O_{10}](OH)_2\}$	0.1~0.2	少
	高岭石	$Al_2Si_2O_5(OH)_4$	<0.005	2.1
氧化物	石英	SiO_2	0.1~0.6	71±
	钛铁矿	$FeTiO_3$	0.004~0.15	少
	赤铁矿	Fe_2O_3	0.002~0.5	少
	褐铁矿	$FeOOH$	0.002~0.5	少
碳酸盐	方解石	$CaCO_3$	0.02~0.3	8
	白云石	$MgCa(CO_3)_2$	0.05~0.3	4

2. 矿石化学成分

由表 9-7~表 9-8 可以看出,原矿中有用组分除 Pb、Zn 外,少量的稀散元素 Cd 和 Ga 具有伴生回收价值,其他均不具有利用价值。脉石矿物主要为石英和硅酸盐矿物,矿石中 As 等有害元素含量不高。

表 9-7 乌拉根铅锌矿床氧化矿石多元素分析结果

成分	Pb	Zn	Au*	Ag*	Cu	TS	TFe	Cd	Ga*
含量	0.46	2.86	<0.05	0.62	0.011	1.48	0.50	0.012	3.20
成分	P	SiO_2	Al_2O_3	CaO	MgO	K_2O	Na_2O	TiO_2	Sb
含量	0.013	76.53	5.23	2.57	0.23	2.73	0.23	0.25	<0.005

注:* 含量单位为 10^{-6},其余元素含量单位为%;TS 代表全硫,TFe 代表全铁。

表 9-8 乌拉根铅锌矿床硫化矿石多元素分析结果

成分	Pb	Zn	SiO_2	Al_2O_3	Cu	Cd*
含量	0.53	2.78	76.8	0.05	0.01	82.7
成分	CaO	S	MgO	TFe	As	Ga*
含量	5.6	1.73	1.2	0.69	0.01	10.1

注:* 含量单位为 10^{-6},其余元素含量单位为%;TFe 代表全铁。

二、主要元素赋存状态和主要矿物工艺特征

矿石中主要有用元素为 Pb 和 Zn。Pb 主要以方铅矿、白铅矿、铅矾形式存在,Zn 主要以闪锌矿、菱锌矿和水锌矿形式存在。

氧化矿石中 Pb 赋存的矿物为方铅矿、铅矾和少量的白铅矿;Zn 赋存的矿物主要为菱锌矿,次为闪锌矿,另外还有微量的锌明矾。

硫化矿石中 Pb 以单一的方铅矿形式产出,Zn 以单一的闪锌矿形式产出。方铅矿和闪锌矿大部分粒径较大,具有较好的可选性,但也有部分粒径在 0.01 mm 以下,常被其他矿物包裹,给选矿带来一定难度。方铅矿和闪锌矿中常包裹细粒的黄铁矿,选矿过程中分离黄铁矿有一定的困难,但由于黄铁矿含量相对较低,对选矿影响有限。

方铅矿:分子式为 PbS,含量 0.6%。双目镜下观察,铅灰色,金属光泽,多他形粒状,少数立方体状;

显微镜下观察,不规则粒状,反射色呈白色,部分颗粒中可见黑色三角孔,大部分与闪锌矿、黄铁矿等共生,个别包裹于黄铁矿中或与闪锌矿相互包裹,部分方铅矿粒径较细,在 0.01 mm 以下,常被石英、白云石或闪锌矿包裹,矿石中方铅矿多呈浸染状或稀疏浸染状分布于石英、白云石等颗粒间。与脉石矿物不规则毗连镶嵌,粒径一般在 0.003~0.8 mm 之间。

闪锌矿:分子式为 ZnS,含量 4.1%。双目镜下观察,无色,浅黄色,油脂—金刚光泽,他形粒状;显微镜下观察,不规则粒状,反射色灰色,常与方铅矿紧密共生,个别被黄铁矿包裹或与方铅矿相互包裹,部分呈单独浸染状产出。闪锌矿常和其他金属硫化物呈浸染状分布于石英、白云石等矿物颗粒间,少数呈细脉状分布于矿石裂隙中。

黄铁矿:分子式为 FeS_2,含量 1%±。双目镜下观察,浅黄铜色,金属光泽,多他形粒状,个别自形粒状;显微镜下观察,多呈细粒状,部分呈粒径较大的他形粒状,常被方铅矿、闪锌矿等包裹,细粒的黄铁矿粒径一般在 0.006~0.025 mm 之间,粒径较大者在 0.06~0.2 mm 之间。

三、矿石工艺矿物学特点及选矿方法

(1)氧化矿石试验在磨矿细度为 -0.074 mm 占 65%,原矿含 Pb 0.46%、含 Zn 2.86% 的条件下,采用先铅后锌—先硫后氧的浮选工艺流程,即先浮选铅,然后浮选硫化锌,再浮选氧化锌的闭路流程的方法处理该矿,铅精矿中含 Pb 47.80%、Pb 回收率 63.54%,硫化锌精矿含 Zn 47.27%、Zn 回收率 40.69%,氧化锌精矿含 Zn 20.46%、Zn 回收率 34.79%,Zn 总回收率 75.48%。通过试验可以看出,氧化铅锌矿试验流程较为繁复,选矿药剂种类和用量较多,增加了选矿成本。

(2)硫化矿石采用磨矿细度为 -200 目占 80%,原矿含 Pb 0.52%、含 Zn 2.74% 的条件下,采用优先浮选流程,可获得的选矿指标为:铅精矿品位 61.38%,Pb 回收率 90.89%,铅精矿含 Zn 1.99%。锌精矿品位 57.68%,Zn 回收率 90.49%,锌精矿含 Pb 0.69%。

硫化矿石工艺流程简单,操作方便,可选性好,铅锌的分离效果也好,经过浮选可获得较好的指标,是较易选的铅锌矿。同时磨矿细度较粗,药剂种类和用量较少,在工业上易于实现。

第六节 矿床成因和成矿模式

乌拉根铅锌矿床是在特定地质背景、岩相条件下形成的热卤水喷流沉积矿床,成矿作用经历了 3 期:热卤水喷流沉积成矿期、热卤水喷溢叠加成矿期、表生氧化淋滤富集期。

(1)热卤水喷流沉积成矿期:进入晚白垩世,天山和西昆仑造山带抬升,喀什坳陷稳定下沉,海水自西向东进入本区,发生海侵。盆地持续下降,在侏罗纪—白垩纪沉积了巨厚含煤、碳质、膏盐,紫色层建造后,沿断裂带形成狭长的近东西向凹陷,凹陷南边有一近东西向水下隆起带,使凹陷与塔里木盆地分隔,造成局部封闭、安定的深水还原环境,为金属硫化物大量堆积创造了条件。海水沿断裂下渗,加热并萃取深部成矿物质,形成含矿热卤水,然后上升喷流至海盆凹陷,与硫酸盐经有机还原作用提供丰富硫源的海水混合,在适宜的物理化学环境下,造成大量闪锌矿、方铅矿、黄铁矿沉淀。

(2)热卤水喷溢叠加成矿期:进入新近纪中晚期,盆地进一步沉降,乌拉根地区沉积环境也由陆相冲积扇及河流沉积相向滨海潮坪-潟湖相沉积转变,在含矿层 E_1w^1 及 E_1w^2 上沉积了膏盐、红层、灰岩、生物碎屑灰岩、白云质灰岩等建造。

(3)表生氧化淋滤富集期:主成矿期后,地壳上升,在构造应力作用下,含矿层与地层同步褶皱,矿体裸露地表而遭受风化剥蚀。长期的表生氧化淋滤作用使地表原生硫化物强烈氧化,锌在地表大量被淋蚀而在地下一定部位(70~180 m)富集,形成锌的垂直分带,致使地表锌品位变贫,越下越富。成矿模式见图 9-4。

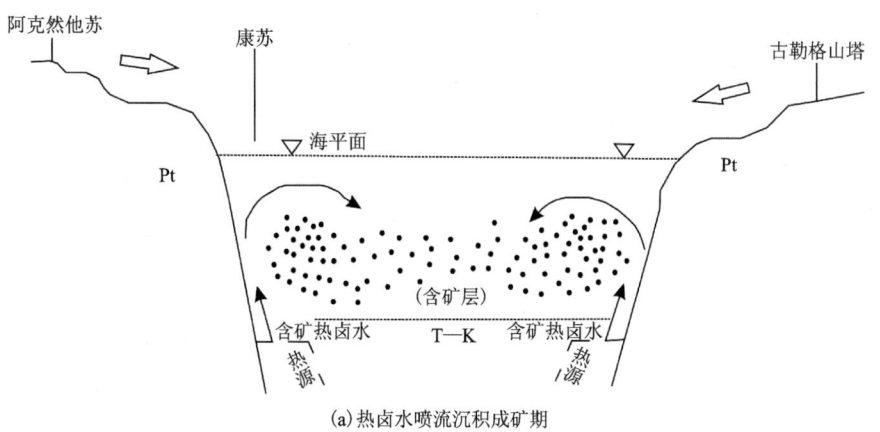
(a) 热卤水喷流沉积成矿期

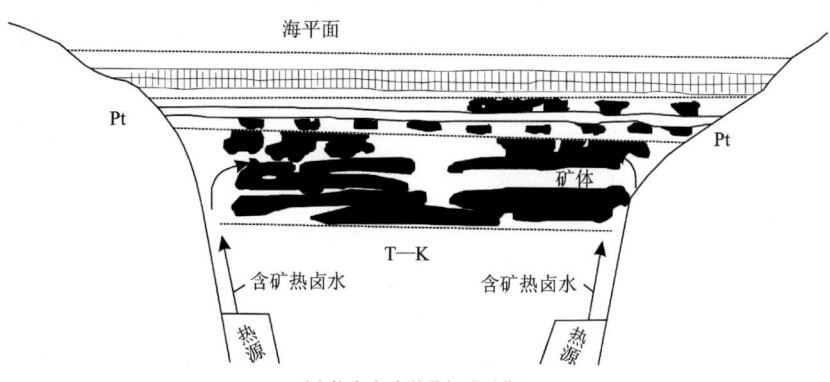
(b) 热卤水喷溢叠加成矿期

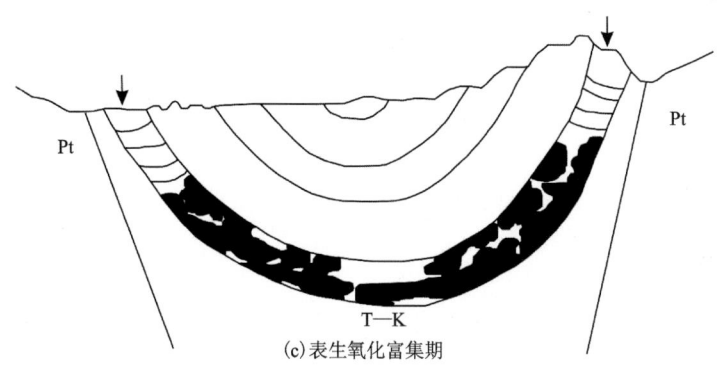
(c) 表生氧化富集期

图 9-4　乌拉根铅锌矿成矿模式图

主要参考文献

蔡宏渊,邓贵安,郑跃鹏,2002.新疆乌拉根铅锌矿床成因探讨[J].矿产与地质,16(88):1-5.

韩凤彬,陈正乐,刘增仁,等,2012.塔里木盆地西北缘乌恰地区乌拉根铅锌矿床 S-Pb 同位素特征及其地质意义[J].地质通报,31(5):783-793.

韩凤彬,陈正乐,刘增仁,等,2013.西南天山乌拉根铅锌矿床有机地球化学特征及其地质意义[J].矿床地质,32(3):591-602.

刘增仁,田培仁,祝新友,等,2011.新疆乌拉根铅锌矿成矿地质特征及成矿模式[J].矿产勘查,2(6):669-680.

祝新友,王京彬,刘增仁,等,2010.新疆乌拉根铅锌矿床地质特征与成因[J].地质学报,84(5):694-702.

康亚龙,欧阳玉飞,樊俊昌,等,2009.新疆乌恰地区乌拉根铅锌矿床热卤水成因探讨[J].四川地质学报,29(4):400-405.

李丰收,王伟,杨金明,2005.新疆乌恰县乌拉根铅锌矿床地质地球化学特征及其成因探讨[J].矿产与地质,19(4):335-340.

谢世业,莫江平,杨建功,等,2003.新疆乌恰县乌拉根新生代热卤水喷流沉积铅锌矿成因研究[J].矿产与地质,17(1):11-16.

阳翔,谢世业,莫江平,等,2012.新疆乌恰县乌拉根铅锌矿矿床地球化学特征及其成因研究[J].矿产与地质,26(6):483-489.

内部资料

乌恰县华锌矿业有限责任公司,2010.新疆乌恰县乌拉根南翼锌(铅)矿详查报告[R].乌恰县:乌恰县华锌矿业有限责任公司.

乌恰县金旺矿业发展有限责任公司,2013.新疆乌恰县乌鲁干塔什铅锌矿勘探报告[R].乌恰县:乌恰县金旺矿业发展有限责任公司.

附录9　图片及说明

图1　乌拉根铅锌矿选矿厂

图2　乌拉根铅锌矿露天采场

图3　向斜南翼钻探施工场地

图4　南翼露天剥离场

图5　地层露头:生物介壳灰岩

图6　细砂岩

图 7　氧化带红褐色砂岩

图 8　含砾砂岩 1

图 9　含矿砂砾岩

图 10　含矿砾岩

图 11　灰岩

图 12　介壳灰岩 1

图 13 硬石膏岩

图 14 夹石膏脉硬石膏岩

图 15 长石砂岩 50× 正交偏光

岩石具中粒砂状结构,镶嵌式—孔隙式胶结,分选好,磨圆好。碎屑主要为长石、石英,胶结物为碳酸盐。

图 16 岩屑长石砂岩 50× 正交偏光

岩石具砂状结构,孔隙式胶结,分选中等,磨圆中等。碎屑主要为石英、长石,见少量岩屑。胶结物主要为碳酸盐矿物,见黑云母和白云母。

图 17 含砾砂岩2 12.5× 正交偏光

岩石具砂状结构,孔隙式胶结,分选差,磨圆中等。碎屑为石英、长石和岩屑,胶结物为方解石、石膏等。

图 18 含砾砂岩3 12.5× 正交偏光

岩石具砂状结构,孔隙式胶结,分选差,磨圆中等。碎屑主要为石英和岩屑,长石较少见。胶结物为方解石。

图 19　砂砾岩　12.5×　正交偏光

岩石具砂状结构,成分主要为岩屑和石英,见少量钾长石,分选差,次棱角状—次圆状,孔隙式胶结。

图 20　砾岩　12.5×　正交偏光

岩石中碎屑粒径较大,可见岩屑砾石和石英砾石,分选中等,次棱角状—次圆状。胶结物主要为白云石。

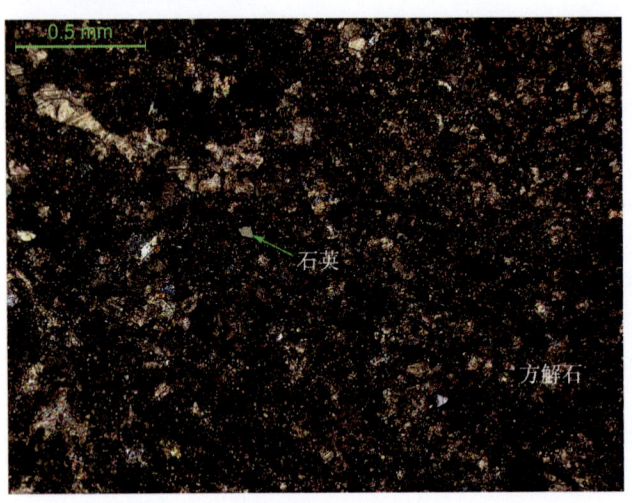

图 21　灰岩　100×　正交偏光

岩石中主要成分为中—细晶方解石,见陆源碎屑。陆源碎屑主要为石英,棱角状—次棱角状。

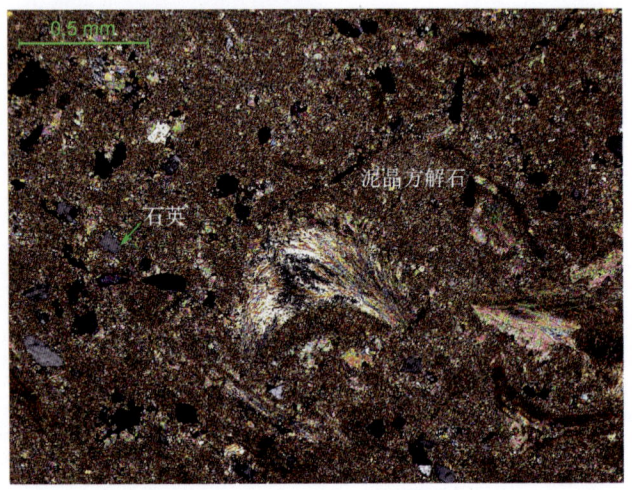

图 22　生物碎屑泥晶灰岩　50×　正交偏光

岩石中主要成分为泥晶方解石,生物碎屑被亮晶方解石交代。陆源碎屑主要为石英,次棱角状。

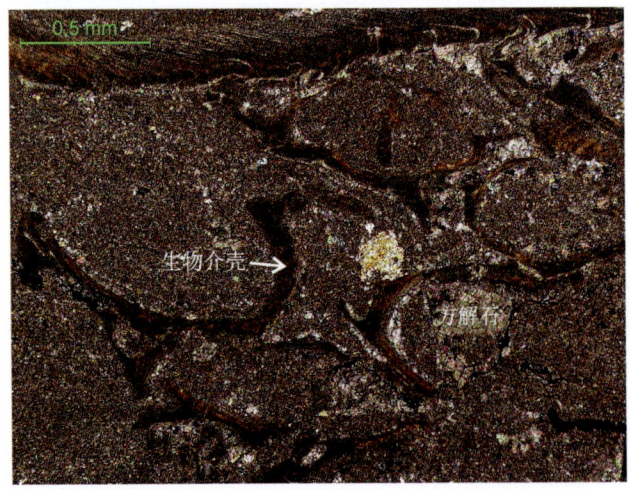

图 23　介壳灰岩 2　50×　正交偏光

岩石主要由方解石和生物介壳组成。生物介壳主要为腕足类,已被方解石交代。

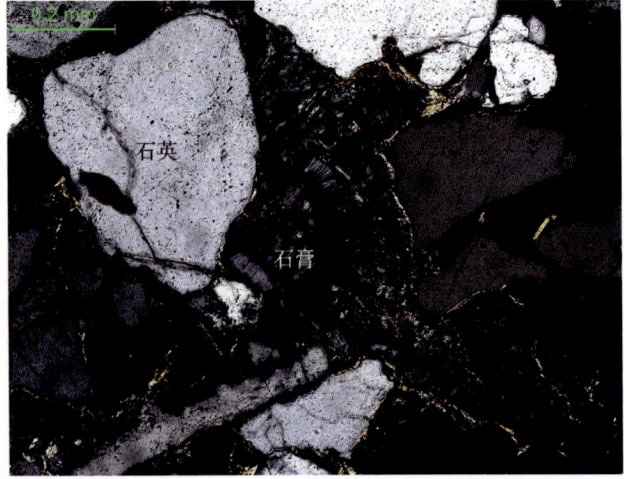

图 24　石膏化　100×　正交偏光

砂岩中砂屑主要为石英、长石,填隙物中可见石膏,为后期蚀变产物。

图 25　方解石化　50×　正交偏光
含砾砂岩中主要成分为石英、岩屑和长石，胶结物为方解石。

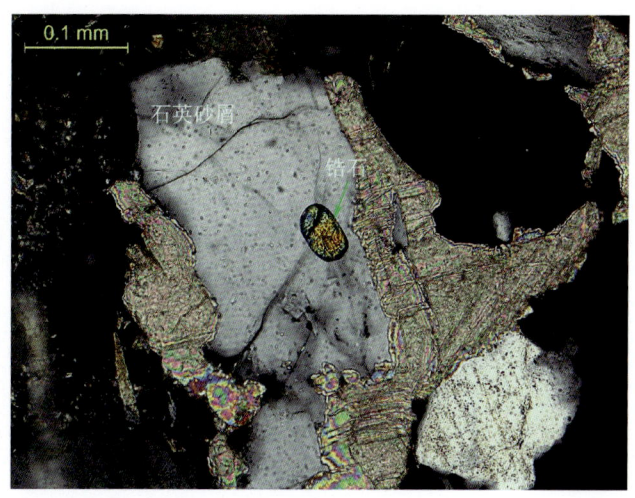

图 26　锆石　200×　正交偏光
砂岩中半自形粒状锆石包裹于石英砂屑中。

图 27　磷灰石　500×　正交偏光
柱状磷灰石分布于石英砂屑中。

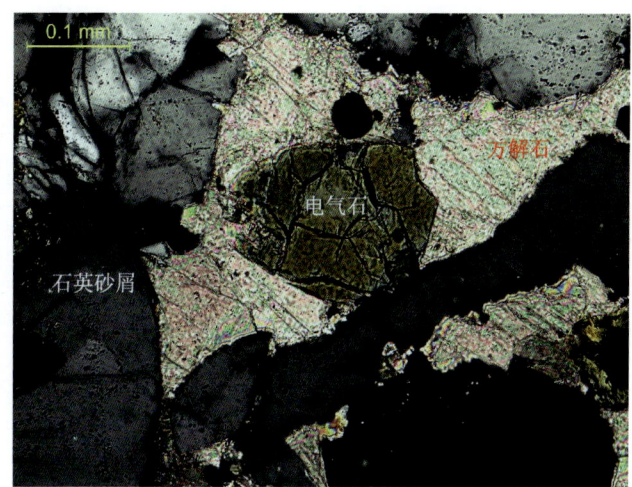

图 28　电气石　200×　正交偏光
砂岩中胶结物为方解石，在方解石中分布半自形粒状电气石。

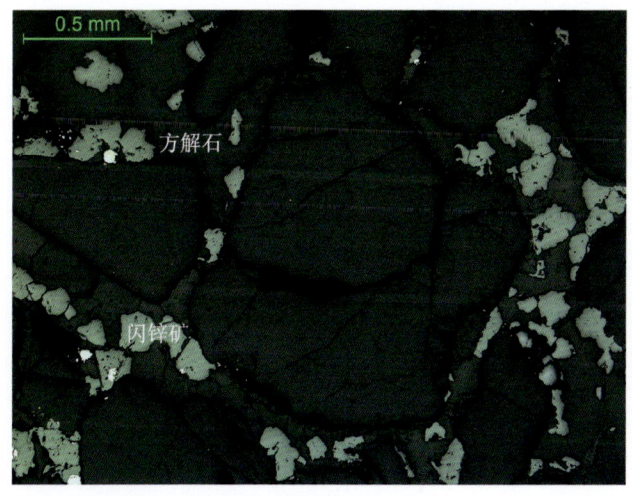

图 29　闪锌矿1　50×　单偏光
闪锌矿他形粒状，呈星散浸染状分布于砂岩中。

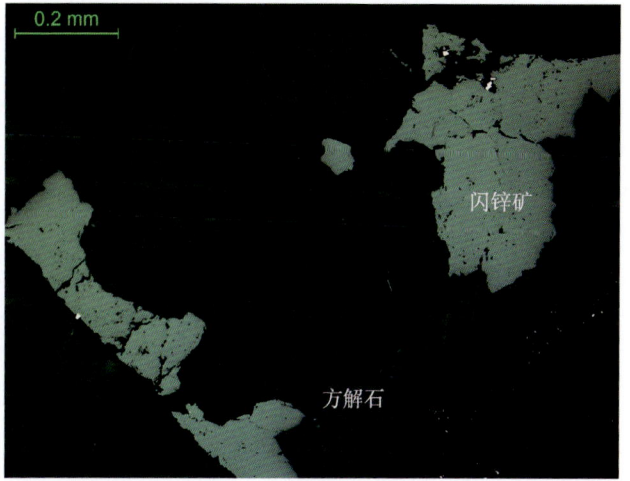

图 30　闪锌矿2　100×　单偏光
他形粒状闪锌矿与方解石混杂分布，二者呈不规则毗连镶嵌。

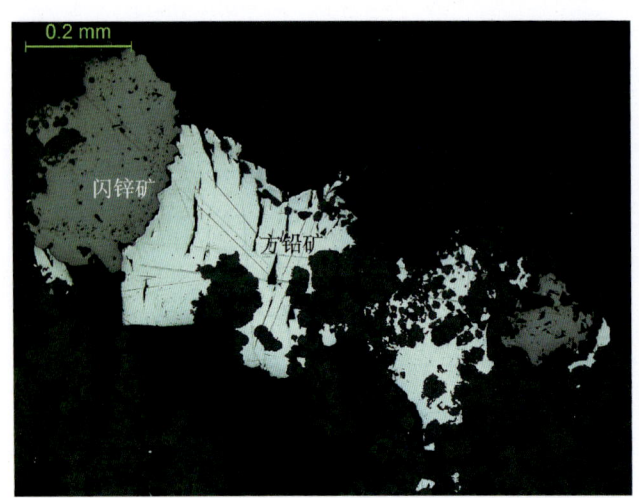

图 31　闪锌矿、方铅矿　100×　单偏光

闪锌矿被方铅矿溶蚀交代呈曲线状,二者呈不规则状毗连镶嵌。

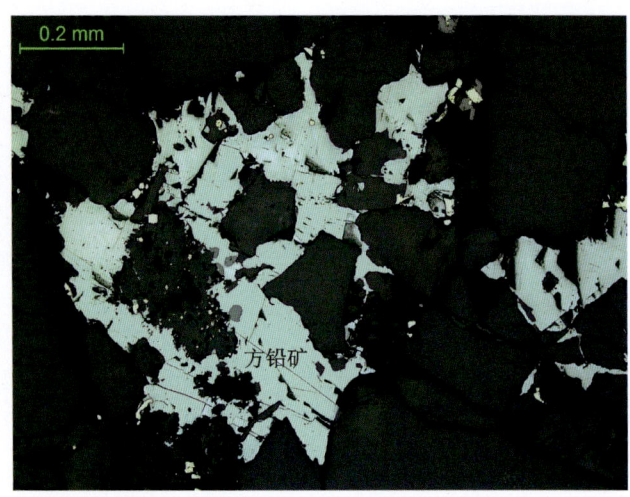

图 32　方铅矿　100×　单偏光

方铅矿他形粒状,呈星散浸染状分布于砂岩的填隙物中。

图 33　毒砂、方铅矿　200×　单偏光

方铅矿溶蚀交代毒砂呈不规则状毗连镶嵌。

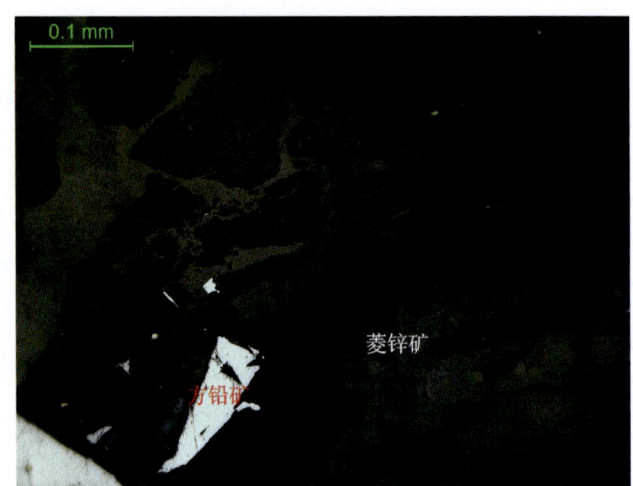

图 34　方铅矿、菱锌矿　200×　单偏光

方铅矿被菱锌矿溶蚀交代,二者呈不规则状毗连镶嵌。

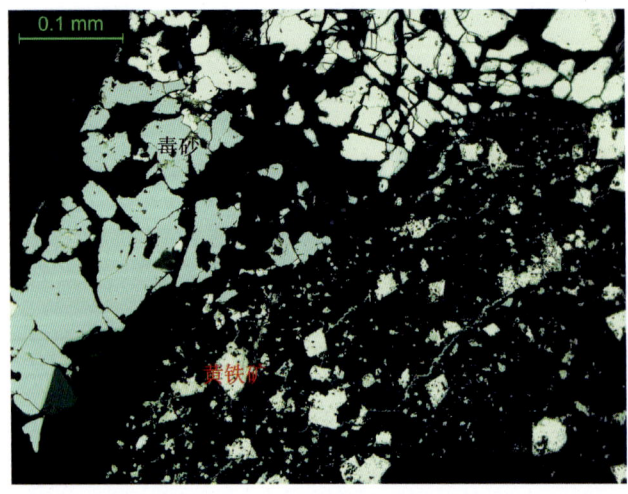

图 35　毒砂、黄铁矿　200×　单偏光

毒砂、黄铁矿呈不均匀浸染状分布于砂岩中。

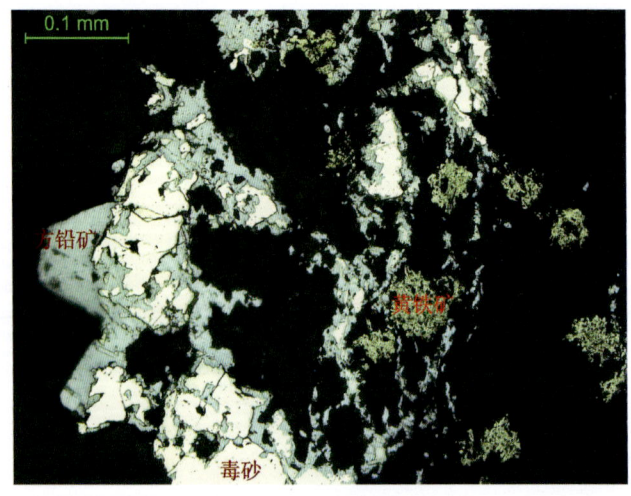

图 36　交代残余结构　200×　单偏光

方铅矿溶蚀交代黄铁矿、毒砂,形成交代残余结构。

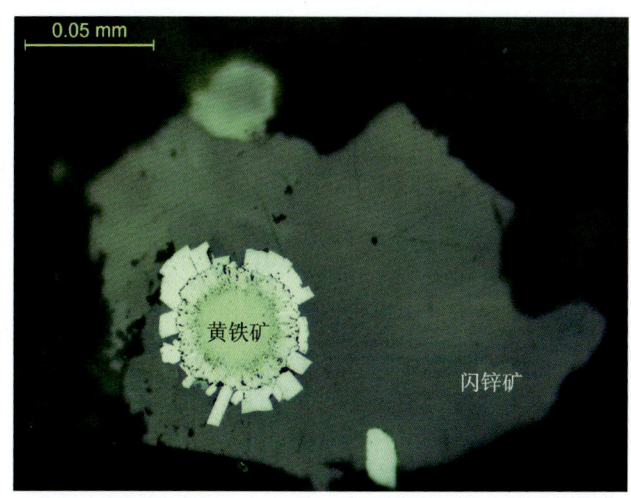

图 37　黄铁矿、闪锌矿　500×　单偏光

黄铁矿包裹于闪锌矿中。

图 38　硅质岩屑　100×　正交偏光

砂岩中主要成分为石英、岩屑等,岩屑中可见硅质岩屑。填隙物为碳酸盐矿物。

图 39　文象花岗岩岩屑　100×　正交偏光

含砾砂岩中可见文象花岗岩岩屑,其周边分布石英砂屑。

图 40　中酸性熔岩岩屑　50×　正交偏光

砂岩中主要成分为石英、岩屑等,岩屑中可见中酸性熔岩岩屑。填隙物为碳酸盐矿物。

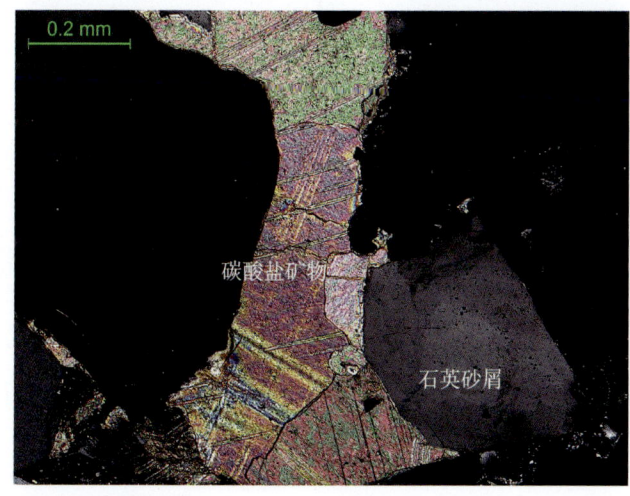

图 41　碳酸盐矿物　100×　正交偏光

碳酸盐矿物充填于砂岩裂隙中。

图 42　石膏　50×　正交偏光

硬石膏岩纤维状,其间夹泥岩条带,石膏环绕砂砾呈皮壳状构造。

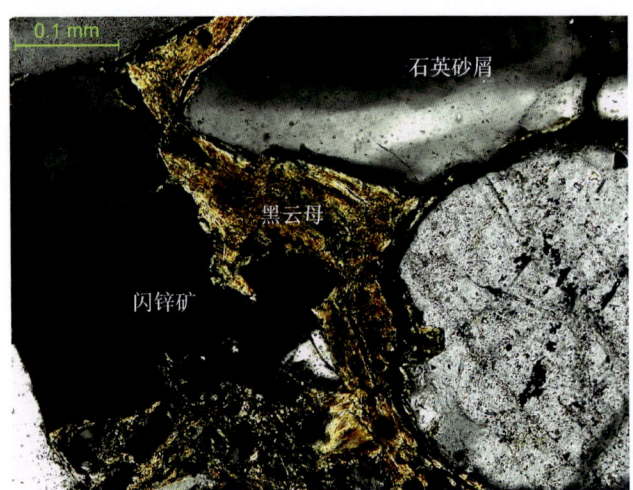

图43 绿泥石化黑云母 200× 正交偏光
黑云母以砂岩中填隙物形式存在,绿泥石化。

图44 白云母 100× 正交偏光
白云母片状,充填于砂砾间隙。

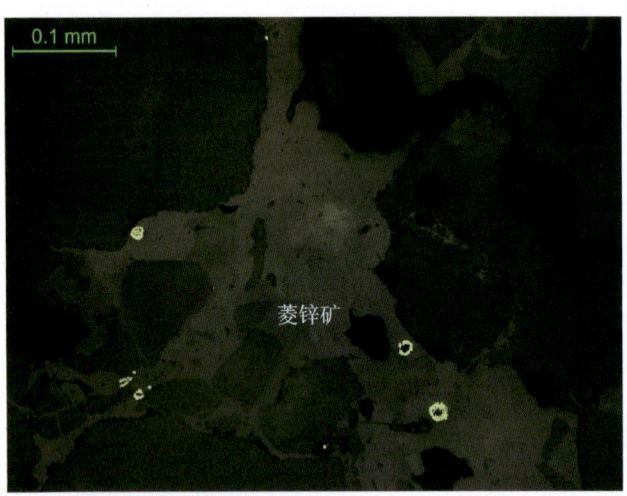

图45 菱锌矿双反射 200× 单偏光
菱锌矿嵌布于脉石矿物粒间。

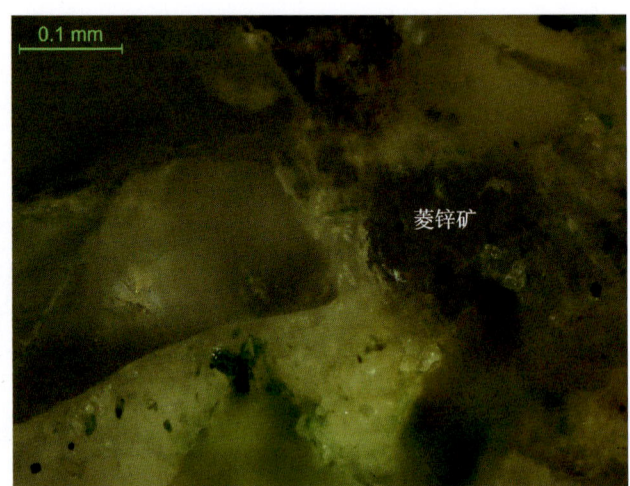

图46 菱锌矿内反射 200× 正交偏光
菱锌矿嵌布于脉石矿物粒间。

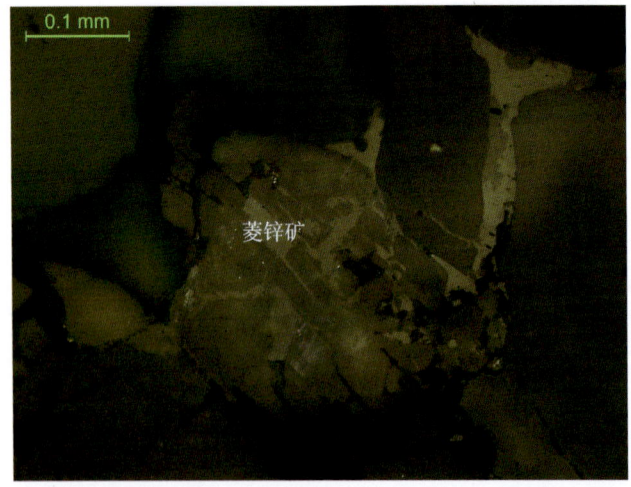

图47 菱锌矿 200× 单偏光
菱锌矿呈不规则状沿脉石矿物裂隙充填。

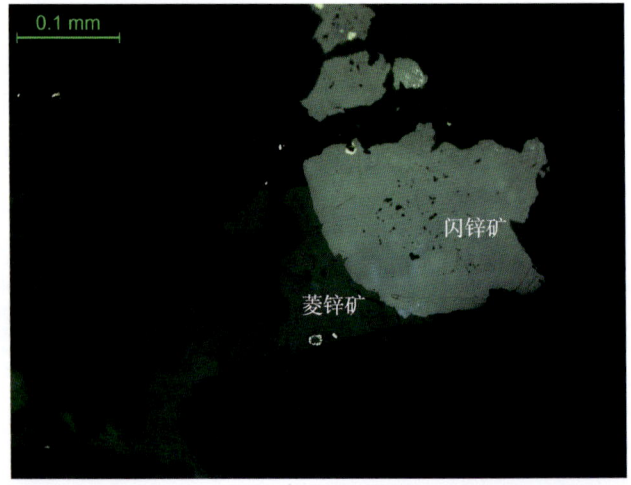

图48 闪锌矿、菱锌矿 200× 单偏光
菱锌矿与闪锌矿共生。

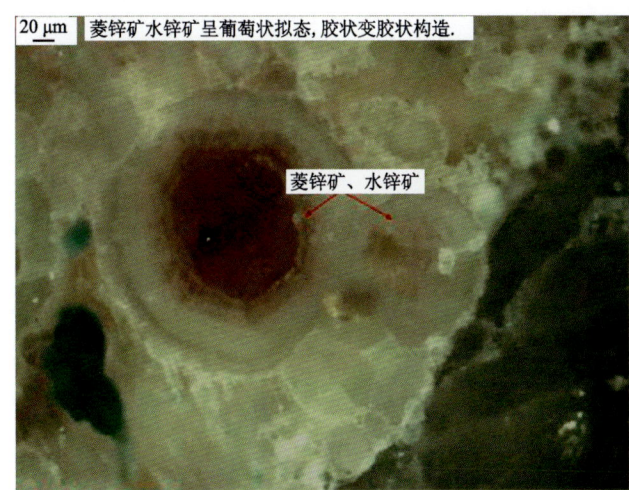

图 49　菱锌矿、水锌矿 1
水锌矿、菱锌矿呈葡萄状，具胶状变胶状构造。

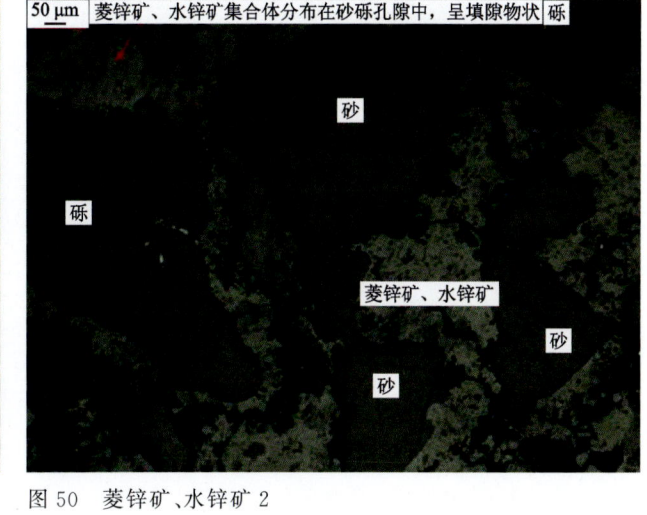

图 50　菱锌矿、水锌矿 2
菱锌矿、水锌矿呈他形晶粒状结构，其集合体呈填隙结构，胶结状构造。

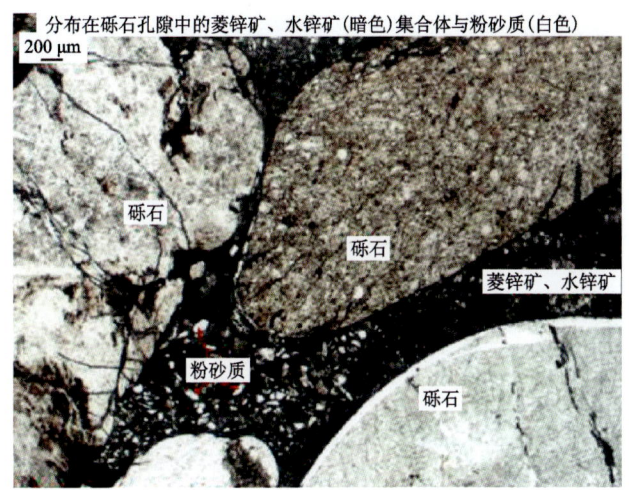

图 51　菱锌矿、水锌矿 3
菱锌矿、水锌矿呈集合体状充填于砾石孔隙。

图 52　白铅矿
白铅矿包裹并溶蚀交代方铅矿。

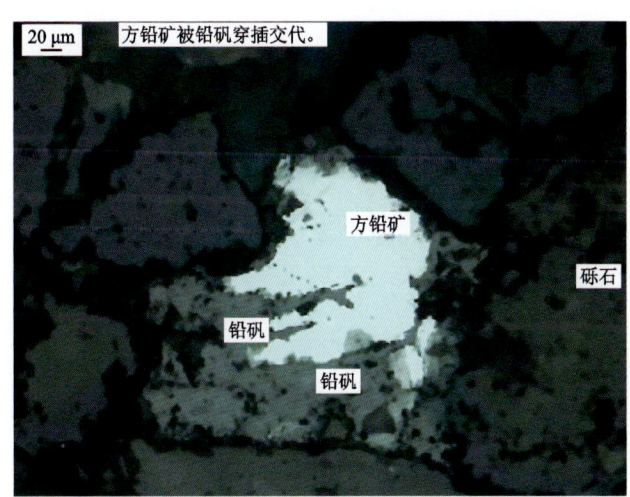

图 53　铅矾
铅矾穿插并溶蚀交代方铅矿。

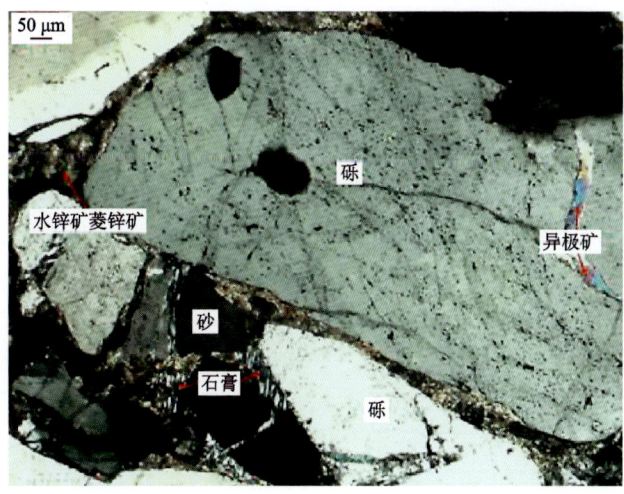

图 54　异极矿
异极矿充填于砾石裂隙中。

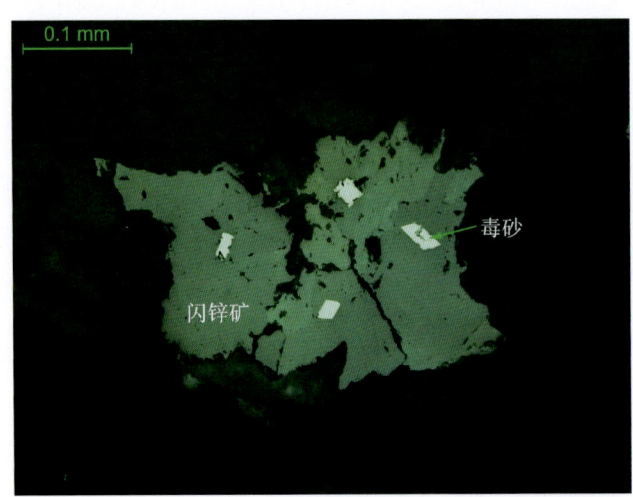

图55 包含结构 200× 单偏光
他形粒状闪锌矿中包含毒砂。

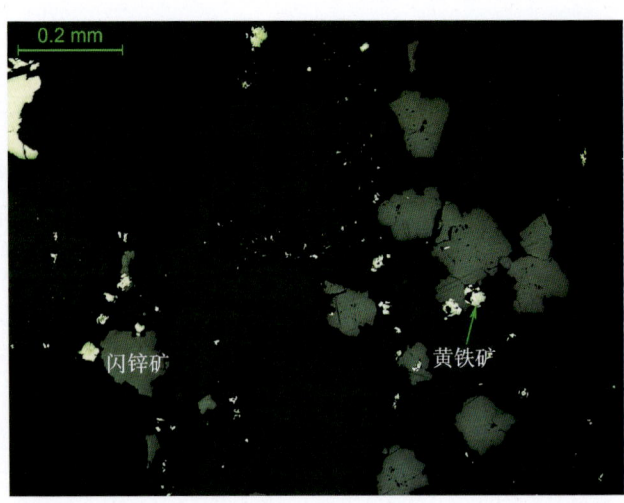

图56 星点浸染状构造 100× 单偏光
闪锌矿、黄铁矿呈星点浸染状分布。

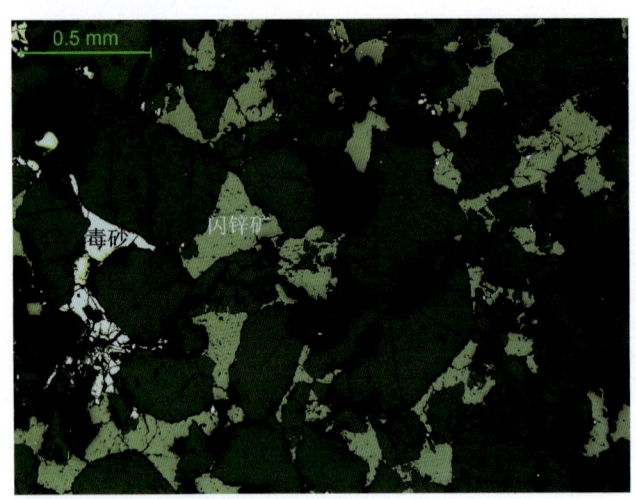

图57 星散浸染状构造 50× 单偏光
闪锌矿、毒砂呈星散浸染状分布。

图58 脉状构造 100× 单偏光
方铅矿沿岩石裂隙充填，呈脉状构造。

和田县火烧云铅锌矿

拍摄者邹震

整体介绍

火烧云铅锌矿床位于新疆和田市南西194°方向,直线距离约285 km处,地处新疆西南端喀喇昆仑山中部,属阿克赛钦高原无人区,行政区划属新疆和田县管辖。地理坐标:东经78°59′55″—79°16′55″,北纬34°33′59″—34°43′44″。

2000—2002年,湖北省地质调查院完成了"新西昆仑玉龙喀什河1∶50万区域化探"大调查项目,在尼斯楚—红黄岭一带圈定了大量金银铅锌镉、稀有稀土异常,其中HS-58号金银铅锌镉锂砷锑综合异常在全区排序第二。2007年,新疆地矿局利用中央专项、国土资源大调查项目资金陆续在海拔5000 m以上的西昆仑乔尔天山无人区部署了以寻找层控铅锌矿为主要目的的1∶5万区域地质矿产调查及异常查证工作,在岔路口—甜水海一带先后发现和评价了宝塔山、多宝山、天神、甜水海等系列以硫化物为主的MVT型铅锌矿。

2008—2011年,新疆地矿局第八地质大队根据新疆地矿局安排部署,自筹资金开展了"新疆和田地区碧龙潭一带资源潜力评价"工作,在尼斯楚一带针对HS-58号综合异常开展铅锌找矿工作,于2011年8月在火烧云矿区地表发现3条高品位铅锌矿转石带,带长100~300 m,宽7~40 m,转石品位铅1.27%~34.78%,锌22.42%~44.15%。2012年,新疆地矿局第八地质大队向新疆地勘基金中心申请立项获批,2012—2014年,实施了"新疆和田县火烧云一带铅锌矿预查"项目,通过3年勘查工作,在火烧云一带293.68 km²内圈定以铅、锌为主的综合异常11个,发现火烧云、牛郎山、马鞍山等多个铅锌矿床(点)。在火烧云矿区发现Ⅱ号、Ⅲ号上、下两个近平行产出的铅锌矿化层。矿体呈层状、似层状,产状与地层一致。矿石矿物主要为菱锌矿、白铅矿,初步确定该铅锌矿为层控碳酸盐岩型非硫化物矿床,具有超大型远景。

为加速勘查开发进程,2015年由新疆地矿局出资,新疆地矿局第八地质大队开展了普查工作,普查区面积6.60 km²(即火烧云矿区范围),矿区共探求锌铅金属量1 894.96万t,达超大型规模,伴生镓达中型规模。2016年12月新疆地矿局第八地质大队提交了《新疆和田县火烧云矿区铅锌矿勘探报告》并通过评审(新国储评〔2017〕026号),共查明铅锌矿石量6 091.91万t,锌金属量1 423.92万t,铅金属量280.08万t,锌平均品位23.37%、铅平均品位4.60%。确定该矿为一超大型铅锌矿床。2017—2018年,新疆地矿局第八地质大队继续在火烧云矿区外围开展普查工作,新增铅锌金属量176.89万t。

第一节 成矿地质特征

火烧云铅锌矿位于青藏高原北缘喀喇昆仑地区(图10-1),大地构造位置为羌塘-三江造山系甜水海地块之乔尔天山-林济塘中生代前陆盆地。成矿带处在喀喇昆仑-三江成矿省林济塘Fe-Cu-Au-RM-石膏矿带内,北东部以乔尔天山-岔路口断裂为界,与慕士塔格-阿克赛钦陆缘盆地毗邻,区域上广泛出露新生代、中生代及古生代地层,其中侏罗纪为主要赋矿地层,侏罗纪至古近纪属夹火山岩含石膏碳酸盐岩建造,新近纪隆起为陆。该区域褶皱构造以紧闭型为主,断裂构造发育,沿乔尔天山-岔路口断裂及两侧次级断裂形成新疆富集程度和规模最大的铅锌矿富集区。区域内侵入岩不甚发育,火山活动较弱。

一、容矿地层

矿区出露上三叠统克勒青河组砂岩段、中侏罗统龙山组砂砾岩段与灰岩段、上侏罗统红其拉甫组砂岩段与灰岩段及第四系(图10-2,表10-1)。矿区内无岩浆岩体出露。

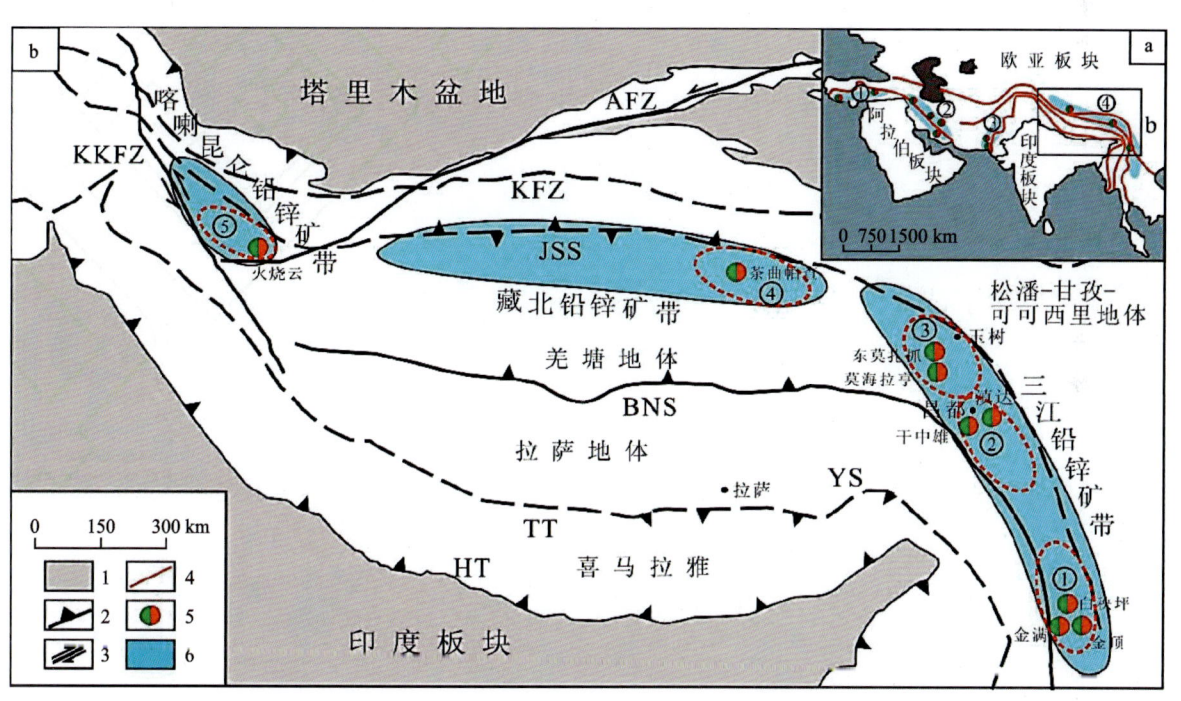

1.古近纪—新近纪—第四纪沉积盆地;2.逆冲断裂;3.走滑断裂;4.断裂;5.铅锌矿床;6.铅锌矿带。

图a中的矿带:①Taurus铅锌矿带(土耳其);②Sanandaj-Sirjan铅锌矿带(伊朗);③Lasbela-Khuzdar铅锌矿带(巴基斯坦);④藏北铅锌矿带(中国)与"三江"铅锌矿带(中国-缅甸-老挝)。

图b中的铅锌矿盆地:①兰坪盆地;②昌都盆地;③盆地;④沱沱河盆地;⑤乔尔天山-林济塘盆地;AFZ.阿尔金断裂带;KFZ.昆仑断裂带;KKFZ.喀喇昆仑断裂带;JSS.金沙江缝合带;BNS.班公湖-怒江缝合带;YS.雅鲁藏布江缝合带;TT.特提斯逆冲带;HT.喜马拉雅逆冲带。

图10-1 特提斯铅锌成矿带空间展布及在青藏高原中的分布位置

火烧云铅锌矿赋矿地层为中侏罗统龙山组,主要为一套浅海相碳酸盐岩沉积,局部夹火山岩、碎屑岩、石膏层。龙山组可划分为上、下两个岩性段,第一岩性段为灰紫色、褐灰色中厚层状砂砾岩;第二岩性段为灰色、深灰色、褐红色薄—中厚层状灰岩,局部夹灰紫色杏仁状玄武岩、英安岩,区域上与其相邻地区的同一地层含 Montlivaltia sp.，Virgatosphinctes sp. 等化石。矿区内还发育上三叠统克勒清河群砂岩层，与中侏罗统呈角度不整合接触。

表 10-1　火烧云铅锌矿矿区地层综合序列表

年代地层			岩石地层			代号	厚度/m	岩性描述
界	系	统	群组	段	层			
新生界	第四系		冲洪积			Qh^{apl}	10±	主要由一些大小不等、未被胶结的卵石及砂砾松散堆积而成
			残坡积			Qh^{esl}	15±	主要为原地风化的岩石碎块，有时混有少量洪积物
中生界	侏罗系	上侏罗统	红其拉甫组	灰岩段		J_3h^{ls}	大于 619.94	主要为微晶灰岩、生物屑灰岩、鲕粒灰岩、核形石灰岩、砾块状灰岩及泥质灰岩。含丰富的菊石、箭石、双壳类和珊瑚、腕足及海百合茎等化石
				砂岩段		J_3h^{ss}	大于 167.23	灰色细砾岩、杂色灰岩质砂质砾岩、中细粒石英砂岩、岩屑长石石英砂岩、粉砂岩、泥质粉砂岩、泥岩，夹泥晶灰岩、石膏层透镜体
		中侏罗统	龙山组	灰岩段	第五层	J_2l^{ls-5}	大于 25.21	灰色生物碎屑灰岩，块状构造，生物碎屑主要为介形虫、海百合茎、孔虫等
					第四层	J_2l^{ls-4}	大于 73.13	浅灰色细晶灰岩，颜色呈浅灰色—灰色，细晶结构，厚层状构造，局部夹少量薄层状泥质灰岩、压碎状泥晶灰岩。为Ⅱ号铅锌矿化层赋矿层位
					第三层	J_2l^{ls-3}	大于 38.56	该层岩性主要为泥岩、泥质灰岩，局部夹薄层状泥晶灰岩、碎裂状微晶灰岩透镜体，颜色呈灰色—深灰色，泥质结构，多具薄层状构造。下部岩石较破碎，沿破碎裂隙面可见一定褐铁矿化，局部具弱铅锌矿化
					第二层	J_2l^{ls-2}	大于 61.04	主要为泥晶灰岩，夹细晶灰岩。岩石极为破碎，具较强褐铁矿化、碳酸盐化；方解石脉、裂隙及孔洞发育；整体具强弱不一的铅锌矿化，底部为Ⅲ₁铅锌矿体
					第一层	J_2l^{ls-1}	大于 65.70	主要为灰色细晶灰岩，局部含生物碎屑，厚层状构造，发育少量方解石细脉、少量裂隙。局部沿裂隙面有铁质浸染，该层顶部分布少量薄层状泥质灰岩，局部具铅锌矿化
				砂砾岩段		$J_2l^{ss,cg}$	大于 18.01	主要为一套紫红色砂岩、含砂砾岩，地表宏观特征明显，与两侧岩性颜色差别较大。砾岩砾石成分有凝灰岩、砂岩、灰岩等
	三叠系	上三叠统	克勒青河组	砂岩段		T_3k^{ss}	1 375.3	灰色、灰绿色，薄至中层状泥质粉砂岩、粉砂岩、长石石英砂岩、石英岩屑砂岩。砂状结构，中—薄层状构造。具弱千枚岩化浅变质

二、矿区构造

矿区位于碧龙潭南侧、驼峰山-碧龙潭倒转向斜南翼。构造简单，克勒青河组出露有限、产状零乱，褶皱形态变化不明；侏罗系整体表现为向北北东缓倾的单斜地层，倾角 5°～30°，在与克勒青河组接触界线附近，常形成大小不一、形态各异的上叠小盆地沉积残留。断裂在工作区有一定表现，有近东西向、北东向、北西向 3 组。断裂性质有正断层、逆断层、平移断层 3 类。就断裂特征重点描述如下。

工作区发育断层8条,其中F_{10}、F_{11}对矿区矿体造成一定破坏。此外工作区北侧河尾滩断裂也是工作区附近级别较高的一条重要断裂。

河尾滩断裂:发育于工作区北部,呈北西-南东走向,延伸大于100 km。上盘主要为红其拉甫组,下盘主要为龙山组,具典型的多期活动特征。沿断裂带发育宽窄不一的断层破碎带,窄者5~15 m,宽者达350 m,带内岩石强烈破碎蚀变,局部保留早期挤压构造面。断层面波状起伏,挤压片理和挤压透镜体沿断面分布。断面下盘地质体变形较弱,地层产状平缓且稳定;上盘则表现为极强的变形特征,灰岩强烈揉皱,甚至拉断呈条带状。断层产状10°∠75°~20°∠65°。

三、变质作用

矿区变质作用表现极弱,大致可分为区域变质和动力变质两类,其中区域变质克勒青河组大致达浊沸石相,侏罗系及以新地层未变质。岩石以重结晶作用为主,原岩结构保存完好,发育各种变余结构,主要表现为弱千枚岩化,对矿化蚀变未见影响。动力变质出现于断裂带及其附近,受影响地层主要是龙山组,岩石类型有碎裂岩化岩类、碎裂岩类、断层角砾岩等。岩石具碎裂结构、牵引拉伸现象,挤压片理和挤压透镜体发育,局部次生节理、劈理较发育,对矿化、蚀变造成了一定影响。

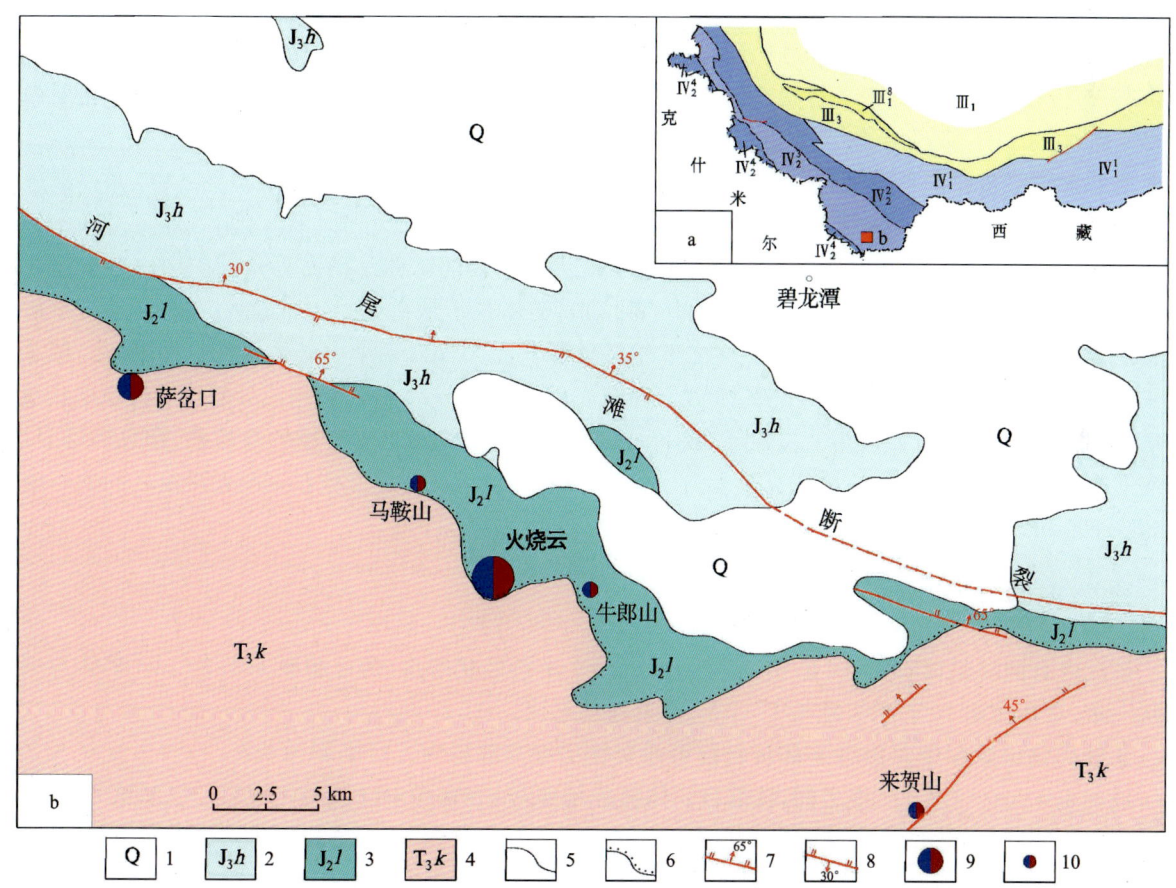

1.第四系;2.晚侏罗世红其拉甫组;3.中侏罗世龙山组;4.晚三叠世克勒青河组;5.地层界线;6.角度不整合界线;7.正断层;8.逆断层;9.铅锌矿床;10.铅锌矿点;Ⅲ.塔里木华北板块;Ⅲ$_1$.塔里木微板块;Ⅲ$_1^8$.铁克里克陆缘地块;Ⅲ$_3$.昆仑微板块;Ⅳ.华南板块;Ⅳ$_1$.可可西里陆缘活动带;Ⅳ$_1^1$.巴颜喀拉-松潘二叠纪—三叠纪陆缘盆地;Ⅳ$_2$.羌塘微板块;Ⅳ$_2^1$.阿克赛钦古生代陆缘盆地;Ⅳ$_2^3$.喀喇昆仑中生代陆缘盆地;Ⅳ$_2^4$.乔戈里地块。

图10-2 新疆和田县火烧云铅锌矿一带地质图

第二节　矿体特征简述

火烧云铅锌矿矿区内地表圈定 3 个矿体,深部圈定多个盲矿体(图 10-3)。矿床围岩以灰白色白云质灰岩为主,倾向北东,倾角多为 20°。

一、含矿层地质特征

火烧云矿区铅锌矿体均分布于中侏罗统龙山组中,矿体与围岩(碳酸盐岩)整合产出(图 10-4)。矿区内根据矿体垂向上的聚集情况及赋矿岩性层位特征大致划分为上、下两条铅锌含矿层,分别编号为Ⅱ、Ⅲ号。两个含矿层呈近于平行状产出,Ⅱ号含矿层位于Ⅲ号含矿层之上,层间距 60~70 m,呈缓倾、近水平层状产出,整体倾向北北东 10°~30°,倾角 1°~15°,略有波状起伏。

Ⅱ号含矿层主要分布在矿区中部,南北长约 260 m,东西宽约 160 m。其赋矿层位为龙山组灰岩段第四岩性层,以细晶灰岩为主。在Ⅱ号矿化层内共圈出Ⅱ$_1$、Ⅱ$_2$、Ⅱ$_3$ 3 个矿体,地表均见有露头,总体呈半剥蚀状态,矿体在空间上呈近于平行状产出。Ⅱ号矿化层总厚度 30~50 m,其中Ⅱ$_1$ 矿体是该矿化层内的主要矿体,位于最下部;往上依次为Ⅱ$_2$、Ⅱ$_3$ 矿体,Ⅱ$_3$ 矿体规模最小。

Ⅲ号含矿层是矿区最重要的含矿层,分布范围广,南北长约 2280 m;东西最宽约 1400 m。Ⅲ号矿(化)层位于龙山组灰岩段第二岩性层的中、下部,在该矿(化)层中圈出Ⅲ$_1$、Ⅲ$_{1-1}$、Ⅲ$_{2-1}$、Ⅲ$_{2-2}$、Ⅲ$_{2-3}$、Ⅲ$_{2-4}$、Ⅲ$_{2-5}$、Ⅲ$_{2-6}$、Ⅲ$_{3-1}$、Ⅲ$_{3-2}$ 共 10 个矿体,其中Ⅲ$_1$ 矿体是矿区内最主要的矿体。根据Ⅲ号含矿层内各矿体分布的空间位置关系可进一步分为 3 个层位,其中,Ⅲ$_1$、Ⅲ$_{1-1}$ 矿体位于该矿化层下部;Ⅲ$_{2-1}$~Ⅲ$_{2-7}$ 等 7 个矿体分布于该矿化层中、上部;另外在Ⅲ$_1$ 矿体之下零星分布有Ⅲ$_{3-1}$、Ⅲ$_{3-2}$ 两个小矿体。Ⅲ号含矿(化)层总厚度一般 25~55 m,最厚可达 90 m(EW039 线),在其底界向下 20~70 m 为结构成分较均一的厚层状浅灰色细晶灰岩,即龙山组灰岩段第一岩性层;往下为厚 5~30 m 的龙山组砾岩段的红褐色、杂色砂砾岩层,再向下跨过不整合面则为上三叠统克勒青河组碎屑岩组合,主矿层下距三叠系克勒青河组之间的不整合面 25~100 m。

二、主要矿体特征

矿区内有两层铅锌矿化层(Ⅱ号、Ⅲ号),呈近水平平行层状产出,两层相距 60~70 m。矿体与围岩产状一致,总体倾向 10°~30°,倾角 1°~15°,略有波状起伏。

Ⅱ号矿化层赋存于龙山组上部灰岩段第四岩性层细晶灰岩中。呈半剥蚀状态,地表出露在 SN0~SN4 线与 EW007~EW008 线之间,深部盲矿体部分延伸至 SN19~SN4 线与 EW023~EW007 线之间。该矿化层长 600 m,宽 450 m,其底板标高 5510~5585 m,顶板埋深 0~162 m。

Ⅲ号矿化层是主矿化层,赋存于龙山组上部灰岩段第二岩性层底部泥晶灰岩中,形态完整且规模大,主要分布在 SN27~SN16 线与 EW039~EW032 线之间,长 1440 m,宽约 900 m。矿化层底板标高 5384~5602 m,顶板埋深一般 50~230 m,最小埋深 5 m。

矿区内共圈出 12 个工业矿体。其中,Ⅱ号矿化层内 3 个(编号Ⅱ$_1$、Ⅱ$_2$、Ⅱ$_3$),Ⅲ号矿化层内 9 个(编号Ⅲ$_1$、Ⅲ$_{1-1}$、Ⅲ$_{2-1}$、Ⅲ$_{2-2}$、Ⅲ$_{2-3}$、Ⅲ$_{2-4}$、Ⅲ$_{2-5}$、Ⅲ$_{2-6}$、Ⅲ$_{2-7}$)。4 个矿体(Ⅲ$_1$、Ⅱ$_1$、Ⅱ$_2$、Ⅱ$_3$)在地表有露头,属半隐伏矿体,其余 8 个矿体为隐伏矿体。另外,在Ⅲ号矿化层内还圈出 12 个低品位矿体,以薄透镜状为主。

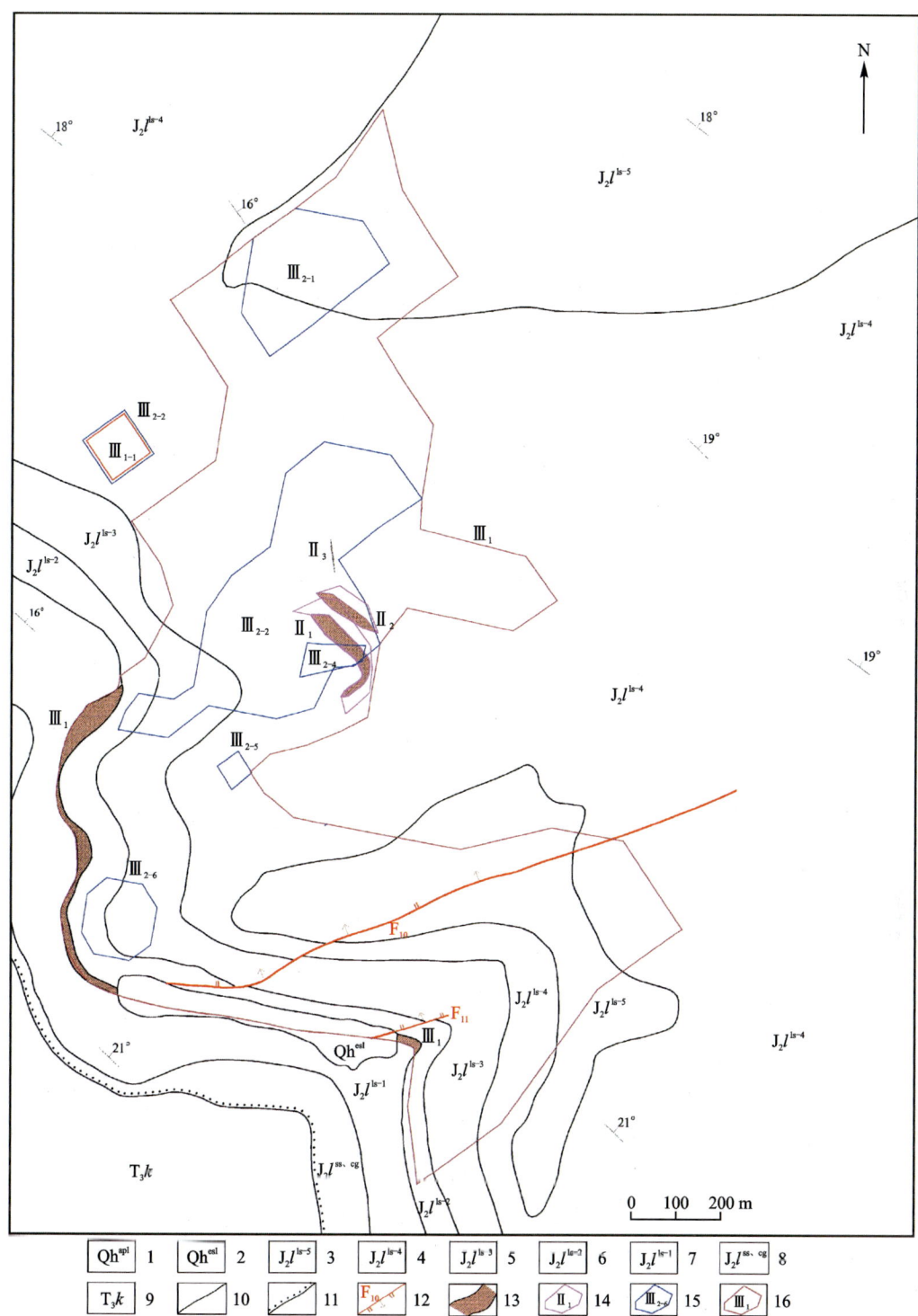

1.第四系洪冲积物;2.第四系残坡积物;3.龙山组灰岩段第五层:生物碎屑灰岩;4.龙山组灰岩段第四层:浅灰色细晶灰岩;5.龙山组灰岩段第三层:深灰色泥质灰岩、灰黑色泥岩;6.龙山组灰岩段第二层:浅灰色碎裂状灰岩、角砾岩;7.龙山组灰岩段第一层:深灰色细晶灰岩;8.龙山组砂、砾段:紫红色砂砾岩;9.克勒青河组:灰绿色细砂岩、深灰色粉砂岩、泥质粉砂岩;10.整合地质界线;11.角度不整合界线;12.正断层及编号;13.矿体露头;14.Ⅱ号矿化层内矿体投影线;15.Ⅲ矿化层内小矿体投影线;16.Ⅲ₁矿体投影线。

图10-3 和田县火烧元铅锌矿矿体水平投影图

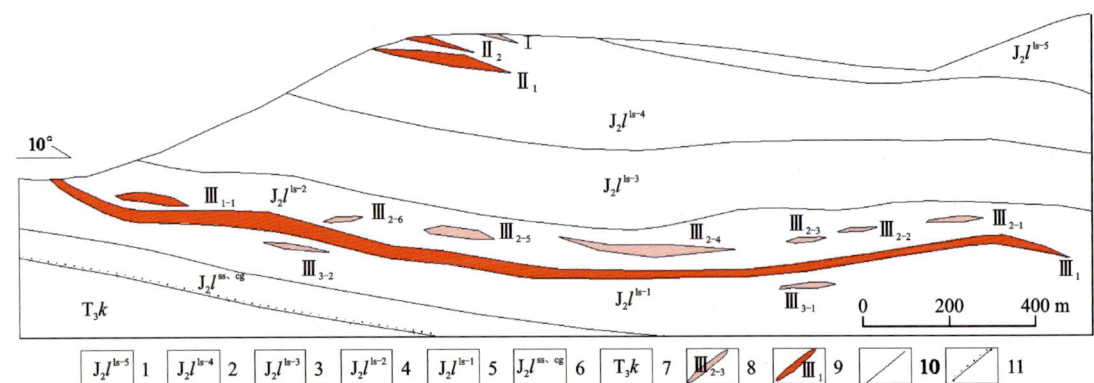

1.下侏罗统龙山组灰岩段第五岩性层；2.下侏罗统龙山组灰岩段第四岩性层；3.下侏罗统龙山组灰岩段第三岩性层；4.下侏罗统龙山组灰岩段第二岩性层；5.下侏罗统龙山组灰岩段第一岩性层；6.下侏罗统龙山组底部砂岩、砾岩；7.上三叠统克勒清河组砂岩层；8.低品位铅锌矿体；9.工业品位铅锌矿体；10.地质界线；11.角度不整合地质界线。

图 10-4　和田县火烧云铅锌矿矿体空间分布剖面图（据新疆地矿局第八地质大队修改，2018）

矿体顶、底板围岩以碳酸盐岩为主，顶板为褐黄色碎裂化灰岩、角砾状灰岩，具较强的褐铁矿化，局部为泥岩、泥质灰岩；底板为一套完整的灰色—浅灰色细晶灰岩，局部偶见有鲕粒灰岩，具厚层状—块状构造。近矿围岩内的 Pb、Zn 含量急剧下降，顶板部分围岩含量 Pb 0.1%～0.30%、Zn 0.2%～0.90%；底板围岩无矿化现象。

III_1 矿体为主矿体，资源量占矿区总量的 96.6%。矿体于西南部出露地表，主体隐伏。矿体南北倾向长约 2280 m，东西走向长 306～1397 m，向北北东倾伏，总体倾向 10°～25°，倾角 1°～15°，平均倾角 5°，整体较为完整，基本无分层现象。埋深多在 30～150 m 之间，最大埋深 342.7 m。矿体单工程厚 1.21～67.36 m，平均 15.25 m。单工程 Zn 品位 0.13%～43.19%，平均 25.82%，Pb 品位 0.30%～19.64%，平均 4.86%。单工程 Pb+Zn 品位 1.85%～55.46%，平均 30.68%。

II_1 矿体地表走向长约 200 m，宽约 60 m，呈半剥蚀状态出露于地表，总体走向 140°，倾向北东，倾角 2°～5°。矿体形态总体呈近水平不规则层状，内部无分叉现象。单工程厚 4.99～19.42 m，平均 11.75 m。单工程 Zn 品位 9.86%～42.07%，平均 29.60%；单工程 Pb 品位 1.30%～22.39%，平均 8.91%；单工程 Pb+Zn 品位 12.53%～48.74%，平均 38.51%。

II_2 矿体位于 II_1 矿体之上，走向长约 150 m，宽约 25 m。矿体呈半剥蚀状态出露于地表，总体呈缓倾的透镜状，走向 120°，由南西向北东缓倾，平均倾角 2°。矿体单工程厚 9.67～14.54 m，平均 13.73 m。单工程 Zn 品位 12.32%～19.08%，平均 15.50%；单工程 Pb 品位 3.48%～5.93%，平均 4.78%；单工程 Pb+Zn 品位 18.25%～22.56%，平均 20.28%。

III_{2-3} 矿体位于 III_1 矿体之上，两者间距 5.1～25.9 m，平均约 11 m。矿体南北倾向长 620 m，东西走向最长 320 m，总体倾向北东，倾向约 35°，平均倾角 5°，矿体较完整，无夹石、分叉现象。矿体埋深 23.54～172.10 m，平均 88.85 m。矿体单工程厚 1.82～10.50 m，平均 6.00 m。单工程 Zn 品位 1.68%～18.11%，平均 6.03%；Pb 品位 0.33%～2.97%，平均 2.00%；单工程 Pb+Zn 品位 3.88%～19.98%，平均 8.03%。

第三节　矿区主要岩石类型及交代蚀变作用

一、矿区主要岩石类型及特征

矿区主要出露碳酸盐类岩石，矿区铅锌矿层赋存在这类岩石中。其岩石类型较复杂，多为灰色、灰紫色及灰黑色厚层灰岩,其次为白云岩等。灰岩为泥—微晶灰岩(附录10图1)、内碎屑灰岩、含生物碎屑灰岩(附录10图2)、鲕粒灰岩、粒屑灰岩等。在部分碳酸盐岩石中含有一定量的石英细砂屑或粉砂屑,其特征与相应石英砂岩和粉砂屑中石英屑特点相同,说明其来源具有继承性。陆源碎屑岩分布较碳酸盐类岩石少,岩层底部可见砂砾岩、砂岩、粉砂岩及泥岩等,常连续叠加产出,其中多叠加白云石化。

矿区所有岩石未见明显受构造挤压破碎现象,但少数岩石可见碎裂岩化。岩石中常见一些张裂隙,尤其在碳酸盐岩石中发育,多被碳酸盐脉充填,石英脉少见。

1. 泥—微晶灰岩

泥—微晶灰岩呈灰色、灰褐色、灰黑色,块状构造,少部分具微层理构造,泥晶结构、微晶结构或泥晶—微晶结构,结晶很细,多小于 0.04 mm,显微镜下常分不清颗粒间界线。矿物组成简单,主要由泥晶或微晶方解石构成(附录10图3～图4),局部有活化重结晶方解石团块,呈不规则状分布。其中部分岩石中含生物碎屑(附录10图5～图6)和少量自生石英(附录10图7～图8)、黄铁矿及有机质。部分岩石受构造作用影响,产生碎裂,沿裂隙充填方解石脉,并叠加白云石化作用。

2. 内碎屑灰岩

内碎屑灰岩呈灰褐色、灰色,块状构造,内碎屑结构。多数内碎屑呈圆状、扁圆状分布,粒径较细,多在 0.1～0.65 mm 之间,少部分具简单环带结构,属于鲕粒。内碎屑由泥晶方解石构成。岩石中常见生物碎屑、内碎屑和陆源碎屑,生物碎屑为有孔虫、介形虫等,呈碎屑状分布。陆源碎屑多数为石英,分布在其他碎屑间。胶结物以亮晶方解石为主,局部见有泥晶方解石,分布在碎屑粒间(附录10图9)。

3. 鲕粒灰岩

鲕粒灰岩呈灰褐色、灰色,块状构造,鲕粒结构。岩石主要由鲕粒和胶结物构成,其中常含有少量生物碎屑、内碎屑等。鲕粒多呈圆状、扁圆状分布,粒径较细,内部具环带构造,由不同颜色泥晶方解石构成(附录10图10～图11),可能与有机质混入有关。

4. 粒屑灰岩

岩石主要由内碎屑、生物碎屑和陆源碎屑及胶结物构成(附录10图12),不同岩石中其碎屑含量有差异,多数以内碎屑为主。其主要特点是粒屑分选差,磨圆差,含较多陆源碎屑,表明其沉积环境不稳定。内碎屑多由泥晶方解石构成,形态不规则,粒径相差大,与生物碎屑及陆屑混杂堆积在一起。生物碎屑有海百合茎、介形虫等,均匀分布在碎屑间。陆源碎屑多数为石英,呈次棱角状、次圆状分布,粒径细,分布不均匀,伴生聚集在一起呈条带状或团块状分布。胶结物为亮晶方解石,他形粒状集合体,粒径细,充填在碎屑间,构成亮晶粒屑灰岩。

5. 白云岩

白云岩是矿区直接赋矿围岩之一,夹在厚层灰岩层中或与灰岩互层产出,数量明显较灰岩少。岩石呈灰褐色、灰色,块状构造,泥晶、微晶结构,少部分为粉晶结构。岩石中矿物绝大多数为白云石,次有微量金属矿物及有机质,其最大特点是原岩中白云石结晶极细,呈泥晶或微晶集合体产出(附录10图13～图14),粒径小于 0.005 mm。受构造及重结晶作用影响,泥晶白云石重结晶为粒径略粗的白云石,此类白云石呈条纹状、斑纹状与泥晶白云石混杂分布在一起。少数岩石受构造作用影响产生碎裂,构造性质以张裂性为特点,在碎块间分布后期矿化形成的菱锌矿、白铅矿及方铅矿等矿物(附录10图15)。

6. 溶蚀灰质(云质)砾岩

这一类岩石多分布在矿体边部,其中见有金属矿化现象。其原岩多为灰岩,后期被次生方解石(钙质)溶蚀交代,形态变化大,多呈不规则状分布,粒径变化大,从细砂屑到角砾均可见,主要以形成角砾状构造为特点。此类岩石中另一特点是溶蚀交代作用似乎与构造作用关系不明显,而是与岩石中钙质再活化作用有关。在这些岩石中可见弱金属矿化现象,多叠加分布在胶结物间(附录10图16)。

7. 陆源碎屑岩

在矿区较灰岩少,主要岩石类型有细粒石英砂岩、中粒岩屑砂岩、钙质砂砾岩、粉砂岩及泥岩等,胶结物成分多为白云质或钙质。在空间上多呈互层状产出。

砂砾岩:主要由砾石、岩屑及胶结物构成。后期有轻度碎裂现象。砾石磨圆较差,呈次圆状、次棱角状分布,粒径较细,小于 8 mm,成分主要为泥晶灰岩、含粉砂泥质灰岩及泥岩等。粒径小于 2 mm 碎屑属于岩屑,呈次棱角状、次圆状分布,成分同砾石。胶结物多数为钙质及少量泥质,分布在碎屑间(附录 10 图 17)。

石英砂岩:主要由陆源沉积碎屑和胶结物构成,陆源沉积碎屑以石英屑为主,次有少量岩屑、长石屑等,粒径细,为 0.06~0.25 mm±,少部分碎屑粒径更细,在 0.03~0.06 mm 之间,属于粉砂岩,占全部碎屑的 5%~10%。石英屑呈次棱角状、次圆状,均匀分布,粒径细,边缘可见被白云石的溶蚀现象。长石屑次圆状分布,有明显泥化。岩屑为泥质岩,由黏土矿物构成。胶结物为白云石,半自形—他形粒状,粒径细,分布在碎屑间(附录 10 图 18)。

粉砂岩:在矿区分布较少,与砂岩及泥岩交互产出,具粉砂状结构,主要由石英屑及胶结物构成,其中含有少量细砂屑,胶结物多为方解石或白云石(附录 10 图 19)。

泥岩:灰色、灰黑色,块状构造,泥质结构,主要由黏土矿物构成,其中部分已蚀变为绢云母,并含有少量细粉砂及细粒白云石等(附录 10 图 20)。

二、交代蚀变作用及其特点

从显微镜下大量光薄片观察可知,矿区中岩石遭受的交代蚀变作用与其他热液矿床相比,无论是强度规模或复杂程度均弱得多,仅在少部分岩石中见到。其主要原因是矿区成岩成矿作用以沉积作用占主导,而构造作用不明显,甚至在矿区中几乎未见任何与矿化及交代蚀变有关的构造碎裂现象。在少部分岩石中见到的构造破碎现象,多以张性裂隙(破碎)为特点,而挤压型构造作用几乎未见。交代蚀变作用仅有白云石化、方解石化、硅化、黄铁矿化及褐铁矿化等。

1. 白云石化

白云石化多见于围岩中,呈浸染状叠加分布在岩石中,局部呈团块状或脉状产出。在少部分矿石中也可见到白云石化现象,多沿裂隙或破碎处分布。白云石半自形—自形粒状,粒径很细,一般分布较均匀,叠加在灰岩中(附录 10 图 21)。

2. 方解石化

方解石化主要见于遭受溶蚀交代的岩石中,在此类岩石中很少见到因构造作用影响而产生的碎裂交代蚀变现象,重新活化方解石沿粒间进行溶蚀交代,形成交代港湾、交代孤岛状、交代阴影状构造(附录 10 图 22~图 23)。

3. 石膏化

石膏化在围岩中较少见,仅见于少数岩石中,石膏他形粒状、板状,分布在破碎岩石角砾间(附录 10 图 24)。

4. 黄铁矿化

黄铁矿化仅见于矿区少部分岩石,如灰岩和白云岩中。黄铁矿自形—半自形粒状,粒径很细,呈浸染状叠加分布在灰岩(方解石集合体)中(附录 10 图 25)。

5. 褐铁矿化

褐铁矿化在矿区岩石或矿石中常见,其生成除由黄铁矿经褐铁矿化蚀变所致外,还可由风化淋滤作用造成,多沿裂隙和破碎处分布(附录 10 图 26)。

第四节 矿石特征

一、矿石矿物成分及特点

矿石中有用矿物种类较少,矿物组合简单。主要以菱锌矿占多数为特点,其次是方铅矿和白铅矿,锰铅矿常见,但含量低。见少量黄铁矿、磁黄铁矿及褐铁矿,显微镜下未见闪锌矿。矿石中脉石矿物种类少,组成也比较简单,含量低,主要为方解石、白云石,石英和石膏量少(表10-2)。

表10-2 火烧云铅锌矿矿石矿物分布表

类型		主要矿物	次要矿物	少量矿物
矿石矿物	原生矿	菱锌矿	方铅矿、白铅矿	锰铅矿、黄铁矿、磁黄铁矿
	氧化矿	褐铁矿		黄钾铁矾
脉石矿物		白云石、方解石	石膏	石英

1. 菱锌矿

菱锌矿是构成铅锌矿石的最重要有用矿物之一,也是锌矿石的主要组成矿物。菱锌矿含量高,空间上分布稳定,变化很小,构成高质量矿石类型(附录10图27~图28)。

菱锌矿颜色有白色、灰色、黄色及褐色等多种,矿区中菱锌矿以黄褐色为主,条痕为白色或浅黄色。菱锌矿中的 Zn 有时会被 Fe 或 Mn 置换,偶尔也被 Mg、Ca、Cd、Cu、Co 或 Pb 所取代。三方晶系,晶体多呈菱面体、偏三角面体;集合体型态呈块状、葡萄状、粒状、肾状;菱面体解理,较常见;玻璃或珍珠光泽;硬度较低,在4~4.5之间。

菱锌矿显微镜下呈白色、浅黄色、黄褐色及深褐色。形态以半自形—他形粒状为主,自形晶量少,粒径很细,大小均一,多在 0.03~0.15 mm 之间。内部具环带构造,呈粒状集合体产出,多数菱锌矿都显示规则外形,彼此呈镶嵌状生长,具典型沉积堆晶结构(附录10图29~图31)。总体上在粒径、形态方面变化很小。但在矿石中不同部位,同一粒径、同一形态菱锌矿却表现出完全不同的特点。即同粒径、同形态的菱锌矿多集中生长在一起,呈层状、条带状、团块状或块状分布,相互之间呈渐变关系,在部分菱锌矿颗粒、层状体、团块及条带之间存在孔隙、孔洞及缝隙,这些原生空隙或被完全充填、半充填或未充填(附录10图32~图34)。充填物多为后期生成的菱锌矿和白铅矿。反映其成矿环境为温度低、含矿溶液浓度达过饱和状态、成矿物质来源稳定、围绕多个结晶中心连续沉淀。

环带构造由不同颜色的菱锌矿呈同心环带构成(附录10图35~图36),颜色呈白色—浅黄色—黄褐色交替出现。经电子探针成分分析,菱锌矿的颜色与其含铁量有关,含铁量高,则颜色深,反之亦然。菱锌矿在矿石中主要呈粒状集合体产出并呈块状构造,部分在局部呈皮壳状、晶洞(孔洞)构造(附录10图37~图38)。皮壳状、胶状菱锌矿的颜色深浅也与其中含铁量有关。显微镜下见菱锌矿的次生蚀变现象,晶洞中生长无色透明菱锌矿晶族或白铅矿(附录10图39~图41),后者是菱锌矿生成最晚阶段的产物。

菱锌矿电子探针成分分析结果见表10-3,其中主要成分 ZnO 平均值 57.888%,CO_2 平均值 35.444%,与菱锌矿中标准值(ZnO 64.91%,CO_2 35.10%)对比,ZnO 含量变化较大,其平均值明显低于标准值,但 CO_2 含量相近。微量成分或其他成分中仅有 FeO 含量较高,且具有一定变化规律,结合显微镜下观察可知,菱锌矿颜色从无色→浅黄褐色→黄褐色→深褐色,铁含量是逐渐增高的,最高增高达7%左右,多集中在3%～4%之间,平均值3.74%,其他成分含量变化则无明显规律。

表 10-3　火烧云铅锌矿菱锌矿电子探针成分分析结果　　　　　　　　单位:%

编号	CO_2	ZnO	FeO	PbO	MnO	CaO	MgO	CuO
1	35.704	61.657	0.091	0.277	0.047	0.410	0.735	0.038
2	35.659	61.445	0.193	0.217	0.466	0.427	0.512	0.061
3	35.577	59.820	1.485	0.631	0.314	1.039	1.070	0.024
4	35.638	59.373	2.426	0.400	0.392	0.490	0.310	0.000
5	35.949	57.340	3.169	0.108	0.786	1.104	0.105	0.005
6	35.544	57.229	3.426	1.361	0.513	0.389	0.135	0.000
7	35.942	56.352	3.972	0.313	0.979	0.705	0.194	0.046
8	36.214	55.685	4.484	0.056	0.562	0.750	0.293	0.000
9	36.519	53.905	5.374	0.093	0.594	0.885	0.284	0.049
10	35.707	55.545	6.475	0.590	0.161	0.349	0.812	0.038
11	35.537	55.090	6.731	0.588	1.157	0.508	0.816	0.011
12	36.709	51.780	7.003	0.390	0.379	0.719	0.362	0.000
平均值	35.892	57.102	3.736	0.419	0.529	0.648	0.469	0.023

分析单位:新疆矿产实验研究所鉴定专业室。

2. 方铅矿

方铅矿在矿石中分布数量远少于菱锌矿,但也是铅的主要矿物之一,在矿石中常见,但含量较低,仅1%～5%。

方铅矿以他形粒状为主,外形多不规则,自形—半自形粒状晶少见(附录10图42),粒径变化较大,多数极细,为0.01～0.15 mm±,多倾向于集中在一起分布,部分呈乳滴状、似文象状与白铅矿交生(附录10图43～图44),少量方铅矿呈单体充填在菱锌矿粒间或少部分呈脉状(条带状)、团块状分布,形成晚于菱锌矿。常被白铅矿交代呈残余存在(附录10图45)。在矿石中存在黄铁矿、磁黄铁矿等硫化物时,方铅矿多与黄铁矿、磁黄铁矿共生,属于硫化物成矿阶段的产物。

方铅矿电子探针成分分析结果见表10-4,其中主元素 Pb 平均值85.497%,S 平均值12.996%,与其标准值(Pb 86.60%,S 13.40%)对比,二者含量相近。伴生微量元素中稀散元素 Cd 明显偏高,其他元素含量均低。从多数矿石矿物电子探针成分分析结果可以看出,Cd 赋存在金属硫化物方铅矿中,平均值0.170%,最高达0.401%。在选矿过程中,可以考虑将方铅矿富集并从中回收 Cd。

表 10-4　火烧云铅锌矿中方铅矿电子探针成分分析结果　　　　　　　　单位:%

编号	S	Pb	Cu	Zn	Fe	Cd	Se
1	12.915	86.777	0.030	0.034	0.008	0.094	—
2	13.160	87.308	—	—	—	0.178	—
3	12.864	87.265	—	—	0.019	0.126	—
4	12.906	86.357	0.054	0.150	—	0.177	—
5	13.014	85.143	—	0.104	0.110	0.147	—
6	12.814	82.750	0.021	2.001	0.049	0.401	0.060

续表 10-4

编号	S	Pb	Cu	Zn	Fe	Cd	Se
7	13.253	84.529	—	1.577	0.036	0.157	0.013
8	13.003	84.946	0.057	1.314	—	0.129	0.114
9	13.032	84.399	0.058	1.170	0.006	0.118	—
平均值	12.996	85.497	0.024	0.706	0.025	0.170	0.021

注：—为元素含量未达检出下限，未检出。
分析单位：新疆矿产实验研究所鉴定专业室。

3. 白铅矿

白铅矿在矿石中多见，但含量不高，且变化较大，含量一般1%~5%，分布不均匀，多与方铅矿、黄铁矿等硫化物共生，呈不规则团块状、脉状或条带状分布于菱锌矿矿石中的原生孔隙和孔洞中，通过大量显微镜下薄片观察，认为这些团块、条带生成均与后期次生构造无关。

白铅矿薄片中无色，多呈他形粒状，自形晶少见(附录10图46)，脉状，多数粒径很细，分布极不均匀，多呈粒状集合体产出，常与方铅矿交生，少部分充填在矿石缝隙、孔洞或菱锌矿孔隙中(附录10图47~图49)。有时沿边缘交代方铅矿，呈港湾状、孤岛状分布。但也有部分方铅矿呈规则粒状或文象状与白铅矿交生，显示两者同生的特点。

白铅矿电子探针成分分析结果见表10-5，其中主成分Pb平均值83.328%，CO_2平均值16.511%，与白铅矿标准值(Pb 83.53%，CO_2 16.47%)对比，含量值相近，其他成分含量普遍很低。

表 10-5　火烧云铅锌矿白铅矿电子探针成分分析结果　　　　　　　　单位：%

编号	CO_2	PbO	MnO	FeO	ZnO	MgO	CaO
1	16.572	83.042	0.043	0.023	0.153	0.000	0.148
2	16.557	83.026	0.000	0.173	0.000	0.003	0.028
3	16.424	83.664	0.000	0.091	0.000	0.000	0.037
4	16.341	84.020	0.000	0.000	0.025	0.000	0.000
5	16.586	83.266	0.000	0.142	0.183	0.000	0.419
6	16.412	83.680	0.000	0.000	0.079	0.000	0.015
7	16.475	83.575	0.000	0.050	0.498	0.000	0.139
8	16.722	82.352	0.000	0.069	0.000	0.010	0.207
平均值	16.511	83.328	0.005	0.069	0.117	0.002	0.124

分析单位：新疆矿产实验研究所鉴定专业室。

4. 锰铅矿

锰铅矿在矿石中分布较少，但很常见，含量一般少于5%，呈星点浸染状分布。

锰铅矿无完整结晶形态，变化较大，多受周围共生矿物的支配，属于铅锰胶质体沉淀结果。呈他形粒状、细板条状、尘点状及细脉状分布，粒径极细，分布在菱锌矿粒间或沿菱锌矿解理、环带、皮壳微层理分布(附录10图50~图52)，或以微细尘点呈云雾状包含在菱锌矿中，与主成矿阶段菱锌矿同时生成或略迟，但早于方铅矿、白铅矿和黄铁矿等。

不同晶粒锰铅矿电子探针成分分析结果差异较大(表10-6)，除主成分PbO、MnO含量变化较大外，其他成分如ZnO、FeO含量较高，均值分别为5.08%和7.20%，且在不同晶粒中含量变化也较大，与方铅矿、白铅矿等金属矿物对比，表明该矿物受生成环境影响较大。

表 10-6　火烧云铅锌矿中锰铅矿电子探针成分分析结果　　　　　　　　　　单位：%

编号	PbO	MnO	ZnO	Cu_2O	FeO	Al_2O_3	MgO	CaO
1	32.23	48.952	3.481	0.141	0.377	0.148	0.037	0.298
2	36.272	37.549	6.149	0.090	6.013	0.000	0.002	0.101
3	34.824	38.039	3.298	0.000	6.260	0.862	0.040	0.057
4	22.962	26.995	6.725	0.038	21.365	0.354	0.028	0.456
5	35.930	39.041	3.978	0.033	5.279	0.202	0.006	0.054
6	32.502	44.067	6.850	0.025	3.879	0.050	0.000	0.123
平均值	32.456	39.107	5.080	0.055	7.200	0.269	0.019	0.082

分析单位：新疆矿产实验研究所鉴定专业室。

5. 黄铁矿

黄铁矿在矿石中少见，含量很低，在微—少量级，呈星点状分布。黄铁矿呈自形—半自形粒状，粒径很细，多与磁黄铁矿、方铅矿等共生，或呈单体分布在菱锌矿粒间，常被次生褐铁矿交代呈残留存在或完全被取代呈假象分布（附录 10 图 53～图 54）。

黄铁矿电子探针成分分析结果见表 10-7，其中主元素 Fe 平均值 46.72%，S 平均值 53.15%，与黄铁矿标准值（Fe 46.55%，S 53.45%）接近，其他微量元素含量很低。

表 10-7　火烧云铅锌矿中黄铁矿电子探针成分分析结果　　　　　　　　　　单位：%

编号	S	Fe	Co	Ni	Cu	Zn	Se	As	Sb
1	53.41	46.88	0.08	0.01	—	0.13	0.02	0.01	—
2	53.49	47.05	0.05	—	0.03	0.19	—	—	0.01
3	53.38	47.25	0.01	0.01	0.03	0.04	0.01	0.09	0.01
4	53.47	46.01	0.03	—	—	0.44	0.04	0.02	0.01
5	52.70	46.43	0.05	—	—	0.21	—	0.02	—
6	52.43	46.71	0.11	—	0.02	0.23	0.09	0.10	0.01
平均值	53.15	46.72	0.06	0.00	0.01	0.21	0.03	0.04	0.01

注：—为元素含量未达检出下限，未检出。

分析单位：新疆矿产实验研究所鉴定专业室。

6. 磁黄铁矿

磁黄铁矿在矿石中含量很低，一般在微量级，显微镜下少见。

在矿石中磁黄铁矿多呈他形粒状，粒径一般 0.1～0.8 mm，多与方铅矿、黄铁矿等共生，分布在方铅矿和白铅矿集合体中，少量见于菱锌矿粒间（附录 10 图 55）。

二、脉石矿物及特点

矿石中脉石矿物种类简单，含量很低，矿石以呈致密块状产出为特征，其中孔隙、孔洞或晶洞较发育，大小差异较大，最大达十几毫米，最小仅 0.1 mm，形态呈不规则状、三角状、拉长状、扁平状，大多数未被填满或完全未被充填，呈空洞分布。

脉石矿物主要有石英、方解石、白云石及石膏，分布于菱锌矿等矿物粒间。在块状矿石中分布很少，仅在少部分矿石中可见（附录 10 图 56～图 58）。

三、矿石结构构造及矿石类型

矿石结构构造相对较简单,以原生堆晶(结晶)结构为主,包括半自形粒状结构、他形粒状结构及自形粒状结构,其他结构类型占比少,见交代结构、胶体结构及似文象结构等。矿石构造也比较简单,以块状构造为主,在空间上构成层状矿体。局部可见条带状(条纹状)构造、皮壳状构造、环带构造等。

1. 矿石结构

堆晶(结晶)结构:矿石中主要结构类型,反映了其特殊的生成方式与成因特点,以半自形粒状结构和他形粒状结构为主,自形粒状结构占少数,约占全部矿石总量的95%。通过显微镜下观察可知,在单一结构中,他形粒状结构常独立出现在矿石中,而自形粒状结构和半自形粒状结构多以复合结构形式存在,如在同一个局部范围内常存在自形—半自形粒状结构或半自形—他形粒状结构,这种结构类型即使在显微镜下微观区域内也经常见到。

他形粒状结构:菱锌矿呈他形粒状,粒径很细,多呈粒状集合体分布(附录10图59~图60)。在矿石中占多数。

半自形粒状结构:菱锌矿呈半自形粒状,粒径很细,多呈粒状集合体分布,部分内部可见环带构造(附录10图61)。在矿石中常见。

自形粒状结构:菱锌矿呈自形粒状,粒径很细,呈粒状集合体分布,内部多具环带构造(附录10图62)。在矿石中占少数。

胶体结构:在矿石中常见,但占比少,为1%~3%。胶体结构仅在矿石中有空洞的部位出现,多生长在空洞壁上,由不同颜色菱锌矿呈环带状交替产出,形成皮壳状构造。结晶极细,显微镜下分不清颗粒间界线(附录10图63),空洞常不被填满,其上常结晶出无色透明菱锌矿晶芽(晶簇),部分具梳状结构。

似文象结构:由呈乳滴状、似文象状方铅矿和白铅矿交生构成,方铅矿呈乳滴状、文象状、粒状(含规则和不规则)集合体分布,被白铅矿胶结在一起(附录10图43~图44)。反映出方铅矿与白铅矿结晶同生特点。

交代结构:按交代方式可分为交代港湾结构和交代残余结构。主要为方铅矿被次生白铅矿沿边缘交代,形成港湾状或残余体分布(附录10图45)。此类结构在矿石中少见。

2. 矿石构造

孔隙、孔洞、缝隙:矿石中普遍存在孔隙、孔洞及缝隙,这是矿石在沉积生长过程中形成的原生构造,占光片中总面积的5%~16%。孔隙呈不规则状,形态复杂多变,长径一般小于1 mm,部分被方铅矿、白铅矿或锰铅矿充填(附录10图64)。孔洞呈不规则三角状、透镜状,长径在1~15 mm之间,部分大于15 mm,多被菱锌矿及白铅矿完全充填或半充填,形成晶洞构造,沿晶洞壁生长自形菱锌矿或白铅矿晶体(附录10图65),部分晶洞中由菱锌矿沉积形成对称条带状构造(类似于玛瑙条带)。缝隙多被白铅矿(方铅矿)脉充填,半充填或未完全充填(附录10图66),规模较小,长度一般1~4 mm,沿缝隙断续分布。

块状构造:矿石中最重要的构造类型,由菱锌矿及少部分方铅矿、白铅矿等铅矿物在空间上呈堆晶状产出构成(附录10图60~图61)。

条带状构造:多由方铅矿等铅矿物集中成条带状分布构成,条带宽度一般不大,数毫米至数厘米不等。

团块状构造:团块多由方铅矿等铅矿物及部分菱锌矿集合体集中分布构成,形态多不规则,大小不一,分布于菱锌矿矿石中。

皮壳状构造:皮壳主要见于矿石晶洞中,由不同颜色菱锌矿围绕晶洞壁呈环带状、条纹状生长形成,其中大部分晶洞未被充满,多生长有晶芽,偶尔可见完整晶体(附录10图39、图41),仅有部分晶洞被菱锌矿完全充填。

环带构造：见于块状铅锌矿石中，分布在晶形发育完全的菱锌矿中。由不同颜色菱锌矿呈同心环状分布构成或由锰铅矿呈环带状（或沿菱面体解理）分布在菱锌矿中（附录 10 图 62）构成。

3. 矿石类型

根据矿石结构、构造及成因特点将矿石类型划分为块状矿石；脉状、条带状矿石；角砾状矿石 3 种。其中块状矿石类型在矿区占重要地位，形成于主成矿阶段，以堆晶生长方式为特点，矿物组合为菱锌矿＋少量锰铅矿。脉状、条带状矿石则生成于成矿中期或晚期阶段，矿物组合为方铅矿＋白铅矿＋黄铁矿＋磁黄铁矿。金属硫化物的生成与矿液中菱锌矿不断晶出、硫逸度显著增高、硫离子浓度在局部和特定的成矿阶段明显增大有关。

四、矿化期、矿化阶段划分

根据矿石结构、构造、矿物之间成因关系及空间上矿体与围岩分布特点，将矿区矿石矿化期、矿化阶段主要划分为 3 期、3 个阶段——成岩期、成矿期和表生期（表 10-8）。成岩期主要生成灰岩和白云岩等成矿围岩；矿化期分碳酸盐矿化阶段、硫化物成矿阶段及热液交代阶段；表生期不发育，在地表形成褐铁矿化及黄钾铁矾化。

表 10-8　矿物生成顺序简表

矿物	成岩期	成矿期			表生期
		碳酸盐矿化阶段	硫化物成矿阶段	热液交代阶段	
方解石	—		●●●●●●	●●●●	●●●●
白云石	—			●●●●	●●●●
石英	—				
菱锌矿		—	—		
锰铅矿		●●● —	-		
方铅矿			●●● —		
白铅矿				— ●●●●	●●●●
黄铁矿			●●● —		
磁黄铁矿					
石膏				— ●●●	— ●●●●
褐铁矿					●●● —
黄钾铁矾					—

第五节　矿石工艺矿物学特点

根据矿石化学分析及显微镜下鉴定，发现矿石矿物多数为菱锌矿，次为方铅矿、白铅矿及锰铅矿。有用、有益元素种类较为简单，主要为 Zn，次为 Pb，伴生有益组分 Ga。对矿石中矿石矿物、有用、有益元素赋存状态及相互关系进行研究，对指导矿石选别，提高有用、有益元素的综合回收率具有重要作用。

一、Zn

Zn 主要赋存在菱锌矿中,矿石中尚未发现有闪锌矿及其他锌矿物,但在锰铅矿中含一定量的 Zn。菱锌矿多呈半自形—他形粒状,粒径细,具典型堆晶结构(附录 10 图 29～图 31),呈细粒镶嵌状紧密连生在一起,其间充填脉石矿物很少,内部极少包裹其他矿物,这对矿石的工艺处理是很有利的。Zn 在菱锌矿中的平均值 57.1%(表 10-9),Fe 含量变化较大,平均值 3.71%,最高值 9.5%,最低值 0.5%,其他微量元素含量很低。

表 10-9　火烧云铅锌矿金属矿物中部分元素含量平均值　　单位:%

编号	矿物	Zn	Pb	Cd	Mn
1	菱锌矿	57.10	0.42	0.00	0.00
2	方铅矿	0.71	85.50	0.17	0.00
3	白铅矿	0.12	83.30	0.00	0.00
4	锰铅矿	3.50	32.20	0.00	49.00
5	黄铁矿	0.04	0.00	0.00	0.00

分析单位:新疆矿产实验研究所鉴定专业室。

二、Pb

矿石中铅矿物主要为方铅矿、白铅矿,次有锰铅矿,其中方铅矿和白铅矿含量较高,锰铅矿含量低。从表 10-9 可知,在矿石中 Pb 主要赋存在方铅矿、白铅矿及锰铅矿中,在菱锌矿及黄铁矿等金属矿物中含量很低。方铅矿中含稀散元素 Cd,主要以类质同象形式赋存在方铅矿中,含量已达到工业综合利用值。可见只要有效回收方铅矿,就能有效回收 Cd。

从铅矿物在矿石中的空间分布及相互关系看,其赋存状态较为复杂,主要是部分方铅矿粒径很细或极细。方铅矿形态以他形粒状为特点,外形多不规则,自形—半自形粒状少见(附录 10 图 42),粒径变化较大,多数极细,为 0.01～0.15 mm±,多倾向于集中分布在一起,少部分呈乳滴状、似文象状与白铅矿交生(附录 10 图 43～图 44),部分呈脉状(条带状)、团块状分布,常被白铅矿交代呈残余存在(附录 10 图 46),少量方铅矿呈单体充填在菱锌矿粒间。白铅矿多呈细粒集合体分布,与方铅矿交生在一起,或沿边缘交代方铅矿,显微镜下难以分辨颗粒间界线。锰铅矿他形粒状、板状,粒径细或极细,多在 0.02～0.15 mm 之间,分布在菱锌矿粒间或沿菱锌矿环带、皮壳状条带分布(附录 10 图 50～图 52),锰铅矿是否能与菱锌矿有效解离、选别,提高回收效果,值得关注。

综上所述,矿石中铅锌解离程度及选别效果是矿石回收率的重要指标,铅锌分离是选矿的最大难点,也是提高有益元素回收率的重要指标。对方铅矿的有效解离及富集,是稀散元素 Cd 回收的重要因素。

第六节　矿床成因和成矿模式探讨

一、碳酸盐的 C、O 同位素特征

新疆地矿局第八地质大队对火烧云铅锌矿床的 23 件样品进行了 C、O 同位素测试,其中包括 4 件围岩方解石样品、13 件白铅矿样品、6 件菱锌矿样品。C、O 同位素测试由中国科学院地质与地球物理研究所稳定同位素分析实验室完成。测试结果见表 10-10 和图 10-5。

表 10-10 火烧云铅锌矿中菱锌矿、白铅矿及围岩方解石的 C、O 同位素测试结果

序号	样品编号	采样深度/m	矿物	$\delta^{13}C$/‰	δ/‰	$\delta^{18}O$	δ‰
1	ZK403-102	102.0	方解石	2.731	0.012	24.569	0.026
2	ZK1103-106	106.0	方解石	1.943	0.014	24.145	0.018
3	ZK403-113	113.0	方解石	1.891	0.020	24.056	0.010
4	ZK403-125	125.5	方解石	2.302	0.015	23.921	0.033
5	ZK403-106	106.0	白铅矿	−0.845	0.012	12.276	0.017
6	ZK403-104	104.0	白铅矿	0.080	0.009	12.680	0.007
7	ZK403-121	121.5	白铅矿	−1.166	0.009	12.597	0.021
8	ZK1901-43	43.5	白铅矿	−2.711	0.010	14.091	0.018
9	ZK1901-46	46.6	白铅矿	−5.211	0.012	15.176	0.008
10	ZK1103-62	62.5	白铅矿	−6.755	0.011	12.621	0.019
11	ZK2301-18	18.5	白铅矿	1.189	0.015	16.812	0.031
12	ZK2301-25	25.0	白铅矿	0.398	0.012	14.146	0.009
13	ZK310-134	134.5	白铅矿	−2.070	0.008	11.082	0.017
14	ZK005-115	115.5	白铅矿	−7.264	0.021	13.481	0.008
15	ZK005-126	126.5	白铅矿	−3.131	0.017	11.519	0.009
16	ZK301-145	145.5	白铅矿	−7.280	0.009	11.772	0.023
17	ZK403-122	122.5	白铅矿	−0.873	0.012	10.777	0.020
18	ZK1901-43	43.5	菱锌矿	3.718	0.013	24.869	0.015
19	ZK1901-46	46.6	菱锌矿	0.775	0.017	22.614	0.017
20	ZK1101-173	173.0	菱锌矿	2.546	0.014	22.386	0.023
21	ZK1101-165	165.0	菱锌矿	2.604	0.009	21.708	0.019
22	ZK1905-40	40.0	菱锌矿	1.062	0.012	22.653	0.030
23	ZK1103-60	60.0	菱锌矿	−1.544	0.024	10.402	0.019

方解石样品测试结果显示其 $\delta^{13}C_{PDB}=1.89‰\sim2.73‰$，$\delta^{18}O_{SMOW}=23.92‰\sim24.57‰$，C、O 同位素组成变化范围较小，C、O 同位素组成在 δ-δ 图解中投点于海相碳酸盐岩中（图 10-5）。菱锌矿样品的测试结果显示 $\delta^{13}C_{PDB}$ 主要分布在 $0.78‰\sim3.72‰$ 之间，$\delta^{18}O_{SMOW}$ 主要分布在 $21.71‰\sim24.87‰$ 之间。其中有一点位于岩浆区范围，其 $\delta^{13}C_{PDB}=-1.544‰$，$\delta^{18}O_{SMOW}=10.40210737‰$，除此点外，C、O 同位素组成变化较小，C、O 同位素组成在 $\delta^{13}C_{PDB}$ 图解中投点于海相碳酸盐岩中，且有一点位于花岗岩范围内（图 10-5）。白铅矿样品的测试结果显示 $\delta^{13}C_{PDB}$ 分布在 $-7.28‰\sim1.19‰$ 之间，$\delta^{18}O_{SMOW}$ 分布在 $10.78‰\sim16.81‰$ 之间，C、O 同位素组成变化较大，C、O 同位素组成在 δ-δ 图解中投点于海相碳酸盐岩与花岗岩之间（图 10-5）。

世界上一些铅锌硫化物矿床表生氧化带中的碳酸盐型铅锌矿的 C、O 同位素组成见图 10-5，其菱锌矿 $\delta^{18}O_{SMOW}$ 分布在 $25‰\sim31‰$ 之间，$\delta^{13}C_{PDB}$ 分布在 $-12‰\sim0‰$ 之间，在 $\delta^{13}C_{PDB}$ 图解中投点于海相碳酸盐岩、沉积有机物（图 10-5）；其白铅矿 $\delta^{18}O_{SMOW}$ 分布在 $11‰\sim21‰$ 之间，$\delta^{13}C_{PDB}$ 分布在 $-21‰\sim-6‰$ 之间，在 $\delta^{13}C_{PDB}$ 图解中投点于花岗岩、海相碳酸盐岩与沉积有机物间（图 10-5），与火烧云铅锌矿 C、O 同位素组成明显不同。

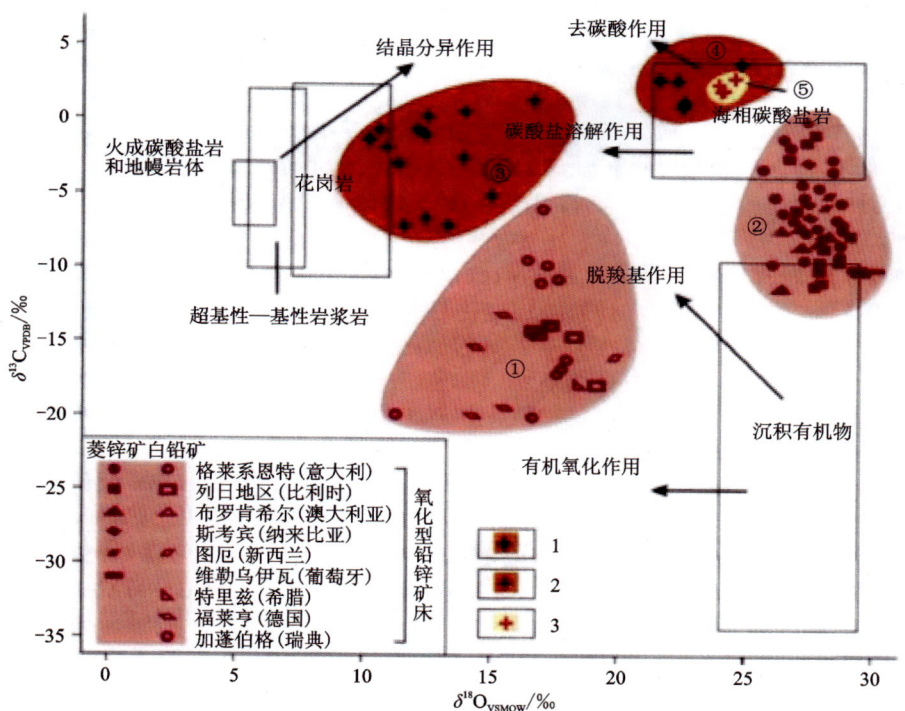

1.火烧云菱锌矿投点；2.火烧云白铅矿投点；3.火烧云方解石投点；①一些铅锌硫化物矿床表生氧化带白铅矿的C、O同位素组成；②一些铅锌硫化物矿床表生氧化带菱锌矿的C、O同位素组成；③火烧云铅锌矿床白铅矿的C、O同位素组成；④火烧云铅锌矿床菱锌矿的C、O同位素组成；⑤火烧云铅锌矿床围岩方解石的C、O同位素组成。

图 10-5　火烧云铅锌矿C、O同位素图解（据董连慧等，2015）

二、闪锌矿 Rb、Sr 同位素测年

对火烧云铅锌矿床地表Ⅰ号矿体顶部铅锌矿层5件闪锌矿样品进行Rb、Sr同位素分析测试。测试结果见表10-11。火烧云铅锌矿的成矿年龄为（186±6）Ma，其成矿时代为早—中侏罗世。

表10-11　火烧云铅锌矿闪锌矿Rb、Sr同位素测试结果

编号	名称	$w(Rb)/10^{-6}$	$w(Sr)/10^{-6}$	Rb^{87}/Sr^{86}	Sr^{87}/Sr^{86}
HSY0-4	闪锌矿	1.286	191.40	0.019 38	0.708 69±0.000 01
HSY0-5	闪锌矿	2.064	115.70	0.051 43	0.708 77±0.000 02
HSY0-7	闪锌矿	1.138	169.80	0.019 33	0.708 66±0.000 01
HSY0-8	闪锌矿	1.122	184.20	0.017 56	0.708 63±0.000 02

三、矿床成因类型

新疆和田火烧云铅锌矿床赋存于中侏罗统龙山组白云质灰岩中。矿体呈层状产出，与地层产状一致，主要由菱锌矿与白铅矿组成，碳酸盐型铅锌矿占矿石总量的98%，矿石类型以纹层状、块状为主。从矿石结构构造及空间分布特点看，矿石形成与沉积作用关系密切，与后期构造及热液活动关系微弱。火烧云铅锌矿的C、O同位素组成表明，C、O来源为岩浆热液与海水，表明其成矿物质可能部分来自深部岩浆岩。火烧云铅锌矿床闪锌矿Rb、Sr等时线年龄为（186±6）Ma，为早—中侏罗世，与地层年代相近。

根据火烧云铅锌矿体与矿石的特征及分布，绘制火烧云铅锌矿成矿机制示意图（图10-6）。对于铅锌碳

酸盐矿石,断裂和裂隙为其成矿热液的运移提供条件,菱锌矿的成矿热液穿过围岩下部灰岩在成矿处沉淀成矿(沿着成矿通道喷流—沉积过程,与矿体周围灰岩共同沉积),叠加含铁热液的交代作用;白铅矿的成矿热液沿着菱锌矿中的裂隙充填并交代菱锌矿形成"条带状"铅锌碳酸盐矿石。对于铅锌硫化物矿石,断裂也为其控矿构造,成矿热液沿着裂隙运移,并胶结铅锌碳酸盐角砾,于成矿处沉淀。

矿床成因为具有原生喷流沉积-交代成矿特征的非硫化物铅锌碳酸盐型矿床,为 SEDEX 型铅锌矿床的新类型。

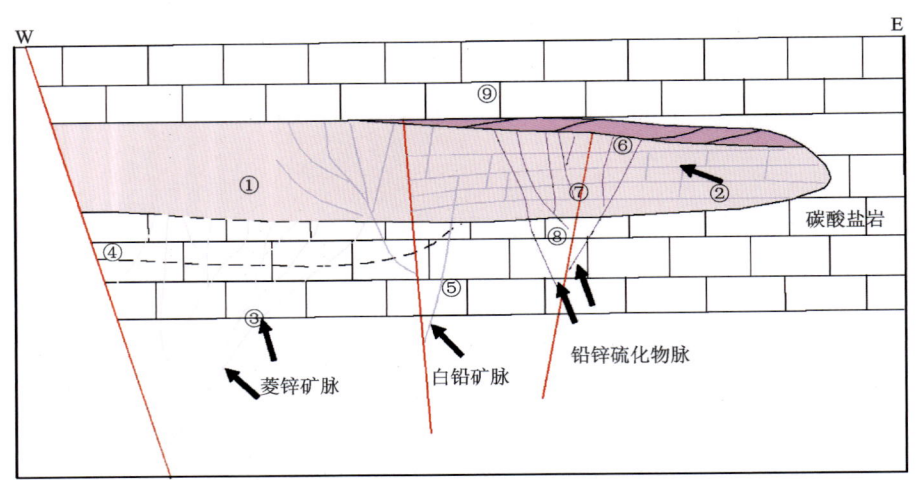

①块状菱锌矿;②脉状白铅矿;③菱锌矿脉;④菱铁矿化的灰岩;⑤白铅矿脉;⑥纹层状铅锌硫化物;⑦角砾状矿化;⑧铅锌硫化物脉;⑨灰岩。

图 10-6　和田县火烧云铅锌矿成矿机制示意图(据董连慧等,2015)

主要参考文献

董连慧,冯京,刘德权,等,2010.新疆成矿单元划分方案研究[J].新疆地质,28(1):7-21.

董连慧,徐兴旺,范廷宾,等,2015.西昆仑火烧云超大型喷流-沉积成因碳酸盐型 Pb-Zn 矿的发现及区域成矿学意义[J].新疆地质,33(1):41-50.

范廷宾,余元军,夏明毅,等,2017.新疆和田县火烧云铅锌矿地质特征及其找矿[J].四川地质学报,37(4):578-582.

李博泉,王京彬,2006.中国新疆铅锌矿床[M].北京:地质出版社.

新疆维吾尔自治区地质矿产局,1993.新疆维吾尔自治区区域地质志[M].北京:地质出版社.

新疆维吾尔自治区地质矿产局,1999.新疆维吾尔自治区岩石地层[M].武汉:中国地质大学出版社.

张良臣,刘德权,王有标,等,2006.中国新疆优势金属矿产成矿规律[M].北京:地质出版社.

内部资料

范廷宾,等,2017.新疆和田县火烧云铅锌矿勘探报告[R].阿克苏:新疆地矿局第八地质大队.

附录10　图片及说明

图1　赋矿围岩（微晶灰岩）

图2　赋矿围岩（含生物碎屑灰岩）

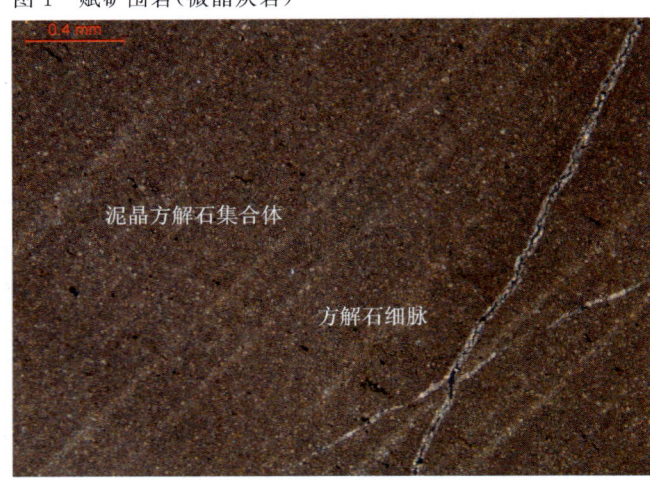

图3　泥晶灰岩　100×　单偏光
岩石主要由泥晶方解石集合体构成，具微层理构造，沿裂隙充填方解石细脉。

图4　微晶灰岩　100×　正交偏光
岩石主要由细粒微晶方解石集合体构成，其中见少量石英。

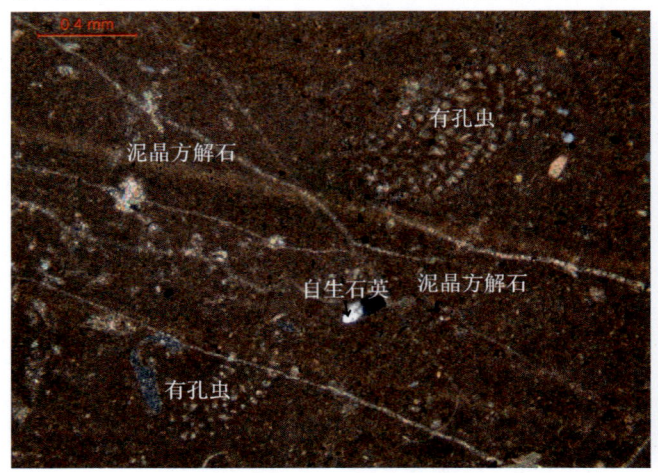

图5　含生物碎屑泥晶灰岩1　50×　单偏光
岩石由泥晶方解石构成，其中含有生物碎屑有孔虫及自生石英，并发育方解石细脉。

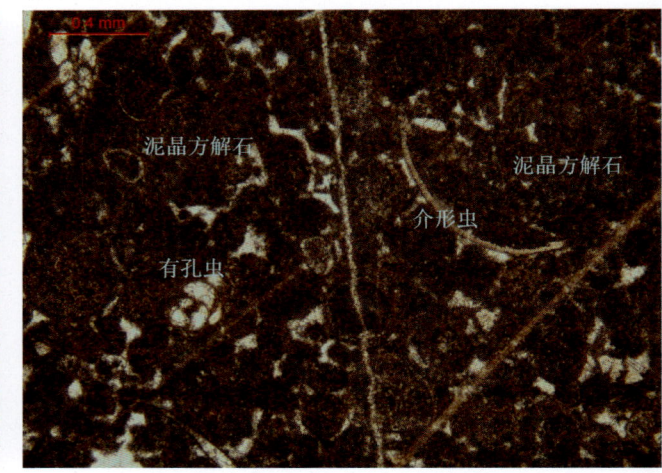

图6　含生物碎屑泥晶灰岩2　50×　单偏光
岩石由泥晶方解石构成，其中含有介形虫、有孔虫等生物碎屑，并存在方解石细脉。

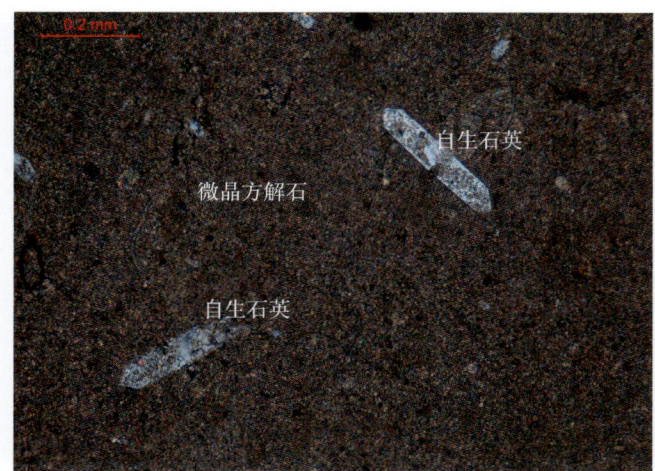 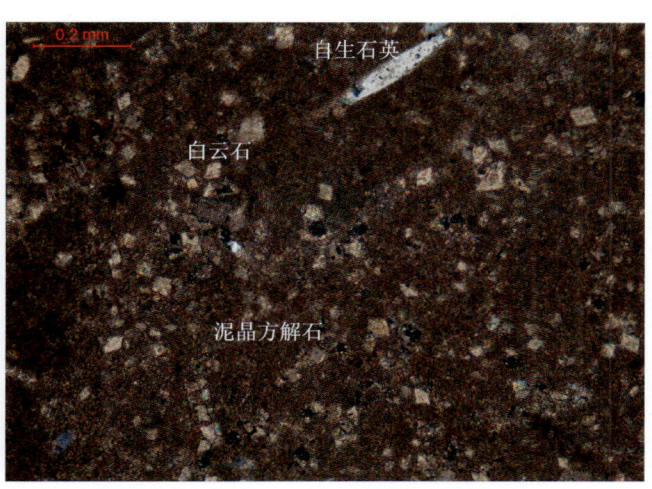

图7 含自生石英微晶灰岩 50× 正交偏光
岩石由微晶方解石构成,其中含自生石英,并被方解石溶蚀交代。

图8 白云石化泥晶灰岩 50× 正交偏光
岩石主要由泥晶方解石集合体构成,含少量自生石英,并叠加白云石化。

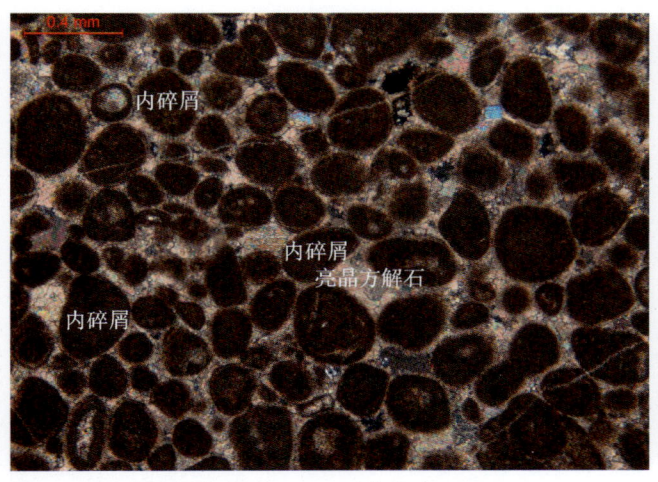 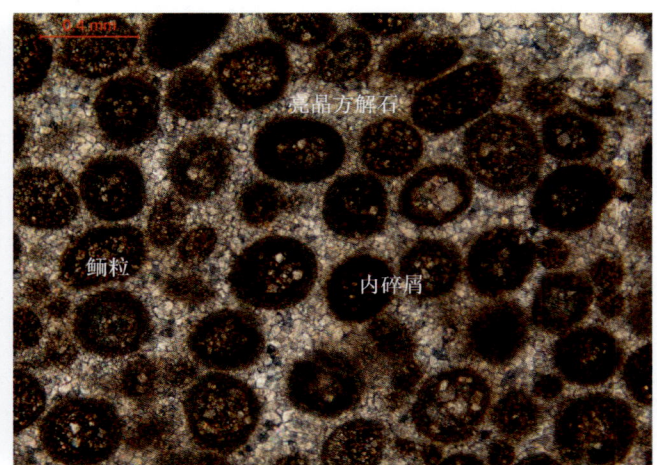

图9 亮晶内碎屑灰岩 50× 正交偏光
岩石主要由内碎屑和亮晶方解石构成,其中见少量薄皮鲕,内碎屑由泥晶方解石构成。

图10 亮晶鲕粒灰岩1 50× 正交偏光
岩石主要由鲕粒、内碎屑及胶结物亮晶方解石集合体构成。

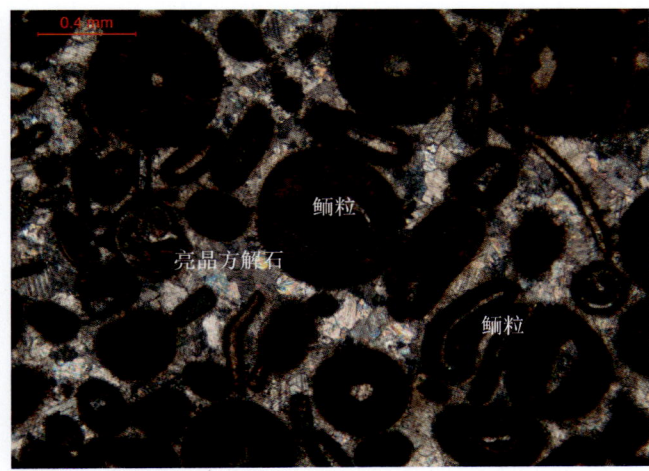 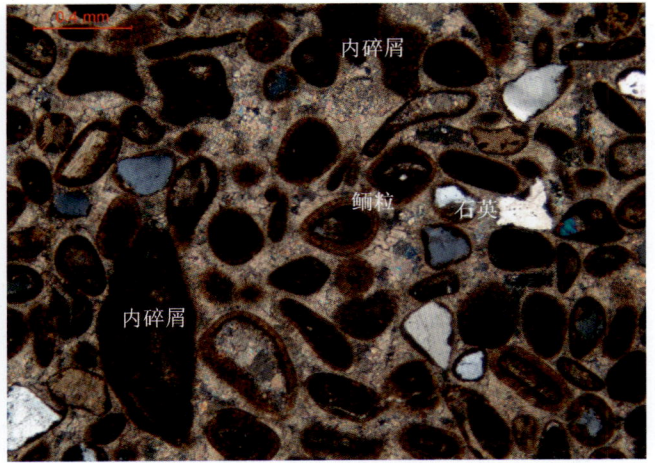

图11 亮晶鲕粒灰岩2 50× 正交偏光
岩石主要由鲕粒及亮晶方解石胶结物构成,其中含少量内碎屑。

图12 亮晶粒屑灰岩 50× 正交偏光
岩石主要由鲕粒、内碎屑、陆源碎屑石英及胶结物方解石构成。

图 13　微晶白云岩　50×　正交偏光

岩石主要由微晶白云石集合体构成。

图 14　含铁白云岩　100×　正交偏光

岩石主要由微晶白云石集合体构成，其中含少量石英屑，在白云石粒间分布较多铁质。

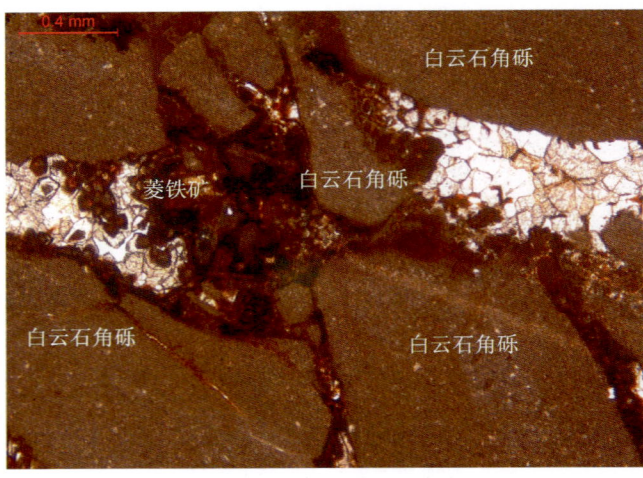

图 15　碎裂菱锌矿化白云岩　50×　单偏光

在碎裂白云岩角砾间，充填菱锌矿、白铅矿及方铅矿等金属矿物。

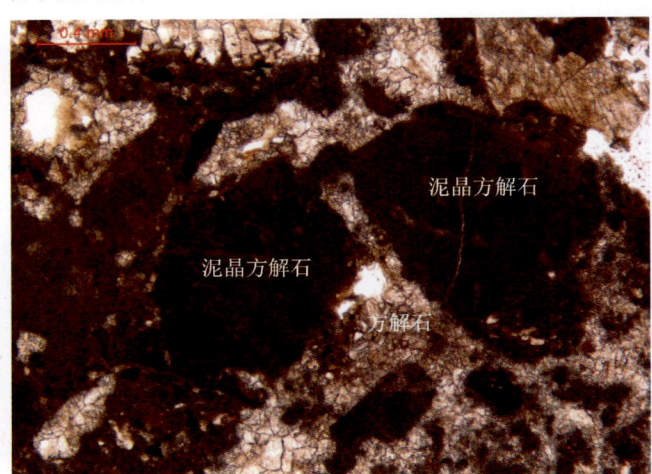

图 16　溶蚀灰质砾岩　50×　单偏光

岩石主要由大小不一的灰岩团块和胶结物构成，灰岩团块形态不规则，由泥晶方解石构成，胶结物为无色—浅黑色方解石，对围岩有交代现象。

图 17　云质砂砾岩　50×　单偏光

岩石主要由砾石、岩屑及胶结物构成，其中含少量岩屑，胶结物为白云石。

图 18　云质石英细砂岩　50×　正交偏光

岩石主要由石英屑和胶结物构成，石英屑呈次棱角状、棱角状分布，胶结物为细粒白云石。

图19　云质粉砂岩　50×　正交偏光

岩石主要由粉砂屑石英和胶结物构成,其中含少量细砂屑。粉砂屑为石英屑,呈次棱角状、棱角状分布,胶结物为细粒白云石。

图20　云质泥岩　100×　正交偏光

岩石由黏土矿物和白云石构成,其中含少量粉砂屑和金属矿物。

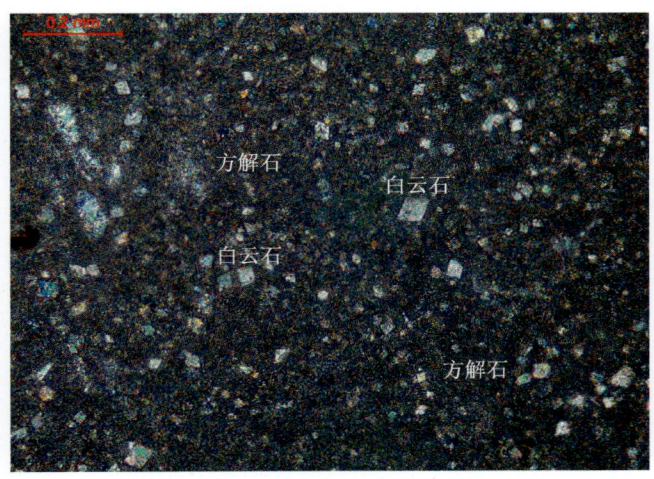

图21　白云石化　100×　单偏光

白云石自形—半自形粒状,粒径很细,叠加分布在泥晶灰岩中的方解石集合体中。

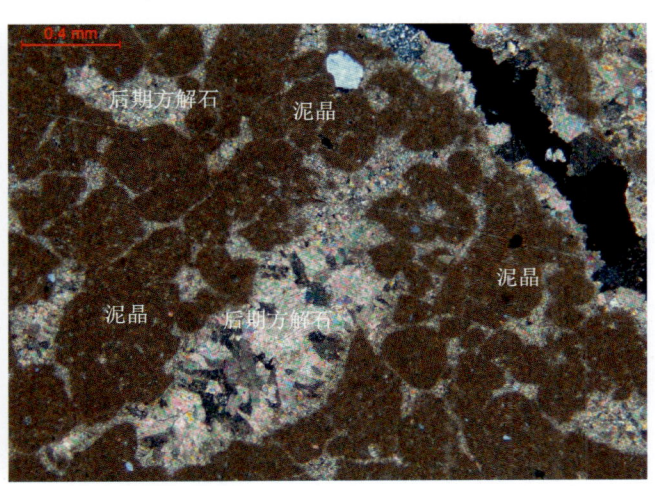

图22　溶蚀交代泥晶灰岩1　50×　单偏光

泥晶灰岩中方解石被后期方解石溶蚀交代,呈溶蚀港湾状、孤岛状分布。

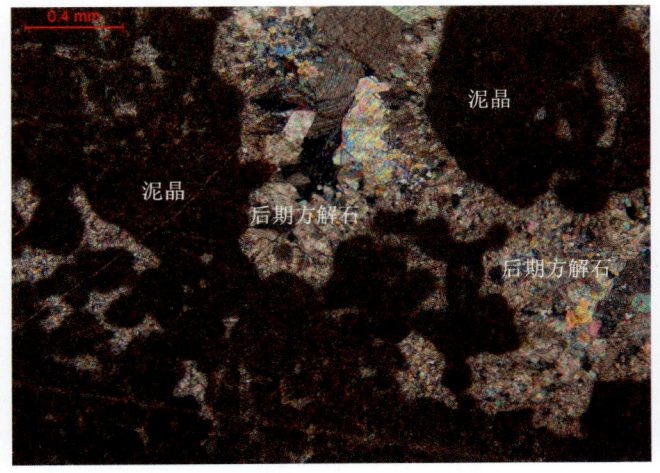

图23　溶蚀交代泥晶灰岩2　50×　正交偏光

泥晶灰岩被后期方解石溶蚀交代,呈港湾状、孤岛状分布。

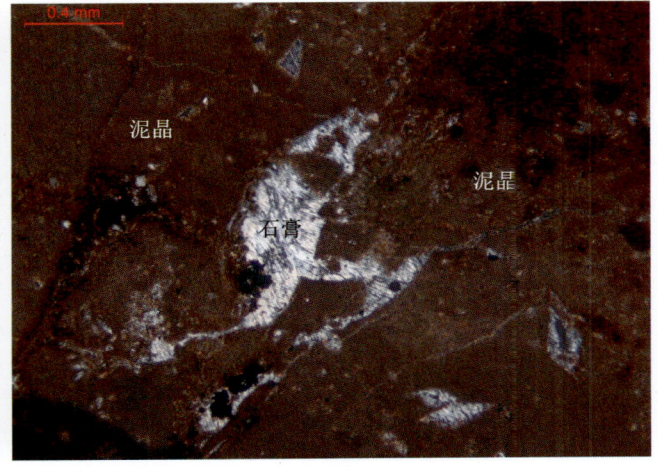

图24　石膏化　50×　正交偏光

石膏他形粒状、板状,分布在破碎泥晶灰岩角砾间,并交代围岩。

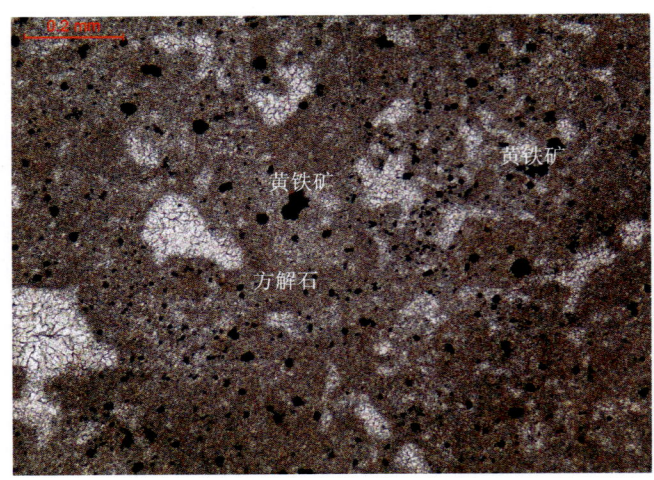

图 25　黄铁矿化　100×　单偏光

黄铁矿自形—半自形粒状，粒径很细，呈浸染状叠加分布在方解石集合体中。

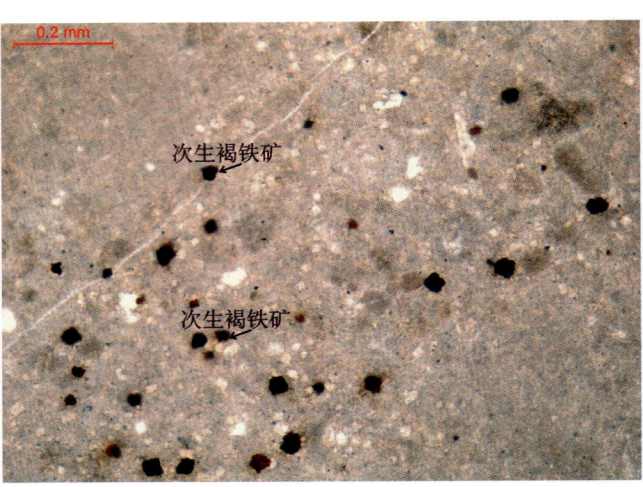

图 26　褐铁矿化　100×　单偏光

泥晶灰岩中叠加分布黄铁矿，后被次生褐铁矿取代，仅呈黄铁矿假象存在。

图 27　块状铅锌矿石 1

以菱锌矿为主。

图 28　块状铅锌矿石 2

以菱锌矿为主。

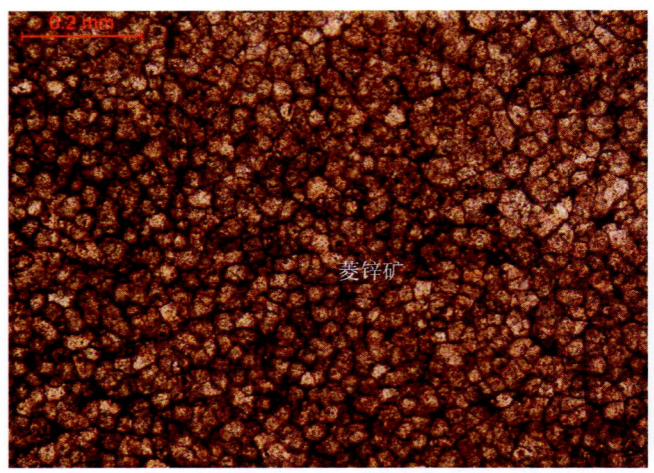

图 29　堆晶结构 1　100×　单偏光

菱锌矿半自形—他形粒状，外形规则，粒径很细，大小均一，紧密堆积在一起分布。

图 30　堆晶结构 2　50×　单偏光

菱锌矿他形粒状。粒径很细，大小均一，堆积在一起分布，其间存在较多孔隙。

图 31　堆晶结构 3　100×　单偏光

菱锌矿他形—半自形粒状，外形规则，粒径细，大小均一，紧密堆积在一起分布，其间有较多微细孔隙。

图 32　孔隙、孔洞　50×　单偏光

矿石中存在孔隙和孔洞，不规则状，未被任何矿物充填，分布在菱锌矿集合体中。

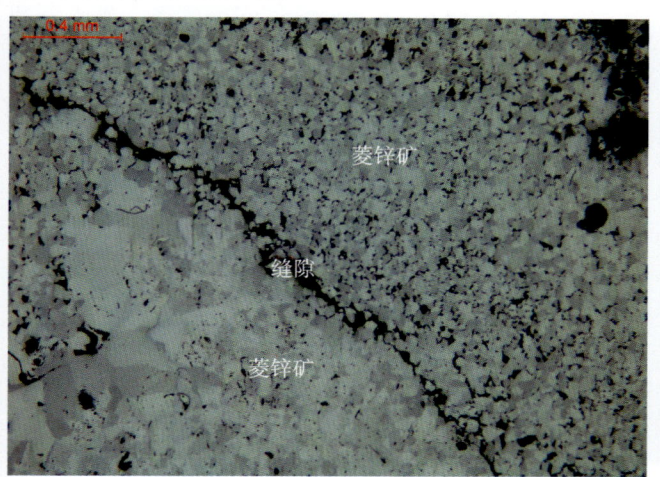

图 33　缝隙构造　50×　单偏光

矿石中存在缝隙，未被任何矿物充填，缝隙两侧菱锌矿在粒径大小及空间分布上均不同。

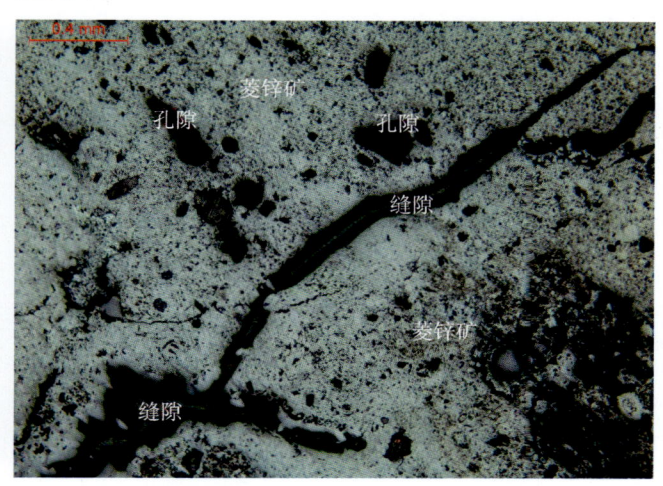

图 34　孔隙、缝隙构造　50×　单偏光

矿石中存在缝隙，未被任何矿物充填，缝隙两侧菱锌矿在粒径大小及空间分布上较均一，其间可见孔隙。

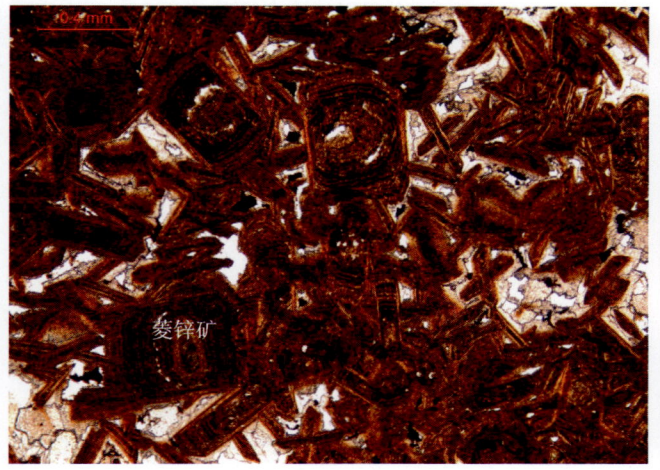

图 35　环带构造 1　50×　单偏光

矿石中菱锌矿呈自形—半自形粒状、板状分布，褐色环带为不同颜色菱锌矿呈环状生长构成。

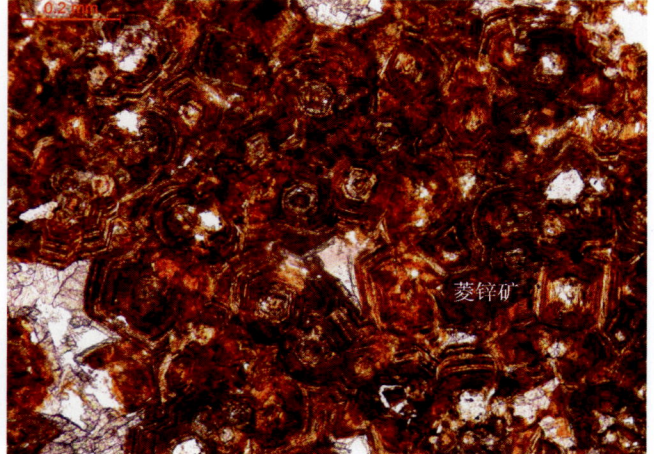

图 36　环带构造 2　100×　单偏光

菱锌矿呈自形—半自形粒状分布，褐色环带由不同颜色菱锌矿呈环状生长构成，孔隙中充填浅色—无色菱锌矿。

图 37　铅锌矿石 1
菱锌矿矿石，溶蚀晶洞构造。

图 38　铅锌矿石 2
菱锌矿矿石，溶蚀晶洞构造。

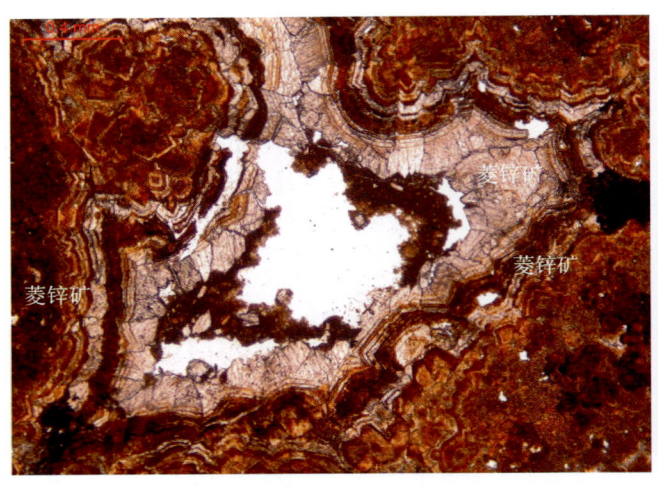

图 39　晶洞、皮壳状构造 1　50×　单偏光
菱锌矿呈自形—半自形粒状分布，环带由不同颜色菱锌矿呈环状生长构成，孔隙中充填菱锌矿。

图 40　晶洞、皮壳状构造 2　50×　单偏光
菱锌矿呈他形粒状集合体分布，沿孔洞壁具皮壳状构造，其中孔洞壁上生长白铅矿晶芽，孔洞未被充满，形成孔隙。

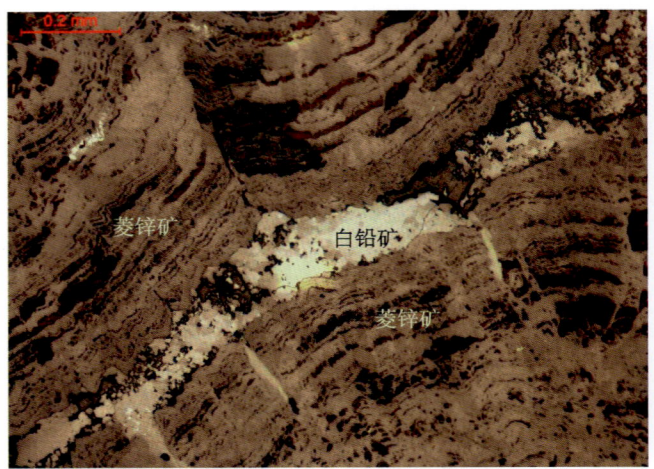

图 41　皮壳状构造　50×　单偏光
菱锌矿呈皮壳状对称分布，在其缝隙中充填白铅矿，缝隙已完全充满。

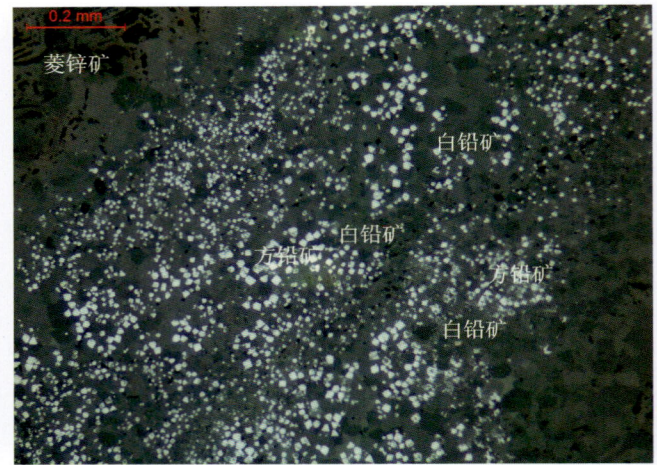

图 42　方铅矿 1　100×　单偏光
矿石中方铅矿与白铅矿交生在一起生长，方铅矿呈自形—他形粒状，粒径极细，与白铅矿呈团块状分布。

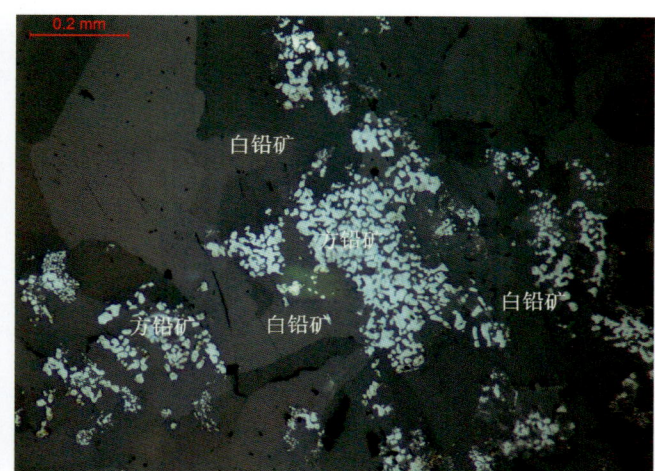

图 43　方铅矿 2　100×　单偏光

矿石中方铅矿呈似文象状与白铅矿交生在一起,呈团块状分布。

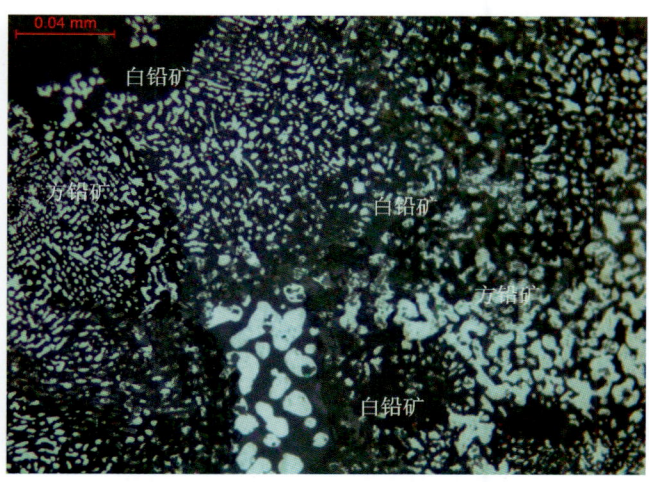

图 44　方铅矿 3　200×　单偏光

矿石中方铅矿呈似文象状、乳滴状与白铅矿交生在一起,呈不规则团块状分布。

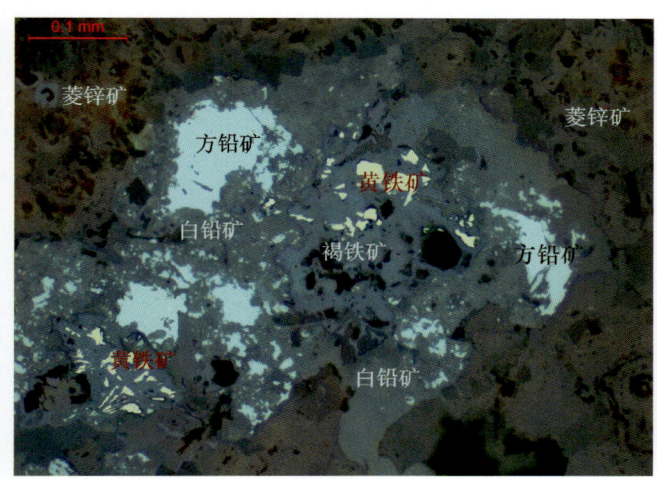

图 45　方铅矿 4　100×　单偏光

矿石中方铅矿与白铅矿交生在一起生长,方铅矿呈自形—他形粒状,粒径极细,与白铅矿呈团块状分布。

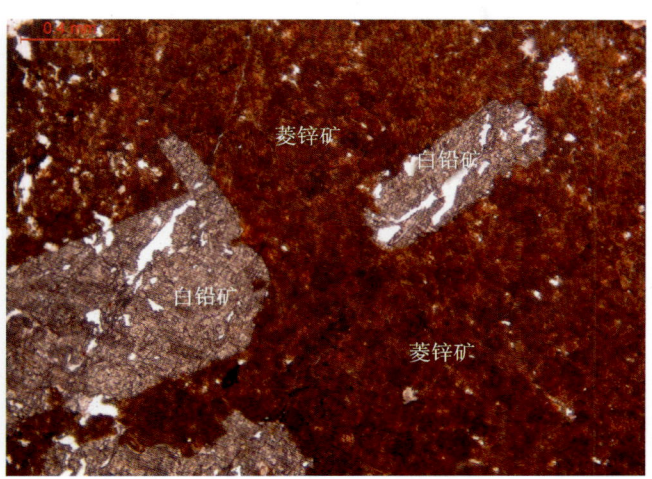

图 46　白铅矿 1　50×　单偏光

白铅矿呈半自形板状分布于菱锌矿集合体中。

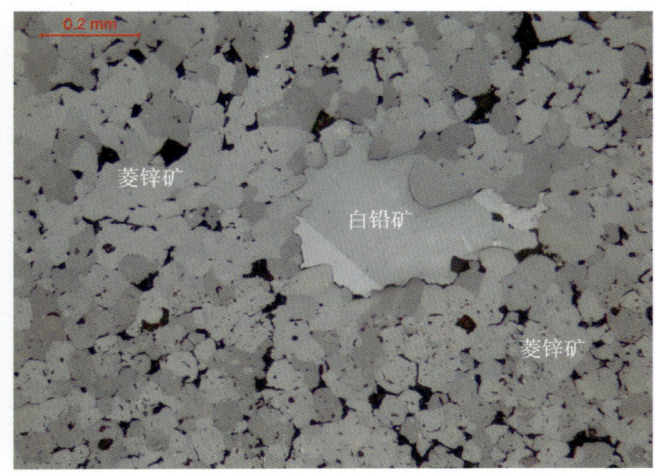

图 47　白铅矿 2　100×　单偏光

矿石中白铅矿分布于菱锌矿集合体中。

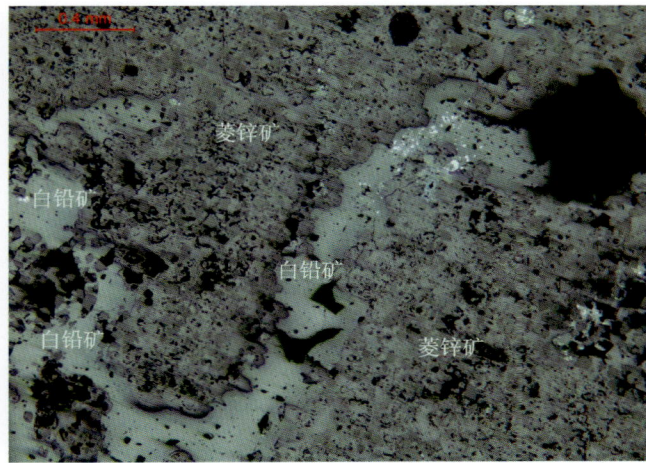

图 48　白铅矿 3　50×　单偏光

矿石中白铅矿呈不规则状分布于在菱锌矿团块间,少量与方铅矿交生。

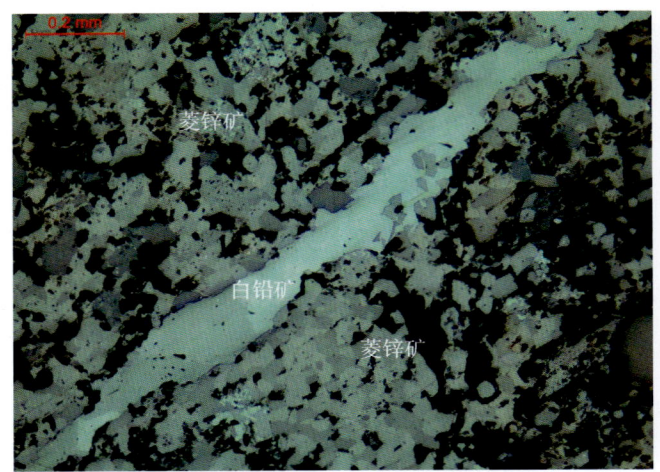

图49 白铅矿脉 100× 单偏光

矿石中白铅矿呈脉状分布于菱锌矿集合体中。

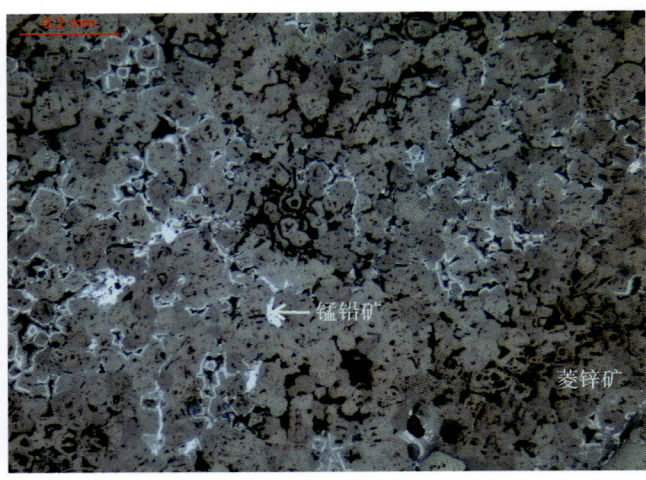

图50 锰铅矿1 100× 单偏光

矿石中锰铅矿呈他形粒状分布于菱锌矿粒间或环绕菱锌矿呈环带分布。

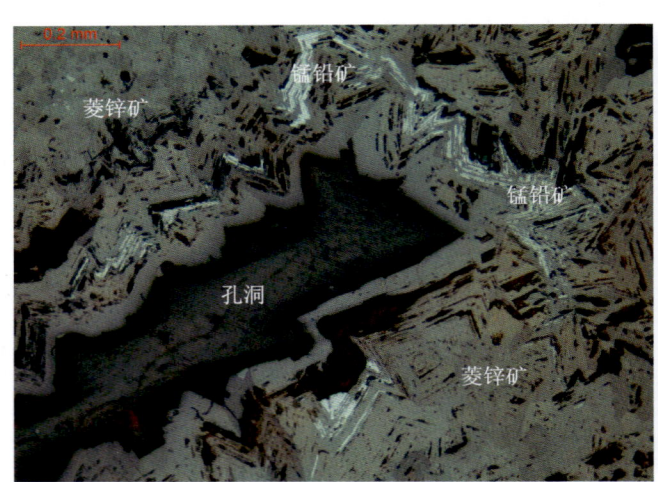

图51 锰铅矿2 100× 单偏光

矿石中锰铅矿沿皮壳状菱锌矿条带分布，中心为晶洞。

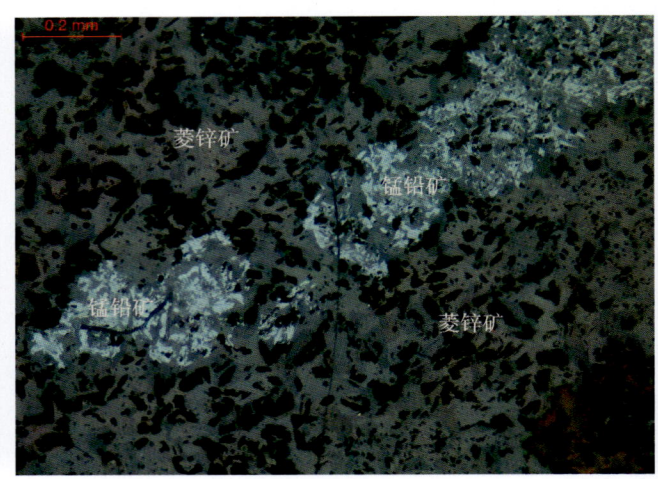

图52 锰铅矿3 100× 单偏光

在菱锌矿矿石中，锰铅矿他形粒状，呈团粒状、条带状分布。

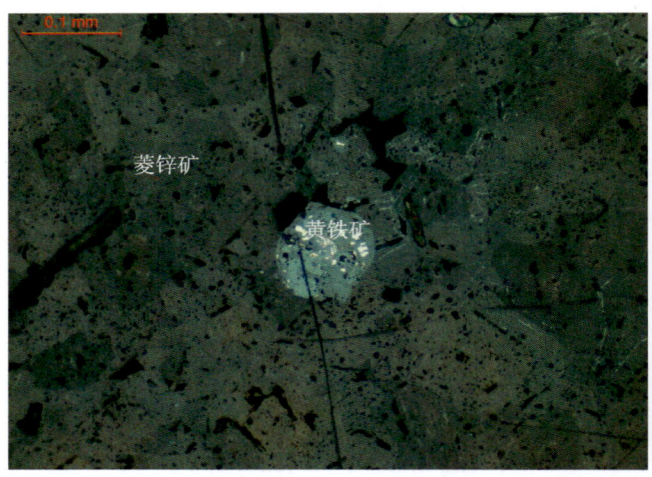

图53 黄铁矿 200× 单偏光

在菱锌矿矿石中，黄铁矿自形粒状，被次生褐铁矿交代呈残留体分布。

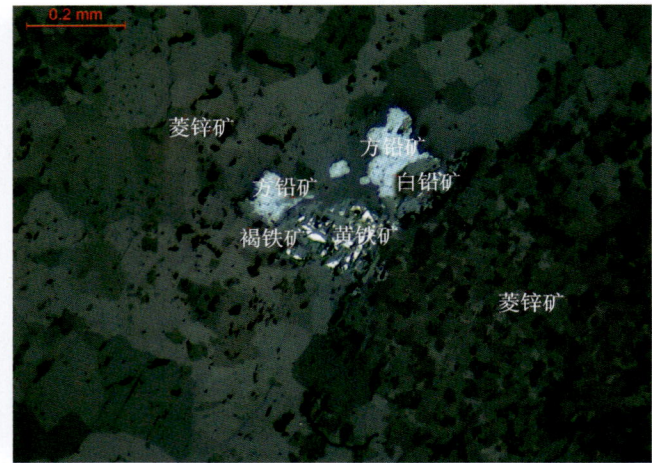

图54 褐铁矿化黄铁矿 100× 单偏光

在菱锌矿矿石中，黄铁矿与方铅矿共生，黄铁矿被褐铁矿交代，方铅矿被白铅矿交代。

和田县火烧云铅锌矿

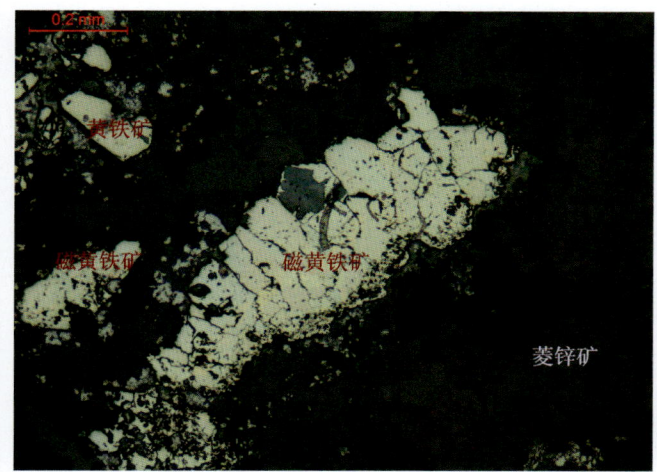

图55 磁黄铁矿 200× 单偏光

在菱锌矿矿石中,磁黄铁矿与黄铁矿共生,被次生褐铁矿交代。

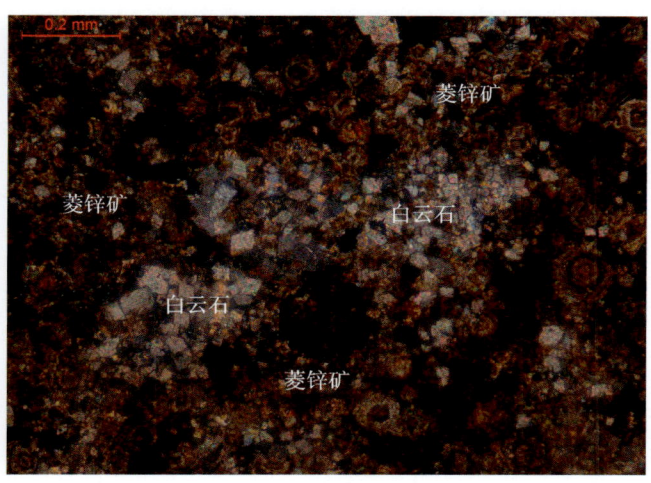

图56 白云石 100× 正交偏光

在菱锌矿矿石中,脉石矿物白云石呈自形粒状分布于菱锌矿粒间或呈集合体产出。

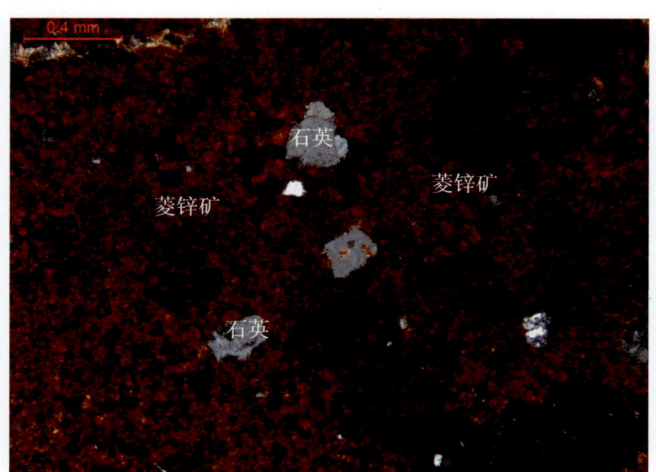

图57 石英 50× 正交偏光

在菱锌矿矿石中,脉石矿物石英分布于菱锌矿集合体中。

图58 方解石 50× 单偏光

在菱锌矿矿石中,脉石矿物方解石与菱锌矿共生,菱锌矿呈浸染状分布。

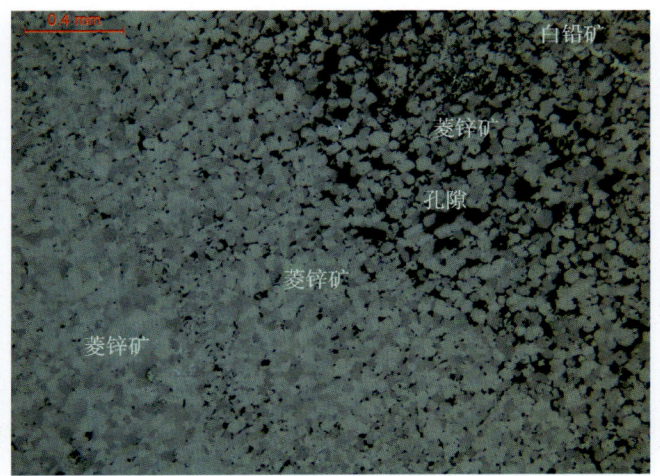

图59 他形粒状结构(堆晶结构)1 50× 单偏光

菱锌矿呈他形粒状集合体分布,从紧密镶嵌生长逐渐过渡到具较多孔隙疏松堆积,具典型堆积生长特点。

图60 他形粒状结构(堆晶结构)2 100× 单偏光

菱锌矿呈他形粒状集合体分布,孔隙发育,堆积较疏松,具典型堆积生长特点。

图 61　半自形粒状结构（堆晶结构）　100×　单偏光

菱锌矿多数呈半自形粒状，自形晶少见，内部具环带构造，粒间存在孔隙。

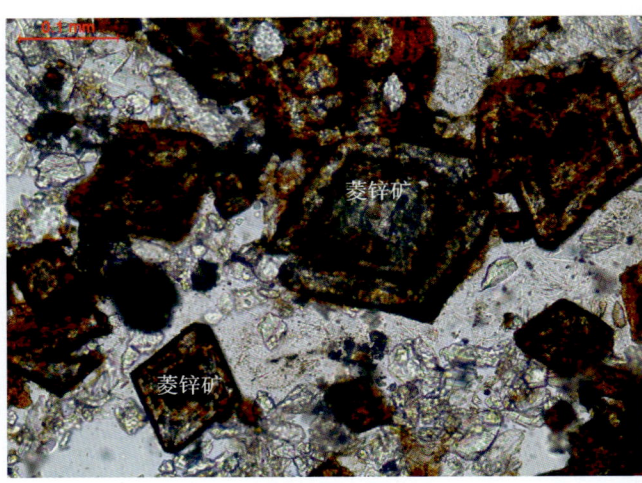

图 62　自形粒状结构　200×　单偏光

菱锌矿自形粒状，内部具环带构造，环带由不同颜色菱锌矿交替分布形成。

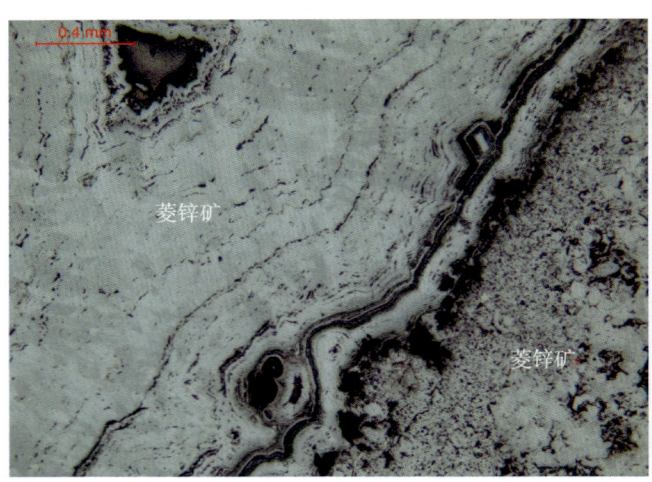

图 63　皮壳状构造　50×　单偏光

在矿石中，菱锌矿在胶体溶液中通过交替沉淀形成皮壳状构造。

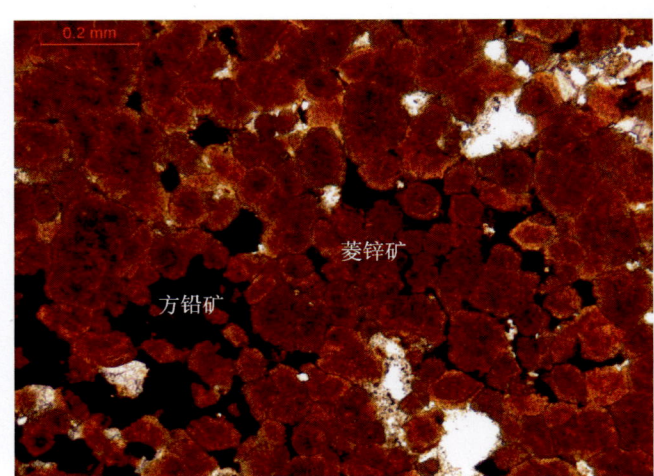

图 64　孔隙被方铅矿充填　100×　单偏光

菱锌矿粒间孔隙被金属硫化物方铅矿充填，少量孔隙未被充填满。

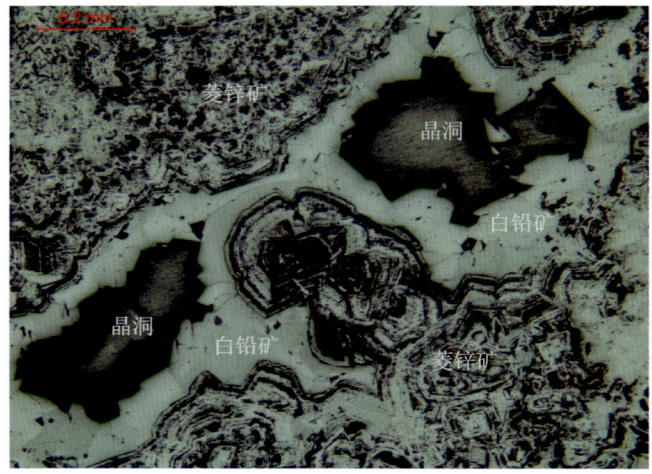

图 65　晶洞构造　50×　单偏光

在矿石中，晶洞未被充填满，沿晶洞壁生长白铅矿晶芽（晶簇），菱锌矿具皮壳状和环带构造。

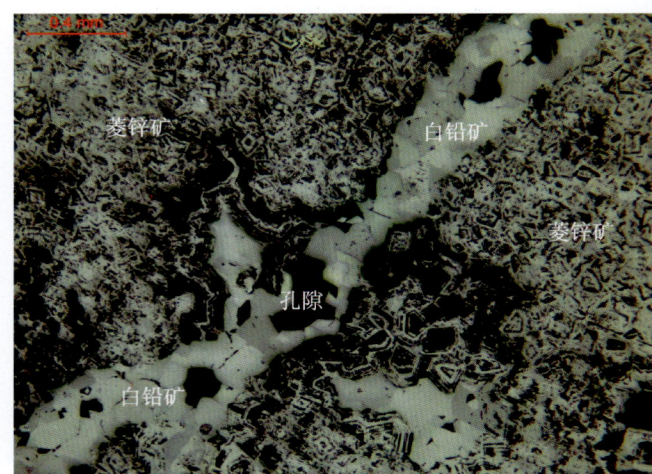

图 66　缝隙构造　200×　单偏光

在菱锌矿矿石中，原生缝隙尚未被白铅矿充填满，残留有少量孔隙。

哈巴河县阿舍勒铜矿

拍摄者岳蕴辉

整体介绍

阿舍勒铜矿床位于新疆哈巴河县北偏西 348°方向约 27 km 处,中心地理坐标:东经 86°20′40″,北纬 48°17′27″,行政隶属于哈巴河县。矿区至哈巴河县城通汽车,距最近的喀纳斯机场 56 km,交通较方便。

20 世纪 50—60 年代初期,中苏合作第十三大队和新疆地矿局区调队在进行 1:20 万区调时发现铜矿化,随后新疆地矿局第四地质大队在该区进行了 1:5 万化探普查,圈出了铜及多金属异常。1984 年由新疆地矿局第四地质大队开始检查,于 1987 年 9 月在 ZK107 孔见视厚 178.72m、铜品位达 4.34% 的富矿体,取得了突破性进展。1991—1993 年,新疆地矿局第四地质大队对 I 号矿化带(一号矿床)开展了详查工作,并在外围开展普查工作。1994 年 2 月提交《新疆哈巴河县阿舍勒铜矿区一号矿床详查报告》,提交铜资源储量 108.19 万 t,共生锌资源储量 43.81 万 t。1993—1996 年,新疆地矿局第四地质大队对一号矿床进行了勘探,求得一号矿床铜矿石量 3 777.05 万 t,铜金属量 91.95 万 t,平均品位 2.43%;共生锌矿石量 1 468.49 万 t,锌金属量 40.83 万 t,平均品位 2.78%;单一硫铁矿 3 007.73 万 t;伴生铅 55 577 t,金 22 t,银 1286t,镓 376 t,镉 2789 t,硒 1807 t。为加快该矿床的开发,1994 年 4 月新疆阿舍勒铜矿建设领导小组正式组建,1997 年 12 月阿舍勒铜矿建设项目得到国家计划委员会批准立项。1999 年 8 月,由紫金矿业集团股份有限公司、新疆有色金属工业(集团)有限责任公司、新疆地矿局等五方投资设立新疆阿舍勒铜业股份有限公司开始对该矿进行开采。2006 年以来,新疆阿舍勒铜业股份有限公司对该矿床进行了矿区勘查工作,2011 年矿区深部找矿有新的突破,最大钻孔深度 2 322.7 m,在一号矿床北深部(1915 m 处)发现铜锌富矿体,新增铜资源量达 30 万 t,锌资源量 3.4 万 t。

矿山于 2004 年 9 月建成投产,当年实现产值 1300 万元,上缴各种税费 380 万元。截至 2012 年,8 年累计生产铜金属量 23.14 万 t,锌金属量 6.6 万 t,实现工业总产值 110 亿元。上缴各种税费合计 26.7 亿元。阿舍勒铜矿的成功开发有力拉动了地方经济的快速发展,新疆阿舍勒铜业股份有限公司也成为阿勒泰地区的龙头企业,新疆铜矿采选行业的排头兵。

阿舍勒铜矿设计生产规模 4000 t/d,设计服务年限 29 年,年采矿量 132 万 t。矿山采用大直径深孔和中深孔阶段空场嗣后充填采矿方法,废石充填于井下采空区。选矿工艺流程为:三段一闭路破碎,其中粗碎在井下完成,破碎后的矿石由主井提升到选厂,两段闭路磨矿,铜、锌混合浮选,粗精矿经过再磨,经铜锌分离浮选,锌、硫分离浮选后得铜精矿、锌精矿和硫精矿 3 种产品。新疆阿舍勒铜业股份有限公司全年可生产铜金属量达 2 560.5 t,锌金属量 604.2 t,处理矿石量 12.8 万 t。铜回收率达 92.99%,锌回收率达 51.04%。

第一节 矿区地质特征

阿舍勒铜矿床处于阿尔泰南缘西段的阿舍勒裂陷盆地[阿舍勒 Cu-Au-Pb-Zn 矿带（Ⅳ-2-①）]内。构造上处于西伯利亚大陆板块晚古生代早期玛尔卡库里断裂（额尔齐斯断裂西部分支）东侧的陆缘裂谷带，北东隔别斯萨拉大断裂与加曼哈巴复背斜毗连；南西以玛尔卡库里深大断裂为界，与额尔齐斯褶皱带相邻。有学者认为阿舍勒铜矿床产于下—中泥盆统双峰式火山岩建造（叶庆同和傅旭杰，1996；王登红等，2002）和火山-沉积建造中。

出露地层主要为下—中泥盆统阿舍勒组和上泥盆统齐也组。上泥盆统齐也组为一套海相中—中基性火山岩、火山碎屑岩及火山碎屑沉积岩，与阿舍勒组呈角度不整合接触。中泥盆统阿舍勒组为含矿地层，为一套以酸性、中酸性火山岩为主，基性为次的双峰式火山岩，形成于与俯冲有关的陆缘拉张环境。按照岩性组合分为 3 个岩性段：①第一岩性段为流纹质凝灰岩（局部含火山泥球）、角砾凝灰岩、沉凝灰岩、凝灰质粉砂岩、硅质岩，夹大理岩；②第二岩性段为流纹质凝灰岩、角砾凝灰岩、火山角砾岩、流纹岩、千枚岩，夹结晶灰岩、含铁硅质岩、放射虫硅质岩透镜体等；③第三岩性段由玄武岩（包括块状、杏仁状玄武岩）、凝灰岩、硅质岩等组成（图11-1）。矿体产在第二和第三岩性段的界面偏下部层位，矿体顶板为玄武岩，与矿体界线清晰；底板为流纹质、英安质凝灰岩，分布有脉状矿体。

一、容矿地层

矿区内出露地层有上古生界下—中泥盆统托克萨雷组（$D_{1-2}t$）、中泥盆统阿舍勒组（D_2a）、上泥盆统齐也组（D_3q）和下石炭统红山嘴组（C_1h），新生界第三系（古近系＋新近系）和第四系在区内零星分布。上古生界岩石轻度变质，变质程度大致相当于低绿片岩相。中泥盆统阿舍勒组第二岩性段自下向上分为 3 个含矿层，第二含矿层是一号矿床赋存的层位。第二含矿层以中酸性火山碎屑岩和火山-沉积碎屑岩类为主，夹少量基性熔岩、结晶灰岩、绢云千枚岩、含铁硅质岩及多金属硫化物和重晶石矿层。

二、控矿构造

矿区构造复杂，褶皱、断裂发育。矿区内总体构造线为近南北向。在矿区外，向南或向北，则与区域北西向构造线趋于一致，形成醒目的反 S 型构造。矿区内可划分为 3 个构造层：中泥盆世阿舍勒组构造层、晚泥盆世齐也组构造层、早石炭世红山嘴组构造层，均为角度不整合接触。各构造层的褶皱形态及强度有明显区别：阿舍勒组为线型紧闭褶皱，且多发生倒转，齐也组为相对比较开阔的线型至开阔型过渡型褶皱，红山嘴组则属开阔型正常褶皱。3 个构造层的共同点是，均处于近东西向挤压的局部应力场中，褶皱作用发生在 3 个时期，晚期作用对早期构造形迹产生了叠加改造，即第一期褶皱发生于中泥盆世晚期，形成了阿舍勒组褶皱；第二期褶皱作用发生于晚泥盆世末，产生齐也组褶皱，同时叠加改造第一期褶皱，使早期开阔褶皱强化为紧闭线型同斜倒转褶皱，第三期褶皱作用发生于早石炭世末，褶皱强度较弱，形成开阔型正常褶皱，对先期褶皱的改造作用不明显。矿区一带，向斜枢纽均为向南扬起，背斜则向北倾伏，构成裙边褶皱组合。

1. 褶皱

根据 1∶5 万区域资料，区域内发育北西向紧闭（常倒转）线型褶皱，包括阔勒德能复向斜及加曼哈巴

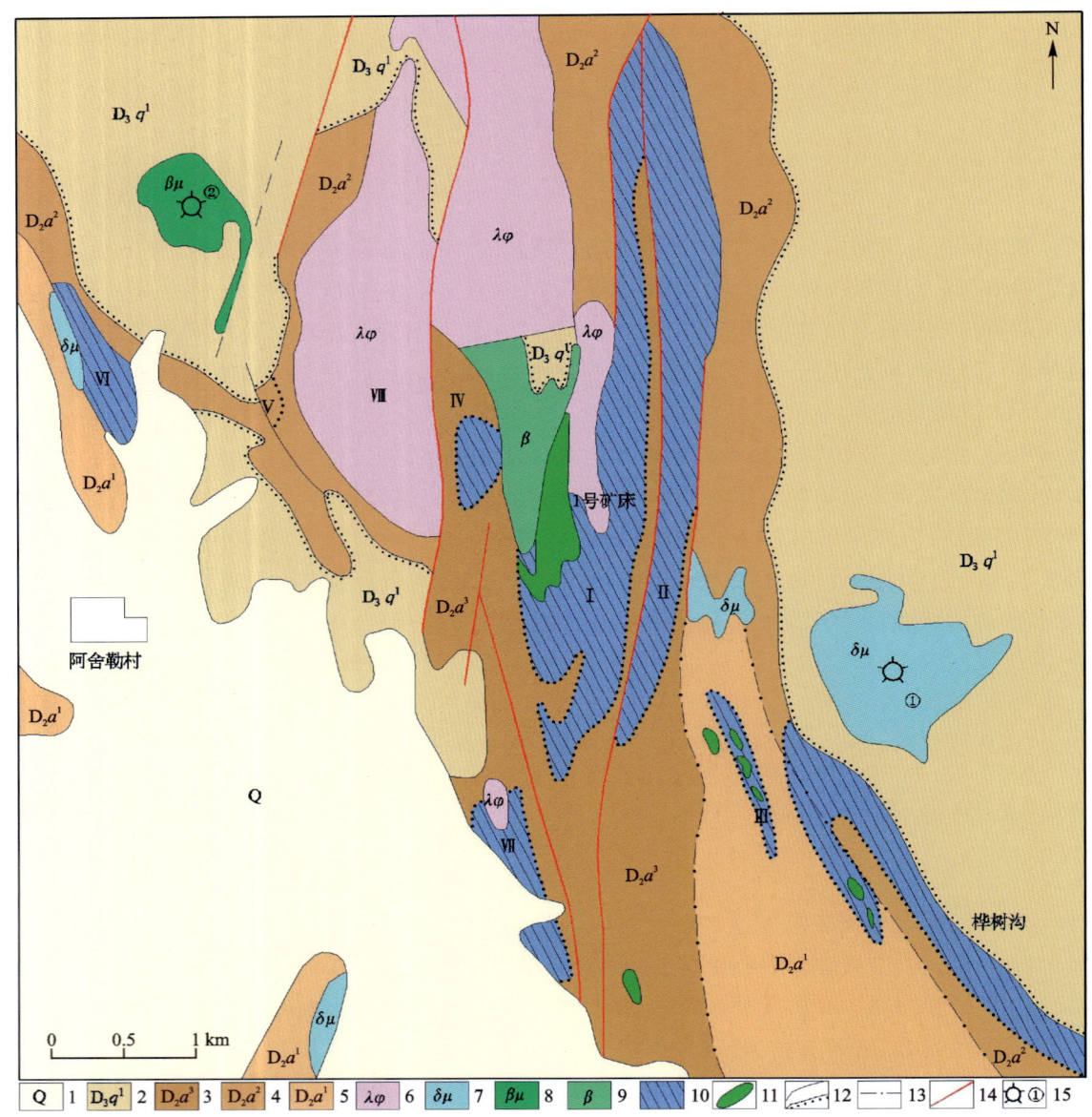

1.第四系残坡积层、冲洪积层;2.上泥盆统齐也组第一段;3.中泥盆统阿舍勒组第三段;4.中泥盆统阿舍勒组第二段;5.中泥盆统阿舍勒组第一段;6.英安斑岩;7.闪长玢岩;8.辉绿玢岩;9.玄武岩;10.蚀变带及编号;11.矿体;12.整合/不整合界线;13.岩性段界线;14.断层;15.火山机构及编号

图 11-1　哈巴河县阿舍勒铜矿区地质略图

复背斜等大型褶皱构造。阿舍勒铜矿区位于阔勒德能复向斜的南西翼,该复向斜轴向北西,核部为下石炭统红山嘴组;东翼为别斯萨拉大断裂,南西翼依次出露上泥盆统齐也组和中泥盆统阿舍勒组。在矿区一带,受玛尔卡库里深大断裂走向偏转所形成的局部构造应力场的作用,发育一系列轴向近南北的次级褶皱构造,构成裙边褶皱组合。矿区内较大规模的次级褶皱共有 10 个。

2. 断裂

矿区内断裂构造发育。玛尔卡库里深大断裂产于成矿前,并多期次活动。受其影响,矿区内发育一系列次级断裂构造。按次级断裂展布方向可分为南北向、北西向、北东向和东西向 4 组。其中以南北向和北西向两组最发育,规模大,数量多,北东向和东西向两组则不发育,且规模较小,数量少。

三、火山活动与火山岩

阿舍勒矿区泥盆纪火山活动可划分为 2 个喷发旋回,5 个喷发亚旋回。其中阿舍勒旋回第二亚旋回又可划分为 3 个喷发韵律。

该矿区构造复杂,构造活动改造强烈,识别古火山机构十分困难。目前初步认为矿区内古火山机构主要有 3 处,推测喷发中心 2 处。

第二节　矿床地质特征

一、矿体特征简述

一号矿床是重要矿床,共有 4 个矿体。Ⅰ号矿体为主矿体,具有典型的二元结构。上部为喷流沉积形成的层状矿化,多为块状、条带状、条纹状矿石,品位高,分布于玄武岩和流纹质凝灰间;下部为脉状矿化,在强硅化、绢云母化凝灰岩中形成脉状、网脉状,少量块状、稠密浸染状矿化。Ⅰ号矿体总体呈近南北向展布,半隐伏—隐伏(图 11-2)。矿体产于玄武岩与流纹质火山碎屑岩的接触界面上,与地层整合接触,同步褶皱,呈似层状或大的透镜状产出。Ⅰ号矿体在 1 线以北呈隐伏状,矿体埋深于 855～560 m 标高间,距地表埋深 18～1480 m。倒转翼矿体厚度一般 2～73 m,平均厚度 45 m。矿体总体向北倾伏,侧伏角 50°～60°。矿体沿倾向、走向延伸不稳定,变化大,呈复合分枝状,9 线矿体最大倾斜延深达 890 m。Ⅰ号矿体上中部水平断面图形状不规则,形似镰刀状、月牙状,450 m 中段水平断面图反映,在回转端正常翼矿体与倒转翼矿体未连接。

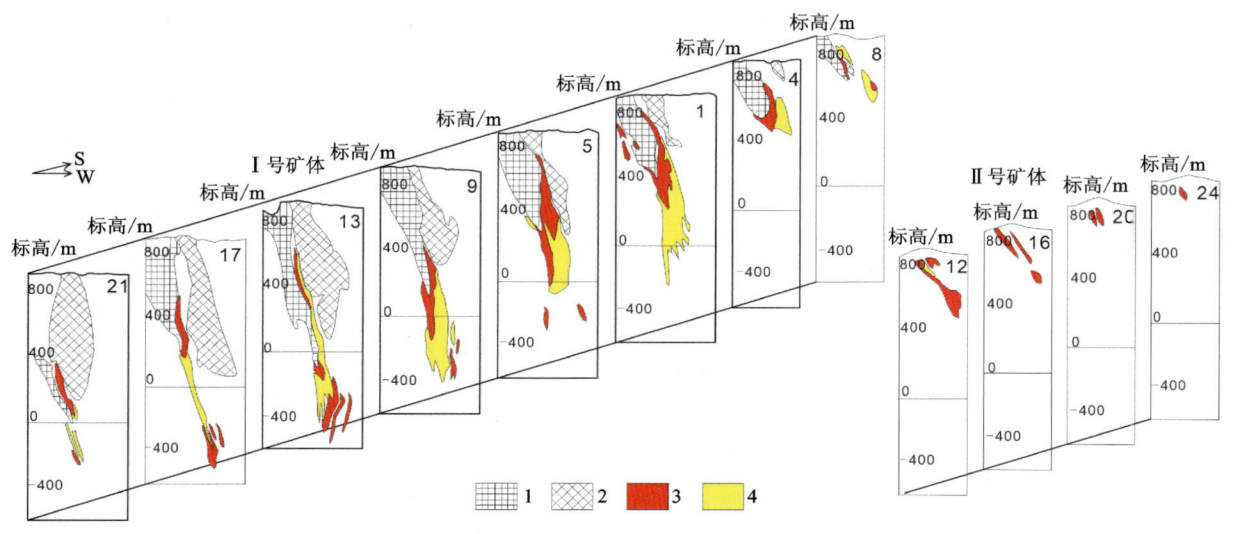

1.玄武岩;2.英安斑岩;3.铜锌矿体;4.硫铁矿体。

图 11-2　哈巴河县阿舍勒铜锌矿Ⅰ号、Ⅱ号矿体联合剖面图

Ⅱ号矿体分布于 1～18 线间,位于Ⅰ号矿体之下并与其倒转翼及回转端部位斜交。铜平均品位 1.26%。在 1～16 线间部分出露地表,形成"铁帽"及褐铁矿化带,长约 356 m。该矿体主要矿石类别为硫铁矿石间,次为铜硫矿石,铜硫矿石主要分布于 8～12 线间。已控制的走向长 150 m。矿体厚 4～25 m,最大厚度 45 m。其中夹有硫铁矿。倾斜延深 160～405 m,位于 860～490 m 水平铜含量低,以硫铁矿为

主。硫铁矿8线附近矿体厚大,最厚达58 m,品位8%～33.65%,形态简单,呈"板状"倾向东,倾角65°,产状较稳定。

二、矿床规模及空间分布

Ⅰ号矿体是本矿床的主要工业矿体,其铜金属量占总储量的97.43%,锌金属量占总储量的99%以上,Ⅰ号矿体规模中等—大,储量大,厚度变化较稳定,是矿床的主要部分。Ⅱ号矿体是矿床的次要矿体,其铜金属量仅占矿床的2.57%,铜平均品位1.26%。

第三节 矿区主要岩石类型及围岩蚀变

一、矿区主要岩石类型及特征

在前人工作的基础上,本次采集了矿区地表和不同深度钻孔内的大量岩矿样品。经过光、薄片详细鉴定研究,结合野外地质情况,对容矿岩石及成矿母岩的确定取得了新的认识。矿区岩石类型非常复杂,种类繁多,以火山岩为主,正常沉积岩产出少。主要岩石类型有火山熔岩类、正常火山碎屑岩类、火山-沉积碎屑岩类、沉积岩类、次火山岩、侵入岩与脉岩六大类。

1. 火山熔岩类

矿区常见火山熔岩类岩石有玄武岩、安山岩、流纹岩,以玄武岩为主,次为流纹岩,安山岩产出少,属于双峰式火山岩。

玄武岩:主要分布于中泥盆统阿舍勒组第二岩性段中亚段和上亚段,上亚段主要是在4号向斜核部(附录11图1～图2),厚度大,约146 m,其中夹有薄矿层或透镜体,并伴有硅质岩及铁碧玉。铁碧玉在齐也组也有见及,数量极少。岩石呈紫灰色(紫红色),由90%以上微晶石英组成,少量微粒—尘点状赤铁矿。该岩石中含有放射虫化石,一般认为是海底火山喷气作用的标志产物(附录11图3)。

岩石黄绿色、灰绿色、浅灰绿色,显微镜下呈变余斑状结构、变余间隐结构,块状构造,也见杏仁状构造、片理定向构造,斑晶有辉石、斜长石。基质为板条状微晶斜长石、少量石英及蚀变矿物绿泥石、方解石等,副矿物有黄铁矿、钛铁矿、磁铁矿、白钛石,杏仁体近圆形或拉长状,大小0.2～20 mm,含量5%～10%。岩石具一定程度蚀变及压碎现象,斜长石表面绢云母化、碳酸盐化,部分石英斑晶压碎后被方解石交代(附录11图4),基质中可见方解石团块及夹有绿泥石条带(附录11图5)。

玄武岩是矿区重要的赋矿围岩之一,通过近年来采矿和深部钻探找矿,证实矿体下部玄武岩明显增多,是矿体的直接围岩或直接构成矿体,与成矿有重要关系。

英安岩:灰绿色,变余斑状结构,基质具变余微晶结构,块状构造,斑晶为石英,少量斜长石,基质为微晶长英质矿物集合体。岩石受构造挤压,斑晶石英有轻微碎裂现象,具压扁拉长,长石表面绢云母化,岩石有的被热液交代,基质中见绢云母条带(附录11图6),有的岩石在长英质基质中见绿泥石条带(附录11图7)。

流纹岩:浅灰绿色,变余斑状结构,基质具霏细结构,块状构造、流纹构造,斑晶为更—钠长石和石英,有的石英被熔蚀(附录11图8),占10%～25%;基质主要为更—钠长石、石英,少量绢云母、绿泥石;副矿物有磷灰石、磁铁矿、钛铁矿和白钛石。岩石多被热液蚀变,具黄铁绢英岩化,有的岩石蚀变强烈(附录11图9),原岩已无法辨认,黄铁矿两端见石英压力影(附录11图10),有的受构造挤压,斑晶斜长石被压碎,基质中见绿泥石呈条带状分布(附录11图11)。

安山岩：灰绿色，变余斑状结构，基质玻晶交织结构，有的为无斑交织结构，杏仁状构造、块状构造，斑晶为更—钠长石，占5%～15%；基质有更长石、石英、绿泥石、绿帘石，副矿物为白钛石、铁质，杏仁不规则状，大小0.15%～4 mm，含量小于5%。岩石受构造挤压及蚀变叠加作用，斜长石交织结构隐约可见，后期叠加蚀变矿物绿泥石（附录11图12）。

2. 正常火山碎屑岩类

该类岩石占矿区火山岩总量的80%，是阿舍勒组、齐也组的主要岩类。其中以中酸性、酸性碎屑岩为主，中性和基性碎屑岩很少。总体来看，产于阿舍勒组第一段和齐也组第二段，均属层状火山碎屑岩亚类。

集块岩：主要见于阿舍勒组第二段和齐也组第一段、第三段。阿舍勒组集块岩均受强烈挤压片理化，集块呈压扁透镜体，不易辨认，成分以英安岩为主，少量为安山岩、霏细岩；齐也组集块岩多呈块状构造，集块易于辨认，有英安质集块岩和安山质集块岩之分。

火山角砾岩：以齐也组第一段下部流纹质火山角砾岩分布最广，除阿舍勒组第一段无火山角砾岩外，其余各组均有分布。火山角砾岩一般呈中厚层状，层理不清。角砾与胶结物同成分，主要是凝灰岩、英安岩。

角砾凝灰岩：矿区常见火山碎屑岩之一，凝灰级碎屑含量大于50%，包含晶屑、岩屑及角砾，是一种过渡性岩石。层位不稳定，纵横向变化较大，有时见岩石具片理化，可逐渐相变为含角砾凝灰岩-集块岩。岩石具变余凝灰结构，受构造挤压作用岩屑被挤压，填隙物为长英质矿物（附录11图13），因热液交代作用被绢云母及白云石取代，有的呈脉状沿裂隙分布（附录11图14～图15）。

凝灰岩：矿区分布最广的火山碎屑岩，各层位均有见及。阿舍勒组第一段常见晶屑岩屑凝灰岩，第二段一般为晶屑（或含晶屑）凝灰岩，其英安质晶屑凝灰岩以含角砾级眼球状石英晶屑为特征，含量26%～39%，易于识别。齐也组以岩屑凝灰岩为主（附录11图16～图17）。

火山灰凝灰岩：由95%以上火山灰组成。岩石多呈中薄层—薄层状，层理发育。主要产于阿舍勒组第一段，其他层位极少。在阿舍勒组第一段火山灰凝灰岩中见有火山泥球，直径0.5～5 cm，局部地段含量较高，可达40%。

3. 火山-沉积碎屑岩类

火山-沉积碎屑岩类主要见于阿舍勒组第二段，阿舍勒组第一段和齐也组也有少量。该类岩石是一号矿床矿体的主要围岩，也是矿区内各矿化带主要组成岩石。主要岩石为变沉凝灰岩、变含砾沉凝灰岩和凝灰质砾岩，少量凝灰质砂岩及粉砂岩、绢云千枚岩等。常蚀变为长英质矿物、石英、绢云母、绿泥石、碳酸盐矿物等。

4. 沉积岩类

沉积岩类主要为结晶灰岩，各层位均可见，但主要在阿舍勒组第一段中，多呈透镜状产出。常见生物碎屑，多属浅滩相灰岩，部分为生物礁灰岩，另有少量含泥质灰岩和白云质灰岩。灰岩为火山喷发间歇期产物，可作为划分喷发韵律的标志层位。

5. 次火山岩

矿区内次火山岩发育，数量较多。在时间上，一般生成于各火山旋回或亚旋回的末期，在空间上，多分布在古火山中心附近或充填在火山管道中。岩体呈不规则岩株或脉状形态产出。

次火山岩主要分属中泥盆世阿舍勒旋回和晚泥盆世齐也旋回，极少量为早石炭世红山嘴旋回，为海西早期和中期产物。中泥盆世阿舍勒旋回中次火山岩主要有安山玢岩、英安斑岩、流纹斑岩，晚泥盆世齐也旋回主要有石英钠长斑岩、闪长玢岩。

6. 侵入岩与脉岩

矿区内的中深成侵入岩有辉长岩和闪长岩。辉长岩体在矿区出露2个（40号、22号）。40号岩体分布于玛尔卡库里断裂东侧,呈小岩株状,侵位于阿舍勒组第二段下亚段,规模很小。22号岩体分布于矿区北东角,其主体在矿区外,呈不规则状侵位于齐也组。在矿区内该岩体出露面积不大,约 0.2 km²。40号、22 号岩体岩性为中—中细粒辉长岩。闪长岩体矿区仅见1个(39号),呈不规则状侵位于齐也组第一段、第二段中,由中—中细粒闪长岩组成。

矿区内脉岩发育,主要有两大类:海西早期阿舍勒旋回的次火山岩脉,岩性为英安斑岩和流纹斑岩,规模小;海西中期脉岩主要有闪长玢岩。热液脉岩主要指石英脉和碳酸盐脉,矿区常见,沿裂隙充填。

二、围岩蚀变及特点

矿区范围内与矿化有关的蚀变广泛发育,以硅化、绢云母化、黄铁矿化为主,次有绿泥石化、碳酸盐化,局部发育有高岭石化、绿帘石化、阳起石化及明矾石化等。在矿体不同的位置及空间,其蚀变矿物组合和强度有一定变化。依据蚀变矿物共生组合不同,可圈定蚀变带15个,大多数蚀变带呈不规则带状和条带状,呈北西向和近南北向展布,与地层走向基本一致,其长度最大2400 m,最小120 m,宽度最大400 m,最小20余米。矿化(蚀变)带均赋存于一定层位,大多呈面型蚀变,少数呈线型蚀变,属于火山热液作用的同生蚀变。主要有5种蚀变组合:①黄铁矿化-绢云母化-强硅化组合;②黄铁矿化-绢云母化-硅化组合;③绢云母化-绿泥石化-黄铁矿化-弱硅化组合;④似矽卡岩化-黄铁矿化组合;⑤绢云母化-高岭石化组合。以上5种蚀变组合,以前两种蚀变组合最具直接指示寻找火山喷气-沉积型矿床的意义。第四种蚀变组合则是寻找火山沉积热液改造型矿床的重要标志。

硅化:矿区内最发育的蚀变,指热液蚀变过程中形成硅化岩石及次生石英岩,包括重结晶形成石英。主要有两种表现形式:①硅质交代;②石英呈脉状或网脉状沿岩石节理裂隙分布。前者最为普遍。一般硅化越强,蚀变矿化越好。当原岩受硅质成分轻微交代时,形成硅化岩石;当硅质成分全部交代原岩时则形成次生石英岩,此时石英多呈粒状变晶结构,呈团块状集合体产出(附录11图18)。其蚀变岩石类型有(以次要矿物含量不同划分)硅化凝灰岩、含绿泥次生石英岩、含绢云绿泥次生石英岩、绢云次生石英岩、黄铁绢云次生石英岩。此外,矿石中的石英也是最主要的脉石矿物之一,分布于金属矿物间。

绢云母化:围岩受碱性热液作用的一种蚀变。主要有两种成因:①火山喷气同生蚀变,紧密伴随硅化作用出现,但与硅化的强弱呈反消长关系,主要由火山岩中的斜长石和胶结物蚀变而成(附录11图19);②动力变质形成的蚀变,多与高岭石化及碎裂岩化相伴,产于断裂带中,绢云母受构造应力作用多呈定向分布(附录11图20)。最常见的同生蚀变绢云母化呈显微鳞片状交代原岩,分布比较均匀,显示定向构造,蚀变类型有绢云母化凝灰岩、绢云母化角砾凝灰岩等及绢云次生石英岩。

黄铁矿化:矿区发育最普遍的一种蚀变,普遍伴随硅化和绢云母化出现。黄铁矿一般为半自形—自形。粒径一般小于5 mm,呈星点状均匀分布于蚀变火山岩中。有两种产出形式:①呈条带状、条带浸染状和浸染状分布,属火山喷气沉积矿化。此类矿化黄铁矿粒径较细,一般小于1.5 mm,部分达3~5 mm(附录11图19);②呈脉状产出,常见黄铁矿-石英脉,局部可见含黄铁矿绿泥石脉,一般黄铁矿粒径大,自形,最大可达15 mm。

绿泥石化:一种非常重要的蚀变,与成矿作用关系密切。一般伴有绿泥石化的蚀变带铜矿化最好。在一号矿床中,这种蚀变在矿体下盘最为发育。表现形式有两种:①常见呈不规则团斑状(附录11图21)、斑点状集合体较均匀分布在蚀变火山岩中,即所谓"虎斑状"构造;②呈绿泥石脉产出,主要见于一号矿床近矿底板围岩及矿层中。脉岩呈墨绿色,块状构造,由95%以上的绿泥石组成,脉宽小于1.5 m,为绿泥石岩。

绿泥石化常与硅化、绢云母化、黄铁矿化相伴,并与硅化、绢云母化呈反消长关系。在近地表处绿泥石常褪变成绢云母。

碳酸盐化:主要在一号矿床底板岩石次流纹斑岩体周围比较发育。主要以两种形式出现:①沿岩石片理、裂隙呈浸染状交代出现；②呈细脉状、脉状沿裂隙充填分布(附录11图22)。以前者较为普遍。碳酸盐矿物以(含铁)方解石为主，(含铁)白云石次之。地表常具弱的褐铁矿化。

高岭石化及泥化：此种蚀变多沿断裂带发育。绢云母化岩石在近地表处受酸性溶液作用常高岭石化。由地表向下则逐渐过渡为绢云母化。泥化主要是挤压破碎带的产物。

重晶石化：多见于(含多金属)重晶石矿体的近矿地段。重晶石化主要为火山喷气沉积形成，呈浸染状、条带状分布(附录11图23~图34)，部分呈细脉状分布。

褐铁矿化及黄钾铁矾化：此两种蚀变在矿区是黄铁矿化在地表或近地表处氧化的具体表现。地表黄铁矿多已褐铁矿化、黄钾铁矾化，但保留其假象或淋失成空洞，并使蚀变岩石染成褐红色—锈黄色，是直接找矿的重要标志之一。

第四节 矿石物质组分及特征

一、矿石物质成分

本矿床硫化矿石经强烈的氧化淋失，形成"铁帽"及褐铁矿化带。经物相分析及岩矿鉴定资料证实，不存在具有工业意义的氧化矿石、次生富集带和混合矿石，只零星见到孔雀石、蓝铜矿、黄钾铁矾、褐铁矿等次生矿物。少量含多金属重晶石矿石，已被哈巴河县重晶石厂开采殆尽。以下仅对有工业意义的原生硫化矿体的矿石矿物成分进行详细阐述。

运用电子探针成分分析、X射线粉晶衍射分析、人工重砂、岩矿鉴定等方法手段，对本矿床各类矿石的矿物、化学组成、有用有害组分的赋存状态进行全面系统的研究，共发现各类矿物37种，其中金属矿物28种、脉石矿物9种(表11-1)。

表11-1 阿舍勒铜矿石矿物成分表

类型	主要矿物	次要矿物	少见矿物
矿石矿物	黄铜矿、闪锌矿、黄铁矿	方铅矿、黝铜矿	自然金、银金矿、金银矿、锌铜矿、古巴矿、斑铜矿、辉铜矿、蓝辉铜矿、铜蓝、留色铜蓝、辉银矿、螺状硫银矿、硫铜银矿、辉铜银矿、硫锑铜银矿、碲银矿、辉锑铋矿、白铁矿、磁黄铁矿、磁铁矿
脉石矿物	石英、绢-白云母	绿泥石、重晶石、方解石、白云石	楣石、金红石
表生矿物	孔雀石、褐铁矿		白铅矿、自然铜

金属矿物以金属硫化物为主，主要为黄铁矿、黄铜矿、闪锌矿，次为黝铜矿、方铅矿，这些都是主要的工业利用矿物；其他矿物均为少量或微量矿物。

1. 黄铜矿

黄铜矿是矿石中最重要的有用矿物之一，含量高，分布广，主要分布于铜锌硫矿石及铜硫矿石中。黄铜矿呈铜黄色，少量具杂斑状锖色。绿黑色条痕，金属光泽。不透明，硬度中等，脆性。形态多呈他形微细粒状，粒径主要在0.020~0.295 mm之间，约占72.36%，并且从硫铁矿石→铜硫矿石→铜锌硫矿石黄铜矿粒径逐渐变细。黄铜矿多分布于黄铁矿粒间及边缘，交代黄铁矿现象普遍，有的钻入黄铁矿核心交代黄铁矿形成交代骸晶结构(附录11图25),偶尔可见黄铜矿聚片双晶(附录11图26)。

矿石中的黄铜矿有以下4种分布形式:①分布于黄铁矿粒间或粒中(附录11图27～图29)。②分布于黄铁矿-闪锌矿、黄铁矿-黝铜矿(附录11图30)、闪锌矿-方铅矿粒间。③与黝铜矿连生或嵌生(附录11图31～图32)。④与脉石矿物连生或交代脉石矿物(附录11图26、图33)。上述4种形式以①③占主导地位,其分布率约占65%以上。

黄铜矿集合体常分布于黄铁矿粒间,与闪锌矿、方铅矿、黄铁矿的嵌生集合体相间分布,形成层纹状、条带状构造。根据野外及显微镜下观察综合分析,确认黄铜矿的形成有两期:①层状矿体(Ⅰ号矿体)及其下部的细脉浸染状矿体(Ⅱ号矿体)同属火山喷气-沉积同生成矿期形成的黄铜矿并交代黄铁矿,与黝铜矿紧密连生或嵌生。②火山喷气-沉积同生成矿期之后的变形变质低温热液期形成的含黄铜矿、黝铜矿碳酸盐-石英脉沿早期形成的各类型矿石的裂隙穿插。黄铜矿与黄铁矿、黝铜矿的嵌布关系比较复杂,与闪锌矿的嵌布关系相对简单,有利于单体解离。

由黄铜矿单矿物分析成果表(表11-2)可知,黄铜矿主要化学成分为 Cu、Fe、S,微量元素有 Au、Ag、Co、Bi、Cd、Sb、Te、Se、As 等。黄铜矿的主元素 Cu、Fe、S 含量与其化学理论值相比,属于贫 S、Cu、Fe 类型。其金属原子数(Me)与硫原子数(S)的比值可指示黄铜矿的成矿温度。矿石中黄铜矿的 Me:S=1:0.996,接近1:1,说明黄铜矿的形成温度较低。

表 11-2 阿舍勒铜矿黄铜矿单矿物分析结果   单位:%

序号	Cu	Fe	S	Pb	Zn	Co	Ni	Cd	As	Sb	Bi	Se	Te	Ga	In	Ge	Au	Ag
1	35.06	31.45	33.02			0.5	0.01	0.07	0.05	0.08	0.14		0.07				0.01	
2	32.59	30.4	34.64			0.70		0.03	0.18	0.12		0.25	0.50				0.23	
3	33.40	29.81	34.05		0.11	0.80	0.05	0.03			0.54	0.52	0.28				0.32	0.10
4	34.04	30.51	34.23	0.04	0.02	0.02		0.04	0.12		0.09	0.23					0.13	0.00

注:1.条带状铜硫矿石;2.含铜硫铁矿石;3.含铜石英脉;4.含铜石英脉。
分析单位:新疆矿产实验研究所测试专业室。

2. 黄铁矿

黄铁矿是本矿床各类型矿石中分布最普遍、含量最高的矿石矿物。它可以单独组成硫铁矿石,也可以和黄铜矿、闪锌矿、方铅矿等组合形成铜硫矿石、铜锌硫矿石(多金属矿石)。

黄铁矿呈浅铜黄色,绿黑色条痕,强金属光泽,脆性,均质体,反射率 R 48.3%～57.2%,高硬度。等轴晶系。黄铁矿多呈不规则他形及半自形粒状,少量呈自形粒状。其嵌布粒径以 0.043～0.50 mm 为主,占 85%～90%,属中细粒晶,少量粒径 0.5～2 mm,个别巨晶粒径达 3～5 mm。黄铁矿自形晶晶形以立方体及其歪晶为主(附录11图34),偶见有五角十二面体和立方体与五角十二面体的聚晶。

黄铁矿在各类型矿石中含量高、分布广,其分布形式主要有以下4种:①黄铁矿-黄铁矿相互连生或嵌生。②与黄铜矿(黝铜矿)、闪锌矿、方铅矿连生(附录11图35)。③被黄铜矿(黝铜矿)或闪锌矿包裹(附录11图36)。④与脉石矿物连生或包裹于脉石矿物中(附录11图37～图38)。黄铁矿电子探针成分分析结果见表11-3。

黄铁矿的主元素 Fe 和 S 如何分配与其成因有内在联系。沉积成因黄铁矿的 Fe 和 S 含量与其理论值(Fe $46.55×10^{-2}$、S $53.45×10^{-2}$)相近或略低,而热液成因的黄铁矿则相对亏 S。表11-3中 Fe 和 S 大部分较理论值偏低。表中所列的各类型矿石中黄铁矿的 Fe 与 S 原子质量比值表明,自上而下,S 呈逐渐变贫的趋势,这与国内白银厂矿田多金属矿床特点相似,总体上反映该矿床中黄铁矿以火山喷气-沉积成因为主,主成分 Fe、S 中相对富 S 的特点。

表 11-3 阿舍勒铜矿黄铁矿电子探针成分分析结果   单位:%

序号	矿石类型	质量			原子质量			平均值	变化趋势
		S	Fe	总量	S	Fe	Fe∶S		
1	铜锌硫矿石	48.49	41.51	90.00	67.15	32.85	1∶2.4	2.01	高↑低
2		50.40	44.20	94.60	66.62	33.38	1∶1.99		
3		50.78	44.20	94.98	66.79	33.21	1∶2.01		
4		50.78	44.28	95.06	66.74	33.26	1∶2.1		
5		51.53	45.23	96.76	66.58	33.42	1∶1.99		
6		51.88	44.81	96.69	66.79	33.21	1∶2.1		
7		52.17	45.69	97.86	66.64	33.36	1∶2.00		
8	铜硫矿石	52.77	46.56	99.33	66.49	33.56	1∶1.98	1.99	
9		50.84	44.41	95.25	66.71	33.26	1∶2.00		
10	硫铁矿石	52.18	45.25	97.43	66.7	33.13	1∶2.2	2.00	高↑低
11		52.60	46.08	98.68	66.65	33.35	1∶1.99		
12		52.05	44.96	97.01	66.96	33.04	1∶2.03		
13		52.31	46.42	98.73	66.36	33.64	1∶1.97		
14	黄铁矿化围岩	52.73	46.62	99.35	66.42	33.58	1∶1.98	1.98	

分析单位:1、6~9、14~15 中国地质调查局西安地质调查中心,其他新疆矿产实验研究所鉴定专业室。

3. 闪锌矿

闪锌矿是矿床中共生的主要有用矿物之一,也是最主要的含锌矿物。其主要分布于铜锌矿石中,其次分布于铜硫矿石中。

闪锌矿呈浅灰色—浅棕褐色,透明—半透明,树脂光泽—半金属光泽。摩氏硬度 3~4,解理较发育。反射率 $R\ 16.1\%~17.6\%$。均质体,具可塑性,等轴晶系。多呈他形微细粒状集合体,偶见四面体晶形。闪锌矿几乎是硫化矿物中粒径最细的,一般粒径 0.010~0.104 mm,约占 79.94%。

闪锌矿与黄铁矿关系密切,特别是与细粒黄铁矿的嵌布关系复杂。交代黄铁矿现象普遍,含量仅次于黄铜矿,主要分布于铜锌硫矿石中,其次分布于铜硫矿石中。闪锌矿在矿石中的分布形式主要有以下4种:①分布于黄铁矿晶粒间并交代黄铁矿,少量包裹于黄铁矿中(附录11 图36)。②与黄铜矿、黝铜矿等嵌生或连生(附录11 图39)。③与方铅矿紧密连生或嵌生(附录11 图40)。④与脉石矿物连生或分布于脉石矿物中。以上 4 种嵌布关系中①最常见。

闪锌矿电子探针成分分析结果见表 11-4,微量元素有 Cu、Fe、Co、Ni、Bi、Cd、Sb、Te、Se、Au 等,多数元素以机械混入方式进入闪锌矿中,而 Fe 和 Cd 则普遍以类质同象形式进入闪锌矿的晶格中取代 Zn,闪锌矿是主要的含镉矿物。

表 11-4 阿舍勒铜矿闪锌矿电子探针成分分析结果   单位:%

序号	矿石类型	Zn	S	Cu	Fe	Co	Ni	Bi	Mo	Cd	Sb	Te	Se	Au	Ag	Zn/Fe	Zn/Cd
1	铜锌硫矿石	66.94	32.44	0.09	0.42	0.20	—	0.07	—	0.27	—	0.06	0.97	0.12	—	159	248
2	铜硫矿石	66.72	31.65	0.05	0.86	—	0.01	0.04	—	0.21	0.01	0.06	0.11	—	—	78	318
3	硫铁矿石	63.85	31.83	—	1.15	—	0.06	—	—	0.65	0.38	0.34	—	0.82	—	56	98
	平均值	65.84	31.97	0.05	0.81	0.07	0.02	0.04	—	0.38	0.13	0.15	0.36	0.31	—	114.00	161

注:—为元素含量未达检出下限,未检出。
分析单位:新疆矿产实验研究所鉴定专业室。

4. 黝铜矿

黝铜矿可以 Sb-As 为二端元形成类质同象系列矿物族,理论端元分子式分别为(锑)黝铜矿($Cu_{12}Sb_4S_{13}$)与砷黝铜矿($Cu_{12}As_4S_{13}$),是本矿床中含量仅次于黄铜矿的重要含铜工业矿物,也是主要的含砷矿物。

黝铜矿显微镜下呈钢灰色、铁黑色,条痕深红色。金属光泽,不透明,无解理。硬度中等,脆性。均质体,等轴晶系。多呈他形微细粒状,粒径细,一般 0.010~0.074 mm,约占 79.81%,少量 0.074~0.150 mm。呈不规则他形粒状分布于硫化物粒间及粒中,与黄铁矿关系最为密切,其次为黄铜矿。黝铜矿常与黄铜矿、闪锌矿、方铅矿等沿黄铁矿颗粒间充填并交代黄铁矿(附录11图40~图43)。黝铜矿中可见方铅矿包裹体,黄铜矿中也可见黝铜矿包裹体,这些包裹体粒径微细,一般小于 0.017 mm。

根据黝铜矿化学分析结果(表 11-5),本矿床中的黝铜矿在化学成分上有区别,一种是(锑)黝铜矿,另一种是砷黝铜矿。As 和 Sb 两种元素相互替代互为消长关系。前人的研究资料表明,As 和 Sb 之间的类质同象替代程度与成矿温度有一定关系。一般情况下,中低温条件下易形成砷黝铜矿,低温条件下多形成(锑)黝铜矿。前者主要分布于铜锌硫矿石、铜硫矿石中,后者主要见于Ⅰ号矿体含多金属重晶石矿中,这两种矿物的产出部位也反映了本矿床成矿温度由早至晚逐渐降低的变化趋势。

表 11-5　阿舍勒铜矿黝铜矿化学分析结果　　　　　　　　　　单位:%

序号	Cu	Zn	S	Fe	As	Sb	Ag	Se	Gd	Ge	Bi
1	43.14	7.64	26.77	0.97	18.32	2.87	0.00		0.37	0.92	
2	46.38		29.09	1.39	18.13	5.51	0.45	0.00	0.23	0.14	
3	38.19	7.99	22.96	0.58	2.93	23.54	3.31		0.00		

注:1.铜锌硫矿石中砷黝铜矿;2.铜硫矿石中砷黝铜矿;3.含多金属重晶石矿石中锑黝铜矿。
分析单位:新疆矿产实验研究所测试专业室。

5. 辉铜矿

辉铜矿显微镜下呈灰黑色、铅灰色,暗灰色条痕。金属光泽,不透明,略具延展性,低硬度,均质体,无内反射。辉铜矿在矿石中少见,分布于Ⅰ号矿体倒转翼浅部矿头及矿石裂隙中,交代黄铜矿,粒径微细,为铜的次生硫化矿物。

6. 斑铜矿

斑铜矿呈暗铜红色,灰黑色条痕。金属光泽,不透明,脆性,非均质性弱。本矿床中斑铜矿的化学成分分析结果与理论值相比,具贫 Cu、Fe,富 S 的特点。斑铜矿在各类型矿石中均可见到,但含量甚微,呈微细拉状沿黄铜矿边缘交代,形成反应边结构。

7. 铜蓝

铜蓝显微镜下为靛蓝色,黑色条痕。金属光泽—半金属光泽。呈叶片状,微细鳞片状,低硬度,反射率变化大,R 4.5%~25%,弱非均质,无内反射,主要见于铜锌硫矿石中,可见其交代黄铜矿等矿物的现象(附录11图44)。铜蓝在矿石中含量微且分布极不均匀,是铜的次生硫化矿物。

8. 方铅矿

方铅矿呈铅灰色,灰黑色条痕。金属光泽,解理发育,低硬度,等轴晶系。反射率 R 42.6%~45.6%。呈他形微细粒状,粒径 0.010~0.147 mm 的约占 86.52%。方铅矿在原生矿石中的嵌布关系有 5 种:①与闪锌矿紧密连生或嵌生(附录11图45~图46),占多数。②分布于黄铁矿-闪锌矿-脉石矿物及黄铜矿-闪锌矿-黄铁矿晶粒间,占比较少。③分布于黄铁矿-脉石矿物间,在矿石中少见。④与黄铜矿连生,分布于闪锌矿颗粒间。⑤与脉石矿物连生或分布于脉石矿物中(附录11图46)。

方铅矿电子探针成分分析结果见表 11-6,微量元素有 Cu、Zn、Au、Ag、Fe、Co、Ni、Bi、Sb、Cd、Se、Te等,多呈他种矿物显微包裹体形式存在。

此外，在方铅矿中还可见有银金矿、辉铜银矿，铜锌硫矿石中 Au、Ag 含量高的事实说明，Pb 与 Au、Ag 的相关性密切。

表 11-6　阿舍勒铜矿方铅矿电子探针成分分析结果　　　　　　　　　　　单位：%

序号	Pb	S	Cu	Zn	Au	Ag	Fe	Co	Ni	Bi	Sb	Cd	Se	Te
1	80.19	13.32	0.82	0.39	0.36	2.82	0.10	0.38	0.05	0.19	0.48	0.03	—	0.72
2	80.54	13.21	0.81	0.39	0.36	2.30	0.10	0.33	0.05	0.19	0.48	0.08	—	0.71
3	82.58	13.13	1.53	0.08	0.96	0.26	0.68	0.12	0.04	0.58	—	0.22	—	0.22
4	85.26	13.28	0.39	0.05	0.42	0.33	0.04	0.01	0.06	—	—	0.11	—	0.09
5	78.20	12.69	2.55	0.66	0.51	0.32	0.24	0.55	0.07	—	0.80	0.18	1.03	—
6	80.17	12.85	2.58	0.67	0.51	0.33	0.24	0.56	0.08	—	0.81	0.18	1.04	—
7	79.56	13.40	1.20	0.04	0.40	3.06	0.55	0.85	0.04	—	0.12	0.07	—	0.77

注：①均为铜锌硫矿石中方铅矿；②—为元素含量未达检出下限，未检出。
分析单位：新疆矿产实验研究所鉴定专业室。

9. 辉银矿

辉银矿呈银灰色，亮铅灰色条痕。金属光泽。挠曲性好，弱延展性，低硬度。反射率 R 25%～28%。辉银矿为均质体、螺状硫银矿为弱非均质体，这是两者的主要区别。两种矿物均无内反射。

辉银矿及螺状硫银矿粒径较细，一般 0.05～0.20 mm，个别 0.5 mm。呈他形微细粒状、树枝状分布于硫化矿物的粒间及裂隙中，也有部分包裹于矿物中。光片中发现方铅矿的边部分布有辉银矿，说明二者关系密切。

辉银矿与螺状硫银矿同时出现，可以指示成矿温度。辉银矿（$\beta\text{-}Ag_2S$）是在大于 173 ℃ 稳定的中高温条件下形成的，在温度低于 173 ℃ 时则形成螺状硫银矿。矿石中同时出现这两种矿物反映了成矿温度的高低变化，同时也指示了本矿床的成矿温度应属于中低温条件。

矿石中可见辉铜银矿、硫铜银矿、碲银矿，但含量极低，偶见，呈微粒状，与黄铁矿、黄铜矿、闪锌矿等共生，分布极不均匀。

10. 自然金

金矿物是矿石中最重要的伴生有用矿物之一，主要以自然金及其与银的金属互化物形式存在，有金银矿、银金矿。

自然金，金黄色，强金属光泽，均质体，摩氏硬度 2～3，强延展性。自然金 Au 含量大于 95%，含银自然金 Au 含量 80%～95%，两者粒径多在 0.002～0.02 mm 之间，少量在 0.02～0.07 mm 之间，属于显微金。自然金见于方铅矿中或黄铁矿与黄铜矿的晶粒间。

矿石中存在金银矿、银金矿，但数量极少，偶见。黄白色至金黄色，颜色随金含量的增加而变得更鲜艳。金属光泽，均质体，低硬度，具延展性。呈不规则粒状、树枝状、发丝状等分布于硫化矿物晶粒间及裂隙中，少量包裹于硫化矿物中。

二、岩、矿石化学成分

通过对矿区岩、矿石化学全分析、组合分析和基本分析，系统了解了各类型矿石的化学组成。

1. 常量元素特征

（1）区内岩石化学资料表明，矿区火山岩属低钾岩系。阿舍勒旋回个别样品的 K_2O 含量偏高是绢云母蚀变所致。

(2)与国内同类火山岩相比,阿舍勒旋回的火山岩以富 MgO、Na_2O,贫 K_2O 为特征,齐也旋回的火山岩以富 SiO_2、Na_2O,贫 K_2O 为特征。

(3)与白银厂细碧岩—角斑岩系列相比,阿舍勒旋回富 Fe_2O_3+FeO、MgO、Al_2O_3,齐也旋回富 Al_2O_3、Na_2O,贫 K_2O,其他成分相近。

(4)阿舍勒旋回的基性熔岩以富 SiO_2、Al_2O_3、MgO,贫 TiO_2、Na_2O、P_2O_5 为特征,齐也旋回的基性熔岩以富 SiO_2、Al_2O_3、Na_2O,贫 MgO、CaO、K_2O、P_2O_5 为特征,两者相比,前者 MgO、CaO 含量相对高,后者 SiO_2、Fe_2O_3+FeO、Na_2O、TiO_2 含量高。

(5)阿舍勒旋回中,作为金属硫化物矿层直接围岩的火山-沉积碎屑岩类,与火山碎屑岩类相比,SiO_2 变化区间大,明显富 MgO、K_2O、SO_3,而低 CaO、Na_2O,与其遭受不同程度的硅化、绢云母化、绿泥石化和黄铁矿化,Ca、Na 被带出有关。

(6)矿石中的主要成分除 P_2O_5、MnO、TiO_2 含量变化不大外,其他成分含量变化较大,尤其是 SiO_2、TFe 及 Al_2O_3 含量变化范围很大,主要与矿石类型、脉石矿物种类及矿物组合变化较大有关。

2. 微量元素特征

矿区火山岩及矿石微量元素具有下述特征。

(1)矿区火山岩富 Cu、Zn、Sc、V、Yb、Y,贫 Sn、Ba、Ni、Li、Sr、Zr、La。

(2)阿舍勒旋回的矿化元素 Cu、Zn、Ag、Mo、Sn 等含量普遍高于齐也旋回同类岩石的元素含量,而且大多高于维氏值。齐也旋回火山岩的矿化元素低于维氏值,这与阿舍勒组为含矿岩系,而齐也组不含矿的宏观地质特征一致。

(3)铁族元素(钪、钴、钒、锰、镍等)和 Mo 元素的曲线型式一致,即均呈"W"形,反映出它们在酸性、中酸性火山岩中的富集程度要高于中基性火山岩。

(4)矿石中 Cu、Zn 及 S 主要成矿元素在不同矿石中含量变化很大,与矿石类型不同及矿物组合变化大有关。其他微量元素有 Pb、Au、Ag、Bi、W、Sn、Mo 等,伴生有用组分为 Pb、Zn、Au、Ag、Cd、Se、Ga,有害组分为 As、Au、Ag,含量较高,已达到伴生有益元素工业标准。其他元素含量变化较大,但都有明显的异常高值,表明与矿化作用有关。

3. 稀土元素特征

矿区各类岩、矿石稀土元素具有如下特征。

(1)矿区火山岩 ΣREE 在 $(32.07\sim58.89)\times10^{-6}$ 之间,与区域火山岩相比,普遍偏低。阿舍勒旋回火山岩与齐也旋回火山岩相比,前者 ΣREE 略低于后者。

(2)阿舍勒旋回中自火山碎屑岩→基性熔岩→火山-沉积碎屑岩→矿石和沉积岩,ΣREE 依次降低,说明自火山爆发相→喷发相→沉积相→火山喷气沉积成矿,ΣREE 是递减的,即稀土元素丰度越来越低。

(3)阿舍勒旋回火山岩和齐也旋回第一亚旋回的酸性火山岩配分曲线基本相同,均为轻稀土弱富集近平坦型。$(La/Yb)_N=1.10\sim3.42$,$Sm/Nd=0.096\sim0.324$,多为弱负 Eu 异常,个别为弱正 Eu 异常,与区域火山岩有所不同。齐也旋回次火山岩配分曲线各不相同,与上述火山岩也有明显差别,反映其源浆性质不同。

(4)自细脉浸染状黄铜矿石→块状黄铜黄铁矿石→块状多金属矿石→重晶石矿石,$(La/Yb)_N$ 值依次递减,反映出随成矿温度的降低及 Eh-pH 的变化,轻稀土元素越来越富集。

(5)各类矿石、结晶灰岩、含铁硅质岩及凝灰质砾岩等均出现弱负 Ce 异常,δCe 为 $0.47\sim1.45$,说明它们均属海相沉积。

(6)稀散元素 Cd、Ca、Ga 中除 Cd 已达伴生有益元素工业标准外,Ca、Ga 也有明显异常反应,部分样品中已达工业标准值,属于矿化作用的结果。

一般认为与火山岩有关的块状硫化物矿床是通过海底热水循环并从火山岩中萃取贱金属形成的，故存在矿石与火山岩的稀土元素再分配模式。总的来说，矿石中的稀土元素总量ΣREE比火山岩要低得多。元素组成和总量，ΣREE变化为$(4.215\sim10.937)\times10^{-6}$。矿石REE模式具右倾型特征，其轻稀土的富集与蚀变火山岩（围岩）轻稀土的相对减少呈镜像反映。矿石REE的增高与蚀变火山岩的REE减少一致，但均具有负Eu异常，即矿石的负Eu异常继承了火山岩的特点。矿石与蚀变火山岩的亲缘关系暗示阿舍勒组是矿源层，海底热水循环从含矿火山岩中淋滤出贱金属并直接提供成矿物质来源。高珍权等(2010)认为矿区火山岩属于同一岩浆演化的产物，具相同的岩浆源区，且均起源于富集地幔，形成于洋内弧附近前弧盆地的构造背景中。

4. 同位素和包裹体研究成果

S同位素特征：众多科研单位对本矿床的矿石及围岩硫化物的S同位素$(\delta_0^{34}S)$做过大量的研究，通过95个S同位素$\delta_0^{34}S$样的分析成果可知，硫化物的值$\delta_0^{34}S$变化较小，变化区间为$(3.34\sim8.17)\times10^{-3}$，硫酸盐（重晶石）的$\delta_0^{34}S$值集中在$(16.4\sim23.5)\times10^{-3}$之间。硫化物的$\delta_0^{34}S$值大多在$(2\sim6)\times10^{-3}$之间，呈塔式分布，具低正值特点，说明矿石形成于低氧逸度的条件下。S主要来源于深源，即主要与火山活动有关。在高氧逸度条件下，伴随着重晶石的出现，即多金属重晶石中的$\delta_0^{34}S$值为$(16.4\sim23.54)\times10^{-3}$（平均值$19.33\times10^{-3}$），接近于泥盆纪海水的$\delta_0^{34}S$值，说明部分S来自海水，但海水中S最初可能还是火山喷气时提供的S。王登红等(2002)认为S同位素组成一号矿床与二号矿床有明显区别，一号矿床成矿S与酸性火山岩中的S来源相似，可能是火山喷气直接提供的；二号矿床S的来源可能是多样的，不排除火山喷气与海水同时供S的可能性。

Pb同位素特征：根据矿石中黄铁矿、方铅矿和"铁帽"、火山岩岩石中Pb同位素样测定的Pb同位素组成资料表明，火山喷气沉积-同生热液成矿期的Pb同位素组成$^{206}Pb/^{204}Pb=17.466\sim18.009$、$^{207}Pb/^{204}Pb=15.285\sim15.626$、$^{208}Pb/^{204}Pb=37.009\sim38.119$，变质热液叠加改造期矿石的Pb同位素组成$^{206}Pb/^{204}Pb=17.840\sim18.606$、$^{207}Pb/^{204}Pb=15.458\sim16.696$、$^{208}Pb/^{204}Pb=37.557\sim38.648$。火山岩中的Pb同位素组成$^{206}Pb/^{204}Pb=17.871\sim18.253$、$^{207}Pb/^{204}Pb=15.496\sim15.683$、$^{208}Pb/^{204}Pb=37.752\sim38.214$，三者的Pb同位素组成基本一致，表明矿石铅与含矿地层（火山岩）中的分散铅有着共同的来源。王登红等(2002)认为矿区Pb同位素一号矿床与二号矿床具有不同的成矿物质来源，一号矿床成矿金属与基性火山岩是同源的，或者说来自底板细碧岩，而二号矿床的成矿金属则主要来自酸性火山岩。贾群子(1996)认为本区矿石和玄武岩Pb同位素组成介于地幔与造山带Pb同位素之间，Pb具深源的特征。

H、O同位素特征：阿舍勒矿床的矿石及围岩的H、O同位素δD-$\delta^{18}O$样品投点落于岩浆水和大气降水之间，由于成矿作用是发生于大于1000 m深的海底，大气降水的影响不会太大，而与海底火山爆发有关的矿床，总伴有少部分的岩浆水参与，故成矿流体只能是一种混入了大气降水和岩浆水的变异海水。

矿物包裹体均一温度及成分特征：矿床中不同矿化期形成的流体包裹体特征有所不同，火山喷气沉积-同生热液期形成的包裹体少而且体积小，以椭圆形或长条形为主，多为液相包裹体。多金属矿石温度变化区间110～275℃，铜锌硫矿石温度变化区间82～310℃，铜硫矿石温度变化区间115～293℃，硫铁矿石温度变化区间200～310℃。变质热液期形成的包裹体数量多且体积大，多为气液相包裹体，其形态以圆形或椭圆形为主，温度变化区间90～296℃。根据流体包裹体气液相成分分析结果，其主成矿期的流体盐度为$(1.2\sim12.4)\times10^{-2}$，个别高达$17.74\times10^{-2}$，远高于海水平均盐度，以富$K^+$、$Cl^-$、$CO_2$为特征，$K^+>Na^+$、$Cl^->F^-$、$H_2O$含量低，海水深度由深变浅，盐度逐渐降低。变质热液叠加改造期成矿流体的盐度为$(0.3\sim8.7)\times10^{-2}$，明显低于主成矿期的流体盐度，其流体组分浓度变化大，液相成分以$Na^+>K^+$、$Cl^->F^-$、SO_4^{2-}浓度高为特点，气相成分以N_2高为特点。

三、矿石结构构造及矿石类型

本矿床经历了多期构造作用及成矿后的热液叠加改造，使矿石的结构变得较为复杂，但矿石的构造相对较简单，基本保留了原矿石的面貌。矿石的结构以微细粒状结构为主，次为交代结构。构造则主要为块状构造，次为条带状构造。

（一）矿石结构

1. 结晶粒状结构

结晶粒状结构是矿石最主要的一种结构，按其结晶完好程度可分为他形—半自形粒状结构、自形—半自形粒状结构。

他形—半自形粒状结构：块状及条带状矿石最基本的一种结构。其特征是矿石矿物多呈微细粒状，粒径多小于 0.15 mm，一般黄铁矿多为半自形粒状，而黄铜矿、闪锌矿、黝铜矿多呈他形粒状。

自形—半自形粒状结构：主要见于条带—浸染状、细脉—浸染状矿石及部分块状矿石中，矿石矿物粒径多为细粒状，0.1~0.5 mm，个别达 1 mm，可见自形黄铜矿，其他矿物则多为半自形粒状、他形粒状（附录 11 图 47）。

2. 交代结构

交代结构是矿石中晚晶出的矿物交代早晶出的矿物或是晚期热液交代形成的一种结构，是矿石中常见的结构。

交代充填结构：晚结晶的矿物沿早晶出的矿物裂隙及晶粒间充填、交代。矿石中以黄铜矿、闪锌矿交代黄铁矿较为普遍（附录 11 图 32）。

交代残余结构：早期形成的矿物大部分被晚结晶的矿物包裹并强烈交代，仅残留有早结晶矿物的残骸，如黄铜矿、闪锌矿等强烈交代黄铁矿，黄铁矿呈孤岛状残留于黄铜矿、闪锌矿中，形成典型的交代残余结构（附录 11 图 48）。

交代骸晶结构：具有完整晶形的早结晶矿物被晚结晶矿物从核心向边缘交代，如黄铜矿、闪锌矿钻入黄铁矿核心向外侧交代黄铁矿（附录 11 图 25）。

交代环带、反应边结构：晚晶出的矿物沿早期矿物的生长环线向两侧交代，形成环带，或次生矿物沿原生矿物的四周边部向内交代形成反应边。如黄铜矿沿黄铁矿的生长环线向两侧交代的环带结构，或斑铜矿及辉铜矿等沿黄铜矿边部交代形成不规则晕圈的反应边结构（附录 11 图 49）。

3. 固溶体分解结构

这是两种或两种以上矿物组分的均一液体相在温度下降时分解形成矿物连晶的结构，如黄铜矿与黝铜矿、方铅矿与闪锌矿之间常形成嵌镶连生的关系（附录 11 图 50~图 51），还有黄铜矿呈乳滴状、细脉状或包裹体分布于黝铜矿中（附录 11 图 52）。

4. 变质结构

矿石经历变质作用后改变了原有的结构，形成了变质结构。

变晶结构：矿石矿物经变质作用，产生颗粒次生加大重结晶现象，而原矿物的形态、轮廓依然可辨，如黄铁矿的变晶结构（附录 11 图 53）。

压碎结构：矿石矿物受动力变质作用被压碎呈碎粒状，有的矿物碎粒紧密堆积在一起，碎粒间产生位移，其间被其他矿物充填胶结（附录 11 图 54），该结构常见于矿体与破碎带的接触部位。

压力影结构：矿物受应力作用产生裂纹、波状消光、定向排列等现象。如黄铁矿定向分布，其边部石英矿物呈梳状沿应力长轴方向生长，并具波状消光现象（附录 11 图 10）。

（二）矿石构造

依据矿石矿物集合体的空间分布特征，可将矿石的构造分为以下 5 种。

1. 块状构造

块状构造是矿石最主要的构造类型，见于Ⅰ号矿体内。矿石矿物集合体呈微细粒状、细粒状紧密嵌生在一起，硫化物含量一般76%～90%，部分达95%（附录11图29）。

2. 条带状构造

条带状构造是矿石的主要构造之一，分布于Ⅰ号矿体内。块状矿石矿物集合体呈薄层状、条带状与脉石矿物平行相间分布形成条带状构造，矿石条带宽一般数毫米至数十毫米不等（附录11图54）。矿石矿物条带与围岩的接触界线清楚，变化截然。矿石条带中金属硫化物粒径微细—细粒，一般小于0.2 mm，含量75%～95%，条带内金属矿物分布较均匀。

3. 条带—浸染状构造

条带—浸染状构造主要见于Ⅰ号矿体中，其次见于Ⅱ号矿体中。矿石矿物集合体呈浸染状分布于脉石中，疏密相间，沿一定的方向平行或近于平行分布（附录11图55）。矿石矿物与脉石矿物之间呈渐变过渡关系，无明显的接触界线。该类矿石与条带状矿石相比，金属矿物的粒径稍粗，一般0.2～0.5 mm，在条带内的分布不均匀，含量在15%～75%之间变化。

4. 细脉—浸染状构造

细脉—浸染状构造是矿石中较次要的一种构造，矿石矿物集合体呈细脉状、浸染状分布于脉石中。矿石矿物分布极不均匀，且无定向性，粒径以中细粒为主，一般0.2～0.5 mm，金属矿物含量较低，一般5%～30%。

5. 角砾状构造

角砾状构造是较少见的矿石构造，但具重要的地质意义。按角砾与胶结物之间的关系可以分为3种：①微细粒块状矿石，呈长椭圆状、竹叶状，部分呈次棱角状，长轴定向排列，角砾间又被粒径较粗的硫化物胶结，但无明显的挤压破碎现象，常见于块状矿石中（附录11图56）；②次圆状的矿石角砾（碎屑）分布于脉石矿物中，常见于条带状矿石；③块状矿石呈不规则角砾状，角砾间常产生明显位移，被次生的矿石矿物如辉铜矿等充填、胶结。①②是同生沉积阶段半固结的矿石被成矿热液冲碎后又胶结或是位于火山斜坡重力滑塌形成的矿石碎屑，③是后期构造挤压破坏所致。

（三）矿石类型

按照矿石中主要有用组分的不同，可将本矿床矿石分为铜锌硫矿石、铜硫矿石、硫铁矿石和铜铅锌硫多金属矿石4个类型。分述如下。

1. 铜锌硫矿石

铜锌硫矿石是本矿床最重要的工业矿石类型之一。其主要组分为Cu，共生组分为Zn和S，伴生组分为Pb、Au、Ag、Ga、Cd、Se等。主要金属矿物组合为黄铜矿+闪锌矿。

铜锌硫矿石主要分布于Ⅰ号矿体矿层上部及倒转翼部位，以块状矿石为主（附录11图29、图48、图57），其次分布于Ⅰ号矿体正常翼部位，浸染状矿石次之（附录11图58～图59）。

2. 铜硫矿石

铜硫矿石也是主要的工业矿石类型。其主要组分为Cu，共生组分为S，伴生组分为Au、Ag、Zn、Ga、Cd、Se。主要矿石矿物为黄铜矿，次有少量闪锌矿、黄铁矿。

铜硫矿石主要分布于Ⅰ号矿体中，有块状矿石、稠密浸染状矿石及两者的过渡类型（附录11图58～图60），极少部分分布于Ⅱ号矿体中（附录11图61～图64）。Ⅰ号矿体中铜硫矿石的主要组分平均品位Cu 1.99%、S 31.01%，伴生组分在大部分块段可达伴生工业要求。Ⅱ号矿体中的Cu 1.26%、S 12.74%。

3. 硫铁矿石

硫铁矿石是本矿床中与铜、锌矿产共生的一种非金属化工原料矿产,其主要工业利用组分为 S,是综合勘探的另一矿种。主要矿石矿物为黄铁矿,含少量黄铜矿、闪锌矿。

硫铁矿石主要分布于Ⅰ号矿体中,其次分布于Ⅱ号矿体中。Ⅰ、Ⅱ号矿体的硫铁矿石量分别占矿床硫铁矿石总储量的 82.88% 和 17.12%。大部分位于铜硫矿石之下,少量夹于铜硫矿石层间部位,以条带浸染状矿石为主(附录 11 图 37~图 38、图 65),次为块状矿石(附录 11 图 66~图 67)。Ⅱ号矿体硫铁矿主要分布于 2~12 线间,以条带浸染状矿石为主,少量细脉浸染状矿石。硫铁矿石中局部伴生有 Au、Ag、Ga、Cd、Se 等有用元素,但在矿石中的含量变化较大,而且不均匀,其中 Se 在硫铁矿中的储量较大。

4. 铜铅锌硫多金属矿石

铜铅锌硫多金属矿石占比少,仅在少部分矿石中见到,与部分铜锌矿石共生。其金属矿物组合为黄铁矿+黄铜矿+黝铜矿+闪锌矿+方铅矿(附录 11 图 40、图 43~图 44、图 46),呈浸染状分布于矿石中(附录 11 图 68)。

四、主要矿物生成顺序

本矿床可分为 3 个矿化期,即喷发沉积-同生热液期、变质热液叠加改造期和表生期,其中喷发沉积-同生热液期可分为 4 个矿化阶段,变质热液叠加改造期可分为两个矿化阶段(表 11-7)。

1. 喷发沉积-同生热液期

这是本矿床最主要的矿化期,形成了Ⅰ号矿体及Ⅱ号矿体。根据其主要矿石矿物形成的先后顺序及矿物组合,将其划分为 4 个矿化阶段。

(1)黄铁矿阶段:以黄铁矿为典型矿物,脉石矿物有石英、长石、碳酸盐矿物等。该阶段以胶状的黄铁矿集合体为特征,粒径较细,期间有少部分黄铜矿形成,闪锌矿、黝铜矿等含量低。金及银矿物含量极微。

(2)黄铁矿-黄铜矿阶段:形成大量的黄铁矿、黄铜矿,其他矿物如黝铜矿、闪锌矿随矿化阶段自早到晚含量增高。脉石矿物有石英、绢云母、绿泥石、碳酸盐矿物等。形成大量的铜硫矿石,伴生有少量金、银矿物。

(3)黄铁矿-黄铜矿-闪锌矿阶段:以形成黄铁矿-黄铜矿-闪锌矿组合为特征,其他矿物如黝铜矿、方铅矿等随成矿阶段自早到晚依次增多,伴生组分也随之增多,脉石矿物有石英、绢云母、绿泥石、碳酸盐矿物等,局部有少量重晶石,形成大量的铜锌硫矿石。

(4)多金属矿化和含多金属重晶石矿化阶段:该阶段在黄铁矿-黄铜矿-闪锌矿矿化阶段之后,喷发沉积-同生热液矿化期形成了多金属矿石及含多金属重晶石矿石,位于铜锌硫矿石之上。其矿物组合为黄铁矿-黄铜矿-闪锌矿-方铅矿-银矿物(金)-重晶石。脉石矿物有石英、绢云母、碳酸盐矿物等。

2. 变质热液叠加改造期

在喷发沉积-同生热液矿化期后,层状矿体经几次构造作用,形成紧闭向斜褶皱形态,矿石及围岩的矿质产生活化、迁移,在一定的空间部位聚集,对第一矿化期形成的矿石组分又有一定的叠加富集改造作用,可分为两个矿化阶段。

(1)细脉浸染状黄铜矿-闪锌矿化阶段:主要表现为主成矿期后黄铜矿及闪锌矿呈细脉、网脉叠加于Ⅰ号矿体底部的矿石之上,尤其在正常翼部位的条带状矿石较为明显,此外在 4-2 线的矿体向斜核部,见有细脉状的闪锌矿化,含量 1%~3%,伴有绿泥石化。

(2)含黄铜矿-黝铜矿碳酸盐石英脉矿化阶段:本矿床最后一期硫化物矿化阶段,表现为含黄铜矿、黝铜矿的石英-碳酸盐细脉沿各类型矿石或围岩裂隙穿插,黄铜矿和黝铜矿集合体聚晶粗大,对矿床中铜组分有一定的叠加富集,也是造成有害组分 As 含量较高的一个原因。

黄铁矿在上述两个矿化期中都是主要的金属硫化物。

3. 表生期

该矿化期主要表现为硫化矿体出露地表或浅部矿头,由于遭受强烈的氧化淋滤作用,氧化带内的矿体几乎完全淋失,形成"铁帽"带,代表性的矿物有褐铁矿、赤铜矿、孔雀石、角银矿、自然硫以及矾类矿物,在氧化带下部零星见到辉铜矿、铜蓝、斑铜矿等次生硫化矿物。脉石矿物以石英为主,次为绢云母,局部有高岭石、碳酸盐矿物等。

表 11-7 阿舍勒铜矿床矿化期、矿化阶段和矿物生成顺序简表

矿物名称	喷发沉积-同生热液期				变质热液叠加改造期		表生期
	黄铁矿阶段	黄铁矿-黄铜矿阶段	黄铁矿-黄铜矿-闪锌矿阶段	多金属矿化和含多金属重晶石矿化阶段	细脉浸染状黄铜矿-闪锌矿化阶段	含黄铜矿-黝铜矿碳酸盐石英脉矿化阶段	
黄铁矿							
毒砂							
磁黄铁矿							
古巴矿							
方铅矿							
闪锌矿							
黄铜矿							
锌砷黝铜矿							
砷黝铜矿							
含银锌黝铜矿							
斑铜矿							
自然金							
银金矿							
金银矿							
螺状硫银矿							
辉铜矿银矿							
重晶石							
辉铜矿							
铜蓝							
留色铜蓝							
辉锑铋矿							
碲银矿							
角银矿							
赤铜矿							
自然铜							
自然硫							
蓝铜矿							
褐铁矿							
硬锰矿							
孔雀石							
白铅矿							
磁铁矿							
矾类矿物							
方解石							
白云石							
石英							
绿泥石							
绢云母							
金红石							
榍石							

第五节 矿石工艺矿物学特点

一、有益、有害元素赋存状态特点

通过各种方法研究已查明,本矿床主要有用组分为 Cu、Zn、S。按工业意义划分,Cu 为主要工业利用组分,Zn、S 为共生矿产。依据矿床物质组分研究及矿石化学全分析资料,矿石中含有用组分较多,达到伴生矿产要求并计算储量的伴生有用组分为 Pb、Au、Ag、Ga、Cd、Se、Zn 7 种,确定为矿石中伴生的有用组分为 Au、Ag、Ga、Cd、Se,对选冶工艺有危害的组分为 As。现分述各矿产的含量及其赋存状态。

1. Cu

铜为本矿床最重要的工业利用矿产,其储量达大型规模。本矿床矿体主体隐伏于地下,深度较大。铜硫化矿物是工业利用矿物。铜物相分析结果(表 11-8)表明,Cu 主要以硫化物形式存在,其他形式铜矿物含量微。

表 11-8 阿舍勒铜矿铜物相分析结果　　　　　　单位:%

赋存状态	混合矿石		铜锌硫矿石		相应含铜矿物
	含量	分布率	含量	分布率	
自由氧化铜	0.026	1.10	0.015	0.47	孔雀石、铜蓝
次生硫化铜	0.270	11.36	0.410	13.00	辉铜矿
原生硫化铜	2.080	87.54	2.730	86.53	黄铜矿、黝铜矿
总铜	2.376	100.00	3.155	100.00	

分析单位:新疆矿产实验研究所测试专业室。

Cu 在矿床中平均品位 2.43%,主要分布于Ⅰ号矿体铜锌硫矿石及铜硫矿石中,少量产于Ⅱ号矿体中。其 Cu 平均品位 1.16%,Ⅰ号矿体铜储量占总储量的 97.43%。含铜矿物主要为黄铜矿,占总铜的 86% 以上,其次为黝铜矿,占总铜的 10%~12%,占总铜 2%~4% 的其他少量及微量铜矿物有辉铜矿、斑铜矿、蓝辉铜矿、铜蓝、硫铜银矿、辉铜银矿等。铜组分在矿石中分布较均匀。

矿石中 C 含量不仅与矿石的工业类型有关,还与矿石自然结构构造类型有关。如同是铜锌硫矿石或铜硫矿石,但块状矿石的 Cu 品位有时可高于条带状、条带浸染状和细脉浸染状矿石数倍乃至近 10 倍。总的来说,铜锌硫矿石 Cu 品位要高于铜硫矿石,前者 Cu 平均品位 3.23%。

2. Zn

Zn 是矿床重要的共生组分,其储量达中型规模。矿石中主要含锌矿物为闪锌矿,其含 Zn 约占总锌的 95%,少量 Zn 含于黝铜矿中,占总锌的 3%~4%,其他矿物中 Zn 含量微。锌物相分析结果见表 11-9。

矿床中 Zn 绝大多数分布于Ⅰ号矿体铜锌硫矿石中,Zn 在其中含量较高,平均品位 2.78%,达共生矿产要求。Zn 含量与 Cu 含量具正相关关系。在铜硫矿石中 Zn 含量低,部分块段达到伴生矿产要求。此外在 4-2 线Ⅰ号矿体向斜槽部,分布有少量的单一锌矿石,矿量少,Zn 平均品位 1.83%。Zn 在铜锌硫矿石及铜硫矿石中的分布总体比较均匀,仅在 4~5 线间Ⅰ号矿体倒转翼矿头部位多金属矿石中含量较高,伴生的 Pb 和 Ag 含量亦较高,Zn 品位可达 8%~10%,因其只是局部且主要组分也为 Cu、Zn,选矿性能相似,故本次将其合并到铜锌硫矿石中,未单独划分。

表 11-9 阿舍勒铜矿锌物相分析结果　　　　　　　　　　　　　　　　单位:%

类别	混合样		铜锌硫矿样	
	含量	分布率	含量	分布率
氧化锌	0.052	4.36	0.087	4.29
硫化锌	1.140	95.64	1.940	95.71
全锌	1.192	100.00	2.027	100.00

分析单位:新疆矿产实验研究所测试专业室。

3. S

S 是各类型矿石中含量最高的有用组分,硫铁矿储量达大型规模。在铜锌硫矿石中它是共生组分,在单一硫铁矿石中它是主要组分。

本矿床是硫化物矿床,主要和次要有用矿物几乎都是硫化矿物。含 S 主要矿物为黄铁矿,次为黄铜矿、闪锌矿、黝铜矿等,其他矿物 S 含量微。S 绝大多数分布于 Ⅰ 号矿体各类型矿石中,少量分布于 Ⅱ 号矿体中。

铜锌硫矿及铜锌硫矿中伴生的有用组分有 Au、Ag、Ga、Cd、Se,混合矿石的混合浮选扩大连选试验表明,Au 在铜精矿中的品位比原矿富集了 3.03 倍,回收率 33.67%;在锌精矿中的 Au 品位比原矿富集了 1.66 倍,回收率仅为 4.31%,其余 62.02% 的 Au 则进入硫精矿中。Ag 在铜精矿中的品位比原矿富集了 5.14 倍,回收率 61.67%,锌精矿中 Ag 品位比原矿富集了 2.18 倍,回收率仅为 5.16%,其余 43.27% 的 Ag 进入硫精矿中。从结果来看,伴生组分 Au 和 Ag 在铜精矿与锌精矿中的回收率较低,并且主要存在于铜精矿中。这部分 Au、Ag 将在冶炼铜精矿过程中回收,而一半以上的 Au 和 Ag 因其粒径微细无法解离而进入硫精矿中,只能考虑在处理硫精矿时予以回收。

矿石中伴生的其他有用组分如 Ga、Cd、Se 因扩大连选试验中未对其进行专门研究,只能从产品中计算,铜精矿、锌精矿中的 Cd 比原矿分别富集了 1.22 倍和 36.05 倍。说明 Cd 在锌精矿中较富集,将在处理锌精矿时回收。Ga、Se 在精矿中无明显富集现象,说明是以分散状态存在于矿石中,与黄铜矿、闪锌矿无明显的相关关系,将会给回收以及综合利用带来困难。

二、矿石矿物粒度及嵌布方式

1. 矿石矿物粒度

依据矿石的工艺矿物学资料分析,铜锌硫矿石、铜硫矿石的矿石矿物嵌布粒径细,按矿物粒径由大到小的排列顺序为黄铁矿＞黄铜矿＞闪锌矿、黝铜矿(方铅矿)。

2. 矿石矿物晶粒形态及嵌布方式

黄铜矿、闪锌矿、黝铜矿均交代黄铁矿,形成复杂的嵌布关系,而黄铜矿、黝铜矿与闪锌矿之间的关系则相对简单,有利于铜、锌矿物的分离。试验证明,选矿中细磨是必要的,经两段磨矿(-0.074mm 占 85.3%,-0.43mm 占 96.2%)能取得较好的 Cu、Zn 回收率及精矿指标,说明矿石的可选性较好。

硫铁矿石是所有矿石中嵌布粒径最粗、嵌布关系最为简单的一种矿石,选矿试验结果说明,粗磨即可取得较好的选矿指标,属易选矿石。

3. 矿石构造及相对可选性

条带状铜硫矿石的矿物嵌布关系相对简单,选矿时经过一段磨矿(0.074 mm)即可取得较好的选矿指标,说明矿石的工业可选性好。根据实验室流程试验铜硫矿石样的采样位置分布和原矿分析结果来看,该样实际是块状和条带状铜硫矿石的混合样,试验结果证明条带状与块状铜硫矿石可混采。

4. 矿石中矿物连生体的连生特性研究

矿石中主要矿物为黄铜矿、黄铁矿、闪锌矿、黝铜矿及方铅矿等，其中黄铁矿多生成较早，后期多被黄铜矿、黝铜矿、闪锌矿、方铅矿等沿边缘及晶粒间、裂隙交代，且有不同连生特点。

（1）黄铜矿：主要与黄铁矿、黝铜矿单矿物连生，其分布率占65%以上，其次是与黄铁矿-闪锌矿、黄铁矿-黝铜矿、闪锌矿-方铅矿多种矿物连生或嵌生及与脉石矿物连生。

（2）黄铁矿：常见黄铁矿与黄铁矿、黄铜矿、闪锌矿、方铅矿连生及与脉石矿物连生，也见黄铁矿内部包裹黄铜矿、黝铜矿或沿裂隙充填或被黄铜矿、闪锌矿包裹。

（3）闪锌矿：交代黄铁矿现象普遍，主要与黄铁矿连生，少量包裹于黄铁矿中，也可见与黄铜矿、黝铜矿、方铅矿等嵌生或连生或分布于脉石矿物中。

（4）黝铜矿：常与黄铜矿、闪锌矿、方铅矿连生，沿黄铁矿颗粒间充填，也可见作为包裹体包裹于黄铜矿中，粒径多小于0.017 mm。

（5）方铅矿：多见与闪锌矿紧密连生，与黄铁矿-闪锌矿-脉石矿物及黄铜矿-闪锌矿-黄铁矿晶粒连生较少，也可见分布于黄铁矿-脉石矿物间及包裹于黄铜矿中。

三、矿石工艺矿物学特点及选矿方法

铜锌硫矿石与铜硫矿石的混合矿石扩大连续选矿实验结果证明其可选性较好，且二者空间上紧密分布在一起，可以混采混进。但因铜锌硫矿石中 Zn 含量较低，仅局部块段 Zn 品位达 0.4% 以上，绝大多数品位 0.3%～0.4%，选矿结果说明，Cu/Zn 值的波动是影响锌选矿指标的关键。因此，在生产设计中要考虑配矿的问题，以保证混合矿石中 Zn 品位达到选矿设计要求。依据实验结果及设计部门的意见，对铜锌硫矿石及铜硫矿石的混合矿石采用二段磨矿、混合浮选再分离的造矿工艺进行处理是比较合理的。

对混合矿样原矿及其选矿产品铜精矿、锌精矿的多项分析表明，铜精矿中的 Zn 品位 2.00%，小于铜矿规模要求的有害杂质标准，而其中的 As 含量则是铜精矿标准规定 0.3% 的 2.37 倍，超标较多，影响了产品质量，冶炼时将会对工艺、环境带来危害。

扩大连选试验工作对含砷矿物进行了研究，在混合矿石中砷矿物含量 2%～3%，绝大多数为砷黝铜矿，其中 85% 为单体，其余则与黄铜矿、黄铁矿连生。根据对含铜矿物中 Cu 分配率的统计结果，有 10.4%～11.28% 的 Cu 分配于砷黝铜矿中，若用选矿除砷黝铜矿的办法去除 As 则要相应损失 10.40%～11.28% 的 Cu 和 34.86% 的 Ag（银砷黝铜矿）。因此只有在冶炼过程中除 As。

应该指出的不足之处是，无论是实验室流程试验还是扩大连选试验，对矿石中伴生的有用组分 Ga、Cd、Se 的综合回收途径以及回收效果研究不够，影响了对矿床的综合评价；此外，对矿石中有害组分 As 的含量变化，在选矿中富集规律未查明，影响了选矿产品的质量。

第六节 矿床成因和成矿模式探讨

阿舍勒铜锌矿床具有典型的海底火山喷发-沉积矿床的共同特点，具有双层结构和水平、垂直分带现象。与中泥盆世火山活动关系密切，成矿作用主要形成于中泥盆世阿舍勒火山喷发旋回第二亚旋回的第二、三喷发韵律之间，即火山喷发活动的间歇期。层控特点明显，成矿物质主要来源于海底热水泵式循环从火山岩中萃取的贱金属，主成矿期后矿床又经历了变形变质热液的叠加改造，具有复合成因矿床的特点。

矿物流体包裹体的 δD 值为 $-142‰\sim-39‰$，$\delta^{18}O_{H_2O}$ 值为 $-12.3‰\sim-0.3‰$，介于岩浆水和大气

降水之间。由于成矿作用发生在1000 m深的海底下,只能是一种深循环的海水与岩浆水的混合流体。成矿流体具有多源性,喷发-沉积成矿期以富 K^+、Cl^-、CO_2为特征,$K^+>Na^+$、$Cl^->F^-$,而且从浸染状黄铁矿矿石到多金属矿石 K^+/Na^+ 比值减小,SO_4^{2-} 浓度增大。变质改造期和热液叠加期以 $Na^+>K^+$、$Cl^->F^-$为特点,两者明显不同。

矿石硫化物的 $\delta^{34}S$ 值为 0.7‰~8.17‰,集中在 2‰~6‰ 之间;重晶石的 $\delta^{34}S$ 值为 16.4‰~20.3‰。成矿流体的 $\delta^{34}S_{\Sigma S}$ 值从矿体下部往上由 3‰ 变为 16‰,表明硫主要来自酸性火山喷发,向矿体上部混入海水硫。矿石 Pb 同位素组成与阿舍勒组火山岩的分散 Pb 同位素组成基本一致,暗示它们有着共同的来源。成矿物质主要来源于早期形成的火山岩,部分可能来源于岩浆气液中。位于矿体顶部的玄武岩 Cu 含量较低(王登红,1996),可能是在其喷溢至海底前,在火山喷发间歇期,被岩浆气液"带出"了大量的 Cu 等成矿物质所致。

成矿流体沿断裂在酸性火山碎屑岩层中运移,后者作为"多孔坝"使流体呈弥散式喷射,伴随酸性淋滤形成浸染状矿体和蚀变分带。排泄到海底的流体,在喷口及其附近堆积了块状硫化物矿体,形成了矿床的双层结构和矿化分带。在铜锌黄铁矿矿层底部常见角砾状矿石,细粒黄铁矿矿石角砾被含铜黄铁矿矿石或铜锌黄铁矿矿石所胶结,说明块状矿石堆积过程中构造不断活动,成矿具有脉动性质。喷发-沉积成矿后,矿床经历了变质改造和岩浆热液叠加,形成了大量热液脉。

综上所述,阿舍勒铜矿床具有海底热水循环和岩浆热液补给的成矿模式,并经历了后期改造,属于海相火山喷发-沉积成因的块状黄铁矿型铜(锌)矿床。成矿模式见图11-3。

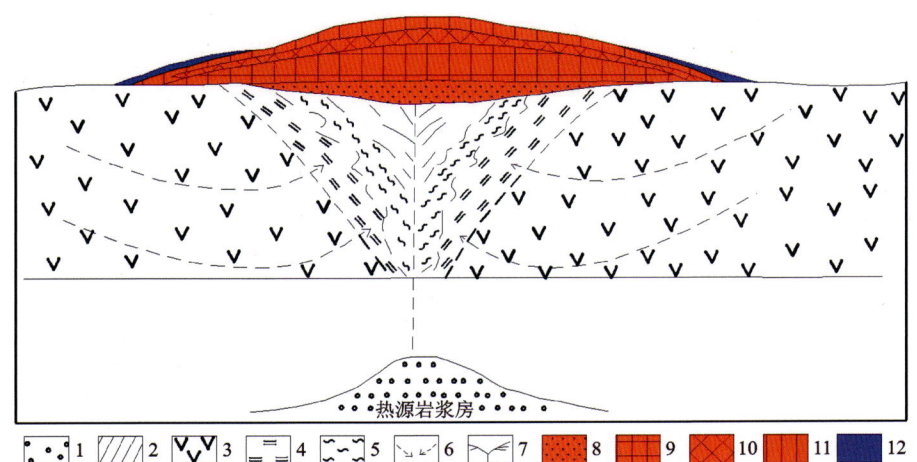

1.岩浆房;2.前泥盆纪褶皱基底;3.中泥盆世火山-沉积岩系;4.绢云母蚀变火山岩;5.绿泥石化蚀变火山岩;6.对流循环系统;7.硅化网状矿化(黄铁矿);8.黄铁矿矿石;9.黄铜黄铁矿矿石;10.铜锌黄铁矿矿石;11.多金属矿矿石;12.重晶石多金属矿石。

图11-3 哈巴河县阿舍勒铜矿成矿模式图

主要参考文献

冯京,徐仕琪,2012.阿舍勒铜锌矿综合找矿预测模型[J].新疆地质,30(4):418-424.

高珍权,方维萱,胡瑞忠,等,2010.新疆阿舍勒铜矿英安-玄武-安山质火山岩的地球化学特征与构造背景[J].矿床地质,29(2):219-228.

高珍权,赵青,方维萱,等,2010.新疆阿舍勒铜矿酸性火山岩的地球化学特征与构造背景[J].矿产勘查,1(5):430-441.

贾群子,1996.新疆阿舍勒块状硫化物矿床成矿特征及形成环境[J].矿床地质,15(3):267-277.

王登红,1996.新疆阿舍勒火山岩型块状硫化物铜矿硫、铅同位素地球化学[J].地球化学,25(6):582-590.

王登红,陈毓川,徐志刚,等,2002.阿尔泰成矿省的成矿系列及成矿规律[M].北京:中国原子能出版社.

叶庆同,傅旭杰,1996.新疆阿舍勒铜锌块状硫化物矿床成矿条件和成矿特点[J].有色金属矿产与勘查,5(5):257-264.

曾乔松,陈广浩,王核,等,2005.基于多因复成矿床理论探讨阿舍勒铜矿的成因[J].大地构造与成矿学,29(4):545-550.

内部资料

新疆地矿局第四地质大队六分队,1998.新疆哈巴河县阿舍勒铜矿区一号铜锌矿床勘探地质报告[R].阿勒泰:新疆地矿局第四地质大队六分队.

附录11 图片及说明

图1 玄武岩
中泥盆统阿舍勒组第二岩性段上亚段深灰绿色玄武岩。

图2 蚀变玄武岩
斑晶辉石已蚀变,基质多已绿泥石化,岩石有一定矿化。

图3 含铁碧玉岩
齐也组含铁碧玉岩,含少量微粒—尘点状赤铁矿而呈紫红色,是海底火山喷气作用的标志产物。

图4 片理化强蚀变玄武岩 50× 正交偏光
变余斑状结构,基质具变余间隐结构,斑晶斜长石表面蚀变为方解石、绢云母,压碎的石英被方解石交代。

图5 碎裂蚀变玄武岩 100× 正交偏光
变余间隐结构,在斜长石细板条状微晶中充填方解石团块并夹有绿泥石条带。

图6 蚀变英安岩 50× 正交偏光
变余斑状结构,基质具变余微晶结构,岩石受构造挤压,斑晶石英有轻微碎裂现象,基质中绢云母条带状定向分布。

图7 压碎蚀变英安岩　50×　正交偏光

变余斑状结构,基质具变余微晶结构,斑晶斜长石表面绢云母化,石英被压碎具波状消光,基质长英质微晶中见绿泥石条带。

图8 压碎片理化流纹岩　50×　正交偏光

变余斑状结构,斑晶石英见熔蚀湾。

图9 黄铁绢英岩

岩石主要由石英、绢云母和黄铁矿组成,原岩无法恢复,沿构造裂隙充填有黄铁矿脉。

图10 强蚀变流纹岩1　100×　正交偏光

岩石具黄铁绢英岩化,绢云母已过渡为白云母,黄铁矿两端具石英压力影。

图11 强蚀变流纹岩2　50×　正交偏光

变余斑状结构,半自形板状斜长石斑晶受构造挤压碎裂,基质主要为长英质,受构造挤压绿泥石集合体呈条带状分布。

图12 蚀变安山岩　50×　正交偏光

无斑交织结构,受构造挤压及蚀变叠加作用影响,斜长石微晶隐约可见交织状排列,后期叠加蚀变矿物绿泥石。

图 13 蚀变角砾凝灰岩 1　50×　正交偏光

变余凝灰结构，构造应力使岩屑受挤压，填隙物为长英质矿物，具绢云母化。

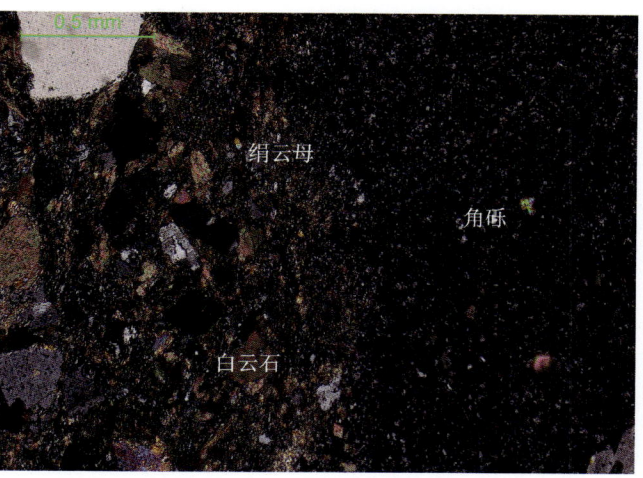

图 14 蚀变角砾凝灰岩 2　50×　正交偏光

变余凝灰结构，角砾属火山角砾，胶结物被次生绢云母及白云石等取代。

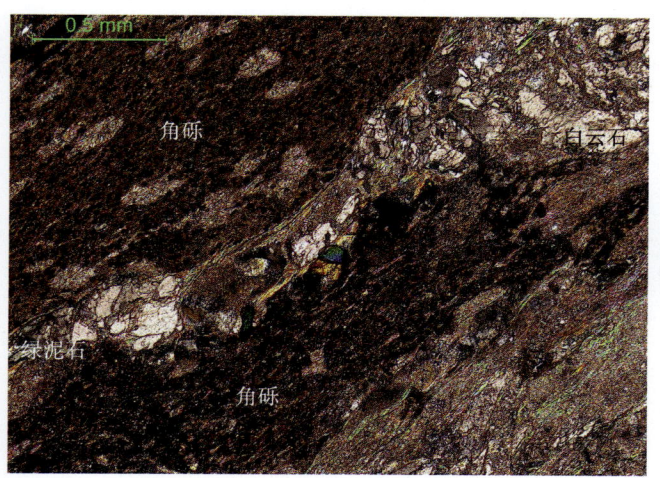

图 15 蚀变角砾凝灰岩 3　50×　正交偏光

变余凝灰结构，角砾属火山角砾，胶结物被次生绿泥石及白云石等取代。

图 16 含角砾晶屑岩屑凝灰岩

岩石中可见晶屑、岩屑及角砾。

图 17 片理化蚀变晶屑岩屑凝灰岩

碎屑有晶屑、岩屑及角砾，岩石具片理化。

图 18 硅化　50×　正交偏光

次生石英岩，粒状变晶结构，石英他形粒状集合体，粒径大小不一，部分细粒石英呈团块状产出，硫化物呈不规则粒状分布于其粒间。

图 19　黄铁矿化＋绢云母化　50×　正交偏光

鳞片粒状结构，岩石中斜长石及胶结物已蚀变为鳞片状绢云母集合体及粒状黄铁矿等。

图 20　绢云母化　50×　正交偏光

黄铁绢云次生石英岩，鳞片粒状结构，主要由石英、绢云母及黄铁矿等组成，受形成时构造应力作用影响，其中矿物多数呈定向分布。

图 21　绿泥石化　100×　单偏光

晶屑岩屑凝灰岩，凝灰结构，暗色矿物晶屑蚀变为不规则状绿泥石团块和榍石。

图 22　白云石化　50×　正交偏光

脉石矿物白云石和石英他形—半自形粒状，分布不均匀，呈团粒状集合体分布于硫化物晶粒间。

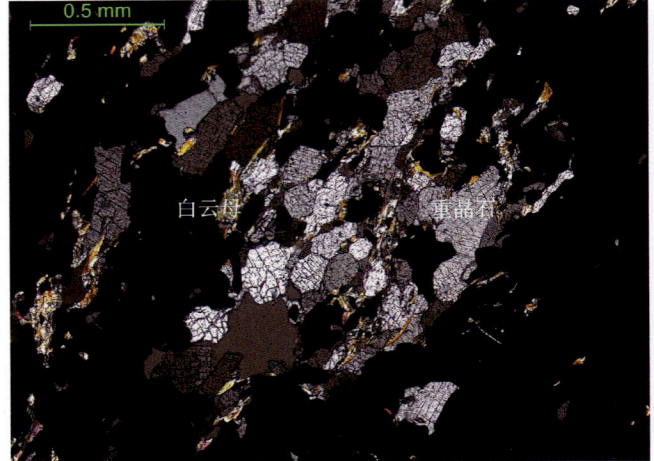

图 23　重晶石化 1　50×　正交偏光

在多金属矿石中见重晶石呈条带状、细脉状分布于金属矿物间，在重晶石间有少量纤状白云母。

图 24　重晶石化 2　100×　正交偏光

见粒状、板状重晶石分布于黄铁矿＋黄铜矿间。

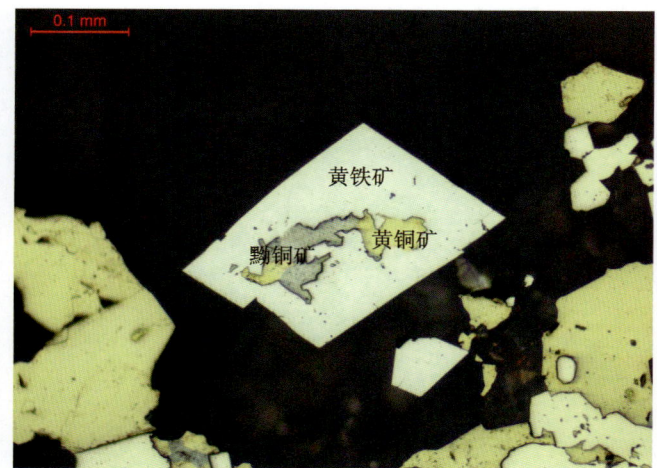

图 25 交代骸晶结构 200× 单偏光

早期自形黄铁矿晶体被晚期他形粒状黄铜矿、黝铜矿沿核心向边缘交代。

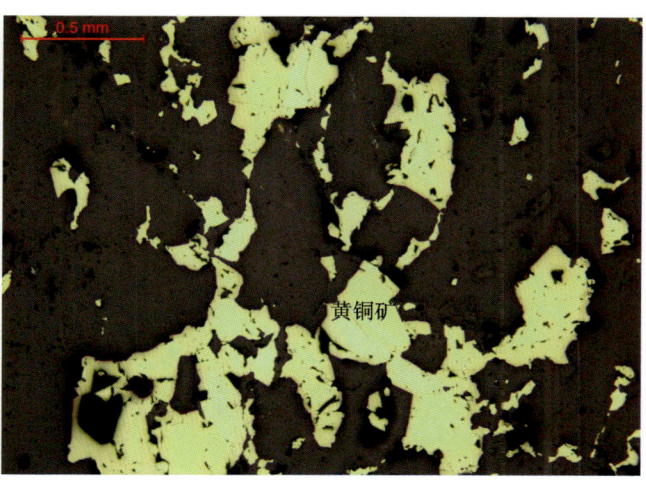

图 26 黄铜矿1 50× 单偏光

他形粒状结构，他形粒状黄铜矿充填于脉石矿物粒间，并交代脉石矿物。

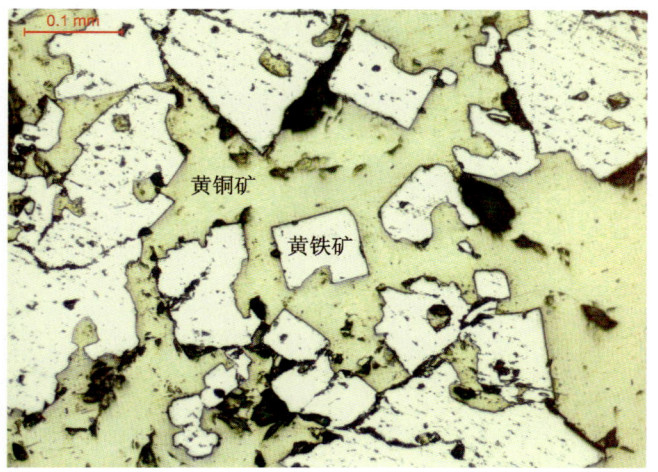

图 27 黄铜矿2 200× 单偏光

自形—半自形粒状结构，他形粒状黄铜矿沿自形粒状黄铁矿粒间充填，交代黄铁矿。

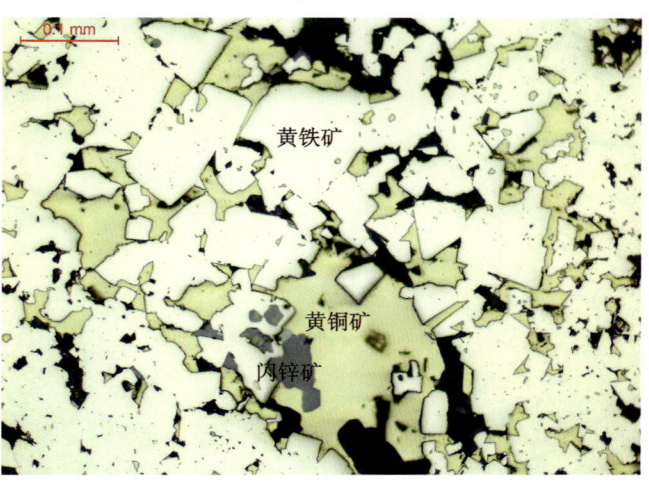

图 28 黄铜矿3 100× 单偏光

他形粒状结构，他形粒状黄铜矿充填于黄铁矿粒间，并交代黄铁矿。

图 29 块状铜锌硫矿石1 200× 单偏光

黄铁矿半自形—自形粒状，彼此紧密连生在一起，他形细粒状黄铜矿分布于黄铁矿粒间，有的包裹于黄铁矿中。

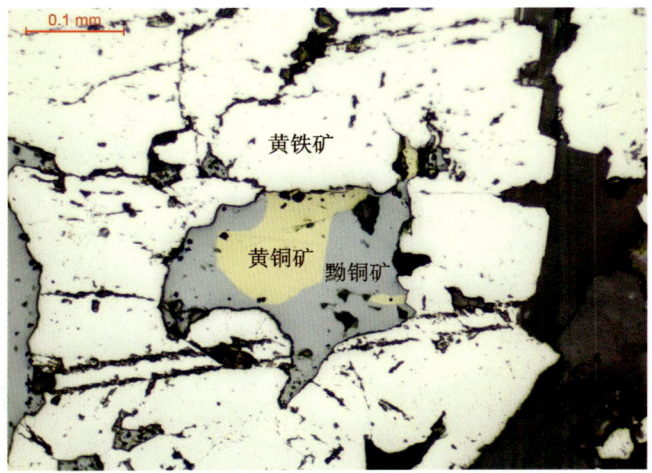

图 30 黄铜矿4 200× 单偏光

他形粒状结构，他形粒状黄铜矿分布于黄铁矿、黝铜矿粒间，黄铁矿形成早于黝铜矿。

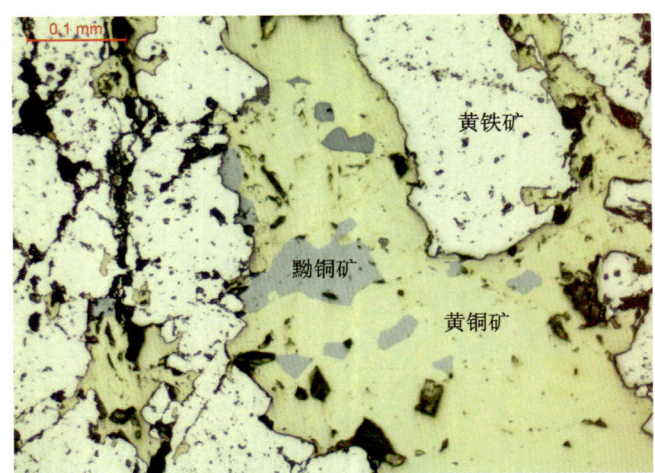

图31 黄铜矿5 200× 单偏光
他形粒状结构,黄铜矿与黝铜矿连生或嵌生,交代早期黄铁矿。

图32 交代充填结构 100× 单偏光
晚期闪锌矿与黝铜矿沿早期晶出黄铁矿粒间充填,交代黄铁矿。

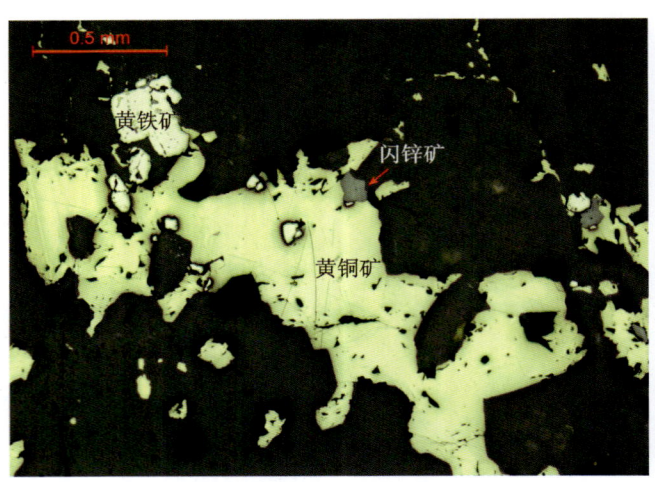

图33 浸染状铜锌硫矿石 50× 单偏光
他形粒状黄铜矿与闪锌矿连生分布于脉石矿物粒间,并交代黄铁矿呈残晶。

图34 条带状构造 50× 单偏光
黄铁矿呈立方体晶形,自形—半自形粒状黄铁矿呈条带状与脉石矿物平行相间分布。

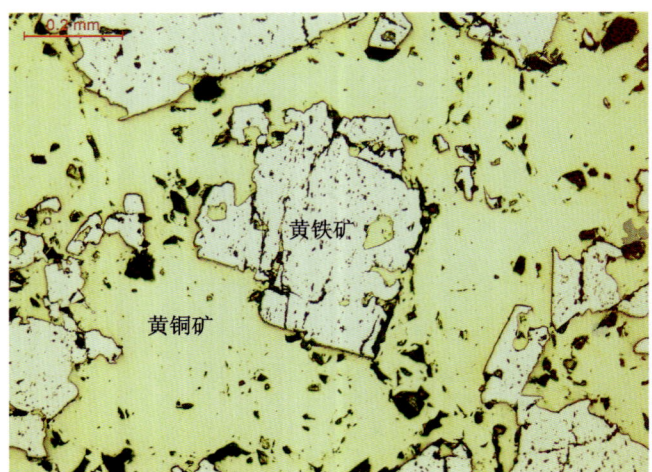

图35 黄铁矿 100× 单偏光
骸晶结构,自形粒状黄铁矿被他形粒状黄铜矿交代,黄铁矿呈骸晶状。

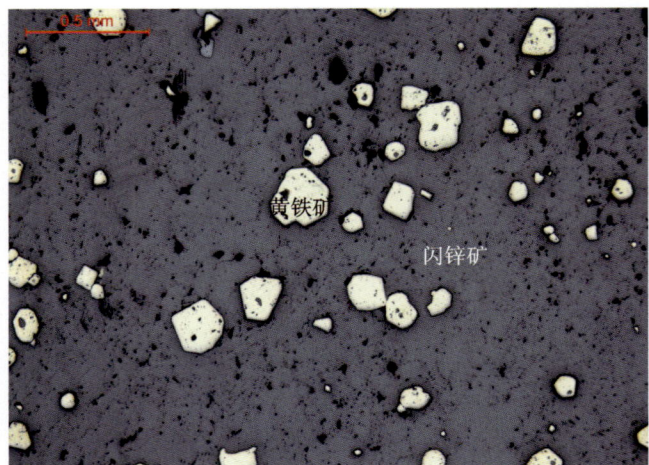

图36 闪锌矿1 50× 单偏光
他形粒状结构,他形细粒闪锌矿集合体分布于黄铁矿晶粒间,并交代黄铁矿。

· 354 ·

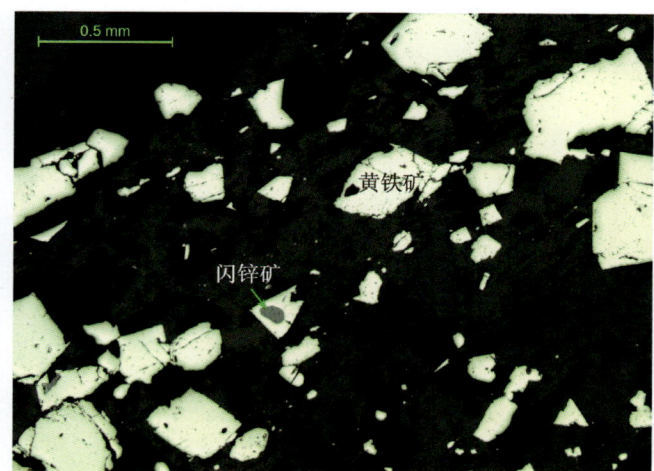

图37 中等浸染状硫铁矿石 50× 单偏光
立方体及其歪晶的黄铁矿自形晶呈浸染状分布于脉石矿物粒间,闪锌矿包裹体包裹于黄铁矿中。

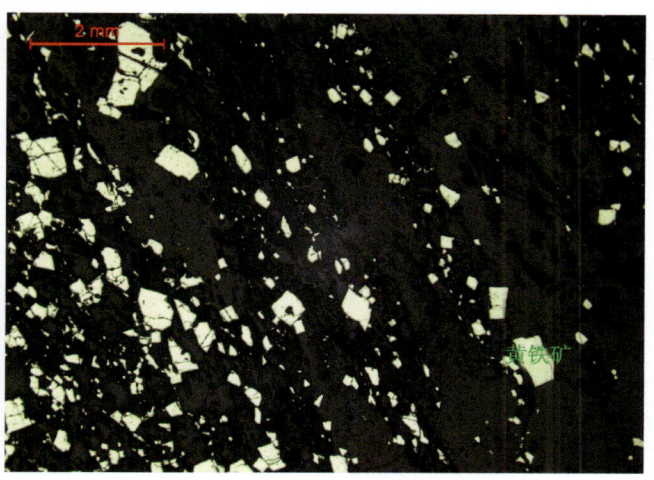

图38 条带—浸染状硫铁矿石 12.5× 单偏光
自形粒状黄铁矿呈条带状、浸染状分布于脉石矿物粒间。

图39 闪锌矿2 50× 单偏光
他形粒状结构,他形闪锌矿与黄铜矿、方铅矿连生或嵌生,交代黄铁矿。

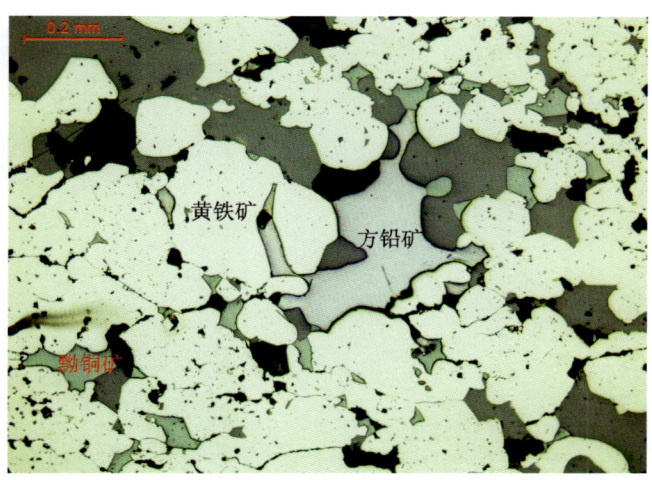

图40 黝铜矿1 100× 单偏光
他形粒状结构,他形黝铜矿及方铅矿充填黄铁矿粒间,交代黄铁矿。

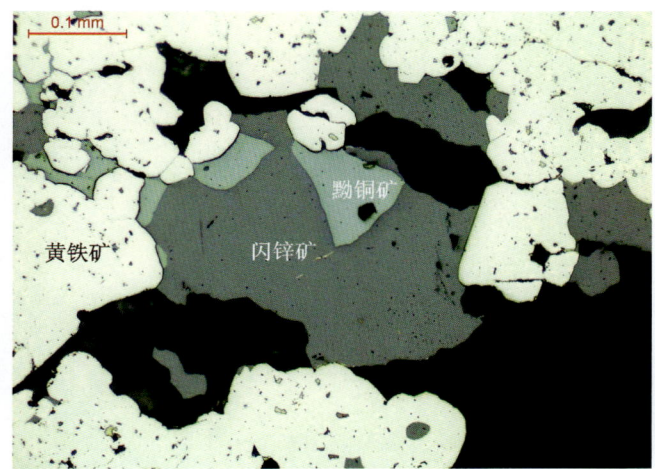

图41 黝铜矿2 200× 单偏光
他形粒状结构,他形黝铜矿与闪锌矿连生或嵌生,充填于黄铁矿粒间。

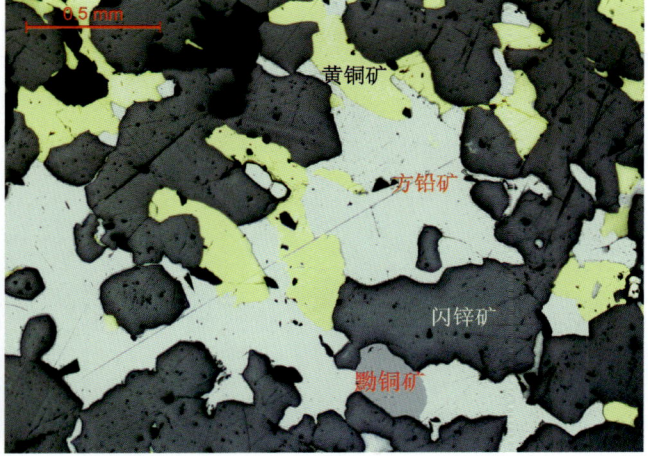

图42 块状多金属矿石 50× 单偏光
他形粒状黄铜矿、方铅矿、闪锌矿、黝铜矿连生分布于脉石矿物粒间。

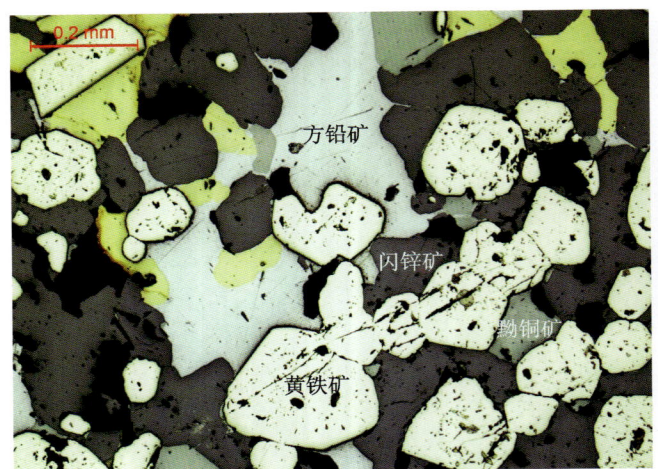

图 43　浸染状多金属矿石1　200×　单偏光

他形粒状方铅矿、黄铜矿、闪锌矿、黝铜矿连生,交代自形黄铁矿。

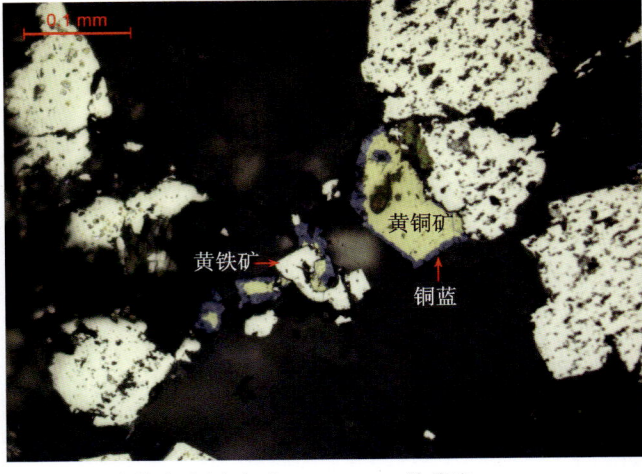

图 44　浸染状多金属矿石2　200×　单偏光

半自形粒状黄铁矿、黄铜矿连生分布于脉石矿物粒间,铜蓝沿边缘交代黄铜矿。

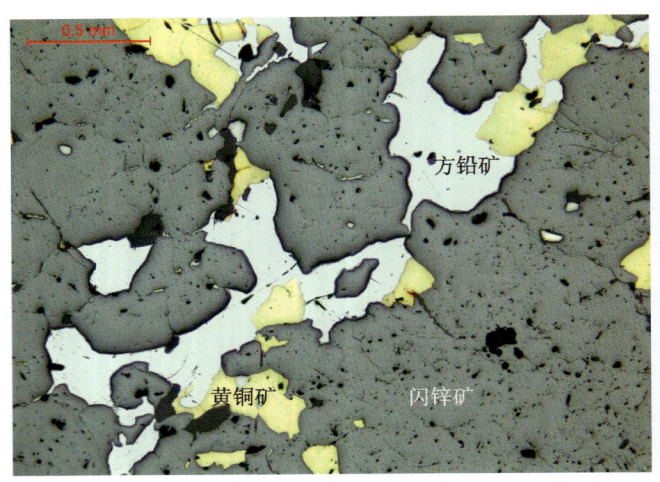

图 45　方铅矿1　50×　单偏光

他形粒状结构,他形粒状方铅矿与黄铜矿连生,充填闪锌矿粒间。

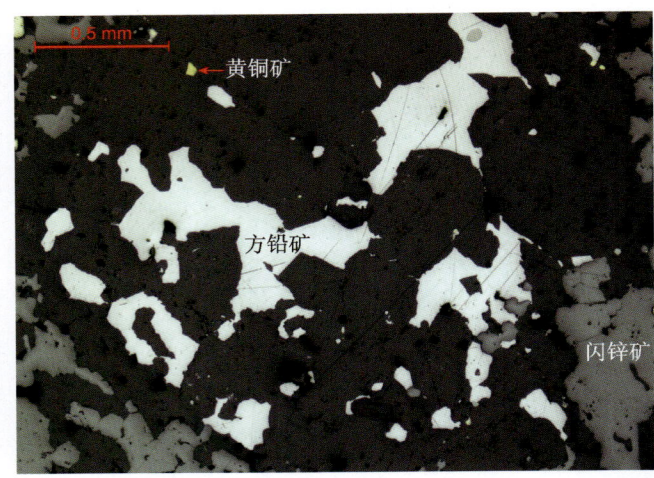

图 46　方铅矿2　50×　单偏光

他形粒状结构,他形粒状方铅矿、闪锌矿及少量黄铜矿分布于脉石矿物粒间。

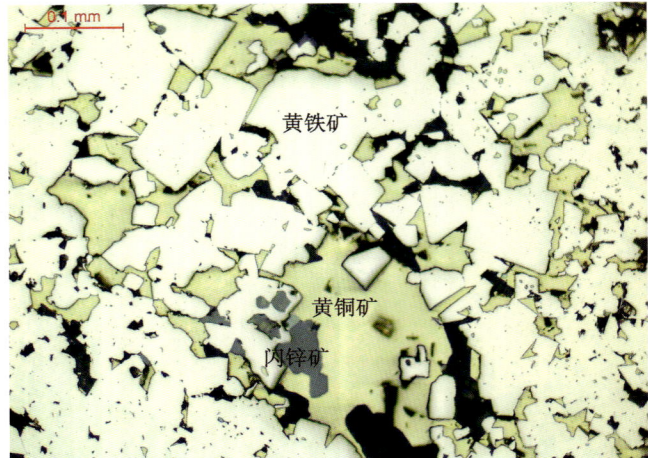

图 47　自形—半自形粒状结构　200×　单偏光

他形粒状黄铜矿分布于自形粒状黄铁矿粒间。

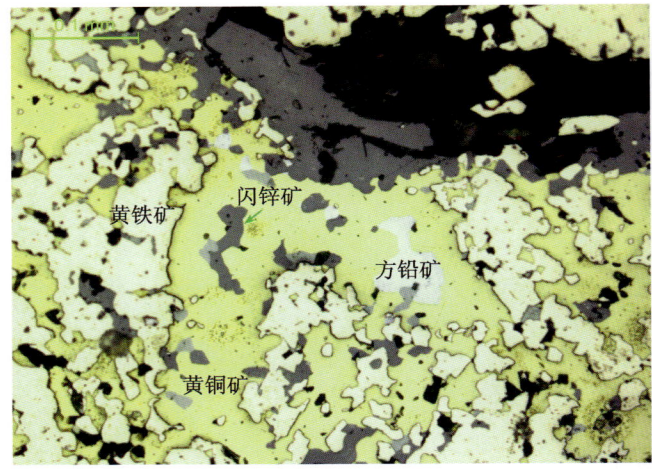

图 48　块状铜锌硫矿石2　200×　单偏光

交代残余结构,黄铁矿被黄铜矿交代呈骸晶状,方铅矿、闪锌矿等包裹于黄铜矿中。

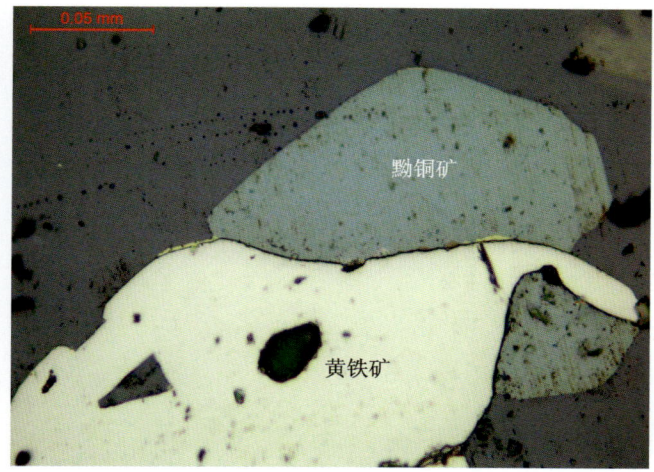

图 49　交代反应边结构　500×　单偏光

他形粒状黝铜矿沿黄铁矿两侧交代黄铁矿,形成不规则晕圈的反应边。

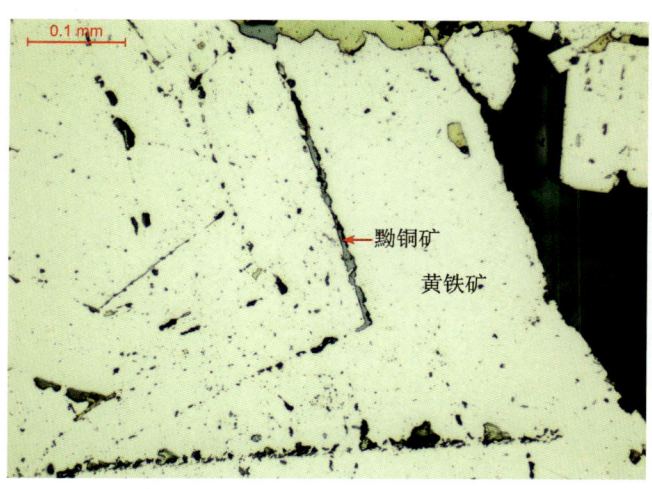

图 50　固溶体分解结构1　200×　单偏光

串珠状黝铜矿固溶体呈细脉出溶于黄铁矿晶粒中。

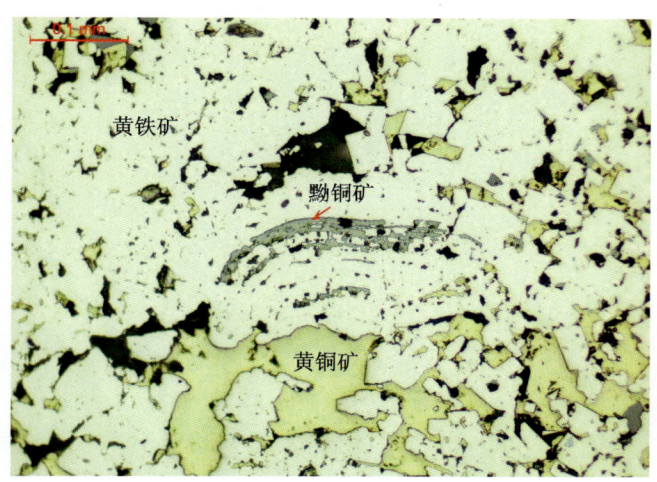

图 51　固溶体分解结构2　200×　单偏光

他形黝铜矿呈细脉状出溶于黄铁矿集合体中,他形粒状黄铜矿沿黄铁矿粒间交代黄铁矿。

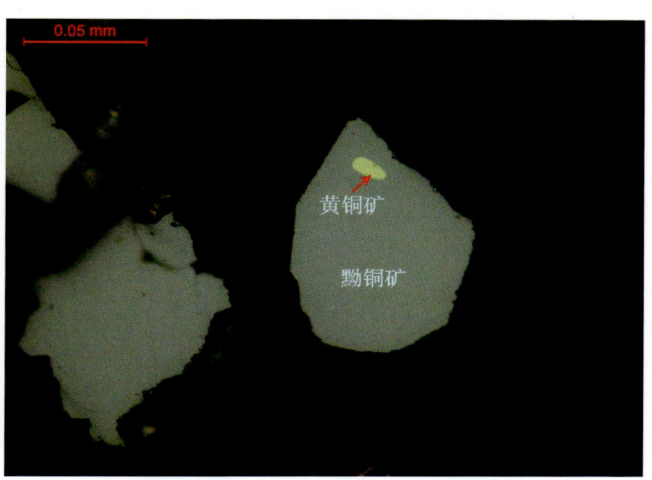

图 52　固溶体分解结构3　500×　单偏光

他形粒状黄铜矿呈乳滴状出溶,呈包裹体分布于粒状黝铜矿中。

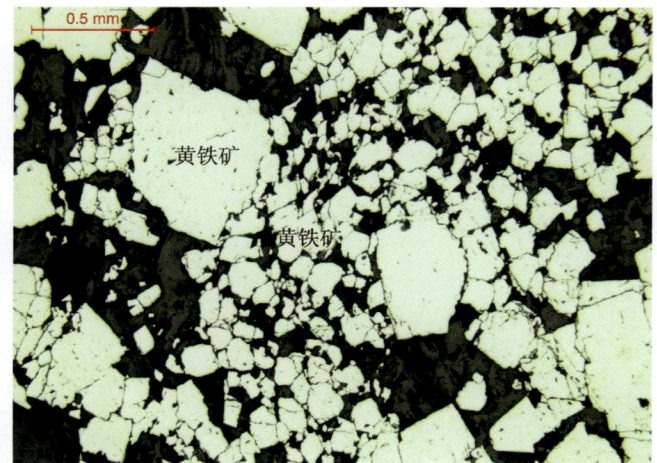

图 53　变晶结构　50×　单偏光

受塑性构造应力影响,自形细粒黄铁矿重结晶次生加大,形成粗粒黄铁矿,原生形态发生一定变形。

图 54　压碎结构　50×　单偏光

自形—半自形粒状黄铁矿呈碎粒状堆积,碎粒间有轻微位移,其间被脉石矿物充填胶结。

图 55　条带—浸染状构造　50×　单偏光
细粒黄铁矿、闪锌矿集合体呈浸染状分布,疏密相间,沿一定方向近平行分布,呈过渡渐变关系。

图 56　角砾状构造　50×　单偏光
次棱角状围岩角砾被后期黄铁矿、黄铜矿、闪锌矿、黝铜矿等硫化物热液胶结。

图 57　块状铜锌硫矿石 3
黄铜矿、黄铁矿粒状集合体呈块状分布,含量达 80% 以上。

图 58　稠密浸染状—块状铜硫矿石
黄铜矿、黄铁矿粒状集合体呈稠密浸染状—块状分布,含量达 80% 以上。

图 59　稠密浸染状铜硫矿石
黄铜矿、黄铁矿粒状集合体呈稠密浸染状分布。

图 60　浸染状铜硫矿石 1
黄铜矿、黄铁矿粒状集合体呈浸染状、团块状不均匀分布于矿石中。

哈巴河县阿舍勒铜矿

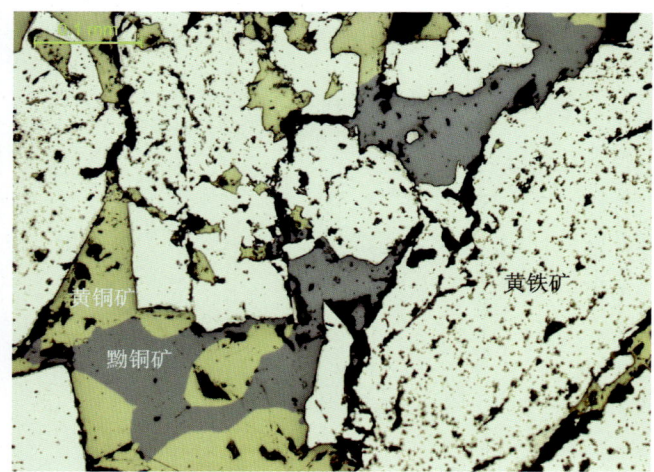

图 61　块状铜硫矿石 1　200×　单偏光
他形粒状黄铜矿与辉铜矿连生,沿黄铁矿边缘及裂隙交代。

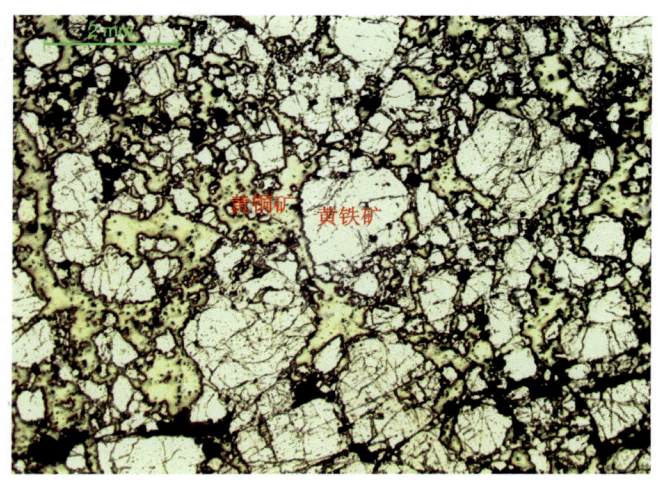

图 62　块状铜硫矿石 2　125×　单偏光
黄铁矿具压碎结构,他形粒状黄铜矿沿黄铁矿边缘充填交代。

图 63　浸染状铜硫矿石 2　50×　单偏光
半自形—自形粒状黄铁矿、他形粒状黄铜矿沿裂隙分布于脉石矿物颗粒间。

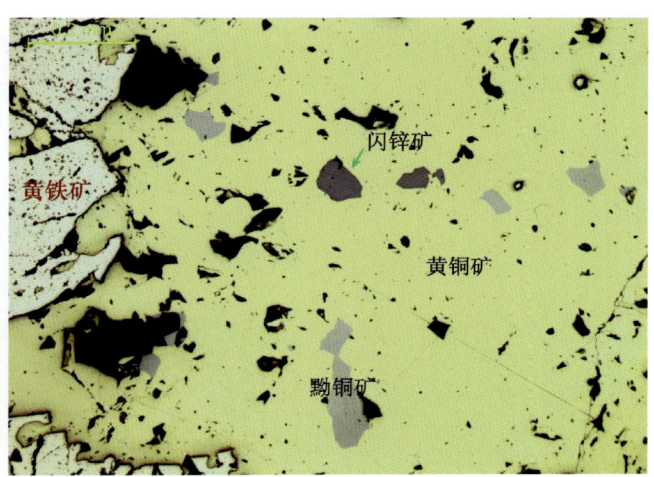

图 64　块状铜硫矿石 3　100×　单偏光
黄铜矿内包裹着他形粒状辉铜矿、闪锌矿。

图 65　条带状硫铁矿石
岩石已被矿化热液改造,细粒硫化物黄铁矿、黄铜矿呈条带状分布。

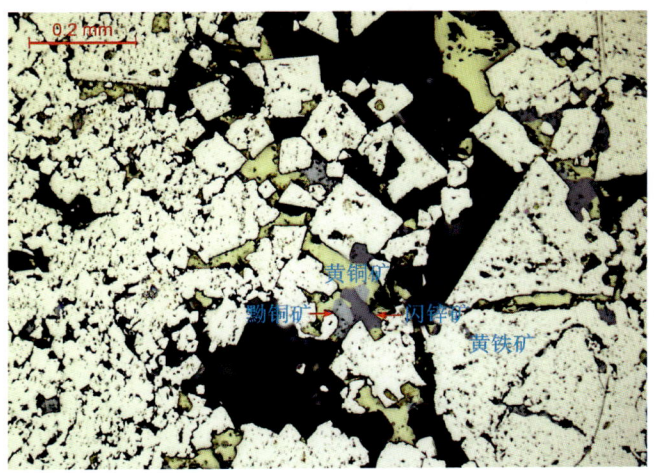

图 66　块状硫铁矿石 1　100×　单偏光
黄铜矿与辉铜矿、闪锌矿形成镶嵌连生。

图 67　块状硫铁矿石 2　100×　单偏光
黄铁矿呈粒状连生体，呈块状分布，局部有少量他形粒状黄铜矿分布于黄铁矿粒间。

图 68　浸染状多金属矿石
硫化物集合体呈浸染状分布于矿石中。

哈密市土屋铜矿

拍摄者岳蕴辉

整体介绍

土屋铜矿床位于新疆哈密市西南 223°方向约 108 km 处,中心地理坐标:东经 92°33′30″,北纬 42°06′30″,行政区划隶属哈密市管辖。矿区地处南湖戈壁,哈罗公路(S235)经过矿区,向北与 312 国道、兰新铁路相连,地势平坦,交通较便利。

1994 年,新疆地矿局第一地质大队在该区开展 1∶5 万区调(8 幅联测)时,先后发现了企鹅山金矿、土屋铜矿点及其他一些金铜矿化点,并对土屋Ⅱ号斜长花岗斑岩内外接触带铜矿化及大面积蚀变带进行了地表初步检查。1996 年 6 月,新疆地矿局下达土屋铜矿普查任务书。1997 年起,新疆地矿局第一地质大队对该矿区进行地表槽探揭露和激电、磁法测量,在 0 号探槽见视厚度 50 余米矿体,于 ZK001 孔见视厚度 60 余米(Cu 含量平均 0.67%)矿体,该孔南 ZK002 孔见视厚度 360 余米(Cu 含量平均 0.93%)矿体(该孔于 427 m 终孔未穿透矿体),初步证实该矿具有大型以上远景。1998 年,发现西侧的延东矿体,第一个钻孔即打到视厚度 343 m(Cu 含量平均 0.6%)矿体,初步证实了土屋-延东为超大型矿田。1999 年,中国地质调查局将土屋-延东矿田所在的东天山列为全国新一轮国土资源大调查的启动项目,开展"新疆哈密市土屋-延东以铜为主的资源调查评价"项目,2003 年 10 月提交了《新疆哈密市土屋-延东以铜为主的资源调查评价报告》,探获铜金属量 462.11 万 t,其中(333)104.54 万 t、(334)357.57 万 t。2002 年,上海某公司购买该矿田勘查权,出资由新疆地矿局对土屋铜矿床Ⅱ号矿体中段开展勘探。至 2002 年 7 月,完成钻孔 45 个,进尺 18 100 m,槽探 3001 m³,控制Ⅱ号矿体(331+332+333)铜资源储量 57.37 万 t。之后对延东铜矿进行了加密工程控制,提高了控制程度,达到了详查标准。2018 年底,新疆矿产资源储量表中,土屋-延东矿田累计查明铜资源储量 249.71 万 t。其中,土屋、延东、延西铜资源储量分别为 93.23 万 t、83.57 万 t 和 72.89 万 t,Cu 平均品位分别为 0.65%、0.59% 和 0.36%~0.70%。

吐哈盆地南缘东天山地区发现特大型斑岩型土屋-延西-延东铜矿等大型铜矿床,是 20 世纪末继我国江西德兴、西藏玉龙铜矿之后又一重大发现,对促进当地经济发展具有重要意义。目前该矿床已投入开发。

第一节　矿区地质特征

土屋铜矿床位于塔里木板块与准噶尔板块碰撞对接缝合带的北侧,即东天山觉洛塔格晚古生代火山岛弧,企鹅山群钙碱性火山岩系中,该火山岩系夹持在康古尔断裂与大草滩断裂间,受控于秋格明塔什-黄山巨型韧性挤压带。

出露地层有南部的石炭系干墩组火山碎屑岩、北部的侏罗系西山窑组湖相正常沉积岩,中部为石炭系企鹅山群第二组,中东部出露地表,西部及北部为侏罗系盖层。根据岩性组合由下至上分为3个岩性段。其中,第一岩性段出露在东部、中部,发育一套火山岩建造,岩石类型为玄武岩-安山岩-英安岩和安山质凝灰岩,含矿斑岩的直接围岩为安山质玄武岩;第二岩性段为含砾长石岩屑砂岩、凝灰岩;第三岩性段为含砾砂岩,分布在中偏南部及南部,与矿体关系不大(图12-1)。

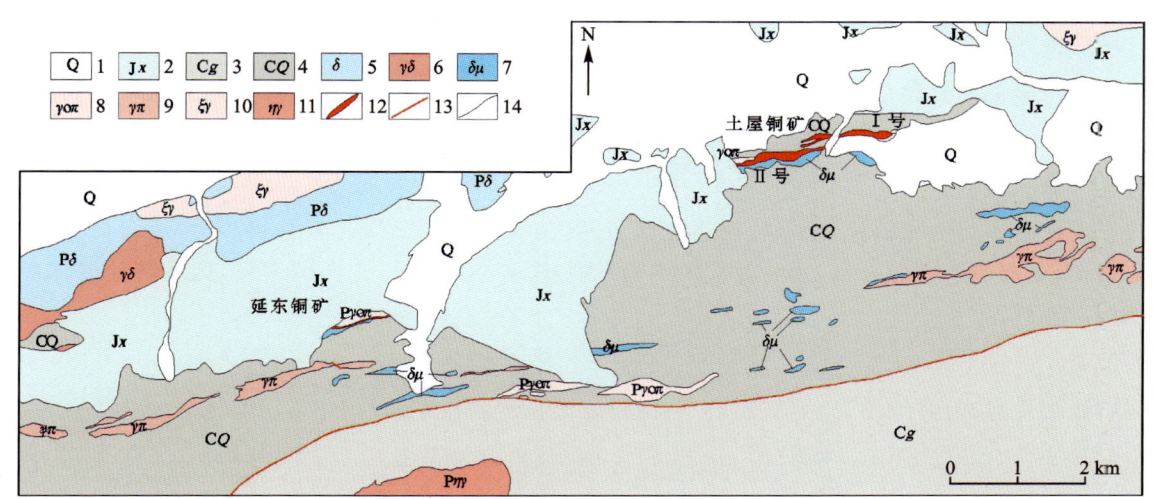

1.第四系松散沉积物;2.侏罗系西山窑组砾岩、砂岩夹煤层;3.石炭系干墩组;4.下石炭统企鹅山群玄武岩、安山玄武岩、凝灰岩、火山角砾岩,夹英安岩、凝灰质砂岩、砾岩;5.闪长岩;6.花岗闪长岩;7.闪长玢岩;8.斜长花岗斑岩;9.花岗斑岩;10.钾长花岗岩;11.二长花岗岩;12.铜矿体;13.大断裂;14.地质界线。

图12-1　哈密市土屋-延东矿床Ⅰ号、Ⅱ号矿体地质略图(据新疆地矿局第一地质大队,2005)

矿区与成矿有关的花岗岩类为觉罗塔格北带花岗岩链的一部分,为觉罗塔格汇聚阶段板块俯冲作用的产物。矿区主要为浅成侵入岩,呈岩株、岩墙、岩枝、岩脉状沿北东东-南西西走向的构造岩浆带侵入,东部土屋一带出露地表,西部延东、延西一带被西山窑组砂岩覆盖。岩石类型较齐全,基性—酸性均有出露,以中酸性侵入岩为主,有闪长玢岩、花岗斑岩、斜长花岗斑岩、石英闪长玢岩等。成矿岩体为闪长玢岩、斜长花岗斑岩,具全岩矿化特征,是主要成矿母岩。见斜长花岗斑岩侵入闪长玢岩中,表明其形成略晚于闪长玢岩。土屋矿区矿化闪长玢岩由2个岩体组成,呈不规则宽带状,走向近东西,出露不连续,多呈碎块状,面积约0.19 km²;矿化斜长花岗斑岩呈不规则状、脉状,在区内出露3个较大的岩体,面积0.01~0.03 km²,沿闪长玢岩内还发育小的斜长花岗斑岩体(脉)近20个,一般面积小于0.01 km²。

一、地层

矿区内出露地层有石炭系企鹅山群、干墩岩组、侏罗系西山窑组和第四系。以康古尔塔格深大断裂为界,石炭系企鹅山群与干墩岩组岩石类型截然不同。前者属岛弧型早期火山活动产物,为一套中基性—中酸性火山岩＋碎屑岩建造；后者为火山活动平息之后的正常沉积物，属一套半深海相-浅海相复理石杂砂岩建造，岩石受区域韧性剪切变形变质作用改造强烈，二者之间为断层接触，与铜矿（化）体相关的古生代地层主要为石炭系企鹅山群，出露岩性为玄武岩、安山岩。

二、构造

1. 褶皱

区内企鹅山石炭系岛弧为一大型复式褶皱，近东西向展布，由企鹅山群第一至第五岩性段组成，该褶皱因遭后期较大规模断裂推覆抬升及区域韧性剪切作用改造，原有构造形态已难完整恢复。矿区仅在第一、第五岩性段局部残存有次级背、向斜构造。

2. 断裂

矿区断裂较为发育，主要有近东西向、北东向、北西向 3 组，其中以近东西、北东向最为发育。

三、侵入岩

1. 深成侵入岩

深成侵入岩主要分布在矿区的中部及东北角，岩性为浅肉红色花岗岩、灰绿色闪长岩、灰色石英闪长岩，呈岩株、岩基状产出，在花岗岩岩体中发育的后期辉绿玢岩岩脉中，局部可见氯铜矿化。

2. 浅成侵入岩

浅成侵入岩主要为斜长花岗斑岩、花岗斑岩、石英钠长斑岩，呈岩枝、岩脉状产出，走向为北东东-南西西向，与区域构造线方向一致，侵入时代暂定为二叠纪，矿区除斜长花岗斑岩外，区内其他岩体中目前未发现铜矿体。

3. 脉岩

区内脉岩发育，有辉绿玢岩、闪长玢岩、花岗斑岩等。走向近东西，分布方向与区域构造线一致。

第二节 矿床地质特征

一、矿体特征简述

矿体地表形态呈肥厚透镜状，近东西向展布，沿倾向形态呈南缓北陡的倒楔形，产状南倾，倾角 $60°\sim 80°$，向东有侧伏趋势。地表按 100 m 线距完成槽探控制、200 m 线距钻探控制，地表以 0.2% 为边界品位圈定铜矿（化）体，长 1400 m，最大宽 125 m，Cu 平均品位 0.43%，以 0.5% 为边界圈定矿体连续长 900 m，平均宽 25.6 m。目前，ZK710 孔、ZK1507 孔已控制矿体斜深达 800 m。其中，ZK507 孔在矿化斜长花岗斑岩中，但岩体未被打穿。

主要赋矿岩石存在争议，王福同等（2001）认为矿体主要赋存于闪长玢岩中，少数赋存于斜长花岗斑岩中；芮宗瑶等（2002）认为矿体主要赋存于富钠质基性—中基性火山岩中，少数产在斜长花岗斑岩中。总之，矿体赋存于中酸性浅成岩体及岩体外接触带中。矿石微量元素以偏中低温亲硫元素组合为特征，其中以 Sb、Zn、Cu、Sn 等元素异常套合好，呈同心环状晕。

矿石品位一般在 0.3%～1.5% 之间，单样最高品位 2.87%，以 0.5% 为边界计算，Cu 平均品位

0.47%，伴生 Au 品位 0.16×10^{-6}、Ag 2.97×10^{-6}，在走向上自 0 线至 31 线 Cu 品位逐渐降低，剖面上的相对高品位矿体主要集中在地表至 -400 m 埋深之间。

二、矿床规模及空间分布

土屋矿床：由 Ⅰ 号、Ⅱ 号 2 个矿体组成，Ⅰ 号矿体（又称土屋东矿床）产于斜长花岗斑岩中。以 Cu 0.2% 为边界品位圈定的矿体长 1300 m，宽 8.0～87.1 m，平均 38.94 m。Cu 品位地表平均 0.3%，钻孔平均 0.35%，伴生 Au 品位 0.2～0.24 g/t。Ⅱ 号矿体（又称土屋矿床）位于 Ⅰ 号矿体西侧偏南，矿化约一半以上在闪长玢岩-玄武岩及其凝灰岩中，其余在斜长花岗斑岩中。以 Cu 0.2% 为边界品位圈定的地表矿体长 1400 m，宽 7.6～125.0 m，平均 65.87 m，铜品位 0.44%。钻孔中矿体厚 6.94～319.95 m，平均 96.02 m。单工程 Cu 品位最高 2.87%，一般 0.2%～0.8%。其中以 Cu 0.5% 为边界品位圈定的矿体长 1100 m，平均宽 19.09 m，最宽 87.2 m，Cu 平均品位 1.03%。0～7 线控制斜深 500 m。矿体中段在垂深 500 m 以上完成了勘探。勘探地段矿体形态呈大透镜状，控制长 1000 m，向东、西两侧趋于尖灭。控制斜深最大 755 m（7 线）（图 12-2），最小 272 m，平均 467 m。矿体单工程控制最大厚度 150 m，一般 36～112 m，平均厚 54.55 m，矿体单样 Cu 品位 0.40%～1.21%，最高 2.87%，平均品位 0.65%。

延东矿床：西偏南距土屋 Ⅱ 号矿体 8 km 处。赋矿岩石为斜长花岗斑岩，少量为玄武质熔岩及凝灰岩，大部分被侏罗系掩盖，地表圈定矿体长 900 m，宽 26 m，1998—2002 年，已施工钻孔 14 个，初步查明为一巨大厚板状矿体。控制矿体长大于 3200 m，平均厚 59.91 m，Cu 品位 0.2%～2.20%，一般 0.2%～0.5%。矿体延伸已有 3 钻孔控制 800 m，但仍未穿过矿体。Mo 在局部地段相对集中，为伴生元素，含量 0.018%。

第三节　矿区主要岩石类型及围岩蚀变

一、矿区主要岩石类型及特征

矿区分布的岩石类型较复杂，是以中性为主的火山碎屑岩、火山熔岩、次火山岩及浅成岩体，包括凝灰岩、火山角砾岩、凝灰质砂岩、玄武岩、安山玢岩、闪长玢岩等，在矿体下部发现矿化斜长花岗斑岩体等，但容矿岩石类型较简单，主要有安山玢岩、闪长玢岩及斜长花岗斑岩。闪长岩和闪长玢岩中矿物粒径较细，表明其冷却速度较快。安山（玢）岩与闪长玢岩在空间分布、形成时间及相互关系上有密切成因联系，各岩石之间在结构构造上具有过渡变化的特点。以下对主要岩石类型做详细说明。

安山（玢）岩：在矿区分布广泛，显微镜下常见，蚀变较明显（附录 12 图 1），即使在未矿化的岩石中，也常能见到碳酸盐脉和石英脉，其形成与矿化蚀变作用有关。

岩石具斑状结构，斑晶为斜长石，显微镜下少见，呈半自形板状分布。基质具玻晶交织状结构，由近似平行或交织状排列的板条状微晶斜长石、绿泥石及白钛石等构成（附录 12 图 2）。与矿化有关的次生蚀变为强青磐岩化，以具绿泥石化、硅化、绢云母化、绿帘石化、碳酸盐化、黄铁矿化及黄铜矿化为特点，有时含钠长石化和斜黝帘石化。

安山玢岩在矿区中也比较常见，与安山岩在结构上呈渐变关系，但基质中矿物结晶程度较高，粒径略粗，蚀变明显，显微镜下常难以区分。原生矿物早期蚀变为高岭石、绿泥石、斜黝帘石及碳酸盐等，蚀变作用很弱，交代斜长石和暗色矿物，受矿化蚀变作用影响，蚀变程度明显增加，进一步叠加绿泥石化、绢云母化（附录 12 图 3）、绿帘石化、硅化及硬石膏化等，蚀变越强，矿化越明显。同时，也伴有硫化物细脉或含硫化物＋石英＋绿帘石脉（附录 12 图 4）。

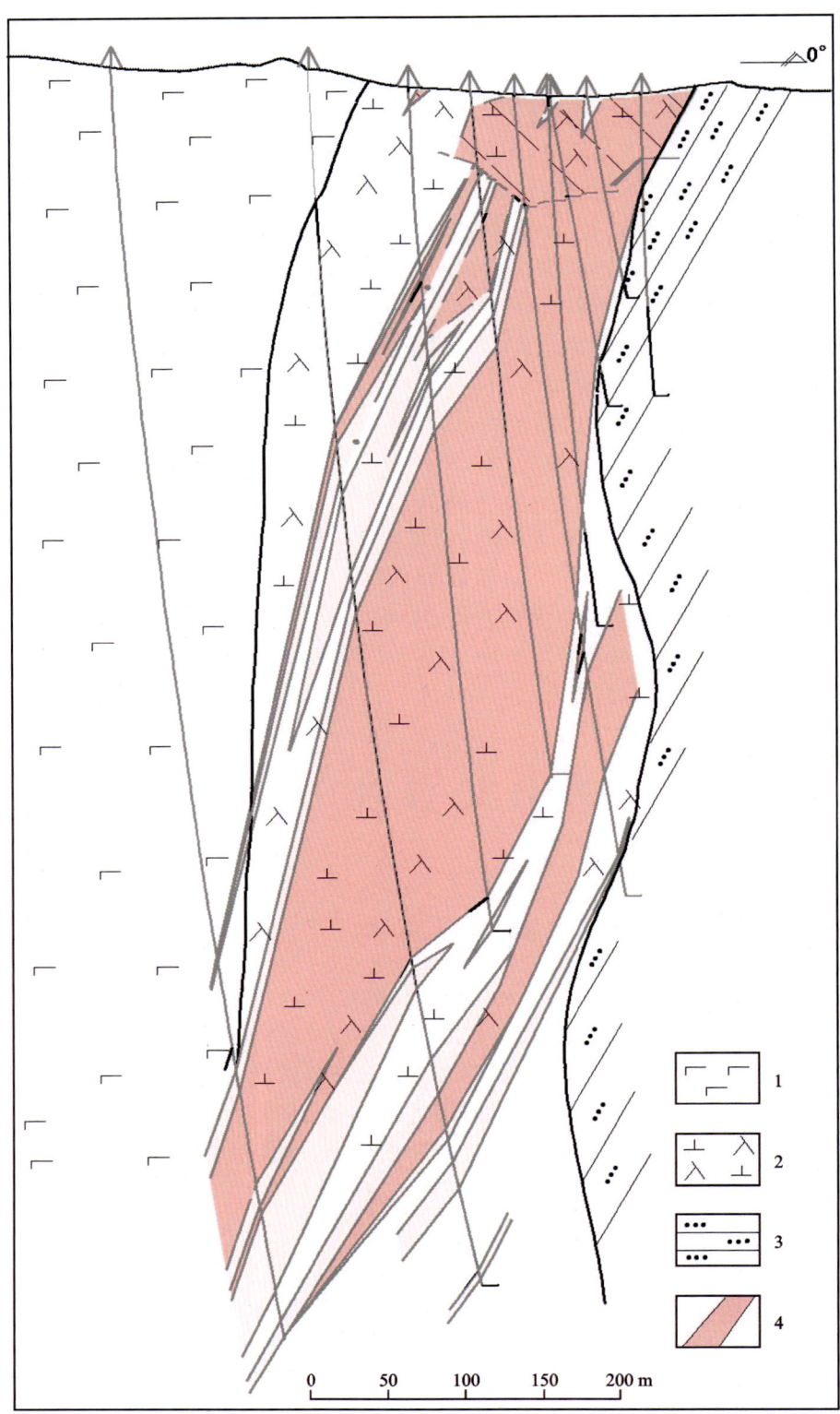

1.玄武岩;2.次闪长玢岩;3.砂岩;4.矿体。

图 12-2　土屋铜矿Ⅱ号矿体剖面示意图

闪长（玢）岩：矿区涉及矿石成因的具有较大争议的岩石类型，在矿床地质勘察早期，由于鉴定人员经验不足，加之岩石中叠加较强的矿化蚀变，使岩石结构构造和原始矿物发生了很大变化，将相当一部分安山玢岩甚至安山岩错定名为闪长玢岩，并将这类岩石认定为矿区铜矿成矿母岩。但在后期发现斜长花岗斑岩后，又将这两类岩石都视为铜成矿母岩，造成了认识上的混乱和错误的结论。

闪长玢岩在矿区并不常见，规模较小，呈条带状或脉状分布。岩石具斑状结构（附录12 图 5），但斑晶含量低，为1%～3%。斑晶为斜长石，因蚀变An无法测定。基质由细粒斜长石和蚀变矿物绿泥石构成，其中含少量的钛铁矿或白钛石。岩石中不含斑晶的为闪长岩，主要由斜长石和次生蚀变矿物绿泥石及钛铁矿等构成。斜长石（含量90%）呈半自形粒状、板状分布（附录12 图 6），略具定向排列，粒径细，在0.15～0.8 mm之间。同一岩石中的斜长石粒径大小基本相同，常被绢云母交代。绿泥石由原生矿物角闪石（含量5%）蚀变而成，分布在斜长石之间，同时，可见少量副矿物钛铁矿或白钛石（附录12 图 7）。从显微镜下观察，闪长（玢）岩结构均比较细，其主要矿物斜长石粒径一般都小于1 mm，属于岩浆快速冷却结晶的产物。

部分闪长（玢）岩中与成矿有关的构造裂隙发育，次生蚀变作用比较明显，主要为绢云母化、绿泥石化、斜黝帘石化、硅化、钠长石化及绿帘石化，从蚀变矿物组合看，已构成青磐岩化。同时，伴有不同程度的黄铁矿化和黄铜矿化。裂隙发育地段或两种岩石的交界带通常是矿化蚀变较强的部位，铜矿化程度与蚀变强度呈正相关关系。常沿裂隙充填绿帘石＋黄铜矿脉、硫化物＋石英脉（附录12 图 8）及绿泥石＋绿帘石＋硬石膏＋硫化物＋石英脉等，矿物组合与围岩中的矿化蚀变矿物组合基本相同，表明其形成均来源于同源含矿热液。

斜长花岗斑岩：在矿床中主要呈脉状产出，属于酸性的浅成岩体，厚度在十几米到几十米不等，但在ZK1507孔可见视厚度约130 m的矿化斜长花岗斑岩，顶部有含铜次生石英岩，该钻孔未打穿岩体，由此推测岩体向下隐伏较深。

岩石具斑状结构，斑晶为石英（含量16%）和斜长石（含量8%），有时可见云母（含量1%）（附录12 图 9），斑晶含量不高，一般不超过25%。石英斑晶晶形较完整，呈自形—半自形粒状，部分边缘具熔蚀现象，不易遭受蚀变，保存较好。斜长石呈半自形粒状、板状分布（附录12 图 10），粒径较细，大部分已被次生绢云母集合体取代，仅保留了长石的外形，受构造应力作用影响，部分斜长石被拉长变形，石英也被拉裂破碎（附录12 图 11）。基质由细粒长石、石英集合体（含量75%）构成，遭受蚀变时，长石全部变为绢云母（白云母），石英具重结晶现象。

受成矿构造应力作用影响，斜长花岗斑岩中普遍产生不同程度的破碎现象，形成裂隙及缛裂。构造性质以压扭性为主，并伴有张性裂隙。成矿晚期形成的张性裂隙多充填碳酸盐脉，其中基本不含硫化物。显微镜下可见早期斜长石和石英斑晶产生碎裂，被次生绢云母、石英及碳酸盐矿物充填并交代，伴随构造热液活动产生的次生蚀变主要为绢-白云母化、硅化、黄铁矿化、硬石膏化和碳酸盐化，形成绢英岩化、黄铁绢英岩化，并叠加铜矿化（附录12 图 12～图 13）。斜长花岗斑岩与闪长（玢）岩接触部位岩石遭受强烈蚀变，原岩中的矿物和结构构造已完全消失，全部由次生蚀变矿物构成，从蚀变矿物组合看，常见为绢云母＋石英＋白云母＋碳酸盐＋黄铁矿组合（黄铁绢英岩），由斜长花岗斑岩蚀变形成。特点是硫化物含量高，铜矿化作用较强，是成矿的最有利部位。

石英岩：次生石英岩只见于矿区ZK1507孔下部，视厚度在130 m左右，产于斜长花岗斑岩体顶部，并伴有明显铜矿化。其主要矿物组成为石英，含量约95%，次有少量的绢-白云母、绿泥石及碳酸盐，金属矿物有黄铜矿、黄铁矿、斑铜矿（附录12 图 14），属于含矿热液灌入交代的产物。

综上所述，从岩石类型、分布及共生组合等方面分析，矿区分布的安山（玢）岩、闪长（玢）岩及斜长花岗斑岩都是由同源岩浆经结晶分异作用，在不同的部位、不同时间演化派生的产物，含矿热液多形成于岩浆演化的晚期阶段。安山（玢）岩及闪长（玢）岩等容矿岩石是整个岩浆演化过程中在某个阶段形成的特定产物,仅为成矿提供容矿空间。事实上,在整个矿区中,部分闪长岩或闪长玢岩中并没有产生铜矿化,也间接表明闪长(玢)岩脉不是矿区直接的成矿母岩,而只有最晚形成的斜长花岗斑岩所派生的含矿热液才对成矿起决定性作用。

二、围岩蚀变及特点

热液蚀变是矿区重要的成矿作用之一,从矿床热液蚀变的成因类型、相互关系、空间分布特征看,矿石中热液蚀变主要分3期:成矿前热液蚀变、成矿期热液蚀变和成矿后热液蚀变。矿物生成有明显期次性,有些矿物活动的时间范围窄,只在成矿期出现,如石英、绢-白云母、黑云母、绿帘石、钠长石等。而另一些矿物则具贯通性,在成矿前、成矿期均可出现,如绿泥石、方解石等。岩性不同,蚀变矿物组合也不一样,斜长花岗斑岩中主要蚀变为硅化、绢-白云母化,绿泥石化和绿帘石化弱。中基性岩石中蚀变多为绿泥石化、斜黝帘石化、黑云母化。构造尤其是成矿期构造性质对热液蚀变及矿化起明显的控制作用,在受构造挤压强烈的部位,热液活动频繁,交代蚀变强,矿化也越强。例如矿体内石英脉及硅化发育部位,往往是构造活动和矿化富集有利地段,矿体向外构造破碎程度、热液蚀变程度及矿化强度则逐渐减弱。此外,在远离矿体的蚀变围岩中常可以见到浸染状或脉状的黄铁矿,而黄铜矿分布极少。这是因为矿液中的S向围岩扩散,与围岩中的Fe结合容易形成黄铁矿。而围岩中Cu含量很低,很难与Cu结合形成独立的铜矿物。

以矿体为中心向两侧,依次为硅化带、钾化带、石英-绢云母带和青磐岩化带,蚀变强度逐渐变弱。石英-绢云母化带位于青磐岩化带内侧,沿构造挤压带呈带状分布,宽度一般50～200 m,沿倾向由地表向下逐渐变大,在200 m标高宽度最大达300 m,向下有收缩变窄的趋势,与矿化带规模基本一致。钾化带分布于石英-绢云母化带内侧、硅化带外侧,其宽度随石英-绢云母化带变化而增减,且规模较小,与矿体规模、形态基本一致,工业矿体主要产在内带,向外依次出现低品位矿及矿化。硅化带分布于钾化带的内侧,且主要分布于200 m标高以下钾化带的底部,向深部宽度有逐渐增加的趋势;该带与工业矿体的分布有所偏离,即其中包含部分工业矿体,大部分为矿化或低品位矿体。

绢-白云母化: 矿石和矿化围岩中最常见的一种钾质交代蚀变,尤其在石英岩型、斜长花岗斑岩型矿石中普遍存在(附录12图15)。与铜矿化关系密切,是热液成矿的主要蚀变作用之一,在绢云母化强的部位,金属硫化物较富集。绢-白云母呈鳞片—片状集合体,分布不均匀,可交代斜长石(附录12图16),部分沿裂隙呈团块状或脉状产出,常与绿帘石化、硅化、金属硫化物及石英脉共生(附录12图17)。主要与黄铁矿分布在一起时,构成黄铁绢云母岩,与石英、黄铁矿共生在一起时,则形成黄铁绢英岩。

硅化: 矿石中最重要的矿化蚀变,也是热液成矿最主要的作用之一,在矿石中,尤其在高品位矿石中,广泛发育,与铜矿化关系最为密切。硅化及石英脉发育地段矿化明显,Cu品位高,反之亦然。矿石中的硅化是在产生含铜石英脉之后由含矿热液裂隙向围岩扩散交代的结果,以不规则团块状或脉状分布为特点(附录12图18)。在热液活动集中部位,可以形成矿化次生石英岩或石英脉。

绿帘石化: 矿石中常见的重要蚀变之一,与铜矿化关系密切。在矿石中广泛分布。绿帘石呈他形粒状集合体(附录12图19),呈粒状、团块状或脉状产出,多沿矿石中的绺裂分布,并对围岩产生交代蚀变。常见绿帘石-黄铜矿团块和绿帘石-黄铜矿脉。黄铜矿等硫化物与绿帘石紧密连生在一起,在形成时间上绿帘石先于铜矿物,该现象在矿石中普遍存在。

黑云母化: 矿石和蚀变围岩中普遍存在的交代蚀变,也是钾交代的标志矿物,其分布范围较大。黑云母呈片状集合体分布在被交代岩石中(附录12图20),分布不均匀,多呈团块状产出,并与绢云母化、绿泥石化等蚀变共生。个别研究者提出黑云母化为角岩化产物,笔者认为,该蚀变仍然与成矿热液交代蚀变有关。

钠长石化: 产于矿石中的次生蚀变之一,多见于硅化带,与石英等相比,分布不如其广泛,常与次生石英共生在一起,呈不规则团块交代矿化围岩(附录12图21),有时分布于石英脉与矿化围岩间。

硬石膏化：见于矿石中，分布不均匀，仅在矿床部分钻孔中可见。部分矿化蚀变作用较强的部位或含铜石英脉中，硬石膏常与次生石英、白云石、绿泥石、绿帘石及绢云母等共生。其多呈他形—半自形粒状，粒径0.1～0.45 mm±，并具定向分布，在硬石膏出现的地段也常伴有金属矿化（附录12图22），表明其为成矿热液活动的产物。

碳酸盐化：矿石和矿化围岩中常见的次生蚀变之一，分布十分广泛。其活动期可能经历了成矿期、成矿后，主要在成矿后大量生成，沿石英脉裂隙呈细脉状分布，与铜矿化关系不明显。碳酸盐矿物主要为白云石和方解石。白云石多呈自形—半自形粒状与其他蚀变矿物共生（附录12图23），分布不均匀，有时交代原生矿物石英等（附录12图24），与矿化作用有关；方解石则多见于蚀变围岩和矿化后期产生的裂隙中。

绿泥石化：矿石和围岩中最常见的交代蚀变现象，也是青磐岩化标志矿物之一，在围岩和矿石中广泛分布。围岩中的绿泥石呈细小鳞片—细片状，粒径较细，一般小于0.1 mm，分布均匀，交代原生暗色矿物黑云母、角闪石，并析出磁铁矿。在矿石和矿化岩石中，绿泥石呈叶片状分布（附录12图25），粒径在0.2～0.5mm之间，呈团粒状或脉状沿裂隙产出，往往与其他成矿热液蚀变矿物共生在一起，并伴有金属硫化物矿化（附录12图26）。

斜黝帘石化：也包含黝帘石化，是围岩和矿化岩石中常见的一种次生蚀变。斜黝帘石呈他形细粒集合体，分布均匀，常交代斜长石（附录12图27）。在矿石中少见，常与高岭石、绿泥石共生，是青磐岩化的特征矿物之一。

高岭石化：围岩和矿化岩石中常见的一种次生蚀变，一般在成矿早期阶段出现，呈鳞片状集合体交代斜长石，分布较均匀。

褐铁矿化：矿床氧化带中常见的次生蚀变现象，在地表或矿体浅部广泛分布，交代原生硫化物呈他形粒状、薄膜状、脉状等存在，具被交代矿物的假象（附录12图28）。

综上所述，矿石中与成矿有关的交代蚀变，最主要的为绿帘石化、硅化及白-绢云母化，其次为绿泥石化、黑云母化、钠长石化、白云石化及硬石膏化等。由以上描述可知，矿石中除与成矿有关的交代蚀变外，还分布由不同矿物组合构成的脉体，常见的有黄铜矿-石英脉、绿帘石-黄铜矿脉、石英-白云石-绿泥石-硬石膏-硫化物脉及单一黄铜矿脉，这些脉体的方向往往与原岩中矿物分布方向垂直或近于垂直。后期的方解石脉又与矿脉近于垂直，表明从成岩到成矿过程中，至少经历了3期构造活动。成矿方式为充填-扩散交代，在空间分布上矿石则以不均匀浸染状或细脉浸染状产出为特点。

第四节　矿石物质组分及特征

一、矿石物质成分

1. 矿石矿物

矿石中主要金属矿物类型简单，有黄铜矿、斑铜矿和黄铁矿。次要矿物为磁铁矿、闪锌矿等。稀少矿物可见锌砷黝铜矿、辉钼矿、方铅矿。表生矿物为氯铜矿、褐铁矿、铜蓝等。脉石矿物数量多，类型复杂，分布十分广泛，主要矿物有石英、绢-白云母、绿帘石、黑云母、绿泥石、方解石、斜长石，次要矿物为斜黝帘石、高岭石、钠长石等（表12-1）。整体上看，矿石中金属矿物种类虽然相对较多，但主要矿物种类少。次要和少见矿物含量都很低，过渡类型（类质同象）矿物极少，仅见锌砷黝铜矿。

表 12-1　土屋铜矿矿石矿物成分表

类型	主要矿物	次要矿物	少见矿物
矿石矿物	黄铜矿、斑铜矿、黄铁矿	辉铜矿、赤铁矿、闪锌矿、磁铁矿	锌砷黝铜矿、辉钼矿、钛铁矿、方铅矿
脉石矿物	石英、绿泥石、黑云母、绢-白云母、斜长石、绿帘石	斜黝帘石、高岭石、钠长石、白云母、方解石	磷灰石、锆石、石膏、重晶石、次闪石、金红石、独居石
表生矿物	氯铜矿、褐铁矿	白钛石、黄钾铁矾	铜蓝、自然铜、白铅矿、赤铜矿

1) 黄铜矿

黄铜矿是矿石中最重要的工业矿物之一，呈浸染状或脉状产出，在矿（化）体中广泛分布，常与斑铜矿等硫化物共生在一起。黄铜矿呈他形粒状（附录12图29），少量呈自形—半自形粒状，粒径0.01～2.0 mm±，多数0.03～0.64 mm±，一般呈独立单体或粒状集合体分布，分布不均匀。在低品位矿石中，硫化物一般分布比较均匀。在高品位地段，常为斑杂状、团粒状或脉状产出（附录12图30），一般分布在脉石矿物间隙或裂隙中（附录12图31），生成晚于脉石矿物。在混合矿石中，被铜蓝交代，呈交代环状结构。颜色为铜黄色，少数表面有斑杂状锈色，条痕绿黑色，金属光泽、不透明、性脆，断口不平坦至贝壳状。

黄铜矿在矿石中的嵌布形式有以下几种。

(1) 黄铜矿呈独立的单体产出，分布在其他矿物粒间或微裂隙中，约占40%。

(2) 黄铜矿呈简单连生体产出，约占50%。指黄铜矿与黄铜矿、黄铜矿与其他硫化物以曲线方式连生（附录12图32）。

(3) 黄铜矿呈复杂连生体产出，约占6%。是指黄铜矿与斑铜矿等硫化物不混溶，呈固溶体产出，具叶片状、乳滴状及文象结构。叶片状结构：黄铜矿呈片状分布在斑铜矿中（附录12图33）。乳滴状结构：黄铜矿呈乳滴状分布在闪锌矿中。

(4) 包含结构：黄铜矿呈细小包裹体分布在脉石矿物石英或其他金属矿物中（附录12图34），这些黄铜矿在氧化带中常得以保存，在选矿中也不易解离，影响铜的浸出率。

电子探针成分分析黄铜矿主元素平均值 S 34.62%、Fe 30.32%、Cu 34.15%，普遍含有 Au、Ag、As、Sb、Co、Mo、Pb、Zn 等微量元素，其中 Pb、Zn 含量略高，Au 含量分布不均匀，含 Au 明显或含 Au 少。

2) 斑铜矿

斑铜矿也是矿床中重要的工业矿物之一，但含量较低，分布不均匀（附录12图35），仅在部分矿石中见到。在矿石中斑铜矿主要呈斑杂状产出，常与黄铜矿和辉铜矿共生在一起（附录12图36）。斑铜矿呈他形粒状，粒径细，一般0.01～2.5 mm±，多数0.03～1.0 mm±，一般呈独立单体分布，部分为粒状集合体，常见与黄铜矿、辉铜矿连生在一起，分布在脉石矿物间隙或裂隙中，偶尔见斑铜矿被辉铜矿交代（附录12图37）。

斑铜矿主要物理性质：颜色新鲜面呈暗红色，金属光泽，不透明，性脆，贝壳状断口。

电子探针成分分析斑铜矿主元素平均值 S 25.67%、Fe 11.26%、Cu 63.03%，微量元素为 Au、Ag、Cr、Zn、As、Sb、Ni、Co、Mo，其中除含 Au、Ag 略高外，其他元素含量很低。

3) 黄铁矿

黄铁矿是矿床中常见硫化物之一，在矿石中均可见到，呈星点浸染状（附录12图38）、脉状产出，常与金属硫化物伴生在一起。黄铁矿呈半自形粒状，少量自形粒状，粒径0.2～3.5 mm±，多数0.5～1.5 mm，呈独立单体或粒状集合体产出。受应力作用影响发生破碎，被黄铜矿沿裂开处充填胶结。黄铁矿形成比黄铜矿、斑铜矿等硫化物早，是热液活动早期阶段产物（附录12图39），与铜矿化富集没有直接关系。黄铁矿颜色呈浅黄铜色，强金属光泽，不透明，性脆，断口不平坦，贝壳状，晶形为立方体。

电子探针成分分析黄铁矿主元素平均值Fe 45.84％、S 53.13％，普遍含有Cr、Ni、Co、Au、Cu等微量元素，Au在黄铁矿中分布不均匀，部分样品中含量较高，可能与Au呈微细粒形式赋存有关。

4）闪锌矿

闪锌矿是矿床中少见的金属硫化物之一，见于火山-次火山岩型矿石中的硅化及含铜石英脉中，呈浸染状产出，与斑铜矿、黄铜矿等共生在一起。闪锌矿他形粒状，粒径0.04～3.0 mm±，多数大于1.0 mm，其中含有细粒或乳滴状黄铜矿包裹体（附录12图40）。

电子探针成分分析闪锌矿主元素平均值Zn 6.18％、S 32.99％，普遍含有Au、Ag、Cu、Pb、Mo、As、Sb等微量元素，其中含Cu、Mo、Au较高。

5）辉钼矿

辉钼矿是矿床中少见的微量矿物之一，片状（附录12图41），呈星点浸染状分布，产于火山-次火山岩型矿石中，生成时间与黄铜矿、闪锌矿相近。辉钼矿颜色为铅灰色，条痕亮灰色，金属光泽，不透明，摩氏硬度1～1.5，解理沿{0001}完全，薄片具挠性。

电子探针成分分析辉钼矿主元素平均值Mo 58.03％、S 40.77％，微量元素为Au、Ag、Cu、Pb、Zn、Sb、Cr、Ni、Co等，其中含Au相对较高。

6）辉铜矿

辉铜矿是矿床中的稀少矿物之一（附录12图42），见于原生矿石中，与斑铜矿、锌砷黝铜矿连生在一起。新鲜面为铅灰色，表面风化呈黑色，条痕为暗灰色，金属光泽，不透明，断口贝壳状，略具连展性，摩氏硬度低。

电子探针成分分析辉铜矿主元素平均值Cu 77.99％、S 21.40％，含Fe、Au较高，其他微量元素Co、Ni、As、Zn、Ag等，属于类质同象或机械混入物。

7）锌砷黝铜矿

锌砷黝铜矿在矿石分布稀少，仅见于含铜石英脉或石英团块中，与斑铜矿、黄铜矿共生（附录12图43）。锌砷黝铜矿呈他形粒状，粒径0.04～0.4 mm±，常与斑铜矿、黄铜矿连生在一起，少数呈独立单体分布，赋存于脉石矿物石英间隙中，其生成晚于黄铜矿和斑铜矿。

电子探针成分分析锌砷黝铜矿主元素平均值S 26.74％、Cu 47.57％、Zn 7.44％、As 13.83％、Sb 2.33％。与标准值相比，本矿床锌砷黝铜矿中的主元素Cu、Zn含量略高于标准值，As含量则略低于标准值。这主要与矿物形成过程中元素间类质同象替换不均一有关。

8）锐钛矿

锐钛矿是矿石中较常见的微量矿物之一，呈星点浸染状分布（附录12图44），多呈他形粒状，少部分呈自形—半自形粒状（附录12图45），粒径较细小，呈单晶或聚粒状分布，多与黄铜矿共生或分布于透明矿物粒间和粒中（附录12图46）。

9）方铅矿

方铅矿是矿石中少见的金属硫化物之一，呈星点状产出，与闪锌矿、黄铜矿等共生在一起（附录12图47～图48），见于火山-次火山岩型矿石中的含铜石英脉中。方铅矿他形粒状，粒径0.05～1.0 mm±，与闪锌矿连生，分布于石英间隙中，形成时间大致与锌砷黝铜矿相当，在黄铜矿和斑铜矿之后生成。方铅矿为铅灰色，金属光泽，解理{100}完全，少数被白铅矿交代。

电子探针成分分析方铅矿主元素平均值S 13.26％、Pb 87.02％，微量元素为Cu、Au、Ag、Mo、Sb、Zn、Cr、Ni、Co等，其中Cu、Au、Ag含量略高，而Cr、M、Co含量较低，属类质同象或机械混入物。

10）磁铁矿

磁铁矿是矿床和围岩中常见的金属氧化物之一，在矿石和岩石中广泛分布，与黄铜矿等金属硫化物伴生。磁铁矿呈他形—半自形粒状（附录12图49），粒径0.05～1.5 mm±，呈浸染状产出，从成因上看，磁铁矿的形成主要有两种：一种是属于原岩中副矿物，结晶形态好，分布均匀。另一种是由暗色矿物经交代蚀变为绿泥石时所析出的(附录12图50),晶形差,呈他形粒状,大小不一,分布在绿泥石中,磁铁矿形成与铜矿化无直接关系。磁铁矿颜色为黑色、暗黑色,金属光泽,性脆,断口不平坦至贝壳状,晶形少数呈浑圆八面体状。

电子探针成分分析磁铁矿主元素平均值 Fe 68.69%,普遍含微量元素 Au、Ag、Cu、Pb、Zn、Cr、Co、Ni,其中 Cr 含量相对较高,其他均为类质同象或机械混入元素。

11)铜蓝

铜蓝在矿床中分布稀少,主要见于混合矿石中,与黄铜矿共生,是混合带的标志矿物。铜蓝呈细片状集合体,沿黄铜矿边缘产生交代,形成交代环边结构(附录12图51)。

2. 表生氧化矿物

表生氧化矿物主要指某些矿物在风化淋滤作用影响下,转变为表生条件下稳定的次生矿物,如褐铁矿、氯铜矿、自然铜、赤铜矿、赤铁矿、黄钾铁矾等。

1)褐铁矿

褐铁矿在矿床氧化带中广泛分布,属氧化矿石中的特征矿物之一,常呈不规则粒状、土状、脉状,以交代硫化物为特征,多与氯铜矿共生。褐铁矿呈淡黄色,半金属光泽,硬度低,粒径 0.02~0.3 mm±。

2)氯铜矿

氯铜矿是氧化带中重要表生矿物之一,呈薄膜状、脉状、浸染状产出,由原生铜矿物蚀变而成,是干燥气候条件下生成的典型次生矿物。氯铜矿呈绿色—蓝绿色,他形粒状,放射纤维状集合体,沿脉石矿物间隙或裂隙分布(附录12图52~图53)。在地表盐碱壳中,能见到结晶完好的氯铜矿晶体,颜色为蓝绿色,透明,晶形呈板状,性脆,晶面有纵纹。

电子探针成分分析氯铜矿主元素平均值:Cl 16.28%、Cu 59.10%。微量元素中 Mn、Fe、As 含量略高一些,其他元素如 S、V、Zn 等含量很低。

3)自然铜

自然铜在氧化矿石中偶见,颜色呈铜红色,不透明,金属光泽,性软,粒径 0.04~0.10 mm±。

4)赤铜矿

赤铜矿仅见于矿床氧化带中,数量很少,颜色为红色,条痕呈棕红色,半金属光泽,粒径细小,为 0.02~0.1 mm,与氯铜矿共生。

5)赤铁矿

赤铁矿主要分布于氧化矿石中,原生矿中少见。赤铁矿呈他形不规则粒状,交代黄铜矿、磁铁矿等硫化物(附录12图54~图55),呈鳞片状,铁黑色,条痕樱桃红色,金属光泽,断口不平坦,粒径 0.1~0.2 mm±。

6)黄钾铁矾

黄钾铁矾见于矿床氧化带中,分布较少,由黄铁矿等金属硫化物分解而成。黄钾铁矾呈不规则粒状、土状,部分呈自形—半自形粒状(附录12图56~图57),粒径 0.1~0.4 mm±,赭黄色、暗褐色,条痕呈黄色,玻璃光泽,不透明至微透明,性软,断口不平坦。

3. 脉石矿物

矿石中脉石矿物种类较多,主要为斜长石、石英、绿帘石、绢-白云母、黑云母、绿泥石、方解石,次为硬石膏、斜黝帘石、重晶石、白云石、高岭石等,从脉石矿物与金属矿物间的分布关系看,有些脉石矿物与铜矿化关系密切,如石英、绢-白云母、绿帘石;有些脉石矿物与铜矿化没有关系,如高岭石、斜黝帘石等,另一些矿物是原岩中的副矿物,如钛铁矿、独居石、金红石等。

1)斜长石

斜长石在矿石中广泛分布,含量很高。从其成因分析,可主要分为原生斜长石和次生斜长石。原生斜长石是赋存在各类基性和中酸性围岩中的斜长石,由于岩性不同,长石种类也有差异,有拉长石、中长石、更长石及钠长石,在岩石中以斑晶和基质两种形式存在,常被斜黝帘石、绢云母等交代。次生斜长石主要指由矿化蚀变作用形成的斜长石,一般为钠长石,呈他形—半自形粒状集合体分布,粒径细,为0.06～1.5 mm±。从矿化作用特点看,钠长石虽然也在成矿阶段形成,但与铜矿化关系不明显。

2）石英

石英是矿石中最主要的脉石矿物之一,也是铜矿化的重要载体矿物,主要分布在硅化及石英脉中,与铜矿化关系较密切,硫化物分布于石英间隙或裂隙中,形成晚于石英。

矿石中石英有两种不同成因类型:一种是分布在斜长花岗斑岩中的石英,呈斑晶和基质两种形式存在,属于岩石中的原生矿物;另一种则与矿化蚀变作用有关,为矿体的硅化及石英细脉、网脉,石英脉规模较小,在几毫米到几十厘米,呈他形不等粒粒状,粒径0.04～3.0 mm±,变化较大,石英晶粒变形及波状消光明显。次生石英往往与硫化物共生,铜矿物沿细粒石英间隙分布,表明硫化物形成与细粒石英有关。这是因为在成矿过程中,伴随成矿温度下降,矿液中的 SiO_2 以石英形式不断晶出,到热液中晚期阶段 Cu、Pb、Zn 等金属离子浓度达到过饱和,也以不同硫化物形式沉淀在石英间隙或裂隙中,形成含铜石英脉。

3）绿帘石

绿帘石也是矿石中常见的重要蚀变矿物之一,与铜矿化关系密切。在矿（化）体中广泛分布,围岩中较少见。绿帘石呈他形粒状集合体,粒径0.04～0.4 mm±,呈粒状、团块状或脉状产出,多沿矿石中的绺裂分布,并对围岩产生交代蚀变。

4）绢-白云母

绢-白云母是矿石中常见的脉石矿物之一,在矿（化）体中普遍存在,与铜矿化关系密切。绢-白云母呈鳞片—片状集合体,呈浸染状、团块状分布,是部分构造角砾岩全岩绢云母化的主要矿物。在矿石中,绢-白云母共同出现的地段往往是构造挤压及硅化发育地段,也是铜矿化富集部位,这表明钾化是铜矿化的重要作用之一。

5）黑云母

黑云母化是矿石和蚀变围岩中普遍存在的交代蚀变,黑云母也是钾交代的特征矿物之一,分布于火山-次火山岩型铜矿（化）石中。黑云母呈片状集合体分布于被交代岩石中,分布不均匀,多呈团块状产出,并与绢云母化、绿泥石化等蚀变共生。

6）绿泥石

绿泥石化是矿石和围岩中常见的交代蚀变现象之一,绿泥石是青磐岩化标志矿物之一,在围岩和矿石中广泛分布。绿泥石呈片状,粒径0.04～0.45 mm±。形成有两个世代,成矿前的绿泥石分布于矿化围岩和围岩中,交代原岩中的暗色矿物角闪石或黑云母,是早期青磐岩化特征矿物之一,粒径细,分布均匀,与铜矿化无直接关系。成矿期生成绿泥石粒径较大,一般 0.15～0.45 mm±,分布不均匀,与绿帘石、黑云母等热液矿物一起呈团块状、脉状沿裂隙产出,与铜矿化关系密切。

7）方解石

方解石是矿石和矿化围岩中常见的脉石矿物之一,分布极不均匀,主要见于成矿后的裂隙中,呈脉状产出。方解石他形粒状,粒径0.06～0.8 mm±,除了呈脉状外也交代围岩形成碳酸盐化。

8）硬石膏

硬石膏见于矿石中,分布不均匀,仅在矿床部分钻孔中可见。在一些矿化蚀变作用较强的部位或含铜石英脉中,常与次生石英、白云石、绿泥石、绿帘石及绢云母等共生（附录12 图58）。硬石膏形态多呈他形—半自形粒状（附录12 图59）,粒径较细,为 0.1～0.45 mm±。并具定向分布,在硬石膏出现的地段也常伴有金属矿化,表明其是成矿热液活动的产物。

9）斜黝帘石

斜黝帘石呈他形细粒集合体，分布均匀，常交代斜长石。在矿石中少见，常与高岭石，绿泥石化共生在一起，是青磐岩化的特征矿物之一。

10）重晶石

重晶石在矿床中分布较少，见于氧化矿石中，与脉石矿物石英共生。重晶石呈他形不规则粒状，少数为板状，白色、乳白色、浅黄色，条痕白色，透明至半透明，玻璃光泽，解理{001}完全，性脆，粒径0.1～0.5 mm，少数达1.0 mm。

11）白云石

白云石在矿石中常见，分布于透明矿物间或微裂隙中。形态呈自形—半自形粒状，粒径细，与次生石英、绿帘石、绿泥石等矿物共生。

12）高岭石

高岭石化是围岩和矿化岩石中常见的一种次生蚀变，一般在成矿早期阶段出现。高岭石呈鳞片状集合体交代斜长石，分布较少。

二、岩、矿石化学成分

1. 常量元素特征

矿区岩石化学成分与岩浆岩平均值比较，变化不大，均在一定数值范围内变动。矿石全分析样品结果显示，主要岩性为中基性火山岩，伴有不同程度的蚀变。因此，其化学成分与相应岩石对比，在 SiO_2、K_2O 等几种成分上有一定变化，含量较同类岩石高，与矿床中普遍存在钾化、硅化作用有关。氧化矿石与原生矿石相比，除 Fe_2O_3 含量略高一些外，其他成分之间均无差异。

2. 微量元素特征

(1)矿区围岩中的微量元素值与中国相应岩石的微量元素平均值对比，各类数据变化范围小，没有反映出岩石具高背景的特点，表明本区火山-次火山岩并不是铜矿化作用直接母岩层。

(2)矿石中微量元素含量普遍高于围岩相应元素的值，其中 Au、Ag、Cu、Zn、Sb、Bi、W、Mo 明显高于围岩中同类元素值一倍至几十倍，Cr、Ni、Co、Pb 变化较小，与围岩相当，As 较岩石中略高，表明微量元素富集与成矿热液活动有关，属铜矿化作用的成矿元素之一。

(3)氧化矿石与原生矿石中的微量元素对比，其中 Au、Ag、As、Sb 在地表似乎有贫化现象，其他元素如 Cu、Zn、W 等未发生明显变化。

(4)综上所述，与矿区铜矿（化）体对应的微量元素异常为 Au、Ag、Zn、Sb、W、Mo、Bi、Pb 等，其中 Au、Ag、Zn 异常与 Cu 异常套合极好，异常强度较大，是找矿的主要元素。在野外利用化探剖面和原生晕异常进行铜矿、金矿找矿时，要重视这种多元素组合的异常，尤其 Cu、Au、Ag、Zn 套合好的异常，可能就是矿化体的具体反应。As 异常不明显，表明与铜矿化关系不密切，Cr、Ni、Co 一般无异常反应，与铜矿化活动无关。

3. 稀土元素特征

稀土元素地球化学共性和差异性，在成岩、成矿过程中，表现出明显同位素示踪效应，因此，研究铜矿成矿活动中稀土元素地球化学特性，对揭示成矿物质来源、确定成矿条件具一定意义。

(1)与标准球粒陨石中的稀土元素平均值相比，矿区岩、矿石中的轻重稀土值均明显高于球粒陨石中的含量达1至数倍，表明成岩成矿作用过程中，稀土元素具明显分馏富集现象。

(2)岩、矿石中轻稀土元素含量均明显高于重稀土元素，表明岩、矿石中轻稀土元素的活动较重稀土元素活跃，可能与成矿深度较浅有关。

(3)岩石中轻稀土元素含量明显高于矿石中，但重稀土元素含量变化小，反映在成矿过程中，分异作用使一部分稀土元素趋向贫化。

4. 同位素和包裹体特征

测定 H、O 同位素的石英样品选自含铜石英脉中,这种石英与铜矿化关系密切,是成矿热液活动的产物。其中 $\delta^{18}O_{SMOW}$ 在 8‰～11.5‰ 之间,平均 9.8‰。δD_{SMOW} 为 －64‰～－50‰,平均 －55.8‰。H、O 同位素值变化范围窄,O 同位素值与花岗岩类岩石 $\delta^{18}O$ 值(7‰～13‰)基本重合。表明矿区成矿热液中水以来自酸性岩浆为主,但也不排除外来热液混入。

S 同位素样品主要选自矿区原生矿石中的硫化物(黄铜矿、黄铁矿),经测定矿床的 $\delta^{34}S$ 在 1.9‰～4.8‰ 之间,平均 3.3‰,S 同位素值变化范围很小,与玄武岩(2‰～5‰)类岩石 S 同位素值接近,表明矿石中的 S 来自深部岩浆。

C 同位素样品选自矿石中的方解石和石英及矿石全岩样品,样品中的 C 主要来源于方解石,其形成在成矿期后,与矿化没有直接关系。经测定 $\delta^{13}C$ 值在 －4.2‰～－2.9‰ 之间,变化范围窄,C 可能来源于地壳沉积有机物质。

包裹体液相成分测定结果表明,液体包裹体主要成分为 H_2O、CO_2、CH_4,次为 H_2S、SO_2、C_3H_8,其中 H_2O 占比很大,在 80% 以上,其次为 CO_2、CH_4,分别为 6%～12% 和 1.4%～3.7%,而 H_2S、SO_2、C_3H_8 则很少,只在部分样品中出现。原生包裹体和次生包裹体成分略有差异,但变化不大,表明矿液中 H_2O、CO_2、CH_4 是主要成分。

气相包裹体主要成分为 CO_2、CH_4,次为 SO_2、CO、N_2、C_2H_2、C_3H_6、C_3H_8。其中原生包裹体和次生包裹体成分差异不明显。

矿床中含铜石英脉有两种类型,一种是产在中基性火山-次火山岩中的石英细脉和网脉,形成深度 －400～－100 m,另一种是产于矿床下部 －700 m 以下的石英岩核。石英中包裹体发育,原生包裹体呈圆形、椭圆形,大小 3 μm×2 μm～12 μm×12 μm。产于火山岩中石英均一温度为 96～247 ℃,多集中在 110～190 ℃ 之间,常见于成矿中期阶段钾化带内,属中低温。产于矿床下部硅化核中的石英包裹体均一温度在 100～179 ℃ 之间,见于成矿晚期硅化带,属低温产物。这表明上部石英形成温度较下部硅化核中的石英温度要高一些,但从总体上看,本矿床生成温度不高,属中低温热液活动的产物(未考虑深部岩体的成矿活动)。

三、矿石结构构造及矿石类型

矿石组构包括矿石结构和构造两种,在矿体中矿石组构类型比较简单,以一种或两种为主,其他类型较少。矿石结构常见粒状结构,次为固溶体分离结构、交代结构及碎裂结构。矿石构造主要为浸染状构造,次为脉状构造。在高品位地段,由两种构造组成细脉浸染状构造。

1. 矿石结构

1)粒状结构

按晶粒的结晶程度可分为自形粒状结构、半自形粒状结构和他形粒状结构。金属矿物主要以他形粒状为主,部分形态不规则,黄铜矿、斑铜矿、闪锌矿等硫化物均呈他形晶产出,仅少量呈半自形粒状分布。自形粒状结构多见于黄铁矿或磁铁矿中。粒径变化大,为 0.01～2.0 mm±,少部分小于 0.01 mm,主要呈单体或粒状集合体产出。

2)固溶体分离结构

固溶体分离结构是指两种或两种以上组分,在高温时能相互混溶,构成均一固体相矿物。当温度下降到某一段,其中某种组分达到过饱和而分解出来,形成有规则的两种矿物连晶的现象(附录12 图60)。在矿石中可以见到的固溶体分离结构有叶片状结构、乳滴状结构和文象结构。

叶片状结构: 斑铜矿在黄铜矿中呈叶片状分布,少见。

乳滴状结构：黄铜矿呈乳滴状分布在闪锌矿中，偶见。

文象结构：斑铜矿与黄铜矿呈文象状连生，偶见。

3）交代结构

矿石中交代结构不发育，主要见于氧化矿石中，混合矿石中可见，原生矿石中偶见。

交代环边结构：铜蓝沿黄铜矿边缘交代，形成交代环边结构（附录12图51），偶见辉铜矿交代锌砷黝铜矿或斑铜矿形成环边结构。

交代假象结构：褐铁矿交代黄铁矿、黄铜矿等硫化物，具该矿物的外形。

4）碎裂结构

早期生成粗粒黄铁矿受应力影响产生破碎，被晚期黄铜矿沿裂隙充填并胶结（附录12图39）。

2. 矿石构造

矿石中金属矿物分布以不均匀为主要特点，与成矿时产生的微裂隙发育程度及性质有关。从显微镜下观察可知，沿张裂隙或压扭性裂隙充填的多以脉状为主，沿绺裂分布的矿物则呈团块状、网脉状和条带状产出。

1）浸染状构造

浸染状构造在矿石中最为常见，分布很广。按矿石中硫化物含量进一步划分为：①星点浸染状构造，硫化物含量小于5%（附录12图61）；②星散浸染状构造，硫化物含量5%～10%（附录12图62）；③稀疏浸染状构造，硫化物含量10%～30%（附录12图63）。星散浸染状构造和稀疏浸染状构造在工业矿体中多见，星点浸染状构造则多见于矿化围岩中。按矿床中硫化物分布特点又可分为浸染条带状构造和浸染团块状构造。

2）脉状构造

脉状构造在矿石中常见，黄铜矿等金属硫物呈枝脉状、细脉状产出（附录12图64），脉厚0.1～4 mm±，脉长十几毫米至上百毫米，规模一般不大，脉体时而连续，时而断续沿裂隙分布。一般来说，硫化物矿脉发育地段是主要工业矿体分布地段，铜矿化也明显富集。

3）斑杂状构造

斑杂状构造在矿石中很常见，金属硫化物分布不均匀，多集中在一起分布，呈斑杂状产出（附录12图65）。

4）细脉浸染状构造

由脉状分布的硫化物和呈浸染状分布的硫化物共同构成细脉浸染状构造（附录12图66），是鉴定斑岩型铜矿的一种特征构造，主要分布在矿石较富的部位。

3. 矿石类型

1）按矿石氧化程度划分

（1）氧化矿石：分布在矿床浅部至地表，延伸一般30～40 m，个别地段达50～60 m（如ZK708孔），经物相分析测定，其中固定硫酸铜小于10%，氧化铜达30%。矿石呈土黄色、灰黄色、黄褐色等，结构疏松，易碎。黄铜矿、斑铜矿等原生硫化物已完全变为褐铁矿和氯铜矿，偶尔可见未蚀变细粒黄铜矿包裹于石英中。氧化矿石在地表极易发生变化，即使是钻孔中的样品在短时间内也会转变为土黄色、黄褐色结构松散的块状体，手捏易碎，加之特有的氯铜矿化现象，从肉眼看很容易与混合矿石区分。

（2）混合矿石：位于氧化矿石与原生矿石之间，厚度一般2～5 m，呈灰色—灰绿色，结构较紧密，与原生矿石相似。含铜硫化物黄铜矿多数仍被保留下来，仅少数被铜蓝、褐铁矿交代，一般未见氯铜矿化。

（3）原生矿石：矿区主要工业矿石类型，从矿体浅部至下部，在某些部位延深很大，如ZK1507孔深达800 m，含Cu平均品位仍为0.54%。该类矿石包括石英岩型矿石、斜长花岗岩型矿石和中基性火山-次火山岩型矿石。矿石为灰绿色、灰白色、白色，结构致密，氧化程度低。有用工业矿物主要是黄铜矿、斑铜矿，次有闪锌矿、方铅矿、辉铜矿、锌砷黝铜矿，矿石具浸染构造和脉状构造，夹石英细网脉。脉石矿物为石英、绢-白云母、绿泥石、黑云母、钠长石。方铅矿、闪锌矿、辉钼矿含量低，在矿石中含量未达到伴生有益组分的工业指标。

2) 按矿石结构、构造划分

按硫化物含量、空间分布及相互关系主要分为浸染状矿石、脉状矿石、细脉—浸染状矿石3类。在矿化局部富集地段矿石以细脉—浸染状构造为特点，含 Cu 品位一般在 1% 以上。在铜分布贫化或较低部位，则以浸染状构造为特征，含 Cu 品位一般小于 0.5%。一般来说，浸染状构造和脉状构造对铜矿的选别是有利的。

四、主要矿物生成顺序

根据岩石及矿石中矿物的分布、含量及相互关系，确定本矿床中矿物生成期为岩浆期、热液期和表生期，热液期又分为早、中、晚3个期次，每个期次都对应一个特征的矿化阶段。表生期在本次采样工作中未见，可能在局部有出现，参照土屋铜矿地表氧化带中的氧化蚀变矿物种类和分布，将氯铜矿和褐铁矿两个主要氧化蚀变矿物放在顺序表中，构成一个完整的岩石矿物形成及演化序列（表12-2）。

表 12-2　土屋铜矿矿床中矿物生成顺序简表

期次	岩浆期	热液期 早期	热液期 中期	热液期 晚期	表生期
矿物	成岩阶段	硫化物-石英阶段	钾化阶段	碳酸盐化阶段	氯铜矿化阶段
斜长石	—				
角闪石	—				
石英	—				
钛铁矿	—				
磁铁矿	—	—			
黄铁矿		————————	————————	-------	
次生石英		————————	————————		
绿泥石		————————	----		
绿帘石		————————	----		
白云母		—			
绢云母		————————	————————	----	
钠长石			—		
斜黝帘石			—		
硬石膏			—		
白云石			—		
石膏			—		
方解石				—	
高岭石				--------	
黄铜矿			—		
斑铜矿			—		
砷黝铜矿			—		
辉钼矿			—		
闪锌矿			--		
氯铜矿					—
褐铁矿					—
主要特点	形成各类岩浆矿物	形成硫化物-石英脉，粒径粗	对围岩扩散交代	形成方解石脉	形成表生矿物

岩浆期主要包括成岩阶段，形成各类岩浆岩，以中性火山岩-次火山岩及斜长花岗斑岩为代表，原生矿物主要为斜长石、石英及角闪石、钛铁矿、磁铁矿、板钛矿等。热液期又可分为早、中、晚3个期次，早期阶段以充填为特征，形成硫化物-石英脉，并伴有白云母、绿泥石、绿帘石、硬石膏等矿物。黄铁矿粒径很粗，常被压碎呈碎粒状分布。中期阶段以含矿热液的扩散交代作用为特征，见于矿化围岩中，矿石矿物呈浸染状分布。除黄铜矿和黄铁矿外，伴生的蚀变矿物为绢云母、石英、白云母、绿泥石、绿帘石、钠长石、斜黝帘石、硬石膏及白云石等，以交代围岩中的矿物和沿微裂隙分布为特点。晚期阶段主要以形成方解石脉为特点，并伴生有方解石、高岭石等低温热液形成的矿物，铜矿物很少见到，可出现黄铁矿。

第五节　矿石工艺矿物学特点

一、有益、有害元素赋存状态特点

由矿石有益有害元素分析结果可知（表12-3），矿石中有益元素主要为Cu，次有少量的Mo和Zn。Cu含量达工业品位，在空间分布上较均匀，品位偏低，一般0.3%～0.9%±。铜矿物是选别的主要目的矿物。

表12-3　土屋铜矿矿石中有益、有害成分含量分布表

样号	有益元素									有害成分
	Cu/%	Au/10^{-6}	Ag/10^{-6}	Pb/10^{-6}	Zn/10^{-6}	Mo/10^{-6}	Ni/10^{-6}	Ga/10^{-6}	As/10^{-6}	MgO/%
H-2	0.32	0.04	0.8	7.48	89.10	5.95	127.30	26.70	5.24	2.84
H-7	0.30	0.03	1.4	11.02	133.00	65.23	30.41	14.16	26.46	1.84
H-4	0.19	0.03	0.6	11.20	20.81	81.96	149.70	20.30	7.73	0.50
H-6	0.35	0.02	0.6	6.52	65.70	246.00	54.08	20.08	10.24	4.84
混合样品	0.52	0.17	0.0	50.00	40.00	180.00	30.00		20.00	2.01
参考值	0.30	0.10	1.0	2 000.00	4 000.00	100.00	1 000.00	>10.00		<5.00

分析单位：新疆矿产实验研究所测试专业室。

铜物相分析结果见表12-4，无论是混合矿石还是单独矿石，Cu绝大多数赋存在原生硫化铜矿物中，有少量在次生硫化铜和自由氧化铜矿物中，其他形式的铜基本没有，这与显微镜下鉴定结果基本吻合。由表12-5可知，Cu主要赋存在黄铜矿、斑铜矿和砷黝铜矿中，在黄铁矿、闪锌矿和辉钼矿中含量很低。因此，只要将黄铜矿等铜矿物回收，就能达到回收目的。Cu在矿石中含量低，平均值$180×10^{-6}$，作为有益组分其含量已超过工业标准值，但从分析结果可以看出，部分样品中Mo含量低于标准值。表明钼矿化不均匀，从表12-5中可知，Mo主要赋存在辉钼矿中，含量达60.36%，而在其他硫化物中含量低，分布不均匀，是否可以综合回收，应通过选矿试验来确定。Zn主要赋存闪锌矿中，因在矿石中分布极少，回收无意义。其他元素Au、Ag、Pb、Ni等含量很低，不具工业意义。

由表12-3可知，有害元素为As和Mg，其中As含量平均$13.9×10^{-6}$，Mg含量平均$2.4×10^{-6}$，含量较低，均低于工业参考值。结合显微镜下观察，As主要赋存在砷黝铜矿中，含量15.42%，在其他矿物中含量很低，在矿石中黝铜矿含量很低，对铜精矿质量影响不大。Mg主要赋存在白云石、绿泥石等矿物中，含量低，不会对铜精矿质量产生影响。

表 12-4 土屋铜矿原生铜矿石物相分析结果　　　　　　　　　　　　　　　　　　　单位:%

分析项目	硫酸铜	原生硫化铜	自然铜	自由氧化铜	次生硫化铜	结合氧化铜	原矿品位	备注
1	0.00	0.49	0.00	0.00	0.03	0.00	0.52	混合矿石
2	0.00	0.28	0.00	0.03	0.00	0.01	0.32	安山岩(铜矿石)
3	00.00	0.18	0.00	0.02	0.00	0.01	0.21	铜矿石
8	00.00	0.05	0.00	0.02	0.02	0.00	0.09	矿化斜长花岗斑岩

注:自由氧化铜为不含硅的氧化铜,如孔雀石;次生硫化铜为变质后铜矿物,如铜蓝、辉铜矿等;结合氧化铜为含硅孔雀石。

分析单位:新疆矿产实验研究所测试专业室。

表 12-5 土屋铜矿硫化物电子探针成分分析平均值　　　　　　　　　　　　　　　　单位:%

序号	矿物名称	分析结果											
		Cu	Fe	S	Sb	Zn	Cr	Ni	Mo	Au	Co	Ag	Pb	As
1	黄铜矿	33.83	30.41	35.25	0.01	0.08	0.04	0.02	0.00	0.11	0.05	0.08	0.09	0.01
2	黄铁矿	0.06	46.07	53.55	0.04	0.03	0.03	0.01	0.00	0.09	0.07	0.01	0.04	0.01
3	斑铜矿	62.18	11.19	26.14	0.02	0.07	0.03	0.05	0.00	0.18	0.03	0.08	0.00	0.03
4	砷黝铜矿	45.41	4.32	29.04	2.04	3.55	0.04	0.01	0.00	0.08	0.01	0.10	—	15.42
5	闪锌矿	0.09	0.13	33.39	0.09	66.09	0.03	0.04	0.00	0.08	0.00	0.05	0.09	—
6	辉钼矿	0.06	0.25	38.77	0.18	0.04	0.06	0.04	60.36	0.08	0.01	0.08	—	0.11

注:—为元素含量未达检出下限,未检出。

分析单位:新疆矿产实验研究所鉴定专业室。

二、矿石矿物粒径及嵌布方式

1. 矿石矿物粒径

矿石中黄铜矿结晶嵌布粒径显微镜下测定范围在 0.003～1.5 mm 之间,多数集中在 0.03～0.55 mm 之间,粒径变化较大。黄铁矿粒径较粗,为 0.01～2.0 mm,多数在 0.05～0.65 mm 之间,其他铜矿物如斑铜矿粒径也很细,为 0.003～0.25 mm,多在 0.04 mm 以上。矿石矿物工艺嵌布粒径按要求一般划分为 6 个级别(表 12-6),每个级别的矿物颗粒大小及选别方式都有所不同,主要取决于矿石类型和工艺特性。由表 12-6 中可知,黄铜矿工艺嵌布粒径主要为 0.02～0.2 mm±,属于细粒级,约占总数的 76.8%。次为中粒级和微粒级,分别为 9.8% 和 13.0%,以微—细粒为主。黄铁矿细粒级占多数,约 61.0%,次为中粒级,占 29.3%,以中细粒居多为特点。斑铜矿粒径微—细粒级占绝大多数,占 98.1%,粒径很细。因此,有用矿物嵌布粒径特性是微—细粒占优势。

表 12-6 土屋铜矿矿石矿物嵌布粒径分布表

序号	嵌布方式	嵌布粒径	黄铜矿		黄铁矿		斑铜矿	
			个数	比例/%	个数	比例/%	个数	比例/%
1	粗粒嵌布	>2 mm	0	0.0	4	0.4	0	0.0
2	中粒嵌布	2～0.2 mm	114	9.8	328	29.3	17	1.6
3	细粒嵌布	0.2～0.02 mm	893	76.8	682	61.0	575	53.0
4	微粒嵌布	20～2 μm	151	13.0	99	8.9	489	45.1
5	次显微嵌布	2～0.2 μm	5	0.4	5	0.4	3	0.3
6	胶体分散	<0.2 μm	0	0.0	0	0.0	0	0.0
	合计		1163	100.0	1118	100.0	1084	100.0

2. 矿石矿物晶粒形态及嵌布方式

矿石矿物按其结晶完整程度分为自形晶、半自形晶和他形晶。其中黄铜矿以他形晶为主，少部分为半自形晶，部分颗粒外形不规则，呈拉长粒状、多角状和脉状分布，边缘呈直线、简单曲线和不规则曲线与其他矿物接触。晶粒与晶粒之间接触面多比较平坦光滑，有利于金属矿物破碎、单体解离及选别。此外，在矿石中可见少量包含结构，黄铜矿被包裹在黄铁矿和闪锌矿中，但所占比例极低，对矿石中Cu的回收影响不大。黄铁矿呈自形—半自形粒状，晶粒边界平直光滑，粒径较粗，很容易回收。其他铜矿物如斑铜矿含量低，呈他形粒状，边缘较规则，粒径细，也有利于选别。

3. 矿石构造及相对可选性

矿石构造相对比较简单，主要为浸染状构造、脉状构造和细脉浸染状构造，对铜矿石来说，这些构造类型是有利于矿石矿物的单体解离和选别的。

4. 矿石中矿物连生体的连生特性研究

矿石中矿物连生体种类主要分为两种类型。

(1)有用矿物和有用矿物连生，主要分为4种类型：①黄铜矿与黄铜矿连生，在矿石中常见；②黄铜矿与黄铁矿连生，在矿石中常见；③黄铜矿与斑铜矿连生，在矿石中少见；④黄铜矿与辉钼矿或闪锌矿连生，在矿石中少见。

(2)有用矿物和脉石矿物连生，分为3种类型：①有用矿物被包裹在脉石矿物中，在矿石中少见；②有用矿物分布在脉石矿物粒间，在矿石中多见；③有用矿物沿脉石矿物微裂隙分布，在矿石中多见。

5. 矿石中连生体结构特点

不同矿物间嵌布关系分为以下3种情况。

包裹连生：一种矿物被包裹在另一种矿物中，矿石中常见脉石矿物包裹硫化物；黄铜矿被包裹在黄铁矿中，也比较常见；闪锌矿包裹黄铜矿，少见。

穿插连生：一种矿物颗粒由连生体边缘穿插到另一种矿物颗粒的内部，黄铜矿沿黄铁矿裂隙穿插连生，较常见。

毗邻连生：矿石中不同矿物颗粒毗邻接触，矿物颗粒形态多呈粒状，接触界线光滑平直或呈简单曲线状，这类结构在矿石中占多数，一般容易单体解离。

三、矿石工艺矿物学特点及选矿方法

矿石中有用元素主要为Cu，伴生有益元素为Pb、Zn、Au、Ag、W、Mo、Bi、Co、Ni及稀散元素Cd、Ga、Se等，但其中只有部分元素，如Au、Ag、Ga达到伴生有益组分工业指标。矿石中有害组分为MgO、F、As、Zn，在有害组分中，除MgO含量较高外，平均含量为3.8%，F、As、Zn均不高，分别为0.1%、9.0×10^{-6}和0.2%。在矿石中有害组分如果超过一定限量，将影响矿石冶炼并污染环境，因此在选冶过程中必须得到很好的控制。黄铜矿、斑铜矿的嵌布粒径在0.01～2.50 mm之间，主要集中在0.03～0.64 mm之间，属中细粒级，粗粒和微粒嵌布类型较少，选矿方法应以浮选为主，配以磁选等方法，剔除磁铁矿等。土屋铜矿矿石有用矿物的嵌布粒径大小不均匀，为0.01～2.5 mm±，多数在0.03～0.64 mm之间，主要集中在中细粒级，属于中、细粒占优势不等粒矿石，可考虑采用阶段破碎、磨碎的选别方法。

在对土屋铜矿做矿石物质组分研究的同时，也对原生矿和氧化矿进行了选冶试验研究。样品配矿品位0.71%，氧化矿品位0.39%，采用浮选工艺进行选矿，原生矿浮选指标为精矿品位19.6%，产率3.46%，回收率92.30%，氧化矿浸出率82.26%，耗酸量96.8 kg/t。试验研究结果表明，土屋铜矿矿石属于易选性矿石。

第六节 矿床成因和成矿模式探讨

土屋铜矿的产生主要与区内同一构造岩浆旋回中形成的斜长花岗斑岩有关,是原始岩浆通过结晶分异作用、火山作用、岩浆侵入作用形成各类岩石后,由含矿热液沿构造裂隙通过充填-扩散交代作用依次派生的产物。钙碱性火山-次火山岩石组合为火山角砾岩及凝灰岩-玄武岩-安山(玢)岩-细粒闪长(玢)岩,中酸性斑岩体为斜长花岗斑岩。铜矿化是在岩浆演化晚期生成的含矿热液沿构造裂隙进行充填交代的过程中产生的,对斑岩型铜矿来说,成岩和成矿作用是一个连续不可分割的过程,岩浆分异作用为成矿提供了矿质和热液来源。有利的构造部位及围岩是含矿热液活动的通道和赋矿空间,矿石中 H、O 同位素,S 同位素测定结果也表明这种推论是正确的。

成矿温度:101～409 ℃;流体包裹体盐度:$w_{(NaClq)}$ 2.68%～33.7%;黑云母 Mg/(Mg+Fe+Mn)比值 0.55～0.60。石英、绢云母的 $\delta^{18}O=7.0‰～9.8‰$,平均 8.4‰(9 个样);δD −69‰～−44‰,平均−53.9‰(7 个样品)。黄铁矿、黄铜矿 $\delta^{34}S$ 0.5‰～1.20‰,平均 0.46‰(7 个样品)。成矿物理化学条件反映出成矿为低硫、高氧、低盐度,中—低温环境。斜长花岗斑岩的 $^{87}Sr/^{86}Sr$ 初始比值 0.703 3 以及上述 $\delta^{34}S$ 为 0.46‰(近陨石硫),反映岩浆具幔源性质。

矿田产于觉罗塔格晚古生代造山带,成矿与晚石炭世早期汇聚阶段钙碱性火山-深成岩建造有关。赋矿岩体为斜长花岗斑岩及围岩(玄武岩、安山玢岩、闪长玢岩等)。岩体就位及成矿均受线性构造控制,致使矿体呈厚板状。土屋铜矿床成因类型:低硫系统中的浅成低温热液斑岩型铜钼矿床(图 12-3)。

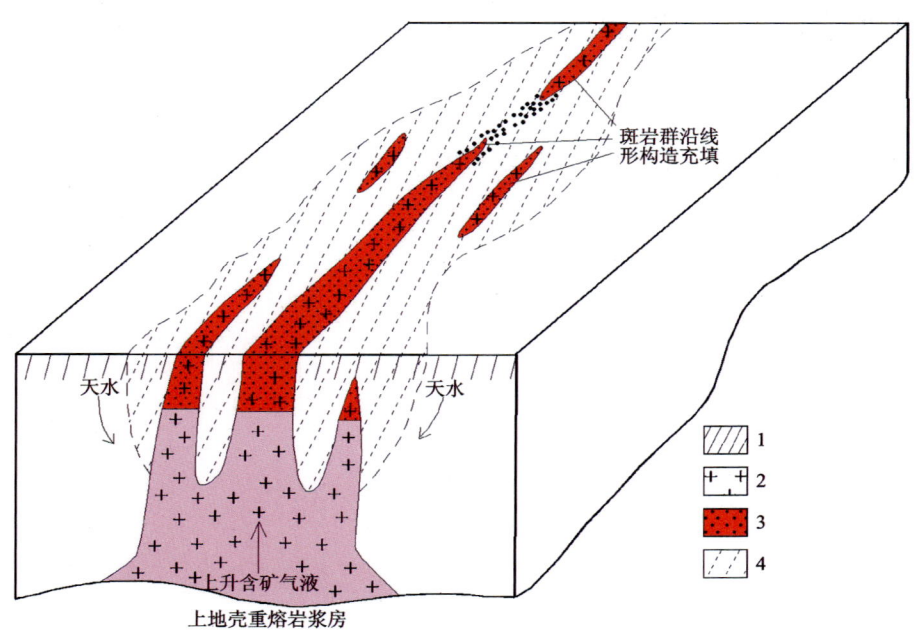

1.石炭系火山岩、凝灰岩;2.斜长花岗斑岩侵入体;3.铜钼矿化带;4.围岩蚀变晕。

图 12-3 哈密市土屋-延东斑岩铜钼矿田成矿模式图(据刘德权等,2003)

主要参考文献

韩春明,毛景文,王志良,等,2003.新疆土屋铜矿区细碧-角斑岩地球化学特征[J].地球学报,24(增刊):74-79.

侯广顺,唐红峰,刘丛强,等,2005.东天山土屋-延东斑岩铜矿围岩的同位素年代和地球化学研究[J].岩石学报,21(6):1729-1736.

刘德权,陈毓川,王登红,等,2003.土屋-延东铜钼矿田与成矿有关问题的讨论[J].矿床地质,22(4):334-344.

刘敏,王志良,张作衡,等,2009.新疆东天山土屋斑岩铜矿床流体包裹体地球化学特征[J].岩石学报,25(6):1446-1455.

潘鸿迪,申萍,陈刚,等,2013.新疆土屋斑岩铜矿床火山-侵入杂岩体、成矿岩石及其蚀变[J].矿床地质,32(4):794-808.

芮宗瑶,刘玉琳,王龙生,等,2002.新疆东天山斑岩型铜矿带及其大地构造格局[J].地质学报,76(1):83-94.

王福同,冯京,胡建卫,等,2001.新疆土屋大型斑岩铜矿床特征及发现意义[J].中国地质,28(1):36-39+29.

张素兰,姚敬金,钟清,2004.土屋铜矿与典型斑岩铜矿床地球物理、地球化学特征对比分析[J].地质与勘探,40(增刊):64-69.

赵泽南,王银宏,王建平,等,2013.土屋铜矿企鹅山群火山岩地球化学特征及其地质意义[J].矿物岩石,34(1):63-69.

内部资料

胡长安,肖忠,李鹏,等,2011.新疆维吾尔自治区哈密市土屋铜矿床勘探报告[R].昌吉:新疆地矿局第一地质大队.

王玉山,岳蕴辉,等,2002.新疆哈密市某某铜矿床Ⅱ号矿体矿石物质组分研究报告[R].乌鲁木齐:新疆矿产实验研究所.

附录 12　图片及说明

图 1　蚀变安山岩　50×　正交偏光
岩石具斑状结构，斑晶为斜长石，基质由板条状微晶斜长石及次生绿泥石、磁铁矿等构成。长石被水白云母交代，可见少量次生石英及硫化物。

图 2　安山玢岩　50×　正交偏光
岩石具斑状结构，斑晶为斜长石，未见暗色矿物斑晶。基质中斜长石呈交织状分布，其间充填绿泥石和白钛石。

图 3　蚀变安山玢岩　50×　正交偏光
斑晶斜长石强绢云母化，现已由鳞片状绢云母集合体组成，保留其板条状外形；基质中见次生蚀变矿物绿泥石。

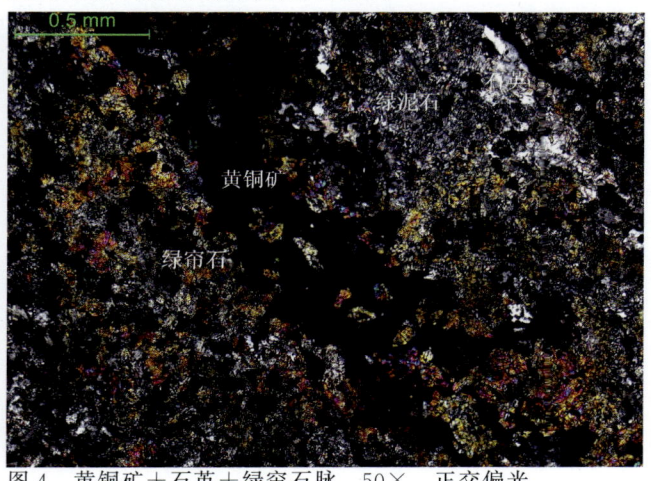

图 4　黄铜矿＋石英＋绿帘石脉　50×　正交偏光
原岩为安山玢岩，强蚀变，绿泥石化、硅化、黄铜矿化和绿帘石化，生成黄铜矿＋石英＋绿帘石脉。

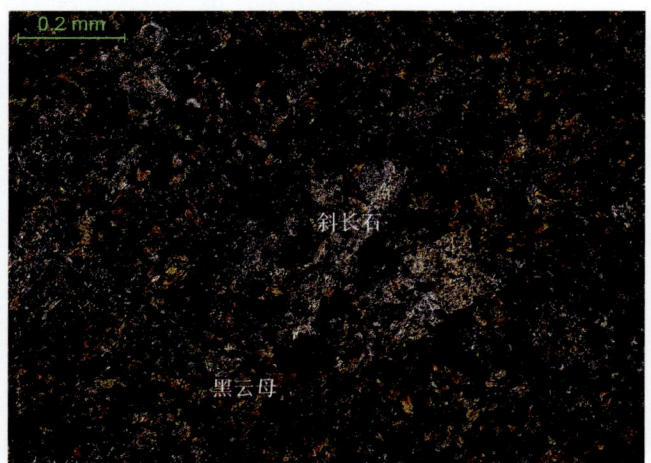

图 5　蚀变闪长玢岩　100×　正交偏光
岩石具斑状结构，斑晶为斜长石，基质由板条状斜长石构成。在基质中叠加黑云母化，为角岩化产物。

图 6　细粒闪长岩　50×　正交偏光
斜长石呈半自形粒状、板状分布，微具定向排列，暗色矿物已蚀变为绿泥石，分布于斜长石粒间。

图 7　蚀变细粒闪长玢岩 50× 正交偏光

岩石具斑状结构，斑晶为斜长石，数量少；基质由板条状斜长石、绿泥石及磁铁矿等构成，长石中分布次生绢云母。

图 8　黄铜矿-石英脉 50× 正交偏光

原岩为闪长岩，主要由半定向的斜长石构成，斜长石已完全蚀变，模糊不清。沿裂隙充填有黄铜矿-石英脉，并对围岩产生交代。

图 9　斜长花岗斑岩 1 50× 正交偏光

岩石中斑晶由斜长石、石英和云母组成。云母疑为黑云母被白云母和绿泥石交代。

图 10　斜长花岗斑岩 2 50× 正交偏光

斜长石斑晶半自形粒状、板状分布，表面绢云母化，部分已完全由绢云母集合体取代。

图 11　斜长花岗斑岩 3 50× 正交偏光

石英斑晶受构造应力影响被拉裂破碎，破碎处被白云石集合体充填。

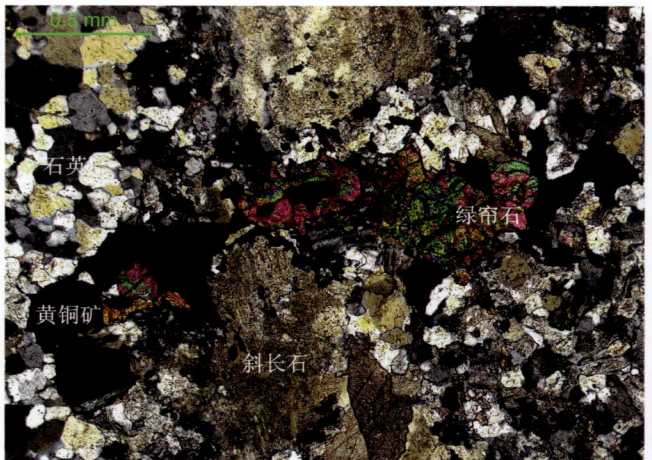

图 12　硅化斜长花岗斑岩 50× 正交偏光

岩石由钠长石斑晶和基质长石、石英集合体构成，后期产生破碎，钠长石斑晶已破碎，沿裂隙灌入绿帘石-石英脉，并伴有硅化及黄铜矿化。

哈密市土屋铜矿

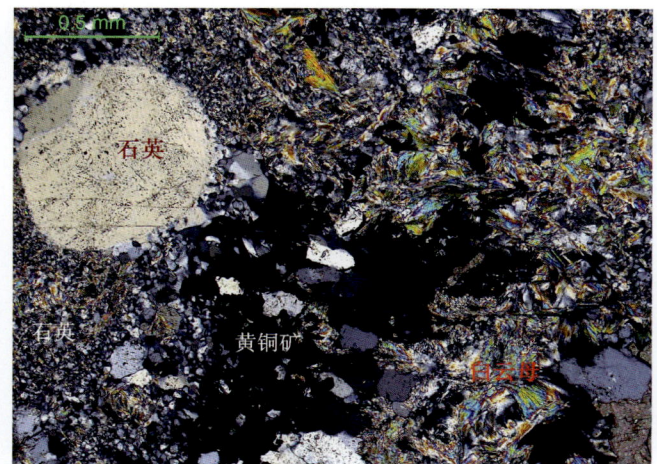 

图 13　矿化斜长花岗斑岩　50×　正交偏光
岩石中可见他形粒状石英斑晶，蚀变较强烈，绢-白云母化、硅化并伴有黄铜矿化。

图 14　次生石英岩　50×　正交偏光
主要由次生石英构成，呈他形粒状集合体分布。黄铜矿呈脉状分布于石英集合体中。

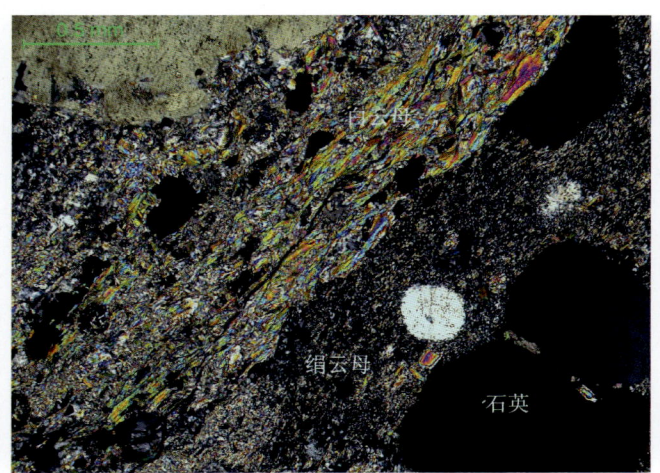 

图 15　绢-白云母化　50×　正交偏光
岩石为斜长花岗斑岩，受热液蚀变影响，岩石中可见大量次生矿物白云母和绢云母。

图 16　绢云母化1　100×　正交偏光
原岩为闪长玢岩，碎裂并叠加矿化蚀变，斜长石被绢云母集合体取代，暗色矿物已蚀变为绿泥石，并产生黄铜矿化。

图 17　绢云母化2　100×　正交偏光
原岩中的矿物已完全被次生绢云母集合体取代，并叠加黄铜矿化，原矿物及结构构造已难以分辨。

图 18　硅化　50×　正交偏光
由于热液蚀变作用，原岩中矿物及结构构造已难以分辨，次生矿物石英和白云石相间呈脉状分布。

图 19　绿帘石化　50×　正交偏光

绿帘石呈他形粒状集合体团块状分布，并叠加黄铜矿化，与硅化、碳酸盐化等蚀变共生。

图 20　黑云母化　100×　单偏光

黑云母呈片状集合体分布于被交代岩石中，分布不均匀，多呈团块状分布，与绿泥石、黝帘石等共生。

图 21　钠长石化　100×　正交偏光

岩石由钠长石、方解石、绿泥石、绢云母等次生蚀变矿物组成，已难以分辨原生矿物。

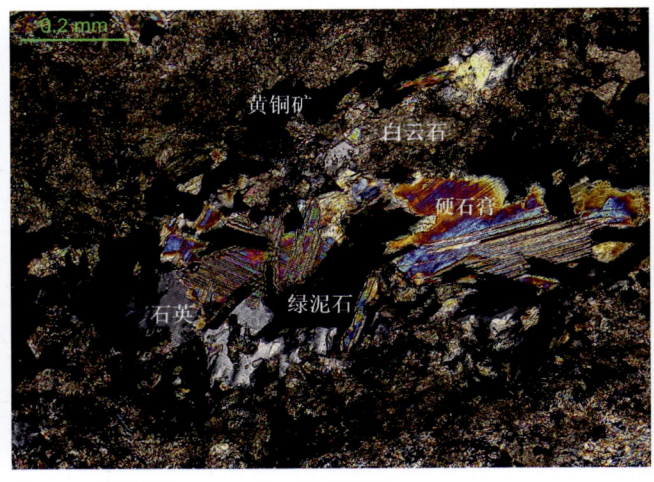

图 22　硬石膏化　100×　正交偏光

岩石中原生矿物已消失，被次生蚀变矿物硬石膏、绿泥石、白云石及石英集合体取代。

图 23　白云石化 1　50×　正交偏光

白云石自形—半自形粒状，呈集合体状分布，与硅化、硬石膏化、黄铜矿化等蚀变所产生的矿物共生。

图 24　白云石化 2　100×　正交偏光

原岩为斜长花岗斑岩，半自形粒状白云石沿边缘交代原生石英。

图 25　绿泥石化 1　100×　正交偏光
绿泥石呈叶片状集合体分布。

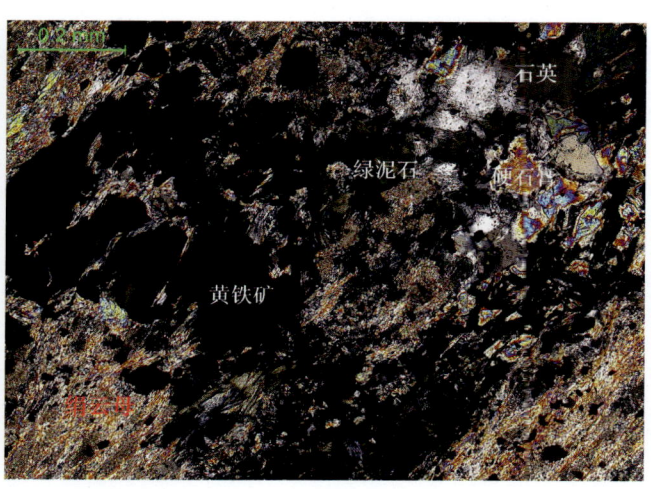

图 26　绿泥石化 2　100×　正交偏光
岩石已完全被次生蚀变矿物绿泥石、绢云母、石英、硬石膏及碳酸盐矿物取代,叠加黄铁矿化及黄铜矿化。

图 27　黝帘石化　100×　正交偏光
岩石强蚀变,黝帘石化、绢云母化、绿泥石化和黑云母化。黝帘石呈他形细粒集合体分布。

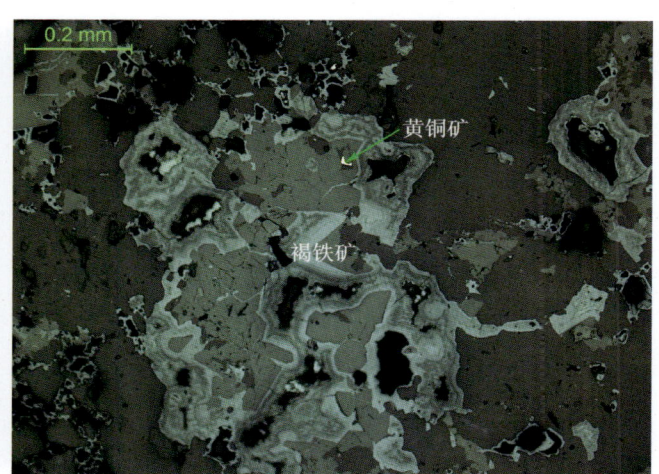

图 28　褐铁矿化　100×　单偏光
褐铁矿交代黄铜矿,呈薄膜状分布。

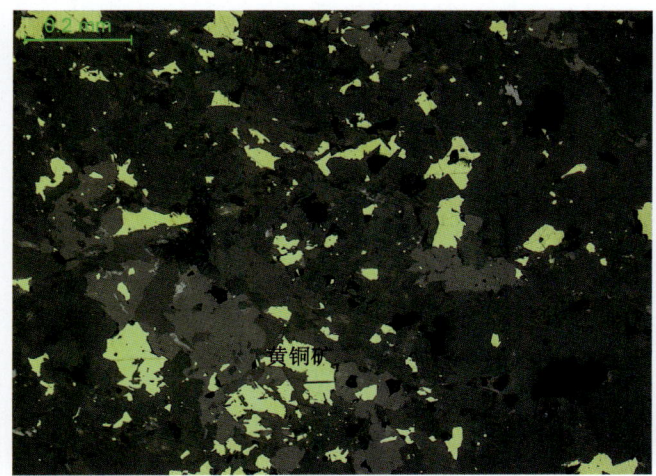

图 29　黄铜矿 1　100×　单偏光
黄铜矿他形粒状,呈星散浸染状分布。

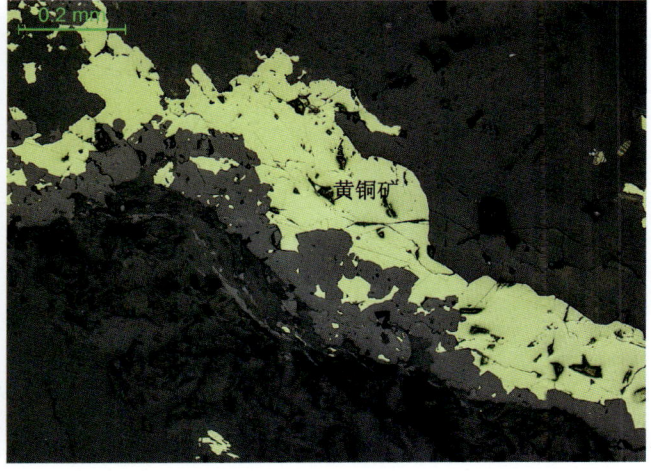

图 30　黄铜矿 2　100×　单偏光
黄铜矿沿裂隙呈脉状产出,少量黄铜矿呈星点状分布。

图31　黄铜矿3　100×　单偏光
黄铜矿他形不规则粒状、拉长状及枝杈状沿脉石矿物裂隙或粒间分布。

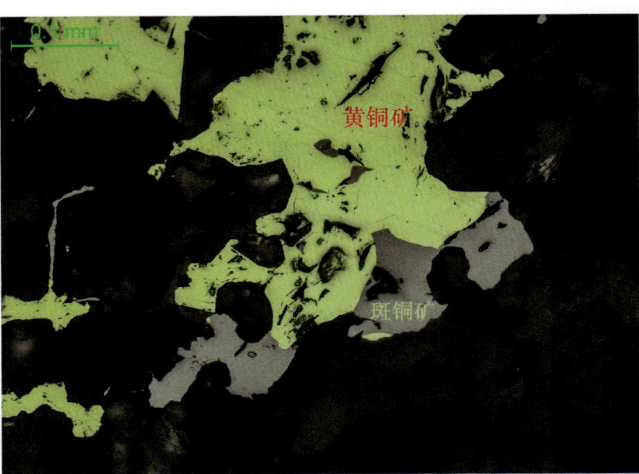

图32　黄铜矿4　200×　单偏光
黄铜矿呈集合体状分布，与斑铜矿连生。

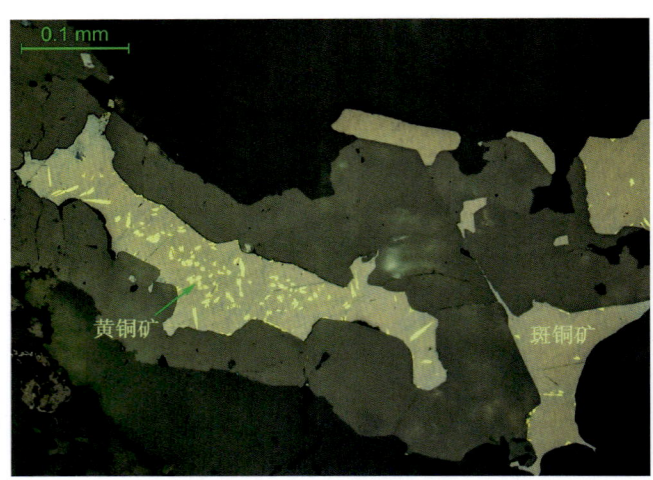

图33　黄铜矿、斑铜矿　200×　单偏光
黄铜矿呈叶片状、乳滴状分布于斑铜矿中。

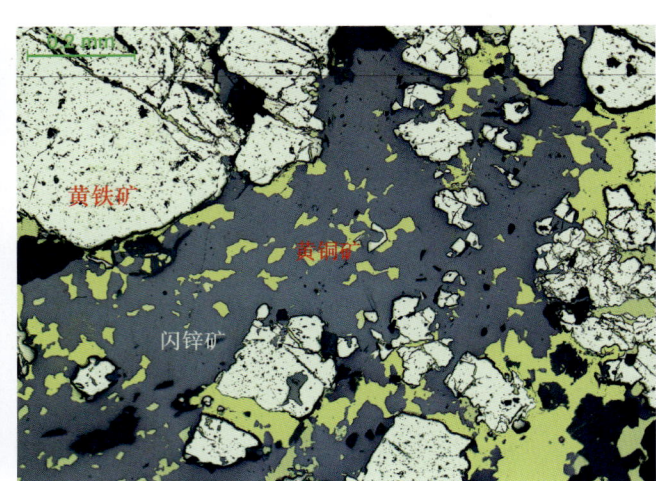

图34　黄铜矿、闪锌矿　100×　单偏光
黄铜矿呈他形细粒状分布于闪锌矿中。

图35　斑铜矿　50×　单偏光
他形粒状斑铜矿呈单晶分布于透明矿物粒间或呈集合体状产出。

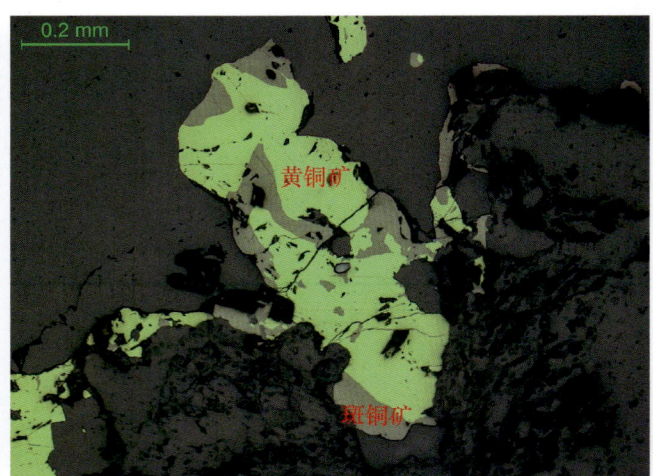

图36　斑铜矿、黄铜矿　100×　单偏光
斑铜矿与黄铜矿简单连生。

哈密市土屋铜矿

图 37　辉铜矿、斑铜矿 1　100×　单偏光
斑铜矿被辉铜矿交代,在其连生体周围密集分布许多细—微粒斑铜矿及辉铜矿,呈斑杂状产出。

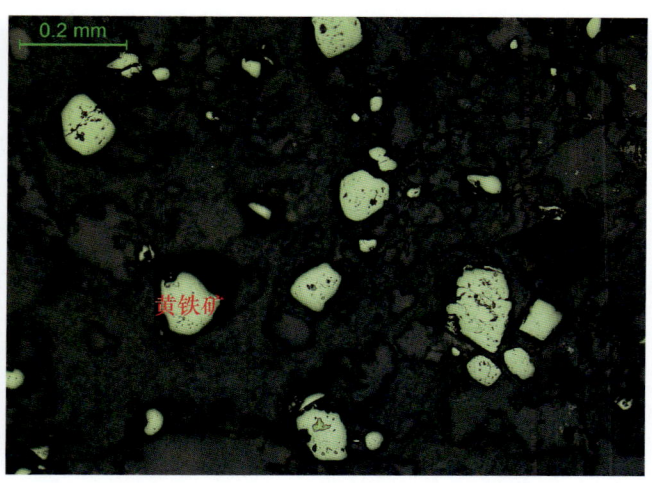

图 38　黄铁矿 1　100×　单偏光
自形—半自形粒状黄铁矿呈星点浸染状产出。

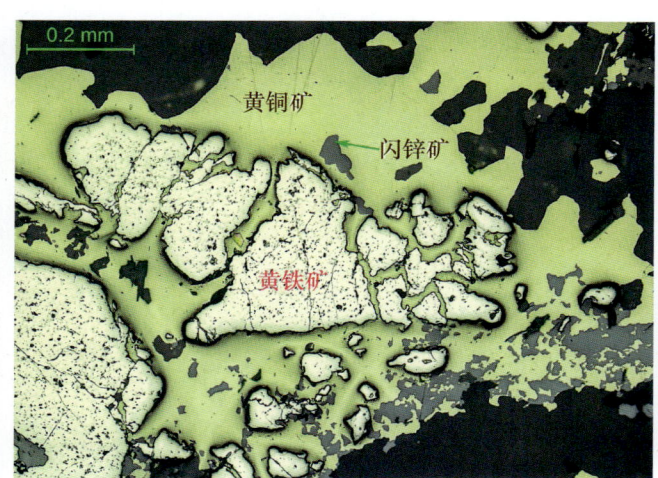

图 39　黄铁矿 2　100×　单偏光
早期生成的黄铁矿被晚期生成的黄铜矿交代,产生破碎。

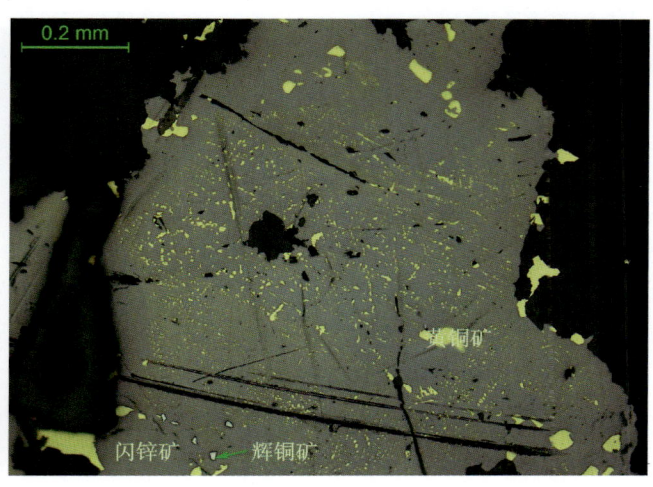

图 40　闪锌矿　100×　单偏光
他形粒状闪锌矿中含有乳滴状黄铜矿和细粒辉铜矿。

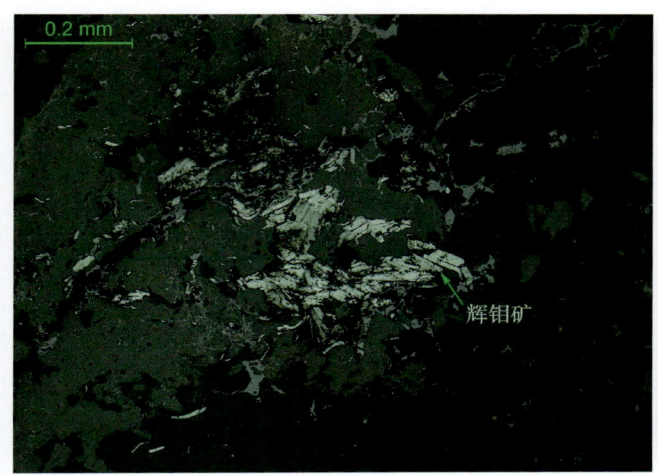

图 41　辉钼矿　100×　单偏光
片状辉钼矿呈浸染状分布于脉石矿物粒间。

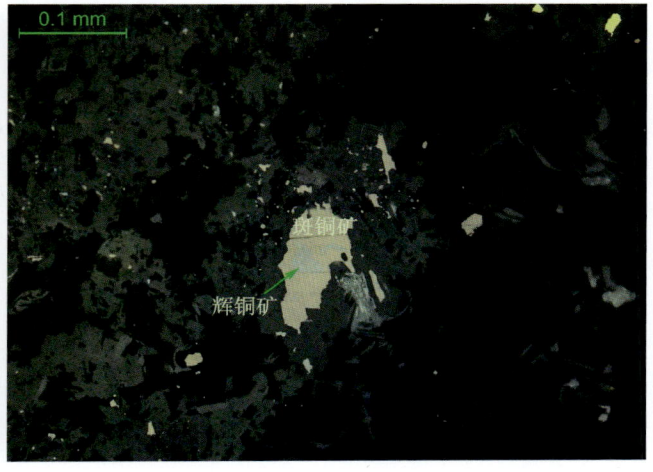

图 42　辉铜矿、斑铜矿 2　200×　单偏光
辉铜矿包裹于斑铜矿中。

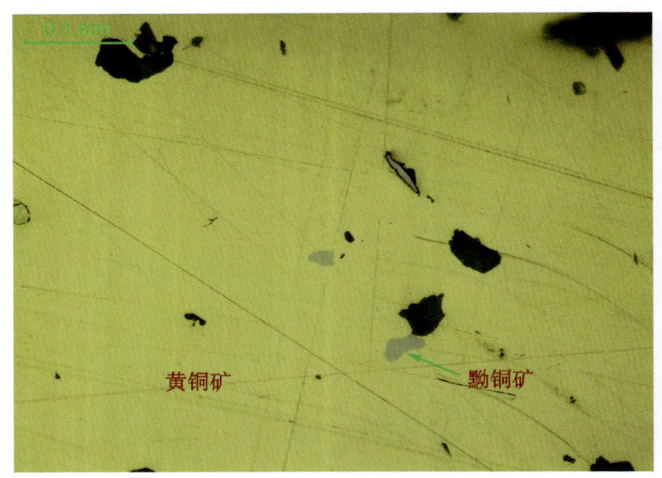

图43 黝铜矿、黄铜矿 200× 单偏光
黝铜矿包裹于黄铜矿中。

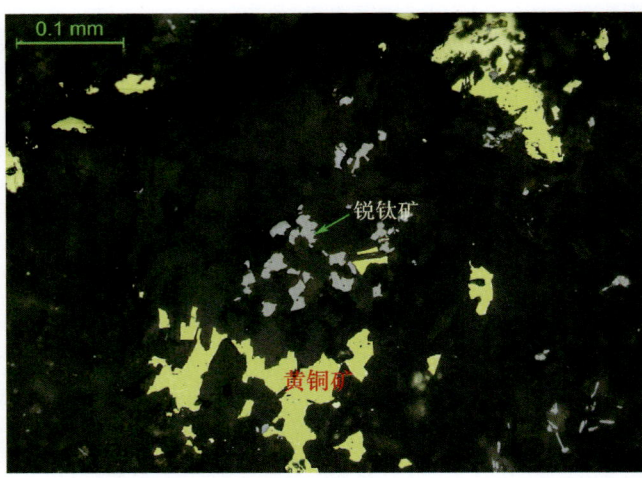

图44 锐钛矿1 200× 单偏光
他形粒状锐钛矿呈星点浸染状分布,与黄铜矿共生。

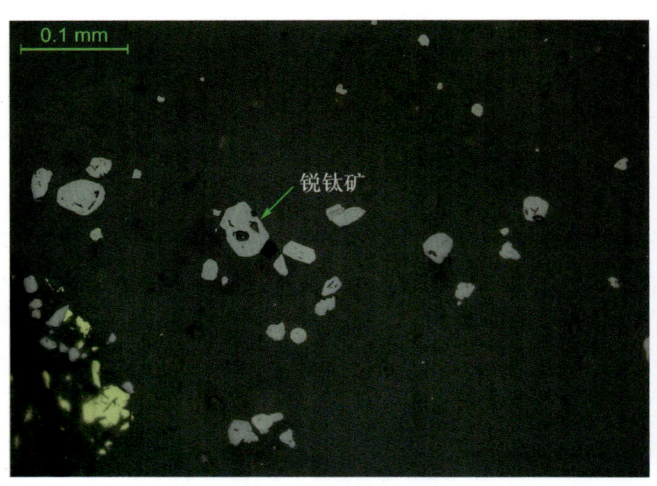

图45 锐钛矿2 200× 单偏光
锐钛矿呈自形—半自形粒状。

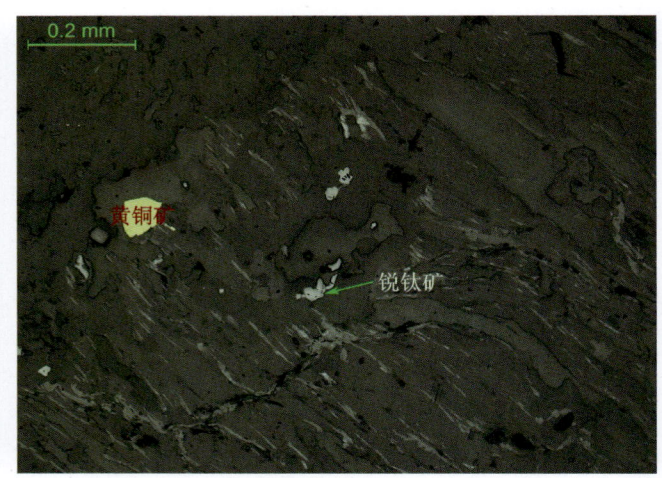

图46 锐钛矿3 100× 单偏光
锐钛矿分布于透明矿物中。

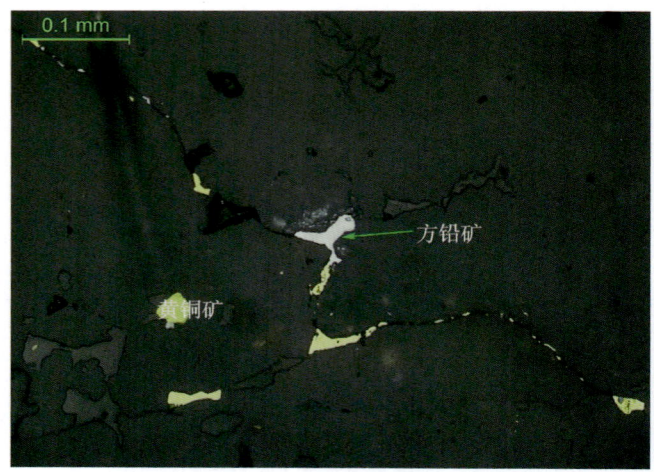

图47 方铅矿 200× 单偏光
他形粒状方铅矿与黄铜矿共生,沿裂隙分布。

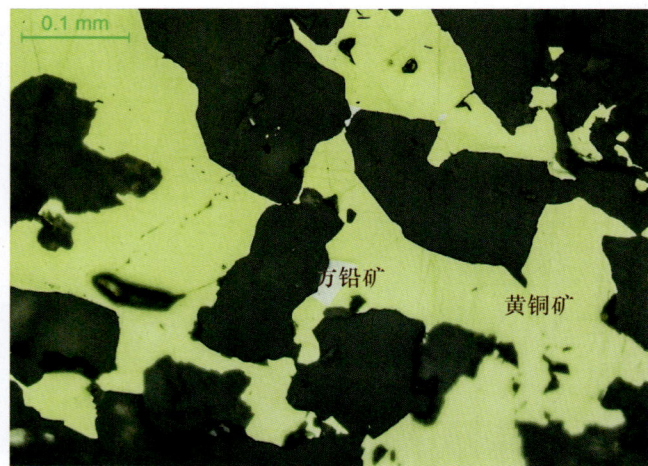

图48 方铅矿、黄铜矿 200× 单偏光
方铅矿与黄铜矿连生,环绕透明矿物分布。

哈密市土屋铜矿

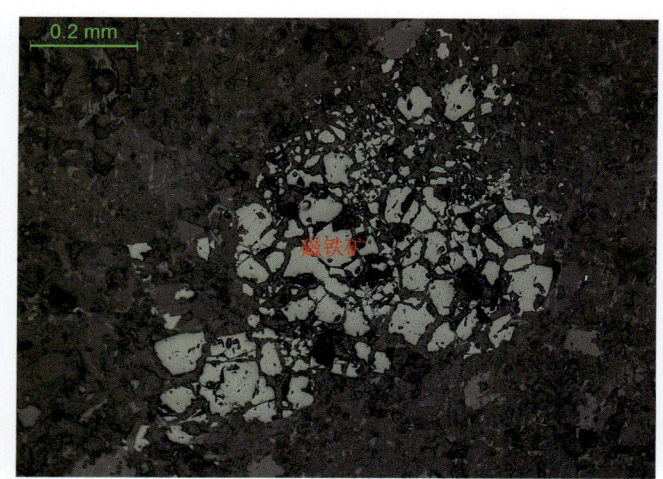

图 49　磁铁矿 1　100×　单偏光
他形粒状磁铁矿呈聚粒状分布。

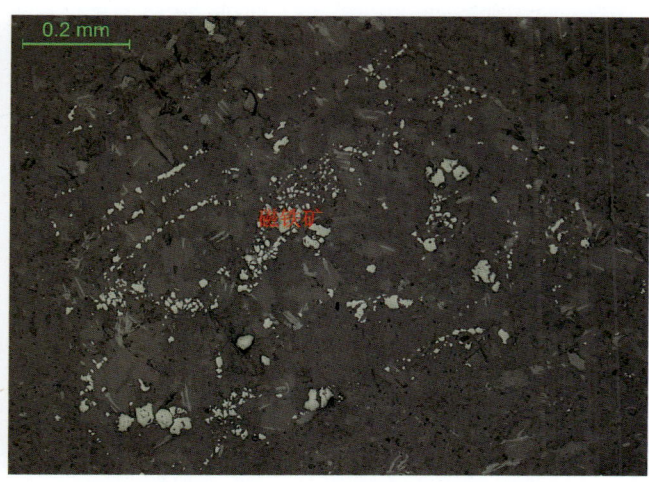

图 50　磁铁矿 2　100×　单偏光
暗色矿物经交代蚀变作用析出细粒磁铁矿。

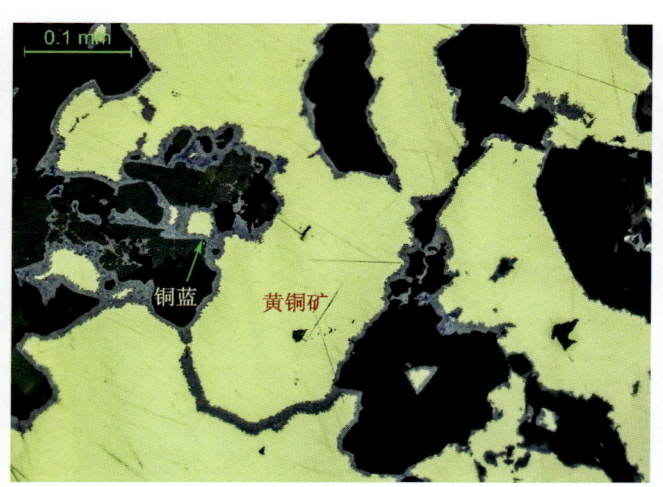

图 51　铜蓝　200×　单偏光
铜蓝沿黄铜矿边缘产生交代,形成交代环边和交代残留结构。

图 52　氯铜矿 1　100×　单偏光
氯铜矿与褐铁矿一起,充填于脉石矿物裂隙中。

图 53　氯铜矿 2　100×　单偏光
在岩石张裂隙中生长氯铜矿和沸石,垂直裂隙壁生长,中间无色部分为裂隙空洞。

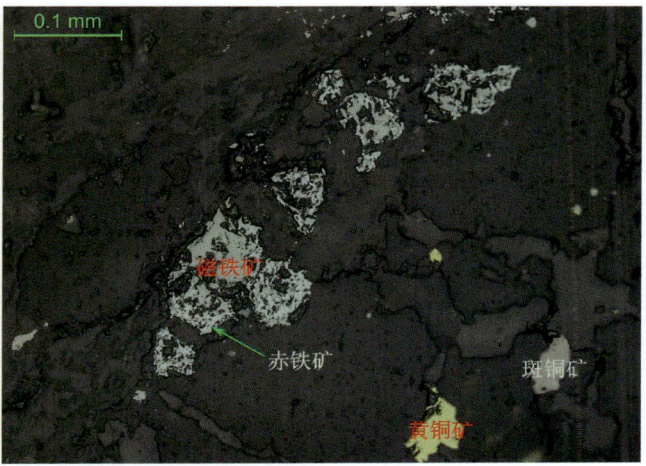

图 54　赤铁矿、磁铁矿　200×　单偏光
赤铁矿交代磁铁矿,见磁铁矿交代残留。

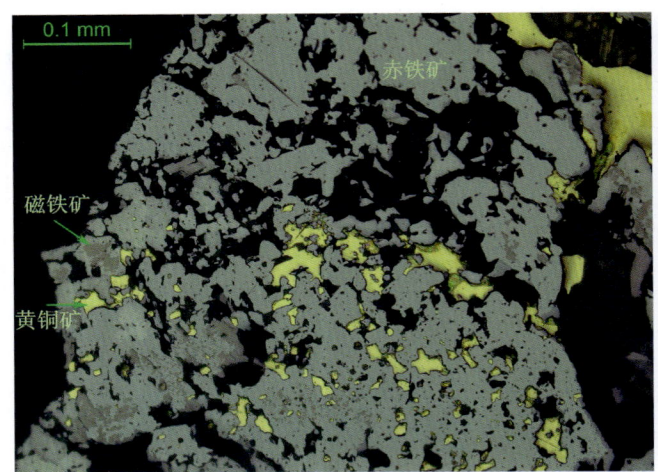

图 55　赤铁矿、磁铁矿、黄铜矿　200×　单偏光

赤铁矿交代磁铁矿,黄铜矿分布于赤铁矿空隙中。

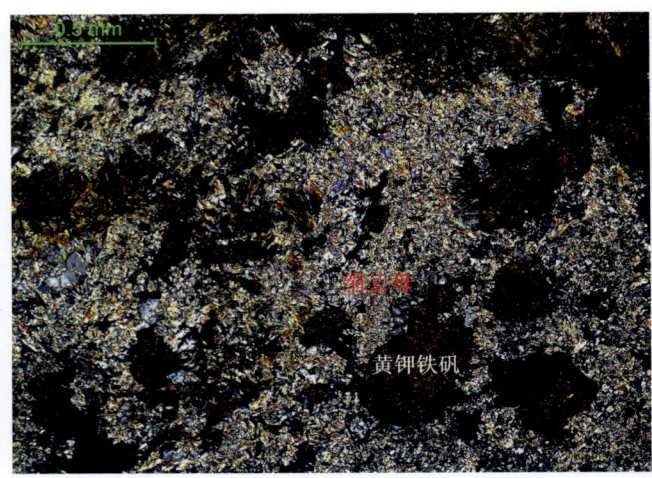

图 56　黄钾铁矾 1　50×　正交偏光

黄钾铁矾化叠加在绢云母化之上,有时呈脉状分布。

图 57　黄钾铁矾 2　50×　正交偏光

黄钾铁矾与硅化产物石英共生。

图 58　硬石膏 1　50×　正交偏光

硬石膏与次生石英、绿泥石共生。

图 59　硬石膏 2　100×　正交偏光

硬石膏呈半自形粒状分布,与绿泥石共生。

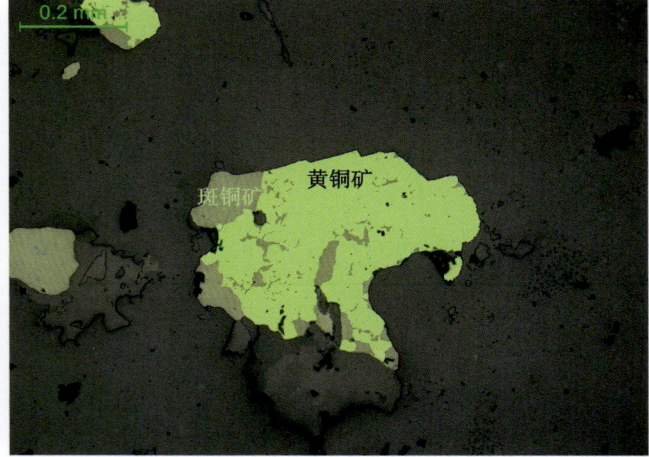

图 60　固溶体分离结构　100×　单偏光

斑铜矿与黄铜矿连生或包裹于黄铜矿中。

哈密市土屋铜矿

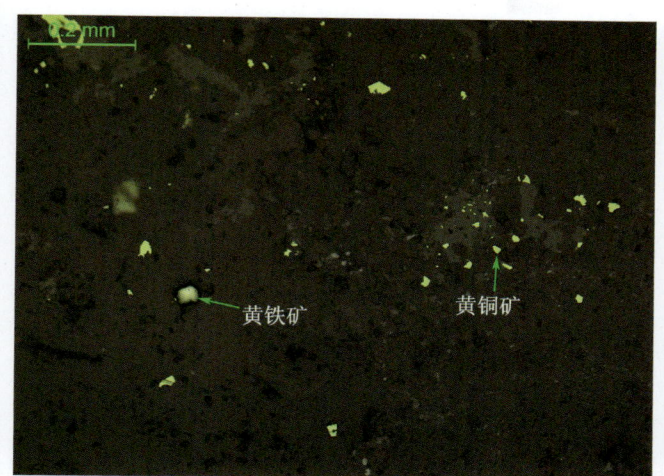

图61 星点浸染状构造　100×　单偏光
黄铁矿、黄铜矿呈星点浸染状分布。

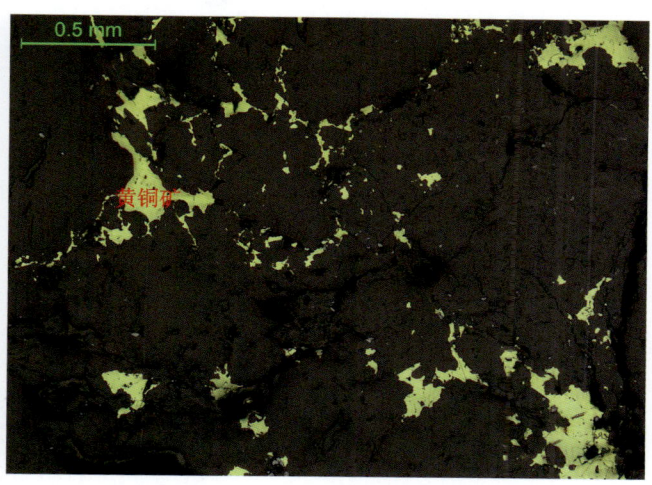

图62 星散浸染状构造　100×　单偏光
黄铜矿呈星散浸染状分布。

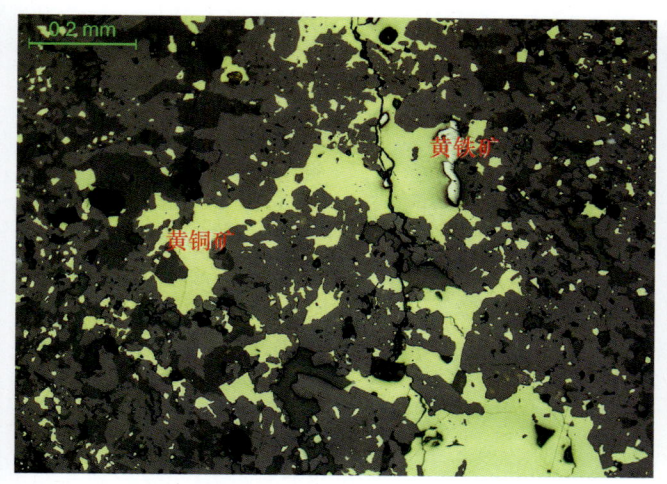

图63 稀疏浸染状构造　100×　单偏光
黄铁矿、黄铜矿呈稀疏浸染状分布。

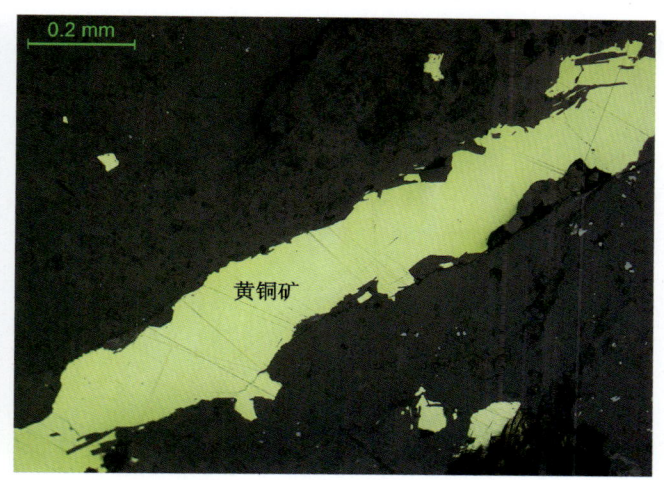

图64 脉状构造　100×　单偏光
矿石中黄铜矿呈细脉状产出。

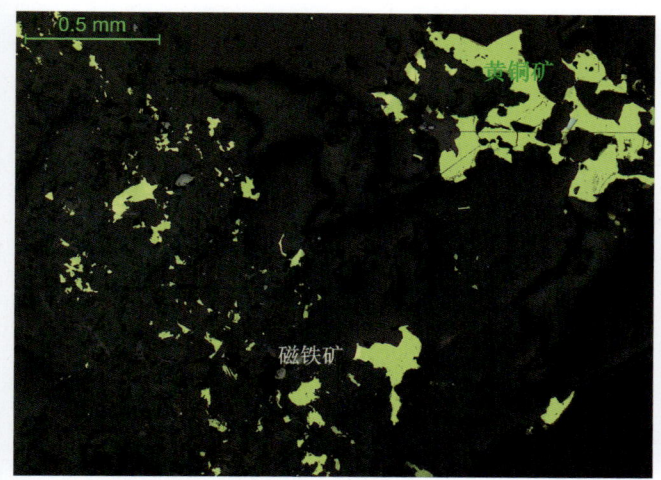

图65 斑杂状构造　50×　单偏光
黄铜矿、磁铁矿呈斑杂状产出。

图66 细脉浸染状构造　50×　单偏光
黄铜矿、黄铁矿呈细脉状分布，在其周边分布自形—他形粒状黄铁矿，构成细脉浸染状构造。

托里县包古图铜矿

拍摄者岳蕴辉

整体介绍

包古图斑岩型铜矿床位于西准噶尔达拉布特断裂以南,克拉玛依市 242°方向 30 km,中心地理坐标:东经 84°32′20″,北纬 45°28′23″。行政区划隶属托里县管辖,乌鲁木齐—塔城公路(G577)从工作区西侧通过,交通方便。

1981—1989 年,新疆有色地质勘查局 701 队在该区开展以金为主的找矿工作,发现和评价多处金矿点及小型金矿床,对铜的找矿未引起足够重视。1986—1990 年,中国科学院地质与地球物理研究所沈远超在矿区进行小岩体成矿理论研究,认为区内中酸性小岩体对金铜成矿十分有利。1990 年,新疆有色地质勘查局调研组对包古图金矿区进行了调研,认为该区具有寻找大中型金铜矿床的前景。2002 年,新疆有色地质勘查局地质研究所承担中央专项资金项目"新疆托里县包古图斑岩型铜金矿预查",在地表发现多处铜金矿化,物探激电测量在Ⅴ号岩体发现两个具有找矿意义的激电异常,经钻探验证,在钻孔 ZK104 中见到 8 层穿矿厚度达 42.27 m 的铜金矿体,初步获得(334)资源量铜 69 469 t,伴生金 4.04 t,认为具有寻找斑岩型铜金矿的良好前景。2006 年以来,在岩体深部发现了大量的钼矿化(钼含量大于 0.01%),并圈出了独立的钼矿体(钼含量大于 0.03%),将该矿床定义为斑岩型铜钼矿床。在此基础上,新疆有色地质勘查局对该矿床进行了普查和详查评价,并于 2009 年提交详查报告,探获铜资源量 111 万 t。2014 年,新疆托里润新矿业开发有限责任公司委托新疆有色地质勘查局 701 队进行勘探,并提交了《新疆托里县包古图呼的合铜矿勘探报告》(新国土资储评〔2015〕107 号),估算(331+332+333)铜矿石量 28 331.48 万 t,铜金属量 65.13 万 t。伴生钼金属量 12 173 t,金金属量 30.08 t,银金属量 433.53 t。

第一节 矿区地质特征

包古图斑岩铜矿床位于新疆西准托里金铜矿成矿带的东段、准噶尔盆地西北缘达拉布特断裂的南侧。扎依尔-达尔布特复向斜东段南翼的准噶尔界山与准噶尔盆地交接带,属海西期海盆快速拉张环境。

一、地层

矿区出露地层主要是石炭系包古图组和希贝库拉斯组(图 13-1)。包古图组下部为薄层凝灰质粉砂岩-细砂岩、沉凝灰岩、安山岩,上部为凝灰质细粒砂岩、厚层块状含砾凝灰质中粗粒砂岩、凝灰质粉砂岩和沉凝灰岩、凝灰岩;希贝库拉斯组为厚层凝灰质中细粒砂岩、中厚层状含砾凝灰质粗砂岩、凝灰质中粗粒砂岩、凝灰质粉砂岩。V号含矿岩体呈不规则岩株侵位于包古图组和希贝库拉斯组中,地表出露面积约 0.84 km² (申萍等,2009)。

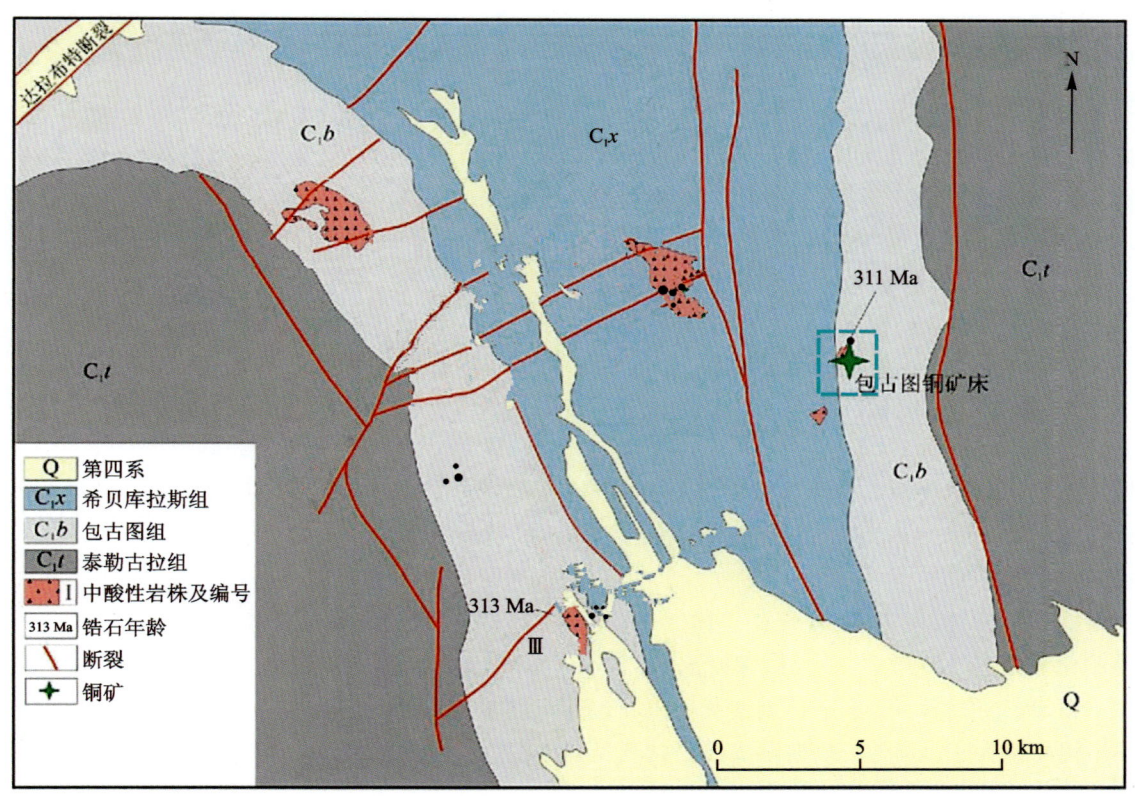

图 13-1 包古图矿区地质简图

二、构造

包古图地区褶皱和断裂构造发育,V号岩体位于希贝库拉斯向斜核部的东翼,该向斜核部为希贝库拉斯组,两翼为包古图组。断裂构造至少可以分辨出 3 期(张锐等,2006),早期为近南北向的断裂,是本区的主要构造,也是南北向褶皱的同期构造,规模较大,延伸数十千米,为张扭性断裂,在次级断裂带中发育有含金石英脉。近东西向和北东向的断裂也很发育,尤其是在岩体周边,向北陡倾,可能是岩体与围岩接触带为构造薄弱带易于破裂所致,规模不大(小于 2 km),部分裂隙被脉岩充填,是本区金矿化的主要储矿构造。晚期南北向断裂规模较小,且切穿脉岩和蚀变体(申萍等,2009)。

三、侵入岩

1. 深成侵入岩

新疆有色金属勘查局 701 地质队和国家 305 项目课题在地表岩石研究的基础上,认为包古图V号岩体以石英闪长岩为主,有少量的花岗闪长岩。近年来随着包古图岩体勘探的进行,许多研究者又提出了新的认识(许发军和夏芳,2003;成勇和张锐,2006;张连昌等,2006;宋会侠等,2007a,2007b)。包古图岩体是一个岩性和岩相复杂的中性斑岩体。岩石主要为闪长岩、似斑状石英闪长岩、(石英)闪长岩、(石英)闪长玢岩和隐爆角砾岩,有少量的花岗闪长岩等,新识别出的岩相从岩体中心向外依次为中心相、主体相、边缘相,岩体中深部发育的隐爆角砾岩相叠加在上述各种岩相上。矿化主要赋存于岩体内部,尤其是在深部隐爆相中。但从岩体岩石组成及类型分析,包古图岩体并不是很复杂,岩性以中性岩为主,伴有少量酸性岩。其最大特点是同种岩石因结构不同产生不同岩相岩石,如闪长岩具粒状结构、似斑状结构及斑状结构,相应岩石有闪长岩、似斑状闪长岩和闪长玢岩。同种岩石又依次由矿物含量多少可分出闪长岩、石英闪长岩。由上述可知,包古图岩体岩相变化较大,显示了岩浆侵入活动从深成相到浅成相、中心相到边缘相环境突变的特点。

2. 脉岩

矿区发育大量的脉岩,包括辉绿岩、闪长玢岩、细晶闪长岩和花岗斑岩等,一般脉宽 1~2 m,延伸较长的达数百米,主要分布于岩体和围岩接触带附近,呈北东东向展布。

第二节 矿床地质特征

包古图铜矿区地处南北向希贝库拉斯复背斜东翼,断裂构造十分发育,以南北向为主,其次为北东向和近东西向,北东向与南北向断裂相交部位控制了岩体的侵位。围岩地层主要为下石炭统希贝库拉斯组和包古图组(图 13-2)。

包古图矿区及外围已发现含铜斑岩体 8 个,其中 V 号岩体铜矿化最为发育。已经施工的 52 个钻孔控制的矿化范围为 1100 m×800 m,深度大于 700 m,为全岩矿化,目前圈定出东、西两个矿体,西矿体东西宽 150 m,南北长 160 m,东矿体南北长 340 m,东西宽 200 m,部分钻孔 300~700 m 范围内出现富矿体,Cu 平均品位大于 0.4%。根据勘探线中钻孔见矿情况,初步确定矿体倾向北东,倾角 45°~55°。地表填图和钻孔岩芯的详细观察和研究表明,岩体浅部主要是浸染状矿化,向深部(250 m 以下)为浸染状矿化和细脉—网脉状矿化,在岩体的边部以及外接触带的局部地段见有脉状矿化,从岩体中心向边缘,矿石类型依次为钼(铜)型→铜(钼)型→铜(金)型。岩体东部深 250~700 m 范围内可见连续的变化,局部发育 Cu 品位大于 0.4%的富矿体;岩体中北部 200 m×400 m 范围内,5 个钻孔在深 300~700 m 范围内也发现厚大的富矿体,本区富矿体集中在岩体中北部和东部深 300~700 m 范围内(图 13-3)。总体上,岩体矿化在东西方向上是东侧强于西侧,在南北方向上是中北部强于南部,深部强于浅部。根据钻孔资料,初步认为矿体具有向北西侧伏特点,倾向北东,倾角 45°~55°。

托里县包古图铜矿

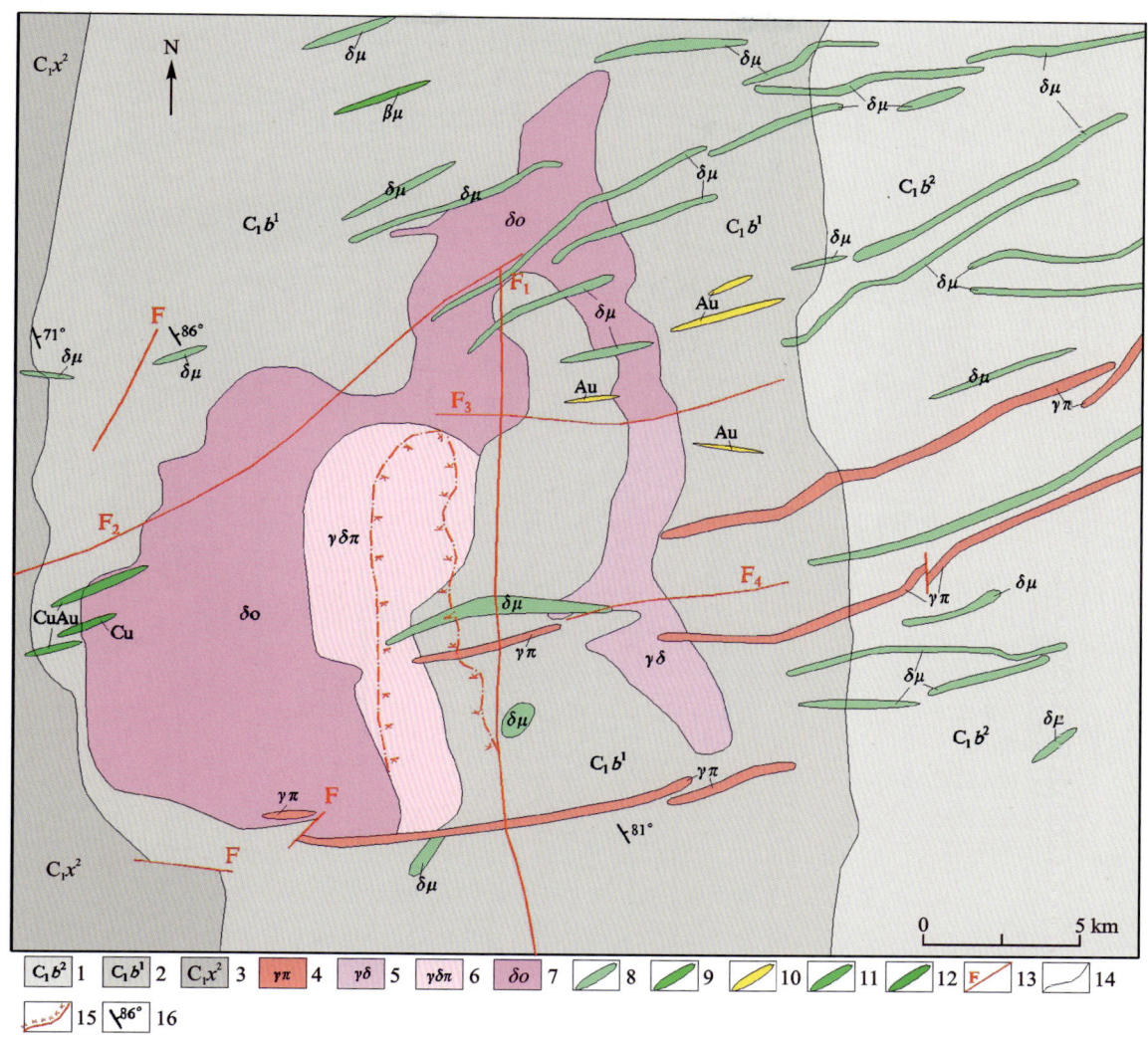

1.下石炭统包古图组上亚组含角砾砂岩;2.下石炭统包古图组下亚组粉砂岩夹含砾砂岩;3.下石炭统西贝库拉斯组含砾砂岩;4.花岗斑岩;5.花岗闪长岩;6.花岗闪长斑岩;7.石英闪长岩;8.闪长玢岩;9.辉绿玢岩;10.金矿体;11.铜金矿体;12.铜矿体;13.断层;14.地质界线;15.钾化带;16.地层产状。

图13-2 托里县包古图Ⅴ号岩体地质图

矿石矿物组合主要为石英-黄铜矿-黄铁矿和石英-黄铜矿-辉钼矿-黄铁矿、石英-辉钼矿组合。金属矿物主要有黄铁矿、黄铜矿和辉钼矿,次为毒砂、磁黄铁矿、闪锌矿、辉铜矿、自然铜、赤铜矿、蓝辉铜矿等。脉石矿物主要有石英、绢云母、黑云母、钾长石、金红石等。宋会侠等(2007)对矿石中Au、Ag的赋存状态进行了研究,认为早期矿化形成的矿石中Au以固溶体形式赋存于黄铜矿中,晚期矿化形成多种金银矿物。金属矿物在空间上具分带性,接触带主要为黄铜矿、黄铁矿、毒砂、自然金等,岩体内部和深部主要为黄铜矿、黄铁矿和磁黄铁矿,从接触带向岩体内部和深部,辉钼矿含量明显增加。矿石结构主要有粒状结构、固溶体分离结构、交代残余结构等,矿石构造主要有浸染状构造、细脉状构造、网脉状构造、角砾状构造和块状构造等。

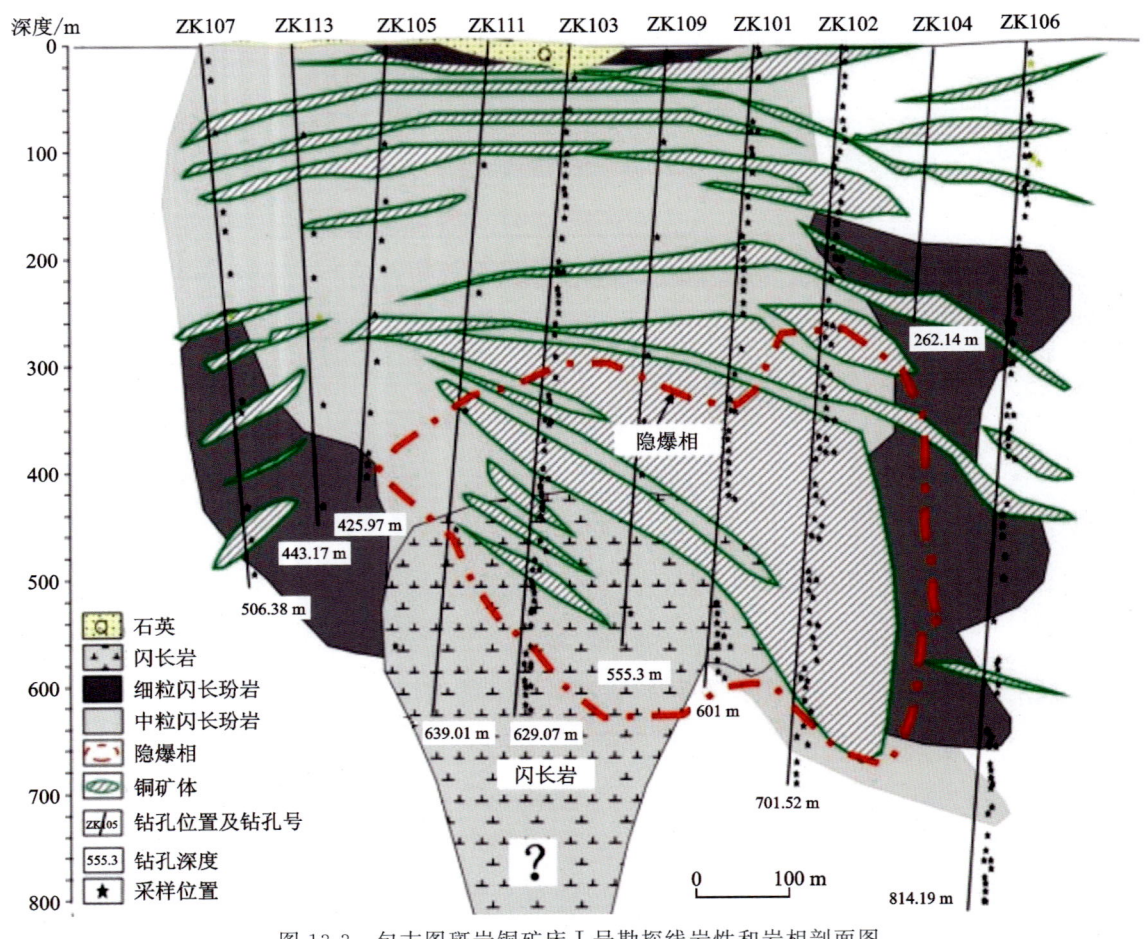

图 13-3　包古图斑岩铜矿床Ⅰ号勘探线岩性和岩相剖面图

第三节　矿区主要岩石类型及围岩蚀变

一、矿区主要岩石类型及特征

本次工作在前人工作的基础上，采集了矿区地表和钻孔内的大量样品，经过显微镜下鉴定，结合野外考察的地质情况，重新认识了包古图含矿岩体的岩石类型和岩相，认为包古图是一个岩性和岩相复杂的中性斑岩体。容矿岩石主要为闪长岩、似斑状（石英）闪长岩、（石英）闪长玢岩、安山玢岩和隐爆角砾岩，容矿岩石以似斑状（石英）闪长岩为主。矿化主要赋存于岩体内部，尤其是在深部隐爆岩相中。附录13图1～图12为矿区地貌及岩矿标本。

凝灰岩：矿区主要的围岩之一，在矿区广泛出露，主要类型有蚀变晶屑凝灰岩、蚀变晶屑玻屑凝灰岩。岩石呈黑褐色，具凝灰结构，块状构造。火山碎屑主要为晶屑、玻屑和少量岩屑。晶屑由斜长石和少量的石英组成，粒径细。长石呈棱角状、次棱角状及板状分布，石英呈棱角状；玻屑常见形态为弧面多角状、弓状，已脱玻化；岩屑呈次棱角状，成分主要为安山质。胶结物为火山灰尘，显微镜下已发生脱玻蚀变，形成硅化、绢云母化及隐晶质长英质矿物集合体，蚀变较强烈（附录13图13～图14）。部分受岩浆侵入活动影响，产生角岩化作用，基质中叠加鳞片状黑云母化。

闪长岩(附录13图15~图16):组成岩石的矿物主要为斜长石(含量50%~60%)、褐色角闪石(含量15%~20%)、褐色黑云母(含量5%~10%)、石英(含量5%~15%)等。根据暗色矿物含量将岩石进一步分为石英闪长岩和黑云母闪长岩,以前者为主。岩石具半自形粒状结构,粒径细小,为0.5~3 mm,集中在1~2 mm之间,根据矿物粒径大小又可分为中粒闪长岩(矿物粒径1~2 mm)和中粗粒闪长岩(矿物粒径2~3 mm)。闪长岩中的石英含量一般5%~10%,个别岩石中石英含量较高,可达20%,则过渡为英云闪长岩(附录13图17)。

矿区分布一些具似斑状结构的闪长岩,矿物组成与闪长岩相同,但结构特点明显存在差异,由两类大小相差并不十分悬殊的矿物颗粒组成。斑晶为斜长石和角闪石,粒径1~3mm,集中在1~2mm之间。基质是细粒的,与斑晶的成分基本相同,粒径0.3~0.8 mm(附录13图18),部分与斑晶粒径逐渐过渡。

闪长玢岩:岩石的矿物组成特点同闪长岩,岩石具典型的斑状结构,斑晶粒径较大(0.6~3 mm),为斜长石和角闪石,有少量的黑云母和石英。基质为微晶,主要由斜长石、角闪石、黑云母和少量石英组成(附录13图19)。石英含量超过5%时,属于石英闪长玢岩(附录13图20),个别石英含量较高,超过20%,则形成云英闪长玢岩(附录13图19)。根据闪长玢岩中矿物颗粒大小分为中粒闪长玢岩(附录13图21)和微晶闪长玢岩(附录13图22),中粒闪长玢岩的基质较粗,与本区的似斑状闪长岩过渡;微晶闪长玢岩的基质很细,为微晶(小于0.05 mm),与本区的安山岩过渡,只是基质含有角闪石等铁镁矿物。

花岗闪长斑岩:在矿区较常见,属于酸性斑岩体,但规模及分布较中性岩少,为中性岩浆活动派生的产物。主要特点是基质具文象结构和球粒包含结构(附录13图23~图24),为钾长石和石英呈文象连生或钾长石球粒中交生石英。岩具斑状结构,斑晶主要为斜长石,次有角闪石、黑云母和石英,斜长石为中长石,含量变化大,在5%~15%之间,内部具环带构造。石英形态较完整,呈自形—半自形粒状,边缘有熔蚀港湾现象。角闪石和黑云母较完整,没有暗化蚀变现象(附录13图25)。

石英二长岩:岩石呈肉红色,呈半自形—他形粒状结构,块状构造。主要由钾长石、斜长石、石英及次要矿物角闪石、黑云母组成(附录13图26),含副矿物磷灰石及磁铁矿等。斜长石属于富钠长石,颜色呈肉红色,呈半自形粒状、板条状分布,内部双晶发育,多被次生鳞片状绢云母交代。钾长石为正长石,半自形—他形粒状,分布于斜长石粒间,部分交代斜长石,泥化明显,部分晶粒表面浑浊,内部具轻度绢云母化。普通角闪石含量低,呈半自形粒状、柱状分布于长石间,部分被黑云母和绿泥石交代。黑云母含量低,片状,粒径细,分布于长石粒间,少量被绿泥石交代;此类岩石(包括云英闪长玢岩)是岩浆在结晶分异过程中派生的偏酸、碱性产物,规模一般不大,分布于岩体边部。

隐爆角砾岩:岩石具有角砾状构造和碎裂构造,又可分为角砾岩和碎裂岩。角砾岩具有典型的角砾状构造,角砾为岩体中的各种岩石,包括闪长岩、似斑状闪长岩、闪长玢岩,外接触带角砾岩中角砾为晶屑玻屑凝灰岩和凝灰质粉砂岩等,胶结物为闪长岩岩粉和(或)热液矿物;碎裂岩具有明显的碎裂构造,岩石发生碎裂,但碎块间并未发生明显的位移,互相之间可以拼接,碎块间的裂隙主要由石英、黑云母等热液矿物充填。

硫化物石英脉:岩体内发育各种细脉,是铜矿化的重要成矿作用之一,脉体矿物组成复杂,类型较多。包括石英-黄铜矿-辉钼矿-黄铁矿脉、石英-黄铁矿-黄铜矿脉、石英-钾长石-黄铜矿-黄铁矿脉、石英-辉钼矿脉、黑云母脉、钾长石-硫化物脉、石英-钾长石脉等(附录13图27~图29),均由含矿热液沿裂隙充填形成。脉体规模变化很大,形成期次也不相同。宽度从小于1 mm到上百毫米,长度在几毫米至几十米不等;在接触带附近也发育有石英-黄铁矿脉、钾长石脉、黑云母-石英脉及碳酸盐脉等,但其规模较小,分布都少。

二、围岩蚀变及特点

包古图地区围岩蚀变强烈,以热液蚀变为主,包括黑云母化、绢云母化、磁铁矿化、硅化、钾长石化、石膏化、绿泥石化、阳起石化、水云母化、绿帘石化、黝帘石化、钠长石化、碳酸盐化等,这些蚀变具有一定的组合,包括阳起石+磁铁矿+钠长石组合、黑云母+石英组合、黑云母+石英±钾长石组合、黑云母+石英+绢云母+黄铁矿±绿泥石±绿帘石组合。这些组合互相叠加,在岩体内部形成复杂的钾硅酸盐化和绢英岩化叠加带,在岩体外接触带围岩中为角岩化带,而在角岩化带之外有面型分布的青磐岩化带。角岩化带以硅化和黑云母化为主,仍属于钾硅酸盐化蚀变,但由于角岩化带发育,故将其单独列出(申萍等,2009;Shen et al., 2010)。

钾硅酸盐化和绢英岩化叠加带:在岩体内部发生钾硅酸盐蚀变和绢英岩化蚀变,并有少量的Ca-Na硅酸盐蚀变,这些蚀变在空间上相互重叠,具有复杂的分带,具体特点如下。

(1)Ca-Na硅酸盐蚀变:岩体最早发育的蚀变,在岩石中的褐色角闪石发生阳起石化,并有磁铁矿析出,同时钠长石交代斜长石,蚀变矿物组合为阳起石+钠长石+磁铁矿,矿化很弱,该蚀变被稍晚的钾化蚀变交代而难以识别,目前尚不能圈出该蚀变带的范围。

(2)钾硅酸盐化带:本区广泛发育的蚀变,主要是岩石中褐色角闪石和褐色黑云母发生强烈的黑云母化,形成细粒或鳞片状浅黄色黑云母,并伴有磁铁矿的析出,同时有细粒石英形成分布于边缘;局部地段黑云母化强烈,形成黑云母细脉和黑云母团块。蚀变矿物组合有黑云母+磁铁矿+石英+金红石,它们或以胶结物的形式存在,或呈黑云母-石英细脉和石英脉沿裂隙分布。金属矿物组合为磁铁矿+黄铜矿+自然铜+辉钼矿+黄铁矿。矿体集中分布在本蚀变带内。

(3)石英绢云母化带:该蚀变带产于岩体内部和边缘,叠加在钾硅酸盐化带上,部分叠加在角岩化带上。斜长石被绢云母和石英交代,蚀变矿物主要为石英和绢云母,有少量的绿泥石和石膏。蚀变矿物组合为石英+绢云母+绿泥石+石膏。金属矿物有黄铁矿、黄铜矿、辉钼矿和辉铜矿,还有少量的方铅矿、闪锌矿,呈浸染状或以石英硫化物细脉和网脉形式分布。

角岩化带:岩体外接触带围岩主要是包古图组晶屑玻屑凝灰岩、凝灰质粉砂岩和粉砂质凝灰岩,在岩体西侧为希贝库拉斯组砂岩和少量的凝灰岩。在外接触带100~200 m范围内为强角岩化带,黑云母含量大于40%;在200~400 m范围内为弱角岩化带,黑云母含量小于10%。在岩体西侧希贝库拉斯组砂岩中较窄,50~100 m,呈不对称的椭圆围绕岩体分布。角岩化主要表现为强烈的黑云母化、硅化和少量的钾长石化,细粒黑云母含量可达30%~70%。在钾交代蚀变岩局部地段还见有钾长石细脉和热液磷灰石细脉,同时有磁铁矿析出。蚀变矿物为黑云母+石英+钾长石,以细小的鳞片状黑云母和细粒石英为特征。强角岩化带和弱角岩化带组成了一个宽度达200~400 m的蚀变带。角岩化带内的金属矿物为浸染状分布的黄铁矿和黄铜矿,矿化较明显。

青磐岩化带:在岩体底部和边部的细粒闪长岩、闪长玢岩中发育明显的青磐岩化,而在角岩化带外的火山碎屑岩中发育有面型分布的青磐岩化,蚀变矿物为绿泥石、黄铁矿、绿帘石、黝帘石、碳酸盐矿物,矿化弱,局部可见零星的黄铜矿与黄铁矿化,如ZK101钻孔深540~600 m处闪长岩发生强烈的绿帘石化,但Cu品位0.01%~0.02%。

黑云母化:含矿岩体中最重要的次生蚀变作用之一,在斑岩体中广泛分布,主要见于钾硅酸盐带,与铜矿化关系密切,在外接触带的角岩中也是主要矿物之一。在矿化或矿化岩石中黑云母主要以鳞片状—细片状不均匀分布为特点,分布于其他矿物粒间、裂隙中或交代原生角闪石、黑云母、斜长石及石英(附录13图30~图31),部分硫化物沿蚀变角闪石或黑云母解理分布(附录13图32),是原生矿物遭受次生蚀变析出的产物。粒径细,为0.01~0.1 mm。呈团粒状、团块状、脉状及条带状产出,与石英、绿泥石、帘石等共生,多伴有金属硫化物矿化现象。角岩化作用主要产生在岩体外接触带的岩层中,多见于凝灰岩、凝灰质砂岩中,黑云母呈鳞片状均匀分布在围岩胶结物中,粒径很细。在部分早期形成的斑岩体中也可以见到角岩化现象(附录13图33~图34)。

绿泥石化:岩体中比较重要的次生蚀变作用之一,在围岩及矿化岩石中普遍存在,但蚀变强度不高,常见于钾硅酸盐化带和青磐岩化带,与黑云母化和硅化作用相比,绿泥石化与铜矿化关系不明显,仅与钾硅酸盐化带内形成的绿泥石化与铜矿化有一定的成生联系,绿泥石交代角闪石或黑云母时会析出少量硫化物。绿泥石呈片状分布,除交代黑云母和角闪石外(附录13图35),也由热液活动产生,分布于裂隙中。

帘石化:主要指黝帘石化和绿帘石化,也是矿区广泛分布的次生蚀变现象之一,以黝帘石化为主,多见于青磐岩化带内。黝帘石呈细粒集合体与绢云母一起交代斜长石(附录13图35),绿帘石主要分布于矿石或矿化岩石中,但含量低,与黑云母、石英及硫化物等共生,与硫化物矿化作用有关。

碳酸盐化:在矿石或矿化岩石中普遍存在,主要为方解石化,与矿化关系不明显。方解石除呈他形粒状交代斜长石及角闪石外(附录13图36),多数呈粒状、团块状、脉状分布于透明矿物粒间或裂隙中。

绢云母化:矿区含矿岩体或矿化岩石中的主要次生蚀变现象之一,在斑岩体中广泛分布,多见于石英绢云母化带内,与铜矿化关系明显。绢云母呈鳞片状集合体分布,以交代斜长石为特点,部分呈集合体沿裂隙或矿物粒间分布,多与黝帘石伴生。局部与次生黑云母、石英共生,其中伴有硫化物(附录13图37)。

硅化:含矿岩体中重要的次生蚀变作用之一,在矿石及矿化岩石中普遍存在,主要见于钾硅酸盐化带和石英绢云母化带中,与铜矿化关系密切。次生石英呈细粒集合体充填于原生矿物的粒间、裂隙中,以不规则团粒状、团块状、脉状及条带状形式产出,在石英脉中与钾长石构成正长石+石英脉,其中伴有金属硫化物及黑云母化、绿泥石化等现象。由热液交代作用形成的石英粒径细,多呈不规则团粒状、团块状分布,边界多不清晰,常交代早期生成的斜长石或角闪石(附录13图38)。

钾长石化:矿区钾长石化蚀变以正长石化为特点,他形粒状,表面具泥化,浑浊不清。在矿石及矿化岩石中,钾长石化并不多见,但与铜矿化关系密切,常形成硫化物+钾长石脉或石英+钾长石+硫化物脉,并从脉体内向围岩扩散交代(附录13图39~图40)。

次闪石化:岩体中角闪石常存在次闪石化现象,即原生褐色角闪石逐渐向绿色角闪石过渡,甚至被阳起石完整交代,并伴有金属硫化物析出,沿蚀变矿物解理分布(附录13图41)。

黄铜矿化:矿区最重要的矿化作用之一,在矿石或矿化岩石中广泛分布,其特点是矿化程度较低,空间分布不均匀,含量不高。因此,从根本上说,矿石中铜矿化作用的强弱是决定矿石品位的关键因素。黄铜矿生成与绿泥石化、黑云母化、绢云母化、硅化及次闪石化作用有关,是由含矿热液沿岩石中裂隙充填及扩散交代的产物,呈浸染状分布于矿石或石英+正长石脉中。除黄铜矿化外,矿中还有黄铁矿化、磁黄铁矿化及辉钼矿化(附录13图42)。

总之,本区发育复杂的热液蚀变及其分带,对矿化具有一定的控制作用:钾硅酸盐化和绢英岩化叠加带控制本区矿化,导致全岩矿化,角岩化带发育部分矿体,岩体内部钾硅酸盐化带中强烈硅化和黑云母化,叠加了强烈的绢英岩化,控制了富矿体的产出。青磐岩化带矿化很弱。

第四节 矿石物质组分及特征

一、矿石物质成分

经显微镜下光薄片鉴定、人工重砂鉴定,结合X射线粉晶衍射分析和电子探针成分分析,已基本确定矿石中存在矿物共3类36种(表13-1),其中矿石矿物17种,脉石矿物14种,表生矿物5种。主要矿石矿物类型简单,有黄铜矿、黄铁矿和磁黄铁矿。次要矿物为辉钼矿、磁铁矿、毒砂、钛铁矿等。少见矿物为闪锌矿、自然铋、辉铋矿、碲硫铋矿、斜方辉铅铋矿、辉砷钴矿、硫锑铜矿、硫砷铜矿、铜蓝、银金矿。表生矿物为孔雀石、褐铁矿、白钛石、砷华、沸石。脉石矿物数量多,类型复杂,分布十分广泛,主要矿物有斜长石、角闪石、石英、黑云母,次要矿物为钾长石、绿泥石、绿帘石、黝帘石、方解石、绢云母、阳起石(表13-1)。

表 13-1　包古图铜钼矿矿石矿物成分表

类型	主要矿物	次要矿物	少见矿物
矿石矿物	黄铜矿、黄铁矿、磁黄铁矿	辉钼矿、毒砂、磁铁矿、钛铁矿	闪锌矿、自然铋、辉铋矿、碲硫铋矿、斜方辉铅铋矿、辉砷钴矿、硫锑铜矿、硫砷铜矿、铜蓝、银金矿
脉石矿物	斜长石、角闪石、石英、黑云母	钾长石、绿泥石、绿帘石、黝帘石、方解石、绢云母、阳起石	榍石、金红石、磷灰石
表生矿物	孔雀石、褐铁矿	白钛石	砷华、沸石

1. 矿石矿物

整体上看，矿石中矿石矿物种类虽然相对较多，但含量都比较低。主要矿物类型少，有黄铜矿、黄铁矿和磁黄铁矿，含量不高，一般在2％～5％之间。次要矿物显微镜下常见，含量很低，一般小于1％。其他矿物在显微镜下少见或偶见。

1）黄铜矿

黄铜矿是矿石中最重要的工业矿物，在矿石或矿化岩石中广泛分布，含量不高，一般1％～3％，局部有富集现象，常与黄铁矿、磁黄铁矿及辉钼矿等金属硫化物共生，多呈独立单体或连生体分布，少量呈团块状、脉状产出。

在矿石中，黄铜矿占所有铜矿物的98％以上，形态除少量呈自形—半自形晶外，多数以他形粒状分布为特点，其外形多不规则，以充填在其他矿物粒间为主。粒径较细，为0.005～0.65 mm±，多数在0.03～0.35 mm之间。

早期黄铜矿呈乳滴状分布于闪锌矿、磁黄铁矿和黄铁矿中，其中闪锌矿中的黄铜矿是固溶体分离的产物（附录13 图43）；中期的黄铜矿多与金属硫化物共生，与磁黄铁矿、黄铁矿、含铋类矿物、方铅矿、闪锌矿、辉钼矿等共生（附录13 图44～图46）；晚期的黄铜矿多呈脉状、网脉状、裂隙状产出，交代早期形成的硫化物（附录13 图47～图48）。

黄铜矿电子探针成分分析结果见表13-2，主元素平均值Fe 30.48％、Cu 33.62％、S 35.74％，微量元素整体含量较低，无明显富集，与铜矿化关系不明显。

表 13-2　包古图黄铜矿电子探针成分分析结果　　　　　　　　　　　　　　　单位：％

样品编号	Fe	Cu	S	Zn	Co	Au	Ni	As	Sb	Ag	Bi	Pb
BGT00-50	30.31	33.77	35.73	0.11	0.04	0.04	—	—	0.00	0.00	0.00	0.00
BGT0-050	30.32	33.71	35.80	0.04	0.02	0.04	0.02	—	0.00	0.05	0.00	0.00
BGT0-050	30.30	33.72	35.90	0.05					0.02	0.02	0.00	0.00
BGT0-051	30.34	33.70	35.76	0.06	0.02	0.04			0.01	0.01	0.00	0.07
BGT0-051	30.84	33.10	35.92	0.03	0.02	0.08				0.01		
BGT0-051	30.78	33.46	35.59		0.01			0.13		0.04	0.03	0.00
BGT0-051	30.58	33.77	35.58	0.04	0.02	—	0.02	—	0.00	0.00	0.00	0.00
BGT0-051	30.40	33.74	35.69		0.06	0.02	—			0.02	0.00	0.00
平均值	30.48	33.62	35.74	0.05	0.02	0.03	0.01	0.02	0.01	0.02	0.00	0.01

注：—为元素含量未达检出下限，未检出。

分析单位：新疆矿产实验研究所鉴定专业室。

2）黄铁矿

黄铁矿是矿床中主要的硫化物之一，常与黄铜矿伴生，在不同矿石类型中均可见到，矿区黄铁矿大致可分为两期。

早期形成的黄铁矿表面多可见熔晶型较好的黄铜矿,偶尔较自形,呈独立矿物分布在透明矿物间;多数情况下,早期形成的黄铁矿往往被晚期形成的金属硫化物交代或包裹,例如被晚期形成的毒砂、黄铜矿、闪锌矿和方铅矿等交代包裹(附录13图49)。

晚期黄铁矿:晚期黄铁矿多呈细脉状或针状充填于透明矿物或黄铜矿裂隙中,具体表现为呈脉状或沿裂隙充填的黄铁矿,或交代黄铜矿的黄铁矿(附录13图50)。

黄铁矿电子探针成分分析结果见表13-3,主元素平均值 Fe 46.13%、S 53.31%,微量元素中含 Co、Ni、Cu、As、Au、Zn 等,除 Co、Ni 含量较高外,其余微量元素含量较低,无明显富集,与铜矿化关系不明显。

表13-3 包古图黄铁矿电子探针成分分析结果 单位:%

样品编号	Fe	S	Co	Ni	Cu	As	Au	Zn	Sb	Ag	Bi
BGT00-017	46.60	53.28	0.07	—	—	—	—	0.03	0.01	—	—
BGT00-050	46.07	53.62	0.04	—	0.27	—	—	—	0.01	—	0.01
BGT00-051	46.45	53.16	0.08	0.16	0.01	0.01	0.11	0.04	—	—	—
BGT00-051	46.09	53.13	0.19	0.49	0.04	0.04	—	—	0.02	—	—
BGT00-051	45.86	53.29	0.56	—	0.19	—	0.04	0.01	0.01	0.02	0.01
BGT00-051	45.72	53.41	0.27	0.20	0.10	0.22	0.01	0.01	0.04	—	—
平均值	46.13	53.31	0.20	0.14	0.10	0.05	0.02	0.02	0.02	0.00	0.00

注:—为元素含量未达检出下限,未检出。
分析单位:新疆矿产实验研究所鉴定专业室。

3)磁黄铁矿

磁黄铁矿在矿区分布较少,常与黄铜矿伴生,常见的产出赋存形式主要有两类:①表面有乳滴状黄铜矿的磁黄铁矿(附录13图51);②另一类是被黄铜矿交代或与黄铁矿和黄铜矿伴生的磁黄铁矿(附录13图52)。

磁黄铁矿电子探针成分分析结果见表13-4,主元素平均值 Fe 59.86%、S 39.79%,微量元素中除 Co、Ni 含量略高外,整体含量较低,地幔元素 Co、Ni 的富集指示磁黄铁矿可能来源于地幔。

表13-4 包古图磁黄铁矿电子探针成分分析结果 单位:%

样品编号	Fe	S	Co	Ni	Zn	As	Sb	Ag	Cu
BGT0-ZK-24	59.79	40.08	0.11	0.01	—	—	0.01	0.02	—
BGT0-ZK-50	59.50	40.16	0.14	0.08	0.02	0.05	—	0.06	—
BGT0-ZK-50	60.07	39.77	0.11	0.04	—	—	0.01	0.01	—
BGT0-ZK-51	59.82	40.00	0.08	0.06	0.04	—	—	—	—
BGT0-ZK-51	60.10	38.94	0.46	0.23	—	0.02	—	0.04	0.20
平均值	59.86	39.79	0.18	0.08	0.01	0.01	0.00	0.02	0.04

注:—为元素含量未达检出下限,未检出。
分析单位:新疆矿产实验研究所鉴定专业室。

4)辉钼矿

辉钼矿常与黄铜矿伴生,多为热液后期的产物,多沿裂隙和少量石英脉呈星点浸染状分布,交代黄铜矿。辉钼矿颜色铅灰色,条痕亮灰色,金属光泽,不透明,摩氏硬度1~1.5,多呈长条状或他形片状,粒径多在0.05~0.3 mm之间(附录13图53)。

辉钼矿电子探针成分分析结果见表13-5,主元素平均值 S 40.75%、Mo 59.35%,微量元素除 Pd 外,整体含量较低,无明显富集,与铜矿化关系不明显。

表 13-5　包古图辉钼矿电子探针成分分析结果　　　　　　　　　　　单位:%

样品编号	S	Mo	Pd	Re	Os	Se
BGT0-ZK-56	40.83	59.40	0.19	—	—	0.04
BGT0-ZK-56	41.16	59.79	0.23	0.01	0.05	—
BGT0-ZK-56	40.36	59.13	0.19	—	—	0.04
BGT0-ZK-56	40.65	59.06	0.23	0.01	0.05	—
平均值	40.75	59.35	0.21	0.01	0.02	0.02

注:—为元素含量未达检出下限,未检出。

分析单位:新疆矿产实验研究所鉴定专业室。

5) 毒砂

毒砂分布较为广泛,为晚期热液的产物,早于闪锌矿,大致可以分为3类:①沿裂隙充填或者与黄铁矿呈脉状分布的,这类毒砂反射色偏蓝(附录13图54);②与氧化物金红石共生的,这类毒砂较为自形(附录13图55);③最后一类也是最主要的一类,这类毒砂常与黄铜矿、黄铁矿伴生,交代黄铜矿和黄铁矿,充填于黄铜矿和黄铁矿裂隙间(附录13图56)。

毒砂电子探针成分分析结果见表13-6,主元素平均值As 43.14%、Fe 34.75%、S 21.90%,微量元素整体含量较低,无明显富集。

表 13-6　包古图毒砂电子探针成分分析结果　　　　　　　　　　　单位:%

样品编号	As	Fe	S	Co	Pb	Au	Zn	Cu	Ag	Bi	Sb	Ni
BGT0-ZK-41	42.90	34.92	22.02	0.06	0.02	0.05	—	—	0.01	—	—	0.03
BGT0-ZK-50	42.62	35.25	22.05	0.06	0.01	—	—	0.02	—	—	—	—
BGT0-ZK-50	43.35	34.53	21.88	0.08	0.05	0.03	0.06	—	—	0.03	—	—
BGT0-ZK-51	43.99	34.35	21.34	0.07	0.04	0.05	0.05	0.03	—	—	0.06	0.03
BGT0-ZK-51	42.86	34.71	22.24	0.06	—	0.07	0.01	0.04	0.01	—	—	—
平均值	43.14	34.75	21.90	0.07	0.02	0.04	0.03	0.02	0.00	0.01	0.01	0.01

注:—为元素含量未达检出下限,未检出。

分析单位:新疆矿产实验研究所鉴定专业室。

6) 钛铁矿

钛铁矿在矿区分布较少,多呈粒状、板状及其集合体,反射色灰色带棕色,具有较显著的非均质性(附录13图57)。钛铁矿电子探针成分分析结果见表13-7。

表 13-7　包古图钛铁矿电子探针成分分析结果　　　　　　　　　　　单位:%

样品编号	FeO	TiO$_2$	MnO	V$_2$O$_3$	MgO	Al$_2$O$_3$	CoO	ZnO	Cr$_2$O$_3$	NiO
BGT0-ZK-36-1	51.67	46.18	1.45	0.34	0.21	0.05	0.07	0.02	0.03	—
BGT0-ZK-36-1	51.45	46.30	1.56	0.36	0.16	0.02	0.09	—	0.00	0.07
BGT0-ZK-36-1	50.38	47.70	1.23	0.34	0.11	0.01	0.10	0.09	0.04	—
平均值	51.17	46.72	1.41	0.35	0.16	0.03	0.09	0.04	0.02	0.02

注:—为元素含量未达检出下限,未检出。

分析单位:新疆矿产实验研究所鉴定专业室。

除浸染状分布的金属矿物外,还可以见到少量的硫化物脉,包括石英-黄铁矿脉、石英-磁黄铁矿脉、石英-黄铁矿-磁黄铁矿-黄铜矿脉、绿帘石-黄铁矿-磁黄铁矿脉、方解石-黄铁矿脉。

7) 闪锌矿

闪锌矿是矿床中少见的金属硫化物之一,常见的闪锌矿赋存状态:①分布于硫化物粒间或交代黄铜矿等(附录13图58);②表面出露有乳滴状黄铜矿的闪锌矿。

闪锌矿电子探针成分分析结果见表13-8,主元素平均值 Zn 59.10%、S 33.38%、Fe 6.18%,微量元素中除 Cd、Cu 含量略高外,整体含量较低。

表 13-8　包古图闪锌矿电子探针成分分析结果　　　　　　　　　　　　单位:%

样品编号	Zn	S	Fe	Cd	Cu	Ge	Mn	In	Pb	Ga	Hg
BGT0-ZK-50	58.25	34.00	6.78	0.47	0.45	0.04	0.01	—	—	—	—
BGT0-ZK-50	57.97	33.88	7.10	0.38	0.47	0.07	0.06	—	—	0.07	—
BGT0-ZK-50	57.80	33.87	7.04	0.45	0.67	—	0.05	0.02	0.01	0.10	—
BGT0-ZK-51	59.87	32.19	6.09	0.55	1.26	0.07	—	—	0.16	—	—
BGT0-ZK-50	61.59	32.95	3.90	0.55	0.83	0.12	0.01	—	—	—	0.06
平均值	59.10	33.38	6.18	0.48	0.74	0.06	0.02	0.00	0.03	0.03	0.01

注:—为元素含量未达检出下限,未检出。

分析单位:新疆矿产实验研究所鉴定专业室。

8) 自然铋

自然铋在矿石中很少见,常带乳黄色,弱非均质性,常被辉铋矿交代,与黄铜矿、辉铋矿、硫碲铋矿共生,为高温热液产物(附录13图59)。

自然铋电子探针成分分析结果见表13-9,主要元素为 Bi(平均值 99.74%),微量元素整体含量较低,无明显富集。

表 13-9　包古图自然铋电子探针成分分析结果　　　　　　　　　　　　单位:%

样品编号	Bi	Fe	Cu	As	Se	Te	Sb	Au	Ag
BGT0-ZK-22-3	99.78	0.06	0.04	—	0.07	—	—	—	0.04
BGT0-ZK-32-1	99.69	0.08	0.01	0.10	0.03	0.04	0.03	0.03	—
平均值	99.74	0.07	0.02	0.05	0.05	0.02	0.01	0.01	0.02

注:—为元素含量未达检出下限,未检出。

分析单位:新疆矿产实验研究所鉴定专业室。

9) 辉铋矿

辉铋矿为矿区常见的含铋类矿物,常与自然铋、硫碲铋矿、黄铜矿共生。辉铋矿反射色暗灰色带蓝色,显多色性,常呈纤维状、针状、长柱状,较少为粒状,为高温热液产物(附录13图60)。

辉铋矿电子探针成分分析结果见表13-10,主元素平均值 Bi 80.22%、S 17.97%,微量元素除 Se、Cu 以外,其余含量均很低,推测与铜矿化有一定的关系。

表 13-10　包古图辉铋矿电子探针成分分析结果　　　　　　　　　　　　单位:%

样品编号	Bi	S	Sb	Se	Fe	Cu	Au	Te	Ag
BGT0-ZK-22-1	79.82	18.20	0.04	0.46	0.61	0.59	0.03	—	0.26
BGT0-ZK-22-3	80.62	17.73	0.13	0.19	1.19	0.10	—	0.04	—
平均值	80.22	17.97	0.09	0.32	0.90	0.34	0.02	0.02	0.13

注:—为元素含量未达检出下限,未检出。

分析单位:新疆矿产实验研究所鉴定专业室。

10）碲硫铋矿

碲硫铋矿在矿区较为少见，常呈板状晶体及不规则粒状晶体的集合体，反射色白色带蓝色调（附录13 图61）。

碲硫铋矿电子探针成分分析结果见表13-11，主元素平均值 Bi 81.94%、S 6.20%、Te 10.53%，微量元素除 Se 含量略高外，其余含量均较低，无明显富集，与铜矿化无明显直接的关系。

表 13-11　包古图硫碲铋矿电子探针成分分析结果　　　　　　　　　　　　　　　　　单位：%

样品编号	Bi	S	Te	Se	Fe	Cu	Au	As
BGT0-ZK-22	81.43	6.21	11.24	0.92	0.20	—	—	—
BGT0-ZK-22	81.52	6.47	10.89	0.97	0.02	0.04	0.05	0.04
BGT0-ZK-22	82.46	6.06	9.80	1.66	0.02	—	—	—
BGT0-ZK-22	82.35	6.07	10.19	1.36	—	0.03	—	—
平均值	81.94	6.20	10.53	1.23	0.06	0.02	0.01	0.01

注：—为元素含量未达检出下限，未检出。

分析单位：新疆矿产实验研究所鉴定专业室。

11）斜方辉铅铋矿

斜方辉铅铋矿在矿区较为少见，常呈针状、纤维状、他形粒状晶体，反射色白色带蓝灰色，包裹于黄铜矿中，与自然铋、辉铋矿、碲硫铋矿同属高温热液产物（附录13 图62）。

斜方辉铅铋矿电子探针成分分析结果见表13-12，主元素平均值 Pb 38.10%、Bi 34.57%、S 17.81%，另外在斜方辉铅铋矿中普遍含 Cu（平均值 2.53%），微量元素中除 Sb（平均值 2.29%）含量较高外，其余元素含量均较低，无明显富集。由上可知，斜方辉铅铋矿的形成应该与铜矿化存在某种关系。

表 13-12　包古图斜方辉铅铋矿电子探针成分分析结果　　　　　　　　　　　　　　　单位：%

样品编号	Pb	Bi	S	Cu	Ag	Fe	Sb	Se	Zn	Cd
BGT0-ZK-50	38.47	34.33	18.21	2.32	1.62	1.48	2.59	0.36	0.54	0.08
BGT0-ZK-50	38.38	35.10	17.89	2.56	1.68	1.54	2.03	0.58	0.23	0.03
BGT0-ZK-50	37.33	34.43	17.57	2.74	1.64	1.83	2.35	0.97	1.03	0.10
BGT0-ZK-51	38.23	34.41	17.57	2.52	1.63	1.84	2.19	0.77	0.74	0.09
平均值	38.10	34.57	17.81	2.53	1.64	1.67	2.29	0.67	0.63	0.07

分析单位：新疆矿产实验研究所鉴定专业室。

12）辉砷钴矿

辉砷钴矿在矿区较为少见，常呈他形集合体出现，被黄铁矿交代，与自然铋、辉铋矿等伴生，属高温热液产物（附录13 图63）。

辉砷钴矿电子探针成分分析结果见表13-13，主元素平均值 As 43.18%、Co 24.25%、S 20.50%、Ni 6.26%，Fe 含量较高的原因可能是电子探针激光束击中了辉砷钴矿旁边的黄铁矿，其余的微量元素含量几乎为零，与铜矿化无明显关系。

表 13-13　包古图辉砷钴矿电子探针成分分析结果　　　　　　　　　　　　　　　　　单位：%

样品编号	As	Co	S	Ni	Fe	Ag
BGT0-ZK-17	43.21	23.24	20.43	6.98	6.15	—
BGT0-ZK-17	43.16	25.26	20.56	5.54	5.48	0.01
平均值	43.18	24.25	20.50	6.26	5.81	0.00

注：—为元素含量未达检出下限，未检出。

分析单位：新疆矿产实验研究所鉴定专业室。

13）硫锑铜矿

硫锑铜矿在矿石中分布极少，仅在少数矿石中可见。呈他形粒状，粒径细，为0.05～0.25 mm±，与黄铜矿、黄铁矿共生，并交代黄铜矿。硫锑铜矿电子探针成分分析结果见表13-14，主元素平均值Cu 38.05%、Sb 30.05%、S 25.11%，微量元素含量整体较低。

表13-14　包古图硫锑铜矿电子探针成分分析结果　　　　单位：%

样品编号	Cu	Sb	S	Fe	Ag	Ti
013BGT0-ZK-bg54	37.88	30.22	25.15	6.72	0.04	—
013BGT0-ZK-bg54	38.22	29.88	25.07	6.75	0.05	0.03
平均值	38.05	30.05	25.11	6.74	0.05	0.02

注：—为元素含量未达检出下限，未检出。

分析单位：新疆矿产实验研究所鉴定专业室。

14）硫砷铜矿

硫砷铜矿在矿石中很少见，仅在少数矿石中可见。呈他形粒状，粒径细，为0.05～0.15 mm±，交代黄铜矿（附录13图64）。硫砷铜矿电子探针成分分析结果见表13-15，主元素平均值Cu 45.10%、S 28.08%、As 19.69%，微量元素整体含量较低，无明显富集，与铜矿化无明显关系。

表13-15　包古图硫砷钴矿电子探针成分分析结果　　　　单位：%

样品编号	Cu	S	As	Fe	Sb	Ag	Pb	Zn
013BGT0-ZK-bg15	45.81	28.10	19.83	5.69	0.48	0.03	0.05	0.01
013BGT0-ZK-bg15	45.40	27.76	19.51	6.19	1.07	—	0.01	0.06
013BGT0-ZK-bg15	44.09	28.39	19.73	6.83	0.86	0.01	—	0.08
平均值	45.10	28.08	19.69	6.24	0.80	0.01	0.02	0.05

注：—为元素含量未达检出下限，未检出。

分析单位：新疆矿产实验研究所鉴定专业室。

15）银金矿

银金矿在矿区分布较少，多呈他形粒状与黄铜矿、辉铋矿、自然铋等伴生，反射色呈亮黄色（附录13图65）。

银金矿电子探针成分分析结果见表13-16，主元素平均值Au 76.12%、Ag 22.54%，另外还含有少量的Bi（平均值0.67%）及Cu（平均值0.33%），其余微量元素含量较低。

表13-16　包古图银金矿电子探针成分分析结果　　　　单位：%

样品编号	Au	Ag	Bi	Cu	Fe	Te	Ni	Co	Zn
013BGT0-ZK-bg22	75.80	22.92	0.72	0.29	0.17	0.05	0.03	0.01	0.02
013BGT0-ZK-bg22	77.32	21.54	0.57	0.27	0.27	0.02	—	0.01	
013BGT0-ZK-bg22	75.24	23.17	0.71	0.44	0.31	0.07	0.01	0.04	—
平均值	76.12	22.54	0.67	0.33	0.25	0.05	0.01	0.02	0.01

注：—为元素含量未达检出下限，未检出。

分析单位：新疆矿产实验研究所鉴定专业室。

2. 脉石矿物

矿石中脉石矿物种类较多，主要为斜长石、角闪石、石英、黑云母，根据矿物成因不同，脉石矿物主要分为造岩矿物和热液蚀变矿物两类，斜长石、角闪石、石英、黑云母、钾长石及磷灰石等属于造岩矿物，部分石英、黑云母及绢云母、绿帘石、绿泥石、方解石、黝帘石等属于热液蚀变矿物,从脉石矿物与金属矿物之间的分布关系看,有些脉石矿物与铜矿化关系密切,如石英、黑云母、绿帘石及钾长石等热液蚀变矿物。有些脉石矿物与铜矿化无关系或关系较弱,如造岩矿物及绿泥石、绿帘石及方解石等蚀变矿物。

1)斜长石

斜长石是含矿岩体中的主要浅色造岩矿物之一,含量较高,在45%以上。多数为自形—半自形粒状、板状,粒径较细,多为0.4~2.0 mm,内部常见环带构造,多被次生绢云母、黝帘石等交代。斑岩体中斜长石端元组分 Ab 含量较集中,Or 组分 1%~2%,An 组分 40%~52%,含矿岩体中斜长石牌号为 An 40~52。本区斜长石为中性斜长石,其寄主岩石包括矿区含矿岩体应为中性斑岩体。

2)角闪石

角闪石是矿区斑岩体中主要镁铁质矿物,含量一般不高,在5%~20%之间。多呈自形—半自形粒状、柱状分布,常蚀变为次闪石或被次生阳起石、黑云母、绿泥石、石英及方解石等交代并析出榍石及硫化物,甚至完全由硫化物取代,仍保留其角闪石外形。显微镜下可见部分未蚀变的角闪石与硫化物交生或沿其解理分布,表明暗色矿物可能也是铜的载体矿物之一,部分铜矿化现象与暗色矿物蚀变有关。

3)石英

石英是矿石中最主要的脉石矿物之一,也是铜矿化重要的载体矿物,贯穿整个成岩期和矿化期,主要分布在石英闪长岩、石英脉及硅化蚀变中,与铜矿化关系密切,次生石英含量较高的岩石中,一般硫化物也含量较高。

在矿石中石英主要有两种不同的类型,一种是作为次要造岩矿物分布在含矿斑岩体中,充填在斜长石粒间或在基质中与板条状斜长石共生的石英,是在岩浆结晶分异阶段形成的,与矿化关系弱。另一种是与岩浆期后含矿热液作用有关的石英,呈石英脉或以硅化形式产出,多伴生有金属硫化物矿化,常与黑云母化、帘石化及绿泥石化共生。

4)黑云母

黑云母在矿区斑岩体中较常见,是重要的脉石矿物之一。按成因主要分为3类:①作为次要造岩矿物分布在闪长岩中,含量低,在1%~5%之间,多见于斜长石、石英粒间,呈片状分布,常被次生绿泥石交代;②广泛分布在岩体中与含矿热液活动有关的黑云母,呈鳞片状—细片状集合体分布,多与金属硫化物及帘石、绿泥石和石英共生;③分布在岩体外接触带的岩层中,由角岩化作用形成的黑云母,呈鳞片状—细片状分布,与矿化关系弱。黑云母常蚀变为绿泥石。

3. 表生氧化矿物

表生氧化矿物主要指某些矿物在风化淋滤作用影响下,转变为表生条件下稳定的次生矿物,如孔雀石、褐铁矿。

1)孔雀石

孔雀石为表生氧化物,在地表局部可见,含量较低。显微镜下仅局部可见,以细粒集合体为主,少量呈隐晶质与细粒孔雀石交生在一起。主要呈条带状、团块状、团粒状、粒状及枝脉状分布在裂隙中(附录13 图66)。

2)褐铁矿

褐铁矿在矿床氧化带中广泛分布,属氧化矿石中的特征矿物之一,常呈不规则粒状、土状、脉状,以交代硫化物为特征(附录13 图67),多与孔雀石共生。褐铁矿呈淡黄色,半金属光泽,摩氏硬度低,粒径0.02~0.3 mm±。

二、岩、矿石化学成分

矿区岩、矿石化学成分研究主要通过对原始数据进行处理,运用作图对比分析等方法,了解各类地质体的元素含量分布特点、空间富集变化规律及相关关系,为地质找矿及矿床成因研究提供依据。V号岩体是中性斑岩体,岩石地球化学研究也证明了这一点。V号岩体基本为全岩矿化,蚀变强烈。

1. 常量元素特征

分析结果表明,V号岩体中 SiO_2 为 58%～63%,其他岩体中 SiO_2 为 52%～65%。岩石属于亚碱性系列。

2. 微量元素特征

(1)矿区围岩中的微量元素值与中国相应岩石的微量元素平均值对比,各类数据变化范围小,没有反映出岩石具高背景的特点,表明本区火山-次火山岩并不是铜矿化作用直接母岩层。

(2)矿石中微量元素含量普遍高于岩石中相应元素的值,其中 Au、Ag、Cu、Zn、Sb、Bi、W、Mo 含量明显高于岩石中同类元素值一倍至几十倍,只有 Cr、Ni、Co、Pb 含量变化较小,与围岩中相当,As 含量较岩石中略高,表明微量元素富集与成矿热液活动有关,属铜矿化作用的成矿元素之一。

(3)氧化矿石与原生矿石中的微量元素对比,其中 Au、Ag、As、Sb 在地表似乎有贫化现象,其他元素如 Cu、Zn、W 等未发生明显变化。

(4)综上所述,与矿区铜矿(化)体对应的微量元素异常为 Au、Ag、Zn、Sb、W、Mo、Bi、Pb 等,其中 Au、Ag、Zn 异常与 Cu 异常套合极好,异常强度较大,是找矿的主要元素。在野外利用化探剖面和原生晕异常进行铜矿、金矿找矿时,要重视这种多元素组合的异常,尤其是 Cu、Au、Ag、Zn 套合好的异常,可能是矿化体的具体反应。As 异常不明显,表明与铜矿化关系不密切,Cr、Ni、Co 一般无异常反应,与铜矿化活动无关。

3. 稀土元素特征

稀土元素地球化学共性和差异性,在成岩、成矿过程中,表现出明显同位素示踪效应,因此,研究铜矿成矿活动中稀土元素地球化学特性,对揭示成矿物质来源、确定成矿条件,具一定意义。

(1)与标准球粒陨石中的稀土元素平均值相比,矿区岩、矿石中的轻重稀土值均明显高于球粒陨石中的含量达一倍至数倍,表明成岩成矿作用过程中,稀土元素具明显分馏富集现象。

(2)岩、矿石中轻稀土含量均明显高于重稀土元素,表明岩、矿石中轻稀土的活动较重稀土活跃,可能与成矿深度较浅有关。

(3)岩石中轻稀土含量明显高于矿石中轻稀土值,但重稀土含量变化小,反映在成矿过程中,分异作用使一部分稀土元素趋向贫化。

4. 同位素和包裹体研究成果

包古图斑岩型铜矿化主要呈浸染状、细脉浸染状分布于似斑状(石英)闪长岩、闪长玢岩、隐爆角砾岩和少量花岗岩中。依据矿脉的穿插关系和矿物组合,成矿过程经历了黑云母-钾长石-钠长石阶段、石英-硫化物阶段和石英-碳酸盐阶段。矿脉中石英的 δD_{SMOW} 值介于 $-107‰ \sim -86‰$ 之间,$\delta^{18}D_{SMOW}$ 值介于 11.3‰～16.2‰ 之间,$\delta^{18}O_{H_2O}$ 值介于 4.4‰～9.3‰ 之间,表明成矿流体来源为深源的岩浆水。硫化物的 $\delta^{34}S$ 值介于 $-5.1‰ \sim 0.7‰$ 之间,平均 $-1.8‰$,表明 S 来源于深部岩浆或地幔(张志欣等,2010)。

三、矿石结构、构造及矿石类型

矿石结构、构造:矿石结构类型比较简单,主要有他形粒状结构、固溶体分离结构、交代-残余结构等。矿石构造主要有浸染状构造、斑杂状构造、细脉状构造、网脉状构造、角砾状构造、块状构造等。

1. 矿石结构

1)粒状结构

按晶粒的结晶程度可分为自形粒状结构、半自形粒状结构和他形粒状结构。金属矿物以他形粒状为主,部分形态不规则,黄铜矿、磁黄铁矿、闪锌矿、辉钼矿等硫化物均呈他形晶产出,仅少量呈半自形粒状分布。自形粒状结构多见于黄铁矿或毒砂中,粒径变化大,为 0.01～1.0 mm±,少部分小于 0.01 mm,主要呈单体或粒状集合体产出(附录 13 图 67)。

2)固溶体分离结构

固溶体分离结构是指两种或两种以上组分,在高温时能相互混溶,构成均一固体相矿物。当温度下降到某一阶段时,其中某种组分达到过饱和而分解出来,形成有规则的两种矿物连晶的现象。在矿石中可以见到的固溶体分离结构主要为乳滴状结构,表现为黄铜矿呈乳滴状分布在闪锌矿、磁黄铁矿、黄铁矿中(附录 13 图 68)。

3)交代结构

矿石中交代结构较为发育,常见的有晚期黄铜矿交代早期形成的黄铁矿,辉铋矿交代自然铋等(附录 13 图 69)。

4)碎裂结构

早期生成粗粒黄铁矿受应力影响产生破碎被晚期黄铜矿沿裂隙充填并胶结(附录 13 图 70)。

2. 矿石构造

矿石中金属矿物分布不均匀,与成矿时产生的微裂隙发育程度及性质有关。矿石构造主要有浸染状构造、细脉状构造、网脉状构造、角砾状构造、块状构造等。

1)浸染状构造

在矿石中最为常见,分布很广。按矿石中硫化物含量进一步划分为:星点浸染状构造,硫化物含量小于 5%;星散浸染状构造,硫化物含量 5%～10%;稀疏浸染状构造,硫化物含量 10%～30%。星散和稀疏浸染状构造在工业矿体中多见,星点浸染状构造则产在矿化围岩中。按矿床中硫化物分布特点又可分为浸染条带状构造和浸染团块状构造。

2)细脉状构造

在矿石中常见,黄铜矿、黄铁矿等金属硫化物呈枝脉状、细脉状产出,脉厚 0.1～4 mm,脉长在十几毫米至上百毫米,规模一般不大,脉体时而连续时而断续沿裂隙分布。一般来说,硫化物矿脉发育地段是主要工业矿体分布地段,铜矿化也明显富集。

3)网脉状构造

在矿石中常见,金属硫化物分布不均匀,主要表现在黄铜矿和黄铁矿呈网脉状沿透明矿物裂隙分布。

3. 矿石类型

1)按矿石氧化程度划分

(1)氧化矿石:分布在矿床浅部至地表,延伸一般 30～40 m,经物相分析测定,其中固定硫酸铜小于 10%,氧化铜达 30%。矿石呈土黄色、灰黄色、黄褐色等,结构疏松,易碎。黄铜矿等原生硫化物已完全变为褐铁矿和孔雀石,偶尔可见未蚀变细粒黄铜矿包裹在石英中。氧化矿石在地表极易发生变化,即使是钻孔中的样品在短时间内也会转变为土黄色、黄褐色,结构松散的块状体,手捏易碎,加之特有的孔雀石化现象,从肉眼看很容易与混合矿石区分。

(2)混合矿石:位于氧化矿石与原生矿石间,厚度一般 2～5 m,呈灰色—灰绿色,结构较紧密,与原生矿石相似。含铜硫化物多数仍被保留下来,一般未见孔雀石化。

(3)原生矿石:矿区主要工业矿石类型,产于矿体浅部至下部,在矿区某些部位延深很大,该类矿石多赋存在中酸性岩体内。矿石为灰绿色、灰白色、白色,结构致密,氧化程度低。有用工业矿物主要是黄铜矿、辉钼矿、辉铜矿、黝铜矿,矿石具浸染构造和脉状构造。脉石矿物为石英、斜长石、钾长石、角闪石、黑云母、绿泥石。方铅矿、闪锌矿含量低,在矿石中很少见到,含量未达到伴生有益组分的工业指标。

2)按矿石结构、构造划分

按硫化物含量、空间分布及相互关系主要分为浸染状矿石、脉状矿石、网脉状矿石 3 类。在矿化局部富集地段矿石以星点状为特点,Cu 品位一般在 1% 以上。在 Cu 贫化或含量较低部位,则以浸染构造为特征,Cu 品位一般小于 0.5%。一般来说,浸染块状构造和脉状构造对铜矿的选别是有利的。

四、成矿时代及矿物生成顺序

1. 成矿时代

石英闪长(玢)岩、花岗闪长(斑)岩、花岗斑岩 SHRIMP 和 LA-ICP-MS 锆石 U-Pb 年龄 320.8～309.9 Ma；矿石中黑云母 Ar-Ar 年龄 311.0～305.7 Ma；矿石中辉钼矿 Re-Os 等时线年龄 314.1～309.4 Ma，说明本区矿床成岩成矿时代属晚石炭世。

2. 矿化阶段及矿物生成顺序

依据矿物组合情况及包裹体测温结果，认为该矿床可分为两期流体成矿作用。早期主要为铜、铁、钼、锌的硫化物矿物组合，可进一步分为 4 个成矿阶段：阶段Ⅰ为钾长石-黑云母阶段、阶段Ⅱ为石英-硫化物阶段、阶段Ⅲ为绿泥石-绿帘石阶段、阶段Ⅳ为沸石-碳酸盐阶段。矿物生成顺序见表 13-17。

晚期矿化形成 Cu-Te-Bi-Au-Ag 的复杂矿物组合，流体作用于矿床的局部部位，叠加在早期矿化产物之上，对矿石起到加富作用。

阶段Ⅰ为钾长石-黑云母阶段：高温富钾含矿热液交代花岗闪长(斑)岩，主要形成钾长石和黑云母。与之相关的硫化物主要有黄铁矿、黄铜矿、毒砂、闪锌矿，呈细脉浸染状矿化，黄铜矿和闪锌矿的固溶体分离结构非常发育，通常为黄铜矿呈乳滴状分布于闪锌矿中。

阶段Ⅱ为石英-硫化物阶段：含矿热液继续交代，形成石英及金属硫化物的共生组合。与之相关的硫化物主要为黄铁矿、黄铜矿和辉钼矿等，呈脉状、浸染状矿化，见宽大的含矿石英脉。

阶段Ⅲ为绿泥石-绿帘石阶段：含矿热液进一步交代，形成绿泥石和绿帘石，分布于矿体边部或相邻围岩中。与之相关的硫化物主要有黄铁矿、黄铜矿和闪锌矿等。

阶段Ⅳ为沸石-碳酸盐阶段：形成方解石、沸石、孔雀石等，分布于岩石裂隙和空洞中。

晚期矿化形成 Cu-Te-Bi-Au-Ag 的复杂矿物组合，晚期流体作用于矿床的局部部位，对矿石起到加富作用，且形成了丰富的含 Te-Bi-Ag-Au 矿物。

表 13-17 包古图铜矿矿物生成顺序表

矿物	岩浆期	热液矿化期			表生期
		Ⅰ	Ⅱ	Ⅲ	Ⅳ
斜长石	-------				
角闪石	-------				
石英	-------	-------	-------		
黑云母	-------	-------	-------		
钾长石	----	-------	----		
绢云母			-------	-------	
绿泥石				-------	
绿帘石				-------	
方解石			-------	-------	-------
阳起石				-------	
毒砂		———	———		
黄铁矿		———	———	———	
磁黄铁矿		———	———		
黄铜矿		———	———	———	
闪锌矿		———	———	———	
方铅矿		———	———		
辉钼矿			———		
碲硫铋矿			———		

续表 13-17

矿物	岩浆期	热液矿化期			表生期
		I	II	III	IV
辉铋矿			—	—	—
斜方辉铅铋矿			—	—	—
辉砷钴矿				—	—
硫锑铜矿					—
硫砷铜矿				—	
银金矿			—		
自然铋			— —		
褐铁矿					—
孔雀石					
砷华					
沸石					

第五节　矿床成因和成矿模式探讨

　　本区均一温度变化范围宽，341 个包裹体的均一温度具有 4 组温度范围，分别为 170～250 ℃、250～<350 ℃、350～<430 ℃和 430～520 ℃。同一块样品中有不同气液比的流体包裹体共存，气液比 5%～90%，说明矿床形成过程中流体包裹体具有多种压力状态。液体包裹体和气液包裹体的含盐度主要集中在 5%～16%之间，盐类包裹体集中在 35%～50%之间。样品中的大部分多相包裹体和气相包裹体是通过流体沸腾形成的。采用最大均一温度进行压力估计，表明在深度约 2 km 时岩浆沸腾捕获这些多相包裹体。该岩体侵位属浅成—超浅成。

　　包古图铜矿床成因类型为斑岩型铜矿床。矿床的形成演化过程及其成因机制如下。

　　(1)中酸性岩浆侵位到浅部约 2 km(压力大于 40 MPa，温度高于 580 ℃)，岩浆沸腾形成最初的成矿流体，聚集在岩体顶部和附近的围岩中，与岩体和围岩发生反应，在岩体内部形成钾硅酸盐蚀变(黑云母化)，伴随黑云母的分解，有热液磁铁矿和磷灰石析出，形成磁铁矿细脉和磷灰石细脉，在凝灰质粉砂岩围岩中发生强烈的黑云母化和硅化，产生黑云母角岩。同时流体中的 S 与金属离子结合，形成早期的浸染状黄铁矿、黄铜矿和辉铜矿，从而形成矿化体和贫矿体。

　　(2)含矿热液上升至 1～2 km(压力 30～40 MPa)，有大气降水的参与，温度降至 200～500 ℃，成矿流体发生沸腾，释放出的 S 与金属离子结合，大量的硫化物如黄铜矿、黄铁矿、斑铜矿和辉钼矿集中沉淀，形成各种含黄铜矿石英脉和含辉钼矿石英脉，构成本区铜(钼)矿体的主体。与此同时，岩体内部仍然发育黑云母化，接触带中继续发生钾交代作用和广泛的水解作用，角闪石和黑云母变为绿泥石和水黑云母，斜长石变为绢云母，硅化强烈，形成绢英岩化带。岩体内部的 Na^+、Ca^{2+}、Mg^{2+} 被淋滤出来，带到离开接触带的围岩中，交代围岩，形成青磐岩化。矿化主要发生在岩体内部的强烈钾化带和岩体内接触带的绢英岩化带中，矿区铜矿的形成主要是在岩体内部和内接触带处的钾化带、绢英岩化带中流体多次沸腾所致的。

　　包古图铜矿成矿模式见图 13-4。

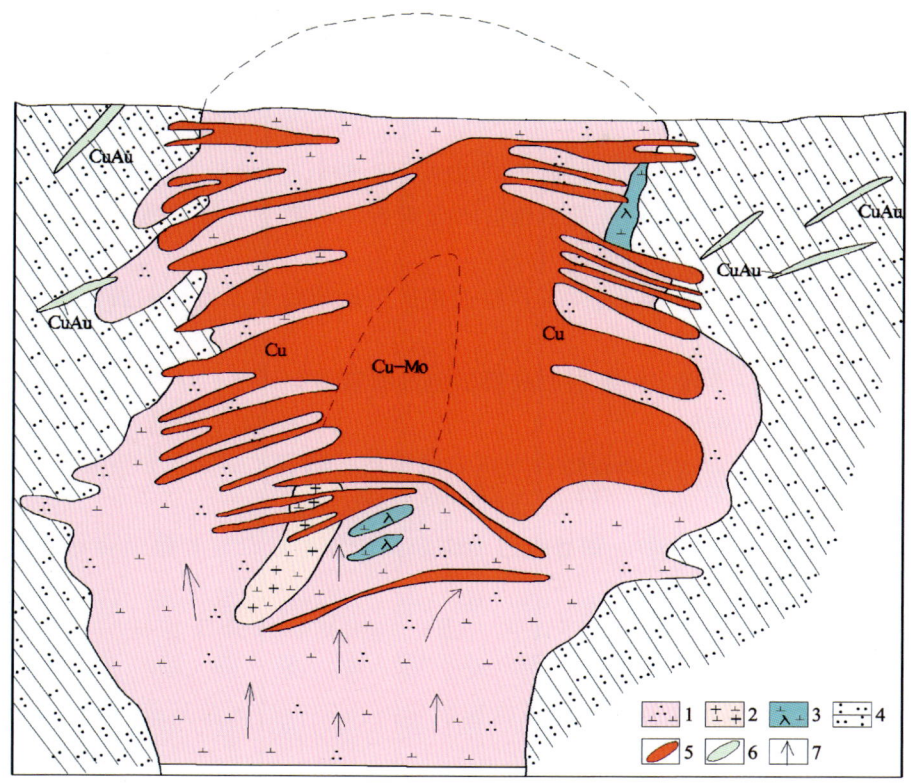

1.石英闪长斑岩;2.花岗闪长斑岩;3.闪长玢岩;4.凝灰质粉砂岩;5.矿体;6.铜金矿体;7.热液运移方向。

图 13-4 包古图斑岩型铜矿成矿模式图

主要参考文献

安芳,朱永峰,2009.新疆西准噶尔包古图组凝灰岩锆石 SHRIMP 年龄及其地质意义[J].岩石学报,25(6):1437-1445.

成勇,张锐,2006.新疆西准包古图地区铜金矿成矿规律浅析[J].地质与勘探,42(4):11-15.

代华五,申萍,沈远超,等,2010.西准噶尔包古图含矿岩体矿物学特征及意义[J].新疆地质,28(4):440-447.

关维娜,董连慧,2010.新疆西准包古图斑岩型铜钼矿床地质特征及流体包裹体研究[J].地质科学,45(3):873-884.

刘玉琳,郭丽爽,宋会侠,等,2009.新疆西准噶尔包古图斑岩铜矿年代学研究[J].中国科学 D 辑:地球科学,39(10)1466-1472.

申萍,沈远超,刘铁兵,等,2009.新疆包古图斑岩型铜钼矿床容矿岩石及蚀变特征[J].岩石学报,25(4):777-792.

宋会侠,郭国林,焦学军,等,2007a.新疆包古图斑岩铜矿伴生元素金和银赋存状态初步研究[J].岩石矿物学杂志,26(4):329-334.

宋会侠,刘玉琳,屈文俊,等,2007b.新疆包古图斑岩铜矿矿床地质特征[J].岩石学报,23(8):1981-1988.

魏斐,刘玉琳,郭国林,等,2009.包古图斑岩铜矿床的钛矿物特征及其成因意义[J].岩石学报,25(3):645-649.

魏少妮,朱永峰,安芳,2014.新疆包古图地区斑岩型铜矿化特征和成矿元素迁移规律初探[J].矿床地质,33(1):165-180.

许发军,夏芳,2003.托里县包古图斑岩型铜金矿地质特征[J].新疆有色金属(增刊):11-12+14.

张连昌,万博,焦学军,等,2006.西准包古图含铜斑岩的埃达克岩特征及其地质意义[J].中国地质,33(3):626-631.

张锐,张云孝,佟更生,等,2006.新疆西准包古图地区斑岩铜矿找矿的重大突破及意义[J].中国地质,33(6):1355-1360.

张志欣,杨富全,闫升好,等,2010.新疆包古图斑岩铜矿床成矿流体及成矿物质来源:来自硫、氢和氧同位素证据[J].岩石学报,26(3):707-716.

SHEN P,SHEN Y C,PAN H D,et al. ,2010. Baogutu porphyry Cu-Mo-Au deposit,WestJunggar,NorthwestChina:Petrology,alteration,and mineralization[J]. Economic Geology,105:947-970.

内部资料

沈远超,等,1990.哈图金矿带地质、物探、化探、综合研究及找矿靶位优选(Ⅱ1)[R].北京:中国科学院地质研究所.

张锐,张云孝,许发军,等,2002.新疆托里县包古图斑岩型铜金矿预查地质报告[R].乌鲁木齐:新疆有色地质勘查局地质研究所.

附录13　图片及说明

图1　采集包古图矿区样品

图2　包古图矿区试采区采坑

图3　观察采集包古图矿区岩芯库样品

图4　沿裂隙充填的薄膜状、放射状沸石集合体

图5　氧化矿石中薄膜状、皮壳状孔雀石

图6　闪长岩断面上，黄铁矿、黄铜矿呈稀疏浸染状分布

图7 石英闪长岩
岩石呈浅灰色,矿物组成以斜长石为主,其次还含有少量的石英、角闪石、绢云母和黝帘石。黄铁矿呈细脉状分布。

图8 闪长玢岩
岩石呈灰褐色,斑状结构,斑晶以斜长石为主,还有少量的石英,基质多黑云母化、绢云母化。金属矿物以黄铁矿、黄铜矿为主,呈细脉状分布。

图9 石英二长岩
岩石呈肉红色,主要由钾长石、斜长石、石英及次要矿物角闪石、黑云母组成,普通角闪石含量低。岩石主要发生黑云母化和绢云母化。

图10 含黄铜矿石英脉穿插于闪长玢岩中

图11 含辉钼矿、黄铜矿石英脉,分布于闪长岩中

图12 黑云母化、黄铁矿化闪长岩

图 13　角岩化晶屑凝灰岩　50×　单偏光

岩石具凝灰结构，块状构造。晶屑以斜长石、普通角闪石为主，石英呈浑圆状，斜长石呈他形粒状，为钠长石；玻屑较发育，主要呈棱角状或压扁拉长状。

图 14　角岩化凝灰岩　100×　正交偏光

岩石具凝灰结构，主要由长石晶屑、石英晶屑及胶结物火山灰构成，并叠加角岩化作用，以黑云母化为特点。

图 15　闪长岩1　50×　正交偏光

岩石具半自形粒状结构，主要由普通角闪石、斜长石及少量石英构成，长石表面具明显泥化。

图 16　闪长岩2　50×　正交偏光

岩石具半自形粒状结构，主要由普通角闪石、斜长石构成，斜长石表面具明显泥化。

图 17　英云闪长岩　50×　正交偏光

岩石具半自形粒状结构，主要由普通角闪石、斜长石、黑云母及少量石英构成，斜长石表面具明显泥化。

图 18　似斑状闪长岩　50×　正交偏光

岩石具似斑状结构，其中斑晶为斜长石，粒径1～3 mm；基质主要是石英及角闪石，但粒径较细，为0.3～0.5 mm。

图19　云英闪长玢岩　50×　正交偏光

岩石具斑状结构，斑晶主要由斜长石、黑云母、普通角闪石及石英构成，其中石英含量超过20%，基质由少量斜长石及黑云母构成。

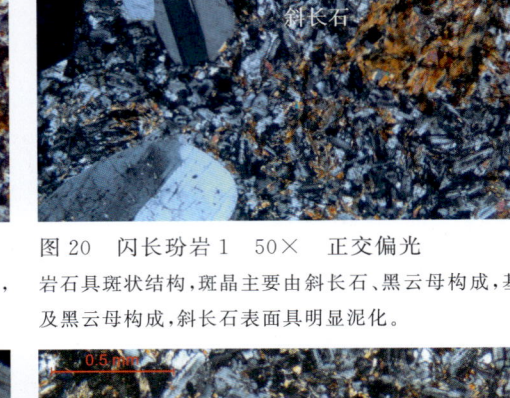

图20　闪长玢岩1　50×　正交偏光

岩石具斑状结构，斑晶主要由斜长石、黑云母构成，基质由少量斜长石及黑云母构成，斜长石表面具明显泥化。

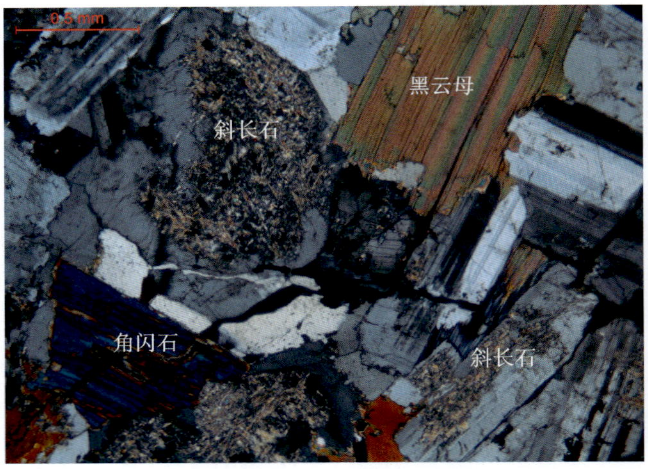

图21　黑云母闪长岩　50×　正交偏光

岩石具半自形板状结构，主要由斜长石、黑云母及普通角闪石构成，基质由少量斜长石及黑云母构成，颗粒直径1.5～3 mm，属中粒闪长岩。

图22　闪长玢岩2　50×　正交偏光

岩石具斑状结构，斑晶主要由斜长石及普通角闪石构成，基质由少量斜长石及黑云母构成，斑晶颗粒直径小于1 mm，集中在0.2 mm左右，属微晶闪长玢岩。

图23　花岗闪长斑岩1　100×　正交偏光

岩石具斑状结构、显微文象结构，斑晶主要由斜长石，基质由少量斜长石及黑云母构成，长石和石英构成显微文象结构。

图24　花岗闪长斑岩2　50×　正交偏光

岩石具斑状结构、球粒包含结构，斑晶主要为熔蚀的斜长石及石英，基质为长英质矿物，部分形成球粒包含结构。

托里县包古图铜矿

图25　花岗闪长斑岩3　50×　正交偏光

岩石具斑状结构、球粒包含结构，斑晶主要为黑云母及少量斜长石，基质为长英质矿物，部分形成球粒包含结构。

图26　石英二长岩　50×　正交偏光

半自形—他形粒状结构，主要由钾长石、斜长石、石英及次要矿物角闪石、黑云母构成。斜长石属富钠斜长石，双晶发育；钾长石为正长石，表面泥化明显。

图27　钾长石-硫化物脉　50×　正交偏光

岩石为闪长斑岩，具斑状结构。钾长石、黄铜矿呈脉状穿插于其中，钾长石表面泥化，较浑浊。

图28　钾长石-石英脉　50×　正交偏光

岩石具斑状结构，钾长石、石英、黄铜矿呈脉状穿插，晚于闪长玢岩的形成。钾长石蚀变较强烈，表面较浑浊；黄铜矿充填于脉中。

图29　硫化物石英脉　50×　正交偏光

岩石为闪长玢岩，具斑状结构，原岩中的斑晶完全发生绢云母化、黄铜矿化，仅保留原始矿物晶形，黄铜矿-石英脉穿插于其中。

图30　黑云母化1　100×　正交偏光

次生鳞片状黑云母沿斜长石边缘或裂隙交代。

图 31　黑云母化 2　100×　正交偏光

板条状次生黑云母交代原岩中的暗色矿物角闪石，呈网脉状与斜长石交生。

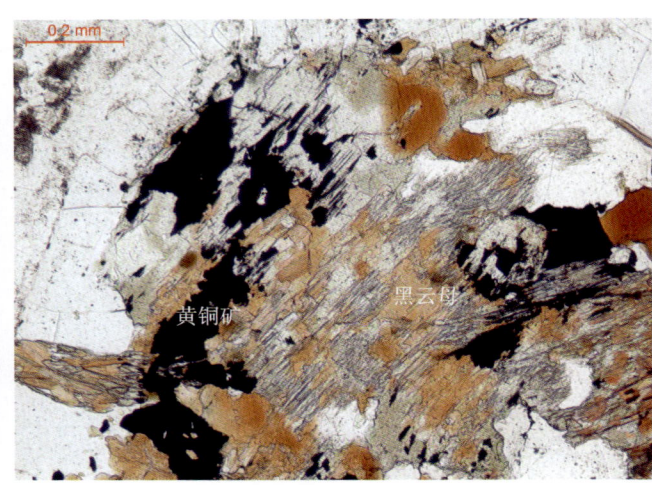

图 32　黑云母化 3　100×　正交偏光

鳞片状次生黑云母交代角闪石析出硫化物。

图 33　黑云母化 4　100×　正交偏光

次生鳞片状黑云母沿边缘或裂隙交代斜长石及石英。

图 34　黑云母化 5　100×　正交偏光

次生鳞片状黑云母沿边缘或裂隙交代斜长石。

图 35　绿泥石化-绿帘石化　100×　单偏光

绿帘石呈他形粒状分布于闪长玢岩中，伴有绿泥石化，含量低。

图 36　绿泥石化-碳酸盐化　100×　正交偏光

方解石呈他形粒状交代斜长石或分布于脉石矿物粒间，同时伴有绿泥石化。

托里县包古图铜矿

图 37　绢云母化　100×　正交偏光

绢云母呈他形粒状,交代斜长石或分布于脉石矿物粒间。

图 38　硅化　100×　正交偏光

角闪石被石英、黑云母及绿泥石交代析出硫化物。

图 39　钾长石化1　50×　正交偏光

钾长石表面较脏,多发生泥化。

图 40　钾长石化2　50×　正交偏光

硫化物、钾长石、透辉石和石英相互交生,呈脉状分布。

图 41　次闪石化　100×　正交偏光

角闪石完全被阳起石交代,并伴有黑云母化。

图 42　黄铁矿化　50×　正交偏光

黄铁矿呈半自形粒状,粒径细,常与硅化、黑云母化、黄铜矿化伴生。

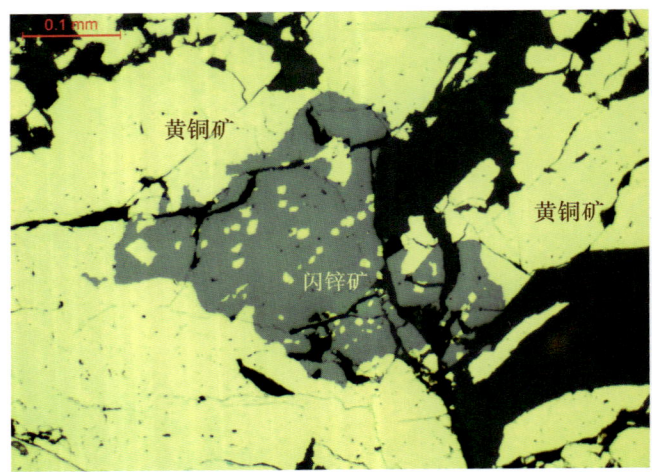

图43 早期黄铜矿 200× 单偏光
早期的黄铜矿多呈固溶体分离的形式，产于闪锌矿中。

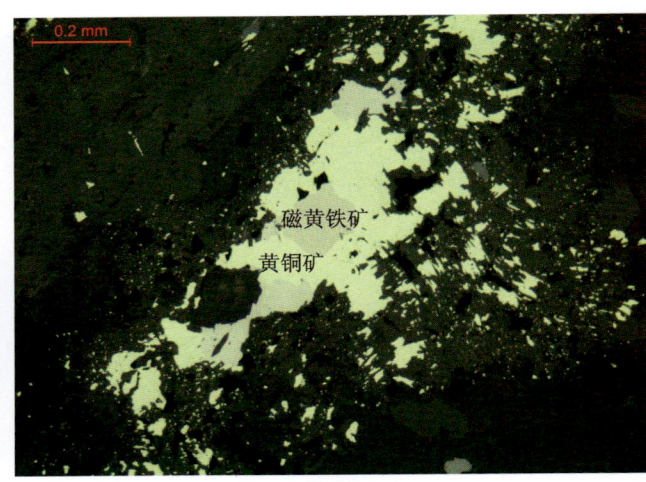

图44 黄铜矿1 100× 单偏光
黄铜矿呈他形粒状，与磁黄铁矿共生，充填于透明矿物粒间。在矿区内磁黄铁矿＋黄铜矿的矿物组合较为常见。

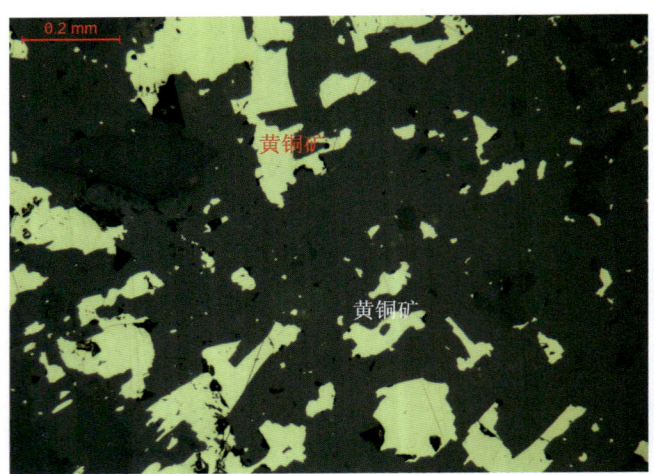

图45 黄铜矿2 正交偏光 100× 单偏光
黄铜矿呈他形粒状分布于闪长岩粒间。

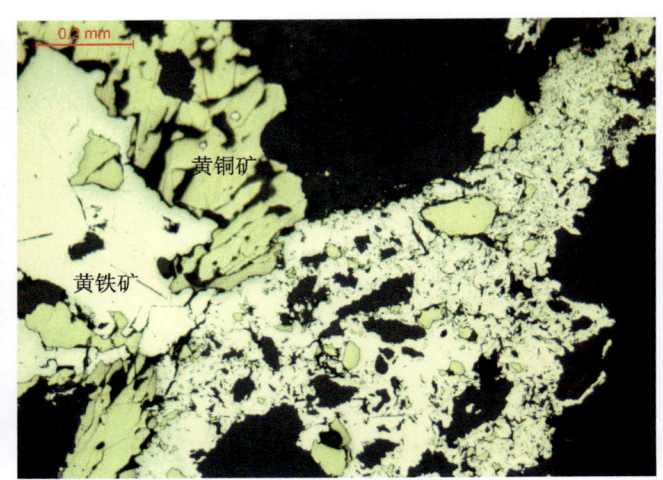

图46 黄铁矿、黄铜矿 100× 单偏光
黄铁矿交代黄铜矿。

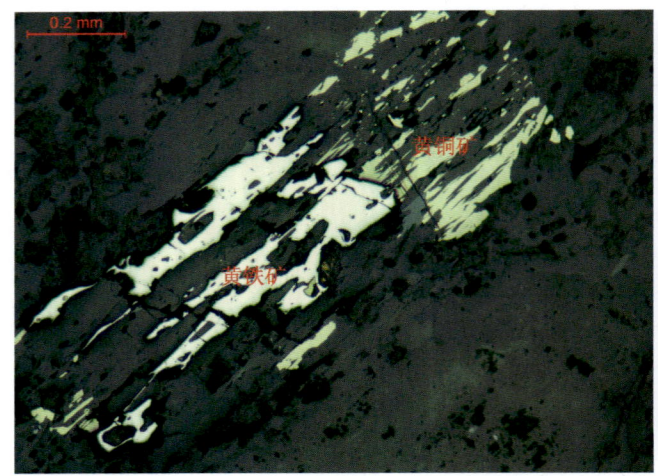

图47 黄铜矿、黄铁矿 100× 单偏光
黄铜矿、黄铁矿沿角闪石解理分布。

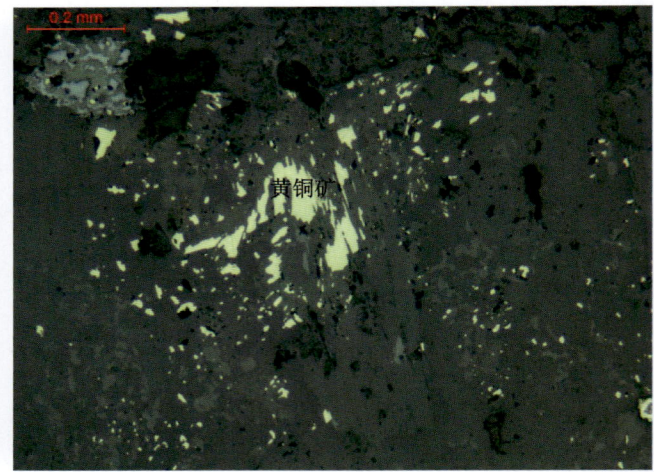

图48 黄铜矿3 100× 单偏光
黄铜矿呈浸染团块状分布。

托里县包古图铜矿

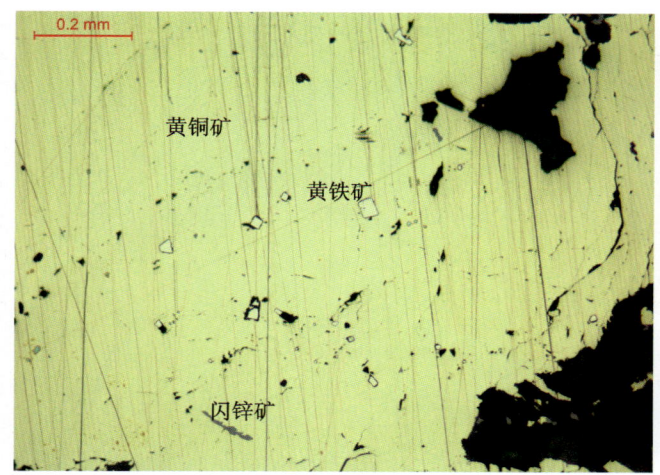

图 49　早期黄铁矿　100×　单偏光

黄铜矿内部包含有早期形成的黄铁矿和闪锌矿,黄铁矿较为自形,闪锌矿呈长条状。

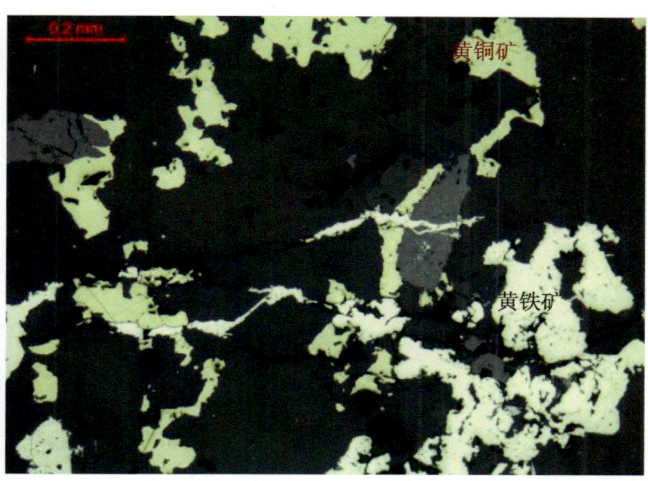

图 50　晚期黄铁矿　100×　单偏光

晚期形成的黄铁矿多不自形,呈脉状或他形粒状,穿插黄铜矿。

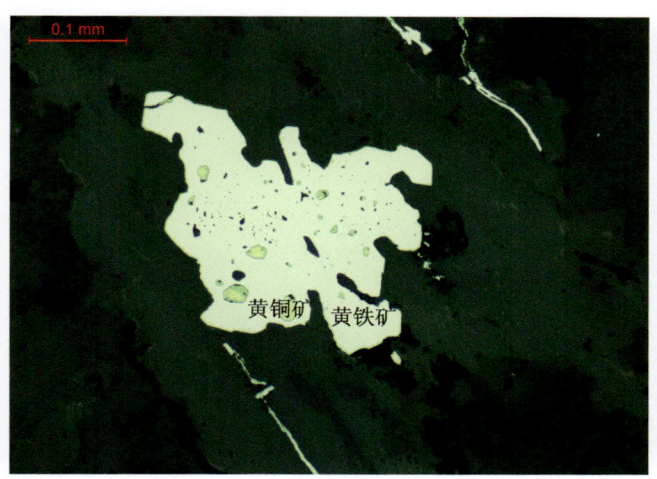

图 51　磁黄铁矿1　200×　单偏光

黄铁矿表面出溶有乳滴状的黄铜矿。

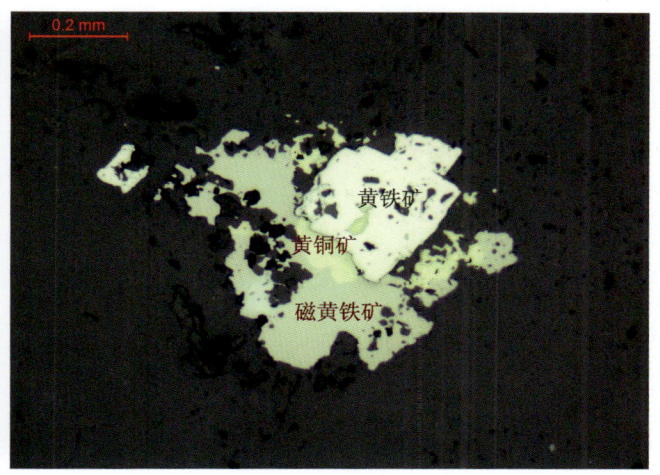

图 52　磁黄铁矿2　100×　单偏光

磁黄铁矿与黄铜矿、黄铁矿伴生,黄铜矿穿插磁黄铁矿。

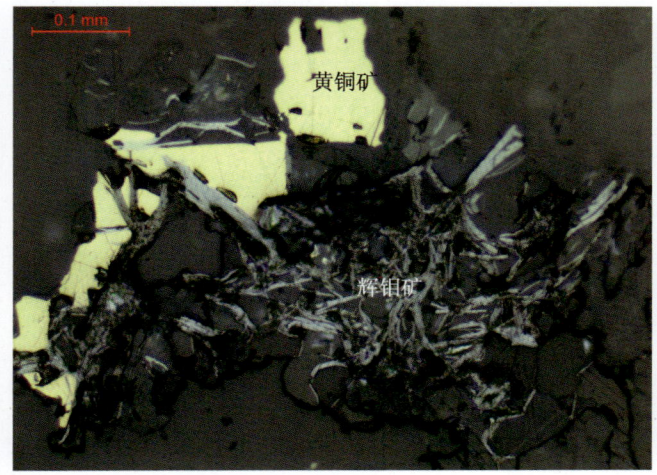

图 53　辉钼矿　200×　单偏光

辉钼矿常与黄铜矿伴生,铅灰色,多呈弯曲的长条状或他形片状分布。

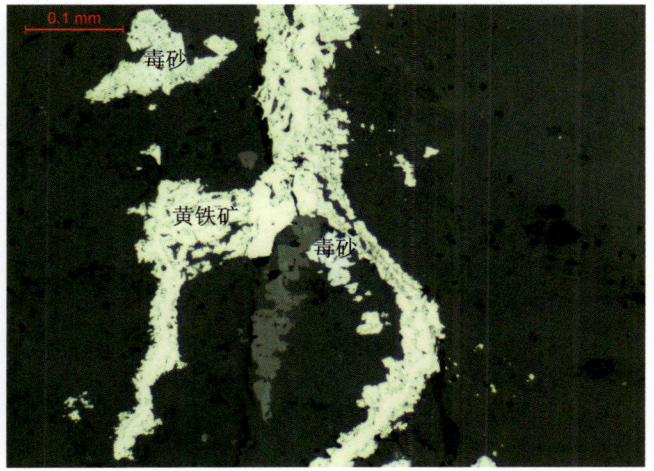

图 54　毒砂1　200×　单偏光

毒砂与黄铁矿共生,呈脉状沿透明矿物裂隙充填。

图55 毒砂2 100× 单偏光
毒砂与板条状金红石共生,呈自形粒状,为后期热液产物。

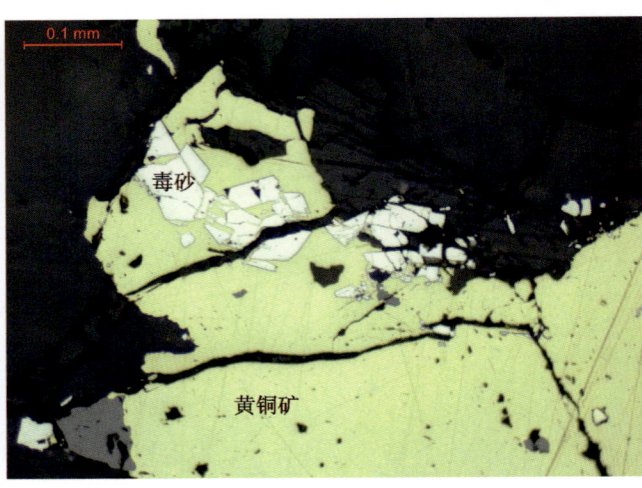

图56 毒砂3 200× 单偏光
晚期热液形成的毒砂交代黄铜矿。

图57 钛铁矿 100× 单偏光
钛铁矿具强非均性,常呈他形粒状,反射色灰色带棕色。

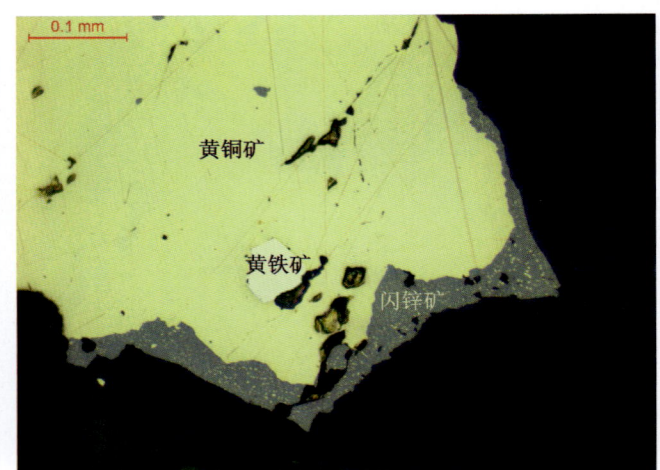

图58 闪锌矿 200× 单偏光
闪锌矿表面有乳滴状黄铜矿分布。

图59 自然铋1 200× 单偏光
黄铜矿与自然铋、辉铋矿、碲硫铋矿共生。

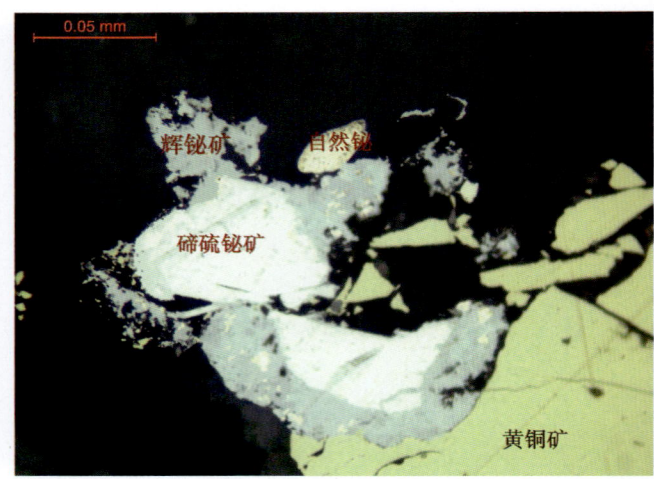

图60 自然铋2 500× 单偏光
黄铜矿与自然铋、辉铋矿和碲硫铋矿共生。

托里县包古图铜矿

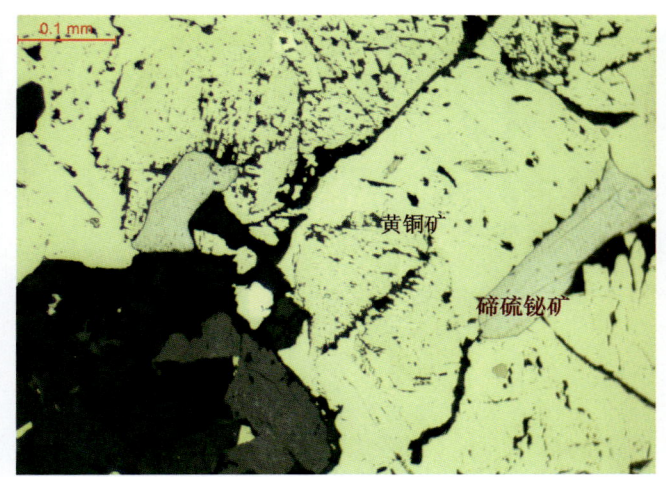

图 61　碲硫铋矿　200×　单偏光
黄铜矿与碲硫铋矿共生。碲硫铋矿呈他形粒状分布于黄铜矿间。

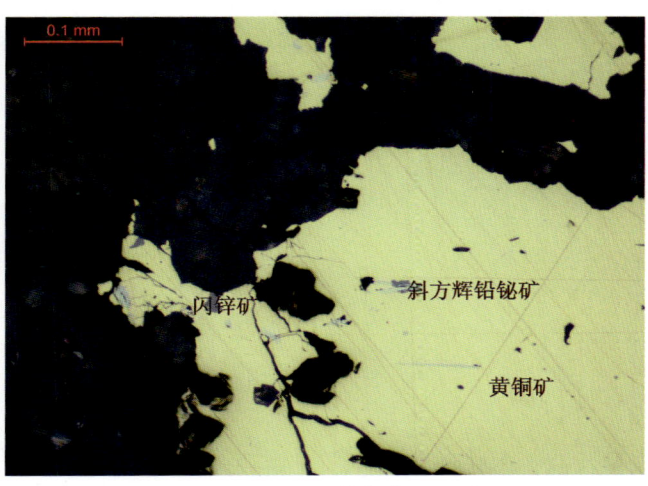

图 62　斜方辉铅铋矿　200×　单偏光
斜方辉铅铋矿白色带灰色,呈针状、纤维状、他形粒状晶体,包裹于黄铜矿中。

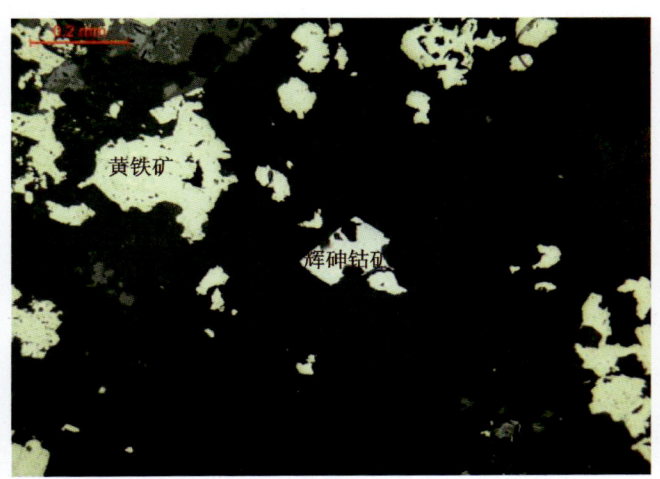

图 63　辉砷钴矿　100×　单偏光
辉砷钴矿,反射色白色带淡粉色,与黄铁矿伴生,被黄铁矿交代。

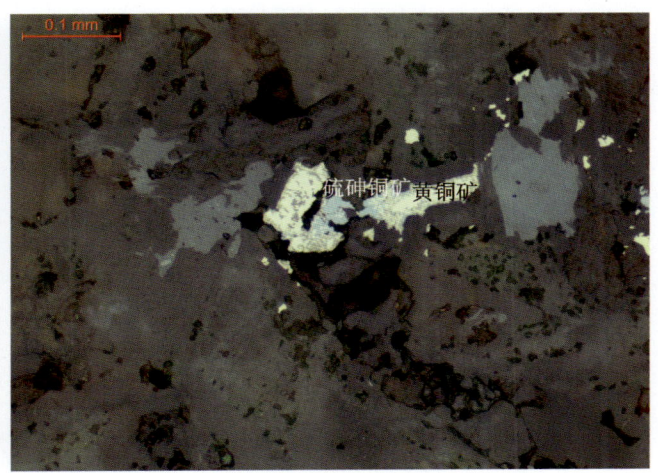

图 64　硫砷铜矿　200×　单偏光
硫砷铜矿呈浅灰蓝色,他形粒状,与黄铜矿伴生。

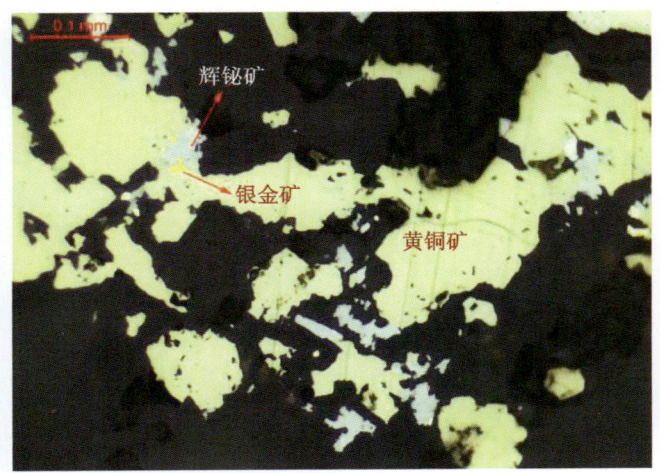

图 65　银金矿　200×　单偏光
银金矿呈他形粒状,多与辉铋矿、黄铜矿伴生。

图 66　孔雀石-褐铁矿脉　200×　单偏光
孔雀石、褐铁矿呈脉状分布。

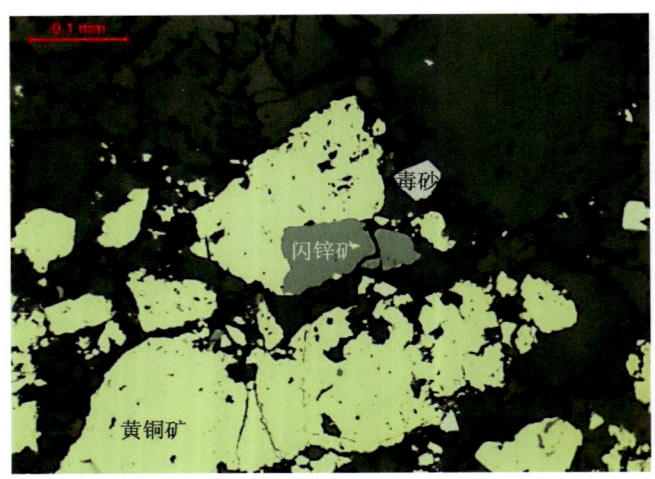

图 67　粒状结构　200×　单偏光

黄铜矿、毒砂和闪锌矿呈他形粒状分布。

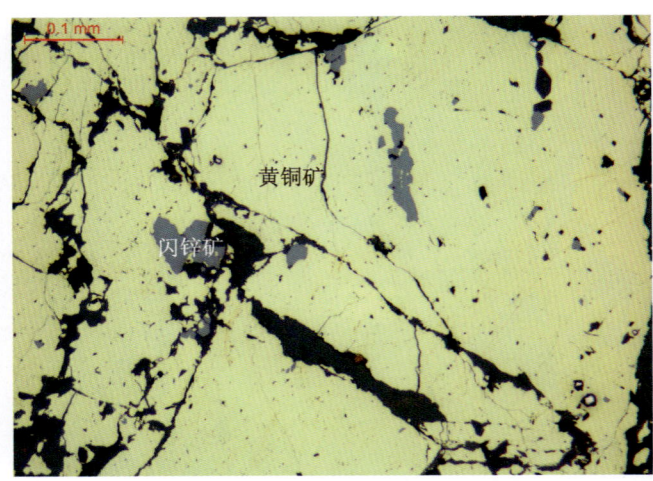

图 68　固溶体分离结构　200×　单偏光

闪锌矿呈乳滴状出溶,包裹于黄铜矿中。

图 69　交代结构　200×　单偏光

晚期形成的黄铜矿,交代早期形成的黄铁矿和毒砂。

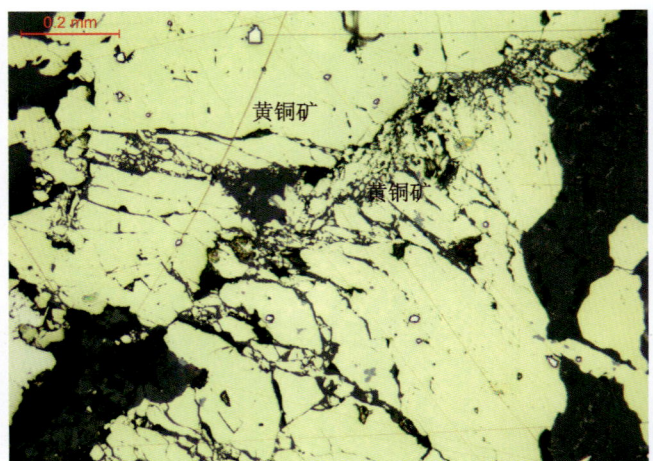

图 70　碎裂结构　100×　单偏光

黄铜矿受应力作用产生碎裂化。

富蕴县喀拉通克铜镍矿

拍摄者岳蕴辉

整体介绍

喀拉通克铜镍矿床行政区属新疆富蕴县管辖，位于县城南东154°方向28 km处，中心坐标：东经89°41′，北纬46°44′，靠近G216国道，交通便利。

该矿床于1978年由新疆地矿局第四地质大队发现，并施工了喀拉通克第一个验证钻孔，见浸染状—致密块状铜镍矿体厚度达169 m，铜平均品位2.25%、镍1.80%，首次在新疆取得铜镍矿找矿的突破性进展。1980—1983年，新疆地矿局第四地质大队对喀拉通克1号岩体进行详查；1983—1985年，新疆地矿局第四地质大队对一号矿床进行初步地质勘探工作，提交了《新疆富蕴县喀拉通克硫化铜镍矿区一号矿床中间勘探报告》，估算(332+333)铜金属量26.162万t、镍金属量18.264万t；1978—1985年，新疆地矿局第四地质大队对喀拉通克硫化铜镍矿区六、七、八、九号矿床进行了普查-详查工作；1985—1986年，新疆地矿局第四地质大队对喀拉通克硫化铜镍矿区二、三号矿床(4-103勘查线间)进行了详细普查地质工作，估算(333)铜金属量18.712万t、镍金属量9.637万t；1987—1992年，原可可托海矿务局对喀拉通克铜镍矿开展了喀拉通克硫化铜镍矿区一号矿床地质勘探工作并提交报告，报告经新疆储委评审通过(新储决〔1993〕06号)，探明(331+332+333)铜金属量25.12万t、镍金属量15.80万t；2001—2006年，新疆地矿局第四地质大队承担地质勘查中央专项资金项目，对喀拉通克铜镍矿区二、三号矿床东段进行了详查，2007年提交了《新疆富蕴县喀拉通克铜镍矿区一、二、三、六、七、八、九号矿床资源储量汇总报告》，经新疆国土资源厅评审(新国土资储评〔2007〕213号)，批准保有(111b+331+332+333)铜金属量37.92万t、镍金属量21.18万t。另估算了保有伴生资源量：金5.68 t、银300.41 t、钴9 486.74 t、铂2.61 t、钯3.38 t、硒161.40t、碲39.25 t、硫102.10万t。据喀拉通克铜镍矿矿山储量年报，截至2018年底，喀拉通克铜镍矿一、二、三、六、七、八、九号矿床累计查明(111b+122b+332+333)资源储量：镍29.84万t、铜48.43万t。

该矿1988年建成矿山进行开采，主要开采富矿。2012年完成三期技改扩建工程，设计日产矿石量5400 t，年处理量178万t。矿山产品为水淬金属化高冰镍，产量约2万t/a。

第一节 矿区地质特征

矿床产于查尔斯克-额尔齐斯复式增生楔内,处于西伯利亚板块与哈萨克斯坦-准噶尔板块的缝合带（额尔齐斯构造带）南侧,北东侧为可可托海-二台断裂,矿床位于这两条深大断裂交会部位的南西侧。处在萨吾尔-二台 Cu-Ni-Au-Mo-Fe-REE-煤-膨润土成矿带内。构造线方向均为北西向,区内褶皱断裂发育,沿北西向和北北西向深大断裂经历多次岩浆侵入活动,发育一套酸性—超基性的岩浆岩系列,是铜、镍、钴、金、铬、铂等内生矿产的有利成矿区(图14-1)。

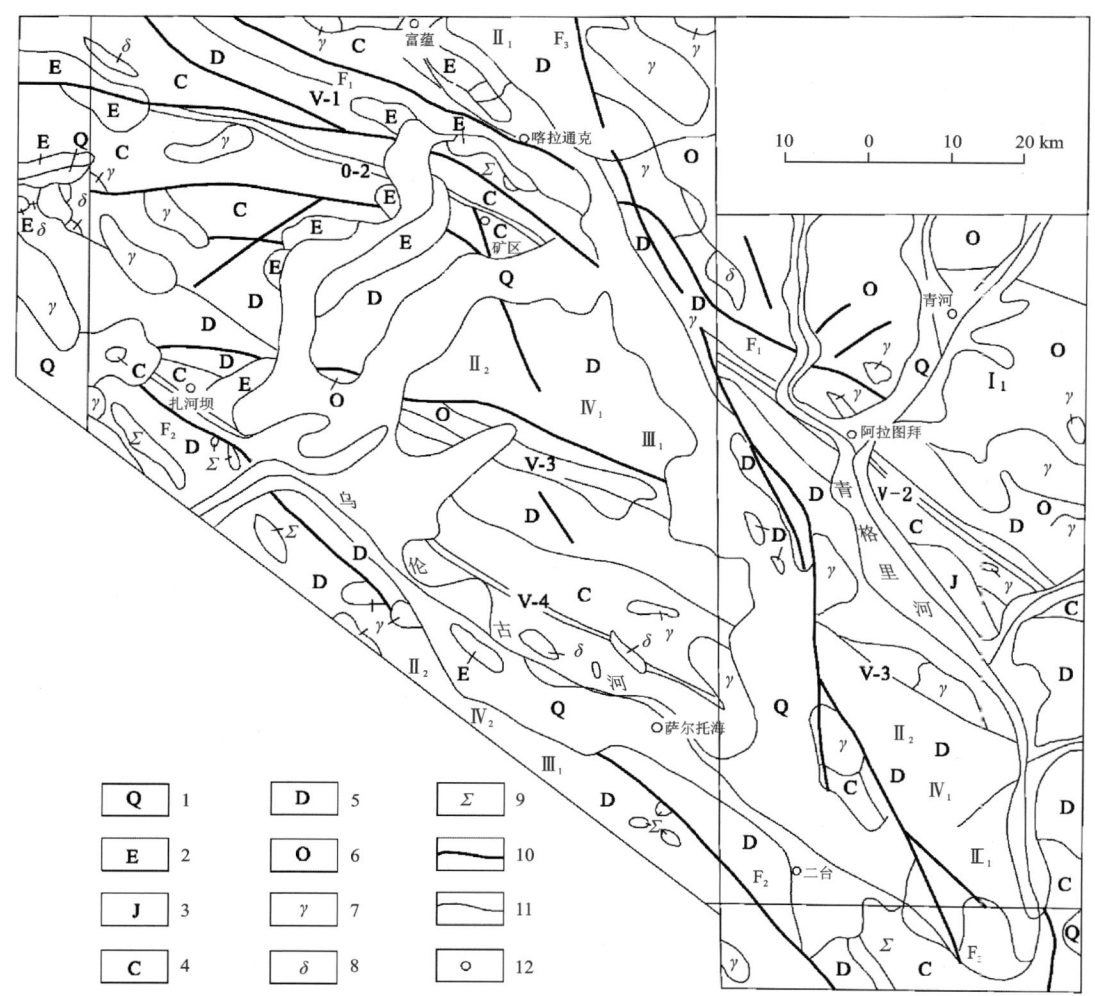

1.第四系;2.第三系;3.侏罗系;4.石炭系;5.泥盆系;6.奥陶系;7.花岗岩类;8.基性岩类;9.超基性岩类;10.断裂及编号;11.地质界线;12.居民点;F_1.额玛断裂;F_2.乌伦古深断裂;F_3.卡依尔特-二台大断裂;II_1.阿尔泰褶皱系;II_2.准噶尔海西褶皱系;III_1.东准噶尔褶皱带;IV_1.乌伦古褶皱区;IV_2.乌伦古凹陷区;V-1.耶森卡拉复背斜;V-2.萨尔布拉克-萨色克巴斯陶复向斜;V-3.加乌尔-卡西翁复背斜;V-4.扎河坝复向斜。

图14-1 富蕴县喀拉通克铜镍矿区域地质构造略图

一、地层

矿区地层以下石炭统南明水组的一套滨海-浅海相火山碎屑浊流沉积为主,依岩性组合分为上、中、下3个岩性段,上段为泥板岩、碳质泥板岩夹细沉凝灰岩;中段为沉凝灰岩、沉凝灰砾岩互层,产出千枚岩化泥板岩夹灰岩透镜体;下段为千枚岩化泥板岩夹灰岩透镜体。次为中泥盆统蕴都卡拉组火山岩,主要岩性为钙质泥板岩夹少量火山角砾岩,安山岩及安山质角砾熔岩。第三系局部可见,第四系分布广泛。

二、构造

1. 褶皱

区内以舒缓的同层褶皱为主,可见2个背斜3个向斜,由南向北,相继为南部向斜、南部背斜、中部向斜、北部背斜、北部向斜。断裂构造及破碎带十分发育,以北西向断裂为主,北北西向、近东西向、北东向断裂均是前者的配套构造。其中的北西向和北北西向断裂(破碎带)控制着基性岩体的产出,是有利的储矿构造。

2. 断裂

矿区位于准噶尔褶皱系东准噶尔褶皱带北缘乌伦古隆褶皱区中的萨尔布拉克-萨色克巴斯陶复向斜内。北邻额尔齐斯-玛琍鄂博深断裂,南有乌伦古深断裂,东濒稍晚形成、挽近仍有强烈活动的卡依尔特-二台大断裂。这些北西向和北北西向深大断裂及其派生构造,是岩浆侵位的有利空间。

三、含矿岩体

矿区主要圈出9个基性—超基性岩杂岩体(3个为隐伏岩体),总体走向310°左右,与区域性北西向构造带方向(300°左右)基本一致。岩体均侵位于下石炭统南明水组中,分为南、北2个岩带,相距600~800 m(图14-2)。南岩带包括Y_1、Y_2和Y_3岩体,规模相对较大、分异良好、相带清晰、矿化发育,且随着

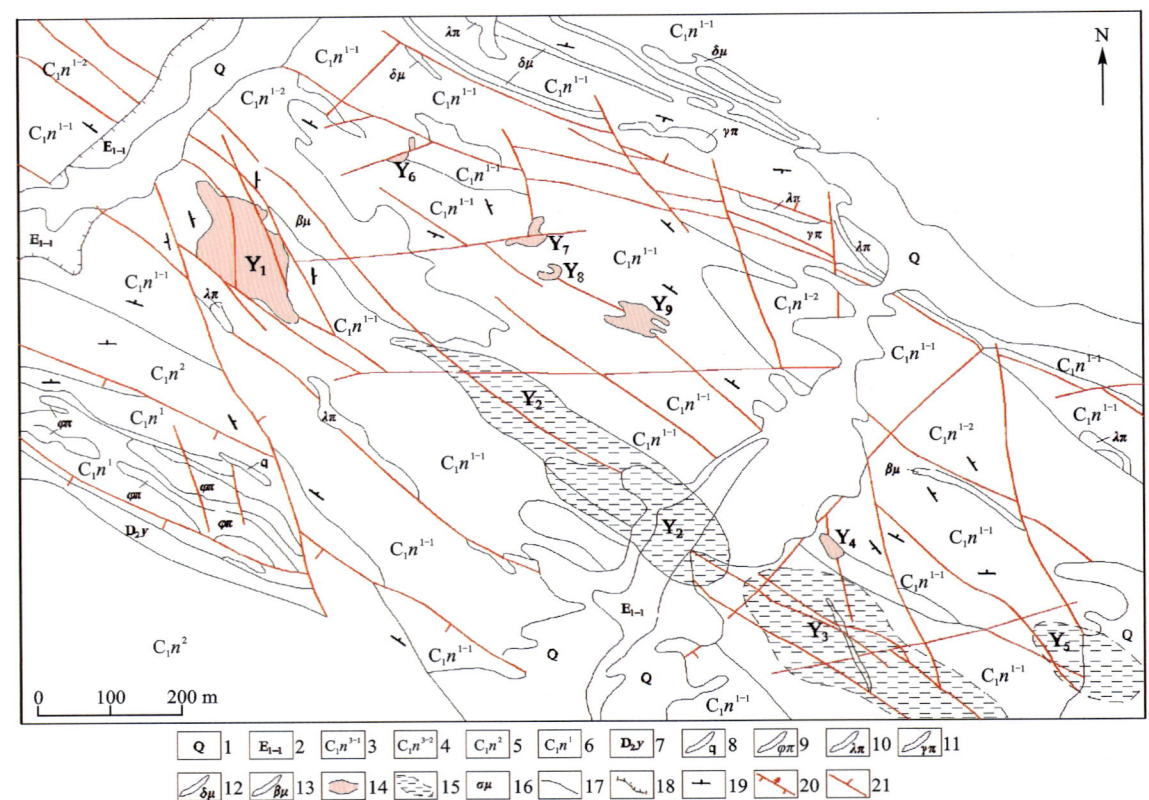

1.第四系残坡积层、冲洪积层;2.古近系红色黏土、砂质黏土;3.下石炭统南明水组三段下层碳质沉凝灰岩;4.下石炭统南明水组三段上层泥岩、泥质板岩;5.下石炭统南明水组含砾中粗屑沉凝灰岩;6.千枚岩化泥板岩夹透镜状薄层灰岩;7.中泥盆统蕴都卡拉组;8.石英脉;9.钠长斑岩;10.流纹斑岩;11.花岗斑岩;12.闪长玢岩;13.辉绿玢岩;14.地表基性杂岩体及编号;15.隐伏基性杂岩体及编号;16.安山玄武岩;17.地质界线;18.不整合地质界线;19.地层产状;20.逆断层;21.正断层。

图14-2 富蕴县喀拉通克铜镍矿区地质略图

岩体基性程度增高,有矿化增强的特征;北岩带包括 $Y_4 \sim Y_9$ 岩体,形态多不规则、规模小、分异差、矿化相对较弱。Y_6、Y_7、Y_8 岩体虽然呈北西向分布,但岩体走向 $30° \sim 45°$,与主构造线方向不同。南岩带的 Y_1 岩体已探明为大型铜镍硫化物矿床,Y_2、Y_3 岩体为中型铜镍硫化物矿床。而北岩带的 Y_6、Y_7、Y_8、Y_9 是以铜为主的小型矿床,Y_4、Y_5 岩体目前为止尚未发现有工业意义的矿体。北岩带位于北部背斜近轴部,以岩体规模小、形态复杂、无明显岩浆分异、矿化普遍、多形成铁帽、矿体规模小而复杂为特征。11 号岩体分布在矿区南边。

第二节　矿床地质特征

一、矿体特征简述

喀拉通克杂岩体以 1 号岩体含矿性最好,岩体在地表呈不规则透镜状,走向 $330°$,长约 695 m,宽度向两端逐渐缩小至 $39 \sim 398$ m,出露面积约 0.1 km²。剖面上为陡倾斜状,垂向上向下收缩,最大延深可达 570 m,最宽不到 40 m,似蛇形弯曲脉状体。岩体倾向北东,倾角 $60° \sim 85°$。

1 号岩体岩相分带由下至上依次为黑云角闪辉绿辉长岩相-黑云角闪橄榄苏长岩相-黑云角闪苏长岩相-黑云闪长岩相,各岩相呈过渡关系。总体上,岩体下部基性程度高,含橄榄石,而上部岩石偏酸性,含石英。下部基性程度高的岩相含矿性好,上部偏酸性的岩相含矿性差。喀拉通克 2 号岩体位于 1 号岩体的东南侧,距离约 200 m,为隐伏岩体,长 1525 m。平面上为北东向的长扁脉体,其北界较平直,南界弯曲,东端圆滑,西端尖灭,中心连线大体呈蛇形曲线状。闪长岩相(占 30% 体积)分布于外翼,内为辉长苏长岩相(占 50% 体积,主要含矿岩相),岩体西段下部为橄榄苏长岩相(占 20% 体积,含矿岩相)。3 号岩体位于南岩带的南东端,为埋深 150 m 左右的隐伏岩体,长约 1300 m,宽一般为 200 m,最大宽度 420 m,在勘探线剖面上呈"圆饼"状或"鸭梨"状,在水平投影图上,岩体的南、北两界均呈波线,北界较平直,中心连线亦为蛇形弯曲状。岩体由上至下可分为淡色辉长岩、角闪辉长岩、角闪苏长岩相。角闪辉长岩相为主要含矿岩相,矿体多分布于其底部;角闪苏长岩相为含矿岩相,多见浸染状铜镍矿化。4 号岩体位于北岩带的东南,地表呈透镜状,岩性主要为黑云母花岗闪长岩。5 号岩体位于北岩带的最冈东端,为埋深 220 m 左右的隐伏岩体,可分为闪长岩相、角闪辉长岩相和角闪苏长岩相。6 号、7 号、8 号岩体呈不规则脉状,长 $80 \sim 120$ m,宽 $10 \sim 94$ m,剥蚀程度较深,岩性为蚀变闪长岩、辉石闪长岩、辉绿辉长岩。9 号岩体形态复杂,呈不规则复分枝网脉状,地表出露长约 650 m,宽 $100 \sim 200$ m,由辉长闪长岩、辉绿辉长岩和辉长岩组成。

二、矿床规模及空间分布

喀拉通克铜镍矿床包括一号、二号、三号、六号、七号、八号、九号等矿体。

一号矿体位于矿区西北部,产于 1 号岩体之中,工业矿体主要赋存于黑云角闪橄榄苏长岩和黑云角闪苏长岩相中。岩体几乎全岩矿化(图 14-3),矿体形状和产状与岩体基本一致,向南东倾伏。在纵剖面上矿体呈不规则的透镜状,在横剖面上矿体呈巢状或囊状,向北东陡倾斜。可分为浸染状矿体和致密块状矿体,致密块状矿体分布于浸染状矿体内部,两者界线明显。浸染状矿体与围岩呈渐变过渡关系。喀拉通克一号矿床铜镍矿化呈现明显的环状分带特征,其中心为致密块状特富矿石,向外依次为稠密至中等浸染状富矿石(局部角砾状富矿石)和稀疏浸染状贫矿石(局部含细脉浸染状矿石)(附录 14 图 1 ～

图6)。矿体主要位于岩体的中下部,长 795 m,最大斜深 435 m,最宽 150 m。平均品位:Cu 1.16%、Ni 0.78%、伴生 Au 0.189 g/t、Ag 8.49 g/t、Co 0.030%、Pt 0.084 g/t、Pd 0.100 g/t、Se 0.001 2%、Te 0.000 3%、S 6.88%。

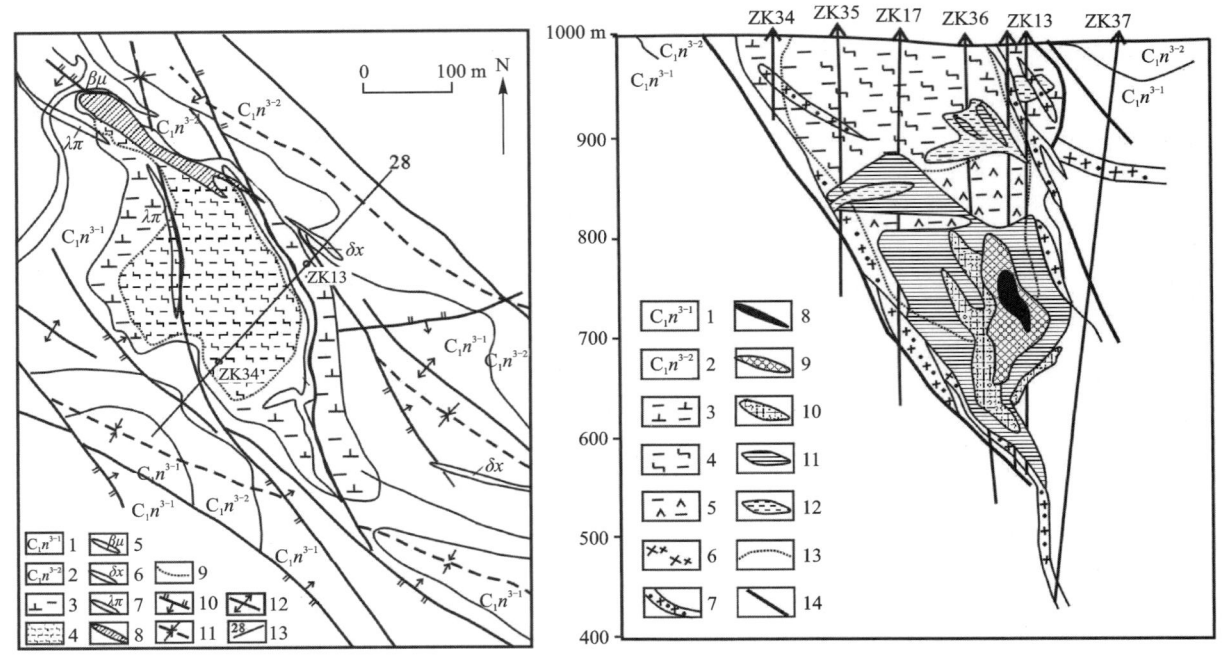

左图为平面图:1.灰白色泥板岩、含砾中粗屑—粉屑沉凝灰岩;2.含砾中粗屑—粉屑沉凝灰岩、含碳质泥板岩;3.黑云闪长岩相;4.黑云角闪苏长岩相;5.辉绿玢岩;6.闪斜煌岩;7.石英斑岩;8.氧化矿体;9.岩相界线;10.逆断层;11.向斜轴;12.背斜轴部;13.勘探线位置及编号。右图为剖面图:1.灰白色泥板岩、含砾中粗屑—粉屑沉凝灰岩;2.含砾中粗屑—粉屑沉凝灰岩、含碳质泥板岩;3.黑云闪长岩相;4.黑云角闪苏长岩相;5.黑云角闪橄榄苏长岩相;6.黑云角闪辉绿辉长岩相;7.辉长岩脉;8.致密块状富镍高铜矿体;9.致密块状特富铜镍矿体;10.中等及稠密浸染状富铜镍贫矿体;11.稀疏浸染状贫镍矿体;12.矿化体;13.岩相界线;14.断层。

图 14-3　矿床地质图及 28 号勘探线横剖面示意图

二号矿体东段位于 2 号岩体底部,埋深在地表 500 m 以下,呈似层状、脉状,长约 975 m,厚约 21.37 m,顶底板围岩主要为辉长苏长岩、橄榄苏长岩、沉凝灰岩,平均品位:Cu 1.11%、Ni 0.51%。二号矿体西段位于 2 号岩体西段底部,埋深在地表 500 m 以下,呈似层状、脉状,长约 400 m,厚约 20.0 m,顶底板围岩为辉绿辉长岩、黑云角闪橄榄苏长岩、沉凝灰岩和蚀变闪长岩,平均品位:Cu 1.00%、Ni 0.53%。以浸染状矿石为主,在西部近一号矿体局部见有呈脉状的块状矿石,分布于浸染状矿石中或直接侵位于围岩中。

三号矿体位于 3 号岩体底部,埋深在地表 500 m 以下,呈似层状,长约 983 m,厚约 15.0 m,顶板围岩为角闪辉长岩、角闪苏长岩,底板为沉凝灰岩,以浸染状矿石为主,平均品位:Cu 0.95%、Ni 0.51%。

北岩带 6 号、7 号、8 号、9 号岩体赋存小型铜镍矿体。6 号、7 号、8 号岩体出露地表,已被氧化形成氧化矿。

矿体在剖面上为一中部膨大的不规则脉状体(图 14-3),横断面上为一压扁的上大下小的歪斜漏斗状。长 695 m,宽 40~289 m,最大延深 570 m,总走向 320°~330°。40 线以西倾向南西,倾角 70°~90°;40 线以东倾向北东,倾角上盘 60°~80°,盘面陡直;下盘 0°~60°,盘面呈波状,形成若干个"台阶"。岩体西部抬起,向南东侧伏,1 号岩体具垂直分带特征,并略显水平分异的单一镁铁质基性岩体,按其矿物组合、结构构造和分布特征,分为橄榄苏长岩相、苏长岩相、混染辉长岩相和闪长-辉长辉绿岩相,各岩相分带清楚而又呈渐变过渡关系。岩石基性程度由上至下,由边缘至中心有逐渐增高之势。

第三节　矿区主要岩石类型及围岩蚀变

一、矿区主要岩石及特征

岩体侵位后岩浆分异作用不彻底,但仍可较清楚地分为4个岩相带,其中橄榄苏长岩相、苏长岩相和闪长岩-辉长辉绿岩相中的闪长岩是岩浆连续分异而成的,辉长辉绿岩则是岩浆与围岩接触冷却而成的。混染辉长岩相是岩浆与围岩捕房体同化混染而成的。

橄榄苏长岩相:岩体中基性程度最高的岩相,位于岩体中心偏下部位。岩石颜色深,为暗绿色或黑绿色的粗粒岩石,其中一些黑云母、普通角闪石和部分古铜辉石粒径可达5 mm以上,岩石比重较大。

该岩相带由多种岩石类型组成,以黑云角闪橄榄苏长岩(附录14 图7～图8)为主。结构以包含结构(附录14 图9)为主,偶见辉长结构(附录14 图10)。主要矿物为拉长石、贵橄榄石、古铜辉石,次要矿物有黑云母、普通角闪石、单斜辉石,金属硫化物含量微至25%,副矿物以磷灰石为主。岩石蚀变强弱不等,以蛇纹石化、皂石化、滑石化最常见。本岩相为矿床主要含矿岩相,均可形成以海绵陨铁构造为主的稀疏—中等浸染状矿石。

苏长岩相:本岩相位于岩体中上部,岩石的基性程度略低于橄榄苏长岩相,呈黑绿色—暗绿色,以粗粒结构为主,块状构造。

此岩相由多种岩石类型组成,以黑云角闪苏长岩(附录14 图11)为主。岩石发育辉长结构,包含结构、含辉结构和含长结构常见(附录14 图12～图13),辉长辉绿结构少见。主要矿物有拉长石和古铜辉石,次要矿物为黑云母、普通角闪石、普通辉石,橄榄石偶见。金属硫化物分布较普遍,含量由微量至20%;副矿物以磷灰石为主,次为榍石;次生矿物主要为滑石、阳起石、绿泥石、绢云母、黝帘石和碳酸盐等。本岩相为矿床重要的含矿岩相,在岩相下部金属硫化物较富集,可以形成稀疏—中等浸染状矿石。

混染辉长岩相:该岩相位于橄榄苏长岩相之上,苏长岩相底—中下部,长约540 m,其成因是岩浆同化围岩捕房体(中细屑沉凝灰岩和碳质沉凝灰岩),局部岩浆成分被改变,岩浆的基性程度明显降低,岩石中橄榄石消失,古铜辉石锐减,斜长石牌号降低(附录14 图14～图15)。

混染辉长岩类岩石为深灰色,粒径不均,矿物粒径0.1～3 mm,少部分可达5～7 mm。以辉长结构为主,部分为辉绿结构、粒状结构、斑状结构等。块状构造和斑杂状构造,矿物种类和含量变化幅度大。斜长石在岩石中普遍存在,含量在30%～80%之间变化,不但有基性拉长石,还有中—更长石;辉石以普通辉石为主,还可见古铜辉石、透辉石等,普通角闪石含量5%～40%,分布不均匀。副矿物由微量至20%,由于矿物种类和含量变化大,可以形成多种岩石类型。

闪长岩-辉长辉绿岩相:本岩相围绕岩体的边缘部位(附录14 图16～图17)分布。岩体上部边缘以黑云母闪长岩为主,中下部边缘以辉长辉绿岩(附录14 图18～图19)为主,辉长辉绿岩占边缘相岩石的一半以上。

二、围岩蚀变及特点

岩体中岩石蚀变现象较普遍,但一般较轻微,主要为自变质作用和热液蚀变作用。

1. 自变质作用

岩石的自变质作用表现为贵橄榄石的蛇纹石化(附录14 图20)和皂石化(附录14 图21),古铜辉石的滑石化(附录14 图22)。蛇纹石化和皂石化普遍,局部较强烈。

2. 热液蚀变作用

热液蚀变现象在岩石中较普遍,除在构造裂隙发育地段蚀变强烈外,一般都较轻微,主要为阳起石化(附录14 图23)、绿泥石化(附录14 图24)、绢云母化、黝帘石化(附录14 图25),其次为碳酸盐化(附录14 图26)、硅化(附录14 图27)和钠长石化。

热液期也形成一些脉状、网脉状及浸染状矿石,大部分叠加于海绵陨铁构造矿石上,这些矿石的形成与岩石的阳起石化、绿泥石化、碳酸盐化关系密切,主要发育于构造破碎强烈地段。

第四节 矿石物质组分及特征

矿石由金属矿物和脉石矿物两部分构成,矿物组成非常复杂,其中金属矿物60余种(表14-1)。金属矿物中主要为磁黄铁矿、黄铜矿、镍黄铁矿、黄铁矿、方黄铜矿、紫硫镍矿和磁铁矿等,其他矿物含量低,在这些金属矿物中,有25种是新疆首次发现的(表14-1中有*号者)。脉石矿物含量变化较大,按成因分为岩浆矿物和热液矿物两种类型,岩浆矿物主要为橄榄石、斜方辉石、单斜辉石、角闪石及黑云母,热液成因矿物含量较低,主要有石英、绿泥石、阳起石及碳酸盐矿物。

表14-1 喀拉通克铜镍矿矿石中的主要矿物种类

类别	矿物名称
自然元素及金属互化物	自然金、银金矿、自然银*、自然铜、锌铜矿*、自然铁
金属硫化物及含硫盐类	磁黄铁矿、黄铜矿、镍黄铁矿、黄铁矿、紫硫镍矿、方黄铜矿、白铁矿、等轴方黄铜矿*、Ni-硫铜钾矿*、银镍黄铁矿*、方铅矿、闪锌矿、马基诺矿、墨铜矿、硫镍钴矿*、硫锰矿*、方硫铁镍矿*、斑铜矿、辉铜矿、蓝辉铜矿、铜蓝、铁铜蓝、深红银矿(?)*
砷化物及硫砷化物	红砷镍矿、砷铂矿*、辉砷镍矿、辉钴矿、Ni-辉钴矿*、砷黝铜矿、毒砂
碲化物及碲铋化物	碲铅矿*、Pb_7Te_4*、碲银矿*、六方碲银矿*、碲镍矿*、Ni,Te*、碲镍铂钯矿*、(Pb,Ni)Te_2*、赫碲铋矿*、碲金矿*、沃仑斯金矿*、$Pb_2(Te,Bi)$*、碲铋钯矿*、等轴碲铋钯矿*、含银碲铋钯矿*
氧化物及氢氧化物	磁铁矿、钛铁矿、铬尖晶石、钛铁晶石、磁赤铁矿、水针铁矿、水锰矿、钙钛矿、黑铜矿
硅酸盐、碳酸盐、硫酸盐、碳化物	孔雀石、蓝铜矿、硅孔雀石、暗镍蛇纹石、碳化钨*、碳硅石
脉石矿物	橄榄石、斜方辉石、单斜辉石、黑云母、角闪石、阳起石、石英、绿泥石

注:有*者为新疆首次发现的矿物。

一、矿石物质成分

1. 自然元素及金属互化物

1) 银金矿和自然金

银金矿和自然金为极微量矿物,各类型矿石中均有分布,主要在致密块状矿石和高铜致密块状矿石中,多为银金矿(附录14 图28~图30),自然金(附录14 图31)少见。呈不规则片状、粒状和枝杈状等,粒径极细小,一般在0.05 mm以下,最大可达0.38 mm。分布于黄铜矿等硫化物中和晶粒间,常与碲化物、碲铋化物及砷化物分布在一起,部分分布于脉石和矿化岩石中,为中低温热液矿物,生成温度在200 ℃左右。

银金矿电子探针成分分析结果：Au 72.89%、Ag 22.76%，含少量的 Fe、Cu、Bi 等，计算化学式：$Au_{1.754}Ag$，化学式：Au_2Ag。自然金电子探针成分分析结果：Au 81.55%、Ag 15.50%，含很少量的 Fe、As、Ni、Cu 等，计算化学式：$Au_{2.88}Ag$，化学式：Au_3Ag。

2）自然银

目前仅个别自然银见于致密块状矿石和矿化辉长辉绿岩中，其他类型矿石中可能也有存在，呈他形晶，粒径在 0.01 mm 以下，分布于硫化物或脉石间，为热液矿物。

自然银电子探针成分分析结果：Ag 98.92%，含很少量 Fe，含 Au 0~0.17%，平均 0.09%。

3）自然铜

自然铜为表生微量矿物，呈他形微粒、他形微粒集合体和细脉状，充填于裂隙孔隙中（附录 14 图 32），分布于氧化矿石和铁帽中，原生矿石中极少见到。自然铜电子探针成分分析结果：Cu 98.26%。

4）锌铜矿（暂命名）

锌铜矿呈他形晶（附录 14 图 33），粒径极细小，一般在 0.03 mm 以下，最大可达 0.05 mm，呈星点浸染状分布于矿化辉长辉绿岩中，共生矿物为黄铜矿和磁黄铁矿等。

5）石墨

石墨为微量矿物，偶见于细脉浸染状矿石中，有时在稀疏浸染状矿石中也可见到，呈片状及束状集合体，为晶质石墨，在岩浆期后高温还原条件下形成。

2. 金属硫化物及含硫盐类

1）磁黄铁矿

磁黄铁矿为本区各类型矿石最主要的造矿矿物，分别形成于正岩浆晚期、岩浆晚期和热液期。

磁黄铁矿呈他形晶，半自形晶少，粒径不等，多在 0.1~1 mm 之间，最大可达 5 mm。粒径随磁黄铁矿含量的增加略有变大的趋势，矿物多呈聚粒状出现（附录 14 图 34），是组成各种浸染状矿石的最主要金属硫化物，分布普遍，共生矿物为黄铜矿、镍黄铁矿、方黄铜矿和黄铁矿（附录 14 图 35~图 37）。磁黄铁矿的少数晶粒中有镍黄铁矿和黄铜矿固溶体分解的不混溶连晶，多为焰状和叶片状，常有被黄铁矿、白铁矿、黄铜矿和紫硫镍矿交代的现象。

磁黄铁矿电子探针成分分析平均值：Fe 60.28%、Ni 0.35%、Co 0.10%、S 38.77%。

2）黄铜矿

黄铜矿为各类矿石的主要金属矿物之一，分布普遍，是最主要的工业铜矿物，由岩浆期和热液期生成。

黄铜矿多数呈他形晶（附录 14 图 38），少量半自形粒状，呈单晶或聚粒状分布（附录 14 图 39），粒径跨度大，在 0.01~1.2 mm 之间，主要为微粒和细粒，中粒较少。胶结状矿石中的黄铜矿最细，高铜致密块状和致密块状矿石中的黄铜矿粒径较粗，随含量的增加，粒径略有变大的趋势。部分晶粒中有方黄铜矿、镍黄铁矿、磁黄铁矿和银镍黄铁矿的固溶体分解连晶，有交代硫化物和被硫化物、氧化物和硅酸盐交代的现象。黄铜矿嵌布方式复杂多样，变化较大（附录 14 图 40）。

3）镍黄铁矿

镍黄铁矿为矿石的主要金属矿物，镍的主要工业矿物，各类矿石中均有分布（附录 14 图 41），由岩浆期和热液期生成，主要为前者。

正岩浆晚期的镍黄铁矿以他形晶为主（附录 14 图 42~图 43），半自形次之。粒径多在 0.05~0.5 mm 之间，主要为微粒和细粒，中粒很少，与磁黄铁矿、黄铜矿和很少量黄铁矿及方黄铜矿等共生。呈单粒或聚粒状分布于浸染状矿石中，少数镍黄铁矿与磁黄铁矿、黄铜矿和马基诺矿等构成固溶体分解连晶，常有被紫硫镍矿和黄铁矿等交代的现象。电子探针成分分析平均值：Ni 36.04%、Fe 29.74%、Co 1.18%、S 33.16%（6 个结果平均）。

岩浆晚期镍黄铁矿以他形晶为主，半自形晶次之，自形晶很少，不等粒状。粒径多在 0.02~0.5 mm

之间,少数可达 2.5 mm 以上,与磁黄铁矿、黄铜矿、黄铁矿、方黄铜矿和 Ni-硫铜钾矿共生。呈聚粒状或单粒分布于致密块状矿石中,高铜致密块状矿石中也有较多残留,晶粒解理发育,少数晶粒中有黄铜矿、磁黄铁矿和马基诺矿的固溶体分解连晶,常有被紫硫镍矿、黄铁矿和黄铜矿等硫化物交代的现象。胶结状矿石中的镍黄铁矿均呈他形微粒状,未见固溶体连晶,常被紫硫镍矿和黄铁矿交代。电子探针成分分析平均值:Ni 36.14%、Fe 29.67%、Co 0.81%、Cu 0.24%、S 32.84%(12 个结果平均)。

热液期镍黄铁矿基本呈他形晶,粒径较细,多在 0.01~0.3 mm 之间,一般未见固溶体分解连晶,常被紫硫镍矿和黄铁矿等交代,部分完全被交代,共生矿物为磁黄铁矿、黄铜矿、方黄铜矿、闪锌矿、方铅矿和紫硫镍矿等,分布于细脉浸染状矿石、高铜致密块状矿石和其他类型矿石中。电子探针成分分析平均值:Ni 36.18%、Fe 30.04%、Co 0.43%、S 32.54%(4 个结果平均)。

4)黄铁矿

黄铁矿在矿石中量少,由正岩浆晚期、岩浆晚期和热液期生成(附录14 图 44~图 47),其中主要是热液期黄铁矿。各类型矿石中分布普遍,岩浆晚期黄铁矿少,见于致密块状矿石中,局部地段较集中,正岩浆晚期黄铁矿很少,分布于稀疏浸染状矿石中。

正岩浆晚期黄铁矿呈半自形晶,少数为自形和他形晶,粒径不等,一般在 0.5 mm 以下。分布于海绵陨铁构造的硫化物集合体中。电子探针成分分析结果:Fe 43.83%、Co 2.04%、S 53.76%。

岩浆晚期阶段的黄铁矿多呈自形晶,半自形晶少,晶粒不等,最大晶粒可达 5mm 以上,电子探针成分分析结果:Fe 45.08%、Co 0.57%、S 53.85%。

热液期黄铁矿主要呈他形晶,半自形晶少,粒径多在 0.01~1 mm 之间。多为微粒,细粒者少,呈不规则集合体、浸染状和细脉状充填交代分布,由热液直接晶出和交代磁黄铁矿等硫化物生成,有时沿斜长石边缘裂隙充填交代,形成显微脉状等形态。电子探针成分分析结果:Fe 43.76%、Co 1.94%、S 51.85%,含少量的 Cu、Ni 等。

5)紫硫镍矿

紫硫镍矿在矿石中量少,但为主要镍矿物,细脉浸染状矿石和胶结状矿石中普遍可见,浸染状矿石和致密块状矿石中常见(附录14 图 48)。主要由镍黄铁矿蚀变生成,分布普遍,蚀变常由解理及颗粒边缘进行,蚀变强烈则完全交代镍黄铁矿而呈其粒状假象(附录14 图 49)。少量紫硫镍矿由热液直接晶出,多呈他形粒状集合体,粒径细小,一般在 0.4 mm 以下,多见于细脉浸染状矿石中。此外尚有很少量紫硫镍矿是交代磁黄铁矿生成的,交代作用常沿颗粒或集合体边缘进行,形成反应边。

紫硫镍矿电子探针成分分析平均值:Ni 35.74%、Fe 24.08%、Co 0.99%、S 38.43%(4 个结果平均)。

6)方黄铜矿

方黄铜矿为少量矿物,主要分布于致密块状矿石中,特别是高铜致密块状矿石中(附录14 图 50),平均含量达 0.5%,局部可达 3%,稀疏浸染状矿石中量少,且少见。

方黄铜矿以他形晶为主,半自形晶次之,粒径最大可达 1 mm,主要为微粒,细粒者少,与黄铜矿、磁黄铁矿、镍黄铁矿、磁铁矿共生(附录14 图 51~图 52)。部分方黄铜矿在黄铜矿(有时为磁黄铁矿)中呈固溶体分解的不混溶板状连晶(附录14 图 53),个别方黄铜矿中有时见有镍黄铁矿和银镍黄铁矿固溶体分解的不混溶连晶。方黄铜矿在正岩浆晚期、岩浆晚期和热液期均有产出,高铜致密块状矿石中热液期生成的方黄铜矿,常围绕 Ni-硫铜钾矿分布。

岩浆晚期方黄铜矿电子探针成分分析结果:Cu 24.01%、Fe 42.34%、S 32.44%,含很少量 Ni,计算化学式:$Cu_{1.121}Fe_{2.247}S_3$,化学式:$CuFe_2S_3$;热液期方黄铜矿电子探针成分分析结果:Cu 24.43%、Fe 41.36%、S 34.00%,含很少量 Ni。

7)等轴方黄铜矿

等轴方黄铜矿为微量矿物,高铜致密块状矿石中较常见,稀疏浸染状矿石中少见,致密块状矿石和细脉浸染状矿石中偶见(附录14图54)。均由斜方方黄铜矿经交代作用形成,具斜方方黄铜矿的粒状和固溶体分解的板状连晶假象,其中常有一组细密的平行收缩裂纹(附录14图55)。高铜致密块状矿石中,少数等轴方黄铜矿是由黄铜矿交代磁黄铁矿生成的,等轴方黄铜矿呈一薄的"反应边"分布于两矿物间。

等轴方黄铜矿电子探针成分分析结果:Cu 23.83%、Fe 40.86%、S 34.98%。

8) Ni-硫铜钾矿

Ni-硫铜钾矿为微量矿物,致密块状矿石、高铜致密块状矿石中普遍可见(附录14图56),胶结状矿石中很少。呈半自形晶和他形晶,粒径多在0.01～0.15 mm之间,最大可达0.6 mm。Ni-硫铜钾矿为典型的岩浆晚期阶段的标型矿物,分布于磁黄铁矿、黄铜矿和镍黄铁矿晶粒间,并与它们共生。正岩浆晚期和热液期均无此矿物生成。由于热液作用和应力作用,晶粒中次生裂隙较发育,有的被黄铜矿或方黄铜矿溶蚀交代(附录14图57)。

Ni-硫铜钾矿是一个含钾的硫化物,电子探针成分分析结果:Fe 39.26%、Ni 17.06%、Cu 1.46%、Co 0.07%、K 8.35%、Na 0.03%、S 32.78%、Cl 1.62%。

9) 白铁矿

白铁矿为微量矿物,除稀疏浸染状矿石和致密块状矿石中少见外,其他类型矿石中均较常见。呈他形晶,粒径细小,均在0.5 mm以下,呈单粒和集合体出现,常与黄铁矿分布在一起,由低温热液中晶出或交代磁黄铁矿生成,表生者极少。

白铁矿电子探针成分分析结果:Fe 46.32%、S 52.99%,含很少量的Te、Bi、Ni、Cu等。

10) 银镍黄铁矿

银镍黄铁矿为微量矿物,但为本区最主要的银矿物之一,主要分布于致密块状矿石中,特别是高铜致密块状矿石中,各类浸染状矿石中也有分布,但少见,细脉浸染状矿石中偶尔可见。矿物呈他形晶,形态极不规则(附录14图58),粒径多在0.05 mm以下,集合体最大可达1.3 mm。银镍黄铁矿与黄铜矿和镍黄铁矿关系密切(附录14图59),常交代于镍黄铁矿、黄铜矿中,或与镍黄铁矿、黄铜矿呈固溶体分解的不混溶连晶,其形态为显微网纹状和形态较特殊的星点状,部分银镍黄铁矿呈粒状与黄铜矿等紧密共生,为热液矿物。

银镍黄铁矿电子探针成分分析结果:Ag 9.63%、Fe 34.07%、Ni 24.29%、S 31.15%,此外尚含Co和Zn,分别为0.21%和0.16%,矿物中的Ag含量变化较大,最低6.08%,最高可达12.53%。

11) 方铅矿

方铅矿为微量矿物,主要分布于致密块状矿石和高铜致密块状矿石中,浸染状矿石中较少,胶结状矿石和细脉浸染状矿石中少见。呈他形微粒状和细小的不规则他形微粒集合体,一般在0.1 mm以下,最大可达0.5 mm。分布于黄铜矿、磁黄铁矿和镍黄铁矿晶粒间(附录14图60～图61),有时交代于上述矿物中,少数方铅矿中有赫碲铋矿、碲铅矿、银金矿等包裹体,为热液矿物。

方铅矿电子探针成分分析结果:Pb 83.72%、S 13.15%。常含少量的Fe、Co、Ni、Cu、Zn、Bi、Ag、Au和Te等,个别方铅矿含Bi可达3.6%。

12) 闪锌矿

闪锌矿为微量矿物,各类矿石中均有分布,多在高铜致密块状矿石和致密块状矿石中。呈他形晶,半自形晶极少,粒径多在0.15 mm以下,最大可达0.3 mm。分布于黄铜矿、磁黄铁矿晶粒间(附录14图62),部分包裹于黄铜矿、磁黄铁矿中(附录14图63),为热液期矿物。

13) 马基诺矿

马基诺矿为极微量矿物,除胶结状矿石外,其他类型矿石中均有分布,其中以稀疏浸染状矿石和致密块状矿石稍多。呈他形和半自形片状晶,晶片大小在0.1 mm以下。分布于磁黄铁矿、黄铜矿、镍黄铁矿(附录14图64)和脉石晶粒间,部分交代于黄铜矿中,由热液作用生成,少量马基诺矿与镍黄铁矿呈固溶体分解连晶,为岩浆期生成。

马基诺矿电子探针成分分析结果：Fe 54.91%、Ni 6.51%、S 36.42%，含少量 Cu 和 Co。

14）墨铜矿

墨铜矿为极微量矿物，分布于稀疏浸状矿石、细脉浸染状矿石和高铜致密块状矿石中。呈微晶片状集合体（附录14 图65），晶片最大 0.3 mm，分布于脉石中、蚀变橄榄石网环中和交代于磁铁矿中（常具磁铁矿粒状假象），为热液矿物。

墨铜矿电子探针成分分析结果：Fe 34.39%、Cu 16.44%、Ni 0.14%、S 14.82%、Mg 13.54%、Cr 12.14%、Si 3.67%、Ti 0.87%。

15）斑铜矿

斑铜矿为极微量矿物，仅见于稀疏浸染状矿石中，呈他形微粒状，由热液交代形成。

16）铜蓝

铜蓝为极微量矿物，仅个别见于细脉浸染状矿石中，氧化带矿石和铁帽中较常见，呈细小的片状晶，多由表生作用生成。

17）蓝辉铜矿和辉铜矿

蓝辉铜矿和辉铜矿均为表生矿物，量极少，见于氧化矿石中。呈他形微粒状，以蓝辉铜矿较常见。

18）硫锰矿

硫锰矿为极微量矿物，较常见。分布于高铜致密块状矿石（附录14 图66）和致密块状矿石中，以前者较多。呈他形微粒状和他形微粒集合体出现。少数硫锰矿中有黄铜矿微粒，为固溶体分解生成。硫锰矿生成较热液期黄铜矿稍晚，生成温度较低，常与碳酸盐等在一起。

19）硫镍钴矿

硫镍钴矿为极微量矿物，仅见于高铜致密块状矿石中。呈自形晶（附录14 图67），粒径 0.05～0.12 mm，集合体最大可达 0.3 mm。分布于黄铜矿和磁黄铁矿晶粒间，有的交代于磁铁矿晶粒中。硫镍钴矿晶粒中有时见有磁黄铁矿、红砷镍矿和黄铜矿包裹体，为高温热液矿物。

20）方硫铁镍矿

方硫铁镍矿为极微量矿物，偶见于高铜致密块状矿石中，呈他形微粒集合体，常有收缩裂隙。与毒砂、黄铜矿、黄铁矿、硫锰矿和方解石等一起产出，为低温热液矿物。

3. 砷化物及硫砷化物

1）红砷镍矿

红砷镍矿为极微量矿物，分布于细脉浸染状矿石和稀疏浸染状矿石中，很少见。呈他形微粒状，粒径在 0.05 mm 以下，有的与辉砷镍矿在一起，为高温热液矿物。

红砷镍矿电子探针成分分析结果：Ni 42.97%、As 53.98%，含少量 Fe、Sb 和 S 等。

2）砷铂矿

砷铂矿为极微量矿物，见于致密块状矿石、高铜致密块状矿石和稀疏浸染状矿石中，为重要的铂族矿物之一。呈八面体和变形的八面体晶形，个别呈正六边形板状晶（附录14 图68）（菱形十二面体），等轴晶系。粒径在 0.2 mm 以下，分布于硫化物晶粒间或包裹于硫化物中，有的则包裹于磁铁矿中，是早期岩浆和晚期岩浆阶段结晶最早的矿物之一。

砷铂矿电子探针成分分析结果：Pt 58.46%、Fe 1.55%、As 39.71%。

3）辉砷镍矿

辉砷镍矿为极微量矿物，细脉浸染状矿石中少见（附录14 图69），稀疏浸染状矿石中个别见到。呈自形晶、半自形晶、他形晶和骸晶状，粒径在 0.1 mm 以下，分布于磁黄铁矿和脉石中（附录14 图70），为高温热液矿物。

辉砷镍矿电子探针成分分析结果：Ni 29.82%、Co 4.92%、Fe 4.00%、As 42.13%、S 19.42%，Ni、Co、Fe 含量变化大，Ni 12.65%～42.21%、Co 0～14.21%、FeO 0～10.62%。

4) 辉钴矿

辉钴矿为极微量矿物,偶见于细脉浸染状矿石和稀疏浸染状矿石中。呈半自形、他形和自形晶,粒径 0.04 mm,常分布于脉石中,为高温热液矿物。辉钴矿电子探针成分分析结果:Co 29.56%、Ni 3.96%、Fe 3.25%、As 43.07%、S 19.53%。

5) Ni-辉钴矿

Ni-辉钴矿为极微量矿物,偶见于细脉浸染状矿石中。呈自形晶(附录14 图71),部分呈骸晶状,粒径在 0.07 mm 以下,有的具环带结构,为高温热液矿物。

6) 砷黝铜矿

砷黝铜矿为极微量矿物,多分布于高铜致密块状矿石中,形态特征与硫锰矿相同。

7) 毒砂

毒砂为极微量矿物,偶见于细脉浸染状矿石和高铜致密块状矿石中,呈自形、半自形(附录14 图72)和他形晶,粒径在 0.15 mm 以下。高温至低温阶段都有生成。

毒砂电子探针成分分析结果:Fe 34.07%、As 45.36%、S 20.05%,含微量 Au。

4. 碲化物及碲铋化物

1) 碲铅矿和 Pb_7Te_4

碲铅矿和 Pb_7Te_4 为极微量矿物,各类矿石中均有分布,主要在致密块状和高铜致密块状矿石中,稀疏浸染状矿石和细脉浸染状矿石中最少,为碲的最主要工业矿物。呈他形微粒状(附录14 图73),少数为半自形晶,粒径在 0.03 mm 以下,少数呈不规则细小集合体,最大可达 0.5 mm,分布于黄铜矿、磁黄铁矿和镍黄铁矿等硫化粒间,有的被上述硫化物晶粒交代。常与方铅矿(附录14 图74)及其他碲化物、碲铋化物分布在一起,为低温热液矿物。

碲铅矿电子探针成分分析结果:Pb 60.37%、Te 36.70%,含很少量 Fe。计算化学式:$Pb_{1.013}Te$,化学式:PbTe。Pb_7Te_4 的化学成分:Pb 72.20%、Te 25.32%,含很少量 Fe、Cu 和 Bi 等。

2) 碲银矿

碲银矿为极微量矿物,主要分布于高铜致密块状矿石和致密块状矿石中,稀疏浸染状矿石中偶见,是主要的银矿物。多呈细小的他形微粒集合体出现,大小在 0.3 mm 以下,部分呈他形微粒状,粒径在 0.05 mm 以下。常与其他碲化物、银金矿和方铅矿等一起分布于硫化物晶粒间(附录14 图75~图76),有时交代于黄铜矿、磁黄铁矿晶粒中,为低温热液矿物。

碲银矿电子探针成分分析结果:Ag 65.48%、Te 32.41%,部分碲银矿中含 Au 最高可达 13%,可能是碲银矿中有 Au 的包裹体。

3) 六方碲银矿

六方碲银矿偶见于高铜致密块状矿石中,呈他形微粒集合体,粒径在 0.04 mm 以下,集合体 0.17 mm,与碲镍矿、沃仑斯基矿和银金矿一起分布于硫化物间(附录14 图77),为低温热液矿物。

4) 碲镍矿和 Ni_3Te

碲镍矿和 Ni_3Te 为极微量矿物,主要见于高铜致密块状矿石中,致密块状矿石中少见。呈半自形和他形晶,粒径最大可达 0.04 mm,常与其他碲化物、碲铋化物和银金矿等分布在一起(附录14 图78),为低温热液矿物。

碲镍矿电子探针成分分析结果:Ni 24.64%、Fe 10.96%、Pd 3.51%、Te 59.01%。

5) 赫碲铋矿

极个别赫碲铋矿见于细脉浸染状矿石中,常与方铅矿分布在一起,沿其解理分布(附录14 图79~图80),呈他形微粒状,为低温热液矿物。

6) 沃仑斯基矿

极个别沃仑斯基矿见于高铜致密块状矿石中,呈他形微粒集合体,粒径最大 0.05 mm,集合体 0.15 mm,与六方碲银矿、碲镍矿和银金矿等一起分布于黄铜矿晶粒间(附录14 图77),是典型的低温热液矿物。

7) 碲金矿

碲金矿在中等浸染状矿石和高铜致密块状矿石中偶见，呈自形针状、柱状和他形粒状等，晶粒长 0.05 mm，分布于方铅矿、黄铜矿和磁黄铁矿等硫化物中或晶粒间，与方铅矿关系密切，为热液矿物。

8) 碲砷铂钯矿

碲砷铂钯矿为极微量矿物，主要分布于致密块状矿石中。呈他形、半自形和自形晶，自形晶常具六边形外形(附录14 图81)，粒径常在 0.02 mm 以下，最大可达 0.04 mm。呈磁黄铁矿的包裹体出现，少数包裹于黄铜矿中或分布于硫化物晶粒间(附录14 图82)，极个别与碲铅矿在一起。生成于岩浆晚期阶段和热液阶段，是最主要的铂族矿物。

9) 等轴碲铋钯矿

等轴碲铋钯矿为极微量矿物，分布于致密块状矿石和高铜致密块状矿石中，稀疏浸染状矿石中少见。呈他形微粒状，粒径在 0.038 mm 以下，分布于硫化物晶粒间(附录14 图83)或包裹于磁黄铁矿和黄铜矿中，生成于岩浆晚期阶段和热液阶段，部分生成于正岩浆晚期阶段，为主要的铂族矿物之一。

10) 碲铋钯矿和含银碲铋钯矿

碲铋钯矿和含银碲铋钯矿为极微量矿物，分布于致密块状矿石中，矿物形态和显微镜下特征与碲镍铂钯矿相同，为岩浆晚期和热液期矿物，是重要的铂族矿物之一。

碲铋钯矿电子探针成分分析结果：Pd 33.87%、Pt 0.69%、Pb 2.47%、Bi 38.08%、Te 23.90%。

5. 氧化物及氢氧化物

1) 磁铁矿

磁铁矿是最主要的金属氧化物，各类矿石中均有分布。按其成因分为岩浆早期、正岩浆早期、岩浆晚期阶段和热液期的磁铁矿。浸染状矿石中主要为正岩浆早期的磁铁矿(附录14 图84)，热液期和岩浆早期阶段的磁铁矿少。致密块状、高铜致密块状矿石为岩浆晚期阶段磁铁矿(附录14 图85)，热液期磁铁矿很少。胶结状矿石主要是正岩浆早期磁铁矿，热液期、岩浆晚期和岩浆早期磁铁矿少。细脉浸染状矿石以正岩浆早期磁铁矿为主，热液期磁铁矿次之，岩浆早期磁铁矿少。

岩浆早期和正岩浆早期磁铁矿从岩浆中结晶生成，岩浆晚期阶段磁铁矿从矿浆中结晶生成。热液期磁铁矿主要由矿化热液中析出和镁铁造岩矿物蚀变交代析出，其次由氧化物、硫化物的蚀变交代和重结晶作用生成。

2) 钛铁矿

钛铁矿为少量矿物，除致密块状矿石外，其他各类型矿石中普遍分布，局部最高含量可达2%。主要由正岩浆早期生成，呈他形晶和半自形晶，自形晶很少，粒径多在 0.1~0.3 mm 之间，少数可达 0.8 mm，分布于脉石中。部分钛铁矿在磁铁矿中呈显微晶格状或薄板状(附录14 图86)，为固溶体分解的不混溶连晶，热液蚀变过程中，钛铁矿常变为榍石，少数变为白钛石，稳定性较磁铁矿高。

钛铁矿电子探针成分分析结果：TiO_2 46.5%、FeO 46.8%、MnO 6.66%。

3) 铬尖晶石

铬尖晶石为极少量矿物，主要在各类浸染状矿石中常见，细脉浸染状矿石中很少。呈自形和半自形晶，粒径细小均匀，均在 0.15 mm 以下，多呈贵橄榄石和斜方辉石包裹体出现，为岩浆早期阶段最早晶出的矿物之一。

铬尖晶石电子探针成分分析结果：Cr_2O_3 27.48%、Al_2O_3 27.01%、FeO 36.94%、MgO 7.64%，含微量 Ti。

4) 褐铁矿

褐铁矿为少量矿物，主要分布于致密块状和高铜致密块状矿石中，其他类型矿石中也可见到，但量少，充填于矿石裂隙孔隙中。氧化矿石和铁帽中分布普遍，由表生作用生成，为胶状水针铁矿和水针铁矿，具胶状和变胶状结构。褐铁矿电子探针成分分析结果：Fe_2O_3 97.88%。

5) 孔雀石、硅孔雀石和蓝铜矿

孔雀石、硅孔雀石和蓝铜矿为微量矿物，分布于氧化矿石和铁帽中(附录14 图32)，原生矿石中极少见。孔雀石电子探针成分分析结果：$CuO\ 45.29\%$，含微量 FeO、MgO 和 Al_2O_3。硅孔雀石电子探针成分分析结果：$CuO\ 45.29\%$、$SiO_2\ 25.10\%$、$Al_2O_3\ 1.31\%$、$CaO\ 2.32\%$。

6. 脉石矿物

矿石中的脉石矿物主要有斜方辉石、单斜辉石、基性斜长石，次有橄榄石、角闪石、黑云母、绿泥石、阳起石等。将主要及常见矿物特点描述如下。

1）斜方辉石

斜方辉石中常见的为古铜辉石，他形—半自形短柱状，显微镜下无色—淡紫丁香色，微具多色性，在岩石中分布较均匀，大晶体中可见橄榄石和斜长石的自形—半自形嵌晶，滑石化普遍，蚀变轻微者表现为滑石呈网脉状交代，蚀变强烈地段，古铜辉石全滑石化而呈假象存在，绿泥石化和阳起石化现象少见，古铜辉石有时可见角闪石和黑云母反应边。

2）单斜辉石

单斜辉石量较少，粒状，粒径一般在 1 mm 以下，显微镜下无色，晶体中可有橄榄石包裹体，并常具角闪石反应边，很少见蚀变现象。

3）基性斜长石

基性斜长石主要为拉长石，自形—半自形板条状晶体或粒状晶，显微镜下无色，细小的拉长石多呈自形板条状晶体，包裹于黑云母、角闪石和粗大的古铜辉石晶体中；较大颗粒的斜长石，可以有橄榄石或古铜辉石包裹体。拉长石有时呈聚粒状分布，常见不均匀的绢云母化和黝帘石化。

4）橄榄石

橄榄石为岩浆期矿物，主要分布在橄榄苏长岩和苏长岩中。主要为贵橄榄石，自形—他形晶，以他形粒状晶为主，显微镜下无色。橄榄石结晶早，常被晚结晶的黑云母和普通角闪石包裹，有时也可成为古铜辉石和拉长石中的嵌晶。橄榄石分布较均匀，易蛇纹石化和皂石化。在岩石中经常可见到全皂石化的橄榄石假象。

5）角闪石

角闪石为普通角闪石，在橄榄苏长岩、苏长岩和辉长辉绿岩中均有分布，含量不高，分布普遍。呈他形不规则状或柱状，部分粒径粗大，大于 1 mm。颗粒内常有橄榄石、拉长石及斜方辉石的小晶粒，偶尔可见不完整的黑云母反应边，部分角闪石为普通辉石的反应边，或角闪石分布于长石、橄榄石和辉石间，构成含长结构或包含结构。蚀变现象为褐色角闪石转变为绿色角闪石或阳起石化。

6）黑云母

黑云母多分布于橄榄苏长岩、苏长岩和辉长辉绿岩中，大小不等，分布普遍。呈不规则鳞片状、他形片状，半自形者少见。经常与橄榄石、辉石聚集分布或晶粒内包裹橄榄石、拉长石及辉石。褐色黑云母蚀变为绿色黑云母或被绿泥石交代。

7）滑石

滑石多交代斜方辉石。呈细鳞片状集合体，开始呈网脉状沿斜方辉石解理、裂隙及边缘进行交代，继而交代整个辉石，直至斜方辉石全滑石化而仅以假象形式存在。

8）蛇纹石

蛇纹石多交代橄榄石，呈网脉状沿裂理进行交代并伴有皂石化。

9）绿泥石

按绿泥石产出特点可分为两种：一种交代黑云母等镁铁硅酸盐矿物形成，分布普遍，为热液蚀变产物；另一种呈片状和片状集合体分布于金属矿物粒间（附录 14 图 87），多见于块状矿石中，疑为硫化物熔浆在完全结晶后由残余溶液直接沉淀形成，为岩浆期后产物。

10）阳起石

阳起石主要为热液蚀变作用形成，分布较普遍，多交代普通角闪石，呈长柱状放射集合体分布（附录

14 图 88);同时在块状矿石中可见阳起石呈纤维状集合体分布于金属矿物粒间。

11) 碳酸盐矿物

碳酸盐矿物为方解石,一种为热液蚀变产物,半自形—他形粒状,呈集合体状分布,多与硅化、绿泥石化等关系密切;另一种见于块状矿石中,他形粒状,呈单晶或集合体分布于金属矿物粒间(附录 14 图 89)。

除以上矿物外,矿石中还存在自然铁、等轴碲铋钯矿、深红银矿等,含量极低,显微镜下少见,不再一一描述。

二、岩、矿石化学成分

1. 岩石化学特征

岩体岩石是同源分异产物,有一定的连续性。岩体为一基性杂岩体,岩体内有可能出现超基性岩异离体,与显微镜下观察一致,岩体化学特征也反映出同类型岩石的化学成分是基本相同的,当然,混染岩例外。

喀拉通克矿区主要造岩矿物橄榄石、斜方辉石、单斜辉石、角闪石和斜长石的电子探针成分分析结果显示:橄榄石的 Fo 为 74.9%～79.4%,具演化岩浆特征。除 MgO、FeO、SiO_2 等主要组成外,岩体中橄榄石其他元素含量甚低,其 CaO 含量都小于 0.1%。另外,橄榄石还含有少量的 Ni,其 NiO 的含量大多在 0.1% 左右。斜方辉石的 En 含量 66%～79%,Fs 19%～23%,Wo 2%～11%,属紫苏辉石和古铜辉石。单斜辉石成分变化范围较大,Wo 2%～50%,En 29%～58%,Fs 9%～21%,主要为普通辉石,部分为透辉石,个别属次透辉石和易变普通辉石。角闪石在所有岩石类型中均存在,且其含量相差不大。各类型岩石中角闪石的 CaO 含量较高,均大于 10%,在不同类型的岩石中其成分变化不大,主要属钙质角闪石类的韭闪石和普通角闪石,既有岩浆结晶的,也有次生交代成因的。

含矿岩石主要属于拉斑玄武岩系列,少部分落在钙碱性系列区。岩石 m/f 比值介于 0.5～2.0 之间,属于铁质基性岩。含矿岩石的微量元素 Sr 含量低、K 含量特高,Th/U 比值变化不定(1.6～4.2),也与 K 的高含量、轻稀土富集等一样,说明岩浆演化和成矿过程中受到大陆地壳物质的混染,也可能存在上地幔的 K 交代。

原生岩浆属高镁玄武岩,其 MgO 含量约 11.6%,岩浆经历了以单斜辉石为主的暗色矿物的广泛分离结晶和斜长石的相对聚集,因而形成了大量的淡色辉长岩,并导致超镁铁质岩的严重缺失。岩浆源区主要由先期存在的地幔楔物质和上涌的软流圈物质组成。岩浆生成于后碰撞伸展环境。

2. 稀土元素特征

各类岩石的 REE 配分型式基本相同,抛开 Pr、Tb 和橄榄苏长岩的 Lu,均为富集型曲线,并略显锯齿状,Eu 显示微弱的正异常或无异常。说明岩体与大陆玄武岩是一致的,各类岩石的成因是相同的,均由岩浆分异所形成。对于 REE 丰度和某些 REE 元素比值的变化,尚未看到明显的规律。

3. 包裹体特征

对不同岩相岩石的包裹体形成温度进行分析测试,古铜辉石和橄榄石是最早结晶的主要造岩矿物,它的硅酸盐熔体包裹体均一温度,表示它结晶时捕获包裹体的温度,也代表该矿物的结晶温度。古铜辉石是橄榄苏长岩相的主要造岩矿物之一,从 1067 ℃ 至 915 ℃ 大致代表了该岩相的成岩演化温度,金属硫化物的始熔温度 960 ℃ 至 915 ℃ 大致代表了金属硫化物初始熔离的结晶温度。

固溶体分解温度代表矿物分解前的均一矿物的极限温度。磁铁矿-钛铁矿的出溶温度为 700 ℃,本矿床仅正岩浆早期结束阶段析出的磁铁矿和钛铁矿才具固溶体分解结构,所以这一温度大致可作为正岩浆早期向正岩浆晚期过渡的温度。磁黄铁矿-黄铜矿的出溶温度为 350～550 ℃,本矿床只有岩浆期的磁黄铁矿与黄铜矿具固溶体分解结构,所以此温度由高向低,大致也可作为正岩浆晚期到岩浆晚期主要硫化物晶出温度的变化范围,热液期的晶出温度一般在 350 ℃ 以下。

三、矿石结构构造及矿石类型

1. 矿石结构

根据矿石矿物的形态、大小和相互关系，主要划分为以下3个类型。

1）从熔体和溶液中晶出的结构

金属矿物从含矿岩浆和热液中结晶形成的结构，按自形程度和粒径可分为4种：他形不等粒结构、他形微粒结构、他形不等粒镶嵌结构和他形微粒镶嵌结构。

2）固溶体分解结构

由固溶体分解作用形成的结构有叶片状结构、片状结构和焰状结构等。

3）交代结构

该结构产生于不同成矿期或成矿阶段矿石中，先生成的矿物被后生成的矿物或后期溶液交代，形成毛边结构、镶边结构、残余结构、假象粒状结构和骸晶结构等。在同一成矿阶段中，早结晶的矿物被晚结晶矿物或溶液熔蚀交代，形成熔蚀结构。

2. 矿石构造

根据矿石矿物集合体的形状、大小和相互结合的关系，结合产出的地质条件，按其不同成因，本矿床的矿石构造分属3个成因组，分述如下。

1）熔离作用形成的矿石构造

可细分为海绵陨铁构造（附录14图90～图91）、稀疏浸染状构造、中等浸染状构造、稠密浸染状构造、斑点浸染状构造、浸染状—海绵陨铁状构造、珠滴状（附录14图92～图93）—海绵陨铁状构造和细脉浸染状—海绵陨铁状构造。其中海绵陨铁构造是各类浸染状矿石的主要构造，是本矿床主要的矿石构造。

2）贯入作用形成的矿石构造

可细分为致密块状构造、胶结状构造和似斑状构造。

3）热液交代作用形成的矿石构造

分为细脉浸染状构造、交代浸染状构造、细脉状构造、网脉状构造、海绵陨铁状构造、云片状构造和致密块状构造。其中，细脉浸染状构造为本区主要的矿石构造类型。

3. 矿石类型

1）矿石自然类型

根据矿构造特征、金属矿物含量和成因等，矿床的矿石自然类型可分为浸染状矿石、致密块状矿石、胶结状矿石和细脉浸染状矿石四大类。

（1）浸染状矿石：由熔离作用形成，按金属矿物的含量分为稀疏浸染状矿石（附录14图1、图94）（金属矿物含量5%～20%）、中等浸染状矿石（附录14图2、图95）（金属矿物含量20%～50%）和稠密浸染状矿石（附录14图3、图96）（金属矿物含量50%～80%）。稀疏浸染状矿石为本矿床中最主要的矿石类型，占矿石总量的70%～75%。主要金属矿物为磁黄铁矿、黄铜矿、磁铁矿、镍黄铁矿等，含量约10%；中等浸染状矿石属于次要矿石类型，约占矿石总量的10%，金属矿物平均含量约29%，主要为磁黄铁矿、黄铜矿、黄铁矿、磁铁矿、镍黄铁矿和紫硫镍矿等；稠密浸染状矿石数量少，占矿石总量的2%～3%，矿石矿物组成与中等浸染状矿石相同，常与中等浸染状矿石分布在一起，金属矿物含量可达50%左右，由中等浸染状矿石金属矿物局部富集形成。

（2）致密块状矿石：分为致密块状矿石（附录14图4～图5、图97）和高铜致密块状矿石（附录14图6、图98）（黄铜矿含量大于20%）两种。致密块状矿石由贯入作用形成，高铜致密块状矿石是致密块状矿石经热液作用形成的。致密块状矿石：本矿床最主要的矿石类型，占矿石总量的5%～7%。基本上全由金属矿物组成，含量达98%±，主要为磁黄铁矿、黄铜矿、镍黄铁矿、磁铁矿和黄铁矿等，有用伴生矿物较多，脉石矿物含量不足2%，主要为方解石、阳起石、绿泥石和黑云母等，橄榄石少见；高铜致密块状矿石：矿石量少，占矿石总量的2%±，但亦为本矿床重要的矿石类型。金属矿物达38种之多。矿石基本全由金属矿物组成，其中主要为黄铜矿，平均含量达 46.9%，其次为磁黄铁矿、镍黄铁矿、磁铁矿和方黄铜矿等。

(3)胶结状矿石：虽仅占矿石总量的 1%±，但较常见(附录 14 图 99)。主要分布在致密块状矿石的边部，岩体下部接触带及岩体中上部构造破碎带内，在致密块状矿石内部也有少量胶结状矿石分布。其成因与致密块状矿石基本相同，是矿浆沿构造破碎带贯入并胶结破碎带的围岩角砾而形成的。金属矿物含量因围岩角砾含量的不同而变化很大，为 8%~75%，平均含量约 40%。金属矿物成分简单，主要为磁黄铁矿、黄铁矿、黄铜矿、镍黄铁矿、磁铁矿和紫硫镍矿等。

(4)细脉浸染状矿石：量较少(附录 14 图 100)，占矿石总量的 5%~10%，但分布十分广泛。大部分是由浸染状矿石(主要是稀疏浸染状矿石)经热液交代作用叠加形成的。细脉浸染状矿石包括交代浸染状构造矿石、细脉浸染状构造矿石、细脉状构造矿石和网脉状构造矿石，以及这几种构造相互过渡的矿石。矿物种类多，含量变化大，主要金属矿物为磁黄铁矿、黄铁矿、黄铜矿、紫硫镍矿和磁铁矿等。

2) 矿石工业类型

根据矿石的铜镍品位，将矿石分为 4 个工业类型。

(1)特富铜镍矿石：矿石中 Cu、Ni≥3%(包括少量 Cu 或者 Ni 单项小于 3%的矿石)，为直接入炉冶炼的特富级铜镍矿石。

(2)富铜贫镍矿石：矿石中 1%≤Cu<3%、Ni<1%(包括少量 Cu、Ni≥1%和 Ni≥1%、Cu<1%的矿石)，为需选的浸染型富矿。

(3)贫铜贫镍矿石：Cu、Ni<1%，为需选的浸染状贫矿。

(4)贫铜矿石：Cu<1%，亦为需选的浸染型贫矿。

3) 矿石成因类型

根据成矿阶段和主要成矿作用，矿石的成因类型分为以下 3 种。

(1)正岩浆晚期就地熔离型矿石：包括稀疏浸染状矿石、中等浸染状矿石和稠密浸染状矿石。

(2)岩浆晚期深部熔离贯入矿石：包括致密块状矿石和胶结状矿石。

(3)岩浆期后热液交代矿石：包括细脉浸染状矿石和高铜致密块状矿石。

4. 主要矿物生成顺序

根据矿石组构特征和矿物相互关系，将成矿阶段分为正岩浆晚期熔离阶段、岩浆晚期贯入阶段和岩浆期后热液交代阶段(表 14-2)。

表 14-2　喀拉通克铜镍矿矿物生成顺序简表

矿化期	岩浆期				岩浆期后	表生期
矿化阶段	岩浆早期阶段	正岩浆早期阶段	熔离晚期阶段	岩浆晚期贯入阶段	热液期	
铬尖晶石	—					
磁铁矿	-----	-----				
钛铁矿		—				
磁黄铁矿		-----	———			
黄铜矿		-----	———			
镍黄铁矿			———			
黄铁矿			———			
白铁矿					—	
紫硫镍矿					—	
方黄铜矿			-----			
等轴方黄铜矿					—	
Ni-硫铜钾矿					—	
银镍黄铁矿					—	
方铅矿					—	
闪锌矿					—	
马基诺矿					—	

续表 14-2

矿化期	岩浆期				岩浆期后	表生期
矿化阶段	岩浆早期阶段	正岩浆早期阶段	熔离晚期阶段	岩浆晚期贯入阶段	热液期	
墨铜矿					—	
铁铜蓝					—	
硫锰矿					—	
硫镍钴矿					—	
方硫铁镍矿					—	
砷铂矿	---		---		—	
红砷镍矿					—	
辉砷镍矿					—	
辉钴矿					—	
Ni-辉钴矿					—	
砷黝铜矿					—	
毒砂					—	
碲镍铂钯矿和 $(Pd_3Ni_3)Te_2$					---	
等轴碲铋钯矿				---	---	
碲铋钯矿和含银碲铋钯矿				---	---	
碲金矿					—	
碲银矿					—	
碲铅矿和Pb_7Te_4					—	
六方碲银矿					—	
碲镍矿和Ni_3Te					—	
赫碲铋矿					—	
沃仑斯基矿$Pb_2(Te,Bi)_3$					—	
银金矿					—	
自然金					—	
自然银					—	
自然铜					—	—
自然铁	—					
锌铜矿(Cu_5Zn)			---			
碳化钨	---					
碳硅石	—					
褐铁矿						—
孔雀石						—
硅孔雀石						—
橄榄石	—	—	—			
斜方辉石	—	—	---			
单斜辉石	—	—				
普通角闪石	—	—	—			
黑云母	—	—	—			
斜长石	—	—	—			
磷灰石	—	—	—			
阳起石					—	
绿泥石					—	
滑石					—	
绢云母					—	
蛇纹石					—	
皂石					—	
碳酸盐					—	—

第五节　矿石工艺矿物学特点

一、有用元素种类及分布

矿床中的化学成分非常复杂，种类繁多，包括造岩元素、造矿元素、有用伴生元素和其他伴生元素，初步统计达 40 余种元素（表 14-3）。

表 14-3　喀拉通克铜镍矿矿床的化学元素统计表

主要元素		次要元素		其他伴生元素
造矿元素	造岩元素	有用伴生元素	其他元素	
Cu、Ni、Fe、S	Si、Fe、Mg、Al、Ca、O、H、K、Na	Pt、Pd、Rh、Os、Ru、Ir、Co、Ag、Au、Se、Te、Cd	Ti、P、V、Mo、Sn、Sr、Ba、TR、Zr、Ga、Sc、W、C、Cl	Zn、Pd、As、F、Cr、Mn、Bi、Sb

在各类型矿石中，据统计，各种化学元素的种类基本相同，只是含量上有所差异，如致密块状矿石中，以 S、Fe、Cu、Ni 及与其相关的伴生组分铂族等为主；而浸染状矿石及胶结状矿石，则以 Si、Fe、Al、Mg、Ca 等造岩元素为主。

有用伴生元素中的 Os、Ir、Ru、Rh 及分散元素 Cd 等，因其含量甚微，分布有限，研究程度低，在此仅简述 Pt、Pd、Ag、Au、Se 及 Te 等元素特点。

二、有用元素赋存状态

矿石中有用元素主要为 Cu、Ni、Co、S，次为 Pt、Pd、Ag、Au、Te、Se。

1. Cu

Cu 是一号矿床中最有工业利用价值的有用元素，主要赋存于黄铜矿中，其次赋存于方黄铜矿、等轴方黄铜矿、Ni-硫铜钾矿、墨铜矿、斑铜矿及砷黝铜矿中。氧化带中还有孔雀石、硅孔雀石、铜蓝、铁铜蓝、自然铜、蓝铜矿、蓝辉铜矿及胆矾等含 Cu 元素。

各类型矿石中的黄铜矿成分均比较稳定，Cu 含量 34.18%～35.43%。Ni、Co、Ag、Au 等则表现为岩浆期生成的黄铜矿较热液期生成者含量低，Zn 是黄铜矿中的主要有害组分。

各类型矿石中的 Cu，经元素平衡计算，主要以黄铜矿的独立矿物存在。例如高铜致密块状矿石中，黄铜矿中的 Cu 占总铜量的 85.97%，一般致密块状矿石中 92.76% 的 Cu 赋存于黄铜矿中，其他铜矿物中的 Cu 所占的比例很少。

除黄铜矿外，铜矿物还有方黄铜矿、等轴方黄铜矿、Ni-硫铜钾矿、墨铜矿及马基诺矿。Cu 在磁黄铁矿、镍黄铁矿等 20 余种矿物中都有分布。

一号矿床中有 0.5%～1.40% 的 Cu 分布在磁黄铁矿中，其他矿物配分量很少。根据 Cu 的物相分析，一号矿床中的 Cu 主要以硫化物的形式存在，氧化物在 5% 以下。分析结果表明，一号矿床原生矿石中，无论何种矿石类型，矿石矿物都以硫化矿物为主，没有发现硫酸盐的铜矿物。

2. Ni

Ni 是最主要的有用元素，主要以硫化物的形式赋存于镍黄铁矿中，其次是紫硫镍矿。此外还有少量的 Ni 赋存于 Ni-硫铜钾矿、银镍黄铁矿、辉砷镍矿、碲镍铂钯矿、镍辉钴矿、辉钴矿、硫镍钴矿、碲镍矿及马基诺矿、红砷镍矿中。

Ni 主要赋存于镍黄铁矿等硫化矿物中,镍硅酸盐在各类矿石中有一定数量的分布,在贫铜贫镍的稀疏浸染状矿石中达到近 17%。Ni 可能主要取代橄榄石、古铜辉石等矿物中的 Mg 而存在于造岩矿物中。

从生成阶段看,热液期形成的镍矿物种类多,但从 Ni 的配分情况看,还是岩浆晚期阶段形成的镍黄铁矿数量最多,是 Ni 的主要富集阶段。

经 Ni 的元素平衡计算,镍黄铁矿是 Ni 的主要工业矿物。稀疏浸染状矿石 64%~97% 的 Ni 存在于镍黄铁矿中;胶结状矿石 39% 的 Ni 集中在镍黄铁矿中,紫硫镍矿的 Ni 占 62%。

呈分散状态的 Ni,其主要载体矿物是磁黄铁矿,其中的 Ni 占镍总量的 4.0%~12%。它是构成矿床原生矿石的主要矿物。此外,黄铜矿中有 0.4%~4.4% 的 Ni,其他矿物中 Ni 所占的比例很小。

分散状态的 Ni,在矿石矿物里主要存在于磁黄铁矿中;在浸染状矿石和胶结状矿石中,如橄榄石、古铜辉石等造岩矿物中,也有一定数量的 Ni 存在。

3. Co

Co 是一号矿床中主要的有用伴生元素之一。矿床中虽有钴的独立矿物,如辉钴矿、镍辉钴矿、辉砷镍矿及硫镍钴矿的存在,但含量甚低,未能形成工业聚积。一号矿床中的 Co 主要呈类质同象赋存于磁黄铁矿、镍黄铁矿中,部分分散在黄铜矿及黄铁矿中。

Co 主要富集在特富铜镍的致密块状矿石中,Co 与 Ni 有较密切的相关关系,尤以富铜贫镍矿石表现得更明显。

4. S

S 是一号矿床主要有用伴生元素之一,无论品位或储量,均为本矿床各有用伴生元素之首。S 在各类型矿石中都有较高的品位,特富铜镍矿石最富,达 32.15%,贫铜贫镍矿石最低,为 3.41%。S 在原生矿石中,绝大部分以硫化物形式呈独立矿物出现,主要是磁黄铁矿、镍黄铁矿、黄铜矿、黄铁矿等硫化矿物。

5. Pt、Pd

Pt、Pd 是本矿床中重要的贵金属元素。它们在特富铜镍矿石中相对富集(Pt 0.7 g/t、Pd 0.92 g/t),其他类型矿石中较贫(富铜贫镍矿石:Pt 0.14 g/t、Pd 0.19 g/t,贫铜贫镍矿石:Pt 0.05 g/t、Pd 0.14 g/t),富铜贫镍的细脉浸染状矿石 Pt 的含量最高,达 2.26 g/t。

Pt、Pd 在本矿床中,一部分呈独立矿物出现,另一部分呈类质同象存在于硫化物、碲化物和碲铋化物中。Pt、Pd 的独立矿物以碲化物和碲铋化物占优势,矿床中已发现 Pt、Pd 的碲化物和碲铋化物矿物 5 种,砷化物 1 种。它们是碲铋钯矿、等轴碲铋钯矿、碲镍铂钯矿、碲镍钯矿、含银碲铋钯矿及砷铂矿,磁黄铁矿、镍黄铁矿、黄铜矿、方黄铜矿、闪锌矿及碲镍矿等,含一定数量的 Pt 或 Pd。含 Pd 的矿物数量较含 Pt 的矿物数量多。

铂族矿物主要富集于岩浆晚期阶段的致密块状矿石和受热液作用的高铜致密块状矿石中。相关分析表明,Pt、Pd 在矿床中以独立矿物存在为主,类质同象数量有限,铂族元素在硫化矿物中,呈固溶体或胶状固溶体状态存在;在一号矿床中,随着矿石类型的不同,Pt、Pd 与 Cu、Ni 的相关关系明显的不同。Pt 和 Pd 在各类型矿石中都与 Cu 有较密切的相关关系,尤以特富铜镍矿石更显著。

6. Ag

Ag 是一号矿床中最主要的有用伴生元素之一,在本矿床中,无论品位、储量,在贵金属中都居首位。Ag 在特富铜镍高铜致密块状矿石中含量最高,达 163.6 g/t,其次是富铜贫镍细脉浸染状矿石,为 103.8 g/t,贫铜贫镍矿石中最低,为 3.2 g/t。

Ag 一部分以独立矿物出现,另一部分以类质同象形式赋存于其他矿物中。Ag 的独立矿物有银镍黄铁矿、碲银矿、银金矿、自然银、六方碲银矿及深红银矿等。这些矿物除银镍黄铁矿外,在矿石中含量甚微。

7. Au

Au 是矿床中主要的有用伴生元素之一,其品位和储量仅次于 Ag。Au 和 Ag 一样,主要富集在特富铜镍致密块状矿石中(10.09 g/t),其次是富铜贫镍细脉浸染状矿石(2.81 g/t),贫铜贫镍细脉浸染状矿石中含量最低(0.04 g/t)。

Au 在矿床各类型矿石中,一部分以独立矿物的形式存在,另一部分以类质同象混入物的形式存在于其他硫化物中。Au 的独立矿物有自然金、银金矿及碲金矿等。

金矿物和大部分的含金矿物都形成于热液期;而含 Au 的主要矿石矿物多形成于岩浆期,总的来说,Au 主要在热液阶段富集。

8. Te

Te 是一号矿床的主要分散元素之一,在特富铜镍高铜致密块状矿石中,有较高的含量。富铜贫镍细脉浸染状矿石含 Te 最高,其余各类型矿石含量都较低。

Te 在本矿床中大部分以独立矿物的形式出现,少量呈分散状态赋存于硫化矿物中。独立矿物有碲铅矿、碲铋钯矿、碲镍铂钯矿、碲银矿、碲金矿、碲镍矿及赫碲铋矿等。此外,磁黄铁矿、黄铜矿、黄铁矿、镍黄铁矿等主要硫化物矿石矿物中含有一定量的 Te。

9. Se

Se 也是本矿床中的一种重要的分散元素,就其品位而言,Se 在各类矿石中都高于 Te。其中以特富铜镍高铜致密块状矿石含量最高,为 0.017%,贫铜贫镍稀疏浸染状矿石含量最低,仅为 0.000 6%。

三、矿石中其他伴生元素及特点

1. Pb

Pb 是本矿床中的主要有害元素之一,在特富铜镍矿石中含量最高,平均 0.039%,其次是富铜贫镍矿石,贫铜贫镍矿石最低,为 0.006%。但富铜贫镍矿石的细脉浸染状矿石中 Pb 含量达 0.37%。

Pb 在各类型矿石中,一部分呈独立矿物存在,如方铅矿、碲铅矿、碲铋铅矿等,另一部分呈分散状态分布于碲化物和硫化矿物中。

一号矿床中,铅矿物主要形成于热液阶段。Pb 除与 S 有密切的关系外,在一些碲化物中也有较高的含量。

2. Zn

Zn 是本矿床分布最广、含量较高的有害元素,在各类矿石中都有分布。以特富铜镍矿石含量最高,贫铜贫镍矿石含量最低。

Zn 在各类型矿石中,大部分以类质同象分散于硫化矿物和碲化物中,少量呈单独的闪锌矿出现,极微量的形成锌铜矿。

Zn 主要在热液期富集,独立的锌矿物都在热液阶段形成,以类质同象形式进入硫化物及碲化物中者,也主要在热液期。

Zn 在热液阶段主要进入硫化物中,一方面是因为 Zn 本身是一种亲硫元素;另一方面这些硫化物均含 Fe^{2+},Fe^{2+} 与 Zn^{2+} 的离子半径相等,因此它们能够相互取代(置换)。

3. As

As 在本矿床各类型矿石中都有分布,富铜贫镍矿石和贫铜贫镍矿石含量较高(0.013%),特富铜镍矿石中含量相对较低(0.005%)。贫铜贫镍矿石中以细脉浸染状矿石含量最高(0.05%)。

As 一部分呈独立矿物存在,如砷黝铜矿、毒砂、辉钴矿、镍辉钴矿、辉砷镍矿、砷铂矿及红砷镍矿等。

另一部分呈类质同象分散于其他硫化矿物中。As 的独立矿物在各类矿石中数量有限,没有形成大量的富集。As 在矿床的主要矿石矿物如磁黄铁矿、黄铜矿、镍黄铁矿、黄铁矿等矿物中,电子探针成分分析结果都没有显示,表明其在矿床中含量很低。As 除独立矿物外,主要赋存于碲化物、自然金属及其互化物中。

4. Bi

Bi 在一号矿床中有一定的分布,据少数样品的分析数据,Bi 在富铜贫镍细脉浸染状矿石中含量最高,达 0.034%,其次是中等浸染状矿石,为 0.01%;特富铜镍高铜致密块状矿石中含量 0.01%,致密块状矿石中含量最低,为 0.000 2%,贫铜贫镍矿石没有分析资料。

Bi 在各类型矿石中,大部分呈分散状态存在,一部分形成独立矿物,如碲铋钯矿、碲铋铅矿、沃伦斯基矿、赫碲铋矿等,这些矿物在矿石中的含量极低。

Bi 在一号矿床中,呈独立矿物者主要为碲铋化物,呈分散状态者,多赋存于硫化物中,其中以方铅矿为最高。

5. Sb

Sb 在本矿床中有一定量的分布,以特富铜镍矿石含量最高(0.027%),富铜贫镍矿石次之(0.015%),贫铜贫镍矿石最低(0.008%)。目前在各类矿石中尚未发现 Sb 的独立矿物,Sb 都分散在其他矿物中。从统计情况看,Sb 主要赋存于碲化物和碲铋化物中,如碲铋钯矿、六方碲银矿、沃伦斯基矿、碲铋铅矿、碲镍铂钯矿、碲铅矿及碲镍矿等。硫化物如方铅矿、磁黄铁矿、银镍黄铁矿、方黄铜矿及毒砂中也有一定的含量,但其数量要比碲化物和碲铋化物中低一个数量级。

此外据测定,矿石中还有 F^-、Cr_2O_3 及 MnO 等有害组分,F^- 在特富铜镍矿石中含量最低,平均 0.009%,富铜贫镍矿石 0.033%,贫铜贫镍矿石中最高,为 0.143%,据研究,F^- 主要赋存于黑云母中,因此脉石矿物含量高的矿石中,F^- 含量也相应地增高了。

四、有用伴生元素的综合利用及有害元素的剔除

一号矿床中除金属 Cu、Ni 外,与其伴生的还有 Pt、Pd、Ag、Au、Se、Te、Co 及 S,这些组分都达到了铜镍硫化矿石综合利用的工业要求。

Pt、Pd、Au 达到了小型矿的标准,Co、Ag 达到了中型矿的标准,大大提高了矿床的经济价值。

Se 和 Te,在一号矿床中有较高的品位和可观的储量。对于这两种尚未足够引起重视的、少见的分散元素,亦应在冶炼铜、镍的过程中予以回收。

S 的储量也很可观,达到了小型硫铁矿床的规模。在冶炼过程中应予以回收。

根据选矿资料,特富铜镍矿石、富铜贫镍矿石和贫铜贫镍矿石中的有用伴生元素,经选矿后,精矿中这些元素含量都有不同程度的提高,大大超过铜镍矿综合利用的品位要求。

本矿床中的其他伴生元素,主要是 Zn、Pb、As、F、Bi、Sb、Cr、Mn 及 Mg 等,其中 Mn、Cr、Sb、Bi 含量很低,在规范要求允许范围内,Mg 和 Fe 主要赋存于富铜贫镍和贫铜贫镍矿石中,是脉石矿物的组分,选矿后脉石排除了,Mg 和 Fe 自然也就剔除了。

Zn、Pb、As 在各类矿石中分布比较普遍,主要赋存于特富铜镍矿石中。选矿资料表明,它们的品位随着铜、镍精矿品位的提高而提高。Pb、Zn 主要富集于铜精矿中,As 则在镍精矿中得到大幅度提高。Zn、Pb、As 对于铜精矿来说,大大低于工业要求;对于镍精矿而言,它们都高于规范要求,但工业部门对此并不苛求。因此本矿床对于 Cu 来说,是一个基本没有有害元素的矿床。对于 Ni 来说,Zn、Pb、As 虽有,但含量很低,可不予考虑。

第六节 矿床成因和成矿模式探讨

喀拉通克铜镍矿属于与基性—超基性杂岩体有关的岩浆熔离型矿床,成矿时代与成岩时代近于同一时期。该岩体全岩 Rb-Sr 等时线年龄 298～285 Ma(王润民和赵昌龙,1991),全岩 Sm-Nd 等时线年龄 298 Ma(李华芹等,1998),黑云母苏长岩的 SHRIMP 锆石 U-Pb 年龄 287 Ma(韩宝福等,2004),矿石 Sm-Nd 等时线年龄 281 Ma(李华芹等,1998),Re-Os 等时线年龄 282 Ma(张作衡等,2005)。表明该岩体形成及成矿时代为早二叠世,为板块碰撞后的拉张地质环境(冉红彦和肖森宏,1994;张招崇等,2003)。

根据矿石组构特征和矿物相互关系,矿床的成矿阶段分为正岩浆晚期熔离阶段、岩浆晚期贯入阶段和岩浆期后热液交代阶段。

一、正岩浆晚期熔离阶段

含矿岩浆侵位后,经岩浆早期阶段和正岩浆早期阶段进入正岩浆晚期阶段时,主要造岩矿物已普遍结晶,副矿物磁铁矿和钛铁矿也已晶出,岩浆成分发生了很大的变化,Mg、Fe 组分减少,Al、Ca、Si 组分相对增加,S 和部分亲铁亲硫元素 Cu、Ni 等相对集中,硫逸度增高。当含矿熔浆的热力学环境(主要是温度、压力、物质浓度和氧化-还原电位等)进一步发生变化时,硫化物溶解度降低,熔离作用随即发生,使分散的硫化物熔融体从硅酸盐熔体中分离出来,进而结晶成矿。由于岩体规模小,所处的地质环境又不稳定,熔离结晶成矿基本是原地进行的,在岩体的中上部形成以珠滴构造和海绵陨铁构造为典型代表的稀疏浸染状矿石。在岩体中下部由于岩相含矿性不同,受同一岩相含矿的不均匀性和重力作用影响,硫化物局部较为集中,形成少量的中等浸染状矿石,但不具任何韵律性重力沉降构造特征。正岩浆晚期熔离阶段为本区主要成矿阶段。

二、岩浆晚期贯入阶段

正岩浆晚期阶段形成的浸染状矿石凝固后或基本凝固后,由深部同源含矿熔浆在硫化物熔离作用下形成高浓度的硫化物矿浆,在构造应力作用下,沿控制岩体侵入的原生构造裂隙上侵,于岩体下部及岩体与围岩接触部位形成致密块状矿石和胶结状矿石。岩体中上部及其他部位也有少量胶结状矿石生成。贯入成矿与就地熔离成矿是一个不连续的过程,空间上虽有一定程度的继承性,但时间上是有间隔的,并伴随有小构造活动,二者之间为明显的侵入接触关系。贯入成矿生成特富级铜镍矿石,并含多种有用伴生元素,为重要的成矿阶段。

三、岩浆期后热液交代阶段

正岩浆晚期阶段和岩浆晚期阶段成矿后,便分别前后进入岩浆期后热液成矿阶段。浸染状矿石和致密块状矿石普遍受到不同程度的交代,交代强烈则分别形成细脉浸染状矿石和高铜致密块状矿石。交代作用主要在岩(矿)体裂隙发育的地段进行,交代强度大致与裂隙发育程度成正比。在岩体与围岩接触带及后期脉岩中也有热液矿化现象,但规模很小,该阶段是次要成矿阶段。

交代形成的细脉浸染状矿石,有一组新的矿物组合,除磁黄铁矿、黄铜矿、镍黄铁矿、黄铁矿和磁铁矿外,其他尚有多种硫化物、砷化物、硫砷化物、碲化物、碲铋化物和自然元素等热液矿物。根据矿物种类和产出特征,该阶段的矿物从高温到低温都有,经历了一个较长的地质历史过程。总的来说,该阶段蚀变交代作用不强烈，成矿物质没有大规模的活化迁移现象，但对 Cu 有一定的富集作用，对 Au、Ag、Pt、Pd 的富集有一定的有利影响。

综上所述，矿床的成因类型为与基性—超基性杂岩体有关的正岩浆熔离-深部贯入矿床，成矿模式见图 14-4。

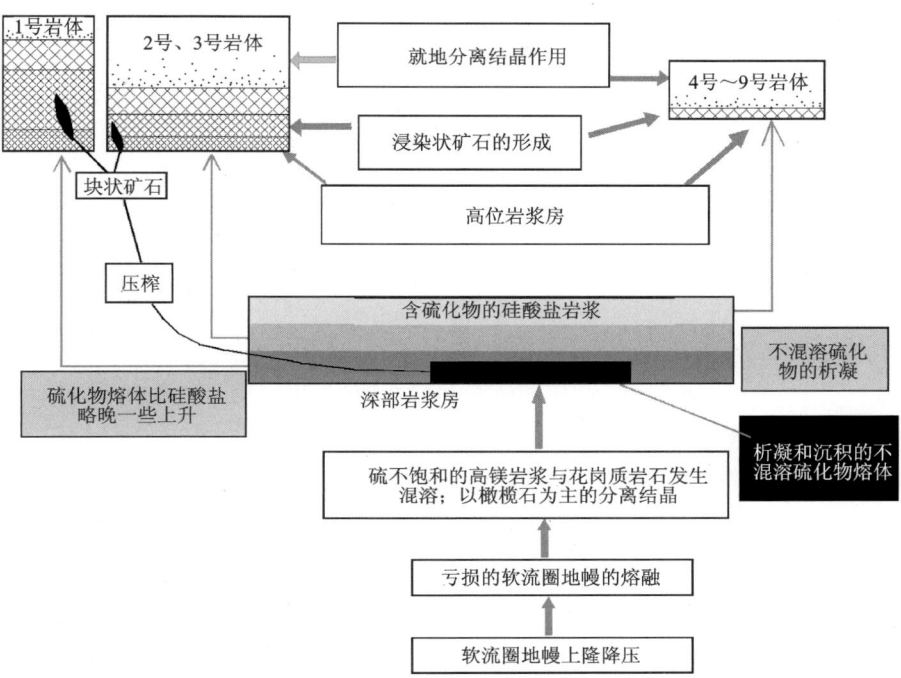

图 14-4　富蕴县喀拉通克铜镍矿床成矿模式图

主要参考文献

韩宝福,季建清,宋彪,等,2004.新疆喀拉通克和黄山东含铜镍矿镁铁—超镁铁杂岩体的 SHRIMP 锆石 U-Pb 年龄及其地质意义[J].科学通报,49(22):2324-2328.

李华芹,蔡红,谢才富,等,1998.新疆北部有色贵金属矿床成矿作用年代学[M].北京:地质出版社.

冉红彦,肖森宏,1994.喀拉通克含矿岩体的微量元素与成岩构造环境[J].地球化学,23(4):392-401.

王润民,赵昌龙,1991.新疆喀拉通克一号铜镍硫化物矿床[M].北京:地质出版社.

张招崇,闫升好,陈柏林,等,2003.新疆喀拉通克基性杂岩体的地球化学特征及其对矿床成因的约束[J].岩石矿物学杂志,22(3):220-221.

张作衡,柴凤梅,杜安道,等,2005.新疆喀拉通克铜镍硫化物矿床 Re-Os 同位素测年及成矿物质来源示踪[J].岩石矿物学杂志,24(4):285-294.

内部资料

何永胜,陈新杰,赵运江,2008.新疆富蕴县喀拉通克铜镍矿区三号矿床详查报告[R].阿勒泰:新疆地矿局第四地质大队.

薛秀娣,易爽庭,李本海,1987.新疆富蕴县喀拉通克一号铜镍矿硫化矿床矿石物质组分、有用元素赋存状态研究报告[R].乌鲁木齐:新疆矿产实验研究所鉴定室.

附录14 图片及说明

图1 稀疏浸染状矿石1 手标本
主要矿物为磁黄铁矿、镍黄铁矿,见少量黄铜矿。

图2 中等浸染状矿石1 手标本
主要矿物为黄铜矿,次为磁黄铁矿、镍黄铁矿,见少量磁铁矿。

图3 稠密浸染状矿石1 手标本
显微镜下见海绵陨铁构造,主要矿物为黄铜矿、磁黄铁矿,次为镍黄铁矿。

图4 致密块状矿石1 手标本
主要矿物为磁黄铁矿,次为镍黄铁矿和黄铜矿。

图5 致密块状矿石 手标本
主要矿物为磁黄铁矿,次为镍黄铁矿和黄铜矿。

图6 高铜致密块状矿石1 手标本
主要矿物为黄铜矿、磁黄铁矿,次为镍黄铁矿和磁铁矿,光片中见碲铅矿。

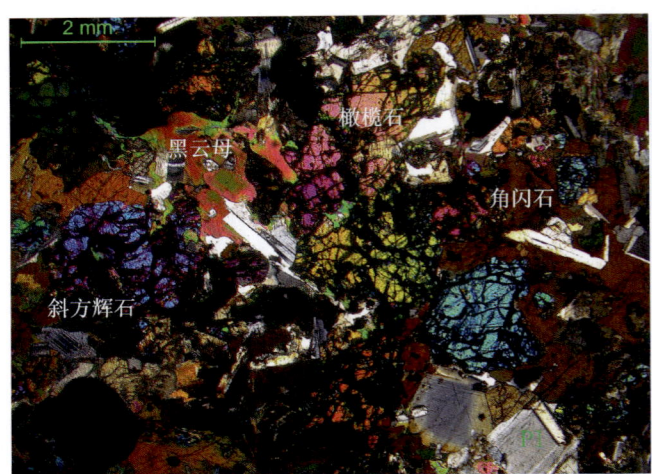

图7 黑云角闪橄榄苏长岩1 12.5× 正交偏光
岩石中主要矿物为斜长石和斜方辉石，次为黑云母、角闪石和橄榄石。橄榄石蛇纹石化、皂石化，部分析出磁铁矿；角闪石由褐色向绿色转变。

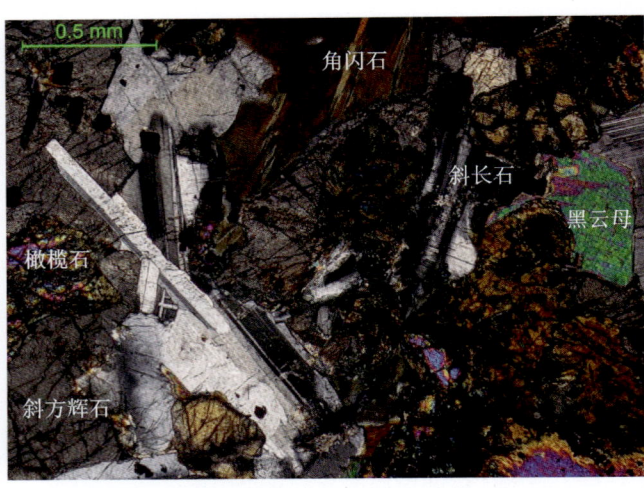

图8 黑云角闪橄榄苏长岩2 50× 正交偏光
斜长石呈半自形板条状，小晶体在斜方辉石中呈含长结构。斜长石间分布他形辉石和角闪石。橄榄石半自形柱粒状，不均匀蛇纹石化、皂石化。

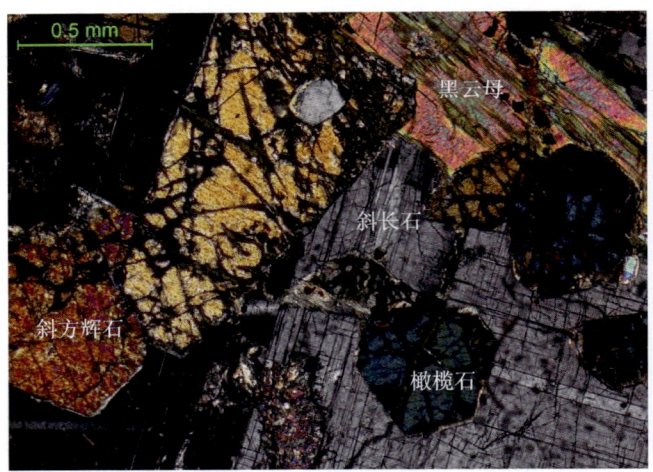

图9 黑云橄榄苏长岩1 50× 正交偏光
橄榄石分布于斜长石中，构成包含结构。

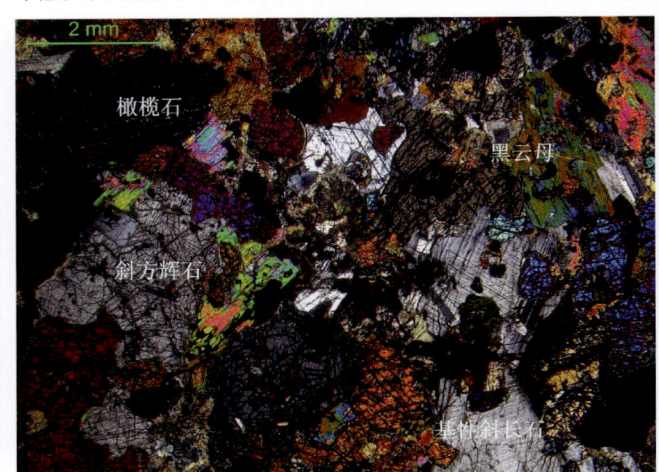

图10 黑云母橄榄苏长岩2 12.5× 正交偏光
岩石中主要矿物为基性斜长石和斜方辉石，次为橄榄石，具辉长结构和包含结构。

图11 黑云角闪苏长岩 50× 正交偏光
岩石中主要为拉长石和斜方辉石，次为普通角闪石和黑云母。斜长石呈粗大板状晶，微绢云母化，自形辉石被包裹于斜长石晶体中，构成含辉结构。

图12 苏长岩1 50× 正交偏光
自形斜方辉石被包裹于斜长石中，构成含辉结构。辉石普遍滑石化，纤状阳起石则不规则交代辉石。

富蕴县喀拉通克铜镍矿

图13 苏长岩2 50× 正交偏光

岩石具包含结构，斜方辉石包裹于基性斜长石中。斜方辉石强滑石化，仅见少量残留，同时岩石阳起石化，阳起石除交代角闪石外，主要交代滑石。

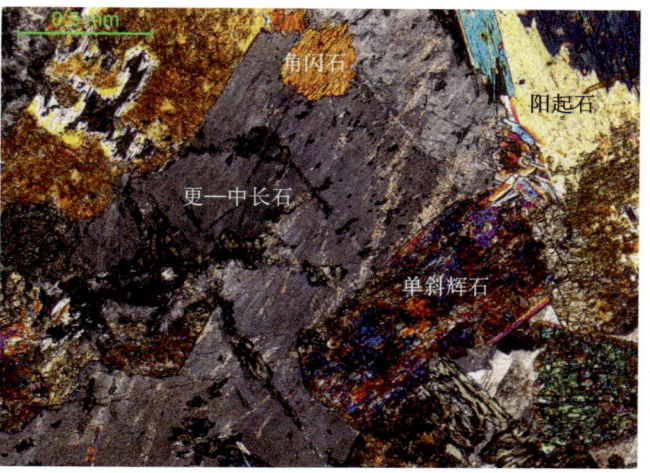

图14 混染辉长岩 50× 正交偏光

岩石中主要矿物为更—中长石和单斜辉石。由于混染作用，岩石保留了基性岩结构，但斜长石偏酸性，而且未见斜方辉石。

图15 混染辉绿辉长岩 50× 正交偏光

岩石与围岩捕虏体渐变过渡，主要表现在粒径方面，残余的围岩捕虏体粒径细小，以斜长石为主，次为阳起石、绿泥石和黝帘石，并有少量石英。

图16 浅色细晶闪长岩 50× 正交偏光

岩石具半自形粒状结构，主要矿物为斜长石。斜长石半自形—他形板状，在其粒间分布有少量暗色矿物，已全部绿泥石化。

图17 黑云母辉长闪长岩 50× 正交偏光

岩石中主要矿物为更—中长石、角闪石，次为黑云母。斜长石部分环带结构明显，角闪石绿泥石化。

图18 黑云母辉长辉绿岩 50× 正交偏光

岩石具辉长辉绿结构。拉长石半自形板条状，在斜长石构成的格架中分布有他形单斜辉石、角闪石及黑云母，也分布有半自形斜方辉石（已全滑石化）。

图 19 辉绿岩（捕房体）100× 正交偏光

岩石为岩体中的辉绿岩捕房体，主要矿物为斜长石和单斜辉石，构成辉绿结构。

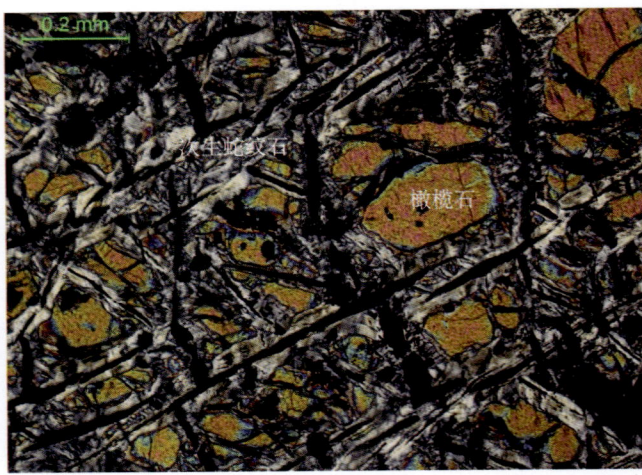

图 20 蛇纹石化 100× 正交偏光

岩石具交代残留结构，次生蛇纹石沿橄榄石边缘或裂理交代，使残余的橄榄石呈孤岛状分布。

图 21 皂石化 200× 单偏光

橄榄石被皂石取代，呈残留体分布于皂石集合体中。

图 22 滑石化 100× 正交偏光

辉石全滑石化，仅保留其外形。

图 23 阳起石化 50× 单偏光

岩石为苏长岩，斜方辉石普遍滑石化，阳起石交代现象较普遍，分布不均匀，沿矿物粒间开始交代，特别是交代暗色矿物及滑石等，强烈处同时交代斜长石。

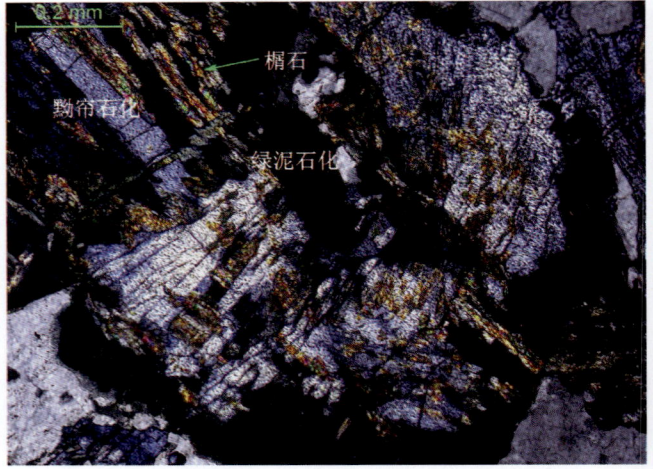

图 24 绿泥石化、黝帘石化 100× 正交偏光

岩石为辉长岩，其中斜长石黝帘石化，辉石绿泥石化，分布于斜长石间，在黝帘石粒间见榍石。

图 25　黝帘石化　100×　正交偏光

暗色矿物被黝帘石交代，分布于斜长石粒间。

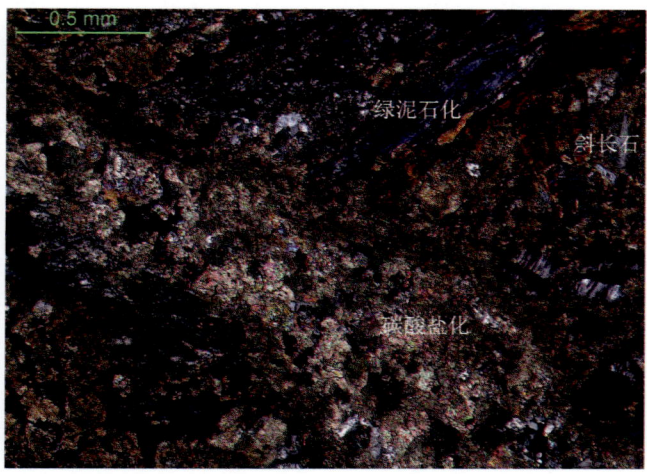

图 26　碳酸盐化、绿泥石化　50×　单偏光

岩石强蚀变，根据残余结构、矿物推断原岩为黑云闪长岩。岩石硅化、绿泥石化、强碳酸盐化。

图 27　硅化、碳酸盐化　50×　单偏光

岩石强蚀变，根据残余结构、矿物推断原岩为黑云闪长岩。岩石硅化、绿泥石化、强碳酸盐化。

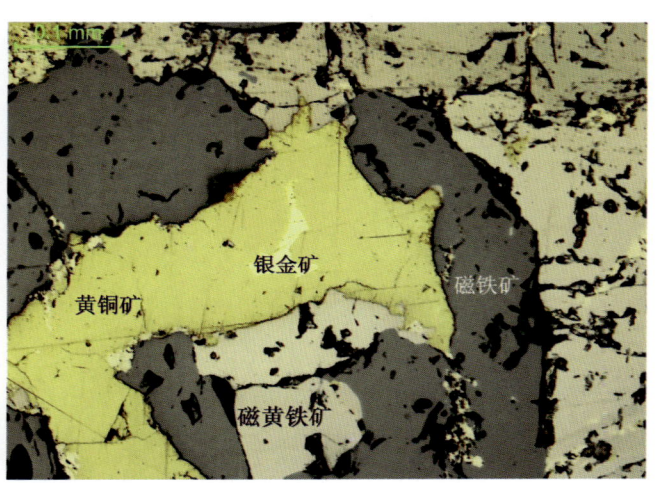

图 28　银金矿1　200×　单偏光

致密块状矿石中的银金矿。

图 29　银金矿2　200×　单偏光

致密块状矿石中的银金矿。

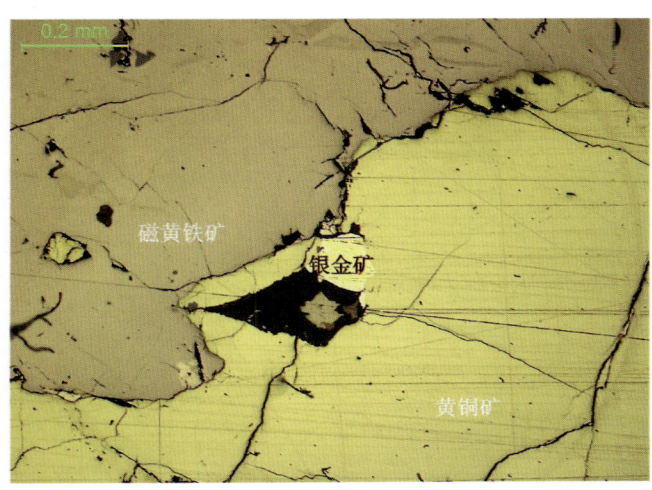

图 30　银金矿3　100×　单偏光

致密块状矿石中的银金矿。

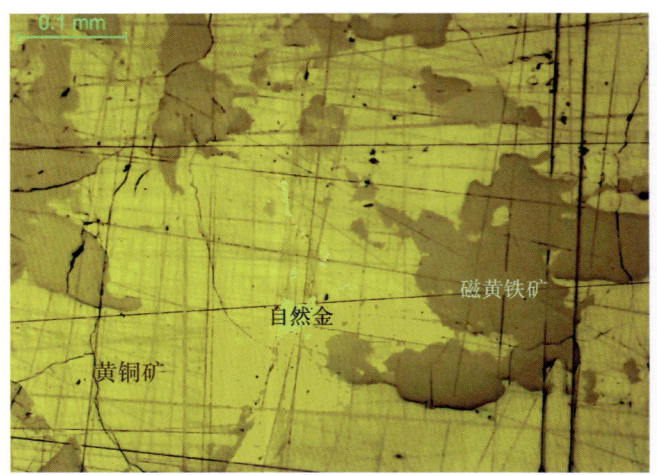

图 31 自然金 200× 单偏光
高铜致密块状矿石中的自然金。

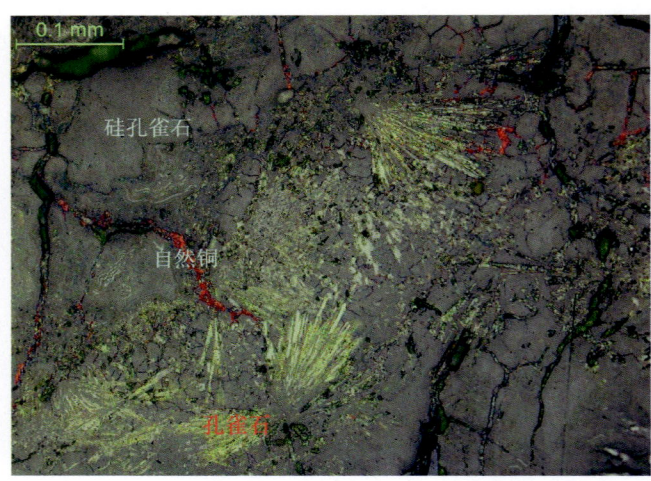

图 32 自然铜、孔雀石、硅孔雀石 200× 单偏光
铁帽中的自然铜、孔雀石和硅孔雀石。自然铜呈裂隙充填状,常有锈色;孔雀石呈放射状;硅孔雀石呈隐晶质致密集合体。

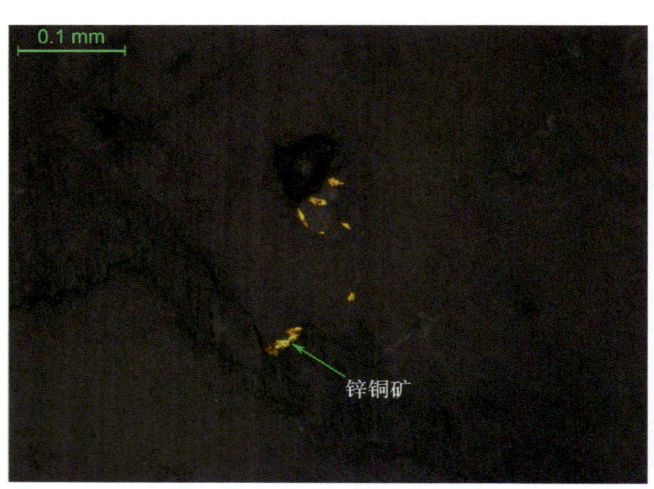

图 33 锌铜矿 200× 单偏光
他形不规则锌铜矿呈星散状分布于矿化辉长辉绿岩中,其表面常有锈色。

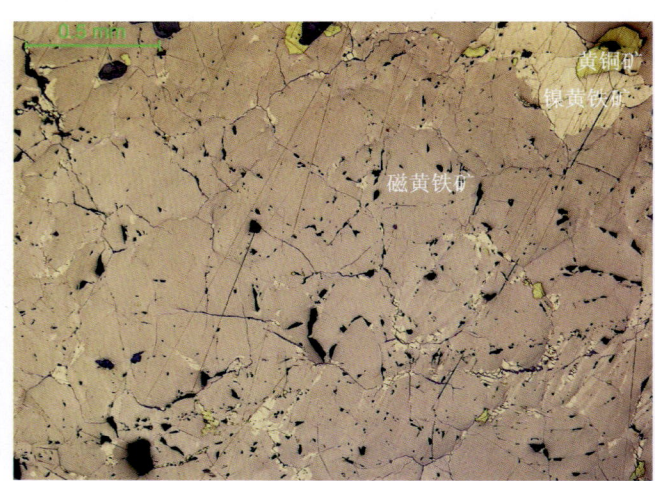

图 34 磁黄铁矿1 50× 单偏光
致密块状矿石中磁黄铁矿占主导,与黄铜矿、镍黄铁矿共生。

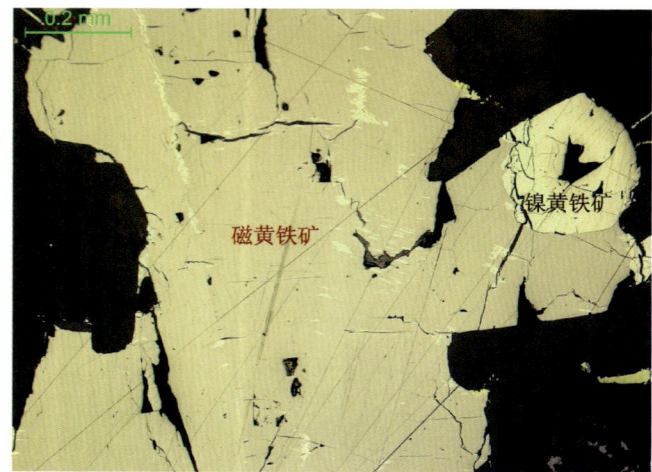

图 35 磁黄铁矿2 100× 单偏光
胶结状矿石中磁黄铁矿与镍黄铁矿共生。

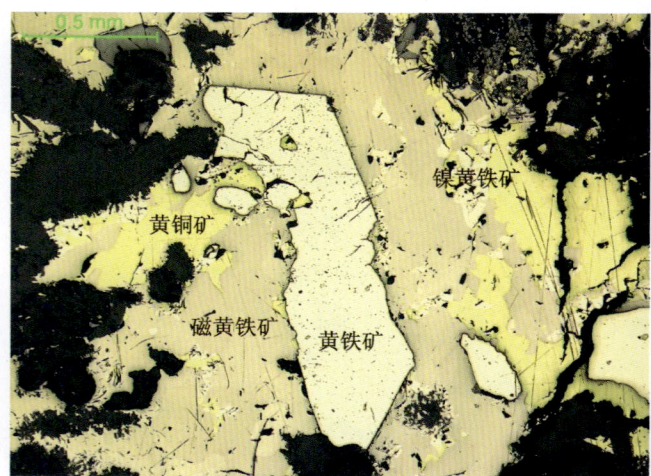

图 36 磁黄铁矿3 50× 单偏光
磁黄铁矿与黄铜矿、黄铁矿、镍黄铁矿共生。

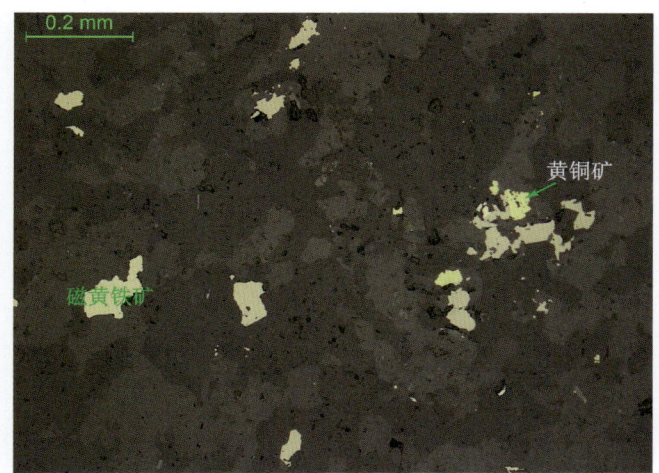

图 37 磁黄铁矿 4 100× 单偏光

磁黄铁矿呈单晶和聚粒状分布于脉石矿物粒间或微裂隙中，与黄铜矿共生。

图 38 黄铜矿 1 100× 单偏光

黄铜矿他形粒状，呈单晶或聚粒状分布于脉石矿物粒间和微裂隙中。

图 39 黄铜矿 2 100× 单偏光

黄铜矿呈聚粒状分布，与磁铁矿、磁黄铁矿共生。

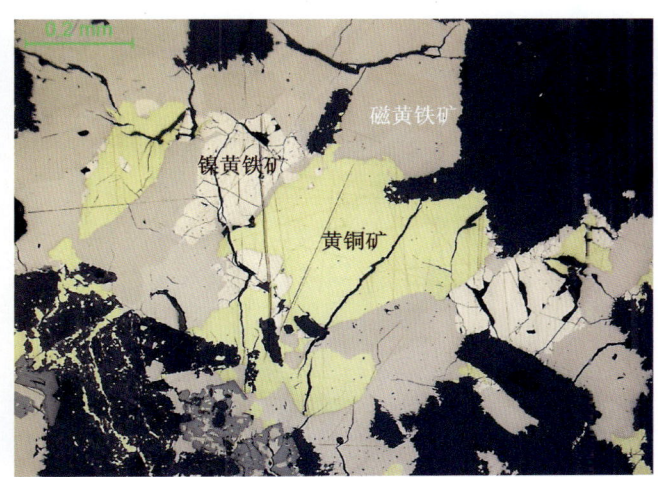

图 40 黄铜矿 3 100× 单偏光

浸染状矿石中黄铜矿与磁黄铁矿、镍黄铁矿共生。

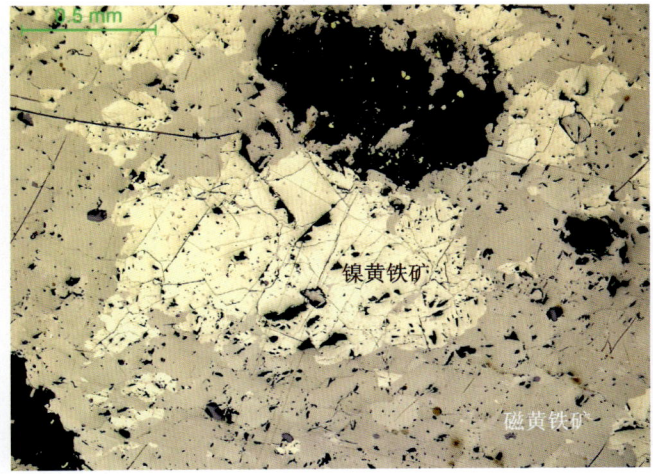

图 41 镍黄铁矿 1 50× 单偏光

镍黄铁矿呈聚粒状，与磁黄铁矿共生。

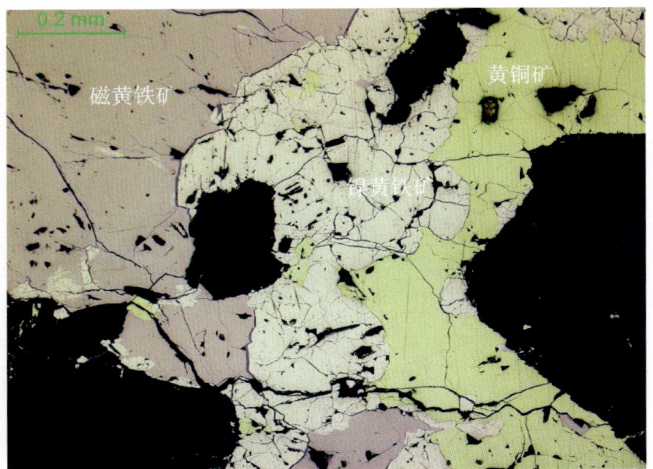

图 42 镍黄铁矿 2 100× 单偏光

镍黄铁矿他形晶，与磁黄铁矿、黄铜矿共生，呈聚粒状分布于中等浸染状矿石中。

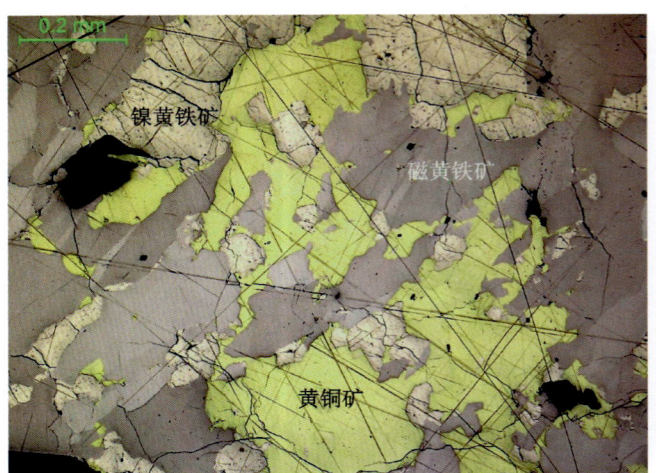

图 43　镍黄铁矿 3　100×　单偏光
镍黄铁矿他形粒状，呈单晶或聚粒状分布于高铜致密块状矿石中。

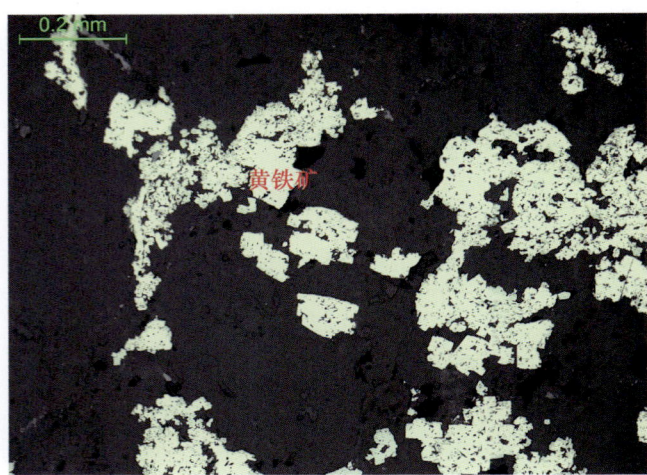

图 44　黄铁矿 1　100×　单偏光
黄铁矿半自形—他形粒状晶，呈单晶和聚粒状分布于透明矿物粒间。

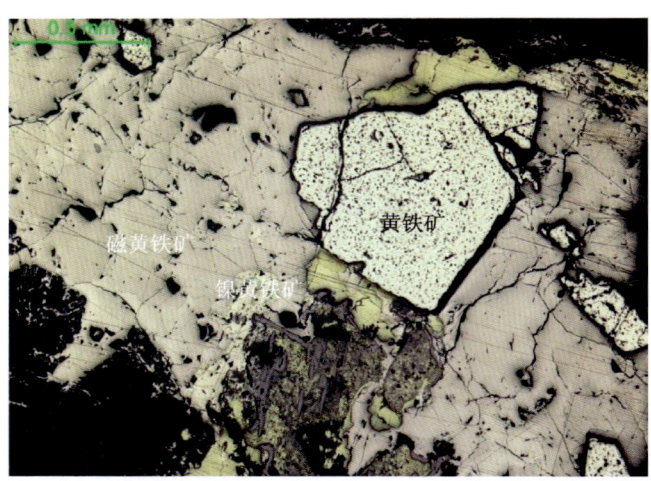

图 45　黄铁矿 2　50×　单偏光
黄铁矿半自形晶，与磁黄铁矿、黄铜矿共生。

图 46　黄铁矿 3　50×　单偏光
黄铁矿自形—半自形粒状，与黄铜矿共生，分布于磁黄铁矿集合体中。具他形不等粒镶嵌结构。

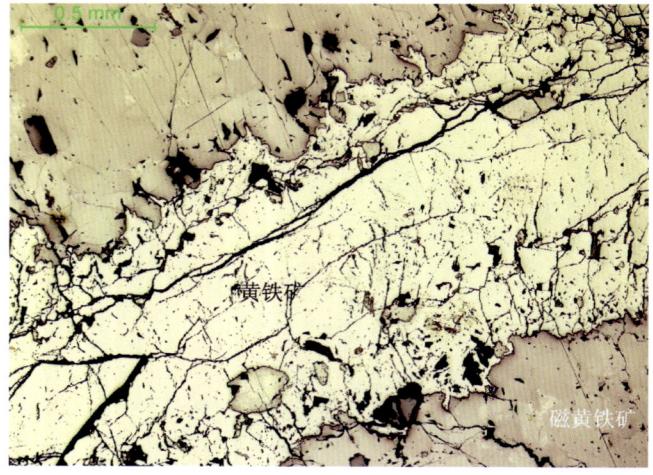

图 47　黄铁矿 4　50×　单偏光
致密块状矿石中，黄铁矿呈脉状分布，穿插于磁黄铁矿中。

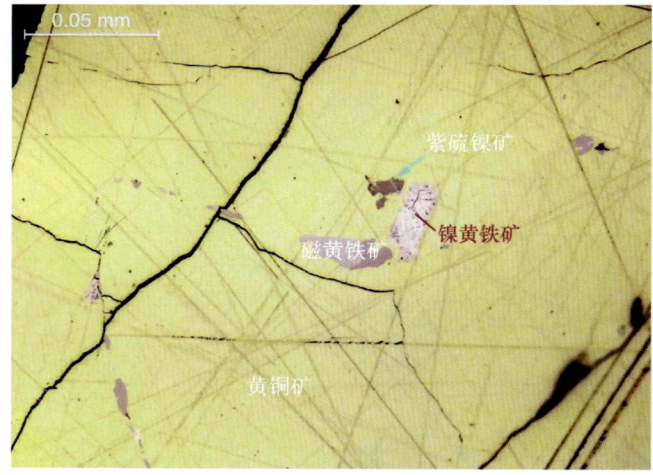

图 48　紫硫镍矿 1　500×　单偏光
紫硫镍矿分布于黄铜矿中。

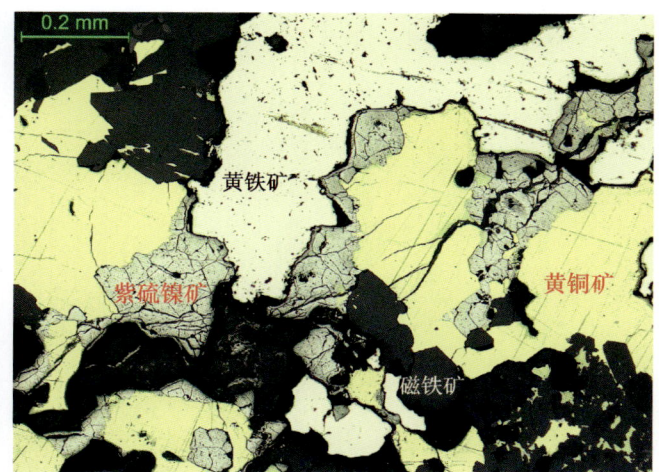

图 49　紫硫镍矿 2　100×　单偏光
紫硫镍矿交代镍黄铁矿呈其晶粒假象,与黄铜矿、黄铁矿共生。

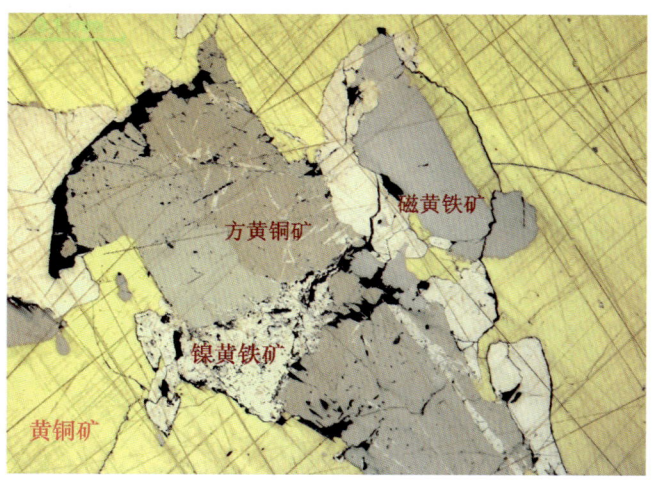

图 50　方黄铜矿 1　100×　单偏光
他形粒状方黄铜矿与黄铜矿、镍黄铁矿共生,分布于高铜致密块状矿石中。

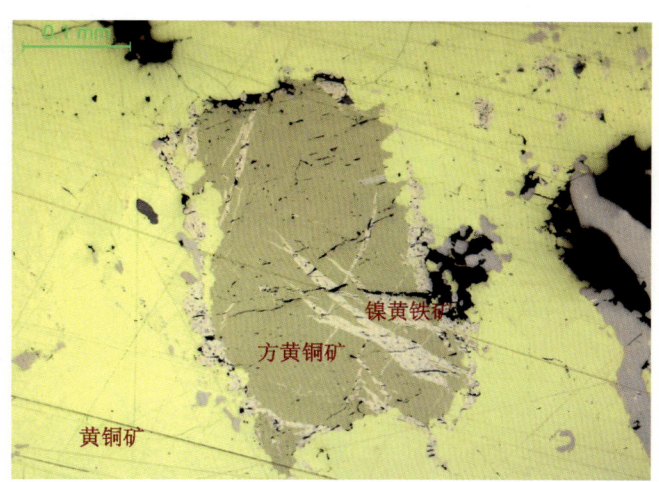

图 51　方黄铜矿 2　200×　单偏光
高铜致密块状矿石中,方黄铜矿与黄铜矿共生。方黄铜矿中常有固溶体分解的镍黄铜矿连晶。

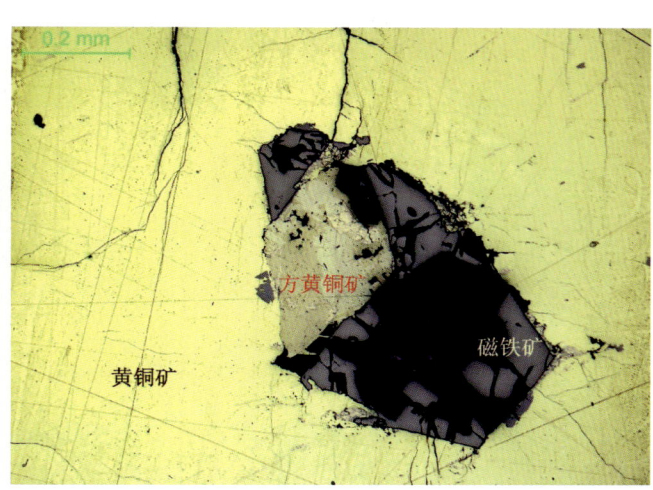

图 52　方黄铜矿 3　100×　单偏光
高铜致密块状矿石中,方黄铜矿与磁铁矿共生。

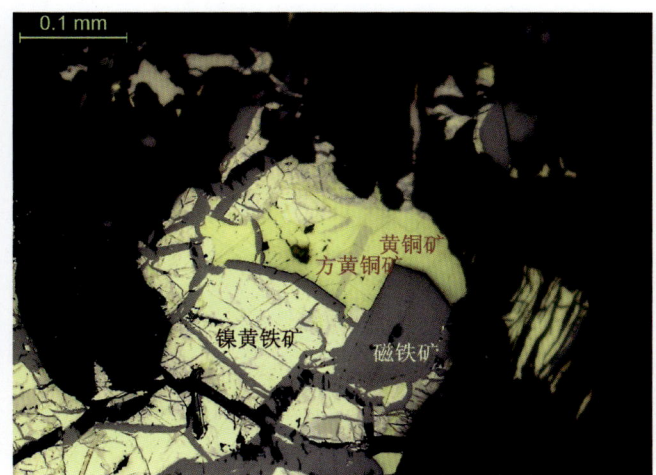

图 53　方黄铜矿 4　200×　单偏光
方黄铜矿在黄铜矿中呈固溶体分解的不混溶板状连晶。

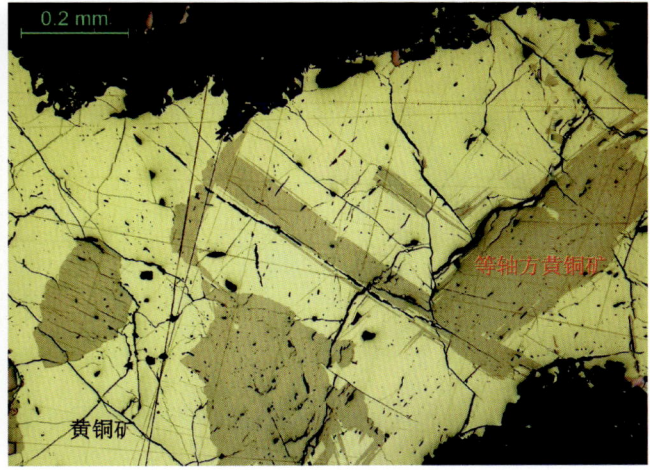

图 54　等轴方黄铜矿 1　100×　单偏光
等轴方黄铜矿具方黄铜矿的板状不混溶连晶假象。

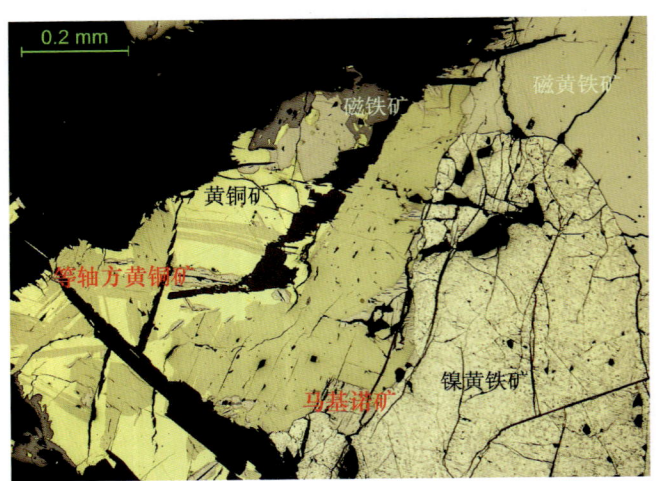

图 55　等轴方黄铜矿2　100×　单偏光
等轴方黄铜矿与黄铜矿、磁黄铁矿、镍黄铁矿共生。

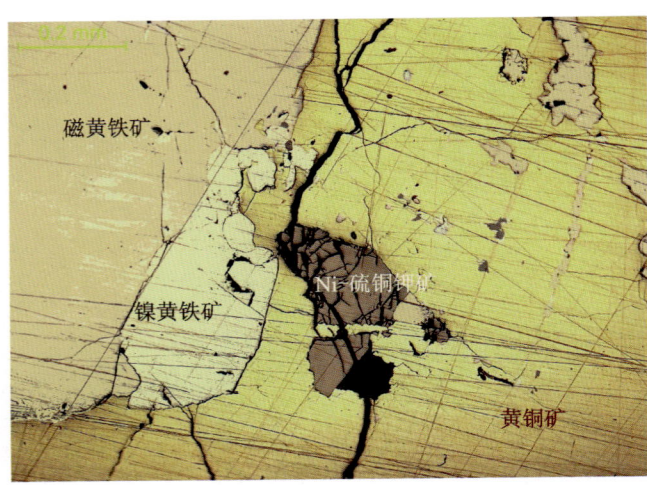

图 56　Ni-硫铜钾矿1　100×　单偏光
Ni-硫铜钾矿分布于黄铜矿粒间，与黄铜矿、磁黄铁矿、镍黄铁矿共生。

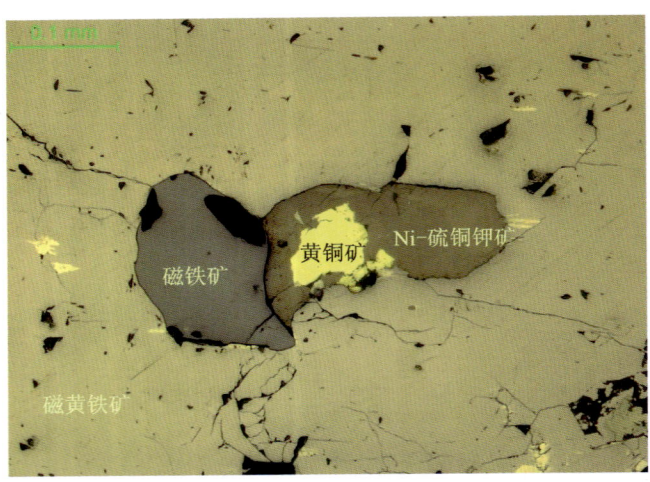

图 57　Ni-硫铜钾矿2　200×　单偏光
致密块状矿石中的Ni-硫铜钾矿具环带状结构，有被黄铜矿交代的现象。

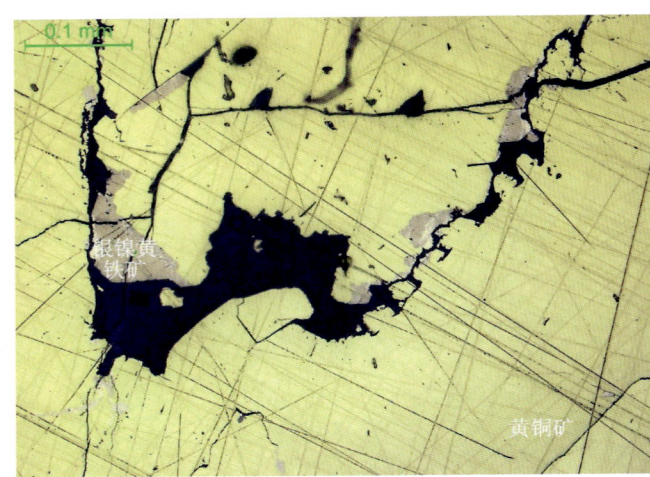

图 58　银镍黄铁矿1　200×　单偏光
致密块状矿石中的银镍黄铁矿，沿裂隙交代于黄铜矿中，其中有固溶体分解的镍黄铁矿连晶。

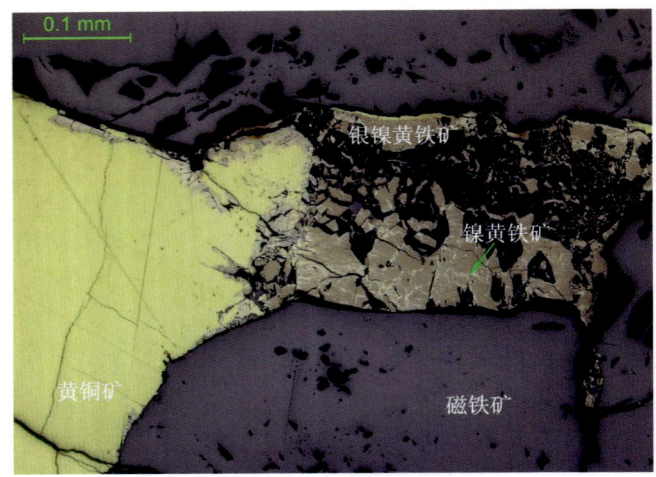

图 59　银镍黄铁矿2　200×　单偏光
高铜致密块状矿石中的银镍黄铁矿，分布于黄铜矿集合体中，在其晶粒中镍黄铁矿呈显微网纹状固溶体分解连晶。

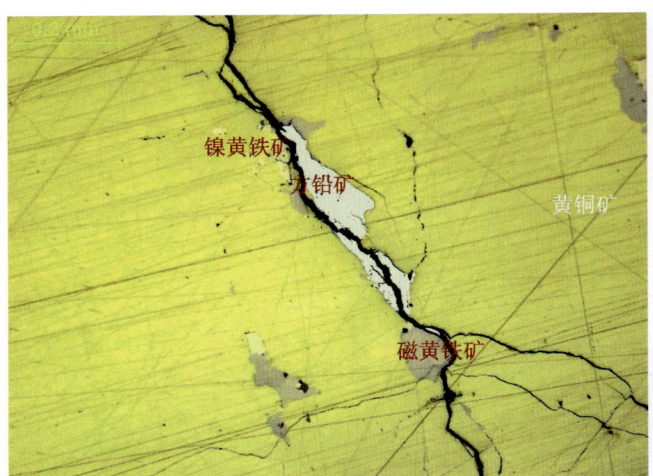

图 60　方铅矿1　100×　单偏光
方铅矿分布于黄铜矿、磁黄铁矿、镍黄铁矿间。

富蕴县喀拉通克铜镍矿

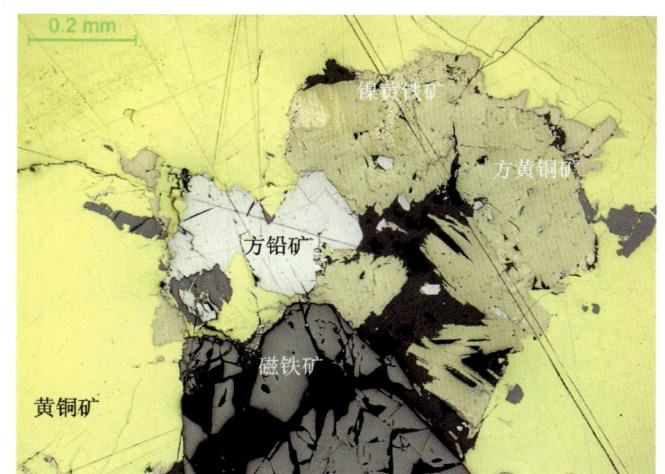

图 61　方铅矿 2　100×　单偏光
方铅矿与方黄铜矿、黄铜矿等共生。

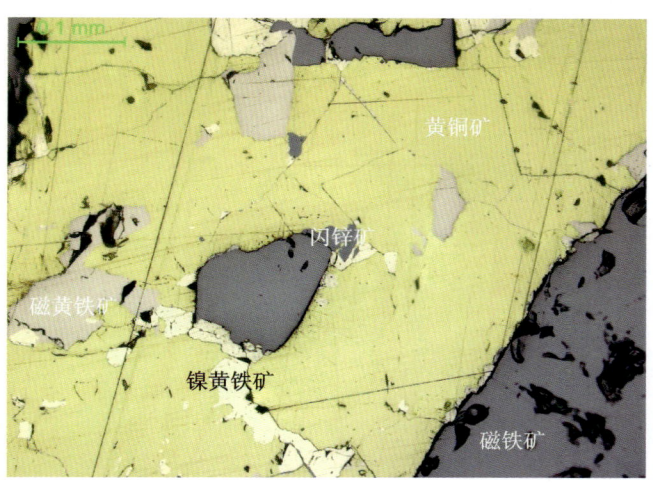

图 62　闪锌矿 1　200×　单偏光
闪锌矿分布于黄铜矿与磁铁矿粒间。

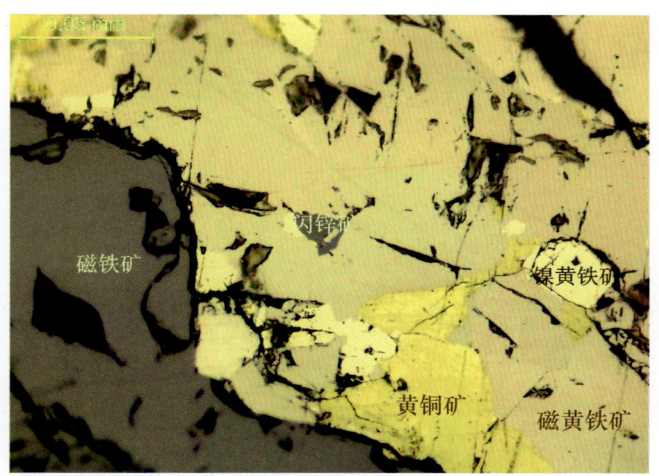

图 63　闪锌矿 2　500×　单偏光
闪锌矿包裹于磁黄铁矿中并交代镍黄铁矿。

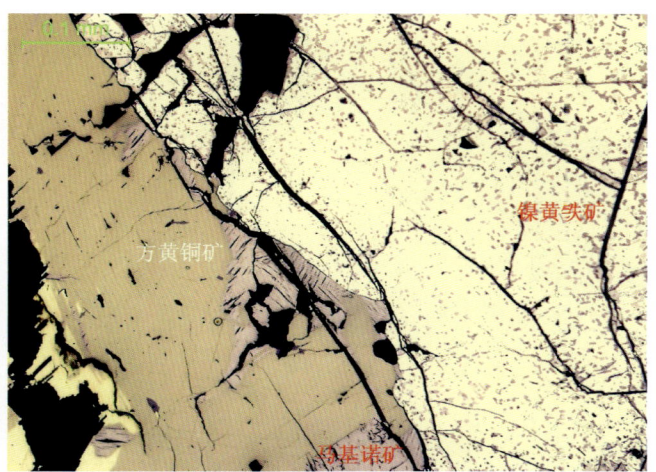

图 64　马基诺矿　200×　单偏光
马基诺矿分布于方黄铜矿与镍黄铁矿间。

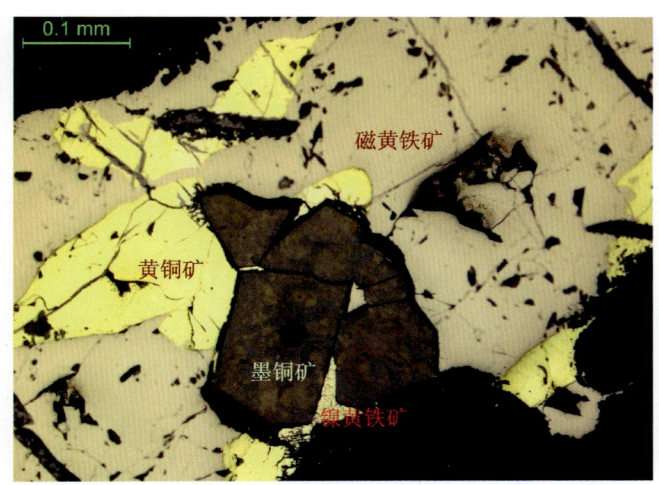

图 65　墨铜矿　200×　单偏光
稀散浸染状矿石中的墨铜矿呈片状集合体，具粒状假象。

图 66　硫锰矿　100×　单偏光
高铜致密块状矿石中的硫锰矿与黄铜矿一起交代于矿石中。

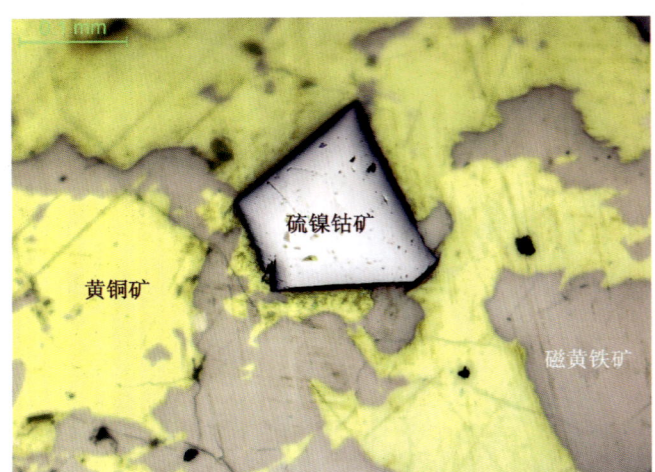

图 67　硫镍钴矿　200×　单偏光
高铜致密块状矿石中的硫镍钴矿，呈自形晶。

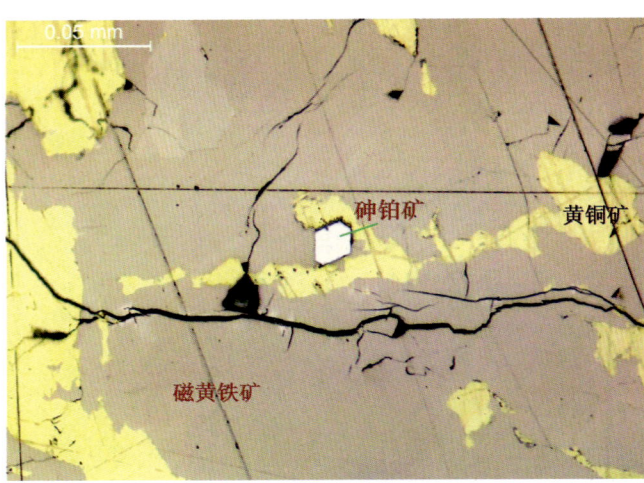

图 68　砷铂矿　500×　单偏光
致密块状矿石中的砷铂矿，呈自形晶，分布于磁黄铁矿和黄铜矿晶粒间。

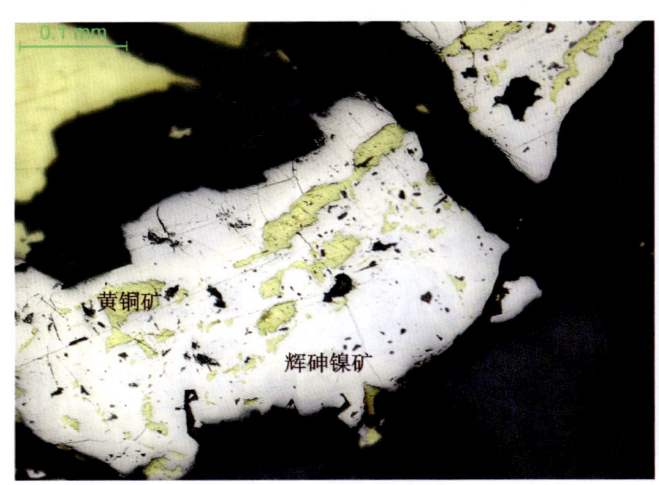

图 69　辉砷镍矿1　200×　单偏光
细脉浸染状矿石中的辉砷镍矿与黄铜矿共生。

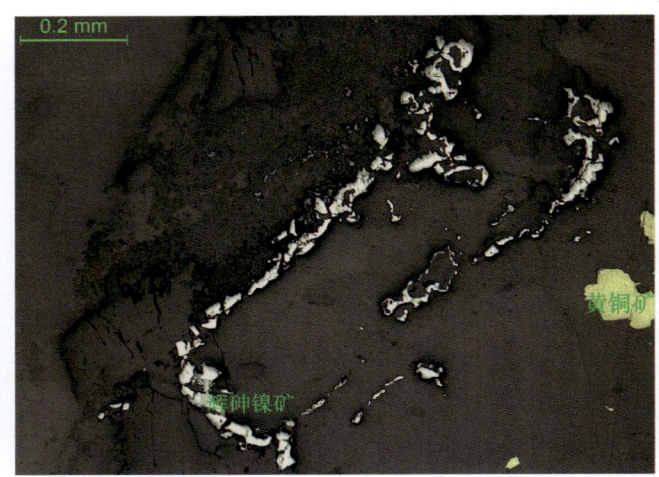

图 70　辉砷镍矿2　100×　单偏光
辉砷镍矿呈骸晶状分布于脉石矿物中。

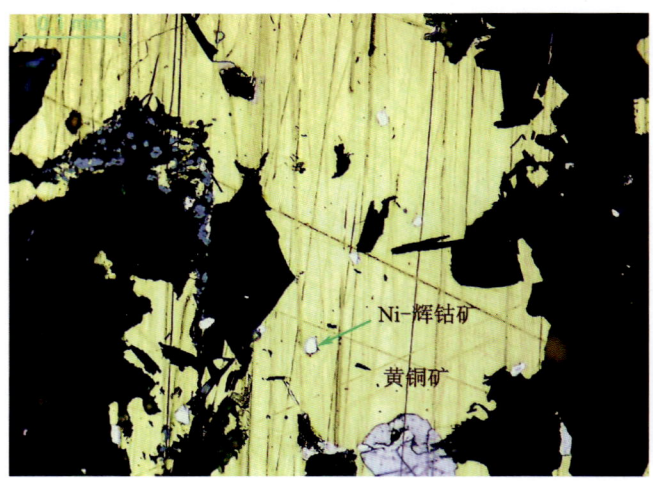

图 71　Ni-辉钴矿　200×　单偏光
细脉浸染状矿石中的 Ni-辉钴矿，呈自形和半自形微粒状。

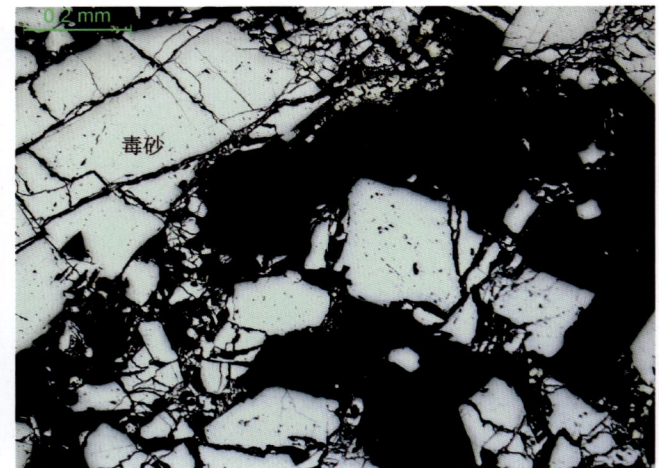

图 72　毒砂　100×　单偏光
细脉浸染状矿石中的毒砂，呈自形、半自形晶分布。

富蕴县喀拉通克铜镍矿

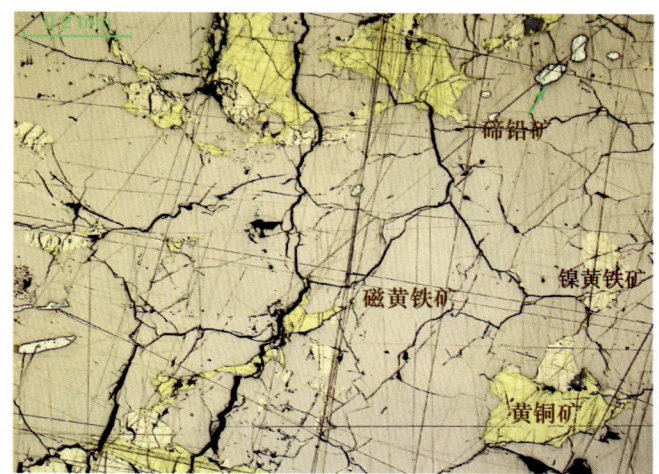

图 73　碲铅矿 1　100×　单偏光
他形粒状碲铅矿微呈定向排列分布于磁黄铁矿粒间和粒中。

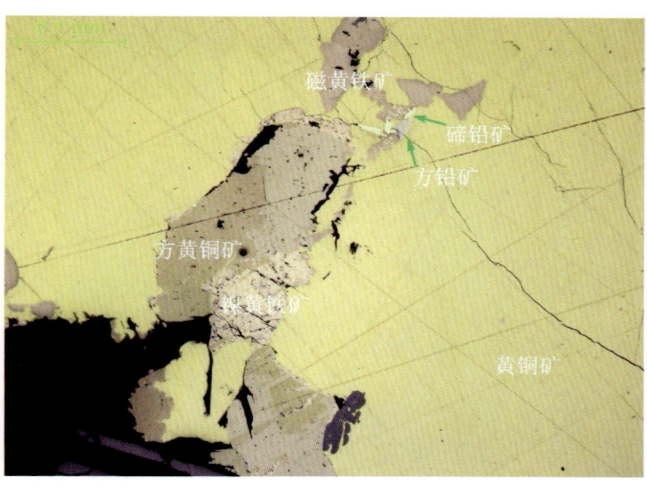

图 74　碲铅矿 2　200×　单偏光
他形粒状碲铅矿与方铅矿共生。

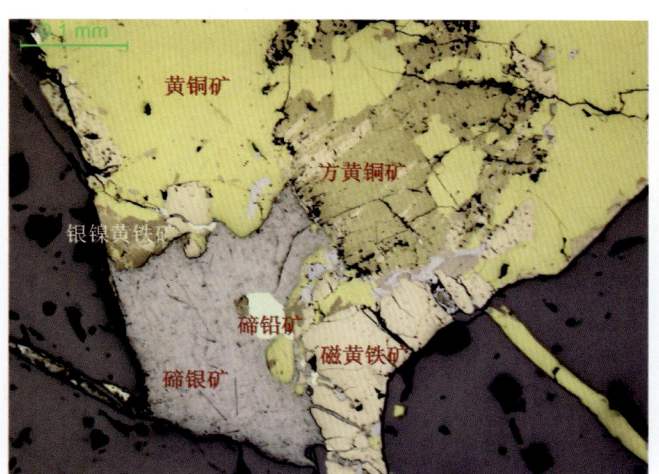

图 75　碲银矿 1　200×　单偏光
碲银矿与碲铅矿、银镍黄铁矿等共生。

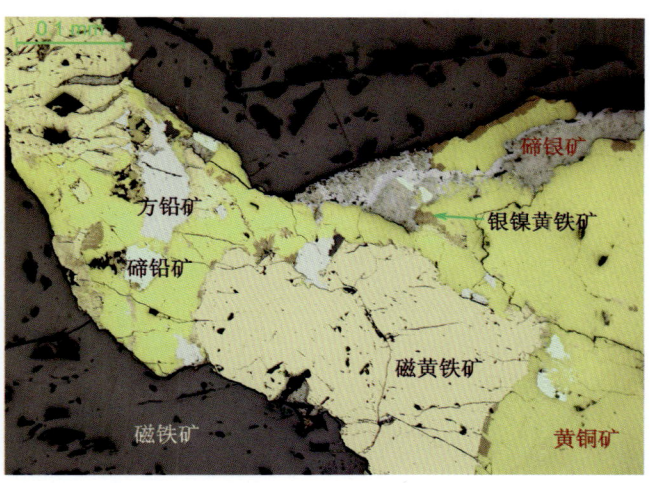

图 76　碲银矿 2　200×　单偏光
碲银矿与方铅矿、碲铅矿一起分布于黄铜矿中。

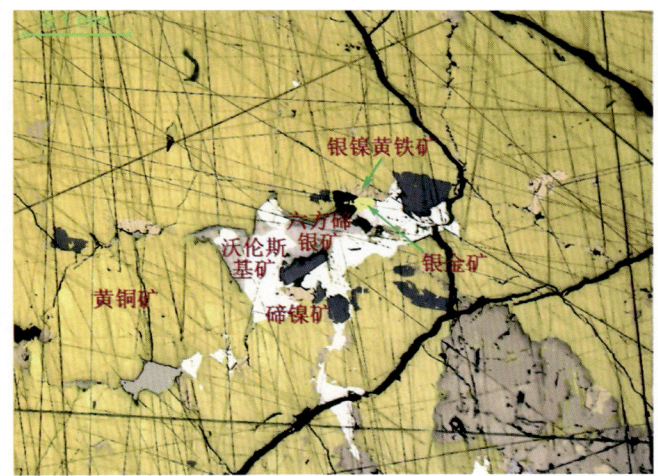

图 77　六方碲银矿、沃伦斯基矿　200×　单偏光
高铜致密块状矿石中的六方碲银矿、沃伦斯基矿、碲镍矿和银金矿，分布于黄铜矿集合体中。

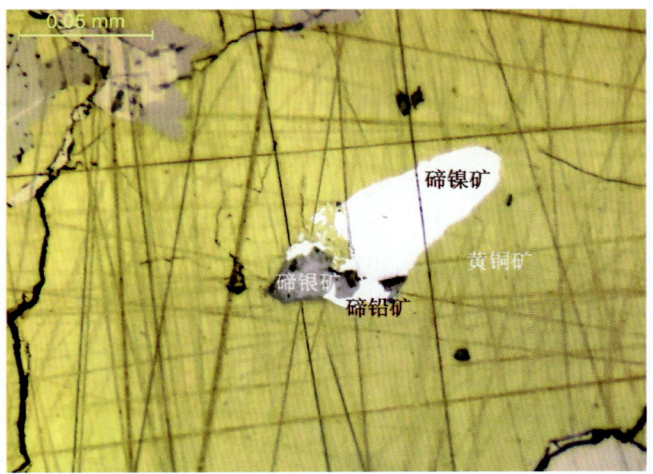

图 78　碲镍矿　500×　单偏光
高铜致密块状矿石中的碲镍矿与碲银矿、碲铅矿一起分布于黄铜矿集合体中。

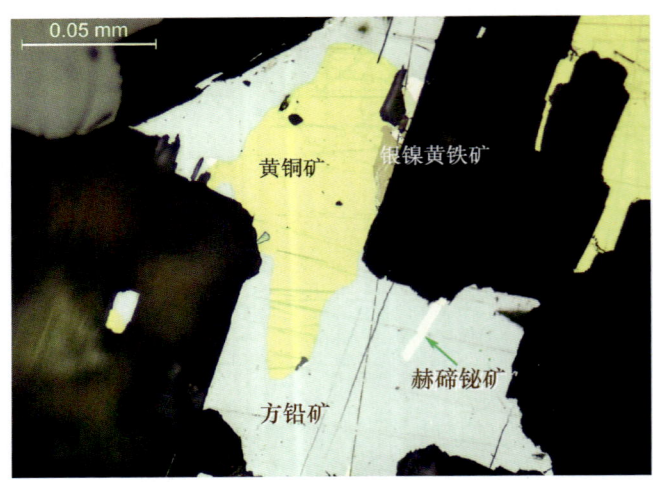

图79 赫碲铋矿1 500× 单偏光
稀散浸染状矿石中的赫碲铋矿呈细小的不规则晶形,沿方铅矿解理分布。

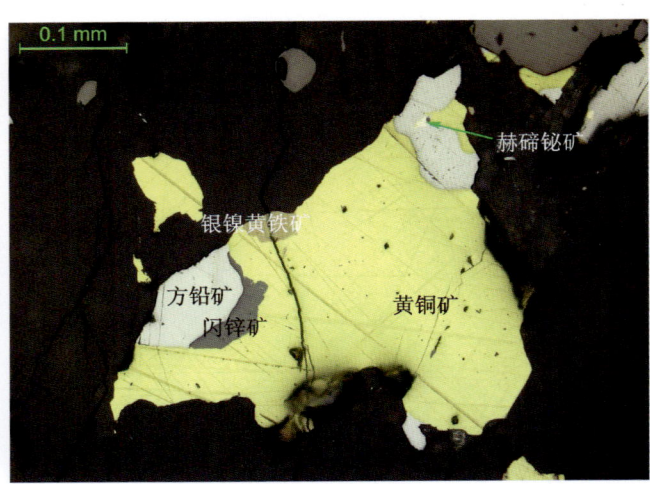

图80 赫碲铋矿2 200× 单偏光
他形粒状的赫碲铋矿与方铅矿共生。

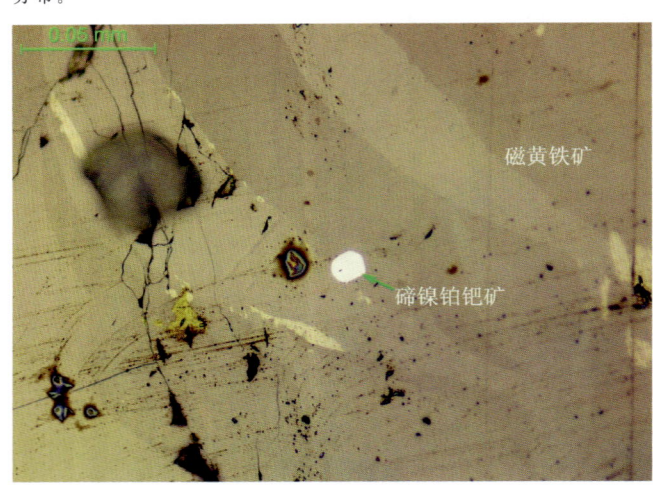

图81 碲镍铂钯矿1 500× 单偏光
致密块状矿石中的碲镍铂钯矿呈自形晶,包裹于磁黄铁矿中。

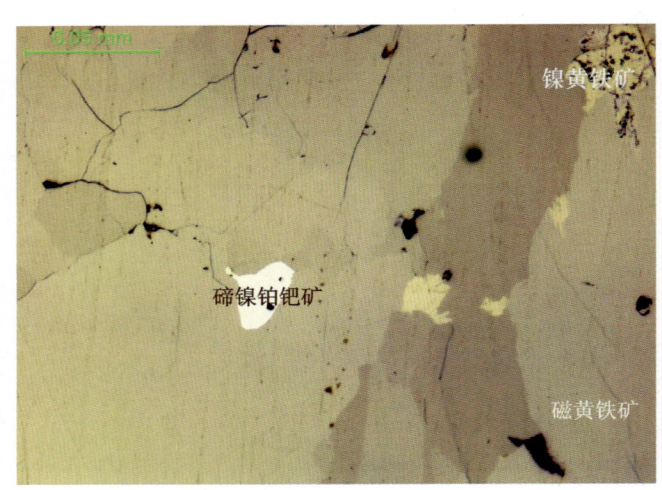

图82 碲镍铂钯矿2 500× 单偏光
致密块状矿石中的碲镍铂钯矿呈他形晶,分布于磁黄铁矿晶粒间。

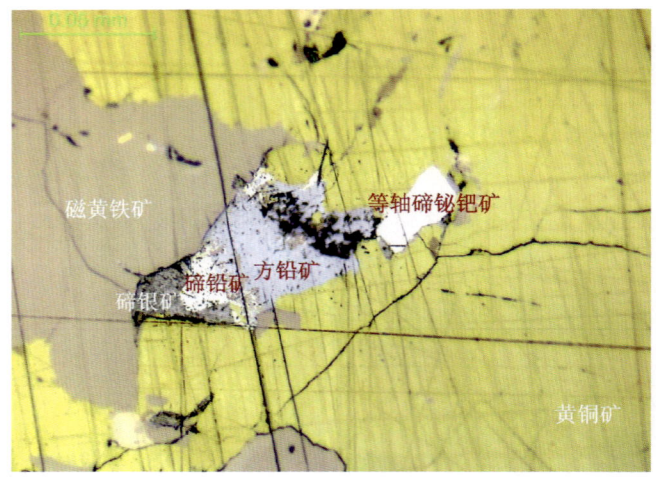

图83 等轴碲铋钯矿 500× 单偏光
高铜致密块状矿石中的等轴碲铋钯矿呈他形晶,与方铅矿、碲铅矿和碲银矿一起,分布于黄铜矿晶粒中。

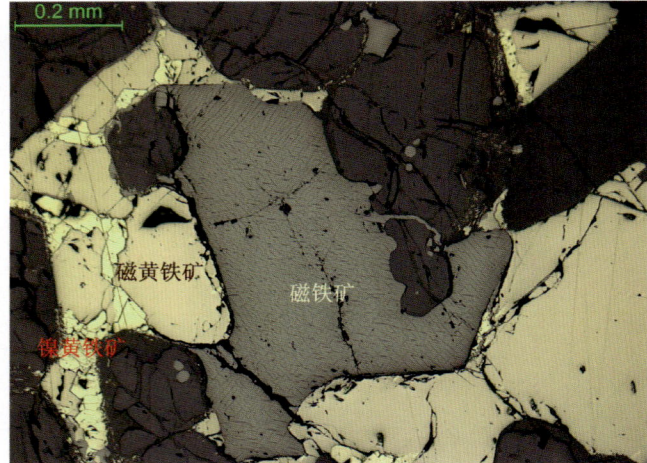

图84 磁铁矿1 100× 单偏光
中等浸染状矿石中的磁铁矿,其中主要为正岩浆早期的磁铁矿,粒径较大,围绕铁镁硅酸盐矿物分布,具八面体解理。早期生成的磁铁矿少,呈半自形或自形微粒状。

富蕴县喀拉通克铜镍矿

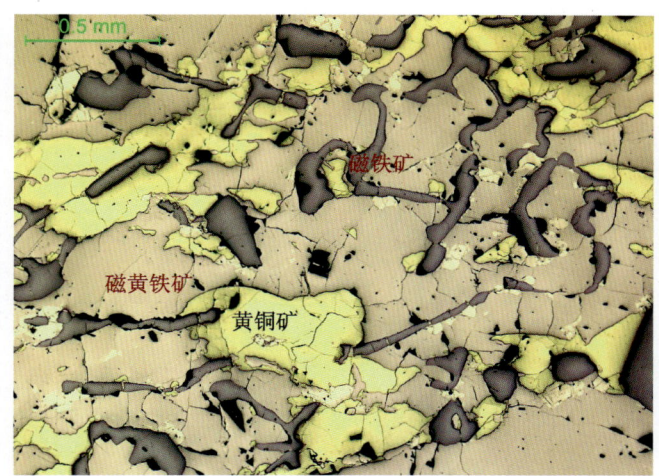

图 85 磁铁矿2 50× 单偏光
致密块状矿石中的磁铁矿,与硫化物熔蚀成残余状,类似交织结构。

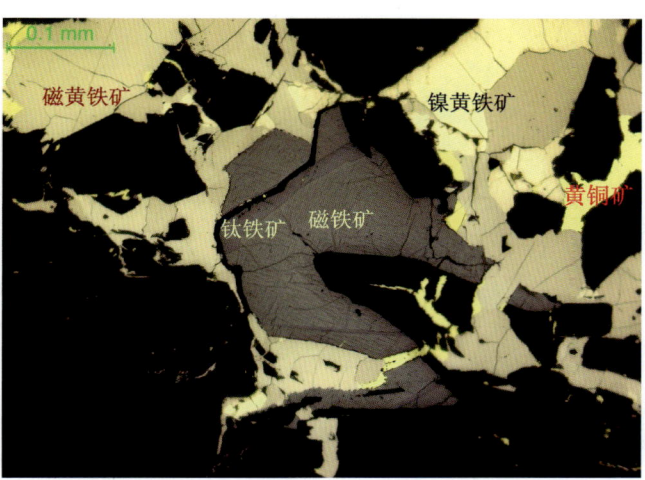

图 86 钛铁矿 200× 单偏光
具海绵陨铁构造的中等浸染状矿石中的钛铁矿和磁铁矿,钛铁矿在磁铁矿中呈不混溶板状连晶。

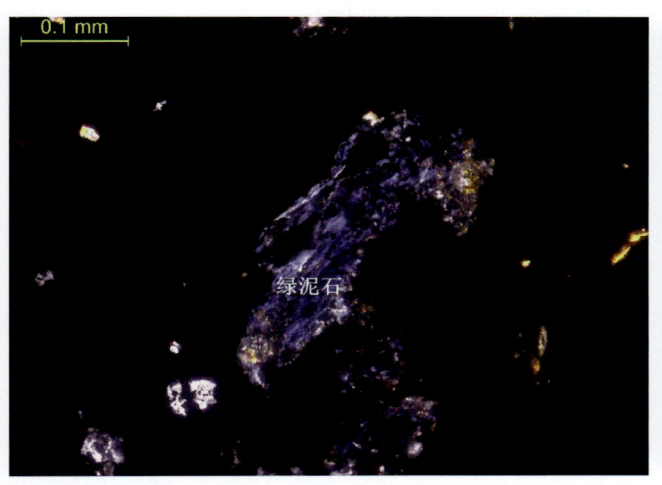

图 87 绿泥石 200× 正交偏光
块状硫化物矿石中,绿泥石呈片状、纤维状集合体分布于金属矿物粒间。

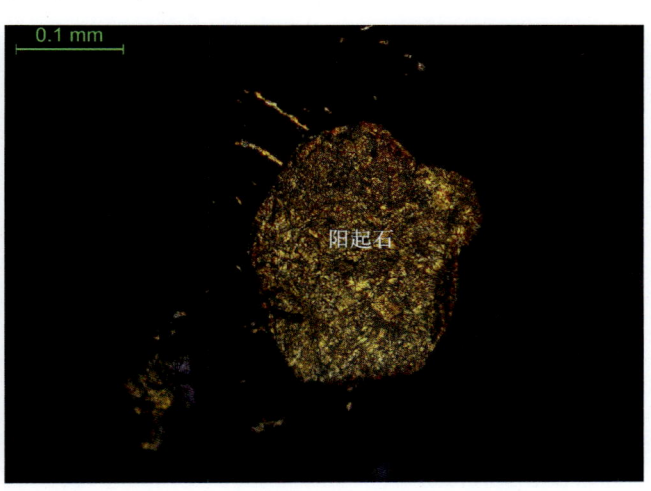

图 88 阳起石 200× 正交偏光
块状硫化物矿石中,阳起石为纤维状集合体分布于金属矿物粒间。

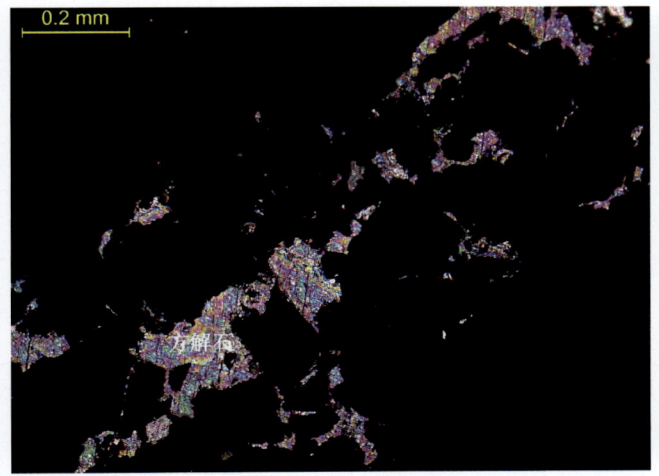

图 89 碳酸盐(方解石) 100× 正交偏光
方解石他形粒状,多呈聚粒状分布于金属矿物间。

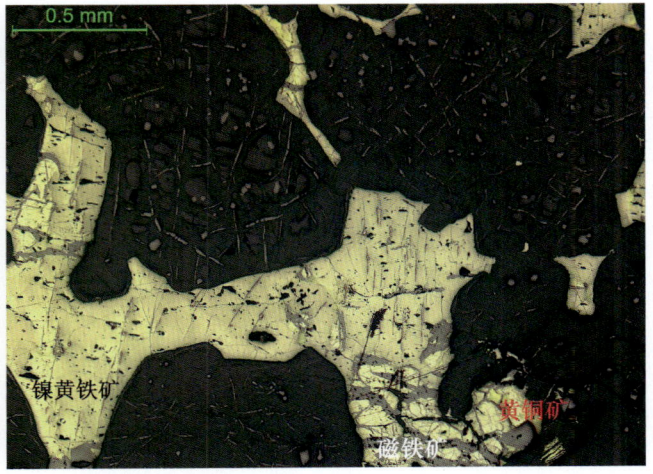

图 90 海绵陨铁构造1 200× 单偏光
镍黄铁矿、黄铜矿围绕橄榄石等硅酸盐矿物结晶而成。镍黄铁矿中分布磁铁矿细脉。

图91 海绵陨铁构造2 100× 单偏光

黄铜矿、磁黄铁矿、镍黄铁矿、磁铁矿围绕橄榄石等硅酸盐矿物结晶而成。钛铁矿在磁铁矿中呈不混溶板状连晶。

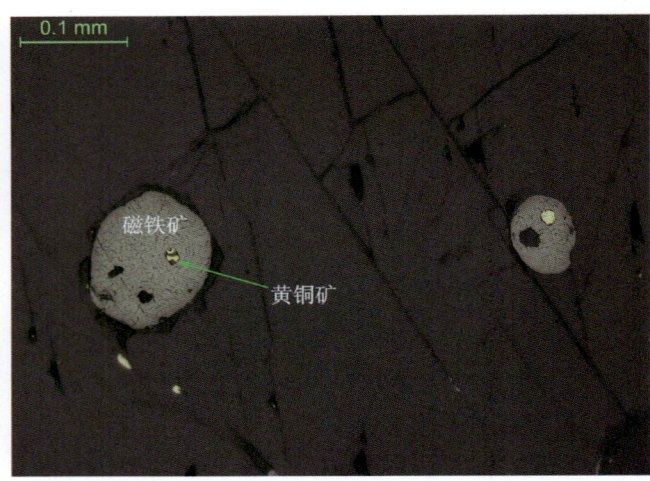

图92 珠滴状构造1 200× 单偏光

磁铁矿在碳酸盐矿物中呈细小的珠球出现,球体呈稍不规则的浑圆状,其内见黄铜矿。

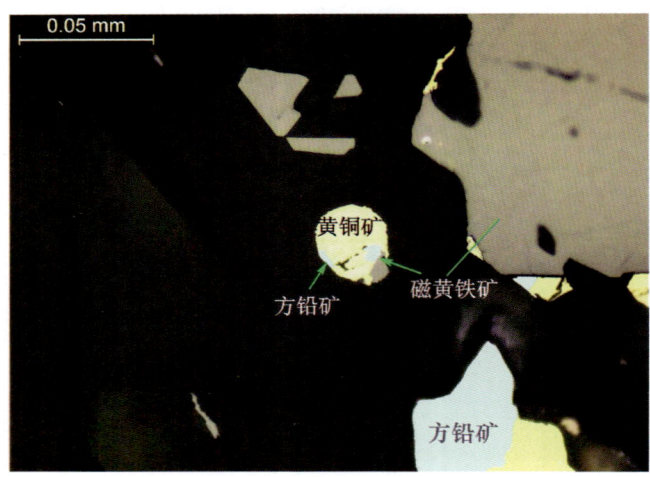

图93 珠滴状构造2 500× 单偏光

黄铜矿在碳酸盐矿物中呈细小的珠球出现,球体呈稍不规则的浑圆状,其边部分布方铅矿、磁铁矿和磁黄铁矿。

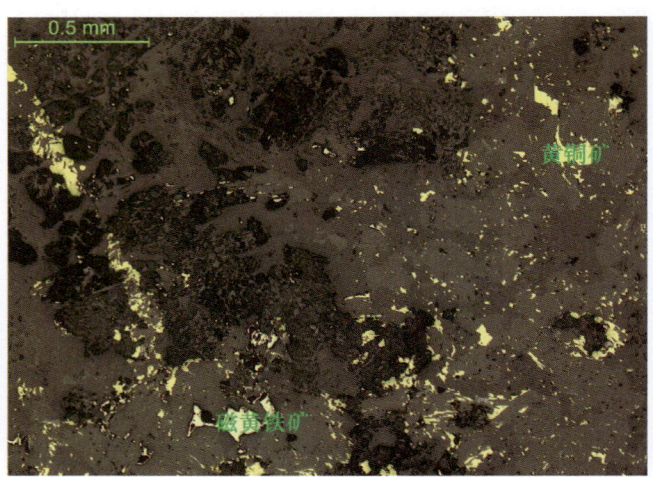

图94 稀疏浸染状矿石2 50× 单偏光

黄铜矿他形粒状,零星呈稀疏浸染状分布于脉石矿物粒间,见磁黄铁矿。

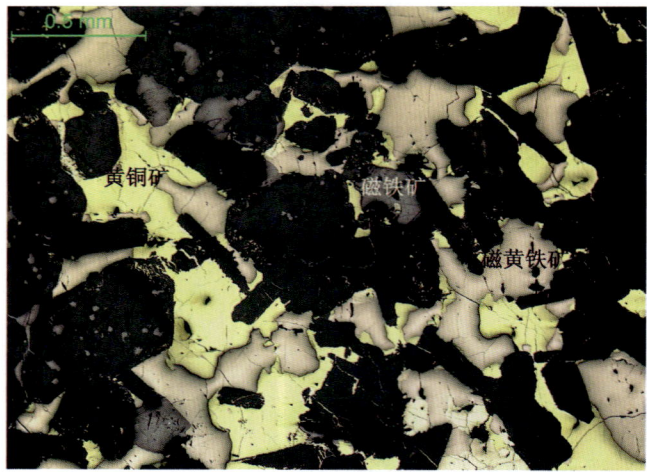

图95 中等浸染状矿石2 50× 单偏光

主要矿物为黄铜矿、磁黄铁矿,次为磁铁矿。

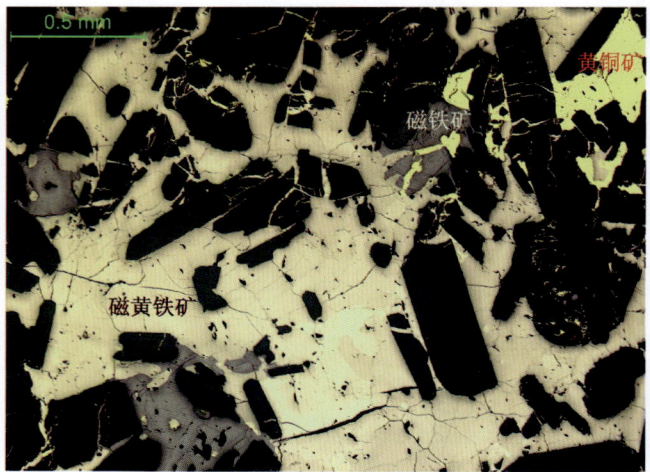

图96 稠密浸染状矿石2 50× 单偏光

主要矿物为磁黄铁矿,次为磁铁矿。

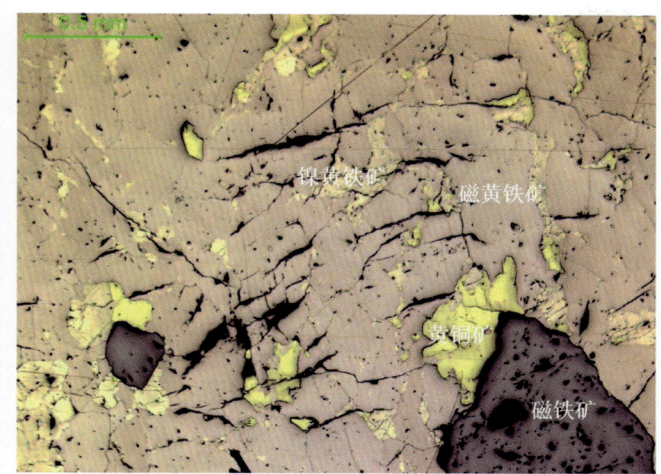

图 97　致密块状矿石 2　50×　单偏光

他形不等粒结构,主要矿物为磁黄铁矿,次为镍黄铁矿、黄铜矿和磁铁矿。

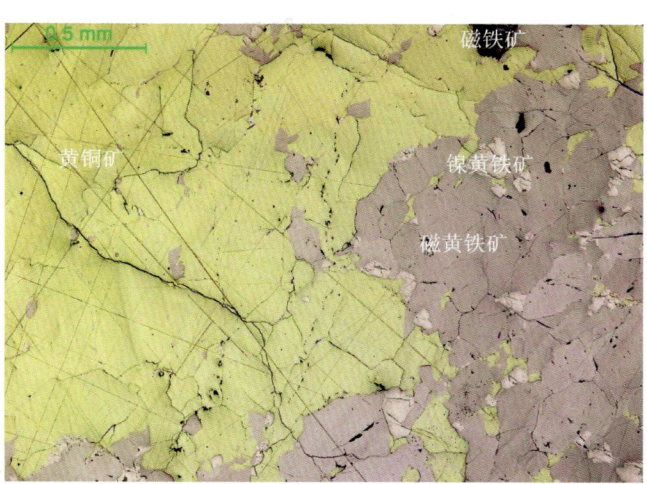

图 98　高铜致密块状矿石 2　50×　单偏光

他形不等粒结构,主要矿物为黄铜矿、磁黄铁矿,次为镍黄铁矿和磁铁矿。

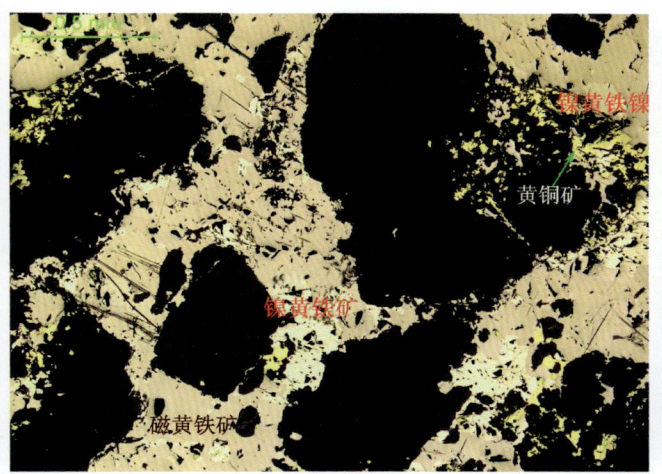

图 99　胶结矿石　50×　单偏光

原岩为辉长岩,矿浆沿破碎带贯入胶结破碎带角砾形成胶结状矿石,主要金属矿物为磁黄铁矿,见黄铜矿和镍黄铁矿。

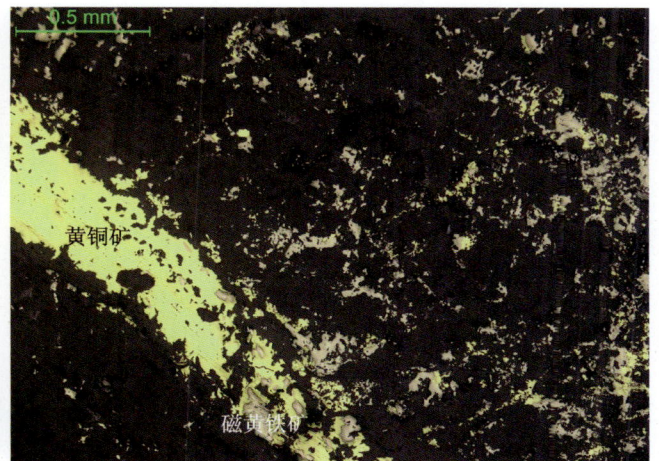

图 100　细脉浸染状矿石　50×　单偏光

黄铜矿呈细脉状分布,在其脉中及周围分布他形粒状磁黄铁矿。

哈密市黄山铜镍矿

拍摄者岳蕴辉

整体介绍

黄山铜镍矿床位于新疆哈密市121°方向115 km,行政区划隶属新疆哈密市管辖,地理坐标:东经94°35′17″—94°36′43″,北纬42°15′23″—42°16′09″,中心点坐标:东经94°36′,北纬42°15′。区内为低山风化丘陵,地形较为平缓,海拔高程约1000 m,相对高差10~50 m(附录15图1~图2)。由矿区西行26 km可抵达312国道,继续西行32 km连接便道可抵达兰新铁路烟墩车站,交通方便。

新疆哈密黄山-镜儿泉铜镍成矿带是由新疆地矿局第六地质大队于20世纪70年代末发现的,最初称为土墩-黄山铜镍成矿带,在"六五"和"七五"期间已经做过大量的工作,基本查明了本区与基性—超基性岩体有关的深部铜镍硫化物矿床的成矿规律和空间分布特征,积累了大量的基础资料。黄山地区也是国家"三○五"科技攻关项目寻找铜镍矿的重点研究区之一,该矿带现已查明的主要矿床有黄山、黄山东铜镍矿床(大型)、土墩、香山、葫芦铜镍矿床(中型)、黄山南等,成为我国又一大型铜镍矿基地。各矿床特征基本大同小异,本项目以黄山铜镍矿床做详细研究。1992年6月提交《新疆哈密黄山铜镍矿详查地质报告》,查明(332+333)矿石量6 843.69万t,铜21.04万t、镍32.70万t、钴19 679.97 t(地直函〔1992〕087号);2006年5月—2008年8月,新疆亚克斯资源开发股份有限公司与加拿大Met-chem公司合作对1992年地质报告中圈定的30号、31号等矿体进行了补勘验证,进一步了解基性—超基性岩的岩性特征、侵入期次、含矿特征与围岩的接触关系及矿床成因等,寻找新盲矿体,进一步扩大矿床远景,提高勘查程度。2008年提交了《新疆哈密市黄山铜镍矿补充详查报告》,为黄山铜镍矿的建矿和开采提供了地质资料。新疆有色集团公司于2008年启动黄山铜镍矿资源开发利用项目,包括井建开拓、选矿设施建设、生产生活设施建设等,计划投资总额为10亿元。按照规划,一期4000 t/d选矿工程和生产生活设施建设于2011年9月底完成,2013年10月完成选矿二期工程,最终形成6500 t/d、年采选矿石200万t的采选规模。

第一节　矿区地质特征

矿床位于准噶尔地块-吐哈地块、觉罗塔格裂陷槽（裂谷）、康古尔夭折裂谷中，处在康古尔-土屋-黄山 Cu-Ni-Ti-Au-Ag-Mo-Pb-Zn-RM-硫铁矿-硅灰石-玉石矿带内。黄山铜镍矿床含矿岩体围岩为下石炭统干墩组碎屑岩、火山碎屑岩、火山岩，近岩体围岩主要为细砂岩，侵入接触界面清楚，普遍有热变质形成的角岩及少量矽卡岩化和局部同化混杂作用。黄山Ⅰ号岩体为矿区主要含矿岩体，位于矿区中部，呈近东西向，平面上似侧卧虾状，东西长 3.95 km，东窄西宽，平均宽 400 m，最宽 840 m。面积 1.15 km²（图 15-1）。西部延深达 1500 m，东部变浅，剖面上似火炬。岩相分异较好，地表在岩体南北缘圈定 3 个矿化带。经钻探揭露，深部有较大的熔离型硫化物矿体存在。

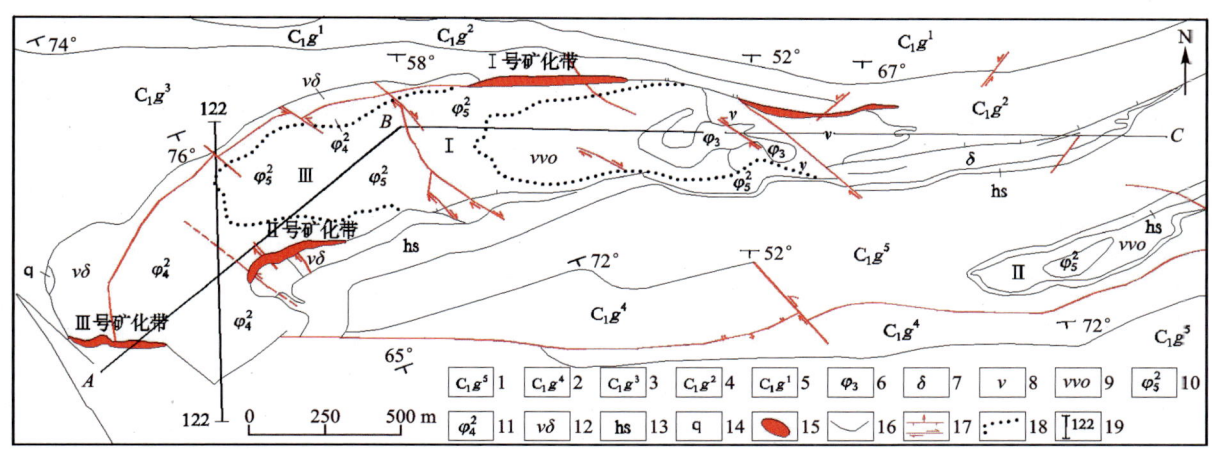

1.下石炭统干墩组第五岩性段；2.下石炭统干墩组第四岩性段；3.下石炭统干墩组第三岩性段；4.下石炭统干墩组第二岩性段；5.下石炭统干墩组第一岩性段；6.第一侵入亚次斜长角闪橄榄岩相；7.第二侵入亚次辉长闪长岩相；8.第二侵入亚次辉长岩相；9.第二侵入亚次辉长苏长岩相；10.第二侵入亚次角闪二辉石岩相；11.第二侵入亚次角闪二辉橄榄岩相；12.第四侵入亚次辉长闪长岩体；13.长英质角岩；14.石英脉；15.铜镍矿体；16.地质界线；17.断层；18.岩相界线；19.勘探线及编号。

图 15-1　哈密市黄山镍铜矿床地质略图

第二节　矿区地质特征

一、地层

矿区出露地层属下石炭统干墩组（C_1g），其层位相当于干墩组的最上部。总体呈近东西向分布，呈向南倒转单斜产状。依其岩性特征和岩石组合自下而上划分为 5 个岩性段。

第一岩性段（C_1g^1）：细碧玢岩夹石英角斑岩，分布于矿区南半部，是浅海相富钠质基性火山岩与中酸性火山岩的喷溢产物，可见厚度 952.85 m，西部 644.76 m，中部 738.72 m，由于花岗岩的侵入，未见底。

第二岩性段（C_1g^2）：变余砾岩、变余含砾砂岩、变余砂岩，局部夹含碳变余粉砂岩，分布于矿区中南部，由于区域变质作用影响部分碎屑颗粒和胶结物已重结晶。与下伏地层整合接触。东部厚度 169.74 m，中部厚度最大，达 348.29 m，西部仅 58.97 m。

第三岩性段（C_1g^3）：以含碳变余粉砂岩为主，局部夹薄层变余细砂岩和砂质灰岩，分布于矿区中部。黄山基性—超基性岩体即侵位于该岩性段中。矿区西部出露厚度最大，达 617.60 m，中部 268.60 m，东部 294.32 m。与下伏地层呈整合接触。

第四岩性段（C_1g^4）：浅灰色、灰白色碎屑状灰岩、砂质灰岩、生物碎屑灰岩夹钙质细砂岩薄层或透镜体。分布于矿区北部。黄山Ⅰ号基性—超基性岩体东段亦侵入到该岩性段中。该段厚度变化较大，东部最厚，达 240.88 m，中部 85.49 m，西部最薄，仅有 29.49 m。与下伏地层整合接触。

第五岩性段（C_1g^5）：深灰色、灰绿色中—粗粒钙质砾岩、钙质中砂岩，局部夹灰岩透镜体。分布于矿区最北部，岩性段东部厚度最大，达 134.54 m，中部仅有 8.86 m，西部已出矿区范围，上述厚度均为剖面控制厚度。与下伏地层呈整合接触。

二、构造

1. 褶皱

研究区内褶皱构造较为发育，但由于长期的构造变动破坏，构造形态多已不完整，但总的形态、展布方向仍然受区域性东西向主体构造的控制，具有明显的相似性，多为线状紧密褶皱。范围大小不等。主要有苦水向斜束和山口-双岔沟背斜。

2. 断裂

矿区断裂较为发育，主要表现如下：

(1) 岩体北缘的 F_1 断层和南缘的 F_{10} 断层，组成一组"X"形逆断层，呈北东东向分布，是在南北挤压作用下形成的一组共轭剪切断层。岩体南侧的一组断层相对比较发育，除 F_{10} 外尚有 F_{31} 断层和隐蔽在岩体南侧地层中的断层，这一组断层具有多次活动的特点。

(2) 岩体南部的 F_{25} 逆断层，断层走向东西，南倾，倾角 20°～60°，由东向西逐渐增大。使围岩地层逆掩在岩体上。它是代表南北挤压作用下的压性结构面。

除此之外，尚发育有成岩成矿后形成的一组后期构造，表现为由北东向和北西向组成一组"X"共轭平推断层。

构造对成矿起控制作用，具体表现：Ⅰ号岩体各侵入亚次形成的岩体均受"X"形断层控制。断层既是岩浆侵位的通道，又是其占位的空间；矿床中后期热液叠加-贯入型的矿体均受上述两类断层的控制，尤其深熔-贯入作用形成的主矿体受"X"形共轭剪切断层南支的控制更为突出。

三、侵入岩

1. 深成侵入岩

矿区出露 3 个基性、超基性岩体，将其划分为Ⅰ号、Ⅱ号、Ⅲ号岩体。

黄山Ⅰ号岩体出露规模最大，分异较好，又称为黄山基性—超基性复式含矿岩体，是黄山铜镍矿的成矿岩体。岩体地表形态呈近东西向的"蝌蚪状"，东西长约 395 km。岩体内侵入岩为海西中期较晚侵入，侵入于干墩组上部，与围岩呈侵入接触关系，颜色较深，多为灰黑色或者以灰绿色为主。以基性岩为主，包括斜长角闪橄榄岩、角闪橄榄岩、角闪二辉橄榄岩、角闪二辉橄辉岩、角闪二辉辉石岩、角闪辉长苏长岩、角闪辉长岩、闪长岩。Ⅰ号岩体共划分出 4 个侵入亚次，7 个岩相，详见表 15-1。

表 15-1　黄山铜镍矿 I 号岩体侵入期次、岩相划分表

期次	亚次	岩体及岩相名称	
海西中期第二侵入次	第四侵入亚次	辉长闪长岩体	
	第三侵入亚次	主含矿岩体	
	第二侵入亚次	主岩体	闪长岩相
			角闪辉长岩相
			角闪辉长苏长岩相
			角闪二辉辉石岩相
			角闪二辉橄辉岩相①
			角闪二辉橄榄岩相②
			角闪辉橄岩相
	第一侵入亚次	斜长角闪橄榄岩体	

各期次岩体（岩相）规模、形态和产状特征如下。

1）第一侵入亚次斜长角闪橄榄岩体

分布于岩体中部 150～162 勘查线间，东西长约 550 m，南北最宽 200 m，呈现不规则的"舌"状，是后期岩浆侵入吞噬的残留体；斜长角闪橄榄岩体地表呈灰黑色（附录 15 图 3～图 4），明显区别于周围灰绿色的角闪辉长苏长岩相和角闪辉长岩相，不规则状的外形本身反映了被蚕蚀的特征；向下延伸较浅，仅 20～75 m，呈无根状；有区别于分异体或析离体的特征，如角闪辉长苏长岩相和角闪辉长岩相中可见岩枝插入斜长角闪橄榄岩体的现象；二者接触的内接触带有 1～2 m 的混染带，斜长石明显增加，橄榄石减少，形成橄长岩或橄榄辉长岩；岩体底部常有一蚀变带，斜长角闪橄榄岩蚀变为绿泥石滑石菱镁岩和透闪石菱镁矿蛇纹岩。

2）第二侵入亚次主岩体

I 号岩体的主体绝大部分由它组成，由东向西，由上而下共划分出 7 个岩相，表现为造岩矿物组合、化学成分、结构构造呈连续变化的岩相序列，是液态岩浆侵位后就地分异的结果。

（1）闪长岩相：呈近东西向长条状分布于岩体的最东部，长约 1100 m，南北宽数米至数十米，最宽不足 100 m，是主岩体中最上部的一个岩相，与下伏角闪辉长岩相呈逐渐过渡关系。

（2）角闪辉长岩相：分布于岩体东部 156～168 勘查线间，东西长约 600 m，南北宽 150～200 m，东部绝大部分直接与地层呈侵入接触，部分伏于闪长岩相下，向西覆于角闪辉长苏长岩相上，与其呈逐渐过渡相变关系（附录 15 图 5）。

（3）角闪辉长苏长岩相：分布于岩体中东部，东西长约 800 m，南北宽约 300 m，东部伏于角闪辉长岩相下，西部覆于角闪二辉辉石岩岩相上，与其呈过渡关系。剖面形态呈向形，岩相底界由东向西逐渐升高，到 140 线一带出露于地表（附录 15 图 6～图 7）。

（4）角闪二辉辉石岩相：分布于岩体中部-西部，东西长约 900 m，南北宽 400～450 m，岩相东部与角闪辉长苏长岩相呈向西凹形弧状伏于其下，到 124 线一带出露至地表，剖面形态呈向形盆状，与下伏角闪二辉橄榄岩相呈逐渐过渡相变关系。

（5）角闪二辉橄榄岩相①：分布于岩体西部，相当于"蝌蚪形"的头部，主岩体延伸到该地段轴向略向西南偏转。南北宽 750 余米，东西长 500 余米。北界及西界与辉长闪长岩体呈断层或侵入接触，接触面倾向于该岩相一侧。南界被第一岩性段细碧玢岩以逆断层掩覆于岩体上。该岩相东部始见于 146 线的 ZK146-2 孔 495 m 以下，至 661 m 深仍未见底界，西部 122 线的 ZK122-4 孔底界深度 677 m，再向西逐渐升高，与下伏角闪二辉橄榄岩相呈逐渐过渡相变关系（附录 15 图 8～图 9）。

以下两个岩相是地表未出露的盲岩相。

(6)角闪二辉橄榄岩相②：该岩相实际上是角闪二辉橄榄岩相与其下的角闪辉橄岩相的过渡地段，各处厚度差别较大，最薄处在 116 线仅数米，最厚处在 136 线，可达 336 m。岩相剖面形态亦呈向形盆状，底界最深处在 122 线，深度约 880 m。大部分地段与第三侵入亚次主含矿岩体或第四侵入亚次辉长闪长岩体呈侵入接触，局部地段与角闪辉橄岩相呈逐渐过渡相变关系。

(7)角闪辉橄岩相：主岩体最下部的一个岩相，主要分布于岩体中部 136～142 线一带，142 线厚度最大，顶界深度 609 m，底界深度 717 m。其下被第四侵入亚次辉长闪长岩体兜底侵入，西部仅零星分布在 116 线和 126 线地段，规模很小，因含矿岩体和辉长闪长岩体的侵入而缺失。

3)第三侵入亚次主含矿岩体

分布于 114～126 号勘查线间的主岩体南侧，呈向北陡倾斜(60°～65°)的单斜似层状透镜体，近北东东向延伸。地表无露头，距地表最浅深度 270 余米，向东至 122 线深度增加至 400 m，倾斜延伸最深在 118 线，可达 1200 m，最大厚度 230 余米，与主岩体不同岩相呈侵入接触，其下部由于第四侵入亚次辉长闪长岩体的侵入而部分被蚕蚀。之外在 122 线尚有规模较小岩枝状透镜体插入主岩体中，主含矿岩体是深源分异作用形成的含矿熔浆沿断裂侵位而形成的。是黄山铜镍矿最重要的成矿岩体。

4)第四侵入亚次辉长闪长岩体

分布于Ⅰ号岩体中部—西部地段的主岩体外缘南北两侧，由西向东出露宽度逐渐减小，最宽部位在岩体西端，可达 250 m。西部南侧因 F_{25} 逆断层的影响，地表未见出露。它是沿岩浆通道由先期岩体底部顺其外侧接触带向上侵入的。岩体特征如下。

(1)在地表与主岩体不同岩相呈侵入接触，有宽窄不等的蚀变带。

(2)深部钻孔资料表明，主岩体与主含矿岩体均被辉长闪长岩体包底。

(3)在 122～126 线间，沿断裂呈脉状穿插到主岩体内。

(4)是Ⅰ号岩体最后一次侵入活动形成的岩体。

黄山Ⅱ号岩体出露于矿区东部，呈北东东向分布，侵位于干墩组第三岩性段中，长约 1.8 km，最大出露宽度 170 m，最小 20 m，其东端被后期黑云母花岗岩穿插。产状为岩墙，略有分异，属辉长岩-辉长苏长岩-二辉辉石岩组合。经钻探证实，于 240.41 m 深处揭穿岩体。局部孔段虽见有硫化物，但总的来看，矿化很弱。

黄山Ⅲ号岩体出露于矿区东南部，呈近东西向分布，侵位于干墩组第四与第三岩性段间，东西长约 590 m，最大宽度 60 m。通过进一步工作证明，此岩体是一个不含矿的闪长岩体。

2. 浅成侵入岩

浅成侵入岩主要为花岗斑岩、花岗闪长玢岩，呈岩枝、岩脉状产出，多分布于花岗岩体边部及矿区中南部，长约数百米，宽数米至数十米，走向近东西。与区域构造线方向一致，侵入时代暂定为海西中期，浅成侵入岩体中均不含金属矿物。

第三节 矿床地质特征

一、矿体特征简述

黄山铜镍矿赋存在Ⅰ号基性—超基性岩体内，共圈定出大小矿体 91 个，均呈隐伏状产出。按矿体规模分类有大型矿体 1 个(30 号，占矿区总储量的 43.73%)、中型矿体 6 个(30-2 号、31 号、30-1 号、32X-1

号、32X-2 号、34 号,约占矿区总储量的 43.93%),其余均为小型矿体。矿体总体特征如下。

(1)矿体长 80~600 m,主矿体与小矿体规模悬殊;矿体形态变化不大,主矿体形态比较简单,呈透镜状、似层状、层状,矿体中有少量夹石。小矿体形态简单,多为透镜状、脉状。

(2)矿体以硫化镍工业矿石为主,硫化镍工业矿石占矿区总资源量的 98.18%。矿床中镍含量多在 0.3%~0.6%之间,其次在 0.2%~0.3%及 0.7%~1.5%之间。

(3)矿石中主要伴生元素为 Cu、Co,矿床中 Cu 含量多在 0.1%~0.5%之间,Co 含量多在 0.01%~0.05%之间,矿床 Ni 平均品位 0.440%,Cu、Co 平均品位分别为 0.272%、0.040%,具 Ni、Cu 紧密伴生,Co 品位较低的特征。

(4)矿床构造简单,矿体基本无断层破坏或岩脉穿插,构造对矿体形态影响很小。

(5)目前控制矿体最大埋深 1214 m。

(6)矿体围岩主要为Ⅰ号基性—超基性岩体的角闪二辉橄榄岩、绿泥滑石千糜岩、辉长闪长岩,次为干墩组细碧玢岩、石英角斑岩。

二、矿床规模及空间分布

黄山铜镍矿的主要矿体为 30 号、30-1 号、30-2 号、31 号、34 号等矿体,主要矿体资源/储量占采矿证范围内资源/储量总量的 87.66%,其中 30 号矿体的资源/储量占采矿权范围内资源储量的 43.73%。主要矿体分布于矿区西南部 114~126 线间,矿体赋存于主含矿岩体中,均呈隐伏状,大多数主要矿体向北陡倾斜产出,倾向北北西—北北东,倾角 50°~65°,个别地段较缓,如 126 线一带,含矿岩石类型复杂,主要有方辉橄榄岩(附录 15 图 9)、方辉辉石岩和辉橄岩,偶有纯橄岩和辉长闪长岩。矿体埋深 500 m 以下,最大延伸可达 1214 m。大多数由工业矿石组成,少见低品位矿石,局部地段有一定规模的富矿(Ni>1%)。

1. 30 号矿体

30 号矿体是全矿区最大的矿体(图 15-2),位于 116~126 线间。矿体形态为较规则似层状透镜体,长 400 m,厚度 2~115 m,平均厚度 92 m,矿体在 118 线最厚,向两侧逐渐变薄。矿体向北倾,倾向 6°,倾角 50°~65°。矿体垂直延伸 194~574 m,沿倾向延伸 163~670 m。矿体埋深 396~980 m,矿体平均品位:Cu 0.298%、Co 0.026%、Ni 0.461%。

2. 30-1 号矿体

30-1 号矿体位于 120~122 线间,分布于 30 号矿体上部,形态为较规则厚度不大似层状透镜体。矿体长 200 m,厚度及延伸都比较稳定,平均厚度 10.5 m,垂直延伸 195 m,沿倾向延伸 340 m。

矿体呈向北陡倾斜单斜状产出,倾向 45°,倾角 45°~55°,埋深 461~656 m。矿体在 120 线全部由低品位矿石组成,形态完整,仅矿头出现规模不大的分叉现象,矿体在 122 线由工业矿石组成,未见有低品位矿石,矿体平均品位:Cu 0.188%、Co 0.028%、Ni 0.327%。

3. 30-2 号矿体

30-2 号矿体位于 116~122 线间,分布于 30 号矿体下部,矿体东西长 400 m,118 线可见延伸最大。由东向西有所减薄,平均厚度 123.5 m。矿体整体呈盆状,南部矿体较薄、产状较陡,北部矿体较厚,接近矿尾时呈盆状,矿尾稍微上翘,整体倾向 17°,倾角 60°~75°,埋深 496~1214 m。矿体中夹杂有规模不大的低品位矿石;122 线矿体在倾向上分叉成 6 个规模不大的薄矿体,其中下部的 5 个矿体呈似层状,矿尾全部上翘。矿体顶板主要为角闪二辉橄榄岩,局部为辉长闪长岩和角闪辉橄岩,底板为辉长闪长岩。矿体平均品位:Cu 0.231%、Co 0.073%、Ni 0.426%。

4. 31 号矿体

31 号矿体位于 124~116 线间,30 号矿体上盘主含矿岩体中(图 15-2)。矿体长 500 m,倾向延伸 226 m,

厚度2~49 m，平均厚度18.29 m。矿体呈向北倾斜单斜产出，倾向355°，倾角30°~60°，形态为较规则的似层状，形态完整简单。矿体形态比较完整，仅在深部有分叉尖灭现象。矿体顶板主要为角闪二辉橄榄岩，局部为角闪辉橄岩、方辉辉石岩，底板是辉长闪长岩，局部地段是角闪二辉橄榄岩。矿体主要由硫化镍工业矿组成。矿体平均品位：Ni 0.439%、Cu 0.281%、Co 0.031%。

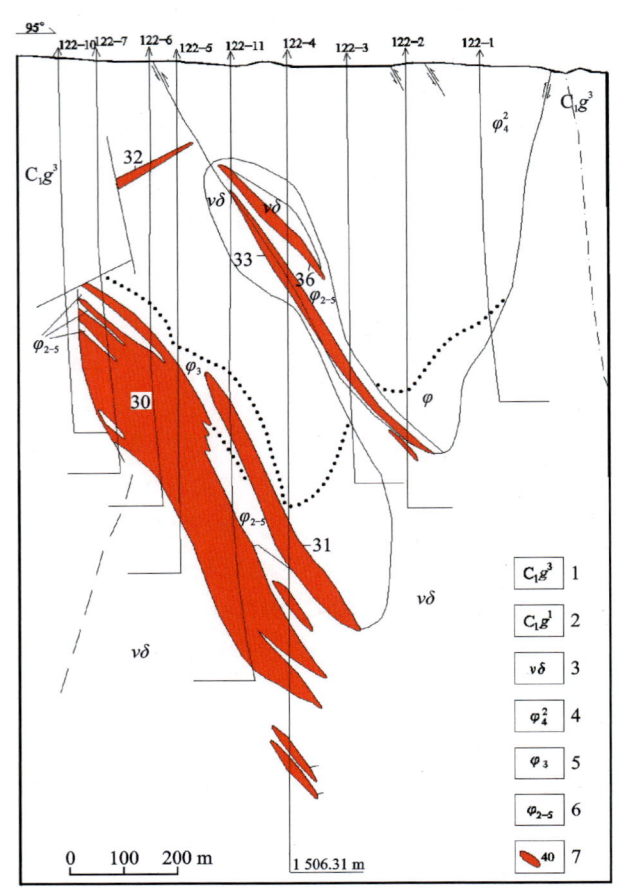

1.下石炭统干墩组第三岩性段；2.下石炭统干墩组第一岩性段；3.辉长闪长岩相；4.橄辉岩相；
5.橄榄岩相；6.角闪二辉辉石岩相；7.矿体及编号。

图15-2　黄山镍铜矿床122号勘探线（122线）剖面图

5.34号矿体

34号矿体位于Ⅰ号岩体西南部114~118线间，矿体长300 m，平均宽度160 m，平均厚度32 m，呈单斜似层状向南倾斜，倾角45°~60°，埋深105~380 m。矿体赋存于细碧玢岩与岩体之间的F_{25}逆断层带中，矿体平均品位：Ni 0.455%、Cu 0.337%、Co 0.024%。

三、脉岩

区内脉岩发育，有辉绿玢岩岩脉，东西长500~600 m，宽数米，分布于Ⅰ号岩体西北部，近东西向；透闪石岩脉规模较小，长数十米，宽数米，分布于Ⅰ号岩体西南部；细晶闪长岩脉在矿区内广泛出露，一般长数十米至数百米，宽数十厘米至数米，走向一般近东西，与区域构造线方向一致。

四、变质岩

在矿区赋矿岩体接触带或岩体边部普遍存在有黑云石英片岩、斜长角闪（片）岩、绿泥石滑石片岩（附录15图10）及绿泥石阳起石（片）岩。具鳞片—粒状变晶结构、平行定向构造，部分呈块状构造，除少数岩石中可见残留的原岩矿物及结构构造外,多数均由变质重结晶或热液蚀变矿物构成,属于接触变质(动力重结晶)及热液蚀变作用产物。

黑云石英片岩:分布于岩体与含碳粉砂岩接触处,与斜长角闪(片)岩共生,属于角岩化产物。岩石呈灰绿色,粒状变晶结构(附录15图11),平行定向构造,少量呈块状构造。主要矿物为黑云母、石英,次有钠长石和角闪石,片柱状矿物常呈定向分布,矿物粒径细,多在0.06～0.4 mm之间,其中,黑云母含量8%～20%。

斜长角闪片岩:分布于岩体与围岩接触带,属于角岩化作用产物。岩石呈灰绿色,柱粒状变晶结构,平行定向构造或块状构造,由斜长石、角闪石及少量石英、黑云母构成(附录15图12)。矿物粒径细,在0.1～0.5 mm之间,角闪石含量变化大,为20%～50%。

滑石绿泥石片岩:分布于岩体边部或底部,与构造及热液活动有关,由超基性岩体经构造及热液蚀变作用形成,常与绿泥石阳起石岩、滑石菱镁矿蛇纹岩共生。岩石与构造关系密切,片理化作用明显,由定向排列的绿泥石、滑石集合体构成(附录15图13),有时含少量滑石、菱镁矿或蛇纹石。显微镜下可见少量残余角闪石或辉石。

绿泥石阳起石片岩:分布于岩体边部或底部,与构造及热液活动有关,由超基性岩体经构造及热液蚀变作用形成。岩石具鳞片—纤柱状变晶结构,块状或片状构造,主要由绿泥石、阳起石构成(附录15图14),含有少量透闪石、蛇纹石及菱镁矿。显微镜下可见少量残余角闪石或辉石。

第四节 矿区主要岩石类型及围岩蚀变

一、矿区主要岩石类型及特征

各岩体、岩相岩石学特征的变化主要反映在岩石类型、结构构造、主要造岩矿物组合及其特征上。根据大量薄片鉴定成果,各期次岩体、岩相的岩石学特征为:第一侵入亚次的岩体,岩石类型单一,为单一的斜长角闪橄榄岩(附录15图15),主要是半自形—他形粒状结构,少数见有包橄结构。反映了岩浆侵位前部分橄榄石已经晶出;第二侵入亚次的主岩体为闪长岩-角闪辉长岩-角闪辉长苏长岩-角闪二辉辉石岩-角闪二辉橄辉岩①-角闪二辉橄榄岩②-角闪辉橄岩,其中闪长岩-角闪辉长苏长岩以半自形粒状结构、辉长结构、辉长辉绿结构为主,亦可见到岩浆残余液相晶出的斜长石。角闪二辉辉石岩-角闪二辉橄辉岩①-角闪二辉橄榄岩-角闪辉橄岩普遍发育角闪石的巨斑状嵌晶,分布于辉石和橄榄石间。角闪辉橄岩中特别发育包橄结构,熔蚀状的橄榄石被包裹于辉石和硫化物中。第三侵入亚次主含矿岩体类型较为复杂,上部以方辉橄榄岩为主,间有角闪辉橄岩,下部以角闪辉橄岩为主,间有方辉橄榄岩,方辉辉石岩上下均有出现;第四侵入亚次岩体为较单一的辉长闪长岩,主要为细粒—中细粒状的辉长结构或辉长辉绿结构。在岩体接触带有明显的糜棱岩化带和强烈的蚀变(绿泥石化、蛇纹石化和滑石化),形成绿泥石滑石片岩。第一侵入亚次岩体,主要造岩矿物为贵橄榄石(Fo 85～86)、古铜辉石(En 75～80)和中—拉长石(An 43～66)。显著特点是岩石中出现自形板状斜长石,具环带结构;第二侵入亚次主岩体,从角闪二辉辉石岩到角闪辉橄岩相,橄榄石均为贵橄榄石。随含量的增加Fo规律性递增,端元组分Fo由82增加至88。从角闪辉长苏长岩相-角闪辉橄岩相,斜方辉石系列由古铜辉石逐渐变化到顽火辉石,端元组分En由84递增至90。单斜辉石系列主要是顽透辉石-透辉石,En由48递增至53。角闪石主要是钙镁闪石、韭闪石、韭闪石质普通角闪石,其中镁铁角闪石组分逐渐增加。角闪二辉辉石岩相-闪长岩相,斜长石含量逐渐增加,由倍长石变为中长石。第三侵入亚次主含矿岩体,贵橄榄石、顽火辉石与第二侵入亚次的角闪辉橄岩相相似。Fo和En的号数更高些,角闪石中的镁铁闪石组分亦有相应的增加。第四侵入亚次的斜方辉石为古铜辉石,更富Fs,单斜辉石为透辉石-顽透辉石。与前述比较镁铁辉石更趋减少(En=48)。

闪长岩:主要矿物为斜长石、角闪石、黑云母及石英。斜长石含量40%~70%,黑云母含量5%~15%,石英含量5%~15%,普通角闪石含量20%~25%。中粒,嵌晶—半自形粒状结构(附录15图16)。分布于岩体东部尖端部位,为强烈同化混染酸性围岩,是岩浆基性程度大大降低后的产物。

辉长岩:主要为角闪辉长岩,发育半自形粒状结构和辉长结构,矿物粒径从上至下由粗到细,具有互层性。由斜长石(含量40%~80%)、单斜辉石(含量10%~60%)、角闪石(含量2%~5%)、斜方辉石(含量<10%)及硫化物组成。辉石呈柱状,具两组解理,单斜辉石强纤闪石化;角闪石为棕色,多呈他形填隙状,其中包裹有辉石、斜长石及不透明金属矿物;斜长石主要为中长石,多为自形的板状晶体。

辉长苏长岩:岩石呈灰白色及灰绿色,以中细粒粒状结构为主,见有辉长辉绿结构、辉长结构、反应边结构、嵌晶含长结构,块状构造。主要由斜方辉石(含量20%~35%)、单斜辉石(含量10%~30%)、斜长石(含量20%~40%)、角闪石(含量5%~8%)及少量橄榄石(含量0~10%)组成。常见岩石类型有角闪辉长苏长岩和橄榄辉长苏长岩(附录15图17)。

辉石岩:主要是橄榄二辉岩(附录15图18)、角闪橄榄二辉岩(附录15图19),由单一辉石构成的岩石矿区少见。有半自形—他形粒状结构、包橄结构及反应边结构。岩石由辉石和橄榄石组成,含少量金云母和硫化物。其中,主要矿物含量变化范围较大,如橄榄石含量可在10%~40%之间浮动。橄榄石呈他形粒状,内部裂理发育,与熔浆反应形成角闪石反应边(附录15图20),常沿边缘及裂理被次生蛇纹石或滑石等交代;辉石为斜方辉石和单斜辉石,半自形—他形粒状,部分蚀变成蛇纹石或滑石,辉石常见包含有细粒橄榄石(附录15图21);角闪石含量低,但在岩石中常见,显微镜下呈棕色,半自形—他形分布,充填于橄榄石和辉石间隙中。矿物结晶顺序是橄榄石-辉石-角闪石(金云母)。

橄榄岩:矿区最常见的岩石类型,根据其次要矿物含量不同,过渡类型岩石有斜长角闪橄榄岩、角闪二辉橄榄岩(附录15图22)及方辉橄榄岩(附录15图23)。其中,斜长角闪橄榄岩见于第一侵入亚次岩体中,角闪二辉橄榄岩分布于第二侵入亚次岩体中,方辉橄榄岩主要分布于第三侵入亚次岩体中。岩石一般呈灰绿色、黑绿色,以中细粒为主,半自形—他形粒状、包橄结构(附录15图24)、海绵陨铁结构,块状构造。主要矿物为橄榄石,含量40%~75%,次有斜方辉石、单斜辉石、角闪石及少量金云母和斜长石,副矿物有尖晶石、磁铁矿、铬铁矿和硫化物。橄榄石多呈浑圆状,裂理较为发育,部分被次生蛇纹石、滑石或淡绿色绿泥石交代。斜方辉石主要为浑圆状,角闪石和斜长石为他形填隙状,单斜辉石呈填隙晶充填于橄榄石粒间,具纤闪石化及淡绿色绿泥石化;角闪石呈黄褐色,与硫化物和金云母呈他形充填。岩石遭受强烈蛇纹石化、透闪石化、绿泥石化、碳酸盐化。

二、围岩蚀变

岩石中的次生蚀变作用较普遍,主要有蛇纹石化、滑石化、绿泥石化、次闪石化,与成岩后期的自变质作用及热液交代作用有关。黄山岩体蚀变程度较高,但不均匀。橄榄石蚀变成蛇纹石、滑石,少数成绿泥石;斜方辉石主要蚀变成滑石和次闪石(阳起石、透闪石),其次是蛇纹石、绿泥石及碳酸盐;单斜辉石蚀变成次闪石或绿泥石,少数成滑石;斜长石蚀变成钠黝帘石或绿泥石,黑云母蚀变成绿泥石,角闪石蚀变成次闪石或仅褪色。一般橄榄石和斜方辉石最易蚀变,角闪石较少蚀变。超镁铁岩较镁铁岩的蚀变程度高。在空间分布上蚀变很不均匀,构造脆弱带、岩相界线及岩体边缘等部位蚀变往往强烈,局部蚀变成新的岩石。

蛇纹石化:矿区赋矿岩体中最主要的次生蚀变之一,由橄榄石、辉石等矿物经自变质作用形成,常与滑石、绿泥石等共生,但形成时间上要早于滑石。蛇纹石呈叶片状、鳞片状、纤维状集合体,沿裂理或边缘交代橄榄石、辉石,形成交代环边结构(附录15图25)、交代网格结构(附录15图26)、交代残余结构(附录15图27),部分完全取代原生矿物,仅保留其假象(附录15图28),并析出铁质及磁铁矿。在局部地段,橄榄岩或辉石岩完全蚀变为蛇纹岩(附录15图29)。

滑石化:矿区赋矿岩石中最重要的次生蚀变之一,由橄榄石、辉石等矿物经热液蚀变作用形成,常与蛇纹石、绿泥石等共生。呈鳞片—纤维状集合体,沿橄榄石、辉石边缘、裂理或解理交代(附录15图30~图33)。从显微镜下观察,这种交代作用首先作用于辉石,在岩体边缘或接触带部分岩石被强烈交代,形成全滑石化超基性岩(附录15图34)或与绿泥石共生形成滑石绿泥石片岩,其中常伴有硫化物矿化现象。

绿泥石化:矿石和围岩中很常见的蚀变,在围岩和矿石中分布广泛,形成时间上与滑石化相近。围岩中的绿泥石呈细小鳞片状—细片状,粒径较细,一般小于 0.1 mm,分布不均匀,沿橄榄石、辉石等原生矿物边缘及解理(附录15图35)交代,并析出磁铁矿等金属矿物。在局部与滑石、阳起石等共生,构成滑石绿泥石岩或绿泥石阳起石岩。

次闪石化:在围岩及矿化岩石中常见,由斜方辉石、单斜辉石、角闪石等原生矿物蚀变而成,主要包括阳起石、透闪石化(附录15图36),部分与其他蚀变矿物一起叠加在矿石及矿化岩石中,形成绿泥石次闪石岩。

碳酸盐化:主要为菱镁矿和方解石,多呈他形—半自形粒状,粒径一般较细,为 0.03~0.45 mm,分布不均匀,部分呈脉状、不规则团块状、粒状叠加在蚀变岩石中或沿裂隙分布(附录15图37~图38)。

第五节 矿石物质组分及特征

一、矿石物质成分

1. 矿石矿物

经显微镜镜下鉴定、电子探针成分分析、X 射线粉晶衍射分析及红外光谱分析等分析研究,黄山铜镍矿矿石由金属矿物和脉石矿物构成,矿物组成非常复杂,其中金属矿物近 20 种(表 15-2)。黄山铜镍矿矿石以金属硫化物为主,少量的氧化物,偶见有硫砷化物。

表 15-2 黄山铜镍矿矿石矿物成分表

类型	主要矿物	次要矿物	少见矿物
金属矿物	磁黄铁矿、镍黄铁矿、黄铜矿	紫硫镍矿、四方硫铁矿(马基诺矿)、黄铁矿、白铁矿、闪锌矿、针镍矿、墨铜矿、方硫镍矿、方黄铜矿	银镍黄铁矿、砷铂矿、辉砷镍矿、辉砷钴矿、辉砷钴镍矿、磁铁矿、铬尖晶石
脉石矿物	橄榄石、单斜辉石、斜方辉石、角闪石	绿泥石、滑石、云母、蛇纹石	阳起石、菱镁矿、方解石、石英
表生矿物	孔雀石、镍华	黄钾铁矾、褐铁矿	石膏

金属硫化物矿物以磁黄铁矿、镍黄铁矿和黄铜矿为主。磁黄铁矿占主要地位,相对含量在 80% 以上,镍黄铁矿和黄铜矿分别占 14% 和 6% 左右。次要矿物有紫硫镍矿、四方硫铁矿(马基诺矿)、黄铁矿、白铁矿、闪锌矿、针镍矿、墨铜矿、方硫镍矿和方黄铜矿等。稀少矿物有银镍黄铁矿、砷铂矿、辉砷镍矿和辉砷钴矿等。表生矿物有孔雀石、镍华、黄钾铁矾、褐铁矿、石膏等。脉石矿物主要有橄榄石、辉石、角闪

石、斜长石、绿泥石、蛇纹石、滑石、云母等。

1) 磁黄铁矿

本矿床主要的金属硫化物,分布广,含量较高,呈集合体分布或与其他硫化物共生。其形态多为他形粒状,半自形晶数量少,外形较规则。粒径 0.1~0.5 mm,个别可达 2 mm 以上。部分具有一组明显解理(附录 15 图 39),常见受压产生的聚片双晶,晶体有弯曲现象。以六方磁黄铁矿为主,少量为单斜磁黄铁矿。磁黄铁矿多以镍黄铁矿的载体存在于集合体中,有少量片状镍黄铁矿固溶体分解物。磁黄铁矿周围有后期热液交代形成的纤维状墨铜矿、磁铁矿。解理中有黄铁矿交代现象。磁黄铁矿在矿石中的分布形式主要有两种:①呈独立单体或连生体分布于透明矿物粒间、裂隙中或包裹于透明矿物内部(附录 15 图 40~图 41),其所占比例 20% 左右;②与其他硫化物连生在一起,呈不规则团粒状、团块状、条带状、脉状及海绵陨铁状分布(附录 15 图 42~图 45),约占总数的 80%。从磁黄铁矿与透明矿物种类及相互关系看,其形成主要在岩浆期和热液期,但多数在岩浆期。从表 15-3 中可以看出,Fe 原子数比率小于 47%,Co、Ni 含量较高,在辉长闪长岩体中的矿石更明显,与热液交代作用有关。

2) 镍黄铁矿

矿区中仅次于磁黄铁矿的金属硫化物,也是最主要的含镍矿物,成分特征见表 15-4。呈半自形—他形粒状,以他形粒状为主,外形较规则(附录 15 图 46),偶见有薄片状、焰状和羽毛状。粒径一般 0.1~0.4 mm,大者可达 0.4 mm 以上。浅黄色均质体,中等硬度,裂纹解理发育。可分为 3 个世代:第一世代呈自形—半自形晶,与磁黄铁矿呈连晶状,结晶早于磁黄铁矿(附录 15 图 47~图 48);第二世代在磁黄铁矿中呈片状、树枝状,是固溶体分离而形成的,反射色呈黄色,粒径细小,经常见被脉根状紫硫镍矿交代,个别可使磁黄铁矿呈残晶状;第三世代在后期热液硫化物脉中产出,棕色、粒状,粒径 0.05mm 左右,呈集合体分布于磁黄铁矿粒间,结晶时间稍晚于磁黄铁矿(附录 15 图 49)。

3) 黄铜矿

矿床中主要含铜金属硫化物。在矿石中的含量仅次于磁黄铁矿、镍黄铁矿。黄铜矿呈铜黄色,不具解理,弱非均质性,中等硬度,以他形粒状为主,自形晶少(附录 15 图 50~图 51),充填于磁黄铁矿、镍黄铁矿粒间。粒径一般 0.05~0.3 mm,个别可达 0.6 mm 以上,黄铜矿形成的期次较多,结晶延续时间较长。成分特征见表 15-5。岩浆期金属硫化物熔离阶段与磁黄铁矿、镍黄铁矿密切共生,呈不规则团粒状、团块状、条带状、海绵陨铁状分布(附录 15 图 52~图 53),晶出时间稍晚于磁黄铁矿,组分特征 Ni>Cu、Cu/(Cu+Ni)<0.5;在热液阶段则有黄铜矿沿透明矿物粒间、解理或裂隙中分布(附录 15 图 54),呈脉状充填于矿物裂隙中或切穿磁黄铁矿,甚至使磁黄铁矿、镍黄铁矿呈残晶状。在黄铜矿周边或沿解理见有墨铜矿交代现象。

4) 银镍黄铁矿

在矿床中分布极少,显微镜下偶见,为该矿床可见的含银矿物,成分特征见表 15-6。呈他形晶,粒径小于 0.07 mm,见于交代浸染状矿石及贯入型矿石中,分布于黄铜矿的边部及集合体间或与方铅矿、磁黄铁矿及镍黄铁矿连生(附录 15 图 55)。

5) 紫硫镍矿

矿区中仅次于镍黄铁矿的含镍矿物,成分特征见表 15-7,分布不普遍,见于热液活动强烈地段(岩体接触部位或与构造作用有关的部位),在矿石矿物组合中含量较低,一般 0.5% 左右,个别地段则很高。是热液活动形成的矿物,常交代镍黄铁矿和磁黄铁矿。热液作用的强弱不一,一方面反映在使被交代矿物成残晶或使其呈假晶;另一方面反映在紫硫镍矿中元素成分变化较大,Ni 相对含量 25%~52.92%,Fe 含量 7.89%~38%,Ni/Fe 原子数比 0.63~6.37,Fe 与 Ni 呈反消长关系。

6) 方黄铜矿

矿石中的含量很低,显微镜下少见,成分特征见表 15-6。见于磁黄铁矿和黄铜矿的边部或之间,呈晶片状、他形不规则粒状产出,棕色,反射率低于磁黄铁矿(附录 15 图 56),均质性强,硬度中等。

表 15-3 黄山铜镍矿磁黄铁矿电子探针成分分析平均值

单位：%

样数	岩石类型	矿石类型	Fe	S	Cu	Co	Ni	As	Au	Ag	Pt	原子数比(Fe%)	晶体化学式
1	斜长橄榄岩	星散浸染状矿石	60.92	38.89	0.02	0.06	0.03	0.39	0.16	0.02	0.12	47.13	$(Fe_{0.9}Ni_{0.001}Co_{0.001})_{0.092}S$
2	含矿体岩		61.37	38.11	0.00	0.04	0.38	0.37	0.00	0.00	0.05	47.89	$(Fe_{0.924}Ni_{0.005}Co_{0.001})_{0.93}S$
5	含矿岩体		59.16	38.48	0.13	0.08	0.14	0.39	0.09	0.00	0.12	46.78	$(Fe_{0.882}Ni_{0.002}Co_{0.001}Cu_{0.002})_{0.887}S$
6	二辉橄榄岩	稀疏浸染	60.94	37.46	0.09	0.06	0.19	0.13	0.12	0.00	0.66	48.19	$(Fe_{0.934}Ni_{0.003}Co_{0.001}Cu_{0.001})_{0.939}S$
5	辉长闪长岩	状矿石	60.13	38.83	0.10	0.10	0.41	0.41	0.06	0.05	0.05	46.92	$(Fe_{0.8924}Ni_{0.006}Co_{0.002}Cu_{0.002})_{0.902}S$
2	二辉橄榄岩	中等浸染	60.33	38.72	0.00	0.13	0.67	0.52	0.00	0.01	0.00	46.96	$(Fe_{0.895}Ni_{0.009}Co_{0.002})_{0.906}S$
3	含矿岩体	状矿石	58.61	39.22	0.03	0.09	1.51	0.47	0.20	0.09	0.16	45.61	$(Fe_{0.858}Ni_{0.021}Co_{0.002})_{0.881}S$
1	辉长闪长岩	块状矿石	60.20	37.29	0.07	0.14	2.42	0.66	0.25	0.06	0.48	47.17	$(Fe_{0.927}Ni_{0.035}Co_{0.002}Cu_{0.001})_{0.965}S$

表 15-4 黄山铜镍矿镍黄铁矿电子探针成分分析平均值

单位：%

样数	岩石类型	矿石类型	Fe	S	Cu	Co	Ni	As	Au	Ag	Pt	原子数比(Fe%)	晶体化学式
6	含矿体岩	星散浸染状矿石	60.92	38.89	0.02	0.06	0.03	0.39	0.16	0.02	0.12	0.998	$(Fe_{4.346}Ni_{4.338}Co_{0.238}Cu_{0.023})_{8.945}S_8$
3	二辉辉岩	稀疏浸染	61.37	38.11	0.00	0.04	0.38	0.37	0.00	0.00	0.05	0.991	$(Fe_{4.438}Ni_{4.399}Co_{0.194})_{9.031}S_8$
4	含矿岩体	状矿石	59.16	38.48	0.13	0.08	0.14	0.39	0.09	0.00	0.12	1.015	$(Fe_{4.131}Ni_{4.182}Co_{0.30})_{8.623}S_8$
1	含矿岩体	稠密浸染	60.94	37.46	0.09	0.06	0.19	0.13	0.12	0.00	0.66	1.053	$(Fe_{4.179}Ni_{4.40}Co_{0.228})_{8.807}S_8$
1	辉长闪长岩	状矿石	60.13	38.83	0.10	0.10	0.41	0.41	0.06	0.05	0.05	1.210	$(Fe_{4.251}Ni_{5.142})_{9.393}S_8$
1	辉长闪长岩	块状矿石	60.33	38.72	0.00	0.13	0.67	0.52	0.00	0.01	0.00	1.191	$(Fe_{3.951}Ni_{4.706}Co_{0.03})_{8.087}S_8$

表 15-5 黄山铜镍矿黄铜矿电子探针成分分析平均值

样数	岩石类型	矿石类型	Fe	S	Cu	Co	Ni	As	Au	Ag	Pt	晶体化学式
3	二辉橄榄岩	星散浸染状矿石	30.61	34.76	32.73	0.08	0.22	0.34	0.04	0.06	0.20	$Cu_{0.949}(Fe_{1.001}Ni_{0.007}Co_{0.002})_{1.02}S_2$
2	含矿岩体		30.76	35.42	34.28	0.06	0.04	0.45	0.10	0.04	0.00	$Cu_{0.976}(Fe_{0.998}Ni_{0.002}Co_{0.002})_{1.002}S_2$
2	二辉橄榄岩	稀疏浸染状矿石	30.65	35.06	34.62	0.03	0.02	0.37	0.00	0.03	0.00	$Cu_{0.997}(Fe_{1.005}Ni_{0.000}Co_{0.002})_{1.007}S_2$
4	辉长闪长岩		30.72	33.75	34.61	0.03	0.05	0.45	0.00	0.11	0.00	$Cu_{1.035}(Fe_{1.045}Ni_{0.002}Co_{0.002})_{1.050}S_2$
2	二辉橄榄岩	中等浸染状矿石	30.43	34.49	34.27	0.04	0.48	0.16	0.01	0.08	0.00	$Cu_{1.003}(Fe_{1.012}Ni_{0.015}Co_{0.002})_{1.029}S_2$
3	含矿岩体		30.23	35.00	33.84	0.04	0.01	0.27	0.09	0.01	0.37	$Cu_{0.975}(Fe_{0.992}Ni_{0.002})_{0.994}S_2$
2	辉长闪长岩		30.20	34.18	33.86	0.01	0.07	0.54	0.56	0.00	0.30	$Cu_{1.00}(Fe_{1.015}Ni_{0.002})_{1.017}S_2$
1	辉长闪长岩	块状矿石	29.88	34.79	34.01	0.00	0.00	0.13	0.29	0.00	0.21	$Cu_{0.986}(Fe_{0.986})_{0.986}S_2$

表 15-6 黄山铜镍矿硫化物电子探针成分分析结果 1

单位：%

矿物名称	岩石类型	矿石类型	Fe	S	Cu	Co	Ni	As	Au	Ag	Pt	Zn	晶体化学式
方黄铜矿	含矿岩体	星点状矿石	40.53	34.94	22.90	0.05	0.09	—	—	—	—	—	$Cu_{0.993}(Fe_{1.999}Ni_{0.005}Co_{0.003})_{2.007}S_3$
方黄铜矿			41.36	35.15	23.03	0.06	0.43	—	—	—	—	—	$Cu_{0.991}(Fe_{2.026}Ni_{0.019}Co_{0.003})_{2.048}S_3$
方硫镍矿	二辉橄辉岩		24.74	40.15	—	1.00	34.03	—	—	—	—	—	$(Fe_{0.708}Ni_{0.927}Co_{0.029})_{1.664}S_2$
针镍矿			2.28	35.41	—	0.10	62.21	—	—	—	—	—	$(Fe_{0.037}Ni_{0.96}Co_{0.002})_{0.999}S$
辉砷钴镍矿	辉长闪长岩		7.15	18.01	—	7.78	21.47	45.59	—	—	—	—	$(Fe_{0.228}Ni_{0.651}Co_{0.253})_{1.114}As_{1.082}S$
			6.61	17.86	—	14.26	15.24	45.74	—	—	—	—	$(Fe_{0.213}Ni_{0.456}Co_{0.435})_{1.113}As_{1.095}S$
辉砷镍矿			0.53	18.93	—	1.82	33.04	45.28	—	—	—	0.39	$(Fe_{0.017}Ni_{0.953}Co_{0.001})_{1.022}As_{1.024}S$
四方硫铁矿	二辉橄榄岩		63.50	36.32	—	0.07	0.10	—	—	—	—	—	$(Fe_{1.004}Ni_{0.002}Co_{0.001})_{1.007}S$
陨硫铁矿	含矿岩体		63.37	36.37	—	0.01	0.28	—	—	—	—	—	$(Fe_{1.000}Ni_{0.004})_{1.004}S$
黄铁矿	辉长闪长岩	热液交代、星散状及细脉浸染状矿石	45.61	53.44	—	0.03	0.92	—	—	—	—	—	$(Fe_{0.98}Ni_{0.019}Co_{0.001})_{1.00}S_2$
			43.42	53.69	—	2.83	0.06	—	—	—	—	—	$(Fe_{0.928}Ni_{0.001}Co_{0.057})_{0.986}S_2$
含镍黄铁矿			38.84	49.78	0.39	4.38	0.27	—	—	—	—	—	$(Fe_{0.896}Ni_{0.006}Co_{0.095}Cu_{0.008})_{1.005}S_2$
			42.00	54.28	0.09	0.06	4.42	—	0.02	—	—	—	$(Fe_{0.889}Ni_{0.089}Co_{0.001}Cu_{0.001})_{0.985}S_2$
含镍磁黄铁矿	含矿岩体		56.37	38.66	0.07	0.11	2.50	—	0.02	0.11	—	—	$(Fe_{0.837}Ni_{0.036}Co_{0.002}Cu_{0.001})_{0.876}S_2$
银镍黄铁矿	辉长闪长岩		32.38	30.72	0.15	—	22.08	0.28	0.15	13.45	0.23	—	$(Ag_{1.039}Fe_{4.481}Ni_{3.142}Co_{0.016})_{9.038}S_8$
白铁矿	绿泥滑石岩		45.04	52.19	0.38	0.08	1.98	—	—	—	—	—	$(Fe_{0.991}Ni_{0.042}Co_{0.001}Cu_{0.007})_{1.041}S_2$
			45.34	52.55	0.31	0.21	1.58	—	—	—	—	—	$(Fe_{0.991}Ni_{0.033}Co_{0.005}Cu_{0.006})_{1.035}S_2$
闪锌矿	辉长闪长岩		7.98	32.15	0.73	0.10	0.23	—	—	—	—	58.81	$(Zn_{0.896}Cu_{0.011}Fe_{0.142}Ni_{0.004})_{1.053}S$
			8.42	32.43	0.18	0.10	0.18	0.01	—	—	—	56.74	$(Zn_{0.858}Cu_{0.003}Fe_{0.149}Ni_{0.003})_{1.013}S$

注：—为元素含量未达检出下限，未检出。

单位：%

表15-7 黄山铜镍矿硫化物电子探针成分分析结果2

岩石类型	矿石类型	Fe	S	Cu	Co	Ni	As	Au	Ag	Pt	原子数比(Fe%)	晶体化学式
含矿岩体	星散浸染矿石	38.00	33.57	—	3.42	25.00	—	—	—	—	0.63	$(Fe_{2.598}Ni_{1.628}Co_{0.222})_{4.448}S_4$
辉长闪长岩	稀疏浸染矿石	7.89	37.99	0.15	0.08	52.92	0.80	—	0.02	0.98	6.37	$(Fe_{0.478}Ni_{3.047}Co_{0.003}Cu_{0.007})_{3.535}S_4$
含矿岩体	稀疏浸染矿石	35.26	32.63	—	2.47	29.63	—	—	—	—	0.80	$(Fe_{2.479}Ni_{1.984}Co_{0.165})_{4.462}S_4$
辉长闪长岩	浸染矿石	25.56	33.51	—	1.10	39.83	—	—	—	—	1.48	$(Fe_{1.753}Ni_{2.599}Co_{0.073})_{4.425}S_4$
绿泥滑石岩	中等浸染矿石	27.66	40.50	0.56	0.04	31.24	—	—	—	—	1.07	$(Fe_{1.568}Ni_{1.685}Co_{0.003}Cu_{0.029})_{3.285}S_4$

注：—为元素含量未达检出下限，未检出。

7）辉砷镍矿

成分特征见表 15-6。经计算矿物晶体化学式：$(Fe_{0.017}Ni_{0.953}Co_{0.052})_{1.002}As_{1.024}S$。

8）辉砷钴镍矿

在矿床中分布很少，显微镜下少见，主要产于与热液作用有关的矿体中。成分特征见表 15-6，由于矿物中 Ni、Co 含量不同，而分别被称为辉砷镍矿或辉砷钴镍矿。

纯白色，呈多边形、半自形—他形粒状晶，反射率稍大于黄铁矿，磨光性好（附录 15 图 57），均质性，硬度大于磁黄铁矿，粒径细小。

9）黄铁矿

在黄山铜镍矿床中属分布不普遍的金属硫化物。黄铁矿呈淡黄色，反射率高，等轴均质性，硬度高；含量一般在 1%～2% 之间，局部较高，分布不均匀（附录 15 图 58）。

主要产于岩浆期与热液活动有关的矿体中，黄铁矿具有多期性，常沿边缘或裂隙交代磁黄铁矿，个别地段与磁黄铁矿呈平行交互叶片状，晶体中有星点状的磁铁矿，后期晶出的黄铁矿呈细粒状或以细脉状穿插于早期形成的矿物裂隙中。含 Ni、Co 高的黄铁矿呈自形—半自形。含 Ni 可达 4.22%，Co 0.06%。

10）白铁矿

白铁矿显微镜下少见，分布稀少。呈白色，反射率稍高于黄铁矿，多色性明显。他形粒状，粒径 0.05～0.4 mm，含量一般在 1%～2% 之间，局部较高，分布不均匀，有的白铁矿沿磁黄铁矿边缘交代形成交代环边结构（附录 15 图 59）。

11）马基诺矿

含量较微少，少见，成分特征见表 15-6。晶体呈透镜状及不规则鳞片状，粉红色—棕色，非均质性强，四方晶系。多色性及双反射显著，在镍黄铁矿和磁黄铁矿中呈不混溶分泌物产出。

12）墨铜矿

普遍可见，含量低，烟灰色—古铜色，极细鳞片—隐晶集合体，沿原生硫化物如磁黄铁矿、黄铜矿、镍黄铁矿的边缘解理或裂隙交代，以鳞片状及纤维状集合体存在，在硫化物的周围形成不规则的锯齿状边缘。有时呈极细鳞片状或隐晶质的凝胶状集合体，散布在蛇纹石及蛇纹石化橄榄石残晶的周围。

13）磁铁矿

本矿区普遍存在的金属氧化物，矿石中含量在 1% 左右。等轴晶系，反射色灰白色带棕色。岩浆早期形成的磁铁矿成细粒等轴状自形—半自形晶包裹于造岩矿物橄榄石或辉石中（附录 15 图 60），有的颗粒边缘受到溶蚀；在岩浆晚期由熔离作用形成的磁铁矿呈环状或板状与硫化物共生（附录 15 图 61）；在岩石自变质过程中，铁镁矿物析出尘点状及细脉状磁铁矿，分布于蚀变矿物中（附录 15 图 62）；岩浆期后形成的磁铁矿交代金属硫化物磁黄铁矿等（附录 15 图 63）；磁铁矿呈环状交代早期形成的铬尖晶石。

14）铬尖晶石

矿区常见的金属氧化物矿物，含量低，多产于超基性岩石中，自形—半自形，包裹于造岩矿物中，呈星点状产于橄榄石中（附录 15 图 64）。具环带状构造，内环为富含 Mg、Al 的尖晶石，反射率较低；中环与内环接近，外环为铬铁矿，反射率较高，Fe 含量较高。

其他金属硫化物及氧化物，如针镍矿、方硫铁镍矿、辉铜矿、闪锌矿、方铅矿、钛铁矿等，因含量低，其矿物特征不再一一描述。

2. 脉石矿物

脉石矿物按成因可分为造岩矿物和蚀变矿物两种，造岩矿物为橄榄石、辉石、普通角闪石、斜长石及云母等；蚀变矿物有滑石、蛇纹石、碳酸盐类及绿泥石、云母类矿物。以下仅对主要造岩矿物做简要描述。

1)橄榄石

黄山铜镍硫化物矿床镁铁—超镁铁质岩体的橄榄石主要呈半自形—他形粒状,粒径0.13~1.75 mm,部分微等向排列,裂理非常发育,沿边缘及裂理发生蛇纹石化、滑石化。岩浆侵位前部分橄榄石已经晶出,后结晶的斜长石、辉石等矿物包裹半自形橄榄石颗粒,形成包橄结构;橄榄石中析出金属矿物及铁质物质,在少部分橄榄石中含有硫化物珠滴(粒)(附录15图46)。

2)辉石

不同岩石类型中斜方辉石及单斜辉石的含量不同。斜方辉石呈自形至半自形短柱状,具两组解理,部分大颗粒的辉石包裹浑圆状的橄榄石颗粒(附录15图21),形成包橄结构;颗粒较大、自形程度较好的斜方辉石以嵌晶结构紧密堆积在一起,或以嵌晶形式出现在橄榄岩、辉石岩和辉长岩中,周围常有磁铁矿分布。斜方辉石主要蚀变成滑石(附录15图33)和次闪石(阳起石、透闪石),其次是蛇纹石、绿泥石及碳酸盐矿物;单斜辉石呈半自形或他形短柱状,以嵌晶和填隙形式出现在橄榄岩、辉石岩与辉长岩中,晶体大小不一,为不同世代的矿物,主要发生次闪石化和绿泥石化。

3)普通角闪石

主要出现在角闪辉长岩、角闪方辉橄榄岩、角闪橄榄岩、角闪二辉橄榄岩、闪长岩等岩石中,呈不规则长柱状,部分呈细粒填隙状,或包裹橄榄石形成包橄结构。薄片下呈浅褐色,常见有角闪石式两组解理,见有角闪石沿橄榄石边缘分布形成反应边结构。原生角闪石较少蚀变。

4)斜长石

主要出现在辉长岩、闪长岩中,少量出现在辉石岩及橄榄岩等岩石中。呈半自形—他形粒状和自形、半自形板状。辉长岩、闪长岩中大多呈半自形板柱状,辉石岩中呈嵌晶状包裹辉石和橄榄石,或呈填隙状分布于橄榄石和辉石间。

5)黑云母

黑云母多呈不规则片状、叶片状,粒径大小不一,多在0.15 mm左右,薄片中呈黄褐色—深褐色,多色性明显,正中突起,部分发生绿泥石化。整体呈定向排列。见有少量绢云母、金云母。

二、岩石化学特征

1. 过渡元素、稀土元素丰度

Ⅰ号岩体中主要组成部分是第二侵入亚次的主岩体。根据国家"三〇五"科技攻关项目Ⅲ$_1$课题资料,过渡金属元素中各岩相Ni的平均含量$472×10^{-6}$,比原始岩浆中的Ni含量$[(2000~3500)×10^{-6}]$大量亏损,表明是在岩浆房中因铜镍硫化物熔离作用引起的。全岩稀土元素总量比较低,表明原始岩浆是幔源的。

2. 硫同位素特征

矿区磁黄铁矿$\delta^{34}S‰$值与标准陨石S同位素$\delta^{34}S‰=-1~1$相比表明,其$\delta^{34}S$Ⅰ值在$-0.13~0.86$之间,变化范围小,表明岩体中的S来源于地幔。

三、矿石结构构造及矿石类型

1. 矿石结构

矿石结构是矿石成因的反应,不同类型的矿石因其产出条件和成矿方式不同,反映在矿石结构上亦有所不同。

(1)深熔-贯入和就地熔离方式形成的矿石:主要是岩浆与金属硫化物熔融体冷凝结晶过程中形成的。金属硫化物矿物一般晚于硅酸盐矿物冷凝结晶,空间受限,一般多呈半自形—他形晶结构(附录15图65),常见到包裹早期橄榄石、斜方辉石自形晶所形成的包含结构。硫化物数量较多时形成海绵陨铁结构(附录15图66)。磁黄铁矿和镍黄铁矿高温时呈固溶体,当温度降低时,固溶体分离形成叶片状结构。不互熔矿物常形成连晶结构。此外,矿石可见晶片结构、球粒结构和文象结构,这几种结构类型虽然分布数量少,但形成具有特殊意义。晶片结构是硫化物呈叶片状沿辉石解理分布(附录15图67),形成于岩浆期。球粒结构由磁黄铁矿+黄铜矿+镍黄铁矿连生体形成,呈圆球状包裹在辉石或橄榄石中(附录15图68),属于岩浆早期硫化物乳滴凝固而成,形成略早于橄榄石。文象结构是由橄榄石与含硫化物熔体发生化学反应形成的磁黄铁矿和黄铜矿,形态似象形文字状(附录15图69)。

(2)熔蚀改造方式形成的矿石:是被后期岩浆侵入熔蚀改造形成的,往往矿石颗粒粗大,自形程度提高,常见自形—半自形晶结构和斑状结构。

(3)后期热液活动叠加-贯入方式形成的矿石:被后期含有金属硫化物的气水热液叠加改造形成,常见有他形粒状结构(附录15图49、图70)。伴随有构造挤压时,往往出现糜棱结构、碎裂结构。

2. 矿石构造

矿石构造亦是成因条件的反映。就地熔离结晶作用形成的矿石,以浸染状构造为特点,常见有稀疏浸染状构造(附录15图71~图72)和中等浸染状构造(附录15图73),少部分为稠密浸染状构造(附录15图74),致密块状构造少见(附录15图75~图76)。

深熔-贯入作用形成的矿石,有角砾状构造,反映岩浆流动的条带状构造、脉状充填构造和块状构造。

熔蚀改造作用形成的矿石,主要有浸染状构造、斑点状构造、交代残余构造。

后期热液叠加-贯入作用形成的矿石,往往伴随有构造挤压作用,常形成星散浸染状构造、脉状(条带)构造(附录15图77~图78)、片麻状构造、揉皱构造。

3. 矿石类型

1)按矿石结构、构造划分

(1)星散浸染状构造:金属矿物含量10%~20%,有用矿物呈星散浸染状分布于透明矿物粒间,属于贫矿。由就地熔离和热液蚀变作用形成。

(2)稀疏浸染状矿石:金属硫化物含量为20%~30%,有用矿物呈稀疏浸染状分布于脉石矿物中。一般形成硫化镍低品位矿和少数硫化镍工业矿。在以就地熔离方式形成的矿体中多见。

(3)中等浸染状矿石:金属硫化物含量30%~50%,是稀疏浸染矿石到稠密浸染矿石的过渡类型,有时形成局部海绵陨铁结构,多见于工业矿石中,该类型在深熔-贯入型矿体中占主导地位。

(4)稠密浸染状矿石:金属硫化物含量50%~80%,硫化物稠密浸染,多具有海绵陨铁结构,硫化镍工业矿品位较富(Ni>1%),常出现于主矿体和其他小矿体下部,与方辉辉石岩和方辉橄榄岩关系密切。

(5)准块状—块状矿石:金属硫化物含量在80%以上,硫化物密集连片出现,形成硫化工业矿(富矿),主要分布于主矿体的下部,有时也见于脉状矿石和角砾状矿石中。

(6)似片麻状矿石:是在冷凝结晶过程中受到构造挤压作用形成的,脉石矿物拉长形成似片麻状,金属矿物拉长呈条带状充填于脉石矿物间。金属硫化物含量多少不等,多形成硫化镍低品位矿,少数工业矿中亦可见到,主要出现于与构造有关的矿体中,如32号、34号矿体等,含矿岩石多为绿泥滑石岩。

2)按成因方式划分

(1)就地熔离型矿石:岩浆就位后,伴随硅酸盐矿物结晶的同时金属硫化物从岩浆中熔离,聚集而形成的矿石,受岩相控制多形成一些小矿体,品位较低,以浸染状为主,工业意义不大。当熔离聚集时,受到外力挤压,会有短距离的位移,但不超出岩相范围,形成局部贯入矿石,金属硫化物相对富集,形成小规模、脉状工业矿石。

(2)深源熔离-贯入型矿石:黄山铜镍矿最重要的矿石类型,主矿体由其组成。是岩浆在深源经分异作用、熔离作用形成的富含硫化物熔体的岩浆侵位后(断裂面提供的空间),分异作用尚不充分就已凝固而形成的。其特征是含矿岩石类型多样(与就地熔离型矿石相比而言),岩浆中将近一半是金属硫化物,分异时间较短即已凝固。表现为明显的岩相分带,矿量很大,但硫化物没有充分的时间聚集,仍以浸染状工业矿为主。

(3) 熔蚀-改造型矿石：是前述辉长闪长岩型矿石。

(4) 热液交代型矿石：产于构造破碎带，不同方向裂隙充填的矿石，是矿区最晚一次成矿作用形成的，其特征是有明显的热液活动迹象。如有益组分中出现紫硫镍矿、墨铜矿、针镍矿、闪锌矿等，出现交代作用的结构、构造，如交代网格结构、斑点结构，脉状构造等。裂隙充填的矿石多产在小型矿体中，产生构造破碎带的矿体，规模可达中小型。如1号、2号和34号矿体，有一定的矿石量。

3) 按物质组分和工业利用途径划分

根据矿石物质组分和工业利用途径，黄山铜镍矿的矿石工业类型主要是硫化镍矿石，依据 Ni 含量的不同，又可分为工业矿石和低品位矿石，又鉴于所有矿体均呈盲矿体产出，硫化率大于70%，均属原生矿石，硫化率小于45%的氧化矿石微乎其微，不具工业意义。

硫化镍工业矿石：Ni 含量大于等于0.3%，是矿区的主要工业类型。分布广，储量比例大。

硫化镍低品位矿石：Ni 品位大于等于0.2%、小于0.3%，主要分布于主矿体的边缘局部地段和工业意义不大的一些零星小矿体中。

四、矿物共生组合、成矿期和矿物生成顺序

黄山铜镍矿主要形成于岩浆晚期阶段，部分延续至热液期，表生期对矿床的价值微不足道（表15-8）。岩浆晚期阶段形成的深熔-贯入型和就地熔离型矿石为典型的磁黄铁矿、镍黄铁矿和黄铜矿组合。有益矿物组合种类单纯，随着岩浆演化和硫化物的大量晶出，硫化物熔体成分发生改变，向富铜矿方向演化，磁黄铁矿和镍黄铁矿明显减少，黄铜矿显著增加，所以在后期辉长闪长岩体侵入形成的溶蚀-改造型矿石中，形成磁黄铁矿、黄铜矿和镍黄铁矿的组合，Cu/(Cu+Ni)比值明显增高；到热液期，随着氧逸度的增加，出现砷化物并生成典型的镍的热液矿物，如紫硫镍矿、黄铁矿、针镍矿、辉砷镍矿等，矿物组合中矿物种类较复杂。热液期的成矿作用在黄山矿区仅占很次要地位，但往往叠加在早期形成的矿体上，使矿物组合变得复杂。

表 15-8 黄山铜镍矿矿床中矿物生成顺序简表

期次	岩浆期		热液期	表生期
阶段	早期阶段	晚期阶段	热液阶段	表生阶段
橄榄石	——			
斜方辉石	——			
单斜辉石	——			
普通角闪石	——			
基性斜长石	——			
白云母		—		
蛇纹石			——	
滑石			—	
绿泥石			—	
铬尖晶石	—			
磁铁矿		—	—	
钛铁矿		—		
镍黄铁矿		——	—	
磁黄铁矿		——	——	
黄铜矿		—	——	
辉砷钴镍矿			—	
辉砷钴矿			—	
方硫镍矿			—	

续表 15-8

期次	岩浆期		热液期	表生期
阶段	早期阶段	晚期阶段	热液阶段	表生阶段
方黄铜矿			—	
马基诺矿			—	
紫硫镍矿			—	
针镍矿			—	
银镍黄铁矿			—	
黄铁矿		—		
白铁矿			—	
墨铜矿			—	
闪锌矿		—		
孔雀石				—
黄钾铁矾				—
褐铁矿				—
标型元素	Mg、Fe、Cr、O	Fe、Ni、Cu、S	Cu、S、As	CO_3^{2-}、SO_4^{2-}、OH^-
形成温度/℃	850~1650	350	>60	<60
矿石结构类型	自形—半自形结构	半自形—海绵陨铁结构	出溶、交代结构	
矿石构造类型	星点状构造	浸染状、块状构造	细脉—浸染状构造	土状、薄膜状构造
典型矿物组合	橄榄石+铬尖晶石+磁铁矿	磁黄铁矿+镍黄铁矿+黄铜矿、橄榄石+磁铁矿	紫硫镍矿+黄铜矿+黄铁矿	孔雀石+褐铁矿+黄钾铁矾

第六节 矿石工艺矿物学特点

新疆哈密黄山铜镍矿原矿中的 Ni、Cu 平均品位分别为 0.39%、0.26%，矿石矿物以金属硫化物为主，少量氧化物。金属硫化物以磁黄铁矿、镍黄铁矿和黄铜矿为主，含量分别为大于 80%、14%、6%，次要矿物有紫硫镍矿、四方硫铁矿（马基诺矿）、黄铁矿、白铁矿、闪锌矿、针镍矿、墨铜矿、方硫镍矿和方黄铜矿等，稀少矿物有银镍黄铁矿、砷铂矿、辉砷镍矿和辉砷钴矿等。表生矿物有孔雀石、镍华、黄钾铁矾、褐铁矿和石膏等。脉石矿物主要有橄榄石、辉石、角闪石、斜长石、云母及蚀变形成的蛇纹石、滑石、阳起石、绿泥石、菱镁矿、方解石。

一、有益、有害元素赋存状态特点

矿床中 Ni 为主要成矿元素，主要伴生元素为 Cu、Co，其含量大都较低（贫矿多，富矿极少）。伴生有益组分为 Ag、Se、铂族元素及 Au 等，在部分矿石中可达到综合回收指标。

矿石中主要镍矿物为镍黄铁矿及紫硫镍矿，主要铜矿物为黄铜矿；Co 主要赋存于黄铁矿、磁黄铁矿、镍黄铁矿、紫硫镍矿中。

矿石中有害元素主要为 F、S、Cr 及 As、Bi、Sb 等，有害元素含量均较低，对矿石的选冶性能没有大的影响。

1. 有益元素赋存状态及评价

Ni：在各矿体中的最低含量 0.21%，最高含量 1.85%，在个别地段单样品中含量可达 3% 以上。矿体中镍工业矿较多，低品位矿较少，工业矿（富矿）主要分布于 30 号、31 号矿体中下部。据 Ni 在超基性岩矿石及辉长闪长岩矿石中的配分计算（表 15-9），Ni 多以独立的硫化物矿物形式出现，主要为镍黄铁矿、紫硫镍矿、辉砷钴镍矿等，部分以类质同象形式出现在磁黄铁矿和黄铜矿中，硫化物中的配分率在 88% 以上；其余以类质同象形式存在于造岩矿物中，配分率在 12% 以下，其中以橄榄石中的含量最高。

Cu、Co：在各矿体中的最低含量0.11%，最高含量达1.8%，辉长闪长岩体中的含量相对高于超基性岩中的矿体。Co 最低含量0.011%，最高含量达0.08%，超基性岩体中的含量高于辉长闪长岩体、矿体中的含量。Cu、Co 均与主要成矿元素 Ni 的关系密切，因而 Cu、Co 的含量随着 Ni 含量的增高而增高，在硫化镍工业矿（富矿）中尤为突出，以30号、31号矿体最为明显。

Cu 在辉长闪长岩体中的赋存形式较为复杂，为多次叠加形成。Co 的形成作用较为单一。据 Cu、Co 在矿石中的配分计算（表15-9），84%以上的 Cu 赋存于硫化物中，以黄铜矿中最高，可达81%以上；其余以氧化物形式或类质同象形式存在于造岩矿物中。Co 在超基性岩中，63%以上以类质同象形式存在于金属硫化物中，其中镍黄铁矿中的配分率占44%以上，其次是磁黄铁矿等硫化物；造岩矿物中配分率在37%以下，以橄榄石、辉石中较高，均以类质同象形式进入硅酸盐晶格。在辉长闪长岩矿石中52%左右的 Co 进入硅酸盐矿物晶格，以斜长石、辉石中较高，其余赋存于硫化矿物中。Co 的独立矿物少见，个别地段可见热液阶段形成的辉砷钴矿。

表15-9 黄山铜镍矿矿石中 Ni、Co、Cu 配分率　　　　　　单位：%

矿体	名称	矿物含量	单矿物中 Ni	矿石中 Ni	矿石中 Ni 配分率	单矿物中 Co	矿石中 Co	矿石中 Co 配分率	单矿物中 Cu	矿石中 Cu	矿石中 Cu 配分率	备注
超基性岩中矿体	橄榄石	35.5	0.092	0.033	6.613	0.017	0.006	12.245	0.040	0.014	6.009	矿物含量为均匀化的均值，氧化状态下的铜未列入工业矿体，因而矿石中的铜总体偏低
	斜方辉石	23.4	0.051	0.012	2.405	0.016	0.004	8.163	0.052	0.012	5.150	
	普通辉石	15.6	0.041	0.006	1.203	0.031	0.005	10.204	0.040	0.006	2.575	
	角闪石	9.0	0.051	0.005	1.003	0.024	0.002	4.082	0.041	0.004	7.717	
	斜长石	4.0	0.026	0.001	0.200	0.018	0.001	2.041				
	硅酸盐(Σ)	87.1		0.057	11.424		0.018	36.735		0.036	15.451	
	磁黄铁矿	11.16	0.41	0.046	9.218	0.082	0.009	18.367	0.078	0.009	3.863	
	镍黄铁矿	1.19	33.25	0.395	79.158	1.820	0.022	44.898	0.044	0.001	0.429	
	黄铜矿	0.55	0.11	0.001	0.200	0.040			34.040	0.187	80.257	
	硫化物(Σ)	12.9		0.442	88.576		0.030	63.265		0.197	84.549	
	总计	100.0		0.499	100.00		0.049	100.00		0.233	100.00	
	基本分析			0.53			0.030			0.330		
	组合分析			0.49			0.031			0.310		
辉长闪长岩中矿体	斜方辉石	21.6	0.051	0.011	2.204	0.026	0.006	14.285	0.050	0.011	3.005	
	普通辉石	17.4	0.044	0.008	1.603	0.028	0.005	11.905	0.072	0.013	3.550	
	角闪石	4.4	0.015	0.001	0.200	0.060	0.003	7.143	0.064	0.003	0.820	
	斜长石	43.5	0.040	0.017	3.407	0.019	0.008	19.048	0.064	0.028	7.650	
	硅酸盐(Σ)	86.9		0.037	7.414		0.022	52.381		0.055	15.027	
	磁黄铁矿	11.06	0.410	0.045	9.018	0.100	0.011	26.190	0.085	0.009	2.459	
	镍黄铁矿	1.17	35.61	0.417	83.568	0.750	0.009	21.429	0.260	0.003	0.820	
	黄铜矿	0.87	0.045			0.020			34.320	0.299	81.694	
	硫化物(Σ)	13.1		0.462	92.586		0.020	47.619		0.311	84.973	
	总计	100.0		0.499	100.00		0.042	100.00		0.366	100.00	
	基本分析			0.500			0.019			0.37		
	组合分析			0.520			0.018			0.36		

Ag、Se：为该矿床的有益伴生元素,组合样单样（下同）Ag 最低含量 0.87×10^{-6},最高达 20.59×10^{-6}；Se 最低含量 0.3×10^{-6},最高达 26×10^{-6}；Ag、Se 在大多数矿体中的品位均达到伴生组分的工业要求。Ag 含量变化系数较稳定,无明显的富集规律。Se 在硫化镍工业矿体中的含量相对较低,变化均匀,在工业矿（富矿）中含量则较高。热液叠加作用对 Se 的富集有一定的影响。据矿相资料,Ag 的独立矿物很少,由于 Ag 的亲铜性,大多以类质同象形式存在于 Cu 的硫化物矿物中,个别地段可见热液阶段形成的银镍黄铁矿,银镍黄铁矿大多数分布在辉长闪长岩体中。未见 Se 的独立矿物,主要以类质同象形式进入硫化物的晶格中。Ag、Se 与 Fe 的关系较为密切,在辉长闪长岩矿体中更为明显。

Au、Te 及铂族元素：鉴于铂族元素中 Os、Ir、Ru、Rh 含量多在分析起点以下,因此,未对其进行平均品位的计算。Au、Bt、Pd 的含量变化较大,无一定的富集规律。个别小矿体中 Au 平均含量在伴生品位以上,但由于较分散,综合利用的价值很小。Pt、Pd 在局部地段含量较高,但不具富集体,对其高含量地段进行分析研究,发现 76% 以上高值样品均与矿体中的构造部位及蚀变岩石有关。据光片统计,矿石中未见到这些元素的独立矿物,大多以类质同象形式赋存于硫化物中,一部分 Pt、Pb 以离子吸附形式聚集在蚀变岩中。

2. 有害元素赋存状态及评价

矿石中有害元素主要为 F、S、Cr 及 As、Bi、Sb 等。

F：含量最低 23.70×10^{-6},最高 313.00×10^{-6},在辉长闪长岩中小矿体含量高于超基性岩矿体中的含量,其中 30 号主矿体相对较低。主要分散于脉石矿物及以类质同象形式赋存于硫化物矿物中。与 Ag、Se 关系密切。

S：最低含量 0.36%,最高含量 14.68%,在富矿中含量较高,主要赋存于硫化物矿物中。

Cr：最低含量 0.02%,最高含量 0.5%,以 30 号、31 号主矿体中含量较高,辉长闪长岩矿体中含量最低,大多以类质同象或以铬铁矿、铬尖晶石矿物的形式分散于镁铁矿物中。

As：含量范围 0～0.0348%,含量低而分散,未见独立矿物出现,As 与 Ni、Co 关系密切,多以类质同象形式进入 Ni、Co 的硫化物中。辉长闪长岩矿体中的个别地段可见热液阶段形成的辉砷钴镍矿。

Bi：含量范围 0～0.045%,含量相当低,多数未达分析起点,分布分散,变化无一定规律。

Sb：含量范围 0.07%～3.6%,含量低,基本呈正态分布,未发现 Sb 的独立矿物,多赋存于铁镁矿物中,少量以类质同象形式赋存于硫化物中。

Pb、Zn：矿床中含量较低,在 0.01% 以下,独立矿物少见,个别地段可见热液期形成的闪锌矿,与辉长闪长岩体中小矿体有关。

综上所述,该矿床中有害元素含量均偏低,对矿石的选冶性能没有大的影响。

二、主要矿石矿物粒径及嵌布方式

1. 矿石矿物粒径

本矿床中的矿石矿物主要指硫铁矿及含铜镍硫化物,如磁黄铁矿、镍黄铁矿及黄铜矿,占全部金属硫化物总量的 98% 以上。其嵌布粒径主要分为结晶嵌布粒径和工艺嵌布粒径两种类型,结晶嵌布粒径是指矿石矿物晶粒实际大小,常以 mm 表示。矿石中磁黄铁矿结晶嵌布粒径较粗,多数在 0.06～1.0 mm 之间,少量小于 0.05 mm。黄铜矿粒径多数集中在 0.06～0.35 mm 之间,少量在 0.003～0.05 mm 之间,粒径分布较均一。镍黄铁矿粒径较粗,多数在 0.06～0.8 mm 之间,少量小于 0.05 mm。矿石矿物工艺嵌布粒径按要求一般划分为 6 个级别（表 15-10）,每个级别的矿物颗粒大小及选别方式都有所不同,主要取决于矿石类型和工艺特性。由表 15-10 可知,磁黄铁矿工艺嵌布粒径主要为 0.2～2 mm±,属于中粒级,约占总数的 50.7%。次为细粒级和微粒级,分别为 31.2% 和 13.3%,以中—细粒为主。镍黄铁矿中粒级占多数,约 53.7%,次为细粒级,占 40.0%,以中细粒居多为特点。黄铜矿粒径以细粒级为绝大多数,占 55.2%。因此,有用矿物嵌布粒径特性是属于中—细粒占优势不等粒矿石,其嵌布粒径有利于有用矿物选别。

表 15-10　黄山铜镍矿矿石矿物嵌布粒径分布表

序号	嵌布方式	嵌布粒径	磁黄铁矿		镍黄铁矿		黄铜矿	
			个数	比例/%	个数	比例/%	个数	比例/%
1	粗粒嵌布	>2 mm	21	3.7	0	0.0	0	0.0
2	中粒嵌布	2～>0.2 mm	289	50.7	219	53.7	95	36.7
3	细粒嵌布	0.2～>0.02 mm	178	31.2	163	40.0	143	55.2
4	微粒嵌布	20～>2 μm	76	13.3	21	5.1	18	6.9
5	次显微嵌布	2～>0.2 μm	6	1.1	5	1.2	3	1.2
6	胶体分散	≤0.2 μm	0	0.0	0	0.0	0	0.0
	合计		570	100.0	408	100.0	259	100.0

2. 矿石矿物晶粒形态及嵌布方式

矿石矿物按其结晶完整程度分为自形晶、半自形晶和他形晶,以他形晶为主,半自形晶次之,自形晶少见。最大特点是晶粒外形较规则,无论是连生体还是单晶粒,其晶粒多数边界平直或以简单曲线包围(附录 15 图 79～图 80)。磁黄铁矿多呈规则他形粒状,多与黄铜矿及镍黄铁矿连生在一起或自身呈聚粒状产出,相互包裹、交代和交生现象少见,易于与其他矿物分离。镍黄铁矿呈半自形—他形粒状,多数外形规则,与其他金属矿物的嵌布关系简单,多数与磁黄铁矿、黄铜矿规则连生在一起,且粒径较大,易于单体解离选别。黄铜矿以他形晶为主,少部分为半自形晶,多数颗粒外形较规则,边缘以直线、简单曲线和不规则曲线与其他矿物接触。晶粒与晶粒之间接触面多比较平坦光滑,有利于金属矿物破碎、单体解离及选别。此外,矿石中有少量包含结构和固溶体分离结构,主要表现为黄铜矿被包裹于脉石矿物中,且粒径细,有少量镍黄铁矿与磁黄铁矿呈固溶体交生,但这些所占比例很小,对矿石中铜镍的回收总体上影响不大。

3. 矿石构造及相对可选性

矿石构造相对比较简单,主要为浸染状构造,以稀疏浸染状和中等浸染状构造为主,脉状构造及块状构造数量少,对于铜镍矿石而言,这些构造类型有利于矿石矿物的单体解离和选别。

4. 矿石中矿物连生体的连生特性研究

矿石中矿石矿物连生体种类主要分为以下两种类型。

(1)有用矿物和有用矿物连生:常见有磁黄铁矿＋镍黄铁矿＋黄铜矿连生,在矿石中最多;黄铜矿与镍黄铁矿连生,在矿石中常见;黄铜矿与磁黄铁矿连生,在矿石中常见。

(2)有用矿物与脉石矿物连生:有用矿物被包裹于脉石矿物中,在矿石中常见;有用矿物分布于脉石矿物粒间,在矿石中多见;有用矿物沿脉石矿物微裂隙分布,在矿石中多见。

5. 矿石中连生体结构特点

依不同矿物之间嵌布关系分为以下 3 种情况。

(1)毗邻连生:矿石中不同金属硫化物颗粒毗邻接触,矿物颗粒形态多呈粒状,接触界线光滑平直或呈简单曲线状,这类结构在矿石中占多数,在 80% 以上,一般容易单体解离。

(2)包裹连生:一种矿物被包裹在另一种矿物中,矿石中常见脉石矿物包裹黄铜矿等细粒硫化物;硫化物之间相互包裹现象在矿石中少见。

(3)穿插连生:一种矿物颗粒由连生体边缘穿插到另一种矿物颗粒的内部,磁黄铁矿与镍黄铁矿穿插连生,由固溶体分离或交代作用形成。

三、矿石工艺矿物学特点及选矿方法

矿石中有用元素主要为 Cu、Ni,其他伴生有益元素为 Pb、Zn、Au、Ag、W、Mo、Bi、Co 等,但含量很低。矿石中有害组分为 F、S、Ge 及 As、Bi 等,除 S 含量较高外,其他元素含量均很低,不会对矿石选冶产生影响。目的矿物嵌布粒径较粗,在 0.005~0.85 mm 之间,多数为 0.05~0.50 mm,属于中细粒级。嵌布形式主要为毗邻连生,形态规则,接触界线平直简单,复杂交生及相互包裹现象少见,有利于目的矿物的单体解离、选别。

黄山铜镍矿属高氧化镁低品位铜镍矿,入选品位 Cu 0.26%、Ni 0.39%、MgO 29.41%,属高 MgO,品位较低的铜镍矿,脉石中富含蚀变矿物滑石、蛇纹石,这给选矿带来了很大的影响。采用预先浮选滑石—铜镍混选—铜镍分离工艺流程取得了较好的工艺指标。镍精矿产率 2.73%,含 Ni 10.46%、含 Cu 0.95%、含 Ag 21.12g/t、含 Co 0.51%,回收率 73.80%;铜精矿产率 0.85%,含 Cu 20.58%、含 Ni 0.89%、含 Au 1.63g/t、含 Ag 51.35g/t,回收率 66.38%。

第七节 矿床成因和成矿模式探讨

一、成矿作用方式的划分

根据矿体类型和矿石类型的划分,结合受控条件综合归纳,黄山铜镍矿成矿作用方式可划分为:①深熔-贯入作用,受主含矿岩体控制(硫化物熔融体未发生位移);②就地熔离作用,受岩相控制(硫化物熔融体发生短距离位移);③溶蚀-改造作用,受两次侵入体接触带的控制(晚期含矿残余岩浆贯入作用);④晚期残浆-热液叠加作用,受断层或裂隙控制(气水热液交代作用)。成矿作用方式的不同,是原始岩浆自身运动和构造活动综合作用的结果。

二、Ⅰ号岩体原始岩浆类型

Ⅰ号岩体中的稀土元素质量和分布型式,S 同位素千分值,Rb、Sr 同位素初始比等资料均说明原始岩浆物质是幔源的。

根据地幔岩分熔-分凝理论,地幔岩呈底辟上升,随压力逐渐降低,分熔程度不断增加,在上升的不同部位形成不同的岩浆类型,国家"三○五"科技攻关项目Ⅲ₁课题认为Ⅰ号岩体的原始岩浆类型是橄榄拉斑玄武岩。原始的橄榄拉斑玄武质岩浆沿康古尔塔格深大断裂侵入到地壳形成一个岩浆房,Ⅰ号岩体和铜镍矿床的形成均与这个岩浆房有关。

三、岩体成因模式

岩浆物质自身分异作用、与相适应的构造活动共同综合作用,最终才能形成具体的岩体,高序次超壳深大断层(康古尔塔格深大断裂),因其切穿地壳到达上地幔,是地幔物质上涌通道,在地壳深处形成一个岩浆房,较低序次的大断裂(如黄山 F_9 断裂带)是岩浆侵入的通道,经过分异了的岩浆在有利的构造部位聚集形成岩体,黄山铜镍矿床Ⅰ号岩体成因模式示意见图 15-3。

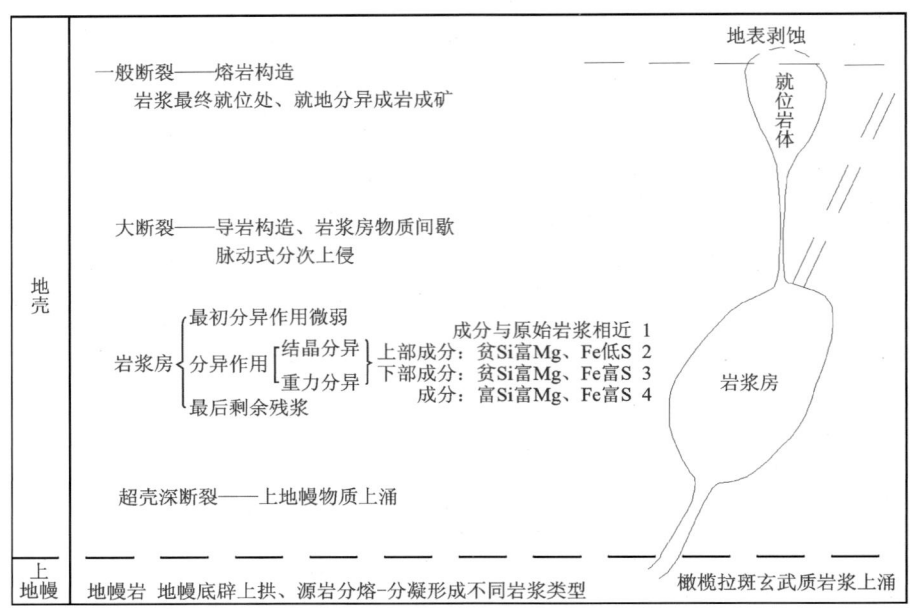

1.斜长角闪橄榄岩体;2.角闪二辉辉石岩相;3.次角闪二辉橄榄岩相;4.辉长闪长岩体。

图 15-3　哈密市黄山铜镍矿床Ⅰ号岩体成因模式示意图

四、成岩成矿作用过程

根据各期次岩体的形态产状、岩相特征、接触关系和矿化特征以及与深部岩浆分异的关系,将Ⅰ号岩体成岩成矿作用综合表示在图 15-4 中,该图是成因模式图中的"就位岩体"部分。

图中①是岩浆房最初分异作用微弱时侵入形成的岩体,即斜长角闪橄榄岩体,成分接近原始岩浆成分,无明显矿化作用。

图中②是岩浆房"分层"结构上面那部分侵入形成的主岩体,由于构造环境比较稳定且持续时间较长,就地分异作用进行得较为彻底,形成连续岩相序列,由上而下基性程度逐渐增高。

由于岩浆房中金属硫化物大部分沉向下部,岩体规模虽然很大,成矿作用却很微弱,仅在局部地段形成规模很小的熔离型铜、镍硫化物上悬矿体或底部矿体。

图中③是岩浆房"分层"结构下面富含金属硫化物那部分侵入形成的主含矿岩体。受构造断裂控制沿先成岩体一侧侵入或穿插。由于环境不稳定,持续时间较短,不能形成具有一定空间规模的岩相系列。其中所含金属硫化物是整个岩浆房物质经熔离作用形成的,造就了岩体富含矿浆,形成深熔-贯入式的矿体,对矿床的形成具有决定性作用。

图中④是岩浆房剩余残浆最后侵入形成的辉长闪长岩体,自先期岩体底部及两侧向上侵入。成分相当于石英拉斑玄武岩。相对富硅,低镁、铁及少量金属硫化物,与前相相比,Cu/(Cu+Ni)增大,Cu 的比率增加。成矿作用主要表现在对先期主矿体的底部进行熔蚀,并叠加自身的硫化物进行改造,在原地或辉长闪长岩体上部重新冷凝结晶形成矿体。

最后岩浆房中的晚期残余岩浆及气水热液向上运移,沿先期岩体中的断层、裂隙充填贯入或交代。

黄山铜镍矿床产于觉罗塔格晚古生代造山带,造山带汇聚-碰撞后,沿弛张性深断裂上升的、上地幔局部熔融分离出的橄榄质拉斑玄武岩浆,到达一定深度中间岩浆房,经液态重力分异,不同成分的岩浆分层,上部比重较轻的偏酸性岩浆先上升侵位,同化围岩并发生就地分异作用,后期侵位是岩浆房底部比重最大的超镁铁质岩浆及熔离出的金属硫化物,向底部及外接触带运移富集。在构造活动协调作用下,脉动式分层上侵形成了与镁铁—超镁铁杂岩有关的、以就地熔离-贯入为主的多种成矿作用的镍铜硫化物矿床。

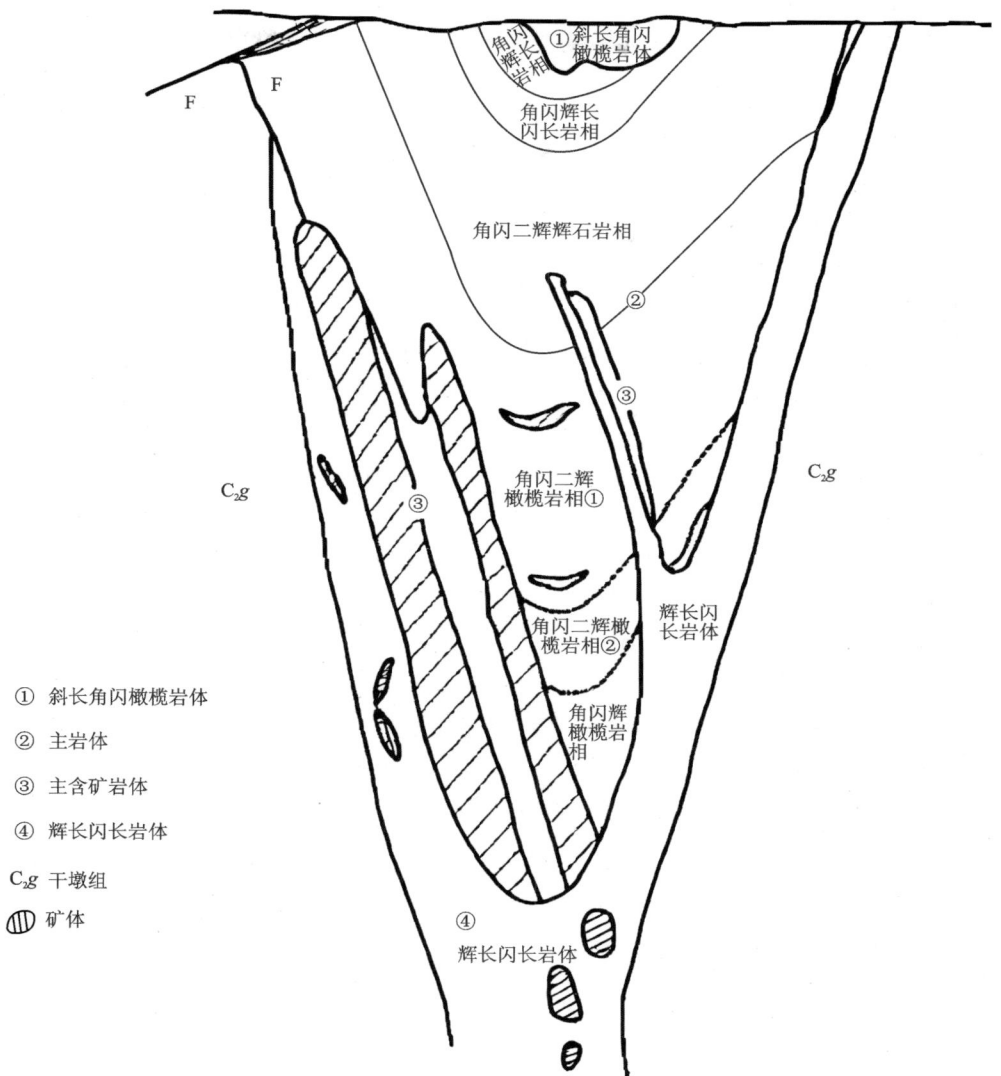

图 15-4 黄山铜镍矿床Ⅰ号岩体成矿作用综合示意图

主要参考文献

柴凤梅,2006.新疆北部三个与岩浆型Ni-Cu硫化物矿床有关的镁铁—超镁铁质岩的地球化学特征对比研究[D].北京:中国地质大学.

邓宇峰,宋谢炎,颉炜,等,2011.新疆北天山黄山东含铜镍矿镁铁—超镁铁岩体的岩石成因:主量元素、微量元素和Sr-Nd同位素证据[J].地质学报,85(9):1435-1451.

傅飘儿,2009.新疆黄山铜镍硫化物矿床成矿作用过程[D].兰州:兰州大学.

傅飘儿,胡沛青,张铭杰,等,2009.新疆黄山铜镍硫化物矿床成矿岩浆作用过程[J].地球化学,38(5):432-448.

胡沛青,任立业,傅飘儿,等,2010.新疆哈密黄山东铜镍硫化物矿床成岩成矿作用[J].矿床地质,29(1):158-168.

李彤泰,2011.新疆哈密市黄山基性—超基性岩带铜镍矿床地质特征及矿床成因[J].西北地质,44(1):54-60.

毛景文,PIRAJNO F,张作衡,等,2006.天山—阿尔泰东部地区海西晚期后碰撞铜镍硫化物矿床:主要特点及可能与地幔柱的关系[J].地质学报,80(7):925-942.

毛景文,杨建民,屈文俊,等,2002.新疆黄山东铜镍硫化物矿床Re-Os同位素测定及其地球动力学意义[J].矿床地质,21(4):323-330.

毛亚晶,秦克章,唐冬梅,等,2014.东天山岩浆铜镍硫化物矿床的多期次岩浆侵位与成矿作用——以黄山铜镍矿床为例[J].岩石学报,30(6):1575-1594.

王京彬,王玉往,周涛发,2008.新疆北部后碰撞与幔源岩浆有关的成矿谱系[J].岩石学报,24(4):743-752.

王润民,刘德权,殷定泰,1987.新疆哈密土墩—黄山一带铜镍硫化物矿床成矿控制条件及找矿方向的研究[J].矿物岩石,7(1):1-152.

王玉往,王京彬,王莉娟,等,2004.新疆哈密黄山地区铜镍硫化物矿床的稀土元素特征及意义[J].岩石学报,20(4):935-948.

夏明哲,姜常义,钱壮志,等,2010.新疆东天山黄山东岩体地球化学特征与岩石成因[J].岩石学报,26(8):2413-2430.

谢军辉,朱凌霄,2011.哈密黄山铜镍矿矿床成因分析及找矿思路探索[J].新疆有色金属(1):33-41.

内部资料

路巍巍,王恒,等,2008.新疆哈密市黄山铜镍矿补充详查报告[R].哈密:新疆地矿局第六地质大队.

附录 14　图片及说明

图 1　黄山铜镍矿矿区早期勘探时照片

图 2　矿区地表风化残留的辉长岩砾石

外形圆润有光亮的风化表皮，类似"陨石"，被当作观赏石收藏

图 3　黄山铜镍矿矿石表面金属矿物的锈色

图 4　斜长角闪橄榄岩

图 5　含硫化物细脉的闪长岩

图 6　含硫化物的辉长岩

图7 金云母角闪辉长苏长岩

图8 含金属硫化物角闪二辉橄辉岩

图9 方辉橄榄岩

图10 绿泥石滑石片岩

图11 黑云角闪石英片岩 50× 单偏光
岩石具纤柱—粒状变晶结构，由次生矿物角闪石、黑云母及石英等构成，平行定向分布。

图12 斜长角闪片岩 50× 正交偏光
岩石具纤柱—粒状变晶结构，由次生矿物角闪石、斜长石及石英等构成，平行定向分布。

图 13　滑石绿泥石片岩　100×　正交偏光

岩石具鳞片粒状变晶结构,由次生蚀变矿物滑石、绿泥石及菱镁矿构成,平行定向分布。

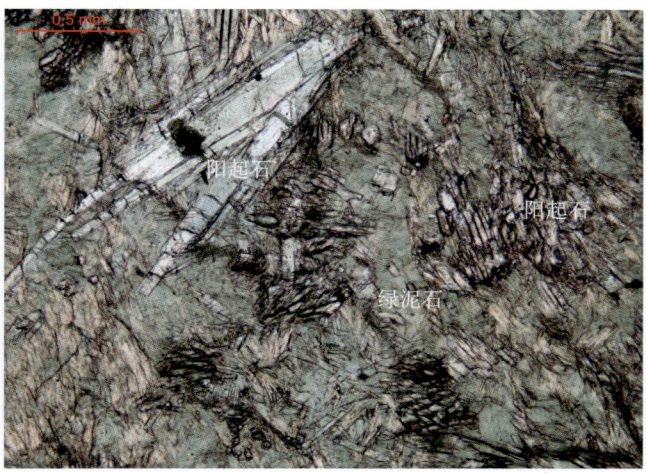

图 14　绿泥石阳起石岩　50×　单偏光

岩石具鳞片—纤状变晶结构,由次生矿物阳起石、绿泥石等构成。

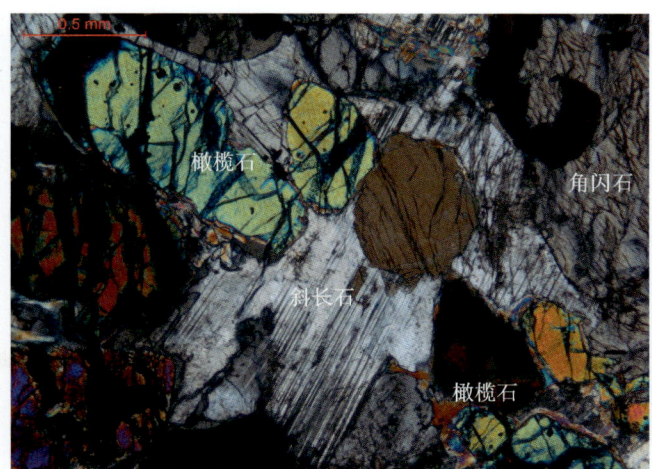

图 15　斜长角闪橄榄岩　50×　正交偏光

岩石具半自形—他形粒状结构,由角闪石、斜长石、辉石和橄榄石构成,斜长石中包裹橄榄石。

图 16　闪长岩　50×　正交偏光

岩石具半自形—他形粒状结构,主要由角闪石、斜长石构成。

图 17　橄榄辉长苏长岩　50×　正交偏光

岩石具半自形—他形粒状结构,由橄榄石、普通辉石、斜方辉石及斜长石构成,斜长石中包裹橄榄石。

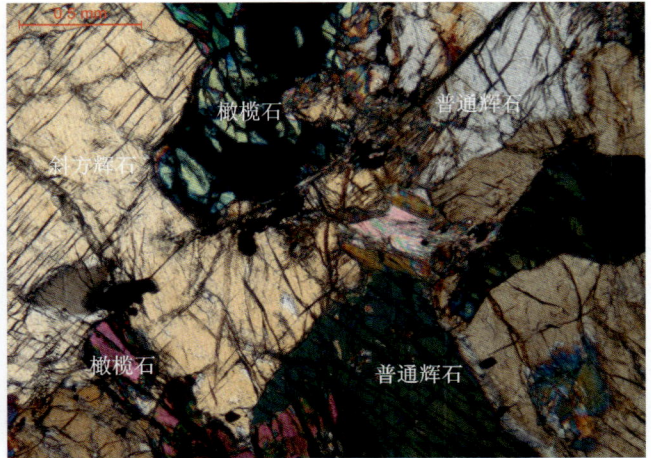

图 18　橄榄二辉岩　50×　正交偏光

岩石具半自形—他形粒状结构,由橄榄石、斜方辉石及普通辉石构成。

图 19　角闪橄榄二辉岩　50×　正交偏光
岩石具半自形—他形粒状结构，由橄榄石、斜方辉石、普通辉石及普通角闪石构成。

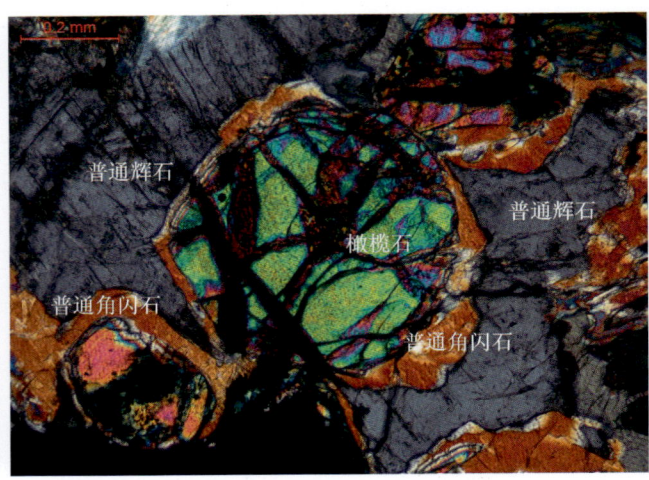

图 20　原生反应边结构　100×　正交偏光
早期结晶形成的橄榄石与熔浆反应产生普通角闪石反应边。

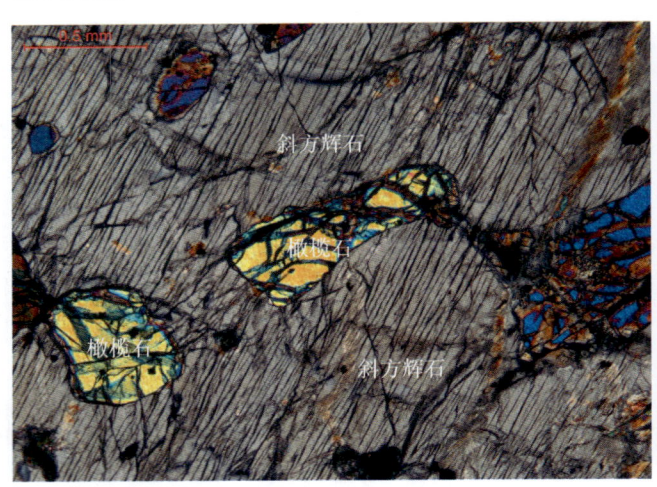

图 21　包橄结构 1　50×　正交偏光
在斜方辉石中包裹细粒橄榄石。

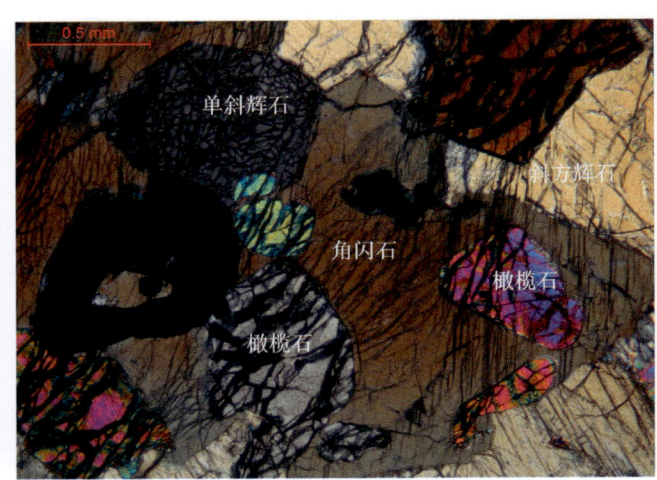

图 22　角闪二辉橄榄岩　50×　正交偏光
岩石具半自形—他形粒状结构，由橄榄石、斜方辉石、单斜辉石及角闪石构成。

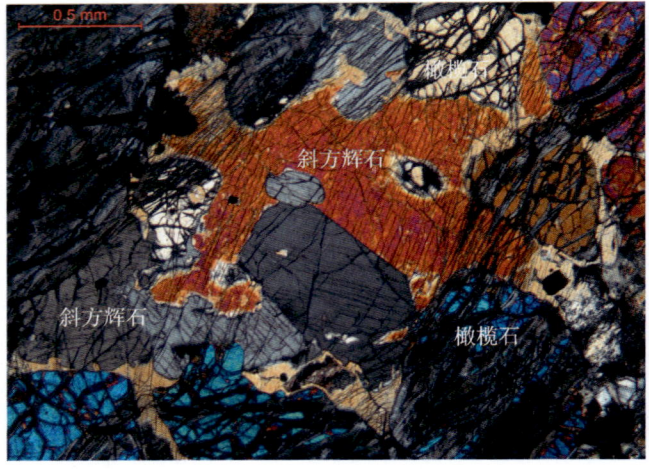

图 23　方辉橄榄岩　50×　正交偏光
岩石具半自形—他形粒状结构，由橄榄石、斜方辉石构成，部分辉石被蛇纹石交代。

图 24　包橄结构 2　100×　正交偏光
岩石具包橄结构，在斜方辉石中包裹细粒橄榄石。

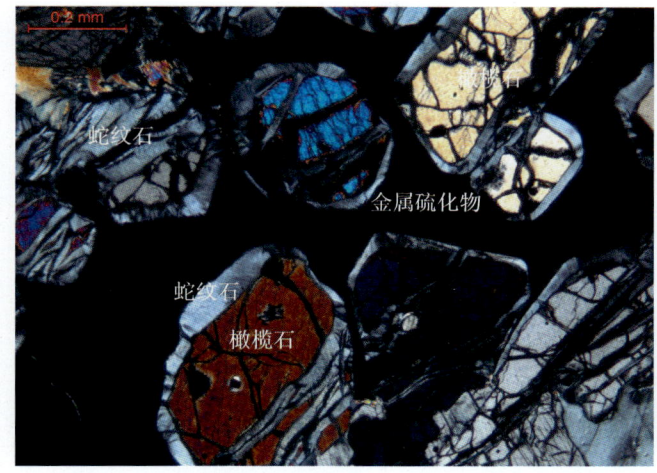
图 25　蛇纹石化(交代环边结构)　100×　正交偏光
金属硫化物充填于透明矿物橄榄石、辉石粒间,形成海绵陨铁结构。橄榄石被蛇纹石交代形成环边结构。

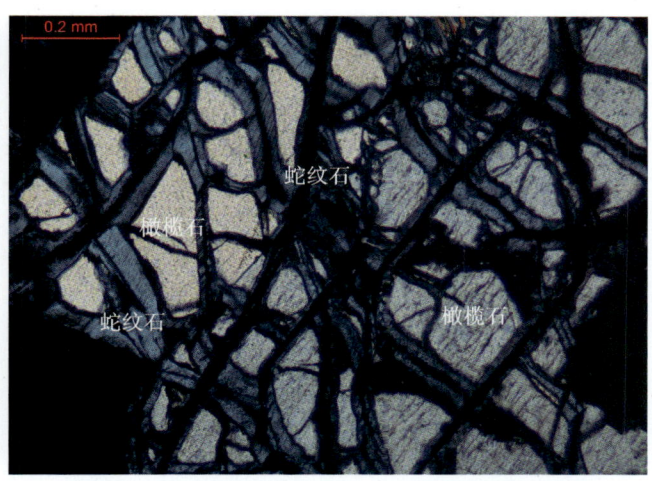
图 26　蛇纹石化(交代网格结构)　100×　正交偏光
橄榄石被蛇纹石沿裂理交代呈网格状分布。

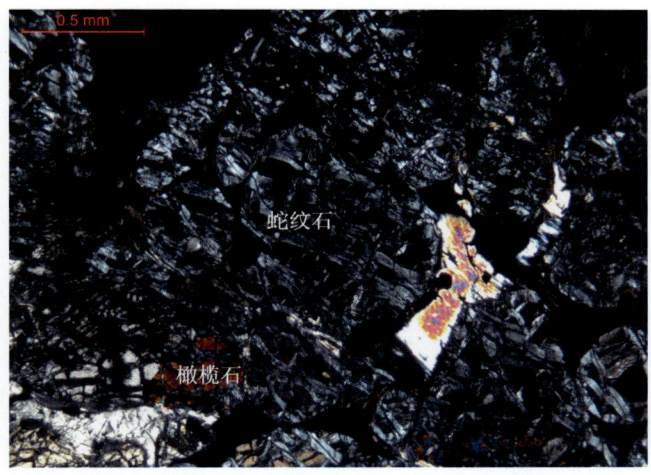
图 27　蛇纹石化(交代残余结构)　50×　正交偏光
岩石中原生矿物辉石、橄榄石大部分被蛇纹石取代,仅有少量橄榄石被保留,呈交代残余结构。

图 28　蛇纹石化(交代假象结构)　50×　正交偏光
橄榄石被蛇纹石取代呈交代假象分布。

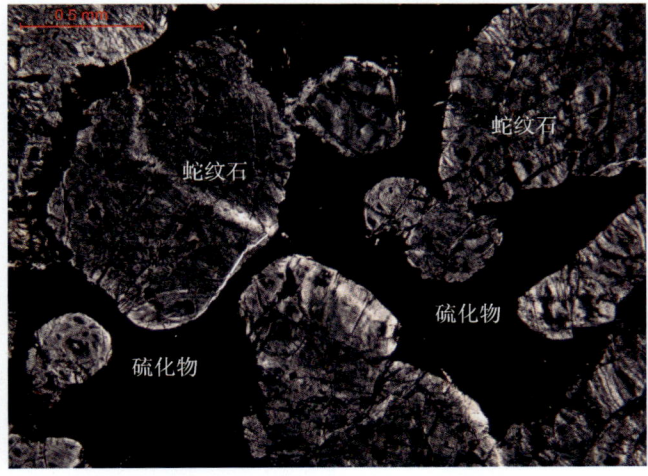
图 29　蛇纹石化(鳞片变晶结构)　50×　单偏光
岩石中原生矿物辉石、橄榄石已完全被次生蛇纹石取代,形成交代假象,在其粒间充填硫化物而呈陨铁结构。

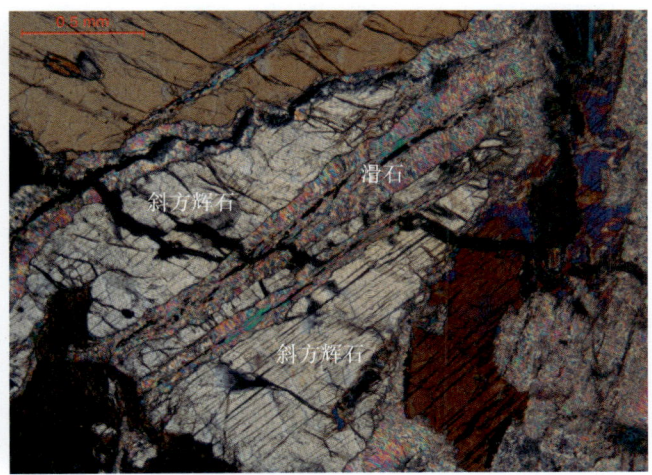
图 30　滑石化1　50×　正交偏光
岩石中原生矿物斜方辉石被滑石沿解理及边缘交代。

图 31 滑石化 2 100× 正交偏光
岩石中原生矿物橄榄石被滑石沿裂理及边缘交代。

图 32 滑石化 3 100× 正交偏光
岩石中原生矿物为辉石和橄榄石，辉石已被滑石沿裂理及边缘交代，仍保留其外形和解理。

图 33 滑石化 4 100× 正交偏光
斜方辉石完全蚀变成滑石，保留其原有的外形轮廓。

图 34 滑石化 5 50× 正交偏光
岩石中原生矿物为辉石和橄榄石，已完全被滑石取代，并析出铁质。

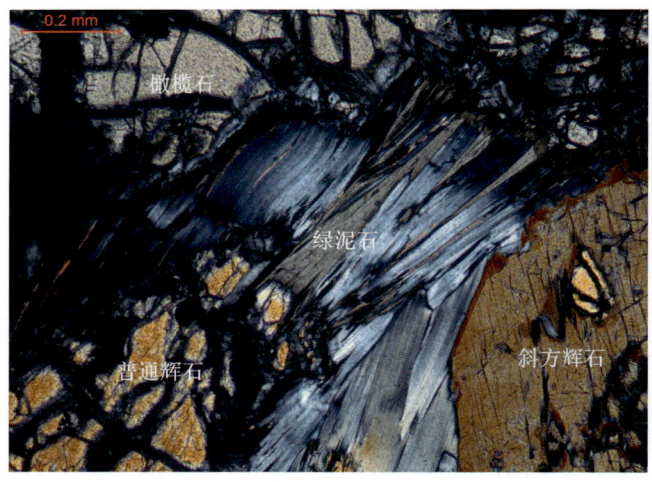

图 35 绿泥石化 100× 正交偏光
次生矿物绿泥石沿普通辉石和橄榄石边缘、解理交代。

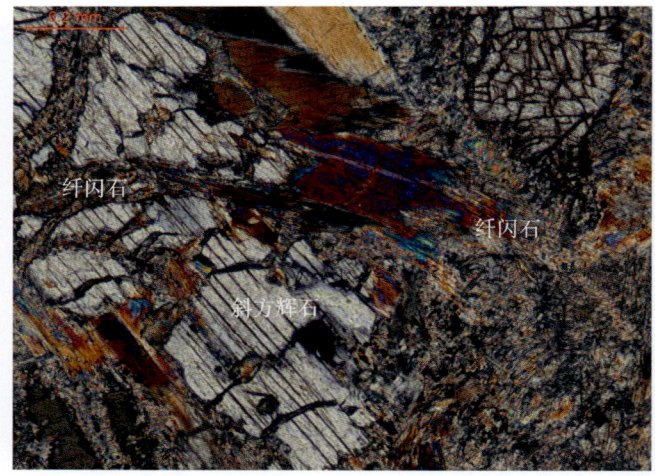

图 36 阳起石化 100× 正交偏光
橄榄二辉岩中斜方辉石被次生纤闪石沿边缘、解理或裂理交代。

图37 菱镁矿化 100× 正交偏光

在强蛇纹石化超基性岩中，次生菱镁矿叠加在蛇纹石中，其中还保留原生角闪石。

图38 方解石化 100× 正交偏光

在全蛇纹石化超基性岩中，叠加有次生方解石化。

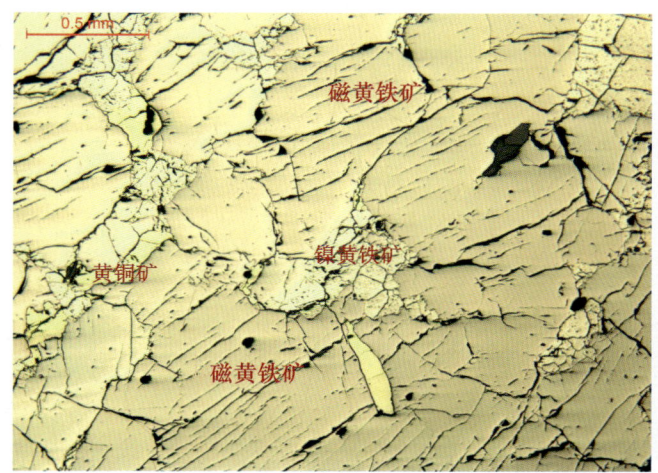

图39 磁黄铁矿1 50× 单偏光

镍黄铁矿、黄铜矿及磁黄铁矿规则连生，且部分磁黄铁矿具有一组明显解理。

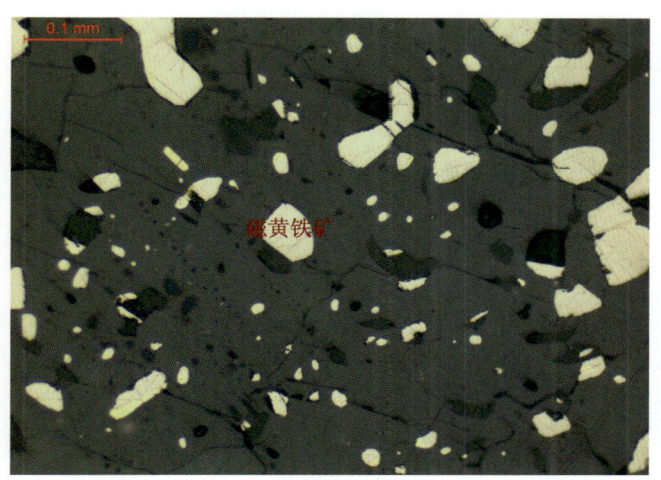

图40 磁黄铁矿2 200× 单偏光

磁黄铁矿呈半自形粒状，粒径大小不一，分布于透明矿物粒间或包裹于其中。

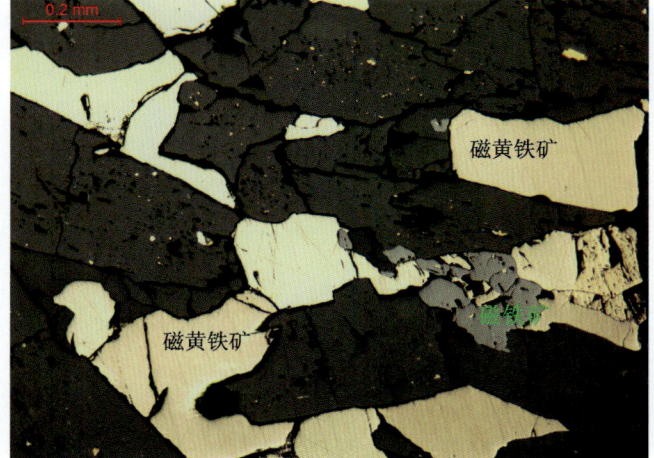

图41 磁黄铁矿3 100× 单偏光

他形粒状磁黄铁矿呈独立单体充填在透明矿物粒间。

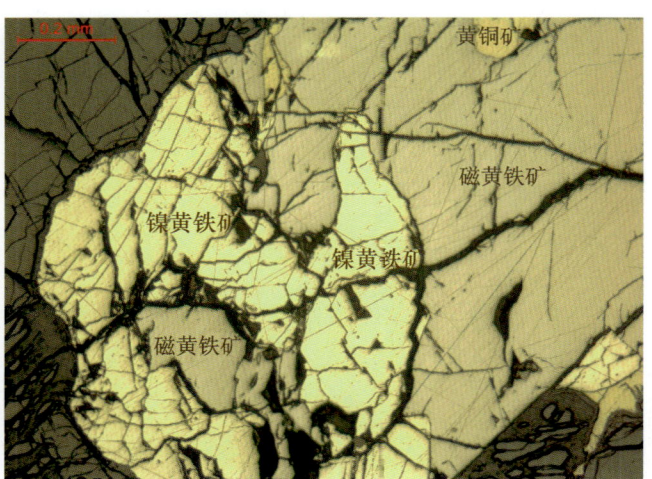

图42 团块状磁黄铁矿 100× 单偏光

他形粒状磁黄铁矿与黄铜矿、镍黄铁矿呈不规则团块状产出，属于岩浆晚期。

图 43　块状磁黄铁矿　100×　单偏光
他形—半自形粒状磁黄铁矿呈块状产出，属于岩浆晚期。

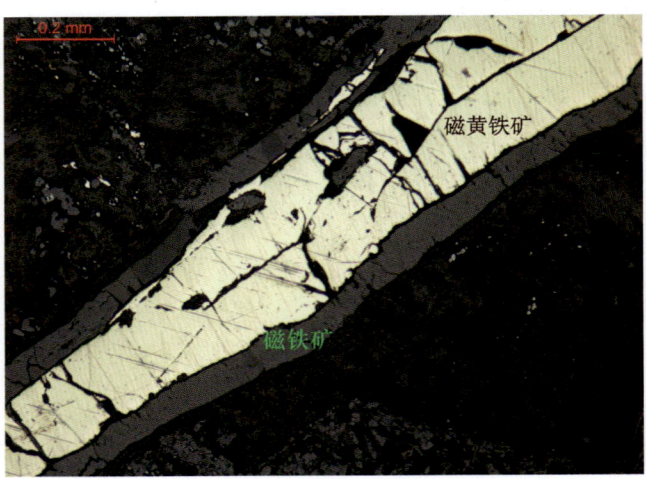

图 44　脉状磁黄铁矿　100×　单偏光
他形粒状磁黄铁矿呈脉状产出，属于热液期。

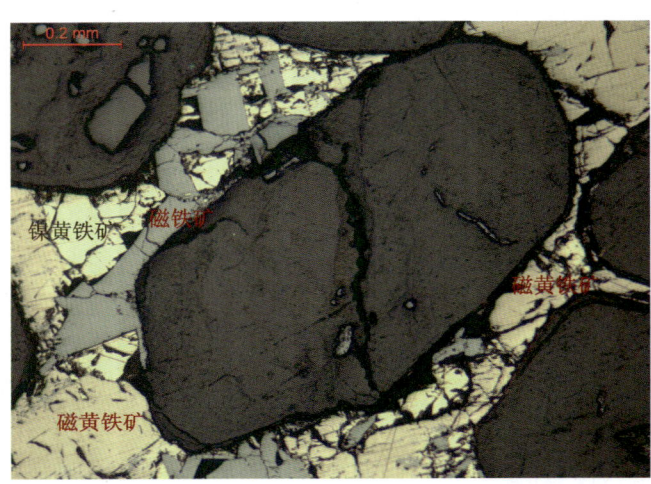

图 45　磁黄铁矿 4　100×　单偏光
他形粒状磁黄铁矿与镍黄铁矿、磁铁矿连生，呈海绵陨铁状产出，属于岩浆晚期。

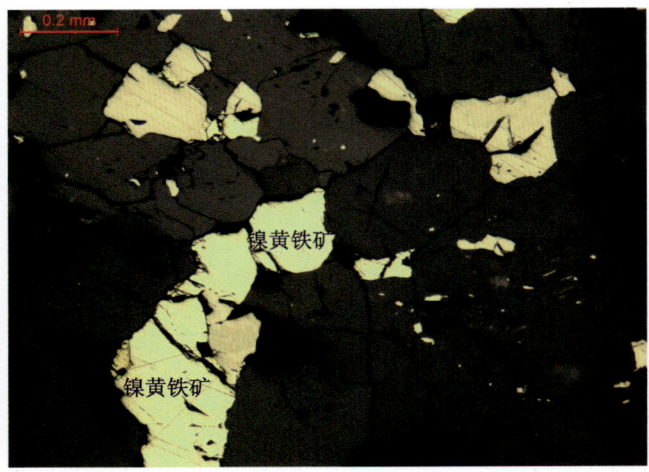

图 46　镍黄铁矿 1　100×　单偏光
镍黄铁矿他形粒状，分布于蚀变矿物白云石、阳起石及滑石集合体中，与磁黄铁矿共生，为热液改造期形成。

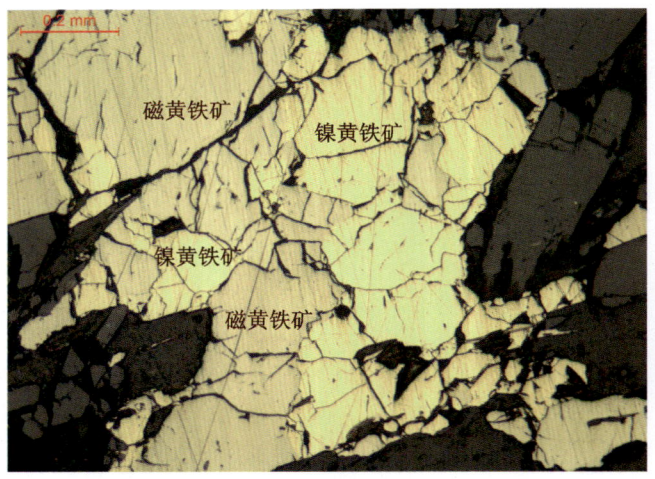

图 47　镍黄铁矿 2　100×　单偏光
镍黄铁矿与磁黄铁矿连生，呈团块状分布，为岩浆晚期形成。

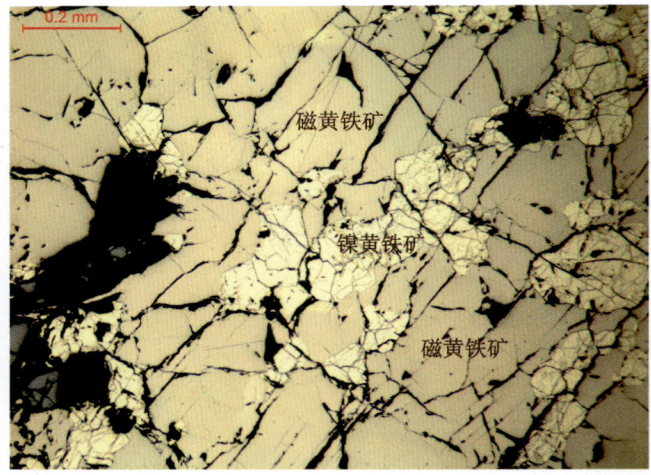

图 48　镍黄铁矿 3　100×　单偏光
镍黄铁矿半自形—他形粒状，分布于磁黄铁矿粒间，为岩浆晚期形成。

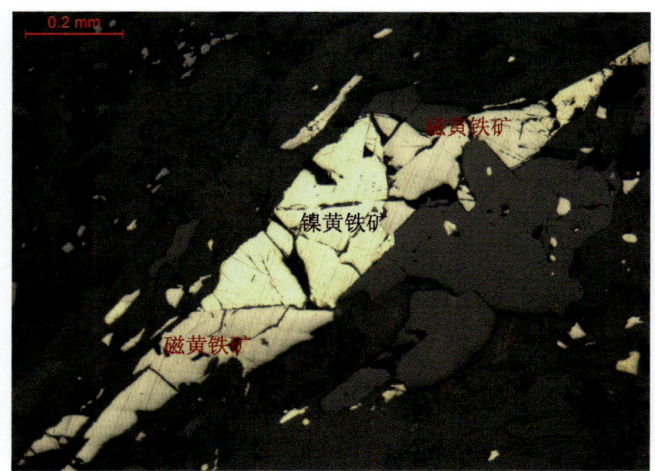

图 49　镍黄铁矿 4　100×　单偏光

镍黄铁矿、磁黄铁矿呈他形粒状连生，呈短脉状沿裂隙分布或分布于蚀变矿物粒间，由热液改造蚀变形成。

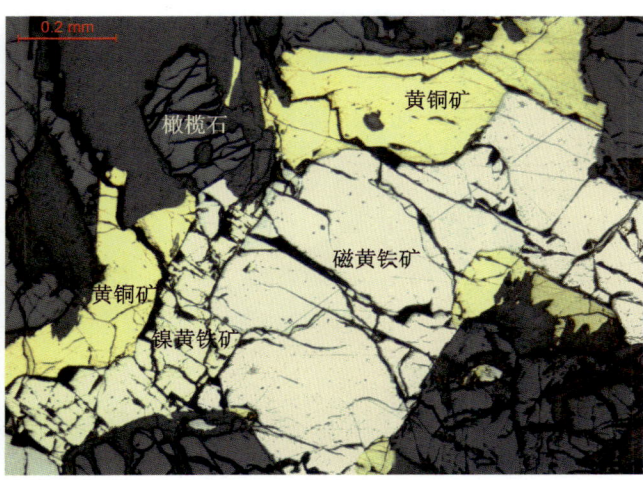

图 50　黄铜矿 1　100×　单偏光

黄铜矿呈半自形—他形粒状与磁黄铁矿、镍黄铁矿连生，分布于橄榄石和辉石粒间，为岩浆晚期形成。

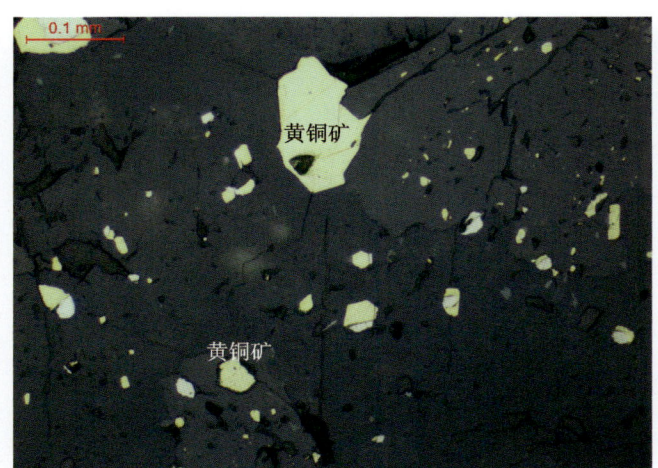

图 51　黄铜矿 2　200×　单偏光

黄铜矿呈半自形—他形粒状分布于透明矿物粒间或包裹于其中。

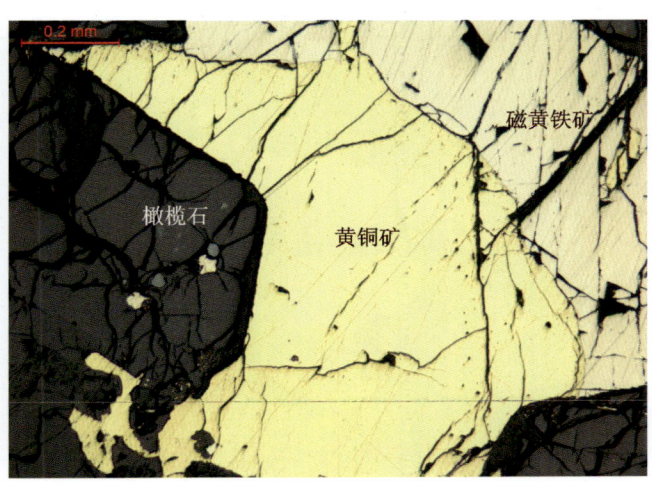

图 52　黄铜矿 3　100×　单偏光

黄铜矿与磁黄铁矿连生在一起，呈团粒状产出，为岩浆晚期形成。

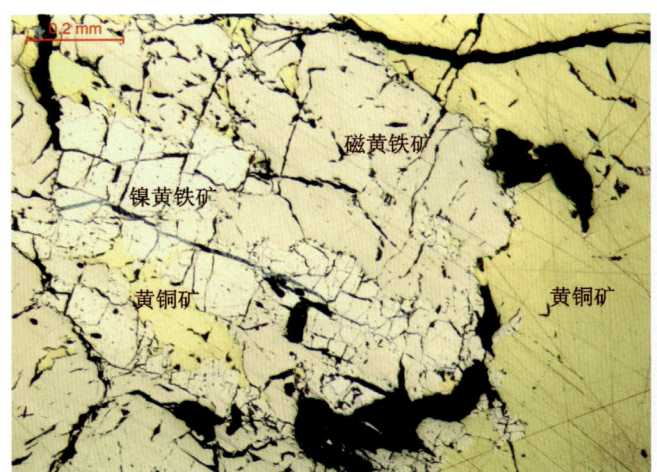

图 53　黄铜矿 4　100×　单偏光

黄铜矿与磁黄铁矿、镍黄铁矿连生或分布于其他硫化物间，交代磁黄铁矿，为岩浆晚期形成。

图 54　黄铜矿 5　200×　单偏光

黄铜矿呈他形粒状沿蚀变矿物粒间或解理分布，为热液蚀变形成。

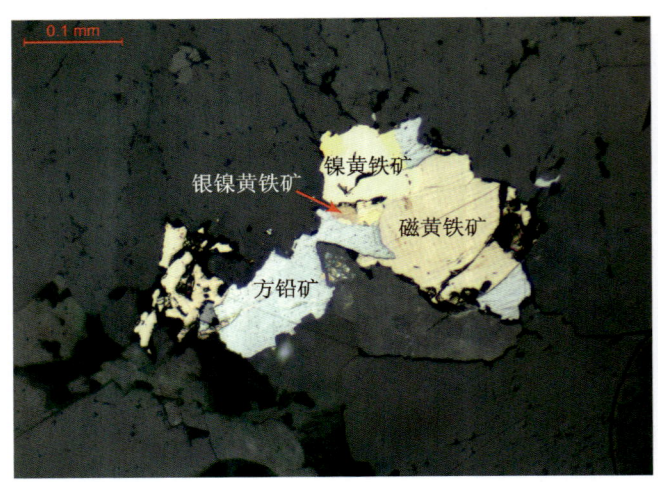

图 55　银镍黄铁矿　200×　单偏光

银镍黄铁矿呈他形粒状与磁黄铁矿、镍黄铁矿及方铅矿连生，分布在透明矿物粒间。

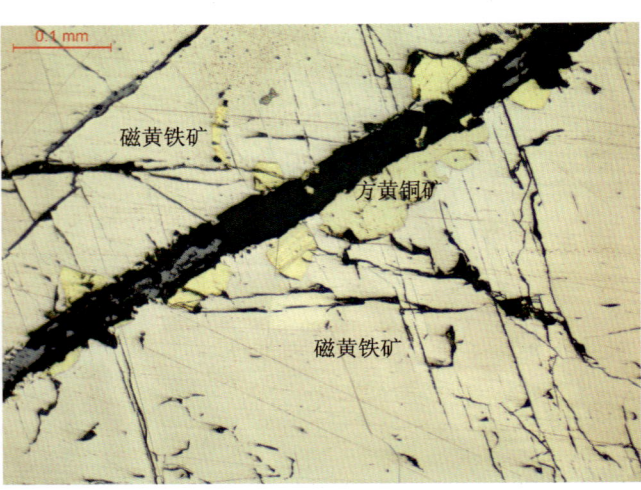

图 56　方黄铜矿　200×　单偏光

方黄铜矿分布于磁黄铁矿间，呈他形不规则粒状产出。

图 57　辉砷钴镍矿　100×　单偏光

辉砷钴镍矿纯白色，呈半自形—他形粒状晶与黄铜矿连生，分布于透明矿物间。

图 58　黄铁矿　100×　单偏光

黄铁矿自形粒状，与磁黄铁矿、黄铜矿连生。

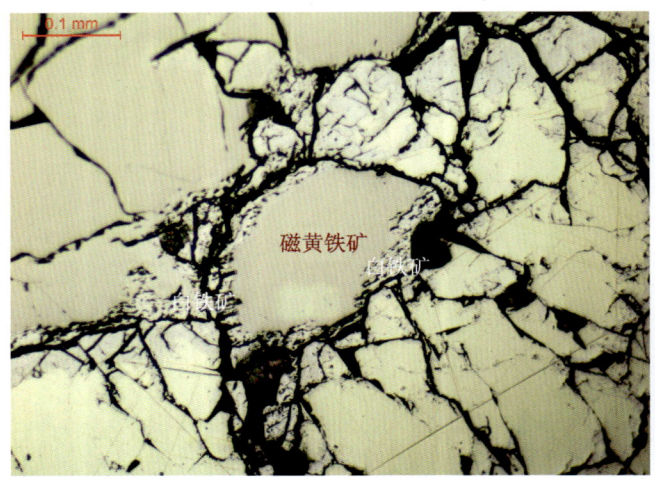

图 59　白铁矿　200×　单偏光

白铁矿沿磁黄铁矿边缘交代形成交代环边结构。

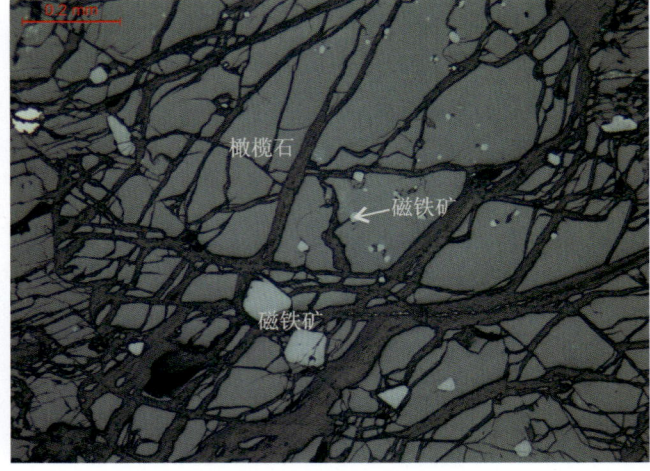

图 60　磁铁矿 1　100×　单偏光

磁铁矿呈半自形—自形粒状包裹于橄榄石中，形成于岩浆早期。

图 61　磁铁矿 2　200×　单偏光

磁铁矿、磁黄铁矿、镍黄铁矿环绕橄榄石生长，形成于岩浆晚期。

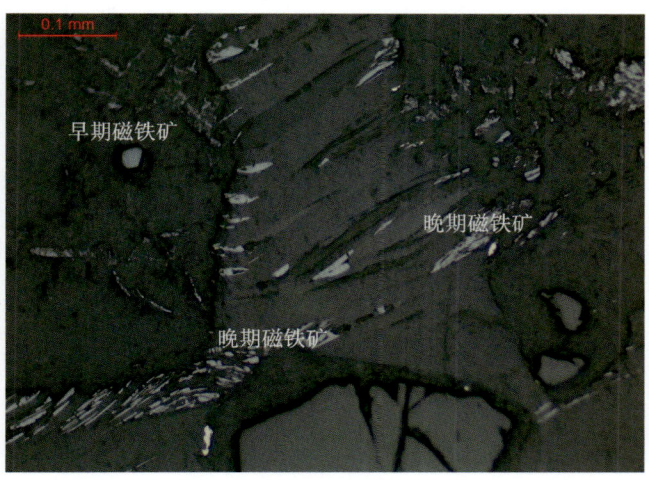

图 62　两期磁铁矿　200×　单偏光

早期磁铁矿呈半自形粒状，经晚期蚀变而形成的磁铁矿沿蚀变矿物解理呈揉皱叶片状分布。

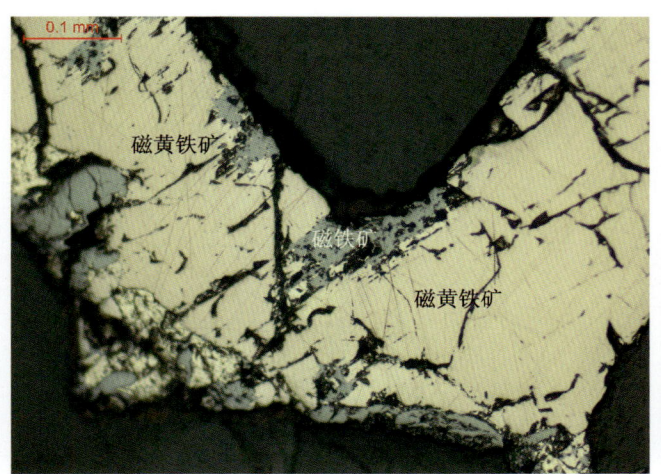

图 63　磁铁矿交代磁黄铁矿　200×　单偏光

晚期磁铁矿沿边缘交代磁黄铁矿。

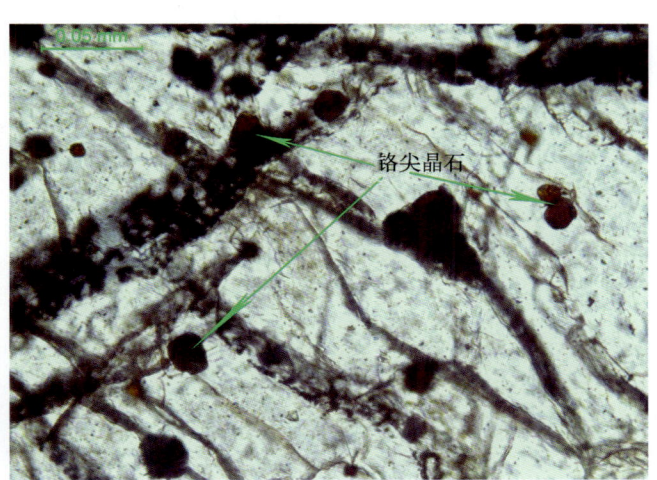

图 64　红褐色铬尖晶石　500×　单偏光

红褐色铬尖晶石呈自形—半自形晶粒状包裹于造岩矿物橄榄石中，呈星点状分布。

图 65　半自形—他形粒状结构　100×　单偏光

半自形—他形粒状镍黄铁矿、磁黄铁矿及磁铁矿连生，分布于橄榄石、辉石集合体中。

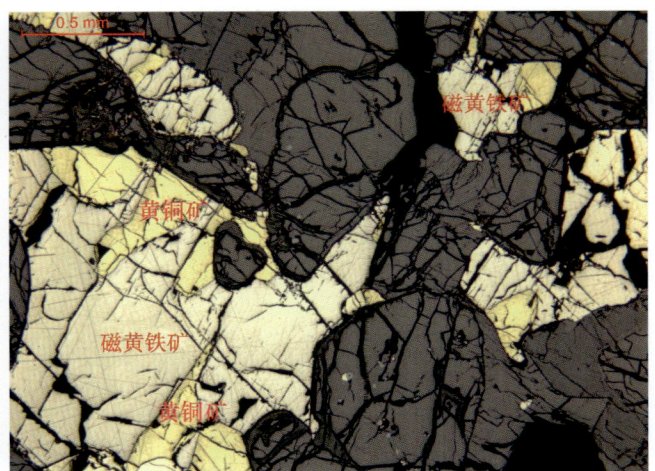

图 66　海绵陨铁结构　50×　单偏光

黄铜矿、磁黄铁矿等分布于橄榄石、辉石颗粒间隙间，呈海绵陨铁状分布。

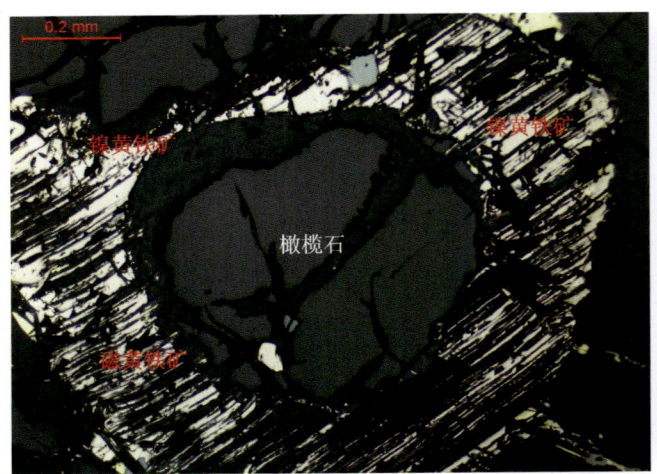

图 67　晶片结构　100×　单偏光

镍黄铁矿和磁黄铁矿呈格栅状、粒状沿辉石解理分布，中间包裹橄榄石。

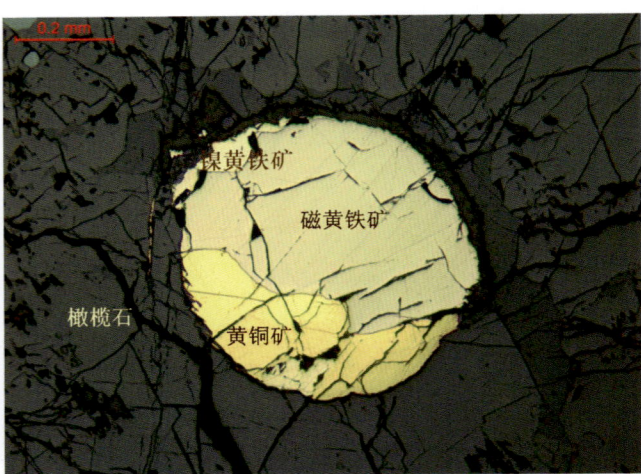

图 68　球粒结构　100×　单偏光

由黄铜矿、磁黄铁矿及镍黄铁矿连生体构成的球粒分布于橄榄石中，属于岩浆早期结晶产物。

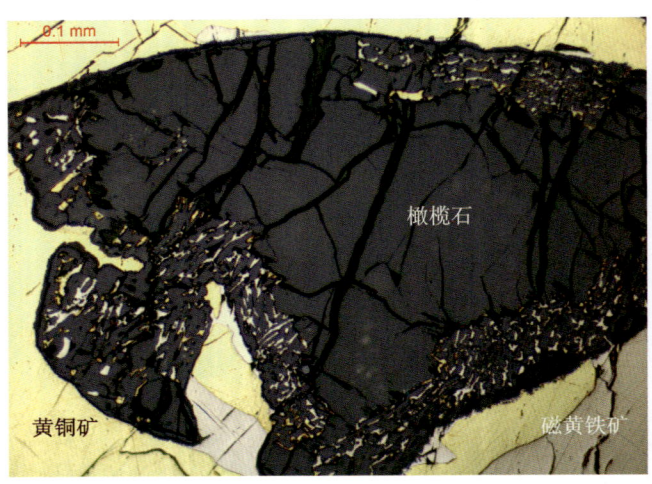

图 69　文象结构　200×　单偏光

早期形成的橄榄石与含硫化物熔体发生化学反应，黄铜矿、磁黄铁矿与透明矿物呈文象状交生。

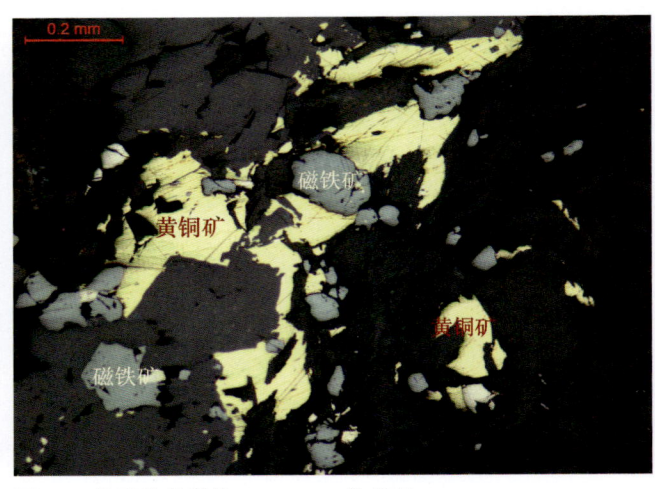

图 70　他形粒状结构　100×　单偏光

黄铜矿他形粒状，与磁铁矿共生，分布于蚀变矿物中，由热液改造蚀变形成。

图 71　稀疏浸染状铜镍矿石

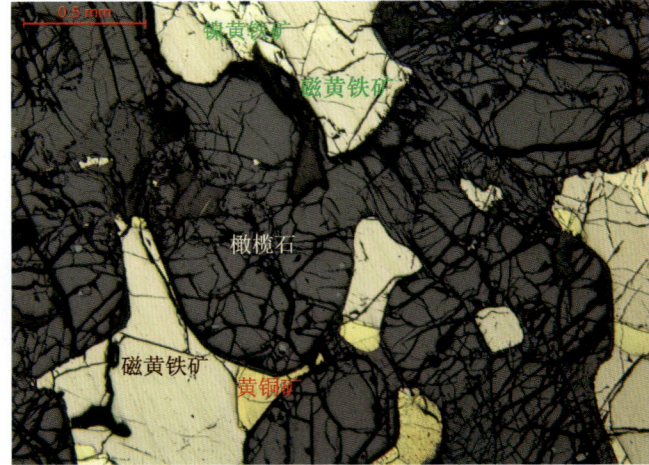

图 72　稀疏浸染状构造　50×　单偏光

黄铜矿呈半自形—他形粒状与磁黄铁矿、镍黄铁矿连生，呈浸染状分布在橄榄石和辉石粒间。

图73 中等浸染状构造 50× 单偏光

磁黄铁矿及镍黄铁矿呈浸染状分布于透明矿物粒间或包裹于其中。

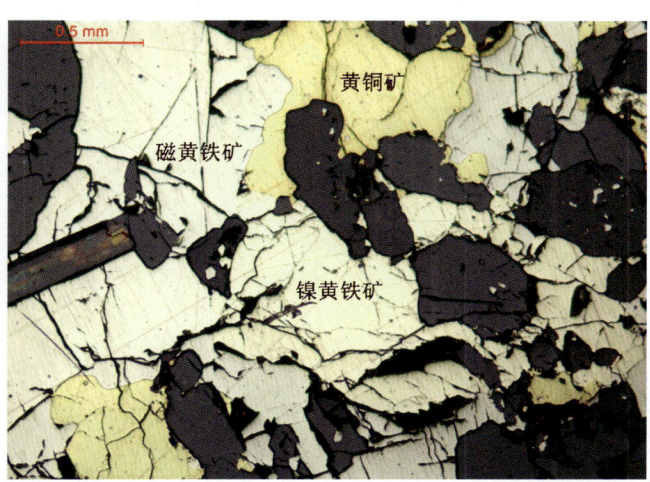

图74 稠密浸染状构造 50× 单偏光

黄铜矿与磁黄铁矿连生,呈浸染状分布于透明矿物粒间或包裹于其中。

图75 致密块状矿石

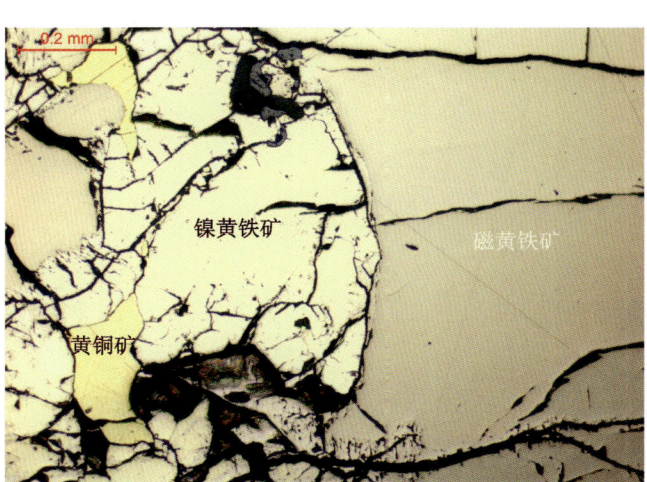

图76 块状构造 100× 单偏光

黄铜矿与磁黄铁矿、镍黄铁矿连生,呈块状产出。

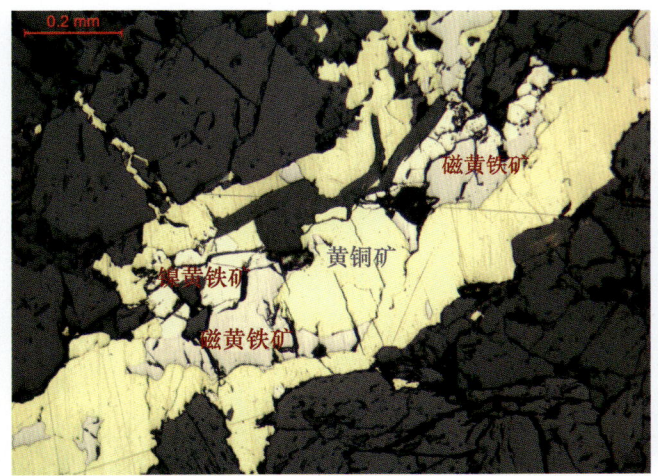

图77 脉状(条带)构造 100× 单偏光

黄铜矿与磁黄铁矿、镍黄铁矿连生,呈脉状分布。

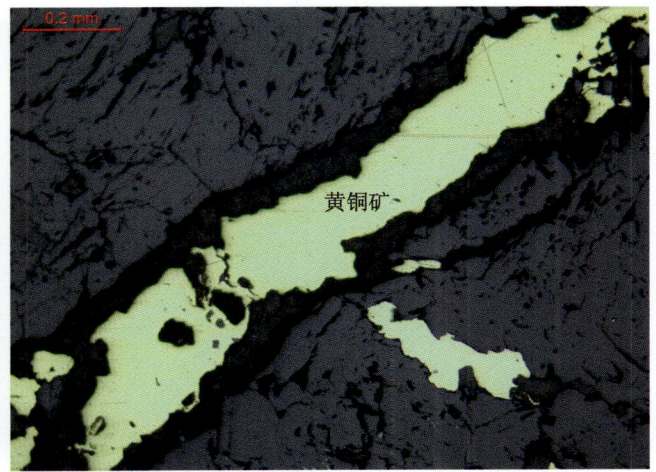

图78 黄铜矿脉 100× 单偏光

黄铜矿沿裂隙呈脉状产出。

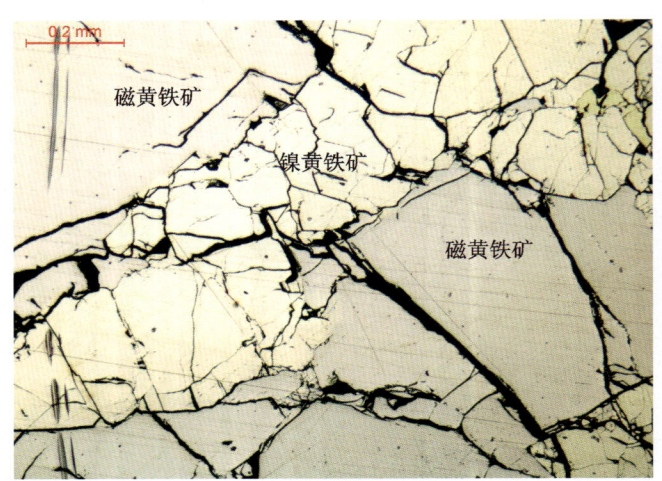
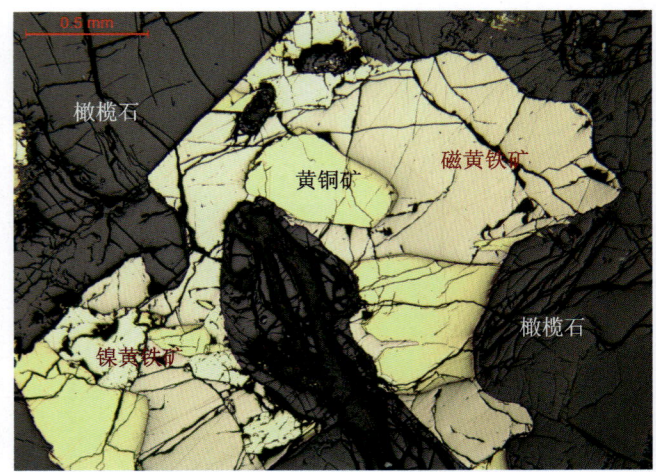

图79 硫化物规则连生1 100× 单偏光
有用矿物磁黄铁矿和镍黄铁矿规则连生,易于单体解离。

图80 硫化物规则连生2 100× 单偏光
有用矿物磁黄铁矿、镍黄铁矿及黄铜矿规则连生,易于单体解离。

托里县萨尔托海铬铁矿

拍摄者岳蕴辉

整体介绍

萨尔托海铬矿床位于新疆托里县东南成吉思汗山区戈壁地带,克拉玛依市正北9°方向50 km处,属托里县管辖;地理坐标:东经84°50′—84°20′,北纬45°57′—46°08′;岩体处在达尔布特岩带东北段,受达尔布特大断裂北侧派生构造控制,走向北东-南西,向北西缓倾,周边有晚期花岗质岩体侵入。矿区有公路通达,交通方便。萨尔托海铬矿是萨尔托海岩体内铬矿的总称,由于矿权分割,分为13个矿区进行勘查并提交报告。该矿床是新疆唯一达到中型的铬矿,也是仍在开采的最主要铬矿山。

1958年,第二机械工业部新疆519大队进行铀矿预查时发现该矿,同年新疆地矿局塔城地质大队进行检查,确认为铬铁矿。1960—1963年,原新疆地矿局第三地质大队开展对达尔布特超基性杂岩带的铬矿普查。1961年,中国地质科学院派岩矿专家王恒升率7人工作组到现场指导,初步评价了萨尔托海铬矿。1964—1968年,地质部组织以李轩副部长为首的指挥部,从内蒙古等11个省局抽调地质、物探、钻探和科研人员千余人到新疆进行"铬铁矿会战",提交资源储量37万t。新疆地矿局1971年对萨尔托海铬矿继续勘查,经过地质、物探和钻探结合,奋战3年,在原5矿群深部探明22矿群,铬矿储量成倍增长;随后23和24两个矿群又探明54.03万t铬矿资源储量,从而突破100万t大关;后来又在深部25矿群探明15.59万t铬矿资源储量,最大的26矿群探明94.92万t铬矿资源储量。矿床累计查明资源储量215.79万t。期间共完成钻探约203 318 m,孔深一般在500 m以浅,个别深度达600 m左右。1994—2008年,各采矿权人对一些矿群的深部进行了探采结合的勘查找矿工作。2009—2011年,新疆有色地质勘查局物探队、新疆地矿局第七地质大队、新疆有色地质勘查局七〇一队受矿权人委托,先后对萨尔托海5、22、24铬铁矿群进行了资源储量核实工作。2012—2013年,新疆地矿局第七地质大队受矿权人委托对萨尔托海5、22、24铬铁矿群开展了深部找矿工作。2014—2018年,新疆地矿局第七地质大队在以萨尔托海岩体为重点的达尔布特蛇绿岩带开展了铬铁矿远景调查和勘查评价工作,在萨尔托海岩体中新发现了3个盲矿体,估算富矿石资源量约12.89万t。

目前,萨尔托海24、25、26矿群仍在断续开采,其余各矿群由于保有资源量少、品位低、开采条件差等原因未开采或已停产。

第一节 矿区地质特征

萨尔托海铬矿位于唐巴勒-卡拉麦里古生代复合沟弧带之唐巴勒-哈图古生代复合沟弧带,大地构造位置位于西准噶尔界山海西褶皱带内的扎依尔复向斜南翼近轴部,其含矿岩本位于达尔布特超基性岩东部,岩体的产出受北东东向与北北东向压性及张扭性两组构造组成的木哈-萨尔复合断裂所控制(图16-1)。达尔布特一带南部中奥陶世—中志留世为洋壳,晚志留世转入汇聚;北部志留纪开始拉张,泥盆纪出现洋壳,石炭纪转入汇聚。新陆壳形成后的活化期陆内盆岭分化时期形成了规模巨大的推覆构造,发育一系列以达尔布特断裂为代表的北东向大断裂,控制了蛇绿岩带的产出。

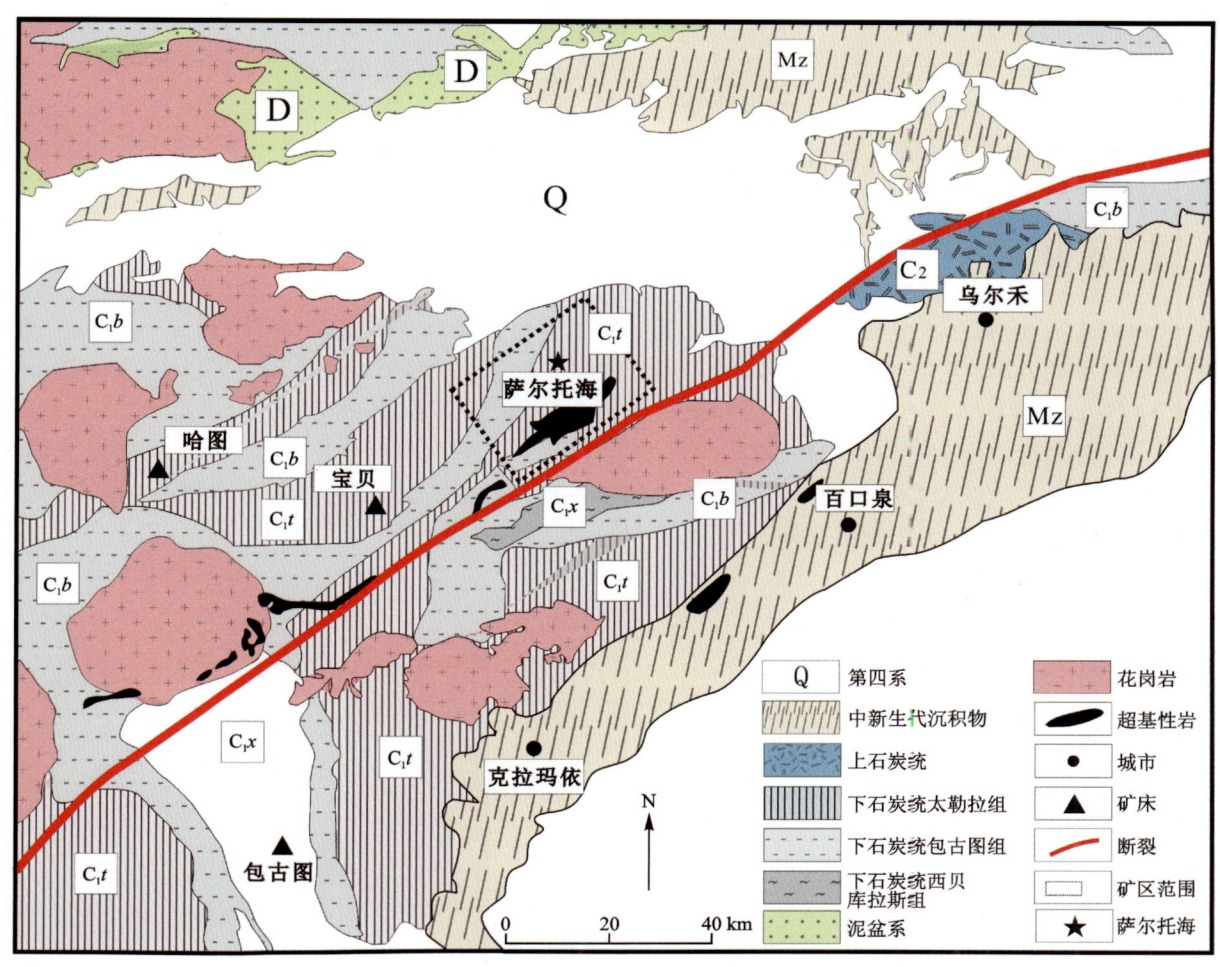

图 16-1　萨尔托海区域地质图

一、地层

区内出露的地层以古生界下石炭统为主,分布有较少下二叠统。新生代、第三系零星出露,第四系分布广泛。下石炭统自下而上分为:

希贝库拉斯组(C_1x):分布在达尔布特断裂以南,以凝灰质砂岩(附录16图1)和沉凝灰岩互层为主,局部夹杂凝灰角砾岩、生物灰岩和安山岩透镜体。灰岩中含珊瑚、苔藓虫、腕足类及海百合茎化石。

  包古图组（C_1b）：分布广泛，多构成复向斜两翼的地层，与下伏希贝库拉斯组整合接触，为一套海相陆源-火山碎屑岩建造。岩性以凝灰质粉砂岩（附录16图2）与薄层状凝灰岩夹层为主，夹长石砂岩、圆砾岩、凝灰质砂岩、安山玢岩和生物灰岩。在碎屑岩与生物灰岩中见有珊瑚、腕足类、苔藓虫和植物化石。

  太勒古拉组（C_1t）：在区域内大面积分布，多构成复向斜的核部地层。它覆盖于包古图组之上，二者整合接触，为一套海底喷发的中基性火山熔岩和碎屑岩建造。岩性以灰绿色、紫红色凝灰岩、凝灰质粉砂岩互层为主，夹玄武岩（附录16图3）、安山岩、细碧岩、硅质岩和砂岩等。

  下二叠统仅出露在阿克巴斯套以南，沿断裂呈长条状分布，与下石炭统断层接触。岩性为一套黄褐色、紫红色圆砾岩、砂砾岩（附录16图4）夹砂岩，出露厚数百米。

二、构造

  区内构造以断裂为主，褶皱次之。达尔布特断裂呈北东-南西向延伸，横贯全区，长达240余千米，走向约55°，倾向北西，倾角约80°。断面平直，断裂带局部宽度达50～100 m，为压扭性断裂，在该断裂的两侧，发育着一系列的次级断裂，其方向主要呈北东向和近东西向或北西西向。断面多倾向北西或近正北。

  褶皱以达尔布特断裂以北平面上褶曲轴呈"S"形的向斜为主体。该向斜长约50 km，其轴的两端走向近东西，中段为北北东—北东东向。在达尔布特断裂间，发育着一系列大致平行于该向斜的北东向及东西向短轴褶皱，褶皱多被断裂和岩浆岩侵入所破坏。

三、岩浆岩

  区内岩浆活动强烈，从酸性岩到超基性岩、从深成到浅成脉岩均有出露（附录16图5～图8）。侵入时代属海西中期，以花岗岩（附录16图9）、花岗斑岩为主（附录16图10），基性和超基性岩、辉石闪长岩（附录16图11）、辉长岩（附录16图12）及中酸性脉岩次之（附录16图13～图14）。

  区内各超基性岩中均有铬铁矿体发现，但以鲸鱼（已采空）、萨尔托海岩体的22、24、25、26矿群规模最大。在叶格孜卡拉花岗岩体与超基性岩体的接触带中可见质量较好、规模小的石棉矿，在超基性岩带北侧的构造破碎带中有中、小规模金矿。

第二节 矿床地质特征

一、矿体特征简述

  达尔布特蛇绿岩带长百余千米，宽5～10 km，是一个相对破坏较轻的洋壳残片，底部是一套以斜辉橄榄岩为主的变质橄榄岩系，多以蛇绿混杂岩和单独岩块的形式出露于下石炭统中。带内共有规模较大的超基性岩体11个，出露总面积50.4 km²，其中以萨尔托海和苏鲁乔克岩体出露的最大。其上是一套以玄武岩和凝灰岩为基质的混杂岩，其中混杂了大量堆晶岩、辉长岩、玄武岩、硅质岩和凝灰质的浊积岩岩块。

  萨尔托海岩体位于达尔布特蛇绿岩带的东部，是达尔布特岩带中最大的一个岩体，岩体整体呈带状展布，膨胀、收缩、拐折现象普遍，分枝较多，为一复分枝似脉状陡倾斜岩体，平面出露形态宛如一只飞翔的"凤凰"（图16-2）。岩体呈向北西陡倾的不规则单斜岩墙产出，长20.25 km，平均宽0.1～1.5 km，面积19.5 km²。岩体产出受断裂构造的控制，平面上呈弩状，西宽东窄，东南边界沿两组断裂方向呈波状拐折；北西边界为不规整面，多有岩枝深入围岩，形成港湾状。剖面上北陡南缓，底界面呈"W"形台阶下降，岩体中段，特别是东段下盘产状有明显的转折构成所谓"主干"与"侧枝"；"主干"产状陡倾，延伸大，"侧枝"是岩体南部产状平缓的分枝。岩体由斜辉辉橄岩、橄榄岩、纯橄榄岩和橄长岩组成。分北、中、南3个岩相带，北带为纯橄岩-斜辉辉橄岩岩相带（杂岩带上亚带）；中带为暗色纯橄岩-斜辉辉橄岩岩相带，是主要的含矿岩相带；南带为浅色方辉辉橄岩岩相带（杂岩带下亚带）。岩石属高铝低铬镁质超基性岩。岩体的围岩为包古图组和达尔布特组。包古图组位于岩体上盘，为火山碎屑岩、基性熔岩和次火山岩（辉绿岩）。达尔布特组位于岩体下盘，为变质砂岩、粉砂岩、砂砾岩。岩带被花岗岩侵入，花岗岩同位素年龄333～320 Ma。

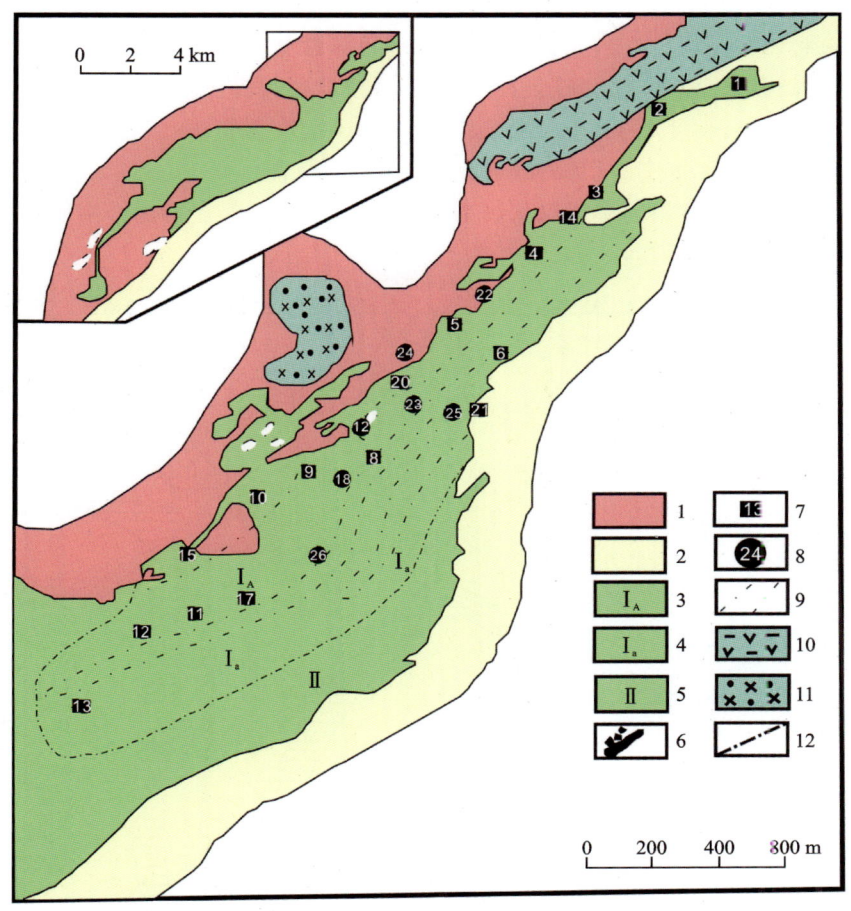

1.达尔布特组；2.包古图组；3.杂岩带上亚带；4.杂岩带下亚带；5.斜辉辉橄岩岩相带；6.地表矿体；7.地表矿群编号；8.深部矿群编号；9.矿带界线；10.含长地幔橄榄岩；11.辉长辉绿岩；12.岩相带界线。

图16-2 矿区地质简图

二、矿床规模及空间分布

矿区包括 26 个矿群，共有 500 多个铬矿体，矿体产状受岩体形态和界面控制。铬矿体均产于含矿岩相带内，主要赋存在纯橄岩-斜辉辉橄岩岩相带内，其次为斜辉辉橄岩岩相带。

岩体西半部（叶格孜卡拉以西）的矿化点多出现在岩体的边缘和大包裹体的周围。矿体规模长不过数米、宽不过数米。矿体呈透镜状、囊状和不规则脉状。矿体的围岩均为斜辉辉橄岩，部分围岩片理发育。矿体走向基本与岩体延伸方向一致，多为40°和60°，个别与岩体斜交呈南北方向，矿石以致密块状为主，极少数杂有中等和稠密浸染状矿石（附录16图15）。矿石结构主要为半自形—他形中细粒结构，少数为粗粒结构。矿石矿物成分主要为铬尖晶石（含量85%以上），脉石矿物含量低，主要为蛇纹石与绿泥石，少数矿石中见有铬绿泥石。

岩体东部各矿群按其平面分布位置，可分为南、中、北3个含矿带。南部含矿带包括6、21矿群，位于岩体南部边缘碳酸盐化的超基性岩中。北部含矿带多位于岩体北部边缘，紧贴围岩顶盖，有4、20、19、9、10、15等矿群。中央含矿带矿群较多，自北而南有1、2、3、14、22、5、7、23、8、18、17、11、12、13等矿群，除22、23、18等矿群地表未见矿体露头外，其他矿群地表均见矿体露头。

各矿群平面展布方向基本与岩体的伸展方向一致，随岩体的走向转变而变换。矿体在平面上呈"一"字形或雁行状排列，在剖面上多呈叠瓦状排列。矿带、矿体均具侧伏现象。矿体形态以透镜状为主，次为囊状、串珠状和似脉状。透镜体矿体一般规模较大，囊状和似脉状矿体规模很小。在透镜体矿体的边缘和两端常有小的脉状分枝，或垂直于矿壁，或斜列，并且矿体边界常见拐折现象。矿体常常受到后生断裂的破坏，但断距小，对矿体形态影响不大。断层以垂直矿体或沿矿体边缘比较发育。矿体规模一般较小，长数米至几十米，厚0.5～5 m，长度大于50 m的矿体不多，最大的矿体长105 m。矿体向深部有增大的趋势。矿体产状与矿群产状基本一致，随岩体产状的改变而变化。矿体走向40°～60°，近东西向者也比较常见。倾向北西，倾角50°～70°。缓倾斜的矿体仅见于22群的底部矿体和8矿群的个别矿体（图16-3）。

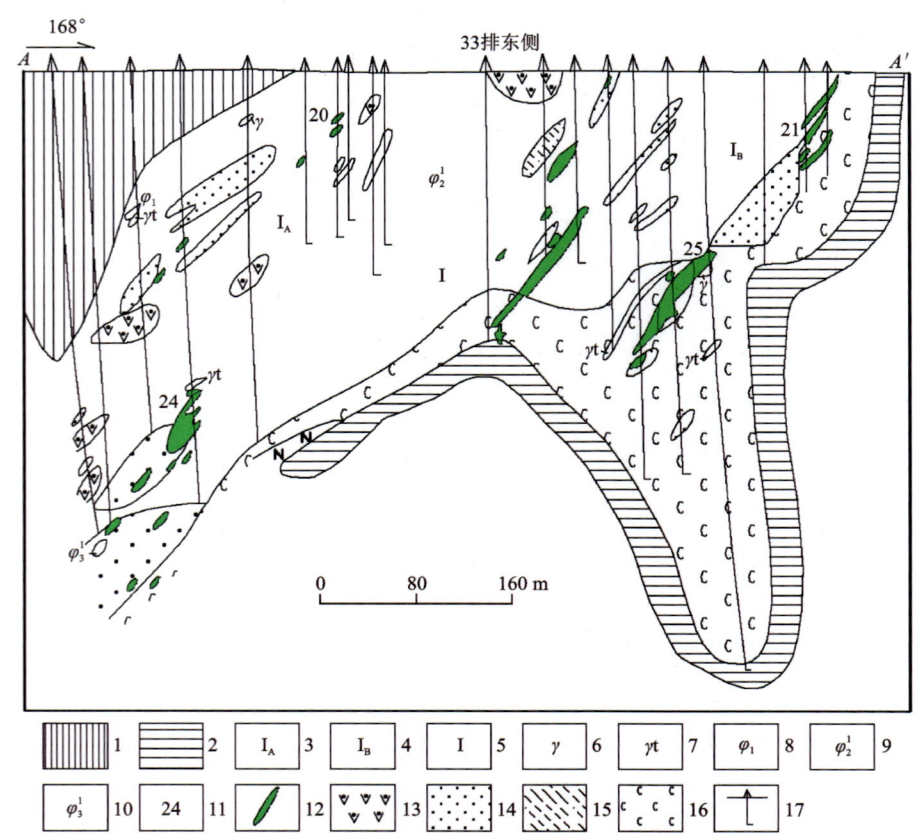

1.包古图组；2.达尔布特组；3.杂岩带上亚带；4.杂岩带下亚带；5.斜辉辉橄岩岩相带；6.辉长辉绿岩；7.辉长玢岩；8.纯橄榄岩；9.斜辉辉橄岩；10.含长地幔橄榄岩；11.深部矿群编号；12.矿体；13.含铬尖晶石纯橄榄岩；14.滑石化碳酸盐化超基性岩；15.片理化辉橄岩；16.碳酸盐化超基性岩；17.钻孔位置。

图16-3 托里县萨尔托海岩体A—A'地质剖面图

矿体的直接围岩有两种：一种是偏上部的陡倾斜矿体，以斜辉辉橄岩为主，如1、4、14等矿群，占矿体直接围岩的70%以上；另一种是偏底部的矿体，以纯橄岩为主，如6、8、11、18、21、22、23等矿群，占矿体直接围岩的57%～87%。矿体直接围岩除上述两种岩石外，尚有极少的碳酸盐化超基性岩。矿体与围岩的接触关系，主要为迅速过渡关系，矿体边缘铬尖晶石粒径变细，稠密度急剧变稀，和围岩有一明显的分界面,近矿的围岩中常见一些零散的铬尖晶石和小的矿条、矿团。矿体与围岩之间常有厚几厘米至数十厘米的绿泥石壳,绿泥石壳与围岩界线截然清楚,纤维垂直接触线生长,与矿体中脉石成分相同,并为递变过渡(附录16图16)。次为构造接触,矿体与围岩有一光滑的构造界面,并有宽2~8mm的碎裂边,由于垂直矿壁的小断层错动,矿体边界常呈阶梯状。过渡接触关系者仅见于部分中等浸染状矿体。

第三节 矿区主要岩石类型及围岩蚀变

一、矿区主要岩石类型及特征

岩体围岩所涉及地层由老到新为包古图组和泰勒古拉组。前者主要位于岩体南侧,构成岩体的下盘围岩;后者主要位于岩体北侧,构成岩体的上盘围岩。岩体和围岩的接触面与围岩的地层层理有一定交角(10°~20°),地层产状较岩体产状略陡,岩体与围岩主要为侵入接触。围岩有绿泥石化、阳起石化、硅化、透辉石化等蚀变现象。超基性岩具暗色冷凝边,绢石颗粒变细。局部岩石与围岩为断层接触,二者之间有宽1~2m的构造破碎带,其中的超基性岩被揉皱和强片理化。

萨尔托海超镁铁质岩以斜辉辉橄岩为主,含少量纯橄岩、斜辉橄榄岩及二辉橄榄岩,并见一定数量的滑石碳酸盐化超镁铁质岩类。二辉橄榄岩在地表主要出露于岩体西段也格孜卡拉、13矿群南及1矿群以北的地带。萨尔托海超镁铁质岩岩体中常伴有呈不规则状或似脉状产出的橄长岩、辉长岩、辉绿岩等,一般长几米至几十米,宽几十厘米至2m,倾向大多为北西或北北西,与纯橄岩脉体或矿体的产状一致。这些脉体与超镁铁质岩界线清晰,并见其穿切铬铁矿,故其形成时代比铬铁矿晚。岩石中分布的副矿物铬尖晶石均存在程度不同的变质现象,按铬尖晶石存在的条件不同,其变质的深浅也各有不同。在纯橄榄岩中铬尖晶石变质最深,在二辉橄榄岩中变质最浅。

纯橄榄岩:从地表到中深部均有零星分布,规模一般较小,多呈条带状、透镜状,其规模大小不一。钻孔中所见纯橄榄岩异离体的厚度多在0.1~3m之间,个别厚度达36m。

纯橄榄岩呈黄绿色、深灰绿色、黑绿色等(附录16图5)。纯橄榄岩显微镜下多已全蛇纹石化(附录16图17),网环结构(附录16图18),块状构造,可见蛇纹石交代橄榄石残余(附录16图19~图20),原岩呈中—细粒结构。副矿物为铝铬铁矿和富铬尖晶石,呈细粒半自形—他形,包含橄榄石;在含辉纯橄榄岩中,铬尖晶石与顽火辉石呈文象结构;铬尖晶石颗粒具定向排列现象。蚀变矿物除蛇纹石外还有少量水镁石和绿泥石,绿泥石多见于磁铁矿化的铬尖晶石周围,并构成环边。纯橄榄岩主要分布在7、13、14及24矿群一带。

斜辉辉橄岩:本区的主要岩类(附录16图6),部分矿体的直接围岩,由地表至深部均有分布。按其绢石含量多少,可分为一号斜辉辉橄岩(绢石含量5%~15%)(附录16图21)和二号斜辉辉橄岩(绢石含量15%~30%)(附录16图22)。该套岩石在地表及浅部多呈灰黄色或灰绿色,以片状构造为主;在深部则以暗绿色、深绿色为主,多为块状构造,以假斑状结构为主,网环结构次之。全蛇纹石化,绢石具不均匀消光、扭折、破碎等形变特征(附录16图23)。尘状磁铁矿呈不规则的网络状分布(附录16图24),由于受构造作用,网环和网络常被定向拉长。有的绢石中磁铁矿尘点沿解理密集分布,形成了外观为黑色的绢石,显微镜下少见。少量次生透辉石呈细粒不规则状、矛头状,分布于绢石周围。副矿物铬尖晶石为铝铬铁矿或富铬尖晶,多呈他形分布于斜方辉石边缘并穿插橄榄石或与斜方辉石共生。该类岩石主要分布在14、24至9和7至13矿群一带。

橄榄岩：区内分布较广的岩石，按造岩矿物类型与含量可划分为斜辉橄榄岩、含单辉橄榄岩和二辉橄榄岩3类。

斜辉橄榄岩：基本特征同斜辉辉橄岩，仅斜方辉石含量增多。斜方辉石多为半自形—他形（附录16图25），具包橄结构；铬尖晶石与斜方辉石共生或呈文象结构，有的铬尖晶石聚集呈条带状（附录16图7）。该岩类广泛分布于岩体西部及西北侧。

二辉橄榄岩：呈扁豆状、透镜状、长条状，其产状与岩相带和岩体边界产状一致，周围常渐变过渡为含单辉橄榄岩、斜辉橄榄岩或辉橄岩，岩石蚀变弱（附录16图26）。

岩石具不等粒镶嵌结构，块状、条带状构造，主要造岩矿物有镁橄榄石、顽火辉石、透辉石和斜顽辉石。橄榄石自形—半自形，辉石半自形—他形，嵌晶包橄结构。辉石常集中呈断续的条带状构造，铬尖晶石也常呈线条状集中。铬尖晶石一般为他形包裹橄榄石、辉石，并产生绿泥石、蛇纹石蚀变环，有的铬尖晶石与辉石呈文象结构。由于该类岩石蚀变弱，可以见到矿物具不同形式的变形（碎裂-碎斑状、糜棱结构，扭折与机械双晶）和重结晶等现象。

含单辉橄榄岩：二辉橄榄岩与斜辉橄榄岩或斜辉辉橄岩之间的过渡类型。在二辉橄榄岩出露处一般均能见到含单辉橄榄岩与其伴生，岩性连续过渡，甚至在一个较小的露头上由于单斜辉石的不均匀分布，而形成两类岩石不易截然区分的现象；多数情况是含单辉橄榄岩较二辉橄榄岩发育。含单辉橄榄岩的结构构造、变形变质特征与二辉橄榄岩相似，只是单斜辉石含量减少，局部斜方辉石含量也相应减少后过渡为二辉辉橄岩；若岩性接近斜辉橄榄岩或辉橄岩时，其蚀变程度则随之增强。在岩体南侧出露的含单辉橄榄岩（包括伴生的二辉橄榄岩）常不具明显的变形与变质现象（或较微弱），较好地保留着原来的岩浆结构，橄榄石半自形粒状，不具波状消光等现象。含单辉橄榄岩中见有次生透辉石细粒集合体呈不规则的脉络状沿裂隙分布，并穿切橄榄石、辉石等。辉石、铬尖晶石亦常集中定向排列。

蚀变岩：主要分布在矿体下盘至岩体底板接触带间，埋深在300 m以下，其次在包裹体或脉岩的接触带内有少量分布。由叶蛇纹石化、菱镁矿化超基性岩，滑石菱镁岩等组成。

菱镁矿化-蛇纹石化超基性岩：分布在矿体或包裹体及脉岩附近，呈灰绿色至暗绿色，多呈粒状纤维变晶结构，块状构造，矿物由蛇纹石、绿泥石、菱镁矿及少量的附生铬尖晶石和磁铁矿构成（附录16图27），铬尖晶石蚀变强烈，与其他的超基性岩均为蚀变过渡关系。

滑石菱镁岩：主要分布在矿带以下至基底一带，所见视厚度约190 m，呈灰白色，纤维鳞片变晶结构，块状构造，局部片状构造，矿物成分有菱镁矿（含量40％～60％）、滑石（含量30％～55％）、绿泥石（含量3％）、蛇纹石（含量2％～5％），还有少量的铬尖晶石和磁铁矿（附录16图28），当局部石英含量大于20％时，则定名为石英菱镁岩（附录16图29）。其中的铬尖晶石部分被溶蚀，蚀变强烈，显微镜下不透明，滑石呈纤维状定向排列或呈放射状分布。

上述蚀变岩与超基性岩为逐渐过渡关系，中间找不到清楚的界线，其变化顺序大致为：超基性岩→叶蛇纹石化、菱镁矿化超基性岩→滑石菱镁岩→石英菱镁岩。这类岩石的形成过程可能是，超基性岩蛇纹石化后期，在岩体的构造破碎带中，有大量CO_2的气水热液活动，其中的CO_2与蛇纹石作用形成滑石和菱镁矿。

橄长岩脉：呈灰白色，变余橄长结构或纤维状、粒状变晶结构，块状构造，岩石已强烈蚀变（附录16图8、图30），主要矿物有绿泥石（含量25％～55％）、钙铝石榴石（含量30％～50％）、蛇纹石（含量7％～10％）、单斜辉石残晶（含量5％～10％），其次有少量次闪石、绿帘石、碳酸盐类矿物等。分布在含矿带内及其上部附近。个别矿体中见有橄长岩脉穿入，钻孔中所见橄长岩脉的厚度多在几厘米至2 m之间，个别厚度达3.5 m。它与超基性岩的接触界线一般截然清楚，部分界线不明显，呈渐变过渡关系。属岩体的同源晚期脉岩，与矿体的关系较密切，是本区间接找矿标志之一。

除上述各类岩石外，还有分布在地表至矿带上部的辉长岩、凝灰岩包裹体等，不再赘述。

二、岩石蚀变特征及岩相带的划分

由显微镜下观察可知,矿区岩石已全蛇纹石化(附录16图31),局部绿泥石化(附录16图32)、滑石化(附录16图33)、碳酸盐化及硼镁石化(附录16图34)。其中橄榄石强蛇纹石化,已完全由蛇纹石所取代,仅保留其假象;斜方辉石多蚀变为具辉石假象的绢石,单斜辉石多蛇纹石化,见蚀变残留;而绿泥石化、碳酸盐化、滑石-菱镁矿化是后期热液活动叠加在蛇纹石之上的,形成晚于蛇纹石化。铬尖晶石具有不同程度的蚀变。矿体中,边部蚀变强于内部,浸染状矿石蚀变强于块状矿石。

目前来看,蛇纹石化是超基性岩中普遍存在的一种蚀变现象,主要与岩体的自变质作用有关,而与成矿作用之间无任何成生关系。岩石中橄榄石及斜方辉石是由原始岩浆在地壳深处高温、高压环境下结晶生成的。当这些矿物伴随岩浆侵位于地壳浅部时,由于岩浆成分的改变及温度、压力的急剧变化,致使在高温高压环境下生成的稳定矿物在新的物化条件下变得不稳定并产生变化,生成新的矿物组合,蛇纹石就是这种作用的产物。从形成时间看,蛇纹石化主要发生于岩浆结晶晚期阶段,与主要成矿期相当或略早,而不是在岩浆后期。从显微镜下观察,矿体边缘"绿泥石壳"的生成要明显晚于蛇纹石化阶段。

对萨尔托海岩体如何划分岩相的意见繁多,根据各类岩石的共生组合及其分布情况,并结合岩体内的矿体、脉岩和包裹体分布等特征,将岩体划分为3个岩相带。Ⅰ带——纯橄榄岩-斜辉辉橄岩岩相带:纯橄榄岩异离体在斜辉辉橄岩内聚集成带,主要工业矿体(群)赋存于该带中。这类岩相带分布在主岩体的中部及东北部。带内的岩石在部分区段具退色和片理化现象,并含少量橄长岩脉,局部地段含斜辉橄榄岩异离体;Ⅱ带——斜辉辉橄岩岩相带:分布在纯橄榄岩-斜辉辉橄岩岩相带的两侧。主要由斜辉辉橄岩组成,局部有少量纯橄榄岩和斜辉橄榄岩的异离体,偶尔也可见到小型铬铁矿体和橄长岩脉。带内的岩石多呈暗绿色块状,局部叶蛇纹石化强烈,辉长岩包裹体也很多;Ⅲ带——橄榄岩-斜辉辉橄岩岩相带:在斜辉辉橄岩内分布有斜辉橄榄岩和二辉橄榄岩的异离体聚集带,仅见到岩体的西南缘。带内的岩石在部分区段具叶蛇纹石化和碳酸盐化现象。很少见到纯橄榄岩异离体。

第四节 矿石物质组分及特征

一、矿石物质成分

矿石中矿物组成简单,矿石矿物主要为铬铁矿(铬尖晶石),次有微—少量的针镍矿、磁铁矿、黄铜矿、钛铁矿等。脉石矿物主要为斜绿泥石,次为蛇纹石及少量符山石、透辉石、石榴石、硼镁石、菱镁矿及方解石(表16-1)。

表16-1 萨尔托海铬矿床矿石矿物成分表

类型	主要矿物	次要矿物	少见矿物
矿石矿物	铬铁矿		磁铁矿、针镍矿、黄铜矿、钛铁矿
脉石矿物	斜绿泥石	蛇纹石	符山石、透辉石、石榴石、硼镁石、菱镁矿、方解石

1. 金属矿物

1)铬尖晶石

矿石中最重要的金属矿物之一,主要分布在块状(附录16图35)和稠密浸染状矿石中,含量一般50%~80%,最高可达95%。

铬尖晶石（附录16 图36）属于等轴晶系,六八面体类,常以八面体产出为特点,也见有八面体互相结合的聚合晶体,如八面体与三八面体聚晶。晶形被溶蚀常不完整,呈近八面体的圆形。晶体各个晶面发育很不一致,常使晶体变形。解理以八面体解理为主,偶尔晶面发现有生长晶纹。

显微镜下以半自形晶聚粒集合体为主（附录16 图37）,少量他形粒状晶体,多具浑圆状外形,少量呈蠕虫状或港湾状分布,并且不同程度地沿解理裂理破碎（附录16 图38）或被其他金属矿物所交代（附录16 图39）。粒径变化于0.5~4 mm 之间,少数达5 mm。铬尖晶石电子探针成分分析结果见表16-2,由于存在不同程度的蚀变,其化学成分变化较大。

表16-2　萨尔托海铬矿床铬尖晶石电子探针成分分析结果　　　　单位:%

编号	Cr_2O_3	Al_2O_3	MgO	FeO	ZnO	MnO	V_2O_3	Ti_2O_3	SiO_2
11KQ-bg6	39.77	33.13	13.48	12.92	0.05	0.17	0.16	0.23	0.04
11KQ-bg6	39.62	33.33	14.05	13.03	0.04	0.24	0.22	0.19	0.04
11KQ-bg6	38.19	33.65	13.71	13.54	0.08	0.13	0.13	0.27	—
11KQ-bg6	39.22	33.38	13.67	13.10	0.07	0.17	0.12	0.22	—
13KQ-bg3	41.56	29.05	11.62	15.52	0.07	0.22	0.22	0.12	—
26KQ-bg6	43.19	28.59	11.05	15.95	0.08	0.26	0.23	0.14	—
26KQ-bg6	43.81	27.81	11.12	15.88	0.05	0.18	0.19	0.10	0.05
26KQ-bg6	43.57	28.99	10.06	17.99	0.24	0.19	0.31	—	—
Bg7	42.45	29.51	10.04	18.71	0.16	0.22	0.26	0.01	—
Bg7	41.20	31.20	10.39	17.96	0.24	0.29	0.28	—	0.04
Bg24	42.61	27.50	16.19	12.65	0.02	0.15	0.14	0.17	0.02
Bg24	42.59	27.29	16.21	13.44	0.01	0.17	0.23	0.15	0.02
平均值	41.48	30.29	12.63	15.06	0.09	0.20	0.21	0.13	0.02

注:—为元素含量未达检出下限,未检出。

分析单位:新疆矿产实验研究所鉴定专业室。

2）针镍矿

半自形—他形粒状、柱状（附录16 图40）,粒径变化大,常充填在铬铁矿颗粒的裂隙,分布于碳酸盐粒间或包裹于碳酸盐中（附录16 图41）,与铬铁矿、磁铁矿等金属矿物共生（附录16 图39、图42）。其电子探针成分分析结果见表16-3,从表中可以看出:矿床中针镍矿中Ni含量高于标准值64.67%,多在70%左右,对应的S含量普遍低于标准值35.33%,多在26%~29%之间,同时针镍矿中除含常见的微量元素Fe和Co外,Ag、Cu、Pb、As也较常见,个别样品中As含量较高,可达0.101%。

表16-3　萨尔托海铬矿床针镍矿电子探针成分分析结果　　　　单位:%

编号	Ni	S	Fe	Co	Ag	Cu	Pb	As
2	71.83	28.42	0.08	0.03	—	0.09	0.05	—
2	72.00	28.06	0.05	—	—	0.08	—	—
2	73.14	26.50	0.07	—	0.01	0.03	0.01	0.10
13KQ-bg3	69.67	26.64	2.62	0.01	—	0.05	—	—
24KQ-bg5	72.24	26.14	0.11	—	—	0.04	—	0.04
24KQ-bg6	70.89	26.41	3.95	—	0.01	0.05	—	—
26KQ-bg6	64.57	33.21	0.43	0.02	0.01	0.02	0.03	0.02
平均值	70.62	27.91	1.04	0.01	0.00	0.05	0.01	0.02

注:—为元素含量未达检出下限,未检出。

分析单位:新疆矿产实验研究所鉴定专业室。

3）黄铜矿

黄铜色,呈他形细粒或微粒状集合体,分布于脉石矿物或裂隙中,粒径0.01～0.05 mm,集合体粒径0.1～0.5 mm,含量在1%左右,局部达2%～3%,显微镜下少见。

4）磁铁矿

磁铁矿自形—他形粒状均有分布,一种为铬尖晶石蚀变而成,分布于副生铬尖晶石或造矿铬尖晶石的边部(附录16图43);另一种为橄榄石、斜方辉石被蛇纹石交代所析出,呈单晶、团块状、条带状等分布于镁铁矿物裂理、边部及解理处,在纯橄榄岩、斜辉辉橄岩及橄榄岩中均有分布(附录16图44～图45)。磁铁矿分布广泛,在各个矿群中几乎均可见到,但含量相差较大。磁铁矿电子探针成分分析结果见表16-4。

表16-4　萨尔托海铬矿床磁铁矿电子探针成分分析结果　　　　　　　　单位:%

编号	FeO	MgO	ZnO	Al_2O_3	MnO	Cr_2O_3	V_2O_3	NiO	CoO	TiO_2
26KQ-bg12	90.20	1.87	0.11	0.01	0.11	0.04	—	0.85	0.07	—
26KQ-bg12	89.90	1.85	—	—	0.06	0.07	—	1.08	0.21	0.02
Bg7	87.15	0.92	0.07	0.07	0.66	2.16	0.09	0.86	0.30	0.02
Bg7	89.75	0.87	—	0.03	0.47	1.25	0.02	0.54	0.22	0.01
平均值	89.25	1.38	0.05	0.03	0.33	0.88	0.03	0.83	0.20	0.01

注:—为元素含量未达检出下限,未检出。

分析单位:新疆矿产实验研究所鉴定专业室。

5）钛铁矿

他形粒状,呈聚粒状、条带状、不规则枝杈状分布,粒径细小,多与磁铁矿共生呈脉状分布,白钛石化(附录16图46～图48),多数已完全蚀变为白钛石,显微镜下少见。

2. 脉石矿物

1）绿泥石

绿泥石属于斜绿泥石,是矿石中重要的脉石矿物之一,含量高,主要分布在块状和稠密浸染状矿石中。

斜绿泥石呈灰白色和淡绿色,致密隐晶质,呈微晶状、鳞片状、纤维状集合体,显微镜下常可见其构成显微鳞片变晶结构、显微纤状变晶结构及平行纤状变晶结构(附录16图49)。粒径细小,为0.01～0.06 mm,呈鳞片状、纤维状集合体分布于铬铁矿粒间或包裹铬铁矿为"绿泥石壳"(附录16图50～图51),有关"绿泥石壳"成因后详述。

2）蛇纹石

蛇纹石是矿石中重要的脉石矿物,主要分布在由岩浆早期结晶分异作用形成的浸染状矿石中。

蛇纹石以浅灰绿色纤维蛇纹石为主,偶见叶蛇纹石,结晶很细,多呈纤维状或细小的鳞片状集合体,分布在铬尖晶石的晶粒间和裂隙中(附录16图52),含量变化大,在中等浸染状矿石中(附录16图53),含量可达70%,多由原生橄榄石蚀变形成。在近矿围岩中部分蛇纹石常被叶绿泥石交代成残晶,多出现在矿体的边部。

3）符山石

半自形粒状,粒径变化大,异常干涉色明显,呈粒状集合体或微粒状单晶分布,多与斜绿泥石共生(附录16图54～图55)。在矿石中少见,含量低,沿矿石中微裂隙分布,属于岩浆期后热液活动的产物。

4）透辉石

透辉石为岩浆期后热液活动产物,主要为他形粒状,半自形粒状者少见,呈集合体状分布(附录16图56),与石榴石共生。

5) 石榴石

半自形粒状,他形粒状,部分呈条带状充填于裂隙中,多与透辉石共生(附录16图57)。

6) 硼镁石

纤维状,其长宽比 4∶1～20∶1,呈放射状集合体分布,集合体粒径跨度较大(附录16图58),最大可达 6 mm,最小 0.32 mm,分布较广泛,18 矿群中十分常见,多分布于纯橄榄岩和斜辉辉橄岩中,含量不高,一般 1%～3%。

7) 菱镁矿

他形粒状,呈集合体团块状分布,部分叠加在蛇纹石之上,其集合体内分布他形细粒状磁铁矿(附录16图59),含量一般 2%～5%,分布较广泛,特别是在矿体围岩为叶蛇纹石、菱镁矿化超基性岩时,矿石内菱镁矿较发育,其含量可高达 7%。

8) 方解石

半自形—他形粒状,呈集合体团块状分布,为后期蚀变产物。

二、岩、矿石化学成分

1. 岩石化学成分特征

(1) SiO_2 和 CaO 的含量随岩石基性程度的增高而递减,在近矿围岩中 CaO 的含量有所增加,且矿体局部的围岩为二辉辉橄岩,这是因为该矿群正好处在一蚀变带上盘附近,受菱镁矿化、碳酸盐化的影响所致。

(2) MgO、Cr_2O_3 和 Al_2O_3 的含量则是随岩石基性程度的增高而增高,近矿围岩中 Al_2O_3 的含量显著增高,其平均含量 1.37%,一般比远矿围岩中 Al_2O_3 的含量高出 1～4 倍,这是矿体在形成和演化的过程中,由矿浆中析出的富含挥发分的热液与基本固结的近矿围岩发生交代作用的结果。

(3) 近矿围岩中 FeO 的总量和其中的 Fe_2O_3 的含量,均比远矿围岩要低。

(4) 区内的超基性岩类岩石多数属正常系列,少数属铝过饱和系列。岩石中的 a+c 值均小于 1;m/f 值的变化范围在 8.5～10.5 之间,最高达 11.98,最低 8.11,TiO_2 的含量甚微(平均 0.03%),Cr_2O_3 的含量较高,平均 0.78%,故该区的岩石类型应属无长石的超铁镁质岩。

2. 常量元素特征

根据化学全分析结果,矿石中含有 Cr、Fe、Mn、Al、Ni、Co、Si、Ti、P、K、Na、S、Ca 等元素。矿石中的 Cr_2O_3 含量递增时,其中 FeO、Fe_2O_3、Al_2O_3 和 SiO_2、MgO 的含量分别发生有规律的递增或递减。

3. 稀土元素特征

不同类型岩石的 REE 丰度,以斜长花岗岩最高,以下依次为闪长岩、基性熔岩、辉绿岩、富钛富钠辉长岩、橄长岩、二辉橄榄岩、铬铁矿、纯橄岩、斜辉橄榄岩、含单辉橄榄岩;其中二辉橄榄岩 REE 同球粒陨石相近。根据稀土元素配分曲线,本区可清楚地区分为富稀土与相对贫稀土两部分岩类,前者与大洋拉斑玄武岩和大洋岛屿碱性玄武岩 REE 分配型式相似;后者是相互关系紧密的超基性岩类,它们的 REE 分配不具变质橄榄岩的高度贫化和 LREE 一般较低的特点。

三、矿石结构构造及矿石类型

1. 矿石结构

按铬尖晶石的结晶程度而言:矿石结构以半自形为主,他形和自形结构少见,就铬尖晶石颗粒大小可分为以下几种。

1）伟晶结构

粒径大于 5 mm,最大达 7 mm,绝大部分为半自形晶,偶见少量自形晶,此种结构仅分布在主矿体中下部矿石中,且数量极少。

2）中粗粒结构

粒径一般 1.5～3.5 mm,个别 4～5 mm,多为半自形晶（附录 16 图 60）,此种结构主要分布在致密块状和稠密浸染状矿石中。

3）中细粒结构

粒径 0.5～2.5 mm,一般 1 mm 左右,多为半自形、他形结构（附录 16 图 61）,多在浸染状矿石中见到。

4）压碎结构

矿石中的铬尖晶石被压碎成棱角状碎屑（附录 16 图 62）,其直径 0.2～0.5 mm,细者在 0.01 mm 以下,局部压碎的粉末状铬尖晶石沿裂隙呈树枝状、似脉状分布,脉宽 0.5～5 mm。

2. 矿石构造

矿石构造主要有致密块状（附录 16 图 35）、稠密浸染状（附录 16 图 15）、中等浸染状（附录 16 图 53）、稀疏浸染状和条带状（附录 16 图 63）,它们互相之间均为逐渐过渡关系,一般小矿体的矿石构造简单,均由稠密浸染状矿石组成,分述如下。

1）致密块状构造

中粗粒半自形晶—他形晶的铬尖晶石呈聚粒状和单晶粒状密集分布,其含量 80%～85%,个别达 95%,矿物粒径 1～15 mm（附录 16 图 34、图 36）。

2）浸染状构造

铬尖晶石含量 20%～80%,半自形—他形粒状分布,根据其铬尖晶石含量可细分为稠密浸染状构造、中等浸染状构造和稀疏浸染状构造。由于矿床中星散浸染状矿石和星点浸染状矿石较少见,在此不做单独分类。

稠密浸染状构造：中细粒、他形—半自形晶的铬尖晶石呈粒状和聚粒状（附录 16 图 15、图 64）,均匀分布于绿泥石中,铬尖晶石含量 50%～80%。此种构造是矿石的主要构造类型,分布在小矿体中和主矿体东段的中上部。

中等浸染状构造：铬尖晶石含量 30%～50%,半自形—他形粒状（附录 16 图 65）,呈均匀浸染状分布于脉石矿物蛇纹石集合体中。

稀疏浸染状构造：铬尖晶石含量 20%～30%,自形—半自形细中粒晶（附录 16 图 66）,此种构造的矿石以半自形为主产于早期岩浆矿床,铬尖晶石呈云雾散浸状分布于纯橄岩中。

3）条带状构造

本区条带状构造分布普遍,产于早晚期各种矿体中。铬尖晶石有自形、半自形、他形等。按其成因有贯入、结晶分异、压滤富矿溶液聚集等,故可细分为致密条带状构造、稠密浸染条带状构造和稀疏浸染—条带状构造（附录 16 图 63）。

致密条带状构造：该构造常产于致密矿体边缘,穿插于围岩之中,是由含挥发忄高的矿液在结晶晚期沿围岩层理间侵入形成的,矿体与岩石界线清楚,并有交代包裹关系,该类矿石一般产出范围狭小,生于各种岩相中。具致密条带状构造的矿石常与无矿纯橄榄岩成条带间互产出,在少数矿石中亦与稠密浸染条带状构造相互渐变。

稠密浸染条带状构造：可与无矿岩石呈截然清楚的接触关系或与致密条带状构造、稀疏浸染条带状构造相接触。

稀疏浸染条带状构造：此种构造产于早期研究矿床中。矿石呈细条带状,主要由似眼球斑状橄榄石与细条带铬尖晶石集合体互相构成。

4）网状构造

多产于早期岩浆矿床的稀疏浸染矿石中,铬尖晶石自形—半自形,粒径 0.1~0.5 mm,常具港湾状与橄榄石伴生;橄榄石自形—半自形粒状,粒径 2~5 mm。

3. 矿石类型

矿石类型比较简单,根据铬铁矿含量及其空间分布特征,可分为块状矿石、浸染状矿石和条带状矿石。浸染状矿石可细分为稠密浸染状、中等浸染状和稀疏浸染状矿石;条带状矿石分为脉状矿石和条带状矿石。矿区以块状矿石和稠密浸染状矿石为主,多为半自形—他形、中细粒—中粗粒结构;中等浸染—稀疏浸染状矿石少见,仅见于南部含矿带 6 矿群和 21 矿群。

四、主要矿物生成顺序

根据岩、矿石中矿物在显微镜下的分布、含量及相互关系,结合野外地质工作并参考前人资料,将本矿床成矿期划分为岩浆期、岩浆期后和表生期,其中岩浆期又可细分为岩浆早期和岩浆晚期,岩浆期后细分为自变质期和热液期(表 16-5)。

岩浆早期阶段生成纯橄榄岩、辉橄岩及橄榄岩,其主要矿物为橄榄石、斜方辉石、单斜辉石及少量的副生铬尖晶石和磁铁矿,并形成浸染状矿石;在岩浆活动晚期阶段,通过结晶分异和熔离作用产生的矿浆侵位到岩体中的某一构造弱面。随着温度、压力不断下降,铬尖晶石(铬铁矿)大量生成,以块状和部分稠密浸染状矿石为标志,并出现针镍矿、黄铜矿等微量金属矿物。充填在铬铁矿粒间的硅酸盐溶液则结晶出斜绿泥石,剩余富含挥发分的残余气液沿裂隙向外扩散,形成透辉石、石榴石、符山石及硼镁石等。这些次生蚀变矿物多赋存在矿石的微裂隙中或叠加在围岩的蛇纹石上,形成时间明显晚于蛇纹石化。如前所述,蛇纹石化及滑石-菱镁矿化主要与岩体中的自变质作用有关,发生在岩浆结晶晚期阶段,与成矿作用之间没有明显成生联系。

表 16-5　萨尔托海铬矿床矿石中矿物生成顺序简表

矿物	岩浆期		岩浆期后		表生期
	岩浆早期	岩浆晚期	自变质期	热液期	
橄榄石	———				
斜方辉石	———				
单斜辉石	———				
铬尖晶石	—	———	---		
磁铁矿	--	- -	--		
钛铁矿	-	---			
针镍矿		---			
黄铜矿		- ---			
蛇纹石			———		
斜绿泥石				———	
菱镁矿				———	
滑石				———	
符山石				——	
硼镁石				——	
透辉石				——	
石榴石				——	
方解石				———	
白钛石				-	

第五节 矿石工艺矿物学特点

一、有益、有害元素赋存状态特点

矿石中有益组成除 Cr 外,尚有 Ni、Co 及微量的铂族元素。所选矿群(26 矿群)Ni、Co 含量低于其他各矿群,且变化稳定,其含量变化范围分别为 0.14%~0.16%、0.011%~0.013%,平均含量分别为 0.15%、0.012%。

Ni 在矿石中有两种赋存状态,多以单矿物出现,次为类质同象,呈单矿物的 Ni 以针镍矿为主,呈类质同象的 Ni 主要为硅酸镍,存在于矿石的脉石中,其次是氧化镍,分布于铬尖晶石、磁铁矿等氧化物中。矿石中约有 57% 的硫化镍是工业上可能利用的部分,以类质同象形式存在的硅酸镍和氧化镍占 43%,工业上无法分选和利用。

Co 在矿石中未见单矿物,均以类质同象形式赋存于其他矿物中,主要是硅酸钴,占钴总量的 95%~98%,硫化钴和氧化钴含量甚微,工业上无法分选和利用。

矿石中(26 矿群)铂族元素总量($\Sigma Pt=0.072$ g/t),比 22 矿群矿石中的铂族元素总量($\Sigma Pt=0.2$ g/t)低,未发现其单矿物,均以分散状态存在于其他矿物的晶格或晶体裂隙中,只是在通过选矿后,在铬精矿中有所富集,ΣPt 达到 0.089 5 g/t,特别是在尾矿中富集较高,可考虑在选矿-冶炼过程中进行回收。

有害组成为 Al_2O_3、SiO_2、S 和 P。Al_2O_3 含量较高,且稳定,一般 18.83%~22.02%,最高 25.22%,最低 17.56%,平均 21.02%,故该矿群的矿石应属含铝高的矿石,又因矿石中(CaO+MgO)的含量低(22.69%),相应增加了矿石的"酸度",$n(CaO+MgO)/(SiO+Al_2O_3)$ 的比值应为 0.79,属半自熔性矿石,冶炼时需配部分碱性熔剂。SiO_2 含量一般 7%~10%,最高 11%,最低 3.3%,平均 7.69%,在富矿和贫矿中的平均含量分别不大于 6% 及 9%,完全符合工业要求。S 和 P 含量均较低,其平均含量分别为 0.04% 及 0.004%,且与 Cr_2O_3 的含量呈正消长关系,即从准致密块状到中等浸染状矿石,其中 S 和 P 的含量变化分别为 0.056%~0.036%、0.009%~0.004%。

二、矿石类型及矿体品位特征

该矿群的主矿体以富矿为主,占 57.3%,次为贫矿石;其中稠密浸染状矿石占 37.1%,中等浸染状矿石占 5.6%,其余的小矿体则以稠密浸染和少量中等浸染状贫矿石为主。

该矿群矿石品位(Cr_2O_3 含量和铬铁比值)的变化比较稳定,且具有一定的规律,Cr_2O_3 一般在 27.63%~34.76% 之间,最高 36.44%,最低 22.93%,平均 31.40%。若按矿石品级而论,富矿中 Cr_2O_3 的平均含量 34.21%,贫矿为 27.63%,铬铁比值一般在 2.40%~2.74% 之间,最高 2.92%,最低 2.17%,平均 2.59%,总之它与矿石中的 Cr_2O_3 含量成正比。

第六节 "绿泥石壳"特征及研究

"绿泥石壳"生于矿体周围,宽度由几厘米到几十厘米(附录 16 图 16)。按其详细乇成位置分析,多在矿体转弯、两端及矿体与围岩接触面中,形状极不规则,其形态多与矿体形态相似,界线异常清楚。本区凡是晚期致密块状矿体周围均有"绿泥石壳"出现,无矿地段却未见"绿泥石壳",充分表明"绿泥石壳"与矿体存在密切的成因关系。

  显微镜下观察表明,"绿泥石壳"由淡斜绿泥石组成,呈鳞片状及纤维状集合体分布,结晶粒径很细,多在 0.01~0.06 mm 之间,部分颗粒间界线不清晰,表明其生成温度很低。铬铁矿粒间透明矿物主要为淡斜绿泥石,少数样品中可见少量透辉石及尖晶石等矿物(现将铬铁矿粒间分布的透明矿物统称为"脉石矿物")。"绿泥石壳"的淡斜绿泥石与"脉石矿物"无明显界线可分,从"绿泥石壳"往内至"脉石矿物"淡斜绿泥石由垂直界面排列渐变为不具排列性。值得一提的是部分围岩样品中可见叶绿泥石,交代蛇纹石生成,见异常干涉色,呈叶片状集合体分布。从产状上看,叶绿泥石常呈似脉状和脉状产出,在"绿泥石壳"的边界处突然截止,未穿切"绿泥石壳"。

  矿区围岩为利蛇纹石、斜纤蛇纹石,"绿泥石壳"均为斜绿泥石,部分"绿泥石壳"样品中含有少量符山石、透辉石和钙铁榴石,矿石中"脉石矿物"也为斜绿泥石。分析结果表明,"绿泥石壳"与脉石矿物成分相同,均为斜绿泥石,而围岩或近矿围岩中为蛇纹石,表明"绿泥石壳"及"脉石矿物"是由成矿的残余热液在同一时期结晶而成的,二者成因相同。又因"绿泥石壳"与近矿围岩蛇纹石相互接触界线清晰,"绿泥石壳"中未见残余蛇纹石,而围岩蛇纹石中也未见斜绿泥石,说明"绿泥石壳"非由蛇纹石蚀变而成。分析样品中所含少量的符山石、方解石、菱镁矿、水镁石等,经显微镜下鉴定确认,多相互共生,呈脉状、团块状集合体沿裂隙分布,为残余矿液生成叠加于绿泥石之上,生成晚于绿泥石。

  电子探针成分分析结果显示(表 16-6),"绿泥石壳"主要由 MgO、Al_2O_3 和 SiO_2 组成,其中,MgO 34.28%~38.43%,平均 36.35%,Al_2O_3 14.51%~21.94%,平均 18.81%,SiO_2 26.11%~33.00%,平均 30.18%,另含少量 FeO、CaO 等。脉石矿物成分组成与"绿泥石壳"相同,主要由 MgO、Al_2O_3 和 SiO_2 组成,其中 MgO 33.84%~38.03%,平均 35.84%,Al_2O_3 19.82%~23.63%,平均 21.40%,SiO_2 24.75%~29.58%,平均 28.05%,另含少量 FeO、CaO 等。对比以上结果发现,同一样品中,"绿泥石壳"与"脉石矿物"的分析结果基本相同,说明二者为同一矿物;同一矿群不同样品、不同矿群中,"绿泥石壳"与"脉石矿物"未见成分上的明显变化,可推断矿区"绿泥石壳"与"脉石矿物"均形成于同一时期。值得一提的是,分析结果中 FeO 含量普遍偏低,最高 2.25%,最低 0.99%,平均 1.6%,其平均值低于斜绿泥石中 FeO 含量(1.8%~12.2%),斜绿泥石中含铁极少的变种为淡斜绿泥石。电子探针成分分析结果进一步表明"绿泥石壳"与"脉石矿物"相同,均为淡斜绿泥石。

表 16-6　萨尔托海铬铁矿电子探针成分分析结果　　　　　　　　　　　　　单位:%

样品编号	MgO	Al_2O_3	SiO_2	FeO	MnO	TiO_2	CaO	K_2O	Na_2O	总量	位置
13KQ-bg3	34.60	21.94	26.11	1.83	0.06	0.03	2.58	0.17	0.27	87.59	"绿泥石壳"
13KQ-bg3	34.28	21.10	30.49	2.25	0.06	0.00	0.04	0.04	0.06	88.32	"绿泥石壳"
13KQ-bg3	38.43	17.58	30.61	1.88	0.01	0.00	0.08	0.15	0.14	88.88	"绿泥石壳"
13KQ-bg3	34.43	20.42	29.58	1.40	0.03	0.00	0.05	0.06	0.05	86.02	"脉石矿物"
13KQ-bg3	35.52	21.66	27.98	1.32	0.03	0.00	0.03	0.05	0.03	86.62	"脉石矿物"
13KQ-bg3	34.11	21.41	28.78	1.28	0.02	0.00	0.07	0.12	0.18	85.97	"脉石矿物"
13KQ-bg11	36.56	17.40	31.36	1.74	0.00	0.02	0.07	0.35	0.47	87.97	"绿泥石壳"
13KQ-bg11	37.91	14.51	33.00	1.71	0.00	0.01	0.00	0.00	0.05	87.19	"绿泥石壳"
13KQ-bg11	36.37	20.05	29.26	1.48	0.03	0.00	0.05	0.04	0.12	87.40	"脉石矿物"
13KQ-bg11	37.78	19.82	28.43	1.39	0.03	0.00	0.12	0.02	0.05	87.64	"脉石矿物"
24KQ-bg5	36.63	21.54	27.01	1.77	0.08	0.00	0.03	0.29	0.47	87.82	"绿泥石壳"

续表 16-6

样品编号	MgO	Al₂O₃	SiO₂	FeO	MnO	TiO₂	CaO	K₂O	Na₂O	总量	位置
24KQ-bg5	35.63	19.80	30.50	1.87	0.01	0.01	0.04	0.21	0.22	88.29	"绿泥石壳"
24KQ-bg5	35.37	18.59	31.69	1.86	0.03	0.00	0.06	0.03	0.06	87.69	"绿泥石壳"
24KQ-bg5	37.26	23.63	24.75	1.45	0.04	0.00	0.40	0.40	0.28	88.21	"脉石矿物"
24KQ-bg5	34.89	23.49	27.40	0.99	0.00	0.00	0.08	0.15	0.16	87.16	"脉石矿物"
24KQ-bg5	33.84	22.57	27.50	1.24	0.03	0.00	0.03	0.11	0.07	85.39	"脉石矿物"
24KQ-bg15	36.62	17.67	30.65	1.52	0.06	0.00	0.07	0.24	0.26	87.09	"绿泥石壳"
24KQ-bg15	37.42	17.98	30.41	1.61	0.05	0.00	0.06	0.12	0.15	87.80	"绿泥石壳"
24KQ-bg15	38.03	20.64	27.92	1.25	0.05	0.00	0.38	0.18	0.35	88.80	"脉石矿物"
24KQ-bg15	36.13	20.26	28.89	2.21	0.11	0.00	0.11	0.23	0.36	88.25	"脉石矿物"
平均值	36.35	18.81	30.18	1.80	0.04	0.00	0.30	0.16	0.22	87.86	"绿泥石壳"
	35.84	21.40	28.05	1.40	0.03	0.00	0.13	0.14	0.17	87.15	"脉石矿物"

以上研究表明：①"绿泥石壳"与围岩相互接触，界线清晰，与矿石中的"脉石矿物"互相过渡；②围岩由蛇纹石构成，其中含少量叶绿泥石，由蛇纹石蚀变形成。③"绿泥石壳"与"脉石矿物"成分相同，均为淡斜绿泥石，其中未见橄榄石或蛇纹石残留。通过以上分析结果可知，矿石中的"脉石矿物"及"绿泥石壳"均由成矿晚期的残余矿液直接沉淀结晶形成，并非橄榄石蚀变为蛇纹石，又由蛇纹石转变为绿泥石的产物。

第七节 矿床成因和成矿模式探讨

铬铁矿是超基性岩本身从产生到发展的长期演化过程中的一种产物。在深部初具分异的岩浆，上侵夺取并充填于控矿构造空间后，由于压力、温度等物化条件的急剧改变，首先是处在基底围岩附近的岩浆开始结晶成岩，随着大量辉橄岩的晶出，分散的 Cr 元素开始集中，这时岩浆的基性程度和挥发组分增高，黏度小，易流动，并在构造应力相互作用下，富含 Cr 元素的岩浆从辉橄岩中熔离出来，停积于岩体中轴偏下部位的引张软弱带（或原生节理破碎带）。在熔离作用下，首先晶出的纯橄榄岩停积于含矿残浆的底部，在此过程中，由于一部分 Cr 元素在熔浆中局部富集，使铬尖晶石在橄榄石粒间晶出形成浸染状矿石。在大量硅酸盐矿物晶出的晚期，含矿残浆中的橄榄岩与铬尖晶石几乎同时晶出成矿，矿体内的残浆（含挥发分和镁、铁、铝的铝硅酸盐）在区域压应力和残浆中"内力"（挥发分）的相互作用下，产生压滤分异作用，从而形成矿体的"绿泥石壳"。其次，矿体进一步变形，局部侵入围岩的原生裂隙中，形成分枝状或脉状矿体。成矿后期岩浆中析出的挥发分、热水溶液与矿体和围岩发生交代作用，形成蛇纹石化、滑石-菱镁矿化等，在节理中有橄长岩脉侵入。

含矿超基性岩浆本身及其深部分异和侵位是决定成矿的内在因素，结晶分异、熔离和压滤分异以及挥发组分的作用，促进了矿体的形成，引张软弱带对矿体规模、形态和产状起了控制作用。矿床成矿模式见图 16-4：①洋壳阶段扩张脊环境，原始地幔在一定温度和压力下发生熔融形成超基性岩；②熔融过程中铬尖晶石等得到调整改造而聚集成为富铬的铬铁矿；③富铬的铬铁矿经基性熔体的地幔交代作用改造成为富铝铬铁矿，在应力作用下呈豆荚状就位于纯橄榄岩及其附近的容矿构造中。综上所述，该矿床应为晚期岩浆熔离型矿床。

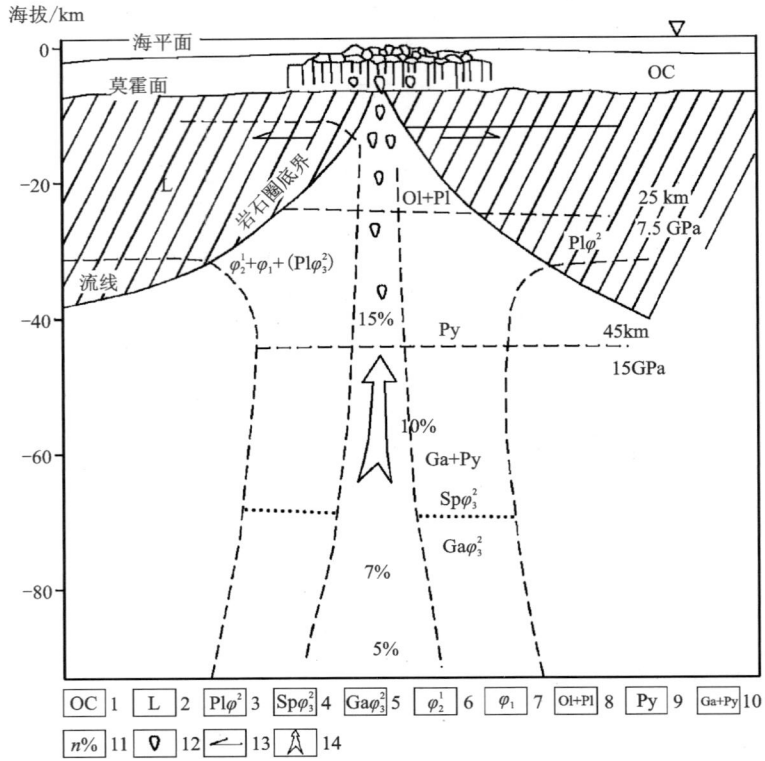

1.洋壳;2.岩石圈;3.斜长二辉橄榄岩;4.尖晶石二辉橄榄岩;5.石榴石二辉橄榄岩;6.斜辉橄榄岩;7.纯橄岩;8.橄长岩;9.辉石岩;10.榴辉岩;11.局部熔融程度;12.岩浆囊;13.大洋扩张方向;14.岩浆活动方向。

图 16-4　托里县萨尔托海铬铁矿成矿模式图

主要参考文献

鲍佩声,王希斌,彭根永,等,1992.新疆西准噶尔重点含铬岩体成矿条件及找矿方向的研究专辑[M].北京:地质出版社.

谭娟娟,朱永峰,2010.新疆萨尔托海铬铁矿中的Fe-Ni-As-S矿物研究[J].岩石学报,26(8):2264-2274.

王玉山,1990.新疆萨尔托海铬铁矿硼的地球化学晕特征及其地质意义[J].矿物岩石,10(4):66-74.

杨念,邓松良,况守英,等,2016.新疆萨尔托海铬铁矿中"绿泥石壳"的研究[J].新疆地质,3(34):375-381.

张立飞,1997.含钙铝榴石的葡萄石-绿纤石相平衡:以新疆萨尔托海蛇绿岩中变基性岩石为例[J].岩石学报,13(3):406-417.

朱永峰,徐新,陈博邓,2008.西准噶尔蛇绿混杂岩中的白云石大理岩和石榴角闪岩:早古生代残余洋壳深俯冲的证据[J].岩石学报,24(12):2767-2777.

内部资料

王世元,1963.新疆塔城托里县萨尔托海铁矿矿石结构构造及铬尖晶石矿物研究报告[R].乌鲁木齐:新疆矿产实验研究所.

魏文中,董显扬,曾河清,1987.新疆萨尔托海超基性岩体及铬铁矿床的地质特征及成因[R].西安:西安地质矿产研究所.

附录 16　图片及说明

图 1　凝灰质砂岩　50×　正交偏光
岩石具砂状结构，磨圆差，分选中等。长石、石英棱角状—次圆状，岩屑为硅质岩岩屑、玄武岩岩屑等。

图 2　凝灰质细粉砂岩　100×　正交偏光
岩石具砂状结构，微片理化。砂屑主要为石英，见少量长石，未见岩屑。

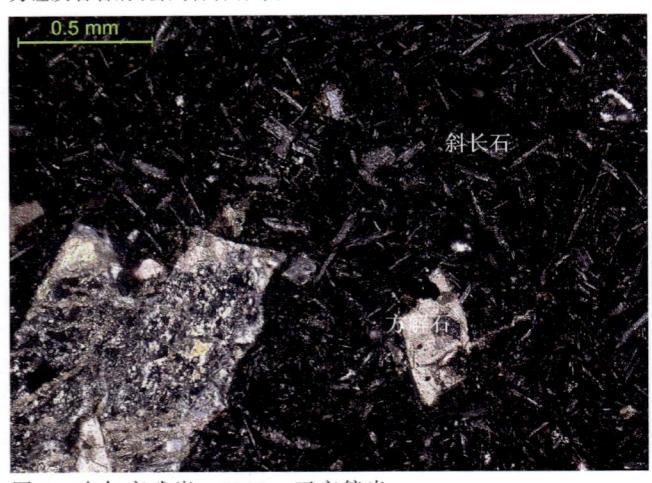

图 3　杏仁玄武岩　50×　正交偏光
岩石具斑状结构，斑晶为斜长石，基质具间粒间隐结构，斜长石微晶杂乱分布，其间填隙火山玻璃和辉石微晶。杏仁体由方解石充填。

图 4　砂砾岩　12.5×　正交偏光
岩石以岩屑为主，岩屑主要为玄武岩岩屑、长英质岩屑，石英和长石均较少见。

图 5　纯橄榄岩

图 6　斜辉辉橄岩

托里县萨尔托海铬铁矿

图 7　斜辉橄榄岩夹铬铁矿条带

图 8　蚀变橄长岩

图 9　花岗岩　50×　正交偏光
岩石具花岗结构，主要矿物为斜长石、钾长石和石英，其中斜长石微绢云母化、泥化。

图 10　花岗斑岩　50×　正交偏光
岩石具斑状结构，绢云母化。斑晶为斜长石、钾长石和石英，基质成分与斑晶成分基本相同。

图 11　辉石闪长岩　50×　正交偏光
岩石中主要矿物为斜长石和角闪石，次为辉石。斜长石半自形板状，见简单双晶，表面泥化；角闪石半自形柱粒状；辉石多被交代，见残留。

图 12　辉长岩　50×　正交偏光
岩石具辉长结构，主要矿物为斜长石和单斜辉石。斜长石半自形板状，绢云母化；单斜辉石半自形柱粒状，多分布于斜长石间。

图 13　花岗闪长斑岩　50×　正交偏光

斜长石半自形板状，绢云母化；钾长石半自形晶，泥化；原暗色矿物已完全由绿泥石集合体取代；石英半自形—他形粒状，多分布于长石粒间。

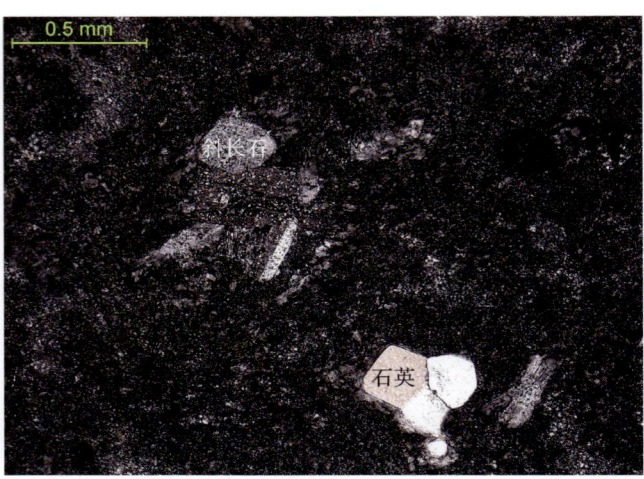

图 14　霏细斑岩　50×　正交偏光

岩石具斑状结构，基质具霏细结构。斑晶为斜长石和石英，斜长石半自形板状、他形粒状，表面绢云母化；石英半自形粒状，呈聚斑状分布。

图 15　稠密浸染状矿石 1

图 16　"绿泥石壳"1

"绿泥石壳"与围岩界线清晰：1.围岩（蛇纹岩）；2.绿泥石壳；3.矿石中的脉石矿物。

图 17　纯橄榄岩　12.5×　正交偏光

岩石中橄榄石全蛇纹石化，析出磁铁矿，他形粒状磁铁矿沿原橄榄石裂理微呈定向分布，含量较高；硼镁石分布不均匀，集合体粒径最大可达 6 mm。

图 18　网环结构　50×　正交偏光

橄榄石被蛇纹石取代，受构造挤压形成网环结构。

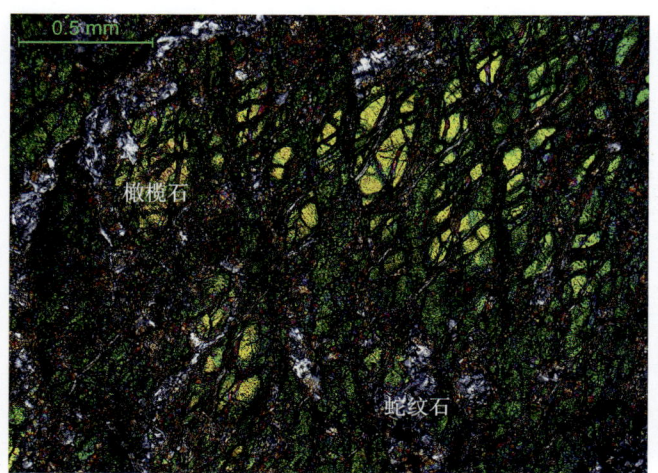

图19 蛇纹石交代橄榄石 50× 正交偏光
纯橄榄岩中蛇纹石沿裂理交代橄榄石。

图20 橄榄石残余 50× 正交偏光
纯橄榄岩中蛇纹石交代蚀变橄榄石,见残留。

图21 一号斜辉辉橄岩 12.5× 正交偏光
原岩中橄榄石全蛇纹石化,斜方辉石蚀变为绢石,绢石含量7%。

图22 二号斜辉辉橄岩 12.5× 正交偏光
原岩中橄榄石全蛇纹石化 斜方辉石蚀变为绢石,绢石含量18%。

图23 绢石1 50× 正交偏光
斜辉辉橄岩中绢石具不均匀消光、揉皱现象。

图24 绢石2 50× 正交偏光
磁铁矿在绢石中呈尘点状、集合体状分布。

图 25　斜辉橄榄岩　12.5×　正交偏光
斜方辉石全蚀变为绢石,含量增高;橄榄石全蛇纹石化;硼镁石呈反射团块状集合体分布。

图 26　二辉橄榄岩　12.5×　正交偏光
岩石中斜方辉石全蚀变为绢石,单斜辉石见残留。橄榄石全蛇纹石化,多为半自形,辉石半自形—他形晶。

 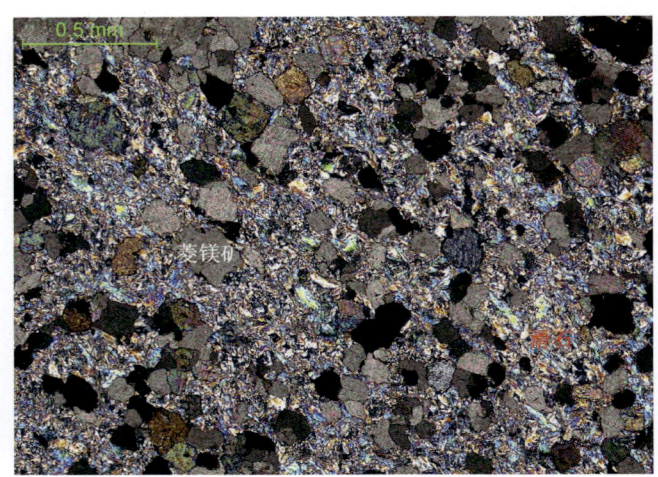

图 27　菱镁矿化-蛇纹石化纯橄榄岩　12.5×　正交偏光
变晶结构,橄榄石已被鳞片状蛇纹石集合体取代,在蛇纹石集合体中分布纤维集合体状的硼镁石、半自形粒状的铬尖晶石及团块状的菱镁矿。

图 28　滑石菱镁岩　50×　正交偏光
岩石具纤微鳞片变晶结构,主要矿物为菱镁矿和滑石。

 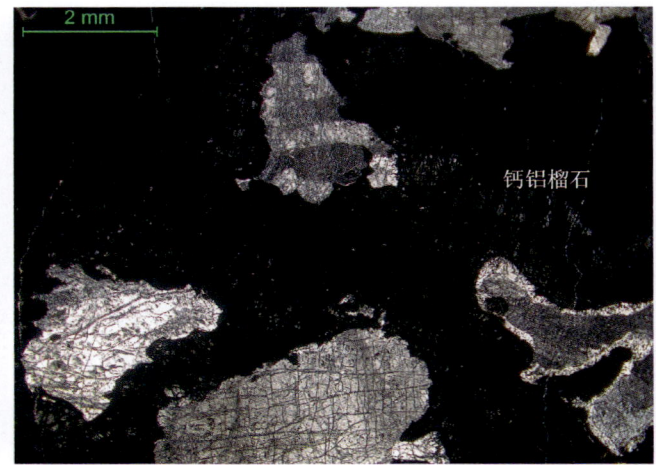

图 29　石英菱镁岩　50×　正交偏光
岩石具变晶结构,石英含量较高,主要矿物组成为石英和菱镁矿。

图 30　橄长岩　12.5×　正交偏光
岩石强烈蚀变,主要由绿泥石、钙铝榴石和残余的单斜辉石组成。

托里县萨尔托海铬铁矿

图 31　蛇纹石化　12.5×　正交偏光
岩石为全蛇纹石化纯橄榄岩,橄榄石全蛇纹石化,菱镁矿、硼镁石均为后期蚀变叠加矿物。

图 32　绿泥石化　50×　正交偏光
岩石强绿泥石化,原岩矿物成分、结构构造均已难以分辨。

图 33　滑石化　100×　正交偏光
滑石叠加于蛇纹石化之上,为后期产物。

图 34　致密块状矿石

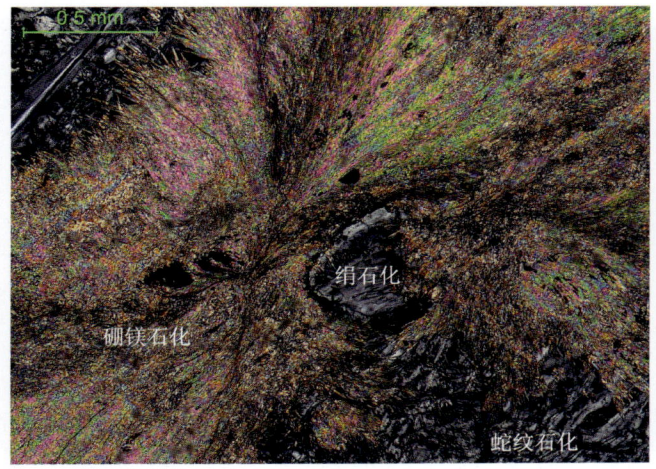

图 35　硼镁石化　50×　正交偏光
原岩为纯橄榄岩,叠加绢石化、蛇纹石化和硼镁石化。

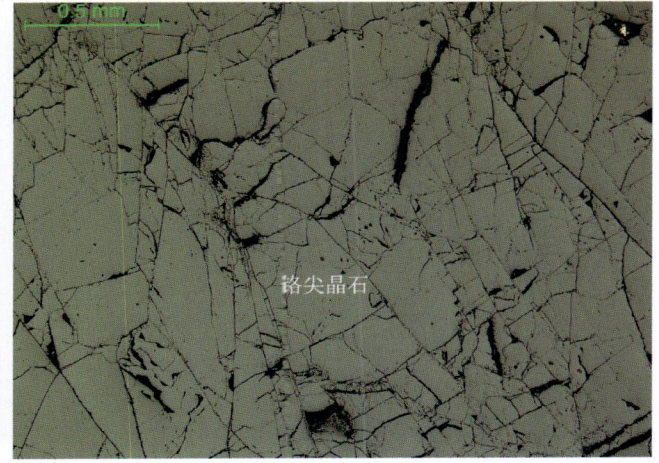

图 36　铬尖晶石1　50×　单偏光
块状矿石中,铬尖晶石半自形粒状,呈聚粒状集合体分布。

图 37　铬尖晶石 2　12.5×　单偏光

铬尖晶石半自形—他形粒状,呈聚粒状集合体分布。

图 38　铬尖晶石 3　100×　单偏光

磁铁矿沿半自形粒状铬尖晶石的边缘和裂理蚀变交代。

图 39　铬尖晶石 4　100×　单偏光

铬尖晶石与磁铁矿、针镍矿共生,磁铁矿为铬尖晶石蚀变产物。

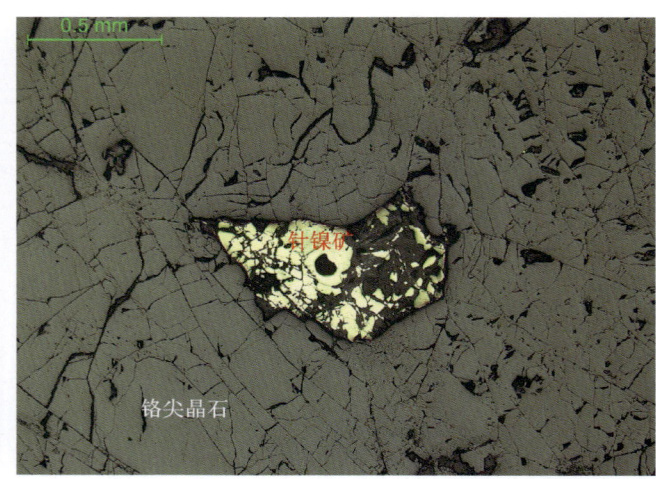

图 40　针镍矿 1　50×　单偏光

他形粒状针镍矿呈集合体分布于铬尖晶石集合体间。

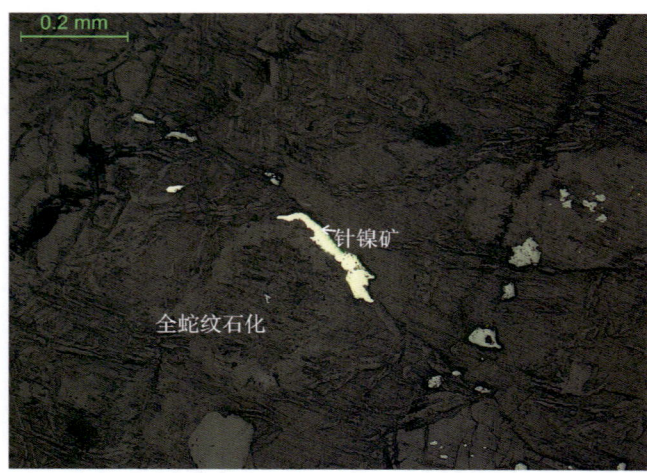

图 41　针镍矿 2　100×　单偏光

他形粒状针镍矿分布于已全蛇纹石化的橄榄石粒间。

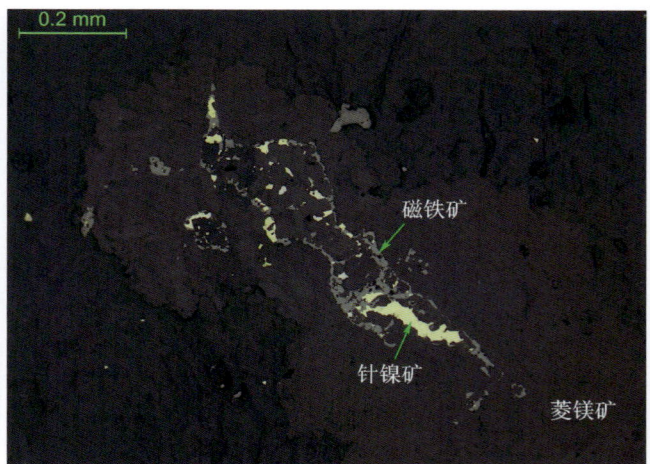

图 42　针镍矿 3　100×　单偏光

针镍矿与磁铁矿共生,均呈条带状分布于菱镁矿集合体中。

托里县萨尔托海铬铁矿

图 43　磁铁矿 1　100×　单偏光
磁铁矿蚀变交代铬尖晶石。

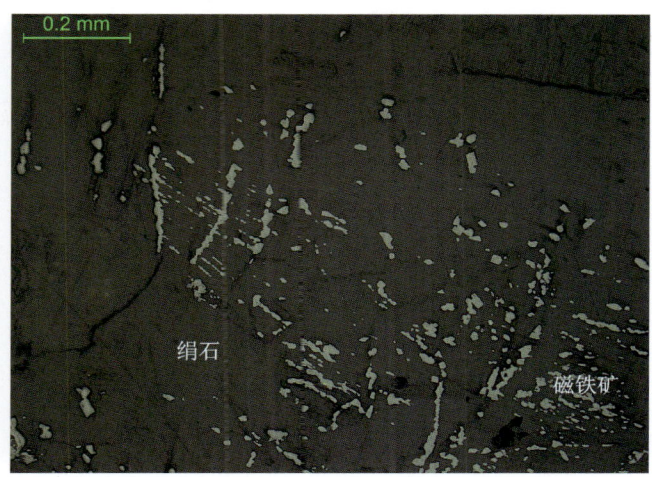

图 44　磁铁矿 2　100×　单偏光
他形粒状磁铁矿沿斜方辉石（已绢石化）解理分布。

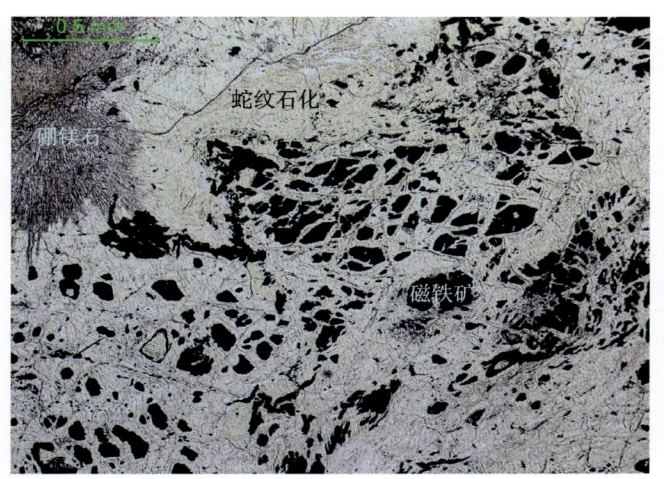

图 45　磁铁矿 3　50×　单偏光
橄榄石蛇纹石化并析出磁铁矿。

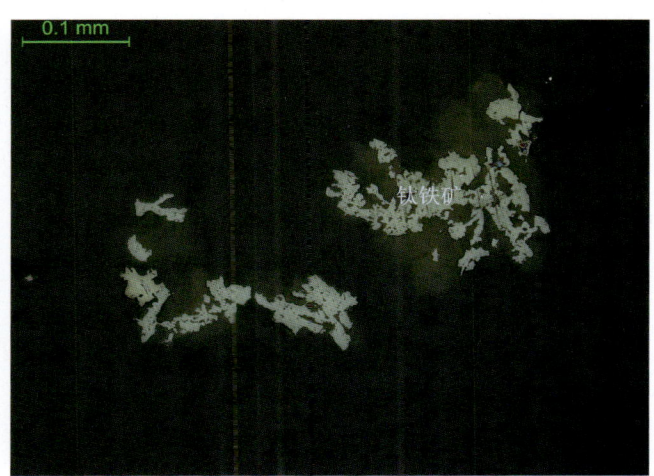

图 46　钛铁矿　200×　单偏光
他形粒状钛铁矿呈集合体枝杈状分布，已完全被白钛石取代，保留其外形。

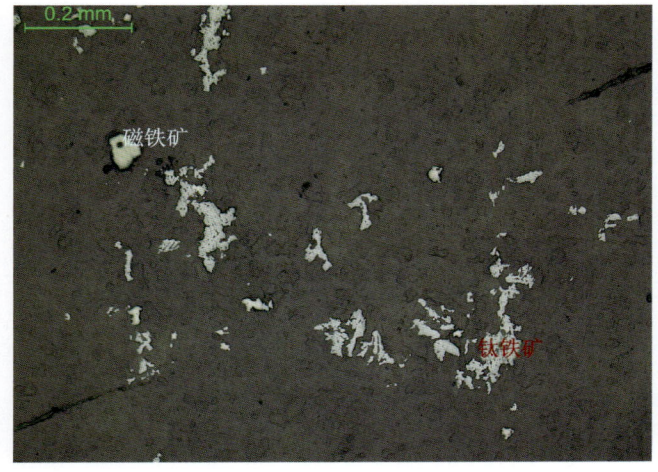

图 47　钛铁矿、磁铁矿 1　100×　单偏光
他形粒状钛铁矿呈星点浸染状分布，其周边可见磁铁矿。

图 48　钛铁矿、磁铁矿 2　50×　单偏光
钛铁矿与磁铁矿共生，呈脉状分布。

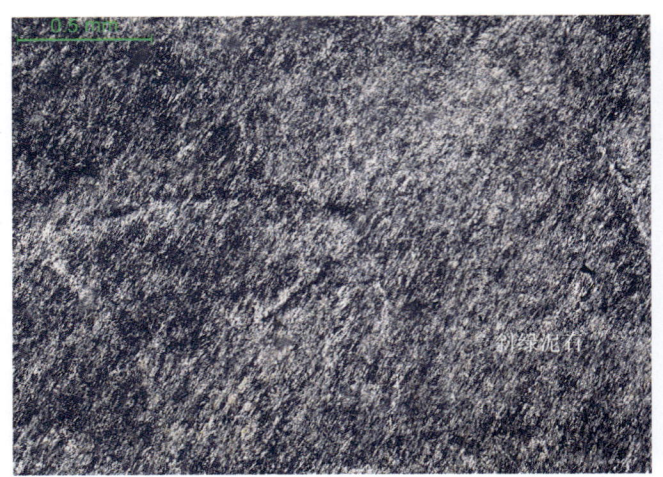

图 49 纤维变晶结构 50× 正交偏光
斜绿泥石呈鳞片状、纤维状集合体分布,略有定向,构成纤维变晶结构。

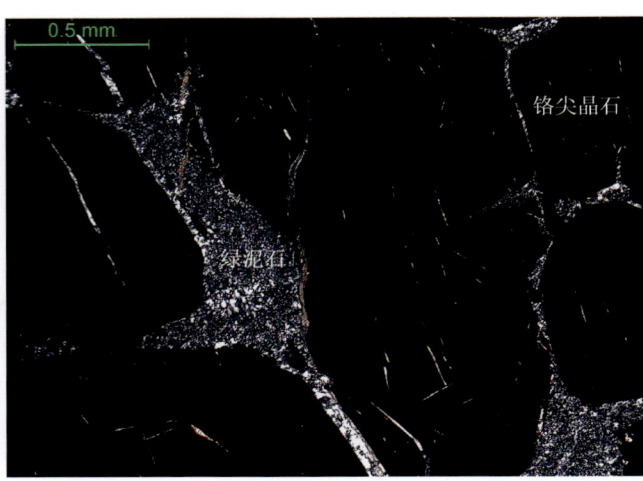

图 50 绿泥石 50× 正交偏光
鳞片状绿泥石呈集合体状分布于铬尖晶石粒间。

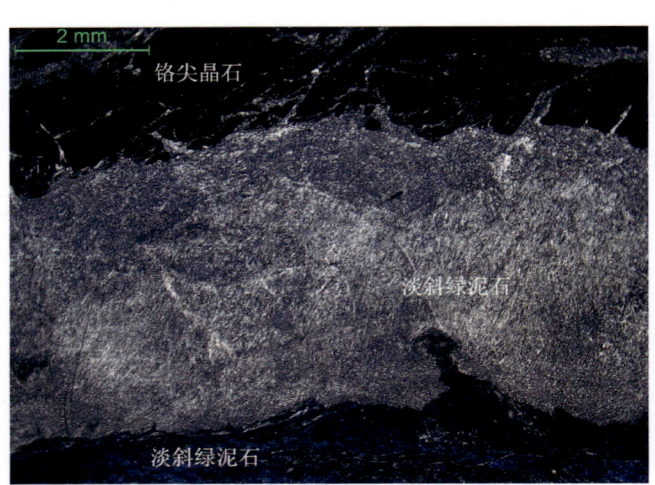

图 51 "绿泥石壳"2 12.5× 正交偏光
岩石中绿泥石为淡斜绿泥石,呈鳞片—纤维状集合体分布。

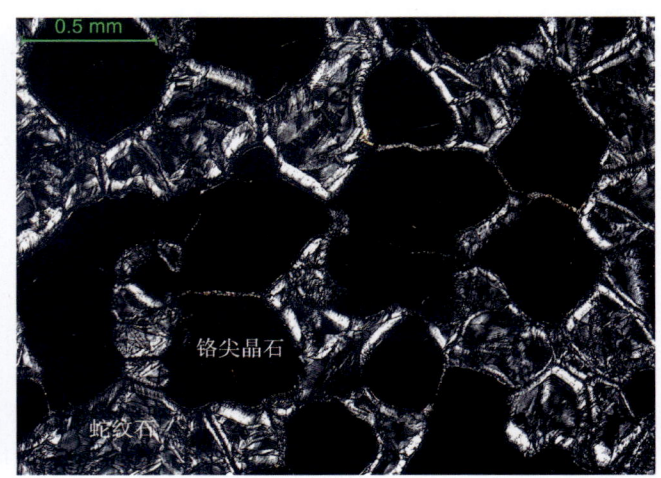

图 52 蛇纹石 50× 正交偏光
矿石中蛇纹石充填于铬尖晶石晶粒间。

图 53 中等浸染状(海绵陨铁结构)矿石

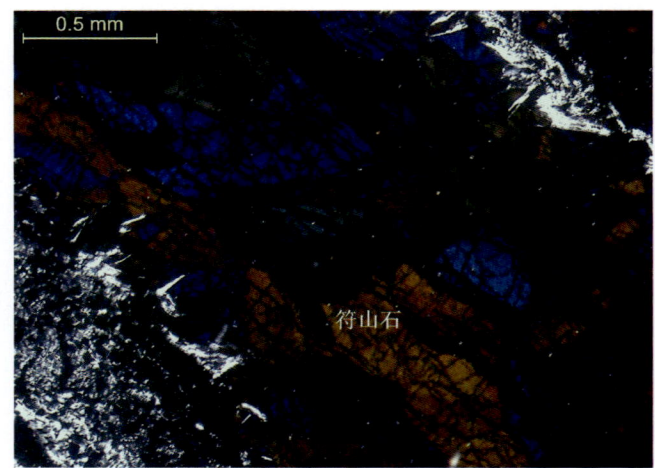

图 54 符山石1 50× 正交偏光
半自形粒状符山石沿裂隙分布,与绿泥石共生。

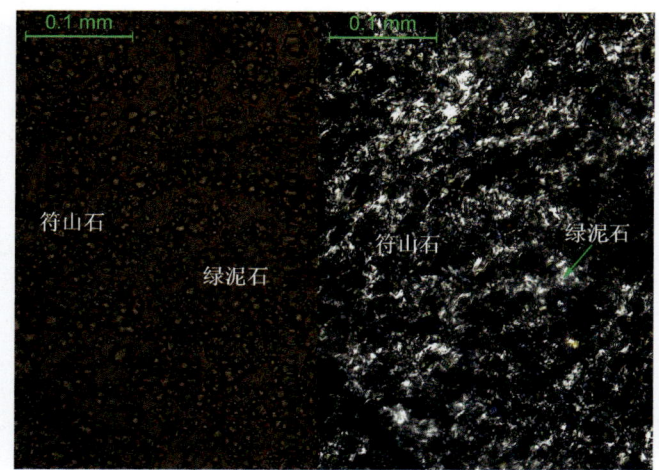

图 55 符山石 2 200× 左:单偏光;右:正交偏光
微粒半自形粒状符山石与绿泥石共生。

图 56 透辉石 50× 正交偏光
他形粒状透辉石呈集合本状分布。

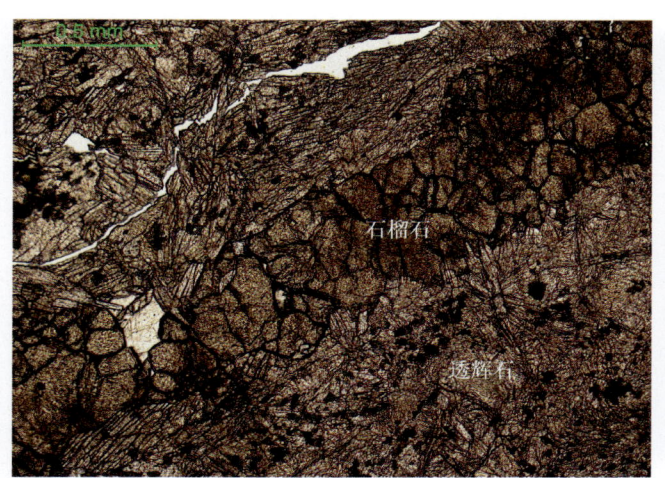

图 57 石榴石 50× 单偏光
石榴石他形粒状,呈条带状充填于裂隙中,与透辉石共生。

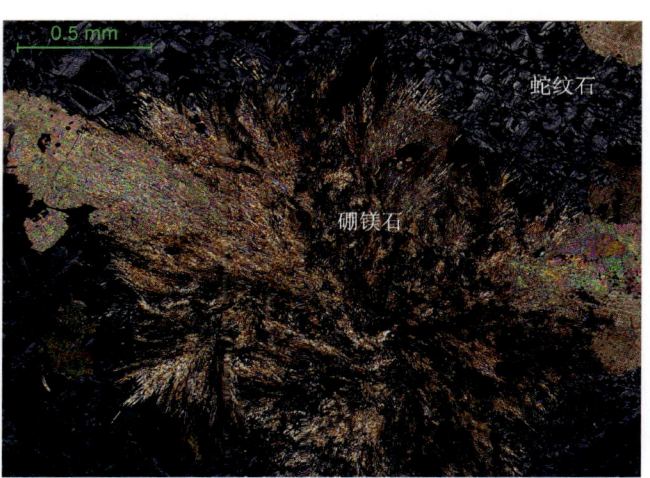

图 58 硼镁石 50× 正交偏光
硼镁石呈放射状集合体分布,与菱镁矿、蛇纹石共生。

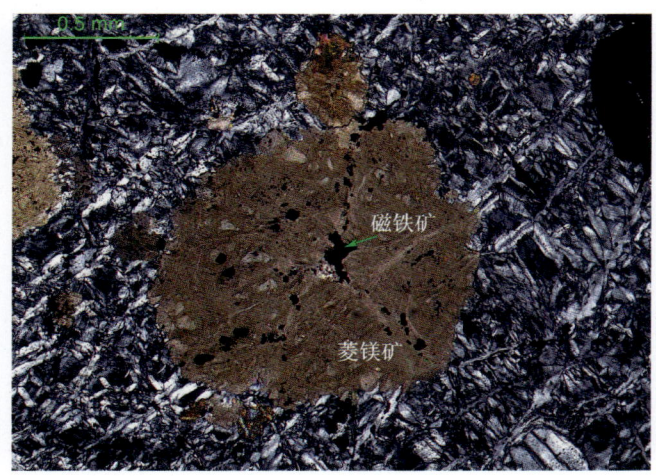

图 59 菱镁矿 50× 正交偏光
菱镁矿他形粒状,呈集合体团块状分布,叠加于蛇纹石上,其集合体中分布他形细粒状磁铁矿。

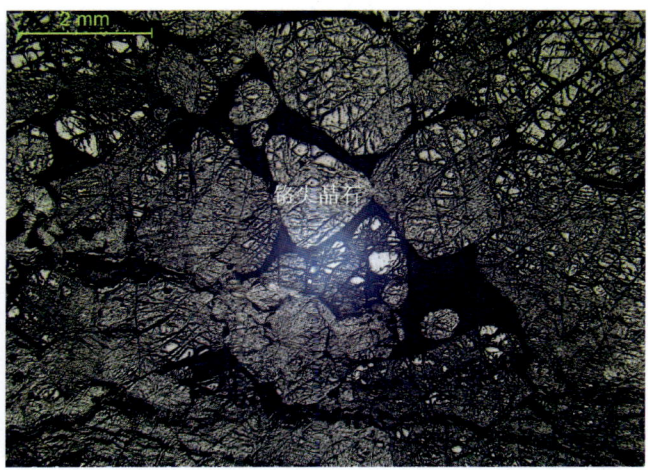

图 60 中粗粒结构 12.5× 单偏光
致密块状矿石中铬尖晶石半自形粒状,粒径大。

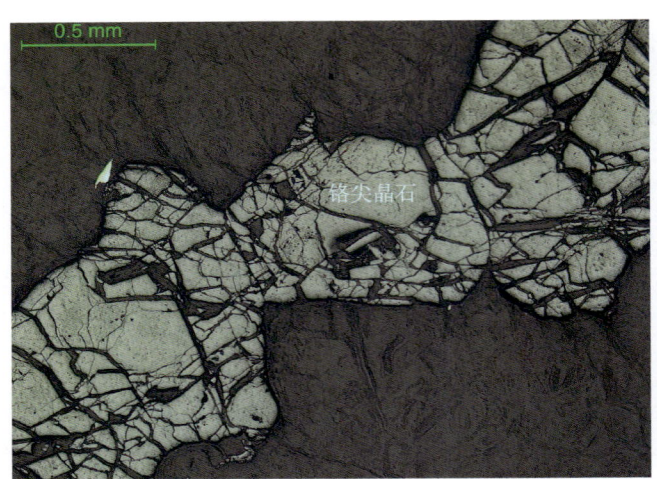

图 61　中细粒结构　50×　单偏光
浸染状矿石中，铬尖晶石他形粒状，粒径约 1mm。

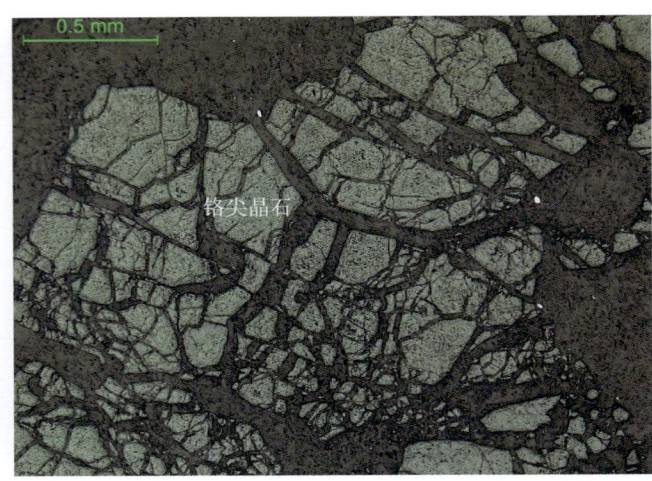

图 62　压碎结构　50×　单偏光
矿石中铬尖晶石被压碎成棱角状碎屑。

图 63　稀疏浸染—条带状矿石

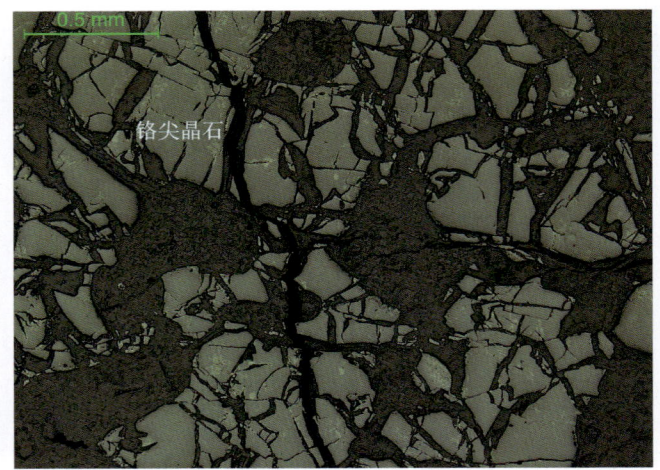

图 64　稠密浸染状矿石 2　50×　单偏光
铬尖晶石半自形粒状，被压碎，呈稠密浸染状分布。

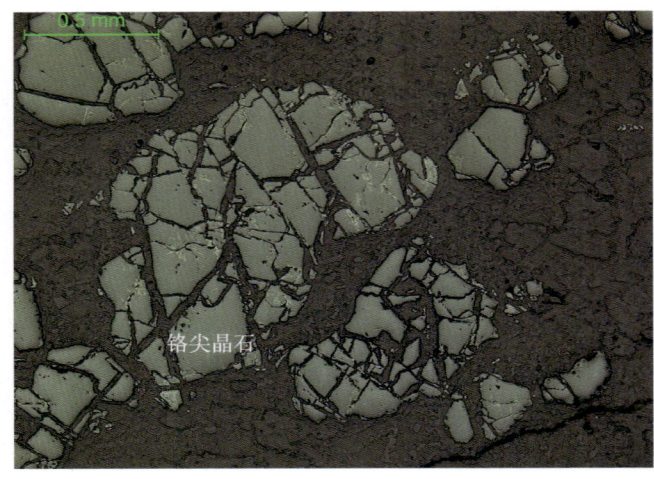

图 65　中等浸染状矿石　50×　单偏光
半自形粒状铬尖晶石呈中等浸染状分布。

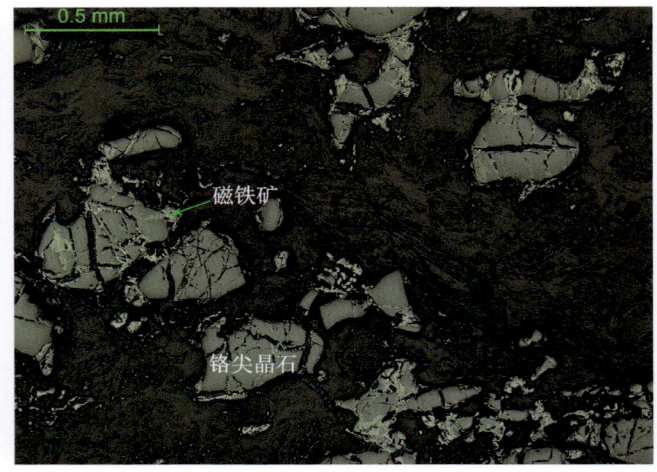

图 66　稀疏浸染状矿石　50×　单偏光
他形粒状铬尖晶石呈稀疏浸染状分布，其边部被磁铁矿交代。

和静县备战铁矿

拍摄者岳蕴辉

整体介绍

新疆新源县备战铁矿床位于新疆和静县城327°方向直距123 km处，中心地理坐标：东经85°33′，北纬43°14′，属和静县管辖。选矿厂位于矿区196°方向直距14 km处，和静县至矿区有公路可通行，运距195 km，交通方便。

20世纪60年代，新疆地矿局区调大队在小布鲁斯台幅开展1:20万区域地质调查工作，发现了备战铁矿点。2004年，新疆地矿局第十一地质大队重新对备战铁矿开展普查工作，2005年11月提交《新疆和静县备战铁矿普查报告》；2004—2006年，开展了详查工作，提交《新疆和静县备战铁矿详查报告》并通过评审（新国土资储评〔2008〕082号文）；2009—2012年，开展了深部及外围找矿工作，2013年2月提交了《新疆和静县备战铁矿深部及外围普查报告》并通过评审（新地项目办报审字〔2013〕2号）。2011—2014年，新疆地矿局第十一地质大队对敦德-备战铁矿开展了调查评价工作，2016年8月提交了《新疆和静县敦德-备战铁矿调查评价报告》并通过评审（中地调（西北）审字〔2017〕044号），确认为大型铁矿床。截至2013年，累计探获铁矿石资源储量（含察汉乌苏）54 001.62万t，TFe品位40.86%。其中（122b）337.48万t，（332）24 063.84万t，（333）10 877.0万t，（334）18 723.29万t。

该矿床2007年已经开发利用，2013年实现了处理原矿200万t、销售铁精粉100万t矿山设计目标，并取得显著经济效益。

第一节 矿区地质特征

备战铁矿位于塔里木板块伊犁微板块之阿吾拉勒-伊什基里克晚古生代裂谷带。早石炭世在伊犁微板块内部产生拉张裂谷,拉张阶段沉积了拉斑玄武岩系列和钙碱性系列的双峰式火山岩建造,于晚石炭世闭合。其北部以尼勒克断裂为界与博罗科努古生代复合岛弧-弧后带相接,南部以拉尔墩断裂(敦德郭勒达坂南缘断裂)为界与哈尔力克-巴仑台早古生代沟弧带相接(图17-1)。

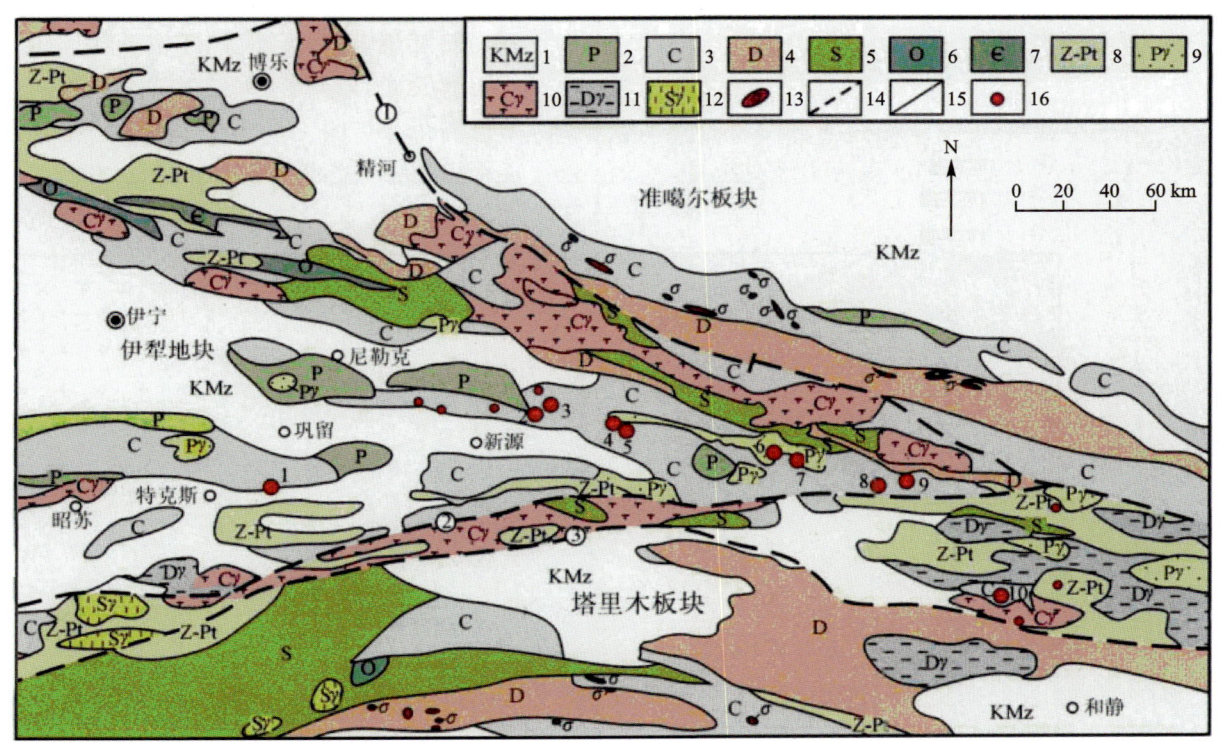

1.中—新生界;2.二叠系;3.石炭系;4.泥盆系;5.志留系;6.奥陶系;7.寒武系;8.前寒武系;9.二叠纪花岗岩;10.石炭纪花岗岩;11.泥盆纪花岗岩;12.铁镁质—超铁镁质岩;14.主要断裂;15.地质界线;16.铁矿床铁矿代号(1.阔拉萨依铁矿;2.式可布台铁矿;3.松湖铁矿;4.尼新塔格;5.阿克萨依铁矿;6.查岗诺尔铁矿;7.智博铁矿;8.敦德铁矿;9.备战铁矿;10.摩托萨拉铁锰矿);①依连哈比尕断裂;②尼古拉耶夫线-那拉提北坡断裂;③长阿吾子-乌瓦门断裂。

图17-1 矿区区域地质构造略图

矿床位于新疆西天山阿吾拉勒成矿带内,该带目前已发现和探明铁矿床有松湖、尼新塔格、查岗诺尔、敦德、智博及备战等。从2003年开始勘查,截至2013年,阿吾拉勒铁矿带累计探明铁矿石资源量达10.8亿t,远景资源量可达20亿t。

一、地层

矿区内地层主要为下石炭统大哈拉军山组(C_1d)、阿克沙克组(C_1a)及第四系(Q)(图17-2)。下石炭统大哈拉军山组主要岩性为英安质凝灰岩、英安岩,局部夹少量砂岩、大理岩化灰岩,南翼西部分布有钾长花岗岩体。由于受岩体侵入变质作用影响,矽卡岩化极强,中部的凝灰岩已全部蚀变为矽卡岩。阿克沙克组分布在矿区中部主矿体北侧,构成巩乃斯复向斜核部。枢纽部位为钙质页岩,其中含有碳质,向两翼依次为灰岩-白云质灰岩-灰岩,基本对称分布,南翼东部局部夹少量凝灰岩。南翼底部出露紫红色砾岩。该组宏观上为紧闭褶皱,岩层褶曲十分发育,地层产状 309°～23°∠67°～76°。

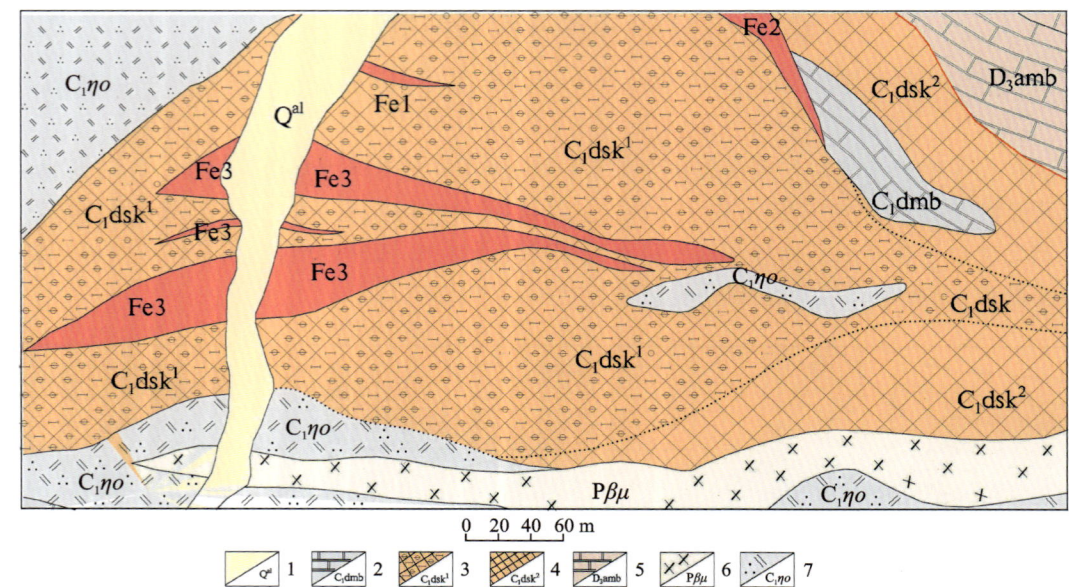

1. 第四系;2. 大哈拉军山组大理岩;3. 绿帘石化透辉石矽卡岩;4. 复杂矽卡岩;5. 艾尔肯组大理岩;6. 二叠纪辉绿岩脉;
7. 早石炭世石英二长斑岩。

图 17-2 备战火山岩型磁铁矿床铁矿体与矽卡岩分布图

矿区第四系覆盖范围较大,高大山体的山前地带及冲沟上游主要为残坡积及冰积砾石,南部及西部为现代冰川,长 1～1.5 km,冰川前端有 500～1500 m 的泥砂、砾石块混合形成的冰渍堤。工区中部高山前形成残坡积,冲沟内为冲洪积。

二、构造

1. 褶皱

矿区褶皱为巩乃斯复向斜的次级褶皱,在矿区内表现为紧闭向斜,轴面近直立略北倾,总体轴向 280°左右,轴线向东西两侧均延出图外。核部地层为下石炭统阿克沙克组,翼部为大哈拉军山组。

2. 断裂

矿区处于尼勒克断裂和拉尔敦断裂两条大断裂之间,区内无大规模断裂分布,仅地层之间层间小错动明显,小断裂、节理发育。主矿体北部较大断裂有两条,分别为 F_1、F_2,F_1 走向 95°左右,F_2 走向 125°左右,两侧岩层受挤压应力影响明显,岩石破碎,层间小褶曲较发育,局部岩层被错动,但错距不大,均为压扭性断裂。

三、侵入岩

矿区内岩浆活动活跃,侵入岩在矿区南部、西南部较发育,岩性主要为钾长花岗岩、少量花岗斑岩及零星花岗闪长岩脉、闪长岩脉、辉绿岩脉等脉岩。矿区北部岩浆活动则较弱,未见大岩体,仅见少量闪长岩脉、辉绿岩脉等脉岩。

四、变质作用

区内变质作用较强,区域变质、动力变质及接触交代变质作用在矿区均有表现。区域变质作用在矿区主要为区域低温动力变质作用,处在造山带中的古生界各组普遍经受了区域低温动力变质作用,涉及地层有下石炭统阿克沙克组和大哈拉军山组,均为低绿片岩相。

矿区接触变质作用主要形成矽卡岩和大理岩两种岩石类型,发育于矿区南部钾长花岗岩与大哈拉军山组凝灰岩接触带上,发生矽卡岩化,形成矽卡岩带。蚀变强,总体分带较明显,岩性由南到北依次为钾长花岗岩-凝灰岩-矽卡岩-凝灰岩-英安岩-硅化大理岩(或灰岩)。磁性铁矿体即产于矽卡岩带中,矿体顶底板均为矽卡岩,因此接触交代变质作用为形成矿床的主要地质因素。

动力变质作用主要分布于矿区断裂附近。受断裂影响,岩石具碎裂结构、糜棱结构,具有石香肠构造及牵引拉伸现象。断裂部位岩石矿物呈定向排列,局部呈条带状分布,形成似流动状构造,次生节理、劈理较发育,破碎较强。

第二节 矿床地质特征

截至目前,备战铁矿矿区地表共圈出矿体3个,即L_1、L_2、L_3。深部圈出盲矿体1个,即BL_4。已知矿体均产在大哈拉军山组凝灰岩与后期钾长花岗岩外接触部位的矽卡岩带内。其中L_3矿体沿走向、倾向延深均大于1000 m,厚度大(20~120 m不等),TFe平均含量约40%,资源量约占矿区总资源量的90%,是矿区主矿体(图17-3)。

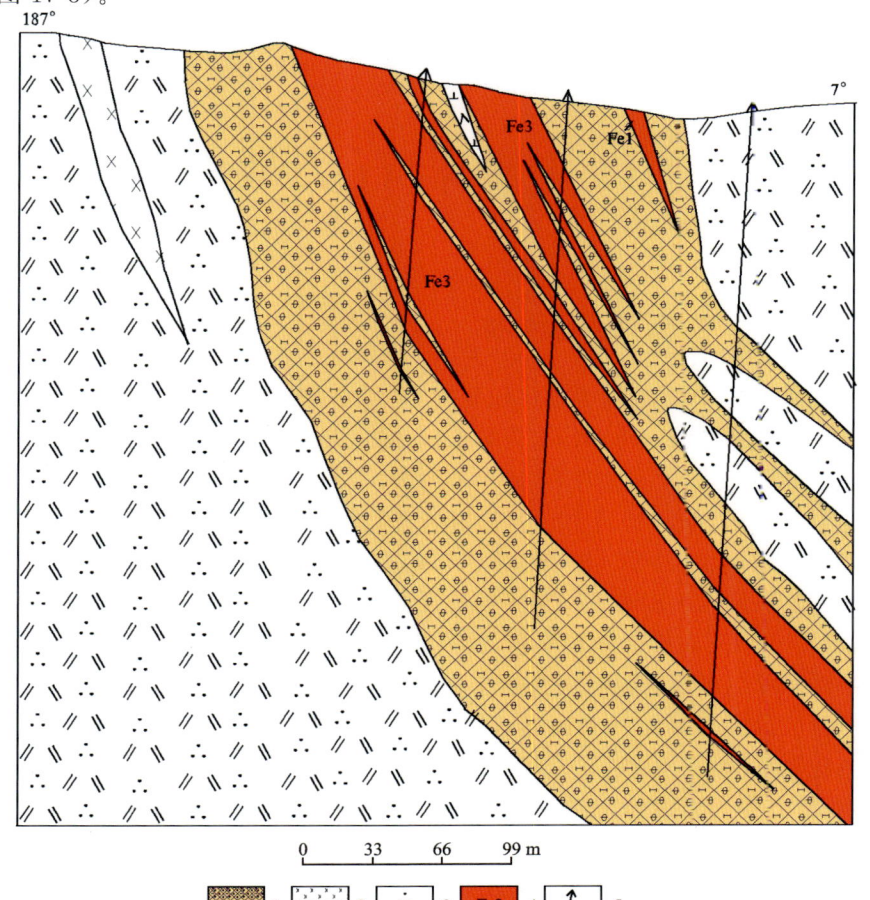

1.绿帘石化透辉矽卡岩;2.辉绿岩;3.石英二长斑岩;4.铁矿体及编号;5.钻孔。

图17-3 备战铁矿20线地质剖面略图

一、矿体特征简述

L₃矿体总体呈一中间厚、向周缘逐渐变薄的脉状矿体,局部出现膨大缩小、分枝复合的特性。受地形影响,地表0线附近矿体因剥蚀深度相对于两侧较大,矿体呈厚大透镜状出露;向两侧地形升高,矿体沿走向出露变薄、尖灭。3200 m标高以上,矿体形态总体表现为:0线以西矿体多分枝,中部矿体膨大,但多夹石,至4线合为一大脉,向东稳定延伸。向深部稳定延伸。

矿体呈近东西向展布,目前地表沿走向控制长880 m,至3200 m标高控制长度达1100 m,随深度增加,沿矿体走向工程控制减少。目前矿区0线控制程度最好,矿体延深已达1100 m。矿体产状北倾,总体表现为上陡下缓,平均倾角53.5°。地表槽探工程中矿体倾角65°～75°。

根据各工程控制情况,矿体厚度呈中间厚、周缘薄的特征。中部矿体厚度最厚处可达294.99 m,平均厚度达137.49 m。向周缘矿体厚度逐渐降低为19～55 m,平均厚度达36.10 m,最薄处19.24 m。综上所述,本区主矿体L₃厚度变化中等。

二、矿床规模及空间分布

通过对控制L₃矿体的35个单工程平均品位及品位变化系数进行统计分析,L₃矿体的TFe品位主要介于35%～45%之间,剔除个别样品统计个数较少的工程,单工程品位变化系数基本位于50%以下,总体品位变化系数17.80%,显示出矿化连续、品位变化均匀的特点。

矿体品位变化明显,可分为两个区域,中部品位偏高,平均45%,最高46.81%,最低42.67%,有用组分分布均匀程度表现为均匀,向周缘品位则逐渐降低,一般30%左右,最高39.93%。

第三节　矿区主要岩石类型及围岩蚀变

一、矿区主要岩石类型及特征

从显微镜下鉴定结果看,矿区岩石类型比较复杂,主要分为岩浆岩和变质岩两类,岩浆岩包含侵入岩和火山岩,其中侵入岩主要为闪长(玢)岩,次为辉长(玢)岩、花岗岩,火山岩主要为英安(斑)岩,次为玄武岩及凝灰岩。变质岩类型简单,仅有大理岩、矽卡岩两种。同一类岩石因矿物组合及结构构造不同,可以划分出若干个不同岩石亚类,如闪长岩中有闪长玢岩、闪长岩、细晶闪长岩等。大理岩中有方解石大理岩、透闪石大理岩和橄榄石大理岩等。根据岩浆岩与变质岩及矿化之间的关系可知,矿区大理岩、矽卡岩及铁矿化均与中酸性岩浆侵入活动有关。其主要特征如下。

辉长玢岩(附录17图1):在矿区分布不多,仅占10%左右,呈岩脉或小岩株产出,少部分属于辉长岩或辉绿岩。岩石呈深灰绿色,斑状结构,块状构造。斑晶含量低,主要矿物为斜长石和辉石,长石泥化及被黝帘石交代。辉石已蚀变为绿泥石和阳起石。基质由细粒斜长石、辉石及磁铁矿构成,粒径0.15～0.4 mm±,长石杂乱分布,辉石和磁铁矿充填在其粒间。

闪长(玢)岩:在所有侵入岩中,闪长(玢)岩是分布最多的岩石类型之一,占70%以上,其中以玢岩为主。产在矽卡岩或大理岩的接触带上,是大理岩或矽卡岩形成的热源岩石,也是成矿的母岩,与铁矿化关系密切。岩石灰绿色,半自形粒状结构,块状构造。主要矿物为斜长石和角闪石,粒径较细(附录17图2),次生蚀变作用较明显,主要为绿泥石化、方解石化、阳起石化、硅化、磁铁矿化。斜长石呈半自形粒状、板状分布。闪长玢岩具斑状结构。斑晶为斜长石和角闪石,含量较低,基质由细粒斜长石、磁铁矿及次生矿物绿泥石、方解石等构成。受应力作用影响,部分岩石被压碎,部分矿物变形破碎,并叠加次生蚀变。在部分岩石中叠加有矽卡岩化(附录17图3)。

花岗(斑)岩:包括钾长花岗岩(附录17图4)和花岗斑岩(附录17图5),多呈脉状分布,是中性岩浆经分异作用派生的产物。岩石呈灰白色,他形粒状结构,块状构造,主要由钾长石和石英及少量的钠长石等构成,粒径极细,在0.1～1.2 mm之间。钾长石中包含石英,岩石较新鲜,次生蚀变作用弱,有轻度的绿泥石化、绿帘石化及方解石化。花岗斑岩具斑状结构,基质为细—微晶结构,由正长石和石英构成,次生蚀变弱。

英安(斑)岩(附录17图6～图7):在矿区分布广泛,是大哈拉军山组火山岩中分布最广的岩石类型,主要见于ZK002、ZK007、ZK702、ZK407等钻孔中,厚度较大。其中,ZK007孔中0～180 m间全部为英安岩。覆盖在沉积岩上,与侵入岩属于同源不同期次的产物。

岩石呈浅灰绿色、灰褐色,斑状结构,斑晶为斜长石,含量低,呈半自形粒状、板状分布,部分被绢云母取代。基质结晶细,由隐晶质—细粒长英质集合体构成。次生蚀变现象为绢云母化、方解石化、绿泥石化、电气石化、黄铁矿化及绿帘石化等,交代斜长石、暗色矿物或叠加在基质中,岩石受构造应力作用影响产生破碎,沿裂隙充填有绿帘石和方解石脉。在英安岩中未见矿体或矿化体。

玄武岩(附录17图8～图10):在矿区较常见,但规模比较小、数量比较少,有时与安山岩共生,其中未见矿化现象。

岩石具斑状结构,斑晶多数为辉石,少数为斜长石,斜长石已强绢云母化,外形模糊,辉石已蚀变为纤闪石,多呈聚斑状分布。基质由细板条状斜长石、辉石组成,辉石他形粒状、短柱状,分布于斜长石格架间;斜长石具高岭石化、绢云母化,表面浑浊不清;辉石已纤闪石化,边部黝帘石化;榍石呈他形微粒状,均匀分布于长石、辉石间。

凝灰岩:在矿区分布少,且规模比较小、数量比较少,仅在少数钻孔中见到。岩石由火山碎屑、火山灰胶结物组成。火山碎屑多数为晶屑,有少量岩屑。晶屑多为斜长石,石英量少,分布微量磁铁矿、榍石及帘石等,斜长石具高岭石化;岩屑主要为霏细岩,次有少量安山岩、英安岩岩屑。火山灰已脱玻重结晶,由霏细状、微晶状长英质矿物组成(附录17图11～图13)。

大理岩:矿区产出数量最多的岩石之一,在围岩中分布非常普遍,常见于地表和钻孔中。在部分大理岩中叠加有磁铁矿化,含量最高可达55%。按其中矿物组合主要有大理岩(附录17图14～图15)、透辉石大理岩及透闪石大理岩(附录17图16)3种类型。

岩石呈白色—灰白色,粒状变晶结构,块状构造,主要矿物为方解石,其次,可见少量的透闪石或透辉石等变质矿物。方解石呈他形—半自形粒状,粒径细,为0.06～0.3 mm±,彼此紧密镶嵌生长在一起,接触界线简单平直,橄榄石、透闪石充填在其粒间,是由灰岩经热接触变质作用形成的。受构造应力作用影响,部分岩石被压碎,造成其中部分矿物变形破碎及定向分布。

矽卡岩:在矿区分布广泛,是常见的容矿围岩之一,几乎在所有的钻孔中都能见到,多分布在侵入岩体与大理岩间的接触带上。根据矿物组合,岩石属于钙质矽卡岩,主要有绿帘石矽卡岩(附录17图17～图18)、透辉石榴石矽卡岩、石榴石矽卡岩等(附录17图19)。并伴生有阳起石岩、方解石阳起石岩。岩石呈灰绿色,粒状变晶结构,块状构造,主要矿物有石榴石、透辉石、绿帘石、阳起石,多叠加热液蚀变如绿泥石化、透闪石化、硅化及碳酸盐化,在部分矽卡岩中叠加磁铁矿化(附录17图20)甚至形成不同品位的铁矿石,表明矽卡岩化是矿区重要的成矿方式之一。

二、围岩蚀变及特点

矿体产于矽卡岩带中,成矿是在矽卡岩化的基础上叠加含矿热液活动的产物。围岩蚀变类型较复杂,蚀变程度较高,主要有矽卡岩化、碳酸盐化、黄铁绢英岩化、阳起石化、钠长石化、硅化、帘石化及大理岩化等。在蚀变岩中,交代蚀变作用通常都是由两种或两种以上蚀变矿物叠加交代造成的,交代原生矿物或分布在基质中。

矽卡岩化：矿区矽卡岩化普遍，多发育于矿体附近，部分为磁铁矿化矽卡岩。石榴石、透辉石、绿帘石等各类不同矿物组成不同的矽卡岩。由内向外蚀变分带大致可分为绿帘透辉矽卡岩带、石榴矽卡岩带、阳起绿帘矽卡岩带，但各带的连续性差，各相邻勘探线剖面缺乏对比性。总体以透辉石化、绿帘石化为主，阳起石化、电气石化仅在局部出现。近矿围岩中矽卡岩化极强，大部分矽卡岩化强烈的岩石中，原岩无法恢复，推测可能为英安岩或次火山岩。

大理岩化：主要分布在矿体顶板矽卡岩的上部，2线矿体底板矽卡岩中有小面积脉状产出，一般与矿体距离较远，由灰岩经变质重结晶作用形成，矿化作用不明显。

硅化：在接触带边部发育，一般与矿体距离较远。主要分布于主矿体西北部的英安岩、凝灰岩中，南东部的细晶钾长花岗岩中。主要表现为岩石中基质胶结物被硅质交代，石英集合体不均匀分布，常与钠长石化、绢云母化共生（附录17图21）。硅化导致岩石硬度变大，矿物之间界线模糊。

透闪石化：在矿区蚀变围岩中常见，主要产于闪长（玢）岩中，部分也见于中基性火山岩中（附录17图22），呈不均匀粒状、条带状及团块状产出，多与帘石化、碳酸盐化及绿泥石化共生。

帘石化：在蚀变围岩或矿石中常见，分布普遍，局部可形成绿帘石岩。主要表现为黝帘石化、斜黝帘石化（附录17图23）及绿帘石化，交代斜长石或叠加在基质中，多与硅化、碳酸盐化等次生蚀变作用共生，形成与含矿热液活动有关。

黄铁绢英岩化：主要分布在近矿蚀变围岩中，以英安岩和凝灰岩中最为常见。由绢云母化、硅化及黄铁矿化构成（附录17图24）。蚀变矿物含量及空间分布多不均一，变化大，局部可形成绢英岩化或绢云母化等蚀变，绢云母等呈鳞片状集合体交代斜长石或叠加在基质中，与含矿热液活动有关。

钠长石化：在矿区蚀变围岩中普遍分布，主要见于蚀变中酸性火山岩中，常与石英、阳起石等共生，呈不规则条带状、团块状分布（附录17图25），局部完全被钠长石取代（附录17图26），形成与热液活动有关。

碳酸盐化：主要为方解石化，一般在矿体边部发育，分布在各类蚀变岩石中，多交代原岩中的矿物（斜长石）或叠加在基质、胶结物中（附录17图27），少部分呈碳酸盐脉沿裂隙充填，为成矿后期残留热液蚀变。

电气石化：见于部分蚀变岩石中，与绢-白云母、钠长石、石英及方解石等蚀变矿物共生，分布不均匀，与方解石共生，柱粒状集合体常呈条带状或团块状产出（附录17图28）。

主要金属矿化有磁铁矿化、磁黄铁矿化、黄铁矿化、黄铜矿化（孔雀石化）和极少量闪锌矿化。

磁铁矿化：矿区内主要矿化类型。磁铁矿化多分布于各类矽卡岩及交代蚀变岩中，呈粗、细粒状，自形—半自形或他形晶。块状、团块状、角砾状、浸染状（附录17图29）分布。当磁铁矿富集到一定程度时，即形成磁铁矿体。

磁黄铁矿化：磁黄铁矿是矿区常见的硫化物。在矿石中呈浸染状、团块状、细脉状等产出。常聚集成1~5 mm团块状。从野外和显微镜下观察，磁黄铁矿可交代溶蚀磁铁矿，其生成时间晚于磁铁矿，呈他形粒状集合体或细脉状充填于磁铁矿裂隙中，常与磁铁矿、黄铁矿呈条带状共生，含量一般1%~5%。

黄铁矿化：较普遍，矿体及围岩中均有产出。黄铁矿的生成主要为两期：早期黄铁矿为半自形晶，星点状或粒状集合体，粒径较粗，呈浸染状分布于磁铁矿颗粒间，形成早于磁铁矿；晚期黄铁矿则粒径细，呈细脉状或不规则团块状充填于矽卡岩裂隙中，可形成一定规模黄铁矿体。

第四节　矿石物质组分及特征

一、矿石物质成分

根据显微镜下鉴定结果，结合电子探针成分分析、X射线粉晶衍射分析及红外光谱分析，矿石中矿物由金属矿物和脉石矿物构成。共鉴定和发现矿物23种，其中金属矿物10种，脉石矿物13种，金属矿物以磁铁矿为主,并伴有黄铁矿、磁黄铁矿和少量黄铜矿、白铁矿及闪锌矿。脉石矿物有绿泥石、白云母、阳起石、绢云母、方解石、绿帘石、透闪石、透辉石、石榴石、电气石、石英及磷灰石等(表17-1)。

表17-1 备战铁矿矿石中矿物分布及相对含量

类型	主要矿物	次要矿物	少见矿物
金属矿物	磁铁矿	黄铁矿、磁黄铁矿	黄铜矿、闪锌矿、白铁矿、方铅矿、赤铁矿、辉铜矿
脉石矿物	石榴石、阳起石、白云母	透闪石、透辉石、绿帘石、石英、绿泥石、方解石	电气石、绢云母、磷灰石
氧化蚀变矿物	褐铁矿		孔雀石

实际上,矿石中脉石矿物种类和含量分布变化很大,主要与矿石类型或容矿岩石有关。在稠密浸染状矿石和致密块状矿石中,脉石矿物含量低、组合简单。在稀疏或中等浸染状矿石中,金属矿物含量低,脉石矿物含量越高组成越复杂,且取决于其容矿岩石类型及矽卡岩化程度。脉石矿物组合为阳起石+白云母+石英+绿泥石+碳酸盐或石榴石+透辉石+绿帘石+碳酸盐。

1. 金属矿物

矿石中金属矿物种类相对较复杂,但含量变化大。以磁铁矿为主,其次有数量不等的黄铁矿和磁黄铁矿,而黄铜矿、白铁矿和闪锌矿含量低。硫化物在空间分布上不均匀,变化较大,在矿石中嵌布方式比较简单,呈单体充填于磁铁矿或脉石矿物粒间,部分呈团粒状、脉状沿裂隙分布。相互复杂交生或包裹现象少见,有利于在选矿过程中金属矿物的单体解离和选别。

1)磁铁矿

磁铁矿是矿石中最重要的金属矿物之一,在有用矿物中含量最高,是选别的主要目的矿物。

磁铁矿是等轴晶系,晶体常呈八面体,其次为菱形十二面体。颜色及粉末呈黑色,金属光泽,摩氏硬度5～6,比重5,具强磁性。形态以半自形—他形粒状居多(附录17图30～图31),自形晶数量少,在少数矿石中可见磁铁矿呈细板条状集合体产出(附录17图32),属于穆磁铁矿。其结晶嵌布粒径0.004～1.2mm±。多数在0.04～0.55 mm之间,约占磁铁矿总量的80%,粒径小于0.01 mm的磁铁矿占比低,约1%。其工艺嵌布粒径多在0.037～0.42 mm±(400～40目)之间,属于中—细粒嵌布的矿石。

磁铁矿嵌布方式在不同类型的矿石中存在明显差异,主要有两种类型。在中—低品位的铁矿石中(稀疏浸染状矿石和中等浸染状矿石)多呈独立的单体或简单连生体分布在脉石矿物粒间。在稠密浸染状矿石和块状矿石中磁铁矿以连生晶为主,呈单体产出者少。尤其在致密块状矿石中,磁铁矿晶粒紧密连生在一起,或以直线或简单曲线相接触,部分晶粒间界线在显微镜下难以分辨。磁铁矿与其他矿物之间关系相对也比较简单,多以直线、简单曲线与其他金属矿物连生在一起。有少部分磁铁矿形态不规则,外形复杂,呈锯齿状与其他矿物交生在一起。矿石中有少量细粒磁铁矿包裹在脉石矿物或其他金属矿物中,但占比很低,一般不超过1%。磁铁矿中次生蚀变作用很弱,在绝大多数矿石中都新鲜无蚀变,仅在部分地表氧化矿石中被褐铁矿沿边缘或裂隙交代。受成矿时的构造应力作用影响,部分拉长状磁铁矿定向分布或被压碎呈碎粒状分布。多数磁铁矿内部较纯净,不含或少含杂质矿物。

磁铁矿在矿石中的分布特点是含量高,空间分布较均匀,变化不大。矿石类型以稠密浸染状和块状为主,中等及稀疏浸染状占比低,约30%。在空间分布上以连生体为主,呈单体分布者占比低,多呈聚粒状产出。磁铁矿多呈粒状、团粒状、团块状或条带状分布,相互混杂堆积在一起,在其粒间充填脉石矿物。

电子探针成分分析结果见表17-2,其TFeO在91.66%～93.10%之间,平均92.48%,其中含有Zn、Mg、Ti、V、Mn等组分,但含量很低,属于类质同象或随机混入杂质组分。与岩浆型铁矿中磁铁矿高钛及含钒较高的特点明显不同,这与其生成环境及条件有关。

表 17-2　备战铁矿磁铁矿电子探针成分分析结果　　　　　　　　　　　　　　　　　　单位:%

序号	样品编号	TFeO	NiO	Al_2O_3	CoO	ZnO	MgO	Cr_2O_3	TiO_2	MnO	V_2O_5
1	B55	91.88	0.06	0.07	0.17	—	—	0.03	—	0.02	—
2	B64	93.10	—	0.08	0.17	—	—	0.01	—	0.05	0.01
3	B12	92.56	0.04	0.08	0.18	—	—	—	0.03	—	0.08
4	B73	93.07	—	0.07	0.13	0.08	0.02	—	0.05	0.01	—
5	B61	92.61	0.12	0.15	0.01	0.17	0.02	0.01	0.15	0.03	
6	B27	91.66	0.03	0.10	0.19	0.16	0.71	0.06	—	0.08	0.04
7	B69	92.61	—	0.12	0.15	0.01	0.17	0.02	0.01	0.15	0.03
平均值		92.48	0.12	0.09	0.16	0.04	0.15	0.02	0.01	0.07	0.03
岩浆型磁铁矿		96.08	—	0.91	—	—	0.39	0.06	2.59	0.06	0.66

注:①TFeO 为磁铁矿全铁含量;②岩浆型磁铁矿为新疆路白山铁矿中磁铁矿电子探针分析值;③—为元素含量未达检出下限,未检出。

分析单位:新疆矿产实验研究所鉴定专业室。

2)磁黄铁矿

在矿石中常见,分布不均匀,含量变化大,为 0~4%,呈星点状或星散浸染状分布。以他形粒状为主,形态规则者少。粒径 0.01~0.6mm±,多分布于磁铁矿或脉石矿物粒间(附录 17 图 33),部分与黄铁矿、黄铜矿及磁铁矿等连生在一起,少量被包裹在磁铁矿或黄铁矿中,常见磁黄铁矿被白铁矿沿边缘交代(附录 17 图 34)。

电子探针成分分析结果见表 17-3,由表 17-3 可知,其主元素平均值 Fe 59.98%、S 40.01%,与磁黄铁矿标准值(Fe 60.88%、S 39.13%)相近,微量元素有 Co、Ni、Cu、Zn、Au 等,除 Co 含量略高外,其他元素含量很低,属于类质同象产物。

表 17-3　备战铁矿磁黄铁矿电子探针成分分析结果　　　　　　　　　　　　　　　　　　单位:%

序号	样品编号	Fe	S	Co	Ni	Cu	Zn	As	Au	Pb	Ag
1	B55	60.82	39.87	0.11	0.01	—	0.04	—	0.09	—	—
2	B66	60.11	39.65	0.12	0.04	—	0.04	—	0.15	0.03	—
3	B73	59.45	40.26	0.12	0.05	0.02	0.05	0.04	0.05	—	—
4	B61	59.52	40.52	0.15	0.01	0.03	0.22	0.05	0.04	—	—
平均值		59.98	40.01	0.12	0.03	0.01	0.09	0.02	0.08	0.01	—

注:—为元素含量未达检出下限,未检出。

分析单位:新疆矿产实验研究所鉴定专业室。

3)黄铁矿

在矿石中常见,含量变化大,分布不均匀,为 0~3%,呈星点状或星散浸染状分布。常趋向于集中分布在一处,与磁黄铁矿或黄铜矿连生。黄铁矿结晶形态较好,多呈自形—半自形粒状,少部分呈他形粒状或脉状产出,粒径较粗,为 0.1~1 mm±,多呈单体或聚粒状分布在磁铁矿粒间(附录 17 图 35),少量分布在脉石矿物间。有自形黄铁矿被磁铁矿交代,表明部分自形粗粒黄铁矿形成早于磁铁矿,有时粗粒黄铁矿受挤压产生破碎,沿裂隙充填后期黄铜矿细脉(附录 17 图 36)。

电子探针成分分析结果见表 17-4,由表 17-4 可知,其主元素为 Fe、S,其中,Fe 46.96%,S 53.05%,与黄铁矿标准值相同,微量元素有 Co、Ni、Cu、Zn、Au 及 Ag 等,除 Co 含量略高外,其他元素含量很低,属于类质同象产物。

表 17-4　备战铁矿黄铁矿电子探针成分分析结果　　　　　单位:%

序号	样品编号	Fe	S	Co	Ni	Cu	Zn	As	Au	Pb	Ag
1	B64-1	47.48	53.14	0.08	0.02	0.02	0.34	—	—	—	—
2	B37	46.62	52.72	0.07	—	0.02	—	0.05	0.05	0.04	0.06
3	B27	46.77	53.28	0.11	—	0.03	0.03	0.30	—	—	0.03
平均值		46.96	53.05	0.09	0.01	0.02	0.21	0.12	0.02	0.01	0.03

注:—为元素含量未达检出下限,未检出。

分析单位:新疆矿产实验研究所鉴定专业室。

4)黄铜矿

在矿石中常见,但含量低,为0～1%。他形粒状,粒径细,为0.01～0.1 mm±。多呈单体、连生体分布在磁铁矿粒间或脉石矿物粒间,或与其他硫化物连生在一起(附录17图37)。常交代磁黄铁矿或磁铁矿等,有时沿黄铁矿、磁铁矿微裂隙或矿石中裂隙分布(附录17图38),形成明显晚于黄铁矿和磁铁矿,与磁黄铁矿、闪锌矿等几乎同时生成。

由黄铜矿电子探针成分分析结果(表17-5)可知,其主元素S、Fe、Cu含量分别为34.75%、30.43%、33.51%,与黄铜矿标准值相近,微量元素有Ni、Pb、Zn、Au及Ag等,含量很低,属于类质同象产物。

表 17-5　备战铁矿黄铜矿电子探针成分分析结果　　　　　单位:%

序号	样品编号	Fe	S	Cu	Ni	Co	Zn	As	Au	Pb	Ag
1	B55-1	30.09	35.30	33.56	—	0.02	0.04	—	0.12	0.04	0.01
2	B66	30.87	34.89	33.58	—	0.05	0.10	0.01	—	—	0.05
3	B37	30.33	34.07	35.38	0.03	0.05	—	—	0.15	0.03	—
平均值		30.43	34.75	33.51	0.01	0.04	0.05	0.00	0.09	0.02	0.02

注:—为元素含量未达检出下限,未检出。

分析单位:新疆矿产实验研究所鉴定专业室。

5)闪锌矿

含量很低,显微镜下少见,仅在少数光片中分布。他形粒状,粒径0.04～0.6 mm±,多分布在磁铁矿粒间(附录17图39)或与其他硫化物共生。有时也见于脉石矿物粒间。

闪锌矿电子探针成分分析结果见表17-6,由表17-6可知,其主元素Zn、S含量平均值分别为60.15%、33.75%,含Fe较高,平均值5.82%,其他微量元素含量很低,属于类质同象产物。

表 17-6　备战铁矿闪锌矿电子探针成分分析结果　　　　　单位:%

序号	样品编号	Zn	S	Fe	Ni	Cu	Co	As	Au	Pb	Ag
1	B64	62.17	33.81	3.84	—	0.01	0.01	—	—	0.02	—
2	B66	59.05	33.53	7.14	0.01	0.23	0.02	—	—	—	—
3	B61	59.24	33.96	6.49	0.02	—	0.05	0.06	0.12	—	—
平均值		60.15	33.77	5.82	0.01	0.08	0.03	0.02	0.04	0.01	

注:—为元素含量未达检出下限,未检出。

分析单位:新疆矿产实验研究所鉴定专业室。

6)白铁矿

仅见于少部分矿石中,含量低,为0～2%。常以板条状连晶产出,由若干个板条紧密连生在一起。部分他形粒状白铁矿常交代磁黄铁矿或黄铁矿。

2. 脉石矿物

矿石中脉石矿物种类较复杂,有阳起石、绿泥石、白云母、方解石、绿帘石、透辉石、石榴石及磷灰石。空间分布上变化很大,不同类型矿石中其矿物种类及共生组合差异较大。在块状和稠密浸染状矿石中,脉石矿物含量较低,产出方式简单,主要充填在金属矿物粒间,常见有绿泥石、白云母、绢云母、方解石等,由残余矿液中结晶而成。在浸染状矿石中(以中等浸染状矿石为例),金属矿物含量降低,脉石矿物数量增多,分布方式较复杂,除在块状矿石中见到的阳起石、绿泥石、白云母、方解石外,还有透辉石、石榴石及帘石类矿物。金属矿物多分布在脉石矿物集合体中,少量包裹在脉石矿物中,由变质重结晶及热液叠加作用形成。

1) 绿泥石

在矿石中常见,但含量低,一般 0~3%,在部分矿石中含量达到 15%。呈鳞片—片状集合体分布,分布在金属矿物粒间(附录 17 图 40)。部分绿泥石片径可达 1.5 mm,其中包裹有较多细粒磁铁矿。

2) 阳起石

在矿石中常见,含量变化大,一般 0~15%,多见于浸染状矿石中。阳起石呈绿色,纤柱状集合体,分布不均匀,常与绿泥石、绿帘石及透辉石等共生,分布在磁铁矿粒间(附录 17 图 41),形成与含矿热液活动有关。

3) 白云母

白云母包括绢云母,是矿石中主要脉石矿物之一,见于稠密浸染状矿石和块状矿石中。多呈片状—鳞片状分布,部分呈鳞片状集合体过渡为绢云母,片径 0.01~0.5 mm±,少部分片径较大,大于 1.0 mm,分布在磁铁矿粒间(附录 17 图 42~图 43),部分被绿泥石和方解石交代。

4) 石榴石

矽卡岩的主要矿物成分,也见于少部分浸染状矿石中,含量变化大,最高达 30%。半自形—他形粒状,粒径细,分布在磁铁矿粒间,与透辉石、绿帘石或绿泥石共生,形成与矽卡岩化作用有关。

5) 透辉石

矽卡岩的主要矿物成分,在矿石或矿化岩石中也常见,主要分布在浸染状矿石中,与石榴石、阳起石等共生在一起,是矽卡岩化的产物。透辉石他形—半自形粒状、柱状分布,粒径细,为 0.06~0.2 mm±,充填在金属矿物粒间。

6) 绿帘石

绿帘石仅在部分矿石中存在,含量低,但在个别矿石中局部富集,含量达到 35%,如充填在板条状穆磁铁矿集合体中(附录 17 图 44)。多呈他形粒状,粒径细,与石榴石、透辉石共生,形成与矽卡岩化有关。

7) 方解石

矿石中分布最广泛的脉石矿物之一,在所有矿石类型中都可以见到。但含量变化大,一般 1%~8%,而在部分中等或稀疏浸染状矿石中,含量最高可达 50%。

方解石结晶形态与形成环境有关,在稀疏和中等浸染状矿石中,呈半自形—他形粒状集合体,粒径 0.05~0.2 mm±,外形较规则,彼此镶嵌生长在一起(附录 17 图 45),形成与变质重结晶作用有关。在稠密浸染状和块状矿石中,呈他形粒状或纤柱状分布,粒径 0.03~0.55 mm±,分布在磁铁矿粒间,交代其他脉石矿物。部分呈脉状、不规则团块状沿裂隙分布,形成晚于其他脉石矿物,与晚期热液活动有关。

8) 电气石

仅在部分矿石中存在,含量低,在个别矿石中达 5% 左右。呈自形—半自形粒状、柱状分布,粒径细,为 0.04~0.36 mm,分布在磁铁矿粒间(附录 17 图 46),形成与矿液中富含硼矿化剂有关。

9) 磷灰石

在矿石中含量低,仅在少部分矿石中有少量分布,多呈半自形粒状分布,粒径 0.04~0.12 mm±,分布在金属矿物粒间。

二、岩、矿石化学成分

1. 常量元素特征

备战铁矿主矿体（L_3）矿石中全铁平均含量41.25%，SiO_2平均含量14.08%，属正常水平；TiO_2平均含量0.38%，K_2O平均含量0.48%，Na_2O平均含量0.08%，MnO平均含量0.53%，均很低；CaO平均含量5.21%，MgO平均含量8.95%，Al_2O_3平均含量3.83%，属正常水平，MgO含量大于CaO含量。

组合分析结果表明，备战铁矿主矿体（L_3）中S含量0.10%～8.13%，平均5%，作为需选矿石备战铁矿中的有害成分，S在选矿过程中可以综合回收利用。主矿体中P含量0.01%～0.18%，全矿体平均含量0.11%，对矿石质量没有影响。

2. 微量元素特征

对大哈拉军山组火山岩微量元素丰度分析可知，强不相容元素中Rb、Ba、Th相对富集，Ta、K、Nb亏损。中等不相容元素La、Ce、Sr、Nd、P、Hf、Zr、Sm和弱不相容元素Ti、Tb、Yb相对较贫。Tb、Nb、Sr、Hf、Ti等明显亏损。从早到晚，从基性至酸性，微量元素丰度值增加，强不相容元素增加明显，表明早石炭世火山岩浆熔融程度从早到晚逐渐降低，分异程度逐渐增高。

3. 稀土元素特征

大哈拉军山组稀土元素分布总量平均值146.53～434.21，轻重稀土比重2.55～3.69，平均3.16，La/Yb比值平均10.19，表现出较明显轻稀土富集特征。本区平均Eu异常为相对较弱负异常或正异常，证明它们是经少量分离结晶作用演化的岩浆。稀土总量ΣREE为14.44～568.32（含Y），平均145.71。$\Sigma LREE$为8.56～483.2，平均106.25。$\Sigma HREE$为2.18～36.12，平均15.86，相对富集LREE，亏损HREE。曲线斜率$(La/Yb)_N$值1.5～12.07，平均5.38，曲线右倾斜，为轻稀土富集型。备战矿区火山岩值0.53～0.87，平均0.64。样品多Eu负异常，$\delta Eu=0.25～2.25$，平均0.34。除个别样品，其他样品均为弱负Ce异常。$\delta Ce=0.81～1.13$，平均0.97，显示部分火山岩形成于氧化环境，部分形成于还原环境，岩浆形成于海陆交互相。所以样品的$(Ce/Yb)_N$值（1.73～11.12）均大于1，轻稀土富集，说明岩浆分离结晶程度更高。

4. 同位素研究成果

孙吉明等（2012）对备战铁矿赋矿的英安岩及侵入于英安岩中的花岗岩进行单颗粒锆石LA-ICPMAS U-Pb同位素测年。英安岩获得两组同位素年龄数据，分别为（329.1±1.0）Ma和（296.7±2）Ma。花岗岩的定年结果为（307±1.2）Ma。测试结果表明，备战铁矿区英安岩的形成时代为（329.1±1.0）Ma，属于早石炭世早期的岩浆活动事件；花岗岩体的形成时代是（307±1.2）Ma，代表了晚石炭世的岩浆侵入事件；英安岩中（296.7±2）Ma（晚石炭世—早二叠世）代表英安岩中的锆石封闭系统受到后期花岗岩侵入热事件的影响，发生改变重新形成的年龄。韩琼等（2013）认为备战铁矿成岩时代为晚石炭世早期。结合区域构造背景认为，备战铁矿成矿环境为晚石炭世裂谷闭合环境，成矿岩浆形成于海陆交互相。

三、矿石结构构造及矿石类型

1. 矿石结构

矿石结构以他形粒状和半自形粒状结构占多数为特点，占全部矿石的95%左右。其次为自形粒状结构及少量的交代结构和包含结构，在矿石中占4%。交代和包含结构仅占1%左右，占比很低，这主要是由矿石品位较高决定的。事实上，矿石中结构分布常常是重叠多变的，总是有由两种或两种以上结构构成的复合结构类型，如半自形—他形粒状结构、自形—半自形粒状结构等，由完全单一结构构成的矿石在本矿床中少见,如他形粒状结构。差别仅在是以何种结构类型为主。如半自形—他形粒状结构,即以他形晶为主,半自形晶占比低。

1)他形粒状结构

矿石中常见和主要的结构类型,多见于磁铁矿、黄铜矿、磁黄铁矿中(附录17图47),尤其是在磁铁矿中占多数,存在规则粒状和不规则粒状两种,以前者居多,呈聚粒状分布。

2)半自形粒状结构

矿石中常见和主要的结构类型,主要分布在部分磁铁矿和黄铁矿中,其他金属矿物中少见,一般具有规则外形,常呈独立单体或聚粒状分布(附录17图48)。

3)自形粒状结构

在矿石中较少见,仅见于少部分磁铁矿和黄铁矿中,呈独立单体浸染状分布于脉石矿物粒间。

4)交代结构

常见有交代环边、交代穿孔、交代港湾、交代假象及交代网格等结构,常见的有黄铜矿交代黄铁矿(附录17图49)、磁铁矿交代黄铁矿(附录17图50)、褐铁矿交代黄铁矿、黄铜矿交代磁黄铁矿等,但从总体上看,矿石中交代结构并不发育,占比很低。

5)包含结构

在矿石中分布也很少,仅在少部分硫化物含量高的矿石中可见。主要有黄铁矿中包裹细粒黄铜矿或磁铁矿,脉石矿物中包裹细粒磁铁矿(附录17图51)。

6)碎裂结构

在矿石中很少见,受成矿后的构造应力作用影响,部分早期形成的磁铁矿、黄铁矿被挤压呈拉长的碎粒状分布,碎粒间充填脉石矿物(附录17图52)。

2. 矿石构造

矿石构造不复杂,比较简单,从金属矿物含量及空间分布特点看,以稠密浸染状构造和块状构造为主,次有中等浸染状构造和稀疏浸染状构造及脉状构造。

1)稀疏浸染状构造

金属矿物含量在20%～30%之间,以磁铁矿为主,硫化物含量低,主要呈单体或简单连生体产出。脉石矿物常有石榴石、透辉石、绿帘石、阳起石及方解石等矽卡岩类矿物,其他脉石矿物有绿泥石、透闪石和白云母,通过矽卡岩化作用,叠加热液活动交代形成。

2)中等浸染状构造

金属矿物含量在30%～50%之间,以磁铁矿为主,硫化物含量低,呈单体或聚粒状产出(附录17图53)。脉石矿物常有石榴石、透辉石、绿帘石、阳起石及方解石等矽卡岩类矿物,其他脉石矿物有少量绿泥石、透闪石和白云母,矿石主要由矽卡岩化及热液叠加作用形成。

3)稠密浸染状构造

金属矿物含量高,在50%～80%之间,大多数彼此紧密连生在一起,呈单体分布的磁铁矿少(附录17图54)。脉石矿物主要有石英、绿泥石、方解石、透闪石、阳起石及云母等。矿石主要由熔离矿浆在有利构造部位贯入形成,部分与矽卡岩化作用有关。

4)块状构造

金属矿物含量高,高达80%以上或完全由磁铁矿构成或以磁铁矿为主,含少量金属硫化物黄铜矿、黄铁矿及磁黄铁矿(附录17图55～图56),彼此紧密连生在一起,在其间隙中充填脉石矿物,主要有石英、绿泥石、方解石、阳起石及云母等。当矿石中金属矿物含量达95%以上时,可形成致密块状构造(附录17图57)。矿石由熔离矿浆在有利构造部位贯入形成。

5)脉状构造

金属矿物呈脉状产出,矿石中可见磁铁矿脉及黄铁矿脉(附录17图58),但数量很少,仅在少数矿石中可见。

3. 矿石类型

本矿床矿石自然类型按含铁矿物种类及含量划分为含硫磁铁矿石。按矿石中金属矿物含量,主要划分为浸染状构造和块状构造两种类型,脉状构造矿石极少见。浸染状构造矿石类型按金属矿物相对含量划分为稠密浸染状矿石、中等浸染状矿石、稀疏浸染状矿石。按矿石成因类型划分为岩浆熔离型和矽卡岩及热液交代型铁矿石。根据金属矿物种类、嵌布粒径、嵌布方式可知,矿石中有用矿物种类简单,主要选别矿物为磁铁矿,且矿物粒径较粗,嵌布方式简单,属于易选性铁矿石。

四、主要矿物生成顺序

根据矽卡岩形成规律及上述矿化阶段,结合光薄片鉴定结果,总结出该矿床主要矿物生成顺序简表(表17-7)。矿床矿化作用主要分为3期,岩浆期、矿化期及表生期。岩浆期产生与矽卡岩化作用有关的闪长(玢)岩,形成的主要矿物为斜长石、角闪石及少量石英。矿化期分矽卡岩化和热液矿化两个阶段,矽卡岩化阶段产生的矿物以石榴石、透辉石、绿帘石为主,伴有少量的金属矿化。成矿主要发生在热液矿化阶段,以磁铁矿化为代表,伴有黄铁矿化、磁黄铁矿化等,特征脉石矿物有阳起石、石英、透闪石及方解石等。表生期的成矿作用主要表现为原生金属矿物遭受风化淋滤作用影响,生成褐铁矿及孔雀石,多见于地表氧化带。

表 17-7 备战铁矿矿床中矿物生成顺序简表

矿物	岩浆期	矿化期		表生期
		矽卡岩化阶段	热液矿化阶段	
斜长石	—			
角闪石	—			
石英	—			
石榴石		—		
透辉石		—		
绿帘石		—		
透闪石		—		
阳起石		—		
电气石		—		
黄铁矿		-	—	
磁铁矿		-	—	
磁黄铁矿			—	
黄铜矿			—	
方铅矿			—	
闪锌矿			—	
石英			—	
方解石			—	
赤铁矿			—	
褐铁矿				—
孔雀石				—

第五节 矿石工艺矿物学特点

矿石工艺矿物学研究内容主要包括矿石中多元素分析及铁物相分析成昊、金属矿物的嵌布粒径、嵌布方式及矿石结构构造对选矿流程的影响等方面,为选矿试验及工艺流程的确定提供基础资料。

一、有益、有害元素赋存状态特点

分析研究样品分别为矿区钻孔样和地表探槽样,按矿石类型分为块状矿石、角砾状矿石和浸染状矿石。

矿石组合分析结果(表17-8)表明,$L_1 \sim L_3$ 矿体主要伴生有害元素为S,其他有害元素含量均很低。伴生有益元素为Cu、Pb、Zn、Co、Mo等,但含量低,未达到各元素的工业标准值,可以不考虑回收。主矿体S平均含量4.09%,达到矿物综合利用的要求,应进行可行性综合评价研究来决定是否对其回收利用。

表17-8 备战铁矿矿石组合分析结果 单位:%

样号	位置及类别	Cu	Pb	Zn	Co	Sn	Mo	S	P_2O_5
1	L_1块状矿石	0.05	0.00	0.05	0.006	0.00	0.00	4.05	0.07
2	L_1浸染状矿石	0.03	0.01	0.01	0.008	0.00	0.00	7.61	0.20
3	L_1浸染状矿石	0.08	0.01	0.12	0.007	0.00	0.00	6.20	0.12
4	L_1角砾状矿石	0.06	0.01	0.02	0.006	0.00	0.00	4.90	0.07
5	L_2浸染状矿石	0.06	0.00	0.01	0.002	0.00	0.00	0.99	0.29
6	L_3块状矿石	0.03	0.00	0.14	0.004	0.00	0.00	2.32	0.18
7	L_3块状矿石	0.06	0.00	0.08	0.005	0.00	0.00	3.53	0.09
8	L_3块状矿石	0.04	0.00	0.18	0.004	0.00	0.00	3.12	0.02

分析单位:新疆矿产实验研究所测试专业室。

矿石铁物相分析结果见表17-9,其中全铁含量依次为36.56%、36.64%和50.98%,分别代表了稠密浸染状矿石和中等浸染状矿石中铁总含量。主要为磁性铁,占矿石中全铁的84%以上,含量高,是选别主要目的矿物之一。次为硫化铁,含量较高,为矿石中硫化物黄铁矿、磁黄铁矿等。硅酸铁含量低,占比很低,与矿石中存在的云母、阳起石、绿泥石等有关。氧化铁含量低,与矿石中存在的赤铁矿有关。碳酸铁含量低,在0.2%~0.6%之间,占比很低。由表17-9可看出,矿石氧化程度相对较低,地表露头仅有极薄一层氧化薄膜,在各钻孔中矿石均无明显氧化分带现象,因此矿石未进行氧化矿与原生矿的划分。

表17-9 备战铁矿矿石铁物相分析结果 单位:%

样号	矿物名称	MFe(磁铁矿)	OFe(赤褐铁)	CFe(碳酸铁)	SFe(黄铁矿)	SFe(磁黄铁矿)	SiFe(硅酸铁)	TFe(全铁)
1	含量	31.02	1.30	0.64	1.72	1.40	0.48	36.56
1	分配率	84.85	3.56	1.75	4.70	3.83	1.31	100.00
2	含量	31.13	1.27	0.62	1.74	1.40	0.48	36.64
2	分配率	84.96	3.47	1.69	4.75	3.82	1.31	100.00
3	含量	44.12	2.37	0.28	1.60	2.32	0.29	50.98
3	分配率	86.54	4.65	0.55	3.14	4.55	0.57	100.00

分析单位:新疆矿产实验研究所测试专业室。

表17-10列出矿石中主要金属矿物平均含铁量,从表中可以看出,Fe赋存在磁铁矿、黄铁矿、磁黄铁矿及黄铜矿等矿物中。其中,矿石中磁铁矿含量最高,且易于单体解离,是矿石中唯一选别目的矿物。硫化物黄铁矿、磁黄铁矿及白铁矿中虽含Fe较高,但由于这些矿物含量低,S、Fe分离难度大,回收成本高,对回收Fe没有实际意义。脉石矿物绿泥石、云母等矿物中Fe也有分布,回收无意义。

表 17-10 主要矿物电子探针成分分析平均值　　　　　　　　　　　　　　　　　　　　单位：%

序号	样品名称	Fe	S	Co	Ni	Cu	Zn	As	Au	Pb	Ag
1	黄铁矿	46.96	53.05	0.09	0.01	0.02	0.21	0.12	0.02	0.01	0.03
2	磁黄铁矿	59.98	40.01	0.12	0.03	0.01	0.09	0.02	0.08	0.01	0.00
3	黄铜矿	30.43	34.75	0.04	0.01	33.51	0.05	0.00	0.09	0.02	0.02
4	闪锌矿	5.82	33.77	0.03	0.01	0.08	60.15	0.00	0.09	0.02	0.02
序号	样品名称	TFeO	SiO_2	Al_2O_3	K_2O	CaO	MgO	Cr_2O_3	TiO_2	MnO	V_2O_5
5	磁铁矿	92.48	0.12	0.09	0.16	0.04	0.15	0.02	0.01	0.07	0.03

注：TFeO 为磁铁矿全铁含量。

分析单位：新疆矿产实验研究所测试专业室。

二、矿石矿物粒径及嵌布方式

1. 矿石矿物粒径

从矿石中金属矿物种类、相对含量及工业价值等方面分析，矿石中可用于选别的目的矿物仅有磁铁矿一种。黄铁矿、黄铜矿、磁黄铁矿中的 S 是有价元素，但硫化物总体含量低，分布变化大，仅在个别地段有富集现象，从目前经济技术条件、回收成本、价格及社会需求综合考虑，回收 S 意义不大。

磁铁矿形态以半自形—他形粒状为主，自形晶占比低。他形晶磁铁矿外形相对比较规则，不规则晶粒占比低。此外，包裹在其他矿物中的磁铁矿占比也很低。磁铁矿质量较好，内部纯净，不含或少含其他杂质矿物，也无次生蚀变现象。磁铁矿嵌布粒径一般 0.01～1.2 mm±，绝大多数在 0.04～0.5 mm 之间。除包裹在脉石矿物中的少量细粒磁铁矿外，多数磁铁矿是易于单体解离和选别的。

黄铁矿、磁黄铁矿、黄铜矿及白铁矿等硫化物含量较高，多呈他形粒状分布，但外形较规则。黄铁矿主要呈半自形—他形粒状，少量为自形粒状，粒径较粗。磁黄铁矿具明显磁性，在选别过程中易于混入铁精粉中，影响最终产品的质量，应在选矿中予以剔除。

磷灰石含量很低，仅在少数矿石中可见，分布在脉石矿物中。目前磁铁矿石多采用弱磁选工艺选矿，一般在选矿过程中，就能够将磷灰石剔除，对铁精粉质量不产生明显影响。

2. 金属矿物晶粒形态及嵌布方式

金属矿物在矿石中的嵌布方式主要有以下几种。

单晶分布：金属矿物多呈独立单体分布在脉石矿物或金属矿物粒间，磁铁矿晶形多具规则粒状、长粒状，易于单体解离，在矿石中约占 15%。

简单连生：同种或不同种类金属矿物以直线或简单曲线连生，呈粒状或团粒状、团块状分布，嵌布关系简单，易于单体解离，在矿石中约占 36%。磁铁矿与磁铁矿、磁铁矿与黄铁矿、磁铁矿与磁黄铁矿以直线或简单曲线连生。

致密块状连生：同种或不同种类金属矿物彼此紧密连生，呈块状产出。显微镜下多数能够分清颗粒形态及颗粒间界线，少部分难以分辨。脉石矿物少，易于单体解离，在矿石中约占 46%。常见磁铁矿构成块状矿石，其中含有黄铁矿、磁黄铁矿等金属硫化物。

复杂交生：金属矿物与金属矿物间、金属矿物与脉石矿物间关系复杂，彼此相互交生或包裹连生。其中，包裹连生常见有磁铁矿包裹黄铁矿或磁黄铁矿、黄铁矿包裹磁铁矿或黄铜矿、脉石矿物中包裹磁铁矿，难以单体解离，在矿石中约占 3%。

交代连生：在氧化矿石中可见褐铁矿沿边缘或裂隙交代黄铁矿、白铁矿交代磁黄铁矿等，在矿石中约占 1%。

包裹连生：磁铁矿包裹磁黄铁矿，黄铁矿包裹黄铜矿，粗大的绿泥石片中包裹大量细粒磁铁矿，这些情况都会影响磁铁矿的分离效果。

综上所述，从矿石中有益、有害元素赋存状态，金属矿物形态，嵌布粒径、嵌布形式等特点分析，本矿床矿石类型、矿物组合、结构构造相对比较简单，易于矿物间单体解离选别，属于易选型矿石。

第六节　矿床成因和成矿模式探讨

备战铁矿为与海相火山岩活动有关的矽卡岩型铁矿床。该矿床经历了两期矿化过程，初期是通过火山沉积作用形成火山沉积型铁矿层，后期通过矽卡岩化作用使早期的矿体进一步改造成矿。备战海相火山岩型铁矿床的形成与火山活动直接有关，早石炭世拉张期间，伴随着火山喷发作用，含矿物质大量喷出，沉积在海盆内低凹地段。随着后期岩浆活动，石英二长岩侵位于原始矿层附近，岩浆热液的接触交代作用对原始铁矿层进行了改造。

该矿床的成矿模式见图17-4。

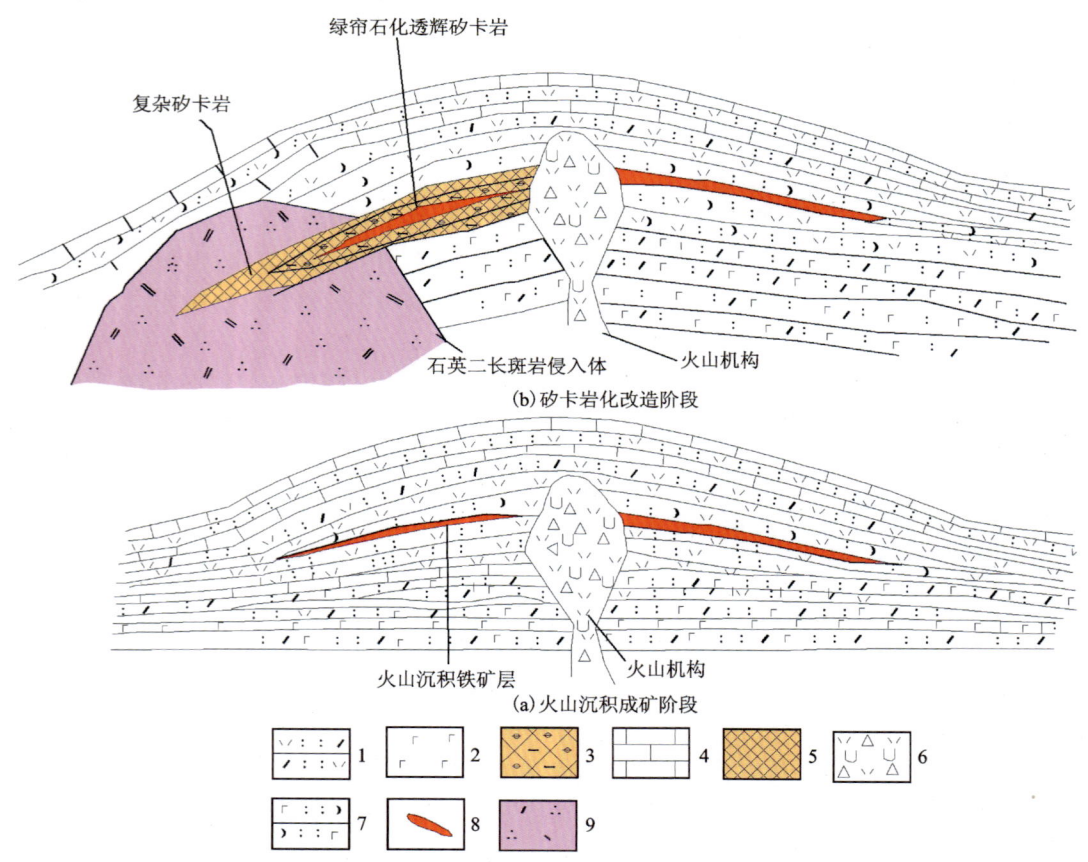

1.流纹质晶屑凝灰岩；2.玄武岩；3.绿帘石化透辉石矽卡岩；4.结晶灰岩；5.复杂矽卡岩；6.流纹质火山角砾岩；7.凝灰岩；8.磁铁矿；9.石英二长斑岩。

图17-4　备战海相火山岩型磁铁矿床成矿模式图

从矿区岩石类型、共生组合、空间分布、次生蚀变及与矿体相互关系分析，侵入岩主要为闪长玢岩，次有辉长玢岩和花岗岩。火山岩以英安岩为主，伴有玄武岩、安山岩或凝灰岩。在钻孔中火山熔岩具有一个明显特点,就是在某一钻孔中见到的熔岩基本为同一种岩石,岩浆分异特性很不明显。如英安岩在ZK002、ZK007、ZK407、ZK702中均有中到厚层分布,但其中很少见有安山岩等其他类型的熔岩伴生。此外,在火山岩中基本未见矿体或矿化体存在,仅有不同程度的碎裂及次生蚀变现象产生,属于成矿早期岩浆活动的产物。ZK805控制深度480 m,其岩石类型主要为厚层大理岩、矽卡岩、闪长岩及花岗岩,其中未见火山岩类岩石。大理岩厚度大,分布广,是矿区主要围岩类型,但矿体产在大理岩中的不多。ZK007控制深度达800 m,除在0～180 m间分布英安岩外,180 m以下分别为大理岩、矽卡岩、矿体及辉长岩、闪长岩及花岗岩。从变质岩与岩浆岩之间的关系看,其形成与岩浆侵入活动有关。矿床成因机理分析表明,矿床形成从根本上讲与矿区广泛发育的岩浆活动有关,尤其与中性侵入岩闪长(玢)岩关系密切。铁矿化及矿体既产在岩浆岩与变质岩的交接带中,也产在矽卡岩或大理岩中,甚至在部分岩体中也有弱磁铁矿化。在ZK002中,有两层矿体或矿化体均产在透辉石矽卡岩中。矽卡岩矿石在其他钻孔中也常见。其中,致密块状和部分稠密浸染状矿石就是通过岩浆结晶分异及熔离作用形成矿浆或含矿熔融体在构造有利部位沉积形成的,而稀疏、中等及部分稠密浸染状矿石则产在矽卡岩中。

主要参考文献

阿米那,弓小平,阿丽娜,等,2013.西天山备战铁矿一带大哈拉军山组火山岩岩石地球化学特征与地质意义[J].新疆地质,31(2):129-135.

陈毓川,刘德权,唐延龄,等,2007.中国新疆战略性固体矿产大型矿集区研究[M].北京:地质出版社.

韩琼,弓小平,毛磊,等,2013.西天山备战铁矿成岩年代厘定及矿床成因研究[J].新疆地质,31(2):136-140.

《矿产资源综合利用手册》编辑委员会,2000.矿产资源综合利用手册[M].北京:科学出版社.

刘学良,弓小平,尹得功,等,2013.新疆备战铁矿矽卡岩矿床地球化学特征及其成因意义[J].新疆大学学报(自然科学版),30(4):469-475.

孙吉明,马中平,徐学义,等,2012.新疆西天山备战铁矿流纹岩的形成时代及其地质意义[J].地质通报,31(12):1973-1982.

王庆明,林卓斌,黄诚,等,2001.西天山查岗诺尔地区矿床成矿系列和找矿方向[J].新疆地质,19(4):263-268.

内部资料

新疆地矿局第十一地质大队,2005.新疆和静县备战铁矿详查报告[R].昌吉:新疆地矿局第十一地质大队.

新疆地矿局第十一地质大队,2013.新疆和静县备战铁矿深部及外围普查报告[R].昌吉:新疆地矿局第十一地质大队.

附录17 图片及说明

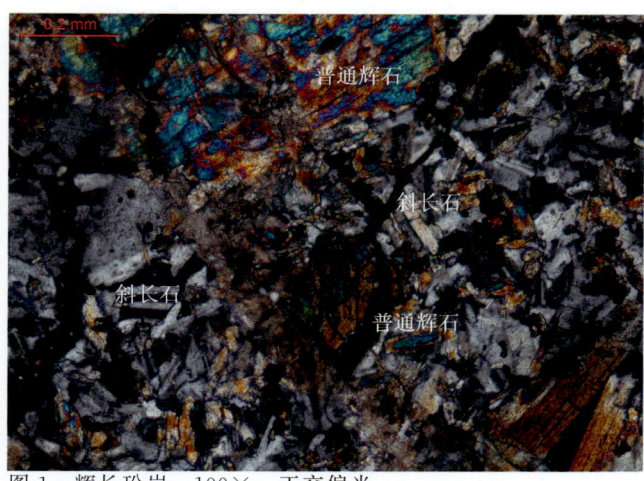

图1 辉长玢岩 100× 正交偏光
岩石具斑状结构,斑晶为普通辉石、斜长石,基质由细粒长石、辉石集合体构成,叠加方解石化、绿帘石化。

图2 矽卡岩化闪长岩
闪长岩中叠加石榴石化。

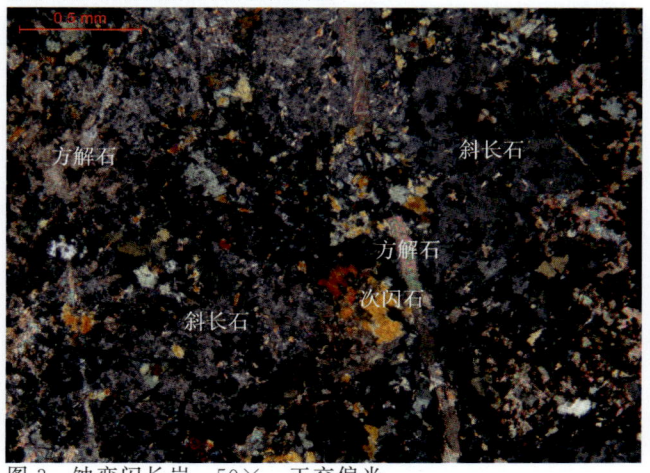

图3 蚀变闪长岩 50× 正交偏光
主要矿物为斜长石,呈半自形板状、粒状分布,被方解石、绢云母交代,角闪石蚀变为次闪石,并叠加矽卡岩化。

图4 钾长花岗岩 50× 正交偏光
岩石具半自形—他形粒状结构,由钠长石、钾长石和石英集合体构成。钠长石中分布少量高岭石。

图5 花岗斑岩 50× 正交偏光
岩石具斑状结构,斑晶为正长石、石英,基质由细粒正长石、石英、钠长石及蚀变矿物构成。

图6 蚀变英安岩

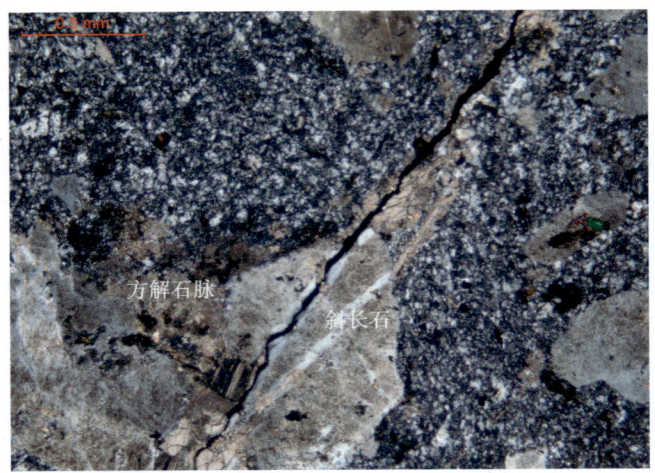

图7 英安岩 50× 正交偏光

岩石具斑状结构，斑晶为斜长石，表面有泥化。基质由细粒长石、石英集合体构成，沿裂隙充填有方解石脉。

图8 玄武岩1

图9 玄武岩2 50× 正交偏光

岩石具斑状结构，斑晶为斜长石及普通辉石，基质具间粒结构，由杂乱分布的板条状斜长石、细粒普通辉石及金属矿物构成。

图10 玄武岩3 50× 正交偏光

岩石具斑状结构，斑晶为斜长石及辉石，基质具间粒结构，由杂乱分布的板条状斜长石、细粒普通辉石及金属矿物构成。

图11 蚀变凝灰岩1

图12 蚀变凝灰岩2 50× 正交偏光

岩石具凝灰结构，晶屑为斜长石、石英及岩屑，呈棱角状分布，胶结物火山灰尘已完全脱玻蚀变为长英质集合体。

图 13　正长石化凝灰岩　100×　正交偏光

岩石具变余凝灰结构，晶屑为长石屑，胶结物火山灰尘已完全脱玻蚀变为长英质集合体，长石主要为正长石。

图 14　灰黑色大理岩

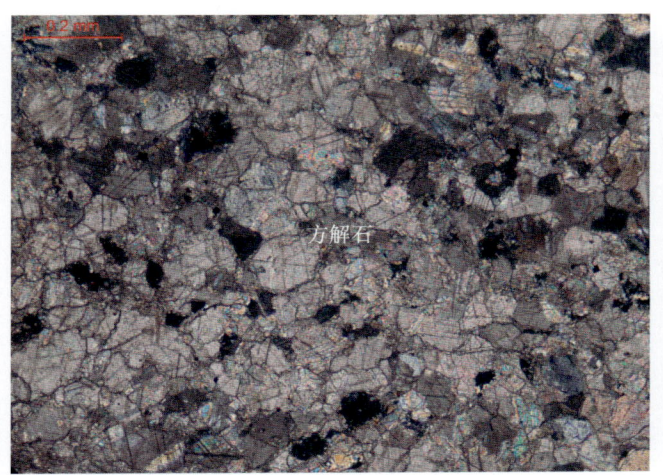

图 15　大理岩　100×　正交偏光

岩石具粒状变晶结构，由方解石集合体构成，彼此镶嵌连生。

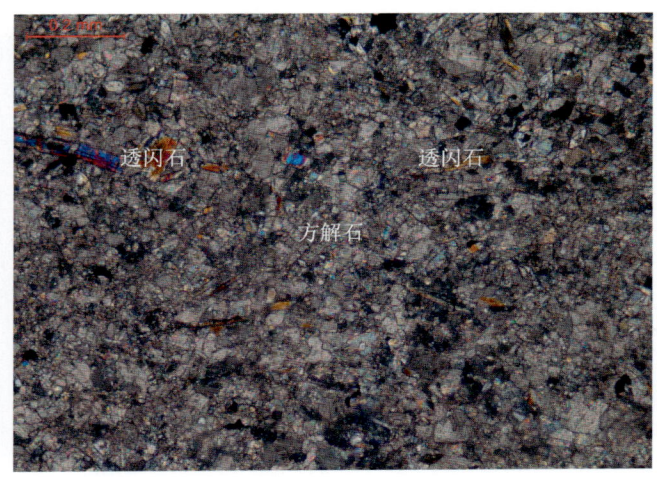

图 16　透闪石大理岩　100×　正交偏光

岩石具粒状变晶结构，由方解石集合体构成，彼此紧密连生，其中含有透闪石。

图 17　绿帘石矽卡岩 1

图 18　绿帘石矽卡岩 2　100×　正交偏光

柱粒状变晶结构，绿帘石半自形—他形粒状，在其粒间分布有少量石英，经变质重结晶作用形成。

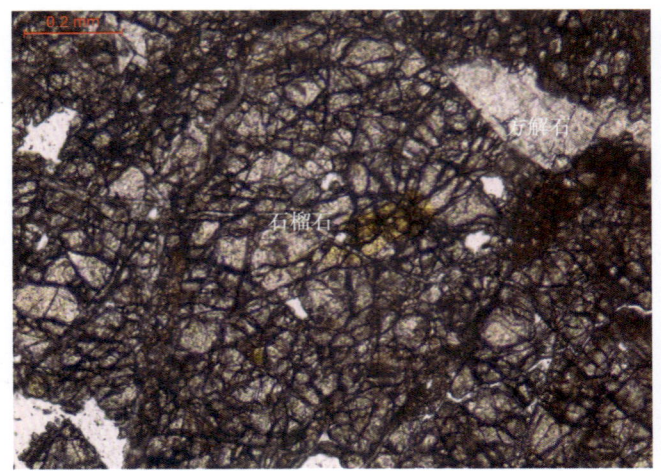

图 19 石榴石矽卡岩　100×　单偏光
岩石具粒状变晶结构，由石榴石集合体构成，其间分布有少量方解石，受应力作用影响有压碎现象。

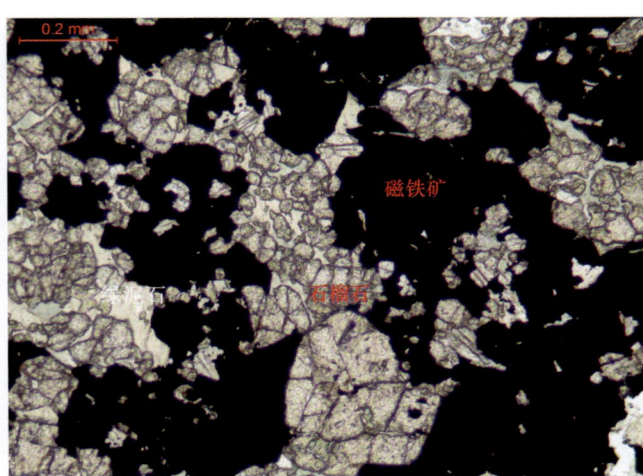

图 20 磁铁矿化1　100×　单偏光
磁铁矿化叠加在石榴石矽卡岩中，其中含少量绿泥石。

图 21 硅化　100×　正交偏光
次生石英呈他形细粒集合体与绢云母共生。

图 22 透闪石化　100×　正交偏光
次生透闪石呈纤柱状集合体叠加分布在玄武岩基质中，其中可见辉石斑晶和板条状斜长石。

图 23 斜黝帘石化　100×　正交偏光
次生斜黝帘石叠加在中基性火山岩中，与碳酸盐等共生。

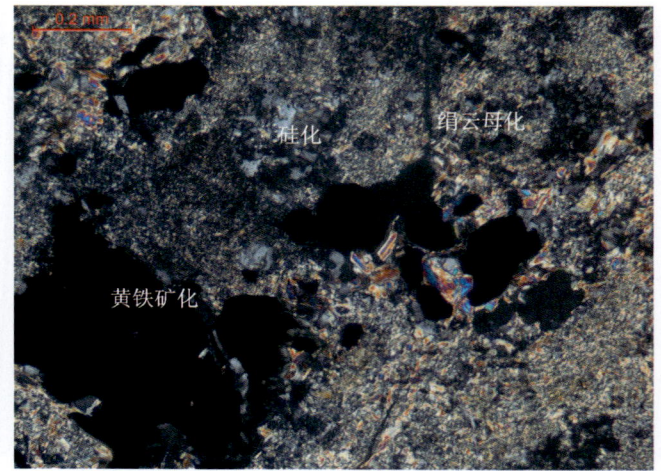

图 24 黄铁绢英岩化　100×　正交偏光
次生蚀变为绢云母化、硅化及黄铁矿化，原岩已无法恢复。

图 25　钠长石化 1　100×　正交偏光
次生钠长石呈细粒集合体叠加在蚀变凝灰岩中,其中可见斜长石晶屑,并伴有阳起石化。

图 26　钠长石化 2　50×　正交偏光
次生钠长石集合体呈团块状分布,并伴有阳起石化及碳酸盐化。

图 27　碳酸盐化　100×　正交偏光
后期形成的方解石叠加分布在凝灰岩中。

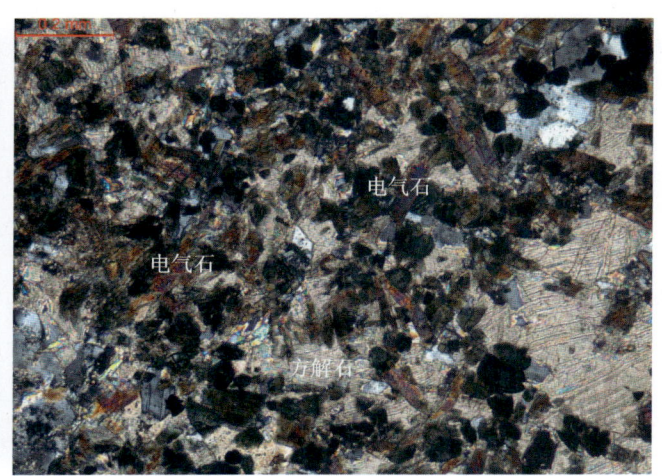

图 28　电气石化　100×　正交偏光
电气石与方解石集合体呈团块状产出。

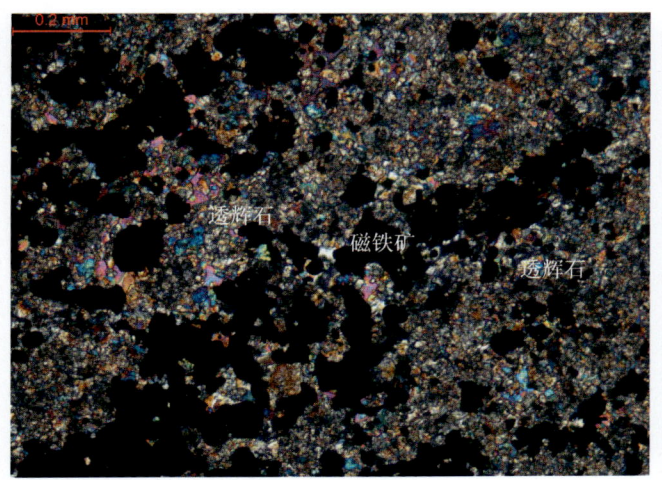

图 29　磁铁矿化 2　100×　正交偏光
磁铁矿呈浸染状分布在透辉石矽卡岩中。

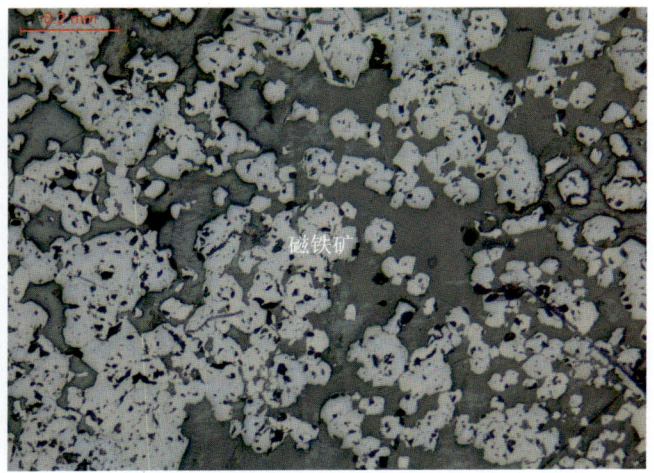

图 30　磁铁矿 1　100×　单偏光
矿石中他形—半自形粒状磁铁矿,呈单体或连生体均匀分布,其间充填较多脉石矿物。

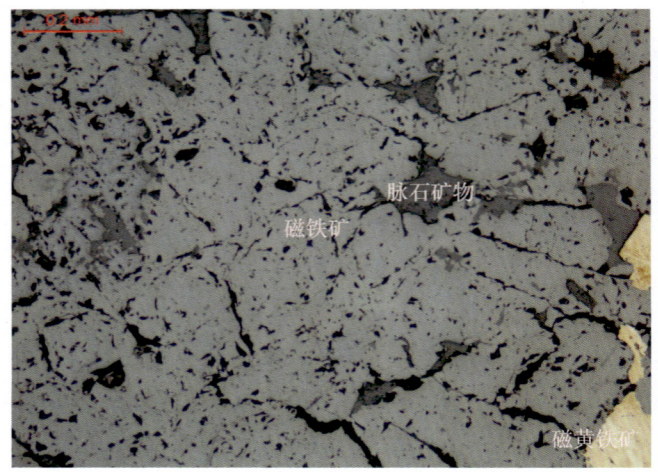

图 31　磁铁矿 2　100×　单偏光

矿石中半自形—他形粒状磁铁矿，紧密聚集连生，其间充填少量的脉石矿物。

图 32　穆磁铁矿　100×　单偏光

磁铁矿呈细板条状集合体分布，为穆磁铁矿。其间充填少量的脉石矿物。

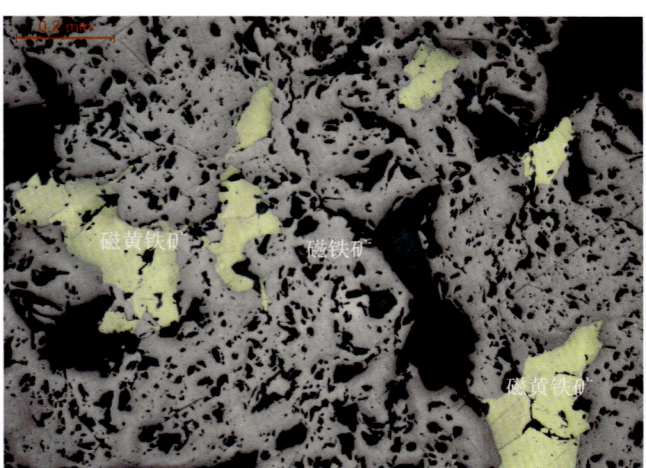

图 33　磁黄铁矿　100×　单偏光

矿石中磁黄铁矿他形粒状，分布在磁铁矿粒间。

图 34　白铁矿交代磁黄铁矿　100×　单偏光

白铁矿沿边缘交代磁黄铁矿，也可见黄铜矿交代磁黄铁矿。

图 35　黄铁矿 1　50×　单偏光

黄铁矿他形粒状，分布在磁铁矿粒间。

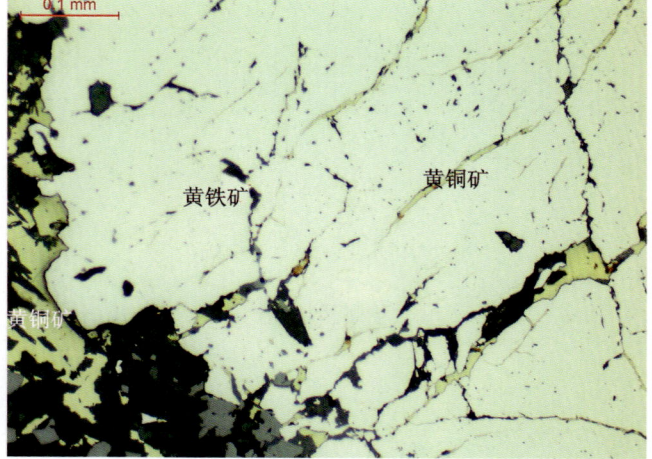

图 36　黄铁矿 2　200×　单偏光

早期形成的粗粒黄铁矿受应力作用影响产生破碎，沿裂隙充填黄铜矿细脉，并沿边缘交代黄铁矿。

和静县备战铁矿

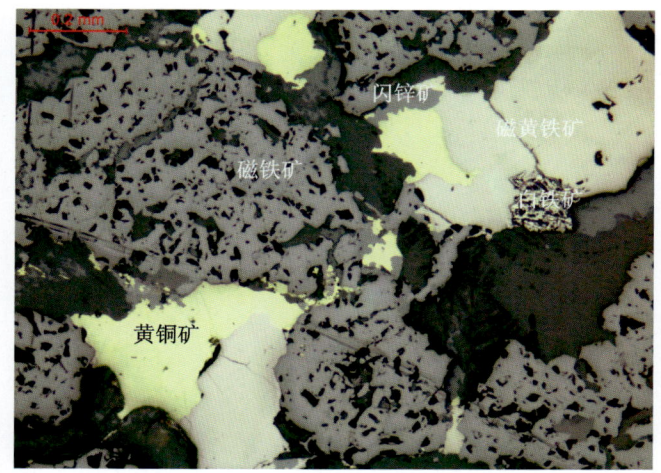

图 37　黄铜矿 1　100×　单偏光
黄铜矿他形粒状,与磁黄铁矿、闪锌矿连生,分布在磁铁矿粒间。

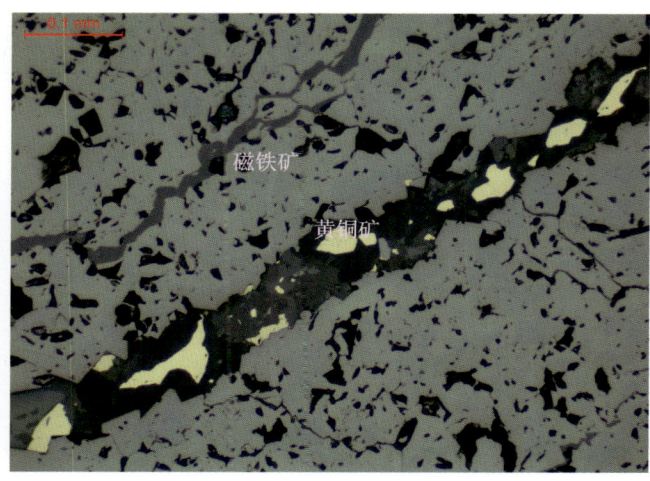

图 38　黄铜矿 2　200×　单偏光
半自形—他形粒状黄铜矿,沿矿石中裂隙分布。

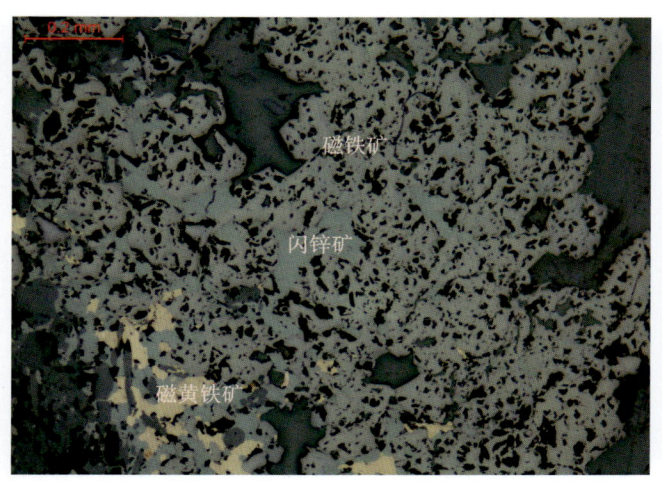

图 39　闪锌矿　100×　单偏光
金属硫化物闪锌矿他形粒状,与磁黄铁矿连生分布在磁铁矿集合体粒间。

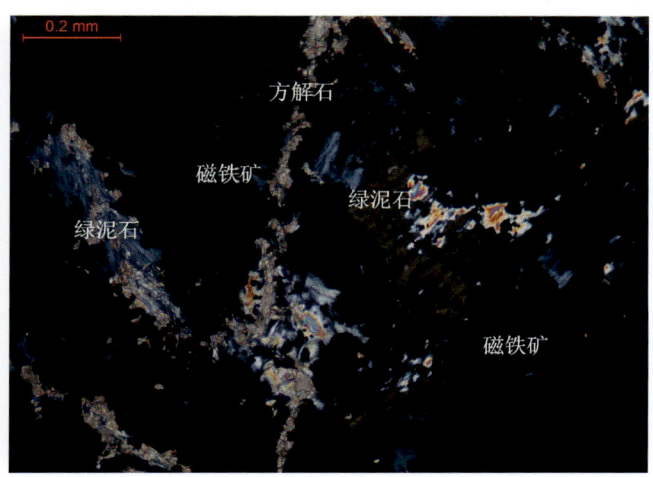

图 40　绿泥石　100×　正交偏光
绿泥石片状,分布在磁铁矿粒间,并包裹细粒磁铁矿。伴有少量方解石、白云母。

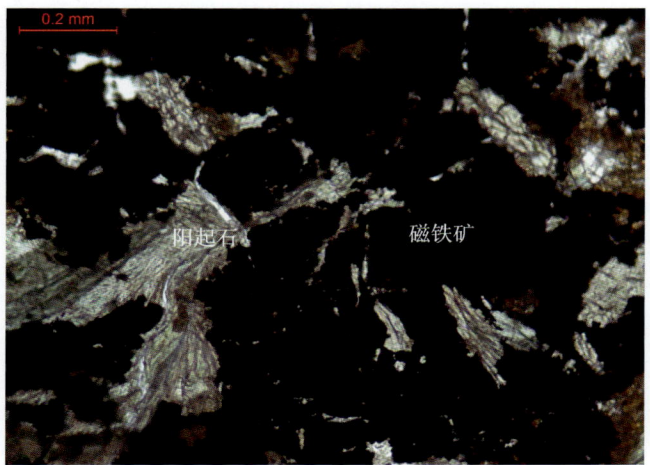

图 41　磁铁矿粒间阳起石　100×　单偏光
在磁铁矿粒间分布有脉石矿物阳起石和少量绿帘石。

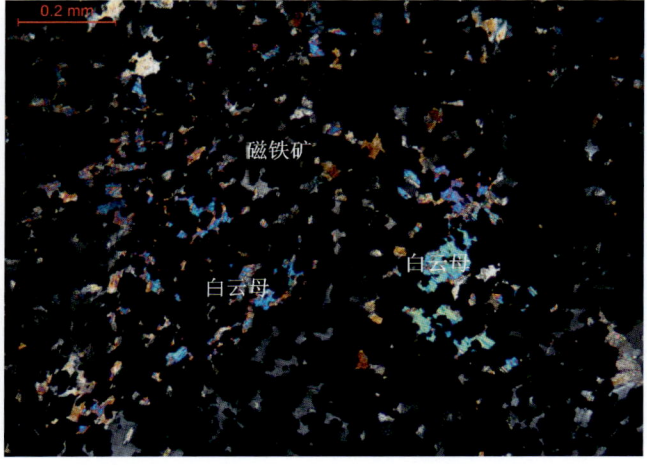

图 42　磁铁矿粒间白云母　100×　正交偏光
在磁铁矿粒间分布有脉石矿物白云母和少量方解石。

图 43　绢云母　50×　正交偏光

脉石矿物绢云母分布在浸染状磁铁矿粒间，沿裂隙有方解石脉分布。

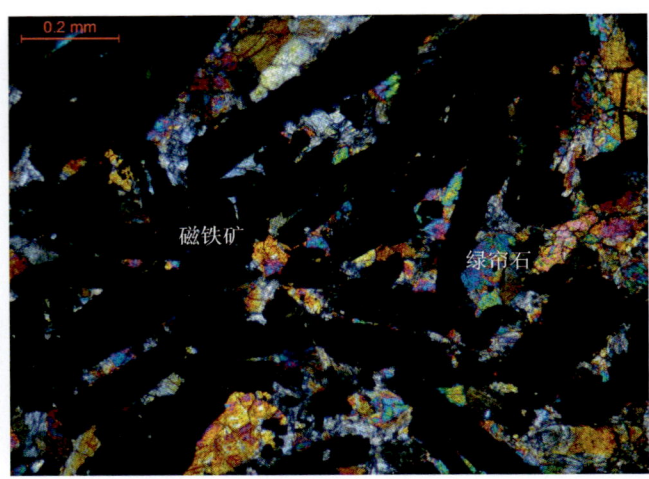

图 44　绿帘石　100×　正交偏光

脉石矿物绿帘石分布在条带状磁铁矿粒间。

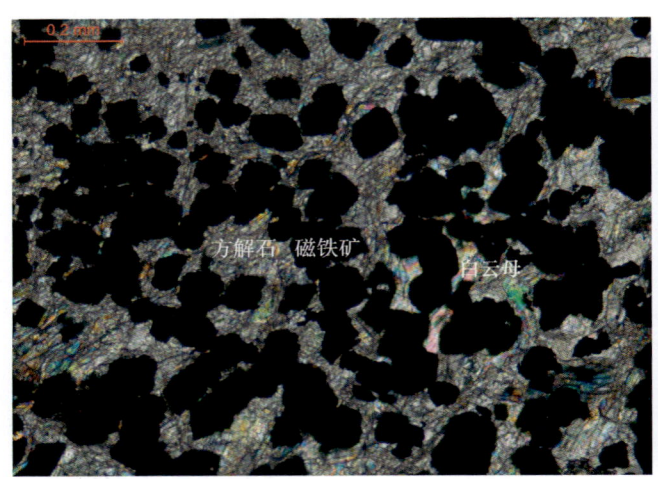

图 45　方解石　100×　正交偏光

在浸染状磁铁矿粒间分布脉石矿物方解石和白云母。

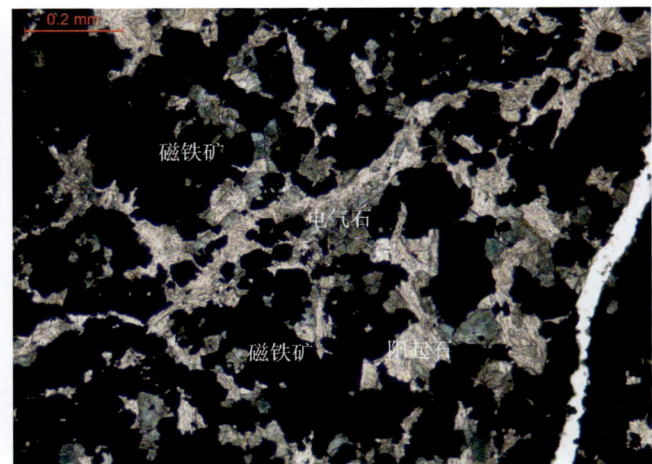

图 46　电气石　100×　单偏光

在浸染状磁铁矿粒间分布脉石矿物电气石和阳起石。

图 47　他形粒状结构　100×　单偏光

金属矿物磁铁矿呈他形粒状集合体，其间充填脉石矿物。

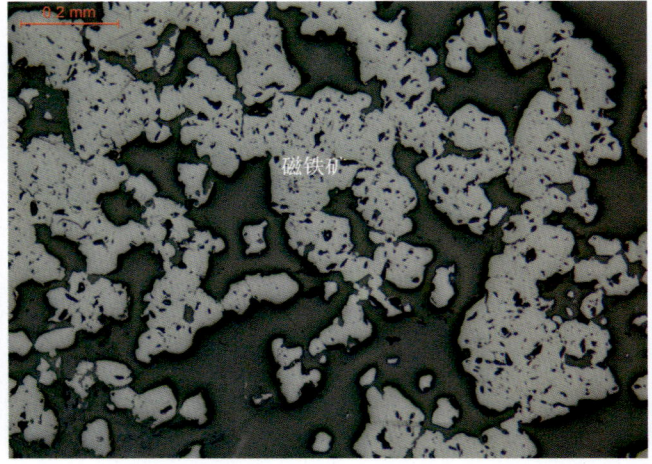

图 48　半自形粒状结构　100×　单偏光

金属矿物磁铁矿半自形粒状，呈单体或聚粒状产出，其间分布有脉石矿物。

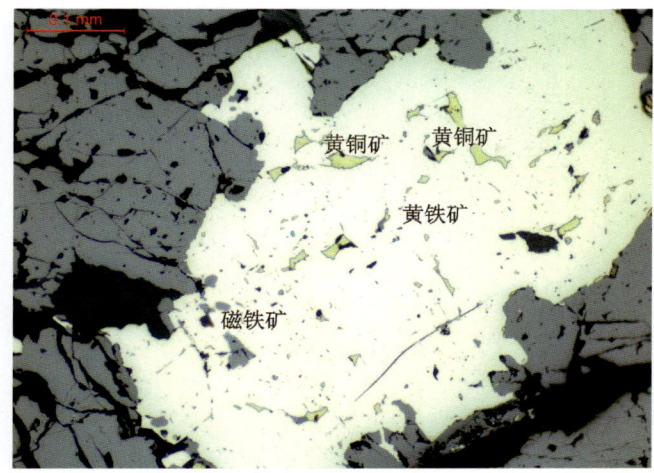

图 49　交代穿孔结构　200×　单偏光

在磁铁矿矿石中黄铜矿穿孔交代黄铁矿，磁铁矿沿边缘交代黄铁矿。

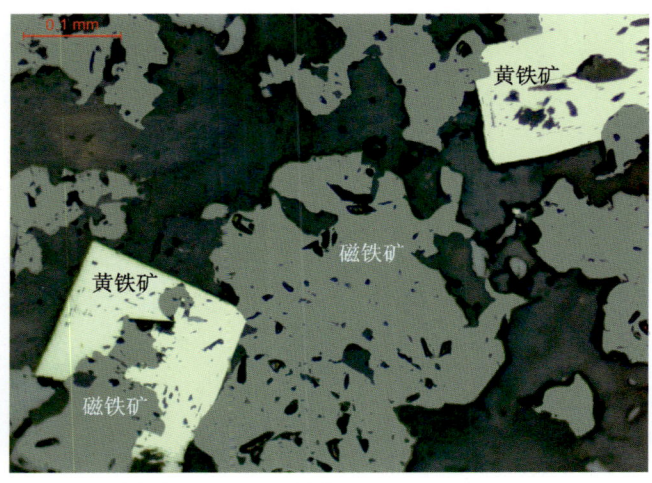

图 50　交代结构　200×　单偏光

磁铁矿沿边缘交代早期形成的自形黄铁矿。

图 51　包含结构　100×　单偏光

在粗粒绿泥石晶体中包裹有细粒的磁铁矿。绿泥石由白云母蚀变形成。

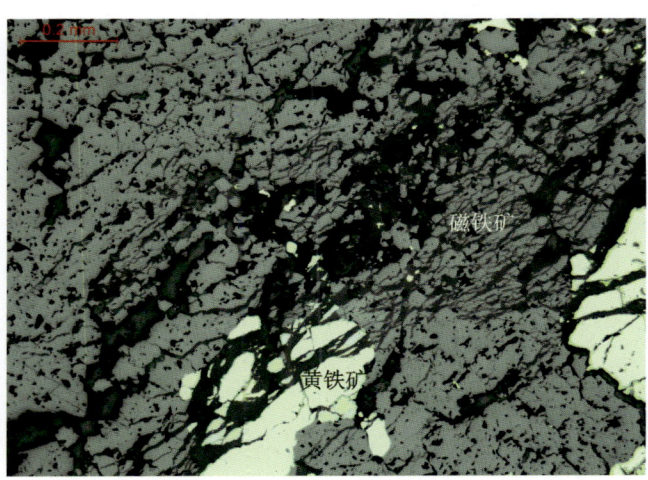

图 52　碎裂结构　100×　单偏光

受构造应力作用影响，黄铁矿和磁铁矿被挤压破碎，呈条带状分布。

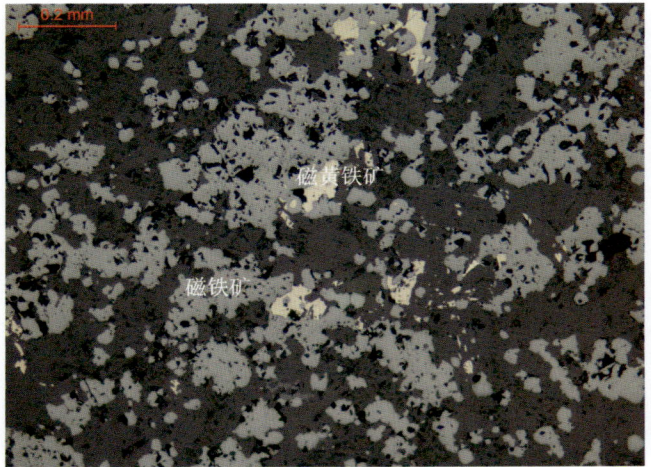

图 53　中等浸染状构造　100×　单偏光

半自形—他形粒状磁铁矿呈单体或聚粒状均匀分布，其间充填有磁黄铁矿和脉石矿物。

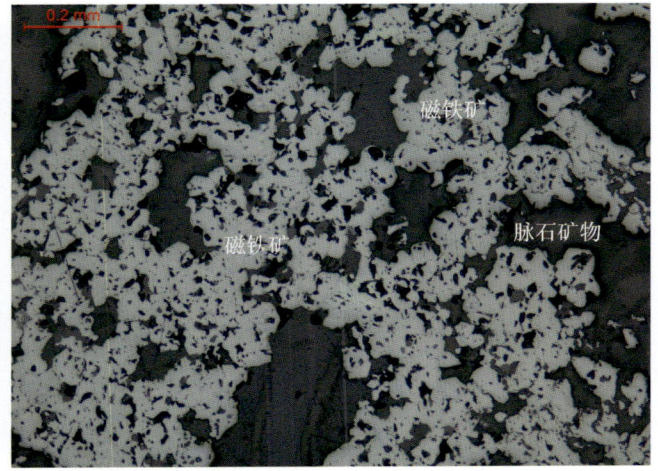

图 54　稠密浸染状构造　100×　单偏光

半自形—他形粒状磁铁矿呈聚粒状均匀分布，其间充填有脉石矿物。

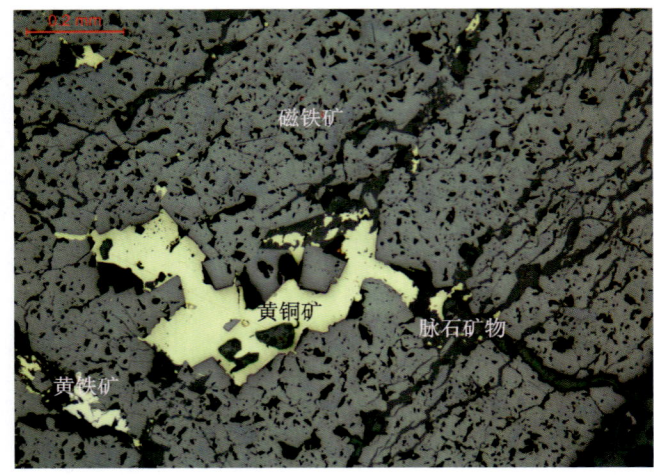

图 55　块状构造1　100×　单偏光
金属矿物磁铁矿、黄铁矿及黄铜矿他形粒状集合体,呈块状产出,其间充填有少量脉石矿物。

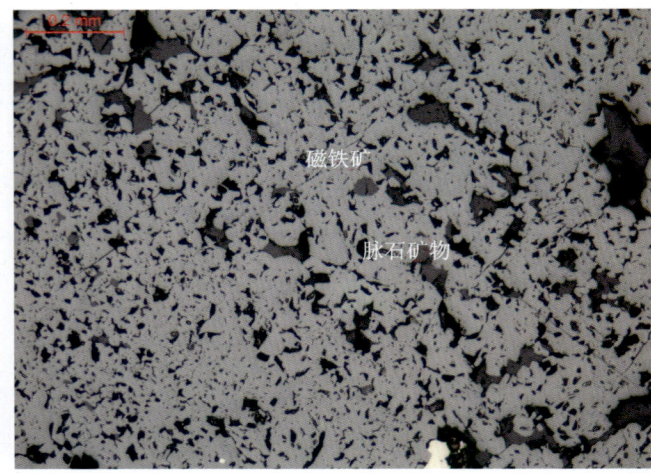

图 56　块状构造2　100×　单偏光
金属矿物磁铁矿他形粒状集合体,呈块状产出,其间充填有少量脉石矿物。

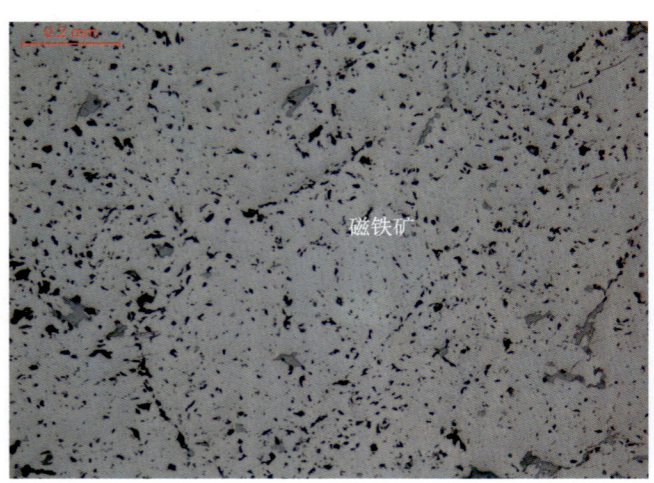

图 57　致密块状构造　100×　单偏光
金属矿物磁铁矿紧密连生,呈致密块状产出,充填少量脉石矿物。

图 58　脉状构造　100×　正交偏光
金属矿物磁铁矿脉状产出,其间分布透闪石和方解石。

塔什库尔干县赞坎铁矿

拍摄者邹震

整体介绍

赞坎铁矿床位于新疆塔什库尔干县东南155°方向，直距约65 km的赞坎沟中，中心坐标：东经75°35′20″—75°35′3″，北纬30°07′14″—37°15′52″，隶属新疆喀什地区塔什库尔干县管辖。国道G314从矿区西侧经过，外部交通较方便。

该矿床由新疆地矿局第二地质大队于2003年发现，并开展了普查、详查工作。2010—2012年开展的调查评价工作对矿床（赞坎及乔普卡矿段）估算铁矿石资源量62 827.76万t，平均TFe品位29.95%，平均mFe品位19.34%，mFe/TFe值64.57%，为一大型铁矿床。除去乔普卡矿段外，探获资源量56 533.71万t。2010—2012年，针对赞坎采矿权范围开展了资源储量核实工作，对Ⅰ号矿体南段及Ⅲ号矿体估算（111b+122b+331+332+333）资源量14 578.26万t，TFe平均品位29.95%，mFe平均品位19.34%。赞坎铁矿是西昆仑塔什库尔干铁矿带中发现的众多铁矿床之一，该成矿带已发现同类型铁矿床有赞坎、叶里克、莫喀尔铁矿等，已探明铁矿石资源量8亿t，预测远景资源量达15亿t以上。

第一节 矿区地质特征

矿区地处古亚洲构造域与特提斯构造域的结合部位,位于西昆仑、喀喇昆仑两大构造单元的结合部位。受古元古界布伦阔勒群中深变质岩系控制,分布在吉尔铁克沟-乔普卡里莫铁矿带内(图18-1)。区内地质构造复杂,岩浆活动频繁,成矿地质条件优越,资源潜力大。

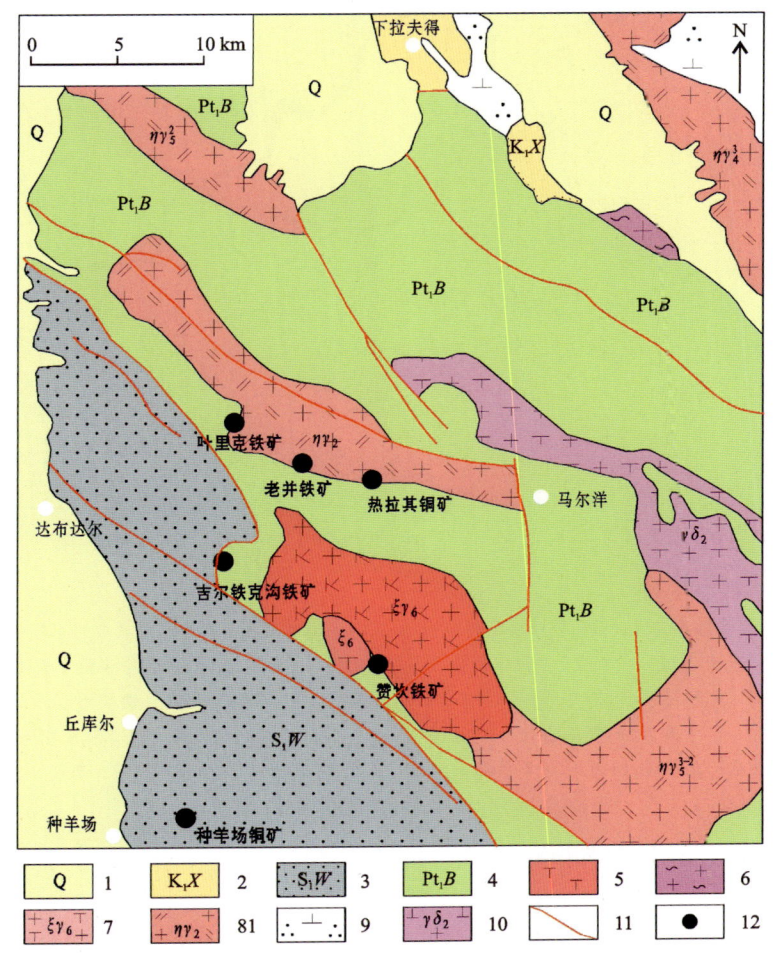

1.第四系;2.白垩系下拉夫底群;3.志留系温泉沟群;4.古元古界布伦阔勒群;5.正长岩;6.英云闪长岩;
7.二长花岗岩;8.正长花岗岩;9.石英闪长岩;10.花岗闪长岩;11.断裂;12.矿床。

图 18-1 西昆仑塔阿西—赞坎一带地质略图

一、地层

矿区出露地层相对简单,主要为古元古界布伦阔勒群(Pt_1B)结晶片岩、志留系温泉沟群(S_1W)及第四系河床洪冲积物(Qh)。

1. 古元古界布伦阔勒群

布伦阔勒群为主要含矿地层,在矿区内大面积分布,面积约 2.93 km²。地层呈北西-南东向展布,倾向北东,倾角 48°～70°。东侧大面积被岩浆岩侵入,呈窄条状分布。进一步可划分为 5 个岩性段(图 18-2)。

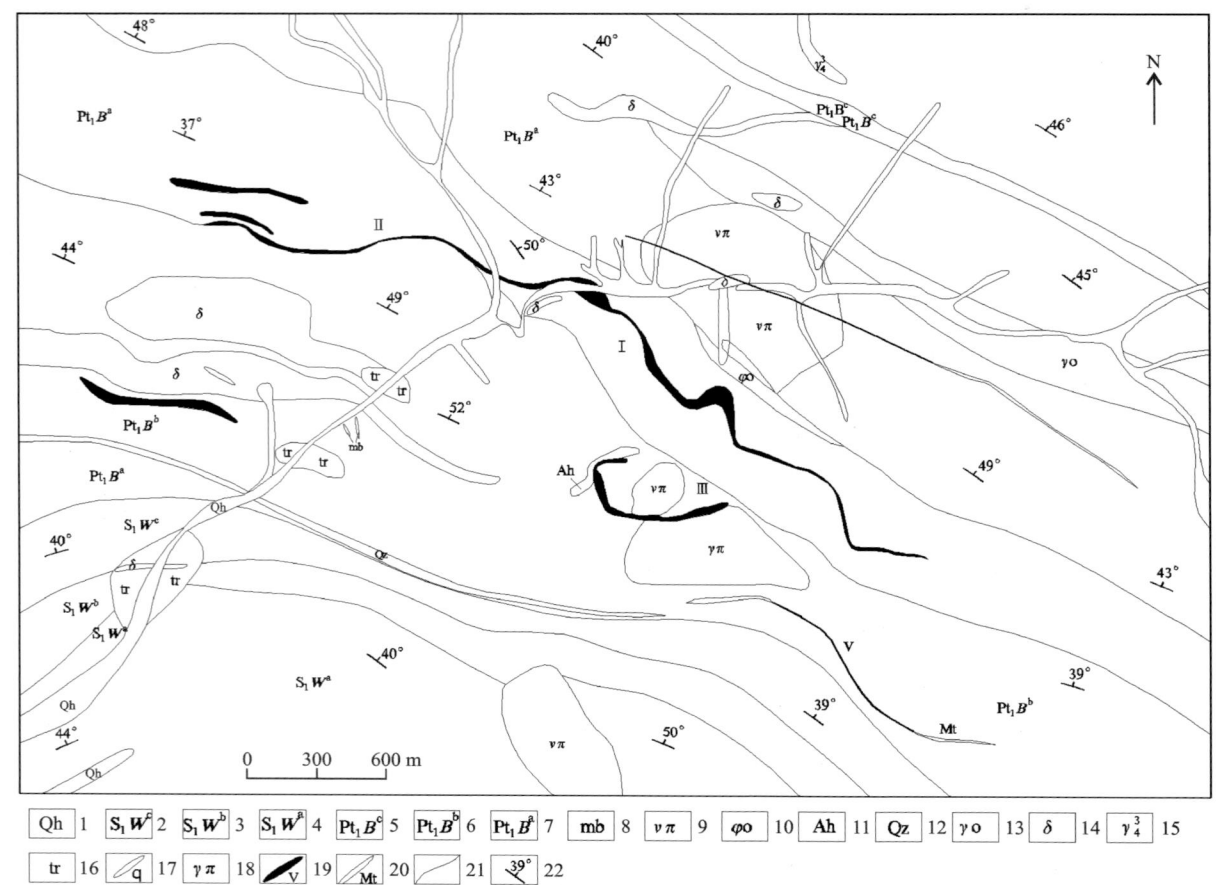

图 18-2 塔什库尔干县赞坎铁矿区地质略图

1.第四系冲洪积物;2.志留系温泉沟群 c 段白色厚层状石英岩;3.志留系温泉沟群 b 段中厚层状变质石英砂岩;4.志留系温泉沟群 a 段中薄层状大理岩;5.古元古界布伦阔勒群 c 段褐铁矿化含阳起石石英片岩;6.古元古界布伦阔勒群 b 段黑云母石英片岩夹黑云母斜长角闪片岩、角闪片岩、片麻岩等;7.古元古界布伦阔勒群 a 段黄铁矿化、褐铁矿化含磁铁矿黑云母石英片岩、黑云母石英片岩、黑云母斜长(角闪)片岩;8.大理岩;9.霏细岩;10.符山石角闪岩;11.石膏岩;12.石英岩;13.斜长花岗岩;14.闪长岩;15.花岗岩;16.碎裂岩;17.石英脉;18.花岗斑岩;19.磁铁矿体及编号;20.铁矿化体;21.实测地质界线;22.产状。

第一岩性段(Sch^1):分布于矿区南侧及西侧,向南及西延出矿区。岩性段呈宽 240～620 m 的宽板状产出,南侧以断裂与志留系温泉沟群相接,北侧东段被霏细斑岩侵断。出露岩性主要为角闪斜长片岩,局部夹黑云石英片岩、含石榴石斜长片岩等。该岩性段东侧为新发现的Ⅳ、Ⅴ号铁矿(化)体容矿部位。

第二岩性段(Sch^2):分布于矿区北西部,北侧延出矿区。岩性段呈半椭圆状产出,宽约 456 m。南侧以整合与第一岩性段相接。岩性主要为黑云石英片岩,局部夹二云石英片岩、斜长黑云石英片岩、白云母石英片岩等。该段地层中常伴有矽卡岩化,后期局部蚀变作用也较强。地层中东段上部被霏细斑岩侵入。北侧接触带产石膏层,局部构成Ⅲ号矿体底板。

第三岩性段(Sch^3):分布于矿区中北部,北西及南东延出矿区。呈宽 40～280 m 的板状产出,北西段南侧以整合与第二岩性段相接,中东段南侧被岩浆岩侵断。岩性主要为斜长角闪片岩,局部夹少量角闪片岩。岩石中磁铁矿或黄铁矿发生褐铁矿化、黄钾铁矾化使地表呈褐色、黄褐色或杂色。该岩性段为矿区内的主要含矿层位,Ⅰ矿带即顺层产于该岩性段中。

第四岩性段(Sch^4):分布于矿区中北部,东侧延出矿区,南侧以整合与下伏的第三岩性段相接。岩性主要为斜长角闪片岩,局部夹少量黑云石英片岩。

第五岩性段（Sch⁵）：分布于矿区中北部Ⅰ号矿带111～100线间，向西延出矿区，东侧尖灭于111线北约30 m处。岩性段呈宽70～175 m的楔形状产出，岩性主要为阳起石片岩、石英片岩。

2. 志留系温泉沟群

志留系温泉沟群主要产于矿区南西角，北侧以断裂与上覆的古元古界布伦阔勒群相接，岩性主要为变砂岩、大理岩及石英岩等。地层总体走向北西-南东，倾向北东，倾角45°～56°。

3. 第四系洪冲积物

第四系洪冲积物主要发育于西侧及东侧的乔普卡河谷或其支流中，为现代河床洪冲积物。在山坡上以碎石、沙土为主，在河床中则以洪冲积物为主。山坡上的坡积物经人工工程揭露，深度1～15 m。

二、构造

矿区断裂构造不发育，仅见有一条断裂，即位于志留系与古元古界界线处的逆推断裂（F_1）。断裂带宽50～100 m，呈北西向延伸，走向300°～350°，总体约325°，向北东缓倾，多呈波状起伏。断裂通过处可见到古元古界与志留系混杂产出，并见到较大规模的石英脉发育。断裂使古元古界向南推覆于志留系之上，对矿区磁铁矿未造成破坏。

矿区褶皱构造以波状变形及局部复杂的揉皱为主。位于白尔力克紧闭褶皱的南西翼，总体褶皱构造较简单，以简单的波状变形作用为主，在矿区内共见到两个小的背形构造。揉皱极为发育，石英等浅色矿物组成的条带发生复杂的揉皱，揉皱较发育处也是矿体相对较厚大的地段。

矿区褶皱构造对矿体有一定的影响，大的波状变形（即圈定的两处背形）处常使矿体分叉，并使矿体局部变薄；揉皱发育常使矿体局部变厚。总体上褶皱构造对矿体在倾向及走向上的连续性未造成破坏。

三、侵入岩

根据区域地质资料，矿区岩浆岩主要为喜马拉雅期，区域上将其列为赞坎岩体，分布于矿区北部，呈一小岩株侵位于布伦阔勒群。主要出露岩性为二长花岗岩、正长花岗岩、霏细岩3种，此外在矿区北西部还见有少量的闪长岩脉。

根据矿区岩石组合及岩性特点，主要岩石有闪长（玢）岩、石英闪长玢岩、霏细斑岩及石英斑岩等，未见基性岩石，岩浆分异作用不明显，岩浆岩为一套中酸性侵入-次火山-火山岩组合。

第二节　矿床地质特征

一、矿体特征简述

矿床发现9条矿体，编号分别为Ⅰ、Ⅱ、Ⅲ、Ⅳ、Ⅴ、Ⅵ、Ⅶ、Ⅷ、Ⅸ号，以Ⅰ号矿体规模最大，其次为Ⅱ号、Ⅲ号。矿体均呈单斜层状产出，局部呈透镜体状。主要矿体长度一般在1000 m以上，最长达到6200 m。

Ⅰ号矿体位于矿区中部，是区内最主要的矿体。矿体呈北西-南东向展布，出露长度约6211 m，控制最大斜深777 m。真厚度7.98～62.12 m，平均25.39 m。TFe平均品位27.81%，mFe品位20.21%，品位变化系数37.42%。矿体总体产状28°∠38°。

Ⅱ号矿体位于矿区西部，距Ⅰ号矿体南侧 500 m。地表被第四系覆盖，厚度达到 70～100 m。矿体呈层状，形态较简单。控制长度 800 m，向东、向西均延出矿区，厚度 1.92～18.21 m，平均厚度 7.39 m。TFe 平均品位 34.49%，mFe 平均品位 29.38%。产状 34°∠48°（图 18-3）。

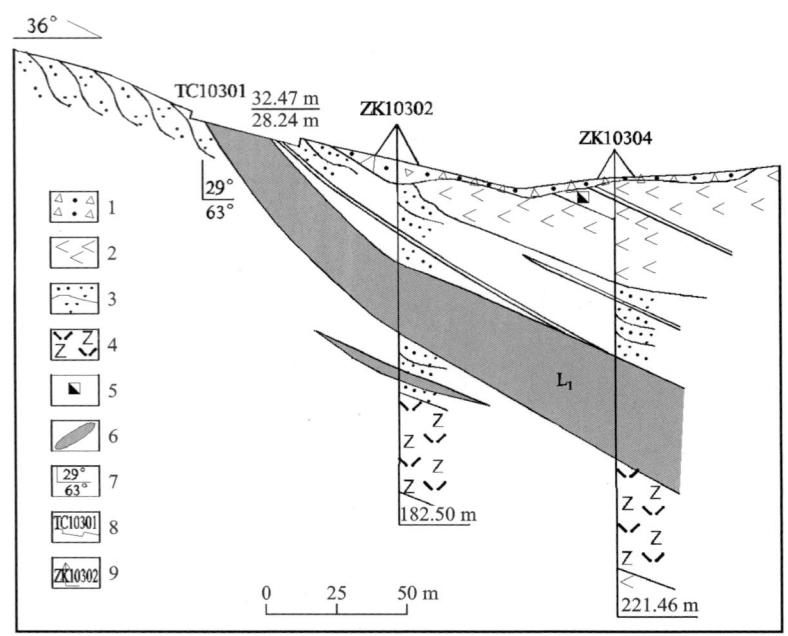

1.第四系残坡积物；2.角闪岩；3.凝灰质石英岩；4.霏细岩；5.褐铁矿化；6.矿体；7.产状；8.探槽位置及编号；9.钻孔位置及编号。

图 18-3　塔什库尔干县赞坎铁矿Ⅱ号矿体 302 线剖面图

Ⅲ号矿体地表展布呈一近北西-南东向的似"弯月状"，控制最大长度 720 m，控制最大斜深 617 m。平均厚度 32.12 m。TFe 平均品位 31.19%，mFe 平均品位 27.76%（图 18-4）。

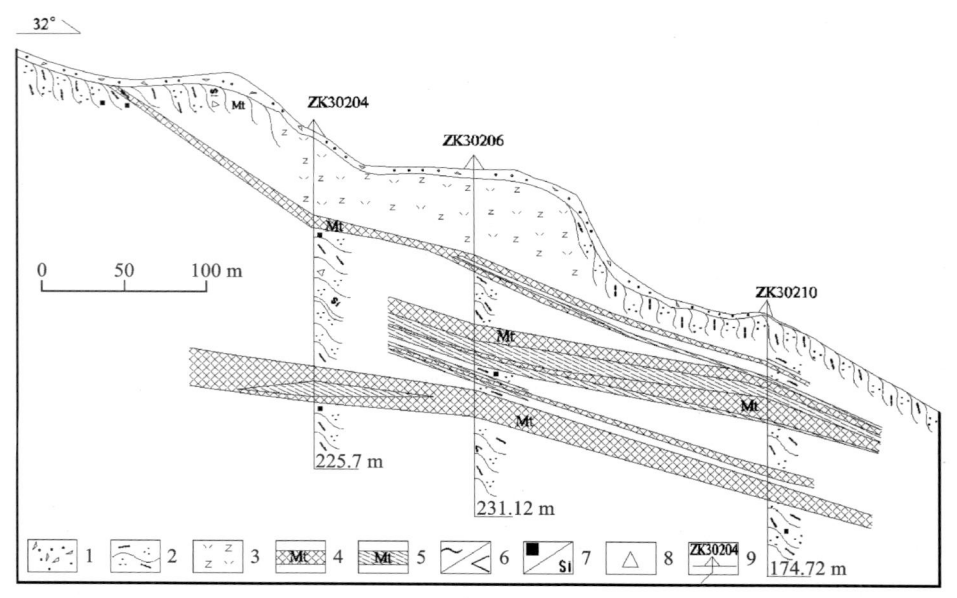

1.第四系残坡积层；2.黑云母石英片岩；3.英安质凝灰岩；4.富磁铁矿层；5.贫磁铁矿层；6.绿泥石化/角闪石化；7.黄铁矿化/硅化；8.破碎带；9.钻孔孔位及编号。

图 18-4　塔什库尔干县赞坎铁矿Ⅲ号矿体 302 线剖面图

二、矿床规模及空间分布

1. I号矿带

矿床内最主要磁铁矿带之一,由 26 条大小不同的矿体组成,其中主要矿体两条,编号为 I_1 号、I_2 号,次要矿体 24 个,编号为 I_3 号~I_{26} 号。次要矿体主要分布于主要矿体 I_1 号、I_2 号附近,呈层状或透镜体状顺层状产出,部分位于其底板附近。

矿带分布于矿区北部,呈近北西—南东向带状展布,I_1 号矿体地表几乎全部裸露,次要矿体均以盲矿体产出。I_2 号矿体位于 I_1 号矿体底部深 10~50.5 m,构成同一条含矿带。赋矿岩石主要为斜长角闪片岩,在两矿层间分布少量黑云石英片岩。

I_1 号矿体:矿区规模最大的一条矿体,估算资源量 7 605.68 万 t,占总资源储量的 52.17%。控制矿体最大长度 2493 m,平均厚度 21.12 m,平均 TFe 品位 28.12%,平均 mFe 品位 23.58%,mFe/TFe 值 83.85%,矿体厚度变化系数 30.14%,品位变化系数 17.4%,属厚度变化均匀型。

I_2 号矿体:矿区规模相对较大的一条矿体,估算资源量 2 848.30 万 t,占总资源量的 19.54%。控制矿体最大长度 1826 m,平均厚度 10.04 m,控制矿体最大斜深 689 m。平均 TFe 品位 27.19%,平均 mFe 品位 21.74%,mFe/TFe 值 79.96%,矿体厚度变化系数 30.62%,品位变化系数 9.53%,属厚度变化稳定、品位变化均匀型矿体。矿体总体走向 129°,倾向北东,倾角 45°。赋矿岩石由斜长角闪片岩型及石英片岩组成,其中以斜长角闪片岩为主,占矿石总量的 95% 以上。

2. III号矿带

矿带由 20 条大小不同的矿体组成,其中主要矿体 3 条,编号分别为 III_1 号、III_2 号、III_3 号,矿带主要分布于矿区中部,矿带呈近北西—南东向似"弯月状"展布,III_1 号矿体地表几乎全部裸露。次要矿体 III_4 号~III_{20} 号均以盲矿体产出,多为单工程控制。3 条主要矿体在深部相互间距 10~60 m,构成走向长约 895 m、厚度在 120 m 以上的矿化带。该矿化带向西及东仍有延伸,目前未能全面控制。

III_1 号矿体:III号矿带中规模最大的一条矿体,也是 2008—2011 年矿山地表开采的矿体之一,估算资源储量 2 207.79 万 t,占总资源量的 15.14%。控制矿体最大长度 606 m,最大斜深 617 m,平均厚度 14.00 m。矿体总体走向 82°~131°,倾向北东,倾角一般 17°~33°。矿石平均 TFe 品位 32.24%,平均 mFe 品位 30.31%,mFe/TFe 值 94.01%,矿体厚度变化系数 20.66%,品位变化系数 20.07%,属厚度变化稳定、品位变化均匀型矿体。矿体容矿岩石为黑云石英片岩及霏细斑岩,以黑云石英片岩为主,占矿石总量的 85% 以上。霏细斑岩主要集中于矿体近地表露头处,构成矿体顶板岩性,局部含磁铁矿体。

III_2 号矿体:位于 III_1 号矿体底板下 10~43 m,估算资源量 793.10 万 t,占总资源量的 5.44%。已控制矿体最大长度 720 m,平均厚度 9.32 m,控制矿体最大斜深 462 m。矿体总体走向 83°,倾向北东,倾角 25.08°。矿石中平均 TFe 品位 28.01%,平均 mFe 品位 22.48%,mFe/TFe 值 80.26%,矿体厚度变化系数 31.21%,品位变化系数 9.79%,属厚度变化相对较大、品位变化均匀型矿体。容矿岩石为黑云石英片岩及霏细斑岩,以黑云石英片岩为主。

III_3 号矿体:位于 III_2 号矿体底板下 13~49 m,估算资源量 1 051.25 万 t,占总资源量的 7.21%,其中工业矿量 1 030.87 万 t。控制矿体最大长度 696 m,平均厚度 8.80 m,控矿最大斜深 584 m,平均控制斜深 421 m。平均 TFe 品位 31.39%,平均 mFe 品位 26.38%,mFe/TFe 值 82.09%,矿体厚度变化系数 34.47%,品位变化系数 19.88%,属厚度变化相对较大、品位变化均匀型矿体。矿体总体走向 89°,倾向北东,倾角 29.81°。容矿岩石为黑云石英片岩,局部见少量角闪石英片岩。

第三节　矿区主要岩石类型及围岩蚀变

一、矿区主要岩石类型及特征

经对矿区大量岩石薄片进行鉴定确认，其岩石类型比较复杂，种类繁多，主要由变质岩和岩浆岩两大类构成。变质岩有片岩、片麻岩、角闪岩、变粒岩、大理岩、石英岩及矽卡岩。各大类岩石中由于矿物组成不同，又构成不同的岩石类型，岩性较复杂。如片岩类有黑云母石英片岩、钠柱石石英片岩；角闪岩类有角闪片岩、斜长角闪岩及斜长角闪片岩；大理岩类有大理岩、橄榄石大理岩及黑云透辉石大理岩等。从总体上看，各类变质岩石内部完整性较好，受后期构造应力及交代蚀变作用影响都很弱，未保留原岩中的结构构造及矿物。矿区大部分矿石及磁铁矿化与上述变质岩有关，磁铁矿化常叠加在这些岩石中，相互之间没有明显的交代关系，属于变质重结晶作用的产物。火成岩是一套中酸性侵入-次火山类岩石组合，岩体规模不大，但岩性组合较复杂，为闪长(玢)岩、花岗岩、英安(斑)岩及霏细斑岩等。火山-次火山岩以英安斑岩为主，次有霏细(斑)岩，斑晶为更—钠长石和少量石英，基质结晶较明显，多呈细粒微晶结构，完全不同于火山熔岩中基质结晶生长特点。受构造和变质作用影响，岩石中矿物普遍存在碎裂变形、定向、蚀变及重结晶现象。部分岩石遭受构造及重结晶作用强烈，其中矿物及结构构造已大部分或完全消失，向变质岩过渡，部分原岩岩性难以断定。从矿化关系看，其中部分闪长岩、英安岩中都叠加有弱磁铁矿化，但与铁矿之间没有明显的关系，矿体多产在岩浆岩与变质岩交接带中，少数在英安岩中。从矿区存在透辉石矽卡岩并叠加磁铁矿化及矿石中含有透辉石等矿物情况分析，岩浆活动对铁矿形成不仅仅是改造作用，也是变质岩形成的外因。此外，除上述各类岩石外，矿区还存在其他一些过渡类型的岩石，但分布数量相对较少，在此不一一描述。

斜长角闪片岩：矿区中常见，常与角闪片岩、石英片岩共生，是矿体主要的容矿岩石之一。

岩石呈深灰绿色，柱粒状变晶结构，片状构造，主要为角闪石、斜长石，次有少量石英、磁铁矿（附录18图1），有时叠加磁铁矿化。角闪石半自形柱状—粒状分布，粒径较细，为 0.2～0.55 mm±，沿延长方向定向排列，黑云母、石英及磁铁矿等次要矿物充填在角闪石粒间。当岩石中角闪石含量增加至90%及以上时，属于角闪片岩（附录18图2）。当岩石中角闪石不具定向分布时，则过渡为斜长角闪岩。

黑云母石英片岩：矿区中常见，也是主要的容矿岩石之一，常与斜长角闪岩共生。

岩石呈灰黑色，斑状鳞片粒状变晶结构，片状构造。主要矿物为黑云母和石英，次有少量钠长石、磁铁矿，含有特征变质矿物钠柱石或石榴石。黑云母片状，粒径细，为 0.05～0.2 mm±，沿延长方向定向分布（附录18图3）。石英他形粒状集合体，粒径细，为 0.04～0.16 mm±，趋向于沿延长方向定向分布。钠柱石或石榴石在岩石中多呈变斑晶产出，粒径较粗，为 0.65～3.8 mm±，但结晶形态多不完整，钠柱石中常含有石英等矿物包裹体（附录18图4）。

黑云斜长片麻岩：矿区中常见，是矿区围岩之一。灰白色—灰黑色，鳞片—粒状变晶结构，片麻状构造，主要由黑云母、斜长石、少量石英及磁铁矿构成。黑云母片状，粒径很细，为 0.06～0.2 mm±，定向分布。斜长石为钠长石，他形粒状集合体，粒径细，为 0.1～0.25 mm±，表面有轻度泥化，部分沿延长方向定向分布（附录18图5～图6）。

变粒岩：矿区中常见，是主要的赋矿围岩之一，矿物组成变化较大，常因不同的矿物组合形成各异的岩石类型，常见的岩石类型有长英质变粒岩（附录18图7）、黑云母透辉石变粒岩及正长石透辉石变粒岩，并叠加磁铁矿化，部分形成磁铁矿矿石（附录18图8）。岩石呈灰黑色，粒状变晶结构，定向性不明显，以块状构造为主。主要矿物有透辉石、石英、斜长石、方解石、黑云母及正长石,粒径较细,一般0.1～0.55 mm±,彼此规则连生,属于变质重结晶作用的产物。

大理岩:矿区常见的岩石类型之一,由原生的灰岩或泥质灰岩经变质作用形成。除了由方解石构成单一的方解石大理岩(附录18图9),还存在较多的由不同变质矿物构成的大理岩,如黑云母大理岩、橄榄石大理岩(附录18图10)及黑云透辉石大理岩等。岩石主要具粒状变晶结构,块状构造,在岩石中方解石结晶较完整,呈近似等粒状集合体分布。在与其他矿物共生时,不同矿物之间则规则连生,在少数岩石中叠加磁铁矿化,属于变质重结晶的产物。

石英岩:矿区常见的岩石类型,也是铁矿石的主要容矿岩石之一,由石英质岩石经变质重结晶作用形成。岩石呈灰白色—白色,粒状变晶结构,块状构造。矿物组成简单,主要是石英(附录18图11),可见少量的透辉石、阳起石及黑云母等,呈近似等粒状分布,如受构造应力作用影响,被压扁拉长定向排列,并叠加磁铁矿化,形成磁铁石英岩或磁铁矿矿石(附录18图12)。

透辉石矽卡岩:矿区岩石中常见,也是主要的赋矿岩石之一。岩石呈深绿色,粒状变晶结构,块状构造。主要矿物为绿色透辉石,次有少量黑云母、角闪石及阳起石等(附录18图13)。在矽卡岩中,磁铁矿化和磷灰石化比较常见,磁铁矿和磷灰石分布在透辉石粒间,常富集形成含磷灰石铁矿石(附录18图14),属于变质重结晶作用的产物。

正长花岗岩:大面积分布于中东部,构成矿区内的主体岩性之一,并侵断古元古界布伦阔勒群第三岩性段褐铁矿化、黄钾铁矾化斜长角闪片岩,局部挤压矿体,使矿体发生波状变形作用。岩体总体呈近北西—南东向展布,宽约500 m,长约2100 m。岩体主要呈细粒状结构,块状构造,在与地层接触部位附近常出现冷凝边现象。岩体从钻孔中总体呈顺层侵入,局部侵断地层。岩体为碱总量大于8%、K/Na为1.25、富钾,属碱性岩类。岩体为A型花岗岩,属造山晚期产物,与塔什库尔干大断裂关系密切。

岩体形成时代为喜马拉雅期,与区域赞坎碱性岩体对应。1:25万区调在矿区附近采集的同位素测年样(K-Ar)为10.59 Ma。

二长花岗岩:主要分布于矿区中北侧边部,呈不规则状产出。岩体呈浅色或略带浅黄色,中细粒状结构,块状构造。岩体中常见有暗色矿物呈定向排列,定向走向方向与片岩类一致。岩体与正长花岗岩构成赞坎碱性岩体的一部分,岩体呈浅灰色—白色,钾长石含量较正长花岗岩明显减少,局部以斜长石为主。岩体形成环境与正长花岗岩一致。

变闪长(玢)岩:地表少见,钻孔中常见,是矿区存在的围岩类型之一,与其他火山岩类岩石分布在一起。岩石呈深灰绿色,半自形粒状,碎裂块状构造。主要矿物为斜长石、普通角闪石,次有少量石英等矿物(附录18图15),斜长石粒径很细,为0.12～0.5 mm±,其间充填角闪石。部分岩石具斑状结构,属于闪长玢岩(附录18图16),含有石英时,则过渡为石英闪长玢岩。受构造及重结晶作用影响,岩石中斜长石存在碎裂变形,普遍叠加黑云母化、阳起石化等。

变英安斑岩:矿区存在的围岩类型之一,与其他火山岩类岩石分布在一起。岩石呈浅灰绿色,变余斑状结构,块状构造,斑晶主要为斜长石,钾长石少见,少数斑晶有破碎现象。斜长石为钠—更长石,呈半自形粒状、板状分布,含量变化较大,为3%～15%。受变质重结晶作用影响,基质部分较粗,常具细粒结构,微具定向分布,由细粒石英和长石集合体构成(附录18图17),其中也含有一定量的黑云母、阳起石、石英及少量白云母、方解石。在少数岩石中叠加有磁铁矿化,这些蚀变现象均与矿化作用有关。矿区也分布有英安岩。

变霏细岩:矿区中常见,与其他火山岩类岩石共生。岩石呈灰白色—灰黄色,变余斑状结构,块状构造,斑晶多为石英,斜长石少见,但含量低,一般3%左右。石英结晶完整,呈半自形粒状,边缘具熔蚀港湾,粒径0.4～0.8 mm±。基质结晶较粗,具细粒—微晶结构,微具定向排列,由石英和长石集合体构成,局部粒径大小不同,与变质重结晶作用有关。后期叠加有硅化、方解石化及黑云母化(附录18图18)。

霏细斑岩与英安（斑）岩主要分布于Ⅲ号矿体北侧，局部构成Ⅲ号矿体顶板界线。岩体呈不规则椭圆状分布，以细粒状为主，常见有斑状。在305线附近以霏细斑岩为主，在306线附近则以英安岩为主，因岩石地表多被覆盖，两者界线无法区别。

二、围岩蚀变及特点

矿体及围岩蚀变较弱，主要为与磁铁矿体成因关系密切的自变质作用，即加里东晚期的区域变质作用，表现为黑云母-石英-磁铁矿化及角闪石-斜长石-磁铁矿化。

后期与岩浆活动有关的热液蚀变及重结晶作用较明显，是矿区成矿后主要蚀变类型。其中以阳起石化、黑云母化、钠长石化、硅化分布最广，次为方解石化、白云母化及透闪石化。

表生风化淋滤作用主要分布于Ⅰ号矿带地表，原生磁铁矿及黄铁矿等被氧化成褐铁矿或黄钾铁矾，两者在地表呈混杂状产出，并使地表呈明显的褐黄色或杂色，是找矿的标志之一。该蚀变仅限于地表深在3.0 m以内，槽探揭露出的岩性仍以原生磁铁矿为主。该蚀变与成矿无关。

阳起石化：围岩中非常发育，主要分布在中酸性火山岩中，也是部分铁矿石中的主要脉石矿物之一。多与黑云母化、钠长石化及绿泥石化共生。

阳起石显微镜下呈绿色、浅绿色，纤状—柱状集合体，呈粒状、团块状、条带状叠加在火山岩的基质中（附录18 图19~图20）。

黑云母化：围岩中广泛分布，主要见于中酸性岩体及火山岩中，也是部分铁矿石中的主要脉石矿物之一。多与阳起石化、钠长石化、硅化及绿泥石化共生。

黑云母片状，粒径细，不均匀叠加分布在基质或胶结物中，并交代岩石中残留的斑晶或矿物斜长石等（附录18 图21~图22）。

钠长石化：蚀变围岩中很常见，主要分布在中酸性火山岩中，也是部分铁矿石中的主要脉石矿物之一。

钠长石呈半自形—他形粒状，粒径细，一般小于0.3 mm，多呈不规则团块、条带状产出（附录18 图23~图24），多与黑云母化、阳起石化及绿泥石化共生。

硅化：多分布在蚀变火山岩中，与黑云母化、阳起石化、钠长石化等共生，也是火山岩中基质蚀变的主要产物。与磁铁矿的形成有一定的关系，特别是在矽卡岩化较强地段，硅化常使地层中的磁铁矿物重结晶。石英呈细粒集合体，多与其他蚀变矿物连生（附录18 图23~图24）。

方解石化：蚀变围岩中常见，但含量低，一般不超过3%，他形粒状，分布不均匀，多见于基质中，也交代钾长石斑晶，有时沿裂隙呈脉状产出（附录18 图25）。

黄铁矿化：在矿化及蚀变岩石中广泛分布，含量一般不高，不超过3%。常与次生阳起石、黑云母、钠长石及方解石共生，有时交代斜长石斑晶（附录18 图26）。

第四节 矿石物质组分及特征

一、矿石物质成分

根据显微镜下鉴定结果结合电子探针成分分析结果，矿石中矿物主要由金属矿物和脉石矿物两大类构成，共有两类25种，其中金属矿物8种，氧化蚀变矿物3种，脉石矿物14种（表18-1）。金属矿物种类比较简单,主要为磁铁矿,次为黄铁矿、磁黄铁矿及少量赤铁矿、黄铜矿、白铁矿、辉钼矿、铜蓝,脉石矿物种类较复杂,有磷灰石、角闪石、透辉石、石英、阳起石、黑云母、钠长石、方解石、绿帘石、绿泥石及白云母等,其中磷灰石为伴生有用矿物,可以综合回收。

表 18-1 赞坎铁矿床浸染状矿石矿物成分表

类型		主要矿物	次要矿物	少量矿物	少见矿物
金属矿物	原生矿	磁铁矿	黄铁矿、磁黄铁矿	黄铜矿、赤铁矿、白铁矿	铜蓝、辉钼矿
	氧化矿	褐铁矿		孔雀石	黄钾铁矾
脉石矿物		透辉石、角闪石、石英、磷灰石	阳起石	方解石、黑云母、钠长石、白云母、绿泥石	滑石、绿帘石、榍石、电气石

1. 矿石矿物

1) 磁铁矿

矿石中最重要的金属矿物之一,也是选矿的目的矿物,在矿石中广泛分布,但总体含量并不高,在矿体中磁铁矿含量超过85%的矿石占比很低,磁铁矿含量在50%～85%之间的矿石占比15%～20%,磁铁矿含量在30%～50%之间和20%～30%之间的浸染状矿石占多数。磁铁矿化作用主要产生在石英岩、透辉石矽卡岩、变粒岩及角闪岩中,磁铁矿多呈浸染状、条带状产出,部分具拉长的外形,并定向分布,属于变质重结晶作用产物。

磁铁矿是等轴晶系,晶体常呈八面体,其次为菱形十二面体。颜色及粉末呈黑色,金属光泽,摩氏硬度5～6,比重5,具强磁性。显微镜下磁铁矿形态以半自形—他形粒状为主,自形晶少(附录18图27～图28),他形粒状磁铁矿中部分外形不规则,呈多角状、拉长状分布。多数磁铁矿内部较纯净,不含或少含杂质矿物。粒径变化较大,为0.01～1.20 mm±,多数在0.05～0.50 mm之间。

由于磁铁矿是矿石中的主体金属矿物,含量最高,其空间分布决定了其他金属矿物的嵌布方式。磁铁矿嵌布方式在不同类型的矿石中存在明显差异,主要有两种类型。在中—低品位的铁矿石中(星散、稀疏和中等浸染状)多呈独立的单体或聚粒状分布在脉石矿物粒间。在稠密浸染状和块状矿石中以连生晶为主,呈致密块状、团块状、条带状产出,单体分布者少。磁铁矿与其他金属矿物之间的关系相对比较简单,多以直线、简单的曲线与其他金属矿物连生。有少部分磁铁矿形态不规则,外形复杂,呈锯齿状与其他矿物交生在一起。矿石中有少量细粒磁铁矿包裹在脉石矿物或其他金属矿物中,占比很低,一般不超过1%。此外,也有少部分细粒磁黄铁矿、黄铁矿或黄铜矿包裹在磁铁矿中,此种情况对磁铁矿与硫化物之间的单体解离和选别不利,尤其是磁黄铁矿的存在对选别结果影响较大。磁铁矿次生蚀变作用很弱,在绝大多数矿石中都新鲜无蚀变,仅在部分矿石中被赤铁矿沿边缘、裂隙或解理交代,少量完全被赤铁矿取代。

磁铁矿电子探针成分分析结果见表18-2,由表18-2可知,其 FeO(全铁)含量 89.10%～92.28%,平均值90.91%。其中含有 V、Ti、Ni 等微量组分,但含量很低,属于类质同象或随机混入杂质组分。

表 18-2 赞坎铁矿床磁铁矿电子探针分析结果 单位:%

样品编号	FeO	NiO	Al_2O_3	CoO	ZnO	MgO	Cr_2O_3	TiO_2	MnO	V_2O_5
Tc11391-1	91.64	0.01	0.20	0.11	0.14	—	—	0.05	0.08	—
Tc11391-2	92.28	0.01	0.15	0.21	0.06	0.03	0.02	0.13	0.06	—
Tc10401-1	90.89	—	0.42	0.07	0.11		0.05	0.19	0.31	0.10
Tc3101-1	89.41	—	0.59	0.11	0.03	0.66	0.05	0.08	0.38	0.38

续表 18-2

样品编号	FeO	NiO	Al_2O_3	CoO	ZnO	MgO	Cr_2O_3	TiO_2	MnO	V_2O_5
Tc3101-2	89.10	—	0.44	0.10	0.12	0.76	0.03	0.10	0.41	0.72
Tc3101-3	91.35	—	0.37	0.10	0.14	0.74	—	0.071	0.40	0.50
ZK14302-2	91.51	0.02	0.06	0.09	0.07	0.07	0.02	0.02	0.16	0.24
Tc10401-1	91.14	—	0.76	0.09	—	0.02	0.03	0.05	0.38	0.08
平均值	90.91	0.01	0.34	0.11	0.08	0.28	0.03	0.09	0.27	0.25

注：—为元素含量未达检出下限，未检出。
分析单位：新疆矿产实验研究所鉴定专业室。

2）黄铁矿

矿石中含量较高，但含量变化大，在微量至 5% 之间，局部富集，可达 15%，常与磁铁矿和磁黄铁矿连生，多呈浸染状、团块状及脉状产出。

黄铁矿颜色呈浅黄铜色，条痕绿黑色，强金属光泽，不透明，性脆，断口不平坦，贝壳状。结晶形态较差，多数呈半自形—他形粒状分布（附录 18 图 29～图 30），自形晶少。粒径变化大，为 0.01～2.8 mm±，多数在 0.05～0.6 mm 之间。黄铁矿主要有 3 种嵌布方式：①分布在脉石矿物或磁铁矿等金属矿物粒间，并交代磁铁矿；②与黄铜矿、磁黄铁矿等聚集连生；③包含在磁黄铁矿中或沿裂隙呈脉状产出。其中①②占绝大多数，③常见，但占比低，低于 1%。在氧化矿石中，部分黄铁矿被褐铁矿沿边缘交代，但仍保留了黄铁矿的残余体。

黄铁矿的形成经历了一个较长的时期，存在早、中、晚 3 个阶段。早期阶段形成的黄铁矿结晶形态较完整，多呈半自形—自形粒状，粒径较粗，常大于 0.5 mm，其中还包含磁铁矿，形成略早于与其共生的磁铁矿。中期形成的黄铁矿呈他形粒状，分布在磁铁矿粒间，其形态主要受磁铁矿粒间孔隙支配。有时受外力作用影响具有拉长的外形并定向排列，与磁铁矿同时或稍晚形成。晚期阶段形成的黄铁矿沿裂隙呈脉状产出，并切割中期形成的定向排列磁铁矿。

黄铁矿电子探针成分分析结果见表 18-3，其主元素平均值 Fe 46.43%、S 52.70%，与黄铁矿标准含量 Fe 46.55%、S 53.45% 相近，其他微量元素 Sb、Zn 等含量很低，属于类质同象组分。

表 18-3 赞坎铁矿床黄铁矿电子探针成分分析结果   单位：%

样品编号	Fe	S	Co	Ni	Cu	Zn	As	Au	Pb	Ag
ZK14302-2	45.60	52.74	0.05	0.04	—	—	—	—	—	0.01
ZK14302-3	45.68	52.47	0.10	—	0.01	—	0.03	—	—	—
ZK30412-1	46.95	52.73	—	0.16	—	—	—	0.01	—	—
ZK30412-2	47.01	52.77	0.01	0.05	0.03	0.01	0.08	—	—	0.03
ZK12708-3	46.88	52.70	0.10	0.04	0.02	—	—	0.02	—	—
ZK12708-4	46.19	52.86	0.17	—	0.07	—	—	—	—	—
ZK12708-5	46.68	52.62	0.10	—	—	0.04	0.07	0.07	—	0.01
平均值	46.43	52.70	0.08	0.04	0.02	0.01	0.03	0.01	—	0.01

注：—为元素含量未达检出下限，未检出。
分析单位：新疆矿产实验研究所鉴定专业室。

3）磁黄铁矿

矿石中普遍存在，但含量变化大，在 0～5% 之间，呈浸染状分布。局部有富集现象，含量增高，最高可达 15%，呈团粒状或团块状产出，但此种情况在矿石中少见，多与黄铜矿、黄铁矿连生。

磁黄铁矿是六方晶系。晶体罕见,通常呈不规则状碎块,偶见六边形厚板状、台阶式厚板状晶体。古铜色,常带暗褐色晕彩。粉末深灰黑色,金属光泽,摩氏硬度4,比重4.5,具磁性。显微镜下磁黄铁矿呈他形粒状分布(附录18图31),粒径细,为0.04～0.55 mm±,常交代黄铁矿(附录18图32)。磁黄铁矿嵌布方式较复杂,主要有3种:①呈独立单体或聚粒状分布在磁铁矿、黄铁矿或脉石矿物粒间;②与磁铁矿或黄铁矿简单连生;③呈细粒状包裹在磁铁矿或黄铁矿中。其中前两种方式占98%左右,磁黄铁矿常被白铁矿或褐铁矿沿边缘交代。从磁黄铁矿与其他金属矿物及透明矿物之间的关系看,其形成时间与磁铁矿基本同时。

磁黄铁矿电子探针成分分析结果见表18-4,其主元素平均值Fe 59.64%、S 38.52%,与磁黄铁矿标准含量值Fe 60.88%、S 39.13%基本相同。Ni含量略高,平均为0.13%,其他元素Cu、Zn、Co等含量很低,属于类质同象组分。

表18-4 赞坎铁矿床磁黄铁矿电子探针成分分析结果　　　　单位:%

样品编号	Fe	S	Co	Ni	Cu	Zn	As	Au	Pb	Ag
ZK12708-3	59.86	38.48	0.05	0.15	0.06	0.01	0.05	0.02	—	—
ZK12708-4	59.69	38.33	0.06	0.19	—	0.04	—	—	—	0.04
ZK12708-5	59.18	38.57	0.07	0.19	0.02	—	—	0.07	—	—
ZK30618-1	59.58	38.52	0.10	0.05	—	0.02	0.02	0.03	—	0.02
ZK30618-2	59.86	38.68	0.09	0.06	—	0.07	0.05	0.07	—	—
平均值	59.64	38.52	0.07	0.13	0.02	0.03	0.02	0.04	—	0.01

注:—为元素含量未达检出下限,未检出。
分析单位:新疆矿产实验研究所鉴定专业室。

4)黄铜矿

矿石中很少见,含量很低,呈星点状分布,常与黄铁矿、磁黄铁矿等金属矿物共生。黄铜矿颜色为铜黄色,少数表面有斑杂状锈色,条痕绿黑色,金属光泽,不透明,性脆,断口不平坦至贝壳状。形态多呈他形粒状(附录18图33),粒径细,为0.01～0.3 mm±。其嵌布方式主要有3种:①呈细粒状分布在脉石矿物粒间;②呈细粒状分布在金属矿物磁铁矿或磁黄铁矿粒间或呈细脉状分布在其微裂隙中,交代黄铁矿(附录18图34);③包裹在黄铁矿、磁铁矿等金属矿物中。偶尔被铜蓝沿边缘交代或蚀变为孔雀石。黄铜矿形成时间较晚,明显晚于磁铁矿、黄铁矿和磁黄铁矿,并交代这些矿物。

黄铜矿电子探针成分分析结果见表18-5,其主元素平均值Cu 34.57%、Fe 29.83%、S 34.70%,与黄铜矿标准值Cu 34.56%、Fe 30.52%、S 34.92%相近。其他微量元素Cu、Zn、Co等含量很低,属于类质同象组分。

表18-5 赞坎铁矿床黄铜矿电子探针成分分析结果　　　　单位:%

样品编号	Fe	Cu	S	Co	Ni	Zn	As	Au	Pb	Ag
ZK12708-3	30.16	34.38	34.86	0.08	0.00	0.07	0.07	—	0.04	0.01
ZK12708-4	29.94	34.86	34.84	0.08	0.02	0.11	—	—	—	0.05
ZK12708-5	29.82	34.51	34.36	0.03	—	0.10	0.12	0.08	—	0.02
ZK12708-6	29.40	34.55	34.38	0.05	—	0.02	—	0.03	—	—
平均值	29.83	34.57	34.70	0.06	0.01	0.08	0.05	0.03	0.01	0.02

注:—为元素含量未达检出下限,未检出。
分析单位:新疆矿产实验研究所鉴定专业室。

5) 赤铁矿

矿石中常见,但含量低,一般不超过2%。呈隐晶质集合体分布,部分粒径0.01~0.1 mm,多沿边缘或解理交代磁铁矿(附录18图35),部分完全取代磁铁矿。

赤铁矿电子探针成分分析结果见表18-6,其主元素平均值FeO 88.55%,明显低于其标准含量值。其中含有Co、Cr、V等微量组分,但含量很低,属于类质同象或随机混入杂质组分。

表18-6 赞坎铁矿床赤铁矿电子探针成分分析结果 单位:%

样品编号	FeO	NiO	Al_2O_3	CoO	ZnO	MgO	Cr_2O_3	TiO_2	MnO	V_2O_5
Tc11191-1	88.76	—	0.27	0.14	0.08	—	0.08	0.08	0.02	0.02
Tc11191-2	89.21	—	0.18	0.11	0.14	0.02	—	0.05	0.04	—
Tc30412-2	87.68	0.02	0.09	0.17	0.01	—	0.03	0.06	0.17	0.02
平均值	88.55	0.01	0.18	0.14	0.08	0.01	0.04	0.06	0.08	0.01

注:—为元素含量未达检出下限,未检出。

分析单位:新疆矿产实验研究所鉴定专业室。

6) 白铁矿

矿石中白铁矿常见,但含量很低,为0~2%,少数样品中可达4%。呈他形粒状、皮壳状,与磁黄铁矿、黄铁矿共生,分布在脉石矿物粒间,部分沿边缘或裂隙交代磁黄铁矿(附录18图36),有时完全取代磁黄铁矿。

白铁矿电子探针成分分析结果见表18-7,其主元素平均值Fe 46.58%,S 51.38%,Co、As等含量略高,分别为0.29%、0.13%,其他元素Cu、Zn、Sb等含量很低,属于类质同象组分。

表18-7 赞坎铁矿床白铁矿电子探针成分分析结果 单位:%

样品编号	Fe	S	Co	Ni	Cu	Zn	As	Au	Sb	Ag
ZK30618-1	46.74	51.20	0.07	0.04	0.04	0.03	0.12	0.01	0.01	—
ZK30618-2	46.31	51.55	0.68	0.09	0.04	—	0.20	0.65	0.03	0.01
ZK30618-3	46.69	51.39	0.12	0.09	0.02	—	0.08	—	—	—
平均值	46.58	51.38	0.29	0.07	0.03	0.01	0.13	0.22	0.01	0.00

注:—为元素含量未达检出下限,未检出。

分析单位:新疆矿产实验研究所鉴定专业室。

7) 辉钼矿

在矿石中分布极少,仅在少量样品中见到,呈片状分布,粒径细,为0.06~0.25 mm±,分布在脉石矿物粒间(附录18图37)。

8) 褐铁矿

在地表氧化矿石中常见,但含量较低,其含量取决于矿石中硫化物含量的多少,一般不超过3%,主要由硫化物黄铁矿等蚀变而成。多沿边缘或裂隙交代黄铁矿等矿物,并保留原矿物的外形(附录18图38),少量褐铁矿中可见黄铁矿的残余。在岩、矿石次生裂隙中也常见有褐铁矿呈细脉、不规则粒状及团块状分布。

2. 脉石矿物

脉石矿物在矿石中变化很大,在稠密浸染状和块状矿石中多为石英、磷灰石、阳起石、透闪石、绿泥石、白云母及方解石等,主要由热液作用形成,透辉石和角闪石等矿物少见。在中等浸染状和稀疏浸染状矿石中,矿物种类趋于复杂多样,并过渡为不同类型变质岩石。这些岩石主要有磁铁矿长英质变粒岩、磁铁矿化透辉石矽卡岩、赤铁矿化角闪(片)岩、透辉角闪斜长片麻岩、磁铁矿大理岩及磁铁石英岩等。常出现的脉石矿物为透辉石、角闪石、钠长石、黑云母、方解石、石英及磷灰石等。伴随磁铁矿化脉石矿物常呈条带状产出，在部分矿石或矿化岩石中部分脉石矿物也趋向于呈条带状分布。

1) 磷灰石

在矿石中很常见，含量较高，分布不均匀，局部有富集现象，已达到磷矿化程度。但含量变化很大，为 1%～25%。可通过选矿试验工作确定其选别特性，进行磷矿物回收。

磷灰石晶体颜色主要呈无色，少部分为浅黄色，结晶程度高，呈自形—半自形分布。粒径相对较粗，为 0.05～0.3 mm±，呈单晶粒或粒状集合体分布在金属矿物和透明矿物粒间，或者作为胶结物分布在金属矿物间(附录18 图39)。内部有较多裂纹，与其他矿物之间嵌布关系简单，多以直线连接。

磷灰石是在磁铁矿化过程中形成的又一有用矿物，在矿石中含量虽低，但粒径相对较粗，易于单体解离、分选。对于铁矿而言，P是有害元素，如果能作为副产品回收，变有害元素为有益元素，提高矿床的综合利用程度，是具有一定的经济效益的。

2) 透辉石

构成透辉石矽卡岩的主要造岩矿物之一，也是矿石中重要脉石矿物，在矿石中分布广泛。常与角闪石、磷灰石、石英、磁铁矿及斜长石等共生，形成不同岩石，如透辉石长英质变粒岩、透辉石正长变粒岩，有时在岩石中也呈条带状分布，或与磁铁矿条带互层状产出。

透辉石一般呈灰绿色或白色，短柱状，玻璃光泽，可见完全的辉石式解理。摩氏硬度 5.5～6，比重较小，为 3.27～3.38。薄片中透辉石呈短柱状，无色或浅绿色，具典型的辉石式解理。透辉石粒径较细小，一般 0.1～2.0 mm±，多数 0.2～1.0 mm±(附录18 图39)。

3) 阳起石

矿石中常见，但含量变化大，一般不超过 1%～4%，多在品位较高的矿石中出现，在某些矿石中因含铁低过渡为透闪石。阳起石显微镜下呈绿色、浅绿色，呈纤柱状、粒状集合体分布在脉石矿物粒间，常与石英等共生(附录18 图40)。

4) 石英

矿石中主要脉石矿物之一，部分石英岩中叠加磁铁矿化。石英多为无色，透明，玻璃光泽，贝壳状断口，断口油脂光泽。摩氏硬度大，在 7 左右，比重小，为 2.65。呈他形粒状集合体，粒径较细，为 0.05～0.65 mm±。在品位较高的矿石中，石英多充填在金属矿物粒间(附录18 图40)。在稀疏和中等浸染状矿石中，石英呈粒状、团块状、条带状分布，甚至构成磁铁石英岩。

5) 白云母

块状和稠密浸染状矿石中常见的脉石矿物之一，但含量低，一般不超过 3%，多与石英、阳起石及绿泥石等共生。呈片状分布，粒径细，为 0.04～0.25 mm±，呈单体或集合体分布(附录18 图41)。

6) 角闪石

为普通角闪石，由变质重结晶作用形成，在矿石中也广泛分布，属于部分矿石中的主要脉石矿物之一，含量变化大，一般 3%～20%，最高达 80%，构成角闪(片)岩，伴有磁铁矿化。

角闪石显微镜下呈绿色，半自形—他形粒状、柱状，粒径变化大，为 0.15～1.5 mm±，有时交代透辉石，在少量粗粒角闪石中包裹有细粒磁铁矿。

7) 黑云母

在矿石中含量很低，最高不超过 3%，仅在部分矿石中出现，属于矿石中次要脉石矿物。

黑云母片状，片径细小，为 0.04～0.25 mm±，常与角闪石、透辉石等共生。黑云母新鲜无蚀变，很少被其他矿物交代。

8) 绿泥石

仅见于部分矿化岩石或矿石中，含量低，最高不超过 3%。绿泥石呈片状分布在金属矿物粒间。

9）钠长石

矿石中常见,但含量低,是矿化长英质变粒岩中的主要矿物。

钠长石呈他形粒状、板状分布,粒径 0.06～25 mm±,双晶不发育,内部比较纯净,多与石英等矿物连生。次生蚀变作用弱,沿边缘、解理及裂隙分布有次生的高岭石、绢云母、绿泥石及碳酸盐矿物等。

10）方解石

矿石和岩石中广泛分布,在高品位矿石中呈粒状分布在金属矿物粒间,含量低,为 1％～3％。在大理岩中,方解石含量很高,可达 95％左右,其中常含有一定数量的透辉石、黑云母或橄榄石等,有时也叠加磁铁矿化构成磁铁矿化大理岩(附录 18 图 42)。

二、岩、矿石化学成分

1. 常量元素特征

根据矿石化学全分析结果,该矿主要矿体矿石中 SiO_2 平均含量 30.98％,属正常水平;TiO_2 含量 0.31％,K_2O 平均含量 0.97％,Na_2O 平均含量 0.96％,MnO 平均含量 3.01％,均很低;CaO 平均含量 9.79％,MgO 平均含量 1.06％,Al_2O_3 平均含量 3.69％,均为造岩矿物所致,含量属正常水平。CaO 含量高于 MgO,说明矿区在后期接触变质中可能以钙质矽卡岩化为主。P_2O_5 平均含量 1.29％,含量较高,赋存在磷灰石中,可通过选矿使其富集回收。

各矿体矿石中造渣矿物 $(CaO+MgO)/(SiO_2+Al_2O_3)$ 比值在 0.31～0.32 之间,平均 0.312,属酸性矿石。

2. 微量元素特征

李智泉等(2015)对赞坎铁矿石微量元素进行测试,经原始地幔标准化的铁矿石显示 U、La 正异常,Nb、Ta、Zr、Hf、Ti 负异常。

3. 稀土元素特征

赞坎铁矿石稀土总量 $(\Sigma REE+Y)$ 为 $(120.01～1\,696.88)\times10^{-6}$,平均 764.37×10^{-6},La 在条带状铁矿石中的含量高达 536.4×10^{-6},Ce 的含量高达 740.9×10^{-6},明显的轻稀土富集,重稀土亏损,Th、U 含量高,部分矿石 Eu 显示正异常(李智泉等,2015)。对赞坎铁矿矿石的地球化学测试中,其中部分矿石具有明显的 La 正异常($La/La^*=0.86～1.86$)、Eu 正异常($Eu/Eu^*=0.36～4.46$),Y 异常($Y/Y^*=0.74～1.30$)和 Ce 异常($Ce/Ce^*=0.93～1.12$)不明显。

4. 同位素和包裹体研究成果

乔耿彪等(2015)认为赞坎铁矿床的形成主要与沉积成矿作用密切相关,其主要矿体是与布伦阔勒群底部含铁岩系同生的,因此铁矿床的形成时代应与布伦阔勒群含铁岩系的形成时代一致,为元古宙全球性前寒武纪铁矿成矿事件的产物。乔耿彪等(2015)通过测试斜长角闪片岩中锆石及斜长花岗岩侵入体的形成年龄,推测赞坎铁矿区布伦阔勒群的形成年龄介于 1 845.0～544.5 Ma 之间,为元古宙,并认为该地层中还有更古老的基底物质。

三、矿石结构构造及矿石类型

矿石中的结构构造并不复杂,相对比较简单,这主要是因为矿石的成因类型单一。成矿是通过变质重结晶作用完成的,后期的热液活动和交代蚀变、改造作用不发育。

1. 矿石结构

经光片鉴定确定,矿石结构主要有他形粒状结构、半自形粒状结构,次为自形粒状结构及交代结构和包含结构,其中他形和半自形粒状结构占全部矿石的 90％左右,自形粒状结构占 8％,交代结构和包含结构仅占2%,占比很低,这主要是因为矿石是由变质重结晶作用形成的。事实上,矿石的结构常常是复杂多变的,由两种或两种以上的主要结构类型构成,如半自形—他形粒状结构、自形—半自形粒状结构,其中可见包含结构或交代结构。由完全单一的结构(如他形粒状结构、自形粒状结构)构成的矿石占比低,区别是以何种结构为主,如半自形—他形粒状结构,即以他形晶为主,半自形晶少见。

1) 他形粒状结构

矿石中常见和主要的结构类型,多见于磁铁矿、黄铁矿、黄铜矿、磁黄铁矿及赤铁矿中,尤其是磁铁矿以他形晶占多数,但形态变化大,存在规则粒状和不规则粒状两种,以后者居多,呈单体和聚粒状分布(附录18图43)。

2) 半自形粒状结构

主要分布在部分磁铁矿和黄铁矿中,其他金属矿物中少见,一般具有规则外形,常呈独立单体分布(附录18图44)。

3) 自形粒状结构

矿石中分布很少,仅见于少部分黄铁矿和磁铁矿中,多呈星点状分布。

4) 交代结构

交代结构有交代环边、交代假象、交代网格及交代港湾等结构,常见的有赤铁矿交代磁铁矿、褐铁矿交代黄铁矿(附录18图45)、白铁矿交代磁黄铁矿等,但从总体上看,矿石中交代结构并不发育,占比很低,仅在少数样品中可见。

5) 包含结构

矿石中常见,但占比较低,仅在少部分硫化物含量高的矿石中可见。主要有黄铁矿中包裹细粒黄铜矿(附录18图46)或磁铁矿,磁铁矿中包裹有细粒磁黄铁矿、黄铁矿、黄铜矿及脉石矿物中包裹细粒磁铁矿。

2. 矿石构造

矿石中的构造类型也不复杂,相对较简单,从金属矿物含量及空间分布特点看,主要为浸染状构造,次有条带状构造、块状构造及脉状构造。浸染状构造按金属矿物含量又分为星点浸染状构造(金属矿物含量小于5%),星散浸染状构造(金属矿物含量5%~15%),稀疏浸染状构造[金属矿物含量15%~30%(附录18图47)],中等浸染状构造[金属矿物含量30%~50%(附录18图48)],稠密浸染状构造[金属矿物含量50%~80%(附录18图49)]。其中稀疏浸染状构造和中等浸染状构造占多数,次为条带状构造和块状构造。

1) 浸染状构造

在矿石中占多数,是矿石中的主要构造类型,由磁铁矿和硫化物构成。在矿石中金属矿物不论含量高低,其空间分布相对都比较均一,杂乱无序的斑杂状构造不发育。但金属矿物数量在整体上变化范围大,含量在20%~80%之间,主要集中在20%~50%之间。脉石矿物含量高,种类多,比较复杂,几乎涵盖了岩石中的所有矿物。

2) 块状构造

金属矿物含量高,高达80%,彼此紧密连生,在其间隙中充填脉石矿物(附录18图50),主要有石英、绿泥石、方解石、阳起石及云母等。

3) 脉状构造

金属矿物呈脉状产出,矿石中可见磁铁矿脉(附录18图51)及黄铁矿脉(附录18图52)或黄铁矿+磁铁矿脉。

4) 条带状构造

在矿石或矿化岩石中,金属矿物如磁铁矿、黄铁矿与脉石矿物之间没有固定的成生关系。在矿化岩石中可以与不同透明矿物如石英、透辉石、黑云母或角闪石等分别连生,构成浸染条带状构造。在石英和透辉石互成条带的岩石中，磁铁矿选择性地分布在石英粒间，而在透辉石条带中则较少见。磁铁矿呈浸染条带状产出时，与相邻条带呈突变或渐变关系，可能与变质分异不均衡性有关。条带构造在宏观上比较明显，条带宽度一般10~50 mm，有时与脉石矿物条带互层分布（附录18 图53），韵律性十分明显。某些条带受构造作用影响，与地层同时褶皱弯曲变形，表明其是由沉积变质作用形成的。

5）平行定向构造

金属矿物在形成过程中，受成矿时的构造应力作用影响，具拉长的外形，并沿延长方向定向分布，多见于浸染状矿石中。

3. 矿石类型

矿石氧化程度较低，地表露头仅有极薄一层氧化薄膜，且物相分析也以磁性铁为主，在各钻孔中矿石均无明显氧化分带现象，故未对矿石进行氧化矿与原生矿划分。从所选送大量矿石样品鉴定结果看，其中绝大多数为原生矿石，氧化矿石少，原生矿石中风化淋滤及氧化现象少见，主要由磁铁矿及金属硫化物构成。在一些探槽内采集的氧化矿石中，部分磁铁矿蚀变为赤铁矿，硫化物被褐铁矿交代，但占比很低。

（1）按金属矿物组合划分，可分为磁铁矿型矿石、含硫化物磁铁矿矿石。从显微镜下鉴定可知，多数矿石中均含硫化物，差异仅在含量不同。

（2）按矿石构造类型划分，可分为浸染状矿石、块状矿石、带状矿石，其中浸染状矿石数量占多数，约85%。其他类型矿石占比低。

（3）根据矿石中有害元素含量，本矿石中有害元素主要为S和P，其含量均大于1%，硫矿物主要为黄铁矿及少量的磁黄铁矿，磁黄铁矿在磁选时可带入部分S。P主要来自磷灰石，现阶段磁选时可直接剔除。因此矿石有害组分主要为S，少量P，其自然类型属于需选高硫高磷磁铁矿石。

四、主要矿物生成顺序

该矿床矿化阶段可分为6个期次，分别为基性含铁岩浆喷发沉积期、区域变质期、硫化物期（又可细分为早期硫化物阶段和晚期硫化物阶段）、岩浆热液改造期、矽卡岩化期及表生氧化期。①基性含铁岩浆喷发沉积期：铁矿物最主要的形成期。古元古代基性含铁岩浆喷发带来大量的含铁火山岩，部分铁质海解再沉积，形成了上部为含铁沉积岩、下部为含铁火山岩的含铁建造。②区域变质期：磁铁矿体最主要的形成时期。含铁建造形成后，于元古宙发生大规模的区域变质作用，形成石英、黑云母、角闪石、斜长石等区域变质矿物，铁质进一步富集，形成条带状、层状的磁铁矿体。③硫化物期：早期硫化物阶段，在磁铁矿期后，区域变质热液并未停止，由于热液中O离子的大量消耗，S离子浓度相对增高，造成相对还原的环境，生成磁黄铁矿；晚期硫化物阶段，当S离子浓度继续增大时，形成黄铁矿、少量黄铜矿。④岩浆热液改造期：矿体形成富铁矿的重要时期。从新元古代至新生代，大规模的造山运动带来大量的岩浆侵入活动，特别是喜马拉雅期霏细（斑）岩及英安岩沿片理面侵入，岩浆热液萃取地层中的铁质活化迁移，使矿体进一步富集，这一时期带来部分铁质，并有少量的黄铁矿沿矿体或片理面侵入呈脉状产出。⑤矽卡岩化期：主要集中于喜马拉雅期，仅使布伦阔勒群片岩发生矽卡岩化，形成透辉石、石榴石、绿帘石、阳起石、透闪石等矽卡岩矿物，可能使矿体发生改造。同时这一时期岩浆热液还带来大量的钙质矿物，形成石膏层、方解石细脉或绿泥石，局部还见有少量硫化物，以黄铁矿为主。⑥表生氧化期：表生阶段产生的各类蚀变对本矿形成基本没有影响。由于矿床剥蚀程度低且矿区潜水面（氧化还原界面）较高，矿石的氧化程度相对较低，在形成氧化层后立即被风化剥蚀，因此在矿区地表见有黄铁矿被氧化为褐铁矿，同时将矿体裸露于地表。

根据磁铁矿形成规律及上述矿化阶段，结合光薄片鉴定结果，总结出该矿床主要矿物生成顺序（表18-8）。

表 18-8　赞坎铁矿床矿物生成顺序简表

成矿期	基性含铁岩浆喷发沉积期	区域变质期	硫化物期		岩浆热液改造期	矽卡岩化期	表生氧化期
			早期硫化物阶段	晚期硫化物阶段			
铁质斜长石	—						
角闪石		—					
透辉石		—				—	
石英		—			-	-	
磁铁矿		—					
磷灰石		—					
石榴石						—	
绿帘石						—	
阳起石		—					
透闪石		—					
黄铁矿			—				
磁黄铁矿				-			
黄铜矿				-			
黑云母						—	
钠长石						—	
白云母						—	
方解石						—	
孔雀石							—
褐铁矿							—

第五节　矿石工艺矿物学特点

矿石工艺矿物学研究内容主要包括矿石中多元素分析及铁物相分析成果、金属矿物的嵌布粒径、嵌布方式及矿石结构构造等，可为选矿试验及工艺流程的确定提供基础资料。

一、有益、有害元素赋存状态特点

分析样品分别采自矿区Ⅰ号、Ⅲ号矿带中。经多元素分析（表 18-9），矿石中除有用元素 Fe 外，还含有 Cu、Pb、Zn、Co、Ni、Sn、V 等微量元素及 P_2O_5。组合分析结果表明，Ⅰ号、Ⅲ号矿带主要伴生元素含量均较低，其中 V 仅略高于伴生元素品位要求，但分布极不均匀，仅在Ⅰ号矿带局部达到伴生要求，而在Ⅲ号矿带未达到伴生要求，暂无法利用。有害元素以 S 和 P 为主，S 主要赋存于硫化物中，总体含量低，变化大，无回收价值，可通过选矿流程将其剔除。P 主要赋存于磷灰石中，含量多在 1.41%～2.25% 之间，已达到铁矿石伴生有益元素要求，建议通过选矿将其回收。从显微镜下观察，磷灰石粒径较粗，有利于单体解离选别。

表 18-9 赞坎铁矿床矿石多元素化学成分表   单位:%

矿体编号	编号	TFe	MFe	Cu	Pb	Zn	Sn	Co	Ni	S	As	V	P_2O_5
Ⅰ	1	31.30	28.00	0.00	0.01	0.00	0.00	0.00	0.00	0.05	0.00	0.36	2.25
	2	23.50	14.60	0.03	0.01	0.00	0.00	0.01	0.02	8.40	0.00	0.08	1.93
	3	29.06	21.60	0.06	0.02	0.00	0.00	0.01	0.01	6.18	0.00	0.08	0.63
Ⅲ	4	30.55	26.00	0.01	0.01	0.00	0.00	0.01	0.01	3.77	0.00	0.19	1.41
	5	31.20	27.70	0.00	0.01	0.00	0.00	0.00	0.00	0.00	0.00	0.24	1.81
	6	41.20	36.20	0.00	0.01	0.00	0.00	0.00	0.00	1.11	0.00	0.37	1.95
	7	33.70	23.20	0.01	0.00	0.01	0.00	0.00	0.00	0.26	0.00	0.26	1.87
平均值		31.50	25.33	0.02	0.01	0.00	0.00	0.01	0.01	2.82	0.00	0.23	1.69

分析单位:新疆矿产实验研究所鉴定专业室。

矿石铁物相分析结果见表 18-10,其中全铁含量 24.30%～41.20%,磁铁含量 18.45%～36.20%。主要为磁铁,占矿石中全铁的 74.32%～89.4%,含量较高,是选别主要目的矿物之一。次为硫铁,含量变化大,在 0.28%～4.00%之间,除个别样品外,多数样品含量低,小于 1.5%,分别由矿石中硫化物黄铁矿、磁黄铁矿等引起。硅铁含量较低,变化范围小,为 1.00%～2.40%,与矿石中普遍存在的暗色矿物辉石、角闪石、阳起石、黑云母等有关。氧化铁含量低,与矿石中的赤铁矿和褐铁矿分布有关。其中赤铁矿多为磁铁矿化产物,沿磁铁矿边缘或解理分布,对选别影响很小。碳酸铁含量低,为 0.26%～1.46%,但显微镜下未见菱铁矿。

表 18-10 赞坎铁矿床矿石铁物相分析结果   单位:%

序号	磁铁		硫铁		赤褐铁		菱铁		硅铁		全铁
	含量	占比	含量	占比	含量	占比	含量	占比	含量	占比	
1	21.60	74.3	4.00	1.38	0.20	0.7	1.28	4.4	2.40	8.3	29.06
2	35.00	87.3	1.28	3.2	1.70	4.23	0.40	0.99	1.68	4.18	40.10
3	18.45	75.9	1.50	6.17	1.30	5.34	1.46	6.00	1.62	6.66	24.30
4	28.85	89.0	0.42	1.29	1.80	5.55	0.30	0.92	1.06	3.27	32.40
5	27.70	89.4	0.28	0.90	1.45	4.67	0.32	1.03	1.26	4.06	31.00
6	36.20	87.9	0.54	1.31	3.20	7.76	0.26	0.63	1.00	2.42	41.20

分析单位:新疆矿产实验研究所鉴定专业室。

矿石中主要矿物含铁量见表 18-11、表 18-12,由表 18-11、表 18-12 可知,矿石中的 Fe 主要赋存于磁铁矿、赤铁矿中。磁铁矿是矿石中主要的有用矿物,含量高,矿石中的 Fe 大部分集中在磁铁矿中。赤铁矿含量很低,显微镜下少见,故赤铁矿中的 Fe 在矿石中占比很低。其次,Fe 也广泛分布于硫化物黄铁矿、磁黄铁矿中,硫化物在矿石中普遍存在,含量变化较大,为 0～10%,局部有富集现象。表 18-13 统计了各类矿石中金属矿物的相对含量,由表 18-13 可知,磁铁矿在块状矿石中含量最高,而其他矿物含量均低,磁铁矿是选别的唯一矿物。赤铁矿含量很低,多交代磁铁矿,部分可与磁铁矿同时回收。在铁矿石中硫化物黄铁矿、磁黄铁矿属于有害矿物,铁精粉质量要求之一是其中含硫矿物越少越好。因此,在选别过程中,它们剔除得越干净,铁精粉的质量就越好。

表 18-11　赞坎铁矿床金属氧化物电子探针成分分析平均值　　　　　　　　　　　　单位:%

样品名称	FeO	NiO	Al_2O_3	CoO	ZnO	MgO	Cr_2O_3	TiO_2	MnO	V_2O_5
磁铁矿	90.91	0.00	0.34	0.11	0.08	0.28	0.02	0.08	0.27	0.25
赤铁矿	88.50	0.01	0.18	0.14	0.08	0.01	0.04	0.06	0.08	0.01

分析单位:新疆矿产实验研究所鉴定专业室。

表 18-12　赞坎铁矿床硫化物电子探针成分分析平均值　　　　　　　　　　　　单位:%

样品名称	Fe	S	Co	Ni	Cu	Zn	As	Au	Pb	Ag
黄铁矿	46.43	52.69	0.01	0.04	0.02	0.01	0.03	0.02	—	0.01
磁黄铁矿	59.66	38.39	0.06	0.18	0.02	0.01	0.01	0.02	0.01	0.01
黄铜矿	29.83	34.61	0.06	0.01	34.57	0.02	0.05	0.03	0.01	0.02
白铁矿	46.58	51.38	0.29	0.07	0.03	0.01	0.13	0.22	0.01	0.01

注:—为元素含量未达检出下限,未检出。
分析单位:新疆矿产实验研究所鉴定专业室。

表 18-13　赞坎铁矿床各类矿石中主要金属矿物含量表　　　　　　　　　　　　单位:%

矿物矿石类型	磁铁矿	赤铁矿	黄铁矿	磁黄铁矿	黄铜矿	白铁矿
块状矿石	85	1	1	1	微量	0
稠密浸染状矿石	65	1	2	2	微量	0
中等浸染状矿石	42	1	5	3	1	1
稀疏浸染状矿石	26	1	5	3	1	2

分析单位:新疆矿产实验研究所鉴定专业室。

二、矿石矿物粒径及嵌布方式

从矿石中金属矿物种类、相对含量及工业价值等方面分析,矿石中可用于选别的目的矿物有磁铁矿和磷灰石两种,赤铁矿含量很低。硫化物在矿石中普遍存在,主要为黄铁矿和磁黄铁矿,黄铜矿微量,含量变化大,微量至5%,局部有富集现象,达到25%,回收意义不大。Cu除了个别地段外多数样品中均达不到伴生有益元素的工业标准,没有回收意义。

磁铁矿形态以半自形—他形粒状为主,自形晶占比低。他形晶中分外形规则和外形不规则两类,不规则晶粒外形复杂多变,呈弧面多角状分布,这种类型磁铁矿单体解离难度略大,其他形态磁铁矿都易于单体解离分选。此外,大多数磁铁矿质量较好,内部纯净,不含或少含其他杂质矿物。其他金属矿物磁黄铁矿、黄铜矿及白铁矿结晶形态差,多数呈他形粒状分布。黄铁矿主要呈半自形—他形粒状,少量为自形状,粒径较粗。磁铁矿嵌布粒径 0.01~1.2 mm±,多数在 0.05~0.5 mm 之间。除了包裹在脉石矿物中的少部分细粒磁铁矿外,多数磁铁矿容易单体解离分选。

磷灰石在矿石中普遍存在,部分样品含量已达到伴生有益组分的工业要求,嵌布方式简单,粒径相对较粗,易于单体解离分选,应考虑回收。

金属矿物在矿石中的嵌布连生方式主要有以下几种。

单体分布:呈独立单体分布在脉石矿物粒间,金属矿物如磁铁矿晶形具规则粒状和不规则粒状、长粒状(附录18图54),易于单体解离,在矿石中约占45%。

简单规则连生：金属矿物磁铁矿之间以直线或简单曲线方式连生，嵌布关系简单（附录18图55），易于单体解离，在矿石中约占36%。

致密块状连生：磁铁矿彼此紧密连生，显微镜下难以分辨颗粒之间的界线（附录18图56），易于单体解离，在矿石中约占10%。

复杂交生：金属矿物与金属矿物间、金属矿物与脉石矿物间相互交生关系复杂，彼此相互交生或包裹连生，其中包裹连生常见有磁铁矿包裹磁黄铁矿、黄铁矿（附录18图57），黄铜矿交代黄铁矿、磁铁矿或包裹在其中。其中，最严重的情况是磁铁矿中包裹有细粒的磁黄铁矿，因磁黄铁矿粒径细，有较强磁性，对二者之间单体解离效果和选别效果有明显影响，造成铁精矿中S含量高，降低了铁精粉的质量。

复杂交生又可分为①交代连生：在氧化矿石中存在赤铁矿沿边缘或裂隙交代磁铁矿或褐铁矿交代黄铁矿等（附录18图58），在矿石中占比很低；②包裹连生：黄铁矿包裹黄铜矿，磁铁矿包裹有细粒黄铁矿、磁黄铁矿（附录18图59～图60），难以单体解离，在矿石中占比低，约1%。

综上所述，从矿石中有益、有害元素赋存状态，金属矿物形态，嵌布粒径、嵌布形式等特点分析，本矿床矿石类型、矿物组合、结构构造相对比较简单，易于矿物间单体解离选别，属于易选型矿石。

第六节　矿床成因和成矿模式探讨

元古宙的区域变质作用对磁铁矿的形成起着决定性作用，为主要控矿因素。赞坎铁矿含矿地层主要为布伦阔勒群，含矿岩石主要为斜长角闪片岩和黑云石英片岩，局部为角闪片岩，在Ⅲ号矿带局部为霏细岩。各矿体均以层状、条带状发育于片岩中，与片岩接触界线不明显，呈渐变接触关系，矿体产状与片岩一致。矿石有用矿物主要为磁铁矿，总体有用组分单一。与同一区域上老并铁矿、叶里克铁矿无论矿物成分、含矿岩石、产状均基本一致。

该矿床成因类型为沉积变质型，成矿期包括3个成矿阶段及其不同的成矿作用：①早期沉积阶段，在古海底含铁基性火山环境中沉积了大面积大厚度的含铁矿层，使其具有原始沉积特征；②后期区域变质阶段，在区域变质过程中含铁矿与围岩一起经受了区域变质作用，形成黑云母-石英-磁铁矿化及角闪石-斜长石-磁铁矿化；③晚期热液改造阶段，主要为矽卡岩化（绿泥石化、方解石化、透辉石-阳起石化）。本矿床的成矿机理与国内外相同类型的沉积变质矿床有相似之处，即成矿与大氧化事件密切相关。古元古代时期，由于以CO_2为主的大气中水蒸气的光解作用和一些原核生物（如蓝绿藻等）的光合作用，可以产生一些游离O，它们很快地消耗在水圈中Fe^{2+}的氧化上，有利于铁矿的形成。由于温度下降，Fe^{2+}被氧化，在海底沉淀。同时，成矿与海底火山-热液活动密切相关。古元古代晚期（吕梁期）地壳运动，形成区域变质作用，富铁岩石在高温高压下物质成分发生分异，铁质进一步富集，形成沉积-变质铁矿。成矿后的岩浆岩侵入热液叠加使部分矿石变富，关于成矿叠加有关热液的岩浆岩，主要为花岗斑岩，其侵入时代按区域资料为燕山期。成矿模式见图18-5。

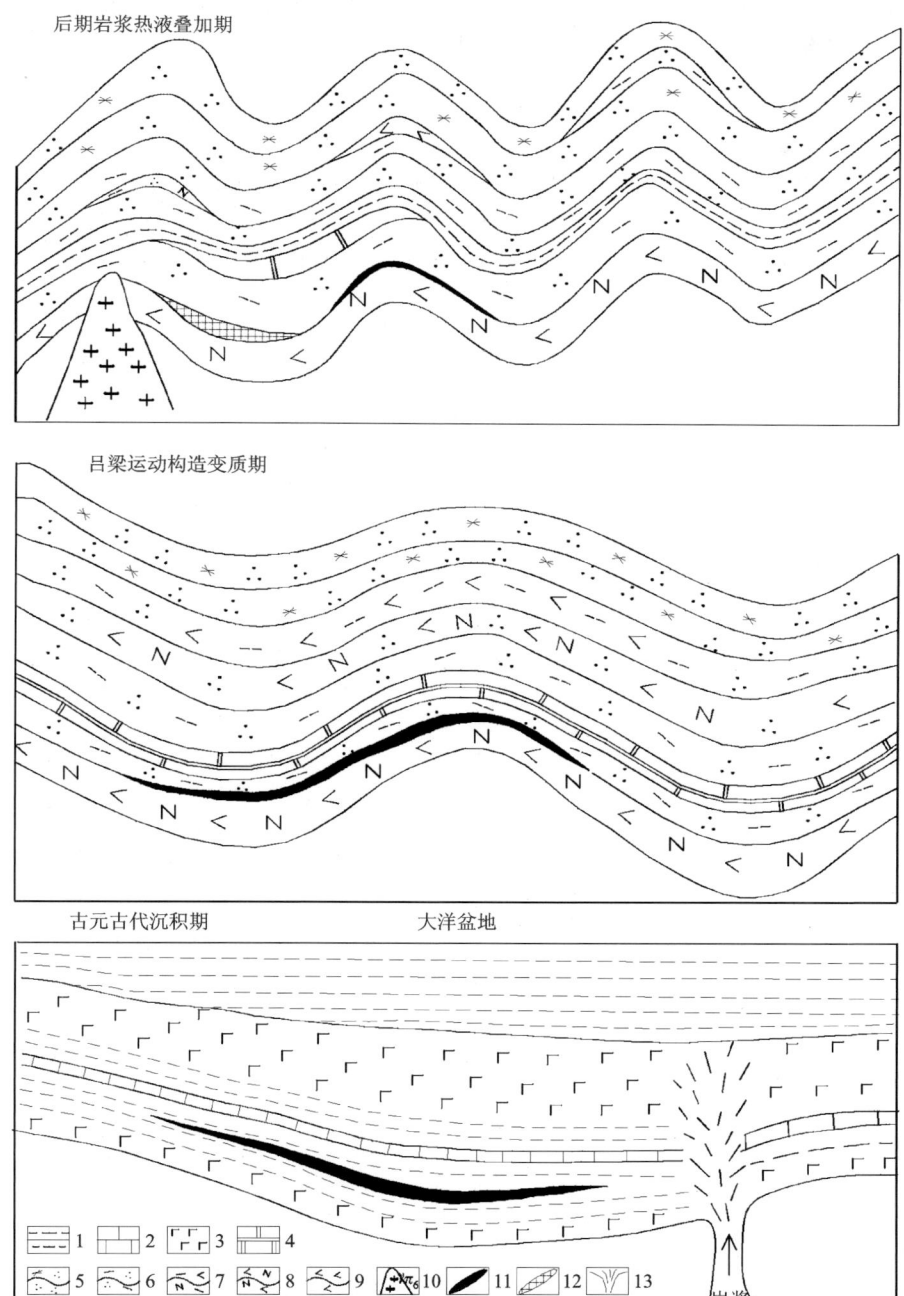

1.泥岩;2.灰岩;3.基性火山岩;4.大理岩;5.含阳起石石英片岩;6.黑云母石英片岩;7.黑云母角闪斜长片岩;8.斜长角闪片岩;9.角闪片岩;10.花岗斑岩;11.铁矿层;12.富铁矿层;13.火山喷发活动。

图 18-5　塔什库尔干县赞坎铁矿床成矿模式图

主要参考文献

冯昌荣,何立东,郝延海,等,2012.新疆塔什库尔干县一带铁多金属矿床成矿地质特征及找矿潜力分析[J].大地构造与成矿学,36(1):102-110.

冯昌荣,吴海才,陈勇,2011.新疆塔什库尔干县赞坎铁矿地质特征及成因浅析[J].大地构造与成矿学,35(3):404-409.

《矿产资源工业要求手册》编委会.矿产资源工业要求手册(2014年修订版)[M].北京:地质出版社.

李智泉,张连昌,薛春纪,等,2015.西昆仑赞坎铁矿地质和地球化学特征及矿床类型探讨[J].地质科学,50(1):100-117.

乔耿彪,王萍,伍跃中,等,2015.西昆仑塔什库尔干陆块赞坎铁矿赋矿地层形成时代及其地质意义[J].中国地质,42(3):616-629.

任广利,李健强,王核,等,2013.西昆仑西段布伦口—赞坎一带铁矿成矿系列[J].新疆地质,31(4):318-323.

燕长海,陈曹军,曹新志,等,2012.新疆塔什库尔干地区"帕米尔式"铁矿床的发现及其地质意义[J].地质通报,31(4):549-557.

燕长海,等,2012.帕米尔式铁矿床[M].北京:地质出版社.

附录18 图片及说明

图1 斜长角闪片岩 100× 正交偏光
岩石具柱粒状变晶结构，主要由普通角闪石、斜长石集合体构成。角闪石半自形粒状、柱状定向分布，其间分布有少量黑云母。

图2 角闪片岩 50× 正交偏光
岩石具柱粒状变晶结构，主要矿物为普通角闪石，定向分布。其间分布有少量的斜长石和磁铁矿。

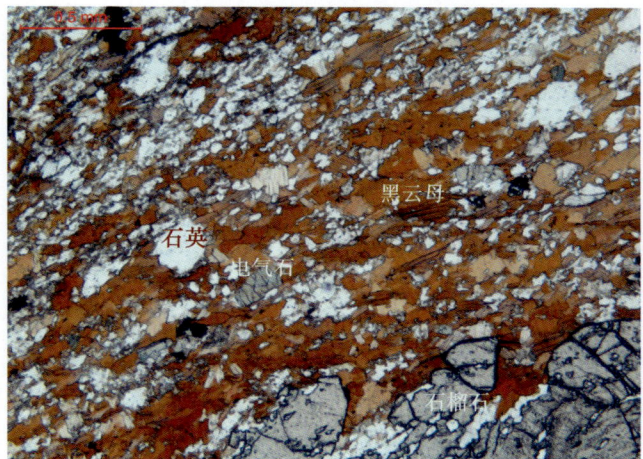

图3 含石榴石黑云石英片岩 50× 单偏光
岩石具鳞片粒状变晶结构，主要矿物为黑云母、石英，含有少量石榴石及磁铁矿。黑云母片状集合体定向分布，在其粒间分布有细粒电气石。

图4 钠柱石黑云石英片岩 50× 正交偏光
斑状、鳞片粒状变晶结构，主要矿物为黑云母和石英，钠柱石呈变斑晶产出，黑云母及钠柱石沿延长方向定向分布。

图5 黑云斜长片麻岩1 100× 正交偏光
岩石具片麻状构造，主要由黑云母、石英及钠长石构成，黑云母定向分布，其间含有少量方解石。

图6 黑云斜长片麻岩2 100× 正交偏光
岩石具鳞片粒状变晶结构，主要由黑云母、斜长石及石英等构成，并沿延长方向定向分布。

图7　长英质变粒岩　100×　正交偏光

岩石具粒状变晶结构，主要矿物为斜长石和石英，其间分布有少量云母和磁铁矿。

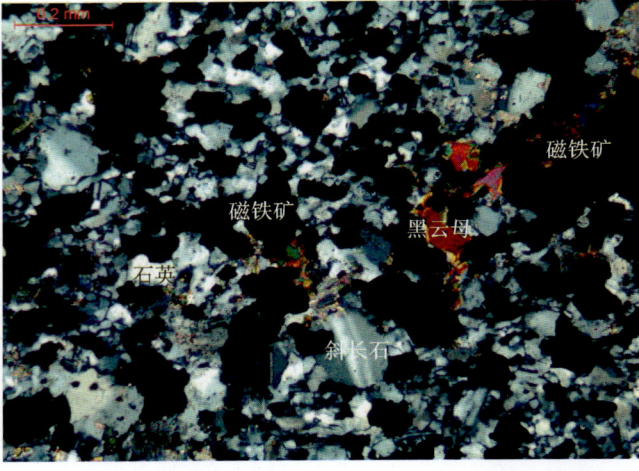

图8　磁铁矿化长英质变粒岩　100×　正交偏光

岩石具粒状变晶结构，主要矿物为斜长石和石英，其中叠加磁铁矿化，磁铁矿呈浸染状产出。

图9　方解石大理岩　50×　正交偏光

岩石具粒状变晶结构，主要矿物为方解石，他形—半自形粒状，彼此镶嵌连生，其粒间分布有少量石英。

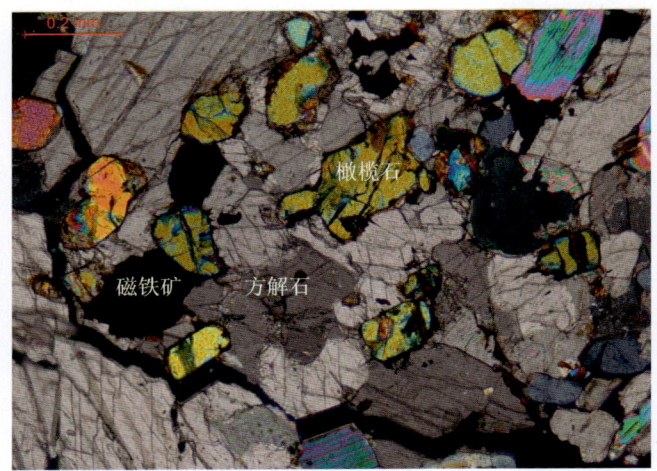

图10　橄榄石大理岩　100×　正交偏光

岩石具粒状变晶结构，主要由方解石、橄榄石集合体构成，方解石他形粒状，橄榄石、磁铁矿分布在其粒间。

图11　石英岩　50×　正交偏光

岩石具粒状变晶结构，由近似等粒的石英集合体构成。

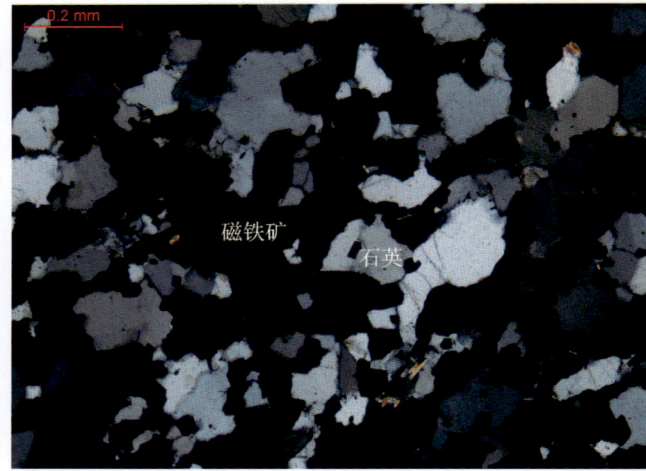

图12　磁铁石英岩　100×　正交偏光

岩石具粒状变晶结构，主要矿物为他形粒状石英，在其粒间分布有浸染状磁铁矿。

图13 黑云母透辉石矽卡岩 100× 正交偏光
岩石具粒状变晶结构,主要由透辉石及少量黑云母构成,其中含有少量磁铁矿。

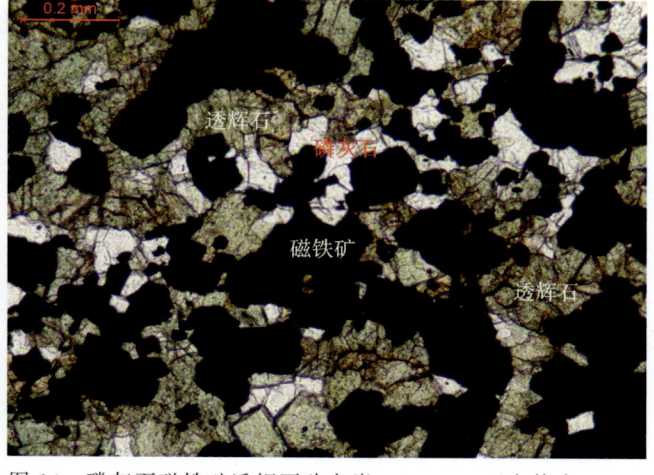

图14 磷灰石磁铁矿透辉石矽卡岩 100× 正交偏光
岩石具粒状变晶结构,主要矿物为透辉石,并叠加磁铁矿化和磷灰石化。磁铁矿和磷灰石分布在透辉石粒间。

图15 蚀变闪长岩 50× 正交偏光
岩石具半自形粒状结构,主要由斜长石和角闪石构成,受变质作用影响,叠加有明显黑云母化。

图16 蚀变闪长玢岩 50× 正交偏光
岩石具斑状结构,斑晶为斜长石,呈半自形板状、粒状分布,被次生黑云母交代。基质由细粒斜长石及次生黑云母构成,黑云母交代斜长石。

图17 变英安斑岩 50× 正交偏光
岩石具斑状结构,斑晶为斜长石,半自形粒状,基质由细粒斜长石、石英等构成。后期叠加黑云母化、钠长石化、硅化及黄铁矿化。

图18 变霏细斑岩 50× 正交偏光
斑状结构,斑晶为石英和斜长石,石英呈浑圆粒状,基质已重结晶为细粒长英质集合体,沿斑晶分布有次生黑云母、石英等。

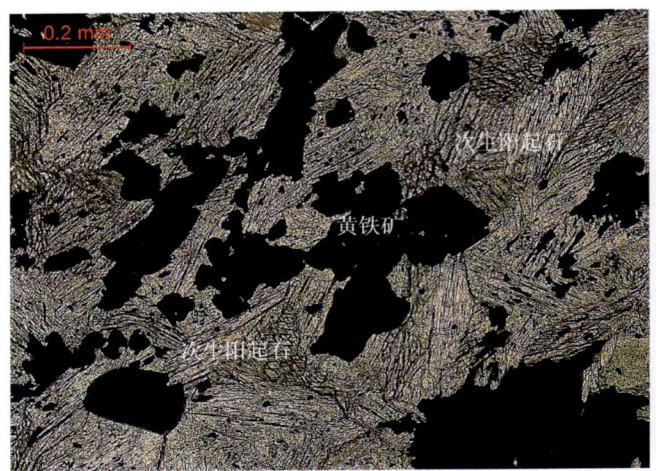

图 19　阳起石化 1　100×　正交偏光
次生阳起石和黄铁矿完全取代原岩中的矿物，呈集合体分布。

图 20　阳起石化 2　50×　正交偏光
次生阳起石呈条带状产出，可见残余斜长石晶屑。

图 21　黑云母化 1　50×　正交偏光
在霏细岩中叠加次生蚀变黑云母化、硅化、钠长石化及方解石化、黑云母化，并交代石英斑晶。

图 22　黑云母化 2　100×　正交偏光
在闪长玢岩中叠加黑云母化，多交代原生斜长石。

图 23　钠长石化　50×　正交偏光
钠长石化叠加在霏细岩基质中，伴有阳起石化及硅化等。

图 24　硅化　50×　正交偏光
次生石英与黑云母、方解石及钠长石一起叠加在英安岩基质中，并交代斜长石斑晶。

塔什库尔干县赞坎铁矿

图 25　方解石化　50×　正交偏光

次生方解石交代钾长石斑晶。

图 26　黄铁矿化　100×　正交偏光

在英安斑岩基质中，叠加有黄铁矿化、钠长石化及方解石化，并交代斜长石斑晶。

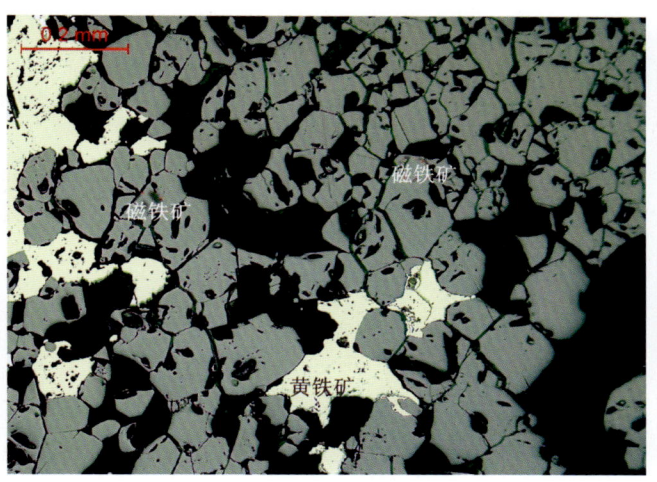

图 27　磁铁矿1　100×　单偏光

磁铁矿呈半自形—他形粒状稀散分布于脉石矿物粒间，其中伴有黄铁矿。

图 28　磁铁矿2　100×　单偏光

磁铁矿他形粒状，彼此连生，呈团块状分布，在其粒间分布黄铁矿。

图 29　黄铁矿1　100×　单偏光

黄铁矿自形—半自形粒状，呈单体或连晶状生长。

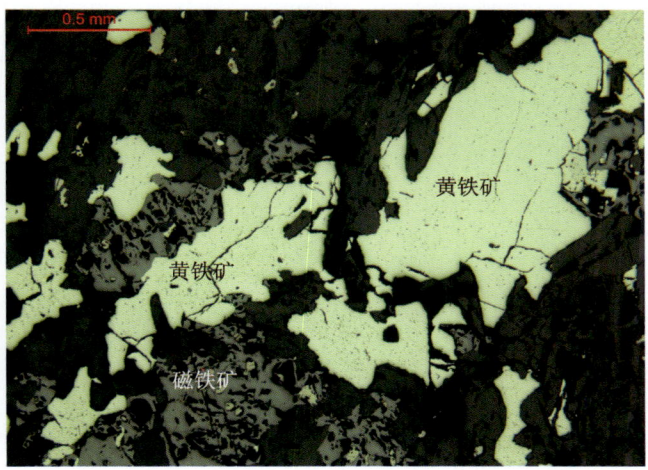

图 30　黄铁矿2　50×　单偏光

黄铁矿他形粒状，与磁铁矿共生。

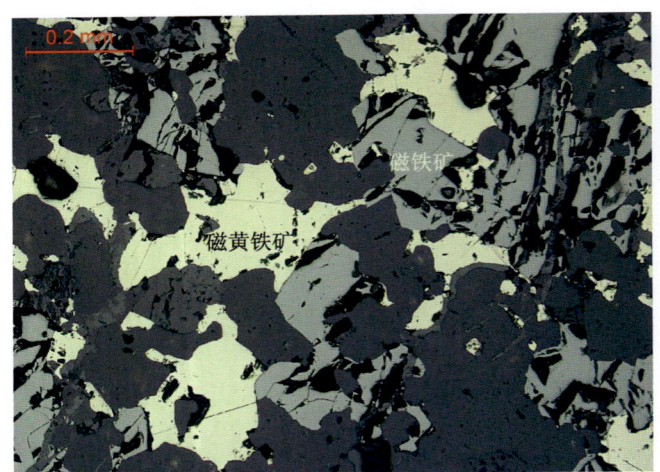

图 31　磁黄铁矿 1　100×　单偏光

磁黄铁矿他形粒状，分布在磁铁矿或脉石矿物粒间。

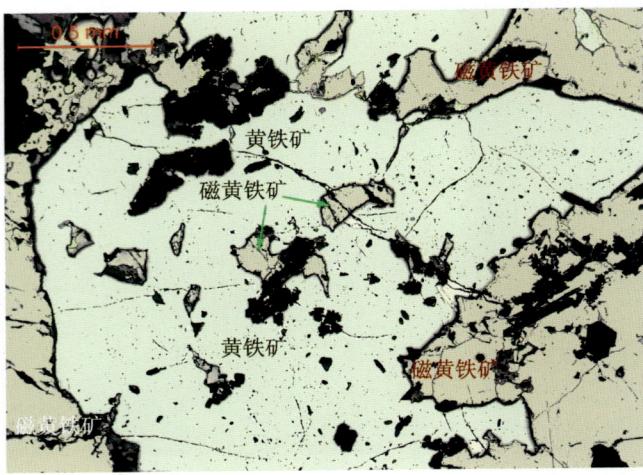

图 32　磁黄铁矿 2　50×　单偏光

磁黄铁矿沿边缘或穿孔交代早期黄铁矿。

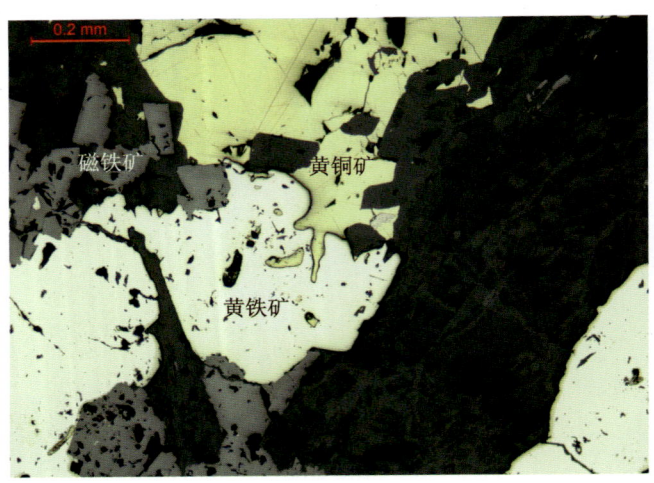

图 33　黄铜矿 1　100×　单偏光

黄铜矿他形粒状，交代黄铁矿、磁铁矿等金属矿物，共生分布。

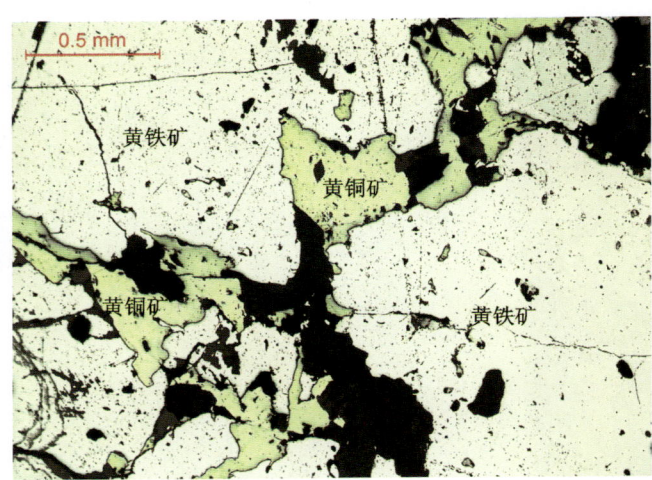

图 34　黄铜矿 2　50×　单偏光

黄铜矿沿边缘或裂隙交代黄铁矿。

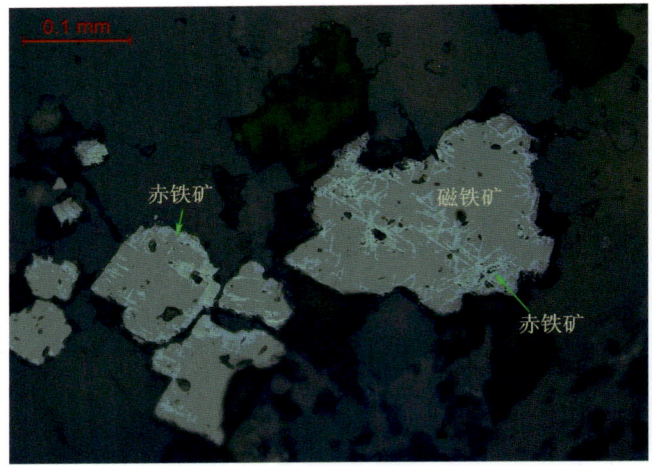

图 35　赤铁矿　200×　单偏光

赤铁矿沿磁铁矿边缘或解理交代。

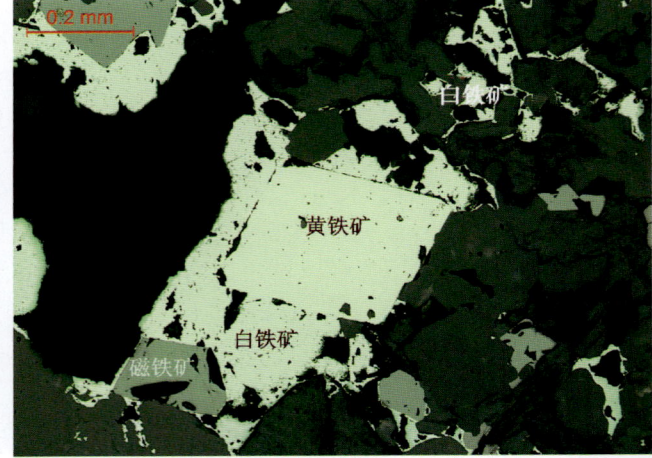

图 36　白铁矿　100×　单偏光

白铁矿与黄铁矿、磁铁矿共生。

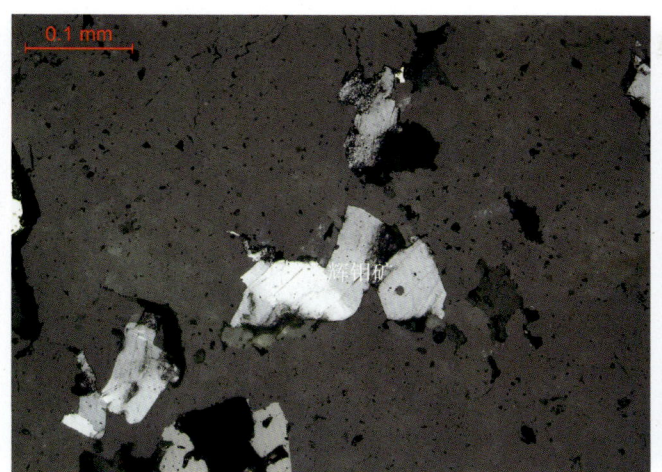

图37 辉钼矿 200× 单偏光
辉钼矿片状,分布在脉石矿物粒间。

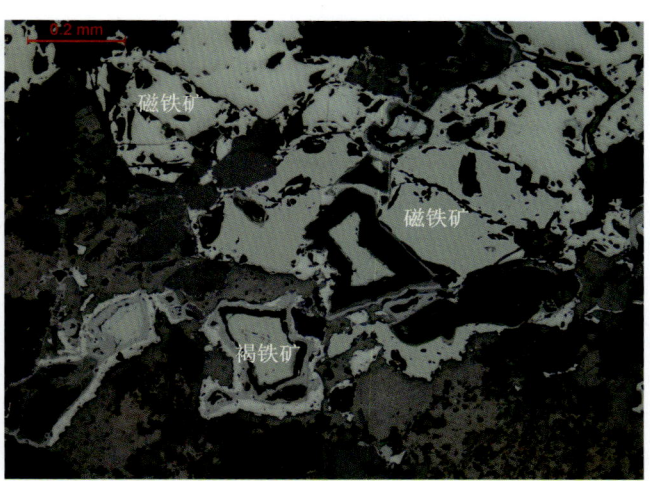

图38 褐铁矿 100× 单偏光
褐铁矿交代原生硫化物,仅保留其外形,伴生有磁铁矿。

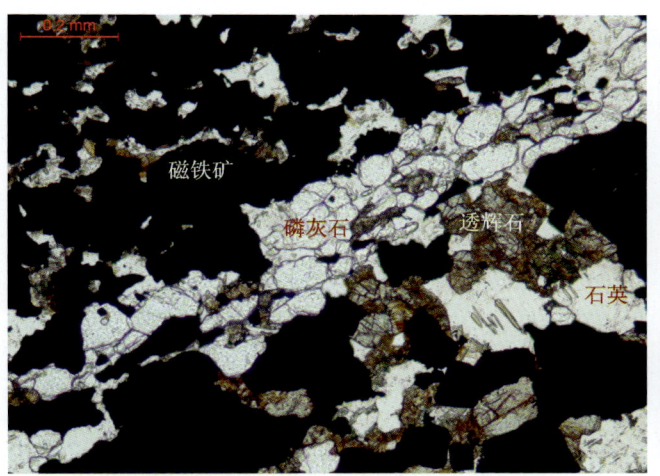

图39 磷灰石磁铁矿矿石 100× 单偏光
在浸染状磁铁矿粒间分布有较多脉石矿物磷灰石、透辉石及石英等。

图40 阳起石、石英 100× 单偏光
在浸染状磁铁矿粒间分布脉石矿物阳起石、石英及磷灰石。

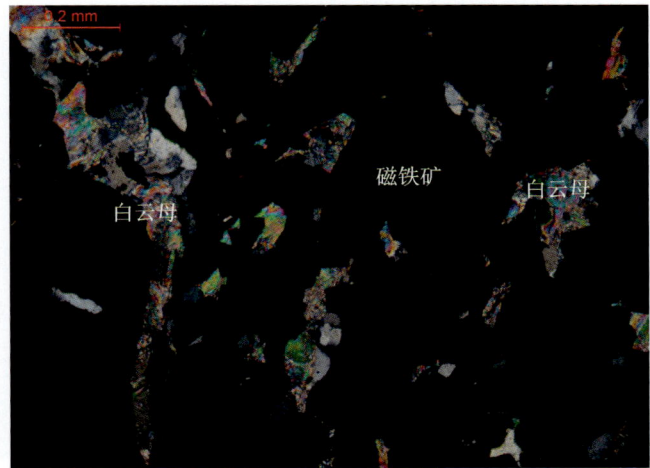

图41 白云母 100× 正交偏光
在块状矿石磁铁矿粒间充填了脉石矿物白云母、磷灰石、石英等。

图42 磁铁矿化大理岩 50× 正交偏光
磁铁矿半自形—他形粒状,分布在方解石粒间,部分细粒磁铁矿包裹在方解石中。

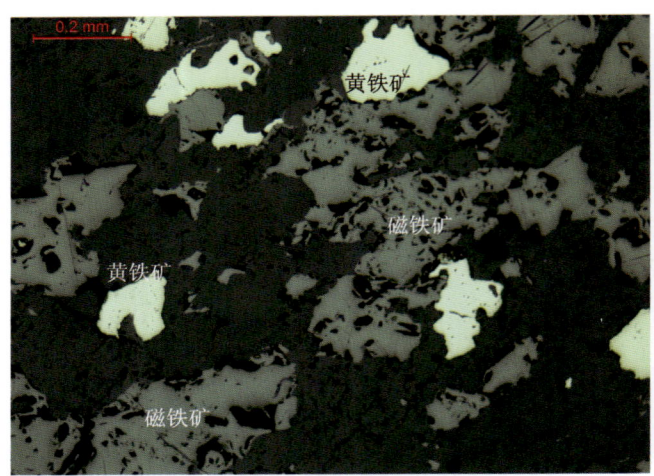

图 43　他形粒状结构　100×　单偏光

磁铁矿和黄铁矿多呈他形拉长粒状定向分布在脉石矿物粒间,半自形晶少见。

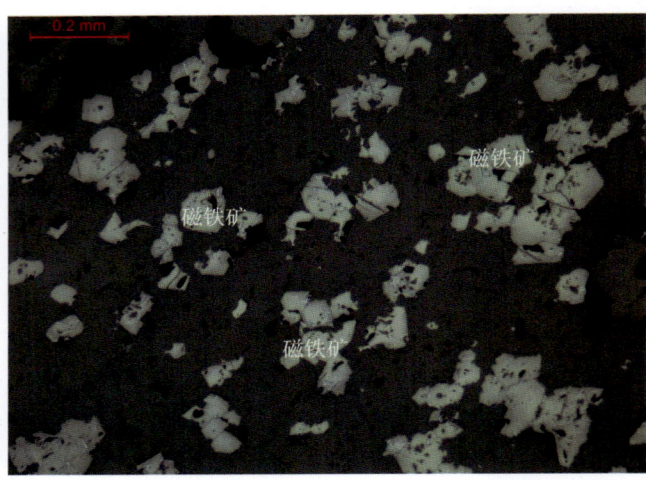

图 44　半自形粒状结构　100×　单偏光

磁铁矿半自形粒状,呈星散浸染状分布在脉石矿物粒间。

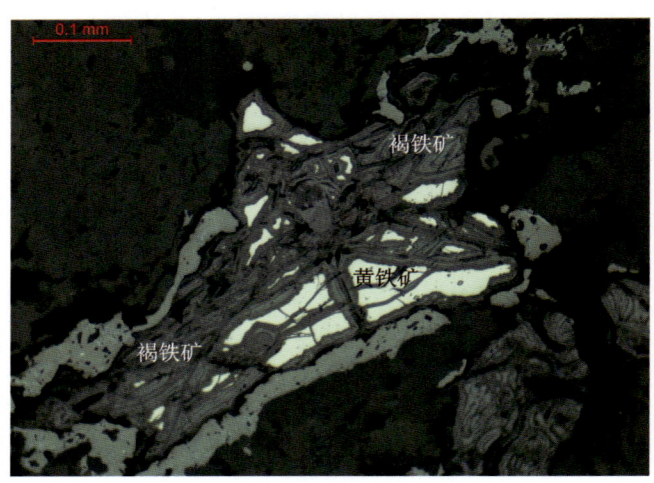

图 45　交代结构　200×　单偏光

早期形成的黄铁矿被晚期褐铁矿沿边缘交代,呈残留体分布。

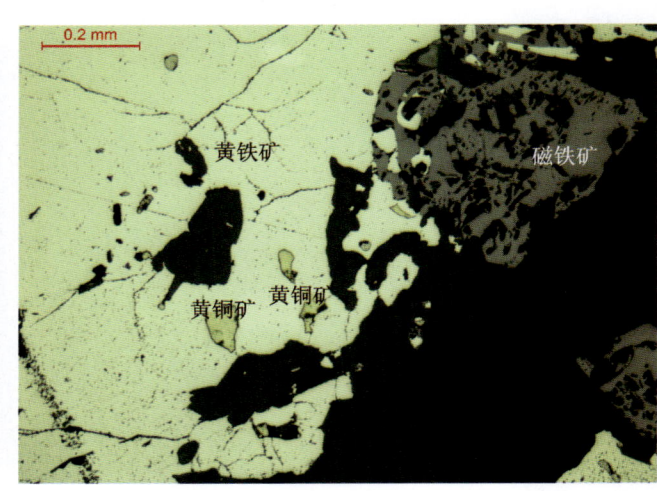

图 46　包含结构　100×　单偏光

在团块状黄铁矿中,包裹有细粒黄铜矿,磁铁矿中包裹有黄铁矿。

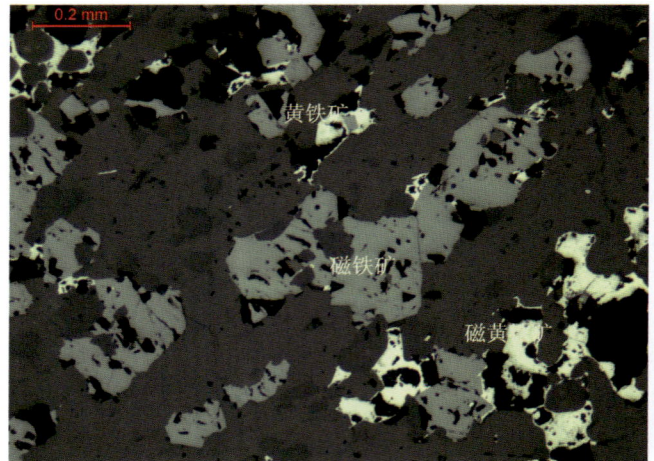

图 47　稀疏浸染状构造　100×　单偏光

金属矿物磁铁矿、磁黄铁矿及黄铁矿,他形—半自形粒状,呈稀疏浸染状定向分布在脉石矿物粒间。

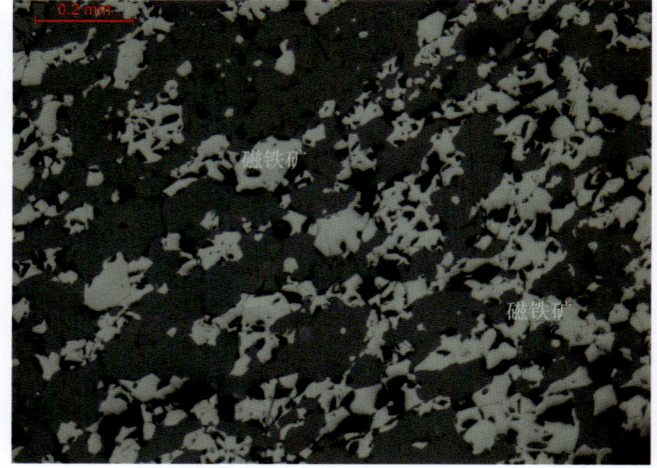

图 48　中等浸染状构造　100×　单偏光

金属矿物磁铁矿半自形—他形粒状,呈中等浸染状定向分布在脉石矿物粒间。

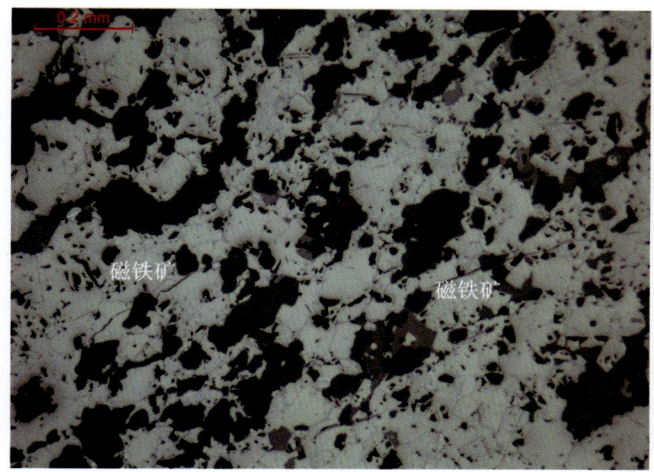

图 49 稠密浸染状构造 100× 单偏光

金属矿物磁铁矿半自形—他形粒状，呈稠密浸染状分布在脉石矿物粒间。

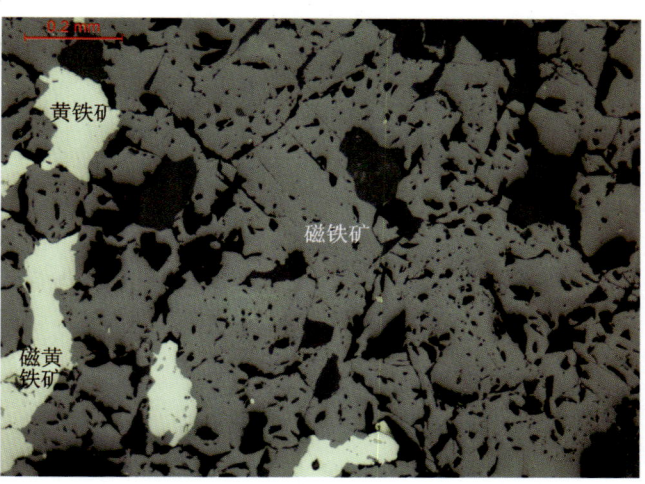

图 50 块状构造 100× 单偏光

金属矿物磁铁矿呈半自形—他形粒状集合体分布，其间充填了黄铁矿、磁黄铁矿及脉石矿物。

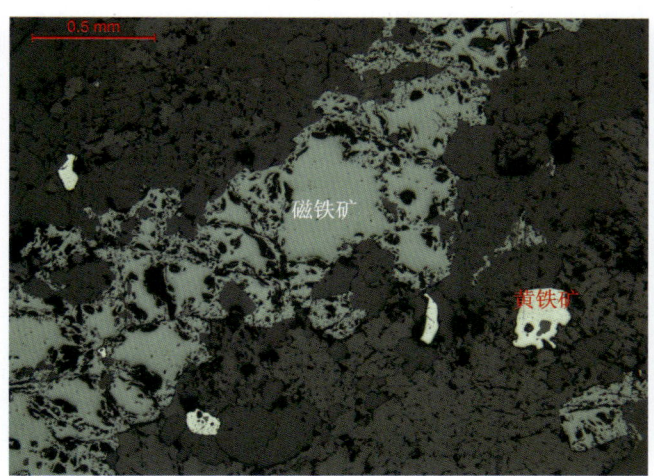

图 51 脉状构造1 50× 单偏光

磁铁矿集合体呈脉状产出，并伴有少量黄铁矿。

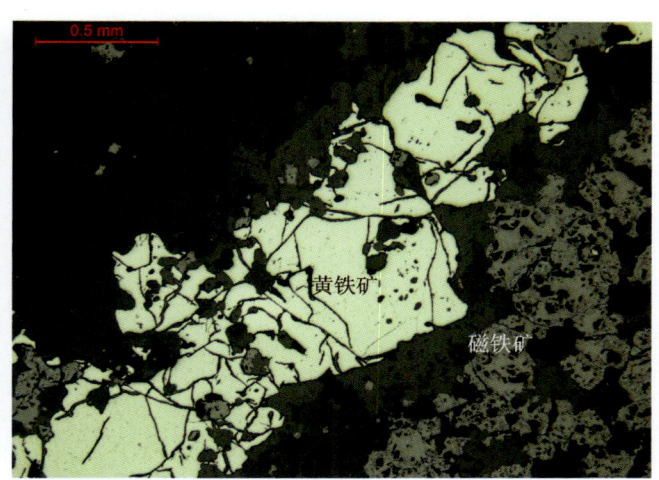

图 52 脉状构造2 50× 单偏光

在磁铁矿矿石中分布有黄铁矿脉。

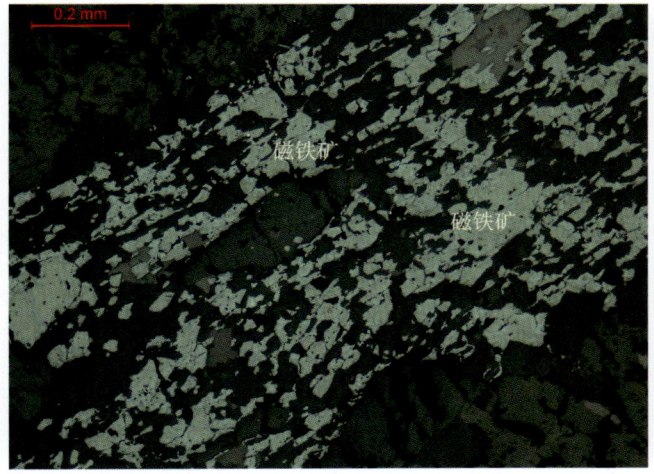

图 53 条带状构造 100× 单偏光

磁铁矿半自形—他形粒状，沿拉长方向定向分布，并构成条带状构造，被赤铁矿沿边缘交代。

图 54 单体分布的磁铁矿 100× 单偏光

磁铁矿呈半自形粒状分布，外形较规则，呈独立单体分布在脉石矿物粒间，易于单体解离。

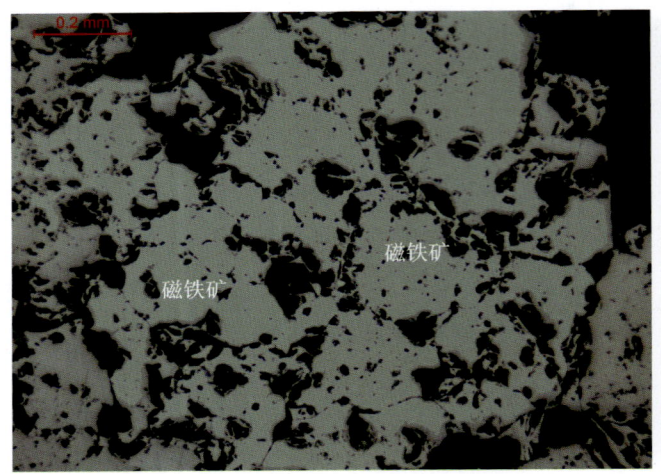

图 55　简单规则连生　100×　单偏光

磁铁矿以直线方式彼此连生,间隙中充填有脉石矿物,易于单体解离。

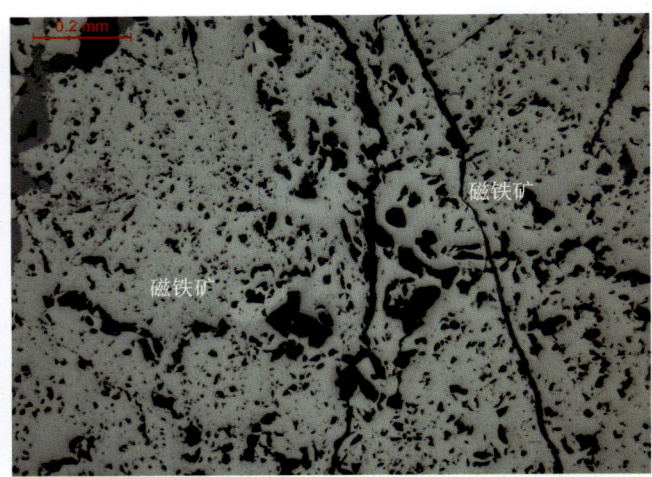

图 56　致密块状连生　100×　单偏光

磁铁矿紧密连生,呈块状分布,颗粒间的界线难以分辨,对选别有利。

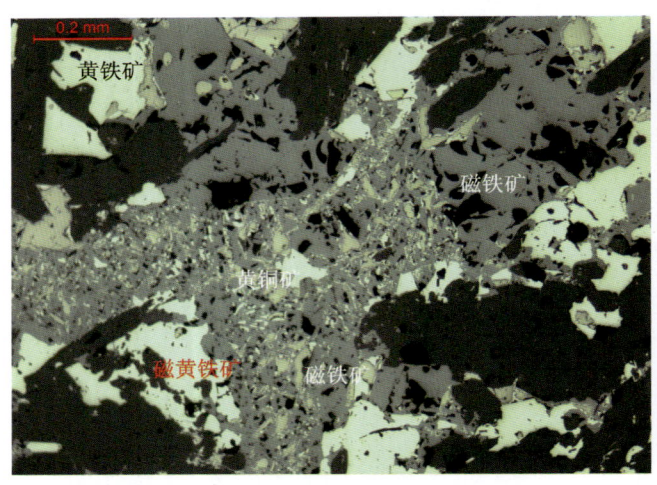

图 57　复杂交生　100×　单偏光

磁铁矿与黄铁矿、黄铜矿及磁黄铁矿复杂连生,磁铁矿中包裹微细粒黄铁矿、磁黄铁矿,不易于单体解离。

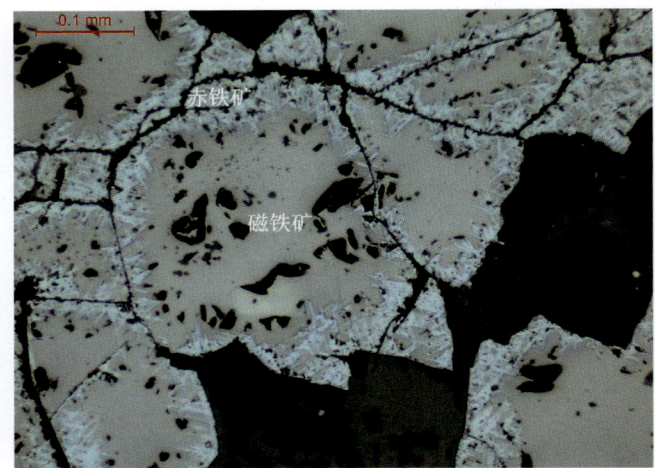

图 58　交代连生　200×　单偏光

磁铁矿被赤铁矿沿边缘或解理交代,形成交代连生结构。

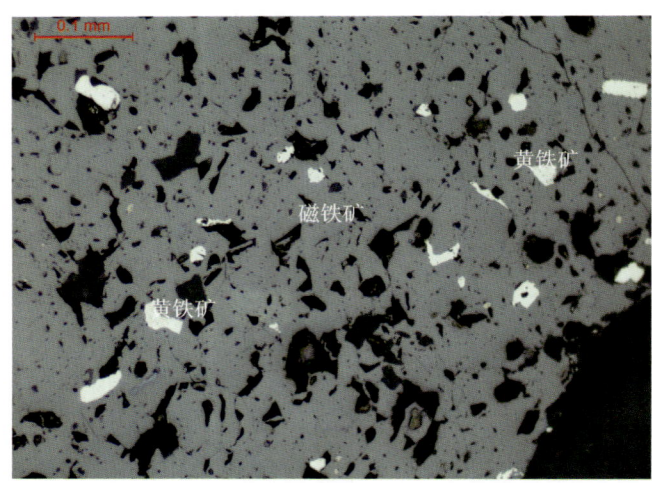

图 59　包裹连生　200×　单偏光

磁铁矿中包裹有细粒黄铁矿。

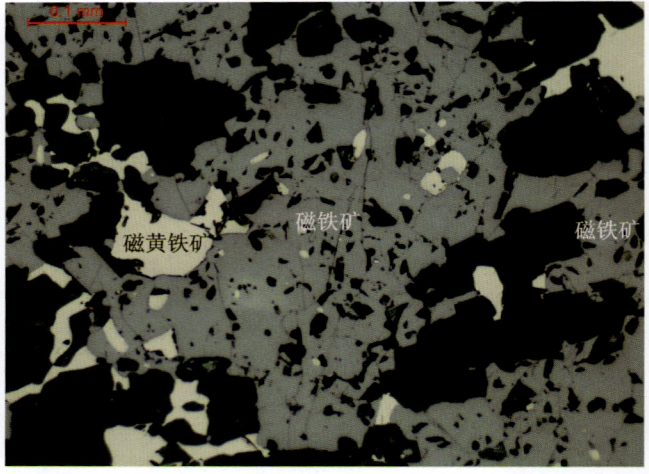

图 60　包含连生　200×　单偏光

磁铁矿中有细粒的磁黄铁矿包裹体,对单体解离的效果有影响。

哈密市白山钼矿

拍摄者岳蕴辉

整体介绍

白山钼矿床位于新疆哈密市100°方向直距200 km处,中心地理坐标:东经95°56′20″,北纬42°31′05″。矿区属低山丘陵-荒漠戈壁地形,由哈密市至骆驼峰100 km是G312国道,向东途经黄山、野马泉、葫芦到白山,有柏油路相通,距离172 km,交通较为便利。

1986年,新疆地矿局第六地质大队在镜儿泉地区进行1∶10 000地质、化探综合剖面时,在云母片岩(白山)中发现铜、钼异常。1987—1990年新疆地矿局物化探大队进行1∶20万区域化探扫面,在区内圈出铜、钼综合异常,获得该区完整的地球化学成果。1990年国家"三○五"项目Ⅲ1-1课题在对镜儿泉铜、镍、金、钼成矿带进行地质、物探、化探综合研究及靶区优选工作时,查证了白山铜钼异常。1992—1993年,新疆地矿局第六地质大队在白山钼矿的中部进行稀疏探槽揭露并施工1个钻孔,初步圈出11个矿体(其中工业矿体3个、盲矿体1个)。该队2002—2004年普查工作后,提交了《新疆哈密市白山铜钼矿普查地质报告》,经新疆矿产资源储量评审中心评审,提交查明资源量(333)矿石量1390万t,钼金属量1.11万t。2007年,金裕矿业有限公司对15、19线浅部P4、P5矿体进行了补充勘查。2009—2013年,新疆国土资源厅委托新疆地矿局第六地质大队对白山钼矿区现有采矿权以外进行深部及外围勘查工作,累计探求资源量(333+334)矿石量55 402万t,钼金属量29.58万t。另外,探求铜资源量(333+334)矿石量2 604.98万t,铜金属量7.97万t。全区勘查累计投入钻探18 797 m、槽探11 055 m³,投入经费3657万元。

白山斑岩型钼矿是新勘查的超大型钼矿床,钼金属远景资源量超过100万t,是研究认识东天山成矿构造演化和成矿规律的良好解剖对象之一。

第一节　矿区地质特征

大地构造上,白山矿区位于哈萨克斯坦-准噶尔板块、准噶尔微板块、觉罗塔格晚古生代沟弧带内,秋格明塔什-黄山韧性剪切带东段南侧(图19-1)。区内受多期构造变动,褶皱、断裂构造较发育。褶皱有白山向斜、白山北向斜、野马泉组向斜。断裂以近东西向、北东东向为主,有康古尔深大断裂、镜儿泉深大断裂、干墩大断裂。区内岩浆岩极为发育,尤以酸性花岗岩类分布最广。区内脉岩极为发育,主要集中在韧性剪切带和侵入岩附近。

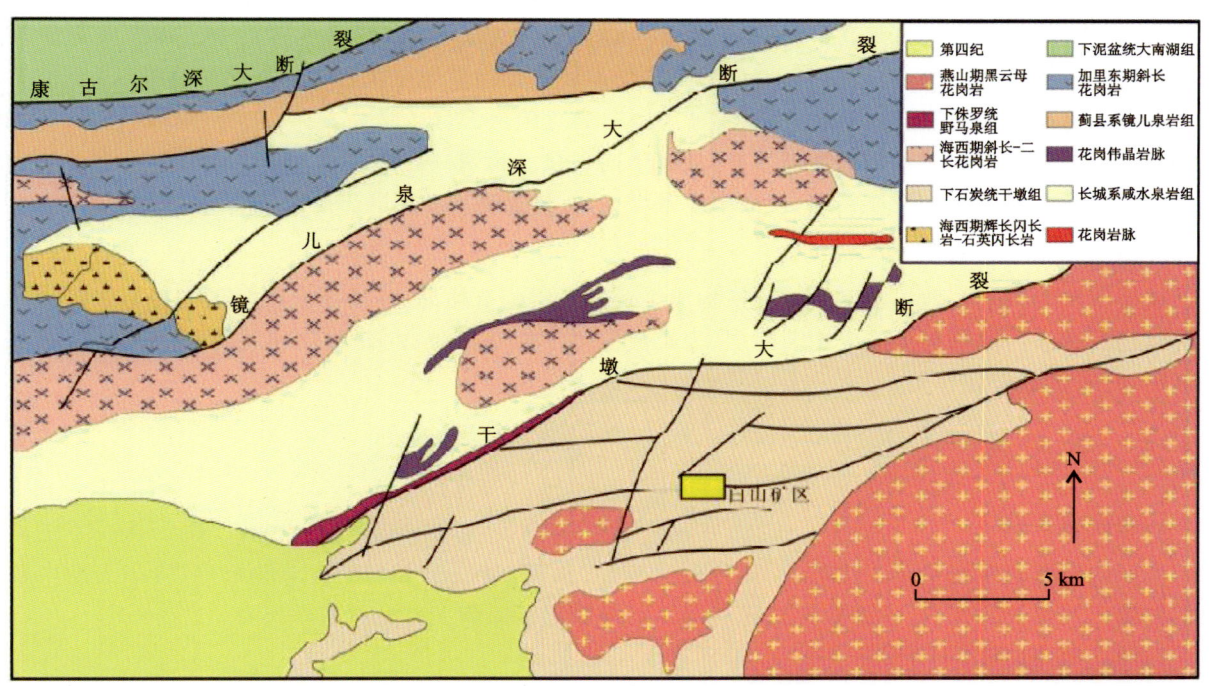

图 19-1　白山钼矿矿区区域地质图

一、地层

白山钼矿区出露地层主要为长城系星星峡群(ChX)及下石炭统干墩组(C_1g)。

1. 长城系星星峡群

长城系星星峡群位于矿区西北角,岩性为一套中—深变质岩。总体走向北东,倾向北西,倾角较陡。出露岩性主要为石英浅粒岩、黑云母斜长变粒岩。

2. 下石炭统干墩组

岩性为区域变质作用形成的一套微晶片岩、细碧质绿片岩、热变质角岩。根据矿区地层分布状况可将干墩组分为4个岩性段。

第一岩性段(C_1g^1):分布于矿区南北两侧,组成白山向斜的两翼。岩性为含碳黑云母微晶片岩,其间夹有黑云母微晶片岩、二云母微晶片岩。岩层片理较发育,局部存在变余层理和变余微细沉积韵律构造。

第二岩性段(C_1g^2):分布于矿区中部偏南侧,近东西向横贯全区,组成白山向斜核部偏南翼地层。地层构造裂隙发育，石英网脉十分发育。岩层普遍受到较强的热变质作用。该段岩性主要为黑云母长英质角岩，其间夹有堇青石二云母长英质角岩、黑云母微晶片岩、阳起绿帘片岩。白山钼矿产于该段角岩地层中。该段与第一岩性段为渐变过渡关系。

第三岩性段（$C_1g_3^a$、$C_1g_3^b$、$C_1g_3^c$）：分布于矿区中部，近东西向横贯全区，组成白山向斜核部偏南翼地层。岩层普遍受到较强的热变质作用。岩性为强阳起石化细碧岩、黑云母斜长角岩、透辉黝帘斜长角岩夹黑云母微晶片岩、黑云母微晶片岩。该段与第二岩性段整合接触。

第四岩性段（C_1g_4）：分布于矿区中部，近东西向连续而稳定，向东零星出露。该段以强阳起石化细碧岩为主夹黑云母微晶片岩，组成白山向斜近核部地层。

二、构造

1. 褶皱

矿区内干墩组构成向斜褶皱，位于矿区中部。枢纽轴走向近东西，轴面近乎直立。褶皱核部受断层作用仅有少部分地层保留，为细碧岩、二云母石英微晶片岩。南翼地层由核部向外为细碧岩、黑云母斜长角岩夹黑云母微晶片岩等。向斜北翼地层岩性单一，为含碳黑云母微晶片岩。

钼矿区探槽工程揭露小型褶皱较发育，从属于向斜构造南翼中的层间褶皱，褶皱的转折端一般呈尖棱状，个别较圆滑，规模一般都较小，仅数十厘米至 2 m，组成褶皱两翼的岩层都发育顺层片理。

2. 断裂

矿区范围内以近东西向断层及破碎带构成主要的断层构造格局，在局部位置上存在北北东向和北北西向断层。近东西向断层为成矿期前断层，为矿液提供了赋存部位；北北东向和北北西向断层为成矿期后断层，对矿体起破坏作用。

三、侵入岩

1. 深成侵入岩

矿区内出露岩浆岩主要为花岗岩类，分布于南部、深部，侵位于下石炭统干墩组中，属印支期中粒—中细粒黑云母斜长花岗岩、中细粒钾长花岗岩。另外在矿区南侧见有海西期辉长岩。

1）印支期花岗岩

矿区东南的中粒黑云母斜长花岗岩呈一较大的岩基侵位于干墩组，属主动就位侵入体，中心式侵入活动明显。该岩体形成自东向西迁移的不同单元的同心圆状叠加侵入体，显示该超单元岩体具有长期活动特点。岩体与地层呈侵入接触关系，界线清楚。岩体边部可见围岩捕房体，围岩具角岩化，局部热液接触变质现象发育，形成黑云母长英质角岩。

矿区南侧的中粒黑云母斜长花岗岩呈岩株状侵入于干墩组中，岩体与围岩呈侵入接触关系，与围岩片理斜交或一致，界线清楚。岩体边部具明显的热接触变质现象，形成黑云母长英质角岩、石榴石片岩、红柱石片岩等。

另外，在矿区南部及北部见有黑云斜长花岗斑岩呈脉状侵位于干墩组第一岩性段黑云母微晶片岩中，走向近东西，规模较大。

矿区深部的中细粒钾化斜长花岗岩呈岩基状侵位于干墩组中，岩体与围岩接触带附近具强钾化，并可见明显的热接触变质现象，花岗岩岩石中石英网脉内辉钼矿含量较高，且可见黄铜矿等矿物。

2）海西期辉长岩

海西期辉长岩位于矿区南部，呈东西走向，宽 30～100 m，长大于 200 m，岩性主要为辉长岩，局部基性程度较高，为橄榄辉长岩。岩体地表蚀变矿化主要为伊丁石化、蛇纹石化、绿泥石化、褐铁矿化，深部见有黄铁矿化，未见其他明显矿化，岩体含矿性较差。

2. 脉岩

白山矿区脉岩十分发育，集中分布于白山向斜近核部偏南翼，形成与地层和褶皱枢纽走向基本一致的脉带。集中分布的脉带有两条，一条是产于含碳质微晶片岩中的花岗斑岩脉带，与钼矿的形成有一定的关系；另一条是产于角岩中的石英脉带，与钼矿的形成关系极为密切。

钼矿化带范围内石英脉十分发育，钼矿体产出部位石英网脉更为发育，以钼矿体为中心向两侧，石英脉渐变稀疏至消失。

石英脉以东西向（或近东西向）和北西向走向的最为发育。东西向石英脉占40%，北西向石英脉占56%。另外存在南北向和北东向走向的石英脉。石英脉形态具有以下两个特点：①长大于30 m者多有弯曲呈蛇曲状，局部膨大，宽可达1 m左右，部分有分枝和复合，并形成独立的石英脉带，个别呈规则笔直的脉体；②长小于30 m的石英脉，脉宽5~30 cm，大多呈规则的脉体，并沿走向断续出露，部分呈透镜状，最宽可达1 m，个别呈团块状。石英脉的疏密与钼矿化程度呈正相关关系，即石英脉越密集，钼矿化越强。

第二节 矿床地质特征

一、矿体特征简述

矿体长90~2700 m，平均厚度0.88~40.17 m，最大厚度107.50 m。主矿体与小矿体规模悬殊，主要矿体形态较简单，以似层状为主，个别为透镜状，矿体中有夹石。小矿体形态简单，多为透镜状、脉状。4号、5号矿体为主矿体，总体走向与钼带一致，为近东西向，倾向北，倾角63°~70°，延伸160~1600 m，埋深130~1160 m。其余为次小矿体，走向北西西，倾向北北东，倾角43°~77°，延伸40~1400 m，埋深30~1960 m。

矿体主要由含矿钾长石-石英细脉、硫化物细脉和矿化角岩组成。矿化角岩中的钾长石-石英细脉（宽小于2 cm）越发育，硅化程度越高，相应的硫化物蚀变就越强，Mo品位越高。

大部分矿体位于岩体的外接触带干墩组黑云母长英质角岩中，少量位于岩体内（图19-2）。岩体内矿体厚度较薄、品位较贫，远离岩体的矿体随着距离的增加厚度逐渐增大，Mo品位亦有所增加，矿体靠近岩体时出现了分枝情况，远离岩体时矿体较为完整。

矿床以硫化钼低品位矿石为主，Mo品位0.03%~0.59%，矿床平均品位0.053%。低品位矿石金属资源量占矿区总金属资源量的52.98%，平均品位0.040%；工业矿石金属资源量占矿区总金属资源量的47.02%，平均品位0.086%。矿石中可供综合回收利用的有益组分为S、Re。

二、矿床规模及空间分布

白山钼矿床产于黑云母斜长花岗岩与下石炭统干墩组的接触带中，新疆地矿局第六地质大队共圈定大小矿体56个，其中5号、4号矿体为主矿体，其金属资源量占矿区总金属资源量的51.90%、22.59%，总计占74.49%，其余均为小矿体，其金属资源量占矿区总金属资源量的25.51%。

矿床以硫化钼低品位矿石为主，低品位矿石金属资源量占矿区总金属资源量的52.98%，平均品位0.040%；工业矿石金属资源量占矿区总金属资源量的47.02%，平均品位0.086%。矿床中Mo含量多在0.03%~0.06%之间（约占55.4%），其次为0.06%~0.1%（约占25.1%），最后为0.1%~0.59%（约占19.5%）。

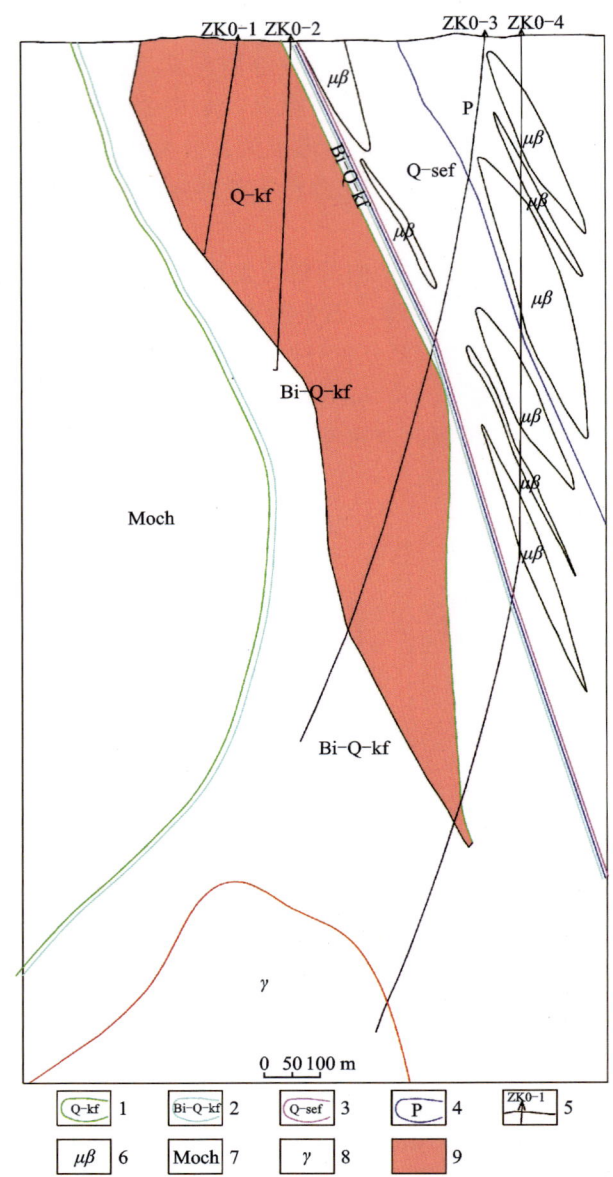

1.钾长石-石英网脉带;2.黑云母-石英-钾长石化带;3.石英-绢云母化带;4.青磐岩化带;5.钻孔及编号;6.细碧岩;7.微晶片岩;8.斜长花岗岩;9.钼矿体。

图 19-2　白山钼矿垂直纵向蚀变-矿化分带图

第三节　矿区主要岩石类型及围岩蚀变

一、主要岩石类型及特征

白山钼矿体产于干墩组及燕山早期斜长花岗岩中。从钻探资料看,矿体存在分枝复合的情形,矿层中的夹石厚度一般 4.00 m 至几十米不等。矿层中夹石及围岩的岩性成分一般与矿层顶板一致,即上部产于干墩组中的矿体夹石为黑云母长英质角岩,产于下部印支期岩体中的矿体夹石为黑云母斜长花岗岩。矿区标本见附录19图1～图6。

矿体与围岩之间多呈渐变过渡关系,矿体与围岩接触带的矿物组合完全一致,差异仅为各种矿物的含量不同,当岩石中钼矿物的含量达到某一值,同时Mo品位达到0.03%以上时则构成矿体,否则为围岩。以下对主要岩石类型做详细说明。

角岩:热接触变质岩石,灰色—深灰色,地表风化岩石呈土灰色、褐黄色、火烧皮色、浅绿黄色等斑杂色。角岩结构,镶嵌粒状变晶结构,块状构造或平行定向构造,岩石中主要矿物为斜长石、微斜长石、石英、黑云母及黝帘石,根据角岩中矿物组合及含量不同,可进一步划分为黑云母长英质角岩(附录19图7)、黑云母斜长角岩(附录19图8)。岩石中见有少量绢云母、绿帘石、黄铁矿;副矿物有榍石、锆石、磷灰石、钛铁矿和金红石;并含符山石、透辉石、石榴石等热变质矿物。长石、石英呈他形变晶不规则粒状紧密镶嵌,亦呈条带状变晶,具条带韵律特征,石英粒径0.02～0.15 mm,很多石英呈细小圆粒穿孔状存在于长石中,构成筛孔状构造;更长石具绢云母化和高岭石化,表面浑浊,较大者保留棱角状砂屑的特征;长石、石英分离集中成平行条带,显示条带韵律(附录19图9),二者含量共占75%。黑云母呈鳞片状,均沿条带方向定向排列,显示层理特征,含量15%,多有绿泥石化。绢云母呈细鳞片状存在于长英矿物粒径较细的微层中,含量3%;绿帘石含量1%,与较粗粒长石共存,含量较高时,亦显示定向性。黄铁矿呈星散状立方体或他形微细粒,含量小于1%。岩石中穿插有大量硅化石英细脉和长英质脉(附录19图10),可占岩石的5%～20%。岩石中还可见后期方解石脉。

含碳黑云母微晶片岩:位于干墩组下部层位。岩石呈黑灰色,鳞片粒状变晶结构,变余层状构造(附录19图6、图11)。岩石主要由石英、长石、黑云母、碳质组成,含少量磷灰石、电气石、褐铁矿、石榴石等。石英、长石呈他形粒状,粒径小于0.1 mm,有微层条带集中存在的现象,长石集中的层带"不干净",砂屑状长石中常有穿孔微粒石英及极细鳞片黑云母,二者含量共计75%;黑云母呈细鳞片状,平行排列构成片理,含量20%～25%;碳质呈尘点状分布在石英、长石间,并沿片理方向呈线状展布,微纹层层状构造,含量2%～3%。该岩石中可见残留石英砂屑,还可见不明显的凝灰质结构的残留。有的片岩与角岩呈互层状分布(附录19图12)。

强阳起石化细碧岩:暗绿色,纤维变晶结构,块状构造,微具平行构造。岩石由阳起石、斜长石、褐铁矿组成(附录19图13),含微量榍石。阳起石呈纤柱状,粒径多在0.05～0.2 mm之间,杂乱分布,略具半定向性,含量85%;阳起石间散布他形—半自形斜长石,有时聚集,含量10%。

花岗岩(附录19图14～图16):半自形粒状结构,块状构造,局部可见弱片麻状构造。由钾长石、斜长石、石英及云母构成,根据长石的种类及含量,进一步分为花岗岩、花岗闪长岩或二长花岗岩等。受构造应力作用影响,被压碎呈条带状产出。斜长石多为更—钠长石,内部具环带构造,少数见双晶扭折,被高岭石、绢-白云母交代。钾长石以正长石为主,次有条纹长石,半自形—他形粒状,表面因泥化浑浊不清。石英半自形—他形粒状,充填在长石粒间,常具波状消光。黑云母片状,可见解理弯曲,部分被绿泥石交代。在部分岩石中,含有星点状辉钼矿(附录19图17),表明钼矿化与花岗质岩浆活动有关。

辉长岩:灰黑色,中细粒辉长结构,块状构造。岩石由辉石(含量40%～45%)、斜长石(含量50%～55%)等组成,具褐铁矿化、绿帘石化、绿泥石化。

石英脉(岩):白色、灰白色,细粒花岗结构、糖粒状结构、伟晶花岗结构,脉状构造(附录19图18)。脉中多含有钾长石,部分石英脉中钾长石含量大于50%,形成石英-钾长石脉或独立钾长石脉(附录19图19),其他矿物可见黄铁矿、黄铜矿、辉钼矿、孔雀石、方解石、沸石、萤石。其中钾长石普遍结晶程度高,粒径粗,多聚集分布于石英脉边部或与围岩交接处。褐铁矿、黄铁矿、黄铜矿等金属硫化物多呈聚集体或细脉状存在,其中褐铁矿呈团块状或立方体假象(附录19图20)。孔雀石也多呈块状或膜状,黄铜矿、辉钼矿粒径较小。硫化物多产于细脉与围岩接触部位,呈细脉状存在,以辉钼矿为主(附录19图4、图21～图22)。石英脉中所见粗大方解石及沸石细脉均为后期形成。此外,还可见长英质脉岩,主要由石英、长石组成，可见辉钼矿分布其中。

二、围岩蚀变及其特征

已有研究表明，在钼矿成矿作用过程中伴随构造-岩浆和构造-热液的多次活动，发育有多期多阶段的热液蚀变。白山钼矿成矿作用也是如此。白山地区与钼矿化有关的蚀变主要发育在钼矿体、矿化体及近矿围岩中，可划分为气液期和热液期两期蚀变-矿化作用。它们的初始热流体都含 K 以及 Si 和水，但在热液期包含更多的 Si 和水，并富含成矿组分。两期蚀变-矿化作用的热流体都沿控矿构造裂隙系统上升。首先交代控矿构造带内的岩石，而后向外逐步扩散渗滤。从成矿热流体活动中心向外，Si 和 K 含量逐步降低，水含量逐渐升高。

气液期蚀变矿物由热流体活动中心向外依次为：石英和钾长石-黑云母-绢云母、高岭石-阳起石、绿帘石、碳酸盐类矿物。热液期蚀变矿物由中心向外依次为：石英-绢云母-高岭石-阳起石-绿帘石和碳酸盐类矿物。

根据蚀变交代的性质，两期蚀变主要有硅化、钾化，其次有绢云母化、高岭石化、阳起石化、绿帘石化、绿泥石化、碳酸盐化。各种热液蚀变都具有面型分布的特点。

硅化：白山钼矿床最为重要的蚀变交代作用之一。在白山地区钼矿化过程中，硅化作用表现出分布范围广、强度大和多期次等特点。

硅化作用大致可分为早晚两期。早期气液期硅化表现形式：①与钾长石呈粒状广泛交代基质，使原岩基质变为微细粒镶嵌变晶结构；②呈浸染状微细粒交代斜长石，形成较普遍的石英筛孔（附录19图23）；③石英明显增大，具生长现象；④与钾长石组成似伟晶岩；⑤沿岩石层理方向进行浸染状交代，形成条带状微纹层或呈大小不等的透镜状团块或斑点；⑥以石英细脉沿不同方向裂隙充填，构成石英网脉。

热液期的硅化作用表现为硫化物-石英细脉充填交代和浸染状两种方式。钼矿化主要与这期硅化作用有关。硫化物主要呈细脉状、浸染状、团块状存在于石英脉边部，以浸染星散状存在于近脉围岩中，还以半自形片状稀疏存在于石英脉中（附录19图24）。

绢-白云母化：在白山钼矿的蚀变矿化带中广泛存在。绢云母化的产出形式主要为交代微晶斜长石和斜长石斑晶（附录19图25），绢-白云母呈毡状，其次呈鳞片状或片状集合体存在于长英质角岩微细变质纹层中。

钾长石化：白山钼矿床最为重要的蚀变作用之一。与硅化一样，具有面型分布、分布范围广、强度高和多期次的特点。钾化蚀变主要发生在气液期和热液期的开始阶段。钾化蚀变的表现形式：①钾长石交代斜长石与石英形成微细粒镶嵌变晶结构（附录19图26～图27）；②钾长石交代斜长石形成变斑晶；③呈钾长石-石英脉网脉和钾长石脉穿插，并向其中所含角砾及围岩扩散交代（附录19图28）。

黑云母化：钾质交代的一种热液蚀变形式。白山钼矿的蚀变-矿化作用过程中黑云母化与钾化相伴而生。黑云母化的表现形式：①晶鳞片状沿岩石微细纹层分布，或呈微细条带状聚集分布（附录19图29）；②呈细小鳞片状浸染原岩基质；③黑云母呈变斑晶，其内常包含细粒石英形成筛孔状结构；④黑云母强烈交代原岩，岩石几乎由片状黑云母组成（附录19图30）；⑤长石脉边部同化混染带中呈粗大片状。

绿帘石化：岩石中普遍发育，南部角岩中绿帘石含量较低，为 2%～3%。北部岩石中黝帘石含量高达 25%，交代矿物产于岩石变余层理中，呈柱粒状均一散布，部分呈脉状穿插于岩石中（附录19图31）。

绿泥石化：岩石中普遍发育，蚀变强度较弱。蚀变矿物为叶绿泥石、蠕绿泥石。角岩中主要交代黑云母，部分矿物完全被绿泥石交代（附录19图32），含量达 4%。构造角砾岩中绿泥石含量高达 20%，伴随绿泥石交代有金红石、钛铁矿出现，部分叶绿泥石与碳酸盐矿物伴生呈脉状。常可见绿泥石化伴有硫化物发育。绿泥石化大多呈斑点状（偶呈细脉状）交代前述几种热液蚀变产物。由此可知，绿泥石化实际上为与硫化物有关的多期、多阶段热液蚀变的晚期产物。

黄铁矿化：在矿石及矿化岩石中广泛分布，但蚀变强度较低，多与硅化、钾长石化、云母化及辉钼矿化等蚀变及矿化作用相伴生（附录19图33）。黄铁矿自形粒状，呈星点浸染状叠加交代围岩，少部分呈脉状产出。

褐铁矿化：见于地表氧化带中，常与黄钾铁矾化（附录19图34）伴生，是由矿石或矿化岩石中的硫化物经风化淋滤作用形成的，除取代原生硫化物外，也多沿裂隙呈细脉、网脉分布（附录19图35～图36）。

高岭石化：岩石中分布普遍，蚀变强度较弱，高岭石化多出现在强硅化岩石或钾长石-石英脉旁侧。脉密度越大，岩石硅化程度越高，则岩石的高岭石化就越强。部分岩石中高岭石含量达到70%，形成高岭石岩。高岭石还普遍交代角岩中的斜长石。

除上述以外，白山地区还见少量沸石化热液蚀变，它常作细脉状充填产出，代表热液蚀变的末期产物。

总之，白山地区的多期、多阶段、多成分热液蚀变，反映了多次"脉动"式的热液活动。白山地区构造裂隙的广泛发育，则为热液活动提供了通道，而正常碎屑沉积岩-火山碎屑岩建造则提供了热液蚀变发育的良好围岩条件，所有这些都为白山地区的钼矿化提供了有利的成矿条件。

第四节 矿石物质组分及特征

一、矿石物质成分

经显微镜下光、薄片鉴定，人工重砂鉴定，结合X射线粉晶衍射分析和电子探针成分分析，已基本确定矿石中存在矿物共3类24种（表19-1），其中金属矿物9种，脉石矿物11种，表生氧化矿物4种。矿石中金属矿物组分比较简单，主要为辉钼矿、黄铁矿、磁黄铁矿，次有少量黄铜矿、磁铁矿、方铅矿、钛铁矿、白铁矿、自然银等。地表氧化带中有典型氧化物，为褐铁矿、铁钼华、孔雀石、铜蓝等。脉石矿物比较复杂，种类繁多，由造岩矿物和热液矿物两类构成，主要有正长石、石英、黑云母、钠长石、微斜长石、绿泥石、绿帘石、白云母、方解石等。

表19-1 矿石矿物成分表

类型	主要矿物	次要矿物	少见矿物
矿石矿物	辉钼矿、黄铁矿、磁黄铁矿	钛铁矿、黄铜矿、磁铁矿	方铅矿、白铁矿、自然银
脉石矿物	石英、正长石	黑云母、微斜长石、方解石	钠长石、绿泥石、绿帘石、萤石、白云母、榍石
表生矿物	褐铁矿	孔雀石	铜蓝、铁钼华

1. 金属矿物

矿石中金属矿物多呈细脉浸染状集中分布在钾长石-石英脉内侧，稍远则含量急剧降低，局部近脉围岩中，可见有少量的辉钼矿呈细脉浸染状或稀散浸染状沿岩石片理面方向分布。硫化物在矿石中的含量5%～15%，其中辉钼矿含量0.01%～0.8%，闪锌矿含量0.3%～0.5%，黄铜矿含量0.5%～1%，磁黄铁矿含量2%～3%，黄铁矿含量2%～5%，钛铁矿含量2%～3%，磁铁矿、方铅矿和白铁矿少量。矿石中黄铁矿、钛铁矿和磁黄铁矿含量明显较高，三者在脉岩中粒径较大，一般2～5 mm，围岩中粒径较小，小于1 mm，一般0.1～0.6 mm。

1）辉钼矿

辉钼矿是矿石中唯一可用以选别的有用矿物，但含量低，矿化不均匀，主要产在石英脉、钾长石脉及其相邻的蚀变岩中，在少数花岗岩中也有分布，呈星点（星散）浸染状、细脉浸染状产出。

辉钼矿呈铅灰色，强金属光泽，摩氏硬度低，有污手的现象。呈鳞片状、细长叶片状、羽毛状、树枝状、放射状、菊花状（附录19图37～图40），有复杂的揉曲现象，且其集合体具定向分布的特征（附录19图41）。在显微镜下呈白色（反射光），具波状消光，双反射与非均质性明显，片径0.02～0.1 mm，部分达到0.6 mm。

辉钼矿在矿石中的产出方式主要有：①集合体呈细脉浸染状、细脉状分布于钾长石-石英脉内，尤其是脉壁内侧，脉宽0.5～2 mm，常与石英、黄铁矿、黄铜矿等伴生，具有交代黄铁矿（附录19图42）、磁黄铁矿、白铁矿、黄铜矿，并切穿黄铜矿的现象；②呈细分散浸染状分布于长英质角岩中；③呈鳞片状、细长叶片状、羽毛状产在石英集合体中；④呈细脉浸染状、薄层状充填于整个岩石裂隙面上；⑤呈浸染状、细脉浸染状分布在钾长石-石英脉、石英脉的两侧边缘。

2）黄铜矿

铜黄色，金属光泽，他形—半自形粒状，常与黄铁矿相伴生构成共结边结构（附录19图43）或包含结构，部分矿物与闪锌矿构成共结边连生体，包裹闪锌矿，偶见黄铜矿在闪锌矿中呈乳滴状固溶体析出。少数矿物呈他形晶粒单独存在。局部可见黄铜矿有碎裂的现象，碎裂缝中有钼充填交代存在，局部见有残留的细线状黄铁矿及碎粒化的黄铁矿。常交代黄铁矿和辉钼矿，说明黄铜矿生成时间稍晚。

黄铜矿一般呈浸染状或细脉状不均匀分布在钾长石-石英脉、石英脉中部及两侧边缘，粒粗，粒径最大可达0.45 mm，分布不均匀。在角岩中呈稀散浸染状，含量较低，粒径细小，为0.01～0.2 mm。

3）磁黄铁矿

青铜黄色，金属光泽，呈他形—半自形粒状，个别自形粒状，粒径0.5～1 mm，有包裹黄铜矿、半包裹黄铁矿的现象，部分与黄铜矿、黄铁矿共边连生（附录19图44）。多数矿物呈浸染状或斑点状集合体出现，形状极不规则。

4）黄铁矿

浅黄铜色，金属光泽，主要呈他形—半自形粒状，个别为五角十二面体、立方体，局部黄铁矿有碎裂现象（附录19图45）。

黄铁矿的产出方式主要有两种：①呈浸染状分布于角岩中，粒径一般小于1mm（附录19图46～图47），他形、立方体形；②呈浸染状、块状集合体产于钾长石-石英脉、石英脉中部及两侧，粒径粗，一般2～5 mm，多以半自形状与其他硫化物聚集存在，与黄铜矿紧密共生，有包裹黄铜矿的现象（附录19图48），局部自形黄铁矿外侧可见浸染状的黄铜矿（附录19图49），二者呈共边关系，部分黄铁矿外侧可见揉皱辉钼矿的集合体（附录19图50）。

5）闪锌矿

含量较低，棕红色，半金属光泽，他形—半自形粒状，个别自形粒状，粒径0.03～0.5 mm，常集合成斑杂体存在，可见他形粒状方铅矿、自然银的充填。闪锌矿与黄铜矿常构成共边连生体，局部含有黄铜矿（附录19图49），它与黄铜矿关系较密切，部分闪锌矿包裹有方铅矿（附录19图51）。

6）方铅矿

含量极低，呈铅灰色，他形粒状，粒径0.05～0.8 mm，方铅矿与闪锌矿常伴生产出，多充填于闪锌矿颗粒间，常有交代黄铜矿的现象，交代黄铜矿时粗大的方铅矿中有大量的自然银存在，同时有残留的黄铜矿存在。

7）自然银

他形粒状，粒径0.02～0.06 mm，形状不规则，多存在于方铅矿中或充填在其他硫化物、岩石裂隙中。

8）磁铁矿

呈他形—半自形粒状，粒径较小，一般小于 0.1 mm，常有碎裂现象。常与磁黄铁矿连生。

9）硫铜银矿

呈淡粉红紫色，具灰色偏光，他形—半自形粒状，粒径 0.03～0.04 mm，常被黄铁矿包裹或与黄铜矿构成连晶被黄铁矿包裹。

10）钛铁矿

微细粒（0.01～0.05 mm）状稀疏分布于矿石中，反射色为灰色至浅褐色，非均质性清楚。多数被榍石交代，呈骸晶状存在于榍石包裹体中。

2. 脉石矿物

脉石矿物是指与钼矿化有关的同生矿物，常见于含钼的钾长石-石英脉中。主要有钾长石、石英，次有少量黑云母、绿泥石、绿帘石、绢云母、方解石等。

1）钾长石

矿石中广泛分布，主要产在含钼石英脉中，在围岩中也有少量分布，但含量低。石英脉中钾长石含量变化大，一般在5%～25%之间，最高可达50%。按矿物种类分为正长石、条纹长石和微斜长石，以正长石和条纹长石为主，微斜长石量少。正长石和条纹长石多见于石英脉中，形态多呈半自形—他形粒状、板状、菱面体状，粒径变化大，为 0.1～2.6 mm±，多在 0.4～1.2 mm 之间，表面有泥化现象。多呈团块状、条带状分布在石英脉与围岩交界处，部分垂直于交界线生长。有时也呈独立正长石脉产出，有辉钼矿与其交生，属于热液充填结晶的产物，与钼矿化关系密切。微斜长石分布在石英脉与围岩间的蚀变带中，交代围岩中斜长石，含量很低，具格子双晶，由热液交代围岩形成。

2）石英

矿石中最主要的脉石矿物之一，也是钼矿化重要的载体矿物，主要分布在石英脉中，少部分分布在近矿围岩中。与钼矿化关系较密切。

矿石中石英有两种不同成因类型：①分布在围岩中的硅化石英，分布不均匀，呈团块状、团粒状及条带状分布；②与矿化蚀变作用有关，沿裂隙分布在石英脉、网脉中。石英脉规模较小，在几毫米到几十厘米，呈他形不等粒状，粒径 0.04～3.0 mm±，变化较大，石英晶粒变形及波状消光明显，并与辉钼矿及黄铁矿等硫化物共生，分布在石英和钾长石粒间，表明硫化物形成与石英、钾长石有关。这是因为在成矿过程中，伴随成矿温度下降，矿液中的 SiO_2、K_2O、Al_2O_3 以石英和钾长石形式不断晶出，至热液活动中晚期阶段 Mo、Fe 等金属离子及 S 浓度达到过饱和，也以不同硫化物形式沉淀在透明矿物间隙或裂隙中，形成含钼钾长石-石英脉，这就是辉钼矿-石英脉型矿石的形成机理。

3）白云母

矿石中少见的脉石矿物，含量很低，仅在部分矿（化）体中存在，但在部分围岩中含量较高，可达10%。白云母呈片状分布，粒径细，为 0.06～0.3 mm±，分布在长石粒间或与辉钼矿交生在一起。

4）方解石

矿石和矿化围岩中常见的脉石矿物之一，但含量较低，分布极不均匀。在石英脉中含量低，一般0～2%。主要见于围岩中，呈粒状或脉状产出，部分方解石脉垂直或斜交围岩片理及石英脉分布。方解石他形粒状，粒径 0.06～0.8 mm±，除了脉状体外也呈他形粒状分布在长石或石英粒间。

3. 表生氧化矿物

表生氧化矿物主要指某些矿物在风化淋滤作用的影响下，转变为表生条件下稳定的次生矿物，如褐铁矿、孔雀石、铜蓝及铁钼华等。

褐铁矿

在矿床氧化带中广泛分布，属氧化矿石中的特征矿物之一。常呈不规则粒状、土状、脉状分布，以交代硫化物为特征，多与孔雀石共生。褐铁矿呈淡黄色，半金属光泽，摩氏硬度低，粒径 0.02～0.3 mm±。

二、岩、矿石化学成分

1. 常量元素特征

矿区内出露岩浆岩为花岗岩类,主要分布于矿区南部、深部,侵位于干墩组中,根据 SiO_2 含量属于酸度相对较低的花岗质岩体,但与大多数钼矿成矿岩体的酸度相近,以高 Na_2O 和 Al_2O_3 为特征,K_2O 含量也较高,而 MgO 含量较低,在 K_2O-SiO_2 图解中落入钙碱性花岗岩类别中,在 A/CNK 图解中表现为弱的准铝质到弱过铝质岩石性质,在 Ab-An-Or 标准矿物图解中均落入花岗岩范围。

2. 微量元素特征

矿区内花岗岩的微量元素具有以下特征:铁族元素含量总体上与华南地区同熔型花岗岩平均含量相近,稀有元素 Ta、Zr 及 Rb、Sr 均低于花岗岩克拉克值,亲铜元素 Zn、分散元素 Ba 也低于花岗岩克拉克值,而成矿元素 W、Mo 均高于花岗岩克拉克值,其中,W 高出 1 倍,Mo 则高出 7~8 倍。显示了岩体含 Mo 的特点。值得注意的是贵金属元素 Au 高于花岗岩克拉克值 2~10 倍。

3. 稀土元素特征

白山地区花岗岩的稀土元素含量总量较低,更接近于下部地壳的含量,除个别样品外,大多负 Eu 异常,其 δEu 为 0.67~0.73,为中等 Eu 亏损。这一特点与我国含钼花岗岩相符。稀土元素配分模式显示为轻稀土富集的右倾型,L/H=3.65~7.48。从 La/Sm、Ce/Yb、La/Yb 比值可以看出,轻重稀土分馏程度属中等。稀土元素相关研究表明,白山地区花岗岩属同熔型花岗岩。此外,白山地区花岗岩稀土元素与主要微量元素具有较好的协变关系,可以推断它们都是同源的,并具有成因联系和相同的成岩方式。

三、矿石结构构造及矿石类型

1. 矿石结构

1) 叶片状结构

辉钼矿呈叶片状、团块状、细脉浸染状集合体与黄铁矿共生,矿物粒径 0.02~0.1 mm(附录 19 图 39、图 42)。

2) 他形粒状结构

黄铜矿呈粗大的他形晶粒存在于脉石矿物粒间。

3) 半自形粒状结构

磁黄铁矿呈半自形粒状与黄铜矿共结连生。

4) 自形粒状结构

黄铁矿呈立方体状与浸染状黄铜矿共生产出,二者呈共边关系。

5) 共结边结构

黄铜矿、磁黄铁矿、磁铁矿密切共生,构成共边连生体。

6) 边缘交代结构

辉钼矿呈不规则港湾状沿黄铁矿边缘交代或沿黄铜矿、磁黄铁矿边缘交代。

7) 穿插交代结构

辉钼矿呈细小叶片状穿插交代黄铁矿(附录 19 图 52)。

8) 包含结构

黄铜矿呈他形晶粒,部分熔蚀并包含闪锌矿。

9）隙间结构

辉钼矿沿黄铜矿碎裂的裂隙呈定向分布。

10）乳滴状结构

主要表现为黄铜矿呈乳滴状散布在闪锌矿中，这是固溶体分离的结果，同时说明闪锌矿结晶后温度下降较快（附录19图49）。

11）压碎结构

黄铁矿、磁铁矿受构造挤压后晶体破碎或产生裂纹（附录19图45）。

12）揉皱结构

叶片状辉钼矿在压力作用下发生较复杂的塑性变形（附录19图41）。

2. 矿石构造

1）脉状构造

辉钼矿和其他金属矿物与脉石矿物一样沿构造裂隙呈矿脉分布。按矿脉的幅度大小可分为微细脉构造（脉幅0.3～5 mm）、细脉构造（脉幅5～10 mm）、脉状构造（脉幅10～100 mm）、大脉状构造（脉幅大于100 mm）。矿石以微细脉构造和细脉构造为主。

2）细脉浸染状构造

辉钼矿及其他金属矿脉呈细脉状穿插于脉石矿物中，呈浸染状分布，矿脉宽度在1 mm以下。

3）细脉—浸染状构造

含钾长石-石英脉穿插于矿石中，脉外侧硫化物呈浸染状分布，远离矿脉硫化物含量明显降低，此构造在矿石中普遍存在。

4）斑杂构造

矿石中辉钼矿及金属矿物呈大小不等的斑点状集合体，分布在钾长石-石英脉内，斑晶粒径一般1.5～8 mm。

5）网脉状构造

岩石中碳酸盐、片沸石沿岩石裂隙相互穿插，构成网脉状构造，裂隙中可见辉钼矿呈细脉浸染状充填。

6）角砾状构造

局部地段角岩中由于强碎裂岩化作用使原岩中的长英质矿物破碎形成岩石角砾，其胶结物为碳酸盐矿物。

7）土状（粉末状）构造

铁钼华、黄铁钾矾等次生矿物呈黄色土状集合体分布在矿床氧化带中。

此外矿体中还见有少量揉皱状矿石，如辉钼矿受后期的构造活动影响，致使其弯曲变形，呈揉皱状。

3. 矿石类型（按矿石氧化程度划分）

（1）氧化矿石：氧化矿一般位于矿床浅部，呈褐黄色、灰黄色，裂隙面上常见斑杂色，钻孔中岩芯较破碎，呈土状、碎块状，很少见到原生辉钼矿，可见辉钼矿的氧化物——钼华。在氧化带中见其中黄铁矿多已褐铁矿化。据钻孔岩芯观察，深度0～10 m。

（2）混合矿石：深度在10～30 m之间。

（3）原生矿石：白山钼矿的主要矿石类型，为硫化钼矿石，深度在30 m以下。

总之，该区氧化作用不强烈，不但没有单独的氧化矿体，也没有明显的氧化带和混合带。氧化率自地表向下逐渐降低的特征说明，影响矿床氧化的因素主要是风化带的深浅。

四、主要矿物生成顺序

矿石中各类脉体种类繁多，主要有黄铁矿-石英脉、黄铁矿-辉钼矿-石英脉、磁黄铁矿-黄铜矿-钾长石-石英脉、辉钼矿-钾长石-石英脉、辉钼矿-石英脉和黄铁矿-碳酸盐脉,各类岩脉彼此交切。

根据各类岩脉间相互穿插关系,矿石矿物成分、结构构造、围岩蚀变等特点和成矿的物理化学条件分析,矿床的成矿过程可划分为气成-热液期、热液期和表生期,热液期又可进一步划分为石英-钾长石阶段、石英-硫化物阶段和碳酸盐化阶段(表 19-2)。

表 19-2　白山钼矿床中矿物生成顺序简表

矿物	气成-热液期	热液期			表生期
		石英-钾长石阶段	石英-硫化物阶段	碳酸盐化阶段	—
微斜长石					
正长石					
更长石					
石英					
白云母(绢云母)					
绿泥石					
绿帘石					
方解石					
钛铁矿					
磁铁矿					
磁黄铁矿					
黄铁矿					
黄铜矿					
白铁矿					
辉钼矿					
闪锌矿					
方铅矿					
自然银					
硫铜银					
褐铁矿					
铁钼华					
孔雀石					
铜蓝					
高岭石					

1. 气成-热液期

属早期成矿阶段,矿化蚀变微弱,早期含矿气成热液沿断裂旁侧构造裂隙上升,并沿角岩裂隙扩散渗滤交代,形成面型蚀变带。

岩石蚀变以硅化为主,伴随有钾化,局部有石英、钾长石-石英微细脉出现,宽度 0.5 mm。主要形成星点状黄铁矿、钛铁矿、金红石,有微弱的钼矿化。蚀变矿物由热流体活动中心向外依次为石英和钾长石-黑云母-绢云母、高岭石-阳起石、绿帘石、碳酸盐矿物。

2. 热液期

热液期蚀变矿物由中心向外依次为石英-绢云母-高岭石-阳起石-绿帘石和碳酸盐矿物。蚀变矿化分带从水平和垂直纵向上可划分为 4 个标志性蚀变带。以钾长石-石英网脉带为中心,向外依次为黑云母石英钾长石化带、石英绢云母化带、青磐岩化带。

石英-钾长石阶段:主要形成钾长石(微斜长石)和石英,脉旁侧围岩钾化、硅化,此阶段以含矿热液中的脉石矿物大量晶出为特点,伴随有少量黄铁矿、黄铜矿、磁黄铁矿的结晶,形成的脉体宽度多数在 5 mm 以上,可见少量的辉钼矿晶片,矿化较弱。

石英-硫化物阶段：含矿热液中大部分脉石矿物已经结晶，残留的只是含矿的硅质热液，硅质热液结晶形成石英。早期石英细脉与岩石层理方向基本一致或夹角很小。成矿物质结晶形成辉钼矿、黄铜矿、黄铁矿、闪锌矿、方铅矿、自然银、硫铜银等，辉钼矿晶出的时间最晚。该阶段成矿方式以充填交代为主，矿液沿裂隙边缘扩散交代形成浸染状矿石或沿围岩的细—微裂隙充填形成细—微细脉状矿石。本阶段热液活动晚期，脉石矿物大量晶出，Mo 及其他金属元素浓度明显增高，并沿岩石及矿物的裂隙充填形成辉钼矿脉及其他金属矿脉。此阶段形成的矿脉较窄，宽度在 5 mm 以下。

碳酸盐化阶段：在整个矿体中普遍存在，脉切割前阶段形成的矿脉，脉内石英、微斜长石、辉钼矿几乎全部消失，仅有方解石、绿泥石和少量黄铁矿，脉宽 1~3 mm，其中方解石脉中绿帘石、绿泥石明显可见。据碳酸盐脉与含矿岩脉的交切关系分析，应属成矿期后热液活动阶段。

3. 表生期

分布在地表钼矿体内，由于表生氧化作用，原生矿石中金属硫化物被氧化形成褐铁矿、假象褐铁矿、孔雀石及少量的铁钼华、黄钾铁矾、铜蓝和部分黏土矿物，氧化带主要分布在原生矿体的顶部。

第五节 矿石工艺矿物学特点

矿床中 Mo 为主要成矿元素，伴生元素主要为 Cu、Ag，共生元素主要为 S、Re。

一、伴生元素

1. Cu

Cu 主要分布于钼矿体下部强钾化部位，见有厚度较薄的铜矿化体。从勘探线剖面图及组合分析结果可以看出，Cu 与 Mo 无直接相关性，从铜矿化体与钾化关系图可以看出，铜矿体与钾化关系密切，钾化越强，铜矿体厚度越大，品位越高，反之亦然。故局部 Mo 品位较高处 Cu 品位达到 0.2% 以上，形成铜钼矿石，局部仅见铜矿石，无规律可循。

矿石以硫化铜低品位矿石为主，局部见有工业铜矿石，矿石主要为钾长石石英细脉。

2. Ag

在 ZK15-4 钻孔深部见一银矿体，呈细脉状，长 400 m，走向东西，倾向北，倾角 65°，矿体真厚度 2.45 m，平均品位 83.7 g/t，矿体延伸 400 m，埋深 1050 m，含矿岩石为石英脉。

二、共生元素

1. S

矿石中含硫矿物主要为黄铁矿、辉钼矿、黄铜矿等，S 平均含量 1.47%，S 含量与 Mo 品位呈正相关关系，Mo 品位越高，S 含量就越高。

2. Re

白山钼矿矿石中 Re 虽未达到综合利用要求，平均含量 1×10^{-6}，但其主要赋存于 3R 型辉钼矿晶格中，45% 品位的钼精矿中 Re 含量可达 750×10^{-6}，故在综合回收时应予以高度重视。

第六节　矿床成因和成矿模式探讨

白山钼矿床的形成为深源富钼的酸性岩浆沿通道上升形成浅成花岗(斑)岩体演化的结果,含矿花岗岩浆在分离结晶的过程中,使得残留的硅酸盐熔浆中成矿物质与挥发分在岩体顶部聚集,形成富含挥发分的含矿气液,含矿的岩浆热液在沿着各种裂隙通道向上运移的过程中,与发生了水-岩作用的深循环大气降水(演化大气降水)混合,成矿热液温度、压力的下降和 f_{O_2}、pH 值的升高,导致 Cu、Mo 等络合物变得很不稳定而解体和沉淀,形成矿床。白山钼矿床形成于距今 227 Ma 左右,成矿物质可能来自矿床深部的花岗斑岩。

白山钼矿区具有多期成岩和成矿的特点,即早期成岩成矿作用发生在中三叠世,晚期成岩成矿作用发生在早侏罗世。矿床成矿模式见图 19-3。

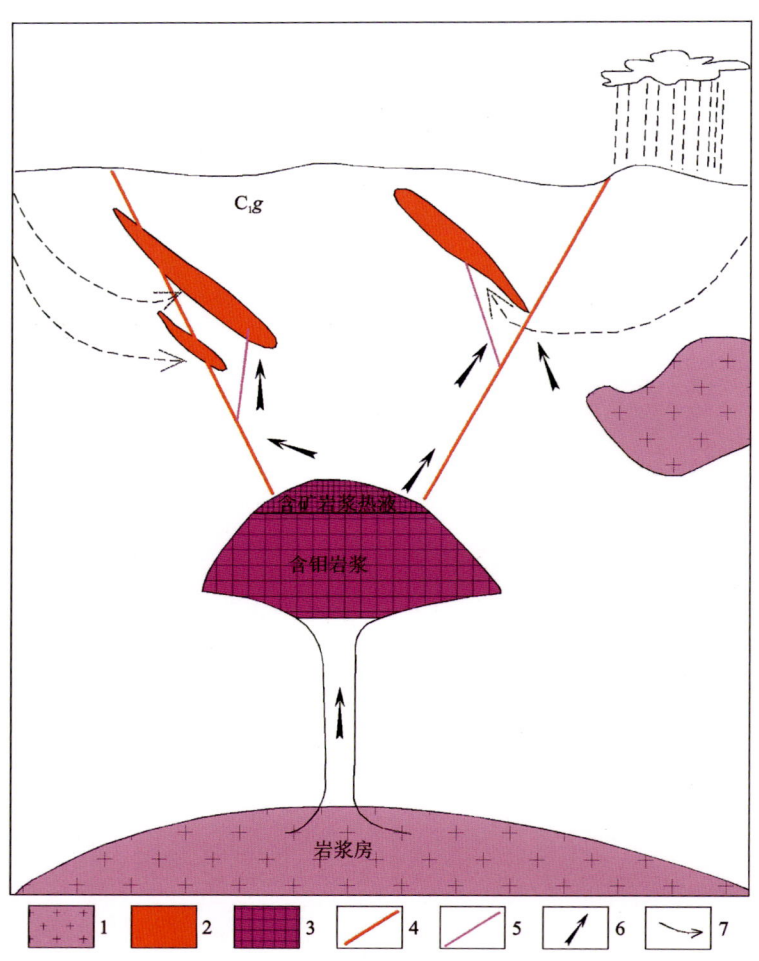

C_1g.干墩组;1.水-岩作用的花岗岩体(脉);2.矿体;3.含矿岩浆热液;4.康古尔-黄山大断裂;5.次级断裂;6.岩浆水运移方向;7.演化的大气降水及流向。

图 19-3　哈密市白山钼矿矿床成矿模式图

白山钼矿区钼矿化受钾化斜长花岗岩的控制,矿化产于围岩中,少数在岩体中,与成矿有关的围岩蚀变主要为钾化、硅化、黄铁矿化,其次为绢云母化、黑云母化、绿泥石化、石膏化。矿化类型为细脉—浸染状、网脉状、团斑状，成矿元素为 Mo、Cu 和 Ag。钾化斜长花岗岩中的辉钼矿年龄（Re-Os 等时线年龄）230 Ma，黑云母长英质角岩中的辉钼矿年龄（Re-Os 等时线年龄）（227.7±4.3）Ma（张达玉等，2009）。钾化斜长花岗岩中的辉钼矿、黑云母长英质角岩中的辉钼矿年龄接近，表明钼成矿作用与斜长花岗岩侵入有关，为中三叠世成矿。

  白山钼矿床含矿流体是岩浆水和演化大气降水的混合流体，其成矿与深部岩体有关。矿床地质和流体特征都指示了白山钼矿床为斑岩型钼矿床，成岩成矿年龄的测试结果也支持了这一结论。中国科学院对白山钼矿 ZK15-5 钻孔 2 088.5 m 处斜长花岗岩进行了 LA-ICP-MS 锆石 U-Pb 定年，获得了（230.6±3.8）Ma 的成岩年龄，表明白山钼矿为斑岩型钼矿，且成矿岩体位于深部。

主要参考文献

邓刚,吴华,卢全敏,等,2004.东天山白山斑岩型钼矿床的地质特征及找矿标志[J].地质通报,23(1):1132-1138.

贺静,莫新华,彭明兴,等,2002.白山钼矿地质特征及成因探讨[J].西部探矿工程.增刊(1):163-165.

卫管一,许国琳,1997.新疆白山地区碰撞带花岗岩的地球化学特征[J].矿物岩石,17(4):33-38.

吴艳爽,项楠,汤好书,等,2013.东天山东戈壁钼矿床辉钼矿Re-Os年龄及印支期成矿事件[J].岩石学报,29(1):121-130.

项楠,杨永飞,吴艳爽,等,2013.新疆东天山白山钼矿床流体包裹体研究[J].岩石学报,29(1):146-158.

张达玉,周涛发,袁峰,等,2009.新疆东天山地区白山钼矿床的成因分析[J].矿床地质,28(5):663-672.

朱志敏,熊小林,初凤友,等,2013.新疆东天山白山钼矿深部岩体地球化学特征及成因意义[J].岩石学报,23(1):167-177.

内部资料

路魏魏,等,2012.新疆哈密市白山钼矿深部找矿勘查报告[R].哈密:新疆地矿局第六地质大队.

附录 19 图片及说明

图1 白山钼矿试采坑保留的矿柱
密集的石英脉，产状陡立。

图2 钼矿石 手标本
辉钼矿呈薄膜状分布在岩石节理面。

图3 薄膜状辉钼矿
岩石为角岩，其一侧表面分布薄膜状辉钼矿。

图4 含辉钼矿石英脉
岩石主要由石英组成，为石英脉岩，其间零星分布着辉钼矿（灰黑色斑点）。

图5 含辉钼矿石英脉岩-角岩
手标本左侧为石英脉，右侧为角岩，接触部位分布有自形长石晶粒和薄膜状辉钼矿。

图6 黑云母微晶片岩1
岩石黑灰色，其间分布片状黑云母，呈层分布，具层状构造，局部可见白色石英细脉。

图7 黑云母长英质角岩　50×　正交偏光

岩石具角岩结构,长石、石英呈他形变晶不规则粒状紧密镶嵌分布,其间分布黑云母,黑云母呈鳞片状大致定向排列。岩石具条带韵律特征。

图8 黑云母斜长角岩　50×　正交偏光

岩石具角岩结构,主要由斜长石、石英、黑云母等矿物组成,长石弱蚀变,表面混浊,受应力作用影响岩石具显微揉皱现象。

图9 长英质角岩　50×　正交偏光

岩石具显微粒状变晶结构,主要由长石和石英组成,局部可见长石、石英分离集中成平行条带,显条带韵律。

图10 长英质方解石脉　50×　正交偏光

岩石具角岩结构,为斜长石和石英组成的斜长角岩,其中可见长英质脉穿插其中,后又被方解石斜长石脉穿切。

图11 黑云母微晶片岩2　50×　正交偏光

岩石具鳞片粒状变晶结构,主要由石英、长石、黑云母组成,黑云母呈细鳞片状大致定向排列,构成层理,显层状构造。

图12 角岩中的片岩条带　50×　正交偏光

岩石具粒状变晶结构,条带状构造,主要由石英、长石组成,与层理平行夹杂着片岩条带,与角岩呈互层状分布,片岩条带中分布有片状变晶白云母。

图 13 强阳起石化细碧岩 50× 正交偏光
岩石具纤维变晶结构,主要由阳起石、斜长石、褐铁矿组成,阳起石呈纤柱状,杂乱分布,略具半定向性;长石等矿物大多非常细小,呈显微粒状分布在阳起石粒间。

图 14 花岗岩1 50× 正交偏光
岩石具花岗结构,主要由斜长石、钾长石、石英组成,斜长石多见环带构造,表面高岭石化、绢云母化。

图 15 花岗岩2 50× 正交偏光
岩石具半自形粒状结构,主要由石英、斜长石、钾长石组成,含有少量黑云母、方解石,黑云母多绿泥石化,局部可见自形磷灰石。

图 16 花岗岩3 50× 正交偏光
岩石具花岗结构,局部可见压碎现象,显示弱片麻理构造。

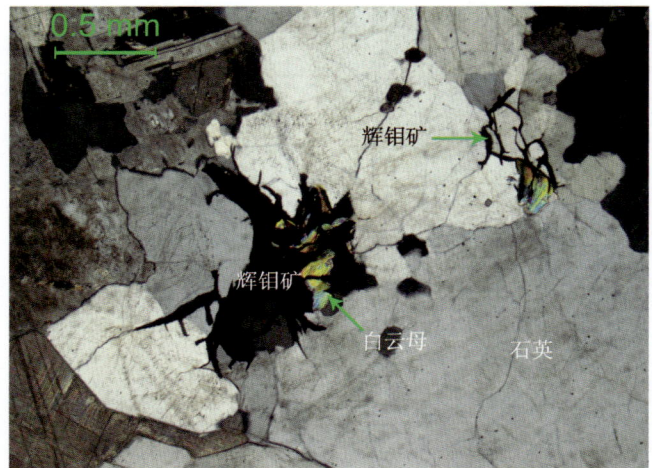

图 17 含辉钼矿花岗岩 50× 正交偏光
岩石具花岗结构,主要由石英、斜长石、钾长石组成,局部可见辉钼矿呈细长叶片状、树枝状分布在石英间,并交代白云母。

图 18 石英脉(岩)1 50× 正交偏光
岩石具他形粒状结构,主要由石英组成,石英呈大小不一的他形粒状。岩石的矿物组成较单一。

图19 石英脉(岩)2 50× 正交偏光

微斜长石沿石英脉边缘分布,自形程度较好。

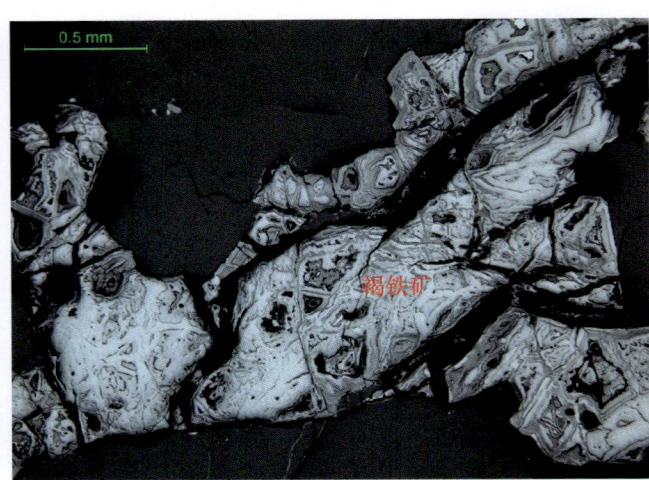

图20 褐铁矿 50× 单偏光

石英脉中褐铁矿沿裂隙充填,褐铁矿呈团块状或立方体假象,内部呈环带状结构。

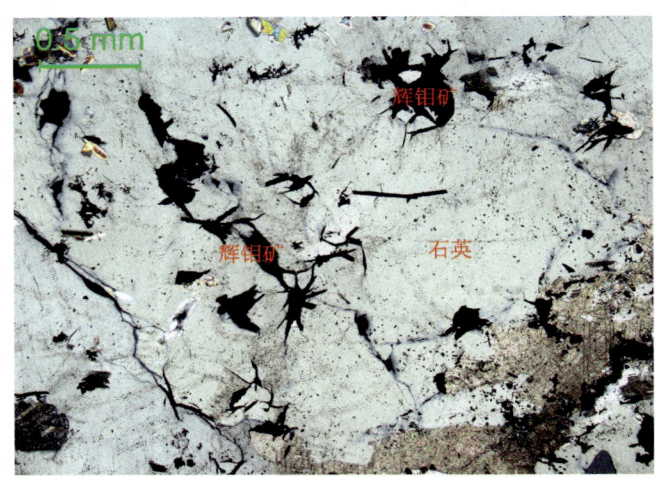

图21 长英质脉岩与辉钼矿1 50× 正交偏光

辉钼矿呈叶片状、树枝状、鳞片状分布在长英质脉岩的石英颗粒间。

图22 长英质脉岩与辉钼矿2 50× 正交偏光

辉钼矿呈叶片状、放射状、脉状、浸染状分布在石英粒间或裂隙中。

图23 硅化1 50× 正交偏光

石英呈微细粒状穿孔交代斜长石,岩石为长英质脉岩。

图24 硅化2 50× 正交偏光

次生石英沿围岩裂隙充填,并交代斜长石,同时伴有白云母化、黄铁矿化。

图25 白云母化 50× 正交偏光

岩石具半自形粒状结构,主要由石英、斜长石、钾长石组成。岩石绢云母化,绢云母呈细小鳞片状交代斜长石。

图26 钾长石化1 50× 正交偏光

正长石沿裂隙充填,并向围岩扩散产生钾长石化,伴有辉钼矿化及白云母化。

图27 钾长石化2 100× 正交偏光

正长石沿裂隙充填,并向围岩扩散,产生正长石化交代斜长石。

图28 钾长石化3 50× 正交偏光

在正长石脉中残留的围岩角砾,已完全被细粒次生钾长石集合体取代。

图29 黑云母化1 50× 正交偏光

岩石为长英质脉岩,在长英质脉与角岩接触边缘有粗大片状黑云母集中分布,并沿边缘大致定向分布。

图30 黑云母化2 50× 正交偏光

次生黑云母与石英、黄铁矿交代原生矿物斜长石。

图 31 绿帘石化 50× 正交偏光

次生矿物绿帘石、石英、阳起石等叠加在岩石中,交代斜长石。

图 32 绿泥石化 50× 正交偏光

岩石为黑云母斜长角岩,其中黑云母大多绿泥石化,部分黑云母已完全被绿泥石交代。

图 33 黄铁矿化 50× 正交偏光

黄铁矿化与方解石化、钾长石化伴生,沿裂隙分布,并向围岩扩散交代。

图 34 黄钾铁矾化 50× 单偏光

黄钾铁矾呈自形粒状与褐铁矿化一起出现在氧化带中。

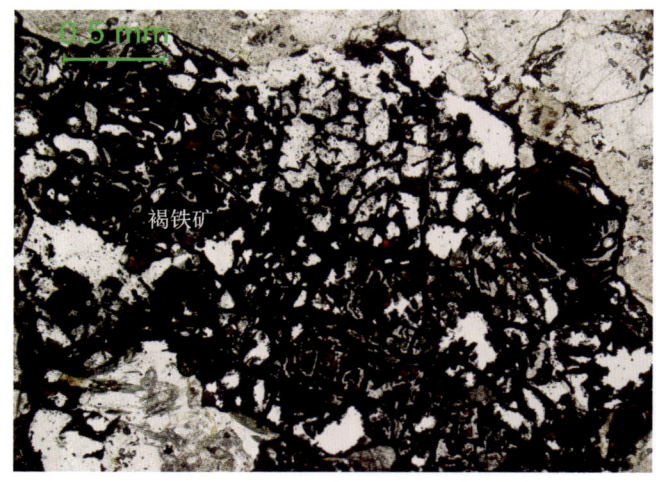

图 35 褐铁矿化1 50× 单偏光

褐铁矿呈网脉状、不规则粒状分布在蚀变的斜长角岩中,是氧化矿石中的特征矿物之一。

图 36 褐铁矿化2 50× 单偏光

褐铁矿呈脉状、网脉状、不规则粒状沿裂隙分布或交代原生硫化物。

哈密市白山钼矿

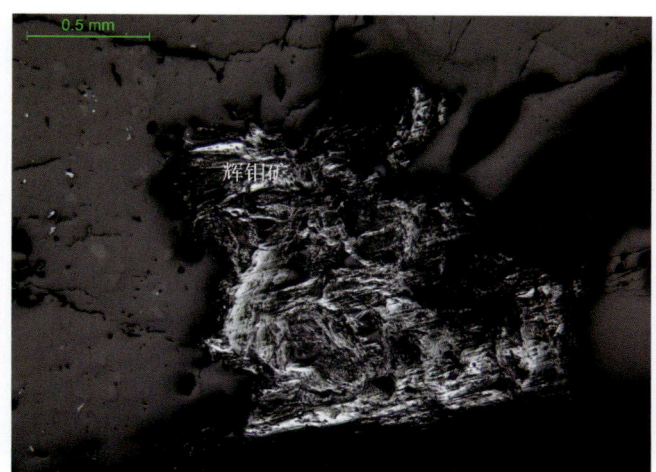

图 37　辉钼矿 1　50×　单偏光
辉钼矿呈不规则团块状集合体,零星分布在脉石矿物中。

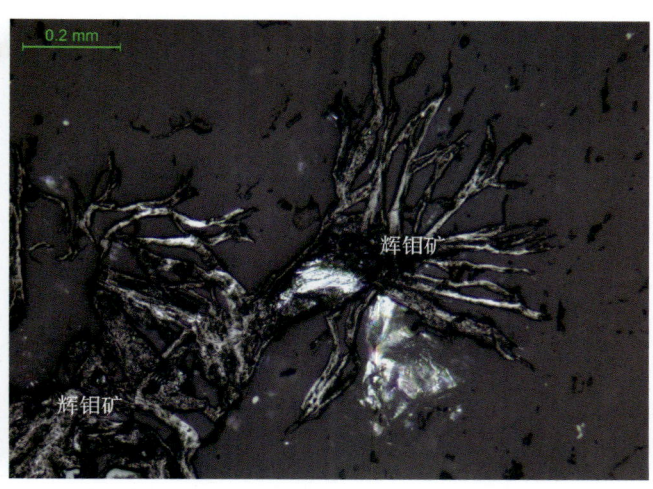

图 38　辉钼矿 2　100×　单偏光
辉钼矿呈放射状、树枝状,常发生折曲变形。

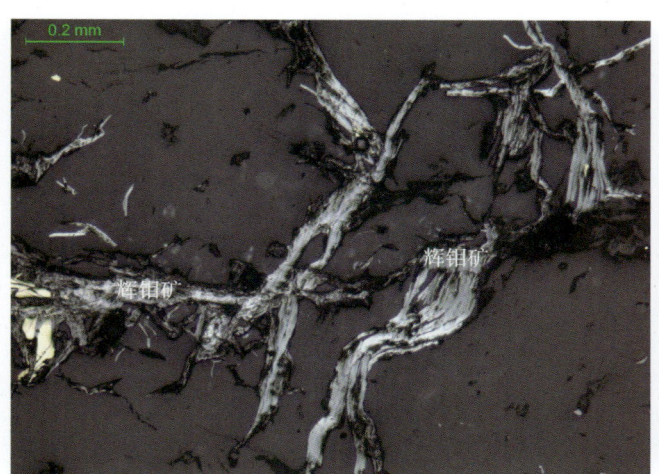

图 39　辉钼矿 3　100×　单偏光
辉钼矿呈树枝状、细长羽毛状分布在脉石矿物间。

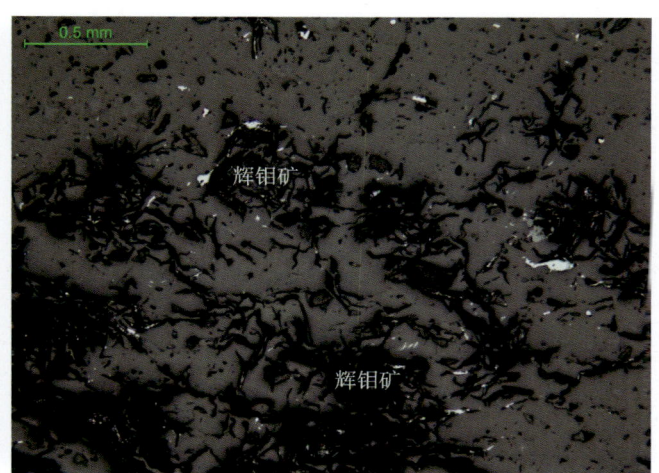

图 40　辉钼矿 4　50×　单偏光
辉钼矿呈菊花状分布在脉石矿物中。

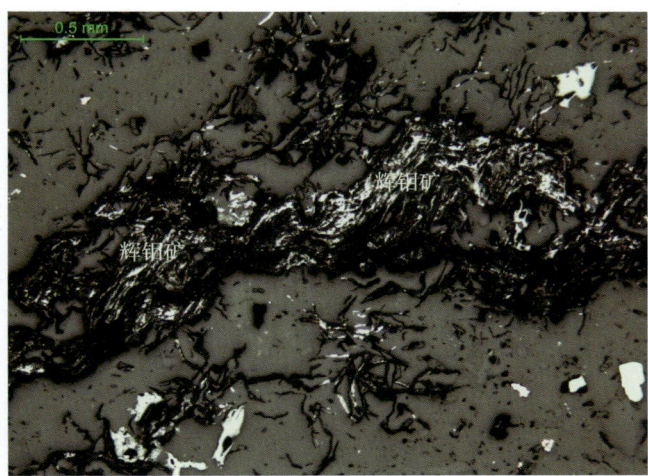

图 41　辉钼矿 5　50×　单偏光
辉钼矿呈集合体大致定向分布,可见复杂的揉曲现象。

图 42　辉钼矿、黄铁矿　100×　单偏光
岩石中主要金属矿物为辉钼矿,其次为黄铁矿,辉钼矿交代黄铁矿。

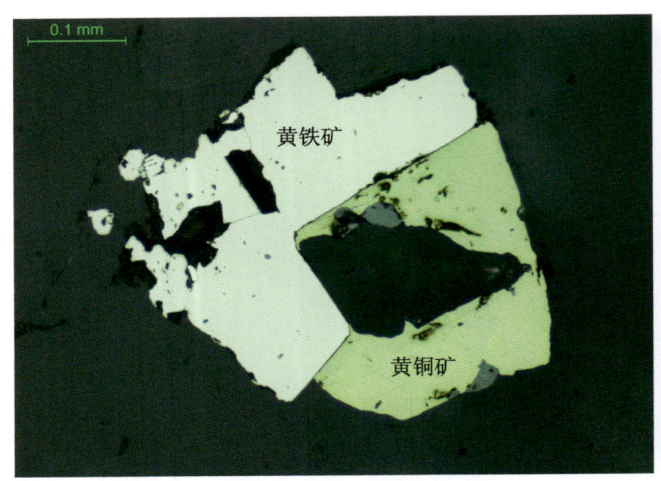

图43 共结边结构 200× 单偏光
自形—半自形粒状黄铁矿与黄铜矿呈共结边结构,密切共生。

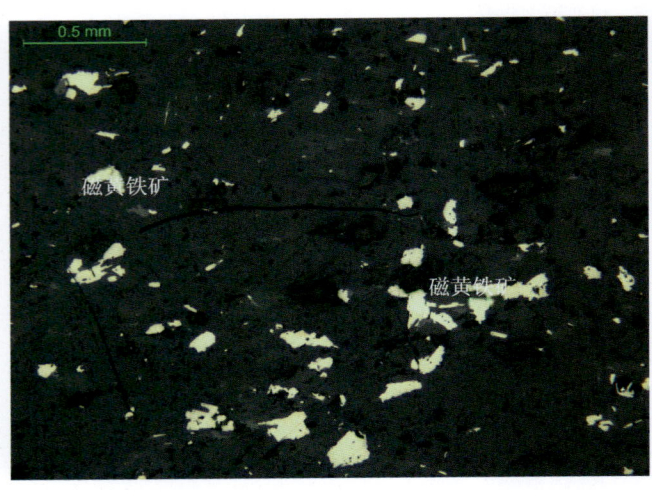

图44 磁黄铁矿 50× 单偏光
磁黄铁矿呈星散浸染状分布在岩石中。

图45 压碎结构 50× 单偏光
黄铁矿受应力作用破碎,晶粒内部多裂纹,边缘碎裂呈细小粒状,形成压碎结构。

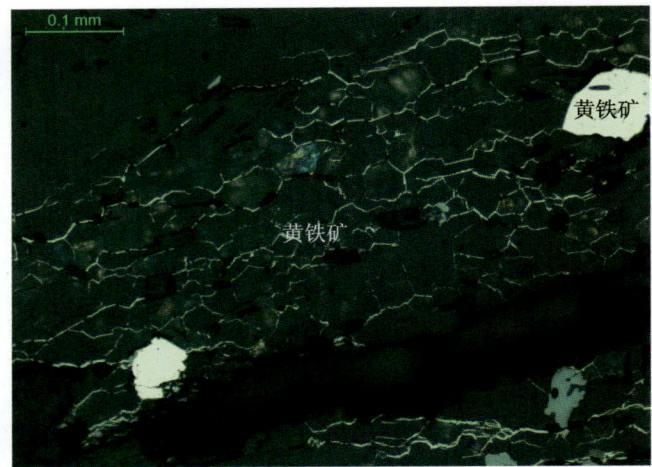

图46 细脉浸染状结构 200× 单偏光
黄铁矿呈细脉浸染状分布在脉石矿物粒间,局部可见半自形—他形粒状黄铁矿晶粒。

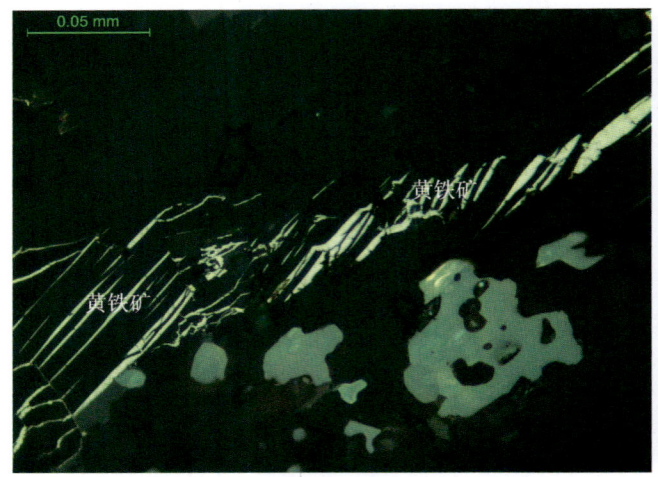

图47 黄铁矿 500× 单偏光
黄铁矿呈叶片状、条带状定向分布在脉石矿物中,并发生褶曲变形。

图48 黄铁矿、黄铜矿 100× 单偏光
黄铜矿呈细小他形粒状分布在黄铁矿中,形成包含结构。

哈密市白山钼矿

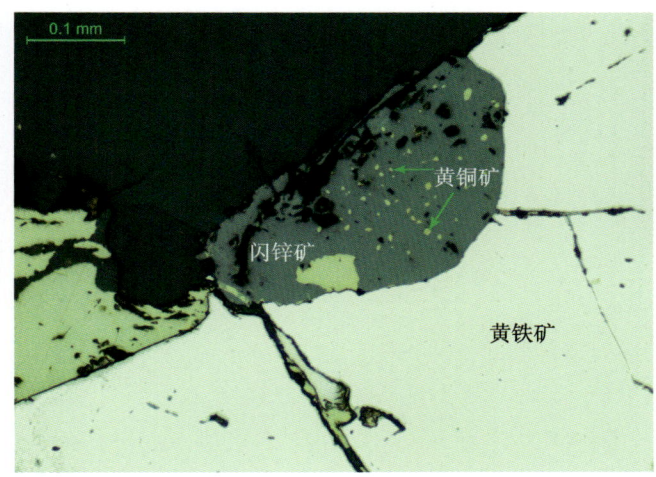

图 49 黄铜矿、闪锌矿 200× 单偏光
黄铜矿呈细小粒状散布在闪锌矿中,呈乳滴状结构。

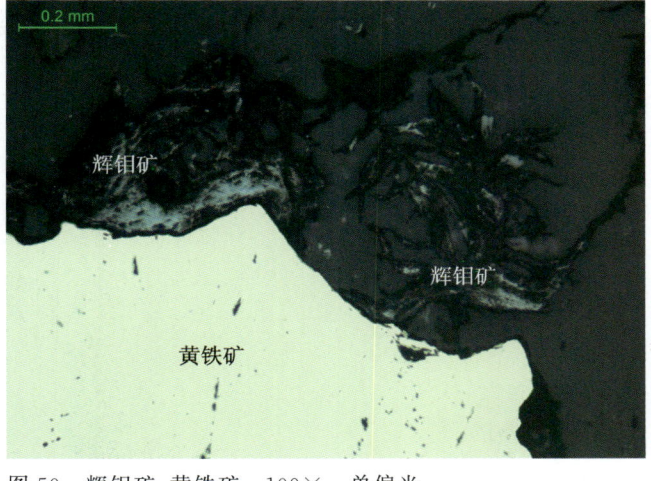

图 50 辉钼矿、黄铁矿 100× 单偏光
辉钼矿呈弯曲叶片状分布在黄铁矿边缘。

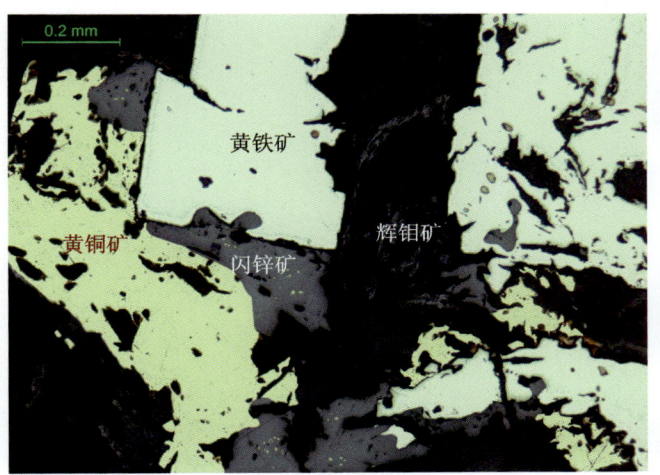

图 51 黄铁矿、黄铜矿、闪锌矿、辉钼矿 100× 单偏光
半自形粒状黄铁矿与他形黄铜矿、闪锌矿共生,黄铁矿和闪锌矿中可见细小黄铜矿分布,辉钼矿呈叶片状分布在其他矿物粒间。

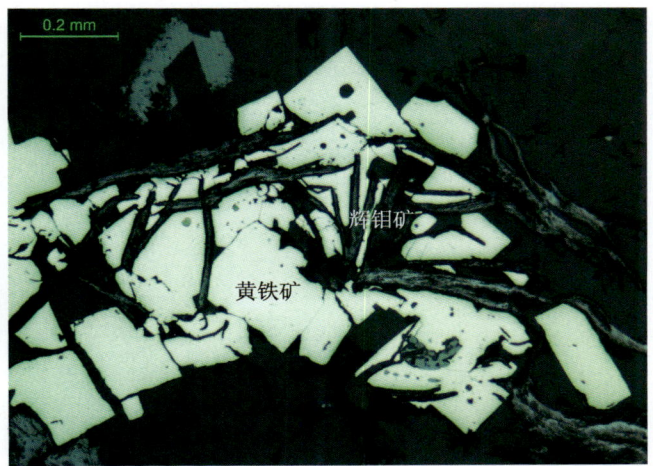

图 52 穿插交代结构 100× 单偏光
黄铁矿呈自形—半自形粒状分布在脉石矿物间,辉钼矿呈叶片状、树枝状沿边缘及粒间穿插交代黄铁矿。

托克逊县忠宝钨矿

拍摄者岳蕴辉

整体介绍

忠宝钨矿床位于新疆托克逊县城南东 70 km,矿区中心位置:东经 88°52′03″,北纬 42°10′41″。行政区划隶属托克逊县管辖。通往托克逊盐场及彩华沟硫铜矿的简易公路横穿矿区,向北西与 G314 国道连接,矿区交通条件较好。

1959—1964 年,新疆地矿局第二区调大队开展了 1∶20 万区域地质矿产调查,圈定忠宝岩体在内及鹿角山一带近东西走向的白钨矿重砂异常约 300 km², 指示了钨矿的找矿前景。1987—1990 年,西北大学完成了 1∶20 万区域化探扫面,圈定了彩华沟铜多金属异常、忠宝岩体及南西片区的钨、锡等元素的异常区。对矿化矽卡岩取样分析,WO_3 含量最高达 0.1%。2002 年,新疆地矿局物化探大队在彩华山地区开展 1∶5 万化探普查时,发现 1 号钨矿体和数处矿化。2003—2006 年,新疆地矿局物化探大队对忠宝钨矿进行了普查-详查工作,对区内矽卡岩的含矿性进行了评价,通过槽探和钻探工程,圈定钨矿体密集分布区(矿群)12 个,钨矿体 64 个,其中工业矿体 52 个,低品位和不够厚度矿体 12 个,确认为一中型钨矿床。

第一节 矿区地质特征

忠宝钨矿位于塔里木板块与准噶尔板块缝合带南侧，处于萨阿尔明-库米什晚古生代沟弧带内。矿区位于库米什-彩华沟背斜东段的倾伏端，出露阿尔彼什麦布拉克下亚组变质碎屑岩、钙质片岩夹大理岩。伴随着强烈的构造、岩浆活动，褶皱、断裂构造均较发育，并在侵入体与钙质岩石接触带形成矽卡岩和钨矿体（图20-1）。

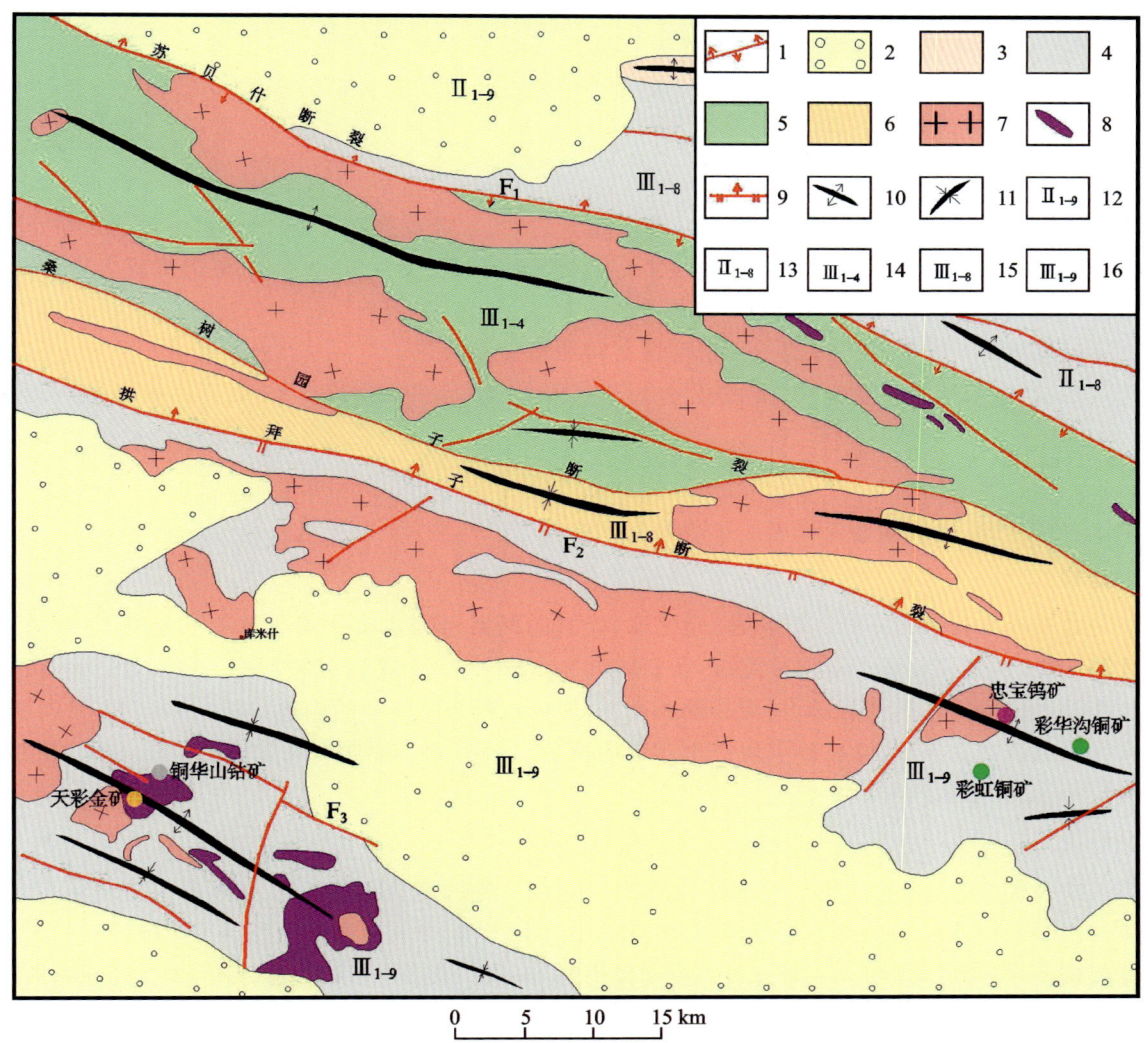

1.板块缝合线；2.喜马拉雅期构造层；3.燕山期构造层；4.海西期构造层；5.加里东期构造层；6.元古宙构造层；7.花岗岩；8.超基性岩；9.区域主干断裂；10.背斜构造；11.向斜构造；12.吐-哈中间地块；13.哈尔力克-大南湖晚古生代岛弧带；14.博罗努早古生代岛弧-弧后带；15.哈尔克-巴伦台古生代沟弧带；16.萨阿尔明-库米什古生代沟弧带。

图20-1 忠宝钨矿矿区区域地质构造略图

一、地层

矿区出露地层为下泥盆统阿尔彼什麦布拉克下亚组和第四系，根据岩石组合特征将阿尔彼什麦布拉克下亚组分为 3 个岩性段。

1. 第一岩性段

出露于矿区西部，F_1 断层以西，下部为黑云母长石片岩、含石榴石黑云母石英片岩、二云母长石片岩、十字石蓝晶石片岩、石榴石英岩、磁铁石英岩、大理岩等；中部为二云母长石片岩、钙质片岩、石英片岩；上部为浅黄色条带状大理岩、黑云母石英片岩等。各层整合接触，厚 1334 m。

2. 第二岩性段

下部为白色大理岩、暗灰色黑云母石英片岩、角闪片岩；中部为浅灰色石英片岩、黑灰色钙质片岩、黑色角闪片岩及少量变粒岩；上部为暗灰色黑云母石英片岩、钙质片岩、大理岩呈互层产出，中夹有石榴石黑云母石英片岩、矽卡岩化黑云母石英片岩。区内主要含矿矽卡岩分布于此段地层中，厚 473 m。

3. 第三岩性段

下部为灰白色石英片岩、钙质片岩、黑云母石英片岩、二云母石英片岩，底部见霏细斑岩条带；中部以钙质片岩为主，次为石英片岩、黑云母石英片岩；上部以黑云母石英片岩为主，中夹透镜状大理岩和少量石英片岩、绿泥石英片岩。

上述阿尔彼什麦布拉克下亚组 3 个岩性段之间为整合接触。

第四系：矿区第四系主要为冲、洪积层，分布于各大小干河沟中，厚 1~5 m，岩石由砂、砂砾石组成。

二、构造

矿区构造发育，受岩浆侵入作用的影响构造形迹复杂。

1. 褶皱

矿区处于库米什-彩华沟背斜的东段倾伏端，褶皱的两翼由阿尔彼什麦布拉克下亚组第一、第二、第三岩性段构成，两翼及转折端岩层较宽缓，背斜轴向 106°~296°，两翼岩层倾角 25°~65°，多为 40°~50°。由于构造及岩体侵入作用的影响，局部小褶曲发育，形成相对封闭有利的构造空间，有利于岩浆与围岩的充分交代和热液矿化作用，含矿矽卡岩产于背形褶曲的核部内侧。褶曲形成顶盖的局部圈闭，此部位的矽卡岩较为发育，矿脉成群丛生。

2. 断裂

矿区断裂较为发育，主要有近东西向、北东向、北西向 3 组，其中以近东西、北东向最为发育。

矿区内断裂构造以北东向为主，北西向和近南北向次之，断裂具多期活动和继承性特点。

断裂构造对矿区岩体和矽卡岩分布的控制作用明显，矽卡岩多沿断裂成群分布，尤其是北东向断裂。据统计，夹于 F_3 与 F_4 之间的矽卡岩占全区的 70%。断裂构造亦是后期叠加矿化的有利因素。在矿区向南、南东倾斜的矿体中常有产状 330°~340°∠65°~75° 的后期叠加的云英岩脉和石英窄脉状矿化，常可使前期的贫矽卡岩矿体明显增富。同时沿该组裂隙也有富矿脉产出。

三、侵入岩

矿区范围内为海西期酸性侵入体，岩体侵位于下泥盆统阿尔彼什麦布拉克下亚组中，其平面呈一马蹄形，面积 16.15 km²，产状为一岩株，根据岩石的颜色、组构和成分特征，分为灰白色二云母二长花岗岩、肉红色二云母二长花岗岩、肉红色正长花岗岩等。

1. 深成侵入岩

深成侵入岩主要分布在矿区的中部及东北角,为早二叠世浅肉红色花岗岩、灰绿色闪长岩,均呈岩基状或岩株状产出,花岗岩岩体中发育后期辉绿玢岩岩脉。岩体局部可见氯铜矿化。

2. 脉岩

区内脉岩发育,有辉绿玢岩、闪长玢岩、花岗斑岩等。走向近东西,分布与区域构造线方向一致。

区内脉岩广泛分布,其种类亦多,基性—中酸性—碱性脉岩均有分布。按脉岩的侵入时间顺序:蚀变闪长岩→黄铁矿化花岗闪长斑岩→灰白色细粒花岗岩→肉红色细粒花岗岩→肉红色二云母二长花岗岩→灰白色中细粒二长花岗岩→正长花岗斑岩→正长岩→伟晶岩→闪长玢岩→辉绿岩→细粒闪长岩。酸性脉岩中多有细粒自形粒状钙铝榴石成分,含量1%~3%。多处可见脉中脉,即晚期岩脉贯入早期岩脉。

矿区内除上述脉岩外,还有含白钨矿石英脉、含铜矿化石英脉、富钨矿云英岩脉、方解石脉等,其形成多与含矿热液活动有关。

第二节 矿床地质特征

该矿床赋矿地层为下泥盆统阿尔彼什麦布拉克下亚组,其下部为黑云母石英片岩、二云母长石片岩、十字石蓝晶石片岩、石榴石英岩、磁铁石英岩、大理岩、钙质片岩、条带状大理岩;中部为白色大理岩、钙质片岩、黑云母石英片岩、石英片岩、角闪片岩,主要含矿矽卡岩即分布于此段地层中;上部为石英片岩、钙质片岩、黑云母石英片岩、二云母石英片岩、绿泥石石英片岩夹透镜状大理岩和霏细斑岩条带。矿床产于库米什-彩华沟背斜东段的倾伏端,背斜轴向北西西-南东东,两翼岩层倾角30°~60°。由于构造及岩体侵入作用的影响,小褶曲发育,形成局部构造圈闭,此部位的矽卡岩及钨的矿化最为发育。矿区内断裂构造以北东向为主,北西向和近南北向次之。北东向断裂近于平行产出,多为剪切走滑断层,该组断裂和背斜构造控制着岩体的边界与岩浆的活动。矿区内侵入岩为海西中期酸性岩体,岩体侵位于阿尔彼什麦布拉克下亚组中,由二长花岗岩-钾长花岗岩-正长岩组成,属于壳源岩浆产物,为偏碱性的过铝钙碱系列花岗岩,构造环境为造山带后碰撞环境。岩体与阿尔彼什麦布拉克下亚组接触带上发育钙质矽卡岩,呈层状、条带状、透镜状或不规则形态产于岩体的外接触带或顶部,可分为早矽卡岩(简单矽卡岩或干矽卡岩)和晚矽卡岩(复杂矽卡岩或湿矽卡岩)。早矽卡岩的特征矿物主要为透辉石、透闪石、钙铝榴石;晚矽卡岩的特征矿物主要为透辉石、符山石、硅灰石、方柱石、绿帘石、阳起石等,钨矿化多产于复杂矽卡岩中。区内面积大于100 m×20 m的矽卡岩共有39处,其规模一般(0.05~0.2) km×(0.15~0.6) km,最大1.5 km²。

矿区圈出矿脉群12个,钨矿体64个(图20-2)。矿体主要分布于忠宝岩体的东部外接触带矽卡岩、云英岩中。矿体具有簇群丛生的特点,形态呈透镜状、似层状、脉状及不规则状。规模一般长50~300 m,厚1~10 m,斜深多小于100 m。个别矿体长达650 m,最厚30.05 m,斜深在180 m以上。产于岩体顶部残留体中的矿体以透镜状、脉状及不规则状为主,产状缓,倾角30°~50°,规模不大,长50~300 m,厚3~30 m,斜深多小于300 m。但矿体品位较富,WO_3 0.14%~2.55%;产于岩体外接触带的矿体以透镜状、脉状及似层状为主,产状较陡,倾角50°~70°,规模较大,长150~300 m,最长650 m。厚2~25 m,最大斜深在400 m以上。矿体 WO_3 品位一般0.12%~0.70%,以中低品位为主。矿区主要矿体的详细特征见表20-1。

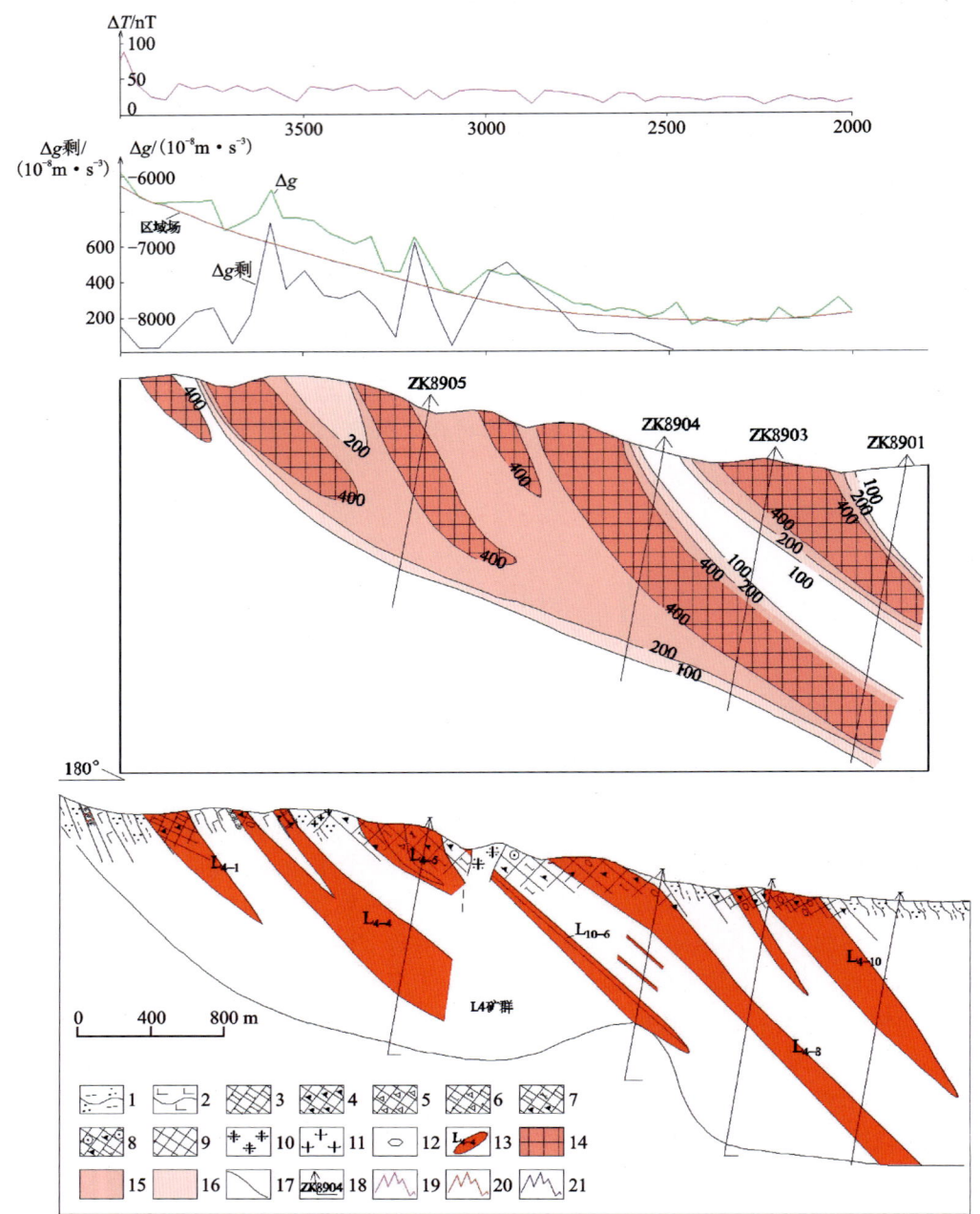

1.黑云母石英片岩;2.钙质片岩;3.透辉石矽卡岩;4.符山石矽卡岩;5.硅灰石矽卡岩;6.透辉石硅灰石矽卡岩;7.阳起石符山石透辉石矽卡岩;8.石榴石符山石透辉石矽卡岩;9.矽卡岩;10.云英岩;11.细晶花岗岩;12.白钨矿;13.钨矿体及编号;14.原生晕异常:$W \geqslant 400 \times 10^{-6}$;15.原生晕异常:$200 \times 10^{-6} \leqslant W < 400 \times 10^{-6}$;16.原生晕异常:$100 \times 10^{-6} \leqslant W < 200 \times 10^{-6}$;17.地质界线;18.钻孔位置及编号;19.磁异常曲线;20.布格重力曲线;21.剩余重力曲线。

图 20-2 托克逊县忠宝钨矿床典型剖面图

表 20-1 忠宝钨矿矿区主要矿体特征一览表

矿体编号	矿体形态			矿体品位/%	含矿岩性
	长/m	厚/m	形态		
L$_{1-1}$	170	1.15~13.31	脉状、透镜状	0.48	矽卡岩、云英岩
L$_{3-3}$	190	0.54~5.93	脉状	0.43	矽卡岩、蚀变岩

续表 20-1

矿体编号	矿体形态			矿体品位/%	含矿岩性
	长/m	厚/m	形态		
L_{4-4}	115	2.55～19.71	脉状	0.44	矽卡岩、脉岩
L_{4-6}	220	0.76～11.04	脉状	0.18	矽卡岩、脉岩
L_{4-8}	120	2.92～30.89	似层状	0.21	矽卡岩、脉岩
L_{4-10}	220	2.09～18.49	似层状、脉状	0.29	矽卡岩、脉岩
L_{5-3}	130	2.35～9.67	脉状	0.54	矽卡岩及云英岩化花岗岩
L_{5-5}	190	0.90～26.70	不规则状	0.63	矽卡岩及云英岩化花岗岩
L_{7-3}	270	2.32～11.00	不规则脉状	0.42	矽卡岩
L_{10-3}	550	0.90～30.05	似层状	0.24	矽卡岩
L_{10-14}	100	2.48～3.79	脉状	0.74	矽卡岩
L_{10-17}		1.10～29.98	脉状	0.27	矽卡岩

第三节　矿区主要岩石类型及围岩蚀变

一、矿区主要岩石类型及特征

本次研究在前人工作的基础上,采集了矿区地表及钻孔的大量岩矿石样品,经过详细鉴定测试研究,结合野外地质情况,对容矿岩石及成矿母岩的确定取得了新的认识。容矿岩石为矽卡岩、云英岩及蚀变花岗岩,以矽卡岩为主,次为云英岩,与矽卡岩有关的岩浆岩属于钾长花岗岩,矿化蚀变作用较弱。岩、矿石标本见附录 20 图 1～图 6。

各类岩石中矿物相对含量统计见表 20-2。

表 20-2　忠宝钨矿各类岩石中矿物相对含量统计表　　　　单位:%

矿物	透辉石	绿帘石	硅灰石	符山石	斜长石	钾长石	石英	白云母	白钨矿
透辉石矽卡岩	85	2	2	1	6	0	3	0	1
透辉石绿帘石矽卡岩	33	61	0	1	1	0	3	0	1
符山石透辉石矽卡岩	77	5	1	10	3	0	3	0	1
符山石硅灰石矽卡岩	0	0	40	53	5	0	1	0	1
云英岩	0	0	0	0	6	0	58	33	3
钾长花岗岩	0	0	0	0	10	30	46	13	1

片岩:矿区广泛分布,出露在下泥盆统阿尔彼什麦布拉克下亚组 3 个岩性段中,根据矿物组合不同可划分出多个岩石类型。主要有黑云母长石片岩、含石榴石黑云母石英片岩、角闪片岩、二云母长石片岩、十字石蓝晶石片岩。

黑云母石英片岩:在下泥盆统阿尔彼什麦布拉克下亚组 3 个岩性段中均有出露,暗灰色、灰黑色,鳞片粒状变晶结构、片状构造,由黑云母(含量30%~40%)、白云母(含量1%~5%)、石英(含量45%~55%)、斜长石(含量10%以下)等组成,副矿物有磷灰石、锆石等(附录20图7)。

二云母长石片岩:出露在下泥盆统阿尔彼什麦布拉克下亚组第一岩性段中,暗灰色,鳞片粒状变晶结构,片状构造,矿物成分有黑云母(含量20%~30%)、白云母(含量8%~15%)、长石(含量30%~40%)、石英(含量20%~30%)等,副矿物有磷灰石、锆石、金红石、电气石、磁铁矿等。黑云母含量增加时,可见黑云母长石片岩(附录20图8)。

斜长角闪片岩:出露在下泥盆统阿尔彼什麦布拉克下亚组第二岩性段中,矿区中常见,呈灰绿色,柱粒状变晶结构,平行定向构造,斜长石含量大于10%,以角闪石和斜长石为主,含有一定数量的石英及黑云母,常见榍石等矿物(附录20图9)。当片柱状矿物含量超过40%,斜长石含量小于10%时,则过渡为角闪片岩(附录20图10)。

大理岩:出露在下泥盆统阿尔彼什麦布拉克下亚组第一、第二岩性段中,灰白色,他形—半自形粒状变晶结构,块状构造,粒径0.5~4 mm,由方解石及少量石英、白云母等组成(附录20图11)。

石英岩:出露在下泥盆统阿尔彼什麦布拉克下亚组第一岩性段中,呈灰白色,粒状变晶结构,以石英为主(含量65%以上)(附录20图12),方解石、黄玉他形填隙分布于石英中,在不同地段,此岩相变为石榴石石英岩、磁铁石英岩。磁铁石英岩中磁铁矿含量8%~10%。受构造挤压影响,石英被压扁拉长定向分布,形成石英片岩。

长英质变粒岩:仅见于下泥盆统阿尔彼什麦布拉克下亚组第二岩性段中,岩石呈灰白色,粒状变晶结构,条带或块状构造,主要矿物为斜长石、石英,次有钾长石、透辉石及帘石等(附录20图13)。

矽卡岩:矿区主要含白钨矿的赋矿围岩,主要由透辉石、石榴石、绿帘石、符山石及透闪石、阳起石、石英、斜长石及萤石等构成,属于接触变质作用的产物。具粒状变晶结构,块状、条带状及斑杂状构造,部分岩石中矿物具定向排列,不同矿物或矿物组合集中呈条带状相间产出和不均一分布,构成条带构造或斑杂状构造。后期热液蚀变作用较明显,为硅化、碳酸盐化、萤石化、绿泥石化、阳起石化,交代早期阶段形成的矽卡岩矿物。此外,在矽卡岩中常见由斜长石、石英及钾长石构成的条带或团块,并与绿帘石、透辉石连生,构成复杂矽卡岩,其间可见白钨矿。矿区与钨矿化有关的矽卡岩比较复杂,其主要矿物构成比例变化很大,按照矽卡岩中矿物组合及相对含量不同,可划分出多个不同的矽卡岩类型,如透辉石石榴石矽卡岩、透辉石绿帘石矽卡岩、绿帘石矽卡岩、透辉石硅灰石矽卡岩、符山石透辉石矽卡岩等,其中伴有星点浸染状白钨矿分布。

透辉石绿帘石矽卡岩:在矽卡岩中常见,是主要的含矿岩石类型。颜色呈灰绿色—黄绿色,柱粒状变晶结构,主要矿物为绿帘石,次为透辉石及少量阳起石等。白钨矿呈浸染状分布在矽卡岩矿物粒间(附录20图14)。在裂隙带充填有次生热液矿物阳起石、透闪石等。根据组成矿物含量变化,还可见绿帘石透辉石矽卡岩和符山石透辉石矽卡岩(附录20图15)等。

含透辉石硅灰石矽卡岩:在矽卡岩中可见,其中含有用矿物白钨矿。灰褐色,纤状变晶结构,块状构造,主要矿物为透辉石和硅灰石,次有石英、符山石及方解石等(附录20图16),有时透辉石含量增高,可达25%,构成透辉石硅灰石矽卡岩。

透辉石石榴石符山石矽卡岩:在矽卡岩中常见,其中含有白钨矿。颜色呈灰绿色、灰褐色,柱粒状变晶结构,块状构造。主要由符山石、透辉石构成,其中伴有硅灰石、斜长石、萤石及石英等(附录20图17)。符山石在岩石中含量变化较大,在部分岩石中含量很低,在2%左右,含量高时可形成符山石矽卡岩(附录20图18)。次生蚀变作用为硅化及萤石化等,交代符山石和透辉石。

透辉石石榴石矽卡岩:在矽卡岩中常见,也是主要的含矿岩石类型。颜色呈灰绿色—黄褐色,柱粒状变晶结构,主要矿物为透辉石、石榴石(附录20图19),次有一些斜长石、绿帘石等,可见浸染状的白钨矿。当次要矿物为绿帘石时,可形成绿帘石石榴石矽卡岩,其中柱状矿物定向排列,显条带状构造。

云英岩:在矿石中常见,是白钨矿的赋矿岩石之一,由成矿过程中的云英岩化作用形成,原岩已无法判断。岩石颜色呈灰白色,主要由白云母和石英构成,含有少量的白钨矿、黑云母、方解石、磷灰石及石榴石。具鳞片粒状变晶结构(附录20图20),部分岩石中矿物分布不均匀,呈条带状产出。显微镜下可见部分白钨矿被石英或白云母沿边缘及裂隙交代。

花岗岩:在所鉴定的岩石中花岗岩最常见,类型较多,有钾长花岗岩、二长花岗岩、花岗闪长岩,以二长花岗岩为例,由钾长石、斜长石、石英及白云母等构成。两种长石含量几乎相等,仅在少数蚀变花岗岩中可见微量的白钨矿。

肉红色含石榴石白云母二长花岗岩:岩石呈环状分布于灰白色白云母二长花岗岩的顶部和外围,与灰白色钾长花岗岩呈渐变涌动式接触,与泥盆系呈侵入接触。岩石多为肉红色,以中粒他形—半自形粒状结构为主,块状构造。由斜长石、微斜长石、石英、白云母、黑云母等组成。斜长石呈板条状,粒径0.2~3 mm,多有轻微绢云母化和泥化,属更—钠长石,含量35%~40%;微斜长石,他形,不规则状,具明显格子双晶,经常包裹斜长石、石英,粒径0.15~3 mm,含量20%~25%;石英,他形粒状,粒径0.1~2.5 mm,多为填隙状分布,含量约30%;白云母,片状,粒径变化大,为0.1~2 mm,少量在5 mm左右,含量一般在10%以下,尤其在接触带岩体内的裂隙中,岩石多有云英岩化。副矿物有磷灰石、白钛石、锆石、金红石、黄铁矿、榍石等。岩石中普遍含石榴石,含量一般为少量或1%左右,最高在5%左右,多呈自形粒状分布(附录20图21),为岩石原生矿物。

灰白色钾长花岗岩:矿区内早期侵入岩体,分布于矿区中西部,岩体的西半部形态为舌状。岩石呈灰白色,他形—半自形粒状结构,块状构造。由微斜长石、斜长石、钾长石、石英、云母等组成。微斜长石呈板条状,粒径0.15~3 mm,少量为4 mm,具环带状构造,内环多被绢云母、石英所替代,含量在25%~30%之间;钾长石呈他形不规则状,粒径0.15~3.5 mm,含量为10%。副矿物有锆石、磷灰石、榍石等(附录20图22)。

二、围岩蚀变及特点

矿区围岩蚀变主要为矽卡岩化和云英岩化,与钨矿化关系密切。其他热液交代作用比较弱,见有硅化、黄铁矿化、碳酸盐化、绿泥石化及萤石化等。以沿矿物粒间或裂隙充填为特点,部分矿物具重结晶特点,与钨矿化关系尚不明确。

矽卡岩化:较矿体范围大且包裹矿体,多形成钨矿化体或构成矿体,产于接触带或地层夹层中。结晶粗大的复杂湿矽卡岩化强,结晶细小致密块状或条带状矽卡岩中一般仅有钨的矿化。事实上,矽卡岩化矿物组成非常复杂,是最重要的成矿作用之一,与钨矿化有密切关系。在矿石中与变质重结晶作用有关的矿物有石榴石、绿帘石、透辉石、符山石、硅灰石、斜长石及白钨矿等,其生成时间较早,属于干矽卡岩化产物。由热液活动形成的矿物为石英、白云母、萤石、方解石、绿泥石、阳起石等(附录20图23),后者多充填在重结晶矿物的粒间或裂隙中,并交代以上早形成的矿物。从白钨矿与其他矿物间的关系看,其既形成于矽卡岩化早期阶段,也形成于晚期的热液阶段,尤其以云英岩化阶段矿化明显。

云英岩化:产于蚀变带核部或呈裂隙脉状产于矽卡岩、岩体内接触带及部分花岗岩体中,结晶粗,常形成富矿体或叠加在含矿矽卡岩上形成中富矿体,此类蚀变以白云母和石英窄脉为特征。云英岩化主要矿物为白云母和石英,含少量方解石、磷灰石及钠长石等,伴有白钨矿化(附录20图24)。

硅化:在矿石或矿化岩石中常见,常与萤石和碳酸盐化伴生,叠加在矽卡岩中。硅化以形成粒状石英为特点,并交代辉石、绿帘石等矿物(附录20图25),部分石英外形较规则,具粒状变晶结构,由岩浆侵入产生变质重结晶作用形成。

萤石化:发育于矿体、矿化矽卡岩及云英岩中,尤其在结晶粗大的矿化岩石中较发育(附录20图26)。萤石呈粉红色、浅红色或无色,他形粒状,可作为找矿标志,但其在矿化矽卡岩中含量较多时用紫外灯照射与白钨矿难以区别,造成含白钨矿的虚假信息。

碳酸盐化：产于接触带或沿早期裂隙继承性产出，可见石英脉及深灰色方解石脉共生，并在石英团块中包裹白钨矿大晶体的现象，在石英团块旁侧亦可见白钨矿连生集合体。矽卡岩中亦常见硅化、方解石化现象，后期形成的石英、方解石等常交代前期形成的矽卡岩矿物（附录20图27）。

褐铁矿化：主要见于地表氧化带中，致使矿石或矿化岩石外观具黄褐色、红褐色。褐铁矿化主要由原生硫化物经分化淋滤作用形成，常保留原矿物外形或沿裂隙分布（附录20图28）。与褐铁矿化伴生的有黄钾铁矾化，沿裂隙呈不规则条带或团块状产出（附录20图29）。

此外，矿区岩石还常见绿泥石化（附录20图30）、阳起石化等（附录20图31），分布在围岩及矿化岩石中。

第四节 矿石物质组分及特征

一、矿石物质成分

经显微镜下鉴定结合电子探针成分分析、红外光谱分析，已查明矿石中金属矿物主要为白钨矿，次有少—微量的褐铁矿、黄铁矿、黄铜矿、磁黄铁矿、钛铁矿、赤铁矿、孔雀石及铜蓝等，脉石矿物主要有透辉石、绿帘石、硅灰石、符山石、斜长石、石英、萤石及白云母等，次有阳起石、透闪石、石榴石、黑云母、方解石、绿泥石及微量的绢云母、黝帘石、锆石、磷灰石、榍石等（表20-3）。

表20-3 忠宝钨矿矿石矿物成分表

类型	主要矿物	次要矿物	微量矿物
矿石矿物	白钨矿	褐铁矿、黄铁矿、钛铁矿	黄铜矿、孔雀石、铜蓝、磁黄铁矿、闪锌矿、方铅矿
脉石矿物	透辉石、硅灰石、符山石、斜长石、绿帘石、石英、云母、萤石	石榴石、透闪石、阳起石黑云母、方解石、绿泥石	绢云母、黝帘石、锆石、磷灰石、榍石

1. 矿石矿物

矿石中金属矿物种类比较简单，含量很低。以白钨矿为主，次有少—微量的黄铁矿、黄铜矿及磁黄铁矿等。

1）白钨矿

白钨矿为矿石中的主要有用矿物，在矿石中普遍存在，但含量较低，矿化不均匀，呈星点或星散浸染状产出。显微镜下没有见到其他钨矿物。

白钨矿的颜色多种多样，灰色、浅黄色、浅紫色等，具油脂光泽，一般为透明状，中等解理，断口参差状，摩氏硬度4.5～5，比重大，为5.9～6.1，紫外光下发黄绿色或蓝色荧光。透射光下，无色，极高正突起，糙面显著，内部裂理发育，一个结晶较大的颗粒常常裂开为数个小颗粒（附录20图32），但相互间尚未发生位移。白钨矿嵌布粒径变化较大，为0.04～6 mm，最大6 mm，多数在0.1～2.0 mm之间。白钨矿在矿石中分布很简单，绝大多数是分布在其他透明矿物粒间（附录20图33～图35），仅少数晶粒包裹在透明矿物中。少数白钨矿中包裹有细粒的透辉石等矿物（附录20图36），并被次生蚀变矿物方解石或石英沿边缘及裂隙交代，从显微镜下看，交代现象不发育。

白钨矿化的形成与矿区岩浆岩活动有关,在岩浆侵入过程中,对围岩作用造成矽卡岩化、云英岩化及岩体本身的交代蚀变作用。矽卡岩中后期热液活动作用较弱,其成因类型主要有矽卡岩型白钨矿矿石、云英岩型白钨矿矿石。显微镜下未见石英脉型白钨矿矿石。

2)黄铁矿

黄铁矿在矿石中少见,含量很低,一般小于1%,仅在少部分矿石中分布。颜色为浅黄铜色,摩氏硬度 6~6.5,比重 4.9~5.2,自形—半自形粒状,粒径 0.05~0.65 mm,多数已被褐铁矿取代,少数内部有残留体,多数完全变为褐铁矿,仅保留了黄铁矿的外形。

3)黄铜矿

矿石中常见,含量极低,仅为微量级。颜色为黄铜色,摩氏硬度 3.5~4,比重 4.1~4.3。自形—半自形粒状,粒径很细,为 0.01~0.04mm,包裹在透明矿物中,少数被褐铁矿和铜蓝沿边缘交代。

4)磁黄铁矿

矿石中极少见,含量极低,也仅为微量级。颜色为古铜色,摩氏硬度 4,比重 4.58~4.70,自形—半自形粒状,粒径很细,为 0.01~0.05 mm,包裹在透明矿物中,少数被褐铁矿沿边缘交代。

2. 脉石矿物

矿石中脉石矿物种类多,矿物组合复杂,主要与含矿母岩类型较复杂有关。大致分为4种不同成因类型:与岩浆岩有关的造岩矿物为斜长石、钾长石、石英、白云母及黑云母;与矽卡岩化有关的矽卡岩矿物为透辉石、绿帘石、石榴石、符山石、硅灰石、阳起石;与后期热液蚀变作用有关的矿物为石英、方解石、绿泥石、透闪石及萤石等;与云英岩化作用有关的矿物为石英、斜长石及白云母。白钨矿矿化主要与矽卡岩化和云英岩化有关。

1)透辉石

矽卡岩型矿石中的重要脉石矿物之一,在矿石中分布非常广泛。也是构成矽卡岩的主要造岩矿物之一,常与符山石、硅灰石等共生,并形成透辉石矽卡岩。

透辉石一般呈灰绿色或白色,短柱状,玻璃光泽,条痕无色,可见完全的辉石式解理。摩氏硬度 5.5~6,比重 3.27~3.38。薄片中透辉石呈短柱状,无色,具典型的辉石式解理,柱面斜消光。透辉石粒径变化大,一般 0.06~3.5 mm,最大直径可达 6 mm,多数在 0.1~1.5 mm 之间。透辉石与白钨矿关系较为密切,一般彼此毗邻,形成连晶状分布。

2)绿帘石

矽卡岩中主要造岩矿物之一,也是矿石中重要的脉石矿物,在矿石中广泛分布,多与透辉石、石榴石等共生,也构成独立的绿帘石矽卡岩产出。其间含有星点状的白钨矿。

绿帘石颜色呈黄绿色,摩氏硬度 6.5,比重 3.37~3.50。呈半自形—他形粒状分布,部分呈中粗粒—半自形板柱状分布,粒径 0.2~2.4 mm,多数在 0.4~1.3 mm 之间(附录20图37)。

3)符山石

符山石和透辉石一样,是主要脉石矿物之一,尤其是在矽卡岩型钨矿石中,多与透辉石、绿帘石及硅灰石共生,是矽卡岩化的产物。

符山石多为黄绿色、浅黄色,短柱状。透明,玻璃光泽。摩氏硬度 6.5,比重 3.34~3.44,性脆,易压成粉末。薄片中符山石为无色,粒状、柱状,粒径多在 0.45~1.5 mm 之间,少部分结晶粗,可达 2.0 mm。符山石与钨矿化关系密切,多与白钨矿毗邻规则连生(附录20图38)。

4)斜长石

斜长石属于钠—更长石,在矿石中含量虽不高,但与钨矿化关系密切,在矽卡岩中斜长石多与石英构成条带、团块分布,也与透辉石、绿帘石等矽卡岩矿物连生,形成复杂矽卡岩。其中分布有浸染状白钨矿(附录20图39),其形成也与矽卡岩化有关。

5）白云母

在矿石中，白云母主要见于矿化云英岩中，在矽卡岩和蚀变花岗岩中含量低。与石英在一起构成云英岩，并叠加白钨矿化。

白云母颜色为无色—白色，解理{001}极完全，摩氏硬度低，为 2.5～3.0，比重 2.76～3.10，呈片状分布，有时分布不均匀，粒径 0.1～0.68 mm±，见于石英等透明矿物间（附录 20 图 40）。

6）石英

石英主要分布在花岗岩类岩石和云英岩中，是这些岩石中的主要矿物之一。在矽卡岩中常见，但含量不高，形成较晚，属于热液蚀变作用的产物。

石英多为无色，透明，玻璃光泽，贝壳状断口，断口油脂光泽。摩氏硬度大，在 7 左右，比重 2.65。呈他形粒状集合体，粒径较细，为 0.05～0.65 mm±，在云英岩中与白云母共生（附录 20 图 40），在矽卡岩中分布在矽卡岩类矿物的粒间，并交代透辉石和绿帘石等矿物。

7）萤石

萤石主要见于矽卡岩型矿石中，含量低，分布不均匀，由后期热液活动形成。

萤石颜色呈紫色，在荧光灯照射下，具有蓝白色荧光反应。{111}解理完全，摩氏硬度 4，比重 3.18。显微镜下呈半自形—他形粒状，均质体，折射率低，为 1.434，多分布在透辉石、绿帘石、符山石等矽卡岩类矿物粒间（附录 20 图 41）。

二、矿石结构构造及矿石类型

矿石中有用矿物种类少，含量低，矿石类型单一，结构、构造简单。

1. 矿石结构

根据有用矿物的形态，矿石中常见结构为半自形粒状结构和他形粒状结构，自形粒状结构、包含结构等少见。其中，以半自形—他形粒状结构为主，其他结构类型占比低。

1）自形粒状结构

白钨矿结晶形态完整，显微镜下具规则的几何外形，构成自形晶粒状结构，在矿石中很少见。

2）半自形粒状结构

白钨矿晶粒仅有部分晶面平直规则，另一部分晶面弯曲不规则（附录 20 图 42）。

3）他形粒状结构

在矿石中占多数，约 70%。白钨矿几乎完全被不规则的晶面所包裹（附录 20 图 35）。

4）碎裂结构

在矿石中多见，几乎所有的白钨矿晶粒内部均碎裂成若干个细小颗粒。

5）包含结构

在矿石中少见，白钨矿被包裹在斜长石中。

2. 矿石构造

矿石构造主要为浸染状构造，其次为斑杂状构造。

1）浸染状构造

白钨矿在矿石中的含量低，一般小于 1%，故以星点浸染状构造为主，即白钨矿呈星点状均匀分布于矿石中，粒径一般小于 0.5 mm。局部可见稀疏浸染状构造，白钨矿粒径一般在 0.2 mm 以下，均匀分布在矿石中，其含量 5%～10%。

2）斑杂状构造

白钨矿呈集合体分布，集合体可达 10 mm，形态不规则，分布不均匀。

3. 矿石类型

根据本矿床的成矿地质特征和矿石的矿物组合不同，主要划分出 3 种矿石类型，简述如下。

（1）含白钨矿矽卡岩型：包括矽卡岩化和热液叠加形成的在湿矽卡岩化阶段产生的矿石，该类矿石一般为灰绿色，半自形粒柱状变晶结构，块状或条带状构造。主要矿物为绿帘石、透辉石、石英，次为方解石、萤石等。白钨矿呈中—细粒稀疏浸染状赋存于矿石中，当白钨矿晶体较大时形成富矿。

（2）含白钨矿云英岩型：该类矿石为灰白色，风化后常呈褐黄色，半自形粒状结构或鳞片粒状变晶结构，片状或块状构造。主要矿物为粒状石英、白云母、斜长石、黑云母，白钨呈稀疏或稠密浸染状赋存于矿石中。在岩体内接触带沿裂隙产出的云英岩窄脉中有白钨矿连生的大晶体产出。

（3）含白钨矿石英脉型：该类矿石为灰白色，他形—半自形粒状结构。主要矿物为石英、白云母及少量黑云母。白钨矿常呈大晶体稀疏赋存于矿石中。含矿脉体一般窄短。

三、主要矿物生成顺序

矿区钨的矿化作用受岩体与钙质岩层交代作用及后期热液矿化作用的控制，成矿具明显的多阶段性。

干矽卡岩阶段：此阶段与岩体大规模侵入期同步，形成范围广的矽卡岩，其特点是以结晶细小的单一矽卡岩及其组合为主。主要矽卡岩为透辉石矽卡岩、石榴石符山石透辉石矽卡岩、硅灰石矽卡岩、符山石透辉石矽卡岩，矿物多以不含水的矽卡岩矿物组合为特征，局部地段形成钨的小而贫的浸染状矿体。

白钨矿-湿矽卡岩阶段：此阶段是晚期矽卡岩化阶段的产物，分布于热液聚集的成矿部位，以结晶较粗的含水矽卡岩占主导地位，是第一阶段交代作用的继续，时间、空间上均具有继承性特点，主要矽卡岩为透辉石符山石矽卡岩、阳起石绿帘石符山石矽卡岩、石榴石绿帘石矽卡岩，是矿区的主成矿阶段，常形成厚大或叠层产出的稀疏浸染状、稠密浸染状矿体。

白钨矿-云英岩化阶段：该阶段矿化分布于湿矽卡岩的核心或沿裂隙展布。在岩体内可见形态不规则的云英岩分布，但一般矿化差，只能反映热液蚀变作用。而在矽卡岩核部或沿后期裂隙中产出的云英岩常伴随富矿脉的产出，云英岩化阶段是矿区继湿矽卡岩矿化阶段的主要叠加矿化阶段。常可见发育于接触带上的含钨云英岩富脉中或在矽卡岩矿体中与前期矿化明显斜交，乃至反倾向的含白钨矿云英岩窄脉密集分布，使矿体品位明显加富。

白钨矿-石英阶段：该阶段晚于湿矽卡岩阶段，与云英岩化阶段同步或稍晚。在岩体内接触带裂隙或矽卡岩局部构造部位产出含白钨矿石英脉，脉体厚数厘米至几十厘米，长数米至十余米，脉体常与云英岩化条带共生，其中产有窄富矿脉。

在钨矿化作用晚期中低温条件下还形成细脉状碳酸盐脉，该阶段未见矿化，可见黑灰色自形晶方解石。

第五节　矿石工艺矿物学特点

一、有益、有害元素赋存状态特点

原矿多元素化学分析结果见表20-4。原矿多元素分析结果表明，其造岩组分 Al_2O_3、CaO、MgO、Na_2O、SiO_2、FeO 等含量高，与矿石中存在较多透明矿物透辉石、石榴石、符山石、斜长石、石英、萤石等有关。有用元素只有钨达到工业品位，其他有益元素含量均很低，低于工业参考标准值。

表 20-4 忠宝钨矿原矿多元素分析结果   单位:%

组分	Al_2O_3	CaO	MgO	K_2O	Na_2O	SiO_2	TiO_2	P_2O_5	Fe_2O_3	FeO
样品1	8.42	20.88	5.55	0.20	1.02	58.22	0.27	0.21	0.25	2.24
样品2	9.74	21.06	3.50			50.25	0.28	0.07		2.70
标准值										
元素	Pb	Sn	S	F	Cu	Zn	Bi	As	Mo	WO_3
样品1	0.002 9	0.006 4	0.013	1.65	0.022	0.029	0.002 1	0.000 7	0.000 2	0.26
样品2	0.002 0	0.009 0	0.120		0.010	0.030	0.002 4	0.002 0	0.000 9	0.37
标准值	0.2	0.03	4		0.05	0.5	0.03		0.01	0.1

注:样品1由江西地矿局实验测试中心测定,样品2由新疆矿产实验研究所鉴定专业室测定,标准值选自《矿产资源工业要求手册(2014修订版)》。

原矿钨物相分析结果(表20-5)表明,原矿中W品位0.260%,其中,在白钨矿中为0.240%,占92.31%。W绝大多数赋存于白钨矿中。黑钨矿和钨华含量很低,分别为0.008%和0.012%,但在本次工作中没有见到,实际上,从矿石形成到后期蚀变过程中,在部分氧化矿石中,必定存在少量白钨矿的氧化蚀变矿物,如钨华等,但由于采样的代表性及工作方法限制,有些稀少矿物难以被发现,必须通过人工重砂富集的方法才有可能被发现。

表 20-5 忠宝钨矿原矿钨物相分析结果表   单位:%

分析项目	相名	黑钨矿	白钨矿	钨华	总钨
样品1	WO_3含量	0.008	0.240	0.012	0.260
	分布率	3.08	92.31	4.61	100.00
样品2	WO_3含量	0.006	0.264	0.031	0.301
	分布率	1.99	87.81	10.30	100.00

注:样品1由江西地矿局实验测试中心测定,样品2由新疆矿产实验研究所鉴定专业室测定。

二、矿石矿物粒径及嵌布方式

1. 矿石矿物粒径

在矿石中白钨矿嵌布粒径变化较大,在0.04~4.0 mm之间,最大粒径6.0 mm,多数在0.1~1.0 mm之间(表20-6),约占56.8%;其次在0.01~0.1 mm之间,约占33.4%;1.0~6.0 mm的白钨矿仅占9.8%,从嵌布粒径分布情况看,本矿石属于中粒占优势的矿石。但白钨矿内部裂理构造非常发育,一个完整的白钨矿晶粒常被裂理分割为数个小颗粒,但相互间未产生位移,彼此仍连接在一起。由裂理分割开的白钨矿晶粒粒径较细,在0.01~0.6 mm之间,分别集中在0.01~0.1 mm(49.0%)和0.1~0.6 mm(42.0%)之间。在选矿试验或矿山生产工作中,矿石经破碎大部分白钨矿都会倾向于沿其中裂理自然裂开,形成更细一级的白钨矿单体,这是否对白钨矿选别有利,还有待验证。

表 20-6 忠宝钨矿不同分布状态的白钨矿嵌布粒径统计表

粒级/mm	≤0.005	0.005<~0.01	0.01<~0.1	0.1<~1	1<~6
白钨矿(按原生晶粒统计)/%	0.0	0.0	33.4	56.8	9.8
白钨矿(按碎裂晶粒统计)/%	0.0	1.8	49.0	42.0	7.2

2. 矿石矿物晶粒形态及嵌布方式

由于白钨矿在矿石中的含量比较低，分布不均匀，在显微镜下见到的白钨矿数量并不多，白钨矿多呈星点和星散浸染状产出。从显微镜下观察，其嵌布方式绝大多数是分布在透明矿物粒间，少数包裹在透明矿物中，沿裂隙分布的白钨矿几乎未见。

3. 单体解离特性

为了解白钨矿单体解离特性，对破碎的矿石进行不同粒级筛分，主要分为小于等于 0.074 mm、0.074＜～0.15 mm、0.15＜～0.25 mm、大于 0.25 mm 4 个级别。从显微镜下考察结果看，大于 0.25 mm 粒级样品，单体解离度较差，可见白钨矿与透明矿物连生，透明矿物的连生体数量达 35%；0.15＜～0.25 mm 粒级样品中也可见白钨矿与透明矿物连生体，透明矿物连生体数量达 15%；0.074＜～0.15 mm 粒级样品中未见白钨矿与其他矿物的连生现象，且透明矿物的连生体含量也很低，单体解离效果好；小于等于 0.074 mm 粒级样品制样质量差，矿物颗粒粒径太细，许多矿物颗粒相互重叠在一起，无法进行观察。矿石中白钨矿含量低，占比低，在未经富集的样品中出现概率低，一个样品中仅有十几粒白钨矿晶粒，不能够做有效统计，描述结果代表性差，对此种有用矿物含量低的样品，建议对不同粒径样品做初步富集，再制样进行统计效果会更好。

三、矿石工艺矿物学特点及选矿方法

有用矿物白钨矿结晶嵌布粒径较粗，为 0.04～6.0 mm±，多数在 0.1～1.0 mm 之间。但受应力作用影响，内部碎裂现象发育，一个完整的结晶颗粒常常粉碎成数个到数十个细小的亚颗粒，粒径在 0.01～0.6 mm 之间，此种现象在选矿试验和生产中应予以重视。

白钨矿的嵌布方式主要为粒间嵌布，绝大多数分布在其他透明矿物间，相互交代穿插现象少见，接触关系简单，易于单体解离选别，属于易选型矿石。

白钨矿中包含其他透明矿物很少，从显微镜下观察，其次生蚀变作用也很弱，尤其是表生氧化现象少见，显微镜下未见钨华，可能与采样代表性差有关。

第六节　矿床成因和成矿模式探讨

忠宝钨矿为矽卡岩型钨矿，主要有用矿物白钨矿与湿矽卡岩和云英岩有关。硅灰石-斜长石-石榴石-透辉石-绿帘石组合的形成温度在 400～900 ℃ 之间，石英-云母-方解石组合的形成温度在 400～300 ℃ 之间。综合可知忠宝钨矿的成矿温度在 300～500 ℃ 之间，形成深度为中等深度（1.5～3 km）。

从矽卡岩的组成看，成矿物质主要来源于侵入岩、地层中的钙质片岩、大理岩、石英片岩，成矿物质钨来源于岩浆期后热液。

该矿床为接触交代矽卡岩型钨矿床。岩浆期后热液在接触带进行交代充填是其成矿主要机制。泥盆纪南天山洋收缩俯冲阶段，在萨阿尔明-库米什古生代沟弧带内形成阿尔彼什麦布拉克组一套浅海相碎屑岩+碳酸盐岩建造，其中夹有火山岩和火山碎屑岩。在泥盆纪晚期大洋闭合并发生褶皱和造山运动，形成褶皱和区域变质岩系。晚石炭世后碰撞固结阶段花岗岩大量侵入，偏碱性的钙碱性花岗岩组合二长花岗岩-钾长花岗岩与阿尔彼什麦布拉克组中钙质岩石发生强烈交代和高温热液矿化作用，形成矽卡岩和 W 的矿化富集。矿床的成矿模式见图 20-3。

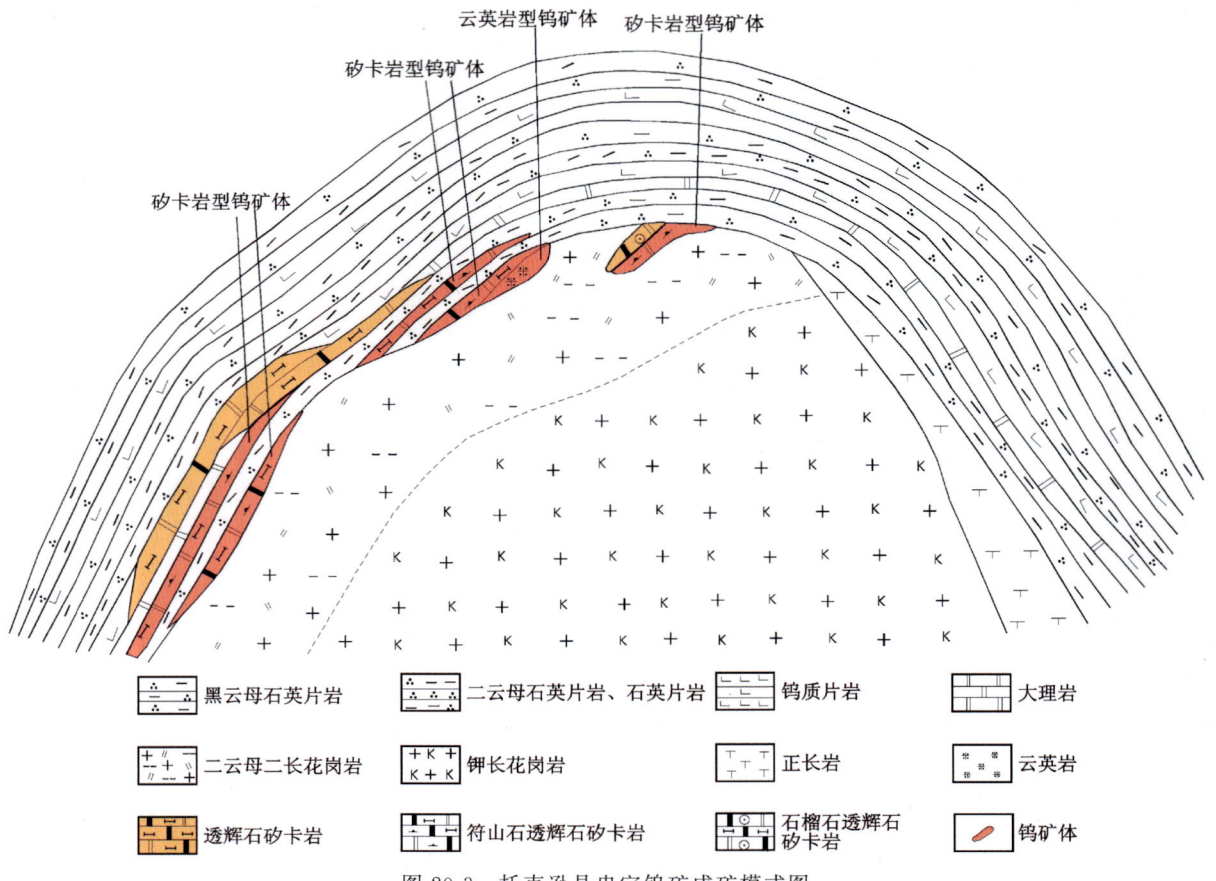

图 20-3 托克逊县忠宝钨矿成矿模式图

主要参考文献

陈超,吕新彪,吴春明,等,2013.新疆库米什地区忠宝钨矿矿床地质特征及成因研究[J].矿物岩石地球化学通报,32(4):445-456.

景宝盛,严隋强,刘松明,2012.新疆托克逊县忠宝钨矿忠宝岩体岩石化学特征[J].资源环境与工程,26(6):582-586.

李爱明,严隋强,路枫,2011.新疆托克逊县忠宝钨矿地质特征[J].西部探矿工程,23(11):170-172.

刘智,涂其军,魏华,2009.新疆托克逊县忠宝钨矿矿床地质特征及成因探讨[J].资源环境与工程,23(6):771-778.

袁建江,杨晓峰,张红军,等,2011.新疆托克逊县忠宝钨矿钨矿床地质特征及找矿规律[J].科技视界,22:143-148.

张振杰,吕新彪,陈超,2011.新疆忠宝钨矿床成矿流体特征与演化[J].矿床地质,30(6):1058-1068.

内部资料

新疆地矿局地科处,2012.典型矿床成矿模式说明-新疆托克逊县忠宝矽卡岩型钨矿床[R].乌鲁木齐:新疆地矿局地科处.

王玉山,等,2012.新疆托克逊县忠宝钨矿矿石物质组份研究报告[R].乌鲁木齐:新疆矿产实验研究所.

严隋强,张定虎,等,2005.新疆托克逊县忠宝钨矿普查报告[R].昌吉:新疆地矿局物化探大队.

附录20 图片及说明

图1 含白钨矿符山石透辉石矽卡岩1
主要由符山石、透辉石组成,岩石中可见白钨矿。

图2 白钨矿矿石 紫外荧光短波下照射
岩石在短波紫外荧光灯照射下,可见白钨矿发出亮蓝白色荧光,呈浸染状分布在岩石中。

图3 含白钨矿透辉石绿帘石矽卡岩1
岩石主要由透辉石、绿帘石、石英组成,在薄片中可见白钨矿。

图4 石榴石透辉石矽卡岩
岩石具变斑状结构,变斑晶为石榴石。

图5 硅化石榴石符山石矽卡岩
岩石主要由符山石、石榴石组成,受硅化影响,石英交代矽卡岩类矿物呈不规则脉状分布在岩石中。

图6 石榴石花岗岩
岩石为浅肉红色,块状构造,主要矿物为长石、石英等,在薄片中可见石榴石分布在岩石中。

图7 黑云母石英片岩 50× 正交偏光
岩石具鳞片粒状变晶结构,主要矿物为黑云母、石英,次为斜长石,多数矿物沿延长方向定向排列。

图8 黑云母长石片岩 50× 正交偏光
岩石具鳞片粒状变晶结构,片状构造,主要由长石、黑云母及少量石英组成。

图9 斜长角闪片岩 50× 正交偏光
岩石具柱纤状变晶结构,片状构造,主要由普通角闪石、斜长石及少量石英组成。

图10 角闪片岩 50× 正交偏光
岩石具柱状—纤状变晶结构,片状构造,主要由普通角闪石、斜长石、绿帘石、黑云母及少量石英组成。

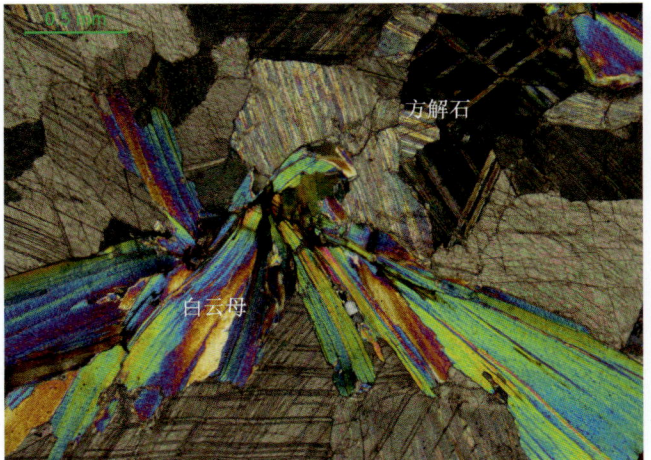

图11 白云母大理岩 50× 正交偏光
岩石具粒状变晶结构,由方解石及白云母集合体构成。

图12 透辉石石英岩 50× 正交偏光
岩石具粒状变晶结构,由石英及透辉石集合体构成。

图 13　角闪长英质变粒岩　50× 正交偏光
岩石具粒状变晶结构，主要由斜长石、石英及角闪石构成。

图 14　含白钨矿透辉石绿帘石矽卡岩　50×　正交偏光
岩石具柱粒状变晶结构，主要由绿帘石、透辉石组成，粒间可见方解石。

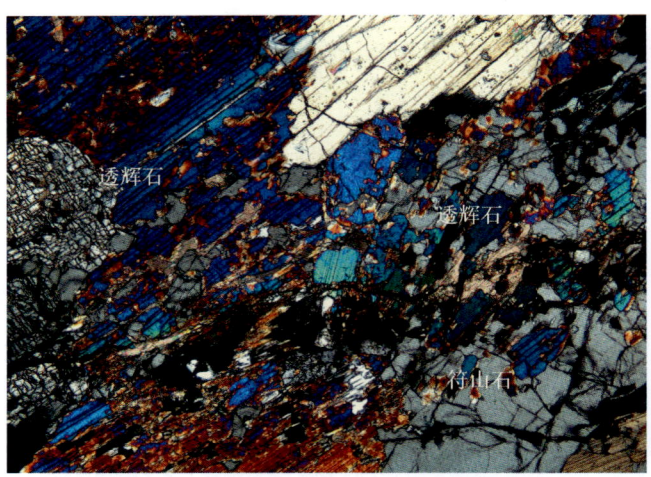

图 15　符山石透辉石矽卡岩　50×　正交偏光
岩石具柱粒状变晶结构，主要由符山石和透辉石构成，符山石交代透辉石。

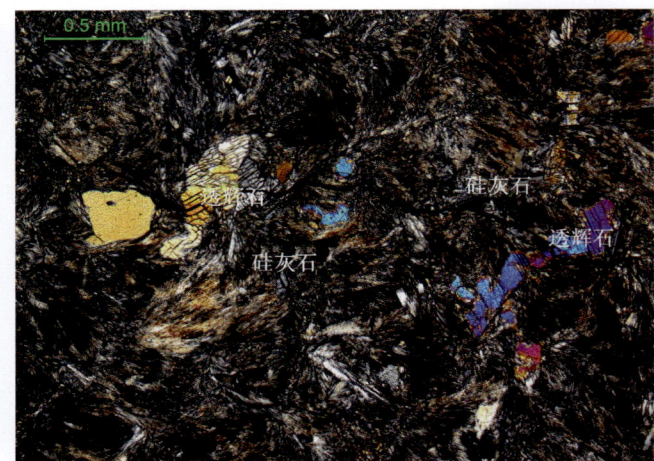

图 16　含透辉石硅灰石矽卡岩　50×　正交偏光
岩石具粒状—纤状变晶结构，主要由透辉石和硅灰石构成。硅灰石呈纤状集合体产出。

图 17　透辉石石榴石符山石矽卡岩　50×　正交偏光
岩石具柱粒状变晶结构，主要由石榴石、透辉石及符山石组成。

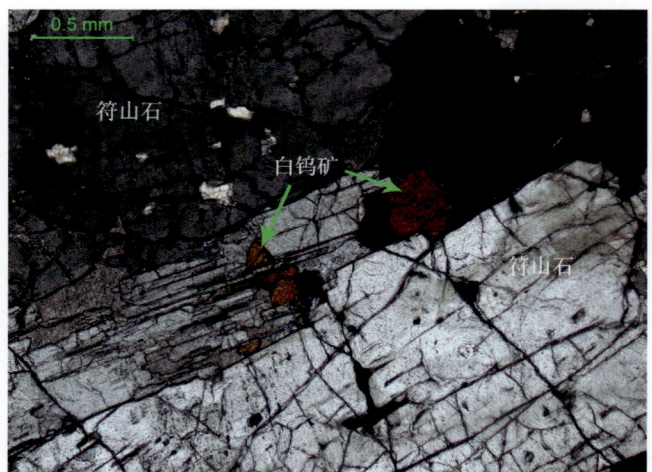

图 18　含白钨矿符山石矽卡岩　50×　正交偏光
岩石主要由符山石组成，符山石呈粗大板柱状，白钨矿呈细小他形粒状分布于符山石粒内。

图19 透辉石石榴石矽卡岩 50× 正交偏光
岩石具粒状变晶结构,由石榴石和透辉石构成。部分透辉石包裹在石榴石中。

图20 含白钨矿云英岩 50× 正交偏光
片粒状变晶结构,由白云母和石英构成,叠加白钨矿化,白钨矿内部发育较多裂理及裂纹。

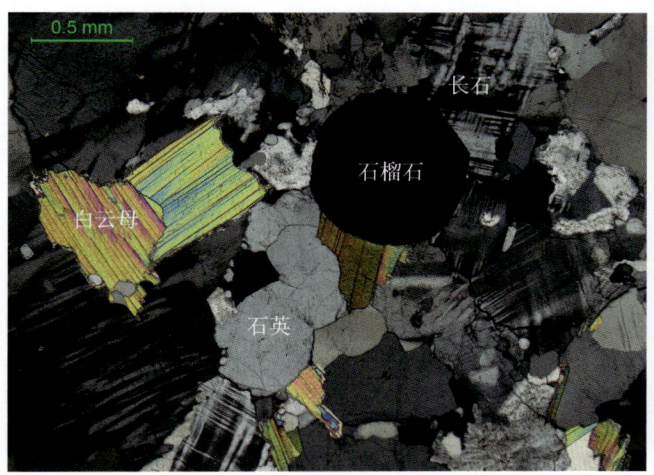

图21 含石榴石白云母二长花岗岩 50× 正交偏光
花岗结构,由长石、石英、白云母及少量石榴石组成,石榴石呈自形粒状分布。

图22 钾长花岗岩 50× 正交偏光
岩石具他形粒状结构,主要由钾长石、石英及白云母构成,属于矽卡岩化母岩。

图23 矽卡岩化 50× 正交偏光
矽卡岩化矿物为绿帘石、透辉石、符山石及方解石、石英等,伴有白钨矿化。

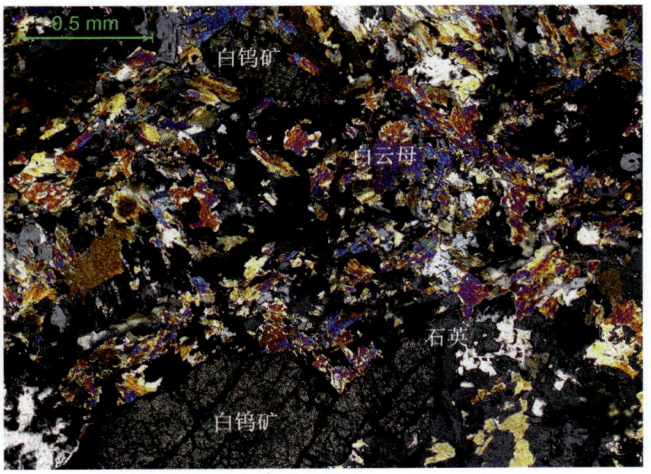

图24 云英岩化 50× 正交偏光
蚀变矿物为石英、白云母,并伴有白钨矿化。

图 25 硅化 200× 正交偏光
石英分布在早期形成的透辉石、绿帘石间，并交代透辉石等。

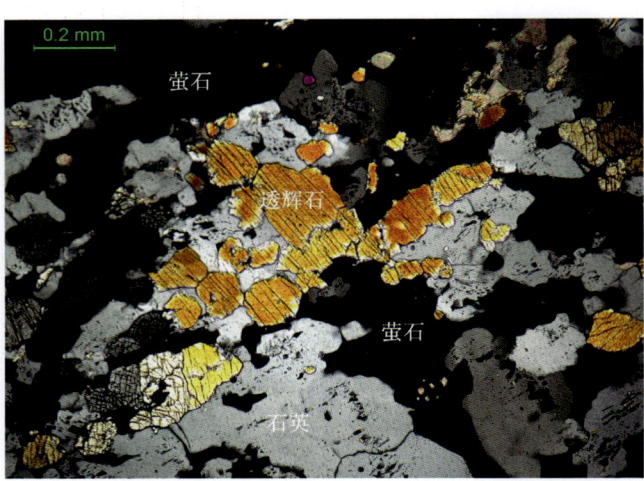

图 26 萤石化 100× 正交偏光
原岩为透辉石矽卡岩，后期被次生石英及萤石交代呈残余体分布。

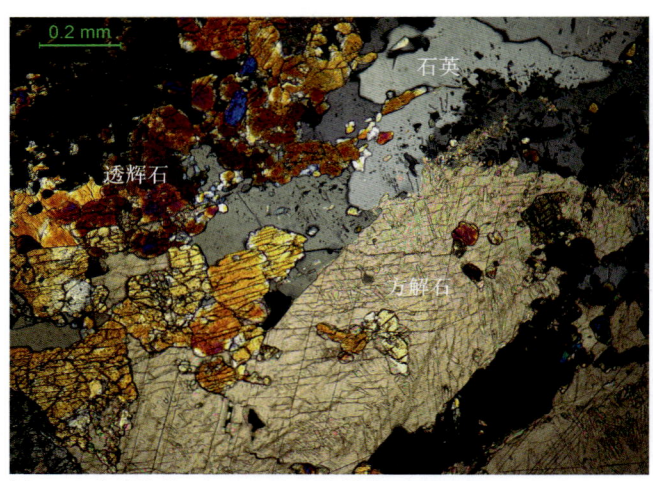

图 27 碳酸盐化 100× 正交偏光
次生蚀变矿物石英和方解石交代透辉石，使透辉石呈交代残余体存在。

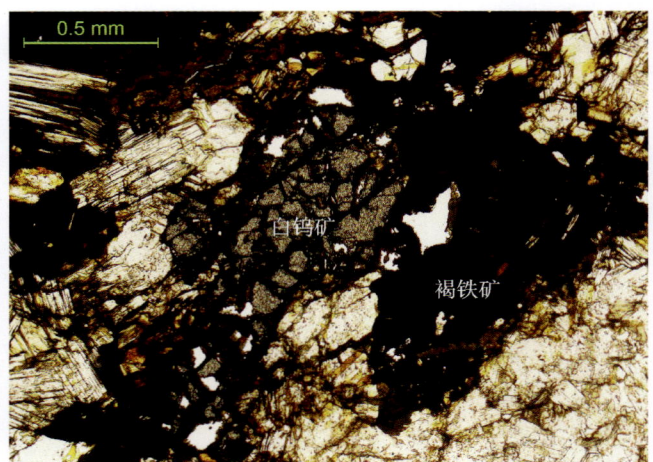

图 28 褐铁矿化 50× 单偏光
在含白钨矿云英岩中，由原生硫化物蚀变形成的褐铁矿呈不规则粒状或沿裂隙分布。

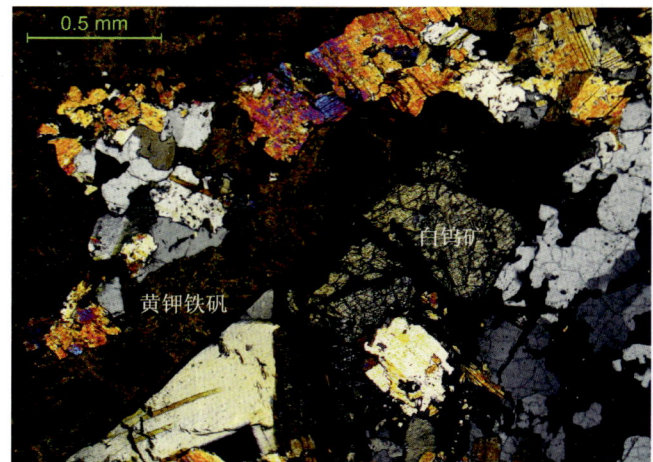

图 29 黄钾铁矾化 50× 正交偏光
在含白钨矿云英岩中，黄钾铁矾呈不规则条带或团块状分布。

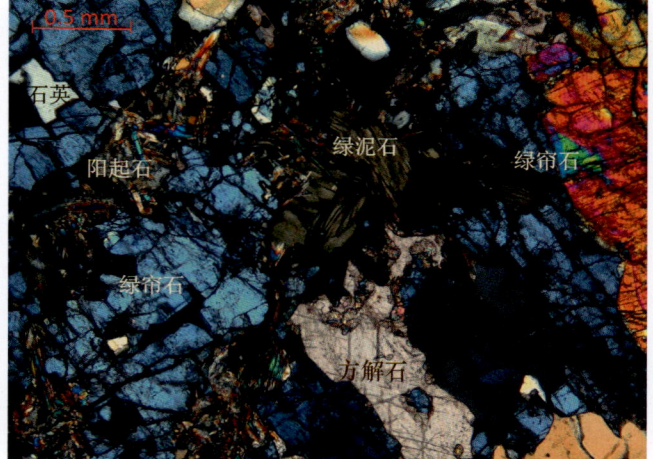

图 30 绿泥石化 50× 正交偏光
原岩为绿帘石矽卡岩，主要由绿帘石构成。后期产生碎裂，沿裂隙分布绿泥石化，伴有阳起石化及方解石化。

托克逊县忠宝钨矿

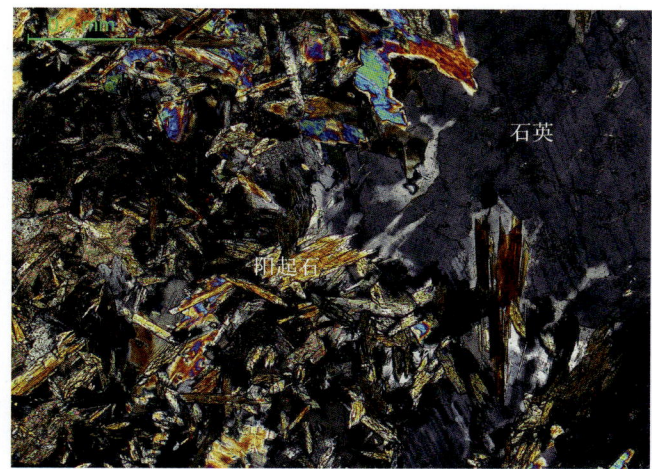

图 31　阳起石化　100×　正交偏光
阳起石呈纤柱状集合体交代斜长石。

图 32　白钨矿1　50×　正交偏光
粗粒的白钨矿单晶体（粒径 4 mm）内部发育裂纹，形成许多细小亚颗粒。

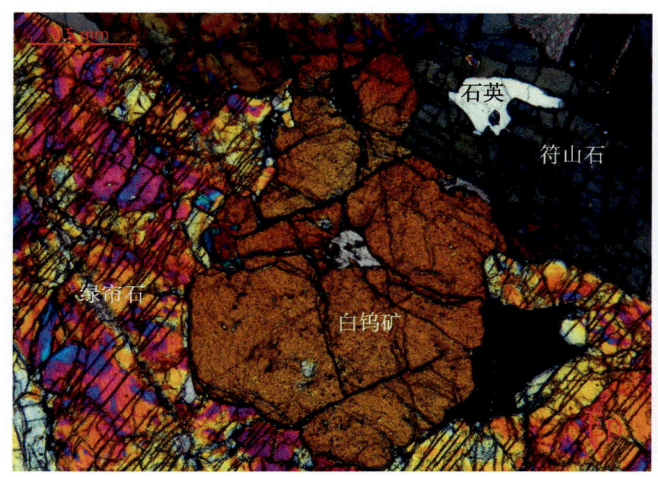

图 33　白钨矿2　50×　正交偏光
白钨矿他形—半自形粒状，分布在透明矿物符山石、绿帘石及石英粒间，内部存在较多裂纹。

图 34　含白钨矿符山石透辉石矽卡岩2　50×　正交偏光
岩石主要由透辉石构成，并含有少量符山石，受挤压产生裂隙，透辉石沿裂隙被压碎，并产生白钨矿化和斜长石化。

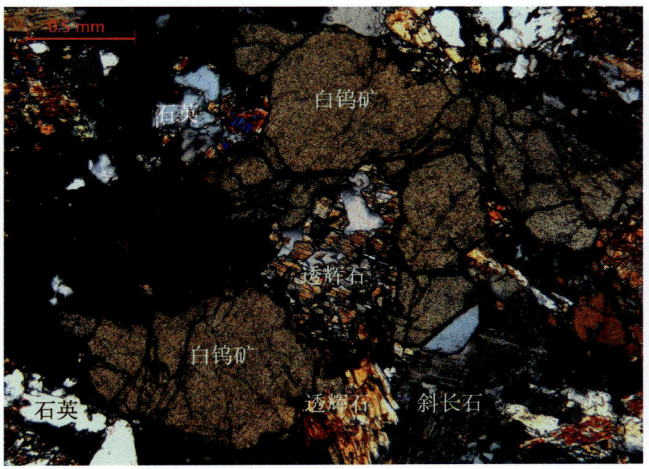

图 35　半自形—他形粒状结构　50×　正交偏光
白钨矿半自形—他形粒状，分布在透明矿物石英、透辉石及斜长石粒间，内部存在较多裂纹。

图 36　透辉石　50×　正交偏光
白钨矿与透辉石规则连生，白钨矿中包裹有细粒的透辉石。

图 37　绿帘石、白钨矿　50×　正交偏光
绿帘石与白钨矿规则连生。

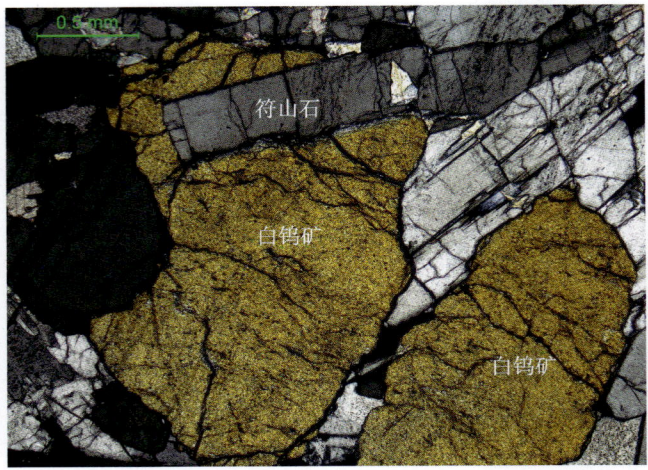

图 38　符山石　50×　正交偏光
符山石与白钨矿规则连生。

图 39　斜长石　50×　正交偏光
白钨矿分布在由斜长石及石英构成的团块中。

图 40　白云母、石英　50×　正交偏光
云英岩中石英、白云母与白钨矿规则连生。

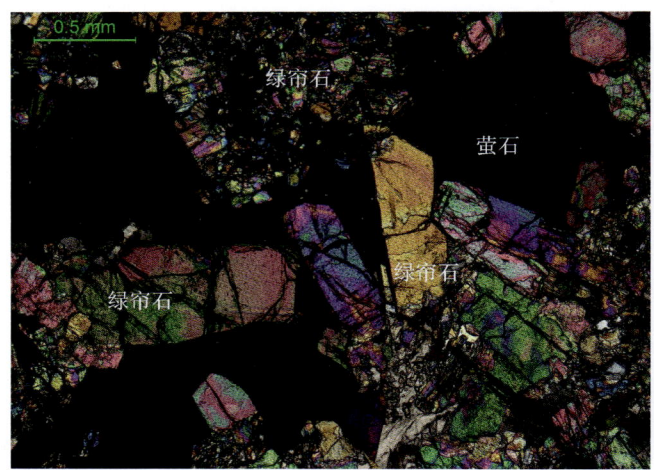

图 41　萤石　50×　正交偏光
萤石他形粒状，均质体，充填在绿帘石粒间。

图 42　半自形粒状结构　50×　正交偏光
白钨矿半自形粒状，分布在透明矿物斜长石粒间或被其包裹。白钨矿内部存在裂纹。

于田县阿拉玛斯和田玉矿

拍摄者岳蕴辉

整体介绍

阿拉玛斯和田玉矿床位于新疆于田县南部163°方向直线距离75 km处，克里雅河的支流阿拉玛斯溪谷源头一带，海拔4300 m左右。矿区山势陡峻，空气稀薄，气候寒冷，交通极为不便。每年的可通行期及工作期只有4个月左右（附录21图1~图2）。

1960年，新疆地矿局和田地质队三分队在路线踏勘过程中，在地质图上标出了矿区位置。1962年，建材部非金属矿地质局西北分局201队第五找矿小组对该矿进行矿点检查。1966年，新疆地矿局第二地质大队赴该矿进行工作，在矿区60 km²范围内，草测了1:5万地质图，对矿区的地质背景有了初步了解，修测了201队的草测地质图，确定出软玉矿化带1条，对其中有希望的4号及11号矿脉做了大比例尺平面素描图。提交了4号矿脉的采探意见和地质资料，又确定11号矿脉为有希望的脉体，并对一个矿体开挖平硐，了解深部变化，估算地质储量270余吨。

1980—1981年，新疆地质局第十地质大队对矿区开展工作，一方面是帮助矿山部署采矿，另一方面是探索成矿规律。此次工作对矿床地质做了进一步的了解，对成矿地层、侵入岩和构造做了较全面的填绘。尤其是对围岩接触交代、矿物生成世代做了较仔细的研究，总结了成矿规律。

矿山附近地名叫阿拉玛斯（金刚石之意），说明当地人很早就知道此地有贵重的玉石或宝石，但尚未发现古代开采玉矿的记录。相传1904年，牧民托达奎最先发现了玉石，此后当地牧民开始季节性地捡拾暴露在地表的玉料。1930—1940年，天津戚姓老板在此开采玉石，所采玉石细腻滋润，质地优良，矿山被称为"戚家坑"（附录21图3~图4）。1957年，于田县玉石矿开始使用凿岩钻进、爆破法剥采玉石，开采的主矿体已深达60余米。目前已形成以阿拉玛斯-赛迪库拉木为主的多处矿点，矿山先后采出的玉石量估计超过千吨。矿体受构造破坏严重，玉料碎裂及夹石较多，根据部分统计数据，采出玉石的合格率5%~30%（附录21图5~图8）。矿区目前是和田地区白玉原料的主力矿山，估计矿区内仍有远大于采出量的潜在储量。

本次研究的样品主要是2014年、2016年两次采集的，研究样品集中于阿拉玛斯和赛迪库拉木矿点，这两处矿点直线距离约1500 m，同属于阿拉玛斯矿区。部分测试样品由和田东山矿业有限责任公司提供，包括于田县主要的4处和田玉矿点样品。拍摄的和田玉典型样品包括阿拉玛斯矿点（附录21图7~图13）、赛迪库拉木矿点（附录21图14~图19）、哈尼拉克矿点（附录21图20~图25）和齐哈库勒矿点（附录21图26~图30），共4个矿点，涵盖白玉、青白玉、青玉、墨玉等品种。

第一节　区域地质特征与和田玉资源

和田玉古称昆山玉,是说这种玉是产在昆仑山脉的。在新疆的昆仑山部分,西起帕米尔,经莎车、叶城、和田、于田,东至且末、若羌一带,延续长达1300多千米,已登记的玉石矿点有130余处,其中具有一定经济价值的矿产地有十几处(表21-1)。

表21-1　新疆和田玉主要矿点统计表

编号	矿产地名称	矿床类型	矿床规模	玉种	开发现状
1	塔什库尔干县大同和田玉矿	接触交代型/镁质矽卡岩型	小型	青玉	曾采
2	叶城县库浪那古和田玉矿	接触交代型/镁质矽卡岩型	中型	青玉、白玉	
3	叶城县要隆和田玉矿	接触交代型/镁质矽卡岩型	小型	青玉	曾采
4	皮山县新藏公路382 km和田玉矿	接触交代型/镁质矽卡岩型	小型	青白玉、白玉	曾采
5	皮山县卡拉大坂和田玉矿点	接触交代型/镁质矽卡岩型	矿点	白玉、青玉	曾采
6	皮山县铁日克和田玉矿点	接触交代型/镁质矽卡岩型	矿点	青玉	曾采
7	和田喀拉喀什河和田玉砂矿	砂矿型矿床、冲洪积矿床	大型	多种	开采
8	和田玉龙喀什河和田玉砂矿	砂矿型矿床、冲洪积矿床	大型	多种	开采
9	和田县黑山村阿格居改和田玉矿	接触交代型/镁质矽卡岩型	矿点	白玉、青白玉	曾采
10	和田县喀什塔什奥米峡和田玉矿	接触交代型/镁质矽卡岩型	小型	白玉、青白玉	开采
11	于田县柳什村哈尼拉克和田玉矿	接触交代型/镁质矽卡岩型	小型	白玉、青白玉	开采
12	于田县柳什村阿拉玛斯和田玉矿	接触交代型/镁质矽卡岩型	小型	白玉、青玉	开采

续表 21-1

编号	矿产地名称	矿床类型	矿床规模	玉种	开发现状
13	且末县哈达里克奇台和田玉矿点	接触交代型/镁质矽卡岩型	小型	青玉	曾采
14	且末县塔特勒克苏和田玉矿	接触交代型/镁质矽卡岩型	中型	青白玉	开采
15	且末县塔什赛因和田玉矿	接触交代型/镁质矽卡岩型	中型	白玉、糖白玉、青玉	开采
16	若羌县托克布拉克和田玉矿	接触交代型/镁质矽卡岩型	小型	青玉、黄玉	开采
17	若羌县英格里克和田玉矿	接触交代型/镁质矽卡岩型	中型	青玉、黄玉	开采
18	若羌县扶果岭和田玉矿	接触交代型/镁质矽卡岩型	小型	青玉、青白玉	开采

上述矿产地及情报点，依其地质特征可分为 3 个地区。由西向东是莎车—叶城地区、和田—于田地区、且末—若羌地区。

一、莎车—叶城地区

该区的大体位置在东经 76°～78°之间，塔什库尔干河及提孜那普河二河上游之间的前震旦纪隆起地区。已知产地有塔什库尔干县大同和田玉矿、叶城县库浪那古和田玉矿、要隆和田玉矿、密尔岱玉矿。已发现的矿点还有麦兰古德玉矿及西合休玉矿。区内重峦叠嶂，交通极为困难。

区内构造线的走向一般为北西向。玉矿点位于前震旦纪隆起中次级断裂的旁侧。与成矿有关的地层为蓟县系和长城系。这些地层中广泛发育有镁质大理岩。而且区内有广泛发育的海西期花岗岩及闪长岩。在镁质大理岩与侵入岩体的接触处，往往有透闪石化的大理岩及和田玉形成。所产和田玉主要为青玉，次为青白玉，白玉较少见。其地经常有玉农溯流而上，零星捡拾到一些河流洪水携带来的白玉和青白玉，常有巨大玉石发现。故宫博物院收藏的乾隆年代制作玉雕山子《大禹治水玉山子》重达 5350 kg，玉料来源于叶城县。嘉庆四年(1799 年)，入贡清廷而又奉旨停运于和硕县乌什塔拉的三块大玉石，有人考证是产在该区的密尔岱山的。其中，"首者青，重万斤；次者葱白，重八千斤；小者白，重三千余斤"，这些玉石残留的几块被中国地质博物馆收藏陈列。因此，该区是开展和田玉找矿工作的重要远景区。

二、和田—于田地区

该地区位于东经 78°～82°之间，昆仑山北部之前震旦纪隆起的两侧。分布在该区的和田玉矿床、矿点及情报点有数十处。它们散布在桑株塔格南坡、喀朗古塔格(黑山)、奥米沙以及柳什塔格的主峰一带。除原产地外，和田玉的块砾也常被玉龙喀什河和喀拉喀什河的水流携带至中下游，成为次棱角状的"山流水"或滚圆状与次圆状的"子玉"。该区最出名的产玉地点是于田县的阿拉玛斯玉石矿，和田县的黑山"山流水"玉料矿点、河流"子玉"散采地。

这个地区的和田玉原生地也分布在前震旦纪隆起带的两侧。隆起带北翼的主要矿点有皮山县的卡拉大坂、铁日克，和田县的奥米峡，于田县的阿拉玛斯和叶哈浪；隆起带南翼的矿点有皮山县新藏公路 382 km，和田县的阿格居改，于田县的海宜牙等。玉矿点一般与次级断裂有关。构造线的走向，以东经 81°为界，西部为北西向，东部为北东向。

矿产地地层为中元古界蓟县系或长城系。在这些地层和海西晚期中酸性侵入体的接触带,尤其是与小型闪长岩脉接触的白云石大理岩中,有和田玉生成,所产玉种较全。除白玉和青白玉外,还有青玉、墨玉和黄玉。由于该地出产瑰丽的羊脂白玉和罕见的优质墨玉,历史上将流经和田东、西的两条大河,突厥语分别称为玉龙喀什河和喀拉喀什河,相应的汉语是白玉河和墨玉河。

和田—于田地区是古代玉石的主要产地,也是如今和田玉主要的交易地。和田县黑山村的阿格居改一带,和田玉的原生矿虽被冰川覆盖,但自冰碛物中常能发现珍贵的白玉玉块,被称为"黑山料"。该地常年夏秋有人采掘,每年产玉料数百千克,大于十千克至上百千克的大块白玉也时有发现。1980年曾发现重472 kg的特级白玉一块,经扬州玉器厂设计雕刻为大型山子雕件《大千佛国图》收藏于中国工艺美术馆。随着工程施工能力和研究工作的逐步加强,这一带将很有可能发现新的矿床,和田—于田地区仍是今后和田玉的主要产出区。

三、且末—若羌地区

该地区指东经82°以东的广大地区,该区现有多处和田玉矿床和矿点。具代表性的有且末县塔特勒克苏和田玉矿、塔什赛因和田玉矿,若羌县扶果岭和田玉矿、英格里克和田玉矿和托克布拉克和田玉矿。在矿点分布的范围内还有一些古开采点和矿点。这些矿点分布在阿尔金山西段北坡,处于海拔3800~4500 m的高山地带。成玉地段所处的构造位置是塔里木地台的阿尔金断块的北部。构造线走向北东东-南西西。地层为中元古界蓟县系。由变质的海相沉积碎屑岩及碳酸盐岩组成,地层中侵入有海西期花岗岩类岩石。

且末、若羌地区的矿山,年产玉石数十吨至数百吨,玉石产量很多年居于新疆各地(州、市)首位,所产玉种以青白玉、糖白玉为主,次有青玉、黄玉。这一地段地形稍缓,交通和施工较为便利,故且末-若羌地区也是今后和田玉的主要产区之一。

第二节　矿区地质特征

阿拉玛斯和田玉矿床形成于塔里木地台南缘昆仑地槽褶皱带的前震旦纪隆起的边缘部位和断块上,这些部分的共同特点是相对稳定中具有活动性。其活动性是指断裂活动和岩浆活动,这两种活动是在构造薄弱地带发生的。从单个矿床来说,无论是西昆仑还是阿尔金的矿床,其玉矿化与断裂带都有必然的联系。成矿前的断裂一方面是岩浆侵入的有利部位,另一方面也是岩浆后期热液活动的通道。阿拉玛斯和田玉矿床北距槽、台分野断裂,西昆仑隆起北侧大断裂5~10 km,南部还有次级成群出现的压扭忹断层,形成宽数十米的碎裂岩带。在碎裂岩带内并无软玉矿化,但据其不远处有和田玉形成,因此,成玉和构造薄弱带存在明显的关联性。

于田阿拉玛斯和田玉矿的成矿围岩是蓟县系镁质碳酸盐岩,成玉时代为海西晚期。在海西晚期之前,围岩曾遭受过区域变质作用。岩石中不同世代的矿物组合表明,成玉之前,镁质碳酸盐岩先经受了接触变质作用,然后才发生软玉化交代。矿区围岩与中酸性岩脉侵入接触交代现象是十分显著和非常广泛的,不同期次接触变质的范围较大,有的地段二次交代形成了矿体。从化学成分看,要形成和田玉必须有镁质的来源,而中酸性岩浆岩或热液中供给围岩的镁质是有限的,那么镁质必然主要来自围岩,而围岩中白云石和透闪石就是化学成分最相当的成玉矿物,大量的薄片鉴定资料也证明了这点。所以要形成和田玉必然要有白云岩或白云质大理岩。

一、地层

阿拉玛斯河由东至西支流的带状范围内，出露地层相当于蓟县系变质的碎屑岩和碳酸盐岩，有片岩、条带大理岩及镁质大理岩等，总厚约1000m。因受岩浆岩的穿插和交代，矿区地层与相邻地层的关系不连续。而且区内广泛发育海西期花岗岩及闪长岩，为岩株状，分布于矿区中部。岩体边缘岩石为似斑状，中心为粗粒状，并有石英闪长岩、闪长岩、正长岩等岩脉穿入，系同源岩浆分异形成。镁质大理岩呈团块状、舌状、不规则状，残存于岩体顶部或鞍部接触带内。矿区构造为一单斜，走向北东，倾向110°～170°，倾角50°～70°。断裂发育，以北东向为主。区内地层倒转，自南向北是由老到新的关系，自下而上被暂分为3段：镁质大理岩段、条带状大理岩段和石英片岩段。玉矿点位于前震旦纪隆起中次级断裂的旁侧，这些地层中广泛发育有镁质大理岩。在镁质大理岩与侵入岩体的接触处，往往有多条透闪石化的大理岩及和田玉矿脉形成。所产和田玉主要为青玉，次为青白玉，白玉较少见。溯流而上，经常可以捡拾到河流洪水携带来的玉料（图21-1～图21-2；ar.阿拉玛斯矿点，sr.赛迪库拉木矿点）。

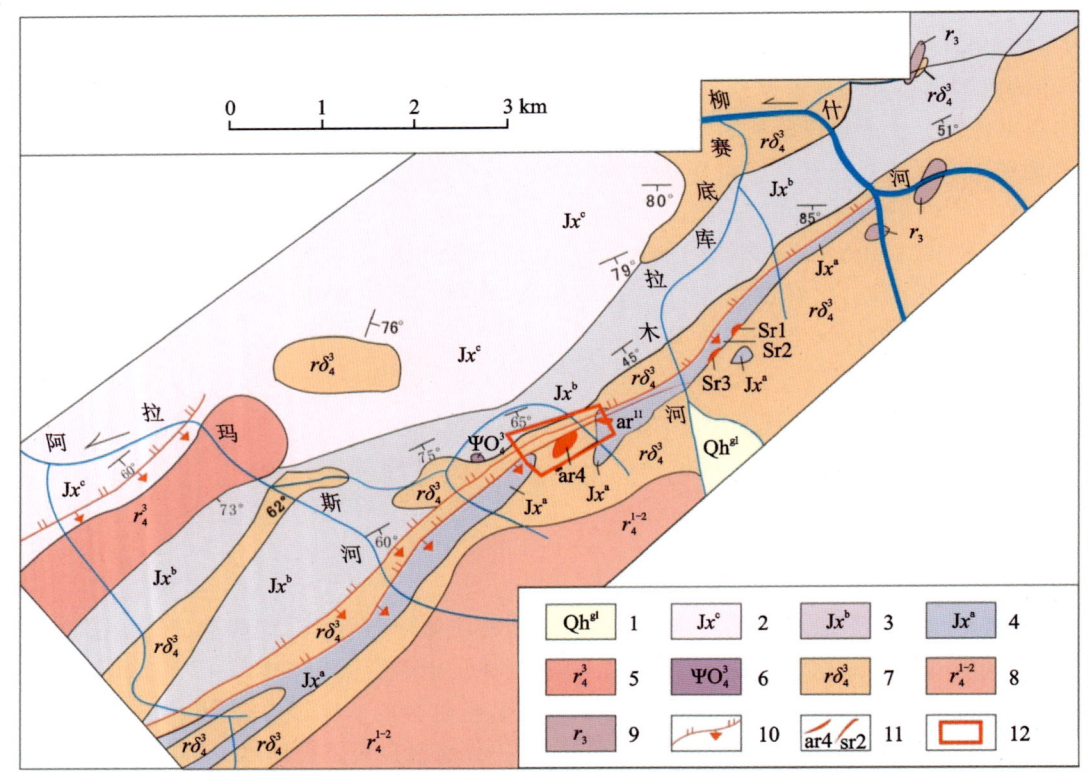

1.第四系暗绿色冰碛砾、砂；2.石英片岩段；3.条带状大理岩段；4.镁质大理岩段；5.海西晚期花岗岩；6.海西晚期角闪岩；7.海西晚期花岗闪长岩；8.海西早期至中期花岗岩；9.加里东期片麻花岗岩；10.实测逆断层；11.和田玉矿脉及编号；12.阿拉玛斯矿区。

图21-1　阿拉玛斯—赛迪库拉木一带路线地质草图

1. 镁质大理岩段（Jx^a）

该段的主要岩石为白云石大理岩，下部有少量石英岩及片岩。厚度一般50～200 m，在阿拉玛斯地段较厚，向东、西变薄。其南与海西期花岗岩侵入接触，其北与条带状大理岩段整合接触。该段岩层被花岗岩及花岗闪长岩侵入，发生显著的接触交代作用。内接触带由镁铁尖晶石、镁铁闪石等矿物生成，具显著的斜黝帘石化；外接触带有滑石、水镁石生成，见普遍的蛇纹石化（附录21图31～图32）；中带则有透闪石化（附录21图33～图35）、金云母化（附录21图36），该层位有和田玉生成。现以阿拉玛斯矿区为例分亚段叙述。

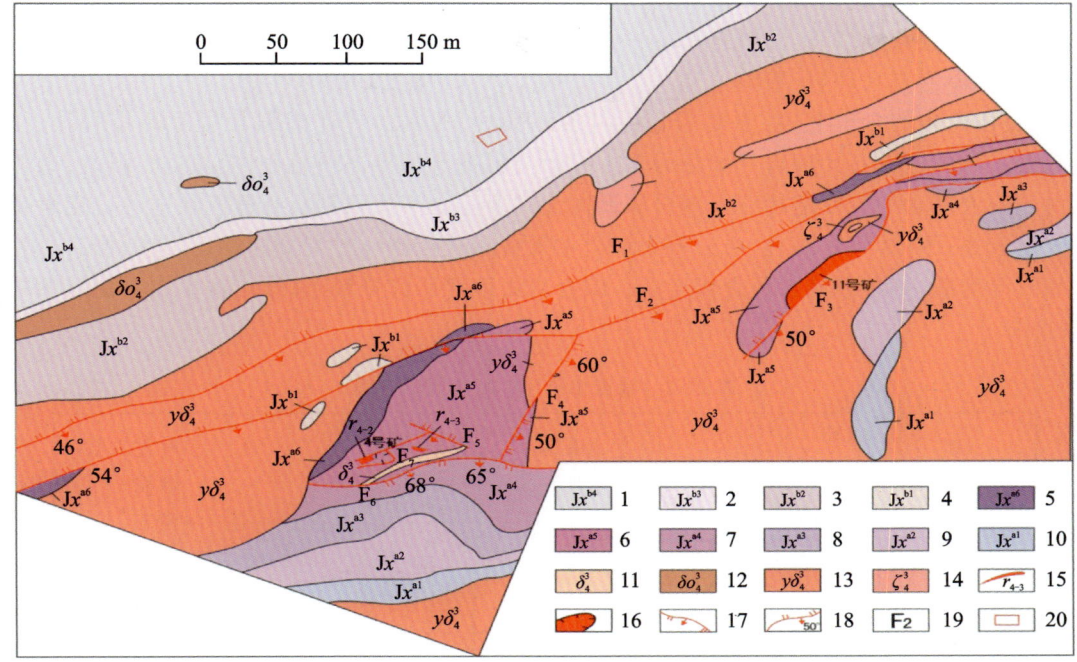

1.含透辉透闪大理岩夹片岩;2.含镁橄灰质白云石大理岩;3.透辉大理岩与二云英片岩互层;4.镁橄透辉大理岩;5.含镁橄白云石大理岩;6.软玉化白云石大理岩;7.菱镁矿岩;8.白云石大理岩夹变质石英砂岩;9.含镁橄白云石大理岩;10.含镁橄灰质白云石大理岩;11.闪长岩;12.石英闪长岩;13.花岗闪长岩;14.石英正长岩;15.矿体及编号;16.采矿坑及矿脉编号;17.正断层;18.逆断层;19.断层编号;20.矿山驻地位置。

图 21-2　于田阿拉玛斯和田玉矿床地质草图

1)含镁橄灰质白云石大理岩(Jx^{a1})

岩石以白云石为主,方解石次之,前者约占65%±,后者占25%～30%,在显微镜下大致呈他形等轴粒状彼此镶嵌,粒径大小不等,一般0.3～3 mm。它们的边缘不清晰,往往有隐晶质及微粒状的碳酸盐矿物填充。另有3%左右的镁橄榄石及其交代而成的蛇纹石零星分布(附录21 图31、图37)。

因角闪岩脉的侵入而发生交代蚀变,自岩脉向两侧依次有镁铁闪石带、金云母带和镁橄榄石带(附录21 图38)。镁铁闪石和尖晶石的分布比较局限,它们构成宽为数厘米至十余厘米的不连续条带。金云母呈条带状及不规则的集合体出现,被叶蛇纹石替代,有时只残存假象。

本亚段与上覆地层整合接触,下部层位被花岗岩侵入而分布零乱。

2)含镁橄白云石大理岩(Jx^{a2})

岩石灰白色,中粒花岗变晶结构,块状构造或条带状构造。在显微镜下见岩石几乎全由白云石组成,粒径0.5～3 mm,大致呈等轴粒状彼此镶嵌。有3%±的叶蛇纹石呈浑圆状橄榄石的假象零星分布,粒径0.05～0.5 mm,有时也沿白云石的边缘呈线性分布(附录21 图31)。

3)白云石大理岩夹变质石英砂岩(Jx^{a3})

白云石大理岩的岩性同于前亚段。所夹的变质石英砂岩约占1/3。显微镜下见岩石主要由石英(含量50%～70%)及少量长石(含量3%～5%)组成,胶结物所形成的变质矿物绢云母含量很高(含量25%～40%)。经变质,碎屑稍被拉长,且沿长轴方向平行分布,稍微有片理化。

4)菱镁矿岩(Jx^{a4})

该亚段展布的形状是带状—长卵形,主要分布在阿拉玛斯4号矿脉的南侧,矿区东部只在11号矿脉的南侧有少许出露。菱镁矿岩为灰白色—肉红色,显微镜下见其主要组成为菱镁矿(含量75%～95%),次为白云石(含量5%～25%)。另在上述两种组分的边缘,有1%～2%的浑圆状或不规则状镁橄榄石变晶或残晶分布,它们不同程度地被叶蛇纹石穿插交代。在菱镁矿的较大颗粒中,能见到白云石浑圆状或不规则状的残余,说明菱镁矿是热液交代白云岩的产物(附录21图39)。

菱镁岩中有闪长石脉侵入,同时有蛇纹石脉生成。

5)和田玉化白云石大理岩(Jx^{a5})

该亚段是矿区内的含玉亚段,主要岩石为白云石大理岩,其中有花岗闪长岩及闪长岩脉侵入(附录21图40),由岩脉向白云石大理岩可细分为若干接触交代带。见有钾长角岩、尖晶金云母岩、透辉石大理岩、镁橄白云石大理岩等。在透辉石大理岩和镁橄大理岩间有不规则脉状或透镜状透闪石化大理岩及和田玉产出(附录21图33~图34)。白云石大理岩在受接触交代影响时则有硅镁石、镁橄榄石、透闪石、金云母、尖晶石等生成,从而形成各种交代岩石。综合岩石薄片研究资料,总结矿物生成的先后顺序和相互关系见表21-2。

表21-2 软玉化阶段矿物生成顺序表

白云石 →	镁铁尖晶石 钛铁矿 →	透辉石 斜黝帘石 透闪石 镁橄榄石 金云母 →	硅镁石 软玉透闪石 磷灰石 →	叶蛇纹石 绿泥石 滑石 水镁石

通过显微镜下观察可知透闪石的生成有两期:柱状透闪石为前期的,它交代了透辉石和斜黝帘石;软玉化透闪石为后期的,因极细微难分辨,仅能看出是细小纤维的鳞片状集合体,它几乎交代了所有的前期矿物,尤其是交代纤柱状透闪石。两期透闪石的界线比较模糊,呈过渡现象。

该亚段下部有一层不稳定的变余石英质粉砂岩,在矿区东部总厚十余米,未见下部的砂岩。

以成玉状况而言,在矿区范围内也有变化,西部以有名的"戚家坑"(4号矿脉)为代表,矿体较厚大而规则,以青白玉为主,白玉占比较低,青白玉的颜色偏深。

6)含镁橄白云石大理岩(Jx^{a6})

该亚段的下部有一层绢云母石英片岩,中上部为含镁橄白云石大理岩,因闪长岩脉的侵入而产生接触交代分带和形成弱软玉化,局部可见青玉的不规则细脉形成。自岩脉向含镁橄白云石大理岩有以下分带:斜黝帘石化钾长石化闪长岩→斜黝透辉角岩→透辉透闪石岩→青玉→含镁橄白云石大理岩。岩石靠近矿体附近,大理岩中包裹有蛇纹石化橄榄岩(附录21图38)。

含镁橄白云石大理岩为白色块状,在显微镜下可见白云石颗粒有时仍保留有碎屑外形,颗粒间或较大的颗粒之中,尚能分辨原先细小的白云石颗粒,显然是重结晶作用的产物。新生矿物为镁橄榄石和蛇纹石,前者往往被后者交代,有时仅见其残留假象,也能见到蛇纹石交代分割或包围橄榄石的颗粒,而呈网脉状出现(附录21图38)。

本亚段被花岗闪长岩穿插,仅留有窄小的条带。

2. 条带状大理岩段(Jx^b)

该段分布于上段之北,两段间被断层或岩浆岩所分隔,主要岩石是方解石大理岩,夹二云英片岩及石英岩。大理岩的原岩为石灰岩,有明显的条带构造,具有显著的石墨化和黄铁矿化。大理岩和片岩沿走向相互变化,尤其是石英岩层不稳定,只在局部出现。本段与镁质大理岩段的区别是镁质成分显著减少,接触交代矿物以透辉石为主,辅以少量的石墨和黄铁矿;金云母和蛇纹石很少甚至不出现,未见软玉矿化。按岩层组成又分为自下而上的3个亚段。

1)橄透辉大理岩(Jx^{b1})

岩石组成矿物主要为方解石,另含有细小鳞片状石墨和黄铁矿的微小颗粒,总量不足5%。受花岗闪长岩侵入蚀变影响,大理岩蚀变为黝帘石透辉角岩。岩石为灰绿色块状,细粒变晶结构,显微镜下见主要组分为透辉石(含量70%)和方解石(含量15%~20%),次为黝帘石(含量7%~10%)和白云石(含量

2％～3％),黝帘石为交代透辉石而形成。白云石呈他形微粒状零星散布,另外也见有钾长石存在于透辉石间。

2）透辉大理岩与二云英片岩互层（Jx^{b2}）

该亚段为大理岩与片岩不均匀互层组成。前者占2/3,后者占1/3。

透辉大理岩呈浅灰色或深灰色细粒花岗变晶结构,条带状构造。岩石主要由方解石和透辉石组成,透辉石的含量不等,最高可达70％,其次有镁橄榄石。受花岗闪长岩影响的部位则具有角岩结构、块状构造,透辉石的含量较高并可出现石榴石、斜黝帘石、钾长石和较多的黄铁矿等矿物。

二云英片岩为灰色粒状鳞片变晶结构,片状构造。岩石主要由石英（含量60％～70％）、黑云母（含量7％～30％）、白云母（含量7％～15％）组成,其次还有少量绢云母和绿泥石,微量榍石、锆石和磷灰石、电气石等矿物。石英粒径相差悬殊,具锯齿状边缘。在受到岩浆岩影响时则有较多的黝帘石和磁黄铁矿、黄铁矿等生成。有时在黑云母中有个别金红石颗粒出现。值得注意的是,在本亚段上部的二云英片岩中,薄片中见有细小的变质成因的刚玉。

该亚段的顶部见有一层黝帘绿泥石英岩,产状不稳定,局部可见。

3）含镁橄灰质白云大理岩（Jx^{b3}）

本亚段的岩石为灰色,条带状变余不等粒碎屑结构。主要组成矿物为白云石（含量85％±）,次为方解石（含量13％±）,白云石尚保留有较清晰的碎屑形态,其边缘有新生的叶蛇纹石,另有少量石墨和微量纤维状透闪石与滑石生成。

后生的方解石呈微粒状,与白云石碎屑接触处有交代现象,使白云石的边缘呈锯齿状或港湾状。

4）含透辉透闪大理岩夹片岩（Jx^{b4}）

本亚段分布在矿区北缘,与下伏地层整合接触。主要岩石为大理岩,在中部夹有一层二云片岩,上部夹有一层石英岩。大理岩为灰白色块状,细至粗粒的不等粒变晶结构。因岩浆岩的影响,近岩体部分生成斜黝透辉角岩,稍远处则有透辉透闪大理岩、金云透闪大理岩等。

含透辉石透闪石的大理岩,为灰色块状,中至粗粒变晶结构,方解石占绝大多数（含量大于80％）,另含有少量的白云石（含量5％±）,在显微镜下见方解石呈他形等轴镶嵌粒状,粒径0.3～1 mm。少量的透辉石和钾长石,各占岩石的3％～5％,呈他形粒状分布于碳酸盐矿物间。并且可见透闪石穿插透辉石,钾长石又穿插于较大的透闪石颗粒之中的现象。此外见有微量镁电气石、镁橄榄石颗粒。

3. 石英片岩段（Jx^c）

该段分布于阿拉玛斯矿区以北。岩石以石英片岩为主,偶夹石英岩及大理岩。片岩受侵入岩影响时则变为长石石英片岩或黑云斜长片麻岩。该段已远离软玉矿区,它和条带状大理岩段为整合关系。

二、侵入岩

阿拉玛斯及附近的侵入岩是比较发育的,占地表岩石分布面积的一半以上。按活动时期可分为加里东期、海西早—中期和海西晚期。与成玉有关系的是海西晚期侵入岩。

1. 加里东期侵入岩

该期侵入岩只见于柳什河上游,其岩类为花岗岩。被后期侵入体穿插而分布很零碎。岩石为片麻状花岗岩,有时具明显的眼球状构造。片麻理产状要素与中—上元古界片岩的片理一致。

2. 海西早—中期侵入岩

分布于矿区西南、阿拉玛斯河各支流的源头一带。岩石为肉红色,粗粒花岗结构,略具片麻状构造的花岗岩。它和其他各期同类岩石的区别是钾长石中的正长石含量较高。时代确定的依据是岩体中尚有较新鲜的花岗岩脉和海西期的花岗闪长岩侵入;和邻区资料对比,它的变质程度和岩性与海西中期花岗岩类似。

3. 海西晚期侵入岩

该期侵入岩广泛分布于阿拉玛斯矿区内。其岩类有花岗岩、花岗闪长岩、闪长岩、石英闪长岩、石英正长岩和角闪岩。其中前两类分布最多，后两类分布较少。

1）花岗岩

所见的单独岩体分布于矿区西北部，主要岩性为黑云母花岗岩。在矿区西北部有时还有角闪花岗岩、斜长花岗岩及二长花岗岩出现。这些岩性是由花岗岩受围岩的混杂而形成的。在阿拉玛斯矿区中部，花岗闪长岩体中也有属于花岗岩的部分，它们呈过渡状态，是一个侵入体的不同岩相，因花岗岩部分很少，未单独分出。

所见花岗岩的主要矿物成分：石英含量30%~35%、钾长石含量20%~25%、斜长石含量20%~25%、黑云母及绿泥石含量8%~12%，绿帘石含量10%~15%。花岗岩中的副矿物有锆石、磷灰石和磁铁矿等。花岗岩在向花岗闪长岩过渡过程中，石英和钾长石的成分减少，暗色矿物及斜长石略有增加。

2）花岗闪长岩及其过渡岩类

该类岩体分布于阿拉玛斯矿区中部，是成玉期主要侵入岩。呈岩株状，宽1 km至数千米，北东-南西向带状延伸数十千米。在它的北部边缘，侵入于石英片岩中的岩枝为石英闪长岩；在它的中部，侵入于碳酸盐岩中的岩枝、岩脉为闪长岩。在它的内部受后期钾化交代影响，有钾化闪长岩生成。追索可知，上述岩枝、岩脉应该是同源岩石，它们是同一个侵入岩体的几个组成部分。此外，区内还有脉状体的正长岩脉生成，这些岩脉在侵入体的中部与花岗闪长岩呈过渡关系，在侵入体的边缘又明显地穿插了花岗闪长岩及闪长岩。

花岗闪长岩的主要矿物成分是斜长石（更—钠长石）（含量30%~35%）、钾长石（含量20%~25%）、石英（含量15%~20%）、角闪石（含量2%~3%）、黑云母及阳起石（含量10%~12%）、黝帘石（含量8%~10%），副矿物为磁铁矿、磷灰石、榍石和个别褐帘石。暗色矿物可见普通角闪石常蚀变为阳起石及黑云母，此两者也常被绿泥石交代，帘石类矿物常分布在长石颗粒间（附录21图40）。

石英闪长岩的主要矿物是斜长石（含量40%~50%）、石英（含量15%~20%）、叶绿泥石（含量15%~20%）、斜黝帘石（含量15%~17%）。次要矿物有正长石（含量3%~5%）、绢云母（含量2%~3%）、白云石（含量1%~2%），副矿物有磷灰石、褐帘石、钛铁矿等。岩石的暗色矿物多数已蚀变为绿泥石（附录21图41）。

闪长岩的浅色矿物主要为斜长石（更—中长石）（含量60%~75%），钾长石占岩石组成的10%~15%，石英只占3%~5%。闪长岩的暗色矿物主要为普通角闪石，占12%~15%，有些已被阳起石或次生绿泥石取代（含量5%~7%），或被帘石类矿物取代。副矿物见有磷灰石、榍石和褐帘石。

闪长岩若为较细小的岩脉侵入于围岩中时，它本身也往往遭受强烈的蚀变，产生斜黝帘石及阳起石化。这种现象在阿拉玛斯4号矿脉附近十分明显。在闪长岩的边缘或靠近围岩的一侧，常见斜黝帘石化的钾化闪长岩。这种钾化岩带的旁侧往往有软玉形成。

在花岗闪长岩中有一种正长岩脉形成，这种岩石的主要组成是钾长石，占75%~90%，岩石为白色，颗粒较粗，一般0.2~0.6 mm，主要为微斜长石，次为条纹长石及正长石。少见斜长石（含量3%~5%），帘石类矿物也较少，并能见少量的绢云母及绿泥石（含量小于5%）次生形成。

上述岩体及岩脉都是同期的产物，表现出物质的同源性，然而也具有时间上的差异性。从矿物的交代蚀变和穿插关系可以粗分为3个序次。花岗闪长岩最早，闪长岩是它的边缘相和分出的岩脉，正长岩又穿插了前两种岩体。这说明从岩体的中心至边缘的变质经历了相当长的时间。

选择正长岩脉测定全岩K-Ar同位素地质年龄，年龄值137.7 Ma。在花岗闪长岩的接触带采取金云母单矿物测定K-Ar同位素地质年龄样，年龄值(248.26±3.73) Ma，二者相差甚远。前一样品因钾长石遭受蚀变，所测年龄可能偏低；后一样品虽然测定的是围岩的变质时代，但是所测定的矿物较适宜，能间接说明侵入岩的时期。本书倾向于采纳后一测定数据[(248.26±3.73) Ma]，将成矿期侵入岩及和田玉的成矿时代确定在海西晚期。

3）角闪岩脉

该类岩脉所见甚少，规模也很小。往往呈透镜体和豆荚状分布于大理岩中，一般长数十米，宽几十厘米至数米，长轴方向往往和大理岩层理一致。岩石为黑色或绿黑色，中至粗粒结构，几乎全由角闪石组成，沿角闪石的解理和边缘有少许帘石及绿泥石后生形成。角闪岩脉和花岗闪长岩是同期侵入活动的产物，也应属海西晚期。

三、矿化带及矿体特征

阿拉玛斯主矿区内，发现一条和田玉矿化带，它处于矿区中部，其走向和侵入体与围岩的接触带走向一致，为北东-南西向，宽20～30 m，长1 km以上，两端延出矿区。

矿化带的一侧或两侧为花岗闪长岩，围岩为镁质大理岩。在矿化带的部位，围岩呈弧岛状或舌状体残存于侵入体之上或之中。

该矿化带西延部分在阿拉玛斯附近只见矿化，尚未发现矿体。在阿拉玛斯矿区东部为赛迪库拉木矿区，也发现了可采的青白玉及青玉矿体。阿拉玛斯矿区本身具开采使用价值的和田玉矿脉有两条，即4号矿脉及11号矿脉。4号矿脉位于矿区的中西部，11号矿脉位于矿区的中东部。

1. 4号矿脉

以北东东-南西西方向延展，长70余米，宽5～20 m。围岩为白云石大理岩，是分布在花岗闪长岩体顶部且被侵入体四面包围的弧岛状残留体。东西两面距花岗闪长岩体20～40 m，南北两侧距侵入体80～100 m，残留体中还有10余条闪长岩脉穿插。和田玉矿体产出于闪长岩脉和白云石大理岩的外接触带之内。该矿脉内，计有和田玉矿体3条（图21-3）。

Y4-1：青白玉及白玉脉。长10余米（地表残留部分），宽0.1～0.3 m，分布在闪长岩脉附近的白云石大理岩中。矿体平行于岩脉和围岩的接触带，岩脉总的产状与围岩层理基本一致，只在局部地段有时和围岩层理斜交。脉形不规则，时有变薄和尖灭之势。在2号平硐转折处的洞底附近，闪长岩脉的西北侧紧靠岩脉处形成的是青白玉，东南侧距岩脉稍远处形成的是白玉，该矿脉因厚度甚小，只采出过一些块度不大的青白玉及白玉。

Y4-2 位于Y4-1南东方向，相距12～15 m，控制长度在20 m左右，宽0.5～2.5 m。矿体为不规则的脉状及囊状。主要形态为平行围岩层理和平行接触带两种，次为和围岩层理斜交者，围岩倾向接近于正南，倾角50°～60°。产出的和田玉有青玉、青白玉和白玉等，青玉一般靠近侵入岩脉，向围岩方向逐渐过渡为青白玉及白玉。在和田玉矿脉内还见有白云石大理岩的小块残留体及以蛇纹石为矿物成分的"蛇纹石玉"。

在该矿脉中及附近，可以看到钾化闪长岩，这种钾化闪长岩有时残留在"蛇纹石玉"脉中。该矿体在断裂附近受错动影响严重，玉石裂纹极多。

Y4-3：位于Y4-2东南5～7 m处，"戚家坑"主要指该矿体。矿体在地表长约30 m，宽不超过0.5 m，历史上采出的玉块最厚0.37 m。矿体为较规则的脉状，但沿走向及倾向有时不连续。主要为青白玉，次为白玉。

矿体产于白云石大理岩中，与围岩的层理基本一致，围岩产状为倾向160°，倾角65°～75°，在矿体附近偶见闪长岩或钾化闪长岩脉。岩脉和矿脉间往往有宽数厘米至0.5 m的暗绿色岩带。靠近矿脉处为以滑石、蛇纹石为主组成的片状皮壳，或见有金云母帘石岩、条带状角岩。采矿者把上述暗绿色岩带称为"墙"，采矿至"墙"即到边界。据采玉工称，该矿体不连续，能采出厚度在10 cm以上的玉块的地段一般长3～15 m，斜深4～10 m。这些能采出可用玉料的地段间，沿走向多以片理化透闪石岩和软玉化、蛇纹石化的细脉相连。可采矿体尖灭时，只要沿"墙"继续追索数米至数十米，依然能够再见新的矿体。

通过对"墙"进行仔细的观察和研究，发现原来它是在侵入岩脉到和田玉矿体间的一系列交代岩石的岩带。现将各带的岩石描述如下。

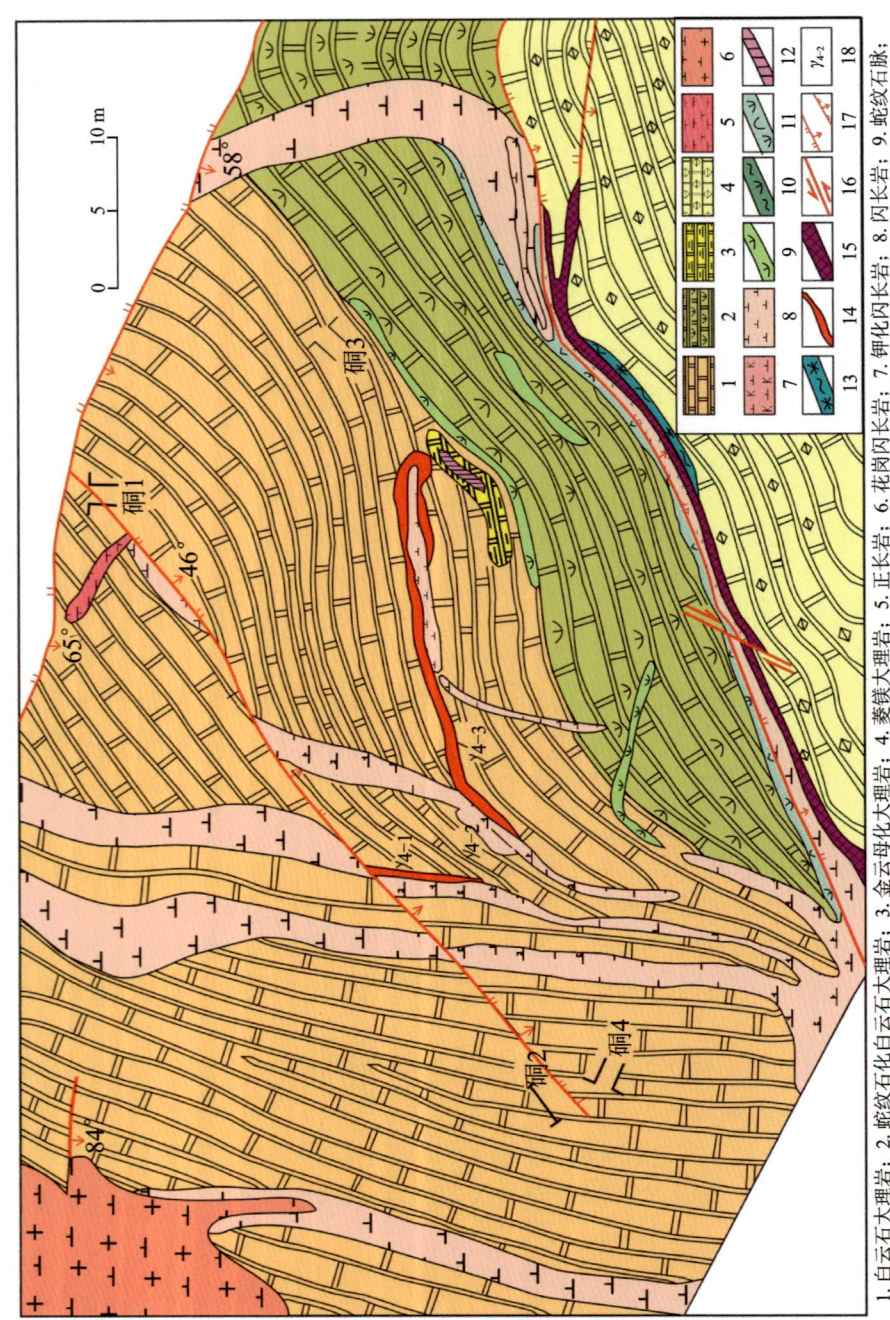

图21-3 阿拉玛斯和田玉矿4号矿脉地质平面图

1. 白云石大理岩；2. 蛇纹石化白云石大理岩；3. 金云母化大理岩；4. 菱镁大理岩；5. 正长岩；6. 花岗闪长岩；7. 钾化闪长岩；8. 闪长岩；9. 蛇纹石脉；10. 蛇纹绿泥石岩脉；11. 滑石蛇纹石脉；12. 软玉化白云石大理岩；13. 和田玉石脉；14. "蛇纹石玉"矿体；15. "和田玉矿"矿体；16. 平推断层；17. 逆断层与正断层；18. 玉石矿体编号。

(1) 钾长斜黝帘石岩带：宽 25～35 cm，岩石以斜黝帘石为主，占 60%～65%，次为正长石及微斜长石，占 20%～25%，斜长石含量 1%～20%，阳起石含量 5%～7%，其他尚有锆石、榍石、磷灰石及绿帘石等，推测该岩石为闪长岩脉的蚀变产物。

(2) 阳起石金云母带：宽 0.5～1 cm，阳起石和金云母呈纤维状、放射状、鳞片状彼此混杂，构成不连续的条带。

(3) 斜黝帘石化透辉石带：宽 0.1～1.2 cm，岩石为黄绿色粒状，主要由透辉石和少量的阳起石组成，并可见斜黝帘石交代透辉石的现象。

(4) 滑石蛇纹石带：宽 0.2～2 cm，主要由蛇纹石组成，次为滑石，岩石为暗绿色，叶片状边缘微透明。与和田玉的界线平直而明显，与透辉石带的界线则弯曲。

上述分带中，钾长斜黝帘石岩为侵入岩脉的蚀变产物，几种岩性组合，形成了一个被压缩和复杂化了的交代岩石系列。

2. 11 号矿脉

该矿脉以北东-南西方向延展，长 90 m 左右，宽 10～20 m。矿脉的西北及东南被花岗闪长岩体中分出的闪长岩及石英闪长岩脉穿插包围，围岩为含硅白云石大理岩，在成矿地段以舌状体残存于侵入体之上。该矿脉向西与 4 号矿脉遥遥相对，明显属于一个矿化带。

该矿脉向东，含硅白云石大理岩厚度增大了，但矿化范围却变窄了。矿脉本身有和田玉矿体多个，但主要者只有两条，现自北而南分别叙述（图 21-4）。

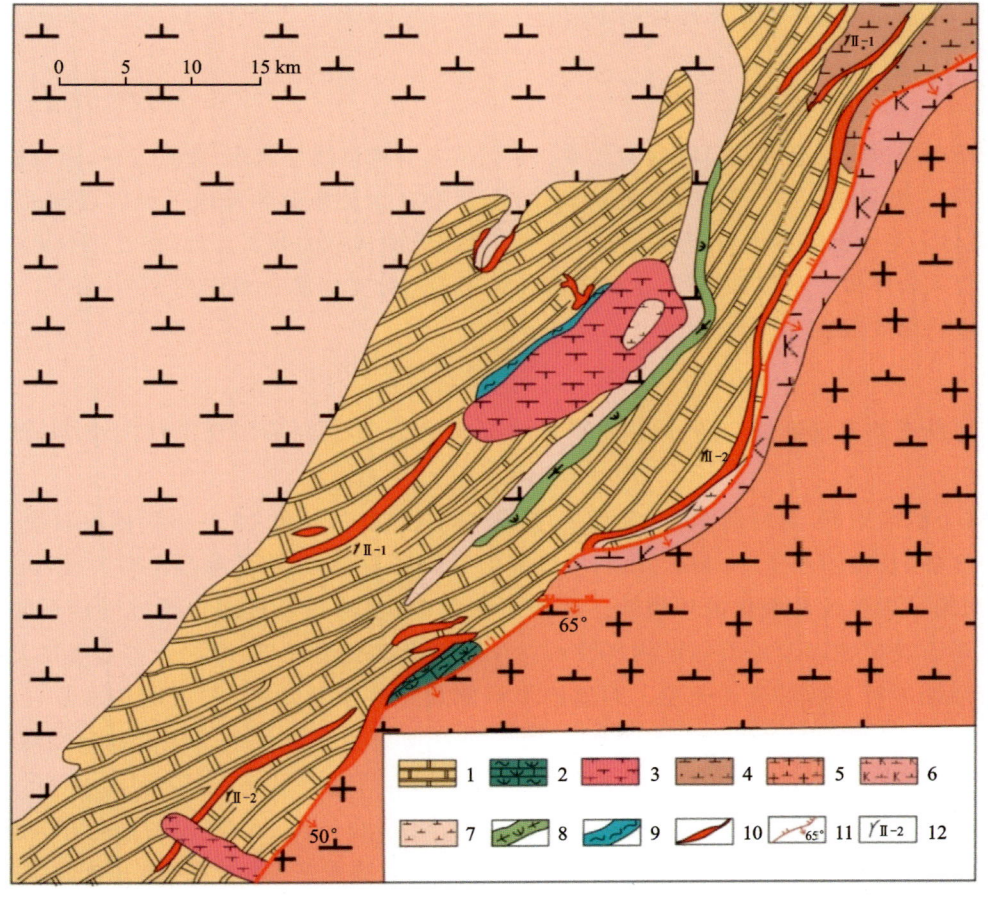

1. 白云石大理岩；2. 蛇纹绿泥石岩；3. 正长岩；4. 石英闪长岩；5. 花岗闪长岩；6. 钾化闪长岩；7. 闪长岩；8. 蛇纹透闪石脉；9. 绿泥石脉；10. 和田玉矿体；11. 逆断层；12. 矿体编号。

图 21-4 阿拉玛斯和田玉矿 11 号矿脉地质平面图

Y11-1：以青白玉为主，青玉为次，断续延展近 40 m。西段宽 10～35 cm，以青白玉为主，矿脉与围岩的层理平行，倾向 145°，倾角 40°，矿体距西北侧的闪长岩体 3～7 m。东段矿脉分叉，赋存于石英闪长岩的两侧，主要为青玉，次为青白玉，因岩脉基本沿围岩层理方向侵入和分布，所以矿脉既沿接触带分布又与层理基本一致。矿脉的中段不连续，有时只能见微细的叶片状软玉化透闪石脉分布，在闪长岩脉膨大的部位，岩脉本身除钾化外，还有正长岩脉侵入。

矿脉素描图显示，较大的闪长岩体和白云石大理岩的 80 余米的接触面上，并未见矿化现象，从岩体中分出的短小岩枝，其边缘和岩脉中的捕虏体却有和田玉生成。其中岩脉边缘的和田玉为青玉，捕虏体中的和田玉为青白玉或白玉，这些成矿特征和整个矿区是一致的。

Y11-2：该矿体位于 11 号矿脉的东南边缘。以青白玉为主，青玉为次。断续延长近 50 m，宽 0.1～0.4 m，有时有分叉现象。有时矿体为软玉化片状透闪石脉，它和玉矿脉关系密切，常可互相过渡。矿体仍为不规则脉状，主要呈与层理接近的产状，其次与石英闪长岩和白云石大理岩的接触带产状一致，也有在主矿体不远处的白云石大理岩中分布，与矿体连结为一体，在结合处矿体变厚膨胀。

在矿体中段的东南侧，正长岩呈脉状穿入石英闪长岩中。在矿体西南端可以看到正长岩截断和田玉矿体沿围岩一组节理穿入，并被侵入时期较晚的（矿脉的东南部）断裂所截断。

11 号矿脉和 4 号矿脉的主要地质情况是基本相同的，差异在于 11 号矿脉的成玉相关岩脉为石英闪长岩。由于石英闪长岩的含铁量高，在它的影响下所形成的和田玉铁含量也高，软玉的颜色相对就较深。11 号矿脉的白玉比 4 号矿脉少，而青玉比 4 号矿脉多，青白玉的色调也较 4 号矿脉深。由此可以推断，侵入体成分的不同将导致成矿和田玉品种的不同。

四、构造

阿拉玛斯矿区位于昆仑前震旦隆起的北翼。矿区的主要构造线呈北东-南西方向，因地层已经倒转，南老北新，岩层一般倾向 110°～170°，倾角 50°～70°。只在矿区的东北角地段可见岩层向北倾斜或近似直立，故在总体上是个倒转的单斜构造。推测是一个紧闭背斜构造的北翼，因调查资料不足，对褶皱形态难以描述。侵入岩体多数呈带状排列，主要走向 50°～230°，分支岩脉一般走向 20°～200°。以下对断层和节理分别进行简要叙述。

1. 断层

矿区实地勘查共发现断层 7 条，除横贯矿区中部的 F_1 及 F_2 两条断层规模较大外，其余断层规模都较小。

F_1：出露于矿区中部，走向北东东-南西西，倾向 135°～165°，倾角 46°～73°，西段较缓，东段较陡。两端延出矿区外，长度不小于 10 km。该断层既穿切了蓟县系，又截切了海西晚期的侵入岩，在断层附近，它使花岗闪长岩形成片理化的碎裂岩。碎裂岩中的碎斑、碎粉及被碾得更细的碎屑物，已被重结晶的石英和帘石类矿物以及碳酸盐矿物所胶结。片理面上又有绢云母、绿泥石等新生的片状矿物，碎裂岩中还有后期方解石脉沿节理充填。因此推测该断裂是多次活动的，它可能在岩浆岩侵入前后均有继续活动，而且从碎裂岩的性状判断那时的活动是在剪应力下发生的。主要的活动时期是在成矿之前。

F_2：出露于矿区中部，在 F_1 断层以南，大致与其平行，相距 20～40 m。断层的走向亦为北东东-南西西，倾向 140°～175°，倾角 50°～70°。断层面产状比较稳定，两端亦延出矿区外，其长度与 F_1 相似。该断层亦为逆断层。它与 F_1 共同形成最宽达 65 m 的破碎带，特征与 F_1 一致，应是同时活动形成的。但由于它们各自形成一个断层结构面，在两个断层之间的地质体仍保持了原来的形态和接触状态，所以按两个断层看待。

F_3：出露于矿区东部11号矿脉的南缘。走向北东-南西，倾向110°～130°，倾角50°～60°，长逾百米，为逆断层。该断层使11号矿脉南侧中段的接触带缺失，使侵入体逆复于蓟县系之上。此断层的存在，对矿体和侵入体的影响较大。如在11号矿脉的西南端，由于断层的切割，南侧分枝矿体断失。距断层较近的矿体，裂纹出现的频率很高。在厚10～20 cm的和田玉矿体上，平行于断层结构面，有5～10条裂纹存在，大量剪性裂纹的存在，使矿石碎裂成小块或造成"炸心绺"，玉石品质降低（附录21图42）。从以上叙述可知，该断层为成矿之后的逆断层。F_3断层的力学性质及应力状态，按与其相交的小断层推断，是右移扭压性断层。

F_4：出露于F_2之南，F_3之西，4号矿脉的东端。走向北东-南西，倾向南东，倾角66°，长120m。北东端与F_2衔接，南西端与F_5相邻。该断层斜切了海西晚期的花岗岩侵入体及蓟县系，造成上盘数米的落差。在地表形成了很清楚的平行分布张性裂隙，断层性质呈现得很清楚。沿断裂面在断层的南西段还可见到蛇纹石脉形成。鉴于矿区的蛇纹石化和软玉化的密切相伴，推测该断裂也是成矿之前的断裂，它是F_2的派生旁侧支构造。

F_5：出露于4号矿脉的东南，横截地层而过。走向南东东-北西西，倾向南西，倾角59°～65°。延长大于50 m。该断层沿走向线在地貌上呈一宽数十厘米的槽形沟，断层两侧的地层及岩脉，既有平移，也有上冲，因而具有平移断层和逆冲断层双重特征。鉴于该断层切断了成矿有关的岩体和围岩，使蛇纹石化及透闪石化的白云石大理岩产生了错断，故认为该断层是成矿后的断层。

F_6：出露在4号矿脉的南侧，大部展布于Jx^{a4}的北缘及与Jx^{a5}的分界线上，总长120 m。断层的倾向135°～165°，倾角65°～68°，为斜落的正断层。该断层是4号矿脉的南侧边界，由采坑南壁可以观察到断层磨擦面，擦痕方向斜交结构面。F_6是成矿之后的断层，对4号矿脉有破坏作用。受此断层影响，4号矿脉的和田玉常产生冰劈作用，裂隙中经常有冰块伴随矿体出现。因此4号矿脉主矿体的矿坑，一直被采矿者称为"冰坑"。

F_7：出露于4号矿脉的北部，F_6之北，F_5之西。北东端与F_5衔接。走向50°～230°，倾向南东，倾角46°～77°，长大于50 m。该断层在二号硐口（硐2）显现得十分清楚。二号硐口的运输巷道之南壁即F_7之断层面。该断层既是正断层又具有平移性质，应属于张扭性断层，它和F_6的性质相同。F_7断层斜切了Jx^{a5}及海西晚期侵入岩脉，同时也使软玉矿体产生了错动，因此它是成矿之后的断层。

从以上7条较大断层和它们的侧枝断裂可以看出，矿区成矿之前的断层主要有F_1、F_2及F_4，其中F_4是F_2的侧枝断层。F_1及F_2的规模均较大，有大致相同的产状要素，均为扭压性断层，是矿区成矿前局部构造应力集中部位，显示出成矿前的应力是以扭压为主的特点。

成矿之后的断层有F_3、F_5、F_6及F_7。其中F_7是F_5的侧枝断层。这些断层中，F_3和F_5是扭压性断层，其余为扭张性断层。成矿之后的断层规模都很小，显示出以扭力为主，兼有张力或剪切力的特点。它们共同组成了矿区内的晚期构造应力场。

2. 节理

矿区内节理很发育，一般长4～8 m，最长者大于20 m。矿区岩石主要为脆性岩石，无论是侵入岩还是白云石大理岩，节理频率都较高。矿区内大多数的节理走向是近东西和北东-南西，走向北西-南东的节理和走向东西的节理也较常见。

矿区内成矿前的节理往往被侵入岩脉、软玉脉和碳酸盐脉所填充，而且也被后期节理所截切。具有软玉化的节理主要是前两组。各组节理中属于共轭剪节理类型的只能确定出两对。在矿区的4号矿脉和11号矿脉内，可以看到和田玉矿体经常以这两种产状要素产出。第二次共轭节理由倾向120°±、倾角55°±的一组和倾向185°±、倾角65°±的另一组共同组成。它们才是成矿后形成的。这对共轭节理将岩石及矿石剪切成近似菱形的块体（附录21图16），或在地质体上经常成对出现，显示出较明显的共轭特征。

3. 构造应力场的分析

因矿区范围小,所以所讨论的构造应力场都属于局部构造应力场,按主要的活动时期把它们分为成矿前和成矿后两种应力场。

成矿前和成矿后的应力状态基本一致;它们的主压应力轴都是北东-南西方向;应力状态相近说明受区域构造应力控制的条件相似,构造活动的时期也相近,均为海西晚期。不过成矿前的主要表现是以剪切为主的扭应力,尤以左行扭压最为突出。

第三节 阿拉玛斯和田玉的成分和结构

一、化学组成

阿拉玛斯和田玉的造岩组分是硅、镁和钙的氧化物。矿区内各亚种的含量不一,但变化幅度较小。其中 SiO_2 含量 55.63%～58.60%,平均 56.77%;MgO 含量 22.09%～25.56%,平均 24.31%;CaO 含量 11.33%～14.39%,平均 12.72%。这些组分和透闪石的理论化学组分很接近,但略偏低。其中白玉的3种组分含量均较高,而青白玉和青玉依次降低。说明白玉更接近理论透闪石端元的成分。

阿拉玛斯和田玉的微量组分,主要是铁氧化物和铁、铝的倍半氧化物,次为钾、钠、钛、锰的氧化物。它们的含量和主要成分相反,在白玉中的含量最低,在青玉中较高,青白玉介于二者之间。其中尤以 FeO 的含量差别较大(表 21-3)。

众所周知,在闪石族的矿物中,FeO 含量的多少,或者说镁、铁置换的程度,正是透闪石和阳起石化学区别的标志。如按铁阳起石的分子含量不超过 20%(相当于 FeO 含量 8%)为透闪石,那么,阿拉玛斯和田玉则均为透闪石。而且其 FeO 含量只相当于含量上限的 1/4 至 1/10。

值得注意的是 FeO 的含量虽低,但也由于其存在,而使软玉形成各种深浅不同的灰绿色。按目前对和田玉的品种划分的惯例,分析结果大致表明,和田玉基质中 FeO 的含量在 1% 以内者属于白玉;超过 2% 的为青玉;介于 1% 和 2% 之间的为青白玉。

如果把世界主要软玉产地的软玉化学成分与和田玉做比较,还可以显示出更多富有意义的特征(表 21-4)。从表中可以看出,Ca、Ma、Si 3 种造岩元素化学组分的数值差一般不超过 4%,由这些数值而计算的矿物化学结构式中的相应系数差,多在百分位,少数才达十分位(表 21-5)。表明其组分比较接近,这说明软玉本身是有稳定的成分范围的。表中还显示出,Mg 与 Si 有若高均高、若低均低的同步消长关系;它们的微量化学组分如钾、钠、锰、钛、铁、铝的氧化物,尤其是 FeO 的含量,则显示出与造岩元素组分的逆向消长关系,即造岩元素组分的含量较高,则它们的含量略低;若造岩元素组分的含量较低,它们的含量就略高。这一方面表明微量组分是作为造岩元素组分的补充而出现的;另一方面也表明上述两组组分和软玉的化学纯度、品种等密切相关。如我国的和田玉造岩元素组分较高,软玉以白色为主;碧玉和其他深色玉微量组分的含量较高,软玉就成为显著的绿色以至黑色。化学组成的差异除造成软玉颜色的差异外,还会引起硬度、比重、折光率的变化,从而导致不同软玉亚种的不同物理特征。

表 21-3 阿拉玛斯和田玉的化学组分

单位：%

编号	玉种	CaO	K$_2$O	Na$_2$O	MgO	MnO	FeO	Fe$_2$O$_3$	TiO$_2$	SiO$_2$	Al$_2$O$_3$	H$_2$O	F	灼失量	P$_2$O$_5$
1	白玉	14.14	—	0.24	25.42	—	0.12	0.16	—	56.95	0.52	—	0.15	2.46	0.044
2	白玉	12.77	0.27	0.16	24.42	0.06	0.54	0.13	—	57.40	1.10	—	0.145	3.04	0.040
3	青白玉	12.92	—	0.32	24.91	0.06	0.77	0.21	—	57.13	0.75	1.76	—	2.95	0.062
4	青白玉	12.62	0.22	0.20	24.37	0.06	0.85	0.04	0.23	57.60	0.94	1.73	—	0.42	0.050
5	青白玉	11.87	0.80	0.28	24.52	0.15	1.33	0.34	—	55.79	2.41	—	0.17	0.54	0.030
6	青玉	13.25	—	0.28	23.60	0.15	1.88	0.52	—	56.76	0.97	2.36	—	2.32	0.062
7	青玉	11.33	0.15	0.20	24.37	0.10	1.85	0.12	0.03	55.63	2.43	1.78	—	0.39	0.040
8	青玉	13.12	0.32	0.34	22.49	0.15	2.47	0.66	—	56.38	1.24	3.56	—	0.84	—
9	未分种	13.30	0.12	0.42	22.69	0.01	0.73	0.11	—	57.31	0.56	—	—	0.19	—
10	/	13.91	—	—	22.09	—	—	1.18	—	56.28	2.73	—	—	1.39	—
11	/	14.39	—	—	24.14	—	—	0.40	—	57.78	0.40	—	—	0.25	—
12	/	13.83	—	—	23.94	—	—	1.21	—	58.05	0.39	—	—	0.63	—
13	/	14.39	—	—	23.12	—	—	1.00	—	58.60	1.00	—	—	0.25	—
14	/	13.11	—	—	22.85	—	—	1.37	—	56.40	2.40	—	—	2.28	—
15	/	12.98	—	—	24.34	—	—	1.00	—	58.48	—	—	—	0.88	—
16	/	14.11	—	—	24.14	—	—	0.20	—	57.79	0.60	—	—	0.13	—
17	/	13.54	—	—	23.33	—	—	0.70	—	57.75	—	—	—	0.35	—
18	/	12.98	—	—	25.56	—	—	0.50	—	57.78	0.50	—	—	060	—
19	/	12.98	—	—	23.53	—	—	1.41	—	57.90	0.79	—	—	0.68	—

注：—为组分含量未达检出下限，未检出。

表 21-4 世界主要软玉的化学成分(矿床平均)　　　　单位:%

编号	产地及玉种	CaO	K_2O	Na_2O	MgO	MnO	FeO	Fe_2O_3	TiO_2	SiO_2	Al_2O_3	H_2O^+	F^-
1	阿拉玛斯白玉	13.45	0.14	0.20	24.92	0.03	0.33	0.14	—	57.17	0.81		0.15
2	阿拉玛斯青白玉	12.47	0.34	0.27	24.60	0.09	0.98	0.20	0.08	56.84	1.37	1.75	0.15
3	阿拉玛斯青玉	12.57	0.16	0.27	23.49	0.13	2.07	0.43	0.01	56.26	1.55	2.07	0.17
4	阿拉玛斯玉平均	12.72	0.21	0.27	24.31	0.08	1.17	0.25	0.03	56.77	1.21	2.24	0.15
5	且末青玉	13.10	0.30	0.36	21.34	0.04	1.50	0.61	0.11	56.86	2.27		
6	加拿大碧玉	12.31	0.04	0.07	21.67	0.15	3.43	0.86	0.01	55.52	2.04	3.55	0.03
7	俄·萨彦岭碧玉	13.19	0.27	0.75	21.39	—	1.89	1.76	—	57.00	1.42	2.72	—
8	新西兰碧玉	11.80	0.20	0.20	21.80	0.19	3.80	1.60	0.04	55.00	0.90	3.16	
9	美·怀俄明碧玉	10.30	0.20	—	20.30	0.20	12.30	0.10		54.10	3.30		
10	澳大利亚碧玉	12.40			20.30		7.91			56.00	0.78		
11	巴西白玉	12.52	0.06	0.35	24.31		0.96	0.33	0.23	59.79	0.88	2.10	
12	玛纳斯碧玉	10.37	0.06	0.19	22.17	0.12	4.62	1.07	0.01	53.20	2.51	4.78	

注:空白为未分析;—为组分含量未达检出下限,未检出。

表 21-5 已知主要软玉的微量成分　　　　单位:%

产地及品种	矿床类型	Bi	Be	Cu	Zn	Sn	Pb	Cr	Co	Ni	P	F
和田白玉	接触交代白云石大理岩	>0.01	0.001~0.0005	0.01~0.04	<0.01	<0.001	—	—	—	—	0.04	0.15
和田青白玉	接触交代白云石大理岩	>0.05	0.0015	0.01~0.1	—	<0.001	—	<0.01	—	—	0.03~0.06	0.14~0.15
和田青玉	接触交代白云石大理岩	>0.01	0.001	0.01~0.04	—	—	0.005	—	—	—	0.04~0.06	0.17
玛纳斯碧玉	交代蛇纹岩	<0.001			—	—	—	0.5	0.02	0.3	—	×
加拿大碧玉	交代蛇纹岩	—	0.002	0.005	—	—	—	0.11~0.22	0.002~0.006	0.06~0.16	×	0.02~0.06

注:—为元素含量未达检出下限,未检出;×为未分析。

微量组分的多少,也和不同矿床的杂质矿物不同有关,如绿泥石、绿帘石、黄铜矿、磁铁矿、磷灰石、尖晶石、金云母、石榴石等都不同程度地影响着化学组分。软玉的分析近似单矿物的岩石分析,由于矿物晶体十分细小,多呈显微纤维交织成的集合体,一些杂质矿物也呈微小包裹体分散在软玉中,在化学分析时难以剔除,影响真实的成分分析,因此电子探针成分分析是获得高纯度矿物成分的重要手段。考虑到软玉主要是制作工艺品,而工艺品对影响不大的杂质矿物是允许存在的,有的杂质矿物还可作为"巧色"被利用,有的则是有意保留以作为鉴别标志,故软玉包括一部分杂质矿物也是客观的。因此,尽管软玉的化学组分有确定的区间,但是变化幅度较大,没有严格的标准值。不但不同矿床的组分不尽相同;即使同一矿床的同一玉石亚种也不尽相同。因此一些矿区的某些软玉样品化学分析结果出现偏离常规的数据,并不奇怪。

从各地软玉化学组分的图表中还可看出,不同成因类型的软玉,其组分构成有显著的区别。世界软玉矿床就原岩而言主要有两类,一类是沉积变质的白云石大理岩,另一类是超基性岩的蚀变蛇纹岩。二者因原岩不同,其软玉的化学组分也有明显的差异。原岩为白云质岩石的软玉,MgO 含量较高,一般不低于 23%,FeO 含量较低,一般不超过 3%。原岩属蛇纹岩的软玉,MgO 含量较低,少有超过 22% 的;铁的氧化物含量较高,一般不低于 3%。当然,也发现有个别交叉错落的情况,这主要是不同的研究者,采集样品的质量、选择的纯度不一致所造成的。

阿拉玛斯和田玉的微量元素,经光谱半定量分析,较普遍的是 Bi、Be、Cu、Sn、Pb、Zn,个别亚种中含 Cr、Ni。与其他成因的软玉矿床相比有很大的不同。主要特点是和田玉的微量元素主要是硫化物矿床成矿元素,而它所含的 Sn、Cu、Zn、Pb,在交代蛇纹岩矿床中则不含或较少见其痕迹。以阿拉玛斯矿床为代表的和田玉是以白云石大理岩为原岩的接触交代矿床,在软玉中所含的 Bi 和 Be,在其他类型的矿床中也见含有,故这两种元素可称为贯通元素。而蛇纹岩型软玉的微量元素主要是亲铁元素(Ti、V、Cr、Mn、Fe、Co、Ni),在交代蛇纹岩矿床的软玉中,常见含有 Cr、Ni、Co,前两种元素的重量百分比可达千分位。由此可知,阿拉玛斯和田玉类型的软玉和蚀变蛇纹石岩型的软玉在主、微量成分上有很大不同。

另外,作为氢氧基存在的水,在和田玉中含量一般不超过 2.5%,而在交代蛇纹岩型软玉中,一般大于此数(表 21-4)。阴离子及类质同象的 P、F、Cl 在和田玉中存在稍高,而在其他类型的软玉中含量甚微(表 21-5)。

阿拉玛斯和田玉从白玉到青玉在标准分子式中,Na 为 0.05~0.073,均小于 0.67;(Ca+Na) 为 1.92~1.94,均大于 1.34,应属于钙质角闪石类。它的 Si 为 7.50~7.87;$Mg/(Mg+Fe^{2+})$ 为 0.95~0.99,均在透闪石的指标范围内。

现将阿拉玛斯和田玉平均化学成分与透闪石及阳起石标准分子式进行对比(表 21-6)。

表 21-6 阿拉玛斯和田玉平均化学成分与透闪石及阳起石标准分子式对比

矿物	指标				
	$(Ca+Na)_B$	Na_B	$(Na+K)_A$	Si	$Mg/(Mg+Fe^{2+})$
透闪石	≥1.34	<0.67	<0.50	≥7.50	≥0.90
和田玉	1.95	0.073	0.11	7.81	0.97
阳起石	≥1.34	<0.67	<0.50	≥7.50	0.50~0.89

从表 21-6 中可以看出,阿拉玛斯和田玉与透闪石的各指标完全相当,尤其是在透闪石和阳起石的区别指标上明显地属于透闪石,阿拉玛斯和田玉的矿物成分毫无疑义的是透闪石。

选取了 20 个比较纯净的典型阿拉玛斯和田玉样品,进行了电子探针成分分析。共测试 125 组数据,结果取平均值,测试结果见表 21-7。其中,第 19 号墨玉样品选取白色部分和黑色部分的基底分别进行测试,结果依次为 19-1 及 19-2。测试采用日本电子 JXA-8230 型电子探针显微分析仪,测试条件为电压 15 kV,电流 1.0×10^{-8} A(10 nA),束斑直径 10 μm,使用标样为 GSB 国家标样。

表 21-7 阿拉玛斯和田玉电子探针成分分析结果　　　　　　　　　　　单位:%

序号/玉种	CaO	Na_2O	K_2O	MgO	FeO	TiO_2	MnO	Cr_2O_3	SiO_2	Al_2O_3	NiO	CoO
1/白玉	13.052	0.084	0.069	25.763	0.258	0.029	0.025	0.016	57.969	0.321	0.005	0.007
2/白玉	12.825	0.072	0.071	26.540	0.284	0.026	0.033	0.029	58.214	0.356	0.007	0.016
3/白玉	13.381	0.040	0.058	26.012	0.441	0.023	0.061	0.002	58.093	0.373	0.002	0.056
4/白玉	13.236	0.113	0.104	25.377	0.275	0.015	0.032	0.031	58.624	0.294	0.009	0.045
5/白玉	13.048	0.062	0.041	26.874	0.264	0.011	0.033	0.005	57.664	0.300	0.007	0.012
6/白玉	13.291	0.044	0.065	26.080	0.406	0.030	0.072	0.007	57.056	0.375	0.007	0.040

续表 21-7

序号/玉种	CaO	Na$_2$O	K$_2$O	MgO	FeO	TiO$_2$	MnO	Cr$_2$O$_3$	SiO$_2$	Al$_2$O$_3$	NiO	CoO
7/白玉	12.860	0.064	0.056	25.440	0.316	0.011	0.023	0.029	58.466	0.308	0.017	0.011
8/白玉	13.205	0.071	0.037	26.320	0.430	0.013	0.063	0.005	57.707	0.304	0.019	0.011
9/白玉	12.960	0.032	0.052	27.017	0.278	0.022	0.029	0.041	57.288	0.398	0.020	0.019
10/白玉	12.967	0.100	0.215	26.596	0.244	0.013	0.013	0.014	57.434	0.789	0.012	0.022
白玉平均值	13.082	0.068	0.077	26.202	0.320	0.019	0.039	0.018	57.851	0.382	0.011	0.024
11/青白玉	13.159	0.024	0.061	26.365	0.825	0.017	0.057	0.014	57.275	0.197	0.004	0.018
12/青白玉	13.072	0.047	0.030	26.334	0.588	0.013	0.072	0.009	57.573	0.352	0.008	0.030
13/青白玉	12.822	0.757	0.060	26.247	0.692	0.015	0.087	0.013	57.103	0.281	0.008	0.027
14/青白玉	13.105	0.066	0.030	26.475	0.819	0.029	0.044	0.029	57.444	0.490	0.007	0.003
15/青白玉	12.733	0.053	0.075	26.098	1.140	0.020	0.062	0.025	57.898	0.394	0.006	0.028
青白玉平均值	12.978	0.190	0.051	26.304	0.813	0.019	0.064	0.018	57.459	0.343	0.007	0.021
16/青玉	12.930	0.073	0.108	25.498	2.099		0.121	0.020	57.063	0.593	0.009	0.013
17/青玉	12.687	0.071	0.055	25.824	1.197	0.004	0.050	0.034	57.538	0.380	0.009	0.038
青玉平均值	12.809	0.072	0.082	25.661	1.648	0.011	0.086	0.027	57.301	0.487	0.009	0.025
18/墨玉	13.556	0.051	0.078	26.203	0.476	0.029	0.041	0.007	57.408	0.522	0.003	0.024
19-1/墨玉(白)	13.293	0.038	0.069	25.769	0.520	0.014	0.017	0.034	56.774	0.533	0.004	0.034
19-2/墨玉(黑)	13.250	0.048	0.063	25.810	0.499	0.027	0.047	0.016	57.399	0.539	0.007	0.032
20/墨玉	13.279	0.052	0.081	26.174	0.308	0.013	0.014	0.014	57.610	0.504	0.012	0.006
墨玉平均值	13.345	0.048	0.072	25.989	0.451	0.021	0.030	0.018	57.298	0.525	0.007	0.024

分析单位：新疆矿产实验研究所鉴定专业室。

从表 21-7 可以看出，不同种类的和田玉在主量成分上差别不大，矿物成分均为透闪石。但在 Fe 等微量元素的含量上略有差别，且明显 Fe 含量从高到低为青玉→青白玉→白玉。此外，由于电子探针波谱分析无法检测—OH、C、H 及烧失量，因此其总量均无法达到 100%。与化学分析相比，电子探针成分分析可以避免杂质和包裹体对分析结果的影响。

在对软玉矿石的主、微量成分的研究中，仔细研讨其差别可以发现一些具体矿床各自不同的特点。这些组分的构成特点，如果不是片面的，则会具有确定软玉的来源地和帮助找矿的实际意义。如对某些玉器，想要知道它们的原料来自何处时，就可以用其成分与已知矿床做对比。在找矿中发现了一些玉砾或碎片，欲追索其原生地，就可先对玉砾的成分加以分析，从而可以帮助确定工作区域和对象，使找矿工作走上捷径。

在化学结构上，透闪石与软玉并无重大差别，由于软玉和透闪石的化学成分变化范围均较宽，不同矿床各有特点，个别样品不一定具有代表性。可以认为软玉和透闪石在成分上没有实质的区别，真正的区别在于矿物的结构特征。

二、矿物成分与结构

和田玉和其他软玉一样是由透闪石的微晶—隐晶质集合体构成的。软玉中除真正的软玉部分外，总有少量的非玉的粗晶透闪石和其他矿物，和田玉也不例外。根据阿拉玛斯和田玉的岩石薄片显微镜下观察，可将其矿物组分归纳为显微纤维状透闪石、纤柱状透闪石和杂质矿物 3 个部分。

2. 硬度

硬度是宝玉石的一项重要基本性质。如硬度高的玉石不怕一般硬物的刻划,耐久性良好,适宜长久保存和把玩。因此,在其他质量指标相同的情况下,玉石的硬度愈大愈好。于田阿拉玛斯和田玉的摩氏硬度一般在 6.0~6.9 之间。

需要指出的是,硬度测试结果与测试样品的选择有十分重要的关系。应该说,和田玉不同品种之间的硬度相差无几。但由于各次送检样品的纯度和结构不同,测试成果就相差较大,有时白玉硬度大,有时青玉硬度大,从而造成片面性认识。但它们的硬度普遍大于刀片(摩氏硬度 5.5),摩氏硬度在 6.0~7.0 之间。

3. 韧性

韧性和硬度一样,一方面决定着制品的耐久性,另一方面决定着成型的难易性。虽然韧性强的玉料加工效率要低一些,但是适于进行精细的加工。阿拉玛斯和田玉就充分具备上述条件。优质和田玉是工艺原料中韧性最大的原料,它的硬度超过钢,韧性超过比它硬度大的水晶、玛瑙、碧玺、石榴石和金刚石等矿物材料。有学者经过计算,认为和田玉的韧度也超过同样韧性很强的硬玉。

于田阿拉玛斯青玉的极限抗压强度经新疆矿产实验研究所测定为 5427 kg/cm^2。

样品的纯度高,样品中毡状交织结构或隐晶质结构较好的和田玉,其抗压强度必然高,反之亦然。另外对具有平行纤维束状结构的和田玉来说,除去裂理的影响,抗压强度和施压方向有很大关系。如压力方向垂直于纤维晶束,则抗压强度大,压力方向平行于纤维束时,则抗压强度小。阿拉玛斯玉矿有名的"戚家坑",所产玉料的韧度高,抛光光泽尤为油润,为世人所推崇。

4. 透明度

和田玉是微透明物体,玉石块体的边缘和厚度不大的玉片在对着光源时,都有部分透光。透光程度的强弱,可以相对地分辨玉的质量好坏。一般相同色调的玉,透明度好则质好,反之则纯度低,质地差。有些不透明的玉石,尽管矿物成分是透闪石,但也不算是和田玉。

在玉器行业,把透明度叫作水头,透明度好的叫水头足,透明度差的叫水头差。对于翡翠,透明度越高越好,最好的叫作玻璃种。而和田玉的评价与之不同,和田玉追求适度的水头,过低或过高都会影响玉石的价值。所以透明度对和田玉的评价和分级也很重要。

于田阿拉玛斯和田玉透明度较好,在手电照射下厚 10 cm 的玉都能透光发亮。白玉比较明亮,青玉稍昏暗,这与光线的吸收有关。在相同光源照射下,明亮的范围和厚度,白玉比青玉要多出数厘米。质地均匀同色的玉石透光性也是均匀的。如果出现暗块和黑斑,则预示是玉石内部有杂质矿物或纤柱状透闪石等内含物。

目前对和田玉透明度的测定,还只是相对的和经验性的,没有数据化和固定的标准。

5. 相对密度

和田玉的相对密度和透闪石矿物相近。于田阿拉玛斯和田玉及相关矿床的和田三体重对比见表 21-9。

表 21-9 阿拉玛斯和田玉及有关矿床的和田玉相对密度

阿拉玛斯白玉	阿拉玛斯青白玉	阿拉玛斯青玉	喀朗古塔格墨玉	加拿大碧玉	玛纳斯碧玉
2.922	2.976	2.948	2.90	2.99	3.006

6. 光性

和田玉为透闪石的集合体,光性数据难以测量,难以分玉种进行对比,已知所有透闪石均为二轴晶、负光性、光轴间夹角大,$C \wedge Ng = 14°$。现将于田阿拉玛斯和田玉与透闪石和阳起石的折光率列表加以对比(表 21-10)。这里所选的阳起石是最接近透闪石的、产于接触变质碳酸盐岩中的低铁高镁型阳起石。

表 21-10　透闪石和阳起石的折光率对比

类型	颜色	Np	Nm	Ng
透闪石	无色	1.581～1.615	1.590～1.623	1.602～1.635
阿拉玛斯和田玉	无色	1.616	1.628	1.634
阳起石（低铁高镁型）	浅绿色	1.620	1.632	1.639

从表 21-10 中可以看出，和田玉的最低折光率和中折光率接近于透闪石，最高折光率没有超出透闪石的上限。相比之下，它和阳起石的折光率下限差别较大，如果和铁阳起石相比，折光率的差别就更大了，从光性特征看，阿拉玛斯和田玉的矿物成分是透闪石。一些人认为和田玉是透闪石和阳起石的混合或过渡种属，但是经测试分析可以确定，和田玉矿物成分为透闪石。

第四节　形成和田玉的围岩条件

于田阿拉玛斯和田玉矿的成矿围岩为蓟县系镁质碳酸盐岩，成玉时代为海西晚期。在海西晚期之前，围岩曾受过区域变质作用。但从所产生的变质岩石为变砂岩和大理岩、大理岩中保留有清楚的砂屑结构可知，区域变质的程度很低。岩石中不同世代的矿物组合表明，成玉之前，镁质碳酸盐岩先经受了接触变质作用，然后才发生和田玉化交代。接触变质与和田玉化并不是同期次的。首次接触变质的范围较大，在此基础上，有的地段二次交代形成了矿体。

一、围岩接触交代成玉的几个阶段

成玉过程大致可分为白云石大理岩→接触变质岩→和田玉岩，现分别叙述其特征。

1. 成玉前的围岩接触交代

于田阿拉玛斯矿区的围岩接触交代现象十分显著和广泛，如果将成玉期和其后的岩脉侵入所造成的局部叠加接触交代暂置不论，那么，可以清楚地看出成玉前的围岩接触交代特征。综合起来，矿区内从岩体到大理岩，发育得较完整的接触交代分带是［花岗闪长岩侵入体（岩体）］；斜黝帘石钾长角岩带；尖晶石镁铁闪石带；透辉石带；透闪石化大理岩带（附录 21 图 35）；镁橄榄石大理岩带；蛇纹石化白云石大理岩带。

各带的矿物组合及相互关系见表 21-11，从矿物组合可以看出，靠近岩体的带变质较深，越向外变质程度越低。

表 21-11　接触交代岩带的矿物关系

岩带名	主体矿物	同生伴生矿物	残留及后生矿物
斜黝帘石钾长角岩带	钾长石	黝帘石、阳起石、榍石	斜长石、角闪石｝绿帘石
尖晶石镁铁闪石带	尖晶石、镁铁闪石	金云母、磁黄铁矿	透辉石、镁橄榄石｝蛇纹石
透辉石带	透辉石	透闪石	透辉石→斜黝帘石

续表 21-11

岩带名	主体矿物	同生伴生矿物	残留及后生矿物
透闪石化大理岩带	透闪石、白云石	透辉石、斜黝帘石	透闪石→蛇纹石、滑石
镁橄榄石大理岩带	白云石、方解石、镁橄榄石	透辉石、金云母	镁橄榄石→蛇纹石
蛇纹石化白云石大理岩带	白云石、蛇纹石	方解石、滑石、黄铁矿	镁橄榄石→蛇纹石

由于斜黝帘石钾长角岩带只发生在岩体边缘,尖晶石镁铁闪石带一般只有数厘米,最宽不超过数十厘米,而且有时不出现,所以矿区内的交代带最显著的只有透辉石带、透闪石化大理岩带和镁橄榄石大理岩带。

2. 成玉期的接触交代分带

研究表明,和田玉矿化只发生在接触带局部地段内。若把接触交代矿物的分带和剖面相对比,可以明显地看出和田玉化地段一般都分布在透辉石带和镁橄榄石大理岩带间,说明和田玉矿体多数是生成在原先的透闪石带及其附近的。它的形成和接触变质作用有关,尤其和变质程度低的岩带关系密切。可是和田玉矿化时依然能够交代透辉石、透闪石、镁橄榄石和斜黝帘石等一系列早期矿物,也说明后期和田玉化的变通性较大,其范围并不限定在矿体生成范围内。和田玉化除了在透闪石带外,还受成矿期交代条件的制约,后者对成玉才是更重要的,所以并不是所有前期的透闪石带都能成玉。

现将阿拉玛斯和田玉及和田玉化岩石的矿物组合列于表 21-12。

表 21-12　阿拉玛斯和田玉及和田玉化岩石的矿物组合

岩石名	主体矿物	同生伴生矿物	残留矿物	后生矿物
白玉	显微纤维状透闪石	磷灰石、磁铁矿	白云石、纤柱状透闪石	滑石、碳酸盐矿物
青白玉	显微纤维状透闪石	磁铁矿、磷灰石	纤柱状透闪石、镁橄榄石	滑石
青玉	显微纤维状透闪石	磁铁矿、磷灰石、黝帘石、黄铁矿	纤柱状透闪石、透辉石	滑石、绿泥石
和田玉化透闪石岩	纤维透闪石(含量55%~60%)、其余为非玉透闪石	金云母、蛇纹石、方解石、黄铁矿	粗粒透闪石、透辉石、黝帘石	滑石、蛇纹石
和田玉化白云石大理岩	纤维透闪石、白云石	黝帘石、黄铁矿	白云石	碳酸盐矿物

从表 21-12 中可以看出,和田玉的所有玉种主体矿物都是显微纤维状透闪石。这种透闪石交代了早期形成的透辉石、镁橄榄石、黝帘石和纤柱状透闪石,说明成玉期是早期接触交代阶段之后的又一次交代阶段。在成玉期内,对大量的白云石和少量的透闪石所进行的交代是形成和田玉的主要环节。显微纤维状透闪石交代白云石大理岩而成为和田玉时,原白云石大理岩的镶嵌变晶结构仍十分清晰。

成玉期的交代,明显受闪长岩脉的控制。在矿化带范围内,小型闪长岩脉的不远处往往有和田玉与其形影相随。它们在原接触交代的背景上又叠加了次一级的交代岩带。这些交代岩石大多数都对称地分布在岩脉的两侧。然而岩脉两侧的分带并不尽相同。一般是有和田玉生成的一侧发育得较全,另一侧会缺失和田玉以及附近的带,并迅速过渡为大理岩。从岩脉到围岩的一般交代分带是:①钾化闪长岩角岩带(斜黝钾长角岩等);②尖晶石金云母带;③透辉石带;④和田玉带;⑤含镁橄榄石白云石大理岩带;⑥蛇纹石化白云石大理岩带。

①为内带,形态不规则。有时其宽度大于闪长岩脉的未蚀变部分,可达 1 m 左右;有时极窄,只有数厘米。多数情况是钾化闪长岩发育,附近的玉矿体也较厚大。

②宽数毫米至数厘米,金云母和尖晶石基本混杂,有时能单独成带。

③宽数厘米至数十厘米,透辉石有时能单独成带,有时和早期的透闪石一起存在于白云石大理岩中。

含透闪石晶粒较多的白云石大理岩被采玉工人称为"马牙石",见到"马牙石"则距矿不远了。有时微粒状的透闪石岩则直接为和田玉的近矿围岩,处在和田玉表皮上呈规则的皮壳状,称为"石皮",呈脉状或不规则状深入于玉石内部者称为"根"或"筋"。

④为和田玉,它是在原透闪石带附近形成的,形状不规则,宽数厘米至数十厘米。在矿体之外,⑤⑥是含镁橄榄石白云石大理岩带以及蛇纹石化白云石大理岩带(附录21图54)。

对比成玉期和成玉前的交代分带,可以发现交代情况是非常相似的,只不过成玉前的蚀变带较宽,且缺和田玉带。首次接触变质时岩体较大,交代物质的温度过高或结晶持续时间太长,所形成的透闪石晶粒粗大,只能是透闪石化而不是和田玉化(附录21图35～图36)。

以上分析说明,和田玉形成之前有接触交代,形成了第一代的接触变质透闪石岩;成玉的过程同样也是接触交代,形成了和田玉化和玉矿体。在其他地区的矿床中,还发现了远离接触带由热液贯入而形成的和田玉。因而认为和田玉矿床主要是接触交代矿床,同时也有其他方式形成的矿体。

3. 成玉后的蚀变

从表21-11和表21-12可以看出。无论是早期的接触交代,还是中期的成玉交代,其岩石都经受了后期蚀变。这些蚀变因岩石种类的不同而有所差异。其中和田玉以滑石化为主;其他由钙、镁硅酸盐类矿物组成的岩石,以蛇纹石化为主;侵入岩则以绿帘石化为主。总的来说,晚期蚀变生成了羟基矿物,这和成玉后的残留热水有关。

对和田玉来说,晚期蚀变只影响矿体较浅的部位和矿石的表皮部分,对玉石整体质量影响不大。

二、围岩成分对和田玉形成的影响

阿拉玛斯和田玉矿床的成玉围岩是镁质大理岩、透闪石化白云石大理岩和镁橄榄石白云石大理岩。且末县塔特勒克苏和田玉矿的研究者认为,那里的围岩按成分"全部投影在白云岩区域内的白云石大理岩,所有和田玉都毫无例外地生成在白云石大理岩或蚀变殆尽的白云石大理岩中"。从化学成分来说,要形成和田玉必然有Mg的来源,而中酸性岩浆岩或热液中供给围岩的Mg是有限的,那么Mg必然主要来自围岩。而围岩中,白云石和透闪石就是化学成分最相当的成玉矿物,要形成和田玉必然要有白云石大理岩或白云质大理岩。大量的薄片鉴定资料也客观地证明了这点。

另外,围岩的Mg过高也不能形成和田玉。如阿拉玛斯矿区的菱镁矿围岩中未见和田玉矿体,在地质条件相当的地段却生成了蛇纹岩玉(附录21图32)。

围岩成分不一,不但所形成的和田玉矿体大小不同,而且矿石构造也不同,和田玉的形成对围岩化学成分的依赖性是很强的,不同的玉种在化学成分和矿物成分上均有不同。这除了与岩浆和热液在交代时带入的成分不一有关外,与围岩成分和玉种也有很大的关系。如围岩成分的Fe含量高,则形成的玉必然以青玉为主;如围岩本身Fe含量较低,所形成的玉则会以青白玉或白玉为主。

另外,如围岩中有较多的碳质(有机质),在接触交代中则会形成石墨,从而可能导致墨玉和黳玉的形成;围岩中含微量的Ni、Cr,青玉或青白玉的颜色则会翠绿;含Mn、Ti则使玉的颜色灰紫。所以和田玉以颜色所分的各亚种,无不和围岩成分相关。应当在纯净的白云石大理岩为围岩的接触交代区中寻找白玉。

三、其他因素对围岩成玉的制约

以上可以看出,中酸性侵入体的外接触带很多,围岩残留体的范围也较广,而和田玉化地段却有限;有些早期接触交代形成的透闪石带,并没有产生成矿期的和田玉化交代,从而无和田玉矿体;成矿期的和田玉化交代并非整个透闪石带和白云石大理岩带都能发生;已产生和田玉化的小型闪长岩脉的外接触带,并非都能形成矿体或产生矿化;在某些远离接触带的白云石大理岩中有时能发现白玉矿体。这一切都说明,和田玉的形成是受多种因素制约的,这里既有围岩条件,也有侵入岩条件和构造条件,诸多有利条件综合才能形成和田玉矿体。

第五节 侵入岩和成玉的联系

如前所述,阿拉玛斯矿区与和田玉生成有关的侵入岩是海西晚期的花岗闪长岩及其分异演化的侵入岩类。

一、相关侵入岩物质组成特征

阿拉玛斯矿区的侵入岩主要是花岗闪长岩,在它的边缘,由于分异和同化作用则有石英闪长岩及闪长岩脉生成,稍晚还有正长岩脉生成。这样,可以认为花岗闪长岩→闪长岩→正长岩是与成玉有关的侵入岩演化系列。

如将成玉过程和侵入岩的演化过程联系起来,可以更清楚地看到两者的紧密关联性。

从矿床地质的论述中可以得知,成玉期是闪长岩侵入至正长岩形成之前的这个时期。形成和田玉时除围岩物质之外,岩浆和热液供给的物质主要是 Si,次为水,再次为少量的 Mg、Fe、Al 和微量的 K、Na、P 等。

侵入岩在花岗闪长岩阶段,岩浆较为富含 SiO_2,Ca、Mg 含量较高而 Fe 含量低;碱铝硅酸盐较其他铝硅酸盐占优势,碱性组分中的 Na 多于一半。物质组成的特性说明,岩浆母体中有能够充分供应成玉物质的岩浆部分。至闪长岩阶段,岩浆中一部分 SiO_2 随着热水进入围岩进行交代,使闪长岩的 Si 明显不足,碱铝硅酸盐由于消耗含量有所降低;钙、镁、铁的硅酸盐含量增加,而且 Ca 含量高而 Fe 含量低。碱性组分中的 K 占优势,由于碱质组分和 Si 的缺乏,岩浆称为中性岩浆。到正长岩阶段,成玉过程终止,岩浆中 Si 有较多的回升,但 SiO_2 仍不足;碱铝硅酸盐成为岩浆的主导成分,Fe、Mg、Ca 含量极低,相对之下 Fe 又多于 Mg。碱金属中 K 交代进展较早,在正长岩形成的后期,碱质组分中的 Na 又多于 K,引起 Na 的交代而使正长岩中的微斜长石大部分变为条纹长石。

从上可知,阿拉玛斯相关侵入岩在成玉方面具有特殊的优越性。

(1)岩浆本身富含 Si,但又能充分供给围岩而使本身贫 Si。

(2)Mg、Ca、Fe 的总含量较高,尤其 Mg 高 Fe 低,既能抑制围岩中成玉时 Mg 的逸出,同时又能避免围岩含 Fe 量过多,从而使形成的和田玉质纯而色白。

(3)晚期的碱性条件虽和成玉无直接联系,但富碱的本身却标志着除碱铝硅酸盐之外的物质已经充分地被消耗了,从而间接地证明和田玉化过程进行得比较充分。

二、相关侵入岩的岩浆来源

阿拉玛斯和成玉有关的岩体以侵入形式穿插并交代了大理岩、片岩和石英岩等岩类;不但与围岩为急变接触,而且使围岩产生蚀变;在不同条件和不同位置上,由于热变质程度不一而形成不同的蚀变矿物组合;在岩体的边缘和中心部位,矿物组分及结构又有分带现象。因此岩体是岩浆型的侵入岩,虽然目前对岩浆岩的成因来源尚有争论。

澳大利亚的查佩尔和怀特认为 I 型花岗岩来自火成源岩,S 型花岗岩来自沉积源岩,这两类花岗岩的区别已得到许多研究者的承认。

日本学者石原舜三把日本花岗岩类岩石划分为磁铁矿系列和钛铁矿系列,认为前者来源于上地幔或(和)下部地壳,后者来源于地壳较浅部。从研究结果看,I 型花岗岩相当于磁铁矿系列的岩石,S 型花岗岩则与钛铁矿系列相近。

阿拉玛斯与成玉有关的侵入岩,应属于 I 型和磁铁矿系列,也就说岩浆岩属于火成源岩,岩浆来源于上地幔或下部地壳。当然,根据有限的资料不能肯定只有来源于地壳下部的岩浆源的侵入岩才能形成和田玉,但至少可以说明阿拉玛斯和田玉矿是这样的;并且也说明这种系列的岩浆岩对形成和田玉更有利。

火成源岩侵入岩之所以对形成和田玉有优越性,主要体现在物质组分上。因为它有比沉积源岩更富足的 Mg。这些因素综合,使它和围岩发生交代时,产生钙镁硅酸盐的机会多于产生碱铝硅酸盐的机会,从而有利于和田玉类矿物形成。同时又由于 Fe、Al 低,在形成和田玉时 Fe 的类质同象替代会少产生些,使玉石的色调变浅,从而有利于白玉生成。

三、侵入岩和矿体的空间联系

1. 矿化带的部位在侵入岩顶面之上

从阿拉玛斯 4 号与 11 号矿脉产出的地质背景可以看出,和田玉矿化带的形成部位处在花岗闪长岩体顶部的鞍状坳陷内。

阿拉玛斯东侧的赛迪库拉木和田玉矿,成玉岩石也是侵入体中的围岩残留体或捕虏体。因此可以认为,侵入体中的围岩残留体是玉矿化的发生部位。从局部形态来看,它们也处在岩体的上部,或者处在岩体侧面的裂隙和构造空间内。

2. 与成玉关系最密切的岩体为小型似层状侵入岩脉

阿拉玛斯矿床周边花岗闪长岩岩株的外接触带上,并无和田玉矿脉生成,矿脉往往生成于花岗闪长岩体分枝的一些岩脉附近。主要矿体一般与宽小于 2 m 的顺层侵入的小型闪长岩脉关系密切。这些岩脉本身又往往遭受了后期的钾化或黝帘石化,蚀变剧烈,外观类似于角岩。和田玉矿体往往平行于岩脉,呈平行层理或与层理成锐角相交的方向分布(图 21-5)。

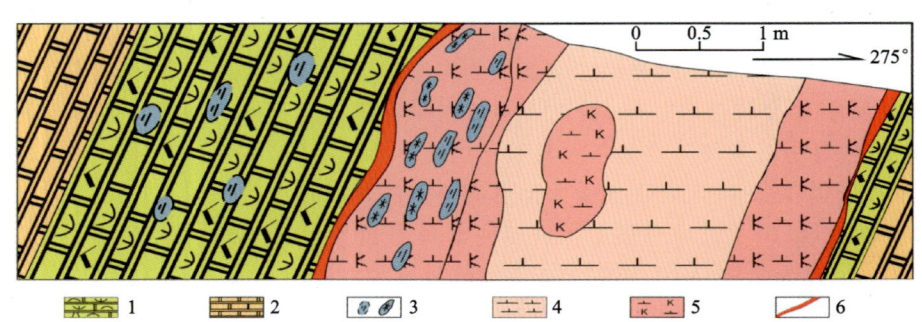

1. 蛇纹镁橄大理岩;2. 白云岩大理岩;3. 金云母阳起石条带;4. 闪长岩;5. 钾化闪长岩;6. 和田玉脉。

图 21-5　5 号硐口和田玉矿体与层理关系的素描图

3. 青玉靠近岩体,白玉远离岩体

横向上从侵入体到围岩,靠近侵入体的一侧常出现青玉或青白玉;靠近围岩的一侧,多出现青白玉和白玉;有时青玉或青白玉包裹白玉,白玉之内有时包裹着白云石大理岩的残留体。

通过以上的描述可以明确,和田玉矿床和侵入体的关系十分密切,矿区地质工作必须重视对侵入岩的研究。

第六节　构造活动和成玉的联系

如前所述,和田玉形成在昆仑地槽褶皱带的前震旦纪隆起的边缘部位和塔里木地台的边缘断块上。

这些部分的共同特点是相对稳定中具有活动性,其活动性是指断裂活动和岩浆活动。不论是西昆仑中还是阿尔金中的矿床,成玉过程都和断裂带有必然的联系。成矿以前的断裂一方面是岩浆侵入的有利部位,另一方面也是岩浆后期热液活动的通道。

阿拉玛斯和田玉矿床,北距槽、台分野断裂 3~5 km。矿区南部还有次级的扭压性断层。后者大致平行分布,往往成群出现,形成宽数十米的碎裂岩带。在碎裂岩带内并无和田玉矿化,可是距此不远处则有和田玉形成。因此,成玉和构造薄弱带存在着明显的关联性。

一、玉矿带和断裂带的空间位置关系

阿拉玛斯和田玉矿床与成矿之前的断裂带有关,但矿化带和矿体并不是生成在断裂群的中心地带,而是在断裂群的一侧。如 4 号矿脉的北缘距 F_2 断层约 50 m,11 号矿脉的北缘距 F_2 断层约 30 m,矿化带都处于断层的上盘。且末县的塔特勒克苏和塔什赛因玉石矿,矿体也赋存在断裂带的上盘。

二、和田玉矿体赋存的最佳构造结构面

阿拉玛斯和田玉矿体主要形成在成玉前的共轭剪节理中,这些共轭剪节理中,一组的产状与侵入岩脉及围岩接触面一致,但它们大多不是可采矿体。和田玉主矿体赋存的构造面是成矿前的剪节理面,不过在成矿时仍有活动。从这个结论出发,地表的细脉若符合共轭剪节理的产状要素,可以向深部探索以寻求可采矿体,否则可不去追索。

三、和田玉形成时应力的性质

和田玉成矿前,构造应力场的应力性质是以扭为主的扭压应力;成矿后的构造应力场是以扭为主的扭压应力和不甚突出的以扭为主的扭张应力。鉴于构造活动的时期都在海西晚期,而且成矿前后,两次构造活动的最大主应力轴十分接近,可以认为矿区在成矿前、成矿后的应力状态没有多大差异。况且和田玉矿体又主要赋存在剪切结构面上,因此成玉时的应力是以扭为主的扭压性质的。

再从和田玉的显微结构来说,矿石都是由显微纤维状透闪石构成的。其中除隐晶质纤维集合体难辨认组合状态外,毡状结构和近平行束状纤维状结构是杂乱分布或略具平行的片状结构。在显微镜下这些纤维在相同角度下消光,说明是近平行束状纤维状结构,这种结构与扭压应力是密切相关的。在矿体形成的部位以及在矿石形成过程中,如果环境中的扭压应力过大,不但没有新的和田玉矿体生成,而且会使已形成的和田玉矿石产生显微平行束状结构,从而使矿石具平行片理及显微裂纹,形成所谓"千层板""油塔子"等结构,其矿物成分虽然为纤晶透闪石,但平行束状结构的出现,将玉料变成了废料(附录21图7、图48、图52)。因此扭压应力过大对成矿有破坏作用。

在矿区还可见到扭曲成瓦片状的和田玉矿石,这说明了成矿时选择交代的状况,而且表明了成矿时应力的大小和性质。成矿时的应力使矿石和周围岩石一起产生了塑性变形,应力所起的作用并非都集中在矿体部分,和田玉矿体和顶、底板岩石获得应力的状况是一致的。

有人认为和田玉形成时压应力是主要的,而且是很大的。然而,在和田玉矿床中并未发现属于高压型和中压型的应力矿物存在。有时在和田玉矿体的边缘部位,由于处于剪节理的两侧,应力比较集中,和田玉受扭压应力时则可变为叶片状透闪石岩,可见和田玉透闪石的生成应力区间还应小于非玉透闪石。

矿区内标志着变质较深的矿物如尖晶石、石榴石、刚玉等,尚属偶尔出现,而且它们也不在和田玉带或附近,距和田玉矿体都有相当的距离。正因为这些矿物与和田玉的生成既不同时,也在不同的部位里,反而说明和田玉的生成是在浅变质的环境里。

第七节 生成和田玉的物理化学条件及成矿模式

一、生成和田玉的物理条件

这里所说的物理条件主要是指温度和压力。由于没有玉矿形成温度和压力方面的直接测试资料，只能从变质相和压力类型、温度以及热力学3个方面来进行讨论。

1. 成玉变质相和压力类型

阿拉玛斯矿区接触交代的分带，从外带中的矿物组合和相互关系可以划分：

(1) 尖晶石、镁铁闪石和透辉石带，相当于角闪岩相；

(2) 透闪石化大理岩和镁橄榄石大理岩带，相当于绿帘石和角闪岩相；

(3) 含蛇纹石白云石大理岩带，相当于绿片岩相。

这样可以得到成玉时的接触交代变质相系，按温度的增高序列为绿片岩相→绿帘石角闪岩相→角闪岩相。这个相系和矿物组合与低压区域变质的相系及矿物组合相当，因此可以推定为低压类型。

2. 成玉时的温度范围

从变质相的讨论中已经认识到，透闪石生成在绿帘石角闪岩相中，比它生成温度高的是角闪岩相，比它生成温度低的是绿片岩相。一般认为绿片岩相的形成温度400～510 ℃，低压类型的绿帘石角闪岩相的形成温度范围450～600 ℃。一些和田玉矿体的附近有时有白色蛇纹岩玉生成，也就证明和田玉的形成温度稍高于绿片岩相中的蛇纹石。

和田玉和透闪石矿物的不同之处仅仅在于结构。形成和田玉的显微纤维透闪石之所以具备特殊的结构，部分是由于生成环境的应力的影响，同时也由于结晶时温度不高，而且持续的时间不长，否则它将成为纤柱状透闪石。因此可以推断和田玉的形成温度低于非玉透闪石。根据上述各点，可以推断和田玉的形成温度在 300～450 ℃ 之间。

3. 按热力学的计算

热力学在地质学方面提供了计算成岩、成矿温度与压力的方法和条件。用已知的一些热力学数据，按照成玉的主要化学方程式，选择适当的公式加以运算，以求得近似的温度和压力数值。

如前所述，成玉的主要途径之一是白云石在富含 SiO_2 的热水溶液参与下交代形成透闪石和田玉。即：白云石 + SiO_2 + H_2O(气) ⟶ 透闪石。化学反应的平衡方程式可确定为

$$5CaMg(CO_3)_2 + 8SiO_2 + H_2O = Ca_2Mg_5[Si_8O_{22}](OH)_2 + 7CO_2 + 3CaCO_3$$

和田玉是在低压地体中的扭压应力环境中形成的。成矿压力在超过一个大气压时，成矿温度会随着上升；同理，成矿温度的提高也必然伴随着压力的增长。下面仍以上述的近似条件计算不同温度条件下的压力数值。通过计算可以近似地表明，如果把和田玉的形成温度按 300～450 ℃ 考虑，那么在这个温度区间的平衡压力在 0.5～2 kbar 之间。

二、生成和田玉时的化学条件

1. 介质的酸碱性

如前所述，在和田玉的形成中，围岩给予的成矿物质主要是 MgO、CaO，其次是少量的 Fe、Mn、Al；热液中带进的组分主要是 SiO_2 和 H_2O，其次有少量的 Mg、Fe、K、Na、Al、P 和 F。交代中含 SiO_2 的水

溶液也同样携带了碱金属 K 和 Na,同时有 Al、Ca 和 Mg 等。这些元素的氧化物的活动性证明溶液是碱性的。

交代溶液的碱性条件是形成和田玉的地球化学特色之一。从和田玉矿区早期侵入体边缘相的钾化,成玉时期闪长岩受钾化交代而形成钾化闪长岩,钾长石交代了首次接触变质生成的透辉石和透闪石;成玉后又有石英正长岩的侵入活动;在矿区远离侵入体的地段发育着碳酸盐化,从而使白云岩形成菱镁矿,碳酸盐化也是在碱性溶液作用下进行的。以上事实说明,整个矿区都属碱性环境,而且碱性条件贯穿着成玉过程的始终。

2. 氧化还原条件

和田玉矿体本身所含的杂质矿物常有磁铁矿和磷灰石,玉矿体向侵入体的一侧出现的特征矿物有尖晶石、镁铁闪石和钛铁矿,硫化物矿物只有磁黄铁矿;玉矿体向围岩的一侧可见磷灰石和黄铁矿。说明玉矿体向内带方向,含氧矿物和氧化矿物是以低氧化物形式出现的。尤其是对 O 敏感的 Fe 元素亦呈低价状态,说明是处于缺氧的还原环境中。同时,也由于是在还原环境下,S^{2-} 才与 Fe 形成低硫化合物的磁黄铁矿。

玉矿体的外侧,由于黄铁矿的存在,说明比和田玉及其内侧岩石要接近于氧化环境。因为生成黄铁矿的是 $[S_2]^{2-}$。S 的离子按氧化程度的增长顺序为 $S^{2-} \rightarrow [S_2]^{2-} \rightarrow S^\circ \rightarrow S^{4+} \rightarrow S^{6+}$。因此,$[S_2]^{2-}$ 比 S^{2-} 的氧化程度高。但只有 S 离子为 S^{4+} 及 S^{6+} 时才是明显的氧化条件,所以玉矿体的外侧仍应为还原条件,只是比矿体的内侧接近氧化条件而已。以上各点说明,成玉交代时的环境是弱还原性质。

3. 形成环境的开放和封闭

阿拉玛斯矿区中广泛的接触交代分带和两期接触交代叠加的情况,说明不单是成玉过程,在成玉前和成玉后,化学系统一直是开放的。因为和田玉的形成环境是在化学的开放系统和构造的半开放系统中,这和其形成时的弱还原条件是一致的。

三、和田玉的成矿模式

综合前述内容,对阿拉玛斯矿区的成玉条件、成矿机制加以概括,可以基本形成典型矿床模式。依据矿区矿化得以产生的主要地质事件,分 4 个阶段。

(1)在中元古代,成矿地区处于地槽中海洋盆地的近岸部分,沉积了砂岩、石灰岩、白云岩及其过渡类的碎屑-化学岩沉积物。其中的碳酸盐岩层成为后来的成矿物质之一。

(2)元古宙末期,区内发生了大规模的区域变质,上述蓟县系海相沉积物变质成绿片岩相的岩石组合,白云岩等变质成镁质大理岩,从而对成矿源岩进行了结构改造。

(3)在距今 2.5 亿 a 左右的二叠纪,区内受海西晚期造山运动的影响,沿断裂而有中酸性岩浆侵入,就是首次侵入活动,侵入岩岩浆来源于上地幔。岩浆侵入使围岩产生中—高温的交代蚀变,残留在侵入岩顶部的碳酸盐岩层的接触带和捕虏体,产生了透辉石岩、金云母岩和透闪石岩等接触交代岩石。这些钙镁硅酸盐物质和残存的白云石大理岩,为和田玉的形成提供了基本的物质条件。

(4)海西期第二次侵入活动是在花岗闪长岩侵入之后,与首次侵入岩为同源岩浆,分异为闪长岩。伴随侵入岩脉中的有中—低温弱碱性的硅质水溶液进入围岩,产生了范围有限的金云母化、透闪石化和蛇纹石化。这期间的透闪石化往往会形成和田玉,但只有在大断裂旁侧那些活动的剪节理发育的地带,交代流体的温度为 300～450 ℃,总压力在 0.5～2 kbar 范围内时,才会有微晶纤维状—毡状结构的和田玉形成。

综合以上各点,把阿拉玛斯和田玉的成矿模式,用图 21-6 来表示。

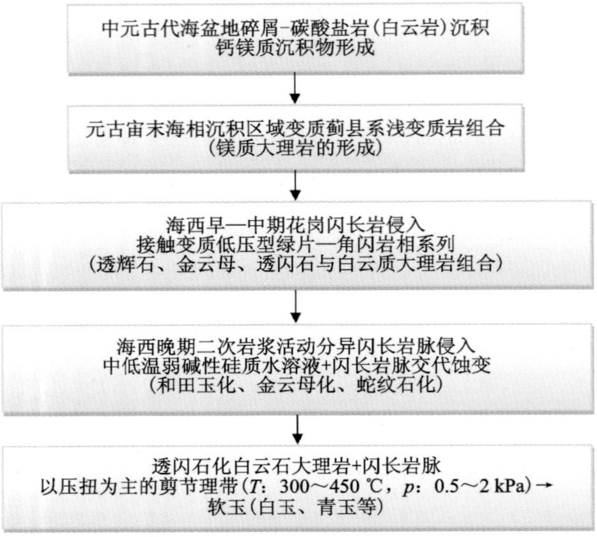

```
┌─────────────────────────────────────┐
│ 中元古代海盆地碎屑-碳酸盐岩(白云岩)沉积 │
│         钙镁质沉积物形成             │
└─────────────────────────────────────┘
                  ↓
┌─────────────────────────────────────┐
│ 元古宙末海相沉积区域变质蓟县系浅变质岩组合 │
│         (镁质大理岩的形成)           │
└─────────────────────────────────────┘
                  ↓
┌─────────────────────────────────────┐
│      海西早—中期花岗闪长岩侵入        │
│    接触变质低压型绿片—角闪岩相系列    │
│  (透辉石、金云母、透闪石与白云质大理岩组合) │
└─────────────────────────────────────┘
                  ↓
┌─────────────────────────────────────┐
│   海西晚期二次岩浆活动分异闪长岩脉侵入  │
│  中低温弱碱性硅质水溶液+闪长岩脉交代蚀变 │
│      (和田玉化、金云母化、蛇纹石化)   │
└─────────────────────────────────────┘
                  ↓
┌─────────────────────────────────────┐
│       透闪石化白云石大理岩+闪长岩脉    │
│ 以压扭为主的剪节理带($T$: 300~450 ℃, $p$: 0.5~2 kPa)→ │
│           软玉(白玉、青玉等)         │
└─────────────────────────────────────┘
```

图 21-6 阿拉玛斯和田玉矿床成矿模式

主要参考文献

唐延龄,陈葆章,蒋壬华,1994.中国和田玉[M].乌鲁木齐:新疆人民出版社.
杨汉臣,伊献瑞,宋建中,等,1985.新疆宝石和玉石[M].乌鲁木齐:新疆人民出版社.
岳蕴辉,2003.软玉(和田玉)鉴定和分类命名方法细则[J].中国宝石(4):91-93.

内部资料

陈葆章,1985.新疆维吾尔自治区于田县阿拉玛斯和田玉成矿地质条件研究[R].和田:新疆地矿局第十地质大队.

附录 21 图片及说明

图 1　阿拉玛斯相邻的赛迪库拉木矿点剥采区
考察队与玉矿工作人员合影。

图 2　海拔 4400 m 昆仑山地貌
通往阿拉玛斯矿区的道路。

图 3　阿拉玛斯矿点以红字标识的"戚家坑"采矿点遗址

图 4　阿拉玛斯矿点，前人采玉遗留的老硐

图 5　脉状和田玉矿体
赛迪库拉木矿点已经剥离揭露的一处比较大的和田玉脉状矿体。

图 6　和田玉（青白玉）矿脉
赛迪库拉木矿点大理岩与和田玉（青白玉）矿脉的接触带。

图7 白玉(阿拉玛斯矿点)1
呈强烈片理化的白玉原料,发育密集的劈理,玉质被破坏,已无利用价值。

图8 白玉(阿拉玛斯矿点)2
阿拉玛斯矿区构造活动强烈,节理和碎裂破坏玉料。

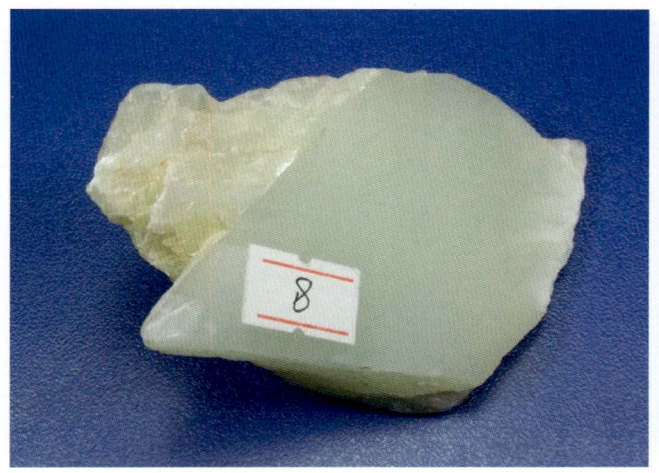

图9 白玉(阿拉玛斯矿点)3
带有淡青色调。

图10 白玉(阿拉玛斯矿点)4
有轻微片理化现象。

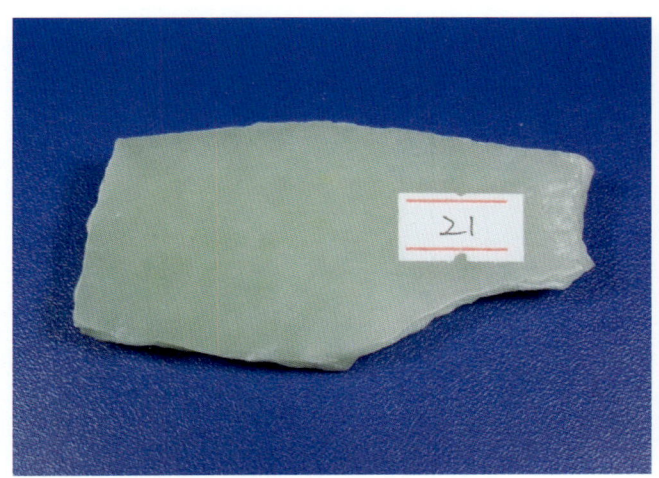

图11 青白玉(阿拉玛斯矿点)
有轻微片理化现象。

图12 白玉(阿拉玛斯矿点)5
自然光下颜色纯白,质地细腻,为羊脂白玉。

图13 优质白玉(阿拉玛斯矿点)
著名产地的质地优良的白玉。

图14 白玉(赛迪库拉木矿点)
有严重片理化,玉石结构受损。

图15 青白玉(赛迪库拉木矿点)1
有片理化构造,玉石呈薄层,容易沿层理裂开。

图16 青白玉(赛迪库拉木矿点)2
受构造应力影响,节理发育,碎裂形成菱形小块。

图17 青玉(赛迪库拉木矿点)
块度较整齐,玉石质地一般。

图18 白玉细脉(赛迪库拉木矿点)
赛迪库拉木矿点白玉-墨玉相间的矿脉。

图19 带翠绿色的青白玉料(赛迪库拉木矿点)

图20 哈尼拉克矿点白玉("95于田料")1
著名的"95于田料",玉质细腻洁白,为优质玉料。

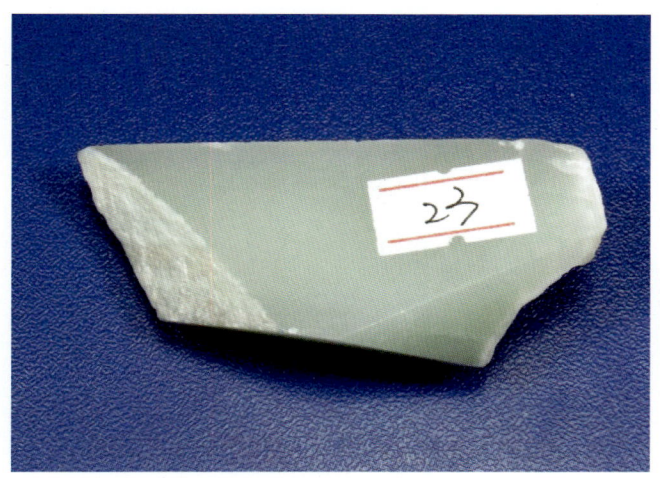
图21 哈尼拉克矿点白玉("95于田料")2
著名的"95于田料",玉质细腻洁白,为优质玉料。

图22 青玉(于田玉石矿哈尼拉克矿点)
颜色纯正,质地细腻的优质青玉。

图23 青白玉(于田玉石矿哈尼拉克矿点)
受片理化影响,玉石呈薄层,容易沿层理裂开。

图24 哈尼拉克矿点白玉("95于田料")3
于田矿参加展览期间展示的优质玉料之一。

图 25　于田玉石矿出产白玉制作的雕件
于田白玉制作的雕件，局部为青白玉。

图 26　墨玉（齐哈库勒矿点）1
质地细润，玉料有片理化，容易沿片理裂开。

图 27　墨玉（齐哈库勒矿点）2
黑白相间，质地细润，玉料有片理化，容易沿片理裂开。

图 28　墨玉手镯（齐哈库勒矿点）
齐哈库勒矿点和田玉（墨玉）制作的手镯，质地优良。

图 29　墨玉（齐哈库勒矿点）3
玉料片理化强烈，有明显定向构造，易裂。

图 30　于田玉石矿出产的和田玉原料制作的印章

图 31　蛇纹石化镁橄白云石大理岩　100×　正交偏光

岩石以白云石为主，呈他形等轴粒状彼此镶嵌，镁橄榄石浑圆粒状，已完全被蛇纹石交代，仅保留其外形。

图 32　蛇纹岩玉　100×　正交偏光

岩石主要由蛇纹石组成，蛇纹石呈细小鳞片状交织分布。

图 33　透闪石化白云石大理岩　50×　正交偏光

岩石由白云石和透闪石组成，透闪石呈细小纤维鳞片状集合体交代白云石。

图 34　条带状透闪石化大理岩　50×　正交偏光

岩石由方解石和透闪石组成，纤柱状透闪石呈条带状交代方解石。

图 35　透闪石化大理岩　50×　正交偏光

岩石主要由方解石和透闪石组成，其中纤柱状透闪石呈束状、帚状集合体交代方解石。

图 36　白云母透闪石化大理岩　50×　正交偏光

岩石主要由方解石组成，后期次生的白云母和透闪石呈鳞片状集合体交代方解石。

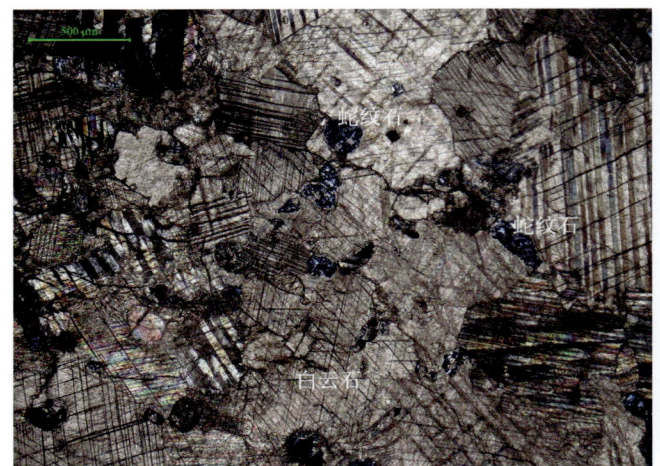

图 37　白云石大理岩　50×　正交偏光

岩石以白云石为主，呈他形等轴粒状彼此镶嵌，粒径大小不等，其间有交代而成的蛇纹石呈粒状零星分布。

图 38　蛇纹石化橄榄岩　50×　正交偏光

岩石主要由橄榄石组成，橄榄石现已蚀变为蛇纹石，仅保留其外形，碳酸盐矿物沿裂隙呈网脉状交代蛇纹石。

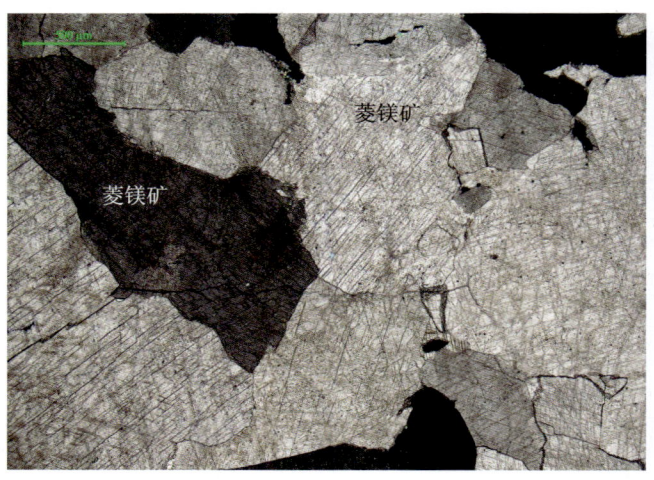

图 39　菱镁矿岩　50×　正交偏光

岩石主要由菱镁矿组成，粒径较粗，呈他形粒状紧密镶嵌在一起。

图 40　花岗闪长岩　50×　正交偏光

岩石由斜长石、钾长石和石英及少量暗色矿物组成，暗色矿物现已蚀变为绿泥石。

图 41　蚀变细粒石英闪长岩　50×　正交偏光

岩石主要由斜长石、石英和暗色矿物组成，长石呈半自形柱状、板状，石英呈他形粒状充填在长石粒间，暗色矿物现均已蚀变为绿泥石。

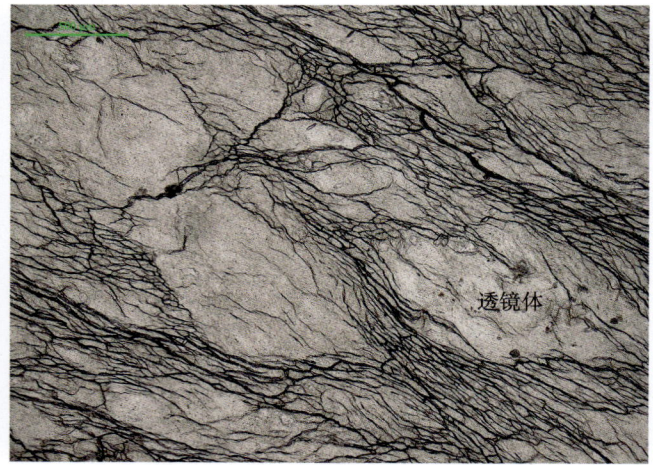

图 42　和田玉显微碎裂构造　50×　单偏光

受应力作用影响，和田玉在单偏光下可见碎裂构造，裂纹近定向分布，其间分布"透镜"体，影响玉石质量。

图43 隐晶质鳞片状结构1 50× 正交偏光
和田玉隐晶质鳞片状结构,透闪石单体粒径无法测出,显微镜下难分辨其个体,微具毛发特征,偏光现象明显。

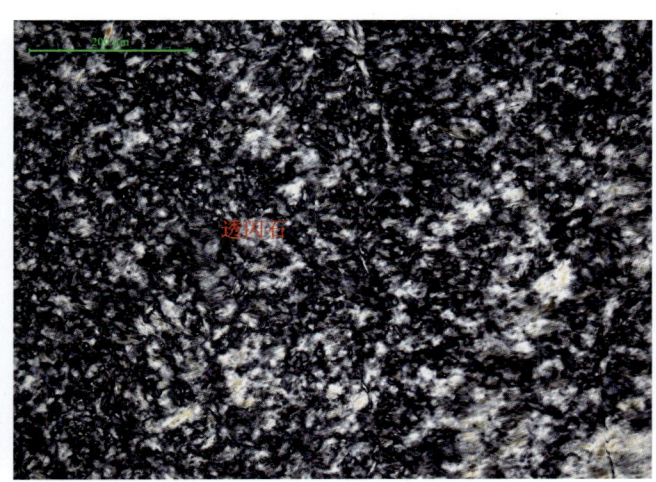

图44 隐晶质鳞片状结构2 200× 正交偏光
和田玉隐晶质鳞片状结构,显微镜下难以分辨透闪石个体边缘,整体呈不均一的消光现象。

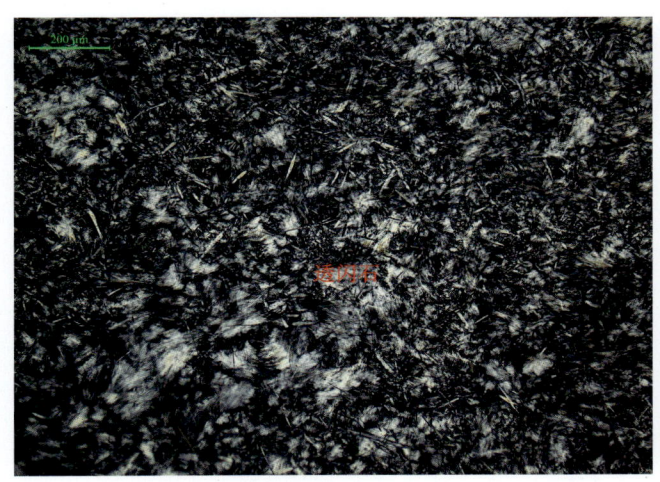

图45 无定向显微纤维毡状交织结构 100× 正交偏光
不定向的透闪石显微晶粒杂乱分布,交织形成和田玉集合体,单晶微小,粒径一般0.002~0.2 mm。

图46 显微纤维毡状交织结构 200× 正交偏光
由透闪石显微晶粒杂乱分布交织形成的和田玉结构,单晶微小,放大后可见其纤维状晶形。

图47 叶片状变晶交织结构 200× 正交偏光
由显微纤维状透闪石形成的细小叶片状集合体,呈各种不规则状杂乱分布,相互交织,形成叶片状变晶交织结构。

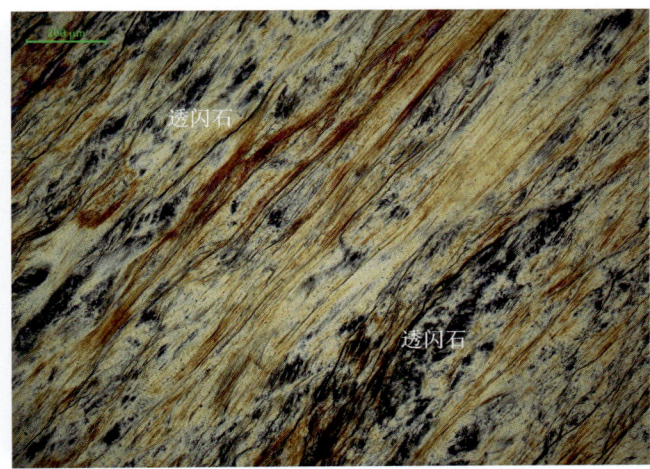

图48 近平行束状纤维状结构 100× 正交偏光
细长透闪石纤维近于平行排列,形成紧密聚集体,有近似的平行构造,但具有不同的消光位。

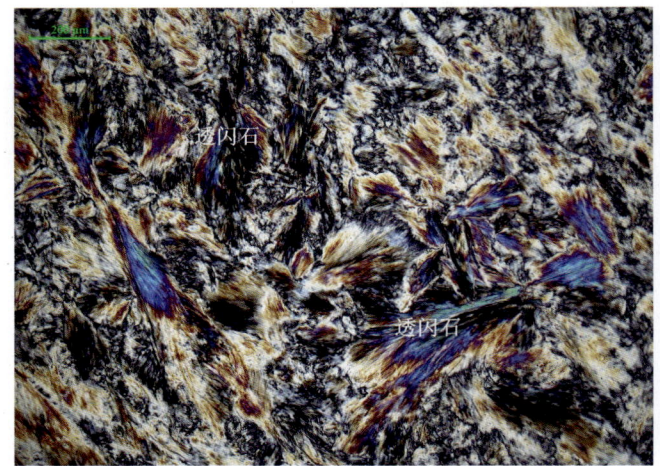

图 49　帚状、放射状纤维结构　100×　正交偏光

透闪石呈近似放射状的簇状纤维集合体，呈帚状、放射状杂乱分布，与隐晶质界线不清。

图 50　纤柱状变晶结构　50×　正交偏光

纤柱状透闪石呈单个或纤柱状集合体出现在隐晶质透闪石基质中，粒径略大。

图 51　纤柱状斑状变晶结构　50×　正交偏光

纤柱状透闪石呈束状集合体出现在隐晶质透闪石基质中，粒径较大，形成"斑状"结构。

图 52　和田玉片理构造　50×　单偏光

定向片理发育，沿片理方向仅残留少部分不规则状粗晶透闪石块体，影响玉石均匀性。

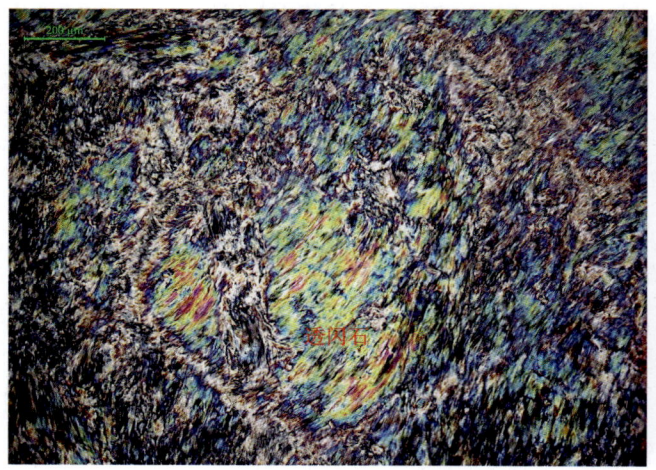

图 53　斑状交代残余结构　50×　正交偏光

纤柱状透闪石呈斑状交代残余集合体，出现在隐晶质透闪石基质中。

图 54　蛇纹石化白云石大理岩　50×　正交偏光

岩石主要组成矿物为白云石，白云石尚保留较清晰的碎屑形态，其边缘有新生的蛇纹石，蛇纹石交代白云石。